Werken in een digitale wereld

Andere uitgaven bij Van Haren Publishing

Van Haren Publishing (VHP) is gespecialiseerd in uitgaven over Best Practices, methodes en standaarden op het gebied van de volgende domeinen:

- IT en IT-management;
- Enterprise-architectuur;
- Projectmanagement, en
- Businessmanagement.

Deze uitgaven zijn beschikbaar in meerdere talen en maken deel uit van toonaangevende series, zoals *Best Practice, The Open Group series, Project management* en *PM series.*

Op de website van Van Haren Publishing is in de **Knowledge Base** een groot aanbod te vinden van whitepapers, templates, gratis e-books, docentenmateriaal etc. Ga naar www.vanharen.net.

Van Haren Publishing is tevens de uitgever voor toonaangevende instellingen en bedrijven, onder andere: Agile Consortium, ASL BiSL Foundation, CA, Centre Henri Tudor, Gaming Works, IACCM, IAOP, IPMA-NL, ITSqc, NAF, KNVI, PMI-NL, PON, The Open Group, The SOX Institute.

Onderwerpen per domein zijn:

IT and IT Management
ABC of ICT
ASL®
CATS CM®
CMMI®
COBIT®
e-CF
ISO/IEC 20000
ISO/IEC 27001/27002
ISPL
IT4IT®
IT-CMF™
IT Service CMM
ITIL®
MOF
MSF
SABSA
SAF
SIAM™
TRIM
VersiSM™

Enterprise Architecture
ArchiMate®
GEA®
Novius Architectuur Methode
TOGAF®

Business Management
BABOK® Guide
BiSL® and BiSL® Next
BRMBOK™
BTF
EFQM
eSCM
IACCM
ISA-95
ISO 9000/9001
OPBOK
SixSigma
SOX
SqEME®

Project Management
A4-Projectmanagement
DSDM/Atern
ICB / NCB
ISO 21500
MINCE®
M_o_R®
MSP®
P3O®
PMBOK® Guide
PRINCE2®

Voor een compleet overzicht van alle uitgaven, ga naar onze website: www.vanharen.net

Werken in een digitale wereld

Het KNVI-competentiemodel: alles over functies, taken, rollen en competenties

ir. Johan C. Op de Coul
Cees M. van Oosterhout

Van Haren
PUBLISHING

Colofon

Titel:	Werken in een digitale wereld
Ondertitel:	Het KNVI-competentiemodel: alles over functies, taken, rollen en competenties
Auteurs:	Johan C. Op de Coul
	Cees M. van Oosterhout
Reviewers:	Klaas Brongers, Wouter Bronsgeest, Maarten Emons, Wijnand Westerveld
Tekstredactie:	Janneke Wolters
Uitgever:	Van Haren Publishing, Zaltbommel, www.vanharen.net
ISBN Hard copy:	978 94 018 0296 3
ISBN eBook:	978 94 018 0297 0
ISBN ePub:	978 94 018 0298 7
Druk:	Eerste druk, eerste oplage, mei 2018
Lay-out en DTP:	Coco Bookmedia, Amersfoort – NL

Inhoudsopgave

Woord vooraf

ICT is volop in beweging. Onze maatschappij staat aan het begin van de Digitale Transformatie. Als gevolg daarvan moeten organisaties veranderen, ze maken misschien zelfs wel de grootste veranderingen mee die ze in de geschiedenis gekend hebben. Ze moeten overgaan van een overheersend hiërarchische naar een meer dynamische organisatiestructuur. Ook voor functies betekent dit een verandering. Niet alleen voor de ICT-functies; veel andere functies zullen meer ICT-gerelateerde kennis nodig hebben. Dan gaan vragen spelen als: Welke competenties moeten we in huis hebben? Welke specifieke competenties dient een bepaalde medewerker te hebben? Hoe vind je mensen met de gewenste competenties? Deze vragen zijn niet nieuw maar wel lastig te beantwoorden. Zeker voor een HRM-afdeling waarvoor ICT-functies vaak moeilijk te duiden zijn.
Van oudsher zijn wij als beroepsvereniging voor ICT-professionals bezig met het opstellen van rapporten voor het ordenen van functies. Al in 1982 bracht het Ngi, inmiddels het KNVI, haar eerste functierapport uit. En niet zonder succes. Het laatste rapport *Taken, functies, rollen en competenties in de informatica* werd in 2001 gepubliceerd en dit ligt in meer dan 8000 organisaties en wordt nog steeds gebruikt.
Ook wereldwijd proberen organisaties, bedrijven, overheden en instanties vat te krijgen op het definiëren van ICT-functies en -competenties. In Europa is hard gewerkt om tot een standaard te komen. Om ICT-competenties te definiëren is het Europese e-Competence Framework (e-CF) opgezet. Het e-CF is een framework om professionele ICT-vaardigheden te beschrijven.
In gesprekken met organisaties krijgen wij veel vragen over het e-CF. Was is het? Hoe kan ik het toepassen? Wanneer gebruik ik het e-CF? Hoe omschrijf ik rollen en taken voor de ICT-professional? Hoe kan ik functies definiëren? Er blijkt een duidelijke behoefte te zijn aan omschrijvingen van taken, functies en rollen. Het e-CF beschrijft puur en alleen de competenties in het ICT-vakgebied en presenteert daarmee een gemeenschappelijke Europese taal voor ICT-competenties.
Gelet op alle ontwikkelingen in het vakgebied hebben wij vanuit het KNVI besloten een update te maken van ons functierapport *Taken, functies, rollen en competenties in de informatica.* Het nieuwe rapport bevat bouwblokken voor functies en rollen voor allen die een rol hebben in de ontwikkeling en het beheer van de informatievoorziening (dus niet alleen ICT-functies maar ook functies in de business die betrokken zijn bij business informatiemanagement), met de bijhorende taken en competenties. Daarnaast geeft dit rapport een doorkijk naar en koppeling met het e-CF. Zo is er een integratie van het e-CF in het KNVI-competentiemodel, en omgekeerd (zie ook figuur 0.1). Dit functierapport zorgt voor een concrete operationalisering van het e-CF. Het e-CF wordt hierdoor nader ingevuld en praktisch toepasbaar voor zowel organisaties, onderwijs als assessments.

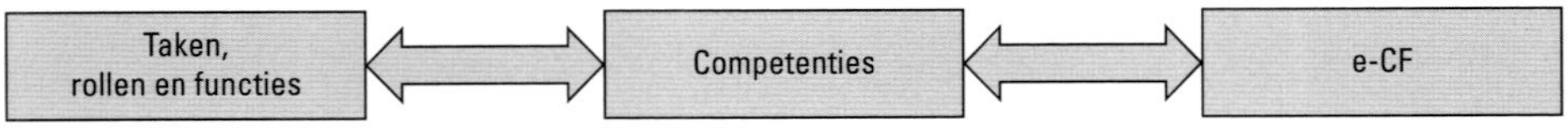

Figuur 0.1

Op deze manier leveren wij als beroepsvereniging onze bijdrage aan het definiëren van de aan de informatievoorziening gerelateerde functies met de bijbehorende competenties. Dit rapport zorgt voor een betere aansluiting op het onderwijs en de beroepspraktijk, en het wordt voor werkgevers makkelijker de benodigde medewerkers aan te trekken.

Een boek over taken, functies, rollen en competenties in de informatica schrijf je niet alleen. Veel leden van de KNVI en van organisaties, en werkenden in het onderwijs hebben eraan meegewerkt. Het zou te ver voeren om alle betrokkenen bij dit boek persoonlijk te bedanken. Toch willen wij vanuit het KNVI Johan Op de Coul in het bijzonder bedanken. Hij is erin geslaagd de moeilijke materie over taken, functies, rollen en competenties bij elkaar te krijgen met een goede aansluiting op het e-CF-raamwerk. Hij heeft dit kunnen doen met inhoudelijke steun van Arjan van Dijk en Cees van Oosterhout, leden van de werkgroep Employability Framework Informatica. Daarnaast willen wij Wijnand Westerveld, Maarten Emons en Wouter Bronsgeest bedanken voor het reviewen van het boek en voor hun redactionele bijdragen. Wij zijn vanuit de KNVI trots op dit waardevolle boek.

Anita Bosman en Klaas Brongers
Hoofdbestuur KNVI en Raad van Advies KNVI

Over de Werkgroep Employability Framework Informatica

De Werkgroep Employability Framework Informatica (WEFI) is in 2012 gestart met het actualiseren van het rapport *Taken, functies, rollen en competenties in de informatica* van 2001. Hiervoor is breed onderzoek gedaan naar de ontwikkelingen in het ICT-vakgebied, waarbij in het bijzonder is gelet op (nieuwe) functies, taken en competenties. Sinds 2001 zijn veel ontwikkelingen op het gebied van informatievoorziening/ICT manifest geworden, zoals de structurele outsourcing van de ICT en het steeds meer verschuiven van ICT-taken (en zelfs functies) vanuit ICT-afdelingen naar 'de business'.
De leden van de WEFI zijn allen actief in het ICT-vakgebied of aanpalende vakgebieden, zoals het gebied van competentiemanagement. De WEFI heeft voor de ontwikkeling van het geactualiseerde rapport veelvuldig van haar contacten en specialisten in het veld gebruikgemaakt om informatie te verkrijgen over ontwikkelingen, ideeën, concepten, enzovoort. Wederom is er – net als voor het rapport van 2001 – voor een 360-gradenbenadering gekozen (zie paragraaf 3.1).

Leden van de WEFI

Cees van Oosterhout – voorzitter WEFI – competentiedeskundige
Cees is een professional op het gebied van assessments, in het bijzonder het Erkennen van Verworven Competenties (EVC) en daaraan verbonden functienormeringen, waaronder EQF/NLQF. Cees heeft tot 1998 achttien jaren in de automatisering gewerkt, waar hij naast het uitvoeren van projecten bij klanten veel met en aan methodische kaders in de ICT heeft gewerkt. Cees heeft in 2001 de voorzittershamer van Johan Op de Coul (zie hierna) overgenomen.
Cees is directeur van EVC Centrum Vigor en partner/oprichter van Vigor Transitions.

Arjan van Dijk – lid WEFI – functiedeskundige
Arjan is een professional op het gebied van het management van de ICT. Hij is een manager die gewend is leiding te geven aan hoogopgeleide professionals in dynamische omgevingen. Hij heeft ervaring als projectmanager, programmamanager, verandermanager en (interim-)manager.
Arjan is al jarenlang actief en (bestuurlijk) betrokken bij zowel Ngi, VRi als CEPIS en is ambassadeur van KNVI.
Arjen is Manager IT bij woningcorporatie Stadgenoot.

Johan Op de Coul – lid WEFI – functie-/competentiedeskundige.
Johan is een professional op het gebied van het management, de organisatie en het beheer van de informatievoorziening/ICT, en op het gebied van competentiemanagement in de informatica. Hij is vaak betrokken bij het professionaliseren van ICT-organisaties of het beheer en de outsourcing van de informatievoorziening/ICT.
Johan is sinds 1983 betrokken bij het opstellen van de Ngi-functierapporten. Voor de samenstelling van het rapport van 2001 vervulde hij de rol van projectleider, en was hij coauteur en eindredacteur van het rapport *Taken, functies, rollen en competenties in de informatica*.
Johan is directeur/eigenaar van Organisatieadviesbureau Op de Coul.

Reviewcommissie

Bij het schrijven van het manuscript is de WEFI voor review bijgestaan door de volgende personen.

Anita Bosman is bestuurslid van KNVI en ICT Opleidingsmanager Post-Initieel Onderwijs bij de Hogeschool Utrecht. Anita is actief betrokken bij de ontwikkeling van het e-CF en de uitwerkingen daarvan. Zij was lid van de werkgroep die onder auspiciën van het Nederlands Normalisatie Instituut (NEN) de Engelstalige versie van het e-CF heeft vertaald in de Nederlandse Praktijkrichtlijn over het e-CF. Tevens is ze betrokken bij de normcommissie ICT-Competenties van de NEN om mee te werken aan deze Europese norm. Ze is vanuit het Ngi-NGN betrokken bij de totstandkoming van de Human Capital Agenda, zit in diverse adviesraden voor onderwijs en is betrokken bij het lectoraat Procesinnovatie & Informatiesystemen. Anita zoekt voortdurend de verbinding tussen onderwijs, onderzoek en het bedrijfsleven.

Klaas Brongers is lid van de Raad van Advies van KNVI en is als partner verbonden aan het Bureau voor Management en ICT (BvMI). Tijdens zijn voorzitterschap van Ngi-NGN is Klaas nauw betrokken geweest bij de totstandkoming van deze uitgave en de inbedding ervan in de beroepsvereniging en daarbuiten.

Wouter Bronsgeest is duo-voorzitter van de KNVI. Als onderzoeker is hij verbonden aan het Center for eGovernmentstudies (CFES) van de Universiteit Twente. Hij is gepromoveerd op het thema van evalueren van ICT-projecten bij de overheid. Daarnaast heeft hij als auteur en redacteur een inhoudelijke bijdrage geleverd aan boeken op het vakgebied van de informatieprofessional. Wouter is werkzaam bij het Ministerie van Financiën/de Belastingdienst als hoofd Bureau Directeursondersteuning van de IV-organisatie.

Maarten Emons was bestuurslid van Ngi-NGN en verantwoordelijk voor marketing en communicatie. Maarten heeft als niet-inhoudsdeskundige deelgenomen aan de review opdat de publicatie ook bruikbaar zou zijn voor iemand zonder domeinkennis.

Dick Sepers heeft in verschillende ICT-directiefuncties ruim 25 jaar bestuurlijke ervaring opgedaan bij grote retail- en logistieke bedrijven. Dick is nu werkzaam als interim ICT-manager en ICT managementconsultant. Dick heeft ruime ervaring met het inrichten van ICT-organisaties en heeft projecten aangestuurd op het gebied van outsourcing, fusie- en overname van bedrijven, en de inrichting van een shared service centre.

Jilt Sietsma is directeur van Sietsma BV en geeft advies met betrekking tot vraagstukken over (de organisatie van de) informatievoorziening en het management daarvan. Jilt is onder andere programmamanager van het ProClass programma van het Masterclass Institute. In het verleden was hij directeur van Hogeschool Novi. Jilt heeft ruime ervaring met functies in diverse bedrijven, waaronder vanuit adviesbureaus, en heeft veel bijdragen geleverd aan de ontwikkeling van het vakgebied informatica.
Jilt is in 2012 betrokken geweest bij een onderzoek vanuit de Overheidskamer naar de toekomst van informaticafuncties en de voor deze functies benodigde competenties. Ook is hij mede-auteur van het HRMatch rapport.

Redactionele review

Wijnand Westerveld is al decennia actief in de ICT-wereld, sinds 1989 als redacteur en later adjunct-hoofdredacteur van *Automatisering Gids*. Sinds 2008 was hij hoofdredacteur van de vakbladen *Informatie* en *IT-Infra*. Tot voor kort was hij community manager bij de uitgever van *AG Connect*. Na zijn vertrek daar heeft hij dit rapport gereviewd op leesbaarheid.

1 Inleiding

1.1 Het rapport Werken in een digitale wereld

De KNVI[1], de beroepsvereniging voor IT-professionals, heeft zich sinds haar oprichting in 1960 altijd ingespannen om het beroep van ICT'er te professionaliseren. Sinds 1982 heeft het Ngi, een van de voorgangers van de KNVI, bijvoorbeeld vier rapporten over functies, taken en competenties gepubliceerd (in respectievelijk 1982, 1986, 1993 en 2001). Deze rapporten zijn normerend voor het ICT-beroepenveld en worden gebruikt door veel bedrijven en organisaties. Daarmee hebben de rapporten zich gepositioneerd als marktstandaard en de facto standaard voor functie, taken en competenties van ICT'ers.

Nu is het nieuwe – vijfde – functierapport beschikbaar gekomen: *Werken in een digitale wereld.* Dit rapport is een actualisering van het Ngi-rapport van 2001 en wordt onder de vlag van de KNVI uitgebracht.

In dit rapport zijn de ontwikkelingen in het ICT-beroepenveld sinds 2001 verwerkt, zoals outsourcing en de verschuiving van ICT-taken naar 'de business'. Die term 'ICT-taken' moet veel breder worden geïnterpreteerd dan de technische taken; feitelijk gaat het om alle taken voor het ontwikkelen en het beheren van de informatievoorziening, dus wellicht is het beter om te spreken van 'informaticataken' of 'taken in het kader van business informatiemanagement'.

De ontwikkelingen hebben geleid tot nieuwe functies, taken en competenties. De informatie in het rapport uit 2001 is in deze nieuwe uitgave geactualiseerd en verder ontwikkeld. Ook zijn op basis van nieuwe inzichten functies nader omschreven en nieuwe functies gedefinieerd.

In dit rapport is een koppeling met het e-CF gelegd, het Europees competentieframework dat ook in Nederland steeds breder wordt geadopteerd. Het competentiemodel dat in het rapport van 2001 is gepresenteerd (het Ngi-competentiemodel), is daarvoor uitgebreid: de e-competentiereferenties (*e-competences*) van het e-CF zijn toegevoegd. Vanwege het opgaan van Ngi in KNVI (zie hoofdstuk 2) heeft het model een nieuwe naam gekregen: het KNVI-competentiemodel.

Het competentiemodel in dit rapport gaat verder dan alleen ICT-functies. Het strekt zich uit over alle activiteiten rond informatievoorziening. En dat zowel in gebruikersorganisaties en ICT-organisaties als bij ICT-leveranciers en in ICT-regieorganisaties[2]. Tevens is onderkend dat organisaties en bedrijfsprocessen één geheel vormen met ICT. Ze vullen elkaar aan, beïnvloeden elkaar en zijn wederzijds afhankelijk. Daarom geeft dit rapport ook invulling aan taken en competenties voor beheer van bedrijfsprocessen waar deze een relatie hebben met de informatievoorziening.

Het nieuwe rapport biedt continuïteit voor de functiehuizen van bedrijven en organisaties die de eerdere rapporten hebben toegepast. Ook biedt het voor hen een actualisering met nieuwe functies, taken en competenties. Vanwege de koppeling met het e-CF ondersteunt dit rapport ook bedrijven en organisaties die dit competentieframework gebruiken of ernaar willen overstappen.

---

1 In de KNVI is Ngi-NGN via een fusie per 1 januari 2017 opgenomen.

2 'Regie' wordt beschouwd als: de sturing op en de coördinatie van de ontwikkeling en het beheer van de informatievoorziening. Dit begrip is derhalve niet beperkt tot de aansturing en de coördinatie van outsourcing.

1.2 e-CF

Het e-CF, het European e-Competence Framework, is een binnen de EU ontwikkeld competentieframework. Het beschrijft professionele ICT-vaardigheden, gebruikmakend van een gemeenschappelijk Europees framework. Het e-CF kan daarmee ook worden gebruikt voor het beschrijven van ICT/informaticafuncties. Ook KNVI heeft zich aan dit competentieframework gecommitteerd, onder andere door het onderschrijven van het convenant van e-CF-gebruikers. Het e-CF is nog sterk in ontwikkeling. Momenteel (januari 2018) is versie 3.0 beschikbaar. Gelet op het belang van dit framework binnen Europa, en de brede adoptie ervan in Nederland, is onder regie van NEN de geautoriseerde Nederlandse vertaling van het e-CF opgesteld: de Nederlandse Praktijkrichtlijn NPR-CWA 16234-1. Dit betreft momenteel nog de vertaling van e-CF versie 2.0.
Het rapport *Werken in een digitale wereld* maakt gebruik van deze Nederlandse Praktijkrichtlijn voor het e-CF en enkele nieuwe elementen uit e-CF versie 3.0. Daarvoor was nog geen officiële Nederlandse Praktijkrichtlijn beschikbaar, reden waarom daarvoor een eigen – en dus niet geautoriseerde – vertaling is gemaakt.

1.3 Aansluiting van het rapport op het e-CF

Dit rapport sluit volledig aan op het Europees Competentie Framework e-CF. De e-competences van het e-CF zijn in het KNVI-competentiemodel opgenomen. Een functie is bijvoorbeeld niet alleen beschreven met taken, maar ook de e-competences van het e-CF zijn daarin opgenomen. Omgekeerd zijn de e-CF e-competences gekoppeld aan de taken van het KNVI-competentiemodel. Daarmee worden die e-competences – met details van het KNVI-competentiemodel – nader ingevuld en geoperationaliseerd. Door deze koppelingen sluit KNVI volledig aan op de Europese ontwikkelingen.

1.4 Het rapport

Dit rapport biedt het volgende:

- *Standaardfuncties*: ICT-functies zoals in Nederland bekend; hierop is een standaardisatie wat betreft functietitels en functie-inhoud toegepast. De functies zijn gedefinieerd in termen van zowel taken van het KNVI-competentiemodel als e-CF e-competences. Voor elke functie is nu ook een 'startkwalificatie' en een kwalificatie 'professional' toegekend, gebaseerd op het Nederlands Kwalificatieraamwerk NLQF.
- *Genormaliseerde taken*: clusters van activiteiten waarmee een functie vorm krijgt en waarmee de gewenste resultaten worden gerealiseerd. De benoemde taken zijn gebaseerd op de totale *lifecycle* van informatiesystemen. Aan deze taken zijn – normstellend – competenties toegevoegd. Voorts is de relatie tussen taken van het KNVI-competentiemodel en de e-competences uitgewerkt: per e-competence zijn de daaraan verbonden taken geïnventariseerd.
- *Competenties*: kennis en vaardigheden om op professioneel niveau taken uit te voeren; hiervoor zijn benoemd:
  - *vaktechnische competenties*: gebaseerd op het KNVI-competentiemodel 2001 en verder ontwikkeld in een genormaliseerd model; het model dekt de totale lifecycle van informatiesystemen af;

- *persoonlijke competenties*: gebaseerd op de belangrijkste modellen voor 'beroepsoverstijgende' competenties in Nederland, waaronder die van de 'Big Five'[3]; deze persoonlijke competenties zijn ongewijzigd uit het rapport van 2001 overgenomen;
- *businesscompetenties*: deze zijn wel geïdentificeerd maar niet uitgewerkt; de businesscompetenties zijn specifiek voor een bedrijf of marktsegment.

Deze competenties zijn normstellend aan de taken toegevoegd.

- *Relaties met e-CF*: tussen het KNVI-competentiemodel en het e-CF zijn de volgende relaties uitgewerkt:
  - invulling van de geïdentificeerde functies met het e-CF, zodat de functies ook zijn beschreven in termen van e-competences;
  - koppeling van de taken van het KNVI-competentiemodel aan het e-CF, zodat de e-competences in termen van taken en competenties van het KNVI-competentiemodel kunnen worden gedetailleerd.

3 Het gepresenteerde model voor persoonlijke competenties is afgeleid van de competentiemodellen van GITP, SHL en LTP.

2 Achtergrond

2.1 De KNVI

De KNVI is in januari 2017 ontstaan door een fusie van de KNVI, de SOD en het Ngi-NGN. De KNVI, de Koninklijke Nederlandse Vereniging van Informatieprofessionals, richtte zich sinds haar oprichting in 1912 vooral op professionele bibliothecarissen. Later richtte de KNVI zich op de brede beroepsgroep van informatieprofessionals.
De SOD (Stichting Opleidingen en examens Documentaire Informatievoorziening en administratieve organisatie) richtte zich sinds haar oprichting in 1931 op de beroepsgroep van professionals voor de documentaire informatievoorziening.
Het Ngi-NGN is in 2014 ontstaan uit de fusie van Ngi (Nederlands genootschap voor informatica) en NGN (Netwerk Gebruikersgroep Nederland).
Na de fusie van deze drie verenigingen is een 'brede' vereniging ontstaan voor alle professionals in de informatica.

2.2 Het Ngi

Het Ngi[1], de beroepsvereniging voor IT-professionals, heeft zich sinds haar oprichting in 1960 altijd ingespannen voor het professionaliseren van het beroep van ICT'er. Sinds de jaren zestig, toen het vakgebied zich sterk begon te ontwikkelen, is het Ngi als dé beroepsvereniging voor ICT'ers opgericht. Het Ngi heeft veel samengewerkt met andere verenigingen, zoals het NGN (het Netwerk Gebruikersgroep Nederland, sinds 2014 gefuseerd met Ngi) en ASI van het KIVI[2], maar ook internationaal in het kader van CEPIS[3] (het Europese samenwerkingsverband van ICT beroepsverenigingen) en IFIP[4] (de internationale organisatie van beroepsorganisaties in de ICT).

2.3 Functierapporten van Ngi

De COMBO, de Commissie BeroepsOntwikkeling, heeft zich vanaf de jaren tachtig expliciet op de professionalisering van het beroep ICT'er gericht. Geïnitieerd vanuit de COMBO zijn door de Werkgroep Functies in de Bestuurlijke Informatica (WFBI) in 1982, 1986, 1993 en in 2001 rapporten uitgebracht waarmee het Ngi een standaard heeft gedefinieerd voor functies, taken en competenties van ICT'ers. Deze rapporten zijn vervolgens de facto de standaard geworden voor ICT-functies.
Gelet op de snelle ontwikkelingen in zowel de ICT als op organisatorisch vlak is er sterke behoefte aan een geactualiseerd functierapport. De KNVI heeft nu in deze behoefte voorzien met het nieuwe rapport *Werken in een digitale wereld*. Dit rapport is opgesteld door de Werkgroep Employability Framework Informatica (WEFI) van Ngi-NGN/KNVI. Het is een

---

1 Na haar fusie met NGN in 2014 'Ngi-NGN' genaamd.

2 KIVI: het Koninklijk Instituut van Ingenieurs.

3 CEPIS: Counsel of European Professional Informatics Societies.

4 IFIP: International Federation for Information Processing.

actualisering en verdere ontwikkeling van het rapport uit 2001: nieuwe functies zijn toegevoegd, taken en competenties zijn verder ontwikkeld en/of verbijzonderd. Zoals hiervoor al aangegeven, is, gelet op het belang van het e-CF, ook dit framework opgenomen en aan het KNVI-competentiemodel gekoppeld.

2.4 Positionering van het rapport

De KNVI biedt met dit nieuwe rapport een geactualiseerde standaard voor ICT-functies in Nederland. Feitelijk worden functies, taken en competenties benoemd voor allen die betrokken zijn bij de ontwikkeling en het beheer van de informatievoorziening, dus ook voor functies bij de business en in het kader van business informatiemanagement. Hierbij wordt benoemd met welke *taken* een functie wordt ingevuld en welke *competenties* (kennis en vaardigheden) voor uitvoering nodig zijn. De competenties zijn daarbij normerend. Daarmee wordt benoemd welke competenties een ICT'er – in een bepaalde rol of functie – zou moeten hebben om 'professional' te worden. Naast de hiervoor beschreven koppeling met het e-CF met alle voordelen van dien (zie hoofdstuk 1) vindt men in dit rapport een nadere operationalisering van het e-CF; in het bijzonder voor een nadere invulling van de *e-competences* (of, zoals het in de Nederlandse Praktijkrichtlijn is vertaald: e-competentiereferenties) met de taken en de competenties van het KNVI-competentiemodel.

Dit rapport beschrijft de meest voorkomende functies (gebaseerd op circa twee jaar analyse van het werkveld), die overwegend gericht zijn op de ontwikkeling en het beheer van de informatievoorziening/ICT. Hierbij is een standaardisatie wat betreft functietitels en functie-inhoud doorgevoerd.
Een *taak* is gedefinieerd als een cluster van activiteiten die door één persoon worden uitgevoerd en die tot een gewenst resultaat leiden. De taken dekken de totale lifecycle van de informatievoorziening af. De taken zijn daarbij 'genormaliseerd': zij zijn onafhankelijk van een bepaalde rol (uitvoeringspositie), techniek of organisatorische context gedefinieerd.
Hoewel zich sinds 2001 veel ontwikkelingen hebben voorgedaan (denk bijvoorbeeld aan outsourcing), zijn er ten opzichte van het vorige rapport weinig fundamenteel nieuwe taken bijgekomen. De taken die nieuw geïdentificeerd zijn, zijn toegevoegd. Ook zijn taken van het rapport 2001 nader verbijzonderd.
De *competenties* zijn afgeleid van de benodigde kennis en vaardigheden. Kennis betreft het cognitieve element voor het uitvoeren van een taak; vaardighe den zijn nodig om die kennis effectief in praktijk te brengen. Competenties zijn voorts normstellend aan de taken gekoppeld.
Wat betreft competenties worden drie typen onderscheiden:

- *Vaktechnische competenties*: gebaseerd op een genormaliseerd model zoals ontwikkeld voor het vorige rapport en nu geactualiseerd. Ze dekken de totale lifecycle van informatiesystemen af.
- *Persoonlijke competenties*: gebaseerd op in Nederland algemeen gehanteerde competentiemodellen voor 'vakoverstijgende' vaardigheden (afgeleid van de modellen van de 'Big Five'). Deze zijn ongewijzigd overgenomen uit het model van het rapport 2001.[5]

---

5 In het algemeen worden ook 'persoonlijkheidskenmerken' als: introvert of extravert en 'attitude' aan het begrip 'competentie' gekoppeld. Deze persoonlijkheidskenmerken en attitude-aspecten zijn niet in het KNVI-competentiemodel opgenomen.

- *Businesscompetenties*: kennis en vaardigheden die nauw samenhangen met een specifieke organisatie of een specifiek marktsegment. De businesscompetenties zijn wel geïdentificeerd maar niet uitgewerkt; daarvoor zijn ze (te) specifiek voor een organisatie of marktsegment.

Taken en competenties zijn 'elementaire bouwsteentjes' voor het samenstellen van functie-, rol- of competentieprofielen. Daarmee wordt onder andere bereikt dat elke organisatie op basis van die standaardtaken en -competenties, op de eigen organisatie afgestemde functieprofielen kan opstellen.
Het competentiemodel in dit rapport gaat verder dan alleen ICT-functies. Het strekt zich uit over alle activiteiten rond informatievoorziening (zie ook paragraaf 1.1). Daarbij is het uitgangspunt dat *ICT-functies* vooral een technische focus hebben, en zijn gericht op ICT. Dit zijn bijvoorbeeld functies die zijn gericht op ontwikkeling van programmatuur of beheer van de technische ICT-infrastructuur (servers, netwerken). Deze functies komen voor in een 'traditionele' ICT-organisatie of bij ICT-leveranciers. *Informaticafuncties* zijn daarentegen gericht op de informatievoorziening (functioneel bezien) en het gebruik van de ICT. Deze functies komen voor in een 'traditionele' ICT-organisatie of in een 'moderne' regieorganisatie. Ze komen ook voor in gebruikersorganisaties. Dit onderscheid wordt nader toegelicht in hoofdstuk 5. In dit rapport wordt in het algemeen gesproken over ICT-functies en wordt dit onderscheid verder niet gemaakt.

2.5 Generiek employability framework

Het KNVI-competentiemodel is ook toepasbaar buiten de ICT voor functies waar belangrijke ICT-componenten in zijn verweven. Bijvoorbeeld voor een forensisch rechercheur met 'rechercheren' als primaire expertise, die steeds meer ICT-middelen gebruikt en/of zelf ontwikkelt. Dan is er duidelijk sprake van integratie van beide competentieterreinen. Zo is het KNVI-competentiemodel ook toepasbaar voor functies waarin men zich bezighoudt met de ontwikkeling van games, toepassingen voor virtual reality, embedded systemen als PLC-toepassingen en andere technische systemen.
Door zijn generieke opzet kan het KNVI-competentiemodel in principe in alle vakgebieden worden toegepast. Taken van zo'n specifiek vakgebied kunnen met elkaar worden geclusterd tot functies. De (generieke) persoonlijke competenties kunnen grotendeels uit dit rapport worden overgenomen; de vaktechnische competenties moeten er nog wel voor worden opgesteld.
Voorts kunnen taken uit ICT en uit een specifiek vakgebied worden samengevoegd tot functies waarin beide taken een rol spelen.

2.6 Doelgroepen en toepassingen

De belangrijkste doelgroep voor het nieuwe rapport is iedereen die werkzaam is in de ICT en dat bezien vanuit de business[6], de ICT en vanuit HR-management. Voorts richt dit competentiemodel zich op studenten, opleiders van zowel regulier als niet-regulier of buitenschools onderwijs, bureaus voor werving en selectie, en bijvoorbeeld assessmentbureaus en adviesbureaus voor competentiemanagement in de ICT. Het nieuwe rapport speelt in op de behoeften van al deze gebruikers en biedt hen even zovele toepassingsmogelijkheden:

6 Inclusief de ontwikkeling en het beheer van de bedrijfsprocessen in de relatie met de ontwikkeling en het beheer van de informatievoorziening of het businessinformatiemanagement.

ICT'ers:

- ICT'ers kunnen aan de hand van taken en competenties aangeven wat hun ervarings- en competentieniveau is, ofwel wat zij kennen en kunnen.
- ICT'ers kunnen op basis van competentieprofielen een assessment doorlopen om aan te tonen wat hun feitelijke competenties zijn, zowel voor certificeringsdoeleinden als voor een inschrijving in het Register van Informatici.

HR-management:

- Voor werving en selectie kunnen eenduidige en voor een organisatie specifieke functie- en competentieprofielen worden opgesteld, en kan selectie plaatsvinden;
- Voor het definiëren van carrièrepaden kunnen op basis van taken en competenties ontwikkelplannen worden opgesteld en 'logische' opeenvolgende functies worden benoemd.
- Voor functiekwalificatie biedt dit rapport een 'receptuur': een weging van de 'zwaarte' van een functie, en op basis daarvan kan de (financiële) waardering worden vastgesteld.

In het kader van opleidingen:

- Voor het definiëren van opleidingen kunnen curricula worden opgesteld op basis van taken en competenties. De opleidingen kunnen daarbij worden afgestemd op specifieke functies, rollen of taken.

In diverse hoofdstukken worden voorbeelden gegeven van hoe het KNVI-competentiemodel voor deze toepassingen kan worden gebruikt.

2.7 e-CF, Europees Competentie Framework

Het Europees Competentie Framework e-CF, formeel genaamd *European e-Competence Framework*, is zoals hiervoor beschreven is (zie met name paragraaf 1.2 en 1.3) een Europees competentieframework dat ook in Nederland veel aandacht krijgt. Het e-CF is vanuit de EU door CEN ontwikkeld met als achterliggend doel om op Europees niveau ICT-functies vergelijkbaar en uitwisselbaar te maken, en daarmee de arbeidsmobiliteit binnen Europa te bevorderen.
Onder regie van NEN is de geautoriseerde Nederlandse vertaling van het e-CF opgesteld: de Nederlandse Praktijkrichtlijn NPR-CWA 16234-1[7]. Dit betreft momenteel nog e-CF versie 2.0. Na het beschikbaar komen van versie 4.0 van het e-CF wordt de nieuwe versie van de Nederlandse Praktijkrichtlijn verwacht.
Het e-CF gaat niet uit van functies en taken, maar van 'businessgerelateerde' competenties, de zogenoemde 'e-competentiereferenties' ofwel e-competences. Deze beschrijven ICT-vaardigheden waarmee vervolgens ICT-functies kunnen worden gedefinieerd. Het e-CF biedt de uitwerking van de e-competences met competenties die door de ICT-professionals moeten worden ingevuld. Hiervoor worden 'kennis' en 'vaardigheden' benoemd. Het e-CF biedt momenteel slechts uitwerkingen in de vorm van voorbeelden van deze kennis en vaardigheden. Een voorbeeld is de e-competence: 'Afstemming informatiesysteem en bedrijfsstrategie'[8]. Vrij vertaald gaat het hier om het opstellen van een informatiestrategie en een informatieplan.

7 Dit document bevat de vertaling van de officiële – Engelstalige - versie van het e-CF (momenteel nog versie 2.0), de Europese norm CWA 16234-1:2010.

8 Zie: de Nederlandse praktijkrichtlijn NPR-CWA 16234-1.

Een e-competence kan worden *geïnterpreteerd* als een 'taakveld'; het duidt namelijk op de ontwikkeling van een bepaald resultaat waarvoor een aantal activiteiten moet worden uitgevoerd. Door de e-competences te interpreteren als 'taakvelden', kunnen deze worden ingevuld met taken en daaraan – normstellend – gekoppelde competenties van het KNVI-competentiemodel. Daarmee is het KNVI-competentiemodel in het e-CF geïntegreerd. Omgekeerd zijn de taken ook uitgewerkt met de e-competences van het e-CF, dat daarmee in het KNVI-competentiemodel is geïntegreerd.

Dit rapport biedt de basis om functies te beschrijven in termen van zowel het KNVI-competentiemodel als het e-CF. De in dit rapport uitgewerkte functies zijn daarom ook gedefinieerd in termen van de e-competences. Hiermee sluit het nieuwe rapport aan op de Europese ontwikkelingen en biedt het bovendien continuïteit voor bedrijven en organisaties die voorgaande functierapporten van het Ngi gebruiken. Het biedt ook ondersteuning aan organisaties die naar het e-CF willen overstappen.

2.8 Website behorende bij het rapport

De content van dit rapport (de functies, taken en competenties) is op een website beschikbaar. Die website biedt ook een uitgebreide toolset om dit competentiemodel te gebruiken. Deze website is via de website van de KNVI te bereiken.

2.9 Status en vervolgontwikkeling

Voor dit rapport zijn functies, taken en competenties uitgebreid, en belangrijker: geactualiseerd ten opzichte van het rapport van 2001. Daarmee kunnen gebruikers van eerdere rapporten, in het bijzonder van 2001, verder.

De KNVI onderkent meer dan ooit de behoefte aan continue ontwikkeling van het functierapport. Door de snelle ontwikkelingen en inzichten in de ICT ontstaan nieuwe taken, functies en behoeften, en verdwijnen er oude. Daarom wil de KNVI dit rapport en het competentiemodel actief beheren, zowel binnen de vereniging zelf als in samenwerking met andere vak- en beroepsorganisaties. Met het oog hierop organiseert de KNVI een 'community' met op het ICT-vakgebied gespecialiseerde beroepsorganisaties. Hun inbreng en betrokkenheid zijn cruciaal om dit rapport up-to-date te houden.

3 Historie en positionering van dit rapport

3.1 Rapporten voor functieordening van het Ngi

3.1.1 De Commissie Beroepsontwikkeling van het Ngi

De COMBO, de Commissie Beroepsontwikkeling van het Ngi richtte zich op professionalisering van de ICT'er. Daartoe volgde de commissie de ICT-ontwikkelingen in de volle breedte en streefde via stimulering en advies naar steeds verdere professionalisering.

3.1.2 Eerste functieordening in de rapporten Functies in de bestuurlijke informatica, 1982 en 1986

Een van de activiteiten van de COMBO was het uitbrengen (in 1982) van het eerste rapport *Functies in de bestuurlijke informatica*. Destijds werd onderkend dat er een woud aan ICT-functies was ontstaan, zonder ordening, standaardisatie of normering. De toenmalige Werkgroep Functies in de Bestuurlijke Informatica (WFBI) heeft in opdracht van de COMBO die ordening en standaardisatie als eerste gerealiseerd. Daar is men ruimschoots in geslaagd. De rapporten van 1982, 1986, 1993 en 2001 werden dé standaard voor ICT-functies in de bestuurlijke en administratieve informatica.
Veel organisaties hebben deze standaard overgenomen. Zo worden het jaarlijkse salarisonderzoek van Berenschot en het jaarlijkse beroepenonderzoek van het CBS ook op deze rapporten gebaseerd.
Het Ngi heeft overigens ook rapporten uitgebracht over functies in de technische informatica en gericht op informaticamanagement.

3.1.3 Flexibilisering van functies in het rapport Taken en functies in de bestuurlijke informatica, 1993

In de jaren tachtig ontwikkelde het vakgebied zich snel: nieuwe functies ontstonden en 'oude' functies werden aangepast of vervielen. Bovendien werd in die periode duidelijk dat er behoefte was aan flexibilisering van functiebeschrijvingen: kleine organisaties clusterden ICT-taken in meer generieke functies, terwijl in grote organisaties soms vergaande functiedifferentiatie noodzakelijk was. Daarom bracht de COMBO in 1993 een nieuw rapport uit: *Taken en functies in de bestuurlijke informatica*. Dit bevatte nieuwe functies en een ordening op basis van ICT-taken, 'taakclusters' genoemd. Daarmee kon elke organisatie haar eigen functies samenstellen, wat een verrijking was. Het rapport bleef voorts voorzien in de behoefte aan normering op het niveau van functies: er werden nog steeds 'standaardfuncties' benoemd die als standaard of referentie konden worden gebruikt.

3.1.4 Competenties toegevoegd in het rapport Taken, functies, rollen en competenties in de informatica, 2001

De flexibele basis van voorgaande rapporten werden in het functierapport van 2001[1] voortgezet. Dit rapport bood een uitgebreidere en geactualiseerde set van functies en taken. Bovendien

1 Het rapport *Taken, functies, rollen en competenties in de informatica* onder redactie van ir. Johan C. Op de Coul, gepubliceerd door Ten Hagen & Stam, Den Haag 2001.

werden vaktechnische en persoonlijke competenties toegevoegd. Dat was van belang voor het uitvoeren van taken op professioneel niveau. De competenties werden normstellend bij de taken benoemd. Ook werden businesscompetenties geïdentificeerd; deze zijn dermate specifiek dat deze niet konden worden geoperationaliseerd.

Het rapport van 2001 was wat betreft opzet en inhoud vanuit een breder perspectief opgesteld dan de voorgangers. De inhoud is opgesteld vanuit een '360-graden benadering': naast ICT-professionals zijn er ook specialisten uit onder meer HR, wetenschap en het opleidingenveld bij betrokken. In totaal werkten 35 organisaties aan de ontwikkeling ervan mee. Het rapport uit 2001 werd het meest bekende rapport van het Ngi; er zijn ruim 8000 stuks van verkocht.

3.2 Het rapport Werken in een digitale wereld

ICT is zich in een sneltreinvaart blijven ontwikkelen. Daarom is er opnieuw sterke behoefte aan een geactualiseerd functierapport. Naast nieuwe technieken als virtualisatie, *cloud computing*, *user experience* en visualisatie zijn organisatie, monitoring en beheer van de ICT verder ontwikkeld en geprofessionaliseerd. Goede informatievoorziening is van steeds meer belang voor bedrijven. Ook zit tegenwoordig de business 'aan het stuur' en stelt de *requirements* voor de informatievoorziening op. Hierdoor zijn in de gebruikersorganisatie ICT-functies ontstaan die vanuit 'businesskennis' de ontwikkeling van de ICT kunnen aansturen.
Daarnaast zijn diverse frameworks, zoals BiSL[2], ASL[3] en ITIL[4], beschikbaar gekomen en op grote schaal ingevoerd. Deze frameworks leidden tot professionalisering van beheeractiviteiten en daarmee tot nieuwe taken en functies.
Anno 2015 beheren veel organisaties hun ICT niet meer zelf maar hebben het uitbesteed, of zijn dat van plan. Er is inmiddels structureel sprake van uitbesteding aan professionele leveranciers. Dit heeft geleid tot nieuwe functies bij de ICT-afdeling en/of bij regieorganisaties. In de arbeidsmarkt is een sterke trend op gang gekomen voor het inhuren van zelfstandige specialisten (ZZP'ers), naast het inhuren van adviesbureaus. Bedrijven kiezen niet alleen steeds vaker voor professionele leveranciers, maar zijn ook op zoek naar flexibilisering van hun pool van medewerkers. Dit alles leidt ertoe dat organisaties steeds vaker eigen medewerkers afstoten en specialisten inhuren wanneer dat nodig is.
Omgekeerd is er een trend (zie daarvoor onder andere het boek *De informatieprofessional 3.0*[5] van Ngi-NGN) dat bedrijven inzetten op de verbreding van kennis bij eigen medewerkers: van zowel specifieke ICT-kennis als het koppelen daarvan aan businesskennis. Ook dit leidt tot behoefte aan specifieke functieprofielen.
Daarnaast wordt professionalisering van de ICT'er steeds explicieter. Dit vanwege het toenemende belang van informatievoorziening voor bedrijven, waardoor de eisen aan ICT'ers 'in de breedte' steeds hoger worden. Informatie moet actueel zijn en snel beschikbaar. Bovendien is ICT steeds meer een voorwaarde voor kwaliteit en continuïteit van bedrijfsvoering. Voor bijvoorbeeld webwinkels zijn informatiesystemen zelfs het primaire bedrijfsmiddel. Dit stelt steeds

2 Business information Services Library.

3 Application Services Library.

4 Information Technology Infrastructure Library.

5 *De informatieprofessional 3.0. Strategische vaardigheden van IT'ers van nu*, onder redactie van Erik de Vries, Rik Maes en Wouter Bronsgeest, gepubliceerd door Academic Service, Den Haag 2014.

hogere eisen aan de ICT en daarmee aan de ICT'ers die de systemen ontwikkelen en beheren. Bovendien wordt steeds vaker onderkend dat alleen vakgerichte kennis van een ICT'er geen professional maakt. Er worden dan ook steeds hogere eisen gesteld aan persoonlijkheidskenmerken en persoonlijke vaardigheden: de persoonlijke competenties.
Tot slot is er een scheiding zichtbaar tussen 'technische' en 'businessgeoriënteerde' ICT'ers. De eerste groep is onder meer werkzaam bij leveranciers, de tweede groep heeft een bedrijfsgeoriënteerde grondslag. Denk bijvoorbeeld aan informatiekundigen, informatici die actief zijn op het gebied van 'business informatiemanagement' of BI-specialisten.
Daarom heeft de Werkgroep Employability Framework Informatica (WEFI) een uitgebreide analyse uitgevoerd van het beroep ICT'er. Het Ngi-competentiemodel van 2001, op basis van taken en competenties, is daarbij verder ontwikkeld naar de nieuwe standaard. Dit geactualiseerde model, het KNVI-competentiemodel, biedt niet alleen 'de bouwsteentjes' voor competentiemanagement, maar ook voor alle toepassingen daarvan. Dit wordt in diverse hoofdstukken in dit rapport uitgewerkt.

3.3 e-CF – het Europese competentieframework

Een belangrijke ontwikkeling is dat het e-CF binnen de EU is erkend als standaard Europees competentieframework. Bovendien wordt het in Nederland breed omarmd. Ook de KNVI heeft zich aan dit Europese competentieframework gecommitteerd, onder andere door het onderschrijven van het convenant van e-CF-gebruikers. De aansluiting van het nieuwe rapport op het e-CF is daarom als uitgangspunt genomen.
De Nederlandse vertaling van het e-CF is beschikbaar als de door NEN beheerde en uitgegeven Nederlandse Praktijkrichtlijn e-CF (zie ook paragraaf 1.2 en 2.7). Deze vertaling van het e-CF is uitgevoerd door een groep vertegenwoordigers uit het werkveld, waaronder ook de KNVI.
Nederlandse organisaties die het e-CF hebben geadopteerd, organiseren regelmatig sessies rond de verdere implementatie ervan. Deze werden in aanvang door ECP[6] georganiseerd. Inmiddels is een aantal organisaties, waaronder de KNVI, ook zelfstandig aan het werk om de verdere implementatie van het e-CF vorm te geven. Dit heeft ertoe geleid dat het KNVI-competentiemodel nu ook aan het e-CF is gekoppeld. Hiervoor zijn de e-CF e-competences *geïnterpreteerd* als 'taakvelden' en zijn hieraan de KNVI-taken toegevoegd. Bovendien zijn de e-CF e-competences in het KNVI-competentiemodel opgenomen. Zie hierover ook paragraaf 2.7.

3.4 Andere algemene functie- en competentiemodellen

Inspelend op ontwikkelingen binnen de Europese Unie, zijn sinds de jaren tachtig ook andere modellen voor functieordening of competentieframeworks ontstaan. Hierna wordt een aantal genoemd en toegelicht.

3.4.1 ISM3 (1986)

Het ISM3 is opgesteld door de British Computer Society. Het heet voluit *Industry Structure Model* en is een verzameling van standaarden voor taken, functies en rollen voor het beheer van informatiesystemen. Het model was bedoeld als standaard voor het Verenigd Koninkrijk, op

6 ECP: het Nationale Platform voor de Informatiesamenleving.

basis waarvan ICT-functies kunnen worden gecreëerd, opleidingen gedefinieerd en competenties van informatici bepaald. Uit het ISM3 is het SFIA en later het SFIAplus voortgekomen.

3.4.2 EIS (1998)

Het EIS-rapport behandelt een ordening van ICT-functies opgesteld door de British Computer Society. Later is het geadopteerd door de EU. De EU zocht een normering van ICT-functies om de mobiliteit van ICT'ers binnen het EU-gebied te bevorderen. Een opleiding in enig ICT-specialisme moest binnen alle EU-landen gelijk worden beoordeeld en overal tot een baan kunnen leiden. Deze doelstelling bestaat binnen de EU nog steeds en wordt nu met het e-CF ondersteund.

3.4.3 L_PASO (1999)

Het L_PASO-model is in eerste instantie voor de VRi (Vereniging voor Registerinformatici) ontwikkeld door prof. dr. ir. Jan Dietz, hoogleraar Informatiesystemen aan de Technische Universiteit Delft. L_PASO biedt een *conceptueel* raamwerk waarbinnen taakdomeinen, rollen en bijvoorbeeld competenties een plaats krijgen. L_PASO biedt geen invulling van taken, rollen en competenties maar beperkt zich tot een eenduidig conceptueel raamwerk voor bijvoorbeeld het opstellen van functies, competentieprofielen en opleidingen.
L_PASO is een acroniem voor wat vroeger 'het VRi-model' heette. Bij de eerste presentatie van het VRi-model, medio 1997, was men zich er terdege van bewust dat het nog verder ontwikkeld moest en kon worden. Het model werd echter voldoende rijp geacht om in bredere kring gebruikt en becommentarieerd te worden. Na de presentatie ervan in 1997 is het model geëvalueerd in relatie tot het PAO (postacademisch onderwijs). Onder het acroniem L_PASO is er een directe aansluiting gemaakt met de binnen en rond de Technische Universiteit Delft uitgewerkte methode DEMO.

3.5 Focus op competenties

Eind jaren negentig werd men zich ervan bewust dat niet alleen *functies* en *taken* van belang zijn, maar ook *competenties*. Hierop speelde het rapport *Taken, functies, rollen en competenties in de informatica* van 2001 in. Maar ook andere modellen en rapporten, vaak aangeduid als 'competentieframeworks', baseerden zich op het begrip 'competentie'. Opmerking hierbij is dat er veel verschillende definities van dit begrip worden gehanteerd.[7] In dit kader kunnen de volgende competentieframeworks worden genoemd.

3.5.1 SFIA (2003)

Het SFIA, het *Skills Framework for the Information Age*, is een model voor het beschrijven en beheren van competenties voor ICT-professionals voor de 21e eeuw. Het is bedoeld om competenties van ICT'ers te matchen met de behoeften van een bedrijf.
Het SFIA is een tweedimensionaal raamwerk dat op de ene as 'werkgebieden' uitzet en op de andere as 'niveaus van verantwoordelijkheid'. Het SFIA is ontwikkeld door de SFIA Foundation, waarin onder andere ook de British Computer Society (BSC) participeert. Op het SFIA volgde in 2006 het SFIA-plus met een verdere uitwerking in een derde dimensie waarin randvoor-

7 Er zijn meer dan 150 (wetenschappelijke) definities bekend.

waarden voor context/achtergrond, activiteiten, kennis en kunde, training, professionele ontwikkeling en kwalificaties worden beschreven.

3.5.2 EQF en NLQF

Op Europees niveau is het EQF, het *European Qualifications Framework*, opgesteld. Dit kwalificatiemodel maakt opleidingsniveaus vergelijkbaar en bevordert daarmee de opleidings- en arbeidsmobiliteit binnen Europa. Zo kan een informaticus uit Nederland in Spanje laten zien op welk EQF-niveau hij functioneert en gekwalificeerd is.
Dit kwalificatiemodel heeft in Nederland in 2012 zijn beslag gekregen in de lancering van het NLQF, de Nederlandse invulling van het EQF.[8] In hoofdstuk 15 wordt het NLQF nader toegelicht. Bovendien wordt aangegeven hoe deze kwalificatiestructuur in het onderhavige rapport wordt gebruikt.

3.6 Functiemodellen en competentieframeworks van vak- en beroepsgroepen

Naast de KNVI, als 'algemene' vereniging voor informatieprofessionals, zijn in Nederland en internationaal diverse verenigingen, vak-, belangen- en beroepsgroepen opgericht. In Nederland zijn dat bijvoorbeeld: de Beroepsgroep van servicemanagers, nu als Special Interest Group onderdeel van de KNVI, het Genootschap voor Informatie Architecten (GIA), het Nederlands Architectuur Forum (NAF), het CIO Platform, CIONET, en de ASL-BiSL Foundation. In het kader van outsourcing vormt het IAOP, de *International Association of Outsourcing Professionals*, internationaal een belangrijke vakvereniging. Het kenmerk van deze verenigingen is dat de leden zich hebben gespecialiseerd in een bepaald ICT-vakgebied en een gezamenlijk inzicht of gedeelde filosofie hebben ontwikkeld, bijvoorbeeld op het gebied van functies en competenties. Al deze ontwikkelingen worden door de KNVI toegejuicht; alle dragen bij aan de verdere ontwikkeling van het vakgebied en de professionalisering van de ICT'er. Met een aantal van deze vak- en beroepsgroepen wordt door de KNVI intensief samengewerkt in de vorm van een SIG (Special Interest Group) of in een samenwerkingsverband, waaronder met GIA, NAF en CIONET.
Het ontstaan van al die vak- en beroepsgroepen en de samenwerking daartussen is een duidelijk teken dat het vakgebied zich ontwikkelt en professioneler wordt. Wel leiden deze ontwikkelingen tot versnippering van visies en competentiemodellen of -frameworks, en bieden de afzonderlijke organisaties vaak een zeer 'verbijzonderde' visie. Dit is in het belang van eenduidigheid over functievereisten niet gewenst. Juist daarom streeft de KNVI naar de harmonisatie van alle competentieframeworks.
Veel van de genoemde vak- en beroepsverenigingen hebben eigen functies gedefinieerd of competentieframeworks ontwikkeld. De volgende voorbeelden zijn daarvan te noemen.

3.6.1 Functie- en competentieframework van het CIO Platform

Het CIO Platform is een vereniging van ICT-eindverantwoordelijken in grote organisaties aan de vraagzijde, in het algemeen CIO's van de grotere bedrijven in Nederland. Het CIO Platform

8 Zie ook de brief van de Minister van Onderwijs, Cultuur en Wetenschappen aan de Tweede Kamer d.d. 8 juli 2011 over het advies van de Commissie NLQF – EQF (onder voorzitterschap van prof. dr. F. Leijnse) in het kader van 'het Europees kwalificatiekader voor een leven lang leren', en het verslag van de behandeling daarvan in de vaste commissie voor Onderwijs, Cultuur en Wetenschap d.d. 29 november 2011.

heeft in 2007 vanuit het businessperspectief een eigen competentieframework voor het beheer van de informatievoorziening ontwikkeld.[9] Hierin wordt een matrix gepresenteerd waar op één as Vraag, Regie en Aanbod en op de andere as Richten, Inrichten en Uitvoeren staan, naar analogie van het 9-vlaksmodel van prof. Rick Maes en Toon Abcouwer (UvA).

3.6.2 COBIT als competentieframework voor IT-governance

Het COBIT IT-Governance Framework biedt een framework van – in eerste instantie – processen die voor IT-*governance* van belang worden geacht. In veel organisaties is COBIT geïmplementeerd als uitgangspunt voor inrichting van IT-governance of wordt het gebruikt als uitgangspunt voor de beoordeling van het functioneren van organisaties, soms als basis voor formele audits. Dit framework wordt beheerd door de ISACA, de Information Systems Audit and Control Association. Aan de in COBIT genoemde processen worden ook de daarvoor benodigde competenties gepresenteerd.

3.6.3 Functieprofielen van de Beroepsgroep ICT servicemanagers

De Beroepsgroep van ICT servicemanagers is in 2002 opgericht als vakvereniging van servicemanagers. In 2006 veranderde de naam in Beroepsgroep Beheer & Servicemanagement. Ook vanuit deze beroepsgroep zijn diverse referentiefunctieprofielen opgesteld.

3.6.4 BiSL en ASL als competentieframeworks

De ASL-BiSL Foundation is de internationale beheerder van ASL en BiSL. ASL, de Application Services Library, is een framework (*best practice*) voor het technische beheer van applicaties. BiSL, de Business information Services Library, is een framework (best practice) voor informatiemanagement en functioneel beheer. Tegenwoordig wordt dit ook wel 'BIM', 'Business Informatie Management', genoemd.
Voor beide frameworks zijn, al dan niet op initiatief van de ASL-BiSL Foundation, diverse implementatiestandaarden ontwikkeld, inclusief functieprofielen. Ten behoeve van BiSL zijn door de ASL-BiSL Foundation conferenties georganiseerd (2013 en 2014) waardoor de in BiSL geïdentificeerde processen ingevuld konden worden met de Ngi-taken en -competenties van het rapport *Taken, functies, rollen en competenties in de informatica* 2001.

3.6.5 eSourcing Capability Model

Het IAOP (International Association of Outsourcing Professionals) ontwikkelt best practices voor outsourcing van ICT en de regie daarop, vastgelegd in het OPBOK. In een samenwerking van KNVI en IAOP is het *eSourcing Capability Model* (eSCM) ontwikkeld dat specifieke taken en competenties definieert voor het managen van outsourcing. Zowel voor leveranciers als voor afnemers.

3.6.6 TOGAF

The Open Group heeft het TOGAF, *The Open Group Architecture Framework*, ontwikkeld. Het TOGAF is een framework voor het ontwikkelen en beheren van de enterprise-architectuur. Het TOGAF is een 'open standaard' en bevat een verzameling technieken en best practices. Centraal in de methode staat de *Architecture Development Method* (ADM). Deze beschrijft de

9 Zie de publicatie van het CIO Platform over Human Resource Management van juni 2007 op bijvoorbeeld http://docplayer.nl/31566594-Human-resource-management-resultaat-van-de-cio-interest-group.html

verschillende fasen van ontwikkeling en het beheer van de enterprise-architectuur. Het framework is in 1995 door The Open Group ontwikkeld en in 2009 is de negende versie uitgebracht. In het TOGAF wordt ingegaan op de organisatie, processen, vaardigheden, rollen en verantwoordelijkheden die nodig zijn om een architectuur neer te zetten en in stand te houden.

3.6.7 BABOK

Door het International Institute of Business Analysis is de BABOK *Guide* (*Business Analysis, Body of Knowledge*) uitgebracht waarin best practices voor businessanalyse zijn verzameld. De BABOK *Guide* beschrijft de hieraan verbonden taken en competenties.

4 Afbakening en scope

4.1 Inleiding

Het informaticavakgebied kent veel definities van functies. Dit hoofdstuk geeft inzicht in de verschillende taken, functies, rollen en competenties. Ook geeft dit hoofdstuk aan welke functies wel en welke niet in dit rapport worden 'afgedekt'.

4.2 Inleiding: afbakening wat betreft informaticadomeinen

ICT omvat zowel het vakgebied van informatiesystemen als het verwerken, overdragen en gebruiken van informatie. Onder ICT vallen aandachtsgebieden als fundamentele informatica, informatie- en gegevensbeheer, technisch-wetenschappelijk rekenen, kunstmatige intelligentie, software engineering, computernetwerken en communicatiesystemen, en mens-computerinteractie. Naast informatica als vakgebied, wordt ook *informatiekunde* onderscheiden, de toepassing van ICT aanvullend op een primair ander vakgebied. Hierin worden onderscheiden:

- *bestuurlijke informatiekunde*: hier speelt ICT een belangrijke rol bij de besturing (het management) van een organisatie;
- *administratieve informatiekunde*: hier wordt ICT primair ingezet voor het administreren van gegevens ter ondersteuning van de bedrijfsvoering;
- *toepassingsgerichte informatiekunde*: hier speelt ICT een belangrijke rol bij de uitvoering van functies in een ander vakgebied;
- *technische informatiekunde*: dit is de toepassing van ICT voor aansturing van machines en (technische) apparatuur en wordt ook wel 'procesautomatisering' genoemd.

4.3 Afbakening van taken, functies, rollen en competenties

Dit rapport richt zich primair op bestuurlijke, administratieve en toepassingsgerichte informatiekunde, ook wel omschreven als 'het geheel van activiteiten rond verzamelen, beheren, verwerken en verstrekken van informatie'. Starreveld en Jans[1] definiëren de informatievoorziening[2] als:

> 'Alle activiteiten met betrekking tot het systematisch verzamelen, vastleggen en verwerken van gegevens, gericht op het verstrekken van informatie ten behoeve van het besturen, – in engere zin – kiezen uit alternatieve mogelijkheden, het doen functioneren en het beheersen van een bedrijfsvoering, en ten behoeve van de verantwoordingen daarover.'

In die zin biedt de bestuurlijke informatica in het algemeen ondersteuning aan het besturen en uitvoeren van de bedrijfsprocessen.
Dit nieuwe rapport sluit aan op de definities zoals door de WFBI en door Jans gehanteerd.

1 Zie *Grondslagen van de administratieve organisatie* van E.O.J. Jans, A.C.J. Bast en R. Nijland, gepubliceerd door Noordhoff Uitgevers, Groningen/Houten 2012.

2 Starreveld spreekt in dit kader over 'informatieverzorging'.

Bovendien wordt onderscheid gemaakt naar:
- *informatievoorziening*: de functionaliteit van systemen (in het bijzonder applicaties) bezien vanuit 'de business'; hierbij wordt aangesloten op de definitie van Jans;
- *informatiesysteem*: samenstel van voorschriften, procedures, apparatuur en programmatuur gericht op het functioneren van gegevensverwerking;
- *ICT*: technische implementatie van informatiesystemen als applicaties, databases en technische infrastructuur.

Toepassing van bestuurlijke informatievoorziening behoort tot de primaire verantwoordelijkheden van het management, zoals gedefinieerd vanuit het vakgebied van de administratieve organisatie (zie hiervoor bijvoorbeeld ook het boek van Jans). Die primaire managementverantwoordelijkheden zijn:
- *plannen*: opstellen van plannen voor het bereiken van gewenste resultaten;
- *organiseren*: inrichten van de organisatie en werkprocessen zowel wat betreft structuur als wat betreft middelen;
- *dirigeren*: verstrekken van opdrachten aan medewerkers en bijvoorbeeld leveranciers;
- *coördineren*: afstemmen van voortgang en resultaat en eventuele bijsturing;
- *verantwoording*: rapporteren aan stakeholders, toezichthouders en andere belanghebbenden.

ICT moet managers ondersteunen met functionaliteit en gegevens om 'in control' te zijn. Functies en taken waarop dit rapport zich richt, zijn van belang om informatiesystemen te ontwikkelen en te beheren. Daarbij kunnen alle medewerkers worden aangeduid als 'manager', namelijk manager van de eigen werkzaamheden. De behoeften van medewerkers aan informatiesystemen loopt derhalve parallel aan die van 'echte' managers.

4.4 Afbakening naar functies

Dit rapport richt zich voornamelijk op functies, rollen, taken en competenties van personen die zich *beroepsmatig en overwegend* bezighouden met ICT. De focus ligt daarbij op:
- identificeren van behoeften aan gegevens en functionaliteit van ICT voor het ondersteunen van 'de business';
- ontwikkeling, beheer en exploitatie van bestuurlijke en administratief gerichte informatiesystemen;
- beheer van de infrastructuur (servers, netwerken, storage);
- gebruik van ICT;
- management van hiervoor genoemde activiteiten.

Omdat het beheer van ICT een twee-eenheid vormt met het beheer van bedrijfsprocessen zijn ook functies, taken en competenties benoemd die zich richten op het beheer van bedrijfsprocessen die de ICT 'raken'. Dit omvat:
- *functionaliteit*: ontwikkeling en beheer van ICT, gezien vanuit de business;
- *infrastructuur*: ontwikkeling en beheer van de technische componenten van ICT waarmee functionaliteit wordt gebouwd en beschikbaar gesteld;
- *gebruik*: inzet en gebruik van ICT door de business;
- *regie*: gericht op het totale beheer van de informatievoorziening in een organisatie.

4.5 Toekenning van informaticataken aan andere vakspecialisten

ICT is niet meer weg te denken uit de 'business'. Mensen uit de business zijn echter geen 'informatici' maar *gebruikers*, de primaire belanghebbenden. Als materiedeskundigen zijn deze gebruikers steeds vaker nauw betrokken bij het ontwikkelen en beheren van ICT. In die rol voeren zij informaticataken uit zoals het definiëren van de functionele specificaties en (acceptatie)testen. Naarmate gebruikers meer ICT-kennis hebben, kunnen zij informaticataken uitvoeren en zelfs overnemen van 'echte' informatici.
Naast de *gebruiker* bestaat ook het de *informatiekundige*. Deze is gespecialiseerd in zowel een businessdomein als in ICT. Deze vervult de 'brugfunctie' tussen business en ICT, en kan belangrijke bijdragen leveren aan de ontwikkeling en het beheer van informatiesystemen, met name bij het sturen op functionaliteit van ICT.
Het belang van informatievoorziening leidt ertoe dat in opleidingen steeds meer aandacht is voor integratie van businessspecialismen en ICT. In dit rapport zijn daarom ook 'professionele informaticataken' opgenomen die door gebruikers of informatiekundigen kunnen worden uitgevoerd.
De WEFI onderkent bovendien dat een toenemend aantal informaticataken wordt uitgevoerd door experts uit vakgebieden zoals gaming, forensisch onderzoek en modellering met ICT-tools in de geneesmiddelenindustrie. Daarbij is het soms niet meer duidelijk of deze experts informatici zijn of juist aan een ander vak gerelateerde professionals.
De functieprofielen van gebruikers, informatiekundigen en vakspecialisten zijn op te stellen vanuit het competentiemodel waarop dit rapport is gebaseerd; in het bijzonder door het combineren van vakgerelateerde en informaticataken en de daarvoor benodigde competenties.

5 Ontwikkelingen in informaticafuncties

5.1 Inleiding

ICT is anno 2017 onverminderd sterk in ontwikkeling; functies in dit vakgebied ontwikkelen zich navenant. Naast de van oudsher technisch georiënteerde *ICT-functies*, zijn er steeds meer functies ontstaan gericht op informatievoorziening, de *informaticafuncties*. De laatste jaren krijgt ook het *procesmatig beheren* van ICT in functies meer aandacht, aangeduid als *regiefuncties*. Deze waren aanvankelijk gericht op het beheren van outsourcingrelaties. Inmiddels omvat 'regie' het totale beheer van de informatievoorziening. Bovendien trekken gebruikersorganisaties steeds vaker informaticataken en zelfs informaticafuncties naar zich toe. Daarmee worden informaticataken geïntegreerd in de taakuitoefening van niet-informatica vakspecialisten. Deze businessgerelateerde functies worden wel aangeduid als *informatiekundigen*. Hoewel dit rapport de businessgerelateerde functies niet beschrijft kan het wel worden gebruikt om de taken van informatiekundigen vast te stellen.
Over de interpretatie van ICT-functies, informaticafuncties, regiefuncties en informatiekundigen bestaat in het algemeen geen duidelijkheid. De Werkgroep Employability Framework Informatica (WEFI) wil met het onderhavige hoofdstuk helderheid scheppen in die diverse typen informaticafuncties.

5.2 Ontwikkelingen in functies

5.2.1 ICT-functies: technisch georiënteerd

In de begintijd van de ICT kenden we vooral technische functies als ontwerper, programmeur en operator. Deze functies kunnen worden geclassificeerd als *ICT-functies*. Hoewel door de 'automatisering van de automatisering' een aantal traditionele functies is verdwenen bestaat de groep van ICT-functies nog steeds: er wordt nog steeds software ontwikkeld waarin (technisch) ontwerpers en programmeurs een rol hebben. Voor het beheer van servers en netwerken bestaan nog steeds gespecialiseerde functies, zoals netwerkbeheerder en serverbeheerder.
Door steeds geavanceerdere tools, zoals modelleringtools of programmageneratoren die code genereren vanuit een modelgebaseerde insteek, verdwijnt de behoefte aan fundamenteel technische kennis. Daarvoor in de plaats komt een aanpak gebaseerd op 'het opstellen van een model'. Hierdoor verschuift eveneens het accent van de benodigde competenties: van technische kennis naar kennis van modellering en tools. De vaktechnische competenties van een programmeur bijvoorbeeld verschuiven van programmeren naar 'het opstellen van een functioneel gericht procesmodel met behulp van een tool'. Vervolgens wordt door een 'druk op de knop' programmacode gegenereerd.
De vaktechnische competenties van deze functies zijn vrijwel onveranderd en zijn voor een programmeur bijvoorbeeld:

- analyseren van specificaties en maken van een ontwerp;
- bouwen (programmeren of genereren) van software;
- testen van de resultaten.

Functies gericht op het beheer van de technische infrastructuur (netwerken, servers, storage), bestaan eveneens nog steeds. De inrichting en het beheer van bijvoorbeeld servers vereist onverminderd diepgaande kennis van servertechnieken. Ook de vaktechnische competenties voor deze functies zijn nauwelijks veranderd. Wel is de servertechnologie doorontwikkeld; dit is echter een aspect van kennis en van (de technische) context waarin een dergelijke beheerder functioneert.
De vaktechnische competenties zijn voor een serverbeheerder bijvoorbeeld:
- ontwerp van technische infrastructuur;
- kennis van server- of netwerktechnologie;
- beheer van servers of netwerken.

5.2.2 Informaticafuncties: functioneel georiënteerd

Het toenemend belang van ICT voor het functioneren van organisaties leidt tot behoefte aan specialisten als functioneel ontwerper en functioneel (applicatie)beheerder. Zij richten zich op het vertalen van gebruikersbehoeften in functionele specificaties; dat vereist kennis van analyse- en modelleringtechnieken. Deze functies worden geclassificeerd als *informaticafuncties*. Ook deze informaticafuncties worden steeds meer ondersteund met geavanceerde tools.
De vaktechnische competenties van deze functies zijn vrijwel onveranderd. Voor een functioneel ontwerper omvat dit bijvoorbeeld:
- opstellen informatieprocessenmodel;
- opstellen gegevensmodel;
- ontwerpen functionele specificaties.

Kenmerk van deze functies is dat er nog steeds inzicht in de toepassing van de ICT voor nodig is, anders loopt men het risico dat de gedefinieerde functionaliteit niet, of lastig en met hoge kosten, in programmatuur is te realiseren.
Een latere specialisatie van informaticafuncties is de informatieanalist. Deze onderzoekt de behoeften van de gebruikersorganisatie en destilleert daaruit de kernfunctionaliteit van de ICT en de behoefte aan informatie en data. Dit staat – grotendeels – los van de in te zetten techniek.
De vaktechnische competenties van de functie informatieanalist zijn ook vrijwel onveranderd:
- opstellen informatieprocessenmodel;
- opstellen van de informatiearchitectuur;
- opstellen objectmodel;
- opstellen gegevensmodel;
- ontwerpen functionele specificaties.

Nog later ontstonden verdere specialisaties: de *business systems*-analist en businessprocesanalist, of soortgelijke functies. De businessprocesanalist is – vanuit kennis van de bedrijfsprocessen – gespecialiseerd in het analyseren van bedrijfsprocessen en het definiëren van de daarvoor benodigde informatiefuncties.
De vaktechnische competenties van de functie businessanalist zijn eveneens vrijwel onveranderd:
- onderzoeken organisatieaspecten;
- probleemoriëntatie informatievoorziening;
- vaststellen gewenste situatie informatievoorziening;
- opstellen van het bedrijfsprocessenmodel;

- opstellen objectmodel;
- opstellen van het informatieprocessenmodel.

Zowel de businessprocesanalist als de informatieanalist adviseert gebruikers en businessmanagement over de benodigde informatiefuncties en -gegevens.

5.2.3 Informaticafuncties: businessgeoriënteerd

Het belang van ICT en de complexiteit van bedrijfsvoering maken dat steeds meer een beroep wordt gedaan op de businessanalist of op experts in de gebruikersorganisatie. Specialisten in de gebruikersorganisatie bieden inzicht in de bedrijfsvoering en zijn verantwoordelijk voor het definiëren van de benodigde gegevens en functionaliteit. Daarbij kunnen 'vakspecialisten' als businessanalisten en informatieanalisten worden ingeschakeld; zij blijven de deskundigen die bijvoorbeeld specifieke analyse- en modelleringtechnieken beheersen. Soms zelfs worden deze adviserende functies uitsluitend in de gebruikersorganisatie geplaatst; ze vallen dan dus niet (meer) onder de verantwoordelijkheid van het ICT-management maar direct onder de verantwoordelijkheid van het businessmanagement. De gebruikersorganisatie wordt dus niet meer uitsluitend geraadpleegd over benodigde functionaliteit, maar levert een actieve bijdrage aan het ontwikkelen en het beheer van de informatievoorziening.

Deze trend wordt versterkt doordat businessmanagement vanuit het concept van 'integrale bedrijfsvoering' steeds meer de verantwoordelijke voor ICT wordt. Dit ligt dan ook aan de basis van het relateren van dit soort functies aan business informatiemanagement.

Functies in de gebruikersorganisatie waarmee de gebruikersorganisatie zelf het voortouw neemt in het beheren van de informatievoorziening worden eveneens geclassificeerd als 'informaticafuncties'. De *kern* van de vaktechnische competenties van deze functies is vooral:

- probleemoriëntatie informatievoorziening;
- onderzoeken organisatieaspecten;
- vaststellen gewenste situatie informatievoorziening;
- opstellen van het informatieprocessenmodel.

5.2.4 Informaticacompetenties bij businessmanagement, gebruikers en vakspecialisten

Businessmanagement wordt steeds meer en expliciet verantwoordelijk voor het beheer van de informatievoorziening van de eigen businessunit. Medewerkers (gebruikers) krijgen daardoor steeds meer taken en verantwoordelijkheid voor de informatievoorziening en de toepassing van ICT. Door het belang van informatievoorziening en de integratie van ICT in de taakuitoefening van vakspecialisten, ontstaan steeds meer businessfuncties waarin toepassing, beheer en zelfs ontwikkeling van ICT een rol speelt. Deze functies worden niet als 'informaticafuncties' geclassificeerd.

Vakspecialisten moeten steeds meer over informaticagerelateerde *competenties* beschikken. Dit zijn vaktechnische competenties als:

- probleemoriëntatie informatievoorziening;
- onderzoeken organisatieaspecten;
- vaststellen gewenste situatie informatievoorziening;
- beheer van informatiesystemen;
- beheer van bedrijfsinformatie.

Men moet op een zodanig niveau over informaticacompetenties beschikken dat men verantwoordelijkheid kan nemen voor ontwikkeling en beheer van de informatievoorziening, en dat men de daaraan verbonden gespecialiseerde functies kan aansturen.

Er ontstaan ook steeds meer businessgerelateerde functies waarin ICT een dominante rol in de taakuitvoering heeft. Dit betreft vaak expertise waarbij advies van 'echte' informatici nog wel toegevoegde waarde heeft, maar de uitvoerenden vooral zelf hun behoefte aan ICT-ondersteuning definiëren. Deze functionarissen worden meestal aangeduid als *informatiekundigen*.
Daarnaast zijn er functies waar het gebruik van ICT en de ontwikkeling van specifieke applicaties volledig is geïntegreerd in de uitvoerende werkzaamheden. Een voorbeeld daarvan is de forensisch rechercheur die onderzoeken op internet uitvoert. Hierbij is de ontwikkeling van de eigen tools integraal onderdeel van de werkzaamheden. In het algemeen is er bij dit soort functies sprake van integratie van vakspecialisme en informatica.

Vaktechnische competenties aan deze functies verbonden zijn:
- probleemoriëntatie informatievoorziening;
- opstellen van het informatieprocessenmodel;
- ontwerpen functionele specificaties;
- maken van een ontwerp;
- bouwen (programmeren of genereren) van software;
- testen van de resultaten.

5.2.5 Regiefuncties

Door het uitbesteden van ICT naar externe dienstverleners (outsourcing) zijn nieuwe functies ontstaan gericht op het beheer van de outsourcing. Dit omvat vooral het coördineren van vraag en aanbod binnen een outsourcingrelatie. Voorbeelden zijn: demandmanager, servicemanager, contractmanager en leveranciermanager. Deze functies zijn vaak geplaatst in een regieorganisatie en zijn gericht op aansturing van een leverancier.
Een aantal van deze regiefuncties is al ontstaan bij de introductie van ITIL, bijvoorbeeld de functieservice level manager die zich richt op het definiëren en beheren van de behoeften aan services. Oorspronkelijk werd deze service geleverd door de interne ICT-afdeling en inmiddels vaak door een externe dienstverlener. Ook de functie service level manager komt steeds vaker in de gebruikersorganisatie zelf voor (als evenknie van de service level manager van de ICT-organisatie of regieorganisatie). De service level manager in de gebruikersorganisatie kent de bedrijfsprocessen 'van binnenuit' en zou beter in staat moeten zijn om de behoeften van de gebruikers (de services en servicelevels) in kaart te brengen.
Hoewel regiefuncties in eerste instantie primair waren gericht op outsourcing, richt deze categorie zich steeds meer op het beheer, sturing en realisatie van ICT. Deze businessgeoriënteerde informaticafuncties worden vaak 'Business Informatie Management'-functies (BIM-functies) genoemd, en zijn gerelateerd aan BiSL. In deze categorie vallen functies als informatiemanager en functioneel beheerder. Ook architecten kunnen in deze categorie van breed georiënteerde regiefuncties worden geplaatst.
Breed georiënteerde regiefuncties worden door de WEFI ook geclassificeerd als informaticafuncties. Hoewel ook inhoudelijke businesskennis nodig is (denk aan de BIM-functies), worden deze functies vaak gekenmerkt door een processturende rol.

De vaktechnische competenties van deze functies omvatten, afhankelijk van de specifieke functie:

- probleemoriëntatie informatievoorziening;
- onderzoeken organisatieaspecten;
- vaststellen gewenste situatie informatievoorziening;
- planning & control;
- management van (bedrijfs)processen;
- financieel management;
- informatiemanagement;
- behoeftemanagement;
- leveranciermanagement;
- contractmanagement;
- service level management;
- architectuurprincipes.

5.2.6 De algemene trend in competenties

Door het toenemende belang van ICT voor de bedrijfsvoering en door de structurele outsourcing zijn informaticafuncties steeds meer toepassingsgericht. Bovendien worden ze steeds meer in de gebruikersorganisatie geplaatst. De 'echte' ICT-functies bestaan nog steeds, maar zijn vooral te vinden bij ICT-dienstverleners en leveranciers van ICT-producten.
Het gewenste niveau van functioneren vereist naast steeds beter ontwikkelde *vaktechnische competenties* ook *businesscompetenties*: specifieke kennis van de bedrijfsprocessen en de markt waarin een organisatie functioneert. Het is dan ook niet verwonderlijk dat steeds meer informaticataken in de gebruikersorganisatie zijn geplaatst: hier zijn de beste businessinzichten en -kennis voorhanden. Dit sluit ook aan op de toenemende verantwoordelijkheid voor de informatievoorziening die aan het businessmanagement wordt toegekend.
Hoewel in de voorgaande beschouwingen niet benoemd, spelen de aan de informaticafuncties verbonden *persoonlijke competenties* een steeds belangrijkere rol. De eisen aan ICT worden steeds hoger. Informatici kunnen daarom niet zonder goede sociale vaardigheden. Samenwerking, interactie en communicatie met gebruikers en klanten worden cruciaal om de informatievoorziening op het gewenste niveau te krijgen.

Samengevat: voor de komende jaren wordt een toenemende behoefte onderkend aan zowel businessgeoriënteerde functies als regiefuncties. Daarbij worden op het gebied van vaktechnische, business-, en persoonlijke competenties steeds hogere eisen gesteld.

6 Denkwijzer

6.1 'Competentiedenken', ook in de informatica

Net als elders heeft het informaticavakgebied zich ontwikkeld van 'taakgericht denken' naar 'competentie- en resultaatgericht denken'. Opstellen van functieprofielen op basis van de principes van competentiemanagement is hét uitgangspunt geworden.

6.2 De ontwikkeling naar competentiedenken

Tot in de jaren tachtig kregen medewerkers taken opgedragen. Wij noemen dat 'taakgerichte aansturing', gebaseerd op taakgericht denken. De handelingsvrijheid van medewerkers was in dit managementmodel beperkt. Functieprofielen waren in die tijd taakgericht: ze boden een overzicht van de taken die een medewerker in een bepaalde functie geacht werd uit te voeren. In deze profielen werden meestal wel verantwoordelijkheden en bevoegdheden benoemd, maar deze waren ook vooral taakgericht. De vereiste competenties werden meestal gedefinieerd in termen van opleiding en ervaring.
Medio jaren negentig kwam competentiemanagement[1] in de belangstelling. Dit kwam voort uit het besef dat functioneren van medewerkers niet alleen wordt bepaald door kennis en ervaring. Ook *vaardigheden* (attitude) werden van belang geacht: kennis én vaardigheden; competentiedenken derhalve. Competentiedenken werd versterkt door de toenemende complexiteit van werkzaamheden waarbij onzekerheid over oplossing en aanpak de boventoon voert. In zo'n situatie heeft een leidinggevende steeds minder mogelijkheden om taakgericht te sturen. Daarvoor in de plaats komt sturen op resultaat.
Deze ontwikkeling sluit nauw aan op de verschuiving van een productgeoriënteerde naar een dienstengeoriënteerde maatschappij. Leveren van diensten vraagt van medewerkers flexibiliteit, eigen initiatief, en vooral vaardigheden om de wensen van de klant te vertalen in goede oplossingen; bijvoorbeeld communicatieve vaardigheden om de steeds complexere klantbehoeften boven tafel te krijgen en oplossingen aan die klant te presenteren. Dit vraagt sterk ontwikkelde competenties van zowel medewerkers als klant.
De omslag naar een dienstengeoriënteerde maatschappij leidde ook tot nieuwe managementmodellen, in het bijzonder dat van het aansturen op *gewenst resultaat* ofwel 'outputsturing'. In dit model krijgen medewerkers steeds meer een verantwoordelijkheid om eigen competenties, inzichten, kennis en ervaring in te zetten. Leidinggevenden definiëren 'slechts' de gewenste output en faciliteren de medewerker. Het Nieuwe Werken is hiervan een voorbeeld.

Het functierapport van 2001 speelde al in op de behoefte om minder in taken en meer in competenties te denken. Dit is in dit nieuwe rapport verder uitgewerkt. Naast een opsomming van taken[2] bij een functie, worden ook competenties benoemd.

---

1 Er zijn wereldwijd meer dan 150 definities van het begrip 'competentie' bekend. De interpretatie van het begrip competentie in dit boek, wordt toegelicht in hoofdstuk 12.

2 In het rapport van 2001 werden dit 'taakclusters' genoemd.

In functieprofielen van organisaties ziet de WEFI een vergelijkbare ontwikkeling naar nieuwe managementmodellen en naar competentiedenken. Functieprofielen worden steeds meer afgestemd op adequate vervulling, waarbij taken slechts algemeen worden genoemd en de focus op het doel ligt en op competenties. Steeds meer organisaties hanteren een functiehuis en functieprofielen die de kernwaarden van de functie beschrijven: een algemene beschrijving van de werkzaamheden, en specifiek de verantwoordelijkheden en competenties. Voor de inzet van een medewerker wordt dan een specifiek rolprofiel opgesteld. Vaak in de opdrachtomschrijving, en dus ook in termen van te bereiken resultaten. Een voorbeeld is een functieprofiel van administratief medewerker, en een specifiek rolprofiel van deze functie als projectsecretaris.

De ontwikkeling naar competentiedenken was ook nodig om aan te sluiten op de steeds sterkere en lastiger te definiëren behoeften aan ICT. Tot in de jaren tachtig richtte ICT zich vooral op het automatiseren van repeterende handmatige processen. Tegenwoordig ligt de focus volledig op de behoefte aan informatie, waarbij informatiebehoeften steeds meer fluïde zijn. Door snelle veranderingen in bedrijfsvoering, wijzigt ook de informatiebehoefte snel en continu.
Naast de informatiebehoefte speelde ook de ontwikkeling van managementmodellen een rol op basis waarvan informatici werken vanuit Service Level Agreements (SLA's). Daarin staat dienstverlening aan de klant centraal. De principes van servicemanagement zijn immers gericht op dienstverlening. Beide ontwikkelingen vragen om sterk ontwikkelde competenties van informatici.

In het algemeen ligt bij competentiedenken de focus op kennis, vaardigheden en attitude. Gelet op kennis en vaardigheden staat de vraag centraal: Wat weet de persoon, en wat kan hij hiermee doen? De attitude zegt vervolgens iets over de (persoonlijke en professionele) instelling. Competentiedenken voegt een dimensie toe, namelijk de vraag: Welke belangrijke taken en verantwoordelijkheden kun je iemand met een gerust hart toevertrouwen? Dit is sterk gebaseerd op 'bewezen' competenties, en niet gerelateerd aan eerder uitgevoerde taken.
Competentiedenken is voorts van belang voor de ontwikkeling van een medewerker. Dit zowel bezien door de ogen van de persoon in kwestie (eigen ambitie, wensen en behoeften) als naar de mening van een leidinggevende (vertaling van ambitie en behoeften van de organisatie). Hoewel een medewerker door opleiding over adequate *kennis* beschikt, is het optreden soms niet sterk genoeg doordat *vaardigheden* ontbreken, of onvoldoende zijn ontwikkeld.[3] Een medewerker kan zich dan verder ontwikkelen en zijn performance verbeteren door op *vaardigheden* te focussen, dat wil zeggen op *de toepassing* van de opgedane kennis in de context van de beroepsuitoefening. Bovendien kan de carrièreontwikkeling beter worden afgestemd op bewezen competenties van een medewerker. Vroeger ging carrièreontwikkeling hand in hand met opdoen van kennis, uitbreiden van het takenpakket, of toekennen van managementverantwoordelijkheden. Een carrièreontwikkeling derhalve die is gebaseerd op kennis en praktijkervaring. Of iemand de vaardigheden voor de nieuwe rol of functie had, kwam daarbij slechts in tweede instantie aan de orde. Bij competentiemanagement zijn juist de vaardigheden van een informaticus dominant. De focus ligt meer op potentiële vaardigheden om nieuwe taken uit te voeren, dan op kennis; die wordt wel verkregen door opleiding. En ervaring doet iemand in de praktijk wel op.

3 Kennis kun je 'opdoen', vaardigheden kun je 'ontwikkelen'; zie hiervoor hoofdstuk 12.

6.3 Een leven lang leren: meer dan permanente bijscholing wat betreft kennis, maar ook de vaardigheden

Competentiemanagement wordt wel beschouwd als een nieuwe HRM-techniek voor betere ontwikkeling van medewerkers. Dat is misschien waar, maar competentiemanagement is meer. Het leidt tot inzet van medewerkers daar waar zij kennis én vaardigheden hebben. Competentiemanagement leidt ook tot andere managementmodellen, taakopvatting en competenties van managers. De ontwikkeling van de maatschappij en het daarop aansluitende competentiemanagement heeft bovendien uitstraling naar de permanente ontwikkeling van medewerkers, niet alleen wat betreft kennis, maar zeker ook wat betreft vaardigheden.
In de informatie-intensieve samenleving gaan mensen in hun arbeidsproces relaties aan met hun omgeving die zich kenmerken door uitwisseling van data, veelal gebaseerd op afspraken over dienstverlening. Klanten en dienstverleners leren daarbij van elkaar – hetgeen vaak een niet beschreven onderdeel is van dienstverlening. Dit leidt tot resultaten die voor beiden meerwaarde hebben: de klant krijgt een oplossing, de dienstverlener ontwikkelt nieuwe techniek of knowhow waarmee hij klanten nog beter kan bedienen. Daarmee levert hij tegelijkertijd een bijdrage aan de competentieontwikkeling van de eigen organisatie.
Voor dergelijke relaties met klanten moeten medewerkers meer kunnen dan het uitvoeren van opgedragen taken. Ze worden schakels in een netwerk met klanten, en moeten over competenties beschikken om in die rol te functioneren. Daartoe moet het bedrijf hen faciliteren. 'Leren' krijgt daarmee een andere betekenis. Vanuit het industriële denken was leren vooral up-to-date blijven wat betreft kennis. Vertaald naar de ICT-wereld wilde dat zeggen het bijhouden van kennis van bijvoorbeeld technische ontwikkelingen bij Microsoft, Oracle of SAP. Dit was het bieden van toegevoegde waarde voor klanten door het beschikken over up-to-date kennis.
De kern van leren, en breder: de permanente ontwikkeling van personen, ligt wellicht in de volgende vraag: Hoe overleeft iemand in de huidige maatschappij waarin steeds hogere eisen aan zijn professionele functioneren worden gesteld? En: Hoe ontwikkelt hij zich om zich hiervoor te wapenen? Het antwoord is eenvoudig: Mensen overleven door competent te zijn en te blijven, door te blijven leren (kennis) en zich voortdurend te ontwikkelen (vaardigheden) en zich aan te passen aan de omstandigheden of aan de klant.
Van belang zijn dus niet alleen competenties 'om je vak uit te oefenen' maar ook, en steeds meer, de competenties om 'jezelf als persoon en vakman verder te ontwikkelen'. Het 'steeds verder kunnen ontwikkelingen van je eigen competenties' is daarmee een kerncompetentie geworden.

6.4 Competentiedenken in het onderwijs

Vanuit het perspectief van competentiemanagement en competentiedenken is het ook goed om te kijken naar het onderwijs, al dan niet regulier. Door de kennisgerelateerde opleidingscurricula levert het onderwijs mensen af die veel weten, maar vaak niet over de competenties beschikken om het geleerde in de praktijk toe te passen. Als voorbeeld: theoretische kennis van schematechnieken om ontwerpen van systemen te documenteren, zoals DFD's, is een vaktechnische basis voor een ontwerper. Heeft deze ontwerper in zijn opleiding geen vaardigheden ontwikkeld om gebruikers te interviewen en het ontwerp aan hen terug te koppelen, dan is hij niet effectief in de praktijk inzetbaar. Dit nog los van het feit dat hij ervaring nodig heeft om op professioneel niveau te functioneren.
Een algemene klacht over – in het bijzonder het reguliere – onderwijs is dat studenten 'kennis

van gisteren opdoen' en derhalve achterlopen op het werkveld. Ook dit is kennisgerelateerd. Het onderwijs kan beter aansluiten op de behoeften van de praktijk door studenten *inzichten* te bieden in de principes van techniek. Vervolgens dient de competentie te worden ontwikkeld om op basis van die inzichten hun kennis toe te passen op moderne(re) techniek.
Het onderwijs stelt dat door projectgerichte opleiding wordt gewerkt vanuit de principes van de competentiegerichte ontwikkeling van studenten, meestal vertaald in projectgericht onderwijs. De ontwikkeling van de door het bedrijfsleven gevraagde competenties loopt echter helaas nog achter op de behoeften in de praktijk.

6.5 Competentiedenken vanuit het rapport Werken in een digitale wereld

In de hiervoor beschreven beschouwingen staan competenties, competentiemanagement en competentiedenken centraal. De maatschappelijke ontwikkelingen en klanten vereisen van informatici dat zij over sterk ontwikkelde competenties beschikken. Dit rapport en het daarin gepresenteerde KNVI-competentiemodel is daarom ook sterk competentiegericht. Het biedt gebruikers van dit competentiemodel ondersteuning bij het doorvoeren van de principes van competentiedenken. Hierbij wordt voortgebouwd op het rapport van 2001. Niet alleen worden *taken* benoemd, ook worden *competenties* geïdentificeerd die voor de adequate uitvoering van deze taken benodigd zijn. Dit wordt bovendien normstellend gepresenteerd. Het rapport biedt daarmee de mogelijkheid voor:

- informatici om zichzelf te definiëren wat betreft vakkennis en wat betreft competenties;
- informatici om zich te oriënteren op hun toekomst, zowel wat betreft toekomstige taakuitoefening (de taken) als de daarvoor benodigd geachte competenties; dit biedt hun niet alleen een gewenst carrièrepad maar ook inzicht in de gewenste ontwikkeling van kennis en vaardigheden;
- bedrijven, managers en HRM-specialisten om op het eigen bedrijf afgestemde en specifieke functie- en rolprofielen op te stellen, inclusief de competenties die in het algemeen en door een organisatie specifiek van belang worden geacht;
- opleiders om opleidingscurricula op te stellen, inclusief de competenties (in het bijzonder de vaardigheden) die hierin van belang worden geacht.

7 Doewijzer

7.1 Inleiding

Dit rapport biedt inzicht in functies, rollen, taken en competenties in de ICT voor zowel werkenden, studenten, leidinggevenden, HRM-professionals als bijvoorbeeld opleiders. Door de opbouw van het rapport en het gepresenteerde KNVI-competentiemodel (gebaseerd op het e-CF) is dit rapport bruikbaar voor een breed scala aan professionals.

7.2 Dé functie bestaat niet ...

Ondanks de in vele opzichten geslaagde pogingen in voorgaande rapporten om ordening te brengen in de vele functies, rollen en taken, was er kritiek: de gedefinieerde functieprofielen waren niet altijd en in elke organisatie van toepassing. Men zou dat kunnen benoemen als 'dé functie bestaat niet': iedere organisatie heeft behoefte aan specifieke functies. Daarom is dit rapport weer verder uitgebouwd. Het biedt een overzicht van veelgevraagde en algemeen voorkomende functies. Tegelijk is de flexibiliteit om op de eigen organisatie gerichte functieprofielen samen te stellen gebleven. Ook de opzet van het KNVI-competentiemodel met 'bouwsteentjes' – de *taken* en *competenties* – ondersteunt deze behoefte optimaal.
Zoals onder andere in hoofdstuk 3 is aangegeven, is het KNVI-competentiemodel in het European e-Competence Framework (e-CF) geïntegreerd en zijn omgekeerd de functies – naast de taken – ook beschreven met de e-CF e-competentiereferenties.

7.3 Het KNVI-competentiemodel gerelateerd aan de HRM-processenmatrix

Zoals in de hoofdstukken 2 en 3 aangegeven, is dit rapport, en het daarin gepresenteerde KNVI-competentiemodel, bedoeld voor een brede toepassing. Dit wordt nader geïllustreerd aan de hand van de matrix in tabel 7.1 waarin enkele typische doelgroepen en de HRM-processen als uitgangspunt zijn genomen.

Tabel 7.1 Doelgroepen en HRM-processen

Doelgroep / Proces	Beroepsbeoefenaar	Bedrijven en ICT-leveranciers	Opleider	Bemiddelaar
Instroom	– Beroepskeuze – Opleidingseisen	– Functieprofielen en inrichten van functiehuizen – Rolprofielen – Personeelsselectie – Opleiding en training	– Opleidings-curricula – Instroomcriteria – Exameneisen	– Beroeps-voorlichting – Opleidingsadvies – Werving en selectie

Doelgroep / Proces	Beroepsbeoefenaar	Bedrijven en ICT-leveranciers	Opleider	Bemiddelaar
Doorstroom	- Beroeps-ontwikkeling - Loopbaanplanning - Jobcirculatie - Erkenning van verworven competenties (EVC)	- Personeels-begeleiding - Coaching - Resource-management	- Bijscholing - Opleidings-curricula	- Recruitment
Uitstroom	- Carrièreplanning	- Begeleiding bij uitstroom	- Omscholing	- Outplacement - Bemiddeling

7.4 De doelgroepen

Tot de doelgroepen voor wie dit rapport behulpzaam kan zijn behoren:

- *IT-professionals*: mensen die werkzaam zijn in de ICT of die hun toekomstige werk nog aan het bepalen zijn.
- *Bedrijven (klantorganisaties) en ICT-leveranciers*: bedrijven en instellingen die ICT toepassen of ICT-diensten leveren. Met name het HR-management en het lijn- en projectmanagement kunnen dit rapport gebruiken, niet alleen voor ICT-functies maar ook voor ICT-functies in de business.
- *Opleiders en certificeringsorganisaties*: organisaties die ICT-opleidingen aanbieden (regulier en niet-regulier onderwijs), trainingen aanbieden voor de ontwikkeling van competenties (vaardigheden), en/of certificering (zoals met examens) op ICT-gebied afgeven.
- *Bemiddelaars*: organisaties die bemiddelen tussen professionals en bedrijven. Dit kunnen zowel commerciële bureaus voor personeelsbemiddeling of -detachering zijn als overheids-instanties die werklozen bemiddelen naar betaald werk.

7.5 HRM-proces: instroom

Onder 'instroom' wordt hier verstaan: werkzaam worden in de ICT. Bij de instroom van professionals kan dit rapport op de volgende manieren behulpzaam zijn bij ondersteuning van HRM-processen.

- *Beroepskeuze.* Vaak is de beroepskeuze gebaseerd op interesses en 'vage' indrukken. Voor een bewuste beroepskeuze moeten potentiële ICT'ers een duidelijk beeld gepresenteerd krijgen van wat werken in de ICT wel en niet inhoudt en welke verwachtingen ze mogen hebben. Als dit beeld niet helder is, kan dit een verminderde interesse voor het vakgebied tot gevolg hebben. Cijfers over de instroom van professionele ICT'ers geven aan dat het beeld van de ICT voor verbetering vatbaar is. Het beeld van de volledig technisch georiënteerde 'nerd' is achterhaald. ICT biedt naast techniek steeds meer organisatiegeoriënteerde functies, waar met name vrouwen sterk in zijn. Voor een goed beeld van ICT-functies biedt dit rapport de algemeen geïdentificeerde functies met daarnaast de invulling ervan met taken en competenties. Dit kan een professional helpen zich te oriënteren op het vakgebied.
- *Opleidingseisen.* Voor degenen die voor een beroepskeuze staan en voor opleiders biedt dit rapport de voor ICT-functies vereiste competenties, en afgeleid daarvan de opleidingseisen. Dit is van belang voor de (potentiële) ICT'er om zich voor te bereiden, maar ook voor organisaties die voor specifieke functies goed opgeleide medewerkers nodig hebben. Aan het toepassen

van het KNVI-competentiemodel voor het definiëren van opleidingen en opleidingscurricula is een apart hoofdstuk gewijd: hoofdstuk 20.

- *Opstellen van functie- en rolprofielen en inrichten van functiehuizen.* Voor het verkrijgen van adequaat opgeleide medewerkers, zijn functie- en rolprofielen van belang. Deze profielen zijn normstellend voor het aannamebeleid. Voor het vaststellen van de carrièremogelijkheden en de arbeidsvoorwaarden definiëren de meeste organisaties bovendien functiehuizen: een opsomming en beschrijving van functies, en vaak ook een potentiële opeenvolging van functies. Zoals eerder gememoreerd stellen de meeste organisaties eigen functieprofielen op. Dit rapport biedt enerzijds de elementaire bouwsteentjes voor het opstellen van functie- en rolprofielen: taken en competenties. En anderzijds een lijst van algemeen voorkomende ICT-functies in het werkveld. Bovendien biedt dit rapport een uitgebreide 'receptuur' voor het opstellen van – specifieke – functie- en rolprofielen (zie hoofdstuk 18).
- *Personeelsselectie.* Personeelsselectie vereist inzicht in de eisen die aan functies worden gesteld en waaraan de gezochte ICT'ers moeten voldoen. Hierbij gaat het zowel om 'harde' vaktechnische competenties, als om de meer 'zachte' competenties als persoonlijkheid, affiniteit met de bedrijfscultuur en sociale vaardigheden. Tot slot zijn vaak specifieke competenties (meestal kennis) nodig om in bepaalde sectoren te kunnen functioneren; bijvoorbeeld kennis van bancaire processen. Met dit rapport is het mogelijk deze eisen te benoemen en inzichtelijk te maken aan de hand van de lijst van standaardfuncties, -taken en -competenties. Ze kunnen voorts worden gebruikt om kandidaten te selecteren. Businesscompetenties zijn overigens zodanig specifiek dat ze niet vanuit het KNVI-competentiemodel kunnen worden ingevuld.
- *Opleiding en training.* Opleidingen zijn een doeltreffend – maar ook kostbaar – instrument om het functioneren van medewerkers te vergroten. De vraag welke kennis en vaardigheden nodig zijn is gerelateerd aan de functie of rol waarvoor iemand moet worden opgeleid. Ook dit vraagt om functieprofielen waarin deze competenties worden gedefinieerd. De methodiek van dit rapport om functieprofielen op te stellen (met taken en competenties), kan dit ondersteunen.
- *Opleidingscurricula.* Opleiders moeten curricula aanbieden die invulling geven aan functioneringseisen en daarvan afgeleide opleidingseisen. Voor opleiders is inzicht in welke eisen aan welke functies en taken worden gesteld, belangrijk. Dit is de basis voor een relevant opleidingsaanbod. Ontbreekt deze helderheid, dan ontstaat gemakkelijk discrepantie tussen onderwijs en arbeidsmarkt. Heldere functie- en opleidingseisen zijn dus van belang voor zowel de arbeidsmarkt als de onderwijswereld. Dit rapport onderkent algemene (basis)opleidingen, maar ook meer specifieke functie- of taakgerichte opleidingen. De methodiek om het KNVI-competentiemodel te gebruiken voor het opstellen van opleidingscurricula wordt toegelicht in hoofdstuk 20. Hier wordt bovendien de nadruk gelegd op enerzijds *kennis*, en anderzijds de *vaardigheden* om die kennis adequaat toe te passen.
- *Instroomcriteria.* Voor zowel organisaties als opleiders zijn heldere instroomcriteria voor de verschillende ICT-functies en -opleidingen van belang; dit zijn beschrijvingen van functies of opleidingen waarin de basiseisen (de startkwalificaties) worden geformuleerd om naar een (nieuwe) functie te groeien of een opleiding met redelijke kans op succes te volgen. De instroomcriteria kunnen worden afgeleid van de taken waarvoor die instroom plaatsvindt en de daaraan gekoppelde competenties. Bovendien definieert dit rapport ook de vereiste minimale NLQF-niveaus (het Nederlands Kwalificatieraamwerk) voor de functies: de startkwalificatie.
- *Exameneisen.* Opstellen van exameneisen vindt meestal plaats vanuit de wettelijke eisen. Exameneisen zijn nodig om een norm te stellen voor een opleiding en vervolgens 'objectief'

te kunnen beoordelen of een student aan de eisen voldoet. Los van deze wettelijke eisen pleit KNVI ervoor om opleidingen en exameneisen meer te enten op het werkveld. Die eisen worden steeds meer gedefinieerd in termen van competenties, waarbij vaardigheden steeds prominenter worden. De opleidingscurricula kunnen uit het KNVI-competentiemodel worden afgeleid (zowel voor algemene opleidingen als voor functie- en taakgerichte opleidingen). Dit biedt een basis om daar ook de exameneisen op af te stemmen.

- *Beroepsvoorlichting.* Voor beroepsvoorlichting kan worden gekeken naar wat (hiervoor) voor de beroepskeuze is geschreven. Voorlichting over zowel ICT-functies als de daarin voorkomende taken en vereiste competenties kan op het KNVI-competentiemodel worden gebaseerd.
- *Opleidingsadvies.* Goed opleidingsadvies kijkt naar de interesses en ambities van een persoon, maar ook naar de mogelijkheden in termen van competenties. Ook hier is inzicht in de samenhang van mogelijkheden binnen het vakgebied en de vereiste competenties een noodzakelijke voorwaarde voor goed advies.
- *Werving en selectie.* Voor werving, selectie en personeelsbemiddeling is goed inzicht in functies en vereiste competenties cruciaal: het gaat immers om het selecteren van de beste medewerker voor de organisatie. Bovendien moet worden onderzocht of de geboden positie aansluit op de mogelijkheden en de ambitie van de te selecteren persoon. Daarom is inzicht in het werkveld van ICT-functies (de taken in de context van de taakuitoefening) en de benodigde competenties belangrijk.

7.6 HRM-proces: doorstroom

'Doorstroom' is: het zich binnen het vakgebied ontwikkelen richting nieuwe werkzaamheden en functies. Bij de doorstroom van professionals kan dit rapport op de volgende manieren behulpzaam zijn bij ondersteuning van HRM-processen.

- *Beroepsontwikkeling.* Voor een optimale ontwikkelen van een medewerker, waarbij zijn ambities en mogelijkheden goed op elkaar afgestemd worden, is goed inzicht in het vakgebied nodig. Beroepsontwikkeling is – als instrument om loopbaankansen helder te maken – van groot belang voor medewerkers en voor de organisatie. Dit rapport biedt de basis voor inzicht in de diverse functies en daaraan gerelateerde taken en competenties. Identificeren van taken en competenties, en het toewijzen daarvan aan benoemde functies, kan dit voorts operationaliseren.
- *Loopbaanplanning.* Loopbaanplanning is noodzakelijk om tijdig te voorzien in adequaat opgeleide medewerkers. Ze is eveneens noodzakelijk om medewerkers continu uit te dagen zich verder te ontwikkelen ('boeien en binden'). Voorts is loopbaanplanning van belang voor ontplooiing van de individuele medewerker. Loopbaanplanning vereist sturing met ontwikkelplannen. Dit kan vanuit het perspectief van de organisatie zijn: het ontwikkelingsplan van de organisatie. Het perspectief van de medewerker kan een Persoonlijk Ontwikkel Plan (POP) zijn. Beide plannen vereisen inzicht in de verschillende taken en daaraan verbonden competenties, en de logische opeenvolging van uitbreidingen van taakuitvoering en functies. Het gaat daarbij niet alleen om uitbreiding van het takenpakket; het gaat ook om een ontwikkeling wat betreft *context* waarin de taken worden uitgevoerd (bijvoorbeeld de toenemende organisatorische scope van een functie). Daarnaast gaat het om de *uitvoeringspositie* (bijvoorbeeld: 'zelfstandig een taak uitvoeren' of 'leidinggeven aan de taakuitvoering'). Dit behoort tot de mogelijkheden voor de ontwikkeling van medewerkers (zie hiervoor hoofdstuk 15).

- *Jobcirculatie.* Jobcirculatie, meestal voor medewerkers in een managementfunctie, wordt pas echt effectief als de verandering van werkomgeving aansluit bij de medewerker; bij zijn ontwikkelpad, competenties, kennis, ervaring en interesses. Ook hierbij is inzicht in functies, taken en competenties van essentieel belang. Bovendien biedt ook de context van de taakuitoefening (zie hoofdstuk 15) een mogelijkheid voor jobcirculatie.
- *Personeelsbegeleiding.* Waar professionaliteit van medewerkers het belangrijkste kapitaalgoed is, moet aandacht voor personeelsbegeleiding vanzelfsprekend zijn. En dan vooral voor het begeleiden van medewerkers in hun professionele ontwikkeling. Dit vraagt om inzicht in de mogelijkheden voor professionele ontwikkeling, gebaseerd op inzicht in taken en competenties.
- *Coaching.* Coaching is het begeleiden van medewerkers om hun werk goed uit te voeren (zie ook: personeelsbegeleiding). Vanuit competentiemanagement is coaching steeds meer het faciliteren van medewerkers in hun professionele ontwikkeling. In beide gevallen gaat het om het optimaal aanwenden van competenties van medewerkers en om inzicht in de benodigde competenties. Daarbij kan dit rapport en het daarin gepresenteerde KNVI-competentiemodel helpen.
- *Resourcemanagement.* Resourcemanagement is het tijdig beschikbaar krijgen van juiste en goed opgeleide medewerkers. Selectie ('de juiste man voor de job') is de verantwoordelijkheid van het management. Een belangrijke voorwaarde voor het effectief functioneren van organisaties of het slagen van projecten is de effectieve inzet van medewerkers. Koppelen van de juiste competenties aan de behoeften vanuit de organisaties is belangrijk. Dit vraagt derhalve niet alleen inzicht in taken, maar ook in de daarvoor benodigde competenties.
- *Bijscholing.* Het ICT-vakgebied verandert snel en in vele opzichten. Steeds worden nieuwe technieken geïntroduceerd en is bijscholing van belang. Dit geldt ook voor taken, functies en competenties. Outsourcing is een duidelijk voorbeeld waar dit speelt; het gaat bij outsourcing niet alleen om *kennis*, maar ook om de *competenties* van ICT'ers om samenwerking met een leverancier optimaal in te vullen. Bijscholing is daarom van belang voor de organisatie en voor de individuele ICT'er. Goed inzicht in de samenhang tussen functies en competenties is voor een adequate sturing op bijscholing dan ook een must.
- *Opleidingscurricula.* Het samenstellen van een goed opleidingstraject vergt inzicht in de samenhang tussen loopbaanpaden en de daaraan verbonden competenties. Dat maakt het mogelijk opleidingspakketten samen te stellen gericht op kennis én ontwikkeling van vaardigheden, die een waardevolle ondersteuning bieden voor de ontwikkeling van medewerkers. Bij het HRM-proces instroom is hierover al het een en ander beschreven.
- *Recruitment.* Recruitment, het werven en selecteren van medewerkers, heeft ook een rol bij de doorstroom van medewerkers naar een nieuwe job of werkkring. Dit rapport biedt zowel de individuele ICT'er als recruitmentbureaus inzicht in functies en mogelijkheden voor de *next step* in de carrière.

7.7 HRM-proces: uitstroom

'Uitstroom' is het (al dan niet vrijwillig) verlaten van de werkkring. Bij de uitstroom van professionals kan dit rapport op de volgende manieren behulpzaam zijn bij ondersteuning van HRM-processen.

- *Carrièreplanning.* Iemand die naar een ander vakgebied overstapt, staat voor een beroepskeuze. Een goede sterkte-zwakteanalyse, gekoppeld aan goed inzicht in de eigen competenties, is noodzakelijk om tot een goede oriëntatie op verdere loopbaanontwikkeling te komen. Daarnaast moeten de vakinhoudelijke mogelijkheden en beperkingen helder zijn. Hierover is hiervoor bij 'Instroom' het een en ander beschreven.

- *Begeleiding bij uitstroom.* Een organisatie die medewerkers bij gedwongen ontslag wil begeleiden naar een nieuwe werkkring, moet inzicht hebben in de competenties van deze medewerkers, en in de gevraagde competenties elders. Zij zal de aangeboden en gevraagde competenties ook goed op elkaar moeten matchen. Het KNVI-competentiemodel biedt daarvoor – met de benoemde competenties – heldere inzichten.
- *Omscholing.* Wie kiest voor een nieuw vakgebied moet zich – vaak in een vrij korte tijd – veel kennis eigen maken, en diepgang zien te bereiken. Dat is geen geringe opgave! Dat geldt ook voor het samenstellen van een goed opleidingspakket om effectief in deze behoeften te voorzien. Voor wie bij uitstroom kiest voor intrede in de ICT biedt dit rapport inzicht in taken, functies en vereiste competenties binnen het vakgebied.
- *Outplacement.* Herplaatsen van mensen die al lange tijd in een bepaalde functie hebben gewerkt, vereist zorgvuldigheid. Outplacement vindt vaak plaats indien medewerkers gedwongen afvloeien. Voor zowel de medewerker als de organisatie die deze moet verlaten, is een zorgvuldig outplacementtraject van belang. Daarom moet met zorg worden gekeken naar iemands competenties, naar zowel de persoonlijke als vaktechnische bekwaamheden. Dat vormt de basis voor begeleiding naar een nieuwe werkkring die past bij iemands ambities, kennis en competenties. In het bijzonder de taken en de competenties van het KNVI-competentiemodel kunnen hier behulpzaam bij zijn.
- *Bemiddeling.* Als onderdeel van outplacement kan bemiddeling van ICT'ers naar een volgende werkkring optimaal invulling geven aan de persoonlijke eigenschappen en wensen. Daarbij speelt goed inzicht in zowel de persoonlijke en vaktechnische competenties als in zijn interesses en ambities een belangrijke rol. Daarnaast is het ook van belang een goed beeld te hebben van een potentiële functie en van de omgevingsfactoren (de context).

8 Het KNVI-competentiemodel

8.1 Inleiding

De KNVI hecht aan één uniform competentieframework en heeft met dit rapport de volgende doelen:

1 bieden van visie op competentiemanagement in de ICT, gericht op normering van functies, taken, en competenties;
2 harmonisatie van functies, taken en competenties, door standaarden te bieden ('best practices');
3 aansluiting van het rapport op ontwikkelingen in het vakgebied; het KNVI-competentiemodel sluit aan op de Europese standaard e-CF;
4 het rapport en het KNVI-competentiemodel een actueel en praktisch instrument te laten zijn; daarom heeft de KNVI het voornemen om het rapport voortdurend te actualiseren in samenwerking met andere vak- en beroepsverenigingen.

Deze doelen vragen om een toelichting op het KNVI-competentiemodel, en inzicht in het ontstaan en de opbouw daarvan.

8.2 De uitgangspunten voor het KNVI-competentiemodel

Bij het samenstellen van het KNVI-competentiemodel is uitgegaan van het eerdergenoemde rapport uit 2001. Het daarin gepresenteerde competentiemodel heeft de volgende uitgangspunten:

1 Een ICT'er voert vanuit een functie een aantal *taken* uit, in een bepaalde *context* en *uitvoeringspositie.*
2 De *taken* zijn handelingen die tot een bepaald resultaat leiden. Om die taken adequaat uit te voeren, zijn specifieke *competenties* nodig.
3 De taken worden in een specifieke *context* uitgevoerd. Ook hiervoor zijn specifieke *competenties* vereist.
4 Taken hebben een specifieke *uitvoeringspositie*[1]. Voorbeelden: zelfstandige uitvoering, in een leidinggevende rol of adviserend over uitvoering. Ook hiervoor zijn specifieke *competenties* nodig.

Gelet op het belang van het e-CF is onderzocht of en hoe het KNVI-competentiemodel aansluit op eCF, en hoe de aansluiting praktisch vorm kan worden gegeven. Zoals al eerder is beschreven, en zoals in hoofdstuk 17 nader uiteengezet zal worden, is deze koppeling[2] op twee manieren tot stand gebracht:

1 de taken zijn gekoppeld aan de e-CF e-competentiereferenties (e-competences);

---

1 In het functierapport van 2001 'taak-rol' genoemd.

2 De koppeling is mogelijk door de e-CF e-competentiereferenties te *interpreteren* als 'taakvelden'; zie hiervoor onder andere hoofdstuk 17.

2 de functies van het KNVI-competentiemodel zijn – naast de opsomming van de taken – ook beschreven met de e-CF e-competentiereferenties.

Hiermee worden e-CF en KNVI-competentiemodel over en weer in elkaar opgenomen.

8.3 Het KNVI-competentiemodel

Hierna wordt het KNVI-competentiemodel grafisch weergegeven. De toelichtingen op deze elementen in het KNVI-competentiemodel worden in de volgende paragrafen gegeven en uitgebreid behandeld in de hoofdstukken 9 tot en met 14.

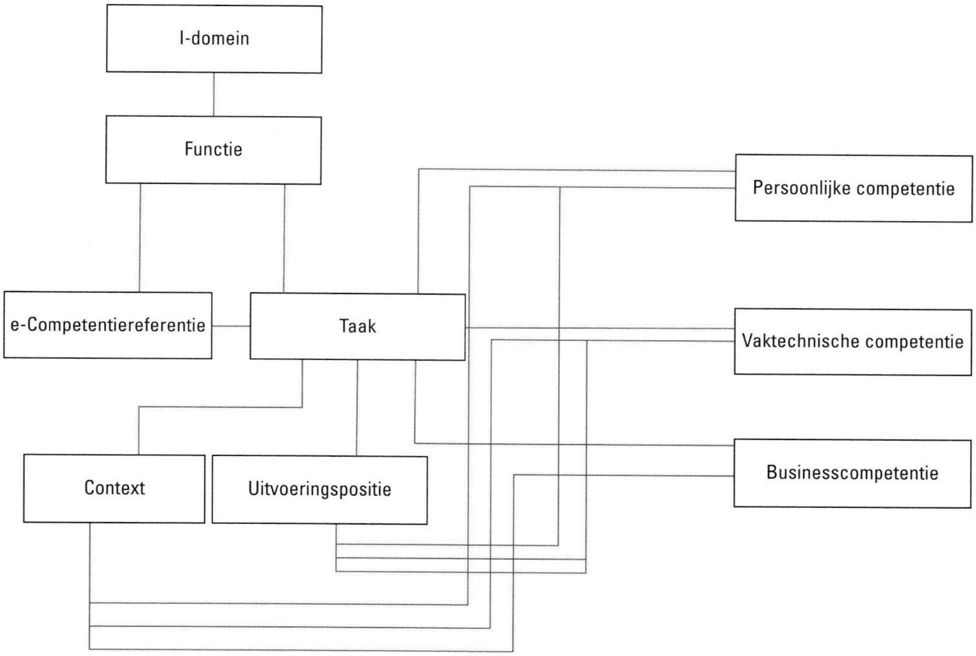

Figuur 8.1 Het KNVI-competentiemodel

8.3.1 I-domeinen

Elke functie en taak kan worden gerelateerd aan een zogenoemd *I-domein*. Dit is een ICT-vakgebied met een bepaald gemeenschappelijk resultaat en/of doel. Vaak zijn analoge competenties in een I-domein van belang. Als I-domeinen zijn geïdentificeerd:

- Strategie, beleid en kaderstelling;
- Architectuur;
- Ontwikkelen van bedrijfsprocessen, informatiesystemen en de technische infrastructuur;
- Invoeren van nieuwe of gewijzigde systemen;
- Beheren van bedrijfsprocessen, informatiesystemen en de technische infrastructuur;
- Service en dienstverlening;
- Verwerven, inkoop en procurement;
- Financieel;

- Personeel;
- Commercieel.

In hoofdstuk 9 worden de I-domeinen nader toegelicht.

8.3.2 Functies

Een *functie* is de beschrijving van de bundeling van werkzaamheden uitgevoerd door een persoon. Er wordt een vooraf gedefinieerd resultaat mee bereikt en er zijn specifieke competenties voor nodig. Vanuit het KNVI-competentiemodel wordt een functie beschreven als een opsomming van taken waaraan competenties zijn verbonden om de taken adequaat uit te voeren. Ook zijn de e-competentiereferenties van het e-CF in een functie opgenomen.
Een taak (dus ook een functie) wordt altijd uitgevoerd in een bepaalde *context* (zoals een afdeling, het bedrijf of het concern. Daarnaast speelt een bepaalde *uitvoeringspositie* zoals uitvoerder of adviseur een rol.
Een functie (of rol) wordt opgebouwd uit:

- de functietitel die in het veld als een herkenbare titel wordt (h)erkend;
- de toelichting op taakveld en werkgebied;
- de verzameling van taken met hun bijbehorende vaktechnische, persoonlijke en businesscompetenties;
- de taken voorzien van context en uitvoeringspositie met de hieraan verbonden vaktechnische, persoonlijke en businesscompetenties;
- de verzameling e-referentiecompetenties uit het e-CF.

In hoofdstuk 10 wordt het begrip 'functie' nader toegelicht.

8.3.3 Taken

Een *taak*[3] bestaat uit logisch samenhangende werkzaamheden die leiden tot één bepaald resultaat. In het algemeen wordt een taak door één persoon, als een samenhangend geheel van activiteiten, uitgevoerd. De meeste werkzaamheden van een taak zijn homogeen wat betreft niveau van kennis en/of vaardigheden. In het algemeen kunnen meer mensen – al dan niet gezamenlijk – eenzelfde taak uitvoeren.
Voor adequate uitvoering van een taak moet de medewerker over vaktechnische, persoonlijke en businesscompetenties beschikken. De taken die in dit rapport zijn beschreven, kunnen voor diverse doeleinden worden gebruikt. Daarom zijn ze los van de specifieke context of uitvoeringspositie geformuleerd, zoals: uitvoerder of adviseur. Hierdoor zijn taken minder tijd- en organisatiegebonden dan functies.
Een taak is opgebouwd uit:

- de taaknaam of -identificatie;
- de omschrijving van de activiteiten;
- de resultaten van uitvoering;
- de opsomming van vaktechnische competenties;

3 De term 'taak' vervangt de term 'taakcluster' in het rapport 2001.

- de opsomming van persoonlijke competenties;
- de opsomming van businesscompetenties[4].

Voor het beschrijven van functies en rollen is het nodig relevante taken te selecteren, de *context* toe te voegen, en de uitvoeringspositie te beschrijven. Een nadere toelichting op taken is opgenomen in hoofdstuk 11.

8.3.4 Context

Context beschrijft de omstandigheden waarin, en de middelen waarmee werkzaamheden worden uitgevoerd. De context wordt onder meer gedefinieerd door:

- middelen, methoden, technieken, tools, enzovoort;
- specifieke gebruikte apparatuur, techniek en dergelijke;
- organisatorische scope;
- de belanghebbenden of stakeholders;
- de branche;
- de cultuur (profit- of non-profitorganisaties).

Aan de context zijn – soms additionele – vaktechnische, persoonlijke of businesscompetenties verbonden om een taak adequaat te kunnen uitvoeren. Een nadere toelichting op de context is opgenomen in hoofdstuk 13.

8.3.5 Uitvoeringspositie

Een *uitvoeringspositie*[5] is in het algemeen de positie van een medewerker; dit wordt in de praktijk ook wel als 'rol' aangeduid. Een taak is steeds *in uitvoerende zin* geformuleerd. Men voert de taak zelfstandig uit als hoofd- of nevenactiviteit. Een taak wordt echter ook in een bepaalde uitvoeringspositie uitgevoerd, onderscheiden naar oplopende gradatie:

- meewerken, assisteren;
- zelfstandig uitvoeren;
- begeleiden (is instruerend);
- adviseren;
- sturing geven aan, leiden van de uitvoering.

Een nadere toelichting op de uitvoeringspositie is opgenomen in hoofdstuk 14.

8.3.6 Competenties

Een *competentie* is een combinatie van *vakinhoudelijke* en *persoonlijke* bekwaamheden die nodig is om een taak of functie goed uit te voeren. Voorts zijn vaak *businessgerelateerde* kennis en vaardigheden nodig, gerelateerd aan organisatie of marktsegment. In het KNVI-competentiemodel wordt een onderscheid gemaakt tussen:

- *vaktechnische competenties*: nodig om ICT-taken goed uit te voeren;
- *persoonlijke competenties*: nodig om te functioneren in de sociale context van een organisatie;
- *businesscompetenties*: gerelateerd aan de business en/of aan het marktsegment.

---

4 Omdat businesscompetenties specifiek zijn voor een organisatie (of marktsegment), worden deze wel geïdentificeerd maar konden deze niet worden uitgewerkt.

5 De term 'uitvoeringspositie' vervangt de term 'taak-rol' in het rapport 2001.

Naast de aan een taak verbonden competenties, kunnen – additioneel – competenties worden geïdentificeerd die zijn verbonden aan de specifieke context. Voor een nadere beschouwing en definitie van competenties wordt verwezen naar hoofdstuk 12.

Het KNVI-competentiemodel en het e-CF hanteren verschillende definities van het begrip 'competentie' (zie hoofdstuk 16). Vanwege het belang van integratie van het e-CF in het KNVI-competentiemodel, zijn de e-CF e-competentiereferenties (e-competences) als 'bijzondere' competenties aan de functies toegevoegd.

8.3.7 e-Competentiereferenties

De *e-competentiereferenties* van het e-CF benoemen de competenties zoals die door het e-CF-geïdentificeerd zijn (hoofdstuk 16) en voor de betreffende functie relevant zijn. De e-competentiereferenties zijn dan ook – als competentie – expliciet opgenomen in de functies. De e-competentiereferenties zijn in dit rapport ook nader ingevuld (gedetailleerd) met taken.

8.4 Overzicht

Het totale overzicht van het KNVI-competentiemodel is in bijlage 10 opgenomen.

9 I-domeinen

9.1 Inleiding

Functies en taken van het KNVI-competentiemodel kunnen worden gerelateerd aan (of ingedeeld in) een zogenoemd *I-domein*. Dit is een ICT-vakgebied met een bepaald gemeenschappelijk resultaat en/of doel. Een voorbeeld van een I-domein is architectuur. Vaak zijn binnen een I-domein analoge competenties van belang.

9.2 De I-domeinen

De geïdentificeerde I-domeinen zijn:[1]

- Strategie, beleid en kaderstelling;
- Architectuur;
- Ontwikkelen van bedrijfsprocessen, informatiesystemen en de technische infrastructuur;
- Invoeren van nieuwe of gewijzigde systemen;
- Beheren van bedrijfsprocessen, informatiesystemen en de technische infrastructuur;
- Service en dienstverlening;
- Verwerven, inkoop en procurement;
- Financieel;
- Personeel;
- Commercieel.

9.2.1 Het domein Strategie, beleid en kaderstelling

In dit domein vindt beleidsvorming plaats en worden kaders geformuleerd waarbinnen informatievoorziening en ICT zich in een organisatie dienen te bewegen.
In dit domein zijn opgenomen:

- taken als: het opstellen van het informatiebeleid of een informatieplan;
- strategische en beleidsmatige functies, zoals CIO en informatiemanager.

9.2.2 Het domein Architectuur

In dit domein wordt de informatievoorziening in termen van bedrijfsprocessen, informatiesystemen (applicaties en databases) en de technische infrastructuur gemodelleerd tot een geheel.
In dit kader kunnen worden onderscheiden:[2]

- businessarchitectuur: de structuur van de bedrijfsprocessen;
- informatiearchitectuur: de (overall) structuur van applicaties en databases, en de interfaces daartussen;

1 In het functierapport van 2001 was al een indeling in I-domeinen gegeven. Deze indeling in I-domeinen is – gelet op de ontwikkelingen in het vakgebied – verder uitgebreid.

2 In het vakgebied van architectuur worden ook andere verbijzonderingen van het begrip 'architectuur' benoemd, zoals 'enterprisearchitectuur' of 'landscapearchitectuur'. Deze verbijzonderingen worden vooralsnog niet in het rapport gebruikt; er wordt uitgegaan van de meer veralgemeniseerde verbijzonderingen van dit vakgebied.

- gegevens- of data-architectuur, de definitie van en relaties tussen gegevens, vastgelegd in een datamodel (de overall data-architectuur is meestal vastgelegd in een corporate datamodel, de data-architectuur van een database in een database-datamodel);
- technische ICT-architectuur, de infrastructuur van netwerken, servers en storage.

In dit domein zijn opgenomen:
- taken als: opstellen van informatiearchitectuur of architectuur van de technische infrastructuur;
- architectuurfuncties zoals: enterprise-architect, informatie-architect en netwerkarchitect.

9.2.3 Het domein Ontwikkelen

In dit domein worden bedrijfsprocessen, informatiesystemen (geautomatiseerde en handmatige informatiefuncties, applicaties en databases) en de technische infrastructuur (netwerken, servers, storage) ontwikkeld.
In dit domein zijn opgenomen:
- taken als: ontwerpen en beheren van bedrijfsprocessen en een functioneel ontwerp;
- functies als: procesanalist, businessanalist, functioneel systeemontwerper, programmeur en applicatiemanager.

9.2.4 Het domein Invoeren

Processen en/of systemen moeten op beheerste wijze worden ingevoerd. Dit geldt voor nieuwe en gewijzigde bedrijfsprocessen, informatiesystemen en componenten van de technische infrastructuur. Het domein omvat zowel technische als organisatorische invoering:
- gebruikers werken met nieuwe processen of procedures en krijgen nieuwe systemen; dit vergt voorlichting en eventueel bijscholing;
- beheerders moeten deze nieuwe systemen accepteren (in de zin van integreren in de infrastructuur), implementeren en in beheer nemen.

Hoewel in sommige bedrijven specifiek op invoering van nieuwe processen en systemen gebaseerde functies bestaan, kunnen ook de ontwikkelaars (met adequate competenties voor de taken) in dit domein worden ingezet.
In dit domein zijn opgenomen:
- taken als: bepalen van invoeringsstrategie en testen;
- functies als: migratiespecialist en invoeringscoördinator.

9.2.5 Het domein Beheren

In dit domein worden bedrijfsprocessen, informatiesystemen en de technische infrastructuur beheerd, en worden wijzigingen geïdentificeerd en gerealiseerd, vaak 'onderhoud' genoemd. Bovendien vindt in dit domein beheer van productie en exploitatie van systemen plaats.
In dit domein zijn opgenomen:
- taken als: beheren van bedrijfsprocessen, informatiesystemen en beheren van netwerken en servers;
- functies als: applicatiebeheerder, functioneel beheerder, netwerkbeheerder en serverbeheerder.

9.2.6 Het domein Service en dienstverlening

Dit domein draait om ondersteuning aan eindgebruikers door bijvoorbeeld een servicedesk. Het domein heeft ook betrekking op het beheren van de services of diensten die aan gebruikers worden geboden en geleverd. Ook servicegerichte functies bij outsourcingsleveranciers zijn in dit domein geplaatst.
In dit domein zijn opgenomen:

- taken als: het opstellen van een dienstencatalogus en SLA's;
- functies als: medewerker servicedesk, adviseur persoonlijk computergebruik of service (level) manager.

9.2.7 Het domein Verwerven, inkoop en procurement

Veel organisaties hebben begin jaren 2000 besloten om ICT-activiteiten (structureel) uit te besteden. In de jaren daarvoor werd dit al op kleine schaal gedaan, bijvoorbeeld voor het (turnkey) uitbesteden van projecten of het inhuren van specialisten. Structureel en beleidsmatig sturen op inzet van specialisten, en de keuze om ICT-activiteiten te laten uitvoeren in de eigen organisatie of bij leveranciers, worden aangeduid als 'sourcing'.
Parallel aan structurele outsourcing is het bewustzijn ontstaan dat verwerven, inkoop en procurement van diensten bij commerciële partijen een vak op zich is. Ook wordt beleidsmatige voorbereiding (sourcingbeleid en sourcingstrategie) als uitermate belangrijk gezien. Dit vraagt om specifieke competenties. Bovendien geldt inmiddels dat outsourcing niet alleen het 'buiten de deur zetten' van ICT-beheertaken omvat, maar moet worden gezien in het licht van:

- een weloverwogen afweging van wat zelf te doen en wat zou kunnen worden uitbesteed;
- een weloverwogen selectie van leverancier(s);
- een goede afbakening van de interfaces (governance) tussen de eigen en de leveranciersprocessen.

Bovendien zijn voor dit domein specifieke competenties van belang, zoals:

- juridische en financiële kennis;
- kennis van het opstellen en afsluiten van contracten en SLA's;
- kennis van begroten en het financieel beheren van de kosten die leveranciers in rekening brengen;
- vaardigheden voor samenwerken met en aansturen van leveranciers.

Dit heeft ertoe geleid dat binnen het ICT-domein specifieke functies zijn ontstaan in het kader van sourcing van ICT.
In dit domein zijn opgenomen:

- taken als: het afsluiten en beheren van een contract;
- functies als: sourcingadviseur, service (level) manager, vendormanager, contractmanager en deliverymanager.

Er is een aantal procurementfuncties (zoals inkoper) die meestal in een inkoopafdeling zijn geplaatst en inkoopexpertise vragen. Deze functies worden niet als ICT-functies geïdentificeerd.

9.2.8 Het domein Financieel

De laatste jaren is de druk op het beheersen en, in veel organisaties, terugdringen van de ICT-kosten alleen maar groter geworden. Bovendien geldt dat het identificeren en beheren van

ICT-kosten complex is. Dit geldt ook voor outsourcing. Beoordelen van offertes en opstellen van overeenkomsten met leveranciers vraagt niet alleen financiële en juridische kennis. Het vergt ook vergaande kennis van de samenstelling van ICT-componenten en -diensten. Naast dat specialistische financiële functies nodig zijn, is het bovendien van belang dat alle ICT'ers vanuit een financieel kader kunnen denken.
In dit domein zijn opgenomen:

- taken als: beheren van een financiële administratie en begroten van kosten en/of investeringen;
- binnen het domein van ICT-functies zijn geen specifieke financieel gerichte functies geïdentificeerd, wel zijn financiële taken geïdentificeerd die aan functies zijn verbonden.

9.2.9 Het domein Personeel

Medewerkers worden ingezet op taken, in functies of bijvoorbeeld in projecten. Bovendien is ontwikkeling van medewerkers van belang. Het expliciet kennen van en sturen op de competenties van medewerkers is daarom een kerntaak. Niet alleen van HR-functionarissen maar van elke manager.
In dit domein zijn opgenomen:

- taken als: begeleiden en coachen van medewerkers en vaststellen van opleidingsbehoeften;
- binnen het domein van ICT-functies zijn geen specifieke personeelsgerichte functies geïdentificeerd, wel zijn personele taken geïdentificeerd die aan functies zijn verbonden.

9.2.10 Het domein Commercieel

In dit domein zijn functies samengebracht die vooral bij leveranciers bestaan, zoals voor marketing, acquisitie en verkoop.
In dit domein zijn opgenomen:

- taken als: onderhouden van klantrelaties en opstellen van offertes;
- functies zoals: productmanager, accountmanager en deliverymanager.

9.3 Alternatieve domeinindelingen

Door de Werkgroep Employability Framework Informatica (WEFI) zijn ook alternatieve domeinindelingen onderkend, zoals:

- *ICT-management*: de 'echte' managementfuncties[3] met een managementverantwoordelijkheid voor de ontwikkeling en het beheer van informatievoorziening, zowel functioneel als technisch. Voorbeelden zijn functies als: ICT-manager, manager datacenter of projectmanager.
- *Bedrijfsproces of bedrijfsvoering* (ook wel BIM, Business Informatie Management, genoemd): functies gericht op het managen van ontwikkeling en beheer van informatievoorziening vanuit een bedrijfskundige grondslag; vaak zijn dit functies in de businessorganisatie. Voorbeelden zijn functies als: procesanalist, businessanalist, functioneel beheerder en informatiemanager.
- *Regie*: functies gericht op het coördineren en de procesmatige sturing van de ontwikkeling van de informatievoorziening. In eerste instantie is regie ontwikkeld voor het aansturen van outsourcing. Regie is echter een veel breder taakveld en richt zich op het totale beheer van

3 Een functie of rol als servicemanager of incidentmanager valt hier dus buiten.

de informatievoorziening. Voorbeelden zijn functies als: servicemanager, changemanager en incidentmanager. Ook kunnen functies als CIO en informatiemanager in deze categorie worden geplaatst.

- *Compliance en kwaliteit*: functies gericht op beheren, ontwikkeling en toepassen van normen, standaarden en complianceregels, inclusief kwaliteitseisen, en bedoeld voor inrichting en beheer van bedrijfsprocessen en informatievoorziening. Voorbeelden zijn functies als: kwaliteitmanager, EDP-auditor en adviseur interne controle.

Deze alternatieve indeling van functies of taken in domeinen wordt in dit rapport verder niet gebruikt.

10 Functies

10.1 Inleiding

De begrippen 'functie' en 'beroep' duiden werkzaamheden en hun domein aan. Het KNVI-competentiemodel hanteert bovendien de term 'functietitel', die kan worden beschouwd als de naam van de functie. In dit rapport zijn de meest voorkomende functies en functietitels opgenomen en gedefinieerd in taken. De taken, waaraan de vereiste competenties zijn gekoppeld, vormen de bouwstenen voor het opstellen van functieprofielen. Daarbij worden meteen de benodigde competenties zichtbaar. De functies zijn, inclusief taken en competenties, genormaliseerd. Men kan voor functiebeschrijvingen voor de eigen organisatie uitgaan van deze genormaliseerde functies en hieruit taken schrappen of toevoegen. De functies dekken de gehele levenscyclus van de informatievoorziening af. Daarbij inbegrepen zijn functies die zich zowel op ontwikkeling en beheer van bedrijfsprocessen richten als op de benodigde ICT. Bedrijfsprocessen vormen immers een twee-eenheid met ICT.

10.2 Functie

Een *functie* wordt gedefinieerd als de 'bundeling van werkzaamheden, gericht op een vooraf gedefinieerd resultaat, en waarvoor specifieke competenties nodig zijn'. Een functieprofiel is de beschrijving daarvan.
Moderne managementopvattingen beschrijven functies vooral in termen van verantwoordelijkheden en bevoegdheden. Hierop wordt in dit rapport aangesloten. Het KNVI-competentiemodel beschrijft een functie als een opsomming van taken en competenties. Vanwege de koppeling met het e-CF wordt een functie ook beschreven met een opsomming van e-competences van het e-CF.
Er zijn echter functies of functietitels die geen specifiek taakveld aanduiden, bijvoorbeeld consultant. Dit zijn vaak aanduidingen van een *rol*. Deze functionaris wordt ingezet op basis van vaktechnische en persoonlijke competenties en ervaringen. Bijvoorbeeld de consultant van een adviesbureau die bij een klant wordt ingezet als projectleider of ontwerper.

10.3 Kwalificatieniveaus van een functie

Voor functies kan een uitvoerings- of kwalificatieniveau worden aangegeven. Hierbij worden in dit rapport onderscheiden:

- het initiële kwalificatieniveau of 'opleidingsniveau' om in de functie te starten (de startkwalificatie);
- de kwalificatie 'professional' om de functie volledig en professioneel uit te voeren.

In dit rapport zijn deze kwalificatieniveaus aan elke functie toegekend (gerelateerd aan het NLQF).
Naarmate competenties zwaarder wegen, neemt het niveau van de functie vaak toe. Het kwalificatieniveau wordt veelal bepaald door:

- de operationele scope van een functie, gerelateerd aan de taken;

- de scope van invloed en impact, gerelateerd aan de werkzaamheden;
- de organisatorische scope, gerelateerd aan het aantal belanghebbenden en stakeholders.

De operationele scope van een functie is gerelateerd aan het aantal taken en hun complexiteit. In grote organisaties bevat een functie vaak een beperkt aantal taken; de complexiteit van grote organisaties vereist echter wel professionaliteit. Functies zijn dan te karakteriseren als 'smal maar diep'. In kleine organisaties is de operationele scope veelal 'breed' met veel taken in een functie. Tegelijkertijd is de complexiteit meestal beperkt. Een functie is 'breed en algemeen'. Dit betekent dat het kwalificatieniveau van functies verschillend kan zijn. Afhankelijk van de operationele scope zijn meer of minder competenties vereist.
De scope van invloed en impact van een functie heeft betrekking op de strekking van de werkzaamheden. Bij grote bedrijven heeft ontwikkeling van beleid invloed op het totale concern; de invloed en de impact van werkzaamheden betreft dan het totale concern. Binnen werkmaatschappijen van grote bedrijven richten functies zich slechts op die werkmaatschappij: een kleine scope, geringe invloed en impact. Met deze aspecten dient rekening te worden gehouden bij het bepalen van het kwalificatieniveau. In kleine bedrijven omvat de scope meestal wel het totale bedrijf. Door de beperkte complexiteit is het gewenste kwalificatieniveau daar echter lager dan bij grote organisaties.
De organisatorische scope van een functie houdt verband met het aantal belanghebbenden of stakeholders met wie men te maken krijgt, zoals:
- collega's;
- belanghebbenden aansturend (managers of opdrachtgevers);
- belanghebbenden als leveranciers van kennis en informatie;
- belanghebbenden als afnemers van producten en diensten;
- toeleveranciers van mensen, producten, diensten en middelen.

Naarmate men met meer belangen te maken krijgt, neemt de complexiteit van een functie toe en is er behoefte aan meer competenties, vooral communicatieve. Het gewenste kwalificatieniveau van de functie neemt navenant toe.

10.4 Definiëren van een functie, opstellen van een functieprofiel

Het KNVI-competentiemodel bepaalt een functie op basis van een takenpakket. Deze taken worden meestal in een bepaalde context uitgevoerd, waarvan hulpmiddelen en organisatievorm voorbeelden zijn. Ook de uitvoeringspositie is van belang, bijvoorbeeld zelfstandig of leidinggevend. Van deze taken, context en uitvoeringspositie kunnen persoonlijke en vaktechnische competenties worden afgeleid. Vervolgens kunnen er nog competenties nodig zijn die gerelateerd zijn aan de business.
Het e-CF definieert een functie vanuit de e-competentiereferenties. De beschrijving van een functie in een functieprofiel wordt daarom ook beschreven door opsomming van de toegekende e-competentiereferenties.
Een functie is in het KNVI-competentiemodel als volgt opgebouwd:
- functienaam (functietitel);
- toelichting op taakveld en werkgebied;
- taken;
- vaktechnische, persoonlijke en businesscompetenties;

- taken voorzien van context en uitvoeringspositie met vaktechnische, persoonlijke en business-competenties;
- e-CF e-referentiecompetenties;
- start- en de professionele kwalificatie.

Een functieprofiel kan worden aangevuld met bijvoorbeeld:
- opleidingsniveau;
- ervaring;
- verantwoordelijkheden en bevoegdheden.

Bij een tijdelijke functie is er sprake van een rol. Een medewerker krijgt op basis van functie en competenties een rol. Sommige organisaties hebben een beperkte set aan functies gedefinieerd. Inzet van medewerkers vindt dan plaats op basis van rollen, zoals beschreven in de rolprofielen. Een administratief medewerker kan dan bijvoorbeeld worden ingezet in de rol van project-secretaris.
Voor het werven van nieuwe medewerkers worden meestal beperkte functieprofielen gebruikt met daarin:
- functietitel;
- algemene beschrijvingen van inhoud (taken en/of e-referentiecompetenties);
- specifieke functievereisten, meestal kennis- en ervaringsgerelateerd;
- persoonlijkheidsprofiel.

10.5 Bronnen voor functies

Het overzicht van functies in dit rapport is samengesteld op basis van de volgende bronnen:
- functierapport van 2001;
- frameworks, zoals BiSL, eSCM, e-CF;
- functies uit de beroepspraktijk;
- personeelsadvertenties.

Tijdens de analyse van de functies in de bronnen, viel het volgende op.

10.5.1 Kennisgerelateerde context in de functietitels

In personeelsadvertenties wordt naast een functietitel meestal ook de kennisgerelateerde context benoemd. Dit betreft vaak een bepaald specialisme. Voorbeelden hiervan zijn:
- Oracle DBA;
- Sharepoint beheerder;
- NT-beheerder;
- Java-programmeur;
- Scrum-leider.

In dit rapport is deze kennisgerelateerde context niet opgenomen. Daarmee zijn de functietitels meer universeel en algemener toe te passen. Specifieke kennis is in het KNVI-competentie-model wel onderkend als *verbijzondering* van taken (in het element Context).

10.5.2 Functieniveau in de functietitels

In personeelsadvertenties wordt bij functies vaak ook het niveau of de rol aangeduid. Voorbeelden hiervan zijn:

- junior;
- medior;
- senior;
- principal;
- assistant;
- coördinator;
- medewerker;
- teamleider.

De niveauaanduidingen zijn niet in dit rapport opgenomen, omwille van de universele toepassingsmogelijkheden. Functieniveaus worden in het KNVI-competentiemodel uitgewerkt met de uitvoeringspositie van een taak. Rolaanduidingen (medewerker, teamleider en dergelijke) zijn vanwege de uniforme functietitulatuur evenmin in dit rapport benoemd. Wel is een beperkt aantal specifiek leidinggevende functies of rollen benoemd (zoals teamleider en hoofd van een afdeling); deze rolaanduiding kan voor de beschreven functies worden geplaatst.

10.5.3 Algemeen geformuleerde functietitels

Personeelsadvertenties hanteren ook algemene functietitels. Deze zijn niet als functie in dit rapport opgenomen omdat ze te algemeen van aard zijn en per organisatie verschillend worden gedefinieerd.
Voorbeelden zijn:

- informaticamedewerker;
- technisch beheerder;
- consultant;
- adviseur;
- professional;
- ICT-medewerker.

10.5.4 Homoniemen en synoniemen in functietitels

In personeelsadvertenties zijn functietitels soms gelijk, terwijl de functie-inhoud sterk verschilt. Zo is de inhoud van de functie systeembeheerder te vertalen naar een van de volgende functies:

- serverbeheerder;
- netwerkbeheerder;
- technisch applicatiebeheerder.

Dit rapport vermeldt naast genormaliseerde functies en functietitels ook eventuele alternatieven. Bij serverbeheerder is dan bijvoorbeeld de alternatieve functietitel Systeem Beheerder toegevoegd.

10.5.5 Verbijzonderde functietitels

Personeelsadvertenties vermelden veel functietitels die een verbijzondering zijn van de genormaliseerde functies in dit rapport. Deze verbijzonderde functietitels zijn soms opgesteld door vak- en beroepsverenigingen (de SIG Informatiebeveiliging, de Special Interest Group van KNVI identificeert bijvoorbeeld tien verschillende functies voor beveiliging; in dit rapport zijn 'slechts' drie functies in het kader van beveiliging opgenomen). Gelet op deze constateringen zijn twee conclusies getrokken:

1 Verbijzonderde functietitels voegen doorgaans weinig toe aan de genormeerde functietitels, maar worden soms wel als alternatief meegenomen.
2 Verbijzonderde functietitels benoemd door vak- en beroepsverenigingen worden in overleg met deze verenigingen te zijner tijd toegevoegd.

De Werkgroep Employability Framework Informatica (WEFI) heeft zich ingezet om een gemeenschappelijke noemer te vinden voor alle functies en functietitels. Daarmee is vervolgens een ordening van functietitels, met functie-inhoud, opgesteld. Dit rapport en het daarin gepresenteerde KNVI-competentiemodel wil een eenduidig referentiekader voor functies (functietitels) definiëren, zodat functies tussen verschillende organisaties vergelijkbaar zijn. Dat is van belang voor zowel de mobiliteit als de ontwikkelingspaden voor de ICT-professional. Daarnaast kunnen opleidingen hier beter op aan sluiten.

10.6 Model voor ordening van functies

De functies worden in dit rapport geordend naar de (in hoofdstuk 9) benoemde I-domeinen.[1] Daaraan is nog een domein toegevoegd: de generieke functies. In tabel 10.1 wordt een overzicht gepresenteerd van de domeinen waarin de functies zijn geordend.

Tabel 10.1 Domeinen en functies

Code	Domein	Toelichting
K	Kaderstelling en beleid	Functies verbonden aan het ontwikkelen van beleid, strategie en andere (beleidsmatige) kaders
A	Architectuur	Functies verbonden aan het opstellen en beheren van architecturen
O	Ontwikkelen	Functies verbonden aan het realiseren van bedrijfsprocessen, informatiesystemen en technische infrastructuur
I	Invoeren	Functies verbonden aan het invoeren van (componenten van) bedrijfsprocessen, informatiesystemen en de technische infrastructuur
B	Beheren	Functies verbonden aan het beheren, onderhouden, wijzigen en dergelijke van componenten van de ICT
S	Service en dienstverlening	Functies verbonden aan het leveren van service aan organisaties en/of de eindgebruiker
V	Verwerven, inkoop, procurement	Functies verbonden aan het verwerven (de inkoop) van diensten en ICT-middelen, contract- en leveranciersmanagement
F	Financieel	Functies verbonden aan het financieel beheer van de informatievoorziening/ICT
P	Personeel	Functies verbonden aan het beheer van personeel
C	Commercieel	Functies verbonden aan commercie, in het bijzonder bij leveranciers
G	Generiek, algemeen	Algemene functies die voor diverse taken en functies van toepassing zijn

1 De ordening van de functies in dit rapport is in hoofdlijnen overgenomen uit het rapport van 2001 en verder gedetailleerd.

Binnen elke categorie wordt de volgende onderverdeling gebruikt:

- bedrijfsprocesgericht (subcode BP);
- informatiesysteemgericht (subcode IS);
- ICT-infrastructuurgericht (subcode TI);
- management (subcode M);
- algemeen binnen een categorie (subcode A).

In tabel 10.2 wordt dit in een samenhangend schema en met de coderingen gepresenteerd.

10.7 Uitwerking van de genormaliseerde functies

De in dit rapport opgenomen functies zijn uitgewerkt conform het schema in figuur 10.1.

Functietitel	Geeft de naam van de functie aan; veelal een indicatie van het werkveld, de rol en het niveau.
Toelichting	Geeft een algemene omschrijving van functie, rol en context.
Alternatieve functietitel	Vaak alternatieve benamingen voor dezelfde functie.
Taken	Geeft de dominante taken aan (waaraan vervolgens de vaktechnische en persoonlijke competenties zijn verbonden).
e-CF competentie-referenties	Geeft de dominante e-CF e-competentiereferenties (e-competences) aan.
Functiekwalificatie	De startkwalificatie en de professionalkwalificatie (gerelateerd aan het NLQF).

Figuur 10.1 Model functiebeschrijving

Als voorbeeld van een uitgewerkte functie, wordt in figuur 10.2 de functie van informatie-analist gepresenteerd.

Tabel 10.2 Schema voor ordening van functies

	Bedrijfsproces	Informatiesysteem	Technische infrastructuur	Management	Algemeen
(K) Kaderstelling en beleid Vaststellen van beleid en kaders als uitgangspunt voor het beheer van ICT	**Code: K-BP** Functies gericht op het vaststellen van beleid en kaders ten behoeve van een organisatie	**Code: K-IS** Functies gericht op het vaststellen van beleid en kaders met betrekking tot de ontwikkeling, het beheer en het gebruik van informatiesystemen	**Code: K-TI** Functies gericht op het vaststellen van beleid en kaders met betrekking tot het beheer en het gebruik van de technische infrastructuur	**Code: K-M** Functies gericht op het managen van het opstellen en beheren van beleid, kaders en dergelijke	**Code: K-A** Algemene functies gericht op beleid en kaders met betrekking tot algemene aspecten van de ICT
(A) Architectuur Ontwikkelen en beheren van architecturen	**Code: A-BP** Functies gericht op het ontwikkelen, vaststellen en beheren van architecturen voor bedrijfsprocessen	**Code: A-IS** Functies gericht op het ontwikkelen, vaststellen en beheren van architecturen voor ICT	**Code: A-TI** Functies gericht op het ontwikkelen, vaststellen en beheren van architecturen voor de technische infrastructuur	**Code: A-M** Functies gericht op het managen van het opstellen en beheren van architecturen	**Code: A-A** Algemene functies gericht op het opstellen en beheren van architecturen
(O) Ontwikkelen Ontwikkelen, ontwerpen en bouwen van componenten van de informatievoorziening	**Code: O-BP** Functies gericht op het optimaliseren en ontwikkelen van bedrijfsprocessen, alsmede als basis voor het ontwikkelen van informatiesystemen	**Code: O-IS** Functies gericht op het ontwikkelen van informatiesystemen	**Code: O-TI** Functies gericht op het ontwikkelen van de technische infrastructuur	**Code: O-M** Functies gericht op het managen van ontwikkeling	**Code: O-A** Algemene functies gericht op het ontwikkelen
(I) Invoeren Invoeren van componenten van de informatievoorziening	**Code: I-BP** Functies gericht op het invoeren en wijzigen van bedrijfsprocessen	**Code: I-IS** Functies gericht op het invoeren van informatiesystemen	**Code: I-TI** Functies gericht op het invoeren van componenten van de technische infrastructuur	**Code: I-M** Functies gericht op het managen van de invoering van componenten van de informatievoorziening	**Code: I-A** Algemene functies gericht op invoeren van componenten van de informatievoorziening
(B) Beheren Beheren, onderhouden, wijzigen en dergelijke van componenten van de informatievoorziening	**Code: B-BP** Functies gericht op het beheren van bedrijfsprocessen en het gebruik van informatiesystemen	**Code: B-IS** Functies gericht op het beheren van informatiesystemen	**Code: B-TI** Functies gericht op het beheren van componenten van de technische infrastructuur	**Code: B-M** Functies gericht op het managen van het beheer van componenten van de informatievoorziening	**Code: B-A** Algemene beheerfuncties

	Bedrijfsproces	Informatiesysteem	Technische infrastructuur	Management	Algemeen
(S) Service en dienstverlening Verkrijgen en verlenen van diensten	**Code: S-BP** Functies gericht op het verkrijgen van dienstverlening in en voor bedrijfsprocessen	**Code: S-IS** Functies gericht op het verkrijgen of leveren van diensten voor informatiesystemen	**Code: S-TI** Functies gericht op het verkrijgen of leveren van diensten voor de technische infrastructuur	**Code: S-M** Functies gericht op het managen van dienstverlening	**Code: S-A** Algemene functies in het kader van dienstverlening
(V) Verwerven, inkoop en procurement Definiëren, verwerven, contracteren en management van ingekochte diensten en producten				**Code: V-M** Functies gericht op het managen van verwerving, inkoop en procurement	**Code: V-A** Algemene functies voor verwerving, inkoop en procurement
(F) Financieel Beheer van de financiële aspecten van de informatievoorziening				**Code: F-M** Functies gericht op het managen van het beheer van de financiële aspecten van de informatievoorziening	**Code: F-A** Algemene functies gericht op financieel beheer
(P) Personeel Beheer van personeel en personele aspecten				**Code: P-M** Functies gericht op het management van personele aspecten	**Code: P-A** Algemene functies met betrekking tot de inzet, begeleiding en dergelijke van medewerkers
(C) Commercieel Uitvoeren van commerciële taken, meestal bij leveranciers				**Code: C-M** Functies gericht op commerciële activiteiten	**Code: C-A** Algemene functies van commerciële aard
(G) Generiek, algemeen Generieke of algemene taken die in de diverse domeinen een rol spelen	**Code: G-BP** Generieke functies gericht op het beheer van bedrijfsprocessen en daarin gebruikte informatievoorziening	**Code: G-IS** Generieke functies gericht op de ontwikkeling en het beheer van informatiesystemen	**Code: G-TI** Generieke functies gericht op de ontwikkeling en het beheer van de technische infrastructuur	**Code: G-M** Generieke managementfuncties	**Code: G-A** Algemene functies

Informatie Analist

Toelichting

De informatieanalist inventariseert door middel van een organisatieonderzoek behoeften aan informatie en ICT in een organisatie en analyseert deze. Vertaalt de onderzoeksresultaten in een informatiearchitectuur. Voor een specifiek systeem ontwikkelt deze ook de informatiesysteemarchitectuur. Analyseert daarbij vaak ook de gegevensstructuren en -definities.

Alternatieve functietitel
- Business Proces Analist
- Business Analist
- Data Analist

Taken
- A-BP Opstellen en beheren bedrijfsprocessenmodel
- A-BP Opstellen objectmodel
- A-IS Opstellen en beheren informatiearchitectuur
- A-IS Opstellen en beheren informatieprocessenmodel
- O-BP Onderzoeken organisatieaspecten
- O-BP Analyseren veranderingsvermogen
- O-BP Verkennen behoeften informatievoorziening
- O-BP Vaststellen en beheren gewenste situatie informatievoorziening
- O-IS Ontwerpen en beheren informatievoorziening (overall)
- F-A Beheren bedrijfswaarde van componenten
- F-A Bepalen investeringen en kosten
- G-A Afbakenen onderzoeksgebied
- G-A Opstellen en beheren kwaliteitsplan
- G-A Opstellen normen, criteria, randvoorwaarden
- G-A Uitvoeren risicoanalyse
- G-A Vaststellen oplossingsalternatieven

e-CF competentiereferenties
- A.1 Afstemming informatiesysteem en bedrijfsstrategie
- A.5 Architectuurontwerp
- A.9 Innoveren
- B.5 Vervaardigen van documentatie
- D.10 Informatie- en kennismanagement
- D.11 Behoeftemanagement
- E.5 Procesverbetering

Functiekwalificatie
- Startkwalificatie: NLQF – 6
- Professional: NLQF – 7

Figuur 10.2 Voorbeeld functiebeschrijving

10.8 Functieprofielen primair gebaseerd op het e-CF

Vanuit CEN zijn diverse voorbeelden van functies opgesteld die zijn gebaseerd op het e-CF.[2] Deze functies zijn ingedeeld naar de zogenoemde ‘functiefamilies’. In figuur 10.3 zijn deze functiefamilies weergegeven.

2 Zie het CEN-document CWA 16458: *European ICT Professional Profiles* op bijvoorbeeld www.ecompetences.eu/ict-professional-profiles

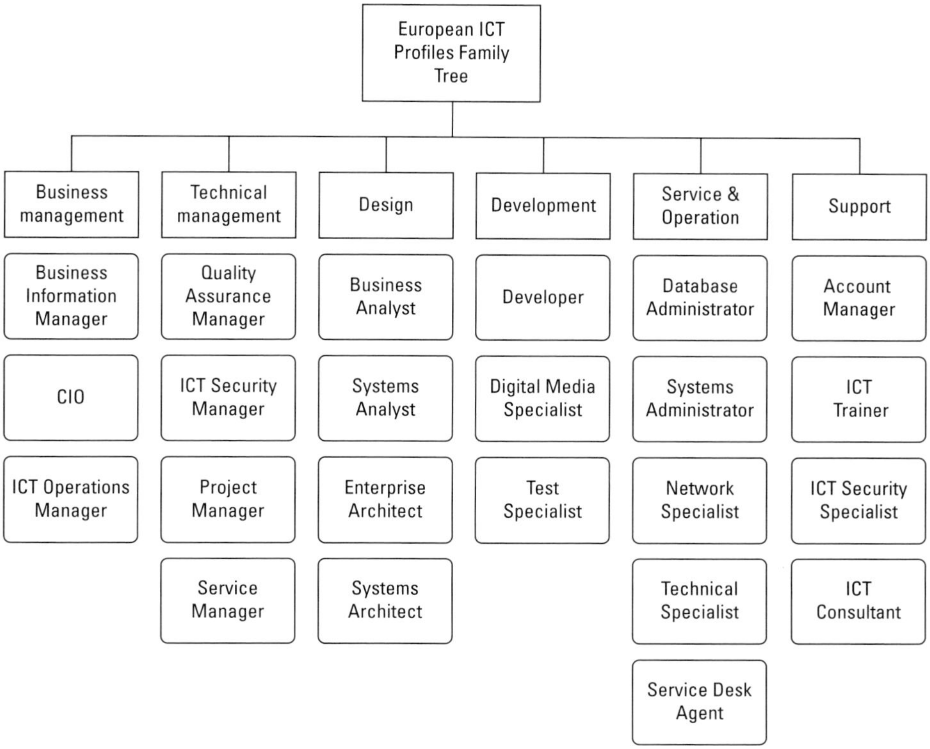

Figuur 10.3 Functiefamilies in het e-CF

Er zijn diverse uitwerkingen beschikbaar waarin functieprofielen worden gebaseerd op het e-CF. Voorbeelden zijn de op het e-CF gebaseerde functieprofielen die door SIG Informatiebeveiliging zijn uitgewerkt of – internationaal – de uitwerking van functies door Cigref (in het document *Information Systems Roles in Large Companies*[3]). Deze worden niet in dit rapport uitgewerkt.

De onder auspiciën van CEN opgestelde functieprofielen zijn in dit rapport wel nader ingevuld met de taken, vaktechnische en persoonlijke competenties.

3 Zie bijvoorbeeld www.cigref.fr/cigref_publications/RapportsContainer/Parus2011/2011_IS_roles_in_large_companies_HR_nomenclature_CIGREF_EN.pdf

11 Taken

11.1 Inleiding

Een taak[1] omvat een aantal werkzaamheden gericht op een resultaat en uitgevoerd door één persoon. Meer mensen kunnen eenzelfde taak uitvoeren. Taken vormen de kern van het KNVI-competentiemodel. Ze staan centraal bij het opstellen van functieprofielen en het definiëren van opleidingen. Taken zijn daarom in algemene zin geformuleerd, los van context of uitvoeringspositie. Hierdoor zijn taken minder tijd- en organisatiegebonden dan functies. In het KNVI-competentiemodel zijn aan taken vaktechnische en persoonlijke competenties gekoppeld. Daarmee vormen taken niet alleen 'bouwsteentjes' voor functieprofielen maar zijn ze ook wat betreft competenties genormeerd.

11.2 Het begrip 'taak'

Een *taak* wordt gedefinieerd als 'samenhangende werkzaamheden, gericht op een bepaald resultaat en in het algemeen door één persoon uitgevoerd'. Hierbij geldt het volgende:

- Een taak bestaat uit werkzaamheden die een homogeen niveau van kennis en competenties vergen.
- Een cluster van werkzaamheden die worden uitgevoerd door een aantal personen, wordt gesplitst in verschillende taken.
- Een taak is in uitvoerende zin geformuleerd als een aantal activiteiten die door één persoon worden uitgevoerd.

Voor het definiëren van een functie kan een taak worden verbijzonderd naar context (hulpmiddelen, techniek) en uitvoeringspositie (afdeling, grote organisatie). Zie voor context hoofdstuk 13. De uitvoeringspositie geeft aan welke positie (rol)[2] de medewerker heeft (zelfstandig uitvoerend of leidinggevend). Zie hiervoor hoofdstuk 14.

Een taak kan als volgt worden opgebouwd:

- taaknaam/identificatie;
- omschrijving inbegrepen activiteiten;
- resultaten van uitvoeren;
- opsomming van vaktechnische competenties; normerend aan de taak gekoppeld;
- opsomming van persoonlijke competenties; normerend aan de taak gekoppeld;
- opsomming van businesscompetenties.[3]

---

1 De term 'taak' vervangt de term 'taakcluster' van het rapport 2001.

2 In het functierapport van 2001 werd de 'uitvoeringspositie' aangeduid als: 'taak-rol'.

3 Omdat de businesscompetenties specifiek zijn voor een organisatie (of marktsegment), worden deze wel geïdentificeerd maar konden ze niet worden uitgewerkt.

11.3 Bronnen voor taken

De taken van het KNVI-competentiemodel zijn afgeleid uit diverse rapporten en internationaal erkende frameworks, waaronder het e-CF, BiSL en eSCM. Ze dekken de totale lifecycle van informatiesystemen af, met inbegrip van taken gericht op het beheer van bedrijfsprocessen.
Dit rapport heeft niet de pretentie om volledig te zijn. Ieder model en iedere organisatie heeft bijzondere aspecten die – wellicht – tot een verbijzondering van taken kunnen leiden. Uit de analyse van de lifecycle van informatiesystemen in de praktijk blijkt dat de lijst taken op dit moment redelijk volledig is voor de bestuurlijke en de administratieve ICT. Toetsing bij een bedrijf dat procesautomatisering realiseert, heeft aangetoond dat de taken ook hier goed bruikbaar zijn.

11.4 Taken en e-CF

Zoals in onder andere hoofdstuk 8 wordt toegelicht, beschrijft het e-CF functies vanuit de competenties. Het e-CF beschrijft een functie daarom met zogenoemde 'e-competentiereferenties' (e-competences). Hoewel het e-CF e-competentiereferenties definieert als 'competentie', kan een e-competentiereferentie worden beschouwd als een een 'taakveld' (zie de motivatie hiervoor in paragraaf 2.7). Door invulling van e-competentiereferenties met taken uit het Ngi-competentiemodel 2001, worden e-competentiereferenties in dit rapport nader geoperationaliseerd. Dit wordt in bijlage 7 nader uitgewerkt.

11.5 Model voor ordening van taken

De taken in het KNVI-competentiemodel worden geordend naar de (in hoofdstuk 9) benoemde I-domeinen (tabel 11.1).[4]

Tabel 11.1 Domeinen en taken

Code	Domein	Toelichting
A	Kaderstelling en beleid	Taken verbonden aan ontwikkelen van beleid, strategie en andere (beleidsmatige) kaders
A	Architectuur	Taken verbonden aan het opstellen en beheren van architecturen
O	Ontwikkelen	Taken verbonden aan het realiseren van bedrijfsprocessen, informatiesystemen en technische infrastructuur
I	Invoeren	Taken verbonden aan het invoeren en implementeren van (componenten van) bedrijfsprocessen, informatiesystemen en de technische infrastructuur
B	Beheren	Taken verbonden aan het beheren, onderhouden, wijzigen en dergelijke van componenten van de informatievoorziening, alsmede productie en exploitatie daarvan
S	Service en dienstverlening	Taken verbonden aan het leveren van service aan organisatie en/of eindgebruiker
V	Verwerven, inkoop en procurement	Taken verbonden aan het verwerven (de inkoop) van diensten en ICT-middelen, contract- en leveranciermanagement

4 De ordening van de taken is in hoofdlijn overgenomen uit het rapport van 2001 en verder gedetailleerd.

Code	Domein	Toelichting
F	Financieel	Taken verbonden aan het financieel beheer van de informatievoorziening/ ICT
P	Personeel	Taken verbonden aan het beheer van personeel
C	Commercieel	Taken verbonden aan commercie, in het bijzonder bij leveranciers
G	Generiek, algemeen	Algemene taken voor diverse taken en functies
E	Elementair	Elementaire taken voor diverse taken en functies

Binnen elke categorie wordt voorts de volgende onderverdeling gebruikt:

- bedrijfsprocesgericht (subcode BP);
- informatiesysteemgericht (subcode IS);
- ICT-infrastructuurgericht (subcode TI);
- management (subcode M)
- algemeen binnen een categorie (subcode A).

In tabel 11.2 wordt dit in een samenhangend geheel en met de coderingen gepresenteerd.

11.6 Uitwerking van de genormaliseerde taken

Taken zijn uitgewerkt met de volgende elementen:

- taaknaam/identificatie;
- omschrijving van inbegrepen activiteiten;
- resultaten van uitvoering;
- opsomming van vaktechnische competenties; normstellend aan de taken gekoppeld;
- opsomming van persoonlijke competenties; normstellend aan de taken gekoppeld.

De opsomming van competenties is afgeleid uit de praktijk en – voor zover mogelijk – uit diverse geraadpleegde bronnen. Een taak is conform het schema in figuur 11.1 uitgewerkt.

Taaktitel	Naam van de taak, meestal gerelateerd aan de aard van de werkzaamheden.
Activiteit	Omschrijving van de activiteiten om het gewenste resultaat te bereiken.
Resultaat	Omschrijving van het gewenste resultaat.
Toelichting	Toelichting op uitvoering, context en resultaat.
Vaktechnische competenties	Benodigde vaktechnische competenties.
Persoonlijke competenties	Benodigde persoonlijke (beroepsoverstijgende) competenties.

Figuur 11.1 Model taakbeschrijving

In specifieke situaties kunnen – gelet op context en uitvoeringspositie (zie de hoofdstukken 13 en 14) – nog de additionele vaktechnische en persoonlijke competenties worden genoemd. Bijvoorbeeld de organisatorische context ('project') of 'adviseren over uitvoering'. Een voorbeeld van een uitgewerkte taak is te vinden in figuur 11.2.

Tabel 11.2 Schema voor ordening van taken

	Bedrijfsproces	**Informatiesysteem**	**Technische infrastructuur**	**Management**	**Algemeen**
(K) Kaderstelling en beleid Vaststellen van beleid en kaders als uitgangspunt voor beheer van de informatievoorziening	**Code: K-BP** Taken gericht op vaststellen van beleid en kaders ten behoeve van een organisatie	**Code: K-IS** Taken gericht op vaststellen van beleid en kaders met betrekking tot ontwikkeling, beheer en gebruik van informatiesystemen	**Code: K-TI** Taken gericht op vaststellen van beleid en kaderstelling met betrekking tot beheer en gebruik van technische infrastructuur	**Code: K-M** Taken gericht op managen van het opstellen en beheren van beleid, kaders en dergelijke	**Code: K-A** Algemene taken gericht op beleid en kaderstelling met betrekking tot algemene aspecten van de informatievoorziening
(A) Architectuur Ontwikkelen en beheren van architecturen	**Code: A-BP** Taken gericht op ontwikkelen, vaststellen en beheren van architecturen voor bedrijfsprocessen	**Code: A-IS** Taken gericht op ontwikkelen, vaststellen en beheren van architecturen voor informatiesystemen	**Code: A-TI** Taken gericht op ontwikkelen, vaststellen en beheren van architecturen voor de technische infrastructuur	**Code: A-M** Taken gericht op het managen van het opstellen en beheren van architecturen	**Code: A-A** Algemene taken gericht op opstellen en beheren van architecturen
(O) Ontwikkelen Ontwikkelen, ontwerpen en bouwen van componenten van de informatievoorziening	**Code: O-BP** Taken gericht op optimaliseren en ontwikkelen van bedrijfsprocessen, alsmede als basis voor het ontwikkelen van informatiesystemen	**Code: O-IS** Taken gericht op ontwikkelen van informatiesystemen	**Code: O-TI** Taken gericht op ontwikkelen van de technische infrastructuur	**Code: O-M** Taken gericht op managen van ontwikkeling	**Code: O-A** Algemene taken gericht op ontwikkelen
(I) Invoeren Invoeren van componenten van de informatievoorziening	**Code: I-BP** Taken gericht op invoeren en wijzigen van bedrijfsprocessen	**Code: I-IS** Taken gericht op invoeren van informatiesystemen	**Code: I-TI** Taken gericht op invoeren van componenten van de technische infrastructuur	**Code: I-M** Taken gericht op het managen van de invoering van componenten van de informatievoorziening	**Code: I-A** Algemene taken gericht op invoeren van componenten van de informatievoorziening
(B) Beheren Beheren, onderhouden, wijzigen en dergelijke van componenten van de informatievoorziening	**Code: B-BP** Taken gericht op beheren van bedrijfsprocessen en het gebruik van informatiesystemen	**Code: B-IS** Taken gericht op beheren van informatiesystemen en applicaties	**Code: B-TI** Taken gericht op beheren van componenten van de technische infrastructuur	**Code: B-M** Taken gericht op managen van het beheer van componenten van de informatievoorziening	**Code: B-A** Algemene beheertaken

	Bedrijfsproces	Informatiesysteem	Technische infrastructuur	Management	Algemeen
(S) Service en dienstverlening Verkrijgen en verlenen van diensten	**Code: S-BP** Taken gericht op verkrijgen van dienstverlening in en voor bedrijfsprocessen	**Code: S-IS** Taken gericht op verkrijgen of leveren van diensten voor informatiesystemen	**Code: S-TI** Taken gericht op verkrijgen of leveren van diensten voor de technische infrastructuur	**Code: S-M** Taken gericht op het managen van dienstverlening	**Code: S-A** Algemene taken in het kader van dienstverlening
(V) Verwerven, inkoop en procurement Definiëren, verwerven, contracteren en management van ingekochte diensten en producten				**Code: V-M** Taken gericht op het managen van verwerving, inkoop en procurement	**Code: V-A** Algemene taken voor verwerving, inkoop en procurement
(F) Financieel Beheer van financiële aspecten van de informatievoorziening				**Code: F-M** Taken gericht op het managen van het beheer van financiële aspecten van de informatievoorziening	**Code: F-A** Algemene taken gericht op financieel beheer
(P) Personeel Beheer van personeel en personele aspecten				**Code: P-M** Taken gericht op het management van personele aspecten	**Code: P-A** Algemene taken met betrekking tot de inzet, begeleiding en dergelijke van medewerkers
(C) Commercieel Uitvoeren van commerciële taken, meestal bij leveranciers				**Code: C-M** Taken gericht op commerciële activiteiten	**Code: C-A** Algemene taken van commerciële aard

	Bedrijfsproces	**Informatiesysteem**	**Technische infrastructuur**	**Management**	**Algemeen**
(G) Generiek Generieke of algemene taken die in de diverse domeinen een rol spelen	**Code: G-BP** Generieke taken gericht op het beheer van bedrijfsprocessen daarin gebruikte informatievoorziening	**Code: G-IS** Generieke taken gericht op ontwikkeling en beheer van informatiesystemen	**Code: G-TI** Generieke taken gericht op ontwikkeling en beheer van de technische infrastructuur	**Code: G-M** Generieke managementtaken die veelal deel uitmaken van andere taken	**Code: G-A** Algemene taken die veelal deel uitmaken van andere taken
(E) Elementair Elementaire taken die in diverse functies een rol spelen				**Code: E-M** Elementaire managementtaken	**Code: E-A** Elementaire en algemene taken

K-BP Opstellen en beheren informatiebeleid

Activiteit
Inventariseren, analyseren, definiëren en afstemmen van doelstellingen, uitgangspunten en randvoorwaarden voor de informatievoorziening en de automatisering, afgestemd op het organisatiebeleid. Beheren en onderhouden van beleid.

Resultaat
Beleidsuitspraken met betrekking tot informatievoorziening en automatisering.

Toelichting
Beleidsuitspraken hebben betrekking op onder meer:
- Prioriteiten en planningen
- Middelen en standaarden
- Taken, verantwoordelijkheden en bevoegdheden (ICT-governance);
- Financiële randvoorwaarden
- Randvoorwaarden en uitgangspunten voor uitbesteden of zelf doen (sourcing)
- Randvoorwaarden en uitgangspunten voor maatwerkontwikkeling en/of de keuze voor standaardpakketten

Vaktechnische competenties
- Conceptuele kennis van organisatieleer
- Conceptuele kennis van leveranciersmanagement
- Conceptuele kennis van contractmanagement
- Conceptuele kennis van beheer van informatiesystemen
- Ervaring met beleid en strategiebepaling
- Ervaring met compliancemanagement
- Ervaring met planning & control
- Ervaring met kwaliteitsmanagement
- Ervaring met risicomanagement
- Ervaring met informatiemanagement
- Ervaring met behoeftemanagement
- Ervaring met organisatieanalyse

Persoonlijke competenties
- (C2) Oordeelsvorming
- (C3) Abstractievermogen
- (D1) Organisatiebewustzijn
- (D3) Strategische visie
- (D4) Commercieel inzicht

Figuur 11.2 Voorbeeld taakbeschrijving

12 Competenties

12.1 Inleiding op het begrip 'competentie'

Het begrip 'competentie' staat sinds de jaren negentig steeds meer in de belangstelling. Er zijn inmiddels tientallen definities van dit begrip. In het algemeen zeggen competenties iets over iemands kennis, vaardigheden, houding en attitude. Ze omvatten vakgerichte, persoonlijke en businessgerelateerde aspecten. Competentiedenken is niet taakgericht, het draait om vragen als: Welke taken en verantwoordelijkheden kunnen op basis van bewezen competenties worden toevertrouwd?
Het KNVI-competentiemodel omvat een keuze van de meest relevatie competenties. Deze worden als volgt gedefinieerd:

> Competenties omvatten: het beschikken over en toepassen van kennis en vaardigheden, en het vertonen van een attitude om in een sociale context (werkomgeving) een gewenst resultaat te bereiken.

Hierbij geldt:

- *Kennis*: inzicht in theorieën en denkkaders. Kennis is cognitief en kan op verschillende manieren worden vergaard.
- *Vaardigheid*: verworven kennis effectief toepassen in een sociale context om een gewenst resultaat te verkrijgen. Vaardigheden kunnen door training worden ontwikkeld.
- *Attitude*: persoonlijkheidskenmerken voortkomend uit 'wilsbestemming'. Attitude bouwt voort op individuele normen en waarden.

Het e-CF hanteert vanuit het organisatieperspectief een strakkere definitie voor het begrip 'competentie': competentie is 'aangetoonde vaardigheid om kennis, bekwaamheden en attitude in werk of studie toe te passen en waarneembare resultaten te bereiken'. Gericht op de competenties van een ICT'er wordt dit uitgewerkt naar kennis (*knowledge*) en vaardigheden (*skills*). Zie hoofdstuk 16 voor een uitgebreide toelichting op het e-CF.

Competenties worden belangrijker omdat ICT'ers naast vakgerichte kennis en vaardigheden over steeds meer sociale vaardigheden moeten beschikken. Een ICT'er moet 'gevoel' voor zijn omgeving en zijn klant hebben. Naast inhoudelijke deskundigheid moet hij gebruikers 'bij de hand kunnen nemen' om gezamenlijk tot een goed resultaat te komen. Ook attitude, een onderdeel van competentie, wordt steeds belangrijker. Denk bijvoorbeeld aan 'servicegerichtheid' of 'ambitie'. Dit soort attitudeaspecten zijn nauw verbonden aan persoonlijkheidskenmerken als normen, waarden, introvert en extravert.

Personeelsfunctionarissen, managers, projectleiders en ICT'ers moeten weten welke eisen worden gesteld aan het naar behoren uitvoeren van werk, gerelateerd aan de functie, rol of taak. Op grond van dit inzicht werft men nieuwe medewerkers, worden mensen ingezet en wordt gerichte training en opleiding geboden. Ook kunnen plannen voor carrièreontwikkeling worden gemaakt.

12.2 Uitwerking van het begrip 'competentie'

In de ICT-praktijk voldoet alleen een taakgeoriënteerde benadering niet langer. Om mensen effectief in te zetten moeten taken en competenties gecombineerd worden. Die competenties zijn onder andere afhankelijk van factoren als:
- taken (zie hoofdstuk 11);
- de rol waarin taken worden uitgevoerd (uitvoeringspositie; zie hoofdstuk 14);
- de grootte van de organisatie (context; zie hoofdstuk 13);
- de organisatiecultuur;
- het niveau van de functie (context; zie hoofdstuk 13).

Daarom is in het KNVI-competentiemodel expliciet de koppeling gemaakt tussen taken en competenties, gerelateerd aan uitvoeringspositie en context.

Het KNVI-competentiemodel maakt onderscheid tussen:
- *vaktechnische competenties*: nodig om taken inhoudelijk adequaat uit te voeren;
- *persoonlijke of beroepsoverstijgende competenties*: nodig om in de sociale context te functioneren;
- *businesscompetenties*: gericht op de business en vaak het marktsegment.

In de uitwerking van competenties zijn persoonlijkheidskenmerken en attitude niet meegenomen. De Werkgroep Employability Framework Informatica (WEFI) onderkent echter dat deze aspecten een belangrijke rol spelen. Ze zijn deels – impliciet – te vinden in de persoonlijke competenties en zijn deels bepaald door de context van de organisatie. Als voorbeelden:
- een ICT'er die over communicatieve vaardigheden moet beschikken, moet in redelijke mate extravert zijn en in elk geval de interesse hebben om met niet-informatici samen te werken;
- een ICT'er die als consultant voor een adviesbureau werkt, moet ambitieus en commercieel gedreven zijn;
- een ICT'er op een servicedesk moet in hoge mate servicegericht zijn.

12.3 Vaktechnische competenties

12.3.1 Definitie van vaktechnische competentie

Vaktechnische competenties zijn van primair belang om taken goed uit te voeren. Echter, zonder persoonlijke competenties kan men niet functioneren. Het KNVI-competentiemodel definieert een vaktechnische competentie als volgt:

> Vaktechnische competenties omvatten vakinhoudelijke kennis van theorie of theoretische kaders, aangevuld met technische vaardigheden en ervaring met toepassing daarvan in de praktijk, om een taak adequaat uit te voeren.

De vaktechnische competenties zijn uit het rapport van 2001 overgenomen en met nieuwe taken en functies aangevuld en/of verbijzonderd. Door de jarenlange ontwikkeling van het vaktechnische competentiemodel is het – redelijk – volledig. Alle voor de ICT relevante vaktechnische competenties worden benoemd. Dit model kan daarom als de facto standaard worden beschouwd.
De vaktechnische competenties zijn normstellend aan taken toegekend. Daarmee geeft de WEFI aan dat ze noodzakelijk zijn om een taak professioneel uit te voeren.

12.3.2 Tabel vaktechnische competenties

In tabel 12.1 zijn de geïdentificeerde vaktechnische competenties opgenomen en gedefinieerd. Deze competenties zijn geordend naar de I-domeinen.

Tabel 12.1 Vaktechnische competenties

Domein	Vaktechnische competentie	Definitie
(K) Kaderstelling en beleid		
K-BP	Informatiemanagement	Principes en activiteiten voor het inventariseren en vaststellen van de informatiebehoeften van een organisatie.
K-IS	Informatieplanning	Principes, methoden en technieken voor het onderzoeken van behoeften aan informatie en informatiesystemen, en vertalen daarvan in een (strategisch/tactisch) plan om de gewenste situatie te realiseren.
K-M	Beleid en strategiebepaling	Principes en aanpak voor het ontwikkelen van beleid en strategie.
K-A	Principes van sourcing	Principes voor en wijze van organiseren van beheerprocessen in situaties dat het beheer zelf wordt uitgevoerd, aan een (externe) leverancier is uitbesteed, dan wel combinaties hiervan. Ook het juridische aspect hoort hierbij.
(A) Architectuur		
A-BP	Architectuurprincipes voor modelleren van bedrijfsprocessen	Principes voor het structureren van bedrijfsprocessen en de voor de bedrijfsvoering benodigde informatievoorziening in modellen en architectuurregels.
A-IS	Architectuurprincipes voor modelleren van informatievoorziening/systemen	Principes voor het structureren van de informatievoorziening in modellen en architectuurregels.
	Informatieanalyse	Principes, methoden en technieken voor het analyseren van gegevens die voor de bedrijfsvoering van bedrijfsprocessen nodig zijn.
	Gegevensanalyse	Principes, methoden en technieken voor het identificeren en definiëren van gegevensverzamelingen.
	Gegevensmodellering	Principes, methoden en technieken voor het definiëren en structureren van gegevensverzamelingen.
A-TI	Architectuurprincipes voor modelleren technische infrastructuur	Principes voor het structureren van de technische infrastructuur, de configuratie van netwerken, servers, storage en dergelijke, in modellen en architectuurregels.

Domein	Vaktechnische competentie	Definitie
(O) Ontwikkelen		
O-BP	Organisatieanalyse	Principes, methoden en technieken voor het analyseren van organisaties, bedrijfsprocessen en informatievoorziening.
	Organisatieontwerp	Principes, methoden en technieken voor het ontwerpen van organisaties, bedrijfsprocessen en informatievoorziening, mede gebaseerd op de principes van de administratieve organisatie.
	Realiseren van organisatiewijzigingen	Principes en werkwijzen voor het veranderen (wijzigen) van structuren, werkwijzen enzovoort in een (gebruikers)organisatie.
	Organisatorische continuïteitmaatregelen	Principes, methoden en organisatorische maatregelen voor het in stand houden (borgen) van de continuïteit van de bedrijfsprocessen/bedrijfsvoering.
O-IS	Ontwerpen en bouwen van informatiesystemen	Principes, methoden en technieken voor de wijze waarop informatiesystemen worden ontworpen en gebouwd.
	Functioneel ontwerp	Principes, methoden en technieken voor het ontwerpen van (al dan niet geautomatiseerde) informatiefuncties.
	Programmeertalen	Kennis van de technische faciliteiten (talen) waarmee applicaties kunnen worden gebouwd.
	Databaseontwerp en -bouw	Principes, methoden en technieken voor het ontwerpen en bouwen van databases.
	Applicatieontwerp en -bouw	Principes, methoden en technieken voor applicatieontwerp en bouw.
	Realiseren van wijzigingen in informatiesystemen	Principes en werkwijze voor het veranderen (wijzigen) van de componenten van een informatiesysteem, zoals applicaties en databases.
O-TI	Ontwerp van technische infrastructuur	Principes, methoden en technieken voor het ontwerp van componenten van de technische infrastructuur (netwerk, servers, storage).
	Realiseren van technische wijzigingen	Principes en werkwijzen voor het veranderen (wijzigen) van technische componenten van informatiesystemen en de technische infrastructuur.
O-A	Technisch ontwerp	Principes, methoden en technieken voor het opstellen van een technisch ontwerp van een informatiesysteem.
	Ontwerpen technische systemen	Principes, methoden en technieken voor het ontwerpen van geautomatiseerde systemen die technische processen ondersteunen (procesautomatisering).
	Ontwerp- en programmeertools	Kennis van geautomatiseerde hulpmiddelen voor het ontwerpen en bouwen van componenten van een informatiesysteem.
	Technische continuïteitmaatregelen	Principes, methoden, technieken en maatregelen voor het in stand houden (borgen) van de continuïteit van de beschikbaarheid en de correcte werking van informatiesystemen en de technische infrastructuur.
	Ergonomische aspecten van systemen	Principes gebaseerd op de leer van de ergonomie om systemen gebruikersvriendelijk te maken. Ook aandacht voor het aspect *usability*, het gebruiksgemak van applicaties.

Domein	Vaktechnische competentie	Definitie
(I) Invoeren		
I-M	Changemanagement	Principes voor het op een beheerste wijze, dat wil zeggen gebaseerd op risicomanagement, realiseren van wijzigingen in een organisatie, in informatiesystemen en in de technische infrastructuur.
(B) Beheren		
B-BP	Beheer van bedrijfsinformatie/ gegevens	Principes voor het beheren van gegevens, zowel door de gebruiker als door beheerders van informatiesystemen, opdat deze aan de kwaliteitseisen die aan gegevens worden gesteld, voldoen.
B-IS	Beheer van informatiesystemen	Principes en werkwijzen voor het blijvend laten voldoen van informatiesystemen aan de (functionele) eisen en wensen van gebruikers of beheerders van (andere) componenten van de informatievoorziening, inclusief de daaraan gestelde technische eisen.
	Beheer van applicaties	Principes voor het beheren en wijzigen van applicaties opdat deze aan gewijzigde of nieuwe eisen van gebruikers of beheerders van (andere) componenten van de informatievoorziening voldoen.
B-TI	Beheer van netwerken	Principes voor het blijvend laten voldoen van netwerken aan de eisen en wensen van gebruikers of beheerders van (andere) componenten van de informatievoorziening.
	Beheer van servers	Principes voor het blijvend laten voldoen van servers aan de eisen en wensen van gebruikers of beheerders van (andere) componenten van de informatievoorziening.
	Beheer van multimedia-apparatuur	Principes voor het blijvend laten voldoen van multimedia-apparatuur aan de eisen en wensen van gebruikers of beheerders van (andere) componenten van de informatievoorziening.
	Beheer exploitatie en productie	Principes voor het inrichten en beheren van exploitatieomgevingen waarin gegevensverwerking plaatsvindt, en het volgens de daaraan gestelde eisen laten verlopen van de productieprocessen.
B-A	Versie- en configuratiebeheer	Principes, methoden en technieken voor versie- en configuratiebeheer.
(S) Service en dienstverlening		
S-M	Incidentmanagement	Principes voor het enerzijds opvangen van incidenten (gelet op continuïteit, compliance, enzovoort) en anderzijds managen dat incidenten structureel worden opgelost.
	Behoeftemanagement	Principes en activiteiten voor het vaststellen, afstemmen, coördineren van en nemen van besluiten over behoeften (eisen en wensen met betrekking tot producten en diensten) van gebruikers en in het kader van de bedrijfsvoering; uitvoeren van service (level) management, ook wel 'requirements management' genoemd.
	Klantmanagement	Omgaan met, afstemmen van verwachtingen, setting en management van klanten.
	Leveringsmanagement	Principes en activiteiten voor het aansturen en coördineren van en het nemen van besluiten over de levering van producten en diensten, in een commerciële context en met betrekking tot kwaliteit en het voldoen aan gestelde eisen.

Domein	Vaktechnische competentie	Definitie
S-A	Principes van dienstverlening	Principes voor het leveren van producten en diensten, en het organiseren van de levering daarvan aan klanten (externe klanten of interne gebruikers). Ook het juridische aspect hoort hierbij.
(V) Verwerven, inkoop en procurement		
V-M	Leveranciersmanagement	Principes en activiteiten voor het aansturen van leveranciers (intern of extern) om de gewenste producten en diensten, conform gestelde eisen, te verkrijgen.
	Contractmanagement	Principes en activiteiten voor het beheren van contracten.
(F) Financieel		
F-M	Financieel management	Principes en activiteiten voor het financiële beheer voor een organisatie.
F-A	Kostencalculaties	Principes, methoden en technieken voor het bepalen van kosten, uitgaven, investeringen en dergelijke conform de principes van goed financieel beheer.
(P) Personeel		
P-M	Competentiemanagement	Identificeren en beheren van de (benodigde) competenties in een organisatie.
(C) Commercieel		
C-M	Commercieel management	Aansturen van alle commerciële activiteiten in een organisatie.
(G) Generiek		
G-TI	Netwerktechnologie	Principes voor het configureren en de werking van netwerken.
	Servertechnologie	Principes voor het configureren en de werking van servers.
	Multimediatechnologie	Principes voor het configureren en de werking van multimedia-apparatuur (zoals smartphones, tablets, gameconsoles).
G-M	Management van (bedrijfs)-processen	Principes voor en wijze van het aansturen van (bedrijfs)-processen.
	Planning & control	Principes voor en wijze van het opstellen van plannen en de control daarop.
	Continuïteitmanagement	Principes voor en wijze van organiseren om de continuïteit van bedrijfsprocessen te borgen.
	Compliancemanagement	Principes voor en wijze van realiseren om te voldoen aan compliance-eisen.
	Kwaliteitsmanagement	Principes voor kwaliteitszorg en het managen van de processen om kwalitatieve en gewenste oplossingen te verkrijgen.
	Risicomanagement	Principes voor het onderkennen van organisatorische en technische risico's, inclusief het vaststellen van maatregelen om deze risico's te voorkomen, en in voorkomend geval te beheersen.
G-A	Procesanalyse	Principes, methoden en technieken voor het analyseren van organisaties en bedrijfsprocessen.
	Procesontwerp	Principes, methoden en technieken voor het ontwerpen van organisaties en bedrijfsprocessen.

Domein	Vaktechnische competentie	Definitie
	Principes, methoden en technieken voor beveiliging	Principes, methoden en technieken gericht op het voorkomen van toegang tot gegevens door niet-geautoriseerde personen, alsmede het voorkomen van het verlies van gegevens. Het betreft hier zowel organisatorische als technische maatregelen.
	Analyse van de werking van componenten van informatiesystemen	Principes, methoden en technieken voor het analyseren van de (gewenste) werking van informatiesystemen, applicaties, de componenten van de technische infrastructuur, enzovoort; identificeren van knelpunten, problemen; de benodigde kennis is afhankelijk van het object dat in de analyse is betrokken.
	Analyseren technische processen	Principes, methoden en technieken voor het analyseren van technische processen die door geautomatiseerde systemen worden ondersteund (procesautomatisering).
	Opstellen van gebruikersdocumentatie	Principes voor het schrijven van documentatie in gebruikerstermen.
	Opstellen van technische documentatie	Principes voor het schrijven van documentatie vanuit een technisch perspectief, meestal voor professionals.
(E) Elementair		
E-BP	Bedrijfskunde	Algemene aspecten van het functioneren van organisaties in een bedrijfskundig perspectief.
	Organisatieleer	Algemene aspecten van organisaties.
	Administratieve organisatie en interne controle (AO & IC)	Principes voor de structuur en de inrichting van organisaties gelet op het verkrijgen van adequaat beheerde en beheersbare bedrijfsprocessen.
E-IS	Gebruik van applicaties	Principes voor en wijze waarop applicaties worden gebruikt door gebruikers, inclusief de inbedding van dat gebruik in het bedrijfsproces.
E-M	Portfoliomanagement	Principes en activiteiten voor het inventariseren, prioriteren en plannen van projecten.
	Projectmanagement	Principes, methoden en technieken voor het sturen, coördineren, controleren en dergelijke van projectactiviteiten, inclusief een gestructureerde en beheersbare aanpak van activiteiten (projectmatig werken).
E-A	Risicoanalyse	Principes, methoden en technieken voor het uitvoeren van risicoanalyses en het bepalen van risicomitigerende maatregelen.
	Werklastbegroting	Principes, methoden en technieken voor het bepalen van de werklast verbonden aan het uitvoeren van activiteiten, zoals projecten, onderhoud en dergelijke.
	Principes, methoden en technieken voor interne controle	Principes, methoden en technieken voor het verkrijgen van adequaat beheerde, beheersbare en controleerbare bedrijfsprocessen. Het betreft hier zowel organisatorische als technische maatregelen.
	Principes, methoden en technieken voor kwaliteitsborging	Principes, methoden en technieken voor het in stand houden van de gewenste kwaliteit.
	Testen	Principes, methoden en technieken voor toetsen en testen.

Domein	Vaktechnische competentie	Definitie
	Mogelijkheden van de informatietechnologie	De algemene mogelijkheden van de informatietechnologie ter ondersteuning of voor de uitvoering van bedrijfsprocessen.
	Mogelijkheden van procesautomatisering	De algemene mogelijkheden van de automatisering van machines.
	Werking van componenten van de ICT	De algemene principes van de werking van de componenten van de ICT, zoals netwerken, servers, applicatie en communicatietechnologie.

12.3.3 Niveaus van vaktechnische competenties

Vaktechnische competenties kunnen op diverse niveaus aan taken worden toegekend. In oplopende gradatie wordt dit aangeduid met:

- *theoretische kennis*: heeft de theorie bestudeerd en kan deze reproduceren ('heeft het boekje gelezen');
- *conceptuele kennis*: heeft de theorie bestudeerd en begrijpt de concepten, dat wil zeggen begrijpt de hoofdlijnen en structuren, en heeft er inzicht in;
- *toegepaste kennis*: heeft de kennis na bestudering van de theorie uitgebouwd door toepassing in praktijksituaties;
- *ervaring met*: heeft zoveel ervaring met praktische toepassing van de theorie opgedaan dat theorie en praktijk geen probleem meer zijn;
- *expert*: heeft zoveel ervaring met praktische toepassing van de theorie dat buiten de kaders van de theorie kan worden gefunctioneerd.

Deze classificatie loopt parallel met de begrippen in competentiemanagement, respectievelijk:

- kennis;
- begrip;
- analyse en synthese;
- evaluatie.

12.3.4 De I-domeinen en daaraan verbonden vaktechnische competenties

Voor het overzicht zijn de vaktechnische competenties nog in het schema van de I-domeinen geplaatst (zie tabel 12.2).

12.3.5 Generieke vaktechnische competenties

Tijdens analyse van aan taken toe te kennen vaktechnische competenties bleek een aantal van deze competenties uniform te zijn. Deze zijn dan ook als 'generieke vaktechnische competenties' benoemd. Dit zijn (minimaal op conceptueel niveau):

- principes, methoden en technieken voor kwaliteitsborging;
- mogelijkheden van de informatietechnologie;
- analyseren (in de lijst nader gespecificeerd waarop de analyse zich richt);
- documenteren;
- planning & control;
- principes, methoden en technieken voor interne controle;
- beheer (in de lijst nader gespecificeerd waarop dat beheer zich richt);
- realiseren van wijzigingen (in de lijst nader gespecificeerd waarop dat beheer zich richt).

Tabel 12.2 Schema vaktechnische competenties en I-domeinen

	Bedrijfsproces	Informatiesysteem	Technische infrastructuur	Management	Algemeen
(K) Kaderstelling en beleid Vaststellen van beleid en kaders als uitgangspunt voor het beheer van de informatievoorziening	**Code: K-BP** Informatiemanagement	**Code: K-IS** Informatieplanning	**Code: K-TI**	**Code: K-M** Beleid en strategiebepaling	**Code: K-A** Principes van sourcing
(A) Architectuur Ontwikkelen en beheren van architecturen	**Code: A-BP** Architectuurprincipes voor modelleren van bedrijfsprocessen	**Code: A-IS** Architectuurprincipes voor modelleren van informatievoorziening/ systemen Informatieanalyse Gegevensanalyse Gegevensmodellering	**Code: A-TI** Architectuurprincipes voor modelleren technische infrastructuur	**Code: A-M**	**Code: A-A**
(O) Ontwikkelen Ontwikkelen, ontwerpen en bouwen van componenten van de informatievoorziening	**Code: O-BP** Organisatieanalyse Organisatieontwerp Realiseren van organisatiewijzigingen Maatregelen voor organisatorische continuïteit	**Code: O-IS** Ontwerpen en bouwen van informatiesystemen Functioneel ontwerp Programmeertalen Databaseontwerp en -bouw Applicatieontwerp en -bouw Realiseren van wijzigingen in informatiesystemen	**Code: O-TI** Ontwerp van technische infrastructuur Realiseren van technische wijzigingen	**Code: O-M**	**Code: O-A** Technisch ontwerp Ontwerpen technische systemen Ontwerp- en programmeertools Maatregelen voor technische continuïteit Ergonomische aspecten van systemen
(I) Invoeren Invoeren van componenten van de informatievoorziening	**Code: I-BP**	**Code: I-IS**	**Code: I-TI**	**Code: I-M** Changemanagement	**Code: I-A**

	Bedrijfsproces	Informatiesysteem	Technische infrastructuur	Management	Algemeen
(B) Beheren Beheren, onderhouden, wijzigen en dergelijke van componenten van de informatievoorziening	**Code: B-BP** Beheer van bedrijfsinformatie/ gegevens	**Code: B-IS** Beheer van informatiesystemen Beheer van applicaties	**Code: B-TI** Beheer van netwerken Beheer van servers Beheer van multimedia-apparatuur Beheer exploitatie en productie	**Code: B-M**	**Code: B-A** Versie- en configuratiebeheer
(S) Service en dienstverlening Verkrijgen en verlenen van dienstverlening	**Code: S-BP**	**Code: S-IS**	**Code: S-TI**	**Code: S-M** Incidentmanagement Behoeftemanagement Klantmanagement Leveringsmanagement	**Code: S-A** Principes van dienstverlening
(V) Verwerven, inkoop en procurement Definiëren, verwerven, contracteren en management van ingekochte diensten en producten				**Code: V-M** Leveranciersmanagement Contractmanagement	**Code: V-A**
(F) Financieel Beheer van de financiële aspecten van het beheer van de informatievoorziening				**Code: F-M** Financieel management	**Code: F-A** Kostencalculaties
(P) Personeel Beheer van personeel en personele aspecten				**Code: P-M** Competentiemanagement	**Code: P-A**
(C) Commercieel Uitvoeren van commerciële taken, meestal bij leveranciers				**Code: C-M** Commercieel management	**Code: C-A**

	Bedrijfsproces	**Informatiesysteem**	**Technische infrastructuur**	**Management**	**Algemeen**
(G) Generiek Generieke of algemene taken die in de diverse domeinen een rol spelen	**Code: G-BP**	**Code: G-IS**	**Code: G-TI** Netwerktechnologie Servertechnologie Multimediatechnologie	**Code: G-M** Management van (bedrijfs)processen Planning & control Continuïteitmanagement Compliancemanagement Kwaliteitsmanagement Risicomanagement	**Code: G-A** Procesanalyse Procesontwerp Principes, methoden en technieken voor beveiliging Analyse van de werking van componenten van informatiesystemen Analyseren technische processen Opstellen van gebruikersdocumentatie Opstellen van technische documentatie
(E) Elementair Elementaire taken die in diverse functies een rol spelen	**Code: E-BP** Bedrijfskunde Organisatieleer Administratieve organisatie en interne controle (AO & IC)	**Code: E-IS** Gebruik van applicaties		**Code: E-M** Portfoliomanagement Projectmanagement	**Code: E-A** Risicoanalyse Werklastbegroting Interne controle Kwaliteitsborging Testen Informatietechnologie Componenten van de ICT

12.4 Persoonlijke competenties

12.4.1 Definitie van persoonlijke competentie

Ook voor 'persoonlijke competenties' zijn er veel definities. Het begrip wordt vooral gebruikt binnen competentiemanagement, waar wordt gekeken naar de kritische persoonlijke kenmerken[1]. Deze – in gedragstermen omschreven – persoonlijke kenmerken worden *persoonlijke competenties* genoemd.
Het KNVI-competentiemodel definieert een persoonlijke competentie als volgt:

Persoonlijke competenties zijn kritische, in gedragstermen omschreven kenmerken die ten grondslag liggen aan succesvol functioneren.

Het in dit rapport gebruikte KNVI-competentiemodel sluit aan op belangrijke voorgaande competentiemodellen uit de praktijk. Door de jarenlange ontwikkeling van het model van persoonlijke competenties is het – redelijk – volledig. Alle voor de ICT relevante persoonlijke competenties worden benoemd. Dit model kan daarom als de facto standaard worden beschouwd.
De persoonlijke competenties zijn normstellend aan de taken toegekend. Daarmee geeft de WEFI aan dat ze noodzakelijk zijn om een taak professioneel uit te voeren.

12.4.2 Tabel persoonlijke competenties

In tabel 12.3 zijn de persoonlijke competenties opgenomen.

Tabel 12.3 Persoonlijke competenties

Competentiegebied (hoofdgroep)	Competentie	Definitie
Management (A)	Leiderschap	Motiveren en sturen van een groep om met behulp van samenwerkingsverbanden gestelde doelen te bereiken (groepsgericht leiderschap), alsmede het motiveren en sturen van een individu om gestelde doelen ten aanzien van diens taak te bereiken (individueel leiderschap).
Interpersoonlijk (B)	Sensitiviteit, inlevingsvermogen	In staat zijn behoeften en gevoelens van anderen te signaleren.
	Communicatieve vaardigheden (schriftelijk en/of mondeling)	In staat zijn mondelinge en schriftelijke informatie op begrijpelijke en kernachtige wijze over te brengen aan anderen, dan wel in staat zijn om gedachten en gevoelens op een adequate wijze te uiten en te reageren op die van anderen.
	Samenwerken in teamverbanden	In staat zijn samen te werken om gestelde doelen te bereiken, ook wanneer het persoonlijk belang (in)direct in het geding is.

1 Dit niet te verwarren met persoonlijkheidskenmerken die meer op 'de aard' van een persoon zijn gericht (zoals introvert of extravert).

Competentiegebied (hoofdgroep)	Competentie	Definitie
	Flexibiliteit	In staat zijn om, indien er zich een kans of een probleem voordoet, het gedrag te veranderen dan wel aan te passen.
	Integriteit	Het handhaven van algemeen aanvaarde sociale en ethische normen in activiteiten die met de functie te maken hebben.
	Stressbestendigheid	In staat zijn onder tijdsdruk, tegenspel en tegenslag effectief te blijven presteren, alsmede het onder (tijds)druk productief blijven; niet snel het geduld verliezen.
	Luisteren	In staat zijn een gesprekspartner actief tot het geven van informatie en relevante feedback ter bevestiging hiervan te bewegen.
	Conflictpreventie en -beheersing	In staat zijn conflicten te voorkomen; in voorkomend geval met conflicten om te gaan en ze eventueel op te lossen; dit kunnen zowel met betrekking tot het eigen functioneren als dat van anderen.
	Klantgerichtheid	In staat zijn rekening te houden met de verlangens en de behoeften van de klant, collega's en anderen.
	Didactische vaardigheden	De kennis en vaardigheid hebben om aan anderen kennis over te brengen en vaardigheden aan te leren.
Analytisch (C)	Analytisch vermogen	In staat zijn verschillende aspecten die aan problemen ten grondslag liggen te onderscheiden en het belang hiervan te kunnen aangeven, alsmede in staat zijn oorzaken van een probleem op te sporen en verbanden te leggen tussen de beschikbaar gekomen gegevens.
	Oordeelsvorming	In staat zijn met behulp van relevante criteria, gegevens en handelwijzen tot een juiste beoordeling te komen.
	Abstractievermogen	Het vermogen het concrete te ontdoen van het toevallige en het bepalende, en zodoende tot de afleiding te komen van een begrip.
	Creativiteit	In staat zijn oorspronkelijkheid aan de dag te leggen bij het bedenken van nieuwe werkwijzen of het oplossen van probleemsituaties waarvoor geen standaardoplossingen beschikbaar zijn.
Bedrijfsmatig (D)	Organisatiebewustzijn	In staat zijn te begrijpen hoe een organisatie functioneert; onderkennen van de invloed en gevolgen van eigen beslissingen of activiteiten voor de eigen organisatie en/of de organisatie van de klant.
	Kennis van andere disciplines	Kennis hebben van een ander vakgebied dan de ICT en de vaardigheid bezitten om de ICT te integreren met dat andere vakgebied.
	Strategische visie	In staat zijn een langetermijnvisie te ontwikkelen vanuit een breed perspectief, alsmede uiteenlopende mogelijkheden in gedachten te houden bij het ontwikkelen van het toekomstbeeld voor de organisatie.

Competentiegebied (hoofdgroep)	Competentie	Definitie
	Commercieel inzicht	Inzicht hebben in de marktmechanismen die binnen de eigen organisatie en daarbuiten werkzaam zijn.
	Kwaliteitsbewustzijn	Als van nature kwaliteit en de eisen en wensen van de organisatie als uitgangspunt nemen voor de werkzaamheden.
Dynamiek/ daadkracht (E)	Zelfstandigheid	In staat zijn taken te vervullen en doelen te bereiken zonder de hulp van anderen.
	Initiatief	In staat zijn kansen te onderkennen en ernaar handelen; liever zelf beginnen dan afwachten.
	Besluitvaardigheid	In staat zijn na volledige of voldoende informatie beslissingen te nemen om tot actie over te gaan.
	Doorzettingsvermogen	In staat zijn ongeacht tegenslagen, tegenwerking en kritiek, doelgericht te werk te gaan.
	Overtuigingskracht	In staat zijn anderen met argumenten te overtuigen om zodoende gedragsverandering te bereiken.
	Onderhandelingsvaardigheid	In staat zijn om ten opzichte van anderen een positie te handhaven en waar mogelijk te verbeteren, door het tonen van inzicht in en gevoel voor machtsverhoudingen en belangentegenstellingen.
Organiseren (F)	Accuratesse	In staat zijn onder verschillende omstandigheden nauwgezet te werken.
	Methodisch werken	In staat zijn het werk volgens een van tevoren bepaalde manier uit te voeren.
	Plannen en organiseren	Het stellen van doelen en de daarbij behorende acties ondernemen om op effectieve wijze deze doelen te bereiken.

12.4.3 Niveau van persoonlijke competenties

Bij elke persoonlijke competentie kan het gewenste niveau worden aangegeven. Hiervoor is een zevenpuntsschaal ontwikkeld die aangeeft op welk niveau men zich bevindt. In bijlage 8 zijn deze competentieschalen opgenomen. In de uitgewerkte functies is steeds uitgegaan van een gemiddeld niveau (level 5 van deze competentieschaal).
Tegenwoordig wordt – ook voor de persoonlijke competenties – de niveau-indeling van EQF/ NLQF gehanteerd. Dit is (nog) niet expliciet in dit rapport uitgewerkt.

12.4.4 Generieke persoonlijke competenties

Een aantal persoonlijke competenties, zoals kwaliteitsgerichtheid en resultaatgerichtheid, is in de ICT van algemeen belang. Deze zijn niet expliciet in het KNVI-competentiemodel benoemd, maar wel onlosmakelijk verbonden aan elke taak.
Tijdens analyse van aan taken toe te kennen persoonlijke competenties bleek een aantal van deze competenties uniform te zijn. Deze zijn dan ook als generieke persoonlijke competenties benoemd. Dit zijn:

- communicatieve vaardigheden (in woord en geschrift, inclusief luisteren);
- samenwerken in teamverband;
- flexibiliteit;
- analytisch vermogen;

- initiatief;
- accuratesse;
- methodisch werken;
- plannen en organiseren;
- kwaliteitsbewustzijn.

12.5 Businesscompetenties

Binnen het KNVI-competentiemodel is ook de businesscompetentie onderkend. Het KNVI-competentiemodel definieert een businesscompetentie als volgt:

Businesscompetenties zijn specifieke kennis en vaardigheden die nodig zijn om taken in een specifieke organisatie uit te voeren. Die kennis en vaardigheden zijn gerelateerd aan de business en de bedrijfsprocessen. Bovendien zijn deze competenties vaak gerelateerd aan een specifiek marktsegment (zoals de bancaire sector of transport en logistiek).

Een voorbeeld is een ICT'er werkzaam bij een bank. Deze moet bijvoorbeeld kennis hebben van internationale geldtransacties of handel in aandelen, en dit moeten kunnen toepassen. Soms zijn zelfs specifieke competenties nodig die gerelateerd zijn aan een organisatie of een marktsegment. Zo worden bij een adviesbureau naast persoonlijke en vaktechnische competenties, ook commerciële vaardigheden en ondernemerschap geëist.
Businesscompetenties zijn lastig in algemene zin te identificeren, te ordenen of te standaardiseren, omdat ze te veel verweven zijn met een specifieke organisatie of een specifiek marktsegment. Daarom zijn deze competenties wel in het KNVI-competentiemodel geïdentificeerd, maar niet uitgewerkt.

12.6 Ontwikkeling van competenties

In het kader van zowel HRM als competentiemanagement is onderscheid tussen *stabiele* en *veranderbare* competenties van belang. Stabiele competenties zijn vaak intrinsiek verbonden aan de persoonlijkheidskenmerken: een introvert persoon communiceert doorgaans niet gemakkelijk. Dat wil niet zeggen dat deze vaardigheid niet kan worden verbeterd.
Bij personeelsselectie kijkt men meestal naar *stabiele* en *gepresenteerde* competenties, bijvoorbeeld of een kandidaat in staat is om zaken helder uit te leggen en daarover te communiceren. Oog voor *ontwikkeling* van competenties is echter ook van belang. Dat geeft inzicht in iemands mogelijkheden en biedt daarmee een beeld van de toekomstige inzetbaarheid. Getoonde competentie en mogelijke ontwikkeling daarin spelen ook een rol bij de carrièreplanning, zowel voor medewerkers als voor HRM.
Nadenken over training en opleiding van medewerkers is in het bijzonder gericht op de *ontwikkeling*: men beoordeelt of een medewerker voldoende mogelijkheden heeft om nieuwe kennis en vaardigheden te verwerven, en deze daarna met succes toe te passen.

Daarnaast is inhoudelijk onderscheid te maken tussen *cognitieve* competenties en *gedragsmatige aspecten*. Hierdoor is de volgende vierdeling te maken:

1 stabiele, cognitieve kenmerken (capaciteiten);
2 stabiele, gedragsmatige kenmerken (persoonlijkheidskenmerken);
3 ontwikkelbare, cognitieve kenmerken (kennis);
4 ontwikkelbare, gedragsmatige kenmerken (gedragsstijlen).

De verdeling van een aantal relevante vaktechnische en de persoonlijke competenties in deze vier groepen is weergegeven in tabel 12.4.

Tabel 12.4 Verdeling van stabiele en ontwikkelbare competenties

Competenties	Stabiel	Ontwikkelbaar
Cognitief	Analytisch vermogen Oordeelsvorming Abstractievermogen Creativiteit	Vakkennis ICT Kennis van andere disciplines Commercieel inzicht Strategische visie Technische vakkennis ICT Organisatie-, omgevings- en branchekennis
Gedragsmatig	Sensitiviteit Flexibiliteit Integriteit Stressbestendigheid Zelfstandigheid Doorzettingsvermogen	Leiderschap Communicatieve vaardigheden Samenwerken in teamverband Luisteren Conflict hanteren Klantgerichtheid Didactische vaardigheden Organisatiebewustzijn Initiatief Besluitvaardigheid Overtuigingskracht Onderhandelingsvaardigheid Accuratesse Methodisch werken Plannen en organiseren

Het voert in het kader van dit rapport te ver om deze theorie verder uit te werken. Daarvoor wordt verwezen naar onderzoeken en beschikbare theoretische kaders.

13 Context

13.1 Inleiding

Werkomgeving, organisatiestructuur en techniek spelen altijd een rol. Dit rapport houdt geen rekening met deze organisatiespecifieke aspecten. Daarmee zijn de omschreven taken algemeen van toepassing. Taken kunnen voor een specifieke taakformulering wel nader worden omschreven.
Door de context waarin gewerkt wordt, zijn vaak specifieke competenties noodzakelijk. Dit kan leiden tot een hoger (of lager) niveau van competentie dan als standaard is gedefinieerd.

13.2 De context: factoren van invloed op functie of taak

Uitvoering van een functie of taak wordt door een complex aan factoren bepaald (zie ook paragraaf 13.5).

13.2.1 Structuur van de organisatie

In grote organisaties worden bedrijfsactiviteiten verbijzonderd volgens invalshoeken als:
- organisatiedomein: bijvoorbeeld concern, divisie en werkmaatschappij;
- producten en markten: bijvoorbeeld businessunits;
- geografische gebieden: bijvoorbeeld regio's en landen.

Hierbinnen kan een gelaagde of een matrixstructuur bestaan. Binnen een organisatie komen dan vaak dezelfde taken voor, maar met een verschillend werkgebied of verschillende scope. Als voorbeeld: een informatiemanager op concernniveau heeft een andere scope dan een informatiemanager op het niveau van een werkmaatschappij.

13.2.2 Omvang van een organisatie

Met de omvang van een organisatie groeit in het algemeen de behoefte aan functiedifferentiatie. Functies in kleine organisaties zijn doorgaans breder dan in grote organisaties, hoewel dit ook afhankelijk is van onder meer de opvattingen over taakintegratie. Anders geformuleerd: een functie in een kleine organisatie bestaat in het algemeen uit méér taken dan in een grote organisatie. In een sterk gespecialiseerde (grote) organisatie kan een functie wellicht zelfs uit één taak bestaan die bovendien nog nader kan zijn gepreciseerd.

13.2.3 Autonomie van organisatieonderdelen

De managementopvatting over (de)centralisatie van verantwoordelijkheden en bevoegdheden bepaalt op welk niveau in de organisatie bepaalde taken worden uitgevoerd. In een gelaagde organisatiestructuur ligt de nadruk in het algemeen op operationele taken. Op concernniveau ligt de nadruk vooral op beleidstaken.

13.2.4 Taakintegratie en -specialisatie

Managementopvattingen over arbeidsdeling hangen samen met de grootte van een organisatie. Toch kan een grote organisatie streven naar een hoge graad van taakintegratie. Dit is van invloed op de manier waarop taken worden gecombineerd in functies of rollen. Méér taakintegratie betekent meer taken in één functie of rol. Deze integratie en specialisatie van taken kan leiden tot een combinatie met niet-ICT-taken in één functie of rol. Dit speelt steeds sterker bij functies met een sterke ICT-component. We noemen dat geen ICT-functies. Vaak gaat het om functietitels die zijn afgeleid van het primaire werkveld. Bijvoorbeeld een forensisch specialist die steeds vaker internet en sociale media gebruikt.

13.2.5 Functiescheiding

Functiescheiding beoogt de veiligheid en betrouwbaarheid van ICT te waarborgen en fraude te voorkomen. Naarmate een organisatie groter is, nemen de eisen van taaksplitsing toe, vaak met dit oogmerk. Bepaalde combinaties van taken zijn in dit opzicht 'gevoelig' en kunnen beter worden vermeden.

13.2.6 Zelf doen of uitbesteden

Het belang van ICT verschilt per organisatie. In verband hiermee verschilt ook de managementopvatting over het uitvoeren van ICT-taken: onderbrengen in een intern ICT-bedrijf of uitbesteden aan een dienstverlener? Bij dit laatste spelen overwegingen als krapte op de arbeidsmarkt, hoge kosten voor opleiding, en behoefte aan specialisatie en klantgerichtheid een grote rol. Inhuren van deze deskundigheid is dan een optie. Dat betekent echter dat de eigen ICT'ers steeds meer competenties moeten bezitten om die externen aan te sturen.
Structureel uitbesteden van ICT heeft inmiddels een enorme vlucht genomen. Zelfs waar ICT cruciaal is voor de bedrijfsvoering is uitbesteden een optie. Want continuïteit van ICT kan bij een professionele leverancier uitstekend gewaarborgd zijn.

13.3 Invloeden op de mate van functioneringsvaardigheden (competenties)

De werkomgeving is van grote invloed op het functioneren. Het KNVI-competentiemodel noemt dat de *context* van een functie of taak. Context wordt onder meer getypeerd door zaken als strategie, structuur, cultuur en managementopvatting. De context is daarmee van invloed op de vereiste competenties en de mate waarin een medewerker deze vaardigheden moet bezitten. Voorbeelden in dit kader zijn:

- Hoe groter en complexer de organisatie, hoe meer belanghebbenden, en hoe groter de kans op tegengestelde belangen. Dat vergt onder meer bestuurlijke en communicatieve vaardigheden.
- Op concernniveau is het werkterrein van een ICT'er zoals gezegd veelal breder dan op werkmaatschappij- of afdelingsniveau. Dat vergt meer intellectuele capaciteiten ofwel een ander niveau van beheersing van competenties.
- Uitbesteden stelt aan de eigen medewerkers hoge eisen met betrekking tot het aansturen van extern belegde ICT-taken.
- Medewerkers van een externe dienstverlener moeten uitstekende communicatieve, kwaliteits- en servicegerichte vaardigheden hebben om te voldoen aan de verwachtingen van de klant.

13.4 De toepassing van context

Het KNVI-competentiemodel is een prima hulpmiddel om functies, functieprofielen en competentieprofielen samen te stellen. Het kan ook worden gebruikt om functies te waarderen, carrièrepaden te bepalen, opleidingen samen te stellen, enzovoort. Wie een dergelijk profiel opstelt, moet zich echter wel realiseren dat dit rapport standaardtaken benoemt. In de praktijk moeten taken worden afgestemd op de *context*. En elke organisatie is daardoor anders. De context bepaalt het profiel. Dit betekent dat identieke taken, uitgevoerd op verschillende plaatsen in een organisatie, zich kunnen onderscheiden door de context. Hetzelfde geldt voor functies. Ook die worden bepaald door de context, waarbij identieke functies binnen een organisatie zich door verschil in context toch kunnen onderscheiden. De volgende paragraaf geeft voorbeelden om het een en ander toe te lichten.

13.5 Het model voor context

Paragraaf 13.2 benoemde algemene factoren die van invloed zijn op de uitvoering van functies en taken. In deze paragraaf wordt gepresenteerd hoe deze factoren in het KNVI-competentiemodel terugkomen.
Algemene factoren van context zijn:
- *middelen,* waaronder: methoden, technieken, tools, enzovoort waarmee een taak wordt uitgevoerd; vaak een kennisaspect, vergezeld van de competenties om die kennis toe te passen;
- *organisatorische scope*, vaak vertaald in persoonlijke competenties;
- *uitvoeringsniveau*, vaak vergezeld van een vereist niveau van persoonlijke competenties.

Deze factoren bieden een handvat om het feitelijke uitvoeringsniveau vast te stellen. Ook eventueel additionele competenties kunnen eruit worden afgeleid.
Vaktechnische vaardigheden en competenties worden dus bepaald door taakinhoud en door context. De context biedt bovendien houvast bij het bepalen van de zwaarte van een taak, in het kader van functieclassificatie en -beloning.

13.5.1 Middelen

Bij het uitvoeren van (bijna) elke taak worden middelen, tools, methoden, technieken, enzovoort gebruikt. Ook worden taken uitgevoerd op specifieke objecten, merken en typen apparatuur, aan de hand van protocollen en dergelijke. Voorbeelden hiervan zijn:
- methoden en technieken voor onderzoek en informatieanalyse;
- methoden en technieken voor het vaststellen van de functionele specificaties van applicaties;
- tools voor het ontwerpen en documenteren van programmatuur, systemen, enzovoort;
- tools voor het bouwen van programmatuur en andere applicatiecomponenten (programmeertalen en dergelijke);
- server-, netwerk- en databasetechnologie.

Het zal duidelijk zijn dat het toevoegen van middelen een taak verbijzondert naar de feitelijke situatie. In de figuren 13.1, 13.2 en 13.3 staan voorbeelden van taakomschrijvingen waaraan context, in termen van middelen, is toegevoegd.

Onderzoeken organisatieaspecten	
Activiteit	Uitvoeren van onderzoek *met behulp van methode XYZ* om een beeld te krijgen van het functioneren van de organisatie en van relevante aspecten en ontwikkelingen. Dit mede in het licht van geformuleerde behoeften, knelpunten, problemen, wijzigingen en dergelijke in de (gebruikers)organisatie. Beschrijven van de bevindingen.
Resultaat	Onderzoeksrapport, organisatiegegevens.

Figuur 13.1 Voorbeeld context 1

Maken en beheren programma, applicatiecomponent	
Activiteit	Ontwerpen, vervaardigen en documenteren van een onderdeel (bouwsteen, component) van een informatiesysteem *met behulp van de programmeertaal C++*. Zowel nieuw als in een situatie van onderhoud. Analyseren, uitvoeren en beoordelen van de realisatie van voorstellen voor wijzigingen in een applicatie. Op elkaar afstemmen van wijzigingen in verschillende applicaties en mede daarmee samenhangende wijzigingen in de technische infrastructuur. Testen van de wijzigingen aan (bij)gestelde functionele specificaties en technische eisen. Beheren en onderhouden van het programma of de applicatiecomponent.
Resultaat	Programma, applicatiecomponent met bijbehorende documentatie.

Figuur 13.2 Voorbeeld context 2

Beheren en monitoren server	
Activiteit	Monitoren, bewaken en analyseren van de correcte werking van een *Oracle database- en OAS applicatieserver*, met betrekking tot zowel functionaliteit als technische aspecten van de componenten van de server. Nemen van adaptieve, preventieve en correctieve maatregelen, en initiëren van onderhoud, of zelfs vervanging van componenten. Zorg dragen voor de back-up en restore van deze servers.
Resultaat	Correct werkende database- en applicatieservers.

Figuur 13.3 Voorbeeld context 3

Competenties die uit het toepassen of gebruiken van middelen voortvloeien zijn voornamelijk cognitief en vaktechnisch: men moet kennis en vaardigheden hebben om met methode, techniek, tool en dergelijke te kunnen omgaan. Soms zijn echter sterke persoonlijke competenties nodig, bijvoorbeeld bij interactieve sessies met gebruikers. Dan zijn sociale en communicatieve vaardigheden een noodzaak.

13.5.2 De organisatorische scope

Bijna elke taak richt zich op een organisatie en heeft invloed op het werk van anderen. Deze organisatorische scope wordt dan ook bepaald door twee dominante elementen:

- omvang en scope van werkzaamheden;
- aard en omvang van invloed.

Omvang en scope hebben betrekking op de afbakening van een taak, gedefinieerd door:

- organisatorische afbakening;
- niveau in de organisatie.

Omvang en scope bakenen een taak af en geven aan welke ervaring en kennis benodigd is. Bij toenemende organisatorische scope vraagt een taak meer communicatieve vaardigheden, sociaal en organisatiebewustzijn.

Organisatorische afbakening waarbinnen de taak wordt uitgeoefend, met oplopende scope, betreft:

1 eigen werkplek of een deelproject;
2 afdeling of het functiegebied;
3 organisatorische eenheid met meerdere functiegebieden;
4 gelaagde organisatie met verschillende functiegebieden;
5 complex samengestelde organisatie, zoals een matrixorganisatie.

In figuur 13.4 staat een voorbeeld van een taakomschrijving waarin de organisatorische afbakening is opgenomen.

Opstellen en beheren informatiearchitectuur	
Activiteit	Definiëren en modelleren van gewenste informatievoorziening van een organisatie, en beheren van de afgeleide blauwdruk van de informatievoorziening *voor de vestigingen in Nederland.* Aangeven van consequenties voor de bestaande situatie. Beheren en onderhouden van de informatiearchitectuur.
Resultaat	Informatiesysteem-architectuur.

Figuur 13.4 Voorbeeld organisatorische afbakening

Niveau in de organisatie waarop de taakuitoefening van toepassing is, met oplopende scope:

1 voor/door een persoon; bijvoorbeeld voor personen die zijn belast met uitvoerende taken;
2 voor een businessunit, afdeling en dergelijke; bijvoorbeeld voor een werkmaatschappij;
3 voor een nationale organisatie in z'n totaliteit;
4 voor een internationale organisatie in z'n totaliteit.

In figuur 13.5 en 13.6 staan voorbeelden van taakomschrijvingen waarin het niveau in de organisatie is opgenomen.

Opstellen en beheren informatieplan	
Activiteit	Inventariseren, analyseren, afstemmen en beschrijven van de gewenste informatievoorziening van *het totale internationale concern* in relatie met de gewenste bedrijfsvoering. Vaststellen van uitgangspunten, condities en randvoorwaarden. Beschrijven van de eisen die aan de gewenste situatie worden gesteld, alsmede de consequenties voor de bestaande situatie. Vaststellen van de strategie om het informatiebeleid te realiseren. Beheren en onderhouden van het informatieplan.
Resultaat	Informatieplan, plan voor de realisatie van de gewenste informatievoorziening (informatiestrategie).

Figuur 13.5 Voorbeeld niveau 1

Opstellen en beheren informatiearchitectuur	
Activiteit	Definiëren en modelleren van de gewenste informatievoorziening *voor de XYZ-divisie,* en beheren van de afgeleide blauwdruk van de informatievoorziening. Aangeven van de consequenties voor de bestaande situatie. Beheren en onderhouden van de informatiearchitectuur.
Resultaat	Informatiesysteem-architectuur.

Figuur 13.6 Voorbeeld niveau 2

Aard en omvang van invloed heeft betrekking op het effect door eigen handelen, of het effect door beïnvloeding van anderen. Bijvoorbeeld in financieel, uitvoerend of sociaal opzicht. Uit te oefenen invloed hangt vaak samen met de scope van de opdracht of taak.
In gradaties van toenemende invloed zijn de volgende dominante aspecten vastgesteld:
1 indirecte invloed met weinig impact op het werk van anderen;
2 met anderen gedeelde invloed met weinig impact op het werk van anderen;
3 directe invloed met weinig impact op het werk van anderen;
4 met anderen gedeelde invloed met grote impact op het werk van anderen;
5 directe invloed met grote impact op het werk van anderen.

De factor invloed leidt in functies meestal tot nadere omschrijvingen van het mandaat, bijvoorbeeld de omvang van investeringen of het budget waarover men besluit.
De mate van invloed is vooral van belang voor de vereiste ervaring en kennis. Hoe meer invloed op taken van anderen men heeft, hoe meer sociale vaardigheden vereist zijn.
Onder de noemer van 'organisatorische scope' vallen ook veel andere aspecten, waaronder;
- cultuur;
- doelstelling: commercieel, ambtelijk, non-profit of organisatie met bijvoorbeeld een ideëel doel;
- de business, vooral bepaald door de primaire bedrijfsprocessen, met accenten op onder meer: primair administratief, productiebedrijf, handel en industrie, transport en logistiek, retail en dienstverlenend.

Deze aspecten zijn in het KNVI-competentiemodel buiten beschouwing gelaten.

13.5.3 Het uitvoeringsniveau

Het uitvoeringsniveau heeft vooral betrekking op de mentale vaardigheden. Dit vertaalt zich bijna altijd naar een competentieniveau. De mentale vaardigheden definiëren daarmee voorts de zwaarte van een functie of taak.
Hierbij wordt onderscheid gemaakt naar:
- mentale operaties;
- complexiteit van werkzaamheden;

Mentale operaties hebben betrekking op de mate van de vrijheid van denken en handelen binnen bepaalde kaders, zoals gedefinieerde doelstellingen, gekozen methoden, technieken en werkinstructies. In gradaties van oplopende vrijheid en oplopend niveau zijn dit voor het uitvoeren van de taken:
1 uitvoeren volgens gegeven en gedetailleerde opdrachten, werkinstructies en dergelijke;
2 uitvoeren volgens vastgestelde en gedocumenteerde werkmethoden, procedures, standaards en dergelijke;

3 uitvoeren volgens globale opdrachten, richtlijnen en dergelijke;
4 uitvoeren zonder een van tevoren vastgestelde methode, instructie, richtlijn en dergelijke.

Meer vrijheid van handelen en minder kaders vergen een goed ontwikkeld kennis- en ervaringsniveau.
Hier ligt overigens een directe relatie met de kwalificatie van functies of taken in het NLQF en sluit daar volledig op aan. Twee voorbeelden van taakomschrijvingen waarin aspecten van mentale operaties zijn benoemd staan in figuur 13.7 en 13.8.

Onderzoeken organisatieaspecten	
Activiteit	Uitvoeren van onderzoek *met behulp van methode XUW* om een beeld te krijgen *van het functioneren van de organisatie en van relevante aspecten en ontwikkelingen,* mede in het licht van geformuleerde behoeften, knelpunten, problemen, wijzigingen en dergelijke in de (gebruikers)organisatie Beschrijven van de bevindingen.
Resultaat	Onderzoeksrapport, organisatiegegevens.

Figuur 13.7 Voorbeeld mentale operaties 1

Opstellen projectplan	
Activiteit	Op hoofdlijnen beschrijven van een totaalproject *op basis van een globale opdracht van de directie* zodat een kader ontstaat waarbinnen het gewenste resultaat kan worden bereikt. Beheren en onderhouden van het plan.
Resultaat	Projectplan, projectopdracht.

Figuur 13.8 Voorbeeld mentale operaties 2

Complexiteit van werkzaamheden heeft vooral betrekking op het aantal elementen dat moet worden beoordeeld, afgewogen of geïntegreerd. Hoe meer elementen hoe hoger het uitvoeringsniveau van een taak. In gradaties van oplopende complexiteit zijn onderkend:
1 afgebakend onderwerp en/of één aspect en/of één invalshoek;
2 afgebakend onderwerp met diverse aspecten en/of invalshoeken;
3 verschillende onderwerpen met één aspect en/of één invalshoek;
4 verschillende onderwerpen met diverse aspecten en/of invalshoeken.

Complexiteit van werkzaamheden heeft bovenal betrekking op de mentale vaardigheden om toenemende complexiteit aan te kunnen. Twee voorbeelden waarin complexiteit van werkzaamheden zijn benoemd staan in figuur 13.9 en 13.10.

Analyseren veranderingsvermogen	
Activiteit	Vaststellen van het veranderingsvermogen van de organisatie in relatie tot veranderingen in bedrijfsprocessen *met de expliciete focus op de technische, economische en sociale factoren.* Afleiden van organisatorische randvoorwaarden en toetsingscriteria voor de te kiezen oplossingen, en wijzigingen in de bedrijfsprocessen en de daarvoor benodigde informatievoorziening.
Resultaat	Veranderingsdiagnoserapport.

Figuur 13.9 Voorbeeld complexiteit 1

Beheren en bewaken functionaliteit applicatie	
Activiteit	Monitoren, analyseren *van de functionaliteit van applicatie XYZ* en bepalen in hoeverre de applicatie (nog) voldoet aan gestelde of gewijzigde functionele eisen, normen, criteria, voorwaarden, enzovoort. Dit vanuit het perspectief van de gebruiker. Formuleren en initiëren van adaptieve, preventieve en correctieve wijzigingen.
Resultaat	Applicatie die functioneel aan gestelde of gewijzigde eisen, normen, enzovoort voldoet. Wijzigingsverzoek, onderhoudsaanvraag, *request for change.*

Figuur 13.10 Voorbeeld complexiteit 2

13.6 Overzicht: tabel voor context

Samengevat kan de context in tabel 13.1 worden gerepresenteerd. Daaraan zijn tevens de persoonlijke en vaktechnische competenties toegevoegd waarover – zo nodig additioneel – een medewerker zou moeten beschikken.

Tabel 13.1 Overzicht context

Hoofdaspect	Subaspect	Subsubaspect	Variabelen	Competenties
Middelen, methoden, technieken, tools, typen apparatuur en dergelijke			Waaronder: • methoden en technieken • tools en hulpmiddelen • typen en merken apparatuur en programmatuur • bepaalde technologie	Vaktechnische kennis van het gebruikte middel
Organisatorische scope	Omvang en scope	Organisatorische afbakening	Eigen werkplek of deelproject Eigen afdeling of functiegebied Organisatorische eenheid met meerdere functiegebieden Gelaagde organisatie Complexe organisatie	Organisatiebewustzijn Strategische visie Overtuigingskracht Abstractievermogen
		Niveau in de organisatie	Personen Uitvoerende organisaties Nationaal management Internationaal management	Organisatiebewustzijn Overtuigingskracht Strategische visie Abstractievermogen Sensitiviteit, inlevingsvermogen
	Aard en omvang van invloed		Indirect, weinig impact Gedeeld, weinig impact Directe invloed, weinig impact Gedeeld, grote impact Direct, grote impact	Organisatiebewustzijn Sensitiviteit, inlevingsvermogen Abstractievermogen Overtuigingskracht

Hoofdaspect	Subaspect	Subsubaspect	Variabelen	Competenties
	Overige aspecten		Waaronder: • cultuur • doelstelling van de organisatie • primair proces van de organisatie	Organisatiebewustzijn Sensitiviteit, inlevingsvermogen Overtuigingskracht
Uitvoeringsniveau	Mentale operaties		Gedetailleerde afbakening Gedetailleerde werkinstructies Globale richtlijnen Zonder vastgestelde kaders	Zelfstandigheid Initiatief Abstractievermogen
	Complexiteit van werkzaamheden		Eén onderwerp, aspect, invalshoek Eén onderwerp, meerdere aspecten en invalshoeken Meerdere onderwerpen, één aspect en invalshoek Meerdere onderwerpen, aspecten en invalshoeken	Analytisch vermogen Abstractievermogen Creativiteit

14 Uitvoeringsposities

14.1 Inleiding

Taken worden in een bepaalde positie of rol uitgevoerd: zelfstandig, coördinerend, adviserend aan anderen, of verantwoordelijk voor de uitvoering door anderen.[1] De taken in dit rapport zijn algemeen geformuleerd en daarmee breed toepasbaar. Ze kunnen specifiek worden gemaakt voor de rol van een medewerker. Het model voor de rol of uitvoeringspositie biedt een raamwerk om rollen aan taken te koppelen.
Aan de rol of uitvoeringspositie zijn vaak specifieke competenties verbonden die nodig zijn om de taak adequaat uit te voeren. De rol kan ook leiden tot een ander niveau van competentie dan in de taken – als standaard – is gedefinieerd.

14.2 Toepassing van de rol of uitvoeringspositie

Een taak kan in de volgende rol worden uitgevoerd:
- meewerken, assisteren;
- zelfstandig uitvoeren;
- begeleiden (instrueren);
- adviseren;
- sturing geven aan, leiden van de uitvoering.

Deze indeling is naar analogie van NLQF/EQF (zie hoofdstuk 15 over kwalificatieniveaus).
Voor de term 'uitvoeringspositie' wordt meestal de term 'rol' gehanteerd. In het KNVI-competentiemodel is de term 'rol' echter gekoppeld aan – meestal – een tijdelijke situatie (zoals in een project).
Twee voorbeelden van taakomschrijvingen waarin de uitvoeringspositie is vermeld staan in figuur 14.1 en 14.2.

***Zelfstandig* opstellen projectplan**	
Activiteit	Op hoofdlijnen beschrijven van een totaalproject zodat een kader ontstaat waarbinnen het gewenste resultaat kan worden bereikt. Beheren en onderhouden van het plan.
Resultaat	Projectplan, projectopdracht.

Figuur 14.1 Voorbeeld uitvoeringspositie 1

1 In het rapport van 2001 werd een uitvoeringspositie benoemd als 'taak-rol'.

***Adviseren over* opstellen projectplan**

Activiteit	Op hoofdlijnen beschrijven van een totaalproject zodat een kader ontstaat waarbinnen het gewenste resultaat kan worden bereikt. Beheren en onderhouden van het plan.
Resultaat	Projectplan, projectopdracht.

Figuur 14.2 Voorbeeld uitvoeringspositie 2

14.3 Overzicht: tabel uitvoeringsposities

Samengevat kan de rol of uitvoeringspositie worden gerepresenteerd zoals in tabel 14.1. In de tabel zijn tevens de vereiste persoonlijke en vaktechnische competenties opgenomen om de uitvoeringspositie adequaat te kunnen uitvoeren.

Tabel 14.1 Overzicht uitvoeringsposities

Uitvoeringspositie	Toelichting	Additionele competenties
Meewerken, assisteren	Men werkt samen met en onder begeleiding van een deskundige op het gebied van uitvoering. Meestal geldt deze positie voor medewerkers die nog kennis en/of ervaring missen om een taak zelfstandig uit te voeren.	Samenwerken in teamverbanden
Zelfstandig uitvoeren	Men voert de taak volledig zelfstandig uit.	Zelfstandigheid Oordeelsvorming Initiatief
Begeleiden (is instruerend)	Men begeleidt een medewerker zodanig dat deze zich ontwikkelt naar het zelfstandig kunnen uitvoeren van een taak. Dit vereist van de begeleider expertise van de taakuitoefening en/of de daarmee te bereiken resultaten. In deze positie werkt men direct of indirect mee aan de uitvoering.	Didactische vaardigheden Communicatieve vaardigheden Flexibiliteit Sensitiviteit, inlevingsvermogen Luisteren Analytisch vermogen
Adviseren	Men geeft advies over uitvoering van een taak en over het beoogde resultaat. Dit vereist van de begeleider expertise van de taakuitoefening en/of de daarmee te bereiken resultaten. In deze rol werkt men *niet* mee aan de daadwerkelijke uitvoering, maar geeft 'slechts' advies).	Communicatieve vaardigheden Organisatiebewustzijn Didactische vaardigheden Samenwerken in teamverband Initiatief Creativiteit
Sturing geven aan, leiden van de uitvoering	Men geeft leiding aan een groep personen. Dit kan worden gecombineerd met begeleiden en coachen van minder ervaren personen (die de assisterende en begeleidende rol vervullen). Men is meestal *niet* betrokken bij uitvoering, maar stuurt, coördineert, plant, enzovoort. Meestal is men ook verantwoordelijk voor het resultaat. Deze uitvoeringspositie betreft derhalve die van teamleider, projectleider, afdelingsmanager en dergelijke.	Leiderschap Besluitvaardigheid Overtuigingskracht Communicatieve vaardigheden Initiatief Sensitiviteit, inlevingsvermogen Methoden en technieken voor projectmanagement Risicomanagement

15 Kwalificatieniveaus op basis van het NLQF

15.1 Inleiding

Op Europees niveau is een uniform kwalificatiekader gedefinieerd: het European Qualifications Framework (EQF)[1]. Hiermee is het mogelijk om de in Europa gehanteerde niveaus van opleidings- en functiekwalificaties te vergelijken.
Om het EQF effectief toe te passen is de Europese landen verzocht – in het bijzonder de deelnemers aan het programma Education and Training 2020 – hun kwalificatieniveaus, certificaten, diploma's en Europass-documenten[2] aan het EQF te koppelen. Op dit moment werken 32 landen aan de invoering van het EQF. In Nederland heeft het EQF op 1 oktober 2011 zijn beslag gekregen met de lancering van het Nationaal Coördinatiepunt NLQF (NCP-NLQF).[3]

15.2 Kwalificatieniveaus voor functies in het KNVI-competentiemodel

Voor het kwalificeren van functieniveaus in dit rapport wordt het NLQF gehanteerd. Het KNVI-competentiemodel gebruikt de NLQF-versie van december 2015.[4] De toelichting op deze versie is in paragraaf 15.3 opgenomen.
De Werkgroep Employability Framework Informatica (WEFI) onderkent dat er bij elke functie sprake kan zijn van:
- een *startkwalificatie* om in een bepaalde functie te starten;
- een *kwalificatie professional*, die aangeeft in hoeverre iemand zich als professional kwalificeert.

Binnen dit rapport worden bij elke functie beide kwalificatieniveaus aangegeven. Deze kwalificaties zijn gebaseerd op gemiddelden in het werkveld. In de praktijk speelt context altijd een rol. Daardoor kunnen kwalificatieniveaus variëren. Afwijkingen van meer dan een niveau zijn hierbij uitzonderlijk.

15.3 Toelichting op het NLQF

NLQF en EQF presenteren kwalificatieniveaus die van toepassing zijn voor het beroepsonderwijs. NLQF maakt de niveaus van zowel de publieke als private kwalificaties (bijvoorbeeld regulier en buitenschools onderwijs, maar ook voor interne bedrijfsopleidingen) vergelijkbaar. Een grafische weergave van de kwalificaties van het NLQF is opgenomen in figuur 15.1. Hierin wordt tevens de relatie tussen de indeling in kwalificatieniveaus van EQF en NLQF gepresenteerd.

1 Zie de website van de Europese Commissie: http://ec.europa.eu/eqf

2 Europass Documents geeft standaarden voor cv's en het European Skills Passport. Dit moet het uitwisselen van Europese beroepsbeoefenaren en studenten bevorderen. Zie: https://europass.cedefop.europa.eu/nl/documents

3 Bron: Nationaal Coördinatiepunt NLQF. Zie: www.nlqf.nl

4 Voor een actuele versie van NLQF, zie: www.nlqf.nl

EQF	NLQF	Volwasseneducatie	Vmbo	Mbo	Havo/vwo	Ho
8	8					Doctoraat, ontwerper, medisch specialist
7	7					Master
6	6					Bachelor
5	5					Associate Degree
4	4+	Vavo-vwo			Vwo	
4	4	Vavo-havo		Mbo 4	Havo	
3	3			Mbo 3		
2	2	Basiseducatie 3	Vmbo kb, gr en ti	Mbo 2		
1	1	Basiseducatie 2	Vmbo bb	Mbo 1		
	Instroomniveau	Basiseducatie 1				

Figuur 15.1 Schematisch overzicht van de generieke inschaling in NLQF en EQF van door de overheid gereguleerde kwalificaties

De niveaus van het NLQF en de uitwerkingen daarvan zijn in de volgende tabellen[5] opgenomen.

Tabel 15.1 NLQF – Instroomniveau

Opleiding op dit niveau	Basiseducatie 1
Toepassing van dit kwalificatieniveau	
Niveau beroepsonderwijs	Instroomniveau
Mbo	Niet benoemd
Hbo	Niet benoemd
Wo	Niet benoemd
e-CF	Niet benoemd
Uitwerking van dit kwalificatieniveau	
Context	Een bekende stabiele leef- en werkomgeving.
Kennis	Bezit basale kennis van eenvoudige feiten en ideeën gerelateerd aan de leefomgeving.
Toepassen van kennis	Reproduceert de kennis en past deze toe. Voert eenvoudige herkenbare (beroeps)taken uit op basis van automatismen.
Probleemoplossende vaardigheden	Herkent eenvoudige problemen in het dagelijks leven. Lost deze problemen op.
Leer- en ontwikkelvaardigheden	Ontwikkelt zich met begeleiding.

5 De versie van december 2015 die in het rapport is gebruikt. Voor een actuele versie van NLQF, zie: www.nlqf.nl

Informatievaardigheden	Verkrijgt en verwerkt informatie over eenvoudige feiten en ideeën gerelateerd aan de leefomgeving.
Communicatieve vaardigheden	Communiceert op basis van in de context geldende conventies met gelijken.
Verantwoordelijkheid en zelfstandigheid	Werkt samen met gelijken. Draagt verantwoordelijkheid voor resultaten van eenvoudige routinematige taken en studie. Draagt gedeelde verantwoordelijkheid voor het resultaat van het routinewerk van anderen.

Tabel 15.2 NLQF – Niveau 1

Opleiding op dit niveau	Basiseducatie 2, vmbo bb, mbo 1
Toepassing van dit kwalificatieniveau	
Niveau beroepsonderwijs	WEB-niveau 1
Mbo	Assistent beroepsbeoefenaar (geen startkwalificatie)
Hbo	Niet van toepassing
Wo	Niet van toepassing
e-CF	Niet van toepassing
Uitwerking van dit kwalificatieniveau	
Context	Een herkenbare leef- en werkomgeving.
Kennis	Bezit basale kennis van eenvoudige feiten en ideeën gerelateerd aan een beroep en kennisdomein.
Toepassen van kennis	Reproduceert de kennis en past deze toe. Voert eenvoudige herkenbare (beroeps)taken uit op basis van automatismen.
Probleemoplossende vaardigheden	Herkent eenvoudige problemen in de beroepspraktijk en in het kennisdomein. Lost deze problemen op.
Leer- en ontwikkelvaardigheden	Ontwikkelt zich met begeleiding.
Informatievaardigheden	Verkrijgt en verwerkt informatie over eenvoudige feiten en ideeën gerelateerd aan een beroep en kennisdomein.
Communicatieve vaardigheden	Communiceert op basis van in de context en de beroepspraktijk geldende conventies met gelijken, leidinggevenden en cliënten.
Verantwoordelijkheid en zelfstandigheid	Werkt samen met gelijken, leidinggevenden en cliënten. Draagt met begeleiding verantwoordelijkheid voor resultaten van eenvoudige taken en studie. Draagt gedeelde verantwoordelijkheid voor het resultaat van het routinewerk van anderen.

Tabel 15.3 NLQF – Niveau 2

Opleiding op dit niveau	Basiseducatie 3, vmbo kb, gl, tl, mbo 2
Toepassing van dit kwalificatieniveau	
Niveau beroepsonderwijs	WEB-niveau 2
Mbo	Medewerker/basisberoepsbeoefenaar
Hbo	Niet van toepassing
Wo	Niet van toepassing
e-CF	Niet van toepassing
Uitwerking van dit kwalificatieniveau	
Context	Een herkenbare leef- en werkomgeving.
Kennis	Bezit basiskennis van feiten, ideeën, processen, materialen, middelen en begrippen van en gerelateerd aan een beroep en kennisdomein.
Toepassen van kennis	Reproduceert de kennis en past deze toe. Voert eenvoudige (beroeps)taken uit met behulp van geselecteerde standaardprocedures.
Probleemoplossende vaardigheden	Herkent eenvoudige problemen in de beroepspraktijk en in het kennisdomein. Lost deze problemen planmatig op.
Leer- en ontwikkelvaardigheden	Vraagt ondersteuning bij verdere ontwikkeling na reflectie en beoordeling van eigen (leer)resultaten.
Informatievaardigheden	Verkrijgt en verwerkt basisinformatie over feiten, ideeën, processen, materialen, middelen en begrippen van en gerelateerd aan een beroep en kennisdomein.
Communicatieve vaardigheden	Communiceert op basis van in de context en de beroepspraktijk geldende conventies met gelijken, leidinggevenden en cliënten.
Verantwoordelijkheid en zelfstandigheid	Werkt samen met gelijken, leidinggevenden en cliënten. Draagt met begeleiding verantwoordelijkheid voor resultaten van eenvoudige taken en studie.

Tabel 15.4 NLQF – Niveau 3

Opleiding op dit niveau	Mbo 3
Toepassing van dit kwalificatieniveau	
Niveau beroepsonderwijs	WEB-niveau 3
Mbo	Zelfstandig medewerker/zelfstandig beroepsbeoefenaar/ vakopleiding
Hbo	Niet van toepassing
Wo	Niet van toepassing
e-CF	Niveau 1
Uitwerking van dit kwalificatieniveau	
Context	Een herkenbare, wisselende leef- en werkomgeving.
Kennis	Bezit kennis van materialen, middelen, feiten, kernbegrippen, eenvoudige theorieën, ideeën, methoden en processen van en gerelateerd aan een beroep en kennisdomein.
Toepassen van kennis	Reproduceert de kennis en past deze toe. Signaleert beperkingen van bestaande kennis in de beroepspraktijk en in het kennisdomein en onderneemt actie. Voert (beroeps)taken die tactisch en strategisch inzicht vereisen uit met behulp van een eigen keuze uit en een combinatie van standaardprocedures en methoden.

Probleemoplossende vaardigheden	Onderkent ingewikkelde problemen in de beroepspraktijk en in het kennisdomein. Lost deze planmatig op door gegevens te identificeren en te gebruiken.
Leer- en ontwikkelvaardigheden	Vraagt ondersteuning bij verdere ontwikkeling na reflectie en beoordeling van eigen (leer)resultaten.
Informatievaardigheden	Verkrijgt, verwerkt en combineert informatie over materialen, middelen, feiten, kernbegrippen, eenvoudige theorieën, ideeën, methoden en processen van en gerelateerd aan een beroep en kennisdomein.
Communicatieve vaardigheden	Communiceert op basis van in de context en de beroepspraktijk geldende conventies met gelijken, leidinggevenden en cliënten.
Verantwoordelijkheid en zelfstandigheid	Werkt samen met gelijken, leidinggevenden en cliënten. Draagt verantwoordelijkheid voor resultaten van een afgebakend takenpakket en studie. Draagt gedeelde verantwoordelijkheid voor het resultaat van het routinewerk van anderen.

Tabel 15.5 NLQF – Niveau 4

Opleiding op dit niveau	Havo, vavo-havo, mbo 4
Toepassing van dit kwalificatieniveau	
Niveau beroepsonderwijs	WEB-niveau 4
Mbo	Middenkaderfunctionaris/gespecialiseerd beroepsbeoefenaar (geeft toegang tot hbo)
Hbo	Instroomniveau vanuit mbo
Wo	Niet van toepassing
e-CF	Niveau 2
Uitwerking van dit kwalificatieniveau	
Context	Een herkenbare, wisselende leef- en werkomgeving, ook internationaal.
Kennis	Bezit brede en specialistische kennis van materialen, middelen, feiten, abstracte begrippen, theorieën, ideeën, methoden en processen van en gerelateerd aan een beroep en kennisdomein.
Toepassen van kennis	Reproduceert en analyseert de kennis en past deze toe. Evalueert en integreert gegevens en ontwikkelt strategieën voor het uitvoeren van diverse (beroeps)taken. Signaleert beperkingen van bestaande kennis in de beroepspraktijk en in het kennisdomein en onderneemt actie. Analyseert redelijk complexe (beroeps)taken en voert deze uit.
Probleemoplossende vaardigheden	Onderkent en analyseert redelijk complexe problemen in de beroepspraktijk en in het kennisdomein. Lost deze planmatig en op creatieve wijze op door gegevens te identificeren en te gebruiken.
Leer- en ontwikkelvaardigheden	Ontwikkelt zich door reflectie en beoordeling van eigen (leer)-resultaten.
Informatievaardigheden	Verkrijgt, verwerkt en combineert brede en specialistische informatie over materialen, middelen, feiten, abstracte begrippen, theorieën, ideeën, methoden en processen van en gerelateerd aan een beroep en kennisdomein.

Communicatieve vaardigheden	Communiceert op basis van in de context en de beroepspraktijk geldende conventies met gelijken, leidinggevenden en cliënten.
Verantwoordelijkheid en zelfstandigheid	Werkt samen met gelijken, leidinggevenden en cliënten. Draagt verantwoordelijkheid voor resultaten van eigen activiteiten, werk en studie. Draagt gedeelde verantwoordelijkheid voor het resultaat van het werk van anderen.

Tabel 15.6 LQF – Niveau 4+

Opleiding op dit niveau	Vwo, vavo-vwo
Toepassing van dit kwalificatieniveau	
Niveau beroepsonderwijs	Geen WEB-niveau gedefinieerd
Mbo	Middenkaderfunctionaris/gespecialiseerd beroepsbeoefenaar (geeft toegang tot hbo)
Hbo	Instroomniveau vanuit mbo
Wo	Niet van toepassing
e-CF	Niet gedefinieerd
Uitwerking van dit kwalificatieniveau	
Context	Een herkenbare, wisselende leef- en werkomgeving, ook internationaal.
Kennis	Bezit brede en specialistische kennis van materialen, middelen, feiten, abstracte begrippen, theorieën, ideeën, methoden en processen van en gerelateerd aan een beroep en kennisdomein.
Toepassen van kennis	Reproduceert en analyseert de kennis en past deze toe. Evalueert en integreert gegevens en ontwikkelt strategieën voor het uitvoeren van diverse (beroeps)taken. Signaleert beperkingen van bestaande kennis in de beroepspraktijk en in het kennisdomein en onderneemt actie. Analyseert redelijk complexe (beroeps)taken en voert deze uit.
Probleemoplossende vaardigheden	Onderkent en analyseert redelijk complexe problemen in de beroepspraktijk en in het kennisdomein. Lost deze planmatig en op creatieve wijze op door gegevens te identificeren en te gebruiken.
Leer- en ontwikkelvaardigheden	Ontwikkelt zich door reflectie en beoordeling van eigen (leer)-resultaten.
Informatievaardigheden	Verkrijgt, verwerkt en combineert brede en specialistische informatie over materialen, middelen, feiten, abstracte begrippen, theorieën, ideeën, methoden en processen van en gerelateerd aan een beroep en kennisdomein.
Communicatieve vaardigheden	Communiceert op basis van in de context en de beroepspraktijk geldende conventies met gelijken, leidinggevenden en cliënten.
Verantwoordelijkheid en zelfstandigheid	Werkt samen met gelijken, leidinggevenden en cliënten. Draagt verantwoordelijkheid voor resultaten van eigen activiteiten, werk en studie. Draagt gedeelde verantwoordelijkheid voor het resultaat van het werk van anderen.

Tabel 15.7 NLQF – Niveau 5

Opleiding op dit niveau	Associate Degree
Toepassing van dit kwalificatieniveau	
Niveau beroepsonderwijs	Niet benoemd
Mbo	Niet van toepassing
Hbo	Associate Degree
Wo	Niet benoemd
e-CF	Niveau 2
Uitwerking van dit kwalificatieniveau	
Context	Een onbekende, wisselende leef- en werkomgeving, ook internationaal
Kennis	Bezit ruime, verdiepte of gespecialiseerde kennis van een beroep en kennisdomein. Bezit gedetailleerde kennis van enkele beroeps- en kennisdomeinen en begrip van een beperkte reeks van basistheorieën, principes en concepten. Bezit beperkte kennis en begrip van enkele belangrijke actuele onderwerpen en specialismen gerelateerd aan het beroep en het kennisdomein.
Toepassen van kennis	Reproduceert en analyseert de kennis en past deze toe, ook in andere contexten, om een antwoord te geven op problemen die gerelateerd zijn aan een beroep en kennisdomein. Gebruikt procedures flexibel en inventief. Signaleert beperkingen van bestaande kennis in de beroepspraktijk en in het kennisdomein en onderneemt actie. Analyseert complexe (beroeps)taken en voert deze uit.
Probleemoplossende vaardigheden	Onderkent en analyseert complexe problemen in de beroepspraktijk en in het kennisdomein en lost deze op creatieve wijze op door gegevens te identificeren en te gebruiken.
Leer- en ontwikkelvaardigheden	Ontwikkelt zich door reflectie en beoordeling van eigen (leer)-resultaten.
Informatievaardigheden	Verkrijgt, verwerkt, combineert en analyseert brede, verdiepte en gedetailleerde informatie over een beperkte reeks van basistheorieën, principes en concepten, van en gerelateerd aan een beroep en kennisdomein, evenals beperkte informatie over enkele belangrijke actuele onderwerpen en specialismen, gerelateerd aan het beroep en het kennisdomein en geeft deze informatie weer.
Communicatieve vaardigheden	Communiceert doelgericht op basis van in de context en de beroepspraktijk geldende conventies met gelijken, leidinggevenden en cliënten.
Verantwoordelijkheid en zelfstandigheid	Werkt samen met gelijken, leidinggevenden en cliënten. Draagt verantwoordelijkheid voor resultaten van eigen activiteiten, werk en studie. Draagt gedeelde verantwoordelijkheid voor het resultaat van activiteiten en werk van anderen en voor het aansturen van processen.

Tabel 15.8 NLQF – Niveau 6

Opleiding op dit niveau	Bachelor
Toepassing van dit kwalificatieniveau	
Niveau beroepsonderwijs	WEB-niveau 5
Mbo	Niet van toepassing
Hbo	Bachelor
Wo	Bachelor
e-CF	Niveau 3
Uitwerking van dit kwalificatieniveau	
Context	Een onbekende, wisselende leef- en werkomgeving, ook internationaal.
Kennis	Bezit gevorderde gespecialiseerde kennis en kritisch inzicht in theorieën en beginselen, en van een beroep en kennisdomein en breed wetenschapsgebied. Bezit brede, geïntegreerde kennis en begrip van de omvang, de belangrijkste gebieden en grenzen van een beroep, kennisdomein en breed wetenschapsgebied. Bezit kennis en begrip van enkele belangrijke actuele onderwerpen en specialismen gerelateerd aan het beroep of kennisdomein en breed wetenschapsgebied.
Toepassen van kennis	Reproduceert en analyseert kennis en past deze toe, ook in andere contexten, zodanig dat dit een professionele en wetenschappelijke benadering in beroep en kennisdomein laat zien. Past complexe gespecialiseerde vaardigheden toe op de uitkomsten van onderzoek. Brengt met begeleiding op basis van methodologische kennis een praktijkgericht onderzoek tot een goed einde. Stelt argumentaties op en verdiept die. Evalueert en combineert kennis en inzichten uit een specifiek domein kritisch. Signaleert beperkingen van bestaande kennis in de beroepspraktijk en in het kennisdomein en onderneemt actie. Analyseert complexe beroeps- en wetenschappelijke taken en voert deze uit.
Probleemoplossende vaardigheden	Onderkent en analyseert complexe problemen in de beroepspraktijk en in het kennisdomein en lost deze op tactische, strategische en creatieve wijze op door gegevens te identificeren en te gebruiken.
Leer- en ontwikkelvaardigheden	Ontwikkelt zich door zelfreflectie en zelfbeoordeling van eigen (leer)resultaten.
Informatievaardigheden	Verzamelt en analyseert op een verantwoorde, kritische manier brede, verdiepte en gedetailleerde beroepsgerelateerde of wetenschappelijke informatie over een beperkte reeks van basistheorieën, principes en concepten van en gerelateerd aan een beroep of kennisdomein, evenals beperkte informatie over enkele belangrijke actuele onderwerpen en specialismen gerelateerd aan het beroep en het kennisdomein en geeft deze informatie weer.
Communicatieve vaardigheden	Communiceert doelgericht op basis van in de context en de beroepspraktijk geldende conventies met gelijken, specialisten en niet-specialisten, leidinggevenden en cliënten.
Verantwoordelijkheid en zelfstandigheid	Werkt samen met gelijken, specialisten en niet-specialisten, leidinggevenden en cliënten. Draagt verantwoordelijkheid voor resultaten van eigen werk en studie en het resultaat van het werk van anderen. Draagt gedeelde verantwoordelijkheid voor het aansturen van processen en de professionele ontwikkeling van personen en groepen. Verzamelt en interpreteert relevante gegevens met het doel zich een oordeel te vormen dat mede gebaseerd is op het afwegen van relevante sociaal-maatschappelijke, beroepsmatige, wetenschappelijke of ethische aspecten.

Tabel 15.9 NLQF – Niveau 7

Opleiding op dit niveau	Master
Toepassing van dit kwalificatieniveau	
Niveau beroepsonderwijs	Niet van toepassing
Mbo	Niet van toepassing
Hbo	Niet van toepassing
Wo	Master
e-CF	Niveau 4
Uitwerking van dit kwalificatieniveau	
Context	Een onbekende, wisselende leef- en werkomgeving met een hoge mate van onzekerheid, ook internationaal.
Kennis	Bezit bijzonder gespecialiseerde en geavanceerde kennis van een beroep, kennisdomein en wetenschapsgebied en op het raakvlak tussen verschillende beroepen, kennisdomeinen en wetenschapsgebieden. Bezit een kritisch begrip van een reeks van theorieën, principes en concepten, waaronder de belangrijkste van een beroep, kennisdomein en wetenschapsgebied. Bezit uitgebreide, gedetailleerde kennis en kritisch begrip van enkele belangrijke actuele onderwerpen en specialismen gerelateerd aan het beroep of het kennisdomein en wetenschapsgebieden.
Toepassen van kennis	Reproduceert, analyseert en integreert kennis en past deze toe, ook in andere contexten, en gaat om met complexe materie. Deze kennis vormt de basis voor originele ideeën en onderzoek. Gebruikt de opgedane kennis op een hoger abstractieniveau. Denkt conceptueel. Stelt argumentaties op en verdiept deze. Brengt op basis van methodologische kennis een fundamenteel onderzoek zelfstandig tot een goed einde. Levert een originele bijdrage aan het ontwikkelen en toepassen van ideeën, vaak in onderzoeksverband. Signaleert beperkingen van bestaande kennis in de beroepspraktijk en in het kennisdomein op het raakvlak tussen verschillende beroepspraktijken en kennisdomeinen en onderneemt actie. Analyseert complexe beroeps- en wetenschappelijke taken en voert deze uit.
Probleemoplossende vaardigheden	Onderkent en analyseert complexe problemen in de beroepspraktijk en in het kennisdomein en lost deze op tactische, strategische en creatieve wijze op. Levert in de beroepspraktijk en in het kennisdomein een bijdrage aan de (wetenschappelijke) oplossing van complexe problemen door gegevens te identificeren en te gebruiken.
Leer- en ontwikkelvaardigheden	Ontwikkelt zich grotendeels autonoom.
Informatievaardigheden	Verzamelt en analyseert op een verantwoorde, kritische manier brede, verdiepte en gedetailleerde beroepsgerelateerde of wetenschappelijke informatie over een reeks van basistheorieën, principes en concepten van en gerelateerd aan een beroep of kennisdomein, evenals beperkte informatie over enkele belangrijke actuele onderwerpen en specialismen gerelateerd aan het beroep en het kennisdomein en geeft deze informatie weer.
Communicatieve vaardigheden	Communiceert doelgericht op basis van in de context en de beroepspraktijk geldende conventies met gelijken, specialisten en niet-specialisten, leidinggevenden en cliënten.

Verantwoordelijkheid en zelfstandigheid	Werkt samen met specialisten en niet-specialisten, gelijken, leidinggevenden en cliënten. Draagt verantwoordelijkheid voor resultaten van eigen werk en studie en het resultaat van het werk van anderen. Draagt verantwoordelijkheid voor het aansturen van complexe processen en de professionele ontwikkeling van personen en groepen. Formuleert oordelen op grond van onvolledige of beperkte informatie en houdt daarbij rekening met sociaal-maatschappelijke, wetenschappelijke en ethische verantwoordelijkheden die zijn verbonden aan het toepassen van de eigen kennis en oordelen.

Tabel 15.10 NLQF – Niveau 8

Opleiding op dit niveau	Doctoraat, ontwerper, medisch specialist
Toepassing van dit kwalificatieniveau	
Niveau beroepsonderwijs	Niet van toepassing
Mbo	Niet van toepassing
Hbo	Niet van toepassing
Wo	Doctoraat
e-CF	Niveau 5
Uitwerking van dit kwalificatieniveau	
Context	Een onbekende, wisselende leef- en werkomgeving met een hoge mate van onzekerheid, ook internationaal.
Kennis	Bezit de meest geavanceerde kennis van een beroep, kennisdomein en wetenschapsgebied en op het raakvlak tussen verschillende beroepen, kennisdomeinen en wetenschapsgebieden. Bezit kennis verkregen door persoonlijk onderzoek of werk, leidend tot een belangrijke bijdrage aan de ontwikkeling van vak- en wetenschapsgebied. Bezit een kritisch inzicht in een vak- en wetenschapsgebied, waaronder een kritisch begrip van de belangrijkste en actuele theorieën, principes en concepten.
Toepassen van kennis	Reproduceert, analyseert en integreert kennis op gezaghebbende wijze en past deze toe, ook in andere contexten en gaat om met complexe materie. Deze kennis vormt de basis voor originele ideeën en onderzoek. Gebruikt de opgedane kennis op een hoger abstractieniveau. Denkt conceptueel. Stelt argumentaties op en verdiept deze. Brengt op basis van methodologische kennis een complex fundamenteel onderzoek zelfstandig tot een goed einde. Levert door origineel onderzoek een bijdrage aan verlegging van de grenzen van kennis door een omvangrijke hoeveelheid werk, waarvan een deel een nationaal of internationaal beoordeelde publicatie verdient. Signaleert beperkingen van bestaande kennis in de beroepspraktijk en in het kennisdomein op het raakvlak tussen verschillende beroepspraktijken en kennisdomeinen en onderneemt actie. Analyseert complexe beroeps- en wetenschappelijke taken en voert deze uit.
Probleemoplossende vaardigheden	Onderkent en analyseert complexe problemen in de beroepspraktijk en in het kennisdomein en lost deze op tactische, strategische en creatieve wijze op. Levert in de beroepspraktijk en in het kennisdomein een bijdrage aan de (wetenschappelijke) oplossing van complexe problemen door gegevens te identificeren en te gebruiken.
Leer- en ontwikkelvaardigheden	Ontwikkelt zich grotendeels autonoom en bewerkstelligt technologische, sociale of culturele vooruitgang in de samenleving.

Informatievaardigheden	Verzamelt en analyseert op een verantwoorde, kritische manier brede, verdiepte en gedetailleerde wetenschappelijke informatie over een reeks van theorieën, principes en concepten van en gerelateerd aan een beroep of kennisdomein, evenals informatie over enkele belangrijke actuele onderwerpen en specialismen gerelateerd aan het beroeps- en kennisdomein en geeft deze informatie weer.
Communicatieve vaardigheden	Communiceert doelgericht op basis van in de context en de beroepspraktijk geldende conventies met gelijken, specialisten en niet-specialisten, leidinggevenden en cliënten, en met de bredere wetenschappelijke gemeenschap en de samenleving als geheel.
Verantwoordelijkheid en zelfstandigheid	Werkt samen met gelijken, specialisten en niet-specialisten, leidinggevenden en cliënten en de bredere wetenschappelijke gemeenschap en de samenleving als geheel. Draagt verantwoordelijkheid voor resultaten van eigen werk en studie en het resultaat van het werk van anderen. Draagt verantwoordelijkheid voor het aansturen van complexe processen en de professionele ontwikkeling van personen en groepen. Ontwerpt en ontwikkelt met wetenschappelijke integriteit een complex fundamenteel onderzoeksproces, voert dit uit en past dit aan.

16 e-CF – Het European e-Competence Framework

16.1 Inleiding

Het e-CF is een Europees competentieframework voor het ICT-domein. Het beschrijft professionele ICT-vaardigheden, op basis van verschillende standaarden. Hiermee biedt het e-CF binnen de EU een gemeenschappelijke taal voor competenties, vaardigheden en vaardigheidsniveaus. In de Engelstalige versie (versie 3.0)[1] wordt dat als volgt omschreven:

> 'The European e-Competence Framework (e-CF) provides a reference of 40 competences as required and applied at the Information and Communication Technology (ICT) workplace, using a common language for competences, skills and proficiency levels that can be understood across Europe.'

In de officiële Nederlandse vertaling van het NEN[2] is dit vertaald in:

> 'Het e-CF is een methode om professionele ICT-vaardigheden te beschrijven, gebruikmakend van een gemeenschappelijk framework van competenties en competentieniveaus, dat begrepen kan worden in Europa en daarbuiten. Het is de bedoeling dat het framework wordt gebruikt door bedrijven die ICT-gerelateerde diensten aanbieden, managers, personeelsafdelingen, onderwijsinstellingen en trainingsinstituten, voor zowel organisaties uit de publieke als uit de private sector.'

Het e-CF kan ook worden gebruikt voor het beschrijven van *ICT-functies* die aansluiten op deze Europese standaard. Een achterliggend doel van het e-CF is om ICT-competenties en -functies vergelijkbaar en uitwisselbaar te maken en daarmee de arbeidsmobiliteit binnen Europa te bevorderen.
Het e-CF is onder auspiciën van CEN, het European Committee for Standardization van de Europese Commissie ontwikkeld. Dit onder coördinatie van de CEN ICT Skills Workshop Community. De eerste versie van het e-CF is door CEN gepubliceerd in 2008. Momenteel (januari 2018) is CWA-versie 3.0 van het e-CF beschikbaar.[3] Naar verwachting wordt de volgende versie medio 2018 gepubliceerd.
In Nederland is het e-CF ook geadopteerd, in het bijzonder door de Initiatiefgroep e-CF waarin onder andere het Nederlands Normalisatie Instituut (NEN), Exin[4], CIO Platform Nederland, CIONET, Ecabo, de HBO-i Stichting, en ook KNVI participeren.

1 Zie hiervoor: *The European e-competence Framework*, versie 3.0 (gepubliceerd als CWA 16234), en te bereiken via de link: ftp://ftp.cen.eu/CEN/Sectors/List/ICT/Workshops/eCF3.0%20brochure.pdf

2 De Nederlandse Praktijkrichtlijn NPR-CWA 16234-1.

3 Zie hiervoor: *The European e-competence Framework, versie 3.0* (gepubliceerd als CWA 16234), en te bereiken via de link: ftp://ftp.cen.eu/CEN/Sectors/List/ICT/Workshops/eCF3.0%20brochure.pdf

4 Exin hanteert het e-CF als uitgangspunt om kandidaten middels het 'e-Competence Assessment' als ICT-professional te certificeren.

Het e-CF is bijvoorbeeld door de Rijksoverheid tot standaard verklaard.[5]
Veel bedrijven en organisaties, waaronder ook KNVI, hebben het e-CF-convenant ondertekend en verklaren daarmee het e-CF als uitgangspunt voor competentiemanagement te hanteren. Voorts werkt de KNVI mee aan de verdere ontwikkeling van het e-CF.
Gelet op het belang van het e-CF en de brede adoptie ervan in Nederland heeft het ECP, het Platform voor de InformatieSamenleving, in het kader van het programma Digivaardig & Digiveilig aan NEN gevraagd een normcommissie op te richten, vanwaaruit onder regie van NEN de geautoriseerde Nederlandse vertaling van het e-CF is opgesteld. Deze Nederlandse vertaling van het e-CF is in december 2010 gepubliceerd[6] en betreft momenteel (januari 2018) nog e-CF versie 2.0. Naar verwachting wordt e-CF versie 4.0 medio 2018 ook in een Nederlandse Praktijkrichtlijn vertaald.
Het e-CF competentieframework is gepubliceerd in vier delen:

- deel 1 (CWA Part I) beschrijft de structuur;
- deel 2 (CWA Part II) biedt handleidingen en toelichtingen voor toepassing;
- deel 3 (CWA Part III) biedt toelichtingen op structuur en definitie van begrippen;
- deel 4 (CWA Part IV) biedt casestudies voor de toepassing met uitgewerkte voorbeelden.

Vanuit CEN zijn diverse voorbeelden van ICT-functies opgesteld, gebaseerd op het e-CF.[7] CEN onderkent hierbij zogenoemde 'functiefamilies'. Voorts zijn er diverse uitwerkingen beschikbaar waarbij functieprofielen worden gebaseerd op het e-CF. Voorbeelden zijn de door SIG Informatiebeveiliging uitgewerkte functieprofielen of – internationaal – de uitwerking van functies door Cigref (in het document *Information Systems Roles in Large Companies*). KNVI werkt met diverse beroepsverengingen samen om specifieke functieprofielen op te stellen op basis van het e-CF.

16.2 e-CF en het KNVI-competentiemodel

Gelet op het belang van het e-CF is in dit rapport een koppeling tot stand gebracht tussen het KNVI-competentiemodel en het e-CF. Zoals in paragraaf 2.7 is aangegeven en ook in hoofdstuk 17 wordt toegelicht, is deze koppeling mogelijk door de e-CF e-competentiereferenties te interpreteren als 'taakvelden'. De koppeling is op twee manieren tot stand gebracht:

1. taken zijn gekoppeld aan de e-CF e-competentiereferenties (e-competences);
2. functies zijn – naast de opsomming van de taken – ook beschreven met de e-CF e-competentiereferenties.

Hiermee wordt het e-CF in het KNVI-competentiemodel geïntegreerd en worden de e-CF e-competentiereferenties in het KNVI-competentiemodel opgenomen.

---

5 De Rijksoverheid heeft in het Kwaliteitraamwerk IV in uitgewerkte resultaatprofielen een directe verwijzing naar de relevante competenties in het e-CF opgenomen. Het Kwaliteitraamwerk IV wordt vanaf 2012 toegepast als standaard om zowel verwerving, opleiding, organisatie als het loongebouw van het interne personeel binnen het Rijk te uniformeren. Zie: www.rijksoverheid.nl/documenten-en-publicaties/kamerstukken/2011/11/15/kamerbrief-informatiseringstrategie-rijk.html

6 Door NEN gepubliceerd als de *Nederlandse praktijkrichtlijn NPR-CWA 16234-1 (NL), Europees e-Competence Framework 2.0.*

7 Zie het CEN-document CWA 16458: *European ICT Professional.*

In dit rapport wordt uitgegaan van e-CF versie 3.0 en voor de officiële vertaling de Nederlandse Praktijkrichtlijn. Daar waar de Nederlandse Praktijkrichtlijn nog niet voorziet in de vertaling van delen van e-CF versie 3.0 is door de Werkgroep Employability Framework Informatica (WEFI) een eigen vertaling gemaakt; dit is dus geen officiële vertaling van e-CF versie 3.0.

16.3 Toelichting op het e-CF[8]

16.3.1 Overzicht en structuur van het e-CF

Het e-CF is een competentieframework waarin vier dimensies de structuur voor het beschrijven van competenties bepalen. Dit wordt in tabel 16.1 gepresenteerd.[9]

Tabel 16.1 Schematisch overzicht van de hoofdstructuur van het e-CF

Dimensie	Element	Beschrijving	Toelichting
Dimensie 1	e-Competentiegebieden (*e-Competence Areas*)	De van de ICT-bedrijfsprocessen afgeleide werkterreinen waarbinnen e-competentiereferenties kunnen worden geïdentificeerd.	De e-competentiereferenties (dimensie 2) zijn naar de e-competentiegebieden ingedeeld.
Dimensie 2	e-Competentiereferenties (*e-Competences*)	De algemene beschrijving van de binnen een organisatie benodigde competenties om de door de business gewenste resultaten te bereiken.	Het e-CF benadert deze beschrijving vanuit de behoeften van de organisatie. e-Competentiereferenties worden gedefinieerd als: 'Aangetoonde vaardigheid om kennis, vaardigheden en attitude (cognitief en relationeel) in werk of studie toe te passen en waarneembare resultaten te bereiken.'
Dimensie 3	Bekwaamheidsniveaus (*Proficiency Levels*)	Een indeling in niveaus waarop de e-competentiereferenties kunnen worden uitgevoerd.	Aan de bekwaamheidsniveaus zijn verbijzonderde competenties gekoppeld (gelet op de scope waarbinnen de e-competentiereferenties kunnen worden uitgevoerd; zie als voorbeeld paragraaf 10.7). De bekwaamheidsniveaus zijn gerelateerd aan het EQF (het Europees kwalificatieframework).

8 Voor de volledige beschrijving van e-CF wordt verwezen naar de Nederlandse Praktijkrichtlijn of de originele Engelstalige versie.

9 Tussen haakjes is steeds de Engelstalige terminologie opgenomen zoals die in versie 3.0 van het e-CF wordt gehanteerd.

Dimensie	Element	Beschrijving	Toelichting
Dimensie 4	Kennis en vaardigheden (*Knowledge and Skills*)	De kennis en vaardigheden die nodig zijn om de e-competentiereferenties (dimensie 2) op adequaat niveau uit te kunnen voeren.	De kennis en vaardigheden waarover een ICT'er zou moeten beschikken om de e-competentiereferentie op adequaat niveau in te vullen. Daarbij worden deze persoonsgerichte competenties benoemd als voorbeelden en zijn niet bedoeld als een uitputtende opsomming.

16.3.2 Dimensie 1: e-Competentiegebieden (e-Competence Areas)

Het e-CF deelt de e-competentiereferenties in naar de volgende vijf domeinen:

1 *Plannen* (*Plan*): beleidsmatig voorbereiden, plannen en coördineren van ontwikkeling en beheer van de ICT.
2 *Bouwen* (*Build*): processen waarmee producten, services en ICT-oplossingen worden ontwikkeld en geïmplementeerd.
3 *Uitvoeren* (*Run*): ter beschikking stellen, ondersteunen en beheren van uitgerolde producten, services en ICT-oplossingen.
4 *Mogelijk maken* (*Enable*): uitvoeren van activiteiten die randvoorwaardelijk zijn voor ontwikkeling en beheer van de ICT.
5 *Sturen* (*Manage*): dagelijks management van de activiteiten en de verbetering daarvan.

16.3.3 Dimensie 2: e-Competentiereferenties (e-Competences)

Het e-CF (versie 3.0) benoemt veertig e-competentiereferenties en biedt een beschrijving daarvan.
Het e-CF definieert een e-competentiereferentie als:

'De aangetoonde vaardigheid om kennis, vaardigheden (skills) en attitude (cognitief en relationeel) in werk of studie toe te passen en zichtbare resultaten te bereiken.'

Een e-competentiereferentie wordt daarbij gedefinieerd als een algemene beschrijving van de benodigde competenties om de door de business gewenste resultaten te bereiken. Ze zijn dus organisatiegericht. Een voorbeeld is de volgende e-competentiereferentie: A.1 Afstemming informatiesysteem en bedrijfsstrategie (*IS and Business Strategy Alignment*), en gedefinieerd als:

'Anticipeert op langetermijneisen voor de onderneming en definieert het IS-model in lijn met het beleid van de organisatie. Neemt strategische IS-beleidsbeslissingen voor de onderneming, ook betreffende sourcingstrategieën.'

Deze organisatiegerichte e-competenties zijn vervolgens uitgewerkt in persoonlijke e-competenties. Dit is bedoeld voor de ICT'ers die de organisatiegerichte e-competenties gaan realiseren. Daarbij onderkent het e-CF dat dit op verschillende bekwaamheidsniveaus (proficiency levels;

Dimensie 3, zie tabel 16.1) kan plaatsvinden. De organisatiegerichte en persoonlijke e-competentiereferenties zijn de kern van het e-CF en bieden de basis voor het beschrijven van functies. De volgende e-competentiereferenties zijn door het e-CF (versie 3.0) onderkend en geordend naar de e-competentiegebieden:

A – voor Plannen (Plan):
A.1 Afstemming informatiesysteem en bedrijfsstrategie (*IS and Business Strategy Alignment*)
A.2 Management dienstverleningsniveau (*Service Level Management*)
A.3 Ontwikkelen van bedrijfsplannen (*Business Plan Development*)
A.4 Product- of serviceplanning (*Product/Service Planning*)[10]
A.5 Ontwerp van architectuur (*Architecture Design*)
A.6 Ontwerp van applicaties (*Application Design*)
A.7 Volgen van technologische ontwikkelingen (*Technology Trend Monitoring*)
A.8 Duurzame ontwikkeling (*Sustainable Development*)
A.9 Innoveren[11] (*Innovating*)

B – voor Bouwen (Build):
B.1 Applicatieontwikkeling en -bouw (*Application Development*)[12]
B.2 Systeemintegratie (*Component Integration*)
B.3 Testen (*Testing*)
B.4 Oplossingen implementeren (*Solution Deployment*)
B.5 Vervaardigen van documentatie (*Documentation Production*)
B.6 Systeembouw[13] (*System Engineering*)

C – voor Uitvoeren (Run):
C.1 Gebruikersondersteuning (*User Support*)
C.2 Ondersteunen van wijzigingen (*Change Support*)
C.3 Dienstverlening (*Service Delivery*)
C.4 Probleemmanagement (*Problem Management*)

D – voor Mogelijk maken (Enable):
D.1 Strategieontwikkeling informatiebeveiliging (*Information Security Strategy Development*)
D.2 Ontwikkeling ICT-kwaliteitsstrategie (*ICT Quality Strategy Development*)
D.3 Opleiding en training (*Education and Training Provision*)
D.4 Inkoop (*Purchasing*)

10 In e-CF versie 2.0 is deze e-competentiereferentie gedefinieerd als 'Product and Projectplanning' en in de Nederlandse Praktijkrichtlijn vertaald als: 'Product en projectplanning'. In e-CF versie 3.0 is dit veranderd in 'Product and Service-planning'; voor deze e-competentiereferentie is in dit rapport gebruikgemaakt van een vertaling van e-CF versie 3.0; de officiële Nederlandse vertaling daarvan is nog niet beschikbaar.

11 Vertaald uit de Engelstalige publicatie van e-CF, versie 3.0; de officiële Nederlandse vertaling daarvan is nog niet beschikbaar.

12 In e-CF versie 2.0 is deze e-competentiereferentie gedefinieerd als 'Design and Development' en in de Nederlandse Praktijkrichtlijn vertaald als: 'Ontwerp en ontwikkeling'. In e-CF versie 3.0 is dit veranderd in 'Application Development'; voor deze e-competentiereferentie is hier gebruikgemaakt van een vertaling uit de Engelstalige publicatie van e-CF, versie 3.0.

13 Vertaald uit de Engelstalige publicatie van e-CF, versie 3.0; de officiële Nederlandse vertaling daarvan is nog niet beschikbaar.

D.5 Maken van offertes (*Sales Proposal Development*)
D.6 Management van verkoopkanalen (*Channel Management*)
D.7 Verkoopmanagement (*Sales Management*)
D.8 Contractmanagement (*Contract Management*)
D.9 Personeelsontwikkeling (*Personnel Development*)
D.10 Informatie- en kennismanagement (*Information and Knowledge Management*)
D.11 Behoeftemanagement[14] (*Needs Identification*)
D.12 Digitale marketing[15] (*Digital Marketing*)

E – voor Sturen (Manage):
E.1 Ontwikkelen van prognoses (*Forecast Development*)
E.2 Project- en portfoliomanagement (*Project and Portfolio Management*)
E.3 Risicomanagement (*Risk Management*)
E.4 Relatiemanagement (*Relationship Management*)
E.5 Procesverbetering (*Process Improvement*)
E.6 ICT-kwaliteitsmanagement (*ICT Quality Management*)
E.7 Management van veranderingen in bedrijfsprocessen (*Business Change Management*)
E.8 Informatiebeveiligingsmanagement (*Information Security Management*)
E.9 IT-governance (*IS Governance*)

De e-competentiereferenties kunnen met verschillende scope worden uitgevoerd. Hieraan zijn verschillende niveaus van kennis en vaardigheden (Dimensie 3: bekwaamheidsniveaus) verbonden. Dit is in dit rapport niet verder overgenomen. Zie hiervoor de verschillende publicaties over het e-CF die al genoemd zijn. Wel is in het overzicht van het e-CF (zie tabel 16.2) aangegeven op welke niveaus het e-CF de e-competentiereferenties heeft geïdentificeerd.

16.3.4 Dimensie 3: Bekwaamheidsniveaus (Proficiency Levels)

Het e-CF identificeert dat een organisatiegerichte e-competentiereferentie op verschillende bekwaamheidsniveaus en met verschillende scope kan worden uitgevoerd. Het e-CF legt voor dat bekwaamheidsniveau de relatie met het EQF (het European Qualification Framework). Zie bijvoorbeeld de volgende e-competentiereferentie: A.1 Afstemming informatiesysteem en bedrijfsstrategie (IS and Business Strategy Alignment). Deze e-competentiereferentie kan met verschillende scope worden uitgevoerd, met daaraan gerelateerd een verschillend bekwaamheidsniveau. Dit is als volgt uitgewerkt:

- Op niveau 4: Neemt de leiding bij het bouwen en implementeren van innovatieve IS-oplossingen op lange termijn.
- Op niveau 5: Neemt de leiding om consensus en commitment van het managementteam van de onderneming voor de IS-strategie te bereiken.

De in het EQF benoemde bekwaamheidsniveaus zijn generiek en gericht op het vergelijkbaar maken van algemene kwalificaties, los van een specifiek werk- of beroepsdomein.

14 Vertaald uit de Engelstalige publicatie van e-CF, versie 3.0; de officiële Nederlandse vertaling daarvan is nog niet beschikbaar.

15 Vertaald uit de Engelstalige publicatie van e-CF, versie 3.0; de officiële Nederlandse vertaling daarvan is nog niet beschikbaar.

Het e-CF heeft de EQF-levels een eigen codering gegeven. Tabel 16.2 toont hoe de levels van e-CF en EQF corresponderen.

Tabel 16.2 Relatie levels e-CF en EQF

e-CF	EQF
e-5	8
e-4	7
e-3	6
e-2	4-5
e-1	3

16.3.5 Dimensie 4: Kennis en vaardigheden (Knowledge and Skills)

Om een e-competentie te kunnen invullen, benoemt het e-CF 'kennis en vaardigheden' (knowledge and skills) en hanteert de volgende definities:

- *Kennis* (knowledge): het resultaat van verwerken van informatie door te leren. Kennis bestaat uit feiten, principes, theorieën en practices die zijn gerelateerd aan een werkveld of studie.
- *Vaardigheden* (skills): de vaardigheid om kennis toe te passen, taken uit te voeren of problemen op te lossen, gerelateerd aan bijvoorbeeld management- en technische taken. Binnen het e-CF betekent dat het kunnen toepassen van logica, intuïtief en creatief denkvermogen of de toepassing van methoden, materialen, tools en andere instrumenten.

Kennis en vaardigheden zijn specifiek gericht op de competenties waarover een ICT'er die invulling geeft aan een e-competentiereferentie, zou moeten beschikken.
Het e-CF geeft geen uitputtende lijst van kennis en vaardigheden en biedt daarvoor ook geen standaard (model). Wel worden voorbeelden (samples) van kennis en vaardigheden bij de e-competentiereferenties gegeven.

16.3.6 Overzicht e-competentiereferenties en bekwaamheidsniveaus

Tabel 16.3 geeft de structuur van het e-CF weer gelet op de e-competentiereferenties en de bekwaamheidsniveaus. Hierin is het bekwaamheidsniveau gearceerd indien het e-CF op het betreffende niveau een (specifieke) e-competentiereferentie heeft geïdentificeerd. In de officiële publicaties over het e-CF zijn de e-competenties voor het betreffende niveau inhoudelijk uitgewerkt.

Tabel 16.3 Structuur e-CF wat betreft e-competentiereferenties en bekwaamheidsniveaus

(5) e-Competentiegebieden (e-Competence Areas)	(40) e-Competentiereferenties (e-Competences)*	(5) e-Competentie bekwaamheidsniveaus (Proficiency Levels)**				
		e-1 Voorbeelden van kennis (knowledge) en vaardigheden (skills)	e-2 Voorbeelden van kennis (knowledge) en vaardigheden (skills)	e-3 Voorbeelden van kennis (knowledge) en vaardigheden (skills)	e-4 Voorbeelden van kennis (knowledge) en vaardigheden (skills)	e-5 Voorbeelden van kennis (knowledge) en vaardigheden (skills)
A Plannen	A.1 Afstemming informatiesysteem en bedrijfsstrategie					
	A.2 Management dienstverleningsniveau					
	A.3 Ontwikkelen van bedrijfsplannen					
	A.4 Product- of serviceplanning					
	A.5 Ontwerp van architectuur					
	A.6 Ontwerp van applicaties					
	A.7 Volgen van technologische ontwikkelingen					
	A.8 Duurzame ontwikkeling					
	A.9 Innoveren					
B Bouwen	B.1 Applicatieontwikkeling en -bouw					
	B.2 Systeemintegratie					
	B.3 Testen					
	B.4 Oplossingen implementeren					
	B.5 Vervaardigen van documentatie					
	B.6 Systeembouw					
C Uitvoeren	C.1 Gebruikersondersteuning					
	C.2 Ondersteunen van wijzigingen					
	C.3 Dienstverlening					
	C.4 Probleemmanagement					

(5) e-Competentiegebieden (e-Competence Areas)	(40) e-Competentiereferenties (e-Competences)*	(5) e-Competentie bekwaamheidsniveaus (Proficiency Levels)**				
		e-1 Voorbeelden van kennis (knowledge) en vaardigheden (skills)	e-2 Voorbeelden van kennis (knowledge) en vaardigheden (skills)	e-3 Voorbeelden van kennis (knowledge) en vaardigheden (skills)	e-4 Voorbeelden van kennis (knowledge) en vaardigheden (skills)	e-5 Voorbeelden van kennis (knowledge) en vaardigheden (skills)
D Mogelijk maken	D.1 Strategieontwikkeling informatiebeveiliging					
	D.2 Ontwikkeling ICT-kwaliteitsstrategie					
	D.3 Opleiding en training					
	D.4 Inkoop					
	D.5 Maken van offertes					
	D.6 Management van verkoopkanalen					
	D.7 Verkoopmanagement					
	D.8 Contractmanagement					
	D.9 Personeelsontwikkeling					
	D.10 Informatie- en kennismanagement					
	D.11 Behoeftemanagement					
	D.12 Digitale marketing					
E Sturen	E.1 Ontwikkelen van prognoses					
	E.2 Project- en portfoliomanagement					
	E.3 Risicomanagement					
	E.4 Relatiemanagement					
	E.5 Procesverbetering					
	E.6 ICT-kwaliteitsmanagement					
	E.7 Management van veranderingen in bedrijfsprocessen					
	E.8 Informatiebeveiligingsmanagement					
	E.9 IT-governance					

* Competenties toegewezen per e-competentiegebied.

** Een e-competentiereferentie kan op verschillende bekwaamheidsniveaus worden uitgevoerd.

16.3.7 Voorbeeld uitwerking van een e-competentiereferentie

In figuur 16.1 is een voorbeeld opgenomen van een in het e-CF uitgewerkte e-competentiereferentie met de daarbij benoemde niveaus, kennis en vaardigheden.

A Plannen		
Dimensie 2 – e-Competentiereferentie **Dimensie 3 – Competentieniveaus**	**Dimensie 4 – Kennis** *Kent/is zich bewust van/is bekend met:*	**Dimensie 4 – Vaardigheden** *Is in staat tot het:*
A.1 IS and Business Strategy Alignment Afstemming informatiesysteem en bedrijfsstrategie Anticipeert op langetermijneisen voor de onderneming en definieert het IS-model in lijn met het beleid van de organisatie. Neemt strategische IS-beleidsbeslissingen voor de onderneming, ook betreffende sourcingstrategieën. Toegekende bekwaamheidsniveaus: - *Niveaus 1, 2, 3* – niet van toepassing - *Niveau 4* – Neemt de leiding bij het bouwen en implementeren van innovatieve IS-oplossingen op lange termijn. - *Niveau 5* – Neemt de leiding om consensus en commitment van het managementteam van de onderneming voor de IS-strategie te bereiken.	K1 Concepten voor bedrijfsstrategieën K2 Trends en implicaties van interne en externe ICT-ontwikkelingen voor specifieke organisaties K3 Potentieel en kansen van relevante bedrijfsmodellen K4 Zakelijke en organisatorische doelstellingen K5 Aandachtspunten en implicaties van sourcingmodellen	S1 Analyseren van toekomstige ontwikkelingen in bedrijfsproces en technologietoepassing S2 Identificeren van eisen voor processen gerelateerd aan ICT-diensten S3 Definiëren en analyseren van langetermijnbehoeften van gebruiker/klant S4 Leveren van een bijdrage aan de ontwikkeling van ICT-strategie en -beleid S5 Leveren van een bijdrage aan het ontwikkelen van de bedrijfsstrategie

Figuur 16.1 Voorbeeld van een uitgewerkte e-competentiereferentie

16.4 Functies in het e-CF

Vanuit CEN zijn diverse voorbeelden van functies opgesteld die zijn gebaseerd op het e-CF.[16] Deze functies zijn ingedeeld naar de zogenoemde 'functiefamilies'. In figuur 16.2 zijn de functiefamilies opgenomen.

16 Zie het CEN-document CWA 16458: *European ICT Professional Profiles*.

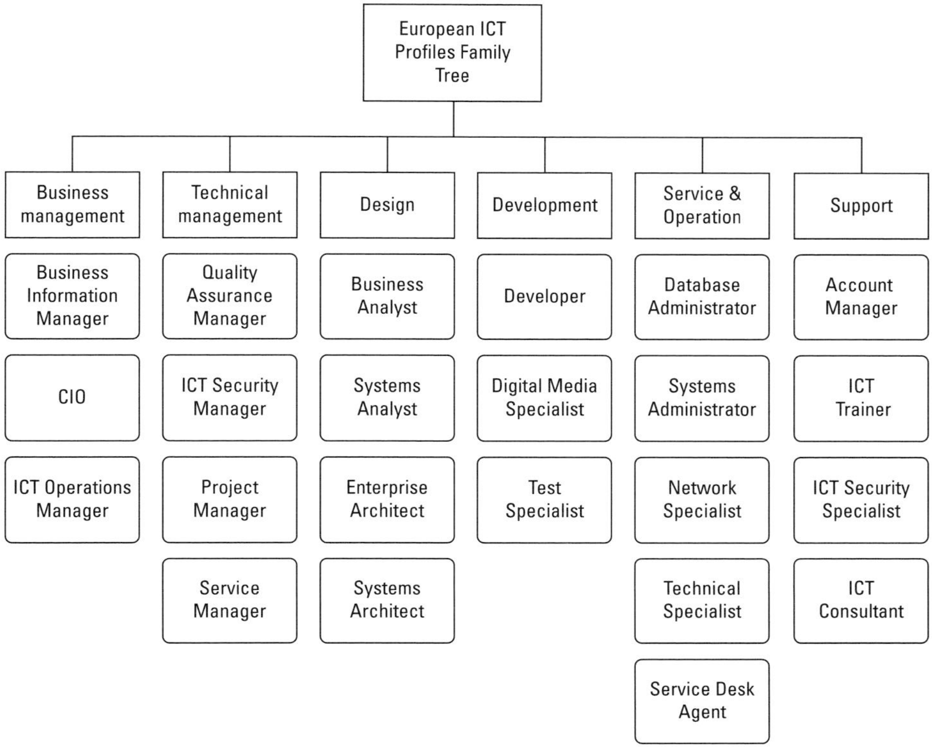

Figuur 16.2 Functiefamilies in het e-CF

17 Koppeling van het KNVI-competentiemodel met het e-CF

17.1 Inleiding

Gelet op het belang van het e-CF sluit het KNVI-competentiemodel op dit framework aan. Deze koppeling is in het KNVI-competentiemodel op twee manieren tot stand gebracht:

1 taken zijn gekoppeld aan de e-competentiereferenties van het e-CF (e-competences);
2 functies zijn, naast de opsomming van taken, ook beschreven met de e-competentiereferenties van het e-CF.

Hiermee zijn het e-CF en het KNVI-competentiemodel over en weer geïntegreerd. Daarbij zijn de e-competences *geïnterpreteerd* als 'taakvelden'. De e-competentiereferentie is dus het 'koppelpunt' tussen het e-CF en het KNVI-competentiemodel.
Dit rapport en het KNVI-competentiemodel bieden nu een normering van functies, taken, rollen en competenties (inclusief de e-competences van het e-CF). Daarmee sluit KNVI aan op de Europese ontwikkelingen en biedt de vereniging continuïteit voor organisaties die de eerdere functierapporten hebben toegepast.

17.2 Vergelijking van het e-CF en KNVI-competentiemodel

De koppeling tussen het KNVI-competentiemodel en het e-CF is vrij eenvoudig (zie paragraaf 17.3), maar er bestaan ook fundamentele verschillen. Om de koppeling in het juiste perspectief te plaatsen, worden in deze paragraaf de verschillen en de overeenkomsten tussen model en framework besproken. Bovendien wordt toegelicht hoe taken aan e-competences kunnen worden gekoppeld. Dit aan de hand van de door de WEFI gehanteerde *interpretatie* van de e-competences.

17.2.1 Domeinen

Het e-CF hanteert een indeling van de e-competences in vijf zogenoemde 'e-competentiegebieden' (competence areas). Dit zijn:

- Plannen (Plan);
- Bouwen (Build);
- Uitvoeren (Run);
- Mogelijk maken (Enable);
- Sturen (Manage).

Het KNVI-competentiemodel identificeert tien zogenoemde 'I-domeinen' die worden gebruikt bij het ordenen van de taken en de functies. Dit zijn de I-domeinen:

- Strategie, beleid en kaderstelling;
- Architectuur;
- Ontwikkelen van bedrijfsprocessen, informatiesystemen en de technische infrastructuur;
- Invoeren van nieuwe of gewijzigde systemen;
- Beheren van bedrijfsprocessen, informatiesystemen en de technische infrastructuur;
- Service en dienstverlening;

- Verwerven, inkoop en procurement;
- Financieel;
- Personeel;
- Commercieel.

De uitgangspunten van KNVI-competentiemodel en het e-CF verschillend niet, de mate van detaillering verschilt echter wel. De door het e-CF gedefinieerde domeinen (e-competentiegebieden) worden in dit rapport verder niet gebruikt.

17.2.2 Functies

Het e-CF benadert functies vanuit competentie[1], zijnde kennis en vaardigheden om resultaat te realiseren. Het KNVI-competentiemodel definieert functies door een opsomming van taken, resultaten, en competenties.[2] Een functie wordt vanuit activiteiten (taken) opgebouwd, waarna competenties normstellend worden toegevoegd.
Het e-CF biedt vervolgens voorbeelden van aan functiefamilies: gerelateerde ICT-functies. Deze worden de komende tijd – meestal vanuit de aangesloten landen – aangevuld.
Dit rapport biedt een overzicht van de meeste in Nederland voorkomende ICT-functies, uitgewerkt in zowel taken en competenties, als e-CF e-competentiereferenties (e-competences).

17.2.3 e-CF e-competentiereferenties en taken

Het e-CF is een competentiemodel dat zich volledig op competenties (e-competences) richt.
Het e-CF biedt daarom geen taken. In het KNVI-competentiemodel wordt een taak gedefinieerd als: 'Een elementair (ondeelbaar) cluster van activiteiten die een persoon in de praktijk uitvoert.' Hieraan zijn resultaten en benodigde competenties toegevoegd. De taken omvatten vervolgens de totale lifecycle van een informatiesysteem: ontwikkeling[3], beheer[4], exploitatie en gebruik.
Een *interpretatie van het e-CF* is dat e-competences niet alleen competenties definiëren maar daarmee ook 'taakvelden' benoemen, waarin activiteiten en resultaten zijn beschreven. Bijvoorbeeld: de e-competentiereferentie 'A.1 Afstemming informatiesysteem en bedrijfsstrategie' wordt omschreven als: 'Anticipeert op langetermijneisen voor de onderneming en definieert het IS-model in lijn met het beleid van de organisatie. Neemt strategische IS-beleidsbeslissingen voor de onderneming, ook betreffende sourcingstrategieën.' Deze e-competentiereferentie bestaat – geïnterpreteerd als 'taakveld' – uit een aantal activiteiten (taken). Uitgaande van deze *interpretatie* van het e-CF worden in het KNVI-competentiemodel taken aan e-competences gekoppeld.
Het document *Case Studies for the Application of the European e-Competence Framework 3.0*[5] hanteert voor het opstellen van een functieprofiel een analoge redenatie: de e-competences worden in een functieprofiel afgeleid van of gebaseerd op de belangrijkste taken. Het KNVI-competentiemodel heeft als voordeel dat een genormaliseerde set van taken wordt gepresenteerd. In hoofdstuk 18 over het opstellen van een functieprofiel wordt dit nader toegelicht.

---

1 Competentie benoemd als 'e-competentiereferentie' (e-competence).

2 Het KNVI-competentiemodel definieert vaktechnische, persoonlijke en businesscompetenties en daarnaast nog begrippen als 'context' en 'uitvoeringspositie'.

3 Ontwikkeling: inclusief de ontwikkeling van bedrijfsprocessen in relatie met de informatievoorziening.

4 Beheer: inclusief het beheer van de bedrijfsprocessen in de relatie met de informatievoorziening.

5 Zie: e-CF CWA Part IV.

Het e-CF heeft een generiek karakter en een hoog abstractieniveau. Door taken van het KNVI-competentiemodel te koppelen aan de e-competences, ontstaat een nadere invulling en operationalisatie daarvan. Taken beschrijven de e-competences meer in detail. Ze noemen ook vaktechnische en persoonlijke competenties om een e-competence in te vullen; voor elke taak zijn in het KNVI-competentiemodel immers vaktechnische en persoonlijke competenties benoemd.

Het e-CF biedt momenteel slechts voorbeelden in termen van kennis (knowledge) en vaardigheden (skills). Het KNVI-competentiemodel biedt met vaktechnische en persoonlijke competenties een volledig en genormaliseerd model voor die competenties (kennis en vaardigheden).

17.2.4 De relatie van context en uitvoeringspositie en de e-CF e-competences

In het KNVI-competentiemodel zijn context en uitvoeringspositie aanvullingen op taken (zie de hoofdstukken 13 en 14). Context definieert de organisatorische scope en de mate waarin de functie de organisatie beïnvloedt. Uitvoeringspositie duidt de rol aan: zelfstandig een taak uitvoeren of leidinggeven. Context en uitvoeringspositie zijn van invloed op de benodigde competenties.

Het e-CF heeft het aspect context integraal opgenomen in de e-competences, vooral in de beschrijving van scope van de beïnvloeding van de organisatie. De uitvoeringspositie die het e-CF definieert, is die van zelfstandige uitvoering. Bij de nadere uitwerking van de e-competences wordt duidelijk dat het e-CF eveneens rekening houdt met de uitvoeringspositie.

Het volgend voorbeeld dient ter illustratie. De e-competentiereferentie 'A.1 Afstemming informatiesysteem en bedrijfsstrategie' wordt omschreven als: 'Anticipeert op langetermijneisen voor de onderneming en definieert het IS-model in lijn met het beleid van de organisatie. Neemt strategische IS-beleidsbeslissingen voor de onderneming, ook betreffende sourcingstrategieën.' Wat betreft *context* heeft de scope van deze e-competence betrekking op de totale organisatie en niet op een afdeling. De nadere detaillering van deze e-competence is: 'Neemt de leiding bij het bouwen en implementeren van innovatieve IS-oplossingen op lange termijn.' Wat betreft *uitvoeringspositie* wordt hierbij gerefereerd aan een leidinggevende of coördinerende rol. In dit voorbeeld en door het e-CF is dit gekwalificeerd als bekwaamheidsniveau 4.

17.2.5 Competenties

Het e-CF definieert een e-competence als een competentie: 'De aangetoonde vaardigheid om kennis, vaardigheden (skills) en attitude (cognitief en relationeel) in werk of studie toe te passen en zichtbare resultaten te bereiken.' Hierbij wordt de organisatiescope gehanteerd. Het e-CF vertaalt deze organisatiegerichte competentie vervolgens in persoonsgerichte competenties, die op een aantal bekwaamheidsniveaus worden uitgewerkt. Voor nadere invulling van de e-competences definieert het e-CF de begrippen 'kennis en vaardigheden' (knowledge and skills), waarover een ICT'er moet beschikken om de e-competences adequaat in te vullen. Het e-CF hanteert daarbij de volgende definities:

- *Kennis* (knowledge): het resultaat van verwerken van informatie door te leren. Kennis bestaat uit feiten, principes, theorieën en practices die zijn gerelateerd aan een werkveld of studie.[6]
- *Vaardigheden* (skills): de vaardigheid om kennis toe te passen, taken uit te voeren of problemen op te lossen, gerelateerd aan bijvoorbeeld management- en technische taken. Binnen het e-CF betekent dat het kunnen toepassen van logica, intuïtief en creatief denkvermogen of

6 Vertaald uit de Engelstalige publicatie van e-CF, versie 3.0.

de toepassing van methoden, materialen, tools en andere instrumenten.[7] Vaardigheden zijn vervolgens in de toepassingen van het e-CF nader gedetailleerd in:
- *ICT practitioner vaardigheden*: voor plannen, ontwikkelen, beheren en ondersteunen van het gebruik van ICT-systemen;
- *e-businessvaardigheden*: om gebruik van ICT te ontdekken en toe te passen;
- *ICT user vaardigheden*: om ICT-systemen te gebruiken.

Het e-CF biedt geen overzicht van kennis en vaardigheden maar geeft aan dat deze van de e-competences kunnen worden afgeleid. Wel worden voorbeelden van kennis en vaardigheden gegeven.
In het KNVI-competentiemodel wordt het begrip 'competentie' als volgt gedefinieerd: 'Het beschikken over en toepassen van kennis en vaardigheden, en het vertonen van een attitude om in een sociale context (werkomgeving) een gewenst resultaat te bereiken.'[8] Voor elke taak zijn deze competenties – normstellend – vastgesteld; de competenties zijn voorts nader onderverdeeld in:
- *vaktechnische competenties*: om taken adequaat uit te voeren; de vaktechnische competenties zijn afgeleid van taken; het model en de opsomming van de vaktechnische competenties is gedurende de afgelopen jaren binnen de KNVI ontwikkeld en voor dit rapport weer verder ontwikkeld, aangevuld en gedetailleerd;
- *persoonlijke competenties*: om te functioneren in de sociale context van een organisatie; persoonlijke competenties zijn afgeleid van de dominante competentiemodellen die in Nederland worden gehanteerd.
- *businesscompetenties*: specifiek gericht op omgeving en context van de organisatie; deze zijn nauw gerelateerd aan de business en vaak aan een marktsegment.

In het KNVI-competentiemodel is een competentie dus gedefinieerd als een combinatie van kennis en vaardigheden. De competentie is niet verbijzonderd naar kennis en vaardigheden, zoals in het e-CF.
Door het koppelen van taken aan de e-CF e-competences krijgt men niet alleen een invulling van die e-competences met taken, maar tevens de normering van de competenties van het KNVI-competentiemodel.

17.2.6 Bekwaamheids- en kwalificatieniveaus

Het e-CF onderkent dat een e-competence (e-competentiereferentie) op verschillende niveaus (met verschillende scope) kan worden uitgevoerd. Uit deze onderkenning vloeit een benoeming voort van een aantal bekwaamheidsniveaus. Het e-CF benoemt die bekwaamheidsniveaus op basis van het European Qualifications Framework (EQF).
Het KNVI-competentiemodel onderkent eveneens kwalificatieniveaus, gedefinieerd per functie, en volgt daarbij het NLQF. Het NLQF is de Nederlandse 'vertaling' van het EQF. Het NLQF definieert 'startkwalificaties'. In dit rapport wordt bij de functies zowel een startkwalificatie als een 'kwalificatie professional' aangegeven.

7 Vertaald uit de Engelstalige publicatie van e-CF, versie 3.0.

8 Het e-CF en het KNVI-competentiemodel hanteren dus verschillende definities van het begrip 'competentie' en de interpretatie en de toepassing daarvan.

Zowel het KNVI-competentiemodel als het e-CF gebruikt de volgende factoren om tot het gewenste kwalificatieniveau te komen:

- *autonomie*: om tot de gewenste resultaten te komen (in het KNVI-competentiemodel expliciet uitgewerkt in de uitvoeringspositie);
- *de complexiteit van de omgeving*: te interpreteren als de organisatorische scope van de taak (in het KNVI-competentiemodel expliciet uitgewerkt in de context);
- *de mate waarin kennis, vaardigheden en competenties* meer of minder sterk aanwezig moeten zijn (in het KNVI-competentiemodel bepaald door taak, context en uitvoeringspositie).

17.3 De koppeling van het KNVI-competentiemodel met het e-CF

Zoals hiervoor is aangegeven wordt de koppeling van het KNVI-competentiemodel met het e-CF bereikt door de taken toe te wijzen aan de e-CF e-competences. In figuur 17.1 wordt deze koppeling weergegeven.[9]

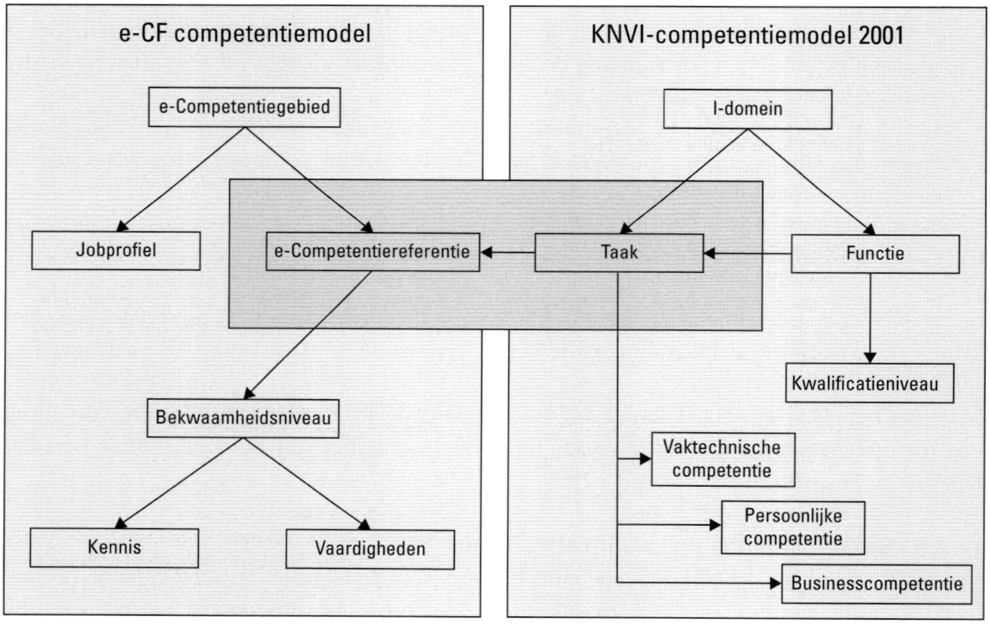

Figuur 17.1 Koppeling KNVI-competentiemodel met e-CF

Door de e-CF e-competences voorts in het KNVI-competentiemodel 2016 op te nemen, sluit het KNVI-competentiemodel ook aan op het e-CF. Het KNVI-competentiemodel 2016 is in hoofdstuk 8 uitgewerkt.

9 De context en de uitvoeringspositie van het KNVI-competentiemodel zijn voor de eenvoud in het plaatje weggelaten.

17.4 Overzicht van de relatie tussen het KNVI-competentiemodel en het e-CF

In tabel 17.1 is de vergelijking tussen beide competentieframeworks (op hoofdlijn) weergegeven.

Tabel 17.1 Relatie KNVI-competentiemodel en e-CF

	e-CF	KNVI-competentiemodel
Dimensie		
1	**e-Competentiegebieden** – Plannen (Plan) – Bouwen (Build) – Runnen (Run) – Mogelijk maken (Enable) – Managen (Manage)	**I-domeinen** – Strategie, beleid en kaderstelling – Architectuur – Ontwikkelen – Invoeren – Beheren – Service en dienstverlening – Verwerving, inkoop en procurement – Financieel – Personeel – Commercieel
2	**e-Competentiereferenties** e-Compentiereferenties met daarvoor benodigde kennis en vaardigheden. Per e-competentiereferentie zijn meerdere verbijzonderingen gegeven, gebaseerd op het niveau en de scope van de e-competentiereferentie.	**Taken** Taken met daarvoor benodigde competenties.
3	**Bekwaamheidsniveaus** Gebaseerd op het EQF en toegewezen aan de uitwerking van de e-competentiereferenties. Niveaus vastgesteld op basis van: – autonomie van taakuitvoering – complexiteit van taakuitvoering – context en uitvoeringspositie	**Bekwaamheidsniveaus** Gebaseerd op het NLQF en als startkwalificatie en kwalificatie van professional aan de functies toegekend. Niveaus vastgesteld op basis van: – autonomie van taakuitvoering – complexiteit van taakuitvoering – context en uitvoeringspositie
4.	**Kennis en vaardigheden** Indeling naar: – kennis – vaardigheden Het e-CF benoemt voor de e-competentiereferenties voorbeelden (samples) van kennis en vaardigheden.	**Drie typen van competenties** – vaktechnische competenties: kennis en vaardigheden, vakgerelateerd (vaktechnisch) – persoonlijke competenties: persoonlijke vaardigheden in de rol – businesscompetenties: specifieke kennis en vaardigheden, businessgerelateerd (niet nader geconcretiseerd) In deze drie typen competenties zijn kennis en vaardigheden integraal opgenomen. Het KNVI-competentiemodel biedt voor de vaktechnische en persoonlijke competenties een model en een complete lijst van competenties.

17.5 Nadere uitwerking van de vergelijking tussen het e-CF en het KNVI-competentiemodel

Hierna volgt een gedetailleerde uitwerking van de relatie tussen het e-CF en het KNVI-competentiemodel.

17.5.1 Relatie tussen de e-CF e-competentiegebieden en de I-domeinen

Het e-CF identificeert vijf e-competentiegebieden waarin de e-competentiereferenties zijn ingedeeld. Het KNVI-competentiemodel onderkent tien I-domeinen die worden gebruikt bij het ordenen van de taken en de functies. Deze domeinen zijn vergelijkbaar en de relatie wordt gepresenteerd in de tabel 17.2.

Tabel 17.2 e-Competentiegebieden en I-domeinen vergeleken

e-Competentiegebieden van het e-CF		**Plannen**	**Bouwen**	**Uitvoeren**	**Mogelijk maken**	**Sturen**
I-domeinen van het het KNVI-competentiemodel						
Strategie, beleid en kaderstelling						
	Bedrijfsprocessen	X			X	X
	Informatiesystemen	X			X	X
	Technische infrastructuur		X		X	X
Architectuur						
	Bedrijfsprocessen	X				X
	Informatiesystemen	X	X		X	X
	Technische infrastructuur	X	X		X	X
Ontwikkelen						
	Bedrijfsprocessen	X			X	X
	Informatiesystemen	X	X		X	X
	Technische infrastructuur		X			X
Invoeren						
	Bedrijfsprocessen					X
	Informatiesystemen		X	X		
	Technische infrastructuur		X	X		
Beheren						
	Bedrijfsprocessen	X			X	X
	Informatiesystemen	X	X	X		X
	Technische infrastructuur	X	X	X		X
Service en dienstverlening		X		X	X	X
Verwerving, inkoop en procurement		X	X		X	X
Financieel		X			X	X
Personeel					X	X
Commercieel					X	X

17.5.2 Relatie tussen de e-CF e-competentiereferenties en de KNVI I-domeinen

De e-competentiereferenties van het e-CF kunnen eenvoudig in de I-domeinen van het KNVI-competentiemodel worden geplaatst. Dit is in tabel 17.3 uitgewerkt.

Tabel 17.3 e-Competentiereferenties geplaatst in de I-domeinen

	Bedrijfsproces	Informatiesysteem	Technische infrastructuur	Management
Kaderstelling en beleid Vaststellen van beleid en kaders als uitgangspunt voor het beheer van de informatievoorziening	**e-CF referentie** A.1, A.2, A.3, A.5, A.6, A.7, A.8, A.9 C.2, C.3, D.4, D.10, E.7, E.9	**e-CF referentie** C.2 D.10 E.7, E.8	**e-CF referentie** A.6	**e-CF referentie** A.1, A.3, A.4, A.8 D.4, D.8, D.11 E.1, E.2, E.3, E.5
Architectuur Ontwikkelen en beheren van architecturen	**e-CF referentie** A.4, A.5 B.1 E.5, E.7, E.9	**e-CF referentie** A.4, A.5, A.6 B.1, B.2, B.5 D.11 E.3, E.6, E.7, E.8	**e-CF referentie** E.3, E.6, E.8	**e-CF referentie** E.3
Ontwikkelen Ontwikkelen, ontwerpen en bouwen van bedrijfsprocessen en componenten van de informatievoorziening	**e-CF referentie** A.3, A.4, A.6, A.8, A.9 B.4 D.4, D.10 E.1, E.3, E.5, E.7, E.8, E.9	**e-CF referentie** A.1, A.2, A.3, A.4, A.5, A.6, A.8, A.9 B.1, B.2, B.4 D.4, D.10 E.1, E.2, E.3, E.5, E.6, E.7, E.8, E.9	**e-CF referentie** A.5, A.6 B.4, B.6 E.3, E.8	**e-CF referentie** E.8
Invoeren Invoeren van bedrijfsprocessen en componenten van de informatievoorziening	**e-CF referentie** E.5, E.7	**e-CF referentie** A.6 B.1, B.2, B.3, B.4 C.2 E.5, E.6, E.7	**e-CF referentie** B.4, B.6 C.2	**e-CF referentie** A.4, A.6, A.8 B.4, B.6 C.2 E.5, E.7
Beheren Beheren, onderhouden, wijzigen en dergelijke van bedrijfsprocessen en componenten van de informatievoorziening	**e-CF referentie** A.3, A.8 D.9, D.10, D.11 E.1, E.2, E.3, E.5, E.7, E.9	**e-CF referentie** A.4, A.5, A.6, A.7, A.8 B.2, B.3 C.1, C.2, C.3 D.10, D.11 E.1, E.2, E.3, E.5, E.7, E.8	**e-CF referentie** A.4, A.5, A.7, A.8 B.4, B.6 C.1, C.3 D.11 E.2, E.3, E.8	**e-CF referentie** C.2 E.3, E.8
Service en dienstverlening Verkrijgen en verlenen van diensten				**e-CF referentie** A.2, A.8 B.5 C.1, C.2, C.3 D.4, D.5, D.6, D.8, D.11 E.1, E.2, E.4, E.8, E.9

	Bedrijfsproces	Informatiesysteem	Technische infrastructuur	Management
Verwerven, inkoop en procurement Definiëren, verwerven, contracteren en management van ingekochte diensten en producten				**e-CF referentie** A.1, A.2, A.3 D.4, D.5, D.8 E.9
Financieel Beheer van de financiële aspecten van de informatievoorziening				**e-CF referentie** A.2, A.3, A.4, A.7, A.8, A.9, D.8, D.10, D.11 E.1, E.2, E.6
Personeel Beheer van personeel en personele aspecten				**e-CF referentie** D.9 E.2, E.7, E.9
Commercieel Uitvoeren van commerciële taken, meestal bij leveranciers				**e-CF referentie** D.5, D.6 E.4

17.5.3 Relatie tussen de e-CF e-competentiereferenties en de KNVI-taken

De kern van de koppeling van het KNVI-competentiemodel met het e-CF wordt gerealiseerd door de KNVI-taken toe te wijzen aan de e-competentiereferenties. Dit is uitgewerkt in de tabel in bijlage 7: Matrix KNVI-taken en e-CF e-competentiereferenties.

18 Opstellen van functieprofielen

18.1 Inleiding

Een functie is de beschrijving van een taakveld en van werkzaamheden. Een functieprofiel bestaat primair uit een opsomming van uit te voeren taken. Een functie maakt vaak deel uit van een zogenoemd 'functiehuis'. Een functiehuis is een opsomming van alle functies binnen een organisatie. Vaak is daaraan ook de functieclassificatie gekoppeld, met de financiële waardering van functies. Een medewerker wordt op basis van kennis, ervaring en vaardigheden in een bepaalde functie geplaatst. Daarnaast kan een medewerker 'in z'n functie groeien'.
Een medewerker met een bepaalde functie wordt meestal ingezet op werkzaamheden (taken) die onder de functie zijn begrepen of eraan zijn gerelateerd. Er zijn echter ook functies (consultant of interimmanager) die geen specifiek taakveld aanduiden, maar de rol van een persoon aangeven. Inzet van personen met dit soort functies wordt meestal benaderd vanuit de vaktechnische competenties en ervaring. Het is echter niet minder belangrijk om die inzet te baseren op persoonlijke competenties.
Naast functieprofielen hanteert het KNVI-competentiemodel ook het begrip 'rolprofiel'. Een rolprofiel beschrijft de rol die men vervult. Over het algemeen is een rol tijdelijk, zoals in een project.
Er zijn organisaties die slechts een beperkt aantal functies definiëren en zich vooral baseren op rolprofielen. Het functieprofiel is dan meestal een aanduiding van een werkterrein; de medewerkers in een dergelijke functie moeten dan beschikken over relevante competenties, kennis, vaardigheden en ervaring. Zo kan de functie beheerder worden gedefinieerd met rolprofielen als netwerkbeheerder, serverbeheerder of applicatiebeheerder. Het functieprofiel is dan meestal ook het uitgangspunt voor functiewaardering.
Een functie- of rolprofiel kan onder meer worden opgesteld ten behoeve van:

- werven en selecteren van medewerkers;
- definiëren van het functiehuis, de structuur van gedefinieerde functies;
- functieclassificatie of -waardering;
- inzet van medewerkers in bepaalde rollen.

In paragraaf 18.3 wordt stap voor stap een functieprofiel opgesteld. Naar analogie daarvan kan ook een rolprofiel worden opgesteld.

18.2 Functieprofiel gebaseerd op het KNVI-competentiemodel

In dit rapport wordt het schema gehanteerd dat is weergegeven in tabel 18.1 voor de opzet van een functieprofiel (of rol-profiel).

Tabel 18.1 Schema functieprofiel

Functietitel	Geeft de naam van de functie aan; veelal een indicatie van werkveld, rol en niveau van de functie.
Toelichting	Geeft een algemene omschrijving van de functie, in haar rol en context.
Alternatieve functietitel	Vaak is geconstateerd dat er alternatieve functietitels worden gehanteerd voor dezelfde functie.
Taken	Opsomming van dominante taken voor de betreffende functie.
Context	Biedt (per taak) de elementen van context.
Uitvoeringspositie	Biedt (per taak) de uitvoeringspositie.
Vaktechnische competenties	Overzicht van dominante vaktechnische competenties.
Persoonlijke competenties	Overzicht van dominante persoonlijke competenties.
Businesscompetenties	Overzicht van additioneel en aan de business gekoppelde competenties.
e-Competences	Opsomming van de dominante e-competentiereferenties uit het e-CF.
Functiekwalificatie	De startkwalificatie of kwalificatie van professional (gerelateerd aan het NLQF).

Afhankelijk van het doel van het functieprofiel kunnen andere elementen worden toegevoegd. Voor een functieprofiel als onderdeel van een functiehuis worden vaak startkwalificaties toegevoegd zoals:

- opleiding (feitelijk: startkwalificatie gerelateerd aan opleiding);
- werk- en denkniveau (een startkwalificatie die kan worden gebaseerd op het NLQF; bij de functies in dit rapport zijn de aan het NLQF gerelateerde startkwalificaties aangegeven);
- ervaring.

Eventueel worden apart methoden, technieken en technologie toegevoegd. In het KNVI-competentiemodel zijn dat aspecten van context.
Voor werving en selectie wordt vaak een verkort functieprofiel opgesteld (alleen de functietitel met een beschrijving van de taken). Dit verkorte functieprofiel wordt dan altijd aangevuld met de beschrijvingen van de startkwalificatie. Meestal wordt ook een profielschets bijgevoegd. Deze beschrijft de persoonskenmerken. In die profielschets wordt dan uiting gegeven aan attitude of opstelling zoals:

- enthousiasme;
- servicegerichtheid;
- ondernemend;
- zelf initiatief nemend.

18.3 Het opstellen van een functieprofiel – stappenplan

Voor het opstellen van een functieprofiel moeten basisgegevens over de functie worden verzameld, bijvoorbeeld door een analyse te maken van de organisatie en haar doelstellingen, en door interviews te houden met verantwoordelijke managers. Zo'n inventarisatie richt zich op meer dan de verzameling van taken en beoogde resultaten; ze vormt de gemeenschappelijke doelstelling door uitvoering van de functie. Bovendien wordt informatie verkregen over uitvoering van de taken.

Uitdrukken van deze toegevoegde waarde vergt nadere analyse van de functie in haar context. Duidelijk moet worden welke rol de functionaris in de organisatie speelt (de context en de uitvoeringspositie), welke verantwoordelijkheden en bevoegdheden zijn toegewezen en welke initiatieven de functionaris geacht wordt te nemen. Pas als taken, context en uitvoeringspositie helder zijn, kunnen functievereisten worden vastgesteld.
Het opstellen van een functieprofiel vindt plaats in een aantal stappen. Per stap wordt een korte (vervolg)analyse van de functie gegeven. De stappen zijn:

1 *Maken van een situatieschets.* Dit leidt tot:
   a doel van de functie;
   b plaats van de functie (context);
   c globaal doel en resultaten van de uitvoering (context en uitvoeringspositie).
2 *Analyse van de omgevingsfactoren.* Dit leidt tot:
   a typering van werkomgeving;
   b context van taken/functie.
3 *Vaststellen van het uitvoeringsniveau.* Dit leidt tot:
   a uitvoeringskarakteristiek.
4 *Opstellen van de taakomschrijving.* Dit leidt tot:
   a lijst met relevante taken;
   b uitvoeringsposities.
5 *Identificeren van de e-competences van het e-CF (e-competentiereferenties).* Dit leidt tot:
   a lijst met relevante e-competences.
6 *Formuleren van de functievereisten.* Dit leidt tot:
   a overzicht van competenties.
7 *Formuleren van eventueel aanvullende aspecten van de functie.*

18.4 Het opstellen van een functieprofiel – een voorbeeld

De stappen om een specifiek functieprofiel op te stellen, worden in deze paragraaf aan de hand van een voorbeeld uitgewerkt. Om het beeld van de organisatie en de functie (met haar context) te illustreren, wordt eerst een beschrijving gepresenteerd. Daarna volgt de uitwerking van de componenten van het functieprofiel.

18.4.1 Beschrijving van de case

De case betreft het selecteren van een informatieanalist die wordt geplaatst in de centrale IV-organisatie van het bedrijf. Daarvoor wordt het functieprofiel voor de functie informatieanalist opgesteld.

Het bedrijf is een productiebedrijf dat opereert op de Nederlandse markt. Het bedrijf is functioneel georganiseerd, op één locatie gevestigd en heeft ongeveer 500 medewerkers in dienst (een typisch middelgroot bedrijf derhalve). Het bedrijf is voor de bedrijfsvoering volledig afhankelijk van de informatievoorziening (functioneel) en de ICT (technisch), vooral in het productie- en verkoopproces. Ook voor de afstemming tussen de bedrijfsonderdelen speelt de informatievoorziening een belangrijke rol.

De informatievoorziening is in de loop van 25 jaar ontwikkeld. Er zijn vier cruciale administratieve systemen:
- commercieel/marketingsysteem;
- productie-, order- en -planningssysteem;
- financieel systeem;
- klanten/CRM-systeem.

Voor beheer en aansturing van de productiemiddelen is een technisch informatiesysteem gekocht.
Naast deze vijf 'bedrijfssystemen' zijn voorts systemen beschikbaar voor personeelsmanagement en andere ondersteunende bedrijfsfuncties.

ICT-organisatie en governance. De IV-afdeling is samengesteld uit drie subafdelingen:
- Informatieanalyse (twee medewerkers);
- Informatiecentrum en helpdesk (drie medewerkers);
- Regie op leveranciers (twee medewerkers).

Voor coördinatie van de informatievoorziening is op directieniveau de Stuurgroep Automatisering ingesteld. De Stuurgroep bestaat uit de directieleden en het hoofd IV. De Stuurgroep richt zich met name op het informatie- en automatiseringsbeleid (ICT-beleid). Daarnaast bepaalt de Stuurgroep prioriteiten voor projecten en beoordeelt de budgetten die door hoofd IV zijn opgesteld.
De informatieanalyse voert het bedrijf volledig in eigen beheer uit. Ontwerp, bouw en onderhoud worden altijd turnkey – als project – uitbesteed.
De rekencentrumfunctie is eveneens uitbesteed, maar aan een andere leverancier dan die voor de projecten. Deze leverancier heeft het beheer van de technische infrastructuur onder zijn hoede (netwerken, productieservers en storage) en voert het technisch applicatiemanagement uit.
Systeemontwikkeling vindt plaats in formeel ingestelde projecten, die op voorstel van hoofd IV door de Stuurgroep zijn goedgekeurd.
Er wordt altijd een businessmanager tot projectleider benoemd die verantwoordelijk is voor het project (dit is eigenlijk de functie van projectmanager). Deze projectleiders zijn geen informaticaspecialisten en worden daarom bijgestaan door de informatieanalisten, zowel voor het vaststellen van de functionele specificaties als voor het operationeel aansturen van het project. Feitelijk functioneert de informatieanalist dus als projectleider en stuurt deze ook de ingeschakelde externe partijen inhoudelijk aan. Een informatieanalist is voorts verantwoordelijk voor het opstellen van het projectplan en voor het budget dat voor een project nodig is.
Voor systeemontwikkeling worden standaardmethoden, -technieken, en tools gebruikt: PRINCE2 voor projectmanagement, de methoden en technieken van Yourdon, en AB-Tool als ontwerptool. Systeemontwikkeling is voorts gebaseerd op agile werken en Scrum: gebruikers participeren actief in projecten, in het bijzonder waar het gaat om het vaststellen van requirements en functionele specificaties van applicaties.

Scope van de opdracht voor de gezochte informatieanalist. Gelet op de lange historie van de ICT (alle gebruikte systemen zijn maatwerksystemen waarin veel onderhoud is uitgevoerd) wordt gewerkt aan het vervangen van de systemen. Voor dit project wordt een extra informatieanalist gezocht; de zittende informatieanalisten zijn druk met het beheer van de huidige systemen.

De gezochte informatieanalist moet alle functionele specificaties van de systemen verifiëren en eventueel opnieuw definiëren. Op basis van deze specificaties wordt door de informatieanalist aan een extern projectteam opdracht gegeven nieuwe systemen te realiseren.
Tevens is onderkend dat de bedrijfsprocessen kunnen worden geoptimaliseerd. Eigenlijk zou een project voor *business process redesign* moeten worden gestart, maar de Stuurgroep heeft besloten om optimalisatie van de bedrijfsprocessen hand in hand met het vervangen van systemen te laten plaatsvinden. De gezochte informatieanalist moet voorstellen formuleren voor procesoptimalisatie; het besluit over de realisatie van deze voorstellen is de verantwoordelijkheid van het businessmanagement.
Op basis van een situatieschets kan het functieprofiel van de gezochte informatieanalist worden opgesteld.

18.4.2 Stap 1: Maken situatieschets

De context waarbinnen de taken worden uitgevoerd, bepaalt de afbakening van de functie. Van belang zijn onder andere:

- organisatorische positie;
- doel van de functie;
- interne en externe contacten.

In deze stap worden de algemene factoren geschetst die de situatie weergeven waarin de functie wordt uitgevoerd. Deze afbakening biedt vervolgens de basis voor het toevoegen van taken, rollen en contextaspecten. De context van de functie wordt weergegeven door doel en plaats.

Functietitel	Informatie Analist
Afdeling	IV-afdeling, subafdeling Informatieanalyse
Organisatie	Afdeling verantwoordelijk voor de ontwikkeling en het beheer van de informatievoorziening in een middelgrote productieorganisatie

Doel van de functie

- In samenwerking met de formele projectleider (een afdelingsmanager uit de business) de rol van operationeel projectleider vervullen, en aansturen van externe partijen (leveranciers) voor systeemontwikkeling (ontwerp, bouw en invoering).
- Opstellen van het projectplan en vaststellen van de benodigde budgetten voor het project.
- In overleg met businessmanagement voorstellen formuleren voor het optimaliseren van de businessprocessen.
- Zelfstandig analyseren en definiëren van functionele specificaties van informatiesystemen, in overleg met gebruikers en afdelingsmanagement.
- Functioneel rapporteren aan hoofd IV.

Plaats van de functie

De informatieanalist is geplaatst in de IV-afdeling, die is geplaatst onder de financieel directeur. De IV-afdeling bestaat uit zeven medewerkers, verdeeld over Informatieanalyse (twee medewerkers), Helpdesk (drie medewerkers) en Regie (twee medewerkers). De afdeling Informatieanalyse wordt rechtstreeks door Hoofd IV aangestuurd (geen teamleider).

Figuur 18.1 Voorbeeld stap 1: Maken situatieschets

18.4.3 Stap 2: Analyse omgevingsfactoren

De omgevingsfactoren (context) bepalen mede:

- taakformulering;
- verantwoordelijkheden en bevoegdheden;
- vereiste vaardigheden.

Met de in hoofdstuk 13 benoemde aspecten van de context kan deze in kaart worden gebracht. De hiervoor uitgevoerde analyse (zie de inleiding op de case) leidt tot de volgende constateringen:

1 Het bedrijf heeft een functionele structuur met weinig managementlagen en slechts één vestiging. Het werkingsgebied van de functie (aspect van organisatorische scope) betreft alle businessafdelingen.
2 De organisatie is middelgroot (aspect van organisatorische scope). De functie richt zich op het formuleren van voorstellen voor optimalisatie van alle bedrijfsprocessen aan het businessmanagement; businessmanagement beslist (organisatorische scope en scope van invloed). Daarnaast richt de functie zich op het analyseren van de bedrijfsprocessen en op het op basis daarvan opstellen van de functionele specificaties voor *alle* nieuwe systemen. Ter ondersteuning van de formele projectleider *acteert* de informatieanalist als operationeel projectleider, stelt het projectplan en de benodigde budgetten op. Het projectplan en de budgetten worden door de Stuurgroep Automatisering vastgesteld.
3 De autonomie van de informatieanalist is met betrekking tot zijn functioneren groot: de informatieanalist wordt gezien als specialist, zowel wat betreft het operationele projectmanagement, de procesoptimalisatie als het opstellen van functionele specificaties. In het bijzonder voor de aansturing van de externe partijen (die de nieuwe systemen turnkey gaan ontwikkelen) draagt de informatieanalist ook (zelfstandige) verantwoordelijkheden. Omdat de informatievoorziening van de afdelingen veel samenhang vertoont, worden de beleidsmatige aspecten waarschijnlijk op directieniveau bewaakt.
4 De taakintegratie is vrij groot. Het betreft in eerste instantie een relatief klein bedrijf, met een kleine afdeling IV. Bovendien is een relatief groot aantal taken aan de informatieanalist toebedeeld. Naast het uitvoeren van informatieanalyse en optimalisatie van bedrijfsprocessen, vallen ook het uitvoeren van operationeel projectmanagement en het aansturen van externe leveranciers eronder. Hoewel de functie informatieanalist vooral is gericht op informatieanalyse, dat wil zeggen het identificeren van benodigde informatie, moeten ook voorstellen voor procesoptimalisatie worden geformuleerd. Derhalve is ervaring hiermee ook vereist. Voor het aansturen van externe leveranciers zijn in het bijzonder goede bestuurlijke vaardigheden vereist (persoonlijke competenties).
5 Systeemontwikkeling is gebaseerd op agile werken en gebruikers worden nauw bij een project betrokken, in het bijzonder voor het opstellen van de requirements en functionele specificaties. Voor projectmanagement wordt gebruikgemaakt van PRINCE2. De analysemethoden en -technieken (Yourdon en AB-Tool) vereisen ervaring met de toepassing daarvan (vaktechnische competenties). Het opstellen van modellen vergt intellectuele vaardigheden (persoonlijke competenties als analytisch vermogen en abstractievermogen). Omdat de informatieanalist met Scrumteams werkt en de bedrijfsprocessen – in overleg met businessmanagement – moet optimaliseren, zijn ook communicatieve vaardigheden (persoonlijke competentie) van belang. Al deze vaardigheden komen tot uiting in de gedetailleerde weergave van de functievereisten.
6 Omdat de informatieanalist voor advies over het optimaliseren van de bedrijfsprocessen en het opstellen van functionele specificaties voor de nieuwe systemen als specialist wordt beschouwd, is zijn directe invloed op de gebruikersorganisatie groot.

Context (typering van de werkomgeving)

Middelen, tools
De informatieanalist werkt voor projectleiding met PRINCE2. Voor systeemontwikkeling wordt agile/Scrum als uitgangspunt genomen en wordt gewerkt conform de Yourdon-methode en -technieken. Er wordt gebruikgemaakt van het case-tool AB-Tool.

Organisatorische afbakening
Het werkterrein van de informatieanalist betreft alle afdelingen van het bedrijf.
De bedrijfsprocessen en ondersteunende applicaties worden gekenmerkt door een groot aantal koppelingen. Derhalve zijn de organisatorische en de technische scope complex.
De informatieanalist stuurt de externe partijen aan voor het turnkey realiseren van de nieuwe systemen op basis van de door de informatieanalist vastgestelde functionele specificaties.

Aard en omvang van de invloed
Businessmanagement heeft een besluitvormende rol bij het optimaliseren van de bedrijfsprocessen maar beschouwt de informatieanalist als specialist en volgt in het algemeen zijn adviezen. De aard van de invloed van de informatieanalist is dus groot.
Gebruikers spelen een actieve rol bij het opstellen van de functionele specificaties; daarom vindt systeemontwikkeling ook plaats met Scrumteams. De informatieanalist wordt echter als specialist ingezet en heeft een bepalende invloed op de vast te stellen functionele specificaties.
De informatieanalist stelt het projectplan op, bepaalt de benodigde budgetten en is verantwoordelijk voor het beheer van die budgetten.
De informatieanalist is voorts verantwoordelijk voor het inhoudelijk aansturen van externe partijen voor systeemontwikkeling. Het beheer van contracten met die leveranciers is de verantwoordelijkheid van hoofd IV.

Figuur 18.2 Voorbeeld stap 2: Analyse omgevingsfactoren

18.4.4 Stap 3: Vaststellen uitvoeringsniveau

In de voorgaande stappen is de functie in zijn werkomgeving afgebakend. Nu is het – mede voor de selectie van een geschikte medewerker en de functieclassificatie en -waardering – van belang dat het uitvoeringsniveau wordt vastgesteld.
Het uitvoeringsniveau wordt in eerste instantie bepaald door de *mentale operaties*. Hoewel het te verwachten resultaat van de hoofdtaken omschreven is (operationeel projectmanagement, geoptimaliseerde bedrijfsprocessen, functionele specificaties), heeft de informatieanalist nog wel de vrijheid om te kiezen voor de wijze (methoden, technieken, aanpak) waarop bedrijfsprocessen worden geanalyseerd. Die analyse moet leiden tot voorstellen voor optimalisatie van bedrijfsprocessen en voor functionele specificaties van nieuwe systemen.
Met betrekking tot *complexiteit* van de werkzaamheden geldt dat het werk betrekking heeft op alle bedrijfsprocessen en alle informatiesystemen, met al hun onderlinge relaties; de opdracht is immers om alle bedrijfssystemen te vervangen. Bovendien wordt onderkend dat het bedrijf enorme behoefte heeft aan business proces redesign, waarmee bedrijfsprocessen worden gestroomlijnd. Ook dit wordt in de opdracht aan de informatieanalist meegegeven en valt onder zijn verantwoordelijkheid.

Uitvoeringskarakteristiek
De opdrachten aan de informatieanalist zijn ontstaan uit de wens om enerzijds bedrijfsprocessen te optimaliseren en anderzijds om alle informatiesystemen te vervangen. De informatieanalist stelt een projectplan op voor het project (wellicht is het beter om twee projectplannen op te stellen: een voor het optimaliseren van de bedrijfsprocessen en een voor het vervangen van de staande informatiesystemen) en stemt dit af met de formele projectleider (een businessmanager). Hierbij moet rekening worden gehouden met de financiële randvoorwaarden die door de Stuurgroep zijn bepaald. Het projectplan (dan wel de projectplannen) en de benodigde budgetten moeten door de Stuurgroep worden goedgekeurd. Voor optimalisatie van bedrijfsprocessen doet de informatieanalist voorstellen aan de businessmanagers. Deze worden voorts verantwoordelijk gesteld voor het realiseren van de voorstellen. De bedrijfsprocessen kennen waarschijnlijk veel onderlinge interfaces, procesmatige dubbelingen en overlappingen. Het stroomlijnen van de bedrijfsprocessen vraagt overall inzicht in de werkwijze van de organisatie en in de door diverse businessmanagers gestelde doelen. Voor de nieuw te ontwikkelen systemen stelt de informatieanalist – in overleg met gebruikers (in de Scrumteams) – de functionele specificaties op. Onder zijn verantwoordelijkheid worden nieuwe systemen vervolgens door externe leveranciers ontwikkeld.

Figuur 18.3 Voorbeeld stap 3: Vaststellen uitvoeringsniveau

18.4.5 Stap 4: Maken taakomschrijving

De taakomschrijving is de opsomming van de uit te voeren taken. Voor het vaststellen van de relevante taken voor de functie van informatieanalist, wordt een taakanalyse uitgevoerd; daarbij wordt bekeken welke taken van belang zijn. Op basis daarvan worden – globaal – de benodigde taken benoemd.

Uitgaande van de casebeschrijving blijkt dat de informatieanalist vier aandachtsgebieden heeft:

1 operationele projectleiding;
2 definiëren van voorstellen voor bedrijfsprocesoptimalisatie;
3 definiëren functionele specificaties van nieuwe systemen;
4 aansturen externe leveranciers voor realisatie van nieuwe informatiesystemen.

Voor de taakanalyse kan gebruik worden gemaakt van de standaardtaken van dit rapport. Een optie is om uit te gaan van het standaardprofiel voor informatieanalist dat in dit rapport is opgenomen. Op basis van de taakanalyse kunnen vervolgens taken worden toegevoegd of daaruit verwijderd. Op basis van de taakanalyse kunnen ook de elementen van context en uitvoeringspositie worden toegevoegd.

In figuur 18.4 is een aantal van de aan de functie toe te kennen taken uitgewerkt. In de formuleringen van taken zijn werkzaamheden specifiek naar werkomgeving vertaald, dat wil zeggen dat de context daarin is verwerkt. De rol die met betrekking tot een taak wordt uitgevoerd (de uitvoeringspositie), wordt steeds cursief aangegeven.

Taken

In zijn rol als operationeel projectleider:
- Opstellen projectplan
  Zelfstandig opstellen van het projectplan
  Afstemmen van het projectplan met de formele projectleider die het projectplan moet accorderen voordat het door hoofd IV en voorts in de Stuurgroep wordt geaccordeerd
- Bepalen investeringen en kosten
  Zelfstandig bepalen van het budget
  Afstemmen van het budget met de formele projectleider die het budget moet accorderen voordat het door hoofd IV en voorts in de Stuurgroep wordt geaccordeerd

In zijn rol als adviseur optimalisatie bedrijfsprocessen:
- Onderzoeken organisatieaspecten
  Zelfstandig onderzoeken van de organisatieaspecten op basis van interviews met het businessmanagement
- Ontwerpen bedrijfsproces
  Adviseren van het businessmanagement middels voorstellen voor procesoptimalisatie; de verantwoordelijkheid voor het realiseren van voorstellen ligt bij het businessmanagement

In zijn rol als adviseur functionele specificaties van de nieuwe systemen:
- Vaststellen gewenste situatie informatievoorziening
  Zelfstandig inventariseren, analyseren, afstemmen en beschrijven van de gewenste informatievoorziening in relatie met de gewenste bedrijfsvoering. Vaststellen van beperkingen, randvoorwaarden en uitgangspunten. Beschrijven van eisen die aan de gewenste situatie worden gesteld.
- Ontwerpen functionele specificaties
  Zelfstandig analyseren, opstellen en beschrijven van functionele specificaties van elke te automatiseren informatiefunctie. Specificaties worden vaak in interactieve sessies met gebruikers opgesteld. Toetsen van de specificaties op volledigheid, duidelijkheid, consistentie en andere normen.

In zijn rol voor aansturing van externe leveranciers:
- Verstrekken opdrachten aan leveranciers
  Sturing geven aan externe leveranciers met concrete opdrachten (zoals met betrekking tot functionele specificaties waaraan nieuwe systemen moeten voldoen); de contractuele aspecten worden beheerd door hoofd IV.

Figuur 18.4 Voorbeeld stap 4: Maken taakomschrijving

18.4.6 Stap 5: Identificeren e-competentiereferenties (e-competences e-CF)

Uit voorgaande beschrijving blijkt dat de informatieanalist – primair – vier aandachtsgebieden heeft:
1 operationele projectleiding;
2 definiëren van voorstellen voor bedrijfsprocesoptimalisatie;
3 definiëren functionele specificaties van nieuwe systemen;
4 aansturen externe leveranciers.

Deze aandachtsgebieden zijn in stap 4 nader ingevuld met relevante taken.
Bij het opstellen van een functieprofiel kan men het profiel baseren op het KNVI-competentiemodel of op het e-CF. Indien men het e-CF wil gebruiken, kunnen de relevante e-competences uit het e-CF worden geselecteerd. Dit wordt ook benaderd vanuit een taakanalyse en het maken van een opsomming van relevante taken. Ongeacht of men het KNVI-competentiemodel wil gebruiken of het e-CF, kunnen de e-competences worden benoemd; ook in een functieprofiel gebaseerd op het KNVI-competentiemodel worden de e-competences opgenomen.
Een analyse leidt bijvoorbeeld tot de lijst van e-competences die in figuur 18.5 is opgenomen.

e-Competences
In zijn rol als operationeel projectleider: • Afstemming informatiesysteem en bedrijfsstrategie (IS and Business Strategy Alignment) • Ontwikkelen van prognoses (Forecast Development) • Project- en portfoliomanagement (Project and Portfolio Management)
In zijn rol als adviseur optimalisatie bedrijfsprocessen: • Procesverbetering (Process Improvement)
In zijn rol als adviseur functionele specificaties van de nieuwe systemen: • Ontwerp van architectuur (Architecture Design) • Ontwerp van applicaties (Application Design)
In zijn rol voor aansturing van externe leveranciers: • Contractmanagement (Contract Management)

Figuur 18.5 Voorbeeld stap 5: Identificeren e-competentiereferenties (e-competences e-CF)

18.4.7 Stap 6: Formuleren functievereisten

Voor het vaststellen van de benodigde competenties kan men zich baseren op de aan de taken – normstellend – verbonden vaktechnische en persoonlijke competenties. Deze worden door de WEFI *als noodzakelijk* geacht om een taak adequaat (professioneel) uit te voeren.
Voor een concreet functieprofiel wordt door de WEFI aanbevolen om indien dat nog niet is gedaan alsnog een nadere analyse uit te voeren. In elke situatie, al dan niet gebaseerd op een combinatie van taken, of van context en uitvoeringspositie, zijn additionele competenties nodig, of een aangepast niveau waarop deze competenties moeten worden beheerst.
De taakinhoud (de taken) en het uitvoeringsniveau bepalen de competenties. In de case: voor de hoofdtaken – het analyseren, het formuleren van voorstellen voor bedrijfsprocesoptimalisatie en van functionele specificaties voor nieuwe systemen – zijn *intellectuele competenties* dominant. De *bestuurlijke competenties* moeten ontwikkeld zijn omdat de informatieanalist de operationele projectleider is en leveranciers aanstuurt. De gewenste *sociale en communicatieve competenties* zijn nodig voor het contact en overleg met management, gebruikers en leveranciers. Hierna zijn beschouwingen op de competenties gegeven.

Analyse vaktechnische competenties. De vaktechnische competenties kunnen – door analyse – worden afgeleid uit de hoofdtaken of de opsomming van taken. Daarbij dient ook aandacht te worden besteed aan het niveau waarop de vaktechnische competenties moeten worden beheerst. Voor deze case zijn de vaktechnische competenties overgenomen uit de standaard die voor de taken voor de informatieanalist in dit rapport zijn benoemd: de normstellend aan de taken verbonden vaktechnische competenties.
Dit leidt tot de volgende opsomming van *vaktechnische competenties*:

- conceptuele kennis van bedrijfskunde;
- conceptuele kennis van beheer van informatiesystemen;
- conceptuele kennis van methoden en technieken voor applicatiebouw (of componentbouw);
- conceptuele kennis van organisatieleer;
- ervaring met financieel management;
- ervaring met werklastbegroting;
- ervaring met kostencalculaties;
- ervaring met principes, methoden en technieken voor kwaliteitsborging;
- ervaring met methoden en technieken voor projectmanagement;

- ervaring met mogelijkheden van de informatietechnologie;
- ervaring met organisatieanalyse;
- ervaring met organisatieontwerp;
- ervaring met specificeren van functionele specificaties;
- ervaring met administratieve organisatie en interne controle;
- ervaring met leveranciersmanagement.

Voor het functieprofiel worden de meest dominante competenties geselecteerd en waar relevant van een korte analyse en toelichting voorzien.

Analyse persoonlijke competenties. De persoonlijke competenties kunnen – door analyse – worden afgeleid uit de hoofdtaken of opsomming van taken. Daarbij dient ook aandacht te worden besteed aan het niveau waarop de persoonlijke competenties moeten worden beheerst.
Voor deze case zijn de persoonlijke competenties overgenomen uit de standaard die voor de taken van de infomatieanalist in dit rapport zijn benoemd: de normstellend aan de taken verbonden persoonlijke competenties.
Dit leidt tot de volgende opsomming van *persoonlijke competenties*:

- gemiddeld niveau van abstractievermogen;
- gemiddeld niveau van creativiteit;
- gemiddeld niveau van integriteit;
- gemiddeld niveau van kennis van andere disciplines;
- gemiddeld niveau van klantgerichtheid;
- gemiddeld niveau van methodisch werken;
- gemiddeld niveau van organisatiebewustzijn;
- gemiddeld niveau van sensitiviteit, inlevingsvermogen;
- hoog niveau van analytisch vermogen;
- hoog niveau van besluitvaardigheid;
- hoog niveau van oordeelsvorming;
- hoog niveau van plannen en organiseren;
- hoog niveau van commercieel inzicht;
- hoog niveau van zelfstandigheid.

Analyse businesscompetenties. Businesscompetenties definiëren specifieke kennis en/of vaardigheden die zijn verbonden aan de business. In deze case gaat het om een productiebedrijf; kennis van bedrijfsprocessen is van belang en kan nader worden gespecificeerd.
Dit rapport biedt geen opsomming van businesscompetenties. Deze zijn dermate specifiek dat er geen standaarden voor zijn te geven.
Vanuit de case zouden de volgende *businesscompetenties* kunnen worden gespecificeerd:

- inzicht in productiebedrijven en hun bedrijfsprocessen;
- kennis van productiebesturingssystemen.

Additionele competenties afgeleid van context en uitvoeringspositie. Feitelijk moeten – afgeleid van context en uitvoeringspositie – ook nog persoonlijke en vaktechnische competenties worden vastgesteld. Voor deze case wordt volstaan met de opmerking dat vanwege de rol van operationeel projectleider, ook de vaktechnische competentie 'ervaring met methoden en technieken voor projectmanagement' moet worden toegevoegd.

In het functieprofiel (figuur 18.6) kan een aantal dominante competenties worden opgenomen.

Vereiste competenties

Vaktechnische competenties
In zijn rol als operationeel projectleider:
- ervaring met financieel management, werklastbegroting en kostencalculaties – om het projectbudget goed te kunnen beheren;
- ervaring met methoden en technieken voor projectmanagement;
- ervaring met principes, methoden en technieken voor kwaliteitsborging.

In zijn rol als adviseur optimalisatie bedrijfsprocessen:
- conceptuele kennis van bedrijfskunde – om voldoende kennis te hebben om voorstellen te formuleren voor optimalisatie van de bedrijfsprocessen;
- ervaring met administratieve organisatie en interne controle;
- ervaring met organisatieanalyse;
- ervaring met organisatieontwerp.

In zijn rol als adviseur functionele specificaties van de nieuwe systemen:
- ervaring met organisatieanalyse;
- ervaring met specificeren van functionele specificaties; deze moeten in ook voor gebruikers heldere termen worden opgesteld.

In zijn rol voor aansturing externe leveranciers:
- ervaring met leveranciersmanagement; de informatieanalist moet in staat zijn om zelfstandig de leveranciers aan te sturen en hun resultaten te beoordelen.

Persoonlijke competenties
In zijn rol als operationeel projectleider:
- gemiddeld niveau van methodisch werken;
- gemiddeld niveau van organisatiebewustzijn;
- gemiddeld niveau van sensitiviteit, inlevingsvermogen;
- hoog niveau van besluitvaardigheid;
- hoog niveau van oordeelsvorming;
- hoog niveau van plannen en organiseren.

In zijn rol als adviseur optimalisatie bedrijfsprocessen:
- gemiddeld niveau van abstractievermogen;
- gemiddeld niveau van creativiteit;
- gemiddeld niveau van kennis van andere disciplines;
- gemiddeld niveau van organisatiebewustzijn;
- gemiddeld niveau van sensitiviteit, inlevingsvermogen;
- hoog niveau van analytisch vermogen;
- hoog niveau van plannen en organiseren.

In zijn rol als adviseur functionele specificaties van de nieuwe systemen:
- gemiddeld niveau van abstractievermogen;
- gemiddeld niveau van communicatieve vaardigheden (schriftelijk en/of mondeling);
- gemiddeld niveau van creativiteit;
- gemiddeld niveau van organisatiebewustzijn;
- gemiddeld niveau van sensitiviteit, inlevingsvermogen;
- hoog niveau van oordeelsvorming;
- hoog niveau van analytisch vermogen

In zijn rol voor aansturing externe leveranciers:
- gemiddeld niveau van communicatieve vaardigheden (schriftelijk en/of mondeling);
- hoog niveau van besluitvaardigheid;
- hoog niveau van oordeelsvorming;
- hoog niveau van plannen en organiseren;
- hoog niveau van zelfstandigheid;
- hoog niveau van commercieel bewustzijn.

Businesscompetenties
- Inzicht in productieorganisaties.
- Kennis van productiebesturingssystemen.

Figuur 18.6 Voorbeeld stap 6: Formuleren functievereisten

18.4.8 Stap 7: Formuleren van eventuele aanvullende aspecten

Meestal geeft een functieprofiel nadere informatie, zoals verantwoordelijkheden en bevoegdheden die aan een functie zijn verbonden, of informatie over het ervaringsniveau dat is vereist. Voor deze case wordt in figuur 18.7 – zonder commentaar of toelichting – invulling gegeven aan verantwoordelijkheden en bevoegdheden.

Aanvullende aspecten

Verantwoordelijkheden:
- Verantwoordelijk voor het in overleg met businessmanagement formuleren van voorstellen voor optimalisatie van de bedrijfsprocessen; het businessmanagement is zelf verantwoordelijk voor het opvolgen van de voorstellen en het doorvoeren daarvan.
- Verantwoordelijk voor het in overleg met de gebruikers vaststellen van de functionele specificaties voor de nieuwe systemen.
- Werkt feitelijk als operationeel projectleider; hij ondersteunt daarmee de formele projectleider (een businessmanager).
- In de rol van operationeel projectleider verantwoordelijk voor het opstellen van het projectplan, en voor het vaststellen en beheren van het projectbudget.
- Verantwoordelijk voor de aansturing van externe partijen die de nieuwe systemen ontwikkelen op basis van de vastgestelde functionele specificaties.

Bevoegdheden:
- Bevoegd om gevraagd en ongevraagd voorstellen te formuleren voor optimalisatie van de bedrijfsprocessen.
- Bevoegd om alle gebruikers en businessmanagers te interviewen.
- Binnen daartoe vastgestelde budgetten bevoegd om opdrachten te verstrekken aan de externe partijen voor het ontwikkelen van nieuwe systemen.

Figuur 18.7 Voorbeeld stap 7: Formuleren van eventuele aanvullende aspecten 1

Omdat op basis van het functieprofiel een personeelsadvertentie wordt opgesteld, zou ook de informatie in figuur 18.8 daarin een plaats kunnen krijgen; daarmee worden zowel het belang van de functie als eventuele persoonskenmerken expliciet gemaakt.

Informatie over de persoonskenmerken

De informatieanalist heeft een cruciale rol in het optimaliseren van de bedrijfsprocessen; hij wordt immers als expert gezien. Ditzelfde geldt voor het vaststellen van de functionele specificaties van de nieuwe systemen. Hij/zij moet derhalve – naast kennis en ervaring met het modelleren van bedrijfsprocessen en het optimaliseren daarvan – ook in staat zijn om zich snel inzicht te verschaffen in de activiteiten van de gebruikersafdelingen.
De gezochte informatieanalist zal in nauw overleg en in samenwerking met de opdrachtgever en gebruikers zijn werkzaamheden verrichten. Goede communicatieve vaardigheden voor het omgaan met niet-professionele informatici is daarom van groot belang. Daarbij wordt ook een groot inlevingsvermogen geëist.
Bovendien gaat de informatieanalist externe leveranciers aansturen die projectmatig de nieuwe systemen op basis van de door de informatieanalist vastgestelde functionele specificaties gaan ontwikkelen. Communicatieve en commerciële vaardigheden zijn daarvoor van cruciaal belang.
Dit leidt ertoe dat voor deze functie minimaal vijf jaar ervaring als senior informatieanalist is vereist, bij voorkeur in een vergelijkbaar bedrijf. Daarnaast moet men minimaal drie jaar ervaring hebben met het aansturen van leveranciers.

Figuur 18.8 Voorbeeld stap 7: Formuleren van eventuele aanvullende aspecten 2

18.5 Het opstellen van een functieprofiel gebaseerd op het e-CF

18.5.1 Inleiding

Het e-CF is gebaseerd op definities van de competenties van ICT'ers die voor het uitvoeren van een functie van belang zijn: de e-competences (e-competentiereferenties; zie hoofdstuk 16). In de practices die rond het e-CF zijn ontstaan[1], wordt een handvat gegeven voor het opstellen van een functieprofiel gebaseerd op het e-CF. Gebaseerd op deze practices bevat een functieprofiel – conform de standaard van het e-CF – de volgende elementen:

- functieprofieltitel;
- missie;
- belangrijkste taken;
- e-competences met daaraan toegevoegd kennis en vaardigheden.

18.5.2 Een voorbeeld van een functieprofiel op basis van het e-CF

In het document *Case Studies for the Application of the European e-Competence Framework 3.0* wordt het functieprofiel van de functie Business Systems Analyst benoemd.[2] In deze paragraaf wordt deze functie als voorbeeld genomen voor de voorbeelduitwerking van een functieprofiel op basis van het e-CF. Deze functie is vergelijkbaar met de gelijknamige functie uit de lijst van functies van het KNVI-competentiemodel. De – niet officiële – vertaling van deze functie door de WEFI is opgenomen in figuur 18.9:[3]

Het KNVI-competentiemodel beschrijft deze functie – in de kern – als weergegeven in figuur 18.10.

18.5.3 Afleiden van taken uit dit rapport voor een functieprofiel gebaseerd op het e-CF

In het functieprofiel dat vanuit de practices rond het e-CF wordt opgesteld, worden eerst de belangrijkste taken benoemd, om vervolgens de daarop te baseren e-competences vast te stellen; zie daarvoor het voorbeeld van de functie van Business Systems Analyst dat in figuur 18.9 is gepresenteerd. Voor het identificeren of benoemen van die belangrijkste taken in dit functieprofiel kan worden uitgegaan van de – standaard – taken in het KNVI-competentiemodel. Het voordeel daarvan is dat er gebruik wordt gemaakt van een genormaliseerde standaard die bovendien alle aspecten van de levenscyclus van de ICT afdekt. Een ander voordeel is dat wat betreft kennis en vaardigheden gebruik kan worden gemaakt van de vaktechnische en de persoonlijke competenties van het KNVI-competentiemodel.[4]
Zowel de taken van een op het e-CF gebaseerd functieprofiel als de daarin benoemde competenties kunnen vanuit dit rapport en het KNVI-competentiemodel dus nader worden ingevuld en geoperationaliseerd (dit is ook aan de orde omdat het e-CF voor kennis en vaardigheden bijvoorbeeld slechts voorbeelden benoemt, die bij het opstellen van een concreet functieprofiel moeten worden uitgewerkt).

1 Zie bijvoorbeeld het document *Case studies for the application of the European e-Competence Framework 3.0*.

2 Dit functieprofiel maakt deel uit van de in de functiefamilie opgenomen functies; zie het CEN document CWA 16458: *European ICT Professional Profiles*.

3 In dit voorbeeld is niet de volledige uitwerking van deze functie overgenomen.

4 Let op: het e-CF en het KNVI-competentiemodel hanteren verschillende definities van het begrip 'competentie'.

Profiel	**Business Systems Analyst**			
Missie	Identificeert gebieden waar veranderingen in informatiesystemen nodig zijn om businessplannen te ondersteunen, en is belast met het monitoren van de impact door changemanagement. Draagt bij aan algemene functionele requirements van de business wat betreft ICT-oplossingen. Analyseert businessbehoeften en vertaalt die in ICT-oplossingen.			
Belangrijkste taken[5]	• Draagt bij aan de voorbereiding van businessplannen. • Identificeert bedrijfsprocessen waarin verbeteringen nodig zijn, en die kunnen worden gerealiseerd met ICT-oplossingen die passen bij de ICT-strategie. • Beschrijft requirements, specificaties en bedrijfsprocessen, en de businesscase voor de gewenste oplossingen. • Analyseert de behoeften aan informatie en documentatie.			
e-Competentiereferenties	**e-Competentiereferentie** A.1 Afstemming informatiesysteem en bedrijfsstrategie (IS and Business Strategy Alignment)	**Algemene omschrijving** Anticipeert op langetermijneisen voor de onderneming en definieert het IS-model in lijn met het beleid van de organisatie. Neemt strategische IS-beleidsbeslissingen voor de onderneming, ook betreffende sourcingstrategieën.	**Kennis** K.1 Concepten voor bedrijfsstrategieën K.2 Trends en implicaties van interne en externe ICT-ontwikkelingen voor specifieke organisaties K.3 Potentieel en kansen van relevante bedrijfsmodellen K.4 Zakelijke en organisatorische doelstellingen K.5 aandachtspunten en implicaties van sourcingmodellen	**Vaardigheden** S.1 Analyseren van toekomstige ontwikkelingen in bedrijfsproces en technologietoepassing S.2 Identificeren van eisen voor processen gerelateerd aan ICT-diensten S.3 Definiëren en analyseren van langetermijnbehoeften van gebruiker/klant S.4 Leveren van een bijdrage aan de ontwikkeling van ICT-strategie en -beleid S.5 Leveren van een bijdrage aan het ontwikkelen van de bedrijfsstrategie
	e-Competentiereferenties A.3 Ontwikkelen van bedrijfsplannen (Business Plan Development)	**Algemene omschrijving** Neemt het ontwerpen en structureren van een bedrijfs- of productplan op zich, met inbegrip van het definiëren van alternatieve benaderingen en voorstellen betreffende rentabiliteit van investeringen. Overweegt mogelijke en toepasbare sourcingmodellen. Presenteert kosten-batenanalyses en gefundeerde argumenten ter onderbouwing van de gekozen strategie. Bewaakt overeenstemming met bedrijfs- en technologische strategieën. Communiceert het bedrijfsplan met relevante belanghebbenden, maakt hen er enthousiast voor; stelt politieke, financiële en organisatorische belangen aan de orde, maakt een SWOT-analyse.	**Kennis** K.1 Elementen van en mijlpalen in het bedrijfsplan K.2 De actuele en toekomstige omvang en behoeften van de markt K.3 Technieken voor concurrentie- en SWOT-analyses (voor productkenmerken en ook voor de externe omgeving) K.4 Kanalen voor waardecreatie K.5 Elementen van winstgevendheid K.6 De aandachtspunten en implicaties van sourcingmodellen K.7 Financiële planning en dynamiek	**Vaardigheden** S.1 Zich richten op en het onderscheiden van essentiële elementen van waardeproposities *(value propositions)* voor producten en oplossingen S.2 Definiëren van de juiste waardecreatiekanalen S.3 Opstellen van een gedetailleerde SWOT-analyse S.4 Opstellen van korte- en langetermijn-prestatierapporten (bijvoorbeeld inzake financiën, winst, verbruik en waardecreatie) S.5 Identificeren van de belangrijkste mijlpalen in het plan
	e-Competentiereferenties E.5 Procesverbetering (Process Improvement)	**Algemene omschrijving** Meet de doeltreffendheid van bestaande ICT-processen. Onderzoekt en waardeert het ontwerp van ICT- processen op basis van een diversiteit aan bronnen. Volgt een systematische methode bij evaluatie, ontwerp en implementatie van proces- of technologieveranderingen, met meetbaar zakelijk voordeel als doel. Beoordeelt mogelijke nadelige consequenties van procesverandering.	**Kennis** K.1 Onderzoeks-methoden, benchmarks en meetmethoden K.2 Evaluatie-, ontwerp- en implementatiemethoden K.3 Bestaande interne processen K.4 Relevante ontwikkelingen op het gebied van ICT en de potentiële impact op processen	**Vaardigheden** S.1 Samenstellen, documenteren en catalogiseren van essentiële processen en procedures S.2 Voorstellen van procesveranderingen om het doorvoeren van verbeteringen te vergemakkelijken en te rationaliseren

Figuur 18.9 Voorbeeld van een functieprofiel e-CF

5 De hier opgesomde taken kunnen uit het KNVI-competentiemodel worden afgeleid; zie paragraaf 18.5.3.

Business Systems Analist

Toelichting
De businesssystemsanalist is vooral actief bij het ontwikkelen, verbeteren en implementeren van (de workflow van) bedrijfsprocessen. In het verlengde daarvan wordt meegewerkt aan het vaststellen en verbeteren van de informatievoorziening in het algemeen, individuele informatiesystemen en dergelijke om de bedrijfsprocessen optimaal te ondersteunen.
Deze functie komt in grote tot zeer grote organisaties voor, alsmede als specialisme van een consultant van een organisatieadviesbureau.

Alternatieve functietitels
- Business Consultant
- Business Proces Analist

Taken
- Opstellen en beheren plan voor interne controle
- Opstellen en beheren complianceplan
- Opstellen en beheren bedrijfsprocessenmodel
- Opstellen en beheren informatieprocessenmodel
- Onderzoeken organisatieaspecten
- Analyseren veranderingsvermogen
- Ontwerpen en beheren bedrijfsprocessen
- Verkennen behoeften informatievoorziening
- Vaststellen en beheren gewenste situatie informatievoorziening
- Beheren bedrijfswaarde van componenten
- Bepalen investeringen en kosten

Afgeleid van de bij de taken behorende competenties, ontstaat de volgende opsomming van vaktechnische en persoonlijke competenties[6]:

Vaktechnische competenties
- Ervaring met risicomanagement
- Ervaring met planning & control
- Ervaring met organisatie analyse
- Ervaring met organisatie ontwerp
- Ervaring met kwaliteitsmanagement
- Ervaring met compliance management
- Conceptuele kennis van beleid- en strategiebepaling
- Conceptuele kennis van organisatieleer

Persoonlijke competenties
- (C) Analytisch vermogen
- (B) Communicatieve vaardigheden
- (C) Oordeelsvorming
- (C) Abstractievermogen
- (D) Strategische visie
- (D) Organisatiebewustzijn
- (F) Plannen en organiseren

e-Competentiereferenties
- Afstemming informatiesysteem en bedrijfsstrategie
- Ontwikkelen van bedrijfsplannen
- Procesverbetering

Functiekwalificatie
- Startkwalificatie: NLQF – 6
- Professionalkwalificatie: NLQF – 7

Figuur 18.10 Voorbeeld functieprofiel KNVI-competentiemodel

6 Niet alle competenties zijn overgenomen.

19 HR-management

19.1 Inleiding

HR-management is niet het exclusieve domein van HR-managers; *alle* leidinggevenden hebben verantwoordelijkheid voor HR-managementtaken. Zij zijn het immers die medewerkers inzetten en die verantwoordelijk zijn voor begeleiding en coaching. Daarnaast zijn zij ook verantwoordelijk voor de beoordeling van het functioneren van medewerkers.
De belangrijkste doelstelling van HR-management wordt gedefinieerd als:

Zorg dragen voor adequate invulling van capaciteit en expertise.

HR-management richt zich op 'beheer van medewerkers', en in het bijzonder op:
1 het vaststellen van resources wat betreft capaciteit en expertise;
2 functieclassificatie en -waardering, waaronder het vaststellen van primaire en secundaire arbeidsvoorwaarden;
3 werving en selectie van nieuwe medewerkers, zowel voor een vast dienstverband of voor tijdelijke inhuur;
4 het bieden van opleiding en scholing;
5 het inzetten van medewerkers op basis van kennis, vaardigheden, interesses en ambitie;
6 begeleiden en coachen;
7 het beoordelen van functioneren;
8 het ontwikkelen van de medewerkers, gelet op interesses en ambitie, en gelet op behoeften van de organisatie;
9 belonen;
10 het begeleiden van het vertrek.

Dit rapport legt sterk nadruk op het managen van, en invulling geven aan de behoeften aan kwaliteit en capaciteit. Daarnaast is er aandacht voor beheer van medewerkers gelet op hun ontplooiing en inzet die aansluit bij hun interesses en ambities.
Dit rapport richt zich niet alleen op HR-professionals, en geeft daarom per onderdeel van de HR-cyclus een korte toelichting op relevante HR-aspecten.

19.2 Processen van HR-management

19.2.1 Vaststellen van benodigde personele resources

Een belangrijke vraag voor organisaties is: Hoeveel ICT-medewerkers, met welke kwalificaties, hebben wij nodig? Daarnaast is een relevant vraagstuk hoeveel mensen men in vaste dienst neemt en hoeveel men er inhuurt. Een trend is dat organisaties steeds meer gebruikmaken van externe specialisten, zowel door outsourcing als door het inhuren van expertise. Zo realiseert men een flexibele pool van ICT-medewerkers.

Als gevolg van structurele en grootschalige outsourcing zijn er twee ontwikkelingen gaande:

1 Bij *klantorganisaties* is er minder behoefte aan vakinhoudelijke ICT'ers, en meer behoefte aan ICT'ers die regie kunnen voeren op het:
   a vaststellen van behoeften aan functionaliteit en ondersteunende diensten bij de business (vaak *demand management* genoemd);
   b managen van leveranciers en hun dienstverlening: verstrekken van opdrachten, overleggen met leveranciers en controleren van de dienstverlening (vaak *supply management* genoemd);
   c managen van contracten en SLA's, inhoudelijk en financieel, maar minder juridisch[1] (vaak *contract management* genoemd).
2 Bij *leveranciers* is er meer behoefte aan ICT'ers die:
   a vanuit behoeften van klanten overleg kunnen voeren met die klanten over de dienstverlening (vaak *account management* genoemd);
   b de regie kunnen voeren op het leveren van diensten aan klanten (vaak *delivery management* genoemd);
   c complexe (virtuele) multi-klantomgevingen kunnen ontwikkelen en beheren (deze omgevingen zijn veel complexer dan een ICT-omgeving voor één klant).

Uitgangspunt is dat het business- of lijnmanagement van de klant de behoeften aan diensten en functionaliteit aangeeft. Dat wordt vervolgens vertaald in een *informatie- en automatiseringsplan* met concrete roadmaps voor ontwikkeling en beheer van de informatievoorziening. Op basis daarvan wordt de benodigde expertise van en capaciteit aan ICT'ers vastgesteld.

De dynamiek van de markt vereist dat ICT- en regieafdelingen flexibel inspelen op actuele behoeften. Dit vergt nauwe samenwerking tussen business en ICT. Vanuit die samenwerking kunnen ICT- en regieafdelingen veel sneller reageren op de business, maar bovenal beter adviseren over mogelijkheden en beperkingen van ICT. Deze *agile business/IT alignment* leidt in het algemeen tot een veel strategischer inzet van ICT. Dit resulteert in nieuwe eisen aan ICT'ers, in termen van businesskennis, marktkennis, en bijvoorbeeld organisatiebewustzijn en communicatieve vaardigheden.

Ook als ervoor wordt gekozen om (delen van) de ICT uit te besteden, moeten expertise, capaciteit en budget worden vastgesteld.

Voor deze ontwikkelingen biedt dit rapport een handleiding. Afgeleid van het KNVI-competentiemodel kunnen taken worden benoemd in zowel de business, de ICT-organisatie als de regieorganisatie. De taken kunnen zelfs worden gebruikt voor het organiseren van de ICT; voor de taakstelling, inrichting en structuur van de ICT-afdeling, de regieorganisatie of externe partner. Met bij de taken benoemde vaktechnische en persoonlijke competenties ontstaat inzicht in de benodigde (basis)expertise. Indien het e-CF als uitgangspunt wordt genomen, kunnen ook de relevante e-competences worden benoemd. Zoals in hoofdstuk 18 is uitgewerkt, moet dit nog wel worden aangevuld met context. Het maakt een enorm verschil of men een onderzoek doet binnen een relatief klein bedrijf of binnen een groot internationaal bedrijf. Meer aspecten van context zijn te vinden in hoofdstuk 13.

1 De feitelijke inkoop en juridische aspecten van contracten zijn vaak het domein van een inkoop-/procurementafdeling.

19.2.2 Functieclassificatie en -waardering

Nadat functie- of rolprofielen zijn opgesteld, speelt direct de vraag welke zwaarte een dergelijke functie of rol heeft en welke arbeidsvoorwaarden moeten worden geboden. Dit is het werkterrein van functieclassificatie en -waardering.

Functieclassificatie bepaalt het gewicht van een functie. Het vergt expertise en inzicht om functies, taken, enzovoort op een juiste manier te wegen en te classificeren. De volgende aanpak kan hierbij helpen.

1 In de eerste plaats moet een concreet functie- of rolprofiel worden opgesteld, inclusief alle relevante aspecten, zoals taken, context en uitvoeringspositie. Daarnaast moeten ervaring en verantwoordelijkheden worden meegenomen.
2 Vervolgens kan worden uitgegaan van de afzonderlijke taken van een functie. Aan elke taak wordt een wegingsfactor gekoppeld, waarmee taken ten opzichte van elkaar worden gewogen.
   Dit vergt gedegen kennis van de inhoud van de betreffende taken. Bijvoorbeeld, de taak 'opstellen informatiebeleid' weegt zwaarder dan het taakcluster 'beheren server', gelet op de feiten dat:
   - informatiebeleid weinig tastbaar is en wordt opgesteld vanuit niet-concrete informatie, terwijl beheer van een server daarentegen plaatsvindt op basis van installatiehandleidingen en dergelijke;
   - de impact van foutief informatiebeleid in het algemeen groter is dan de impact van foutief beheer van een server; dit laatste kan direct met testen worden onderkend, terwijl foutief informatiebeleid zich vaak pas na jaren openbaart:
   - informatiebeleid altijd samenhangt met financiële, sociale en bedrijfsmatige aspecten, terwijl bij serverbeheer uitsluitend technische overwegingen een rol spelen;
   - voor het opstellen van informatiebeleid sterke vaktechnische en persoonlijke competenties vereist zijn, terwijl voor beheer van een server 'slechts' sterke vaktechnische competenties nodig zijn.
3 In de derde plaats spelen vaktechnische competenties een rol; hiervoor is ook een weging van een taak mogelijk. Punt van aandacht hierbij is de context. Bijvoorbeeld, de competentie 'methoden en technieken voor organisatieanalyse' in de taak 'onderzoeken organisatieaspecten'. Deze taak kan zich richten op een kleine afdeling maar ook op een internationaal bedrijf. Een kleine afdeling vergt minder vaktechnische competenties dan een groot internationaal concern; de complexiteit is in de eerste situatie immers veel kleiner. Met betrekking tot 'analysetechnieken' geldt dat een programmeur deze moet beheersen om tot een programmaontwerp te komen. De scope van het technisch ontwerp zou helder moeten zijn beschreven, terwijl het aantal te combineren aspecten in het algemeen gering is. Een functioneel ontwerper moet eveneens de vaardigheid voor analyse hebben maar past deze toe op 'de algemene termen' van functionele specificaties, waarbij vele organisatieaspecten een rol kunnen spelen. De uitvoeringspositie bepaalt op welk niveau deze competenties moeten worden beheerst: bijvoorbeeld volledig zelfstandig of onder begeleiding van een specialist.
4 Persoonlijke competenties spelen eveneens een belangrijke rol. Ook deze moeten worden gewaardeerd met inachtneming van taken, rollen, context en uitvoeringspositie. Gelet op de aard en het niveau van competenties, is het classificeren hiervan geen sinecure. Een voorbeeld is het wegen van de competenties 'organisatiebewustzijn' en 'besluitvaardigheid' voor een klein of voor een internationaal georiënteerd bedrijf.

5 Ook context is een wegingsfactor. Een taak zonder voorgeschreven methoden, technieken en zonder eenduidig geformuleerde kaders, is veel zwaarder dan een taak waarbij dit alles eenduidig is voorgeschreven. In het NLQF wordt dit overigens ook als een van de belangrijkste wegingsfactoren benoemd. Context is ook een wegingsfactor voor kennis van methoden, technieken, technologie en dergelijke. Het wegen van de kennis van een bepaalde ontwerpmethode ten opzichte van de kennis van een bepaalde servertechnologie is geen sinecure.
6 De uitvoeringspositie is het laatste aspect van weging. Daarbij geldt dat de zwaarte toeneemt naarmate men minder uitvoerend en meer begeleidend bezig is, en meer verantwoordelijkheid heeft.

In dit rapport en het KNVI-competentiemodel wordt vooralsnog volstaan met aan te geven welke aspecten van functies, taken, rollen en competenties in die classificatie een rol kunnen spelen.

Functiewaardering heeft te maken met indeling in een inkomensschaal. Veel organisaties maken daarbij gebruik van functie- of salarisschalen waarbij een geclassificeerde ('gewogen') functie in een range van die schaal is ingeschaald.
Veel organisaties hebben moeite om ICT'ers aan te trekken en/of te behouden. Het grote verloop van ICT'ers wordt deels veroorzaakt door structurele tekorten op de arbeidsmarkt en door druk op salarissen. Naar boven vanwege het ernstige tekort aan ervaren ICT'ers, naar beneden vanwege het economisch-financieel klimaat. Een uitweg om kosten te beheersen en expertise toch beschikbaar te krijgen, is het (structureel) inhuren van ICT-specialisten en outsourcing. Daarnaast proberen organisaties steeds meer een 'vaste flexibele pool' van externe specialisten te creëren.
Dit rapport en het KNVI-competentiemodel geven hieromtrent geen uitwerking voor functiewaardering.

19.2.3 Werving en selectie

Werving en selectie gelden voor zowel het aantrekken van vaste medewerkers als voor het inhuren van tijdelijke specialisten.

Werving en selectie vaste medewerkers. Werving en selectie van nieuwe medewerkers is een uitdaging voor elke HR-functionaris.
De selectie vindt vaak plaats in samenspraak met de toekomstige leidinggevende. Om te beginnen is een helder functieprofiel van belang, met daarin een taakomschrijving en de vereiste competenties. Voorts is het de vraag op welke wijze wordt geworven. Een volgende stap is selectie van kandidaten. Een algemene gewoonte is om sollicitanten te interviewen en eventueel te laten testen. Daarvoor kan een set testen worden samengesteld. Daarbij moeten zowel de *stabiele* als de *ontwikkelbare* competenties in ogenschouw worden genomen.
Bijzondere aandacht dient uit te gaan naar assessments, zeker bij de selectie van leidinggevenden. Een programmeur kan worden getest op accuratesse en analytische vermogens. Een leidinggevende moet ook op bijvoorbeeld communicatieve vaardigheden en overtuigingskracht worden beoordeeld.

Werving en selectie van externen. Hoewel werven en selecteren van externe deskundigen vaak door het ICT-management zelf wordt gedaan, is dat eveneens een HR-activiteit. Ook hierbij moeten helder geformuleerde functieprofielen worden opgesteld. Vaak ligt bij deze profielen de nadruk op het werk. Competenties worden als verantwoordelijkheid van leverancier of adviesbureau beschouwd. De WEFI is echter van mening dat ook het definiëren van de competenties, in het bijzonder de persoonlijke competenties, een verantwoordelijkheid van de opdrachtgever is.

19.2.4 Opleiding

Zowel zittende als nieuwe medewerkers kunnen om verschillende redenen behoeften hebben aan opleiding. Het vaststellen van de opleidingsbehoeften kan worden uitgevoerd aan de hand van de in hoofdstuk 20 genoemde overwegingen en stappen.

19.2.5 Inzetten van medewerkers

Medewerkers of ingehuurde krachten worden ingezet op plaatsen waar hun kennis en vaardigheden nodig zijn. Daarbij krijgen hun vaktechnische en persoonlijke competenties de meeste aandacht. Het is echter ook belangrijk om rekening te houden met hun persoonlijke interesses en ambitie. De inzet zal dus mede moeten worden bepaald gelet op sterke punten en beperkingen.

Wat betreft de inzet van medewerkers zijn er twee perspectieven om rekening mee te houden.

1. *Gericht op de individuele medewerker*: medewerkers zoeken ontplooiingsmogelijkheden. Ze willen in het algemeen ervaring en kennis opdoen, en voor hen interessante opdrachten uitvoeren. Hun inhoudelijke beperkingen kunnen een interessante opdracht in de weg staan. Een cursus biedt uiteraard een basis, maar meestal ontbreekt het dan nog aan ervaring. Ook beperkingen in persoonlijke vaardigheden kunnen worden opgelost, maar persoonlijke en intrinsieke vaardigheden zijn wel moeilijk te ontwikkelen. Met betrekking tot persoonlijke competenties is training mogelijk. Ervaring en vaardigheid zullen daarna in de praktijk moeten worden ontwikkeld. Wellicht blijkt dat een bepaalde taak of opdracht voor een medewerker (nog) niet mogelijk is. Het is dan van belang dat in overleg met de medewerker een carrièrepad en persoonlijk ontwikkelingsplan (POP) worden opgesteld. Wat dat betreft wordt verwezen naar de hoofdstukken over competentiemanagement (in de hoofdstukken 6 en 7) of het hoofdstuk over competenties (hoofdstuk 12).
2. *Gericht op het belang voor de organisatie*: een interessante insteek van competentiemanagement is dat inzet van medewerkers ook voor de organisatie van belang is. Een interessante opdracht of carrièreperspectief kan ertoe leiden dat men bij de organisatie in dienst blijft. Bovendien zal een medewerker gemotiveerd aan de opdracht beginnen en deze met succes uitvoeren. Ook leidt het selecteren van de juiste medewerker tot betere resultaten.

Bij beide perspectieven spelen de volgende basiselementen een rol:

- taken;
- context;
- uitvoeringspositie;
- vaktechnische, persoonlijke en businesscompetenties.

Hierbij kan gebruik worden gemaakt van de in hoofdstuk 18 beschreven aanpak. De beschikbaarheid van competentieprofielen (zie hierna) biedt vervolgens de mogelijkheid om de juiste medewerker te selecteren.

Bijzondere aandacht wordt gevraagd voor het 'bemensen' (sourcen) van projecten. Nog te vaak wordt slechts in algemene termen aangegeven welke kwaliteiten men zoekt: 'Wij zoeken een systeemontwerper.' In reactie hierop bieden leveranciers meestal een aantal cv's aan, met ook daarin slechts summiere informatie. Dat is jammer, want persoonskenmerken en persoonlijke vaardigheden kunnen sterk bepalend zijn. Dit rapport biedt de basisinformatie ('bouwsteentjes') om beter op 'de vraag' in te spelen met een specifiek en goed uitgewerkt profiel van gevraagde en aangeboden expertise.

19.2.6 Beoordelen

Beoordeling van medewerkers vindt steeds meer periodiek plaats, bijvoorbeeld elk jaar of na het afronden van een project. Steeds meer bedrijven beoordelen medewerkers dan op resultaatgerichte aspecten. Voorbeelden hiervan zijn:

- feitelijk gerealiseerde resultaten, meestal in relatie met overeengekomen doelen of vooraf gespecificeerde producten;
- kwaliteit;
- wijze waarop resultaten zijn bereikt;
- samenwerking met collega's en/of klant, vaak zelfs hun oordeel.

Deze beoordeling impliceert dat voor aanvang duidelijk afspraken over aanpak en resultaat zijn gemaakt.

Een goede aanpak is om functioneren ook te beoordelen aan de hand van vaktechnische en persoonlijke competenties. Daarbij kan worden beoordeeld op vragen als:

- Zijn methoden en technieken adequaat toegepast?
- Is samenwerking met de opdrachtgever goed verlopen?
- Welke inbreng (vaktechnisch en persoonlijk) heeft de medewerker gehad?

Naast de feitelijk uitgevoerde werkzaamheden wordt een beoordeling steeds meer uitgevoerd op basis van het persoonlijke ontwikkelingsplan. Daarin kunnen zaken worden afgesproken als:

- het volgen van opleidingen;
- toepassen, ervaring opdoen;
- on the job ontwikkeling van vaktechnische of persoonlijke competenties;
- uitvoeren van nevenwerkzaamheden zoals productontwikkeling bij een adviesbureau, schrijven van artikelen in vakbladen, enzovoort.

In het algemeen vindt beoordeling plaats op basis van vooraf overeengekomen afspraken en op basis van concrete criteria. Dit stelt de medewerker in staat om zelf te sturen op het bereiken van de resultaten.

19.2.7 Ontplooiing medewerkers

Ontplooiing van medewerkers zou voornamelijk in het teken moeten staan van de persoonlijke interesses en ambities, en – uiteraard – mogelijkheden van de medewerkers (gelet op de competenties). In het algemeen zijn er twee mogelijkheden voor het ontwikkelen van een carrièrepad:

- opeenvolging van verschillende functies of rollen;
- opeenvolging van verschillende opdrachten.

Opeenvolging van verschillende functies is een klassieke aanpak. Competentiemanagement biedt daarbij de mogelijkheid om een carrièrepad te bieden dat naast de 'logisch' onderkende loopbaanpaden ligt. De volgende functies volgen elkaar bijna traditioneel op: van programmeur naar technisch ontwerper; van functioneel ontwerper naar informatieanalist; van functioneel ontwerper naar functioneel applicatiebeheerder; van een 'goede medewerker in een team' naar de functie teamleider. Op basis van competentiemanagement, waarbij de mogelijkheden van een medewerker centraal staan, kunnen carrièrepaden worden gedefinieerd en doorlopen.
Er kunnen ook interessante loopbaanpaden worden geboden binnen dezelfde functie, bijvoorbeeld door een steeds toenemende scope of complexiteit te bieden. Een informatieanalist kan van analysewerkzaamheden in een kleine organisatie doorgroeien naar werkzaamheden voor steeds complexere en grotere organisaties. In deze zin kunnen loopbaanpaden een goede voorbereiding zijn voor de overstap naar een andere functie.

19.2.8 Belonen

Het belonen van medewerkers is in voorgaande paragrafen reeds genoemd. Kortheidshalve wordt naar deze paragrafen verwezen.

19.2.9 Begeleiding vertrekkende medewerkers

Vertrek van medewerkers heeft in het algemeen een negatieve klank. Het kan echter voor zowel de medewerker als de organisatie een goede zaak zijn. Bijvoorbeeld als groei binnen een organisatie niet mogelijk is. Een nieuwe werkkring biedt dan nieuwe ontplooiingsmogelijkheden, terwijl de organisatie niet het risico loopt een ongemotiveerde medewerker in dienst te hebben. Bovendien wordt de organisatie gedwongen een nieuwe medewerker te werven. Daarmee komen nieuwe ervaringen en competenties beschikbaar.
Vertrek van medewerkers is in zekere zin te plannen. Neem hiervoor competentieprofielen, interesses en ambities in ogenschouw en plaats die in het kader van de mogelijkheden die een organisatie kan bieden.

19.3 Competentieprofielen

Tot nu toe is steeds gesproken over functieprofielen en rolprofielen. De WEFI ziet echter ook een andere toepassing van de bouwsteentjes van het KNVI-competentiemodel: de competentieprofielen. Een competentieprofiel verschaft inzicht in vaktechnische, persoonlijke en businesscompetenties.

- Het competentieprofiel van een *functie* geeft een opsomming van de benodigde competenties en het niveau waarop men deze moet hebben; het competentieprofiel is dus een onderdeel van een functieprofiel.
- Het competentieprofiel van een *persoon* geeft een opsomming van de competenties die iemand beheerst, en de mate waarin. Dit competentieprofiel beschrijft dus een persoon in termen van competenties.
- Het competentieprofiel van een *organisatie* geeft een opsomming van de beschikbare competenties. Dit competentieprofiel biedt management inzicht in de beschikbare en de ontbrekende competenties.

Vooral het competentieprofiel van een organisatie biedt het management interessante inzichten; zeker als het om een adviesbureau gaat. Zo kan een adviesbureau met een dergelijk competentieprofiel:

- zichzelf definiëren: Welke competenties hebben wij in huis?
- zichzelf presenteren: Welke competenties hebben wij te bieden?
- analyseren welke competenties worden gemist, bijvoorbeeld voor de gewenste marktpositie of de competenties die opdrachtgevers vragen.

19.4 Andere modellen voor competenties

Het KNVI-competentiemodel biedt een competentieframework dat is gebaseerd op:

- taken;
- context;
- uitvoeringspositie;
- persoonlijke competenties;
- vaktechnische competenties;
- businesscompetenties.

HR-management moet vaak rekening houden met andere aspecten, zoals persoonlijkheidskenmerken en de drive van medewerkers. Deze worden niet in het KNVI-competentiemodel gebruikt. Wel wordt hierna een aantal voorbeelden gegeven van tools om dergelijke aspecten te onderzoeken.

19.4.1 Project- en teamrollen (Belbin)

De in hoofdstuk 14 genoemde uitvoeringspositie betreft de positie of rol van een ICT'er. Hoofdstuk 10 beschreef functie- en rolprofielen. Welk soort profiel gekozen wordt, is over het algemeen afhankelijk van of een medewerker een vaste of tijdelijke positie heeft.
Er bestaan echter vele andere modellen voor rollen. Denk aan de teamrollen van Belbin, opgenomen in het Enniagram. Deze rollen zijn minder gericht op het uitvoeren van concrete activiteiten, maar meer op de persoonlijke inbreng van een medewerker. Door Belbin worden de volgende projectrollen onderkend:

- *Leider*: neemt leiding door persoonlijkheid, uitstraling, stimulering en sturing, en wordt vaak door collega's ook als leider erkend en geaccepteerd. Vaak richten leiders zich vooral op proces en uitvoering. Ze zijn minder geïnteresseerd in de inhoud. Ze zijn wel gericht op goede resultaten.
- *Organisator*: is minder geneigd leiding te nemen, maar richt zich wel op het organiseren van activiteiten. Initieert ideeën en activiteiten om het werk uit te voeren. De organisator doet vaak voorstellen: 'Als we dit nu zus of zo aanpakken, dan ...' Voert activiteiten doorgaans goed uit, maar is minder sterk in detailuitwerking.
- *De initiator, creatieveling*: heeft veel creatieve ideeën, maar kan ze slechts in grote lijnen uitwerken. Een initiator is niet geïnteresseerd in details en heeft grote moeite ze uit te werken.
- *Detaillist*: heeft juist de tegenovergestelde instelling van een creatieveling. De detaillist heeft zelden creatieve ideeën, maar is bij uitstek in staat om een idee tot in details uit te werken.
- *Bewaker*: zoekt van nature problemen en knelpunten. Is vaak zeer kritisch, maakt vaak bezwaren; deze uit zich vaak met: 'Ja, maar dit of dat zou wel eens een probleem kunnen zijn.'

Bewakers kunnen belangrijk zijn omdat zij uiterst kritisch zijn ten aanzien van activiteiten of gewenste resultaten.

- *Medewerker*: is graag bereid mee te werken. Deze is een mix van de detaillist en de bewaker en werkt rustig, onverstoorbaar door.

Bij sourcen is het van belang deze teamrollen zodanig in te vullen dat er een evenwichtig team ontstaat. Twee leiders in een project leidt bijvoorbeeld al snel tot onderlinge concurrentie, wat een negatieve uitwerking op het totale project heeft. Zonder initiator of creatieveling worden geen nieuwe of innovatieve resultaten bereikt, terwijl alleen creatievelingen hun briljante ideeën nooit zullen uitwerken.
In de praktijk zal niemand zich uitsluitend conform een van de projectrollen manifesteren. Iedereen heeft een mix van een aantal rollen in zich. Maar meestal is er een daarvan dominant en kan men zich als zodanig manifesteren. Daarnaast kunnen sommigen een bepaalde rol aannemen, soms als onbewuste reactie op het ontbreken van deze rol binnen het team, soms als bewuste keuze.

19.4.2 Typologie van personen: persoonlijkheidskenmerken

Een andere benadering voor de inzet van medewerkers is een typologie gebaseerd op *persoonlijkheidskenmerken*[2]. Ook hiervoor bestaan diverse modellen. Bij selectie van nieuwe medewerkers en het inzetten van mensen is het van belang te onderkennen welk type iemand in kwestie is. Naast typeringen als ‘introvert’ of ‘extravert’, zijn de volgende typologieën interessant om rekening mee te houden:

- *Generalist*: heeft brede interesse en vaak ook ervaring. In het algemeen is de generalist niet geïnteresseerd in het uitwerken van details, maar in het opzetten van de grote lijn. De generalist is vaak ook een ‘regelaar’, zodat een blauwdruk of totaal van activiteiten goed wordt gerealiseerd. De generalist heeft vaak ook goede analytische vaardigheden, een groot abstractievermogen en goede communicatieve en sociale vaardigheden.
- *Technisch specialist*: is zeer sterk geïnteresseerd in techniek, de werking van dingen, het construeren van technische hoogstandjes en het oplossen van complexe technische problemen. De technisch specialist is in het algemeen minder extravert en sociaal vaardig.
- *Communicator*: is vaak extravert en richt zich vooral op communiceren met zijn omgeving. De communicator heeft in het algemeen goede sociale vaardigheden en is in extremo het tegenovergestelde van de technisch specialist.
- *Organisator*: richt zich niet direct op het uitvoeren van activiteiten maar op het organiseren daarvan. De organisator heeft in het algemeen ook leidinggevende capaciteiten, maar voelt zich vaak minder geroepen om de leiding te nemen.
- *Leider*: wil duidelijk de leiding en neemt die ook. Het is vervolgens nog maar de vraag of hij als leider wordt geaccepteerd; een ‘echte’ leider wordt echter meestal inderdaad als de leider erkend.
- *Resultaatgericht*: richt zich op het bereiken van resultaten. In extremo ‘gaat’ deze persoon voor het resultaat, niets en niemand ontziend.

2 Persoonlijkheidskenmerken: niet te verwarren met de ‘persoonskenmerken’. Persoonlijkheidskenmerken betreffen de vaak diepgewortelde psychische kenmerken van een persoon, zoals ‘introvert’ en ‘extravert’. De persoonskenmerken zijn af te meten aan de competenties zoals in het KNVI-competentiemodel gehanteerd.

- *Sociaal ingesteld*: richt zich vooral op het welbevinden van collega's en andere partners. De sociaal ingestelde persoon heeft vaak goede communicatieve vaardigheden, en is vooral sociaal gevoelig in alles wat hij doet.
- *Beheerder*: is behoudend, en introduceert wijzigingen met de grootst mogelijke zorg. Een beheerder streeft ernaar om het bestaande optimaal te laten functioneren en aan anderen beschikbaar te stellen.
- *Ondernemer*: neemt initiatief voor nieuwe ontwikkelingen en activiteiten. Hij is snel uitgekeken op het bestaande. De ondernemer is in extremo de tegenpool van de beheerder.
- *Ondersteuner*: wil – vaak ten koste van zichzelf – anderen helpen, ondersteunen, en van goede raad voorzien. De ondersteuner stelt zich vooral dienstbaar aan anderen op.

Deze typering van personen is een belangrijk uitgangspunt voor het samenstellen van een team, zowel in een project of ander werkverband, als in een lijnorganisatie. Het is minder verstandig een technisch specialist op een help- of servicedesk in te zetten omdat hier vooral communicatie met de klant en een dienstbare instelling van belang zijn. Een project met hoge prioriteit en hoge tijdsdruk is niet gebaat met weinig resultaatgerichte medewerkers. Een project is ook niet gebaat met uitsluitend leiders.

19.4.3 De drive van mensen

Tot slot wordt kort stilgestaan bij wat mensen in het algemeen aanzet tot activiteit, 'drive' genoemd. Drive wordt vaak ingegeven door het type mens, maar kan ook door omstandigheden worden bepaald en gestimuleerd. Het is derhalve van belang om de drive bij medewerkers te onderkennen, op een juiste wijze te stimuleren en er rekening mee te houden. In dit kader worden de volgende 'drivers' onderkend (waarbij aangetekend wordt dat deze lijst typeringen niet volledig is):

- *Uitdaging*: wat als uitdaging wordt ervaren is vaak persoonlijk, bijvoorbeeld grote technische uitdagingen op het gebied van innovatie of juist meer organisatorische uitdagingen.
- *Innovatie en leren*: is vaak belangrijk. Nieuwe werkzaamheden of werkterreinen betekenen een uitdaging en stimulans om werk goed en met plezier uit te voeren.
- *Ondersteunen*: is een driver voor sociaal en/of servicegericht ingestelde personen. Ze kunnen hiermee hun dienstbare instelling in de praktijk brengen.
- *Beheren*: van bestaande zaken opdat deze optimaal functioneren. Wie 'beheren' als drive heeft, wil liever geen wijzigingen op het bestaande.
- *Veranderen*: is een driver voor initiatiefrijke mensen. Ze hebben geen rust in een bestaande situatie en zoeken steeds naar nieuwe zaken om de oude situatie mee te verbeteren, of in elk geval te veranderen.

19.4.4 Toepassen van deze rollen en typologieën

Vanuit HR-perspectief kan het van belang zijn om voorgaande rollen en typologieën te identificeren omdat elke rol of typologie zijn kracht en toegevoegde waarde heeft. Voor de medewerkers biedt zo'n rol of typologie zekerheid en erkenning. Door medewerkers mede te selecteren op basis van rollen en typologieën wordt een extra dimensie aan de selectie toegevoegd. Een rol wordt daarbij nooit alleen gespeeld, het is de 'natuurlijke' interactie tussen de deelnemers in een proces. Door een juiste rolbezetting kan uiteindelijk een beter resultaat worden bereikt.

19.5 HR-management is een specialisme van alle managers

HR-management is een aandachtsgebied van *alle* managers en leidinggevenden, en niet alleen voor HR-functionarissen. Zeker voor managers met een vaktechnische achtergrond is het lastig om met de factor mens rekening te houden; ze richten zich al snel op de vaktechnische aspecten van de medewerkers. De WEFI wil met de voorgaande beschouwingen in dit rapport alle elementen aanreiken, zodat ook niet-HR-professionals met competentiemanagement uit de voeten kunnen.

20 Opleidingen

20.1 Inleiding

Het KNVI-competentiemodel is uitermate geschikt om een opleidingsplan voor medewerkers mee op te stellen. Ook opleidingscurricula van opleiders kunnen aan de hand van dit framework worden samengesteld. Met het e-CF als uitgangpunt kunnen ook de e-competences worden betrokken in een opleiding.
Opleidingen zijn vanuit drie perspectieven te benaderen:
1 de werkgever die medewerkers wil ontwikkelen;
2 de medewerker die zelf wil ontwikkelen;
3 de opleider die een curriculum wil samenstellen of opleidingsmodules wil aanbieden.

Verwerven van alleen kennis is niet voldoende. Werkomgeving en sociale context vragen ook om persoonlijke competenties. Zo kan een systeemontwerper kennis opdoen van analyse- of ontwerpmethoden, maar in de praktijk zijn sociale vaardigheden minstens zo belangrijk: het achterhalen van door gebruikers gewenste functionaliteit vergt sterke interviewvaardigheden. Desondanks is bij het samenstellen van opleidingen voor zo'n functie doorgaans meer oog voor de vaktechnische competenties dan voor de minstens zo belangrijke persoonlijke competenties. Gelukkig biedt het KNVI-competentiemodel handvatten om bij het samenstellen van opleidingen een goede balans te vinden tussen zowel vaktechnische als persoonlijke competenties. Daarbij bieden opleidingen primair *kennis* en *inzicht* terwijl *persoonlijke competenties* doorgaans door gerichte training worden ontwikkeld.

20.2 Gebruik van het KNVI-competentiemodel voor het definiëren van opleidingen

Opleidingen richten zich in het algemeen op het bijbrengen van kennis, inzichten en vaardigheden, of op het verbreden daarvan. Daarnaast is ook ervaring nodig om het geleerde effectief in praktijk te brengen. Ervaring is moeilijk door opleiding te verkrijgen, echter wel middels coaching en begeleiding. Voor het opstellen van opleidingsbehoeften kunnen de volgende stappen worden gezet:

1 *Identificeren taken*: de resultaatgerichte activiteiten. Een opleiding moet hiervoor kennis, inzichten en vaardigheden aanreiken. Afgeleid hiervan kunnen vaktechnische en persoonlijke competenties worden benoemd.
2 *Identificeren context*: de situatie waarin of de middelen waarmee een taak wordt uitgevoerd. *De middelen* betreffen bepaalde methoden, technieken of tools. Op middelen gerichte opleidingen zijn vooral kennisgericht. *Omvang en scope* hebben voornamelijk betrekking op persoonlijke competenties en ervaring. *Aanpalende kennis* gaat over het domein van de organisatie: businesscompetenties. Voor *aard en omvang van invloed* is nauwelijks opleiding mogelijk. Wel kan door kennis van organisatietheorieën bewustzijn van en inzicht in impact van taakuitoefening ontstaan. Bij toenemende invloed tellen persoonlijke competenties zwaarder omdat sociale vaardigheden meer van belang zijn. Op dit vlak zijn soms wel persoonlijke vaardigheden te ontwikkelen en technieken of strategieën te leren. *Uitvoerings-*

niveau, waaronder complexiteit, vertaalt zich in het niveau van zowel vaktechnische als persoonlijke competenties. Meer complexiteit vereist meer ervaring en inzicht.

3 *Uitvoeringspositie*: bijvoorbeeld 'zelfstandig uitvoeren van een taak' of 'het geven van advies'. Uitvoering onder begeleiding vergt competenties op basisniveau. Het competentieniveau stijgt wanneer men een taak zelfstandig uitvoert of als leidinggevende.
4 *Vaktechnische competenties*: de algemene vakgerichte kennis en vaardigheden. Een opleiding kan zich richten op het bijbrengen van bepaalde vaktechnische kennis en vaardigheden. Daarnaast moeten inzichten worden ontwikkeld om het geleerde in de praktijk toe te passen. De WEFI is van mening dat vaktechnische competenties in eerste instantie losstaan van specifieke context. Daarnaast zijn persoonlijke competenties nodig. De meeste vaktechnisch georiënteerde opleidingen richten zich uitsluitend op kennis van techniek, methoden en gebruik van tools. Ook inzicht in en de vaardigheden om het geleerde toe te passen in de werksituatie is van belang.
5 *Persoonlijke competenties*: persoonlijke vaardigheden. Het trainen van persoonlijke competenties is een vak apart. In hoeverre een persoonlijke competentie kan worden ontwikkeld, is sterk afhankelijk van persoonlijkheidskenmerken. Persoonlijke competenties zijn door training te ontwikkelen.

Om het voorgaande te illustreren volgen nu enkele voorbeelden.

20.2.1 Voorbeeld 1

De taak 'maken programma, applicatiecomponent' houdt bijvoorbeeld in dat een cursist moet leren om een programma (of andere applicatiecomponent, zoals een internetsite met HTML) te bouwen. Hierbij zijn de volgende elementen aan de orde:

- *vaktechnische competenties*: kennis, inzicht en vaardigheid om te analyseren en te ontwerpen; dit is de basisvaardigheid die losstaat van de programmeertaal waarmee wordt gewerkt;
- *context*: kennis van een bepaalde programmeertaal (COBOL, C++, HTML);
- *persoonlijke competenties*: vaardigheden als analytisch vermogen, accuratesse en methodisch werken.

20.2.2 Voorbeeld 2

De taak 'beheren prestatiekenmerken server' houdt in dat een server in optimale conditie moet worden gehouden met betrekking tot performance, bedrijfszekerheid, enzovoort. Hier speelt techniek een rol: is het een Windows, UNIX of bijvoorbeeld een OAS-server (contextafhankelijke kennis)? Opleidingen richten zich op kennis over en inzichten in deze techniek. Vervolgens komt het functioneren van de server aan de orde: activiteiten die inherent zijn aan de uitvoering van de taak, los van specifieke techniek. Tot slot worden wellicht tools gebruikt voor beheer, monitoring en status van de server. Naast op specifieke kennisaspecten kan de opleiding zich dus ook richten op principes rond beheer en monitoring. Dat geeft medewerkers inzicht in het hoe en waarom van meten op specifieke punten aan de server; hoe ze daar eventueel zelf beheertools voor kunnen ontwikkelen; of ze kunnen kennis opdoen van een specifieke beheertool.

20.2.3 Voorbeeld 3

De taak 'opstellen gebruikershandleiding' moet gebruikers in staat stellen om zelfstandig een applicatie te gebruiken. Hiervoor moet een cursist leren om een voor niet-specialisten begrijpelijke handleiding samen te stellen (een vaktechnische competentie) door het geven van overzicht en structuur (de vaktechnische competentie). Dit vereist andere kennis en taalgebruik, en inzicht in de referenties van gebruikers. Opstellers van een gebruikershandleiding moeten over een basisniveau van communicatieve vaardigheden beschikken (persoonlijke competentie).

20.2.4 Voorbeeld 4

De taak 'onderzoeken van organisatieaspecten' vergt kennis van organisatiegerichte analyse (vaktechnische competentie). Opleidingen hiervoor richten zich op kennis van en inzichten in toepassing van specifieke methoden, technieken en tools (aspecten van context). Bij een taak als deze is de sociale context van groot belang. Vaak zijn gesprekken met managers en medewerkers nodig. Dit vergt communicatieve vaardigheden op een hoog niveau (persoonlijke competenties). Zonder die persoonlijke competenties kan men wellicht prima uit de voeten met het kennisaspect (onderzoeksmethode), maar mist men de vaardigheid om die kennis toe te passen. Een externe consultant moet voor deze taak over nog sterkere persoonlijke vaardigheden beschikken omdat eerst vertrouwen moet worden opgebouwd. Bovendien moet de consultant vaak kennis over de organisatie achterhalen.

20.2.5 Samengevat

- Er is in het kader van opleidingen meestal behoefte aan kennis afgeleid van taak en context. Bijvoorbeeld kennis van specifieke methoden, tools of technieken. Dit is het kennisaspect van vaktechnische competenties.
- Naast kennis is ook inzicht in de achtergronden van die kennis van belang voor toepassing ervan in de praktijk.
- Er is altijd behoefte aan vaardigheden om kennis in de praktijk toe te passen; dit is het aspect van vaardigheden van de vaktechnische competenties.
- Er is altijd behoefte aan persoonlijke competenties op een bepaald niveau, zoals analytische en communicatieve vaardigheden. De meeste vaktechnische opleidingen geven hiervoor geen gerichte trainingen, terwijl dit het functioneren van de ICT'er sterk kan verbeteren.

20.3 Vijf typen opleidingen

In principe onderkent de WEFI vijf typen opleidingen:

1. *algemene opleidingen*: het reguliere onderwijs – mbo, hbo en wo –, meestal breed georiënteerd en vaak niet specifiek bedoeld voor een bepaalde functie, rol of taak;
2. *functiegerichte opleidingen*: gericht op het uitvoeren van een functie; meestal specifiek, aangeboden door commerciële instituten;
3. *taakgerichte opleidingen*: gericht op het uitvoeren van een specifieke taak, vaak gebaseerd op vaktechnische competenties en context; meestal aangeboden door leveranciers of door commerciële instituten;
4. *kennisgerichte opleidingen*: gericht op een specifieke methode, techniek of tool, zoals de opleiding van Microsoft voor Certified Network Engineer; meestal aangeboden door leveranciers of commerciële instituten;
5. *ontwikkeling persoonlijke competenties*: meestal trainingen gericht op het persoonlijk functioneren van mensen (in een sociale context); meestal aangeboden door commerciële instituten.

Algemene opleidingen bieden in grote lijnen basiskennis aan van het ICT-vakgebied. Daarbinnen kunnen modules, lessen, colleges en dergelijke worden onderscheiden gericht op een taakveld, bijvoorbeeld voor het ontwerpen van informatiesystemen, of gericht op algemene theorie zoals organisatietheorie. Deze opleidingen richten zich in het algemeen nauwelijks op de ontwikkeling van persoonlijke competenties.

Functiegerichte opleidingen worden in het algemeen afgestemd op de inhoud van een functie. Dit richt zich op uitvoering van een of meer taken. Context en uitvoeringsposities kunnen in de opleiding een rol spelen. Soms wordt ook al specifiek afgestemd op bepaalde methoden, technieken, tools en dergelijke.
Neem bijvoorbeeld de opleiding tot functioneel beheerder. Stel dat in de organisatie functioneel beheer is gebaseerd op BiSL. De cursisten hebben dan de volgende behoeften:

- *kennis en inzicht* in BiSL als 'best practice' (in BiSL wordt de nadruk gelegd op processen die voor dit functioneel beheer van belang zijn);
- *taken*: het verkrijgen van inzicht in de taken van de functie, zoals de taak 'opstellen van een informatiestrategie' of 'ontwerpen van functionele specificaties';
- *context*: de organisatorische scope: met welke functionarissen wordt samengewerkt en in welke rol;
- *context*: methoden en technieken: bijvoorbeeld analyse- en definitietechnieken om functionele specificaties op te stellen of ontwerpmethoden om systemen te modelleren.

Zoals gezegd is naast technisch inhoudelijke scholing ook ontwikkeling van persoonlijke competenties van belang.

Van *taakgerichte opleidingen* geeft de vorige paragraaf al voorbeelden, zoals een cursus voor het schrijven van een gebruikershandleiding. Dit zijn vaak kennisgerichte opleidingen. Ook hier geldt dat in de praktijk ook goed ontwikkelde persoonlijke competenties nodig zijn.
Een ander voorbeeld is de opleiding voor een functioneel systeemontwerper voor de taak 'maken ontwerp'. Hiervoor kan een techniek als DFD's (*dataflow diagrams*) worden aangeleerd. De vaktechnische competenties hiervoor zijn onder andere: opstellen van specificaties en maken ontwerp. De kennis over DFD's is een aspect van context (namelijk: de techniek waarmee wordt gewerkt) en is in die zin kennisgericht. De persoonlijke competenties zijn voorts weer noodzakelijk om de taak effectief in de praktijk uit te kunnen voeren. Er is in het algemeen overleg met gebruikers nodig om de specificaties te identificeren. Derhalve is een persoonlijke competentie als communicatieve vaardigheden belangrijk.

Kennisgerichte opleidingen richten zich op een specifieke methode, techniek of tool. Voorbeelden zijn opleidingen in UNIX, Windows/NT, Oracle (database, OAS) of in kennis over pakketten als Word, Excel, SPSS of Oracle Financials. In het algemeen zijn deze opleidingen alleen gericht op kennis over en inzichten in een product.

Trainingen richten zich op de ontwikkeling van de persoonlijke competenties, bijvoorbeeld persoonlijke effectiviteit en presenteren. In deze trainingen wordt vaak theorie gedoceerd. Dat is dan 'slechts' de basis: het gaat in trainingen vooral om het kunnen toepassen van die kennis.

Tot slot wordt opgemerkt dat er cursussen met open inschrijving en maatwerk of in-house cursussen worden onderscheiden. Bij die laatste kan er invulling worden gegeven aan het opleiden gelet op een specifieke context of uitvoeringspositie.

20.4 Samenstellen van een opleidingsplan

Bij bedrijfsgerichte opleidingen staat het aanleren of verbeteren van bekwaamheden (competenties) centraal. Het zijn vaak functie-, taak- of kennisgerichte opleidingen met een specifieke werksituatie of context als uitgangspunt. Binnen deze opleidingen kan onderscheid gemaakt worden naar het ontwikkelen van vakgerichte kennis en vaardigheden, en van het persoonlijk functioneren.
Bij het opstellen van een opleidingsplan kunnen taken, context en uitvoeringsposities uit het KNVI-competentiemodel als uitgangspunt worden genomen. Vooral omdat daarin de uitvoerende werkzaamheden met de benodigde vaktechnische en persoonlijke competenties zijn genoemd.
Belangrijk bij het opstellen van een opleidingsplan is te onderkennen welk doel een opleiding heeft: functiegericht, taakgericht of kennisgericht. Vervolgens wordt vastgesteld of de opleiding gericht is op:

- kennis, bijvoorbeeld van een bepaalde techniek;
- vaktechnische competenties in een bepaalde context, zoals specifieke methoden en technieken;
- vaktechnische vaardigheden, zoals voor projectmanagement of het schrijven van gebruikersgerichte documentatie;
- persoonlijke vaardigheden, zoals communicatietechnieken;
- of een combinatie hiervan.

Opleidingskundige modellen[1] dienen voor het uitvoeren van een *opleidingskundige taakanalyse*. In de praktijk is het doel van zo'n analyse tweeledig. Ten eerste is het de bedoeling dat er informatie verzameld wordt over de inhoud van de taken en de daarvoor benodigde competenties. De uitvoeringspositie en de context zouden daarbij eveneens aan de orde moeten komen. Op basis van deze informatie kunnen concrete leerdoelen worden geformuleerd. Hiermee kan men de inhoud van een functie- of taakgerichte opleiding vaststellen. Ook het formuleren van de eisen voor de beginsituatie (de startkwalificatie) van de cursist komen aan de orde. Ten tweede is het de bedoeling om een standaardopleiding te selecteren, dan wel maatwerk te ontwikkelen. Bij het vaststellen van een opleidingsplan kunnen de volgende stappen worden doorlopen.

20.4.1 Analyse taakvereisten

De eerste stap is het vaststellen van de vereiste vaktechnische vaardigheden, persoonlijke competenties en ervaring voor de functie. Ook samenwerkingsrelaties (context) en te gebruiken middelen moeten hierbij aan bod komen. Hieraan is in paragraaf 20.2 al uitgebreid aandacht besteed.
Een hulpmiddel voor deze analyse is per taak vast te stellen welk *kennen en kunnen* vereist is. Voor een deel wordt deze vraag beantwoord door de vaktechnische en persoonlijke competenties in beschouwing te nemen die in dit rapport bij de betreffende taak, context en uitvoeringspositie worden vermeld.
Bij het vaststellen van functieprofielen kunnen daarnaast nog andere specificaties zijn vastgesteld, zoals het ervaringsniveau. Denk in dit verband aan een mogelijk aanvullende eis voor

1 De gepresenteerde aanpak is gebaseerd op diverse opleidingskundige modellen, waaronder die van Kolb, Thijssen en Ausubel.

een contractmanager: Heeft ten minste drie jaar ervaring, met name in het zelfstandig beheren van een contract met een externe leverancier. Dit kan zich vertalen in een opleidings- en/of carrièreplan.

20.4.2 Analyse ingangsniveau

Zowel voor het opstellen van een opleidingsplan als voor de beoordeling of een medewerker geschikt is voor bepaalde opleidingen, moet de startkwalificatie van de medewerker worden vastgesteld. Door deze te matchen met de startkwalificatie van een opleiding wordt voorkomen dat iemand een opleiding volgt die boven of onder zijn niveau ligt.
Voor het vaststellen van de startkwalificatie staan de volgende elementen centraal:
- uitgevoerde taken en vaktechnische competenties;
- uitvoeringsposities;
- context;
- beschikbare of vereiste persoonlijke competenties;
- beschikbare of benodigde ervaring met de taken, rollen en context.

20.4.3 Vaststellen opleidingsbehoefte

Door een *gap*-analyse – het verschil tussen *vereiste* en *beschikbare* vaktechnische en persoonlijke vaardigheden – kan de gewenste opleiding worden vastgesteld. Persoonlijke competenties verdienen hierbij bijzondere aandacht. Persoonlijke vaardigheden komen voort uit persoonlijkheidskenmerken, en zijn daarmee relatief stabiel. Het is echter mogelijk medewerkers te trainen op het verbeteren van een minder goede eigenschap of persoonlijke competentie.

20.5 Opstellen opleidingscurriculum

Opleidingsorganisaties hebben in het algemeen vaak weinig moeite met het samenstellen van hun curriculum: zij hanteren daarbij het uitgangspunt van kennisoverdracht. Voor een deel wordt dit gedicteerd door de positie die zij in het onderwijsveld innemen ten opzichte van het wettelijk geregelde reguliere onderwijs. Deels spelen ook marktbehoeften een rol. In het algemeen zijn de curricula van commerciële opleiders dus vaktechnisch gericht en komt de ontwikkeling van persoonlijke competenties niet of nauwelijks aan de orde.

Voor opleiders geldt dat men onderscheid kan maken naar de vijf hiervoor genoemde typen opleidingen. Bij de functie-, taak- en kennisgerichte opleidingen moet vervolgens worden vastgesteld of de opleiding gericht is op:
- kennis, bijvoorbeeld van een bepaalde techniek;
- vaktechnische aspecten, zoals specifieke methoden en technieken;
- vaktechnische vaardigheden, zoals projectmanagementvaardigheden;
- persoonlijke vaardigheden, zoals vergader- en presentatietechnieken.

Opleiders kunnen in principe uitgaan van:
- diverse taken en daarvan afgeleide vaktechnische vaardigheden, zoals met betrekking tot methoden en technieken;
- persoonlijke vaardigheden, al dan niet direct gekoppeld aan een of meer taken;

- persoonlijke vaardigheden voor een bepaalde rol, eventueel nog gekoppeld aan specifieke taken (denk aan het verschil tussen leidinggeven aan programmeurs en aan informatie-analisten);
- algemene persoonlijke vaardigheden, voor de ontwikkeling van bijvoorbeeld communicatieve vaardigheden;
- diverse technieken, tools en andere middelen.

20.6 Specifieke aspecten van opleidingen

Met betrekking tot het formuleren van opleidingsbehoeften en opleidingscurricula, is een aantal bijzondere aspecten te noemen. Deze zijn afgeleid van diverse opleidingsmodellen.
Elke opleidingsbehoefte en elk opleidingscurriculum wordt bij voorkeur geformuleerd in concrete *leerdoelen*. In een leerdoel worden de onderwerpen geoperationaliseerd die in de opleiding moeten worden bereikt. Kortweg is dat het niveau van kennis en vaardigheden dat een cursist heeft bereikt na afloop van de cursus. Met betrekking tot die leerdoelen dient eenduidig het volgende te worden geformuleerd:

1 *Het leerniveau*, waarvoor worden onderscheiden:
  a *cognitief*: men heeft kennis opgedaan die men kan toepassen;
  b *psychomotorisch*: men heeft motorische vaardigheden opgedaan om bijvoorbeeld apparatuur te bedienen;
  c *affectief*: men heeft persoonlijke vaardigheden opgedaan op het gebied van onder andere: houding, attitude, belangstelling, motivatie of waarden (hieronder vallen trainingen op het gebied van de persoonlijke competenties).

2 *Het inhoudsniveau*, waarbij wordt onderscheiden naar:
  a theorievorming: kennis en kunde inzake bepaalde onderwerpen, vaak gebaseerd op achterliggende theorieën;
  b concepten: kennis en kunde inzake bepaalde onderwerpen, gebaseerd op een keuze uit diverse concepten;
  c methoden en technieken: kennis en kunde inzake bepaalde aanpak, gestructureerde werkwijze en dergelijke;
  d middelen: de middelen, tools, enzovoort waarmee en waarover cognitieve en psychomotorische kennis en kunde moet worden opgebouwd.

3 *De taxonomie*, waarvoor de volgende niveaus van oplopende gradatie worden onderscheiden:
  a kennis: men is in staat om de stof uit de cursus te reproduceren, hetzij door herkenning, hetzij door herinnering;
  b begrip: men 'bevat' de inhoud van de cursus;
  c analyse: men is in staat een probleem, vraagstuk en dergelijke met behulp van de opgedane cursusstof op te splitsen in samenhangende delen en hiervoor oplossingen aan te dragen;
  d synthese: men is in staat vanuit de leerstof diverse samenhangende problemen, vraagstukken en dergelijke te combineren tot een of meerdere logische problemen, vraagstukken, enzovoort;
  e evaluatie: men is in staat met behulp van de leerstof een waardeoordeel uit te spreken over problemen, vraagstukken en dergelijke, deze juist te positioneren, consequenties te overzien, enzovoort.

4 *De mate van taxonomie*, waarvoor de volgende niveaus van oplopende gradatie worden onderscheiden:
   a *met begeleiding*: men is in staat na de cursus onder begeleiding de leerstof toe te passen;
   b *onder toezicht*: men is in staat na de cursus redelijk zelfstandig de leerstof toe te passen, maar toezicht is nog nodig;
   c *geheel zelfstandig*: men is in staat na de cursus geheel zelfstandig de leerstof toe te passen.

Met betrekking tot de wijze waarop opleidingen worden aangeboden, is het voorts nog interessant onder meer de volgende aspecten te beschouwen:
- het vereiste ingangsniveau van de cursisten (met betrekking tot kennis en ervaring);
- de logische opbouw van de cursus (bijvoorbeeld de volgorde waarin onderwerpen worden aangeboden, van globaal naar gedetailleerd);
- de integratie van theorie en oefening (bijvoorbeeld de wijze waarop theorie en oefening elkaar afwisselen, en er sprake is van een geïntegreerde casestudie);
- de integratie van opleiding en praktijk;
- de ervaring van de docent met de praktijk waarop de cursus is afgestemd;
- de didactische vaardigheden van de docent (een docent uit de praktijk die heeft leren lesgeven, of een docent die een 'echte' didacticus is maar de leerstof slechts heeft geleerd);
- het opleidingsmateriaal (alleen voor de opleiding of ook te gebruiken als naslagwerk).

Het voert in het kader van dit rapport te ver om hier nader op in te gaan.

Bijlage 1 Tabel ordening van functies

In hoofdstuk 10 zijn de geïdentificeerde functies ingedeeld naar de I-domeinen van het KNVI-competentiemodel. Hierna is deze indeling in tabelvorm weergegeven.

Tabel B.1 Schema voor ordening van functies

	Bedrijfsproces	Informatiesysteem	Technische infrastructuur	Management	Algemeen
(K) Kaderstelling en beleid Vaststellen van beleid en kaders als uitgangspunt voor het beheer van ICT	**Code: K-BP** Functies gericht op het vaststellen van beleid en kaders ten behoeve van een organisatie	**Code: K-IS** Functies gericht op het vaststellen van beleid en kaders met betrekking tot de ontwikkeling, het beheer en het gebruik van informatiesystemen	**Code: K-TI** Functies gericht op het vaststellen van beleid en kaders met betrekking tot het beheer en het gebruik van de technische infrastructuur	**Code: K-M** Functies gericht op het managen van het opstellen en beheren van beleid, kaders en dergelijke	**Code: K-A** Algemene functies gericht op beleid en kaders met betrekking tot algemene aspecten van de ICT
(A) Architectuur Ontwikkelen en beheren van architecturen	**Code: A-BP** Functies gericht op het ontwikkelen, vaststellen en beheren van architecturen voor bedrijfsprocessen	**Code: A-IS** Functies gericht op het ontwikkelen, vaststellen en beheren van architecturen voor ICT	**Code: A-TI** Functies gericht op het ontwikkelen, vaststellen en beheren van architecturen voor de technische infrastructuur	**Code: A-M** Functies gericht op het managen van het opstellen en beheren van architecturen	**Code: A-A** Algemene functies gericht op het opstellen en beheren van architecturen
(O) Ontwikkelen Ontwikkelen, ontwerpen en bouwen van componenten van de informatievoorziening	**Code: O-BP** Functies gericht op het optimaliseren en ontwikkelen van bedrijfsprocessen, alsmede als basis voor het ontwikkelen van informatiesystemen	**Code: O-IS** Functies gericht op het ontwikkelen van informatiesystemen	**Code: O-TI** Functies gericht op het ontwikkelen van de technische infrastructuur	**Code: O-M** Functies gericht op het managen van ontwikkeling	**Code: O-A** Algemene functies gericht op het ontwikkelen
(I) Invoeren Invoeren van componenten van de informatievoorziening	**Code: I-BP** Functies gericht op het invoeren en wijzigen van bedrijfsprocessen	**Code: I-IS** Functies gericht op het invoeren van informatiesystemen	**Code: I-TI** Functies gericht op het invoeren van componenten van de technische infrastructuur	**Code: I-M** Functies gericht op het managen van de invoering van componenten van de informatievoorziening	**Code: I-A** Algemene functies gericht op invoeren van componenten van de informatievoorziening
(D) Beheren Beheren, onderhouden, wijzigen en dergelijke van componenten van de informatievoorziening	**Code: B-BP** Functies gericht op het beheren van bedrijfsprocessen en het gebruik van informatiesystemen	**Code: B-IS** Functies gericht op het beheren van informatiesystemen	**Code: B-TI** Functies gericht op het beheren van componenten van de technische infrastructuur	**Code: B-M** Functies gericht op het managen van het beheer van componenten van de informatievoorziening	**Code: B-A** Algemene beheerfuncties

	Bedrijfsproces	Informatiesysteem	Technische infrastructuur	Management	Algemeen
(S) Service en dienstverlening Verkrijgen en verlenen van diensten	**Code: S-BP** Functies gericht op het verkrijgen van dienstverlening in en voor bedrijfsprocessen	**Code: S-IS** Functies gericht op het verkrijgen of leveren van diensten voor informatiesystemen	**Code: S-TI** Functies gericht op het verkrijgen of leveren van diensten voor de technische infrastructuur	**Code: S-M** Functies gericht op het managen van dienstverlening	**Code: S-A** Algemene functies in het kader van dienstverlening
(V) Verwerven, inkoop en procurement Definiëren, verwerven, contracteren en management van ingekochte diensten en producten				**Code: V-M** Functies gericht op het managen van verwerving, inkoop en procurement	**Code: V-A** Algemene functies voor verwerving, inkoop en procurement
(F) Financieel Beheer van de financiële aspecten van de informatievoorziening				**Code: F-M** Functies gericht op het managen van het beheer van de financiële aspecten van de informatievoorziening	**Code: F-A** Algemene functies gericht op financieel beheer
(P) Personeel Beheer van personeel en personele aspecten				**Code: P-M** Functies gericht op het management van personele aspecten	**Code: P-A** Algemene functies met betrekking tot de inzet, begeleiding en dergelijke van medewerkers
(B) Commercieel Uitvoeren van commerciële taken, meestal bij leveranciers				**Code: C-M** Functies gericht op commerciële activiteiten	**Code: C-A** Algemene functies van commerciële aard
(G) Generiek, algemeen Generieke of algemene taken die in de diverse domeinen een rol spelen	**Code: G-BP** Generieke functies gericht op het beheer van bedrijfsprocessen en daarin gebruikte informatievoorziening	**Code: G-IS** Generieke functies gericht op de ontwikkeling en het beheer van informatiesystemen	**Code: G-TI** Generieke functies gericht op de ontwikkeling en het beheer van de technische infrastructuur	**Code: G-M** Generieke managementfuncties	**Code: G-A** Algemene functies

Bijlage 2 Tabel ordening van taken

In hoofdstuk 11 zijn de geïdentificeerde taken ingedeeld naar de I-domeinen van het KNVI-competentiemodel. Hierna is deze indeling in tabelvorm weergegeven.

Tabel B.2 Schema voor ordening van taken

	Bedrijfsproces	Informatiesysteem	Technische infrastructuur	Management	Algemeen
(K) Kaderstelling en beleid Vaststellen van beleid en kaders als uitgangspunt voor beheer van de informatievoorziening	**Code: K-BP** Taken gericht op vaststellen van beleid en kaders ten behoeve van een organisatie	**Code: K-IS** Taken gericht op vaststellen van beleid en kaders met betrekking tot ontwikkeling, beheer en gebruik van informatiesystemen	**Code: K-TI** Taken gericht op vaststellen van beleid en kaderstelling met betrekking tot beheer en gebruik van technische infrastructuur	**Code: K-M** Taken gericht op managen van het opstellen en beheren van beleid, kaders en dergelijke	**Code: K-A** Algemene taken gericht op beleid en kaderstelling met betrekking tot algemene aspecten van de informatievoorziening
(A) Architectuur Ontwikkelen en beheren van architecturen	**Code: A-BP** Taken gericht op ontwikkelen, vaststellen en beheren van architecturen voor bedrijfsprocessen	**Code: A-IS** Taken gericht op ontwikkelen, vaststellen en beheren van architecturen voor informatiesystemen	**Code: A-TI** Taken gericht op ontwikkelen, vaststellen en beheren van architecturen voor de technische infrastructuur	**Code: A-M** Taken gericht op het managen van het opstellen en beheren van architecturen	**Code: A-A** Algemene taken gericht op opstellen en beheren van architecturen
(O) Ontwikkelen Ontwikkelen, ontwerpen en bouwen van componenten van de informatievoorziening	**Code: O-BP** Taken gericht op optimaliseren en ontwikkelen van bedrijfsprocessen, alsmede als basis voor het ontwikkelen van informatiesystemen	**Code: O-IS** Taken gericht op ontwikkelen van informatiesystemen	**Code: O-TI** Taken gericht op ontwikkelen van de technische infrastructuur	**Code: O-M** Taken gericht op managen van ontwikkeling	**Code: O-A** Algemene taken gericht op ontwikkelen
(I) Invoeren Invoeren van componenten van de informatievoorziening	**Code: I-BP** Taken gericht op invoeren en wijzigen van bedrijfsprocessen	**Code: I-IS** Taken gericht op invoeren van informatiesystemen	**Code: I-TI** Taken gericht op invoeren van componenten van de technische infrastructuur	**Code: I-M** Taken gericht op het managen van de invoering van componenten van de informatievoorziening	**Code: I-A** Algemene taken gericht op invoeren van componenten van de informatievoorziening
(B) Beheren Beheren, onderhouden, wijzigen en dergelijke van componenten van de informatievoorziening	**Code: B-BP** Taken gericht op beheren van bedrijfsprocessen en het gebruik van informatiesystemen	**Code: B-IS** Taken gericht op beheren van informatiesystemen en applicaties	**Code: B-TI** Taken gericht op beheren van componenten van de technische infrastructuur	**Code: B-M** Taken gericht op managen van het beheer van componenten van de informatievoorziening	**Code: B-A** Algemene beheertaken

	Bedrijfsproces	Informatiesysteem	Technische infrastructuur	Management	Algemeen
(S) Service en dienstverlening Verkrijgen en verlenen van diensten	**Code: S-BP** Taken gericht op verkrijgen van dienstverlening in en voor bedrijfsprocessen	**Code: S-IS** Taken gericht op verkrijgen of leveren van diensten voor informatiesystemen	**Code: S-TI** Taken gericht op verkrijgen of leveren van diensten voor de technische infrastructuur	**Code: S-M** Taken gericht op het managen van dienstverlening	**Code: S-A** Algemene taken in het kader van dienstverlening
(V) Verwerven, inkoop en procurement Definiëren, verwerven, contracteren en management van ingekochte diensten en producten				**Code: V-M** Taken gericht op het managen van verwerving, inkoop en procurement	**Code: V-A** Algemene taken voor verwerving, inkoop en procurement
(F) Financieel Beheer van financiële aspecten van de informatievoorziening				**Code: F-M** Taken gericht op het managen van het beheer van financiële aspecten van de informatievoorziening	**Code: F-A** Algemene taken gericht op financieel beheer
(P) Personeel Beheer van personeel en personele aspecten				**Code: P-M** Taken gericht op het management van personele aspecten	**Code: P-A** Algemene taken met betrekking tot de inzet, begeleiding en dergelijke van medewerkers
(C) Commercieel Uitvoeren van commerciële taken, meestal bij leveranciers				**Code: C-M** Taken gericht op commerciële activiteiten	**Code: C-A** Algemene taken van commerciële aard

	Bedrijfsproces	**Informatiesysteem**	**Technische infrastructuur**	**Management**	**Algemeen**
(G) Generiek Generieke of algemene taken die in de diverse domeinen een rol spelen	**Code: G-BP** Generieke taken gericht op het beheer van bedrijfsprocessen daarin gebruikte informatievoorziening	**Code: G-IS** Generieke taken gericht op ontwikkeling en beheer van informatiesystemen	**Code: G-TI** Generieke taken gericht op ontwikkeling en beheer van de technische infrastructuur	**Code: G-M** Generieke managementtaken die veelal deel uitmaken van andere taken	**Code: G-A** Algemene taken die veelal deel uitmaken van andere taken
(E) Elementair Elementaire taken die in diverse functies een rol spelen				**Code: E-M** Elementaire managementtaken	**Code: E-A** Elementaire en algemene taken

Bijlage 3 Tabel vaktechnische competenties

In hoofdstuk 12 zijn de benoemde vaktechnische competenties toegelicht. Hierna zijn de vaktechnische competenties in tabelvorm opgenomen.

Tabel B.3 Vaktechnische competenties

Domein	Vaktechnische competentie	Definitie
(K) Kaderstelling en beleid		
K-BP	Informatiemanagement	Principes en activiteiten voor het inventariseren en vaststellen van de informatiebehoeften van een organisatie.
K-IS	Informatieplanning	Principes, methoden en technieken voor het onderzoeken van behoeften aan informatie en informatiesystemen, en vertalen daarvan in een (strategisch/tactisch) plan om de gewenste situatie te realiseren.
K-M	Beleid en strategiebepaling	Principes en aanpak voor het ontwikkelen van beleid en strategie.
K-A	Principes van sourcing	Principes voor en wijze van organiseren van beheerprocessen in situaties dat het beheer zelf wordt uitgevoerd, aan een (externe) leverancier is uitbesteed, dan wel combinaties hiervan. Ook het juridische aspect hoort hierbij.
(A) Architectuur		
A-BP	Architectuurprincipes voor modelleren van bedrijfsprocessen	Principes voor het structureren van bedrijfsprocessen en de voor de bedrijfsvoering benodigde informatievoorziening in modellen en architectuurregels.
A-IS	Architectuurprincipes voor modelleren van informatievoorziening/ systemen	Principes voor het structureren van de informatievoorziening in modellen en architectuurregels.
	Informatieanalyse	Principes, methoden en technieken voor het analyseren van gegevens die voor de bedrijfsvoering van bedrijfsprocessen nodig zijn.
	Gegevensanalyse	Principes, methoden en technieken voor het identificeren en definiëren van gegevensverzamelingen.
	Gegevensmodellering	Principes, methoden en technieken voor het definiëren en structureren van gegevensverzamelingen.
A-TI	Architectuurprincipes voor modelleren technische infrastructuur	Principes voor het structureren van de technische infrastructuur, de configuratie van netwerken, servers, storage en dergelijke, in modellen en architectuurregels.
(O) Ontwikkelen		
O-BP	Organisatieanalyse	Principes, methoden en technieken voor het analyseren van organisaties, bedrijfsprocessen en informatievoorziening.
	Organisatieontwerp	Principes, methoden en technieken voor het ontwerpen van organisaties, bedrijfsprocessen en informatievoorziening, mede gebaseerd op de principes van de administratieve organisatie.
	Realiseren van organisatiewijzigingen	Principes en werkwijzen voor het veranderen (wijzigen) van structuren, werkwijzen enzovoort in een (gebruikers)-organisatie.

Domein	Vaktechnische competentie	Definitie
	Organisatorische continuïteitmaatregelen	Principes, methoden en organisatorische maatregelen voor het in stand houden (borgen) van de continuïteit van de bedrijfsprocessen/bedrijfsvoering.
O-IS	Ontwerpen en bouwen van informatiesystemen	Principes, methoden en technieken voor de wijze waarop informatiesystemen worden ontworpen en gebouwd.
	Functioneel ontwerp	Principes, methoden en technieken voor het ontwerpen van (al dan niet geautomatiseerde) informatiefuncties.
	Programmeertalen	Kennis van de technische faciliteiten (talen) waarmee applicaties kunnen worden gebouwd.
	Databaseontwerp en -bouw	Principes, methoden en technieken voor het ontwerpen en bouwen van databases.
	Applicatieontwerp en -bouw	Principes, methoden en technieken voor applicatieontwerp en bouw.
	Realiseren van wijzigingen in informatiesystemen	Principes en werkwijze voor het veranderen (wijzigen) van de componenten van een informatiesysteem, zoals applicaties en databases.
O-TI	Ontwerp van technische infrastructuur	Principes, methoden en technieken voor het ontwerp van componenten van de technische infrastructuur (netwerk, servers, storage).
	Realiseren van technische wijzigingen	Principes en werkwijzen voor het veranderen (wijzigen) van technische componenten van informatiesystemen en de technische infrastructuur.
O-A	Technisch ontwerp	Principes, methoden en technieken voor het opstellen van een technisch ontwerp van een informatiesysteem.
	Ontwerpen technische systemen	Principes, methoden en technieken voor het ontwerpen van geautomatiseerde systemen die technische processen ondersteunen (procesautomatisering).
	Ontwerp- en programmeertools	Kennis van geautomatiseerde hulpmiddelen voor het ontwerpen en bouwen van componenten van een informatiesysteem.
	Technische continuïteitmaatregelen	Principes, methoden, technieken en maatregelen voor het in stand houden (borgen) van de continuïteit van de beschikbaarheid en de correcte werking van informatiesystemen en de technische infrastructuur.
	Ergonomische aspecten van systemen	Principes gebaseerd op de leer van de ergonomie om systemen gebruikersvriendelijk te maken. Ook aandacht voor het aspect *usability*, het gebruiksgemak van applicaties.
(I) Invoeren		
I-M	Changemanagement	Principes voor het op een beheerste wijze, dat wil zeggen gebaseerd op risicomanagement, realiseren van wijzigingen in een organisatie, in informatiesystemen en in de technische infrastructuur.
(B) Beheren		
B-BP	Beheer van bedrijfsinformatie/ gegevens	Principes voor het beheren van gegevens, zowel door de gebruiker als door beheerders van informatiesystemen, opdat deze aan de kwaliteitseisen die aan gegevens worden gesteld, voldoen.

Domein	Vaktechnische competentie	Definitie
B-IS	Beheer van informatiesystemen	Principes en werkwijzen voor het blijvend laten voldoen van informatiesystemen aan de (functionele) eisen en wensen van gebruikers of beheerders van (andere) componenten van de informatievoorziening, inclusief de daaraan gestelde technische eisen.
	Beheer van applicaties	Principes voor het beheren en wijzigen van applicaties opdat deze aan gewijzigde of nieuwe eisen van gebruikers of beheerders van (andere) componenten van de informatievoorziening voldoen.
B-TI	Beheer van netwerken	Principes voor het blijvend laten voldoen van netwerken aan de eisen en wensen van gebruikers of beheerders van (andere) componenten van de informatievoorziening.
	Beheer van servers	Principes voor het blijvend laten voldoen van servers aan de eisen en wensen van gebruikers of beheerders van (andere) componenten van de informatievoorziening.
	Beheer van multimedia-apparatuur	Principes voor het blijvend laten voldoen van multimedia-apparatuur aan de eisen en wensen van gebruikers of beheerders van (andere) componenten van de informatievoorziening.
	Beheer exploitatie en productie	Principes voor het inrichten en beheren van exploitatieomgevingen waarin gegevensverwerking plaatsvindt, en het volgens de daaraan gestelde eisen laten verlopen van de productieprocessen.
B-A	Versie- en configuratiebeheer	Principes, methoden en technieken voor versie- en configuratiebeheer.
(S) Service en dienstverlening		
S-M	Incidentmanagement	Principes voor het enerzijds opvangen van incidenten (gelet op continuïteit, compliance, enzovoort) en anderzijds managen dat incidenten structureel worden opgelost.
	Behoeftemanagement	Principes en activiteiten voor het vaststellen, afstemmen, coördineren van en nemen van besluiten over behoeften (eisen en wensen met betrekking tot producten en diensten) van gebruikers en in het kader van de bedrijfsvoering; uitvoeren van service (level) management, ook wel 'requirements management' genoemd.
	Klantmanagement	Omgaan met, afstemmen van verwachtingen, setting en management van klanten.
	Leveringsmanagement	Principes en activiteiten voor het aansturen en coördineren van en het nemen van besluiten over de levering van producten en diensten, in een commerciële context en met betrekking tot kwaliteit en het voldoen aan gestelde eisen.
S-A	Principes van dienstverlening	Principes voor het leveren van producten en diensten, en het organiseren van de levering daarvan aan klanten (externe klanten of interne gebruikers). Ook het juridische aspect hoort hierbij.
(V) Verwerven, inkoop en procurement		
V-M	Leveranciersmanagement	Principes en activiteiten voor het aansturen van leveranciers (intern of extern) om de gewenste producten en diensten, conform gestelde eisen, te verkrijgen.
	Contractmanagement	Principes en activiteiten voor het beheren van contracten.

Domein	Vaktechnische competentie	Definitie
(F) Financieel		
F-M	Financieel management	Principes en activiteiten voor het financiële beheer voor een organisatie.
F-A	Kostencalculaties	Principes, methoden en technieken voor het bepalen van kosten, uitgaven, investeringen en dergelijke conform de principes van goed financieel beheer.
(P) Personeel		
P-M	Competentiemanagement	Identificeren en beheren van de (benodigde) competenties in een organisatie.
(C) Commercieel		
C-M	Commercieel management	Aansturen van alle commerciële activiteiten in een organisatie.
(G) Generiek		
G-TI	Netwerktechnologie	Principes voor het configureren en de werking van netwerken.
	Servertechnologie	Principes voor het configureren en de werking van servers.
	Multimediatechnologie	Principes voor het configureren en de werking van multimedia-apparatuur (zoals smartphones, tablets, gameconsoles).
G-M	Management van (bedrijfs)processen	Principes voor en wijze van het aansturen van (bedrijfs)-processen.
	Planning & control	Principes voor en wijze van het opstellen van plannen en de control daarop.
	Continuïteitmanagement	Principes voor en wijze van organiseren om de continuïteit van bedrijfsprocessen te borgen.
	Compliancemanagement	Principes voor en wijze van realiseren om te voldoen aan compliance-eisen.
	Kwaliteitsmanagement	Principes voor kwaliteitszorg en het managen van de processen om kwalitatieve en gewenste oplossingen te verkrijgen.
	Risicomanagement	Principes voor het onderkennen van organisatorische en technische risico's, inclusief het vaststellen van maatregelen om deze risico's te voorkomen, en in voorkomend geval te beheersen.
G-A	Procesanalyse	Principes, methoden en technieken voor het analyseren van organisaties en bedrijfsprocessen.
	Procesontwerp	Principes, methoden en technieken voor het ontwerpen van organisaties en bedrijfsprocessen.
	Principes, methoden en technieken voor beveiliging	Principes, methoden en technieken gericht op het voorkomen van toegang tot gegevens door niet-geautoriseerde personen, alsmede het voorkomen van het verlies van gegevens. Het betreft hier zowel organisatorische als technische maatregelen.
	Analyse van de werking van componenten van informatiesystemen	Principes, methoden en technieken voor het analyseren van de (gewenste) werking van informatiesystemen, applicaties, de componenten van de technische infrastructuur, enzovoort; identificeren van knelpunten, problemen; de benodigde kennis is afhankelijk van het object dat in de analyse is betrokken.

Domein	Vaktechnische competentie	Definitie
	Analyseren technische processen	Principes, methoden en technieken voor het analyseren van technische processen die door geautomatiseerde systemen worden ondersteund (procesautomatisering).
	Opstellen van gebruikersdocumentatie	Principes voor het schrijven van documentatie in 'gebruikerstermen'.
	Opstellen van technische documentatie	Principes voor het schrijven van documentatie vanuit een technisch perspectief, meestal voor professionals.
(E) Elementair		
E-BP	Bedrijfskunde	Algemene aspecten van het functioneren van organisaties in een bedrijfskundig perspectief.
	Organisatieleer	Algemene aspecten van organisaties.
	Administratieve organisatie en interne controle (AO & IC)	Principes voor de structuur en de inrichting van organisaties gelet op het verkrijgen van adequaat beheerde en beheersbare bedrijfsprocessen.
E-IS	Gebruik van applicaties	Principes voor en wijze waarop applicaties worden gebruikt door gebruikers, inclusief de inbedding van dat gebruik in het bedrijfsproces.
E-M	Portfoliomanagement	Principes en activiteiten voor het inventariseren, prioriteren en plannen van projecten.
	Projectmanagement	Principes, methoden en technieken voor het sturen, coördineren, controleren en dergelijke van projectactiviteiten, inclusief een gestructureerde en beheersbare aanpak van activiteiten (projectmatig werken).
E-A	Risicoanalyse	Principes, methoden en technieken voor het uitvoeren van risicoanalyses en het bepalen van risicomitigerende maatregelen.
	Werklastbegroting	Principes, methoden en technieken voor het bepalen van de werklast verbonden aan het uitvoeren van activiteiten, zoals projecten, onderhoud en dergelijke.
	Principes, methoden en technieken voor interne controle	Principes, methoden en technieken voor het verkrijgen van adequaat beheerde, beheersbare en controleerbare bedrijfsprocessen. Het betreft hier zowel organisatorische als technische maatregelen.
	Principes, methoden en technieken voor kwaliteitsborging	Principes, methoden en technieken voor het in stand houden van de gewenste kwaliteit.
	Testen	Principes, methoden en technieken voor toetsen en testen.
	Mogelijkheden van de informatietechnologie	De algemene mogelijkheden van de informatietechnologie ter ondersteuning of voor de uitvoering van bedrijfsprocessen.
	Mogelijkheden van procesautomatisering	De algemene mogelijkheden van de automatisering van machines.
	Werking van componenten van de ICT	De algemene principes van de werking van de componenten van de ICT, zoals netwerken, servers, applicatie en communicatietechnologie.

Voor het overzicht zijn de vaktechnische competenties nog in het schema van de I-domeinen geplaatst.

Tabel B.4 Schema vaktechnische competenties en I-domeinen

	Bedrijfsproces	**Informatiesysteem**	**Technische infrastructuur**	**Management**	**Algemeen**
(K) Kaderstelling en beleid Vaststellen van beleid en kaders als uitgangspunt voor het beheer van de informatievoorziening	**Code: K-BP** Informatiemanagement	**Code: K-IS** Informatieplanning	**Code: K-TI**	**Code: K-M** Beleid en strategiebepaling	**Code: K-A** Principes van sourcing
(A) Architectuur Ontwikkelen en beheren van architecturen	**Code: A-BP** Architectuurprincipes voor modelleren van bedrijfsprocessen	**Code: A-IS** Architectuurprincipes voor modelleren van informatievoorziening/systemen Informatieanalyse Gegevensanalyse Gegevensmodellering	**Code: A-TI** Architectuurprincipes voor modelleren technische infrastructuur	**Code: A-M**	**Code: A-A**
(O) Ontwikkelen Ontwikkelen, ontwerpen en bouwen van componenten van de informatievoorziening	**Code: O-BP** Organisatieanalyse Organisatieontwerp Realiseren van organisatiewijzigingen Maatregelen voor organisatorische continuïteit	**Code: O-IS** Ontwerpen en bouwen van informatiesystemen Functioneel ontwerp Programmeertalen Databaseontwerp en -bouw Applicatieontwerp en -bouw Realiseren van wijzigingen in informatiesystemen	**Code: O-TI** Ontwerp van technische infrastructuur Realiseren van technische wijzigingen	**Code: O-M**	**Code: O-A** Technisch ontwerp Ontwerpen technische systemen Ontwerp- en programmeertools Maatregelen voor technische continuïteit Ergonomische aspecten van systemen
(I) Invoeren Invoeren van componenten van de informatievoorziening	**Code: I-BP**	**Code: I-IS**	**Code: I-TI**	**Code: I-M** Changemanagement	**Code: I-A**

	Bedrijfsproces	Informatiesysteem	Technische infrastructuur	Management	Algemeen
(B) Beheren Beheren, onderhouden, wijzigen en dergelijke van componenten van de informatievoorziening	**Code: B-BP** Beheer van bedrijfsinformatie/ gegevens	**Code: B-IS** Beheer van informatiesystemen Beheer van applicaties	**Code: B-TI** Beheer van netwerken Beheer van servers Beheer van multimedia-apparatuur Beheer exploitatie en productie	**Code: B-M**	**Code: B-A** Versie- en configuratiebeheer
(S) Service en dienstverlening Verkrijgen en verlenen van dienstverlening	**Code: S-BP**	**Code: S-IS**	**Code: S-TI**	**Code: S-M** Incidentmanagement Behoeftemanagement Klantmanagement Leveringsmanagement	**Code: S-A** Principes van dienstverlening
(V) Verwerven, inkoop en procurement Definiëren, verwerven, contracteren en management van ingekochte diensten en producten				**Code: V-M** Leveranciersmanagement Contractmanagement	**Code: V-A**
(F) Financieel Beheer van de financiële aspecten van het beheer van de informatievoorziening				**Code: F-M** Financieel management	**Code: F-A** Kostencalculaties
(P) Personeel Beheer van personeel en personele aspecten				**Code: P-M** Competentiemanagement	**Code: P-A**
(C) Commercieel Uitvoeren van commerciële taken, meestal bij leveranciers				**Code: C-M** Commercieel management	**Code: C-A**

	Bedrijfsproces	Informatiesysteem	Technische infrastructuur	Management	Algemeen
(G) Generiek Generieke of algemene taken die in de diverse domeinen een rol spelen	**Code: G-BP**	**Code: G-IS**	**Code: G-TI** Netwerktechnologie Servertechnologie Multimediatechnologie	**Code: G-M** Management van (bedrijfs)processen Planning & control Continuïteitmanagement Compliancemanagement Kwaliteitsmanagement Risicomanagement	**Code: G-A** Procesanalyse Procesontwerp Principes, methoden en technieken voor beveiliging Analyse van de werking van componenten van informatiesystemen Analyseren technische processen Opstellen van gebruikersdocumentatie Opstellen van technische documentatie
(E) Elementair Elementaire taken die in diverse functies een rol spelen	**Code: E-BP** Bedrijfskunde Organisatieleer Administratieve organisatie en interne controle (AO & IC)	**Code: E-IS** Gebruik van applicaties		**Code: E-M** Portfoliomanagement Projectmanagement	**Code: E-A** Risicoanalyse Werklastbegroting Interne controle Kwaliteitsborging Testen Informatietechnologie Componenten van de ICT

Bijlage 4 Tabel persoonlijke competenties

In hoofdstuk 12 zijn de benoemde persoonlijke competenties toegelicht. Hierna zijn de persoonlijke competenties in tabelvorm weergegeven.

Een aantal persoonlijke competenties wordt als van algemeen van belang geacht. Dit zijn de competenties:

- communicatieve vaardigheden (in woord en geschrift, inclusief luisteren);
- samenwerken in teamverband;
- flexibiliteit;
- analytisch vermogen;
- initiatief;
- accuratesse;
- methodisch werken;
- plannen en organiseren;
- kwaliteitsbewustzijn.

Deze competenties worden wel in het overzicht hierna van persoonlijke competenties benoemd, maar zijn niet in de taken opgenomen; zij worden voor elke taak van belang geacht.

Tabel B.5 Persoonlijke competenties

Competentiegebied (hoofdgroep)	Competentie	Definitie
Management (A)	Leiderschap	Motiveren en sturen van een groep om met behulp van samenwerkingsverbanden gestelde doelen te bereiken (groepsgericht leiderschap), alsmede het motiveren en sturen van een individu om gestelde doelen ten aanzien van diens taak te bereiken (individueel leiderschap).
Interpersoonlijk (B)	Sensitiviteit, inlevingsvermogen	In staat zijn behoeften en gevoelens van anderen te signaleren.
	Communicatieve vaardigheden (schriftelijk en/of mondeling)	In staat zijn mondelinge en schriftelijke informatie op begrijpelijke en kernachtige wijze over te brengen aan anderen, dan wel in staat zijn om gedachten en gevoelens op een adequate wijze te uiten en te reageren op die van anderen.
	Samenwerken in teamverbanden	In staat zijn samen te werken om gestelde doelen te bereiken, ook wanneer het persoonlijk belang (in)-direct in het geding is.
	Flexibiliteit	In staat zijn om, indien er zich een kans of een probleem voordoet, het gedrag te veranderen dan wel aan te passen.
	Integriteit	Het handhaven van algemeen aanvaarde sociale en ethische normen in activiteiten die met de functie te maken hebben.
	Stressbestendigheid	In staat zijn onder tijdsdruk, tegenspel en tegenslag effectief te blijven presteren, alsmede het onder (tijds)druk productief blijven; niet snel het geduld verliezen.

Competentiegebied (hoofdgroep)	Competentie	Definitie
	Luisteren	In staat zijn een gesprekspartner actief tot het geven van informatie en relevante feedback ter bevestiging hiervan te bewegen.
	Conflictpreventie en -beheersing	In staat zijn conflicten te voorkomen; in voorkomend geval met conflicten om te gaan en ze eventueel op te lossen; dit kunnen zowel met betrekking tot het eigen functioneren als dat van anderen.
	Klantgerichtheid	In staat zijn rekening te houden met de verlangens en de behoeften van de klant, collega's en anderen.
	Didactische vaardigheden	De kennis en vaardigheid hebben om aan anderen kennis over te brengen en vaardigheden aan te leren.
Analytisch (C)	Analytisch vermogen	In staat zijn verschillende aspecten die aan problemen ten grondslag liggen te onderscheiden en het belang hiervan te kunnen aangeven, alsmede in staat zijn oorzaken van een probleem op te sporen en verbanden te leggen tussen de beschikbaar gekomen gegevens.
	Oordeelsvorming	In staat zijn met behulp van relevante criteria, gegevens en handelwijzen tot een juiste beoordeling te komen.
	Abstractievermogen	Het vermogen het concrete te ontdoen van het toevallige en het bepalende, en zodoende tot de afleiding te komen van een begrip.
	Creativiteit	In staat zijn oorspronkelijkheid aan de dag te leggen bij het bedenken van nieuwe werkwijzen of het oplossen van probleemsituaties waarvoor geen standaardoplossingen beschikbaar zijn.
Bedrijfsmatig (D)	Organisatiebewustzijn	In staat zijn te begrijpen hoe een organisatie functioneert; onderkennen van de invloed en gevolgen van eigen beslissingen of activiteiten voor de eigen organisatie en/of de organisatie van de klant.
	Kennis van andere disciplines	Kennis hebben van een ander vakgebied dan de ICT en de vaardigheid bezitten om de ICT te integreren met dat andere vakgebied.
	Strategische visie	In staat zijn een langetermijnvisie te ontwikkelen vanuit een breed perspectief, alsmede uiteenlopende mogelijkheden in gedachten te houden bij het ontwikkelen van het toekomstbeeld voor de organisatie.
	Commercieel inzicht	Inzicht hebben in de marktmechanismen die binnen de eigen organisatie en daarbuiten werkzaam zijn.
	Kwaliteitsbewustzijn	Als van nature kwaliteit en de eisen en wensen van de organisatie als uitgangspunt nemen voor de werkzaamheden.

Competentiegebied (hoofdgroep)	Competentie	Definitie
Dynamiek/ daadkracht (E)	Zelfstandigheid	In staat zijn taken te vervullen en doelen te bereiken zonder de hulp van anderen.
	Initiatief	In staat zijn kansen te onderkennen en ernaar handelen; liever zelf beginnen dan afwachten.
	Besluitvaardigheid	In staat zijn na volledige of voldoende informatie beslissingen te nemen om tot actie over te gaan.
	Doorzettingsvermogen	In staat zijn ongeacht tegenslagen, tegenwerking en kritiek, doelgericht te werk te gaan.
	Overtuigingskracht	In staat zijn anderen met argumenten te overtuigen om zodoende gedragsverandering te bereiken.
	Onderhandelingsvaardigheid	In staat zijn om ten opzichte van anderen een positie te handhaven en waar mogelijk te verbeteren, door het tonen van inzicht in en gevoel voor machtsverhoudingen en belangentegenstellingen.
Organiseren (F)	Accuratesse	In staat zijn onder verschillende omstandigheden nauwgezet te werken.
	Methodisch werken	In staat zijn het werk volgens een van tevoren bepaalde manier uit te voeren.
	Plannen en organiseren	Het stellen van doelen en de daarbij behorende acties ondernemen om op effectieve wijze deze doelen te bereiken.

Bijlage 5 Tabel voor context

In hoofdstuk 13 zijn de elementen van context besproken. Daarbij is de relatie gelegd met de (additionele) competenties die aan de context zijn verbonden. Hierna is dit in tabelvorm weergegeven.

Tabel B.6 Overzicht context

Hoofdaspect	Subaspect	Subsubaspect	Variabelen	Competenties
Middelen, methoden, technieken, tools, typen apparatuur en dergelijke			Waaronder: • methoden en technieken • tools en hulpmiddelen • typen en merken apparatuur en programmatuur • bepaalde technologie	Vaktechnische kennis van het gebruikte middel
Organisatorische scope	Omvang en scope	Organisatorische afbakening	Eigen werkplek of deelproject Eigen afdeling of functiegebied Organisatorische eenheid met meerdere functiegebieden Gelaagde organisatie Complexe organisatie	Organisatiebewustzijn Strategische visie Overtuigingskracht Abstractievermogen
		Niveau in de organisatie	Personen Uitvoerende organisaties Nationaal management Internationaal management	Organisatiebewustzijn Overtuigingskracht Strategische visie Abstractievermogen Sensitiviteit, inlevingsvermogen
	Aard en omvang van invloed		Indirect, weinig impact Gedeeld, weinig impact Directe invloed, weinig impact Gedeeld, grote impact Direct, grote impact	Organisatiebewustzijn Sensitiviteit, inlevingsvermogen Abstractievermogen Overtuigingskracht
	Overige aspecten		Waaronder: • cultuur • doelstelling van de organisatie • primair proces van de organisatie	Organisatiebewustzijn Sensitiviteit, inlevingsvermogen Overtuigingskracht

Hoofdaspect	Subaspect	Subsubaspect	Variabelen	Competenties
Uitvoeringsniveau	Mentale operaties		Gedetailleerde afbakening Gedetailleerde werkinstructies Globale richtlijnen Zonder vastgestelde kaders	Zelfstandigheid Initiatief Abstractievermogen
	Complexiteit van werkzaam-heden		Eén onderwerp, aspect, invalshoek Eén onderwerp, meerdere aspecten en invalshoeken Meerdere onderwerpen, één aspect en invalshoek Meerdere onderwerpen, aspecten en invalshoeken	Analytisch vermogen Abstractievermogen Creativiteit

Bijlage 6 Tabel voor uitvoeringsposities

In hoofdstuk 14 zijn de benoemde uitvoeringsposities toegelicht. Daarbij is de relatie gelegd met de (additionele) competenties die aan de uitvoeringsposities zijn verbonden. Hierna is dit in tabelvorm weergegeven.

Tabel B.7 Overzicht uitvoeringsposities

Uitvoeringspositie	Toelichting	Additionele competenties
Meewerken, assisteren	Men werkt samen met en onder begeleiding van een deskundige op het gebied van uitvoering. Meestal geldt deze positie voor medewerkers die nog kennis en/of ervaring missen om een taak zelfstandig uit te voeren.	Samenwerken in teamverbanden
Zelfstandig uitvoeren	Men voert de taak volledig zelfstandig uit.	Zelfstandigheid Oordeelsvorming Initiatief
Begeleiden (is instruerend)	Men begeleidt een medewerker zodanig dat deze zich ontwikkelt naar het zelfstandig kunnen uitvoeren van een taak. Dit vereist van de begeleider expertise van de taakuitoefening en/of de daarmee te bereiken resultaten. In deze positie werkt men direct of indirect mee aan de uitvoering.	Didactische vaardigheden Communicatieve vaardigheden Flexibiliteit Sensitiviteit, inlevingsvermogen Luisteren Analytisch vermogen
Adviseren	Men geeft advies over uitvoering van een taak en over het beoogde resultaat. Dit vereist van de begeleider expertise van de taakuitoefening en/of de daarmee te bereiken resultaten. In deze rol werkt men *niet* mee aan de daadwerkelijke uitvoering, maar geeft 'slechts' advies).	Communicatieve vaardigheden Organisatiebewustzijn Didactische vaardigheden Samenwerken in teamverband Initiatief Creativiteit
Sturing geven aan, leiden van de uitvoering	Men geeft leiding aan een groep personen. Dit kan worden gecombineerd met begeleiden en coachen van minder ervaren personen (die de assisterende en begeleidende rol vervullen). Men is meestal *niet* betrokken bij uitvoering, maar stuurt, coördineert, plant, enzovoort. Meestal is men ook verantwoordelijk voor het resultaat. Deze uitvoeringspositie betreft derhalve die van teamleider, projectleider, afdelingsmanager en dergelijke.	Leiderschap Besluitvaardigheid Overtuigingskracht Communicatieve vaardigheden Initiatief Sensitiviteit, inlevingsvermogen Methoden en technieken voor projectmanagement Risicomanagement

Bijlage 7 Matrix taken en e-CF competentiereferenties

Zoals in hoofdstuk 17 is aangegeven kunnen de e-CF competentiereferenties worden geïnterpreteerd als 'taakvelden' en kunnen de taken van het KNVI-competentiemodel worden gekoppeld aan de e-CF competentiereferenties. Hierna is per competentiereferentie aangegeven welke taken aan welk taakveld c.q. domein kunnen worden toegewezen.

Tabel B.8 Matrix taken en e-CF competentiereferenties

e-CF competentiereferentie		Gekoppelde KNVI-taken
Plannen (Plan)		
A.1	**Afstemming informatiesysteem en bedrijfsstrategie** (IS and Business Strategy Alignment) **Toelichting:** Anticipeert op langetermijneisen voor de onderneming en definieert het IS-model in lijn met het beleid van de organisatie. Neemt strategische IS-beleidsbeslissingen voor de onderneming, ook betreffende sourcingstrategieën.	• K-BP – Opstellen en beheren informatiebeleid • K-BP – Opstellen en beheren informatieplan • K-BP – Opstellen en beheren continuïteitsplan • K-BP – Opstellen en beheren complianceplan • K-M – Opstellen en beheren beleid voor inkoop, inhuur en dergelijke • K-M – Opstellen en beheren projectenportfolio • O-BP – Vaststellen en beheren gewenste informatievoorziening • O-BP – Verkennen behoeften informatievoorziening • O-BP – Onderzoeken organisatieaspecten • O-IS – Ontwerpen en beheren informatievoorziening (overall) • V-M – Opstellen en beheren strategie voor sourcing • F-A – Opstellen en beheren begroting, bepalen investeringen en kosten • G-M – Organiseren informatievoorzieningsfunctie • G-M – Goedkeuren/beoordelen opdracht, verzoek en dergelijke • G-M – Inrichten informatievoorzieningsfunctie • G-A – Opstellen en beheren businesscase • G-A – Onderzoeken automatiseringsontwikkelingen • E-M – Bepalen prioriteit, scenario • E-A – Opstellen specificaties • E-A – Opstellen ontwerp • E-A – Voeren van overleg, afstemmen • E-A – Verstrekken advies
A.2	**Management dienstverleningsniveau** (Service Level Management)	• K-BP – Opstellen en beheren continuïteitsplan • K-BP – Opstellen en beheren complianceplan • K-BP – Opstellen en beheren plan voor interne controle

e-CF competentiereferentie		Gekoppelde KNVI-taken
	Toelichting: Stelt Service Level Agreements (SLA's) op en stelt ondersteunende contracten vast, valideert ze en maakt ze toepasbaar. Voert onderhandelingen over dienstverleningsniveau, rekening houdend met behoeften en mogelijkheden van klanten en onderneming.	• O-BP – Vaststellen en beheren gewenste informatievoorziening • O-A – Ontwikkelen en beheren maatregelen voor interne controle • S-A – Formuleren eisen aan ICT-dienstverlening • S-A – Opstellen en beheren ICT-dienstencatalogus • S-A – Opstellen en beheren ICT-dienstenovereenkomsten (SLA's) • S-A – Bewaken dienstenlevering • S-A – Invoeren wijzigingsvoorstel dienstlevering • S-A – Onderhouden klantrelatie (niet commercieel) • V-M – Verstrekken opdrachten aan leverancier • V-M – Opstellen, afsluiten en beheren contract (klant) • V-A – Beoordelen offerte • V-A – Onderhouden leveranciersrelatie • F-A – Beheren financiële administratie • F-A – Bepalen doorbelastingsystematiek • F-A – Opstellen en beheren begroting, bepalen investeringen en kosten • C-M – Opstellen en beheren contract (leverancier) • C-A – Onderhouden klantrelatie (commercieel) • C-A – Opstellen en beheren offerte • G-M – Goedkeuren/beoordelen opdracht, verzoek en dergelijke • G-M – Opstellen en beheren overeenkomst, contract • G-A – Onderzoeken en vaststellen behoeften
A.3	**Ontwikkelen van bedrijfsplannen** (Business Plan Development) **Toelichting:** Neemt het ontwerpen en structureren van een bedrijfs- of productplan op zich, met inbegrip van het definiëren van alternatieve benaderingen en voorstellen betreffende rentabiliteit van investeringen. Overweegt mogelijke en toepasbare sourcingmodellen. Presenteert kosten-batenanalyses en gefundeerde argumenten ter onderbouwing van de gekozen strategie. Bewaakt overeenstemming met bedrijfs- en technologische strategieën. Communiceert het bedrijfsplan met relevante belanghebbenden, maakt hen er enthousiast voor; stelt politieke, financiële en organisatorische belangen aan de orde, maakt een SWOT-analyse.	• K-BP – Opstellen en beheren continuïteitplan • K-BP – Opstellen en beheren complianceplan • K-BP – Opstellen en beheren plan voor interne controle • K-M – Opstellen en beheren beleid voor inkoop, inhuur en dergelijke • K-M – Opstellen en beheren projectenportfolio • A-BP – Opstellen en beheren bedrijfsprocessenmodel • O-BP – Onderzoeken organisatieaspecten • O-BP – Analyseren veranderingsvermogen • O-BP – Ontwerpen en beheren bedrijfsprocessen • O-IS – Ontwerpen en beheren informatievoorziening (overall) • B-BP – Beheren en bewaken kwaliteit bedrijfsproces • B-BP – Opstellen wijzigingsvoorstel bedrijfsproces • S-A – Opstellen wijzigingsvoorstel dienstverlening • V-M – Opstellen en beheren strategie voor sourcing • F-A – Beheren bedrijfswaarde van componenten • F-A – Opstellen en beheren begroting, bepalen van investeringen en kosten

e-CF competentiereferentie		Gekoppelde KNVI-taken
		• G-A – Onderzoeken en vaststellen behoeften • G-A – Opstellen oplossingsalternatieven • G-A – Uitvoeren risicoanalyse • G-A – Opstellen en beheren businesscase • E-M – Bepalen prioriteit, scenario • E-A – Voeren overleg, afstemmen
A.4	**Product- of serviceplanning** (Product Service Planning) **Toelichting:** Analyseert en stelt de actuele status en de status van de doelstelling vast. Raamt met een kritische benadering de kosteneffectiviteit, risico's, kansen, sterke en zwakke punten. Ontwerpt gestructureerde plannen; stelt tijdlijnen op en definieert mijlpalen. Behandelt wijzigingsverzoeken. Stelt de leveringsomvang vast en biedt een overzicht van behoeften aan aanvullende documentatie. Stelt omschrijvingen op voor het correct omgaan met producten, inclusief juridische aspecten, afgestemd op wetgeving.	• K-BP – Opstellen en beheren complianceplan • K-BP – Opstellen en beheren plan voor interne controle • K-M – Opstellen en beheren projectenportfolio • A-BP – Opstellen en beheren bedrijfsprocessenmodel • A-IS – Opstellen en beheren informatiearchitectuur • O-BP – Vaststellen en beheren gewenste informatievoorziening • O-BP – Verkennen behoeften informatievoorziening • O-BP – Onderzoeken organisatieaspecten • O-BP – Ontwerpen en beheren bedrijfsprocessen • O-IS – Ontwerpen en beheren informatievoorziening (overall) • O-A – Ontwikkelen en beheren maatregelen voor interne controle • I-M – Bepalen en beheren invoeringsstrategie • I-M – Samenstellen release • I-A – Opstellen en beheren (master) testplan • I-A – Opstellen en beheren acceptatietestplan • B-IS – Opstellen wijzigingsvoorstel informatiesysteem • B-TI – Opstellen wijzigingsvoorstel technische infrastructuur • F-A – Opstellen en beheren begroting, bepalen investeringen en kosten • F-A – Beheren financiële administratie • G-M – Goedkeuren/beoordelen opdracht, verzoek en dergelijke • G-M – Opstellen en beheren projectplan • G-A – Afbakenen onderzoeksgebied • G-A – Uitvoeren risicoanalyse • G-A – Opstellen oplossingsalternatieven • G-A – Opstellen en beheren businesscase • G-A – Opstellen en beheren kwaliteitsplan • G-A – Samenstellen rapport • G-A – Verzorgen kennisoverdracht • G-A – Onderzoeken automatiseringsontwikkelingen • E-A – Opstellen en beheren normen, criteria, randvoorwaarden • E-A – Opstellen ontwerp
A.5	**Ontwerp van architectuur** (Architecture Design)	• K-BP – Opstellen en beheren continuïteitplan • K-BP – Opstellen en beheren complianceplan • K-BP – Opstellen en beheren plan voor interne controle • K-BP – Opstellen en beheren beveiligingsplan

e-CF competentiereferentie		Gekoppelde KNVI-taken
	Toelichting: Stelt een formele benadering op om oplossingen te implementeren die nodig zijn om de architectuur van het informatiesysteem te ontwikkelen en te laten functioneren. Specificeert, verfijnt en actualiseert deze. Beheert de relatie met de belanghebbenden van het bedrijf om te bewaken dat de architectuur in overeenstemming is met de eisen van het bedrijf. Definieert de noodzakelijke wijzigingen en de betrokken componenten: hardware, software, toepassingen, processen, informatie en technologieplatform. Bewaakt dat alle aspecten rekening houden met onderlinge functionaliteit, schaalbaarheid, bruikbaarheid en beveiliging.	Gericht op informatievoorziening: • A-BP – Opstellen en beheren bedrijfsprocessenmodel • A-IS – Opstellen en beheren informatiearchitectuur • A-IS – Opstellen en beheren informatieprocessenmodel • A-IS – Opstellen en beheren ontwikkelstandaarden • A-IS – Opstellen en beheren normen systeemgebruik en -beheer • O-BP – Vaststellen en beheren gewenste informatievoorziening • O-IS – Ontwerpen en beheren informatievoorziening (overall) • B-IS – Beheren en bewaken kwaliteit informatiesysteem • B-IS – Beheren en bewaken presentatiekenmerken applicatie Gericht op technische infrastructuur: • A-TI – Opstellen en beheren architectuur technische infrastructuur • A-TI – Opstellen en beheren standaarden technische infrastructuur • A-TI – Opstellen en beheren normen gebruik en beheer technische infrastructuur • O-TI – Ontwerpen en beheren configuratie van computersystemen en servers • O-TI – Ontwerpen netwerkconfiguratie • B-TI – Beheren en bewaken prestatiekenmerken technische infrastructuur
A.6	**Ontwerp van applicaties** (Application Design) **Toelichting:** Stelt de optimale ICT-oplossingen vast in overeenstemming met het ICT-beleid en de behoeften van gebruikers/klanten. Beoordeelt nauwkeurig kosten van ontwikkeling, installatie en onderhoud van applicaties. Kiest passende technische opties voor het ontwerpen van oplossingen, en optimaliseert daarbij de balans tussen kosten en kwaliteit. Definieert een algemeen referentieraamwerk om de modellen met representatieve gebruikers te valideren.	• K-BP – Opstellen en beheren continuïteitplan • K-BP – Opstellen en beheren complianceplan • K-BP – Opstellen en beheren plan voor interne controle • K-BP – Opstellen en beheren beveiligingsplan • A-BP – Opstellen en beheren objectmodel • A-IS – Opstellen en beheren gegevensmodel • A-IS – Opstellen en beheren implementatiegegevensmodel • A-IS – Opstellen en beheren normen systeemgebruik en -beheer • O-BP – Verkennen behoeften informatievoorziening • O-BP – Opstellen en beheren calamiteitenplan • O-IS – Ontwerpen en beheren informatievoorziening (overall) • O-IS – Opstellen en beheren functionele specificaties • O-IS – Opstellen en beheren programmaspecificaties • O-IS – Selecteren standaard software • O-IS – Ontwerpen en beheren mens/machine-interfaces • O-IS – Opstellen en beheren systeem/machine-interfaces • O-IS – Ontwerpen en beheren handmatige informatiefuncties

e-CF competentiereferentie		Gekoppelde KNVI-taken
		• O-A – Ontwikkelen en beheren maatregelen voor interne controle • O-A – Ontwikkelen en beheren organisatorische maatregelen voor beveiliging • O-A – Ontwikkelen en beheren technische maatregelen voor beveiliging • I-M – Bepalen invoeringsstrategie • I-M – Samenstellen release • I-A – Opstellen en beheren (master) testplan • I-A – Opstellen en beheren acceptatietestplan • I-A – Uitvoeren toets of test • B-IS – Beheren en bewaken functionaliteit applicatie • B-IS – Beheren en bewaken prestatiekenmerken applicatie • B-IS – Bepalen onderhoud/wijzigingen informatiesysteem • B-IS – Opstellen wijzigingsvoorstel informatiesysteem • B-IS – Beheren componentbibliotheken • B-TI – Opstellen wijzigingsvoorstel technische infrastructuur • B-A – Beheren functionele parameters • B-A – Beheren technische parameters • B-A – Beheren configuratie-items • F-A – Opstellen en beheren begroting, bepalen van investeringen en kosten • G-M – Opstellen operationeel werkplan • G-A – Opstellen oplossingsalternatieven • G-A – Opstellen en beheren kwaliteitsplan • G-A – Opstellen en beheren technische documentatie • G-A – Opstellen en beheren gebruikersdocumentatie • G-A – Ontwerpen en beheren procedure • G-A – Samenstellen rapport • G-A – Verzorgen interactieve sessie • G-A – Onderzoeken automatiseringsontwikkelingen • E-A – Opstellen ontwerp • E-A – Realiseren wijziging, onderhoud
A.7	**Volgen van technologische ontwikkelingen** (Technology Trend Monitoring) **Toelichting:** Onderzoekt de laatste ICT-ontwikkelingen om kennis over de technologische ontwikkelingen uit te breiden. Bedenkt innovatieve oplossingen voor het integreren van nieuwe technologie in bestaande producten, applicaties of diensten, of voor het creëren van nieuwe oplossingen.	• K-BP – Opstellen en beheren complianceplan • K-BP – Opstellen en beheren beveiligingsplan • K-M – Opstellen en beheren projectenportfolio • O-BP – Analyseren veranderingsvermogen • O-BP – Onderzoeken organisatieaspecten • O-BP – Vaststellen en beheren gewenste informatievoorziening • O-BP – Verkennen behoeften informatievoorziening • O-IS – Ontwerpen en beheren informatievoorziening (overall) • B-BP – Opstellen wijzigingsvoorstel bedrijfsproces • B-IS – Bepalen onderhoud/wijziging informatiesysteem • B-IS – Opstellen wijzigingsvoorstel informatiesysteem

e-CF competentiereferentie		**Gekoppelde KNVI-taken**
		• B-TI – Bepalen onderhoud/wijziging technische infrastructuur • B-TI – Opstellen wijzigingsvoorstel technische infrastructuur • F-A – Beheren bedrijfswaarde van componenten • F-A – Opstellen en beheren begroting, bepalen investeringen en kosten • G-A – Opstellen oplossingsalternatieven • G-A – Opstellen en beheren businesscase • G-A – Samenstellen rapport • G-A – Verzorgen kennisoverdracht • G-A – Onderzoeken automatiseringsontwikkelingen
A.8	**Duurzame ontwikkeling** (Sustainable Development) **Toelichting:** Beoordeelt de impact van ICT-oplossingen in termen van milieuverantwoordelijkheid met inbegrip van energieverbruik. Adviseert de onderneming en ICT-belanghebbenden over duurzame alternatieven die passen bij de ondernemingsstrategie. Past een ICT-inkoop- en -verkoopbeleid toe dat in overeenstemming is met de verantwoordelijkheden voor het milieu.	• K-BP – Opstellen en beheren complianceplan • K-M – Opstellen en beheren projectenportfolio • O-BP – Vaststellen en beheren gewenste informatievoorziening • O-BP – Onderzoeken organisatieaspecten • O-BP – Analyseren veranderingsvermogen • I-M – Bepalen en beheren invoeringsstrategie • B-BP – Opstellen wijzigingsvoorstel bedrijfsproces • B-IS – Opstellen wijzigingsvoorstel informatiesysteem • B-TI – Opstellen wijzigingsvoorstel technische infrastructuur • S-A – Opstellen en beheren ICT-dienstenovereenkomst (SLA) • S-A – Formuleren eisen aan ICT-dienstverlening • S-A – Opstellen wijzigingsvoorstel dienstverlening • F-A – Beheren bedrijfswaarde van componenten • F-A – Opstellen en beheren begroting, bepalen investeringen en kosten • G-A – Opstellen oplossingsalternatieven • G-A – Opstellen en beheren businesscase • G-A – Samenstellen rapport • G-A – Verzorgen van kennisoverdracht • G-A – Onderzoeken automatiseringsontwikkelingen
A.9	**Innoveren** (Innovating) **Toelichting:** Opstellen van creatieve oplossingen om nieuwe concepten, ideeën, producten of services te bieden. Leveran van oorspronkelijk en open denken om technologische voordelen uit te nutten die inspelen op de business en maatschappelijke behoeften of research.	• K-BP – Opstellen en beheren complianceplan • K-M – Opstellen en beheren projectenportfolio • O-BP – Vaststellen en beheren gewenste informatievoorziening • B-BP – Opstellen wijzigingsvoorstel bedrijfsproces • B-IS – Opstellen wijzigingsvoorstel informatiesysteem • B-TI – Opstellen wijzigingsvoorstel technische infrastructuur

e-CF competentiereferentie		Gekoppelde KNVI-taken
		• F-A – Beheren bedrijfswaarde van componenten • F-A – Opstellen en beheren begroting, bepalen investeringen en kosten • G-A – Uitvoeren risicoanalyse • G-A – Opstellen oplossingsalternatieven • G-A – Opstellen en beheren businesscase • G-A – Samenstellen rapport • G-A – Verzorgen kennisoverdracht • G-A – Onderzoeken automatiseringsontwikkelingen
Bouwen (Build)		
B.1	**Applicatieontwikkeling en -bouw** (Application Development) **Toelichting:** Interpreteert het applicatieontwerp om daarmee een op de behoeften van de gebruikers afgestemde applicatie te ontwikkelen. Past bestaande oplossingen aan, bijvoorbeeld door het migreren van een applicatie naar een ander operating systeem. Codeert de software, test de software en documenteert de applicatie. Communiceert over de status van het ontwikkelingsproces en de bereikte mijlpalen. Selecteert toepasbare technische mogelijkheden voor ontwikkeling zoals hergebruik van software, verbeteren of herconfigureren van componenten. Optimaliseert gelet op efficiency, kosten en kwaliteit. Valideert de resultaten met vertegenwoordigers van de gebruikersorganisatie, integreert de softwarecomponenten en levert een totaaloplossing op.	• A-BP – Opstellen en beheren objectmodel • A-IS – Opstellen en beheren informatieprocessenmodel • A-IS – Opstellen en beheren gegevensmodel • A-IS – Opstellen en beheren implementatiegegevensmodel • A-IS – Opstellen en beheren normen systeemgebruik en -beheer • O-IS – Opstellen en beheren functionele specificaties • O-IS – Opstellen en beheren programmaspecificaties • O-IS – Maken en beheren programma, applicatiecomponent • O-IS – Maken en beheren eindgebruikerstoepassing • O-IS – Selecteren standaard software • O-IS – Ontwerpen, bouwen en beheren database • O-IS – Ontwerpen en beheren mens/machine-interface • O-IS – Ontwerpen en beheren systeem/machine-interface • I-A – Opstellen en beheren (master) testpalen • I-A – Uitvoeren toets of test • I-M – Samenstellen release • B-IS – Beheren componentbibliotheken • B-A – Beheren configuratie-items • B-A – Realiseren onderhoud/wijziging • G-M – Opstellen operationeel werkplan • G-A – Opstellen oplossingsalternatieven • G-A – Opstellen en beheren gebruikersdocumentatie • G-A – Samenstellen rapport • E-A – Opstellen en beheren normen, criteria, randvoorwaarden • E-A – Realiseren wijziging, onderhoud • E-A – Beheren documentatie
B.2	**Systeemintegratie** (Component Integration)	• A-IS – Opstellen en beheren normen systeemgebruik en -beheer • A-TI – Opstellen en beheren architectuur technische infrastructuur • A-TI – Opstellen en beheren normen gebruik en beheer technische infrastructuur

e-CF competentiereferentie		Gekoppelde KNVI-taken
	Toelichting: Installeert aanvullende hardware-, software- of subsysteemcomponenten in een bestaand of voorgesteld systeem. Houdt zich aan ingevoerde processen en procedures (bijvoorbeeld configuratiemanagement), houdt rekening met de specificatie, capaciteit en compatibiliteit van bestaande en nieuwe modules, en bewaakt de integriteit en de onderlinge uitwisselbaarheid. Controleert de systeemprestatie en bewaakt de formele vrijgave en documentatie van geslaagde integratie.	• O-TI – Ontwerpen en beheren configuratie van computersystemen, servers • O-TI – Ontwerpen en beheren netwerkconfiguratie • O-A – Opstellen en beheren technisch calamiteitenplan • O-A – Ontwikkelen en beheren technische maatregelen voor beveiliging • I-IS – Invoeren (wijziging) informatiesysteem • I-TI – Implementeren (wijziging) netwerkcomponent • I-TI – Implementeren (wijziging) server • I-TI – Installeren (wijziging) programmatuur • I-M – Bepalen en beheren invoeringsstrategie • I-M – Samenstellen release • I-A – Distributie van softwarecomponent • I-A – Uitvoeren gegevensconversie • I-A – Bepalen migratiestap • I-A – Uitvoeren toets of test • B-A – Beheren en monitoren autorisatie- en beveiligingssysteem • B-IS – Beheren en bewaken prestatiekenmerken applicatie • B-TI – Beheren en bewaken prestatiekenmerken technische infrastructuur • B-TI – Bepalen onderhoud/wijziging technische infrastructuur • B-TI – Opstellen wijzigingsvoorstel technische infrastructuur • B-A – Beheren technische parameters • B-A – Beheren configuatie-items • B-A – Realiseren onderhoud/wijziging • G-A – Opstellen en beheren technische documentatie • E-A – Realiseren wijziging, onderhoud
B.3	**Testen** (Testing) **Toelichting:** Ontwikkelt en voert systematische testprocedures uit voor IT-systemen of gebruikseisen voor klanten, om overeenkomsten met ontwerpspecificaties vast te stellen. Bewaakt dat nieuwe of gewijzigde componenten of systemen naar verwachting functioneren. Bewaakt dat interne, externe, nationale en internationale normen worden gevolgd, met inbegrip van normen betreffende gezondheid en veiligheid, bruikbaarheid, prestatie, betrouwbaarheid en compatibiliteit. Stelt documenten en rapporten op die naleving van eisen bewijzen.	• I-A – Opstellen en beheren (master) testplan • I-A – Opstellen en beheren acceptatietestplan • I-A – Uitvoeren toets of test • B-IS – Beheren en bewaken kwaliteit informatiesysteem • B-IS – Beheren en bewaken prestatiekenmerken applicatie • B-IS – Opstellen wijzigingsvoorstel informatiesysteem • B-TI – Beheren en bewaken prestatiekenmerken technische infrastructuur • B-TI – Opstellen wijzigingsvoorstel technische infrastructuur • G-A – Samenstellen rapport

e-CF competentiereferentie		Gekoppelde KNVI-taken
B.4	**Oplossingen implementeren** (Solution Deployment) **Toelichting:** Volgt vooraf vastgestelde algemene praktijknormen bij het uitvoeren van geplande noodzakelijke ingrepen om oplossingen te implementeren, met inbegrip van installeren, actualiseren en buiten bedrijf stellen. Configureert hardware, software of netwerk om de interoperabiliteit van systeemcomponenten te bewaken en herstelt eventuele fouten of onvolkomenheden. Schakelt indien vereist extra specialisten in, zoals externe netwerkproviders. Draagt de volledig operationele oplossing formeel over aan de gebruiker en rondt de volledige documentatie af die alle relevante informatie bevat, inclusief die over ontvangende partijen van apparatuur, configuratie en prestatiegegevens.	• O-BP – Vaststellen en beheren gewenste informatievoorziening • O-BP – Opstellen en beheren calamiteitenplan • O-A – Opstellen en beheren technisch calamiteitenplan • O-A – Ontwikkelen en beheren technische maatregelen voor beveiliging • I-IS – Invoeren (wijziging) informatiesysteem • I-TI – Implementeren (wijziging) netwerkcomponent • I-TI – Implementeren (wijziging) server • I-M – Bepalen en beheren invoeringsstrategie • I-A – Distributie van softwarecomponent • I-A – Bepalen migratiestap • I-A – Opstellen en beheren (master) testplan • I-A – Opstellen en beheren acceptatietestplan • I-A – Uitvoeren toets of test • B-IS – Technisch beheer gegevens • B-TI – Beheren en monitoren netwerk • B-TI – Beheren en monitoren server • B-TI – Beheren en monitoren multimedia-apparatuur • B-TI – Beheren en monitoren systemen voor gegevensopslag • B-TI – Beheren en bewaken prestatiekenmerken technische infrastructuur • B-A – Beheren en monitoren autorisatie- en beveiligingssysteem • P-A – Verzorgen opleiding • G-A – Opstellen, beheren en realiseren preventieve maatregelen • G-A – Opstellen en beheren technische documentatie • G-A – Opstellen en beheren gebruikersdocumentatie • G-A – Samenstellen rapport • G-A – Verzorgen kennisoverdracht • E-A – Realiseren wijziging, onderhoud
B.5	**Vervaardigen van documentatie** (Documentation Production) **Toelichting:** Stelt documenten op die producten, diensten, componenten of applicaties beschrijven, om naleving van relevante eisen voor documentatie vast te stellen. Kiest passende stijl en media om materiaal te presenteren. Ontwerpt templates voor systemen ten behoeve van documentmanagement. Bewaakt dat functies en opties op de juiste manier worden gedocumenteerd. Bewaakt dat bestaande documenten geldig en actueel zijn.	• A-IS – Opstellen en beheren normen systeemgebruik en -beheer • B-BP – Beheren content • S-A – Formuleren eisen aan ICT-dienstverlening • G-A – Opstellen en beheren kwaliteitsplan • G-A – Opstellen en beheren technische documentatie • G-A – Opstellen en beheren gebruikersdocumentatie • G-A – Verzorgen kennisoverdracht • E-A – Opstellen en beheren normen, criteria, randvoorwaarden • E-A – Opstellen en beheren documentatie

e-CF competentiereferentie		Gekoppelde KNVI-taken
B.6	**Systeembouw** (System Enginering) **Toelichting:** Bouwt software en/of hardwarecomponenten die voldoen aan de requirements, zoals specificaties, kosten, kwaliteit, tijd, energie-efficiëntie, informatiesecurity en dataprotectie. Volgt een systematische methode voor het analyseren en bouwen van de vereiste componenten en interfaces. Voert systeemarchitectuur en voert simulatie uit over het systeemgedrag. Voert systeemunit- en systeemtesten uit om zorg te dragen dat aan de eisen wordt voldaan.	• K-BP – Opstellen en beheren beveiligingsplan • O-IS – Selecteren standaard software • O-TI – Opstellen en beheren technisch calamiteitenplan • O-TI – Ontwerpen en beheren configuratie van computersystemen, servers • O-TI – Ontwerpen en beheren netwerkconfiguratie • O-TI – Selecteren hardware • O-TI – Selecteren systeemsoftware • O-TI – Selecteren beheersystemen • O-A – Ontwikkelen en beheren technische maatregelen voor beveiliging • I-TI – Implementeren (wijziging) netwerkcomponent • I-TI – Implementeren (wijziging) server • I-TI – Installeren (wijziging) programmatuur • I-M – Bepalen en beheren invoeringsstrategie • I-M – Bepalen migratiestap • I-A – Uitvoeren toets of test • B-IS – Beheren en bewaken prestatiekenmerken applicatie • B-IS – Technisch beheer gegevens • B-TI – Beheren en monitoren netwerk • B-TI – Beheren en monitoren server • B-TI – Beheren en monitoren multimedia-apparatuur • B-TI – Beheren en monitoren systemen voor gegevensopslag • B-A – Beheren en monitoren autorisatie- en beveiligingssysteem • B-TI – Beheren en bewaken OTAP-omgevingen (OTAP: ontwikkelings-, test-, acceptatie- en productieomgevingen) • B-TI – Beheren en monitoren productie(omgeving) • B-TI – Beheren en bewaken prestatiekenmerken technische infrastructuur • B-TI – Bepalen onderhoud/wijziging infrastructuur • B-TI – Opstellen wijzigingsvoorstel technische infrastructuur • G-A – Opstellen oplossingsalternatieven • G-A – Opstellen, beheren en realiseren preventieve maatregelen • E-A – Opstellen en beheren normen, criteria, randvoorwaarden • E-A – Realiseren wijziging, onderhoud
Uitvoeren (Run)		
C.1	**Gebruikersondersteuning** (User Support) **Toelichting:** Reageert op verzoeken en vragen van gebruikers; legt relevante informatie vast. Lost problemen op of draagt deze over; optimaliseert de systeemprestatie. Monitort het resultaat van de oplossing en de klanttevredenheid.	• B-IS – Beheren en bewaken correct gebruik informatiesysteem • B-IS – Opstellen wijzigingsvoorstel informatiesysteem • B-TI – Beheren en bewaken correct gebruik technische infrastructuur • B-TI – Opstellen wijzigingsvoorstel technische infrastructuur • B-A – Oplossen systeemstoringen, incidenten • B-A – Structureel oplossen systeemstoringen, problems

e-CF competentiereferentie		Gekoppelde KNVI-taken
		• P-A – Vaststellen opleidingsbehoeften • P-A – Verzorgen opleiding • S-A – Bewaken dienstverlening • S-A – Ondersteunen gebruiker bij gebruik component • S-A – Opstellen wijzigingsvoorstel dienstverlening • G-A – Onderzoeken en vaststellen behoeften • G-A – Opstellen oplossingsalternatieven • G-A – Verstrekken (ad-hoc-)informatie • G-A – Opstellen en beheren gebruikersdocumentatie • G-A – Verzorgen kennisoverdracht • G-A – Voeren administratie, registratie • E-A – Bieden ondersteuning
C.2	**Ondersteunen van wijzigingen** (Change Support) **Toelichting:** Adviseert bij de verdere ontwikkeling van een IT-oplossing en implementeert de veranderingen. Beheert en plant op efficiënte wijze wijzigingen van software of hardware, ter voorkoming van onregelmatige upgrades met onvoorspelbare resultaten. Minimaliseert verstoring van de dienstverlening veroorzaakt door wijzigingen en houdt zich aan het vastgestelde Service Level Agreement (SLA).	• K-BP – Opstellen en beheren continuïteitplan • K-M – Opstellen en beheren projectenportfolio • O-A – Opstellen en beheren technisch calamiteitenplan • I-IS – Invoeren (wijziging) informatiesysteem • I-TI – Implementeren (wijziging) netwerkcomponent • I-TI – Implementeren (wijziging) server • I-TI – Installeren (wijziging) programmatuur • I-M – Bepalen invoeringsstrategie • I-M – Samenstellen release • I-A – Bepalen migratiestap • I-A – Opstellen en beheren (master) testplan • I-A – Opstellen en beheren acceptatietestplan • I-A – Uitvoeren toets of test • B-IS – Opstellen wijzigingsvoorstel informatiesysteem • B-TI – Opstellen wijzigingsvoorstel technische infrastructuur • B-IS – Beheren componentbibliotheken • B-M – Bewaken systeemonderhoud/-wijziging • B-A – Beheren functionele parameters • B-A – Beheren technische parameters • B-A – Beheren configuratie-items • B-A – Realiseren onderhoud/wijziging • S-A – Bewaken dienstenlevering • S-A – Opstellen wijzigingsvoorstel dienstlevering • P-A – Verzorgen opleiding • G-M – Opstellen en beheren projectplan • G-M – Managen wijziging • G-A – Uitvoeren risicoanalyse • G-A – Opstellen oplossingsalternatieven
C.3	**Dienstverlening** (Service Delivery)	• K-BP – Opstellen en beheren continuïteitplan • K-BP – Opstellen en beheren complianceplan • K-BP – Opstellen en beheren plan voor interne controle • K-BP – Opstellen en beheren beveiligingsplan

e-CF competentiereferentie		Gekoppelde KNVI-taken
	Toelichting: Handelt proactief om een stabiele en veilige applicatie en ICT-infrastructuur te bewaken. Actualiseert de operationele documentenbibliotheek en legt alle operationele voorvallen schriftelijk vast. Onderhoudt monitor- en managementhulpmiddelen (beschrijvingen, procedures enzovoort).	• O-BP – Opstellen en beheren calamiteitenplan • O-A – Ontwikkelen en beheren maatregelen voor interne controle • O-A – Ontwikkelen en beheren technische maatregelen voor beveiliging • B-IS – Beheren en bewaken correct gebruik informatiesysteem • B-IS – Beheren en bewaken prestatiekenmerken applicatie • B-IS – Bepalen onderhoud/wijziging informatiesysteem • B-IS – Opstellen wijzigingsvoorstel informatiesysteem • B-IS – Beheren componentbibliotheken • B-TI – Beheren en bewaken correct gebruik technische infrastructuur • B-TI – Beheren en monitoren netwerk • B-TI – Beheren en monitoren server • B-TI – Beheren en monitoren multimedia-apparatuur • B-TI – Beheren en monitoren systemen voor gegevensopslag • B-TI – Beheren en bewaken OTAP-omgevingen • B-TI – Beheren en monitoren productie(omgeving) • B-TI – Beheren en bewaken prestatiekenmerken technische infrastructuur • B-TI – Bepalen onderhoud/wijziging technische infrastructuur • B-TI – Opstellen wijzigingsvoorstel technische infrastructuur • B-M – Bewaken systeemonderhoud/-wijziging • B-A – Oplossen systeemstoringen, incidenten • B-A – Structureel oplossen systeemstoringen, problems • B-A – Beheren en monitoren autorisatie- en beveiligingssysteem • S-A – Ondersteunen gebruiker bij gebruik component • S-A – Bewaken dienstenlevering • S-A – Opstellen wijzigingsvoorstel dienstverlening • F-A – Opstellen en beheren begroting, bepalen investeringen en kosten • C-A – Onderhouden klantrelatie (commercieel) • G-M – Managen organisatorische knelpunten, problemen • G-M – Managen technische knelpunten, problemen • G-M – Goedkeuren/beoordelen opdracht, verzoek en dergelijke • G-A – Onderzoeken en vaststellen behoeften • G-A – Opstellen oplossingsalternatieven • G-A – Verstrekken (ad-hoc-)informatie • G-A – Opstellen, beheren en realiseren preventieve maatregelen • G-A – Samenstellen rapport • E-A – Begroten werklast • E-A – Opstellen en beheren documentatie

e-CF competentiereferentie		Gekoppelde KNVI-taken
C.4	**Probleemmanagement** (Problem Management) **Toelichting:** Identificeert en verhelpt de oorzaak van incidenten. Benadert de oorzaak van ICT-problemen proactief. Zet een kennissysteem in gebaseerd op herhaaldelijk voorkomende algemene fouten.	• B-IS – Opstellen wijzigingsvoorstel informatiesysteem • B-TI – Opstellen wijzigingsvoorstel technische infrastructuur • B-A – Oplossen systeemstoringen, incidenten • B-A – Structureel oplossen systeemstoringen, problems • G-M – Managen organisatorische knelpunten, problemen • G-M – Managen technische knelpunten, problemen • G-A – Opstellen, beheren en realiseren van preventieve maatregelen • G-A – Opstellen en beheren technische documentatie • G-A – Opstellen en beheren gebruikersdocumentatie • G-A – Samenstellen rapport • E-A – Uitvoeren analyse • E-A – Realiseren wijziging, onderhoud • E-A – Realiseren herstel
Mogelijk maken (Enable)		
D.1	**Strategieontwikkeling informatiebeveiliging** (Information Security Strategy Development) **Toelichting:** Stelt een formele organisatiestrategie, -scope en -cultuur vast, en maakt deze toepasbaar met het doel de informatiebeveiliging te garanderen. Levert de basis voor informatiebeveiligingsmanagement (Information Security Management), met inbegrip van het definiëren van rollen en het toewijzen van verantwoordelijkheden (zie ook D.2). Gebruikt vastgestelde normen om doelstellingen te scheppen voor informatie-integriteit, beschikbaarheid en gegevensbescherming.	• K-BP – Opstellen en beheren informatiebeleid • K-BP – Opstellen en beheren continuïteitplan • K-BP – Opstellen en beheren complianceplan • K-BP – Opstellen en beheren plan voor interne controle • K-BP – Opstellen en beheren beveiligingsplan • A-IS – Opstellen en beheren normen systeemgebruik en -beheer • A-TI – Opstellen en beheren architectuur technische infrastructuur • A-TI – Opstellen en beheren normen gebruik en beheer technische infrastructuur • O-BP – Vaststellen en beheren gewenste informatievoorziening • O-BP – Verkennen behoefte informatievoorziening • O-BP – Opstellen en beheren calamiteitenplan • O-A – Ontwikkelen en beheren maatregelen voor interne controle • B-BP – Opstellen wijzigingsvoorstel bedrijfsproces • B-IS – Opstellen wijzigingsvoorstel informatiesysteem • B-TI – Opstellen wijzigingsvoorstel technische infrastructuur • S-A – Formuleren eisen aan ICT-dienstverlening • F-A – Opstellen en beheren begroting, bepalen investeringen en kosten • P-A – Vaststellen opleidingsbehoeften • G-A – Uitvoeren risicoanalyse • G-A – Samenstellen rapport • G-A – Verzorgen kennisoverdracht • G-A – Onderzoeken automatiseringsontwikkelingen

e-CF competentiereferentie		Gekoppelde KNVI-taken
		• E-A – Opstellen en beheren normen, criteria, randvoorwaarden • E-A – Opstellen en beheren documentatie
D.2	**Onwikkeling ICT-kwaliteitsstrategie** (ICT Quality Strategy Development) **Toelichting:** Definieert, verbetert en verfijnt een formele strategie om te voldoen aan de verwachtingen van klanten en om de bedrijfsprestatie te verbeteren (evenwicht tussen kosten en risico's). Identificeert kritische processen die de dienstverlening en productprestatie beïnvloeden om deze te definiëren in het ICT-kwaliteitsmanagementsysteem (zie ook D.4). Gebruikt vastgestelde normen om doelstellingen te formuleren voor servicemanagement, product- en proceskwaliteit. Identificeert verantwoordelijkheden van het ICT-kwaliteitsmanagement.	• K-BP – Opstellen en beheren informatiebeleid • K-BP – Opstellen en beheren continuïteitplan • K-BP – Opstellen en beheren complianceplan • K-BP – Opstellen en beheren plan voor interne controle • A-IS – Opstellen en beheren normen systeemgebruik en -beheer • A-TI – Opstellen en beheren normen gebruik en beheer technische infrastructuur • O-BP – Vaststellen en beheren gewenste informatievoorziening • O-BP – Verkennen behoeften informatievoorziening • O-A – Ontwikkelen en beheren maatregelen voor interne controle • B-BP – Beheren en bewaken kwaliteit bedrijfsproces • B-BP – Opstellen wijzigingsvoorstel bedrijfsproces • B-IS – Opstellen wijzigingsvoorstel informatiesysteem • B-TI – Opstellen wijzigingsvoorstel technische infrastructuur • S-A – Formuleren eisen aan ICT-dienstverlening • S-A – Bewaken dienstenlevering • F-A – Opstellen en beheren begroting, bepalen investeringen en kosten • P-A – Vaststellen opleidingsbehoeften • G-A – Uitvoeren risicoanalyse • G-A – Opstellen en beheren kwaliteitsplan • G-A – Opstellen rapport • G-A – Verzorgen kennisoverdracht • E-A – Opstellen en beheren normen, criteria, randvoorwaarden • E-A – Opstellen en beheren documentatie
D.3	**Opleiding en training** (Education and Training Provision) **Toelichting:** Stelt het ICT-trainingsbeleid vast en implementeert dat, afgestemd op de behoeften en de ontbrekende vaardigheden binnen de organisatie. Structureert, organiseert en plant trainingsprogramma's, evalueert de kwaliteit van de training via een feedbackproces en implementeert continue verbetering. Past trainingsplannen aan aan de veranderende vraag.	• K-BP – Opstellen en beheren complianceplan • O-BP – Onderzoeken organisatieaspecten • O-BP – Analyseren veranderingsvermogen • P-A – Bepalen benodigde competenties • P-A – Verzorgen opleiding • G-A – Vaststellen opleidingsbehoeften • G-A – Verzorgen interactieve sessie • G-A – Verzorgen kennisoverdracht • G-A – Opstellen en beheren kwaliteitsplan • E-A – Opstellen en beheren documentatie

<table>
<tr><th colspan="2">e-CF competentiereferentie</th><th>Gekoppelde KNVI-taken</th></tr>
<tr><td>D.4</td><td>Inkoop
(Purchasing)

Toelichting:
Past een consistente inkoopprocedure toe met inbegrip van de volgende subprocessen: specificatie van eisen, leveranciersidentificatie, offerteanalyse, evaluatie van de energie-efficiëntie en de mate waarin producten, leveranciers en processen van leveranciers aan milieueisen voldoen, contractonderhandeling, leveranciersselectie en plaatsing van contracten. Bewaakt dat het gehele inkoopproces toegerust is voor het doel en waarde toevoegt aan de organisatie.</td><td>• K-BP – Opstellen en beheren continuïteitplan
• K-BP – Opstellen en beheren complianceplan
• K-M – Opstellen en beheren beleid voor inkoop, inhuur en dergelijke

• O-BP – Vaststellen en beheren gewenste informatievoorziening
• O-A – Ontwikkelen en beheren maatregelen voor interne controle

• B-BP – Beheren en bewaken kwaliteit bedrijfsproces

• S-A – Formuleren eisen aan ICT-dienstverlening
• S-A – Opstellen en beheren ICT-dienstencatalogus
• S-A – Opstellen en beheren dienstenovereenkomst (SLA)
• S-A – Opstellen wijzigingsvoorstel dienstverlening

• V-M – Opstellen en beheren strategie voor sourcing
• V-M – Aanbesteden opdracht, inkoop (RfI of RfP)
• V-M – Opstellen, afsluiten en beheren contract (klant)
• V-M – Verstrekken opdrachten aan leverancier
• V-A – Beoordelen offerte
• V-A – Leveranciersselectie
• V-A – Onderhouden leveranciersrelatie

• F-A – Opstellen en beheren begroting, bepalen investeringen en kosten

• G-M – Inrichten informatievoorzieningsfunctie
• G-A – Opstellen en beheren businesscase
• G-A – Samenstellen rapport
• G-A – Voeren administratie, registratie

• E-M – Uitvoeren onderhandeling
• E-A – Opstellen en beheren normen, criteria, randvoorwaarden</td></tr>
<tr><td>D.5</td><td>Maken van offertes
(Sales Proposal Development)

Toelichting:
Ontwikkelt technische voorstellen in overeenstemming met de eisen die de klant aan een oplossing stelt, en levert de verkoopmedewerkers een concurrerende aanbieding. Benadrukt de energie-efficiëntie en milieugerelateerde aspecten van een voorstel. Werkt samen met collega's om de dienstverlening of productoplossing af te stemmen op de leveringscapaciteit van de organisatie.</td><td>• S-A – Formuleren eisen aan ICT-dienstverlening
• S-A – Opstellen en beheren ICT-dienstencatalogus
• S-A – Opstellen en beheren ICT-dienstenovereenkomst (SLA)
• S-A – Opstellen wijzigingsvoorstel dienstverlening

• F-A – Opstellen en beheren begroting, bepalen investeringen en kosten

• C-A – Opstellen en beheren offerte
• C-A – Onderhouden klantrelatie (commercieel)

• G-A – Onderzoeken en vaststellen behoeften
• G-A – Opstellen en beheren businesscase
• G-A – Verstrekken (ad-hoc-)informatie
• G-A – Opstellen en beheren technische documentatie

• E-A – Opstellen en beheren documentatie</td></tr>
</table>

e-CF competentiereferentie		Gekoppelde KNVI-taken
D.6	**Management van verkoopkanalen** (Channel Management) **Toelichting:** Ontwikkelt de strategie om verkooppunten van derden te managen. Bewaakt een optimale commerciële prestatie van het toegevoegde verkoopkanaal (*Value Added Resellers* (VAR)) via een samenhangende bedrijfs- en marketingstrategie. Stelt doelstellingen vast voor volume, geografische dekking en industriële sector voor activiteiten van het toegevoegde verkoopkanaal; stelt stimuleringsprogramma's op om extra verkoopresultaten te behalen.	• K-BP – Opstellen en beheren informatieplan • K-BP – Opstellen en beheren complianceplan • K-BP – Opstellen en beheren plan voor interne controle • O-BP – Vaststellen en beheren gewenste informatievoorziening • O-BP – Verkennen behoeften informatievoorziening • I-BP – Invoeren (wijziging) bedrijfsproces • B-BP – Beheren en bewaken kwaliteit bedrijfsproces • B-BP – Beheren bedrijfsinformatie • B-BP – Beheren content • B-BP – Opstellen wijzigingsvoorstel bedrijfsproces • S-A – Opstellen en beheren ICT-dienstencatalogus • C-A – Onderhouden klantrelatie (commercieel) • G-M – Opstellen en beheren projectplan • G-A – Opstellen en beheren kwaliteitsplan • G-A – Samenstellen rapport • G-A – Voeren administratie, registratie
D.7	**Verkoopmanagement** (Sales Management) **Toelichting:** Stuurt het behalen van verkoopresultaten aan door een verkoopstrategie op te stellen. Demonstreert nieuwe of bestaande en potentiële klanten de toegevoegde waarde van de producten en diensten van de organisatie. Stelt een procedure vast om de verkoop te ondersteunen, waardoor verkoopaangelegenheden efficiënt worden uitgevoerd in overeenstemming met de strategie en het beleid van de organisatie. Stelt voor het gehele verkoopproces een systematische aanpak vast, mede op basis van kennis van de klantenbehoeften, prognoses, beoordeling van potentiële klanten, onderhandelingstactiek en het afsluiten van de verkooptransactie.	• K-BP – Opstellen en beheren complianceplan • K-BP – Opstellen en beheren plan voor interne controle • O-BP – Ontwerpen en beheren bedrijfsprocessen • O-BP – Vaststellen en beheren gewenste informatievoorziening • O-IS – Ontwerpen en beheren informatievoorziening (overall) • O-A – Ontwikkelen en beheren maatregelen voor interne controle • B-BP – Beheren bedrijfsinformatie • B-BP – Beheren content • B-BP – Beheren en bewaken kwaliteit bedrijfsproces • B-BP – Opstellen wijzigingsvoorstel bedrijfsproces • S-A – Formuleren eisen aan ICT-dienstverlening • S-A – Opstellen en beheren ICT-dienstencatalogus • C-M – Opstellen, afsluiten en beheren contract (leverancier) • C-A – Onderhouden klantrelatie (commercieel) • P-M – Toewijzen taken aan medewerkers • P-A – Begeleiden medewerkers • P-A – Bepalen benodigde competenties • G-M – Managen organisatorische knelpunten, problemen • G-M – Vaststellen en toewijzen taken, verantwoordelijkheden, bevoegdheden • G-A – Opstellen en beheren businesscase • G-A – Opstellen en beheren kwaliteitsplan • G-A – Verstrekken (ad-hoc-)informatie • G-A – Ontwerpen en beheren procedure

e-CF competentiereferentie		Gekoppelde KNVI-taken
D.8	**Contractmanagement** (Contract Management) **Toelichting:** Bereidt het contract voor en onderhandelt erover in overeenstemming met de processen die in de organisatie worden toegepast. Bewaakt dat goederen op tijd worden geleverd, voldoen aan de kwaliteitsnormen en in overeenstemming zijn met de afgesproken niveaus van de dienstverlening. Pakt gevallen van niet-nakoming aan, escaleert belangrijke kwesties, stuurt herstelplannen aan en wijzigt contracten indien nodig. Bewaakt de budgetintegriteit. Beoordeelt en borgt voor nakoming door de leverancier van wettelijke, gezondheids- en veiligheidsnormen. Onderhoudt actief regelmatige communicatie met leveranciers.	• K-M – Opstellen en beheren beleid voor inkoop, inhuur en dergelijke • O-A – Ontwikkelen en beheren maatregelen voor interne controle • S-A – Formuleren eisen aan ICT-dienstverlening • S-A – Opstellen en beheren ICT-dienstenovereenkomst (SLA) • S-A – Bewaken dienstenlevering • S-A – Opstellen wijzigingsvoorstel dienstlevering • V-M – Aanbesteden opdracht, inkoop (RfI of RfP) • V-M – Opstellen, afsluiten en beheren contract (klant) • V-M – Verstrekken opdrachten aan leverancier • F-A – Opstellen en beheren begroting, bepalen investeringen en kosten • F-A – Beheren financiële administratie • C-M – Opstellen, afsluiten en beheren contract (leverancier) • G-M – Managen organisatorische knelpunten, problemen • G-A – Samenstellen rapport
D.9	**Personeelsontwikkeling** (Personnel Development) **Toelichting:** Stelt individuele en groepscompetenties vast, identificeert behoeften aan vaardigheden en ontbrekende vaardigheden. Beoordeelt opties voor training en ontwikkeling en kiest de passende methode, rekening houdend met de behoeften van de personen en het bedrijf. Begeleidt personen en teams als coach en/of mentor betreffende hun opleidingsbehoeften.	• O-BP – Analyseren veranderingsvermogen • B-BP – Beheren en bewaken kwaliteit bedrijfsproces • P-A – Begeleiden medewerkers • P-A – Bepalen benodigde competenties • P-A – Vaststellen opleidingsbehoeften • G-A – Opstellen en beheren kwaliteitsplan • G-A – Samenstellen rapport • G-A – Verzorgen kennisoverdracht • E-A – Uitvoeren evaluatie, review
D.10	**Informatie- en kennismanagement** (Information and Knowledge Management)	• K-BP – Opstellen en beheren informatieplan • K-BP – Opstellen en beheren complianceplan • K-BP – Opstellen en beheren plan voor interne controle • A-IS – Opstellen en beheren informatieprocessenmodel • O-BP – Verkennen behoefte informatievoorziening • O-BP – Vaststellen en beheren gewenste informatievoorziening • B-BP – Beheren bedrijfsinformatie • B-BP – Beheren en bewaken kwaliteit bedrijfsproces • B-BP – Beheren content • B-BP – Opstellen wijzigingsvoorstel bedrijfsproces • B-IS – Beheren en bewaken kwaliteit informatiesysteem • B-IS – Opstellen wijzigingsvoorstel informatiesysteem

e-CF competentiereferentie		Gekoppelde KNVI-taken
	Toelichting: Identificeert en beheert gestructureerde en ongestructureerde informatie en neemt daarbij richtlijnen voor informatieverdeling in aanmerking. Ontwikkelt een informatiestructuur om gebruik en optimalisatie van informatie ten behoeve van bedrijfsdoeleinden mogelijk te maken. Kent geschikte hulpmiddelen om in te zetten bij het ontwikkelen, afleiden, onderhouden, vernieuwen en verspreiden van bedrijfskennis om daarmee het bezit aan informatie te kapitaliseren.	• F-A – Beheren bedrijfswaarde van componenten • G-A – Onderzoeken en vaststellen behoeften • G-A – Opstellen en beheren kwaliteitsplan • G-A – Samenstellen rapport • G-A – Opstellen en beheren businesscase • E-A – Uitvoeren analyse • E-A – Uitvoeren evaluatie, review
D.11	**Behoeftemanagement** (Needs Identification) **Toelichting:** Luistert actief naar interne en externe klanten, benoemt en verduidelijkt hun behoeften. Managet de relatie met alle stakeholders om zeker te stellen dat de oplossingen aansluiten op de businessbehoeften. Stelt verschillende oplossingen voor (bijvoorbeeld: *make or buy*) door een contextuele analyse uit te voeren naar een gebruikersvriendelijk systeemontwerp. Adviseert de klanten over de beste oplossing of keuze. Treedt op als vertegenwoordiger bij het implementatie- of configuratieproces van de gekozen oplossing.	• K-M – Opstellen en beheren projectenportfolio • A-IS – Opstellen en beheren informatieprocessenmodel • O-BP – Vaststellen en beheren gewenste informatievoorziening • O-BP – Verkennen behoeften informatievoorziening • O-BP – Onderzoeken organisatieaspecten • O-BP – Analyseren veranderingsvermogen • B-BP – Opstellen wijzigingsvoorstel bedrijfsproces • B-IS – Opstellen wijzigingsvoorstel informatiesysteem • B-TI – Opstellen wijzigingsvoorstel technische infrastructuur • S-A – Formuleren eisen aan ICT-dienstverlening • S-A – Opstellen en beheren ICT-dienstenovereenkomst (SLA) • S-A – Opstellen en beheren ICT-dienstencatalogus • S-A – Opstellen wijzigingsvoorstel ICT-dienstverlening • S-A – Onderhouden klantrelatie (niet commercieel) • F-A – Beheren bedrijfswaarde van componenten • F-A – Opstellen en beheren begroting, bepalen van investeringen en kosten • C-A – Onderhouden klantrelatie (commercieel) • P-A – Verzorgen opleiding • G-A – Onderzoeken en vaststellen behoeften • G-A – Uitvoeren risicoanalyse • G-A – Opstellen oplossingsalternatieven • G-A – Opstellen en beheren businesscase • G-A – Samenstellen rapport • G-A – Onderzoeken automatiseringsontwikkelingen • E-A – Opstellen specificaties • E-A – Opstellen ontwerp • E-A – Voeren van overleg, afstemming

e-CF competentiereferentie		Gekoppelde KNVI-taken
D.12	**Digitale marketing** (Digital Marketing) **Toelichting:** Begrijpt de fundamentele principes van digitale marketing. Maakt onderscheid tussen een traditionele en een digitale benadering. Evalueert de effectiviteit van de verschillende mogelijkheden en past meettechnieken toe. Plant een coherente strategie waarbij gebruik wordt gemaakt van de meest effectieve middelen die beschikbaar zijn. Begrijpt het belang van dataprotectie en privacy die verbonden zijn aan de uitvoering van de marketingstrategie.	• K-BP – Opstellen en beheren complianceplan • K-BP – Opstellen en beheren informatieplan • A-IS – Opstellen en beheren informatieprocessenmodel • O-BP – Vaststellen en beheren gewenste informatievoorziening • O-BP – Verkennen behoeften informatievoorziening • B-BP – Beheren bedrijfsinformatie • B-BP – Beheren en bewaken kwaliteit bedrijfsproces • B-BP – Beheren content • B-BP – Opstellen wijzigingsvoorstel bedrijfsproces • B-IS – Beheren en bewaken kwaliteit informatiesysteem • B-IS – Opstellen wijzigingsvoorstel informatiesysteem • G-A – Onderzoeken en vaststellen behoeften • G-A – Opstellen en beheren businesscase • G-A – Opstellen en beheren procedure • G-A – Onderzoeken automatiseringsontwikkelingen
Sturen (Manage)		
E.1	**Ontwikkelen van prognoses** (Forecast Development) **Toelichting:** Interpreteert marktbehoeften en evalueert de marktacceptatie van producten of diensten. Beoordeelt de potentie van de organisatie om te voldoen aan toekomstige eisen inzake productie en kwaliteit. Past relevante meetmethoden toe om productie, marketing, verkoop en distributie met nauwkeurige besluitvorming mogelijk te maken.	• K-BP – Opstellen en beheren complianceplan • K-M – Opstellen en beheren projectenportfolio • O-BP – Vaststellen en beheren gewenste informatievoorziening • O-BP – Verkennen behoeften informatievoorziening • O-BP – Onderzoeken organisatieaspecten • O-BP – Analyseren veranderingsvermogen • O-BP – Ontwerpen en beheren bedrijfsprocessen • B-BP – Beheren en bewaken kwaliteit bedrijfsproces • B-BP – Opstellen wijzigingsvoorstel bedrijfsproces • B-BP – Beheren bedrijfsinformatie • S-A – Formuleren eisen aan ICT-dienstverlening • S-A – Opstellen en beheren ICT-dienstencatalogus • S-A – Opstellen wijzigingsvoorstel dienstverlening • F-A – Opstellen en beheren begroting, bepalen investeringen en kosten • F-A – Beheren bedrijfswaarde van componenten • C-A – Onderhouden klantrelatie (commercieel) • G-A – Onderzoeken en vaststellen behoeften • G-A – Opstellen en beheren businesscase • G-A – Opstellen en beheren kwaliteitsplan • G-A – Samenstellen rapport • G-M – Managen wijziging • E-A – Opstellen en beheren normen, criteria, randvoorwaarden
E.2	**Project- en portfoliomanagement** (Project and Portfolio Management)	• K-BP – Opstellen en beheren continuïteitplan • K-BP – Opstellen en beheren complianceplan • K-BP – Opstellen en beheren plan voor interne controle

e-CF competentiereferentie		Gekoppelde KNVI-taken
	Toelichting: Implementeert plannen voor een veranderprogramma. Plant en bestuurt afzonderlijke ICT-projecten of projectportfolio's, bewaakt de coördinatie en managet de onderling afhankelijke factoren. Coördineert projecten en ontwikkelt nieuwe, intern of extern gedefinieerde processen om te voldoen aan gedefinieerde zakelijke eisen. Stelt activiteiten, verantwoordelijkheden, kritische mijlpalen, hulpmiddelen, benodigde vaardigheden, interfaces en budgetten vast. Ontwikkelt scenario's om te kunnen reageren op eventuele implementatieproblemen. Rondt het project op tijd, binnen budget en in overeenstemming met de oorspronkelijke eisen af. Vervaardigt en onderhoudt documenten die de bewaking van de voortgang van het project vergemakkelijken.	• K-BP – Opstellen en beheren beveiligingsplan • K-M – Opstellen en beheren projectenportfolio • A-IS – Opstellen en beheren ontwikkelstandaarden • O-BP – Verkennen behoeften informatievoorziening • O-BP – Onderzoeken organisatieaspecten • O-BP – Analyseren veranderingsvermogen • O-BP – Vaststellen en beheren gewenste informatievoorziening • O-A – Ontwikkelen en beheren maatregelen voor interne controle • O-A – Ontwikkelen en beheren organisatorische maatregelen voor beveiliging • I-M – Bepalen en beheren invoeringsstrategie • B-BP – Beheren en bewaken kwaliteit bedrijfsproces • B-BP – Opstellen wijzigingsvoorstel bedrijfsproces • B-IS – Opstellen wijzigingsvoorstel informatiesysteem • B-TI – Opstellen wijzigingsvoorstel technische infrastructuur • S-A – Formuleren eisen aan ICT-dienstverlening • S-A – Opstellen wijzigingsvoorstel dienstverlening • S-A – Onderhouden klantrelatie (niet commercieel) • F-A – Opstellen en beheren begroting, bepalen investeringen en kosten • F-A – Beheren financiële administratie • P-M – Toewijzen taken aan medewerkers • P-A – Bepalen benodigde competenties • P-A – Vaststellen opleidingsbehoeften • G-M – Vaststellen en toewijzen taken, verantwoordelijkheden, bevoegdheden • G-M – Goedkeuren/beoordelen opdracht, verzoek en dergelijke • G-M – Opstellen en beheren projectplan • G-M – Inrichten projectorganisatie • G-M – Opstellen en beheren overeenkomst, contract • G-A – Afbakenen onderzoeksgebied • G-A – Onderzoeken en vaststellen behoeften • G-A – Uitvoeren risicoanalyse • G-A – Opstellen oplossingsalternatieven • G-A – Opstellen en beheren businesscase • G-A – Evalueren opdracht • G-A – Beheren technische documentatie • G-A – Beheren gebruikersdocumentatie • G-A – Samenstellen rapport • G-A – Verzorgen kennisoverdracht • E-M – Opstellen en beheren planning • E-A – Opstellen en beheren normen, criteria, randvoorwaarden • E-A – Begroten werklast • E-A – Opstellen en beheren documentatie

e-CF competentiereferentie		Gekoppelde KNVI-taken
E.3	**Risicomanagement** (Risk Management) **Toelichting:** Implementeert risicomanagement in alle informatiesystemen en past daarbij het door de onderneming vastgestelde beleid en de procedures voor risicomanagement toe. Beoordeelt het risico voor het bedrijf en documenteert potentieel risico en plannen om de schade te beperken.	• K-BP – Opstellen en beheren informatiebeleid • K-BP – Opstellen en beheren informatieplan • K-BP – Opstellen en beheren continuïteitplan • K-BP – Opstellen en beheren complianceplan • K-BP – Opstellen en beheren plan voor interne controle • K-BP – Opstellen en beheren beveiligingsplan • K-M – Opstellen en beheren projectenportfolio • A-IS – Opstellen en beheren informatieprocessenmodel • A-IS – Opstellen en beheren ontwikkelstandaarden • A-IS – Opstellen en beheren normen systeemgebruik en -beheer • A-TI – Opstellen en beheren standaarden technische infrastructuur • A-TI – Opstellen en beheren gebruik en beheer technische infrastructuur • O-BP – Onderzoeken organisatieaspecten • O-BP – Vaststellen en beheren gewenste informatievoorziening • O-BP – Opstellen en beheren calamiteitenplan • O-A – Ontwikkelen en beheren maatregelen voor interne controle • O-A – Opstellen en beheren technisch calamiteitenplan • O-A – Ontwikkelen en beheren organisatorische maatregelen voor beveiliging • O-A Ontwikkelen en beheren technische maatregelen voor beveiliging • O-A – Opstellen en beheren organisatorisch calamiteitenplan • B-BP – Beheren en bewaken kwaliteit bedrijfsproces • B-BP – Opstellen wijzigingsvoorstel bedrijfsproces • B-IS – Beheren en bewaken kwaliteit informatiesysteem • B-IS – Opstellen wijzigingsvoorstel informatiesysteem • B-TI – Opstellen wijzigingsvoorstel technische infrastructuur • S-A – Formuleren eisen aan ICT-dienstverlening • S-A – Opstellen wijzigingsvoorstel dienstverlening • S-A – Bewaken dienstenlevering • F-A – Opstellen en beheren begroting, bepalen investeringen en kosten • P-A – Bepalen benodigde competenties • G-M – Vaststellen en toewijzen taken, verantwoordelijkheden, bevoegdheden • G-M – Opstellen en beheren projectplan • G-A – Uitvoeren risicoanalyse • G-A – Opstellen oplossingsalternatieven • G-A – Opstellen en beheren kwaliteitsplan • G-A – Opstellen, beheren en realiseren preventieve maatregelen

e-CF competentiereferentie		Gekoppelde KNVI-taken
		• G-A – Ontwerpen en beheren procedure • G-A – Samenstellen rapport • G-A – Verzorgen kennisoverdracht • E-A – Opstellen normen, criteria, randvoorwaarden • E-A – Opstellen en beheren documentatie
E.4	**Relatiemanagement** (Relationship Management) **Toelichting:** Bouwt positieve zakelijke relaties op tussen klant en aanbieder (intern en extern) en onderhoudt deze, met toepassing en naleving van de in de organisatie geldende processen. Onderhoudt regelmatige communicatie met klanten, partners en leveranciers en gaat op behoeften in met gevoel voor hun omgeving, en managet de communicatie over de toeleveringsketen. Bewaakt dat behoeften, zorgen of klachten van klanten, partners en leveranciers worden begrepen en in overeenstemming met het bedrijfsbeleid worden opgelost.	• S-A – Formuleren eisen aan ICT-dienstverlening • S-A – Bewaken dienstenlevering • S-A – Opstellen wijzigingsvoorstel dienstverlening • S-A – Onderhouden klantrelatie (niet commercieel) • V-A – Onderhouden leveranciersrelatie • C-A – Onderhouden klantrelatie (commercieel) • G-M – Managen organisatorische knelpunten, problemen • G-M – Managen technische knelpunten, problemen • G-A – Onderzoeken en vaststellen behoeften • G-A – Samenstellen rapport • E-A – Voeren van overleg, afstemmen
E.5	**Procesverbetering** (Process Improvement) **Toelichting:** Meet de doeltreffendheid van bestaande ICT-processen. Onderzoekt en waardeert het ontwerp van ICT-processen op basis van een diversiteit aan bronnen. Volgt een systematische methode bij evaluatie, ontwerp en implementatie van proces- of technologieveranderingen, met meetbaar zakelijk voordeel als doel. Beoordeelt mogelijk nadelige consequenties van procesverandering.	• K-BP – Opstellen en beheren continuïteitplan • K-BP – Opstellen en beheren complianceplan • K-BP – Opstellen en beheren plan voor interne controle • K-M – Opstellen en beheren projectenportfolio • A-BP – Opstellen en beheren bedrijfsprocessenmodel • A-IS – Opstellen en beheren informatieprocessenmodel • O-BP – Vaststellen en beheren gewenste informatievoorziening • O-BP – Verkennen behoefte informatievoorziening • O-BP – Onderzoeken organisatieaspecten • O-BP – Analyseren veranderingsvermogen • O-BP – Ontwerpen en beheren bedrijfsprocessen • O-IS – Ontwerpen en beheren handmatige informatiefunctie • O-A – Ontwikkelen en beheren organisatorische maatregelen voor beveiliging • O-A – Ontwikkelen en beheren technische maatregelen voor beveiliging • I-BP – Invoeren (wijziging) bedrijfsproces • I-M – Bepalen en beheren invoeringsstrategie • B-BP – Beheren en bewaken kwaliteit bedrijfsproces • B-BP – Opstellen wijzigingsvoorstel bedrijfsproces • B-IS – Beheren en bewaken kwaliteit informatiesysteem • B-IS – Opstellen wijzigingsvoorstel informatiesysteem • F-A – Opstellen en beheren begroting, bepalen investeringen en kosten

e-CF competentiereferentie		Gekoppelde KNVI-taken
		• P-A – Bepalen benodigde competenties • G-M – Vaststellen en toewijzen taken, verantwoordelijkheden, bevoegdheden • G-M – Managen organisatorische knelpunten, problemen • G-M – Managen technische knelpunten, problemen • G-M – Opstellen en beheren projectplan • G-A – Onderzoeken en vaststellen behoeften • G-A – Uitvoeren risicoanalyse • G-A – Opstellen oplossingsalternatieven • G-A – Opstellen en beheren businesscase • G-A – Samenstellen rapport • G-A – Verzorgen kennisoverdracht • G-A – Onderzoeken automatiseringsontwikkelingen • E-A – Opstellen en beheren normen, criteria, randvoorwaarden • E-A – Uitvoeren analyse
E.6	**ICT-kwaliteitsmanagement** (ICT Quality Management) **Toelichting:** Implementeert een ICT-kwaliteitsbeleid om de beschikbaarheid van dienstverlening en producten te onderhouden en te verbeteren. Plant en definieert indicatoren voor het kwaliteitsmanagement met betrekking tot de ICT-strategie. Controleert indicatoren van de kwaliteitsprestatie en doet aanbevelingen voor verbeteringen om een bijdrage te leveren aan de continue kwaliteitsverbetering.	• K-BP – Opstellen en beheren complianceplan • K-BP – Opstellen en beheren plan voor interne controle • A-IS – Opstellen en beheren normen systeemgebruik en -beheer • A-TI – Opstellen en beheren normen gebruik en beheer technische infrastructuur • O-BP – Verkennen behoeften informatievoorziening • O-BP – Vaststellen en beheren gewenste informatievoorziening • O-BP – Onderzoeken organisatieaspecten • O-BP – Analyseren veranderingsvermogen • O-A – Ontwikkelen en beheren maatregelen voor interne controle • I-M – Opstellen en beheren invoeringsstrategie • B-BP – Beheren en bewaken kwaliteit bedrijfsproces • B-BP – Opstellen wijzigingsvoorstel bedrijfsproces • B-IS – Beheren en bewaken kwaliteit informatiesysteem • B-IS – Beheren en bewaken correct gebruik informatiesysteem • B-IS – Opstellen wijzigingsvoorstel informatiesysteem • S-A – Bewaken dienstenlevering • S-A – Formuleren eisen aan ICT-dienstverlening • S-A – Opstellen wijzigingsvoorstel dienstverlening • F-A – Beheren bedrijfswaarde componenten • F-A – Opstellen en beheren begroting, bepalen investeringen en kosten • P-A – Begeleiden medewerkers • P-A – Bepalen benodigde competenties • G-M – Managen organisatorische knelpunten, problemen • G-M – Opstellen en beheren projectplan

e-CF competentiereferentie		Gekoppelde KNVI-taken
		• G-M – Inrichten informatievoorzieningsfunctie • G-M – Managen technische knelpunten, problemen • G-A – Opstellen, beheren en realiseren preventieve maatregelen • G-A – Opstellen oplossingsalternatieven • G-A – Opstellen en beheren businesscase • G-A – Opstellen en beheren kwaliteitsplan • G-A – Evalueren opdracht • G-A – Opstellen en beheren procedure • G-A – Samenstellen rapport • G-A – Verzorgen kennisoverdracht • E-A – Uitvoeren analyse • E-A – Beheren component • E-A – Realiseren wijziging, onderhoud • E-A – Realiseren herstel • E-A – Voeren van overleg, afstemming • E-A – Opstellen en beheren normen, criteria, randvoorwaarden
E.7	**Management van veranderingen in bedrijfsprocessen** (Business Change management) **Toelichting:** Beoordeelt de implicaties van nieuwe IT-oplossingen. Stelt de eisen vast en kwantificeert de zakelijke voordelen. Neemt de leiding bij het implementeren van veranderingen, en houdt daarbij rekening met structurele en culturele aspecten. Handhaaft de zakelijke en procescontinuïteit tijdens het veranderingsproces, monitort de impact, neemt zo nodig herstelmaatregelen en verfijnt het totale concept.	• K-BP – Opstellen en beheren informatieplan • A-BP – Opstellen en beheren bedrijfsprocessenmodel • A-IS – Opstellen en beheren informatieprocessenmodel • O-BP – Verkennen behoeften informatievoorziening • O-BP – Vaststellen en beheren gewenste informatievoorziening • O-BP – Onderzoeken organisatieaspecten • O-BP – Analyseren veranderingsvermogen • O-BP – Ontwerpen en beheren bedrijfsprocessen • O-BP – Opstellen en beheren calamiteitenplan • O-A – Ontwikkelen en beheren maatregelen voor interne controle • I-BP – Invoeren (wijziging) bedrijfsproces • I-IS – Invoeren (wijziging) informatiesysteem • I-M – Bepalen en beheren invoeringsstrategie • I-A – Bepalen migratiestap • B-BP – Beheren en bewaken kwaliteit bedrijfsproces • B-BP – Beheren bedrijfsinformatie • B-BP – Opstellen wijzigingsvoorstel bedrijfsproces • B-IS – Opstellen wijzigingsvoorstel informatiesysteem • B-IS – Beheren en bewaken kwaliteit informatiesysteem • S-A – Formuleren eisen aan ICT-dienstverlening • S-A – Opstellen wijzigingsvoorstel dienstverlening • F-A – Opstellen en beheren begroting, bepalen investeringen en kosten • P-M – Toewijzen taken aan medewerkers • P-A – Begeleiden medewerkers • P-A – Bepalen benodigde competenties • P-A – Vaststellen opleidingsbehoeften

e-CF competentiereferentie		Gekoppelde KNVI-taken
		• G-M – Managen organisatorische knelpunten, problemen • G-M – Opstellen en beheren projectplan • G-A – Onderzoeken en vaststellen behoeften • G-A – Opstellen oplossingsalternatieven • G-A – Opstellen en beheren businesscase • G-A – Opstellen en beheren kwaliteitsplan • G-A – Opstellen en beheren gebruikersdocumentatie • G-A – Samenstellen rapport • G-A – Verzorgen kennisoverdracht • E-A – Opstellen en beheren normen, criteria, randvoorwaarden
E.8	**Informatiebeveiligingsmanagement** (Information Security Management) **Toelichting:** Implementeert informatiebeveiligingsbeleid. Monitort en neemt actie tegen inbreuk, fraude, beveiligingsincidenten en lekken. Bewaakt dat beveiligingsrisico's betreffende ondernemingsgegevens en -informatie worden geanalyseerd en beheerd. Beoordeelt beveiligingsincidenten en doet aanbevelingen voor continue verbetering van de beveiliging.	• K-BP – Opstellen en beheren continuïteitplan • K-BP – Opstellen en beheren complianceplan • K-BP – Opstellen en beheren beveiligingsplan • A-IS – Opstellen en beheren normen systeemgebruik en -beheer • A-IS – Opstellen en beheren standaarden applicatie- en databasebouw • A-TI – Opstellen en beheren normen gebruik technische infrastructuur • A-TI – Opstellen en beheren normen gebruik en beheer technische infrastructuur • O-BP – Vaststellen en beheren gewenste informatievoorziening • O-BP – Opstellen en beheren calamiteitenplan • O-IS – Selecteren standaard software • O-TI – Selecteren systeemsoftware • O-A – Opstellen en beheren technisch calamiteitenplan • O-A – Ontwikkelen en beheren organisatorische maatregelen voor beveiliging • O-A – Ontwikkelen en beheren technische maatregelen voor beveiliging • O-A – Opstellen en beheren organisatorisch calamiteitenplan • O-A – Ontwikkelen en beheren maatregelen voor interne controle • B-IS – Beheren en bewaken correct gebruik informatiesysteem • B-IS – Opstellen wijzigingsvoorstel informatiesysteem • B-TI – Beheren en bewaken correct gebruik technische infrastructuur • B-A – Beheren en monitoren autorisatie- en beveiligingssysteem • B-TI – Beheren en bewaken prestatiekenmerken technische infrastructuur • B-TI – Opstellen wijzigingsvoorstel technische infrastructuur • B-A – Beheren autorisaties • B-A – Oplossen systeemstoringen, incidenten • B-A – Structureel oplossen systeemstoringen, problems

e-CF competentiereferentie		Gekoppelde KNVI-taken
		• S-A – Formuleren eisen aan ICT-dienstverlening • S-A – Bewaken dienstenlevering • S-A – Opstellen wijzigingsvoorstel dienstverlening • F-A – Opstellen en beheren begroting, bepalen investeringen en kosten • P-A – Begeleiden medewerkers • P-A – Bepalen benodigde competenties • G-A – Uitvoeren risicoanalyse • G-A – Opstellen oplossingsalternatieven • G-A – Opstellen en beheren businesscase • G-A – Opstellen en beheren technische documentatie • G-A – Opstellen en beheren gebruikersdocumentatie • G-A – Ontwerpen en beheren procedure • G-A – Samenstellen rapport • G-A – Verzorgen kennisoverdracht • G-A – Voeren administratie, registratie • E-A – Opstellen en beheren normen, criteria, randvoorwaarden • E-A – Uitvoeren evaluatie, review
E.9	**IT-governance** (IS Governance) **Toelichting:** Definieert het management van de informatiesystemen in lijn met de ondernemingsvoorschriften, past het toe en controleert het. Houdt daarbij rekening met alle interne en externe parameters zoals wetgeving en compliance aan industrienormen. Dit om een evenwichtige verhouding te behouden tussen enerzijds risicomanagement en het inzetten van middelen en anderzijds het behalen van zakelijk voordeel.	• K-BP – Opstellen en beheren informatiebeleid • K-BP – Opstellen en beheren continuïteitplan • K-BP – Opstellen en beheren complianceplan • K-BP – Opstellen en beheren plan voor interne controle • K-M – Opstellen en beheren beleid voor inkoop, inhuur en dergelijke • K-M – Opstellen en beheren projectenportfolio • A-BP – Opstellen en beheren bedrijfsprocessenmodel • A-IS – Opstellen en beheren informatieprocessenmodel • O-BP – Verkennen behoeften informatievoorziening • O-BP – Vaststellen en beheren gewenste informatievoorziening • O-BP – Onderzoeken organisatieaspecten • O-BP – Ontwerpen en beheren bedrijfsprocessen • O-A – Ontwikkelen maatregelen voor interne controle • B-BP – Beheren bedrijfsinformatie • B-BP – Beheren en bewaken kwaliteit bedrijfsproces • B-BP – Opstellen wijzigingsvoorstel bedrijfsproces • B-IS – Beheren en bewaken kwaliteit informatiesysteem • B-IS – Opstellen wijzigingsvoorstel informatiesysteem • S-A – Bewaken dienstenlevering • S-A – Formuleren eisen aan ICT-dienstverlening • V-M – Opstellen en beheren strategie voor sourcing • F-A – Beheren bedrijfswaarde van componenten • P-M – Toewijzen taken aan medewerkers

e-CF competentiereferentie		Gekoppelde KNVI-taken
		• G-M – Vaststellen en toewijzen taken, verantwoordelijkheden, bevoegdheden • G-M – Inrichten projectorganisatie • G-M – Inrichten informatievoorzieningsfunctie • G-M – Organiseren informatievoorzieningsfunctie • G-A – Uitvoeren risicoanalyse • G-A – Opstellen oplossingsalternatieven • G-A – Ontwerpen en beheren procedure • G-A – Verzorgen kennisoverdracht • E-M – Leidinggeven aan, aansturen, coördineren activiteit • E-M – Opstellen en beheren planning • E-A – Opstellen en beheren normen, criteria, randvoorwaarden • E-A – Opstellen en beheren documentatie • E-A – Voeren van overleg, afstemmen

Bijlage 8 Schalen voor persoonlijke competenties

Aan de in hoofdstuk 12 genoemde persoonlijke competenties kunnen waarderingen worden gekoppeld. Hiermee wordt meetbaar op welk niveau een persoon een bepaalde competentie bezit, dan wel aan welk niveau van competentie een (gezocht) persoon zou moeten voldoen. Deze waardering wordt hierna gegeven op een zevenpuntsschaal. De waarderingen worden ter informatie en voor toepassing in praktijksituaties gegeven. De schalen worden verder niet in dit rapport gebruikt.

Tabel B.9 Schalen persoonlijke competenties

Competentiegebied	Competentie	Schaal	Schaaldefinitie
Management	**Leiderschap**	7	Heeft een charismatische uitstraling, laat de groep of een persoon mee beslissen over zaken die de groep, respectievelijk deze persoon aangaan.
		6	Leidt de groep, respectievelijk een individu met flair en betrokkenheid, is bereid rekening te houden met suggesties of wensen.
		5	Gebruikt de formele machtspositie eerlijk, zet zich persoonlijk in om de groep, respectievelijk een persoon eerlijk te behandelen, geeft feedback.
		4	Laat de groep, respectievelijk een persoon weten waar men aan toe is en legt beslissingen uit, zodat naar de gestelde doelen gestuurd kan worden.
		3	Regelt agenda's en gesprekken en geeft doelstellingen, beperkt zich vaak tot prestatiemetingen, is zakelijk toegankelijk.
		2	Toont weinig initiatief om uit zichzelf leiding te geven aan de groep, respectievelijk een individu.
		1	Kan of wil geen doel of richting geven als de groep, respectievelijk een medewerker daar om vraagt.
Interpersoonlijk	**Sensitiviteit, inlevingsvermogen**	7	Begrijpt onderliggende emoties, gedragingen en problemen, houdt rekening met andermans sterke en zwakke punten.
		6	Heeft oog voor iemands gevoelens, gedrag of zorgen en kan hier goed mee omgaan.
		5	Voelt spanningen van anderen aan en kan zich inleven in de gedachten, zorgen of gevoelens, begrijpt signalen en staat ervoor open.
		4	Begrijpt zowel iemands emotie als de situatie, kan zowel met geuite emoties als de uitgesproken gedachten hierover omgaan.
		3	Begrijpt de geuite emoties of de uitgesproken gedachten, maar niet allebei, moet echt omschakelen tussen zijn zakelijke en persoonlijke houding.

Competentiegebied	Competentie	Schaal	Schaaldefinitie
		2	Is voornamelijk met zijn eigen gevoelens bezig, heeft niet zoveel oog voor de gevoelens van anderen.
		1	Negeert andermans gevoelens of begrijpt ze verkeerd, kan anderen in termen van ras, cultuur of geslacht stereotyperen.
	Communicatieve vaardigheden (schriftelijk en/of mondeling)	7	Weet complexe ideeën zeer helder te verwoorden in woord en/of geschrift, kiest daarbij de juiste ondertoon, is expressief, speelt goed op anderen in en lost eventuele misverstanden op.
		6	Weet complexe ideeën goed te verwoorden, in woord en/of geschrift, kiest daarbij de juiste ondertoon, is expressief en reageert goed op anderen.
		5	Weet ideeën goed te verwoorden, in woord en/of geschrift, kiest daarbij de juiste ondertoon, toont begrip voor wat anderen bedoelen.
		4	Weet feitelijke informatie goed te verwoorden in woord en/of geschrift, en op de juiste manier te brengen, maar houdt daarbij weinig rekening met de gedachten en gevoelens van anderen.
		3	Kan informatie op een begrijpelijke manier doorgeven in woord en/of geschrift, maar mist de flair om het goed te brengen, begrijpt soms niet wat anderen bedoelen.
		2	Roept nogal eens weerstanden op door de manier waarop zaken mondeling of schriftelijk naar voren worden gebracht.
		1	Is geregeld de oorzaak van misverstanden en conflicten die zonder de hulp van anderen niet worden opgelost, vaak als gevolg van onsamenhangende verhalen of door het zaaien van verwarring.
	Samenwerken in teamverbanden	7	Prijst degenen die goed presteren en staat open voor problemen van anderen, laat groepsleden zich gewaardeerd en belangrijk voelen.
		6	Waardeert input en expertise van anderen, is bereid om te leren van medewerkers of collega's, vraagt om ideeën en opinies voor beslissingen.
		5	Heeft het in positieve zin over teamleden, toont respect voor input van anderen, stelt het groepsbelang boven het eigenbelang.
		4	Houdt mensen geïnformeerd over het groepsproces, deelt alle relevante informatie, werkt aan het eigenbelang én aan het groepsbelang.
		3	Is bereid te participeren, ondersteunt groepsbeslissingen, is een normaal teamlid en doet zijn deel van het werk, zodat doelen bereikt worden.
		2	Heeft een onverschillige houding, participeert niet, werkt liever alleen, heeft voornamelijk oog voor het eigenbelang.
		1	Werkt ontwrichtend en veroorzaakt soms problemen in het team, uit zich soms negatief over teamleden.

Competentiegebied	Competentie	Schaal	Schaaldefinitie
	Flexibiliteit	7	Maakt in korte tijd aanpassingen in de strategie van het bedrijf, de afdeling en dergelijke als reactie op de behoeften in een gegeven situatie.
		6	Maakt kleine of korte termijn aanpassingen in het bedrijf, de afdeling en dergelijke als reactie op de behoeften in een gegeven situatie.
		5	Past eigen strategieën, doelen of projecten aan op de situatie, schat goed in wanneer strategieën veranderd of aangepast moeten worden.
		4	Past tactieken afhankelijk van de situatie en reacties aan, verandert eigen gedrag of aanpak om tegemoet te komen aan de situatie.
		3	Past acties afhankelijk van de situatie aan om de effectiviteit te verhogen en doelen te bereiken.
		2	Reageert formeel en functioneel als reactie op eventuele problemen of kansen, voert hier de regels en procedures op uit.
		1	Blijft ondanks signalen uit de omgeving vasthouden aan de eigen werkwijze, heeft weerstand tegen veranderingen.
	Integriteit	7	Offert het kortetermijnwelzijn van de eigen unit op voor het langetermijn-bedrijfsbelang, vraagt ook anderen om offers voor het bedrijfsbelang.
		6	Staat achter beslissingen waar het bedrijf van profiteert, zelfs als deze niet populair of controversieel zijn.
		5	Maakt persoonlijke of professionele offers, zet het bedrijfsbelang boven de eigen voorkeuren en privéomstandigheden.
		4	Behoudt een evenwicht tussen organisatiedoelen en persoonlijke doelen, heeft een goede balans tijdens uitoefening van taken en functie.
		3	Stelt persoonlijke doelen boven organisatie-doelen, maar houdt zich aan de bedrijfsregels, behartigt binnen de organisatie vooral het eigenbelang.
		2	Wijkt af en toe van de officiële bedrijfsregels af om persoonlijke doelen te bereiken, wil weleens regels negeren voor persoonlijke motieven.
		1	Houdt zich niet aan de regels, verzet zich soms openlijk tegen de gevestigde standaard.
	Stressbestendigheid	7	Levert veel betere prestaties onder sterke druk, heeft aandacht voor anderen en kan anderen op een ontspannen manier kalmeren in zeer stressvolle situaties.
		6	Levert betere prestaties onder druk, maar heeft daarbij nauwelijks aandacht voor anderen, reageert constructief in stressvolle situaties.
		5	Presteert even goed onder druk als normaal, is zich bewust van de eigen stressreacties en gaat daar goed mee om, werkt enorm constant, onder druk of niet.

Competentiegebied	Competentie	Schaal	Schaaldefinitie
		4	Presteert even goed onder druk als normaal, maar kan stressreacties moeilijk hanteren, raakt op den duur gefrustreerd, is gevoelig voor burn-out.
		3	Presteert onder druk slechter dan normaal, is zich bewust van de eigen stressreacties en gaat daar goed mee om, werkt minder efficiënt maar kan goed omgaan met de druk.
		2	Presteert onder druk slechter dan normaal en kan eigen stressreacties moeilijk hanteren, is gauw van slag en weet niet goed hoe hiermee om kan worden gegaan.
		1	Komt onder druk nauwelijks meer tot presteren, wordt voornamelijk door emoties in beslag genomen.
	Luisteren	7	Voelt behoeften van anderen aan en neemt de tijd voor anderen, vraagt verduidelijkingen, geeft feedback en toont betrokkenheid.
		6	Weet anderen over de praatdrempel heen te krijgen, wisselt informatie uit, luistert en reageert ontspannen op anderen, vraagt door tot de kern.
		5	Is altijd bereid de tijd te nemen om te luisteren, komt oprecht en geïnteresseerd over en geeft relevante feedback op wat verteld wordt.
		4	Laat anderen uitpraten en vraagt toelichting, wil de gesprekken het liefst puur zakelijk houden.
		3	Luistert naar anderen, is beleefd en neemt de gangbare gespreksnormen in acht, nodigt de gesprekspartner niet actief uit, is vooral reactief.
		2	Kan zich met zichtbaar ongeduld inhouden bij het luisteren naar anderen, wil vooral de eigen ervaringen vertellen.
		1	Onderbreekt anderen continu, wil alleen het eigen zegje doen, is onrustig tijdens het luisteren, kan irritant zijn en niet ter zake overkomen.
	Conflictpreventie en -beheersing	7	Gaat op een nuchtere en volhardende manier om met conflicten, maakt conflicten kenbaar, bespreekbaar en oplosbaar.
		6	Ziet verschillende standpunten, kan ze samenvatten en voor elk de voor- en de nadelen aangeven.
		5	Ziet verschillen van mening en kan daar constructieve oplossingen voor geven.
		4	Heeft een uitgesproken mening, maar heeft respect voor een andere mening, hoeft niet per se te overtuigen.
		3	Praat ronduit maar probeert toch zijn gelijk te halen, wil op het onderwerp terugkomen, kan gefrustreerd raken en kan anderen frustreren.
		2	Houdt zich afzijdig van discussies en conflicten, trekt zich terug bij confrontaties en wil het liefst met rust gelaten worden.
		1	Is niet erg bereid tot concessies en wakkert soms conflicten aan door alleen de eigen mening en het eigen standpunt te herhalen, heeft soms weinig respect voor een andere mening.

Competentiegebied	Competentie	Schaal	Schaaldefinitie
	Klantgerichtheid	7	Zoekt informatie en peilt de onderliggende behoeften van klanten, koppelt deze aan (aangepaste) producten of diensten.
		6	Zoekt informatie en peilt soms de onderliggende behoeften van klanten, onderneemt actie, uit positieve verwachtingen.
		5	Heeft aandacht voor de geuite behoeften van de klant, is extra behulpzaam in kritische periodes, neemt de tijd.
		4	Heeft aandacht voor de geuite behoeften van de klant, geeft behulpzame informatie en service.
		3	Is vriendelijk en geeft de gevraagde informatie, maar stemt producten of diensten niet af op de klant.
		2	Wil de klant de feiten tonen, focust op eigen kunde in plaats van op de behoeften van de klant.
		1	Maakt soms negatieve opmerkingen en geeft de klant de schuld.
	Didactische vaardigheden	7	Geeft energieke en heldere uitleg, vertelt boeiend verhalen die de uitleg toegankelijk maken waardoor de materie ook begrepen wordt.
		6	Kan verrassend uit de hoek komen waarbij geestdrift en betrokkenheid de aandacht vasthouden, kan pakkend formuleren.
		5	Is een getrainde en goed voorbereide leraar, kan systematisch en begrijpelijk kennis of vaardigheden overbrengen.
		4	Is in staat kennis en vaardigheden op een gebruikelijke manier over te brengen, geeft inzicht in kennis en vaardigheden.
		3	Kan binnen de groep problemen met enige kennis en vaardigheid bespreken, kan inzicht geven in uitvoeringskennis en -vaardigheden.
		2	Kan pas via diverse omwegen duidelijk maken wat er bedoeld wordt, blijft weleens steken in het betoog, kan de draad echt kwijt zijn.
		1	Heeft weinig geduld en is bijna niet in staat om iets op een behoorlijke en begrijpelijke wijze over te brengen, kan soms voor meer onduidelijkheid zorgen.
Analytisch	**Analytisch vermogen**	7	Is in staat om in extreem complexe situaties alle relevante aspecten te onderscheiden plus het belang daarvan aan te geven, kan richtlijnen voor een totaaloplossing aangeven.
		6	Is in staat om in extreem complexe situaties de meest relevante aspecten te onderscheiden en het belang daarvan aan te geven, om een oplossing te bereiken.
		5	Is in staat complexe problemen te reduceren tot enkele deelproblemen, deze met elkaar in verband te brengen en oplossingsmethoden aan te geven.
		4	Is in staat problemen te onderscheiden en voor deze afzonderlijke oplossingsstrategieën aan te geven.

Competentiegebied	Competentie	Schaal	Schaaldefinitie
		3	Onderscheidt basale aspecten van problemen, geeft mogelijke oplossingen, stelt geen prioriteiten tussen deeloplossingen.
		2	Maakt geen onderscheid tussen aspecten van problemen en geeft simpele oplossingen voor een deel van het probleem.
		1	Maakt geen onderscheid tussen de diverse aspecten van problemen en komt niet altijd met adequate oplossingen aan.
	Oordeelsvorming	7	Kan relevante gegevens goed inschatten en wegen, vraagt om kritische feedback, gaat verslechtering van denkprocessen bij groepsleden tegen en bevordert oordeelsvorming bij anderen.
		6	Gebruikt en weegt de juiste maatstaven om tot een vakkundig oordeel te komen, betrekt anderen daarbij en staat open voor kritische feedback.
		5	Komt met door deductie geformuleerde beoordelingen aan, gebruikt relevante maatstaven, staat open voor discussie.
		4	Gebruikt en beoordeelt de juiste maatstaven op een weloverwogen en vakkundige manier, ziet ook de situationele context van bepaalde situaties.
		3	Past de juiste maatstaven toe, maar laat de context buiten beschouwing, is taakgericht.
		2	Kent de juiste maatstaven, maar past ze niet goed toe, heeft vaak niet voldoende informatie, is niet altijd even efficiënt.
		1	Weet niet altijd welke maatstaven de juiste zijn of gebruikt de verkeerde om tot een oordeel te komen, interpreteert gegevens soms verkeerd.
	Abstractievermogen	7	Creëert nieuwe modellen of theorieën die een complex probleem of proces verklaren en brengt afwijkende data in lijn hiermee.
		6	Modificeert en past op een geschikte manier complexe geleerde concepten en methodologie toe.
		5	Gebruikt begrippen op een nieuwe manier voor het bedenken van een oplossing.
		4	Past bestaande begrippen op voorgeschreven wijze toe om problemen op te lossen.
		3	Gebruikt adequate begrippen, maar past die soms niet op een juiste wijze toe.
		2	Gebruikt soms de verkeerde begrippen of weet niet wat ze inhouden.
		1	Denkt vooral concreet en niet zozeer in begrippen.
	Creativiteit	7	Denkt niet zwart-wit, visualiseert problemen en oplossingen, heeft vakgerichte en grensverleggende ideeën, komt zelf met diverse oplossingen.
		6	Benadert problemen vanuit verschillende invalshoeken, is zeer vindingrijk in het bedenken van toepasbare oplossingsalternatieven.

Competentiegebied	Competentie	Schaal	Schaaldefinitie
		5	Is vindingrijk in het geven van oplossingsalternatieven voor een breed scala van actuele probleemsituaties, heeft visie.
		4	Stelt diverse oplossingen voor waarvan een of meer ideeën bruikbaar zijn, functioneert effectief.
		3	Weet na enige verdieping in de materie zinnige alternatieve oplossingen aan te reiken op voornamelijk de eigen vakinhoudelijk gebieden en kennis.
		2	Weet vaak geen alternatieve oplossingen voor problemen, beperkt zich tot standaardoplossingen.
		1	Komt vaak niet tot een oplossing, denkt soms ongenuanceerd, staat meestal niet open voor concessies, heeft een conservatieve denk- en werkwijze.
Bedrijfsmatig	**Organisatiebewustzijn**	7	Begrijpt het functioneren van organisaties en gedragingen van mensen in organisaties, en daarbij spelende problemen, onderkent en houdt rekening met sterke en zwakke aspecten van organisaties, spreekt de juiste personen op de juiste wijze aan.
		6	Heeft oog voor gevoelens, emoties, problemen en gedragingen van (mensen in) organisaties en kiest oplossingen die hierop inspelen, spreekt de juiste mensen aan.
		5	Voelt spanningen van mensen in de organisatie in relatie met hun positie en uitvoerende taken aan, begrijpt signalen uit de organisatie en kan zich hierin inleven, weet theoretische organisatiekennis en eigen referenties te vertalen naar een concrete situatie, vindt in het algemeen goede oplossingen.
		4	Begrijpt het functioneren van organisaties vanuit een theoretische organisatiekennis en kan met organisatieproblemen omgaan, weet theoretische organisatiekennis te vertalen naar een concrete situatie.
		3	Begrijpt het functioneren van een organisatie vanuit het eigen kader, is zich niet altijd bewust van de gevolgen van het eigen handelen.
		2	Begrijpt het functioneren van een organisatie na (uitgebreid) onderzoek, benadert dit vanuit een theoretisch kader, is zich niet altijd bewust van de gevolgen van het eigen handelen.
		1	Begrijpt het functioneren van de organisatie niet en staat niet open voor signalen uit die organisatie.
	Kennis van andere disciplines	7	Heeft autoriteit op het gebied van de informatie-integratie in een ander vakgebied, bepaalt de integratietrend voor deze discipline.
		6	Is expert op het gebied van informatie-integratie in een ander vakgebied, bepaalt de integratietoepassingen voor meerdere disciplines en bedrijven.

Competentiegebied	Competentie	Schaal	Schaaldefinitie
		5	Heeft gespecialiseerde kennis om informatica te integreren in een ander vakgebied.
		4	Weet op uitvoerend gebied de weg en heeft voldoende kennis van de informatica-ontwikkelingen en ontwikkelingen in een ander vakgebied om hiermee toepassingen te maken.
		3	Komt zijdelings weleens in aanraking met andere disciplines, kan door middel van uitgebreide instructies en overleg in andere disciplines handelen.
		2	Weet grofweg wat er in andere disciplines omgaat, kan door middel van stap-voor-stap instructies werken in een ander vakgebied.
		1	Heeft weinig praktische en theoretische kennis van een ander vakgebied, beheerst niet veel ander jargon dan dat van de informatica.
	Strategische visie	7	Weet adequate beleidslijnen voor de langere termijn te ontwikkelen door goed te anticiperen op toekomstige ontwikkelingen, zoekt actief naar relevante informatie, zoekt vanuit het verkregen perspectief naar optimale oplossingen.
		6	Ontwikkelt beleidslijnen voor de langere termijn, maar is niet actief op zoek naar relevante informatie, zoekt vanuit dit perspectief naar goede oplossingen.
		5	Ontwikkelt beleidslijnen voor de langere termijn, maar mist hierbij soms relevante informatie, zoekt vanuit dit perspectief oplossingen.
		4	Weet adequaat kortetermijnplannen te maken door goed te anticiperen op de nabije toekomst, zoekt vanuit dit perspectief oplossingen.
		3	Kan adequaat kortetermijnplannen maken, maar mist soms relevante informatie, zoekt vanuit dit perspectief naar oplossingen.
		2	Richt zich voornamelijk op kortetermijnplannen, maar blijft steken in details, vindt daardoor geen goede oplossingen.
		1	Maakt nauwelijks plannen, leeft van dag tot dag, stelt onrealistische doelen, vindt geen goede oplossingen.
	Commercieel inzicht	7	Heeft vanuit een positie in de informatica diverse succesvolle commerciële functies of rollen uitgevoerd, weet welke oplossingen, producten of diensten succesvol worden en waarom, heeft visie.
		6	Heeft in een of meer informaticafuncties voor een omzetverhoging gezorgd, ziet potentiële problemen, oplossingen en successen, kent de marktbewegingen.
		5	Beheerst de kunst om te verkopen en weet precies of iets wel of juist niet verkocht wordt, kan situaties goed inschatten.

Competentiegebied	Competentie	Schaal	Schaaldefinitie
		4	Kent het product, oplossingen en de afnemers en de concurrentie, weet veel van specificaties, reageert vaak adequaat.
		3	Kent de markt en de concurrentie maar heeft moeite met nieuwe in- of verkoopsituaties.
		2	Heeft weinig interesse in commercie, weet wat vraag en aanbod, en kosten en baten inhouden, maar heeft hier geen compassie mee.
		1	Ziet ondanks diverse gesprekken en ervaringen nauwelijks hoe kosten gedrukt kunnen worden, rendement kan worden geoptimaliseerd, overschrijdt soms budgetten.
	Kwaliteitsbewustzijn	7	Is volledig doordrongen van de concepten van kwaliteit en kan hier zowel systematisch als vanuit eigen perspectief invulling aan geven; de klanteisen staan daarbij voorop en deze worden in samenwerking geoperationaliseerd.
		6	Is doordrongen van de concepten van kwaliteit en kan hier zowel systematisch als vanuit eigen perspectief invulling aan geven; de klanteisen worden daarbij als uitgangpunt genomen, waarbij de operationele vertaling daarvan met de klant wordt teruggekoppeld.
		5	Is doordrongen van de concepten van kwaliteit en kan hier zowel systematisch als vanuit eigen perspectief invulling aan geven; de klanteisen worden daarbij als uitgangpunt genomen.
		4	Is doordrongen van de concepten van kwaliteit en kan hier systematisch invulling aan geven.
		3	Is doordrongen van de concepten van kwaliteit en kan hier vanuit eigen perspectief invulling aan geven.
		2	Heeft wel 'gevoel' voor kwaliteit, maar kan hier niet systematisch of vanuit eigen perspectief invulling aan geven.
		1	Heeft nauwelijks 'gevoel' voor kwaliteit, in het bijzonder gerelateerd aan de eisen van de klant en voor een product.
Dynamiek/ daadkracht	**Zelfstandigheid**	7	Heeft een zeer professionele aanpak, stelt zelf de doelen en werkt aan goede prestaties, helpt eventueel ook nog anderen.
		6	Werkt efficiënt, vult lege uren met zinvolle bezigheden, vraagt nieuwe input en werkt andere lopende zaken af, is altijd bezig.
		5	Heeft een eigen manier en tempo van werken, werkt graag en goed alleen, kan problemen zelf oplossen.
		4	Kan de taakuitvoering meestal alleen aan, heeft soms hulp van anderen nodig en vraagt die ook.
		3	Kan de taakuitvoering ongeveer de helft van de tijd alleen aan, heeft vaak hulp nodig.
		2	Is nauwelijks in staat om zelfstandig te werken, kan voornamelijk routinematige en bekende taken aan.

Competentiegebied	Competentie	Schaal	Schaaldefinitie
		1	Moet intensief worden begeleid, de taakuitvoering moet stelselmatig gesuperviseerd worden om fouten te voorkomen.
	Initiatief	7	Creëert kansen door zorgvuldig te anticiperen en voor te bereiden, ziet details en weet wat hij zoekt, is proactief en creatief in het handelen.
		6	Werkt actief aan het zoeken van kansen, weet wat er rond zich afspeelt, gaat ontspannen en vastberaden aan het werk.
		5	Pakt kansen die voorhanden zijn en zet zich hiervoor in zolang het nut ervan wordt onderkend, gaat zeer efficiënt te werk, gaat professioneel op kansen in.
		4	Gaat weloverwogen te werk, ziet kansen, weegt het nut en richt zich op de kans met het hoogste subjectieve nut, weet wat te doen.
		3	Kan na enig aarzelen wel de mogelijkheden inschatten en actie ondernemen, weegt geregeld de kosten en baten, haakt soms voortijdig af.
		2	Is met veel moeite en pijn te 'porren' voor uitdagingen en vernieuwingen, blijft lang dubben en maakt zich zorgen over de keuze tijdens en na de actie.
		1	Ziet weinig kansen en is ervan overtuigd dat de kansen voor anderen zijn, wacht op wat de omgeving doet en is terughoudend tegenover veranderingen.
	Besluitvaardigheid	7	Blijft kalm en zorgt dat relevante informatie zo snel mogelijk voorhanden is, neemt beslissingen en geeft het tempo aan.
		6	Kan snel beslissen wat de beste acties zijn om een bepaald doel te bereiken, hoort de informatie aan en neemt een besluit.
		5	Neemt voor beslissingen de tijd, gebruikt veel retoriek en deductieve logica om tot een besluit te komen, weegt en relativeert informatie.
		4	Weegt beslissingen met wat gangbaar en conform de bedrijfscultuur is, is zich meer bewust van positie dan van gevolgen.
		3	Houdt zich aan vaste regels en maakt behoeften en vereisten redelijkerwijs duidelijk.
		2	Blijft niet bij genomen beslissingen, antwoordt vaag, ondergeschikten weten niet wat er verlangd wordt, is wispelturig.
		1	Geeft te veel toe aan verzoeken van anderen, ook als dit het afkrijgen van de hoofdtaak verhindert, is meer geïnteresseerd in geliefd te zijn.
	Doorzettingsvermo-gen	7	Blijft onveranderlijk doorgaan met een vooropgezet plan, ook als anderen het opgeven, anticipeert adequaat op mogelijke problemen die anderen nog niet zien.
		6	Blijft proberen het gestelde doel te bereiken, past het plan aan bij sterke tegenwerking, anticipeert adequaat, manoeuvreert behendig en doelgericht.

Competentiegebied	Competentie	Schaal	Schaaldefinitie
		5	Blijft zo dicht mogelijk bij het oorspronkelijk gestelde doel, als dit onhaalbaar lijkt te zijn worden alternatieven gezocht om het doel alsnog te bereiken.
		4	Stelt het vooropgestelde doel lager bij tegenslagen die als onoverkomelijk worden gezien, zoekt nieuwe kansen om het doel alsnog (eventueel gedeeltelijk) te bereiken.
		3	Ziet tijdelijk van oorspronkelijke plannen af als de tegenslagen te groot lijken te zijn, komt hier later weer op terug, wacht een andere kans af.
		2	Ziet geheel af van oorspronkelijke plannen bij enkele reële tegenslagen, is na een aantal tegenslagen niet meer in staat en bereid om door te gaan, haakt dan af.
		1	Meent al snel dat een plan niet haalbaar is en ziet er dan van af, kan soms bij geringe tegenslagen al afhaken, is soms pessimistisch over het eigen kunnen.
	Overtuigingskracht	7	Speelt in op de gedachtegang van anderen om ze te overtuigen en hun gedrag te veranderen, bereidt zich voor en lobbyt eventueel.
		6	Heeft uitstraling en komt goed voorbereid en overtuigend over, geeft heldere betogen en wekt cohesie op.
		5	Kan anderen door logische argumentaties en wellicht kleine concessies overtuigen om veranderingen te bereiken.
		4	Heeft een helder verhaal, maar komt in discussies minder overtuigend over.
		3	Kan met behulp van back-up (bijvoorbeeld regels) van hogerhand en algemene policy medewerkers zo ver krijgen dat ze hun gedrag veranderen.
		2	Kan af en toe raak uit de hoek komen en anderen overtuigen, meer spontaan dan door overdracht.
		1	Poneert feitelijk (on)waarheden, luistert nauwelijks naar argumentatie, staat nauwelijks open voor andere meningen.
	Onderhandelingsvaardigheid	7	Is een meester in woordgebruik, kan anderen overrompelen, gebruikt diverse invalshoeken om terrein te veroveren, zet door.
		6	Is goed voorbereid en laat zich niet uit het veld slaan, ziet gebruikte en bruikbare strategieën en speelt daar stelselmatig op in.
		5	Is alert op potentiële persoonlijke of situationele voordelen en probeert anderen te beïnvloeden, stelt een ander op de proef met logica en kennis.
		4	Weet de onderhandelingsbalans gunstig te houden en kan de eigen positie handhaven, kent de belangen.
		3	Laat zich niet overtroeven, maar heeft autoriteit nodig om niet te veel terrein te verliezen.

Competentiegebied	Competentie	Schaal	Schaaldefinitie
		2	Kan de ergste schade beperken, maar is geen goed onderhandelaar, is bevattelijk voor bluf en toneelspel.
		1	Weet het keer op keer voor elkaar te krijgen om in een verliezende situatie terecht te komen.
Organiseren	**Accuratesse**	7	Levert in alle omstandigheden perfect werk af, weet precies wat er gedaan moet worden en hoe het gedaan moet worden, is een perfectionist.
		6	Wordt gedreven door betrokkenheid, professionele standaarden, werkt situatie-onafhankelijk en rust niet voordat het werk overzichtelijk is.
		5	Weet de prestatiestandaard onafhankelijk van de situatie hoog te houden, wil kwalitatief goed werken.
		4	Presteert voldoende in wisselende situaties, heeft een nauwkeurige en systematische manier van aanpak.
		3	Kan nauwgezet werken, maar de efficiency wisselt sterk, afhankelijk van de situatie.
		2	Levert wisselend werk, dan weer goed, dan weer slecht, vaak is het net voldoende.
		1	Is snel van de wijs door situationele gebeurtenissen, werkt nauwelijks accuraat en systematisch.
	Methodisch werken	7	Implementeert nieuwe, gedetailleerde systemen om de systematiek van het werk te vergroten en de kwaliteit te verbeteren.
		6	Werkt zeer systematisch aan coördinatie en zorgt dat fouten opgespoord en opgelost worden, heeft een algemeen zorggevoel voor groeiende orde.
		5	Houdt activiteiten van zichzelf en van anderen bij om er zeker van te zijn dat procedures opgevolgd worden.
		4	Controleert de nauwkeurigheid van informatie en het eigen werk dubbel, werkt volgens een vast uitvoeringsplan van aanpak.
		3	Werkt aan ordening en wil taken, rollen, verwachtingen en data helder hebben, wil zaken zwart op wit hebben.
		2	Onderhoudt een ordelijke eigen werkplek, kan alles makkelijk vinden.
		1	Heeft een gebrek aan zorg voor orde, veroorzaakt veel problemen door de aanwezige chaos.
	Plannen en organiseren	7	Is zeer effectief met het organiseren, plannen en uitvoeren van doelen en missie, is veel met middellange en lange termijn bezig.
		6	Is effectief in het organiseren, plannen en uitvoeren van doelen en activiteiten, is veel met de middellange termijn bezig.
		5	Werkt aan verschillende taken tegelijk en bereidt diverse taken voor, weet precies wat er gebeurt en gebeuren moet.

Competentiegebied	Competentie	Schaal	Schaaldefinitie
		4	Heeft geen enkele moeite met het werk, kan een aantal taken tegelijk vooruit plannen, is altijd punctueel.
		3	Kan het werk goed aan, weet de stappen om effectief de taken uit te voeren van begin tot eind, plant per taak vooruit.
		2	Kan planning vaak niet effectief volgen, loopt soms achter de feiten aan, kan de basisplanning en het hiernaar handelen, net aan.
		1	Heeft nauwelijks een planning, werkt aan een ding tegelijk tot het af is, bekijkt daarna wat er dan te doen valt.

Bijlage 9 NLQF-beschrijvingen van de kwalificatieniveaus

In hoofdstuk 15 zijn de in dit rapport gehanteerde kwalificatieniveaus voor de functies toegelicht, gebaseerd op de kwalificatiestructuur van het NLQF van december 2015[1]. Aan elke functie is een startkwalificatie en een kwalificatie professional gekoppeld. Hierna zijn de beschrijvingen van de kwalificatieniveaus van het NLQF opgenomen zoals ze in dit rapport zijn gebruikt.

Tabel B.10 NLQF – Instroomniveau

Opleiding op dit niveau	Basiseducatie 1
Toepassing van dit kwalificatieniveau	
Niveau beroepsonderwijs	Instroomniveau
Mbo	Niet benoemd
Hbo	Niet benoemd
Wo	Niet benoemd
e-CF	Niet benoemd
Uitwerking van dit kwalificatieniveau	
Context	Een bekende stabiele leef- en werkomgeving.
Kennis	Bezit basale kennis van eenvoudige feiten en ideeën gerelateerd aan de leefomgeving.
Toepassen van kennis	Reproduceert de kennis en past deze toe. Voert eenvoudige herkenbare (beroeps)taken uit op basis van automatismen.
Probleemoplossende vaardigheden	Herkent eenvoudige problemen in het dagelijks leven. Lost deze problemen op.
Leer- en ontwikkelvaardigheden	Ontwikkelt zich met begeleiding.
Informatievaardigheden	Verkrijgt en verwerkt informatie over eenvoudige feiten en ideeën gerelateerd aan de leefomgeving.
Communicatieve vaardigheden	Communiceert op basis van in de context geldende conventies met gelijken.
Verantwoordelijkheid en zelfstandigheid	Werkt samen met gelijken. Draagt verantwoordelijkheid voor resultaten van eenvoudige routinematige taken en studie. Draagt gedeelde verantwoordelijkheid voor het resultaat van het routinewerk van anderen.

1 Voor een actuele versie van NLQF, zie: www.nlqf.nl

Tabel B.11 NLQF – Niveau 1

Opleiding op dit niveau	Basiseducatie 2, vmbo bb, mbo 1
Toepassing van dit kwalificatieniveau	
Niveau beroepsonderwijs	WEB-niveau 1
Mbo	Assistent beroepsbeoefenaar (geen startkwalificatie)
Hbo	Niet van toepassing
Wo	Niet van toepassing
e-CF	Niet van toepassing
Uitwerking van dit kwalificatieniveau	
Context	Een herkenbare leef- en werkomgeving.
Kennis	Bezit basale kennis van eenvoudige feiten en ideeën gerelateerd aan een beroep en kennisdomein.
Toepassen van kennis	Reproduceert de kennis en past deze toe. Voert eenvoudige herkenbare (beroeps)taken uit op basis van automatismen.
Probleemoplossende vaardigheden	Herkent eenvoudige problemen in de beroepspraktijk en in het kennisdomein. Lost deze problemen op.
Leer- en ontwikkelvaardigheden	Ontwikkelt zich met begeleiding.
Informatievaardigheden	Verkrijgt en verwerkt informatie over eenvoudige feiten en ideeën gerelateerd aan een beroep en kennisdomein.
Communicatieve vaardigheden	Communiceert op basis van in de context en de beroepspraktijk geldende conventies met gelijken, leidinggevenden en cliënten.
Verantwoordelijkheid en zelfstandigheid	Werkt samen met gelijken, leidinggevenden en cliënten. Draagt met begeleiding verantwoordelijkheid voor resultaten van eenvoudige taken en studie. Draagt gedeelde verantwoordelijkheid voor het resultaat van het routinewerk van anderen.

Tabel B.12 NLQF – Niveau 2

Opleiding op dit niveau	Basiseducatie 3, vmbo kb, gl, tl, mbo 2
Toepassing van dit kwalificatieniveau	
Niveau beroepsonderwijs	WEB-niveau 2
Mbo	Medewerker/basisberoepsbeoefenaar
Hbo	Niet van toepassing
Wo	Niet van toepassing
e-CF	Niet van toepassing
Uitwerking van dit kwalificatieniveau	
Context	Een herkenbare leef- en werkomgeving.
Kennis	Bezit basiskennis van feiten, ideeën, processen, materialen, middelen en begrippen van en gerelateerd aan een beroep en kennisdomein.
Toepassen van kennis	Reproduceert de kennis en past deze toe. Voert eenvoudige (beroeps)taken uit met behulp van geselecteerde standaardprocedures.
Probleemoplossende vaardigheden	Herkent eenvoudige problemen in de beroepspraktijk en in het kennisdomein. Lost deze problemen planmatig op.
Leer- en ontwikkelvaardigheden	Vraagt ondersteuning bij verdere ontwikkeling na reflectie en beoordeling van eigen (leer)resultaten.

Informatievaardigheden	Verkrijgt en verwerkt basisinformatie over feiten, ideeën, processen, materialen, middelen en begrippen van en gerelateerd aan een beroep en kennisdomein.
Communicatieve vaardigheden	Communiceert op basis van in de context en de beroepspraktijk geldende conventies met gelijken, leidinggevenden en cliënten.
Verantwoordelijkheid en zelfstandigheid	Werkt samen met gelijken, leidinggevenden en cliënten. Draagt met begeleiding verantwoordelijkheid voor resultaten van eenvoudige taken en studie.

Tabel B.13 NLQF – Niveau 3

Opleiding op dit niveau	Mbo 3
Toepassing van dit kwalificatieniveau	
Niveau beroepsonderwijs	WEB-niveau 3
Mbo	Zelfstandig medewerker/zelfstandig beroepsbeoefenaar/ vakopleiding
Hbo	Niet van toepassing
Wo	Niet van toepassing
e-CF	Niveau 1
Uitwerking van dit kwalificatieniveau	
Context	Een herkenbare, wisselende leef- en werkomgeving.
Kennis	Bezit kennis van materialen, middelen, feiten, kernbegrippen, eenvoudige theorieën, ideeën, methoden en processen van en gerelateerd aan een beroep en kennisdomein.
Toepassen van kennis	Reproduceert de kennis en past deze toe. Signaleert beperkingen van bestaande kennis in de beroepspraktijk en in het kennisdomein en onderneemt actie. Voert (beroeps)taken die tactisch en strategisch inzicht vereisen uit met behulp van een eigen keuze uit en een combinatie van standaardprocedures en methoden.
Probleemoplossende vaardigheden	Onderkent ingewikkelde problemen in de beroepspraktijk en in het kennisdomein. Lost deze planmatig op door gegevens te identificeren en te gebruiken.
Leer- en ontwikkelvaardigheden	Vraagt ondersteuning bij verdere ontwikkeling na reflectie en beoordeling van eigen (leer)resultaten.
Informatievaardigheden	Verkrijgt, verwerkt en combineert informatie over materialen, middelen, feiten, kernbegrippen, eenvoudige theorieën, ideeën, methoden en processen van en gerelateerd aan een beroep en kennisdomein.
Communicatieve vaardigheden	Communiceert op basis van in de context en de beroepspraktijk geldende conventies met gelijken, leidinggevenden en cliënten.
Verantwoordelijkheid en zelfstandigheid	Werkt samen met gelijken, leidinggevenden en cliënten. Draagt verantwoordelijkheid voor resultaten van een afgebakend takenpakket en studie. Draagt gedeelde verantwoordelijkheid voor het resultaat van het routinewerk van anderen.

Tabel B.14 NLQF – Niveau 4

Opleiding op dit niveau	Vwo, vavo-havo, mbo 4
Toepassing van dit kwalificatieniveau	
Niveau beroepsonderwijs	WEB-niveau 4
Mbo	Middenkaderfunctionaris/gespecialiseerd beroepsbeoefenaar (geeft toegang tot hbo)
Hbo	Instroomniveau vanuit mbo
Wo	Niet van toepassing
e-CF	Niveau 2
Uitwerking van dit kwalificatieniveau	
Context	Een herkenbare, wisselende leef- en werkomgeving, ook internationaal.
Kennis	Bezit brede en specialistische kennis van materialen, middelen, feiten, abstracte begrippen, theorieën, ideeën, methoden en processen van en gerelateerd aan een beroep en kennisdomein.
Toepassen van kennis	Reproduceert en analyseert de kennis en past deze toe. Evalueert en integreert gegevens en ontwikkelt strategieën voor het uitvoeren van diverse (beroeps)taken. Signaleert beperkingen van bestaande kennis in de beroepspraktijk en in het kennisdomein en onderneemt actie. Analyseert redelijk complexe (beroeps)taken en voert deze uit.
Probleemoplossende vaardigheden	Onderkent en analyseert redelijk complexe problemen in de beroepspraktijk en in het kennisdomein. Lost deze planmatig en op creatieve wijze op door gegevens te identificeren en te gebruiken.
Leer- en ontwikkelvaardigheden	Ontwikkelt zich door reflectie en beoordeling van eigen (leer)-resultaten.
Informatievaardigheden	Verkrijgt, verwerkt en combineert brede en specialistische informatie over materialen, middelen, feiten, abstracte begrippen, theorieën, ideeën, methoden en processen van en gerelateerd aan een beroep en kennisdomein.
Communicatieve vaardigheden	Communiceert op basis van in de context en de beroeps-praktijk geldende conventies met gelijken, leidinggevenden en cliënten.
Verantwoordelijkheid en zelfstandigheid	Werkt samen met gelijken, leidinggevenden en cliënten. Draagt verantwoordelijkheid voor resultaten van eigen activiteiten, werk en studie. Draagt gedeelde verantwoordelijkheid voor het resultaat van het werk van anderen.

Tabel B.15 LQF – Niveau 4+

Opleiding op dit niveau	Vwo, vavo-vwo
Toepassing van dit kwalificatieniveau	
Niveau beroepsonderwijs	Geen WEB-niveau gedefinieerd
Mbo	Middenkaderfunctionaris/gespecialiseerd beroepsbeoefenaar (geeft toegang tot hbo)
Hbo	Instroomniveau vanuit mbo
Wo	Niet van toepassing
e-CF	Niet gedefinieerd
Uitwerking van dit kwalificatieniveau	
Context	Een herkenbare, wisselende leef- en werkomgeving, ook internationaal.
Kennis	Bezit brede en specialistische kennis van materialen, middelen, feiten, abstracte begrippen, theorieën, ideeën, methoden en processen van en gerelateerd aan een beroep en kennisdomein.
Toepassen van kennis	Reproduceert en analyseert de kennis en past deze toe. Evalueert en integreert gegevens en ontwikkelt strategieën voor het uitvoeren van diverse (beroeps)taken. Signaleert beperkingen van bestaande kennis in de beroepspraktijk en in het kennisdomein en onderneemt actie. Analyseert redelijk complexe (beroeps)taken en voert deze uit.
Probleemoplossende vaardigheden	Onderkent en analyseert redelijk complexe problemen in de beroepspraktijk en in het kennisdomein. Lost deze planmatig en op creatieve wijze op door gegevens te identificeren en te gebruiken.
Leer- en ontwikkelvaardigheden	Ontwikkelt zich door reflectie en beoordeling van eigen (leer)resultaten.
Informatievaardigheden	Verkrijgt, verwerkt en combineert brede en specialistische informatie over materialen, middelen, feiten, abstracte begrippen, theorieën, ideeën, methoden en processen van en gerelateerd aan een beroep en kennisdomein.
Communicatieve vaardigheden	Communiceert op basis van in de context en de beroepspraktijk geldende conventies met gelijken, leidinggevenden en cliënten.
Verantwoordelijkheid en zelfstandigheid	Werkt samen met gelijken, leidinggevenden en cliënten. Draagt verantwoordelijkheid voor resultaten van eigen activiteiten, werk en studie. Draagt gedeelde verantwoordelijkheid voor het resultaat van het werk van anderen.

Tabel B.16 NLQF – Niveau 5

Opleiding op dit niveau	Associate Degree
Toepassing van dit kwalificatieniveau	
Niveau beroepsonderwijs	Niet benoemd
Mbo	Niet van toepassing
Hbo	Associate Degree
Wo	Niet benoemd
e-CF	Niveau 2
Uitwerking van dit kwalificatieniveau	
Context	Een onbekende, wisselende leef- en werkomgeving, ook internationaal
Kennis	Bezit ruime, verdiepte of gespecialiseerde kennis van een beroep en kennisdomein. Bezit gedetailleerde kennis van enkele beroeps- en kennisdomeinen en begrip van een beperkte reeks van basistheorieën, principes en concepten. Bezit beperkte kennis en begrip van enkele belangrijke actuele onderwerpen en specialismen gerelateerd aan het beroep en het kennisdomein.
Toepassen van kennis	Reproduceert en analyseert de kennis en past deze toe, ook in andere contexten, om een antwoord te geven op problemen die gerelateerd zijn aan een beroep en kennisdomein. Gebruikt procedures flexibel en inventief. Signaleert beperkingen van bestaande kennis in de beroepspraktijk en in het kennisdomein en onderneemt actie. Analyseert complexe (beroeps)taken en voert deze uit.
Probleemoplossende vaardigheden	Onderkent en analyseert complexe problemen in de beroepspraktijk en in het kennisdomein en lost deze op creatieve wijze op door gegevens te identificeren en te gebruiken.
Leer- en ontwikkelvaardigheden	Ontwikkelt zich door reflectie en beoordeling van eigen (leer)resultaten.
Informatievaardigheden	Verkrijgt, verwerkt, combineert en analyseert brede, verdiepte en gedetailleerde informatie over een beperkte reeks van basistheorieën, principes en concepten, van en gerelateerd aan een beroep en kennisdomein, evenals beperkte informatie over enkele belangrijke actuele onderwerpen en specialismen, gerelateerd aan het beroep en het kennisdomein en geeft deze informatie weer.
Communicatieve vaardigheden	Communiceert doelgericht op basis van in de context en de beroepspraktijk geldende conventies met gelijken, leidinggevenden en cliënten.
Verantwoordelijkheid en zelfstandigheid	Werkt samen met gelijken, leidinggevenden en cliënten. Draagt verantwoordelijkheid voor resultaten van eigen activiteiten, werk en studie. Draagt gedeelde verantwoordelijkheid voor het resultaat van activiteiten en werk van anderen en voor het aansturen van processen.

Tabel B.17 NLQF – Niveau 6

Opleiding op dit niveau	Bachelor
Toepassing van dit kwalificatieniveau	
Niveau beroepsonderwijs	WEB-niveau 5
Mbo	Niet van toepassing
Hbo	Bachelor
Wo	Bachelor
e-CF	Niveau 3
Uitwerking van dit kwalificatieniveau	
Context	Een onbekende, wisselende leef- en werkomgeving, ook internationaal.
Kennis	Bezit gevorderde gespecialiseerde kennis en kritisch inzicht in theorieën en beginselen, en van een beroep en kennisdomein en breed wetenschapsgebied. Bezit brede, geïntegreerde kennis en begrip van de omvang, de belangrijkste gebieden en grenzen van een beroep, kennisdomein en breed wetenschapsgebied. Bezit kennis en begrip van enkele belangrijke actuele onderwerpen en specialismen gerelateerd aan het beroep of kennisdomein en breed wetenschapsgebied.
Toepassen van kennis	Reproduceert en analyseert kennis en past deze toe, ook in andere contexten, zodanig dat dit een professionele en wetenschappelijke benadering in beroep en kennisdomein laat zien. Past complexe gespecialiseerde vaardigheden toe op de uitkomsten van onderzoek. Brengt met begeleiding op basis van methodologische kennis een praktijkgericht onderzoek tot een goed einde. Stelt argumentaties op en verdiept die. Evalueert en combineert kennis en inzichten uit een specifiek domein kritisch. Signaleert beperkingen van bestaande kennis in de beroepspraktijk en in het kennisdomein en onderneemt actie. Analyseert complexe beroeps- en wetenschappelijke taken en voert deze uit.
Probleemoplossende vaardigheden	Onderkent en analyseert complexe problemen in de beroepspraktijk en in het kennisdomein en lost deze op tactische, strategische en creatieve wijze op door gegevens te identificeren en te gebruiken.
Leer- en ontwikkelvaardigheden	Ontwikkelt zich door zelfreflectie en zelfbeoordeling van eigen (leer)resultaten.
Informatievaardigheden	Verzamelt en analyseert op een verantwoorde, kritische manier brede, verdiepte en gedetailleerde beroepsgerelateerde of wetenschappelijke informatie over een beperkte reeks van basistheorieën, principes en concepten van en gerelateerd aan een beroep of kennisdomein, evenals beperkte informatie over enkele belangrijke actuele onderwerpen en specialismen gerelateerd aan het beroep en het kennisdomein en geeft deze informatie weer.
Communicatieve vaardigheden	Communiceert doelgericht op basis van in de context en de beroepspraktijk geldende conventies met gelijken, specialisten en niet-specialisten, leidinggevenden en cliënten.

Verantwoordelijkheid en zelfstandigheid	Werkt samen met gelijken, specialisten en niet-specialisten, leidinggevenden en cliënten. Draagt verantwoordelijkheid voor resultaten van eigen werk en studie en het resultaat van het werk van anderen. Draagt gedeelde verantwoordelijkheid voor het aansturen van processen en de professionele ontwikkeling van personen en groepen. Verzamelt en interpreteert relevante gegevens met het doel zich een oordeel te vormen dat mede gebaseerd is op het afwegen van relevante sociaal-maatschappelijke, beroepsmatige, wetenschappelijke of ethische aspecten.

Tabel B.18 NLQF – Niveau 7

Opleiding op dit niveau	Master
Toepassing van dit kwalificatieniveau	
Niveau beroepsonderwijs	Niet van toepassing
Mbo	Niet van toepassing
Hbo	Niet van toepassing
Wo	Master
e-CF	Niveau 4
Uitwerking van dit kwalificatieniveau	
Context	Een onbekende, wisselende leef- en werkomgeving met een hoge mate van onzekerheid, ook internationaal.
Kennis	Bezit bijzonder gespecialiseerde en geavanceerde kennis van een beroep, kennisdomein en wetenschapsgebied en op het raakvlak tussen verschillende beroepen, kennisdomeinen en wetenschapsgebieden. Bezit een kritisch begrip van een reeks van theorieën, principes en concepten, waaronder de belangrijkste van een beroep, kennisdomein en wetenschapsgebied. Bezit uitgebreide, gedetailleerde kennis en kritisch begrip van enkele belangrijke actuele onderwerpen en specialismen gerelateerd aan het beroep of het kennisdomein en wetenschapsgebieden.
Toepassen van kennis	Reproduceert, analyseert en integreert kennis en past deze toe, ook in andere contexten, en gaat om met complexe materie. Deze kennis vormt de basis voor originele ideeën en onderzoek. Gebruikt de opgedane kennis op een hoger abstractieniveau. Denkt conceptueel. Stelt argumentaties op en verdiept deze. Brengt op basis van methodologische kennis een fundamenteel onderzoek zelfstandig tot een goed einde. Levert een originele bijdrage aan het ontwikkelen en toepassen van ideeën, vaak in onderzoeksverband. Signaleert beperkingen van bestaande kennis in de beroepspraktijk en in het kennisdomein op het raakvlak tussen verschillende beroepspraktijken en kennisdomeinen en onderneemt actie. Analyseert complexe beroeps- en wetenschappelijke taken en voert deze uit.

Probleemoplossende vaardigheden	Onderkent en analyseert complexe problemen in de beroepspraktijk en in het kennisdomein en lost deze op tactische, strategische en creatieve wijze op. Levert in de beroepspraktijk en in het kennisdomein een bijdrage aan de (wetenschappelijke) oplossing van complexe problemen door gegevens te identificeren en te gebruiken.
Leer- en ontwikkelvaardigheden	Ontwikkelt zich grotendeels autonoom.
Informatievaardigheden	Verzamelt en analyseert op een verantwoorde, kritische manier brede, verdiepte en gedetailleerde beroepsgerelateerde of wetenschappelijke informatie over een reeks van basistheorieën, principes en concepten van en gerelateerd aan een beroep of kennisdomein, evenals beperkte informatie over enkele belangrijke actuele onderwerpen en specialismen gerelateerd aan het beroep en het kennisdomein en geeft deze informatie weer.
Communicatieve vaardigheden	Communiceert doelgericht op basis van in de context en de beroepspraktijk geldende conventies met gelijken, specialisten en niet-specialisten, leidinggevenden en cliënten.
Verantwoordelijkheid en zelfstandigheid	Werkt samen met specialisten en niet-specialisten, gelijken, leidinggevenden en cliënten. Draagt verantwoordelijkheid voor resultaten van eigen werk en studie en het resultaat van het werk van anderen. Draagt verantwoordelijkheid voor het aansturen van complexe processen en de professionele ontwikkeling van personen en groepen. Formuleert oordelen op grond van onvolledige of beperkte informatie en houdt daarbij rekening met sociaal-maatschappelijke, wetenschappelijke en ethische verantwoordelijkheden die zijn verbonden aan het toepassen van de eigen kennis en oordelen.

Tabel B.19 NLQF – Niveau 8

Opleiding op dit niveau	Doctoraat, ontwerper, medisch specialist
Toepassing van dit kwalificatieniveau	
Niveau beroepsonderwijs	Niet van toepassing
Mbo	Niet van toepassing
Hbo	Niet van toepassing
Wo	Doctoraat
e-CF	Niveau 5
Uitwerking van dit kwalificatieniveau	
Context	Een onbekende, wisselende leef- en werkomgeving met een hoge mate van onzekerheid, ook internationaal.
Kennis	Bezit de meest geavanceerde kennis van een beroep, kennisdomein en wetenschapsgebied en op het raakvlak tussen verschillende beroepen, kennisdomeinen en wetenschapsgebieden. Bezit kennis verkregen door persoonlijk onderzoek of werk, leidend tot een belangrijke bijdrage aan de ontwikkeling van vak- en wetenschapsgebied. Bezit een kritisch inzicht in een vak- en wetenschapsgebied, waaronder een kritisch begrip van de belangrijkste en actuele theorieën, principes en concepten.

Toepassen van kennis	Reproduceert, analyseert en integreert kennis op gezaghebbende wijze en past deze toe, ook in andere contexten en gaat om met complexe materie. Deze kennis vormt de basis voor originele ideeën en onderzoek. Gebruikt de opgedane kennis op een hoger abstractieniveau. Denkt conceptueel. Stelt argumentaties op en verdiept deze. Brengt op basis van methodologische kennis een complex fundamenteel onderzoek zelfstandig tot een goed einde. Levert door origineel onderzoek een bijdrage aan verlegging van de grenzen van kennis door een omvangrijke hoeveelheid werk, waarvan een deel een nationaal of internationaal beoordeelde publicatie verdient. Signaleert beperkingen van bestaande kennis in de beroepspraktijk en in het kennisdomein op het raakvlak tussen verschillende beroepspraktijken en kennisdomeinen en onderneemt actie. Analyseert complexe beroeps- en wetenschappelijke taken en voert deze uit.
Probleemoplossende vaardigheden	Onderkent en analyseert complexe problemen in de beroepspraktijk en in het kennisdomein en lost deze op tactische, strategische en creatieve wijze op. Levert in de beroepspraktijk en in het kennisdomein een bijdrage aan de (wetenschappelijke) oplossing van complexe problemen door gegevens te identificeren en te gebruiken.
Leer- en ontwikkelvaardigheden	Ontwikkelt zich grotendeels autonoom en bewerkstelligt technologische, sociale of culturele vooruitgang in de samenleving.
Informatievaardigheden	Verzamelt en analyseert op een verantwoorde, kritische manier brede, verdiepte en gedetailleerde wetenschappelijke informatie over een reeks van theorieën, principes en concepten van en gerelateerd aan een beroep of kennisdomein, evenals informatie over enkele belangrijke actuele onderwerpen en specialismen gerelateerd aan het beroeps- en kennisdomein en geeft deze informatie weer.
Communicatieve vaardigheden	Communiceert doelgericht op basis van in de context en de beroepspraktijk geldende conventies met gelijken, specialisten en niet-specialisten, leidinggevenden en cliënten, en met de bredere wetenschappelijke gemeenschap en de samenleving als geheel.
Verantwoordelijkheid en zelfstandigheid	Werkt samen met gelijken, specialisten en niet-specialisten, leidinggevenden en cliënten en de bredere wetenschappelijke gemeenschap en de samenleving als geheel. Draagt verantwoordelijkheid voor resultaten van eigen werk en studie en het resultaat van het werk van anderen. Draagt verantwoordelijkheid voor het aansturen van complexe processen en de professionele ontwikkeling van personen en groepen. Ontwerpt en ontwikkelt met wetenschappelijke integriteit een complex fundamenteel onderzoeksproces, voert dit uit en past dit aan.

Bijlage 10 Totaaloverzicht van het KNVI-competentiemodel

I-Domein

Functie

e-Competentiereferenties

Ingedeeld naar de e-competetentiegebieden (e-Competence Areas):

- Plannen (Plan)
- Bouwen (Build)
- Uitvoeren (Run)
- Mogelijk maken (Enable)
- Sturen (Manage)

Taken

- Kaderstelling en beleid
- Architectuur
- Ontwikkelen
- Invoeren
- Beheren
- Service en dienstverlening
- Verwerven, inkoop en procurement
- Financieel
- Personeel
- Commercieel
- Generiek
- Elementair

Bedrijfsproces

- Informatiesysteem
- Technische infrastructuur
- Management
- Algemeen

Context

Middelen

- Methoden en technieken
- Tools en hulpmiddelen
- Typen en merken apparatuur
- Technologie

Organisatorische scope

Omvang en scope

Organisatorische afbakening

- Eigen werkplek
- Eigen afdeling of functiegebied
- Organisatorische eenheid met meerdere functiegebieden
- Gelaagde organisatie
- Complexe organisatie

Niveau in de organisatie

- Personen
- Uitvoerende organisaties
- Nationaal management
- Internationaal management

Aard en omvang van invloed

- Indirecte invloed, weinig impact
- Gedeelde invloed, weinig impact
- Directe invloed, weinig impact
- Gedeelde invloed, grote impact
- Directe invloed, grote impact

Overige

- Cultuur
- Doelstelling van de organisatie
- Primair proces van de organisatie

Uitvoeringsniveau

Mentale operaties

Uitvoeren volgens gegeven en gedetailleerde opdrachten
Uitvoeren volgens vastgestelde en gedocumenteerde werkwijzen
Uitvoeren volgens globale opdrachten, richtlijnen en dergelijke
Uitvoeren zonder een van tevoren vastgestelde methode, richtlijn en dergelijke

Complexiteit van de werkzaamheden

Afgebakend onderwerp, één aspect of invalshoek
Afgebakend onderwerp, meerdere aspecten en/of invalshoeken
Meerdere onderwerpen, één aspect en/of invalshoek
Meerdere onderwerpen, meerdere aspecten en/of invalshoeken

Uitvoeringspositie

Meewerken, assisteren
Zelfstandig uitvoeren
Begeleiden (instruerend)
Adviseren
Sturing geven aan, leiden van de uitvoering

Bijlage 11 Lijst van begrippen

In dit rapport, en het daarin gepresenteerde KNVI-competentiemodel worden diverse begrippen en termen gebruikt. Deze zijn hierna alfabetisch geordend opgesomd en voorzien van een toelichting of definitie.

Begrip/term	Toelichting/definitie
Administratieve informatiekunde	Het vakgebied waarin informatiesystemen primair een rol spelen bij het administreren van gegevens ter ondersteuning van de bedrijfsvoering.
Architectuur	Structuur en samenstelling van elementen/componenten. Zie ook: • Businessarchitectuur • Informatiearchitectuur • Technische ICT-architectuur
ASL	Application Services Library, een framework van 'best practices' voor (technisch) applicatiemanagement. ASL is in beheer bij de ASL BiSL Foundation.
Attitude	Persoonlijkheidskenmerken die voortkomen uit de wilsbestemming van een persoon, is veelal cultureel gebonden en haakt aan op de normen en waarden van de betreffende persoon.
Beheren	Het zowel in functionele als in technische zin in stand houden (en eventueel onderhouden of wijzigen) van de componenten van de informatievoorziening of ICT.
Beroepsoverstijgende competentie	Vaardigheden (en attitude) die medewerkers hebben (of waarover ze zouden moeten beschikken) om hun werkzaamheden adequaat uit te voeren. Te vergelijken met het begrip 'persoonlijke competentie' van het KNVI-competentiemodel.
Bestuurlijke informatica	Het geheel van activiteiten die te maken hebben met het op gestructureerde wijze verzamelen, beheren, verwerken en verstrekken van informatie die van waarde is bij het besturen van een organisatie, het beheersen van processen en het verrichten van feitelijke handelingen in een organisatie; wordt ook wel aangeduid als 'bestuurlijke informatievoorziening'.
Bestuurlijke informatiekunde	Het vakgebied waarin informatiesystemen een belangrijke rol spelen bij de besturing (het management) van een organisatie.
BiSL	Business information Services Library, een framework van 'best practices' voor businessinformatiemanagement (informatiemanagement en functioneel beheer). BiSL is in beheer bij de ASL BiSL Foundation.
Business	Aanduiding van de 'gebruikersorganisatie' waar de primaire activiteiten van de business (de bedrijfsprocessen c.q. bedrijfsvoering) plaatsvinden.
Businessarchitectuur	Structuur en samenstelling van bedrijfsprocessen.
Businesscompetentie	Specifieke kennis en vaardigheden die nodig zijn om taken in een specifieke organisatie uit te voeren. Die kennis en vaardigheden zijn gerelateerd aan de business en de bedrijfsprocessen. Ook: competenties die specifiek zijn gericht op omgeving en context van de organisatie waar men werkt; deze zijn nauw gerelateerd aan de business en vaak het marktsegment (zoals: bancaire sector of transport en logistiek). De businesscompetentie is element van het KNVI-competentiemodel. Zie ook: Competentie.

Begrip/term	Toelichting/definitie
Businessfuncties	Aanduiding van functies in de business, zijnde niet-informatica-gerelateerde functies.
CEN	European Committee for Standardization van de Europese Commissie.
CEPIS	Counsel of European Professional Informatics Societies.
COMBO	Commissie Beroepsontwikkeling van Ngi-NGN die het initiatief nam voor de functierapporten van 1982, 1986, 1993 en 2001.
Competentie (KNVI-competentiemodel)	Beschikken over en toepassen van kennis en vaardigheden, en vertonen van een attitude om in een sociale context (werkomgeving) een gewenst resultaat te bereiken. Zie ook: • Businesscompetentie • Persoonlijke competentie • Vaktechnische competentie
Competentie (e-CF)	Aangetoonde vaardigheid om kennis, vaardigheden (skills) en attitude (cognitief en relationeel) in werk of studie toe te passen en zichtbare resultaten te bereiken.
Competentieframework	Standaardstructuur (framework) voor het beschrijven en/of definiëren van competenties (kennis en vaardigheden).
Competentiemanagement	Beheren van benodigde en beschikbare competenties in een organisatie; competentiemanagement leidt tot inzet van medewerkers daar waar zij de benodigde kennis én vaardigheden hebben om het gewenste resultaat te verkrijgen.
Compliancy/compliant	Voldoen aan wettelijke en andere normen, eisen, randvoorwaarden en condities.
Competentieprofiel	Profiel van een informaticus of van een organisatie met daarin de opsomming van beschikbare (of/of gewenste) competenties.
Context	Specifieke situatie waarin een taak (of een functie) wordt uitgevoerd. Hiermee worden onder meer bedoeld: werkomgeving en structuur van organisaties, bepaalde omgevings- en beïnvloedingsfactoren en het werkterrein binnen de eigen organisatie of wellicht daarbuiten bij een klant. Maar ook de techniek die wordt gebruikt. Aan de context zijn vaak specifieke competenties verbonden. Dit zijn competenties die – wellicht aanvullend op het uitvoeren van de betreffende taak – benodigd zijn om de taak in de specifieke context op adequaat niveau uit te voeren. De context kan ook leiden tot een hoger (of lager) niveau van competentie dan in de taken – als standaard – is gedefinieerd. Een taak is steeds in algemene termen geformuleerd, zonder rekening te houden met de werkomgeving of de te gebruiken techniek. De elementen van de context moeten dus altijd worden toegevoegd voor een functie(profiel). Context is element van het KNVI-competentiemodel.
Data	Waarde die aan een gegeven(selement) is toegekend.
Data- of gegevensarchitectuur	Definitie van en relaties tussen gegevens, vastgelegd in een datamodel. De overall data-architectuur is meestal vastgelegd in een corporate datamodel, de data-architectuur van een database in een database-datamodel.
ECDL	European Computer Driving Licence; een internationale certificering van (in de basis) digitale vaardigheden.
e-CF	Het European e-Competence Framework; deze Europese norm voor competenties is onder regie van NEN vertaald in de Nederlandse Praktijkrichtlijn NPR-CWA 16234-1. Dit betreft momenteel (januari 2018) nog de vertaling van e-CF versie 2.0.

Begrip/term	Toelichting/definitie
e-competentiereferentie of e-competence (e-CF)	De aangetoonde vaardigheid om kennis, vaardigheden (skills) en attitude (cognitief en relationeel) in werk of studie toe te passen en waarneembare resultaten te bereiken.
EQF	European Qualifications Framework; hiermee is het mogelijk om de diverse niveaus van kwalificaties voor opleidingen en functies – die door de verschillende Europese landen worden gehanteerd – met elkaar te vergelijken.
Functie	Bundeling van werkzaamheden, waarmee een vooraf gedefinieerd resultaat wordt bereikt en waarvoor specifieke competenties nodig zijn. Het begrip 'functie' wordt algemeen gehanteerd om het domein van de werkzaamheden van medewerkers mee aan te duiden, soms ook wel aangeduid als 'beroep'. Een functieprofiel geeft de beschrijving van de functie.
Functiehuis	Opsomming en definitie van functies die in een organisatie voorkomen. Vaak zijn in het functiehuis ook carrièrepaden aangegeven, zijnde de logische opvolging van functies gelet op opleiding, ervaring en competenties.
Functieprofiel	Beschrijving van de bundeling van werkzaamheden waarmee een vooraf gedefinieerd resultaat wordt bereikt en waarvoor specifieke competenties nodig zijn. Vanuit het KNVI-competentiemodel wordt een functie beschreven als een opsomming van taken waaraan context, uitvoeringspositie en competenties zijn verbonden. Ook zijn de e-competences van het e-CF in een functie opgenomen. Zie ook: Functie.
Functietitel	Naam van een functie. Zie ook: Functie.
Gegeven(s)	Logische naam en vastlegging van een feit.
Gegevens- of data-architectuur	Definitie van en relaties tussen gegevens, vastgelegd in een datamodel. De overall data-architectuur is meestal vastgelegd in een corporate datamodel, de data-architectuur van een database in een database-datamodel.
ICT-functie	Functie met vooral een technische focus en gericht op de ontwikkeling en het beheer van de ICT waarmee de informatievoorziening vorm krijgt of door gebruikers wordt gebruikt.
I-domein	Informaticavakgebied met een bepaald gemeenschappelijk resultaat en/of doel.
IFIP	International Federation for Information Processing.
Informaticafunctie	Functie met een functionele focus en gericht op de ontwikkeling en het beheer van de informatievoorziening (functioneel bezien), en het gebruik van de ICT.
Informatiekundige	Functionaris gespecialiseerd in zowel ICT als een bepaald vakgebied. Heeft brugfunctie tussen business en ICT.
Informatie	Betekenis die gegevens of data hebben voor een gebruiker.
Informatiearchitectuur	Overall structuur van applicaties en databases, en de interfaces daartussen.
Informatiesysteem	Gestructureerd samenstel van voorschriften, procedures, apparatuur en programmatuur gericht op het doen functioneren van gegevensverwerkende processen (definitie van Jans).
Informatievoorziening	Alle activiteiten met betrekking tot het systematisch verzamelen, vastleggen en verwerken van gegevens, gericht op het verstrekken van informatie ten behoeve van het besturen – in engere zin –, kiezen uit alternatieve mogelijkheden, het doen functioneren en het beheersen van een huishouding, en ten behoeve van de verantwoordingen daarover (definitie van Jans).

Begrip/term	Toelichting/definitie
ITIL	Information Technology Infrastructure Library; een framework van 'best practices' voor technisch beheer (in het bijzonder het beheer van de technische componenten van de ICT/informatievoorziening).
Kennis	Inzichten in theorieën en denkkaders. Kennis is cognitief van aard en kan vergaard worden door bijvoorbeeld een boek te lezen of een cursus te volgen. Kennis is een element van het begrip 'competentie'.
KNVI	De Koninklijke Nederlandse Vereniging van Informatieprofessionals; de KNVI is in januari 2017 ontstaan door een fusie van de KNVI, de SOD en het Ngi-NGN.
KNVI-competentiemodel	Framework van Ngi-NGN, tegenwoordig KNVI, voor het definiëren van functies, opgebouwd uit taken, context, uitvoeringspositie, (vaktechnische, persoonlijke en business)competenties en de e-CF e-competentiereferenties. Dit KNVI-competentiemodel is een verdere ontwikkeling van het competentiemodel dat in het rapport *Taken, functies, rollen en competenties in de informatica* (2001) is gepresenteerd.
Ngi	Beroepsvereniging voor IT-professionals.
NLQF	Nederlandse invulling van het European Qualifications Framework (EQF).
Operationele scope (van een functie)	Breedte van een functie, gerelateerd aan taken en de complexiteit daarvan. In een grote organisatie bevat een functie – door de soms vergaande functiedifferentiatie – vaak minder taken, maar vanwege de complexiteit van grote organisaties moeten deze taken wel op een hoger professioneel niveau worden uitgevoerd (dus de functie is te karakteriseren als: smaller maar dieper). In kleine organisaties is de operationele scope veelal breder (meer taken in een functie) en tegelijkertijd is de complexiteit van de taakuitvoering meestal minder (een functie is dan breder en globaler).
Organisatorische scope (van een functie)	Breedte van een functie gerelateerd aan het aantal belanghebbenden/ stakeholders waarmee men te maken kan krijgen.
Outsourcing	Uitbesteden van ICT aan een externe (commerciële) – en vaak gespecialiseerde – leverancier.
Persoonlijke competentie	Kritische, in gedragstermen omschreven kenmerken van mensen die ten grondslag liggen aan succesvol functioneren binnen een organisatie. Dit zijn competenties die het een informaticus mogelijk maken te functioneren in de sociale context van een organisatie; zijn werkomgeving. De persoonlijke competentie is element van het KNVI-competentiemodel. Zie ook: Competentie.
Persoonlijkheidskenmerken	Intrinsieke kenmerken, zoals introvert of extravert. Soms wordt ook attitude tot de persoonlijkheidskenmerken gerekend (hoewel dat vaak aan de term 'persoonskenmerken' wordt gekoppeld).
Procurement	De (planning van de) aanbesteding van diensten aan leveranciers, en het juridisch en financieel beheer van contracten met gecontracteerde externe en/of commerciële leveranciers.
Professionele kwalificatie (kwalificatie 'professional' voor een functie)	Wijze van functie-uitoefening waarop een functie volledig op professioneel niveau wordt uitgevoerd. In het KNVI-competentiemodel is de professionele kwalificatie gerelateerd aan het NLQF.
Regiefunctie	Functie die in eerste instantie is ontstaan voor het beheer van een outsourcingrelatie met een commerciële leverancier, maar deze wordt steeds breder getrokken: namelijk over het totale – procesmatige – beheer van de informatievoorziening.

Begrip/term	Toelichting/definitie
Rol	Bundeling van werkzaamheden waaraan een persoon – meestal tijdelijk – uitvoering geeft, waarmee een vooraf gedefinieerd resultaat wordt bereikt en waarvoor specifieke competenties nodig zijn. Als een functie een tijdelijk karakter heeft, is er sprake van een rol (bijvoorbeeld in een project) waarin een medewerker op basis van zijn functie en competenties wordt geplaatst.
Rolprofiel	Beschrijving van een bundeling van werkzaamheden, waarmee een vooraf gedefinieerd resultaat wordt bereikt en waarvoor specifieke competenties nodig zijn. Als een functie een tijdelijk karakter heeft, is er sprake van een rolprofiel. Een rol is in het algemeen een tijdelijke positie (bijvoorbeeld in een project) waarin een medewerker op basis van zijn functie en competenties wordt geplaatst. Sommige organisaties hebben zelfs een beperkte set aan functies gedefinieerd (ten behoeve van functieclassificatie en beloningsstructuren). De inzet van de medewerkers vindt dan plaats op basis van rollen, zoals beschreven in de rolprofielen. Vanuit het KNVI-competentiemodel wordt een rol beschreven als een opsomming van taken waaraan context, uitvoeringspositie en competenties zijn verbonden om de taken op adequaat niveau uit te voeren. Ook zijn de e-competentiereferenties van het e-CF in een rol opgenomen. Zie ook: Functie.
Scope van invloed en impact (van een functie)	Mate en/of impact van invloed die wordt uitgeoefend. Op corporate niveau van een groot (internationaal) bedrijf is bijvoorbeeld de ontwikkeling van beleid van invloed op het totale concern; de organisatorische scope en de mate van invloed en de impact van de werkzaamheden betreffen dan dat totale concern.
Service Level Agreement (SLA)	Beschrijving van door een (interne of externe) leverancier te leveren diensten.
Startkwalificatie (voor een functie)	Initiële kwalificatie of het opleidingsniveau om in de functie te starten. In het KNVI-competentiemodel is de startkwalificatie gerelateerd aan het NLQF.
Taak	Verzameling van logisch samenhangende werkzaamheden die leiden tot één bepaald resultaat en die in het algemeen door één persoon als een samenhangend geheel van activiteiten worden uitgevoerd. De meeste werkzaamheden waaruit een taak bestaat zijn homogeen wat betreft het niveau van de kennis en/of de vaardigheden die voor de uitvoering ervan nodig zijn. In het algemeen kunnen meer mensen – al dan niet gezamenlijk – wel eenzelfde taak uitvoeren. Een taak is onderdeel van het KNVI-competentiemodel. Aan elke taak zijn in het KNVI-competentiemodel normstellend vaktechnische en persoonlijke competenties gekoppeld. Deze competenties worden door de Werkgroep Employability Framework Informatica van belang geacht om de betreffende taak op professioneel niveau uit te kunnen voeren. Een taak is in algemene zin geformuleerd, dus los van de specifieke werkmethode, werkomgeving, technische hulpmiddelen en dergelijke (zoals benoemd in de context) of de uitvoeringspositie (zoals uitvoerder of aanstuurder).
Taakgerichte aansturing	Aansturen van medewerkers op basis van opgedragen taken (niet op basis van te bereiken resultaten).
Taak-rol	Rol die een medewerker kan vervullen, zoals: onder begeleiding of zelfstandig uitvoeren van een taak. Deze term werd in het rapport *Taken, functies, rollen en competenties in de informatica* van 2001 gebruikt; in het rapport van 2017 is deze term vervangen door de term ‘uitvoeringspositie’.

Begrip/term	Toelichting/definitie
Technische informatiekunde	Het vakgebied waarin de ICT wordt toegepast voor de aansturing van machines en (technische) apparatuur. Dit wordt ook wel 'procesautomatisering' genoemd.
Technische ICT-architectuur	Overall structuur en samenstelling van netwerken, servers en storage.
Toepassingsgerichte informatiekunde	Vakgebied waarin ICT-middelen een belangrijke rol spelen bij het uitvoeren van een functie in een primair ander vakgebied.
Uitvoeringspositie	In het algemeen de positie van een medewerker binnen een uitvoerende organisatie; dit wordt in de praktijk ook wel als 'rol' aangeduid. Voor deze term werd in het rapport *Taken, functies, rollen en competenties in de informatica* van 2001 de term 'taak-rol' gebruikt. Een taak is steeds in zijn uitvoerende zin geformuleerd, dat wil zeggen voor iemand die deze taak zelfstandig uitvoert en de betreffende taak als hoofd- of neventaak heeft. Een taak wordt echter altijd in een bepaalde uitvoeringspositie uitgevoerd. De uitvoeringspositie is element van het KNVI-competentiemodel.
Vaardigheid/vaardigheden	Vermogen om verworven kennis effectief toe te passen in de werkomgeving zodat het gewenste resultaat wordt verkregen. Vaardigheden kunnen worden ontwikkeld door hierop te trainen. Vaardigheid is een element van het begrip 'competentie'.
Vaktechnische competentie	Vaktechnische kennis van theorie of theoretische kaders, aangevuld met de vaktechnische vaardigheden en ervaring met toepassing daarvan in de praktijk. Dit zijn de competenties die een informaticus nodig heeft om de informaticataken op zichzelf (vaktechnisch bezien) adequaat uit te voeren. De vaktechnische competentie is element van het KNVI-competentiemodel. Zie ook: Competentie.
VRi	De Vereniging van Registerinformatici; nu een Special Interest Group van de KNVI/Ngi-NGN; VRi beheert het Register van Registerinformatici (RI).
WEFI	Werkgroep Employability Framework Informatica van Ngi-NGN; de opstellers van dit rapport *Werken in een digitale wereld.*
WFBI	De Werkgroep Functies in de Bestuurlijke Informatievoorziening; een werkgroep van de COMBO die het rapport *Taken, functies, rollen en competenties in de informatica* van 2001 heeft opgesteld.

Bijlage 12 Taken

In deze bijlage worden alle taken van het KNVI-competentiemodel gepresenteerd. Deze taken zijn geactualiseerd tot januari 2018; in de samenwerking met de beroepsverenigingen worden de taken continu bijgewerkt c.q. geactualiseerd. Het actuele overzicht van taken is te vinden op de website van de KNVI.
Een overzicht van de in dit boek opgenomen taken is te vinden op pagina 697.

De presentatie van de taken vindt plaats per I-domein; zie daarvoor het model voor ordening van de taken (bijlage 2). Voor elke taak is aangegeven:
- de activiteiten waarmee de taak wordt uitgevoerd;
- het resultaat van de uitvoering van de taak;
- een toelichting op de (uitvoering en/of het resultaat van de) taak;
- de voor de taak benodigde vaktechnische competenties (VT-competenties);
- de voor de taak benodigde persoonlijke competenties (P-competenties);
- de e-CF competentiereferenties waarin de betreffende taak een rol speelt.

Taken in het I-domein Kaderstelling en beleid

K-BP – Opstellen en beheren informatiebeleid

Activiteit:
- Inventariseren, analyseren, definiëren en afstemmen van doelstellingen, uitgangspunten en randvoorwaarden voor de informatievoorziening en de automatisering, afgestemd op het organisatiebeleid.
- Beheren en onderhouden van het beleid.

Resultaat:
Beleidsuitspraken met betrekking tot informatievoorziening en automatisering.

Toelichting:
Beleidsuitspraken hebben betrekking op onder meer:
- prioriteiten en planningen;
- middelen en standaarden;
- taken, verantwoordelijkheden en bevoegdheden (ICT-governance);
- financiële randvoorwaarden;
- randvoorwaarden en uitgangspunten voor uitbesteden of zelf doen (sourcing);
- randvoorwaarden en uitgangspunten voor maatwerkontwikkeling en/of de keuze voor standaardpakketten.

VT-Competenties:
- Conceptuele kennis van Beheer van informatiesystemen (B-IS)
- Conceptuele kennis van Leveranciersmanagement (V-M)

- Conceptuele kennis van Contractmanagement (V-M)
- Conceptuele kennis van Organisatieleer (E-BP)
- Ervaring met Informatiemanagement (K-BP)
- Ervaring met Beleid en strategiebepaling (K-M)
- Ervaring met Organisatieanalyse (O-BP)
- Ervaring met Behoeftemanagement (S-M)
- Ervaring met Klantmanagement (S-M)
- Ervaring met Planning & control (G-M)
- Ervaring met Compliancemanagement (G-M)
- Ervaring met Kwaliteitsmanagement (G-M)
- Ervaring met Risicomanagement (G-M)

P-Competenties:
- Gemiddeld niveau Oordeelsvorming
- Gemiddeld niveau Abstractievermogen
- Gemiddeld niveau Commercieel inzicht
- Gemiddeld niveau Plannen en organiseren
- Hoog niveau Organisatiebewustzijn
- Hoog niveau Strategische visie

e-CF competentiereferenties:
- A.01 Afstemming informatiesysteem en bedrijfsstrategie (IS and Business Strategy Alignment)
- D.01 Strategieontwikkeling informatiebeveiliging (Information Security Strategy Development)
- D.02 Ontwikkeling ICT-kwaliteitsstrategie (ICT Quality Strategy Development)
- E.03 Risicomanagement (Risk Management)
- E.09 IT-governance (IS Governance)

K-BP – Opstellen en beheren informatieplan

Activiteit:
- Inventariseren, analyseren, afstemmen en beschrijven van de gewenste informatievoorziening van een organisatie, in relatie met de gewenste bedrijfsvoering.
- Vaststellen van uitgangspunten, condities en randvoorwaarden.
- Beschrijven van de eisen die aan de gewenste situatie worden gesteld, alsmede de consequenties voor de bestaande situatie.
- Vaststellen van de strategie om het informatiebeleid te realiseren.
- Beheren en onderhouden van het informatieplan.

Resultaat:
Informatieplan, waarin de strategie en het plan voor de realisatie van de gewenste informatievoorziening zijn opgenomen.

Toelichting:
Het informatieplan beschrijft de informatiestrategie en wordt onder meer gebaseerd op:
- het informatiebeleid;
- analyse van de huidige informatievoorziening;
- onderzoek van organisatieaspecten, wensen en eisen met betrekking tot de gewenste informatievoorziening;
- geformuleerde knelpunten en problemen;
- de bestaande of gewenste informatiearchitectuur.

VT-Competenties:
- Conceptuele kennis van Beheer van informatiesystemen (B-IS)
- Conceptuele kennis van Leveranciersmanagement (V-M)
- Conceptuele kennis van Contractmanagement (V-M)
- Conceptuele kennis van Organisatieleer (E-BP)
- Ervaring met Informatiemanagement (K-BP)
- Ervaring met Beleid en strategiebepaling (K-M)
- Ervaring met Organisatieanalyse (O-BP)
- Ervaring met Behoeftemanagement (S-M)
- Ervaring met Klantmanagement (S-M)
- Ervaring met Planning & control (G-M)
- Ervaring met Continuïteitmanagement (G-M)
- Ervaring met Compliancemanagement (G-M)
- Ervaring met Kwaliteitsmanagement (G-M)
- Ervaring met Risicomanagement (G-M)
- Ervaring met Portfoliomanagement (E-M)
- Ervaring met Projectmanagement (E-M)
- Ervaring met Principes, methoden en technieken voor kwaliteitsborging (E-A)

P-Competenties:
- Gemiddeld niveau Samenwerken in teamverbanden
- Gemiddeld niveau Oordeelsvorming
- Gemiddeld niveau Abstractievermogen
- Gemiddeld niveau Kennis van andere disciplines
- Gemiddeld niveau Strategische visie
- Gemiddeld niveau Commercieel inzicht
- Hoog niveau Organisatiebewustzijn
- Hoog niveau Plannen en organiseren

e-CF competentiereferenties:
- A.01 Afstemming informatiesysteem en bedrijfsstrategie (IS and Business Strategy Alignment)
- D.06 Management van verkoopkanalen (Channel Management)
- D.10 Informatie- en kennismanagement (Information and Knowledge Management)
- D.12 Digitale marketing (Digital Marketing)
- E.03 Risicomanagement (Risk Management)
- E.07 Management van veranderingen in bedrijfsprocessen (Business Change Management)

K-BP – Opstellen en beheren continuïteitplan

Activiteit:
- Onderzoeken van de noodzaak en de wenselijkheid van continuïteitsmaatregelen, zowel organisatorisch als technisch. Benoemen eisen voor organisatorische en technische maatregelen om aan de continuïteitseisen te voldoen en beleid ter zake.
- Opstellen en beheren van een actieplan waarmee de gekozen continuïteitsmaatregelen kunnen worden gerealiseerd.
- Toetsen van het plan op volledigheid, duidelijkheid en consistentie.
- Beheren en onderhouden van het continuïteitsplan.

Resultaat:
Beleid alsmede organisatorische en technische eisen en plannen voor continuïteitsmaatregelen.

Toelichting:
Deze taak kan leiden tot diverse maatregelen en plannen, zoals een organisatorisch en technisch gericht calamiteitenplan.

VT-Competenties:
- Conceptuele kennis van Informatiemanagement (K-BP)
- Conceptuele kennis van Beheer van informatiesystemen (B-IS)
- Conceptuele kennis van Beheer van netwerken (B-TI)
- Conceptuele kennis van Beheer van servers (B-TI)
- Conceptuele kennis van Organisatieleer (E-BP)
- Ervaring met Organisatorische continuïteitmaatregelen (O-BP)
- Ervaring met Technische continuïteitmaatregelen (O-A)
- Ervaring met Behoeftemanagement (S-M)
- Ervaring met Planning & control (G-M)
- Ervaring met Continuïteitmanagement (G-M)
- Ervaring met Compliancemanagement (G-M)
- Ervaring met Kwaliteitsmanagement (G-M)
- Ervaring met Risicomanagement (G-M)
- Ervaring met Procesanalyse (G-A)
- Ervaring met Procesontwerp (G-A)
- Ervaring met Principes, methoden en technieken voor beveiliging (G-A)
- Ervaring met Portfoliomanagement (E-M)
- Ervaring met Principes, methoden en technieken voor interne controle (E-A)
- Ervaring met Principes, methoden en technieken voor kwaliteitsborging (E-A)

P-Competenties:
- Gemiddeld niveau Analytisch vermogen
- Gemiddeld niveau Abstractievermogen
- Gemiddeld niveau Kennis van andere disciplines
- Gemiddeld niveau Strategische visie
- Hoog niveau Oordeelsvorming

- Hoog niveau Organisatiebewustzijn
- Hoog niveau Methodisch werken
- Hoog niveau Plannen en organiseren

e-CF competentiereferenties:
- A.01 Afstemming informatiesysteem en bedrijfsstrategie (IS and Business Strategy Alignment)
- A.02 Management dienstverleningsniveau (Service Level Management)
- A.03 Ontwikkelen van bedrijfsplannen (Business Plan Development)
- A.05 Ontwerp van architectuur (Architecture Design)
- A.06 Ontwerp van applicaties (Application Design)
- C.02 Ondersteunen van wijzigingen (Change Support)
- C.03 Dienstverlening (Service Delivery)
- D.01 Strategieontwikkeling informatiebeveiliging (Information Security Strategy Development)
- D.02 Ontwikkeling ICT-kwaliteitsstrategie (ICT Quality Strategy Development)
- D.04 Inkoop (Purchasing)
- E.02 Project- en portfoliomanagement (Project and Portfolio Management)
- E.03 Risicomanagement (Risk Management)
- E.05 Procesverbetering (Process Improvement)
- E.08 Informatiebeveiligingsmanagement (Information Security Management)
- E.09 IT-governance (IS Governance)

K-BP – Opstellen en beheren complianceplan

Activiteit:
- Formuleren en onderhouden van eisen inzake compliance en kwaliteit, afgeleid van het bedrijfsbeleid en van eisen zoals geformuleerd in de wet, in governance en eventuele interne afspraken.
- Beoordelen van de bestaande maatregelen en voorzieningen in het licht van deze eisen.
- Bepalen en beschrijven van wenselijke (aanvullende) maatregelen.
- Toetsen van het plan op volledigheid, duidelijkheid en consistentie.
- Toezien op het realiseren en beheren van vastgestelde maatregelen.
- Beheren en onderhouden van het complianceplan.

Resultaat:
Compliancemaatregelen.

Toelichting:
De informatievoorziening dient steeds vaker te voldoen aan compliance- en daarvan afgeleid kwaliteitseisen. Het aantoonbaar kunnen voldoen aan deze eisen, niet alleen in de bedrijfsvoering zelf maar ook wat betreft de inrichting en het beheer van de informatievoorziening, is steeds vaker een voorwaarde voor een organisatie om haar diensten te mogen aanbieden of haar bedrijfsprocessen te mogen uitvoeren. In dit kader spelen de verklaring van de externe accountant of verklaringen van compliance zoals afgegeven door toezichthouders, vaak een rol.

VT-Competenties:
- Conceptuele kennis van Beheer van informatiesystemen (B-IS)
- Conceptuele kennis van Beheer van netwerken (B-TI)
- Conceptuele kennis van Beheer van servers (B-TI)
- Conceptuele kennis van Organisatieleer (E-BP)
- Ervaring met Informatiemanagement (K-BP)
- Ervaring met Organisatieanalyse (O-BP)
- Ervaring met Organisatieontwerp (O-BP)
- Ervaring met Behoeftemanagement (S-M)
- Ervaring met Planning & control (G-M)
- Ervaring met Continuïteitmanagement (G-M)
- Ervaring met Compliancemanagement (G-M)
- Ervaring met Kwaliteitsmanagement (G-M)
- Ervaring met Risicomanagement (G-M)
- Ervaring met Portfoliomanagement (E-M)
- Ervaring met Principes, methoden en technieken voor interne controle (E-A)

P-Competenties:
- Gemiddeld niveau Integriteit
- Gemiddeld niveau Abstractievermogen
- Gemiddeld niveau Kennis van andere disciplines
- Hoog niveau Strategische visie
- Hoog niveau Kwaliteitsbewustzijn
- Hoog niveau Plannen en organiseren

e-CF competentiereferenties:
- A.01 Afstemming informatiesysteem en bedrijfsstrategie (IS and Business Strategy Alignment)
- A.02 Management dienstverleningsniveau (Service Level Management)
- A.03 Ontwikkelen van bedrijfsplannen (Business Plan Development)
- A.05 Ontwerp van architectuur (Architecture Design)
- A.06 Ontwerp van applicaties (Application Design)
- A.07 Volgen van technologische ontwikkelingen (Technology Trend Monitoring)
- A.08 Duurzame ontwikkeling (Sustainable Development)
- A.09 Innoveren (Innovating)
- C.03 Dienstverlening (Service Delivery)
- D.01 Strategieontwikkeling informatiebeveiliging (Information Security Strategy Development)
- D.02 Ontwikkeling ICT-kwaliteitsstrategie (ICT Quality Strategy Development)
- D.03 Opleiding en training (Education and Training Provision)
- D.04 Inkoop (Purchasing)
- D.06 Management van verkoopkanalen (Channel Management)
- D.10 Informatie- en kennismanagement (Information and Knowledge Management)
- E.01 Ontwikkelen van prognoses (Forecast Development)
- E.02 Project- en portfoliomanagement (Project and Portfolio Management)
- E.03 Risicomanagement (Risk Management)

- E.05 Procesverbetering (Process Improvement)
- E.06 ICT-kwaliteitsmanagement (ICT Quality Management)
- E.08 Informatiebeveiligingsmanagement (Information Security Management)
- E.09 IT-governance (IS Governance)

K-BP – Opstellen en beheren plan voor interne controle

Activiteit:
- Formuleren en beheren van eisen inzake interne controle van de informatievoorziening. Beoordelen van de bestaande maatregelen en voorzieningen in het licht van deze eisen. Bepalen en beschrijven van wenselijke (aanvullende) maatregelen.
- Toetsen van het plan op volledigheid, duidelijkheid en consistentie.
- Toezien op het realiseren en beheren van vastgestelde maatregelen.
- Beheren en onderhouden van het plan voor interne controle.

Resultaat:
Plan voor maatregelen voor interne controle.

Toelichting:
De informatievoorziening vormt een bron van risico's in termen van fraude, fouten, foutief gebruik van systemen en gegevens, en calamiteiten. Deze moeten zowel in algemene zin, als ook in het informatiesysteem zelf, worden afgedekt. Dit kan worden gerealiseerd door fysieke, softwarematige en procedurele maatregelen. Deze zijn onder meer:
- audit trails;
- functiescheiding;
- autorisaties;
- fysieke afscherming van (computer)ruimten.

Al naargelang het object waarop de controlemaatregelen zich richten, zijn specifieke vaktechnische competenties nodig. Hierna zijn de basiscompetenties benoemd.

VT-Competenties:
- Conceptuele kennis van Beheer van informatiesystemen (B-IS)
- Conceptuele kennis van Beheer van netwerken (B-TI)
- Conceptuele kennis van Beheer van servers (B-TI)
- Conceptuele kennis van Organisatieleer (E-BP)
- Conceptuele kennis van Mogelijkheden van de informatietechnologie (E-A)
- Conceptuele kennis van Werking van componenten van de ICT (E-A)
- Ervaring met Informatiemanagement (K-BP)
- Ervaring met Organisatieanalyse (O-BP)
- Ervaring met Organisatieontwerp (O-BP)
- Ervaring met Planning & control (G-M)
- Ervaring met Continuïteitmanagement (G-M)
- Ervaring met Compliancemanagement (G-M)
- Ervaring met Kwaliteitsmanagement (G-M)
- Ervaring met Risicomanagement (G-M)

- Ervaring met Portfoliomanagement (E-M)
- Ervaring met Principes, methoden en technieken voor interne controle (E-A)
- Ervaring met Principes, methoden en technieken voor kwaliteitsborging (E-A)

P-Competenties:
- Gemiddeld niveau Integriteit
- Gemiddeld niveau Abstractievermogen
- Gemiddeld niveau Methodisch werken
- Hoog niveau Analytisch vermogen
- Hoog niveau Oordeelsvorming
- Hoog niveau Strategische visie
- Hoog niveau Plannen en organiseren

e-CF competentiereferenties:
- A.02 Management dienstverleningsniveau (Service Level Management)
- A.03 Ontwikkelen van bedrijfsplannen (Business Plan Development)
- A.04 Product- of serviceplanning (Product/Service Planning)
- A.05 Ontwerp van architectuur (Architecture Design)
- A.06 Ontwerp van applicaties (Application Design)
- C.03 Dienstverlening (Service Delivery)
- D.01 Strategieontwikkeling informatiebeveiliging (Information Security Strategy Development)
- D.02 Ontwikkeling ICT-kwaliteitsstrategie (ICT Quality Strategy Development)
- D.06 Management van verkoopkanalen (Channel Management)
- D.10 Informatie- en kennismanagement (Information and Knowledge Management)
- E.02 Project- en portfoliomanagement (Project and Portfolio Management)
- E.03 Risicomanagement (Risk Management)
- E.05 Procesverbetering (Process Improvement)
- E.06 ICT-kwaliteitsmanagement (ICT Quality Management)
- E.09 IT-governance (IS Governance)

K-BP – Opstellen en beheren beveiligingsplan

Activiteit:
- Formuleren en beheren van eisen inzake de beveiliging van de informatievoorziening met betrekking tot het voorkomen van het verlies aan gegevens en de ongeautoriseerde toegang tot gegevens. Beoordelen van de bestaande maatregelen en voorzieningen in het licht van deze eisen.
- Bepalen en beschrijven van wenselijke (aanvullende) maatregelen.
- Toetsen van het plan op volledigheid, duidelijkheid en consistentie.
- Toezien op het realiseren en beheren van vastgestelde maatregelen.
- Beheren en onderhouden van beveiligingsplan.

Resultaat:
Plan voor beveiligingsmaatregelen.

Toelichting:
De informatievoorziening vormt een bron van risico's in termen van fraude, fouten, inbraak op netwerken en servers, storingen en calamiteiten. Deze moeten zowel in algemene zin als ook in het informatiesysteem zelf worden afgedekt. Dit kan worden gerealiseerd door fysieke, softwarematige en procedurele maatregelen. Deze zijn onder meer:
- periodieke back-ups;
- firewalls;
- autorisaties;
- call-back systemen;
- fysieke afscherming van computerruimten;
- uitwijkvoorzieningen.

Al naargelang het object waarop de beveiligingsmaatregelen zich richten, zijn specifieke vaktechnische competenties nodig. Hierna zijn de basiscompetenties benoemd.

VT-Competenties:
- Conceptuele kennis van Beheer van informatiesystemen (B-IS)
- Conceptuele kennis van Beheer van netwerken (B-TI)
- Conceptuele kennis van Beheer van servers (B-TI)
- Conceptuele kennis van Principes, methoden en technieken voor interne controle (E-A)
- Conceptuele kennis van Werking van componenten van de ICT (E-A)
- Ervaring met Organisatieanalyse (O-BP)
- Ervaring met Organisatieontwerp (O-BP)
- Ervaring met Technische continuïteitmaatregelen (O-A)
- Ervaring met Planning & control (G-M)
- Ervaring met Continuïteitmanagement (G-M)
- Ervaring met Kwaliteitsmanagement (G-M)
- Ervaring met Risicomanagement (G-M)
- Ervaring met Procesanalyse (G-A)
- Ervaring met Procesontwerp (G-A)
- Ervaring met Principes, methoden en technieken voor beveiliging (G-A)
- Ervaring met Portfoliomanagement (E-M)
- Ervaring met Principes, methoden en technieken voor kwaliteitsborging (E-A)

P-Competenties:
- Gemiddeld niveau Integriteit
- Gemiddeld niveau Abstractievermogen
- Gemiddeld niveau Strategische visie
- Gemiddeld niveau Methodisch werken
- Hoog niveau Analytisch vermogen
- Hoog niveau Oordeelsvorming
- Hoog niveau Organisatiebewustzijn
- Hoog niveau Plannen en organiseren

e-CF competentiereferenties:
- A.05 Ontwerp van architectuur (Architecture Design)
- A.06 Ontwerp van applicaties (Application Design)
- C.03 Dienstverlening (Service Delivery)
- D.01 Strategieontwikkeling informatiebeveiliging (Information Security Strategy Development)
- E.02 Project- en portfoliomanagement (Project and Portfolio Management)
- E.03 Risicomanagement (Risk Management)
- E.08 Informatiebeveiligingsmanagement (Information Security Management)

K-M – Opstellen en beheren beleid voor inkoop, inhuur en dergelijke

Activiteit:
- Onderzoeken en formuleren van de eisen, randvoorwaarden en condities met betrekking tot het beheer van de informatievoorziening en daarin te onderkennen componenten, en daarbij te onderkennen behoeften aan ondersteunende diensten en specialisten.
- Formuleren en beheren van beleid met betrekking tot inkoop en inhuur (dan wel zelf uitvoeren) van ICT-diensten van externe leveranciers. Dit wordt ook wel 'inkoop-' of 'sourcing-beleid' genoemd.
- Beheren en onderhouden van het beleid.

Resultaat:
Beleidsuitgangspunten met betrekking tot inkoop en inhuur (sourcing).

Toelichting:
Het gaat er in het algemeen om dat door beleidsuitspraken helderheid verschaft wordt welke ICT-taken wel of niet mogen worden uitbesteed, of diensten en specialisten worden ingehuurd, en onder welke randvoorwaarden en condities dit wel of niet mag plaatsvinden.

Al naargelang het object waarop de inkoop of inhuur zich richt, zijn specifieke vaktechnische competenties nodig. Hierna zijn de basiscompetenties benoemd.

VT-Competenties:
- Conceptuele kennis van Leveringsmanagement (S-M)
- Ervaring met Informatiemanagement (K-BP)
- Ervaring met Beleid en strategiebepaling (K-M)
- Ervaring met Behoeftemanagement (S-M)
- Ervaring met Leveranciersmanagement (V-M)
- Ervaring met Contractmanagement (V-M)
- Ervaring met Financieel management (F-M)
- Ervaring met Planning & control (G-M)
- Ervaring met Kwaliteitsmanagement (G-M)
- Ervaring met Risicomanagement (G-M)
- Ervaring met Portfoliomanagement (E-M)

P-Competenties:
- Gemiddeld niveau Oordeelsvorming
- Gemiddeld niveau Abstractievermogen
- Gemiddeld niveau Commercieel inzicht
- Hoog niveau Integriteit
- Hoog niveau Organisatiebewustzijn
- Hoog niveau Strategische visie
- Hoog niveau Plannen en organiseren

e-CF competentiereferenties:
- A.01 Afstemming informatiesysteem en bedrijfsstrategie (IS and Business Strategy Alignment)
- A.03 Ontwikkelen van bedrijfsplannen (Business Plan Development)
- D.04 Inkoop (Purchasing)
- D.08 Contractmanagement (Contract Management)

K-M – Opstellen en beheren projectenportfolio

Activiteit:
- Definiëren en beheren van projecten ten behoeve van de ontwikkeling of de aanpassing van informatiesystemen, applicaties, databases, technische infrastructuur, enzovoort.
- Vaststellen van de samenhang tussen de projecten en faseren in de tijd.
- Inventariseren van de conditionerende maatregelen, randvoorwaarden en dergelijke.
- Inschatten van de per project benodigde tijd, doorlooptijd, mensen en (financiële) middelen.
- Beheren en onderhouden van het projectenportfolio.

Resultaat:
Projectenportfolio, projectenplan, automatiseringsplan.

Toelichting:
Het projectenportfolio is een overzicht van de uit te voeren projecten in een bepaalde periode. De conditionerende maatregelen kunnen betrekking hebben op bijvoorbeeld organisatieveranderingen die aanstaande zijn, de financiering die nodig is om de diverse projecten te realiseren en de beschikbare personele capaciteit.
Indien het projectenportfolio wordt aangevuld met keuzen voor technologie (type computers, netwerkprotocollen, enzovoort) wordt ook gesproken van een automatiseringsplan.

VT-Competenties:
- Conceptuele kennis van Beleid en strategiebepaling (K-M)
- Conceptuele kennis van Leveranciersmanagement (V-M)
- Conceptuele kennis van Contractmanagement (V-M)
- Conceptuele kennis van Continuïteitmanagement (G-M)
- Conceptuele kennis van Compliancemanagement (G-M)
- Conceptuele kennis van Kwaliteitsmanagement (G-M)
- Ervaring met Informatiemanagement (K-BP)
- Ervaring met Changemanagement (I-M)

- Ervaring met Behoeftemanagement (S-M)
- Ervaring met Financieel management (F-M)
- Ervaring met Kostencalculaties (F-A)
- Ervaring met Risicomanagement (G-M)
- Ervaring met Portfoliomanagement (E-M)
- Ervaring met Werklastbegroting (E-A)

P-Competenties:
- Gemiddeld niveau Oordeelsvorming
- Gemiddeld niveau Kennis van andere disciplines
- Gemiddeld niveau Strategische visie
- Gemiddeld niveau Methodisch werken
- Hoog niveau Organisatiebewustzijn
- Hoog niveau Plannen en organiseren

e-CF competentiereferenties:
- A.01 Afstemming informatiesysteem en bedrijfsstrategie (IS and Business Strategy Alignment)
- A.03 Ontwikkelen van bedrijfsplannen (Business Plan Development)
- A.04 Product- of serviceplanning (Product/Service Planning)
- A.08 Duurzame ontwikkeling (Sustainable Development)
- A.09 Innoveren (Innovating)
- C.02 Ondersteunen van wijzigingen (Change Support)
- D.11 Behoeftemanagement (Needs Identification)
- E.01 Ontwikkelen van prognoses (Forecast Development)
- E.02 Project- en portfoliomanagement (Project and Portfolio Management)
- E.03 Risicomanagement (Risk Management)
- E.05 Procesverbetering (Process Improvement)

Taken in het I-domein Architectuur

A-BP – Opstellen en beheren bedrijfsprocessenmodel

Activiteit:
- Vaststellen van bedrijfsprocessen en welke objecten (gegevens of fysieke producten of diensten) hierin worden gecreëerd, onderhouden en gebruikt, mede in het kader van specifieke informatiesystemen, en het beheer van het totaal.
- Specificeren van de relaties tussen:
  - de bedrijfsprocessen onderling;
  - de bedrijfsprocessen en de objecten;
  - de bedrijfsprocessen en de omgeving.
- Toetsen van het model op volledigheid, duidelijkheid en consistentie.
- Beheren en onderhouden van het bedrijfsprocessenmodel.

Resultaat:
Model van bedrijfsprocessen.

Toelichting:
Het bedrijfsprocessenmodel is in eerste instantie van belang voor het inzicht in de (formele) bedrijfsprocessen en de relaties daartussen. Het model biedt de basis voor het identificeren van de voor die bedrijfsprocessen relevante informatie en informatievoorziening (applicaties).

VT-Competenties:
- Conceptuele kennis van Informatiemanagement (K-BP)
- Conceptuele kennis van Organisatieleer (E-BP)
- Toegepaste kennis van Organisatorische continuïteitmaatregelen (O-BP)
- Ervaring met Architectuurprincipes voor modelleren van bedrijfsprocessen (A-BP)
- Ervaring met Architectuurprincipes voor modelleren van informatievoorziening/systemen (A-IS)
- Ervaring met Gegevensanalyse (A-IS)
- Ervaring met Organisatieanalyse (O-BP)
- Ervaring met Organisatieontwerp (O-BP)
- Ervaring met Changemanagement (I-M)
- Ervaring met Versie- en configuratiebeheer (B-A)
- Ervaring met Continuïteitmanagement (G-M)
- Ervaring met Compliancemanagement (G-M)
- Ervaring met Procesanalyse (G-A)
- Ervaring met Procesontwerp (G-A)
- Ervaring met Administratieve organisatie en interne controle (AO & IC) (E-BP)
- Ervaring met Principes, methoden en technieken voor interne controle (E-A)
- Ervaring met Principes, methoden en technieken voor kwaliteitsborging (E-A)

P-Competenties:
- Gemiddeld niveau Sensitiviteit, inlevingsvermogen
- Gemiddeld niveau Samenwerken in teamverbanden

- Gemiddeld niveau Analytisch vermogen
- Gemiddeld niveau Oordeelsvorming
- Gemiddeld niveau Abstractievermogen
- Gemiddeld niveau Methodisch werken
- Gemiddeld niveau Plannen en organiseren
- Hoog niveau Communicatieve vaardigheden (mondeling en/of schriftelijk)
- Hoog niveau Organisatiebewustzijn

e-CF competentiereferenties:
- A.03 Ontwikkelen van bedrijfsplannen (Business Plan Development)
- A.04 Product- of serviceplanning (Product/Service Planning)
- A.05 Ontwerp van architectuur (Architecture Design)
- E.05 Procesverbetering (Process Improvement)
- E.07 Management van veranderingen in bedrijfsprocessen (Business Change Management)

A-BP – Opstellen en beheren objectmodel

Activiteit:
- Analyseren, definiëren en specificeren van de identificatie van objecten (gegevens of fysieke producten en diensten), hun kenmerken, hun onderlinge relaties en hun relaties met de omgeving, en het beheer van het model. Toetsen van het model op volledigheid, duidelijkheid, consistentie en actualiteit.
- Beheren en onderhouden van het objectmodel.

Resultaat:
Objectmodel.

Toelichting:
Objecten betreffen elementen die door gebruikers in een organisatie worden onderkend.

VT-Competenties:
- Conceptuele kennis van Ontwerpen en bouwen van informatiesystemen (O-IS)
- Conceptuele kennis van Continuïteitmanagement (G-M)
- Conceptuele kennis van Compliancemanagement (G-M)
- Conceptuele kennis van Organisatieleer (E-BP)
- Conceptuele kennis van Principes, methoden en technieken voor interne controle (E-A)
- Toegepaste kennis van Architectuurprincipes voor modelleren van bedrijfsprocessen (A-BP)
- Toegepaste kennis van Architectuurprincipes voor modelleren van informatievoorziening/systemen (A-IS)
- Toegepaste kennis van Organisatieontwerp (O-BP)
- Ervaring met Gegevensanalyse (A-IS)
- Ervaring met Gegevensmodellering (A-IS)
- Ervaring met Organisatieanalyse (O-BP)
- Ervaring met Organisatorische continuïteitmaatregelen (O-BP)
- Ervaring met Changemanagement (I-M)
- Ervaring met Versie- en configuratiebeheer (B-A)

- Ervaring met Procesanalyse (G-A)
- Ervaring met Administratieve organisatie en interne controle (AO & IC) (E-BP)

P-Competenties:
- Gemiddeld niveau Sensitiviteit, inlevingsvermogen
- Gemiddeld niveau Communicatieve vaardigheden (mondeling en/of schriftelijk)
- Gemiddeld niveau Oordeelsvorming
- Gemiddeld niveau Kennis van andere disciplines
- Gemiddeld niveau Plannen en organiseren
- Hoog niveau Analytisch vermogen
- Hoog niveau Organisatiebewustzijn
- Hoog niveau Methodisch werken

e-CF competentiereferenties:
- A.06 Ontwerp van applicaties (Application Design)
- B.01 Applicatieontwikkeling en -bouw (Application Development)

A-IS – Ontwerpen en beheren informatievoorziening (overall)

Activiteit:
- Analyseren en beheren van functionele specificaties en vertalen naar een totaalontwerp van de informatievoorziening in termen van de samenhang van bedrijfsprocessen.
- Toetsen van het ontwerp op volledigheid, duidelijkheid, consistentie en compliance.
- Beheren en onderhouden van het (overall) ontwerp.

Resultaat:
Functionele specificaties van de totale informatievoorziening in de samenhang met de bedrijfsprocessen.

Toelichting:
De specificaties geven de inhoud en de werking van elke informatiefunctie aan, alsmede de relaties met de andere informatiefuncties, de gebruikseisen, bewerkingen en controles.

VT-Competenties:
- Conceptuele kennis van Organisatieontwerp (O-BP)
- Conceptuele kennis van Ontwerpen en bouwen van informatiesystemen (O-IS)
- Conceptuele kennis van Changemanagement (I-M)
- Conceptuele kennis van Risicomanagement (G-M)
- Conceptuele kennis van Organisatieleer (E-BP)
- Conceptuele kennis van Portfoliomanagement (E-M)
- Toegepaste kennis van Gegevensanalyse (A-IS)
- Toegepaste kennis van Functioneel ontwerp (O-IS)
- Toegepaste kennis van Planning & control (G-M)
- Toegepaste kennis van Continuïteitmanagement (G-M)
- Toegepaste kennis van Compliancemanagement (G-M)
- Toegepaste kennis van Procesontwerp (G-A)

- Ervaring met Informatiemanagement (K-BP)
- Ervaring met Informatieplanning (K-IS)
- Ervaring met Architectuurprincipes voor modelleren van bedrijfsprocessen (A-BP)
- Ervaring met Architectuurprincipes voor modelleren van informatievoorziening/systemen (A-IS)
- Ervaring met Informatieanalyse (A-IS)
- Ervaring met Organisatieanalyse (O-BP)
- Ervaring met Kwaliteitsmanagement (G-M)
- Ervaring met Procesanalyse (G-A)
- Ervaring met Administratieve organisatie en interne controle (AO & IC) (E-BP)
- Ervaring met Principes, methoden en technieken voor interne controle (E-A)

P-Competenties:
- Gemiddeld niveau Samenwerken in teamverbanden
- Gemiddeld niveau Integriteit
- Gemiddeld niveau Klantgerichtheid
- Gemiddeld niveau Oordeelsvorming
- Gemiddeld niveau Creativiteit
- Gemiddeld niveau Kennis van andere disciplines
- Gemiddeld niveau Kwaliteitsbewustzijn
- Gemiddeld niveau Methodisch werken
- Hoog niveau Sensitiviteit, inlevingsvermogen
- Hoog niveau Analytisch vermogen
- Hoog niveau Abstractievermogen
- Hoog niveau Organisatiebewustzijn
- Hoog niveau Plannen en organiseren

e-CF competentiereferenties:
- A.01 Afstemming informatiesysteem en bedrijfsstrategie (IS and Business Strategy Alignment)
- A.03 Ontwikkelen van bedrijfsplannen (Business Plan Development)
- A.04 Product- of serviceplanning (Product/Service Planning)
- A.05 Ontwerp van architectuur (Architecture Design)
- A.06 Ontwerp van applicaties (Application Design)

A-IS – Opstellen en beheren informatiearchitectuur

Activiteit:
- Definiëren en modelleren van de gewenste informatievoorziening van een organisatie, en beheren van de afgeleide blauwdruk van de informatievoorziening.
- Aangeven van de consequenties voor de bestaande situatie.
- Beheren en onderhouden van de informatiearchitectuur.

Resultaat:
Informatiearchitectuur.

Toelichting:
De informatiearchitectuur is de blauwdruk op basis waarvan de informatievoorziening in een organisatie wordt gerealiseerd. Ze vormt een onderdeel van een informatieplan. De informatiearchitectuur wordt gedefinieerd in termen van:
- informatiefuncties en informatiesystemen;
- gegevensstructuren en -verzamelingen, databases;
- organisatiestructuren en -architectuur;
- de interactie met de gebruikers (user-interface), en de onderlinge samenhang.

VT-Competenties:
- Conceptuele kennis van Organisatieanalyse (O-BP)
- Conceptuele kennis van Organisatieontwerp (O-BP)
- Conceptuele kennis van Functioneel ontwerp (O-IS)
- Conceptuele kennis van Compliancemanagement (G-M)
- Conceptuele kennis van Organisatieleer (E-BP)
- Conceptuele kennis van Principes, methoden en technieken voor interne controle (E-A)
- Toegepaste kennis van Ontwerpen en bouwen van informatiesystemen (O-IS)
- Toegepaste kennis van Beheer van informatiesystemen (B-IS)
- Ervaring met Architectuurprincipes voor modelleren van bedrijfsprocessen (A-BP)
- Ervaring met Architectuurprincipes voor modelleren van informatievoorziening/systemen (A-IS)
- Ervaring met Organisatorische continuïteitmaatregelen (O-BP)
- Ervaring met Technische continuïteitmaatregelen (O-A)
- Ervaring met Changemanagement (I-M)
- Ervaring met Versie- en configuratiebeheer (B-A)
- Ervaring met Administratieve organisatie en interne controle (AO & IC) (E-BP)
- Ervaring met Principes, methoden en technieken voor kwaliteitsborging (E-A)

P-Competenties:
- Gemiddeld niveau Analytisch vermogen
- Gemiddeld niveau Oordeelsvorming
- Gemiddeld niveau Abstractievermogen
- Gemiddeld niveau Kennis van andere disciplines
- Hoog niveau Organisatiebewustzijn
- Hoog niveau Methodisch werken
- Hoog niveau Plannen en organiseren

e-CF competentiereferenties:
- A.04 Product- of serviceplanning (Product/Service Planning)
- A.05 Ontwerp van architectuur (Architecture Design)

A-IS – Opstellen en beheren informatieprocessenmodel

Activiteit:
- Vaststellen van informatieprocessen en welke gegevens hierin worden gecreëerd, onderhouden en gebruikt, en het beheer van het totaal.

- Specificeren van de relaties tussen:
  - de informatieprocessen onderling;
  - de informatieprocessen en gegevens;
  - de informatie-uitwisseling met de omgeving.
- Toetsen van het model op volledigheid, duidelijkheid en consistentie.
- Beheren en onderhouden van het informatieprocessenmodel.

Resultaat:
Model van informatieprocessen.

Toelichting:
In plaats van informatieproces wordt ook wel de term 'informatiefunctie' gebruikt.

VT-Competenties:
- Conceptuele kennis van Organisatieontwerp (O-BP)
- Conceptuele kennis van Continuïteitmanagement (G-M)
- Conceptuele kennis van Compliancemanagement (G-M)
- Conceptuele kennis van Organisatieleer (E-BP)
- Conceptuele kennis van Principes, methoden en technieken voor interne controle (E-A)
- Toegepaste kennis van Ontwerpen en bouwen van informatiesystemen (O-IS)
- Toegepaste kennis van Functioneel ontwerp (O-IS)
- Toegepaste kennis van Beheer van informatiesystemen (B-IS)
- Ervaring met Architectuurprincipes voor modelleren van bedrijfsprocessen (A-BP)
- Ervaring met Architectuurprincipes voor modelleren van informatievoorziening/systemen (A-IS)
- Ervaring met Organisatieanalyse (O-BP)
- Ervaring met Changemanagement (I-M)
- Ervaring met Versie- en configuratiebeheer (B-A)
- Ervaring met Administratieve organisatie en interne controle (AO & IC) (E-BP)
- Ervaring met Principes, methoden en technieken voor kwaliteitsborging (E-A)

P-Competenties:
- Gemiddeld niveau Sensitiviteit, inlevingsvermogen
- Gemiddeld niveau Communicatieve vaardigheden (mondeling en/of schriftelijk)
- Gemiddeld niveau Analytisch vermogen
- Gemiddeld niveau Abstractievermogen
- Gemiddeld niveau Kennis van andere disciplines
- Gemiddeld niveau Doorzettingsvermogen
- Gemiddeld niveau Methodisch werken
- Hoog niveau Samenwerken in teamverbanden
- Hoog niveau Organisatiebewustzijn
- Hoog niveau Plannen en organiseren

e-CF competentiereferenties:
- A.05 Ontwerp van architectuur (Architecture Design)
- B.01 Applicatieontwikkeling en -bouw (Application Development)
- D.10 Informatie- en kennismanagement (Information and Knowledge Management)

- D.11 Behoeftemanagement (Needs Identification)
- D.12 Digitale marketing (Digital Marketing)
- E.03 Risicomanagement (Risk Management)
- E.05 Procesverbetering (Process Improvement)
- E.07 Management van veranderingen in bedrijfsprocessen (Business Change Management)
- E.09 IT-governance (IS Governance)

A-IS – Opstellen en beheren gegevensmodel

Activiteit:
- Analyseren, definiëren, specificeren en modelleren (meta)gegevens over objecten in hun onderlinge samenhang, en beheren hiervan.
- Toetsen van het model op volledigheid, duidelijkheid en consistentie.
- Beheren en onderhouden van het gegevensmodel.

Resultaat:
Model met definities en structuur van bedrijfsgegevens.

Toelichting:
Het gegevensmodel biedt inzicht in de gegevens die voor het bedrijfsproces van belang zijn en hun definitie. Dit model wordt vervolgens gebruikt voor het ontwerpen van de database (in het implementatiegegevensmodel).

VT-Competenties:
- Conceptuele kennis van Organisatieanalyse (O-BP)
- Conceptuele kennis van Continuïteitmanagement (G-M)
- Conceptuele kennis van Compliancemanagement (G-M)
- Toegepaste kennis van Architectuurprincipes voor modelleren van informatievoorziening/systemen (A-IS)
- Toegepaste kennis van Ontwerpen en bouwen van informatiesystemen (O-IS)
- Toegepaste kennis van Programmeertalen (O-IS)
- Toegepaste kennis van Databaseontwerp en -bouw (O-IS)
- Toegepaste kennis van Changemanagement (I-M)
- Toegepaste kennis van Administratieve organisatie en interne controle (AO & IC) (E-BP)
- Toegepaste kennis van Testen (E-A)
- Ervaring met Gegevensanalyse (A-IS)
- Ervaring met Gegevensmodellering (A-IS)
- Ervaring met Versie- en configuratiebeheer (B-A)
- Ervaring met Multimediatechnologie (G-TI)
- Ervaring met Procesanalyse (G-A)
- Ervaring met Procesontwerp (G-A)
- Ervaring met Opstellen van technische documentatie (G-A)

P-Competenties:
- Gemiddeld niveau Sensitiviteit, inlevingsvermogen
- Gemiddeld niveau Samenwerken in teamverbanden
- Gemiddeld niveau Oordeelsvorming

- Gemiddeld niveau Kennis van andere disciplines
- Gemiddeld niveau Accuratesse
- Hoog niveau Analytisch vermogen
- Hoog niveau Abstractievermogen
- Hoog niveau Organisatiebewustzijn
- Hoog niveau Methodisch werken

e-CF competentiereferenties:
- A.06 Ontwerp van applicaties (Application Design)
- B.01 Applicatieontwikkeling en -bouw (Application Development)

A-IS – Opstellen en beheren implementatiegegevensmodel

Activiteit:
- Transformeren van het gegevensmodel naar een vorm die geïmplementeerd kan worden in een databasemanagementsysteem (DBMS), ook wel 'databaseontwerp' genoemd.
- Toetsen van het model op volledigheid, duidelijkheid en consistentie.
- Beheren en onderhouden van het implementatiegegevensmodel.

Resultaat:
Implementatiegegevensmodel of beschrijving van de (logische en fysieke) database(structuur).

Toelichting:
Bij het transformeren wordt onder andere rekening gehouden met:
- het type databasemanagementsysteem (merk of fabrikant, en hiërarchisch, netwerk, relationeel of andersoortig DBMS);
- prestatie-eisen;
- realisatiegemak;
- beveiliging;
- onderhoudbaarheid.

Deze taak wordt vaak vereenzelvigd met de taken van een databaseadministrator (DBA).

VT-Competenties:
- Conceptuele kennis van Architectuurprincipes voor modelleren van informatievoorziening/systemen (A-IS)
- Conceptuele kennis van Applicatieontwerp en -bouw (O-IS)
- Conceptuele kennis van Compliancemanagement (G-M)
- Conceptuele kennis van Procesanalyse (G-A)
- Conceptuele kennis van Procesontwerp (G-A)
- Toegepaste kennis van Gegevensanalyse (A-IS)
- Ervaring met Gegevensmodellering (A-IS)
- Ervaring met Ontwerpen en bouwen van informatiesystemen (O-IS)
- Ervaring met Programmeertalen (O-IS)
- Ervaring met Databaseontwerp en -bouw (O-IS)
- Ervaring met Ontwerp- en programmeertools (O-A)

- Ervaring met Technische continuïteitmaatregelen (O-A)
- Ervaring met Changemanagement (I-M)
- Ervaring met Versie- en configuratiebeheer (B-A)
- Ervaring met Opstellen van technische documentatie (G-A)
- Ervaring met Principes, methoden en technieken voor interne controle (E-A)
- Ervaring met Testen (E-A)

P-Competenties:
- Gemiddeld niveau Integriteit
- Gemiddeld niveau Oordeelsvorming
- Gemiddeld niveau Creativiteit
- Gemiddeld niveau Zelfstandigheid
- Gemiddeld niveau Accuratesse
- Hoog niveau Analytisch vermogen
- Hoog niveau Methodisch werken

e-CF competentiereferenties:
- A.06 Ontwerp van applicaties (Application Design)
- B.01 Applicatieontwikkeling en -bouw (Application Development)

A-IS – Opstellen en beheren ontwikkelstandaarden

Activiteit:
- Kiezen van methoden, technieken en hulpmiddelen voor planning, ontwikkeling, invoering, onderhoud en beheer van informatiesystemen.
- Opstellen, documenteren en beheren van normen, richtlijnen en procedures voor genoemde activiteiten.
- Toezien op het (juiste) gebruik van vastgestelde standaarden.
- Beheren en onderhouden van de ontwikkelstandaarden.

Resultaat:
Methoden en technieken, (documentatie)standaarden, normen, richtlijnen en procedures, en de (correcte) toepassing daarvan.

Toelichting:
Het gaat hier niet alleen om de eigen ontwikkeling maar ook om bijvoorbeeld de aanpak bij de keuze en implementatie van applicatiepakketten. Tevens kunnen deze standaarden normen stellen voor de aanpak die door derden (softwarehuizen, adviesbureaus) moet worden gehanteerd.

Al naargelang het object waarop de ontwikkelstandaarden zich richten, zijn specifieke vaktechnische competenties nodig. Hierna zijn de basiscompetenties benoemd.

VT-Competenties:
- Conceptuele kennis van Continuïteitmanagement (G-M)
- Conceptuele kennis van Organisatieleer (E-BP)
- Toegepaste kennis van Realiseren van organisatiewijzigingen (O-BP)

- Toegepaste kennis van Realiseren van technische wijzigingen (O-TI)
- Toegepaste kennis van Planning & control (G-M)
- Toegepaste kennis van Principes, methoden en technieken voor interne controle (E-A)
- Ervaring met Ontwerpen en bouwen van informatiesystemen (O-IS)
- Ervaring met Ontwerp- en programmeertools (O-A)
- Ervaring met Technische continuïteitmaatregelen (O-A)
- Ervaring met Changemanagement (I-M)
- Ervaring met Beheer van informatiesystemen (B-IS)
- Ervaring met Versie- en configuratiebeheer (B-A)
- Ervaring met Compliancemanagement (G-M)
- Ervaring met Kwaliteitsmanagement (G-M)
- Ervaring met Opstellen van technische documentatie (G-A)
- Ervaring met Projectmanagement (E-M)
- Ervaring met Principes, methoden en technieken voor kwaliteitsborging (E-A)
- Ervaring met Testen (E-A)

P-Competenties:
- Gemiddeld niveau Sensitiviteit, inlevingsvermogen
- Gemiddeld niveau Samenwerken in teamverbanden
- Gemiddeld niveau Klantgerichtheid
- Gemiddeld niveau Analytisch vermogen
- Gemiddeld niveau Oordeelsvorming
- Gemiddeld niveau Methodisch werken
- Hoog niveau Communicatieve vaardigheden (mondeling en/of schriftelijk)
- Hoog niveau Creativiteit
- Hoog niveau Organisatiebewustzijn
- Hoog niveau Kwaliteitsbewustzijn
- Hoog niveau Overtuigingskracht
- Hoog niveau Plannen en organiseren

e-CF competentiereferenties:
- A.05 Ontwerp van architectuur (Architecture Design)
- E.02 Project- en portfoliomanagement (Project and Portfolio Management)
- E.03 Risicomanagement (Risk Management)

A-IS – Opstellen en beheren normen systeemgebruik en -beheer

Activiteit:
- Opstellen en beheren van normen, richtlijnen en procedures voor het gebruik en beheer van informatiesystemen.
- Toezien op het (juiste) gebruik van vastgestelde normen en standaarden.
- Beheren en onderhouden van de normen.

Resultaat:
Standaarden, normen, richtlijnen en procedures voor gebruik en beheer.

Toelichting:
Hierbij wordt uit oogpunt van kwaliteitszorg gekeken naar onder meer:
- beschikbaarheid;
- effectiviteit;
- beveiliging;
- autorisatie.

Onder deze taak is ook begrepen het opstellen van normen met betrekking tot het beschikbaar stellen van gegevens in het kader van de Wet op de privacy en eventuele andere wettelijke compliance-eisen. Vastgestelde normen kunnen ook van toepassing zijn bij het beheren van technische infrastructuur of hun vertaalslag vinden in het ontwerp en de bouw van applicaties en netwerken.

VT-Competenties:
- Conceptuele kennis van Beheer van netwerken (B-TI)
- Conceptuele kennis van Beheer van servers (B-TI)
- Conceptuele kennis van Beheer van multimedia-apparatuur (B-TI)
- Conceptuele kennis van Netwerktechnologie (G-TI)
- Conceptuele kennis van Servertechnologie (G-TI)
- Conceptuele kennis van Multimediatechnologie (G-TI)
- Conceptuele kennis van Planning & control (G-M)
- Conceptuele kennis van Continuïteitmanagement (G-M)
- Conceptuele kennis van Compliancemanagement (G-M)
- Conceptuele kennis van Principes, methoden en technieken voor interne controle (E-A)
- Toegepaste kennis van Realiseren van organisatiewijzigingen (O-BP)
- Toegepaste kennis van Realiseren van technische wijzigingen (O-TI)
- Toegepaste kennis van Gebruik van applicaties (E-IS)
- Ervaring met Changemanagement (I-M)
- Ervaring met Beheer van informatiesystemen (B-IS)
- Ervaring met Versie- en configuratiebeheer (B-A)
- Ervaring met Opstellen van technische documentatie (G-A)
- Ervaring met Principes, methoden en technieken voor kwaliteitsborging (E-A)
- Ervaring met Testen (E-A)

P-Competenties:
- Gemiddeld niveau Sensitiviteit, inlevingsvermogen
- Gemiddeld niveau Analytisch vermogen
- Gemiddeld niveau Methodisch werken
- Hoog niveau Communicatieve vaardigheden (mondeling en/of schriftelijk)
- Hoog niveau Samenwerken in teamverbanden
- Hoog niveau Klantgerichtheid
- Hoog niveau Oordeelsvorming
- Hoog niveau Organisatiebewustzijn
- Hoog niveau Kwaliteitsbewustzijn
- Hoog niveau Plannen en organiseren

e-CF competentiereferenties:
- A.05 Ontwerp van architectuur (Architecture Design)
- A.06 Ontwerp van applicaties (Application Design)
- B.01 Applicatieontwikkeling en -bouw (Application Development)
- B.02 Systeemintegratie (Component Integration)
- B.05 Vervaardigen van documentatie (Documentation Production)
- D.01 Strategieontwikkeling informatiebeveiliging (Information Security Strategy Development)
- D.02 Ontwikkeling ICT-kwaliteitsstrategie (ICT Quality Strategy Development)
- E.03 Risicomanagement (Risk Management)
- E.06 ICT-kwaliteitsmanagement (ICT Quality Management)
- E.08 Informatiebeveiligingsmanagement (Information Security Management)

A-IS – Opstellen en beheren standaarden applicatie- en databasebouw

Activiteit:
- Kiezen en beheren van standaarden voor de bouw van applicatieprogrammatuur en databases.
- Opstellen en documenteren van normen en richtlijnen voor de gekozen standaarden.
- Toezien op het (juiste) gebruik van deze standaarden.
- Beheren en onderhouden van de standaarden.

Resultaat:
Standaarden voor de applicatie- en databasebouw.

Toelichting:
De standaarden hebben tot doel om alle componenten van applicaties, inclusief databases, media- en user-interfaces, optimaal op elkaar te laten aansluiten en met elkaar te laten samenwerken, alsmede om het gebruik hiervan te optimaliseren. De standaarden hebben onder meer betrekking op:
- ontwerp- en programmeertools;
- programmeertalen;
- database(beheer)tools;
- user-interfaces;
- multimedia-apparatuur (pc, smartphone, tablet, enzovoort);
- het voldoen aan compliance-eisen.

VT-Competenties:
- Conceptuele kennis van Gegevensmodellering (A-IS)
- Conceptuele kennis van Functioneel ontwerp (O-IS)
- Conceptuele kennis van Beheer van netwerken (B-TI)
- Conceptuele kennis van Beheer van servers (B-TI)
- Conceptuele kennis van Beheer van multimedia-apparatuur (B-TI)
- Conceptuele kennis van Netwerktechnologie (G-TI)
- Conceptuele kennis van Servertechnologie (G-TI)
- Conceptuele kennis van Multimediatechnologie (G-TI)

- Conceptuele kennis van Continuïteitmanagement (G-M)
- Conceptuele kennis van Compliancemanagement (G-M)
- Conceptuele kennis van Principes, methoden en technieken voor interne controle (E-A)
- Toegepaste kennis van Realiseren van wijzigingen in informatiesystemen (O-IS)
- Toegepaste kennis van Realiseren van technische wijzigingen (O-TI)
- Toegepaste kennis van Changemanagement (I-M)
- Ervaring met Ontwerpen en bouwen van informatiesystemen (O-IS)
- Ervaring met Programmeertalen (O-IS)
- Ervaring met Databaseontwerp en -bouw (O-IS)
- Ervaring met Applicatieontwerp en -bouw (O-IS)
- Ervaring met Technisch ontwerp (O-TI)
- Ervaring met Ontwerp- en programmeertools (O-A)
- Ervaring met Technische continuïteitmaatregelen (O-A)
- Ervaring met Ergonomische aspecten van systemen (O-A)
- Ervaring met Beheer van informatiesystemen (B-IS)
- Ervaring met Versie- en configuratiebeheer (B-A)
- Ervaring met Opstellen van technische documentatie (G-A)
- Ervaring met Principes, methoden en technieken voor kwaliteitsborging (E-A)
- Ervaring met Testen (E-A)

P-Competenties:
- Gemiddeld niveau Sensitiviteit, inlevingsvermogen
- Gemiddeld niveau Oordeelsvorming
- Gemiddeld niveau Methodisch werken
- Hoog niveau Communicatieve vaardigheden (mondeling en/of schriftelijk)
- Hoog niveau Samenwerken in teamverbanden
- Hoog niveau Klantgerichtheid
- Hoog niveau Organisatiebewustzijn
- Hoog niveau Kwaliteitsbewustzijn
- Hoog niveau Plannen en organiseren

e-CF competentiereferenties:
- E.08 Informatiebeveiligingsmanagement (Information Security Management)

A-TI – Opstellen en beheren architectuur technische infrastructuur

Activiteit:
- Analyseren, ontwerpen en beschrijven van de architectuur van de technische infrastructuur (netwerken met netwerkcomponenten, database- en applicatieservers en multimedia-apparatuur).
- Beschrijven van de functies van deze componenten en hun functionele en technische specificaties.
- Beheren en onderhouden van de architectuur.

Resultaat:
Architectuurschema, blauwdruk van de technische infrastructuur.

Toelichting:
De architectuur biedt een overzicht van de componenten van de technische infrastructuur, hun functies, specificaties en hun samenhang. Met betrekking tot de technische specificaties worden onder meer vastgesteld:
- de technische (communicatie)protocollen;
- beheerprotocollen en -programmatuur (denk aan prioriteringsmechanismen in routers en beheerprogrammatuur op routers voor het monitoren van de netwerkbelasting);
- de capaciteit en de performance van deze componenten;
- het inbouwen van back-upmogelijkheden voor netwerkverbindingen en servers, inclusief concepten als *high availability*-configuraties.

VT-Competenties:
- Conceptuele kennis van Beheer van informatiesystemen (B-IS)
- Conceptuele kennis van Planning & control (G-M)
- Conceptuele kennis van Principes, methoden en technieken voor interne controle (E-A)
- Toegepaste kennis van Realiseren van wijzigingen in informatiesystemen (O-IS)
- Toegepaste kennis van Realiseren van technische wijzigingen (O-TI)
- Toegepaste kennis van Netwerktechnologie (G-TI)
- Toegepaste kennis van Servertechnologie (G-TI)
- Toegepaste kennis van Multimediatechnologie (G-TI)
- Ervaring met Architectuurprincipes voor modelleren van technische infrastructuur (A-TI)
- Ervaring met Ontwerp technische infrastructuur (O-TI)
- Ervaring met Technische continuïteitmaatregelen (O-A)
- Ervaring met Beheer van netwerken (B-TI)
- Ervaring met Beheer van servers (B-TI)
- Ervaring met Beheer van multimedia-apparatuur (B-TI)
- Ervaring met Versie- en configuratiebeheer (B-A)
- Ervaring met Principes, methoden en technieken voor beveiliging (G-A)
- Ervaring met Opstellen van technische documentatie (G-A)
- Ervaring met Principes, methoden en technieken voor kwaliteitsborging (E-A)
- Ervaring met Testen (E-A)

P-Competenties:
- Gemiddeld niveau Oordeelsvorming
- Gemiddeld niveau Creativiteit
- Gemiddeld niveau Kwaliteitsbewustzijn
- Gemiddeld niveau Besluitvaardigheid
- Gemiddeld niveau Methodisch werken
- Hoog niveau Klantgerichtheid
- Hoog niveau Analytisch vermogen
- Hoog niveau Abstractievermogen
- Hoog niveau Organisatiebewustzijn

e-CF competentiereferenties:
- A.05 Ontwerp van architectuur (Architecture Design)

- B.02 Systeemintegratie (Component Integration)
- D.01 Strategieontwikkeling informatiebeveiliging (Information Security Strategy Development)

A-TI – Opstellen en beheren standaarden technische infrastructuur

Activiteit:
- Kiezen, ontwikkelen en beheren van standaarden voor de inrichting van de technische infrastructuur.
- Opstellen en documenteren van normen, richtlijnen en dergelijke voor de gekozen standaarden.
- Toezien op het (juiste) gebruik van deze standaarden.
- Beheren en onderhouden van de standaarden.

Resultaat:
Standaarden voor de technische infrastructuur.

Toelichting:
De standaarden hebben tot doel om alle componenten van de technische infrastructuur (netwerkapparatuur en netwerkprogrammatuur, servers, serverprogrammatuur, multimedia-apparatuur en dergelijke) optimaal op elkaar te laten aansluiten en met elkaar te laten samenwerken. De standaarden hebben onder meer betrekking op:
- netwerkprotocollen;
- standaardconfiguraties;
- inrichting van netwerkcomponenten;
- beheerprotocollen.

VT-Competenties:
- Conceptuele kennis van Beheer van informatiesystemen (B-IS)
- Conceptuele kennis van Planning & control (G-M)
- Conceptuele kennis van Principes, methoden en technieken voor interne controle (E-A)
- Toegepaste kennis van Realiseren van technische wijzigingen (O-TI)
- Toegepaste kennis van Netwerktechnologie (G-TI)
- Toegepaste kennis van Servertechnologie (G-TI)
- Toegepaste kennis van Multimediatechnologie (G-TI)
- Toegepaste kennis van Testen (E-A)
- Toegepaste kennis van Werking van componenten van de ICT (E-A)
- Ervaring met Architectuurprincipes voor modelleren van technische infrastructuur (A-TI)
- Ervaring met Ontwerp technische infrastructuur (O-TI)
- Ervaring met Technische continuïteitmaatregelen (O-A)
- Ervaring met Beheer van netwerken (B-TI)
- Ervaring met Beheer van servers (B-TI)
- Ervaring met Beheer van multimedia-apparatuur (B-TI)
- Ervaring met Beheer van exploitatie en productie (B-TI)
- Ervaring met Versie- en configuratiebeheer (B-A)
- Ervaring met Principes, methoden en technieken voor beveiliging (G-A)

- Ervaring met Opstellen van technische documentatie (G-A)
- Ervaring met Principes, methoden en technieken voor kwaliteitsborging (E-A)

P-Competenties:
- Gemiddeld niveau Klantgerichtheid
- Gemiddeld niveau Oordeelsvorming
- Gemiddeld niveau Abstractievermogen
- Gemiddeld niveau Creativiteit
- Gemiddeld niveau Besluitvaardigheid
- Gemiddeld niveau Methodisch werken
- Hoog niveau Analytisch vermogen
- Hoog niveau Organisatiebewustzijn
- Hoog niveau Kwaliteitsbewustzijn
- Hoog niveau Plannen en organiseren

e-CF competentiereferenties:
- A.05 Ontwerp van architectuur (Architecture Design)
- E.03 Risicomanagement (Risk Management)
- E.08 Informatiebeveiligingsmanagement (Information Security Management)

A-TI – Opstellen en beheren normen gebruik en beheer technische infrastructuur

Activiteit:
- Opstellen en beheren van normen, richtlijnen en procedures voor het gebruik en beheer van de technische infrastructuur.
- Toezien op het (juiste) gebruik van vastgestelde normen.
- Beheren en onderhouden van de normen.

Resultaat:
Standaarden, normen, richtlijnen en procedures.

Toelichting:
Het gaat hier om normen voor het operationeel gebruik en beheer van de componenten van de technische infrastructuur (netwerk, database- en applicatieservers, multimedia-apparatuur). De normen hebben onder meer betrekking op:
- beschikbaarheid;
- capaciteit;
- effectiviteit;
- beveiliging;
- autorisaties.

VT-Competenties:
- Conceptuele kennis van Architectuurprincipes voor modelleren van technische infrastructuur (A-TI)
- Conceptuele kennis van Beheer van informatiesystemen (B-IS)
- Toegepaste kennis van Ontwerp technische infrastructuur (O-TI)

- Toegepaste kennis van Realiseren van technische wijzigingen (O-TI)
- Toegepaste kennis van Beheer van netwerken (B-TI)
- Toegepaste kennis van Beheer van servers (B-TI)
- Toegepaste kennis van Beheer van multimedia-apparatuur (B-TI)
- Toegepaste kennis van Netwerktechnologie (G-TI)
- Toegepaste kennis van Servertechnologie (G-TI)
- Toegepaste kennis van Multimediatechnologie (G-TI)
- Toegepaste kennis van Principes, methoden en technieken voor interne controle (E-A)
- Toegepaste kennis van Werking van componenten van de ICT (E-A)
- Ervaring met Versie- en configuratiebeheer (B-A)
- Ervaring met Principes, methoden en technieken voor beveiliging (G-A)
- Ervaring met Opstellen van technische documentatie (G-A)
- Ervaring met Principes, methoden en technieken voor kwaliteitsborging (E-A)
- Ervaring met Testen (E-A)

P-Competenties:
- Gemiddeld niveau Integriteit
- Gemiddeld niveau Analytisch vermogen
- Gemiddeld niveau Oordeelsvorming
- Gemiddeld niveau Methodisch werken
- Hoog niveau Communicatieve vaardigheden (mondeling en/of schriftelijk)
- Hoog niveau Abstractievermogen
- Hoog niveau Organisatiebewustzijn
- Hoog niveau Kwaliteitsbewustzijn
- Hoog niveau Plannen en organiseren

e-CF competentiereferenties:
- A.05 Ontwerp van architectuur (Architecture Design)
- B.02 Systeemintegratie (Component Integration)
- D.01 Strategieontwikkeling informatiebeveiliging (Information Security Strategy Development)
- D.02 Ontwikkeling ICT-kwaliteitsstrategie (ICT Quality Strategy Development)
- E.03 Risicomanagement (Risk Management)
- E.06 ICT-kwaliteitsmanagement (ICT Quality Management)
- E.08 Informatiebeveiligingsmanagement (Information Security Management)

Taken in het I-domein Ontwikkelen

O-BP – Onderzoeken organisatieaspecten

Activiteit:
- Uitvoeren van het onderzoek om een beeld te krijgen van het functioneren van de organisatie en van relevante aspecten en ontwikkelingen, mede in het licht van geformuleerde behoeften, knelpunten, problemen, wijzigingen en dergelijke in de (gebruikers)organisatie.
- Beschrijven van de bevindingen.

Resultaat:
Onderzoeksrapport, organisatiegegevens.

Toelichting:
Het onderzoek wordt uitgevoerd met behulp van onder andere enquêtes, workshops, interviews, conferenties en (methodisch onderbouwde, gestructureerde) discussies. Hierbij wordt onder meer aandacht gegeven aan:
- sociale aspecten en veranderkundige impacts;
- financiële en bedrijfseconomische aspecten;
- (gewijzigde) marktomstandigheden;
- wijzigingen in de organisatie(structuur, werkwijze, enzovoort);
- technologische ontwikkelingen in de omgeving van de organisatie.

VT-Competenties:
- Conceptuele kennis van Management van (bedrijfs)processen (G-M)
- Conceptuele kennis van Organisatieleer (E-BP)
- Toegepaste kennis van Architectuurprincipes voor modelleren van informatievoorziening/systemen (A-IS)
- Ervaring met Architectuurprincipes voor modelleren van bedrijfsprocessen (A-BP)
- Ervaring met Organisatieanalyse (O-BP)
- Ervaring met Organisatieontwerp (O-BP)
- Ervaring met Realiseren van organisatiewijzigingen (O-BP)
- Ervaring met Changemanagement (I-M)
- Ervaring met Beheer van informatiesystemen (B-IS)
- Ervaring met Behoeftemanagement (S-M)
- Ervaring met Klantmanagement (S-M)
- Ervaring met Financieel management (F-M)
- Ervaring met Continuïteitmanagement (G-M)
- Ervaring met Compliancemanagement (G-M)
- Ervaring met Risicomanagement (G-M)
- Ervaring met Administratieve organisatie en interne controle (AO & IC) (E-BP)
- Ervaring met Principes, methoden en technieken voor interne controle (E-A)

P-Competenties:
- Gemiddeld niveau Integriteit
- Gemiddeld niveau Klantgerichtheid

- Gemiddeld niveau Analytisch vermogen
- Gemiddeld niveau Oordeelsvorming
- Gemiddeld niveau Creativiteit
- Gemiddeld niveau Kwaliteitsbewustzijn
- Gemiddeld niveau Methodisch werken
- Hoog niveau Sensitiviteit, inlevingsvermogen
- Hoog niveau Communicatieve vaardigheden (mondeling en/of schriftelijk)
- Hoog niveau Organisatiebewustzijn
- Hoog niveau Kennis van andere disciplines
- Hoog niveau Plannen en organiseren

e-CF competentiereferenties:
- A.01 Afstemming informatiesysteem en bedrijfsstrategie (IS and Business Strategy Alignment)
- A.03 Ontwikkelen van bedrijfsplannen (Business Plan Development)
- A.04 Product- of serviceplanning (Product/Service Planning)
- A.08 Duurzame ontwikkeling (Sustainable Development)
- D.03 Opleiding en training (Education and Training Provision)
- D.10 Informatie- en kennismanagement (Information and Knowledge Management)
- D.11 Behoeftemanagement (Needs Identification)
- E.01 Ontwikkelen van prognoses (Forecast Development)
- E.02 Project- en portfoliomanagement (Project and Portfolio Management)
- E.03 Risicomanagement (Risk Management)
- E.05 Procesverbetering (Process Improvement)
- E.06 ICT-kwaliteitsmanagement (ICT Quality Management)
- E.07 Management van veranderingen in bedrijfsprocessen (Business Change Management)
- E.09 IT-governance (IS Governance)

O-BP – Ontwerpen en beheren bedrijfsprocessen

Activiteit:
- Vaststellen op welke wijze bedrijfsprocessen moeten functioneren, inclusief de daaraan te stellen prestatiekenmerken, en de inrichting daarvan. Dit dient plaats te vinden in nauw overleg met het management en de eindgebruikers.
- Vastleggen in en beheren van procesbeschrijvingen.
- Formuleren van de eisen aan en de criteria van de resultaten van de bedrijfsprocessen.
- Toetsen van de beschrijving op volledigheid, duidelijkheid en consistentie.
- Beheren en onderhouden van het ontwerp van de bedrijfsprocessen.

Resultaat:
Beschrijving van bedrijfsprocessen.

Toelichting:
Een bedrijfsproces bestaat uit het geheel van onder meer:
- taken, verantwoordelijkheden, bevoegdheden van medewerkers;
- de wijze waarop de resultaten van het proces moeten worden bereikt (procedures, richtlijnen en dergelijke);

- de samenwerkingsverbanden met andere bedrijfsprocessen;
- de resultaten, producten en diensten van een bedrijfsproces;
- de benodigde informatie en informatievoorziening.

VT-Competenties:
- Conceptuele kennis van Informatiemanagement (K-BP)
- Conceptuele kennis van Architectuurprincipes voor modelleren van informatievoorziening/systemen (A-IS)
- Conceptuele kennis van Beheer van bedrijfsinformatie/gegevens (B-BP)
- Conceptuele kennis van Beheer van informatiesystemen (B-IS)
- Conceptuele kennis van Management van (bedrijfs)processen (G-M)
- Conceptuele kennis van Organisatieleer (E-BP)
- Conceptuele kennis van Portfoliomanagement (E-M)
- Ervaring met Architectuurprincipes voor modelleren van bedrijfsprocessen (A-BP)
- Ervaring met Informatieanalyse (A-IS)
- Ervaring met Gegevensanalyse (A-IS)
- Ervaring met Organisatieanalyse (O-BP)
- Ervaring met Organisatieontwerp (O-BP)
- Ervaring met Realiseren van organisatiewijzigingen (O-BP)
- Ervaring met Organisatorische continuïteitmaatregelen (O-BP)
- Ervaring met Changemanagement (I-M)
- Ervaring met Klantmanagement (S-M)
- Ervaring met Continuïteitmanagement (G-M)
- Ervaring met Compliancemanagement (G-M)
- Ervaring met Kwaliteitsmanagement (G-M)
- Ervaring met Procesanalyse (G-A)
- Ervaring met Procesontwerp (G-A)
- Ervaring met Administratieve organisatie en interne controle (AO & IC) (E-BP)
- Ervaring met Principes, methoden en technieken voor interne controle (E-A)

P-Competenties:
- Gemiddeld niveau Sensitiviteit, inlevingsvermogen
- Gemiddeld niveau Samenwerken in teamverbanden
- Gemiddeld niveau Klantgerichtheid
- Gemiddeld niveau Analytisch vermogen
- Gemiddeld niveau Oordeelsvorming
- Gemiddeld niveau Abstractievermogen
- Gemiddeld niveau Creativiteit
- Gemiddeld niveau Methodisch werken
- Hoog niveau Organisatiebewustzijn
- Hoog niveau Kennis van andere disciplines
- Hoog niveau Kwaliteitsbewustzijn
- Hoog niveau Plannen en organiseren

e-CF competentiereferenties:
- A.03 Ontwikkelen van bedrijfsplannen (Business Plan Development)
- A.04 Product- of serviceplanning (Product/Service Planning)
- E.01 Ontwikkelen van prognoses (Forecast Development)
- E.05 Procesverbetering (Process Improvement)
- E.07 Management van veranderingen in bedrijfsprocessen (Business Change Management)
- E.09 IT-governance (IS Governance)

O-BP – Verkennen behoeften informatievoorziening

Activiteit:
- Op hoofdlijnen analyseren en beschrijven van een vraagstuk of probleem in de bedrijfsvoering en/of in de informatievoorziening, al dan niet voortkomend uit een bedrijfskundig vraagstuk. Nader verkennen van het vraagstuk of probleem om vast te stellen of er een opdracht moet worden gegeven om het ondervonden probleem verder te analyseren en op te lossen.
- Formuleren van randvoorwaarden en condities, en van eisen en wensen met betrekking tot de oplossing. Opstellen van een (financiële) businesscase.

Resultaat:
Rapportage verkenning, schets van de oplossing, (financiële) businesscase.

Toelichting:
Deze verkenning wordt vaak multidisciplinair uitgevoerd. Hierbij wordt onder meer aandacht gegeven aan:
- sociale aspecten en veranderkundige impacts;
- financiële en bedrijfseconomische aspecten;
- (gewijzigde) marktomstandigheden;
- wijzigingen in de organisatie (structuur, werkwijze, enzovoort);
- technologische ontwikkelingen in de omgeving van de organisatie.

VT-Competenties:
- Conceptuele kennis van Organisatieleer (E-BP)
- Toegepaste kennis van Informatiemanagement (K-BP)
- Toegepaste kennis van Architectuurprincipes voor modelleren van bedrijfsprocessen (A-BP)
- Toegepaste kennis van Architectuurprincipes voor modelleren van informatievoorziening/systemen (A-IS)
- Toegepaste kennis van Organisatieontwerp (O-BP)
- Toegepaste kennis van Kwaliteitsmanagement (G-M)
- Toegepaste kennis van Portfoliomanagement (E-M)
- Ervaring met Organisatieanalyse (O-BP)
- Ervaring met Changemanagement (I-M)
- Ervaring met Behoeftemanagement (S-M)
- Ervaring met Financieel management (F-M)
- Ervaring met Continuïteitmanagement (G-M)
- Ervaring met Compliancemanagement (G-M)

P-Competenties:
- Gemiddeld niveau Sensitiviteit, inlevingsvermogen
- Gemiddeld niveau Communicatieve vaardigheden (mondeling en/of schriftelijk)
- Gemiddeld niveau Samenwerken in teamverbanden
- Gemiddeld niveau Oordeelsvorming
- Gemiddeld niveau Creativiteit
- Gemiddeld niveau Kwaliteitsbewustzijn
- Hoog niveau Analytisch vermogen
- Hoog niveau Organisatiebewustzijn
- Hoog niveau Kennis van andere disciplines
- Hoog niveau Methodisch werken
- Hoog niveau Plannen en organiseren

e-CF competentiereferenties:
- A.01 Afstemming informatiesysteem en bedrijfsstrategie (IS and Business Strategy Alignment)
- A.04 Product- of serviceplanning (Product/Service Planning)
- A.06 Ontwerp van applicaties (Application Design)
- D.01 Strategieontwikkeling informatiebeveiliging (Information Security Strategy Development)
- D.02 Ontwikkeling ICT-kwaliteitsstrategie (ICT Quality Strategy Development)
- D.06 Management van verkoopkanalen (Channel Management)
- D.10 Informatie- en kennismanagement (Information and Knowledge Management)
- D.11 Behoeftemanagement (Needs Identification)
- D.12 Digitale marketing (Digital Marketing)
- E.01 Ontwikkelen van prognoses (Forecast Development)
- E.02 Project- en portfoliomanagement (Project and Portfolio Management)
- E.05 Procesverbetering (Process Improvement)
- E.06 ICT-kwaliteitsmanagement (ICT Quality Management)
- E.07 Management van veranderingen in bedrijfsprocessen (Business Change Management)
- E.09 IT-governance (IS Governance)

O-BP – Vaststellen en beheren gewenste informatievoorziening

Activiteit:
- Inventariseren, analyseren, afstemmen en beschrijven van de gewenste informatievoorziening in relatie met de gewenste bedrijfsvoering. Vaststellen van beperkingen, randvoorwaarden en uitgangspunten.
- Beschrijven van de eisen die aan de gewenste situatie worden gesteld.
- Beheren en onderhouden van de gewenste informatievoorziening.

Resultaat:
Hoofdlijnen van de gewenste situatie; kaders voor een informatiesysteem.

Toelichting:
De beschrijving op hoofdlijnen heeft niet alleen betrekking op de informatievoorziening, maar ook op sociale, organisatorische, technische en economische factoren die daarmee samenhangen.

VT-Competenties:
- Conceptuele kennis van Gegevensmodellering (A-IS)
- Conceptuele kennis van Organisatieontwerp (O-BP)
- Conceptuele kennis van Ontwerpen en bouwen van informatiesystemen (O-IS)
- Conceptuele kennis van Functioneel ontwerp (O-IS)
- Conceptuele kennis van Organisatieleer (E-BP)
- Toegepaste kennis van Technische continuïteitmaatregelen (O-A)
- Ervaring met Architectuurprincipes voor modelleren van bedrijfsprocessen (A-BP)
- Ervaring met Architectuurprincipes voor modelleren van informatievoorziening/systemen (A-IS)
- Ervaring met Informatieanalyse (A-IS)
- Ervaring met Organisatieanalyse (O-BP)
- Ervaring met Organisatorische continuïteitmaatregelen (O-BP)
- Ervaring met Changemanagement (I-M)
- Ervaring met Beheer van bedrijfsinformatie/gegevens (B-BP)
- Ervaring met Beheer van informatiesystemen (B-IS)
- Ervaring met Klantmanagement (S-M)
- Ervaring met Continuïteitmanagement (G-M)
- Ervaring met Compliancemanagement (G-M)
- Ervaring met Kwaliteitsmanagement (G-M)
- Ervaring met Administratieve organisatie en interne controle (AO & IC) (E-BP)
- Ervaring met Principes, methoden en technieken voor interne controle (E-A)

P-Competenties:
- Gemiddeld niveau Sensitiviteit, inlevingsvermogen
- Gemiddeld niveau Communicatieve vaardigheden (mondeling en/of schriftelijk)
- Gemiddeld niveau Integriteit
- Gemiddeld niveau Klantgerichtheid
- Gemiddeld niveau Oordeelsvorming
- Gemiddeld niveau Creativiteit
- Gemiddeld niveau Kwaliteitsbewustzijn
- Hoog niveau Analytisch vermogen
- Hoog niveau Abstractievermogen
- Hoog niveau Organisatiebewustzijn
- Hoog niveau Kennis van andere disciplines
- Hoog niveau Methodisch werken
- Hoog niveau Plannen en organiseren

e-CF competentiereferenties:
- A.01 Afstemming informatiesysteem en bedrijfsstrategie (IS and Business Strategy Alignment)

- A.02 Management dienstverleningsniveau (Service Level Management)
- A.04 Product- of serviceplanning (Product/Service Planning)
- A.05 Ontwerp van architectuur (Architecture Design)
- A.08 Duurzame ontwikkeling (Sustainable Development)
- A.09 Innoveren (Innovating)
- B.04 Oplossingen implementeren (Solution Deployment)
- D.02 Ontwikkeling ICT-kwaliteitsstrategie (ICT Quality Strategy Development)
- D.04 Inkoop (Purchasing)
- D.06 Management van verkoopkanalen (Channel Management)
- D.10 Informatie- en kennismanagement (Information and Knowledge Management)
- D.11 Behoeftemanagement (Needs Identification)
- D.12 Digitale marketing (Digital Marketing)
- E.01 Ontwikkelen van prognoses (Forecast Development)
- E.02 Project- en portfoliomanagement (Project and Portfolio Management)
- E.03 Risicomanagement (Risk Management)
- E.05 Procesverbetering (Process Improvement)
- E.06 ICT-kwaliteitsmanagement (ICT Quality Management)
- E.07 Management van veranderingen in bedrijfsprocessen (Business Change Management)
- E.08 Informatiebeveiligingsmanagement (Information Security Management)
- E.09 IT-governance (IS Governance)

O-BP – Analyseren veranderingsvermogen

Activiteit:
- Vaststellen van het veranderingsvermogen van de organisatie in relatie tot veranderingen in de bedrijfsprocessen en de informatievoorziening.
- Afleiden van organisatorische randvoorwaarden en toetsingscriteria voor de te kiezen oplossingen, en voor de wijzigingen in de bedrijfsprocessen en de daarvoor benodigde informatievoorziening.

Resultaat:
Veranderingsdiagnose rapport.

Toelichting:
Nieuwe bedrijfsprocessen en/of informatiesystemen of wijzigingen daarin kunnen de werkwijze van mensen drastisch beïnvloeden en op weerstanden stuiten of bijvoorbeeld (te) hoge investeringen vragen.

VT-Competenties:
- Conceptuele kennis van Principes van sourcing (K-A)
- Conceptuele kennis van Architectuurprincipes voor modelleren van informatievoorziening/systemen (A-IS)
- Conceptuele kennis van Organisatieleer (E-BP)
- Toegepaste kennis van Beleid en strategiebepaling (K-M)
- Toegepaste kennis van Architectuurprincipes voor modelleren van bedrijfsprocessen (A-BP)
- Toegepaste kennis van Organisatieontwerp (O-BP)

- Toegepaste kennis van Beheer van informatiesystemen (B-IS)
- Toegepaste kennis van Management van (bedrijfs)processen (G-M)
- Toegepaste kennis van Gebruik van applicaties (E-IS)
- Toegepaste kennis van Portfoliomanagement (E-M)
- Toegepaste kennis van Principes, methoden en technieken voor interne controle (E-A)
- Ervaring met Organisatieanalyse (O-BP)
- Ervaring met Realiseren van organisatiewijzigingen (O-BP)
- Ervaring met Changemanagement (I-M)
- Ervaring met Klantmanagement (S-M)
- Ervaring met Financieel management (F-M)
- Ervaring met Continuïteitmanagement (G-M)
- Ervaring met Compliancemanagement (G-M)
- Ervaring met Administratieve organisatie en interne controle (AO & IC) (E-BP)
- Ervaring met Projectmanagement (E-M)
- Ervaring met Risicoanalyse (E-A)
- Ervaring met Werklastbegroting (E-A)

P-Competenties:
- Gemiddeld niveau Klantgerichtheid
- Gemiddeld niveau Abstractievermogen
- Gemiddeld niveau Creativiteit
- Gemiddeld niveau Kennis van andere disciplines
- Gemiddeld niveau Overtuigingskracht
- Gemiddeld niveau Onderhandelingsvaardigheid
- Gemiddeld niveau Plannen en organiseren
- Hoog niveau Sensitiviteit, inlevingsvermogen
- Hoog niveau Communicatieve vaardigheden (mondeling en/of schriftelijk)
- Hoog niveau Samenwerken in teamverbanden
- Hoog niveau Analytisch vermogen
- Hoog niveau Oordeelsvorming
- Hoog niveau Organisatiebewustzijn
- Hoog niveau Strategische visie
- Hoog niveau Methodisch werken

e-CF competentiereferenties:
- A.03 Ontwikkelen van bedrijfsplannen (Business Plan Development)
- A.08 Duurzame ontwikkeling (Sustainable Development)
- D.03 Opleiding en training (Education and Training Provision)
- D.09 Personeelsontwikkeling (Personnel Development)
- D.11 Behoeftemanagement (Needs Identification)
- E.01 Ontwikkelen van prognoses (Forecast Development)
- E.02 Project- en portfoliomanagement (Project and Portfolio Management)
- E.05 Procesverbetering (Process Improvement)
- E.06 ICT-kwaliteitsmanagement (ICT Quality Management)
- E.07 Management van veranderingen in bedrijfsprocessen (Business Change Management)

O-BP – Opstellen en beheren calamiteitenplan

Activiteit:

- Onderzoeken van de noodzaak om bedrijfsprocessen en de functionaliteit van een informatiesysteem op een alternatieve wijze te continueren indien het bedrijfsproces en bijbehorende primaire systemen gedurende een onacceptabele periode dreigen uit te vallen, c.q. uitvallen.
- Formuleren en beheren van de organisatorische en de technische eisen aan en criteria voor calamiteiten. Onderzoeken van de mogelijkheden voor een calamiteitenregeling.
- Opstellen van een actieplan waarmee de gekozen calamiteitenregelingen kunnen worden gerealiseerd.
- Indien noodzakelijk opstellen van diverse maatregelen en plannen, zoals een organisatorisch en technisch gericht calamiteitenplan.
- Toetsen van het plan op volledigheid, duidelijkheid en consistentie.
- Beheren en onderhouden van het calamiteitenplan.

Resultaat:
Calamiteitenplan, business contingency plan.

Toelichting:
Een calamiteitenplan (of business contingency plan) kan in werking worden gesteld indien een locatie, een werkplek, een server, verbindingen tussen de werkplek en de server, enzovoort voor langere tijd onbruikbaar zijn. Deze situaties betreffen onder meer:

- stroomuitval bij de werkplek of de locatie waar de server (of servers) staat (staan) opgesteld;
- storingen in de netwerkverbindingen van een telecommunicatieoperator;
- uitval (door brand en dergelijke) van de locatie en de werkplek van de gebruiker;
- structurele uitval van medewerkers.

In het algemeen kan men – vanuit risicoanalyse en -mitigatie – interne (beïnvloedbare) risico's en externe (minder beïnvloedbare) risico's onderkennen. Voor de interne risico's kan men meestal preventieve maatregelen treffen, voor de externe risico's zijn meestal slechts reactief maatregelen te definiëren.
Een calamiteitenplan houdt ook rekening met de situatie dat een uitwijksituatie niet beschikbaar is of tot de mogelijkheden behoort.

Al naargelang het object waarop de continuïteitmaatregelen zich richten, zijn specifieke vaktechnische competenties nodig. Hierna zijn de basiscompetenties benoemd.

VT-Competenties:

- Conceptuele kennis van Informatiemanagement (K-BP)
- Conceptuele kennis van Principes van sourcing (K-A)
- Conceptuele kennis van Informatieanalyse (A-IS)
- Conceptuele kennis van Incidentmanagement (S-M)
- Conceptuele kennis van Organisatieleer (E-BP)
- Toegepaste kennis van Changemanagement (I-M)
- Toegepaste kennis van Beheer van bedrijfsinformatie/gegevens (B-BP)
- Toegepaste kennis van Beheer van informatiesystemen (B-IS)
- Toegepaste kennis van Behoeftemanagement (S-M)

- Toegepaste kennis van Leveringsmanagement (S-M)
- Toegepaste kennis van Contractmanagement (V-M)
- Toegepaste kennis van Financieel management (F-M)
- Toegepaste kennis van Management van (bedrijfs)processen (G-M)
- Toegepaste kennis van Portfoliomanagement (E-M)
- Ervaring met Organisatieanalyse (O-BP)
- Ervaring met Organisatieontwerp (O-BP)
- Ervaring met Organisatorische continuïteitmaatregelen (O-BP)
- Ervaring met Technische continuïteitmaatregelen (O-A)
- Ervaring met Continuïteitmanagement (G-M)
- Ervaring met Compliancemanagement (G-M)
- Ervaring met Kwaliteitsmanagement (G-M)
- Ervaring met Procesanalyse (G-A)
- Ervaring met Procesontwerp (G-A)
- Ervaring met Administratieve organisatie en interne controle (AO & IC) (E-BP)
- Ervaring met Projectmanagement (E-M)
- Ervaring met Principes, methoden en technieken voor interne controle (E-A)
- Ervaring met Principes, methoden en technieken voor kwaliteitsborging (E-A)

P-Competenties:
- Gemiddeld niveau Sensitiviteit, inlevingsvermogen
- Gemiddeld niveau Creativiteit
- Gemiddeld niveau Kennis van andere disciplines
- Gemiddeld niveau Kwaliteitsbewustzijn
- Gemiddeld niveau Methodisch werken
- Hoog niveau Integriteit
- Hoog niveau Klantgerichtheid
- Hoog niveau Analytisch vermogen
- Hoog niveau Oordeelsvorming
- Hoog niveau Organisatiebewustzijn
- Hoog niveau Plannen en organiseren

e-CF competentiereferenties:
- A.06 Ontwerp van applicaties (Application Design)
- B.04 Oplossingen implementeren (Solution Deployment)
- D.01 Strategieontwikkeling informatiebeveiliging (Information Security Strategy Development)
- E.03 Risicomanagement (Risk Management)
- E.07 Management van veranderingen in bedrijfsprocessen (Business Change Management)
- E.08 Informatiebeveiligingsmanagement (Information Security Management)

O-IS – Opstellen en beheren functionele specificaties

Activiteit:
- Analyseren, opstellen en beschrijven van functionele specificaties van elke (wel en niet te automatiseren) informatiefunctie en vastleggen in een functioneel ontwerp.

- Toetsen van de specificaties op volledigheid, duidelijkheid, consistentie en compliance.
- Beheren en onderhouden van de functionele specificaties.

Resultaat:
Specificaties en functioneel ontwerp.

Toelichting:
De specificaties geven de inhoud en de functionele werking van elke informatiefunctie aan, alsmede de relaties met de andere informatiefuncties, de gebruikseisen, bewerkingen en controles. Specificaties worden vaak in interactieve sessies met gebruikers opgesteld.
Als het om het ontwerp van een technisch systeem gaat (bijvoorbeeld een embedded systeem), spelen ook technisch gerichte taken een rol.

VT-Competenties:
- Conceptuele kennis van Programmeertalen (O-IS)
- Conceptuele kennis van Databaseontwerp en -bouw (O-IS)
- Conceptuele kennis van Applicatieontwerp en -bouw (O-IS)
- Conceptuele kennis van Technisch ontwerp (O-TI)
- Conceptuele kennis van Continuïteitmanagement (G-M)
- Conceptuele kennis van Organisatieleer (E-BP)
- Toegepaste kennis van Architectuurprincipes voor modelleren van bedrijfsprocessen (A-BP)
- Toegepaste kennis van Architectuurprincipes voor modelleren van informatievoorziening/ systemen (A-IS)
- Toegepaste kennis van Informatieanalyse (A-IS)
- Toegepaste kennis van Gegevensanalyse (A-IS)
- Toegepaste kennis van Organisatieontwerp (O-BP)
- Toegepaste kennis van Changemanagement (I-M)
- Toegepaste kennis van Beheer van bedrijfsinformatie/gegevens (B-BP)
- Toegepaste kennis van Beheer van informatiesystemen (B-IS)
- Toegepaste kennis van Planning & control (G-M)
- Toegepaste kennis van Compliancemanagement (G-M)
- Toegepaste kennis van Gebruik van applicaties (E-IS)
- Toegepaste kennis van Risicoanalyse (E-A)
- Ervaring met Gegevensmodellering (A-IS)
- Ervaring met Functioneel ontwerp (O-IS)
- Ervaring met Ontwerp- en programmeertools (O-A)
- Ervaring met Technische continuïteitmaatregelen (O-A)
- Ervaring met Ergonomische aspecten van systemen (O-A)
- Ervaring met Versie- en configuratiebeheer (B-A)
- Ervaring met Multimediatechnologie (G-TI)
- Ervaring met Procesanalyse (G-A)
- Ervaring met Procesontwerp (G-A)
- Ervaring met Principes, methoden en technieken voor beveiliging (G-A)
- Ervaring met Opstellen van gebruikersdocumentatie (G-A)
- Ervaring met Administratieve organisatie en interne controle (AO & IC) (E-BP)
- Ervaring met Principes, methoden en technieken voor interne controle (E-A)

- Ervaring met Principes, methoden en technieken voor kwaliteitsborging (E-A)
- Ervaring met Testen (E-A)

P-Competenties:
- Gemiddeld niveau Integriteit
- Gemiddeld niveau Creativiteit
- Gemiddeld niveau Kennis van andere disciplines
- Gemiddeld niveau Kwaliteitsbewustzijn
- Gemiddeld niveau Plannen en organiseren
- Hoog niveau Sensitiviteit, inlevingsvermogen
- Hoog niveau Communicatieve vaardigheden (mondeling en/of schriftelijk)
- Hoog niveau Samenwerken in teamverbanden
- Hoog niveau Klantgerichtheid
- Hoog niveau Analytisch vermogen
- Hoog niveau Organisatiebewustzijn
- Hoog niveau Methodisch werken

e-CF competentiereferenties:
- A.06 Ontwerp van applicaties (Application Design)
- B.01 Applicatieontwikkeling en -bouw (Application Development)

O-IS – Opstellen en beheren programmaspecificaties

Activiteit:
- Vaststellen en beschrijven van de systeemdelen (bouwstenen, modules, routines, functies van programma's, waaronder begrepen internetapplicaties) en hun samenhang.
- Specificeren van de invoer, het ontwerpen van datamanipulatie en opslag en presentatie van gegevens op beeldschermen van multimedia-apparatuur en op papier, en opslagmedia.
- Toetsen van het ontwerp op volledigheid, duidelijkheid, consistentie en compliancy.
- Beheren en onderhouden van de programmaspecificaties.
- Vaak wordt dit ook wel als 'technisch ontwerp' aangeduid.

Resultaat:
Technisch ontwerp van een informatiesysteem en programmabeschrijvingen.

Toelichting:
Onder bouwstenen en dergelijke kunnen ook (onderdelen van) internetsites, kennissystemen en multimediasystemen worden verstaan, evenals de objectbeschrijvingen bij objectgeoriënteerde architecturen en componenten bij *component based development*/architecturen. Daarbij dient men rekening te houden met de diverse multimedia-apparatuur (devices) zoals pc's, tablets, smartphones, gamecontrolers, enzovoort. Als het om het ontwerp van een technisch systeem gaat (bijvoorbeeld een embedded systeem), spelen ook technisch gerichte taken een rol.

VT-Competenties:
- Conceptuele kennis van Ontwerp technische infrastructuur (O-TI)
- Conceptuele kennis van Beheer van netwerken (B-TI)

- Conceptuele kennis van Netwerktechnologie (G-TI)
- Toegepaste kennis van Functioneel ontwerp (O-IS)
- Toegepaste kennis van Programmeertalen (O-IS)
- Toegepaste kennis van Databaseontwerp en -bouw (O-IS)
- Toegepaste kennis van Ergonomische aspecten van systemen (O-A)
- Toegepaste kennis van Changemanagement (I-M)
- Toegepaste kennis van Beheer van informatiesystemen (B-IS)
- Toegepaste kennis van Beheer van applicaties (B-IS)
- Toegepaste kennis van Beheer van servers (B-TI)
- Toegepaste kennis van Incidentmanagement (S-M)
- Toegepaste kennis van Servertechnologie (G-TI)
- Toegepaste kennis van Multimediatechnologie (G-TI)
- Toegepaste kennis van Planning & control (G-M)
- Toegepaste kennis van Compliancemanagement (G-M)
- Toegepaste kennis van Gebruik van applicaties (E-IS)
- Ervaring met Ontwerpen en bouwen van informatiesystemen (O-IS)
- Ervaring met Applicatieontwerp en -bouw (O-IS)
- Ervaring met Realiseren van technische wijzigingen (O-TI)
- Ervaring met Technisch ontwerp (O-TI)
- Ervaring met Ontwerp- en programmeertools (O-A)
- Ervaring met Technische continuïteitmaatregelen (O-A)
- Ervaring met Versie- en configuratiebeheer (B-A)
- Ervaring met Principes, methoden en technieken voor beveiliging (G-A)
- Ervaring met Opstellen van technische documentatie (G-A)
- Ervaring met Principes, methoden en technieken voor kwaliteitsborging (E-A)
- Ervaring met Testen (E-A)
- Ervaring met Mogelijkheden van de informatietechnologie (E-A)
- Ervaring met Werking van componenten van de ICT (E-A)

P-Competenties:
- Gemiddeld niveau Integriteit
- Gemiddeld niveau Kwaliteitsbewustzijn
- Gemiddeld niveau Zelfstandigheid
- Gemiddeld niveau Accuratesse
- Hoog niveau Creativiteit
- Hoog niveau Methodisch werken

e-CF competentiereferenties:
- A.06 Ontwerp van applicaties (Application Design)
- B.01 Applicatieontwikkeling en -bouw (Application Development)

O-IS – Maken en beheren programma, applicatiecomponent

Activiteit:
- Ontwerpen, vervaardigen en documenteren van een onderdeel (bouwsteen, component) van een informatiesysteem. Zowel nieuw als in een situatie van onderhoud.

- Analyseren, uitvoeren en beoordelen van de realisatie van voorstellen voor wijzigingen in een applicatie.
- Op elkaar afstemmen van wijzigingen in verschillende applicaties en mede daarmee samenhangende wijzigingen in de technische infrastructuur.
- Testen van de wijzigingen aan (bij)gestelde functionele specificaties en technische eisen.
- Beheren en onderhouden van het programma of de applicatiecomponent.

Resultaat:
(Gewijzigd) programma of gewijzigde applicatiecomponent met bijbehorende documentatie.

Toelichting:
Het resultaat en de benaming van de component hangen grotendeels af van de toegepaste taal, hulpmiddelen en gangbare terminologie. Een programma kan bijvoorbeeld worden geschreven in JAVA, DotNet, COBOL, C++ of andere programmeertaal en wordt in het algemeen ook 'programma' genoemd. Een internetsite wordt opgebouwd uit diverse componenten, ook 'modules' genoemd, geschreven in HTML of bijvoorbeeld XML. Applicatiecomponenten draaien op diverse platformen, zoals op servers maar ook op diverse devices (multimedia-apparatuur: pc's, tablets, smartphones, gamecontrolers en dergelijke).
Als het om het ontwerp van een technisch systeem gaat (bijvoorbeeld een embedded systeem), spelen ook technisch gerichte taken een rol.
Bij het uitvoeren en afstemmen van onderhoud zijn vaak personen met verschillende deskundigheden betrokken. Het veronderstelt de aanwezigheid van procedures om veranderingen op een verantwoorde wijze te doen plaatsvinden, zonder dat de beschikbaarheid van applicaties, servers en de technische infrastructuur door de veranderingen zelf onacceptabel stagneert (changemanagement). Het onderhoud kan het karakter hebben van optimalisatie, en van adaptieve, preventieve en correctieve maatregelen.

VT-Competenties:
- Conceptuele kennis van Functioneel ontwerp (O-IS)
- Conceptuele kennis van Databaseontwerp en -bouw (O-IS)
- Conceptuele kennis van Beheer van servers (B-TI)
- Conceptuele kennis van Beheer van multimedia-apparatuur (B-TI)
- Conceptuele kennis van Netwerktechnologie (G-TI)
- Conceptuele kennis van Servertechnologie (G-TI)
- Conceptuele kennis van Principes, methoden en technieken voor interne controle (E-A)
- Toegepaste kennis van Technisch ontwerp (O-TI)
- Toegepaste kennis van Beheer van informatiesystemen (B-IS)
- Toegepaste kennis van Beheer van exploitatie en productie (B-TI)
- Ervaring met Ontwerpen en bouwen van informatiesystemen (O-IS)
- Ervaring met Programmeertalen (O-IS)
- Ervaring met Applicatieontwerp en -bouw (O-IS)
- Ervaring met Realiseren van technische wijzigingen (O-TI)
- Ervaring met Ontwerp- en programmeertools (O-A)
- Ervaring met Technische continuïteitmaatregelen (O-A)
- Ervaring met Changemanagement (I-M)
- Ervaring met Versie- en configuratiebeheer (B-A)

- Ervaring met Multimediatechnologie (G-TI)
- Ervaring met Principes, methoden en technieken voor beveiliging (G-A)
- Ervaring met Opstellen van technische documentatie (G-A)
- Ervaring met Testen (E-A)

P-Competenties:
- Gemiddeld niveau Samenwerken in teamverbanden
- Gemiddeld niveau Stressbestendigheid
- Gemiddeld niveau Analytisch vermogen
- Gemiddeld niveau Abstractievermogen
- Gemiddeld niveau Doorzettingsvermogen
- Hoog niveau Integriteit
- Hoog niveau Creativiteit
- Hoog niveau Kwaliteitsbewustzijn
- Hoog niveau Zelfstandigheid
- Hoog niveau Accuratesse
- Hoog niveau Methodisch werken

e-CF competentiereferenties:
- B.01 Applicatieontwikkeling en -bouw (Application Development)

O-IS – Ontwerpen, bouwen en beheren database

Activiteit:
- Analyseren van functionele ontwerpen, en vervolgens ontwerpen en bouwen van databases.
- Toetsen van het ontwerp op volledigheid, duidelijkheid en consistentie.
- Controleren van de werking conform de specificaties (testen).
- Beheren en onderhouden van deze databases.

Resultaat:
Correct functionerende database.

Toelichting:
Deze taak heeft betrekking op het ontwerpen en bouwen van databases (geautomatiseerde gegevensverzamelingen) op basis van de informatiebehoeften van gebruikers en de functionaliteit van applicaties. Databases kunnen steeds meer worden gebouwd met behulp van datadictionaries, repositories en geautomatiseerde middelen om databases te ontwerpen en te bouwen (genereren).

VT-Competenties:
- Conceptuele kennis van Continuïteitmanagement (G-M)
- Conceptuele kennis van Principes, methoden en technieken voor interne controle (E-A)
- Toegepaste kennis van Programmeertalen (O-IS)
- Toegepaste kennis van Applicatieontwerp en -bouw (O-IS)
- Toegepaste kennis van Beheer van netwerken (B-TI)
- Toegepaste kennis van Beheer van servers (B-TI)

- Toegepaste kennis van Beheer van multimedia-apparatuur (B-TI)
- Toegepaste kennis van Netwerktechnologie (G-TI)
- Toegepaste kennis van Servertechnologie (G-TI)
- Toegepaste kennis van Multimediatechnologie (G-TI)
- Toegepaste kennis van Compliancemanagement (G-M)
- Toegepaste kennis van Procesanalyse (G-A)
- Toegepaste kennis van Procesontwerp (G-A)
- Toegepaste kennis van Administratieve organisatie en interne controle (AO & IC) (E-BP)
- Ervaring met Gegevensanalyse (A-IS)
- Ervaring met Gegevensmodellering (A-IS)
- Ervaring met Ontwerpen en bouwen van informatiesystemen (O-IS)
- Ervaring met Databaseontwerp en -bouw (O-IS)
- Ervaring met Ontwerp- en programmeertools (O-A)
- Ervaring met Technische continuïteitmaatregelen (O-A)
- Ervaring met Changemanagement (I-M)
- Ervaring met Beheer van informatiesystemen (B-IS)
- Ervaring met Versie- en configuratiebeheer (B-A)
- Ervaring met Opstellen van technische documentatie (G-A)
- Ervaring met Principes, methoden en technieken voor kwaliteitsborging (E-A)
- Ervaring met Testen (E-A)

P-Competenties:
- Gemiddeld niveau Samenwerken in teamverbanden
- Gemiddeld niveau Integriteit
- Gemiddeld niveau Abstractievermogen
- Gemiddeld niveau Initiatief
- Gemiddeld niveau Methodisch werken
- Hoog niveau Analytisch vermogen
- Hoog niveau Creativiteit
- Hoog niveau Accuratesse

e-CF competentiereferenties:
- B.01 Applicatieontwikkeling en -bouw (Application Development)

O-IS – Maken en beheren eindgebruikerstoepassing

Activiteit:
- Analyseren van behoeften, en ontwerpen en bouwen van (relatief eenvoudige) applicaties met behulp van standaardpakketten, zoals met Microsoft Excel en eenvoudige querytalen. Vaak door de eindgebruiker zelf.
- Controleren van de werking conform de specificaties (testen).
- Beheren en onderhouden van deze applicaties.

Resultaat:
Eindgebruikersapplicaties voor persoonlijk gebruik.

Toelichting:
Deze taak heeft betrekking op toepassingen die veelal door gebruikers zelf worden vervaardigd voor gebruik op een pc. Hulpmiddelen hierbij zijn onder meer:
- spreadsheets;
- databaseprogrammatuur;
- macro's in tekstverwerkers.

VT-Competenties:
- Conceptuele kennis van Ontwerpen en bouwen van informatiesystemen (O-IS)
- Conceptuele kennis van Principes, methoden en technieken voor interne controle (E-A)
- Toegepaste kennis van Versie- en configuratiebeheer (B-A)
- Toegepaste kennis van Administratieve organisatie en interne controle (AO & IC) (E-BP)
- Toegepaste kennis van Testen (E-A)
- Ervaring met Ontwerp- en programmeertools (O-A)
- Ervaring met Changemanagement (I-M)
- Ervaring met Compliancemanagement (G-M)

P-Competenties:
- Gemiddeld niveau Oordeelsvorming
- Gemiddeld niveau Abstractievermogen
- Hoog niveau Creativiteit
- Hoog niveau Organisatiebewustzijn

e-CF competentiereferenties:
- B.01 Applicatieontwikkeling en -bouw (Application Development)

O-IS – Selecteren standaard software

Activiteit:
- Onderzoeken van de in de markt beschikbare (commercieel van leveranciers verkrijgbare) standaard software zoals applicatiepakketten, ERP-suites en apps voor bijvoorbeeld smartphones en tablets.
- Toetsen en zo nodig aanvullen van de eisen en wensen die worden gesteld aan de functionaliteit en aan de technische aspecten en eisen van betreffende software.
- Selecteren van de software.
- Toetsen of de geselecteerde software daadwerkelijk aan de specificaties (testen) voldoet.
- Documenteren van de motivatie voor de selectie en de punten waarin de software wel c.q. niet aan de eisen voldoet.

Resultaat:
Geselecteerde standaard software.

Toelichting:
De selectie betreft standaard software die alle gewenste functionaliteit of het beste de gewenste functionaliteit van een informatiesysteem levert, of die deel uitmaakt van een informatiesysteem, en/of die bestemd is voor persoonlijk (computer)gebruik.

VT-Competenties:
- Conceptuele kennis van Architectuurprincipes voor modelleren van informatievoorziening/systemen (A-IS)
- Conceptuele kennis van Architectuurprincipes voor modelleren van technische infrastructuur (A-TI)
- Conceptuele kennis van Beheer van netwerken (B-TI)
- Conceptuele kennis van Beheer van servers (B-TI)
- Conceptuele kennis van Beheer van multimedia-apparatuur (B-TI)
- Conceptuele kennis van Beheer van exploitatie en productie (B-TI)
- Conceptuele kennis van Financieel management (F-M)
- Conceptuele kennis van Netwerktechnologie (G-TI)
- Conceptuele kennis van Servertechnologie (G-TI)
- Conceptuele kennis van Multimediatechnologie (G-TI)
- Conceptuele kennis van Continuïteitmanagement (G-M)
- Ervaring met Technische continuïteitmaatregelen (O-A)
- Ervaring met Beheer van informatiesystemen (B-IS)
- Ervaring met Versie- en configuratiebeheer (B-A)
- Ervaring met Compliancemanagement (G-M)
- Ervaring met Risicomanagement (G-M)
- Ervaring met Principes, methoden en technieken voor beveiliging (G-A)
- Ervaring met Opstellen van gebruikersdocumentatie (G-A)
- Ervaring met Opstellen van technische documentatie (G-A)
- Ervaring met Administratieve organisatie en interne controle (AO & IC) (E-BP)
- Ervaring met Principes, methoden en technieken voor interne controle (E-A)
- Ervaring met Testen (E-A)
- Ervaring met Werking van componenten van de ICT (E-A)

P-Competenties:
- Gemiddeld niveau Samenwerken in teamverbanden
- Gemiddeld niveau Integriteit
- Gemiddeld niveau Commercieel inzicht
- Gemiddeld niveau Besluitvaardigheid
- Gemiddeld niveau Methodisch werken
- Hoog niveau Sensitiviteit, inlevingsvermogen
- Hoog niveau Klantgerichtheid
- Hoog niveau Oordeelsvorming
- Hoog niveau Organisatiebewustzijn
- Hoog niveau Kwaliteitsbewustzijn

e-CF competentiereferenties:
- A.06 Ontwerp van applicaties (Application Design)
- B.01 Applicatieontwikkeling en -bouw (Application Development)
- B.06 Systeembouw (System Engineering)
- E.08 Informatiebeveiligingsmanagement (Information Security Management)

O-IS – Ontwerpen en beheren mens/machine-interface

Activiteit:
- Ontwerpen van beeldschermopmaak, de verdeling van systeemfuncties over verschillende schermen, de lay-out van uitvoer en andere situaties waarin een mens met een computersysteem werkt. Dit kan ook betrekking hebben op de bediening van embedded systemen.
- Documenteren van dit ontwerp.
- Beheren en onderhouden van het ontwerp.

Resultaat:
Ergonomisch verantwoorde gebruikersinterfaces.

Toelichting:
Beeldschermopmaak en dergelijke wordt vaak aangeduid als een Grafische User Interface (GUI). Om ergonomische GUI's te ontwerpen, is specifieke deskundigheid vereist. Een bijzondere vorm van GUI is de wijze waarop internetsites worden opgemaakt; met een hoog gebruiksgemak en een commerciële uitstraling. In de procesautomatisering kunnen ook de fysieke bedieningseenheden van computersystemen een rol spelen.

VT-Competenties:
- Conceptuele kennis van Beheer van informatiesystemen (B-IS)
- Toegepaste kennis van Programmeertalen (O-IS)
- Toegepaste kennis van Databaseontwerp en -bouw (O-IS)
- Ervaring met Ontwerpen en bouwen van informatiesystemen (O-IS)
- Ervaring met Functioneel ontwerp (O-IS)
- Ervaring met Realiseren van wijzigingen in informatiesystemen (O-IS)
- Ervaring met Realiseren van technische wijzigingen (O-TI)
- Ervaring met Technisch ontwerp (O-TI)
- Ervaring met Ontwerp- en programmeertools (O-A)
- Ervaring met Ergonomische aspecten van systemen (O-A)
- Ervaring met Changemanagement (I-M)
- Ervaring met Versie- en configuratiebeheer (B-A)
- Ervaring met Multimediatechnologie (G-TI)
- Ervaring met Opstellen van gebruikersdocumentatie (G-A)
- Ervaring met Opstellen van technische documentatie (G-A)
- Ervaring met Testen (E-A)

P-Competenties:
- Gemiddeld niveau Samenwerken in teamverbanden
- Gemiddeld niveau Creativiteit
- Gemiddeld niveau Kennis van andere disciplines
- Gemiddeld niveau Kwaliteitsbewustzijn
- Gemiddeld niveau Methodisch werken
- Hoog niveau Sensitiviteit, inlevingsvermogen
- Hoog niveau Communicatieve vaardigheden (mondeling en/of schriftelijk)

e-CF competentiereferenties:
- A.06 Ontwerp van applicaties (Application Design)
- B.01 Applicatieontwikkeling en -bouw (Application Development)

O-IS – Ontwerpen en beheren systeem/machine-interface

Activiteit:
- Analyseren van de werking van een machine waarmee de interface moet worden gemaakt, zoals met embedded systemen.
- Vaststellen en documenteren van de wijze waarop het systeem de machine moet aansturen.
- Beheren en onderhouden van het ontwerp.

Resultaat:
Ontwerp van de component van het systeem waarmee een machine wordt aangestuurd.

Toelichting:
In de procesautomatisering of technische automatisering, ofwel de automatisering van de aansturing van machines, meetapparatuur en andere apparatuur, dienen systemen – naast dat ze beschikken over de functionaliteit voor het bepalen van de aan de machine en dergelijke te geven opdrachten –, deze machines en apparatuur direct aan te sturen. De kennis en expertise hiervoor zijn zeer specifiek. Vaak wordt diepgaande kennis van de wijze van werken van de betreffende machine en dergelijke vereist.

VT-Competenties:
- Conceptuele kennis van Beheer van informatiesystemen (B-IS)
- Toegepaste kennis van Functioneel ontwerp (O-IS)
- Toegepaste kennis van Programmeertalen (O-IS)
- Toegepaste kennis van Databaseontwerp en -bouw (O-IS)
- Toegepaste kennis van Realiseren van wijzigingen in informatiesystemen (O-IS)
- Toegepaste kennis van Ontwerpen van technische systemen (O-A)
- Toegepaste kennis van Beheer van netwerken (B-TI)
- Toegepaste kennis van Beheer van servers (B-TI)
- Toegepaste kennis van Beheer van multimedia-apparatuur (B-TI)
- Toegepaste kennis van Netwerktechnologie (G-TI)
- Toegepaste kennis van Servertechnologie (G-TI)
- Toegepaste kennis van Multimediatechnologie (G-TI)
- Ervaring met Ontwerpen en bouwen van informatiesystemen (O-IS)
- Ervaring met Applicatieontwerp en -bouw (O-IS)
- Ervaring met Realiseren van technische wijzigingen (O-TI)
- Ervaring met Technisch ontwerp (O-TI)
- Ervaring met Ontwerp- en programmeertools (O-A)
- Ervaring met Technische continuïteitmaatregelen (O-A)
- Ervaring met Ergonomische aspecten van systemen (O-A)
- Ervaring met Changemanagement (I-M)
- Ervaring met Versie- en configuratiebeheer (B-A)
- Ervaring met Risicomanagement (G-M)

- Ervaring met Analyseren van technische processen (G-A)
- Ervaring met Opstellen van gebruikersdocumentatie (G-A)
- Ervaring met Opstellen van technische documentatie (G-A)
- Ervaring met Testen (E-A)
- Ervaring met Mogelijkheden van de informatietechnologie (E-A)
- Ervaring met Mogelijkheden van procesautomatisering (E-A)

P-Competenties:
- Gemiddeld niveau Samenwerken in teamverbanden
- Gemiddeld niveau Creativiteit
- Gemiddeld niveau Kwaliteitsbewustzijn
- Gemiddeld niveau Methodisch werken
- Hoog niveau Abstractievermogen

e-CF competentiereferenties:
- A.06 Ontwerp van applicaties (Application Design)
- B.01 Applicatieontwikkeling en -bouw (Application Development)

O-IS – Ontwerpen en beheren handmatige informatiefuncties

Activiteit:
- Vaststellen en beschrijven van procedures en formulieren voor niet-geautomatiseerde informatiefuncties.
- Beheren en onderhouden van de handmatige informatiefuncties.

Resultaat:
Beschrijving van handmatige informatiefuncties.

Toelichting:
Deze beschrijving bevat instructies voor het uitvoeren van handmatige handelingen en geeft de aansluiting op de geautomatiseerde functies van een systeem weer. Ze vormen de basis voor gebruikshandleidingen, procedures en de beschrijving van de administratieve organisatie.

VT-Competenties:
- Conceptuele kennis van Beheer van informatiesystemen (B-IS)
- Conceptuele kennis van Management van (bedrijfs)processen (G-M)
- Toegepaste kennis van Architectuurprincipes voor modelleren van bedrijfsprocessen (A-BP)
- Toegepaste kennis van Architectuurprincipes voor modelleren van informatievoorziening/systemen (A-IS)
- Toegepaste kennis van Organisatieanalyse (O-BP)
- Toegepaste kennis van Ontwerpen en bouwen van informatiesystemen (O-IS)
- Toegepaste kennis van Realiseren van wijzigingen in informatiesystemen (O-IS)
- Toegepaste kennis van Multimediatechnologie (G-TI)
- Ervaring met Organisatieontwerp (O-BP)
- Ervaring met Realiseren van organisatiewijzigingen (O-BP)

- Ervaring met Organisatorische continuïteitmaatregelen (O-BP)
- Ervaring met Functioneel ontwerp (O-IS)
- Ervaring met Changemanagement (I-M)
- Ervaring met Versie- en configuratiebeheer (B-A)
- Ervaring met Planning & control (G-M)
- Ervaring met Continuïteitmanagement (G-M)
- Ervaring met Compliancemanagement (G-M)
- Ervaring met Risicomanagement (G-M)
- Ervaring met Procesanalyse (G-A)
- Ervaring met Procesontwerp (G-A)
- Ervaring met Administratieve organisatie en interne controle (AO & IC) (E-BP)
- Ervaring met Principes, methoden en technieken voor interne controle (E-A)
- Ervaring met Principes, methoden en technieken voor kwaliteitsborging (E-A)
- Ervaring met Testen (E-A)

P-Competenties:
- Gemiddeld niveau Analytisch vermogen
- Gemiddeld niveau Oordeelsvorming
- Gemiddeld niveau Creativiteit
- Gemiddeld niveau Kwaliteitsbewustzijn
- Gemiddeld niveau Methodisch werken
- Hoog niveau Sensitiviteit, inlevingsvermogen
- Hoog niveau Communicatieve vaardigheden (mondeling en/of schriftelijk)
- Hoog niveau Samenwerken in teamverbanden
- Hoog niveau Klantgerichtheid
- Hoog niveau Organisatiebewustzijn

e-CF competentiereferenties:
- A.06 Ontwerp van applicaties (Application Design)
- E.05 Procesverbetering (Process Improvement)

O-TI – Ontwerpen en beheren configuratie van computersystemen, servers

Activiteit:
- Analyseren en specificeren van configuraties van computersystemen, waaronder database- en applicatieservers, pc's, multimedia-apparatuur en andere (computer)apparatuur voor gegevensverwerking, -presentatie en -opslag.
- Opstellen van het configuratieontwikkelingsplan op basis van de gestelde eisen in de architectuur van de technische infrastructuur, alsmede de geprognosticeerde ontwikkeling van het gebruik van de betreffende programmatuur (in het kader van capacitymanagement).
- Toetsen van het ontwerp op volledigheid, duidelijkheid en consistentie.
- Beheren en onderhouden van de configuratie.

Resultaat:
Configuratie van computersystemen en configuratieontwikkelingsplan.

Toelichting:
Het ontwerp heeft onder meer betrekking op:
- hardwareconfiguraties;
- standaarden voor de inrichting van servers.

Er zijn vele factoren die de configuratie bepalen, zoals:
- de eisen met betrekking tot de beschikbaarheid, bedrijfszekerheid en performance van applicaties;
- de informatie(systeem)architectuur;
- de applicatiearchitectuur;
- de applicaties en databasemanagementsystemen die op betreffende computersystemen zullen draaien en de door deze componenten bepaalde technische specificaties;
- de geprognosticeerde groei van het gebruik, ofwel de groei van het aantal gebruikers;
- de geprognosticeerde groei van bijvoorbeeld de databases;
- de bestaande technische infrastructuur;
- de architectuur van de technische infrastructuur;
- de interne controle en beveiliging.

VT-Competenties:
- Conceptuele kennis van Databaseontwerp en -bouw (O-IS)
- Conceptuele kennis van Applicatieontwerp en -bouw (O-IS)
- Conceptuele kennis van Beheer van informatiesystemen (B-IS)
- Conceptuele kennis van Beheer van applicaties (B-IS)
- Conceptuele kennis van Continuïteitmanagement (G-M)
- Ervaring met Architectuurprincipes voor modelleren van technische infrastructuur (A-TI)
- Ervaring met Technische continuïteitmaatregelen (O-A)
- Ervaring met Changemanagement (I-M)
- Ervaring met Beheer van netwerken (B-TI)
- Ervaring met Beheer van servers (B-TI)
- Ervaring met Beheer van multimedia-apparatuur (B-TI)
- Ervaring met Beheer van exploitatie en productie (B-TI)
- Ervaring met Versie- en configuratiebeheer (B-A)
- Ervaring met Netwerktechnologie (G-TI)
- Ervaring met Servertechnologie (G-TI)
- Ervaring met Multimediatechnologie (G-TI)
- Ervaring met Risicomanagement (G-M)
- Ervaring met Principes, methoden en technieken voor beveiliging (G-A)
- Ervaring met Opstellen van technische documentatie (G-A)
- Ervaring met Principes, methoden en technieken voor kwaliteitsborging (E-A)
- Ervaring met Werking van componenten van de ICT (E-A)

P-Competenties:
- Gemiddeld niveau Analytisch vermogen
- Gemiddeld niveau Oordeelsvorming
- Gemiddeld niveau Organisatiebewustzijn
- Gemiddeld niveau Methodisch werken

- Hoog niveau Creativiteit
- Hoog niveau Kwaliteitsbewustzijn
- Hoog niveau Plannen en organiseren

e-CF competentiereferenties:
- A.05 Ontwerp van architectuur (Architecture Design)
- B.02 Systeemintegratie (Component Integration)
- B.06 Systeembouw (System Engineering)

O-TI – Ontwerpen en beheren netwerkconfiguratie

Activiteit:
- Ontwerpen en specificeren van de netwerkconfiguratie en alle daarin voorkomende netwerkcomponenten.
- Opstellen van een configuratieontwikkelingsplan op basis van de geprognosticeerde ontwikkeling van het gebruik van het netwerk (in het kader van capacitymanagement).
- Beheren en onderhouden van het ontwerp van de netwerkconfiguratie.

Resultaat:
Netwerkconfiguratie en configuratieontwikkelingsplan.

Toelichting:
Betreft alle componenten in een netwerk (LAN en WAN), waaronder:
- de hardware;
- de netwerksoftware;
- protocollen;
- communicatieverbindingen;
- beheermechanismen (waaronder die voor het monitoren van netwerkbelasting en bijvoorbeeld het prioriteren van netwerkverkeer);
- de onderlinge afstemming en koppelingen tussen netwerkcomponenten.

Er zijn vele factoren die de configuratie bepalen, zoals:
- eisen met betrekking tot de beschikbaarheid, de bedrijfszekerheid en de performance van applicaties en het netwerk;
- de informatie(systeem)architectuur;
- de applicatiearchitectuur;
- de applicaties en databasemanagementsystemen die via het netwerk zullen worden gebruikt dan wel met elkaar communiceren en de door deze componenten bepaalde technische specificaties;
- de geprognosticeerde groei van het gebruik, ofwelde groei van het aantal gebruikers;
- de bestaande technische infrastructuur;
- de architectuur van de technische infrastructuur;
- de interne controle en beveiliging.

VT-Competenties:
- Conceptuele kennis van Databaseontwerp en -bouw (O-IS)
- Conceptuele kennis van Applicatieontwerp en -bouw (O-IS)
- Conceptuele kennis van Beheer van informatiesystemen (B-IS)
- Conceptuele kennis van Beheer van applicaties (B-IS)
- Conceptuele kennis van Continuïteitmanagement (G-M)
- Ervaring met Architectuurprincipes voor modelleren van technische infrastructuur (A-TI)
- Ervaring met Ontwerp technische infrastructuur (O-TI)
- Ervaring met Technische continuïteitmaatregelen (O-A)
- Ervaring met Beheer van netwerken (B-TI)
- Ervaring met Beheer van servers (B-TI)
- Ervaring met Beheer van multimedia-apparatuur (B-TI)
- Ervaring met Beheer van exploitatie en productie (B-TI)
- Ervaring met Netwerktechnologie (G-TI)
- Ervaring met Servertechnologie (G-TI)
- Ervaring met Multimediatechnologie (G-TI)
- Ervaring met Risicomanagement (G-M)
- Ervaring met Principes, methoden en technieken voor beveiliging (G-A)
- Ervaring met Opstellen van technische documentatie (G-A)
- Ervaring met Principes, methoden en technieken voor kwaliteitsborging (E-A)
- Ervaring met Werking van componenten van de ICT (E-A)

P-Competenties:
- Gemiddeld niveau Samenwerken in teamverbanden
- Gemiddeld niveau Analytisch vermogen
- Gemiddeld niveau Oordeelsvorming
- Gemiddeld niveau Initiatief
- Gemiddeld niveau Accuratesse
- Gemiddeld niveau Methodisch werken
- Hoog niveau Creativiteit
- Hoog niveau Kwaliteitsbewustzijn

e-CF competentiereferenties:
- A.05 Ontwerp van architectuur (Architecture Design)
- B.02 Systeemintegratie (Component Integration)
- B.06 Systeembouw (System Engineering)

O-TI – Selecteren hardware

Activiteit:
- Onderzoeken van in de markt verkrijgbare hardware(componenten) voor de technische infrastructuur.
- Toetsen en zo nodig aanvullen van de eisen en de wensen die worden gesteld aan de hardware, zoals met betrekking tot de capaciteit, beschikbaarheid, performance en bedrijfszekerheid.
- Selecteren van hardware.
- Toetsen of de geselecteerde hardware daadwerkelijk aan de specificaties (testen) voldoet.

- Documenteren van de motivatie voor de hardware en de punten waarin de hardware wel c.q. niet aan de eisen voldoet.

Resultaat:
Geselecteerde hardware(componenten).

Toelichting:
Betreft de selectie van hardware(componenten) van multimedia-apparatuur, randapparatuur (zoals printers), applicatie- en databaseservers, het netwerk (routers, switches en dergelijke), systemen voor dataopslag en back-up, enzovoort.

VT-Competenties:
- Conceptuele kennis van Architectuurprincipes voor modelleren van technische infrastructuur (A-TI)
- Conceptuele kennis van Beheer van informatiesystemen (B-IS)
- Conceptuele kennis van Beheer van applicaties (B-IS)
- Conceptuele kennis van Financieel management (F-M)
- Conceptuele kennis van Continuïteitmanagement (G-M)
- Conceptuele kennis van Risicomanagement (G-M)
- Toegepaste kennis van Ontwerp technische infrastructuur (O-TI)
- Ervaring met Technische continuïteitmaatregelen (O-A)
- Ervaring met Changemanagement (I-M)
- Ervaring met Beheer van netwerken (B-TI)
- Ervaring met Beheer van servers (B-TI)
- Ervaring met Beheer van multimedia-apparatuur (B-TI)
- Ervaring met Beheer van exploitatie en productie (B-TI)
- Ervaring met Versie- en configuratiebeheer (B-A)
- Ervaring met Netwerktechnologie (G-TI)
- Ervaring met Servertechnologie (G-TI)
- Ervaring met Multimediatechnologie (G-TI)
- Ervaring met Principes, methoden en technieken voor beveiliging (G-A)
- Ervaring met Opstellen van technische documentatie (G-A)
- Ervaring met Testen (E-A)
- Ervaring met Werking van componenten van de ICT (E-A)

P-Competenties:
- Gemiddeld niveau Analytisch vermogen
- Gemiddeld niveau Creativiteit
- Gemiddeld niveau Methodisch werken
- Hoog niveau Oordeelsvorming
- Hoog niveau Kwaliteitsbewustzijn
- Hoog niveau Plannen en organiseren

e-CF competentiereferenties:
- B.06 Systeembouw (System Engineering)

O-TI – Selecteren systeemsoftware

Activiteit:
- Onderzoeken van in de markt verkrijgbare systeemsoftware voor de technische infrastructuur (netwerken, en applicatie- en databaseservers).
- Toetsen en zo nodig aanvullen van de eisen en de wensen die worden gesteld aan deze software zoals met betrekking tot de capaciteit, beschikbaarheid, performance en bedrijfszekerheid.
- Selecteren van de systeemsoftware.
- Toetsen of de geselecteerde systeemsoftware daadwerkelijk aan de specificaties (testen) voldoet.
- Documenteren van de motivatie voor de systeemsoftware en de punten waarin deze wel c.q. niet aan de eisen voldoet.

Resultaat:
Geselecteerde systeemsoftware.

Toelichting:
Betreft de selectie van de systeemsoftware waarmee het netwerk en de servers hun functionaliteit bieden. Hieronder wordt begrepen de zogenoemde 'middleware', zoals serverbeheersystemen, databasemanagementsystemen en dergelijke.

VT-Competenties:
- Conceptuele kennis van Architectuurprincipes voor modelleren van technische infrastructuur (A-TI)
- Conceptuele kennis van Beheer van informatiesystemen (B-IS)
- Conceptuele kennis van Beheer van applicaties (B-IS)
- Conceptuele kennis van Financieel management (F-M)
- Conceptuele kennis van Continuïteitmanagement (G-M)
- Conceptuele kennis van Risicomanagement (G-M)
- Toegepaste kennis van Ontwerp technische infrastructuur (O-TI)
- Ervaring met Technische continuïteitmaatregelen (O-A)
- Ervaring met Changemanagement (I-M)
- Ervaring met Beheer van netwerken (B-TI)
- Ervaring met Beheer van servers (B-TI)
- Ervaring met Beheer van multimedia-apparatuur (B-TI)
- Ervaring met Beheer van exploitatie en productie (B-TI)
- Ervaring met Netwerktechnologie (G-TI)
- Ervaring met Servertechnologie (G-TI)
- Ervaring met Multimediatechnologie (G-TI)
- Ervaring met Principes, methoden en technieken voor beveiliging (G-A)
- Ervaring met Opstellen van technische documentatie (G-A)
- Ervaring met Werking van componenten van de ICT (E-A)

P-Competenties:
- Gemiddeld niveau Creativiteit
- Gemiddeld niveau Methodisch werken

- Hoog niveau Analytisch vermogen
- Hoog niveau Oordeelsvorming
- Hoog niveau Kwaliteitsbewustzijn
- Hoog niveau Plannen en organiseren

e-CF competentiereferenties:
- B.06 Systeembouw (System Engineering)
- E.08 Informatiebeveiligingsmanagement (Information Security Management)

O-TI – Selecteren beheersystemen

Activiteit:
- Onderzoeken van in de markt verkrijgbare beheersystemen.
- Toetsen en zo nodig aanvullen van de eisen en de wensen die worden gesteld aan deze systemen, zoals met betrekking tot de capaciteit, beschikbaarheid, performance en bedrijfszekerheid.
- Selecteren van een beheersysteem.
- Toetsen of het geselecteerde systeem daadwerkelijk aan de specificaties (testen) voldoet.
- Documenteren van de motivatie voor de hardware en de punten waarin het pakket wel c.q. niet aan de eisen voldoet.

Resultaat:
Geselecteerde beheersystemen.

Toelichting:
Het beheer van netwerken, servers, storage, applicaties, productieverwerking, enzovoort vindt steeds meer geautomatiseerd, of ten minste ondersteund door automatisering, plaats. Deze beheersystemen richten zich onder meer op:
- netwerken;
- servers;
- applicaties;
- productiebeheer;
- geautomatiseerde back-upprocedures.

De functionaliteit van deze systemen biedt onder meer:
- het monitoren van de correcte werking van componenten;
- het bedienen van deze componenten;
- het corrigeren van de gestoorde werking van deze componenten;
- het administreren van storingen en dergelijke, en ondersteunen bij de oplossing daarvan (denk aan IT-Service applicaties).

Dit soort beheersystemen worden ook wel 'IT Service Management'-systemen of 'monitoringsystemen' genoemd.

VT-Competenties:
- Conceptuele kennis van Architectuurprincipes voor modelleren van technische infrastructuur (A-TI)

- Conceptuele kennis van Ontwerp technische infrastructuur (O-TI)
- Conceptuele kennis van Financieel management (F-M)
- Conceptuele kennis van Netwerktechnologie (G-TI)
- Conceptuele kennis van Servertechnologie (G-TI)
- Conceptuele kennis van Multimediatechnologie (G-TI)
- Conceptuele kennis van Continuïteitmanagement (G-M)
- Toegepaste kennis van Beheer van informatiesystemen (B-IS)
- Toegepaste kennis van Analyse van de werking van componenten van informatiesystemen (G-A)
- Ervaring met Technische continuïteitmaatregelen (O-A)
- Ervaring met Beheer van netwerken (B-TI)
- Ervaring met Beheer van servers (B-TI)
- Ervaring met Beheer van multimedia-apparatuur (B-TI)
- Ervaring met Beheer van exploitatie en productie (B-TI)
- Ervaring met Versie- en configuratiebeheer (B-A)
- Ervaring met Risicomanagement (G-M)
- Ervaring met Principes, methoden en technieken voor beveiliging (G-A)
- Ervaring met Opstellen van technische documentatie (G-A)
- Ervaring met Principes, methoden en technieken voor interne controle (E-A)
- Ervaring met Principes, methoden en technieken voor kwaliteitsborging (E-A)
- Ervaring met Testen (E-A)
- Ervaring met Werking van componenten van de ICT (E-A)

P-Competenties:
- Gemiddeld niveau Creativiteit
- Gemiddeld niveau Methodisch werken
- Hoog niveau Analytisch vermogen
- Hoog niveau Oordeelsvorming
- Hoog niveau Kwaliteitsbewustzijn
- Hoog niveau Plannen en organiseren

e-CF competentiereferenties:
- B.06 Systeembouw (System Engineering)

O-A – Opstellen en beheren organisatorisch calamiteitenplan

Activiteit:
- Onderzoeken van de eisen voor de continuïteit van (bedrijfs)processen en de daarin gebruikte informatiesystemen.
- Formuleren van de eisen aan en criteria voor een organisatorisch calamiteitenplan (als onderdeel van een business continuity plan).
- Onderzoeken van de mogelijkheden voor uitwijk naar andere locaties en/of met andere informatieverzorgende middelen.
- Toetsen van het plan op volledigheid, duidelijkheid en consistentie.
- Opstellen van een actieplan waarmee de gekozen calamiteitenmaatregelen kunnen worden gerealiseerd.

- Afstemmen van het organisatorische calamiteitenplan op het beheer van de informatiesystemen, de technische infrastructuur en het technische calamiteitenplan.
- Beheren en onderhouden van dit plan.

Resultaat:
Calamiteitenplan, continuïteitsplan (bedrijfs)processen.

Toelichting:
In het kader van de continuïteit van de bedrijfsprocessen kunnen veel situaties een risico betekenen. Daarvoor kunnen continuïteitmaatregelen worden getroffen. Ook kan de continuïteit van de bedrijfsprocessen in gevaar komen bij storingen in de informatievoorziening. Vandaar dat de afstemming van het technische op het organisatorische calamiteitenplan in een 'overall' plan van aanpak voor de verstoring van de informatievoorziening én de bedrijfsprocessen nodig is.

VT-Competenties:
- Conceptuele kennis van Beleid en strategiebepaling (K-M)
- Conceptuele kennis van Beheer van informatiesystemen (B-IS)
- Conceptuele kennis van Financieel management (F-M)
- Conceptuele kennis van Management van (bedrijfs)processen (G-M)
- Conceptuele kennis van Organisatieleer (E-BP)
- Conceptuele kennis van Gebruik van applicaties (E-IS)
- Ervaring met Organisatieanalyse (O-BP)
- Ervaring met Organisatieontwerp (O-BP)
- Ervaring met Organisatorische continuïteitmaatregelen (O-BP)
- Ervaring met Changemanagement (I-M)
- Ervaring met Kostencalculaties (F-A)
- Ervaring met Planning & control (G-M)
- Ervaring met Continuïteitmanagement (G-M)
- Ervaring met Compliancemanagement (G-M)
- Ervaring met Kwaliteitsmanagement (G-M)
- Ervaring met Risicomanagement (G-M)
- Ervaring met Opstellen van gebruikersdocumentatie (G-A)
- Ervaring met Administratieve organisatie en interne controle (AO & IC) (E-BP)
- Ervaring met Principes, methoden en technieken voor interne controle (E-A)
- Ervaring met Principes, methoden en technieken voor kwaliteitsborging (E-A)
- Ervaring met Testen (E-A)

P-Competenties:
- Gemiddeld niveau Abstractievermogen
- Gemiddeld niveau Besluitvaardigheid
- Gemiddeld niveau Accuratesse
- Gemiddeld niveau Methodisch werken
- Hoog niveau Communicatieve vaardigheden (mondeling en/of schriftelijk)
- Hoog niveau Samenwerken in teamverbanden
- Hoog niveau Integriteit
- Hoog niveau Klantgerichtheid

- Hoog niveau Analytisch vermogen
- Hoog niveau Oordeelsvorming
- Hoog niveau Creativiteit
- Hoog niveau Organisatiebewustzijn
- Hoog niveau Kwaliteitsbewustzijn
- Hoog niveau Plannen en organiseren

e-CF competentiereferenties:
- E.03 Risicomanagement (Risk Management)
- E.08 Informatiebeveiligingsmanagement (Information Security Management)

O-A – Opstellen en beheren technisch calamiteitenplan

Activiteit:
- Onderzoeken van de eisen aan het continueren van het gebruik en de exploitatie van een informatiesysteem (zowel interactief en online gebruik als de batchproductie) op een andere server (vaak opgesteld op een andere locatie) indien het primaire productiesysteem gedurende een onacceptabele periode dreigt uit te vallen, c.q. uitvalt.
- Formuleren van de eisen aan en criteria voor een uitwijksituatie.
- Onderzoeken van de mogelijkheden voor uitwijk.
- Toetsen van het plan op volledigheid, duidelijkheid en consistentie.
- Opstellen van een actieplan waarmee de gekozen uitwijksituatie kan worden gerealiseerd.
- Afstemmen van het technische calamiteitenplan op het organisatorische calamiteitenplan.
- Beheren en onderhouden van dit plan.

Resultaat:
Calamiteitenplan, continuïteitplan informatievoorziening.

Toelichting:
In het kader van de continuïteit van de bedrijfsprocessen kan een verstoorde beschikbaarheid van informatiesystemen een risico betekenen. In dat geval dient de uitwijk naar een andere server te worden voorbereid. Mogelijkheden hiervoor zijn onder meer:
- uitwijk naar een andere server op dezelfde locatie;
- uitwijk naar een andere server op een andere locatie van de organisatie;
- uitwijk naar een speciaal daarvoor ingericht (commercieel) uitwijkcentrum.

Het uitwijkplan is gebaseerd op het (algemene) calamiteitenplan.

VT-Competenties:
- Conceptuele kennis van Beleid en strategiebepaling (K-M)
- Conceptuele kennis van Beheer van informatiesystemen (B-IS)
- Conceptuele kennis van Beheer van applicaties (B-IS)
- Conceptuele kennis van Financieel management (F-M)
- Conceptuele kennis van Netwerktechnologie (G-TI)
- Conceptuele kennis van Servertechnologie (G-TI)
- Conceptuele kennis van Multimediatechnologie (G-TI)

- Conceptuele kennis van Compliancemanagement (G-M)
- Conceptuele kennis van Gebruik van applicaties (E-IS)
- Toegepaste kennis van Organisatieanalyse (O-BP)
- Toegepaste kennis van Organisatieontwerp (O-BP)
- Toegepaste kennis van Ontwerp technische infrastructuur (O-TI)
- Toegepaste kennis van Beheer van netwerken (B-TI)
- Toegepaste kennis van Beheer van servers (B-TI)
- Toegepaste kennis van Beheer van multimedia-apparatuur (B-TI)
- Toegepaste kennis van Beheer van exploitatie en productie (B-TI)
- Toegepaste kennis van Werking van componenten van de ICT (E-A)
- Ervaring met Technische continuïteitmaatregelen (O-A)
- Ervaring met Changemanagement (I-M)
- Ervaring met Versie- en configuratiebeheer (B-A)
- Ervaring met Kostencalculaties (F-A)
- Ervaring met Planning & control (G-M)
- Ervaring met Continuïteitmanagement (G-M)
- Ervaring met Kwaliteitsmanagement (G-M)
- Ervaring met Risicomanagement (G-M)
- Ervaring met Principes, methoden en technieken voor beveiliging (G-A)
- Ervaring met Opstellen van technische documentatie (G-A)
- Ervaring met Administratieve organisatie en interne controle (AO & IC) (E-BP)
- Ervaring met Principes, methoden en technieken voor interne controle (E-A)
- Ervaring met Principes, methoden en technieken voor kwaliteitsborging (E-A)
- Ervaring met Testen (E-A)

P-Competenties:
- Gemiddeld niveau Samenwerken in teamverbanden
- Gemiddeld niveau Integriteit
- Gemiddeld niveau Abstractievermogen
- Gemiddeld niveau Besluitvaardigheid
- Gemiddeld niveau Methodisch werken
- Hoog niveau Klantgerichtheid
- Hoog niveau Analytisch vermogen
- Hoog niveau Oordeelsvorming
- Hoog niveau Creativiteit
- Hoog niveau Organisatiebewustzijn
- Hoog niveau Kwaliteitsbewustzijn
- Hoog niveau Accuratesse
- Hoog niveau Plannen en organiseren

e-CF competentiereferenties:
- B.02 Systeemintegratie (Component Integration)
- B.04 Oplossingen implementeren (Solution Deployment)
- C.02 Ondersteunen van wijzigingen (Change Support)
- E.03 Risicomanagement (Risk Management)
- E.08 Informatiebeveiligingsmanagement (Information Security Management)

O-A – Ontwikkelen en beheren organisatorische maatregelen voor beveiliging

Activiteit:
- Vertalen van de systeemeisen inzake de beveiliging naar concrete organisatorische maatregelen voor de beveiliging van een informatiesysteem, mede op basis van het organisatorische beveiligingsbeleid of -plan, en realiseren van de maatregelen.
- Toetsen van de maatregelen op volledigheid, duidelijkheid en consistentie.
- Toetsen op de naleving van deze beveiligingsaspecten.
- Beheren en onderhouden van het plan, de procedures en de andere maatregelen.

Resultaat:
Procedures voor bijvoorbeeld het toekennen van autorisaties (vaak gebaseerd op rollen), het veilig transporteren van gegevensdragers, het behandelen van vertrouwelijke informatie waaronder op laptops, smartphones en tablets, het beheren van user-id's en passwords, het inrichten van beveiligingsschillen voor fysieke ruimten en de toegangsbewaking daarop. Ook worden procedures, policy's en dergelijke opgesteld die in de gebruikersorganisatie worden geïmplementeerd en toegepast.

Toelichting:
De beveiligingsmaatregelen zijn gebaseerd op onder meer:
- het beheer van strategische, tactische en operationele informatie;
- organisatorische maatregelen zoals functiescheiding, personele bevoegdheden en verantwoordelijkheden, en procuratieregelingen;
- randvoorwaarden voor de inrichting van fysieke maatregelen;
- randvoorwaarden voor de inrichting van de beveiliging van de technische infrastructuur en de autorisatiestructuur.

VT-Competenties:
- Conceptuele kennis van Beleid en strategiebepaling (K-M)
- Conceptuele kennis van Architectuurprincipes voor modelleren van bedrijfsprocessen (A-BP)
- Conceptuele kennis van Architectuurprincipes voor modelleren van informatievoorziening/systemen (A-IS)
- Conceptuele kennis van Beheer van applicaties (B-IS)
- Conceptuele kennis van Beheer van netwerken (B-TI)
- Conceptuele kennis van Beheer van servers (B-TI)
- Conceptuele kennis van Beheer van multimedia-apparatuur (B-TI)
- Conceptuele kennis van Beheer van exploitatie en productie (B-TI)
- Conceptuele kennis van Versie- en configuratiebeheer (B-A)
- Conceptuele kennis van Management van (bedrijfs)processen (G-M)
- Conceptuele kennis van Organisatieleer (E-BP)
- Conceptuele kennis van Werking van componenten van de ICT (E-A)
- Toegepaste kennis van Organisatieanalyse (O-BP)
- Toegepaste kennis van Organisatieontwerp (O-BP)
- Toegepaste kennis van Realiseren van organisatiewijzigingen (O-BP)
- Toegepaste kennis van Portfoliomanagement (E-M)

- Ervaring met Changemanagement (I-M)
- Ervaring met Planning & control (G-M)
- Ervaring met Compliancemanagement (G-M)
- Ervaring met Kwaliteitsmanagement (G-M)
- Ervaring met Risicomanagement (G-M)
- Ervaring met Principes, methoden en technieken voor beveiliging (G-A)
- Ervaring met Administratieve organisatie en interne controle (AO & IC) (E-BP)
- Ervaring met Principes, methoden en technieken voor interne controle (E-A)
- Ervaring met Principes, methoden en technieken voor kwaliteitsborging (E-A)

P-Competenties:
- Gemiddeld niveau Samenwerken in teamverbanden
- Gemiddeld niveau Integriteit
- Gemiddeld niveau Abstractievermogen
- Gemiddeld niveau Kennis van andere disciplines
- Gemiddeld niveau Besluitvaardigheid
- Hoog niveau Sensitiviteit, inlevingsvermogen
- Hoog niveau Communicatieve vaardigheden (mondeling en/of schriftelijk)
- Hoog niveau Klantgerichtheid
- Hoog niveau Analytisch vermogen
- Hoog niveau Oordeelsvorming
- Hoog niveau Creativiteit
- Hoog niveau Organisatiebewustzijn
- Hoog niveau Kwaliteitsbewustzijn
- Hoog niveau Methodisch werken
- Hoog niveau Plannen en organiseren

e-CF competentiereferenties:
- A.06 Ontwerp van applicaties (Application Design)
- E.02 Project- en portfoliomanagement (Project and Portfolio Management)
- E.03 Risicomanagement (Risk Management)
- E.05 Procesverbetering (Process Improvement)
- E.08 Informatiebeveiligingsmanagement (Information Security Management)

O-A – Ontwikkelen en beheren technische maatregelen voor beveiliging

Activiteit:
- Vertalen van de systeemeisen inzake de beveiliging naar concrete maatregelen voor de (technische) beveiliging van de informatievoorziening, mede op basis van het technische beveiligingsbeleid of -plan, en realiseren van de maatregelen.
- Toetsen van de maatregelen op volledigheid, duidelijkheid en consistentie.
- Toetsen op de naleving van deze beveiligingsaspecten.
- Beheren en onderhouden van het plan, en de realisatie ervan in procedures en technische beveiligingsmaatregelen.

Resultaat:
Technische maatregelen en procedures voor bijvoorbeeld toegangsbeveiliging tot netwerken, servers, applicaties, databases, alsmede back-up en recovery en uitwijkregelingen.

Toelichting:
De beveiligingsmaatregelen betreffen onder meer:
- apparatuur;
- randapparatuur;
- programmatuur;
- apps op smartphones en tablets (zoals softtokens);
- databases en andere gegevensverzamelingen;
- documentatie;
- fysieke ruimten.

Dit kan worden gerealiseerd door fysieke, softwarematige en procedurele maatregelen, waaronder:
- periodieke back-ups;
- firewalls;
- autorisaties;
- fall-backsystemen;
- fysieke afscherming van (computer)ruimten;
- uitwijkvoorzieningen.

Al naargelang het object waarop de beveiliging zich richt, zijn specifieke vaktechnische competenties nodig. Hierna zijn de basiscompetenties benoemd.

VT-Competenties:
- Conceptuele kennis van Architectuurprincipes voor modelleren van informatievoorziening/systemen (A-IS)
- Conceptuele kennis van Beheer van informatiesystemen (B-IS)
- Conceptuele kennis van Administratieve organisatie en interne controle (AO & IC) (E-BP)
- Toegepaste kennis van Ontwerpen en bouwen van informatiesystemen (O-IS)
- Toegepaste kennis van Databaseontwerp en -bouw (O-IS)
- Toegepaste kennis van Applicatieontwerp en -bouw (O-IS)
- Toegepaste kennis van Realiseren van technische wijzigingen (O-TI)
- Toegepaste kennis van Planning & control (G-M)
- Toegepaste kennis van Compliancemanagement (G-M)
- Toegepaste kennis van Principes, methoden en technieken voor interne controle (E-A)
- Toegepaste kennis van Werking van componenten van de ICT (E-A)
- Ervaring met Architectuurprincipes voor modelleren van technische infrastructuur (A-TI)
- Ervaring met Technische continuïteitmaatregelen (O-A)
- Ervaring met Changemanagement (I-M)
- Ervaring met Beheer van netwerken (B-TI)
- Ervaring met Beheer van servers (B-TI)
- Ervaring met Beheer van multimedia-apparatuur (B-TI)

- Ervaring met Beheer van exploitatie en productie (B-TI)
- Ervaring met Versie- en configuratiebeheer (B-A)
- Ervaring met Netwerktechnologie (G-TI)
- Ervaring met Servertechnologie (G-TI)
- Ervaring met Multimediatechnologie (G-TI)
- Ervaring met Continuïteitmanagement (G-M)
- Ervaring met Kwaliteitsmanagement (G-M)
- Ervaring met Risicomanagement (G-M)
- Ervaring met Principes, methoden en technieken voor beveiliging (G-A)
- Ervaring met Opstellen van technische documentatie (G-A)

P-Competenties:
- Gemiddeld niveau Samenwerken in teamverbanden
- Gemiddeld niveau Abstractievermogen
- Gemiddeld niveau Besluitvaardigheid
- Gemiddeld niveau Methodisch werken
- Hoog niveau Integriteit
- Hoog niveau Klantgerichtheid
- Hoog niveau Analytisch vermogen
- Hoog niveau Oordeelsvorming
- Hoog niveau Organisatiebewustzijn
- Hoog niveau Kwaliteitsbewustzijn
- Hoog niveau Accuratesse
- Hoog niveau Plannen en organiseren

e-CF competentiereferenties:
- A.06 Ontwerp van applicaties (Application Design)
- B.02 Systeemintegratie (Component Integration)
- B.04 Oplossingen implementeren (Solution Deployment)
- E.03 Risicomanagement (Risk Management)
- E.05 Procesverbetering (Process Improvement)
- E.08 Informatiebeveiligingsmanagement (Information Security Management)

O-A – Ontwikkelen en beheren maatregelen voor interne controle

Activiteit:
- Vertalen van de systeemeisen inzake de interne controle naar concrete maatregelen, mede op basis van het beleid of plan interne controle, en realiseren van de maatregelen.
- Toetsen van de maatregelen op volledigheid, duidelijkheid en consistentie.
- Toetsen op de naleving van deze maatregelen.
- Beheren en onderhouden van de procedures en andere maatregelen.

Resultaat:
Procedures en maatregelen voor interne controle.

Toelichting:
De maatregelen hebben onder meer betrekking op:
- governance, organisatie en werkwijzen;
- apparatuur;
- programmatuur;
- databases en andere gegevensverzamelingen;
- documentatie;
- fysieke ruimten.

Dit kan worden gerealiseerd door fysieke, softwarematige en procedurele maatregelen, waaronder:
- audit trails en andere controles;
- functiescheiding;
- autorisaties;
- fysieke afscherming van (computer)ruimten.

Al naargelang het object waarop de interne controle zich richt, zijn specifieke vaktechnische competenties nodig. Hierna zijn de basiscompetenties benoemd.

VT-Competenties:
- Conceptuele kennis van Architectuurprincipes voor modelleren van informatievoorziening/systemen (A-IS)
- Conceptuele kennis van Architectuurprincipes voor modelleren van technische infrastructuur (A-TI)
- Conceptuele kennis van Beheer van informatiesystemen (B-IS)
- Conceptuele kennis van Beheer van applicaties (B-IS)
- Conceptuele kennis van Beheer van netwerken (B-TI)
- Conceptuele kennis van Beheer van servers (B-TI)
- Conceptuele kennis van Beheer van multimedia-apparatuur (B-TI)
- Conceptuele kennis van Beheer van exploitatie en productie (B-TI)
- Conceptuele kennis van Organisatieleer (E-BP)
- Conceptuele kennis van Werking van componenten van de ICT (E-A)
- Toegepaste kennis van Beleid en strategiebepaling (K-M)
- Toegepaste kennis van Organisatieanalyse (O-BP)
- Toegepaste kennis van Organisatieontwerp (O-BP)
- Toegepaste kennis van Realiseren van organisatiewijzigingen (O-BP)
- Toegepaste kennis van Technische continuïteitmaatregelen (O-A)
- Toegepaste kennis van Principes, methoden en technieken voor beveiliging (G-A)
- Toegepaste kennis van Portfoliomanagement (E-M)
- Ervaring met Organisatorische continuïteitmaatregelen (O-BP)
- Ervaring met Changemanagement (I-M)
- Ervaring met Versie- en configuratiebeheer (B-A)
- Ervaring met Management van (bedrijfs)processen (G-M)
- Ervaring met Planning & control (G-M)
- Ervaring met Continuïteitmanagement (G-M)
- Ervaring met Compliancemanagement (G-M)

- Ervaring met Kwaliteitsmanagement (G-M)
- Ervaring met Risicomanagement (G-M)
- Ervaring met Procesanalyse (G-A)
- Ervaring met Procesontwerp (G-A)
- Ervaring met Opstellen van gebruikersdocumentatie (G-A)
- Ervaring met Opstellen van technische documentatie (G-A)
- Ervaring met Administratieve organisatie en interne controle (AO & IC) (E-BP)
- Ervaring met Principes, methoden en technieken voor interne controle (E-A)
- Ervaring met Principes, methoden en technieken voor kwaliteitsborging (E-A)

P-Competenties:
- Gemiddeld niveau Klantgerichtheid
- Gemiddeld niveau Abstractievermogen
- Gemiddeld niveau Creativiteit
- Gemiddeld niveau Besluitvaardigheid
- Gemiddeld niveau Methodisch werken
- Hoog niveau Sensitiviteit, inlevingsvermogen
- Hoog niveau Analytisch vermogen
- Hoog niveau Oordeelsvorming
- Hoog niveau Organisatiebewustzijn
- Hoog niveau Kwaliteitsbewustzijn
- Hoog niveau Overtuigingskracht
- Hoog niveau Plannen en organiseren

e-CF competentiereferenties:
- A.02 Management dienstverleningsniveau (Service Level Management)
- A.04 Product- of serviceplanning (Product/Service Planning)
- A.06 Ontwerp van applicaties (Application Design)
- C.03 Dienstverlening (Service Delivery)
- D.01 Strategieontwikkeling informatiebeveiliging (Information Security Strategy Development)
- D.02 Ontwikkeling ICT-kwaliteitsstrategie (ICT Quality Strategy Development)
- D.04 Inkoop (Purchasing)
- D.08 Contractmanagement (Contract Management)
- E.03 Risicomanagement (Risk Management)
- E.06 ICT-kwaliteitsmanagement (ICT Quality Management)
- E.07 Management van veranderingen in bedrijfsprocessen (Business Change Management)
- E.08 Informatiebeveiligingsmanagement (Information Security Management)
- E.09 IT-governance (IS Governance)

Taken in het I-domein Invoeren

I-BP – Invoeren (wijziging) bedrijfsproces

Activiteit:
- Plannen, afstemmen en realiseren van wijzigingen in een bedrijfsproces of invoeren van een totaal nieuw bedrijfsproces. Op elkaar afstemmen van wijzigingen in bedrijfsprocessen en eventuele wijzigingen in applicaties om mede daardoor samenhangende wijzigingen te verkrijgen.
- Invoeren van de wijzigingen en valideren van het bereikte resultaat.

Resultaat:
Nieuw of gewijzigd bedrijfsproces.

Toelichting:
Nieuwe bedrijfsprocessen of wijzigingen ervan kunnen voortkomen uit voorstellen voor de optimalisatie van bedrijfsvoering of het invoeren van nieuwe of gewijzigde applicaties. In beide gevallen moeten de medewerkers worden geïnstrueerd over nieuwe werkwijzen, procedures of het gebruik van de nieuwe of gewijzigde applicaties. Bij het uitvoeren en afstemmen van de wijzigingen zijn vaak personen met verschillende deskundigheden betrokken. Het veronderstelt de aanwezigheid van procedures om veranderingen op een verantwoorde wijze te laten plaatsvinden, zonder dat de continuïteit van de bedrijfsprocessen en de consistentie van gegevens door de veranderingen onacceptabel worden verstoord (changemanagement). Het betreft ook de opleiding en voorlichting van de medewerkers.De wijzigingen kunnen het karakter hebben van optimalisatie, en van adaptieve, preventieve en correctieve maatregelen. Deze taak is onderdeel van changemanagement.

VT-Competenties:
- Conceptuele kennis van Beleid en strategiebepaling (K-M)
- Conceptuele kennis van Realiseren van wijzigingen in informatiesystemen (O-IS)
- Conceptuele kennis van Beheer van informatiesystemen (B-IS)
- Conceptuele kennis van Organisatieleer (E-BP)
- Toegepaste kennis van Architectuurprincipes voor modelleren van bedrijfsprocessen (A-BP)
- Toegepaste kennis van Kostencalculaties (F-A)
- Toegepaste kennis van Management van (bedrijfs)processen (G-M)
- Toegepaste kennis van Portfoliomanagement (E-M)
- Toegepaste kennis van Werklastbegroting (E-A)
- Ervaring met Organisatieanalyse (O-BP)
- Ervaring met Organisatieontwerp (O-BP)
- Ervaring met Realiseren van organisatiewijzigingen (O-BP)
- Ervaring met Organisatorische continuïteitmaatregelen (O-BP)
- Ervaring met Changemanagement (I-M)
- Ervaring met Competentiemanagement (P-M)
- Ervaring met Planning & control (G-M)
- Ervaring met Continuïteitmanagement (G-M)
- Ervaring met Compliancemanagement (G-M)

- Ervaring met Kwaliteitsmanagement (G-M)
- Ervaring met Risicomanagement (G-M)
- Ervaring met Opstellen van gebruikersdocumentatie (G-A)
- Ervaring met Administratieve organisatie en interne controle (AO & IC) (E-BP)
- Ervaring met Projectmanagement (E-M)
- Ervaring met Principes, methoden en technieken voor interne controle (E-A)

P-Competenties:
- Gemiddeld niveau Samenwerken in teamverbanden
- Gemiddeld niveau Stressbestendigheid
- Gemiddeld niveau Abstractievermogen
- Gemiddeld niveau Methodisch werken
- Hoog niveau Sensitiviteit, inlevingsvermogen
- Hoog niveau Communicatieve vaardigheden (mondeling en/of schriftelijk)
- Hoog niveau Klantgerichtheid
- Hoog niveau Analytisch vermogen
- Hoog niveau Oordeelsvorming
- Hoog niveau Creativiteit
- Hoog niveau Organisatiebewustzijn
- Hoog niveau Kwaliteitsbewustzijn
- Hoog niveau Plannen en organiseren

e-CF competentiereferenties:
- D.06 Management van verkoopkanalen (Channel Management)
- E.05 Procesverbetering (Process Improvement)
- E.07 Management van veranderingen in bedrijfsprocessen (Business Change Management)

I-IS – Invoeren (wijziging) informatiesysteem

Activiteit:
- Plannen, afstemmen en realiseren van wijzigingen van informatiesystemen in de gebruikersorganisatie en voor beheer.
- Op elkaar afstemmen van hieruit volgende wijzigingen in de bedrijfsprocessen.
- Invoeren van de wijzigingen en valideren van het bereikte resultaat.

Resultaat:
Voor gebruik en beheer gereed ingevoerd (gewijzigd) informatiesysteem; opgeleide gebruikers.

Toelichting:
In ieder geval moeten de medewerkers, gebruikers of beheerders, worden geïnstrueerd over nieuwe werkwijzen, procedures of het gebruik van de nieuwe of gewijzigde applicaties. Deze taak is onderdeel van changemanagement.

VT-Competenties:
- Conceptuele kennis van Management van (bedrijfs)processen (G-M)
- Toegepaste kennis van Realiseren van organisatiewijzigingen (O-BP)

- Toegepaste kennis van Werklastbegroting (E-A)
- Ervaring met Architectuurprincipes voor modelleren van bedrijfsprocessen (A-BP)
- Ervaring met Organisatieanalyse (O-BP)
- Ervaring met Organisatieontwerp (O-BP)
- Ervaring met Realiseren van wijzigingen in informatiesystemen (O-IS)
- Ervaring met Changemanagement (I-M)
- Ervaring met Beheer van informatiesystemen (B-IS)
- Ervaring met Planning & control (G-M)
- Ervaring met Continuïteitmanagement (G-M)
- Ervaring met Compliancemanagement (G-M)
- Ervaring met Kwaliteitsmanagement (G-M)
- Ervaring met Risicomanagement (G-M)
- Ervaring met Procesanalyse (G-A)
- Ervaring met Procesontwerp (G-A)
- Ervaring met Opstellen van gebruikersdocumentatie (G-A)
- Ervaring met Administratieve organisatie en interne controle (AO & IC) (E-BP)
- Ervaring met Portfoliomanagement (E-M)
- Ervaring met Projectmanagement (E-M)
- Ervaring met Principes, methoden en technieken voor interne controle (E-A)
- Ervaring met Testen (E-A)

P-Competenties:
- Gemiddeld niveau Stressbestendigheid
- Gemiddeld niveau Didactische vaardigheden
- Gemiddeld niveau Abstractievermogen
- Gemiddeld niveau Creativiteit
- Gemiddeld niveau Initiatief
- Gemiddeld niveau Besluitvaardigheid
- Gemiddeld niveau Doorzettingsvermogen
- Gemiddeld niveau Overtuigingskracht
- Gemiddeld niveau Methodisch werken
- Hoog niveau Sensitiviteit, inlevingsvermogen
- Hoog niveau Communicatieve vaardigheden (mondeling en/of schriftelijk)
- Hoog niveau Samenwerken in teamverbanden
- Hoog niveau Klantgerichtheid
- Hoog niveau Analytisch vermogen
- Hoog niveau Oordeelsvorming
- Hoog niveau Organisatiebewustzijn
- Hoog niveau Kwaliteitsbewustzijn
- Hoog niveau Plannen en organiseren

e-CF competentiereferenties:
- B.02 Systeemintegratie (Component Integration)
- C.02 Ondersteunen van wijzigingen (Change Support)
- E.07 Management van veranderingen in bedrijfsprocessen (Business Change Management)

I-TI – Implementeren (wijziging) netwerkcomponent

Activiteit:
- Installeren, configureren, testen en in gebruik stellen, ofwel gebruiksklaar maken, van de componenten van het netwerk of wijzigingen daarin. Realiseren van de wijzigingen en valideren van het bereikte resultaat.

Resultaat:
Operationeel netwerk.

Toelichting:
Betreft de hardware- en systeemsoftwarecomponenten van een netwerk (LAN, WAN en internetverbindingen). Deze taak betreft tevens het installeren van netwerkapplicaties. Deze taak is onderdeel van changemanagement.

VT-Competenties:
- Conceptuele kennis van Architectuurprincipes voor modelleren van technische infrastructuur (A-TI)
- Conceptuele kennis van Ontwerpen en bouwen van informatiesystemen (O-IS)
- Conceptuele kennis van Realiseren van wijzigingen in informatiesystemen (O-IS)
- Conceptuele kennis van Beheer van informatiesystemen (B-IS)
- Toegepaste kennis van Beheer van exploitatie en productie (B-TI)
- Toegepaste kennis van Principes, methoden en technieken voor interne controle (E-A)
- Ervaring met Ontwerp technische infrastructuur (O-TI)
- Ervaring met Realiseren van technische wijzigingen (O-TI)
- Ervaring met Beheer van applicaties (B-IS)
- Ervaring met Beheer van netwerken (B-TI)
- Ervaring met Beheer van servers (B-TI)
- Ervaring met Beheer van multimedia-apparatuur (B-TI)
- Ervaring met Versie- en configuratiebeheer (B-A)
- Ervaring met Netwerktechnologie (G-TI)
- Ervaring met Servertechnologie (G-TI)
- Ervaring met Multimediatechnologie (G-TI)
- Ervaring met Principes, methoden en technieken voor beveiliging (G-A)
- Ervaring met Opstellen van technische documentatie (G-A)
- Ervaring met Testen (E-A)
- Ervaring met Werking van componenten van de ICT (E-A)

P-Competenties:
- Gemiddeld niveau Samenwerken in teamverbanden
- Gemiddeld niveau Oordeelsvorming
- Gemiddeld niveau Abstractievermogen
- Gemiddeld niveau Creativiteit
- Gemiddeld niveau Initiatief
- Gemiddeld niveau Besluitvaardigheid
- Gemiddeld niveau Plannen en organiseren

- Hoog niveau Analytisch vermogen
- Hoog niveau Organisatiebewustzijn
- Hoog niveau Kwaliteitsbewustzijn
- Hoog niveau Accuratesse
- Hoog niveau Methodisch werken

e-CF competentiereferenties:
- B.02 Systeemintegratie (Component Integration)
- B.04 Oplossingen implementeren (Solution Deployment)
- B.06 Systeembouw (System Engineering)
- C.02 Ondersteunen van wijzigingen (Change Support)

I-TI – Implementeren (wijziging) server

Activiteit:
- Installeren, configureren, testen en in gebruik stellen, ofwel gebruiksklaar maken van servers of (gewijzigde) componenten daarvan. Installeren van de wijzigingen en valideren van het bereikte resultaat.

Resultaat:
Operationele server.

Toelichting:
Betreft de hardware, systeemprogrammatuur, server-, storage- en databasemanagement-systeemprogrammatuur ('middle layer'-programmatuur). Deze taak is onderdeel van change-management.

VT-Competenties:
- Conceptuele kennis van Architectuurprincipes voor modelleren van technische infrastructuur (A-TI)
- Conceptuele kennis van Ontwerpen en bouwen van informatiesystemen (O-IS)
- Conceptuele kennis van Databaseontwerp en -bouw (O-IS)
- Conceptuele kennis van Realiseren van wijzigingen in informatiesystemen (O-IS)
- Conceptuele kennis van Beheer van informatiesystemen (B-IS)
- Conceptuele kennis van Principes, methoden en technieken voor interne controle (E-A)
- Toegepaste kennis van Ontwerp technische infrastructuur (O-TI)
- Toegepaste kennis van Beheer van exploitatie en productie (B-TI)
- Ervaring met Realiseren van technische wijzigingen (O-TI)
- Ervaring met Beheer van applicaties (B-IS)
- Ervaring met Beheer van netwerken (B-TI)
- Ervaring met Beheer van servers (B-TI)
- Ervaring met Beheer van multimedia-apparatuur (B-TI)
- Ervaring met Versie- en configuratiebeheer (B-A)
- Ervaring met Netwerktechnologie (G-TI)
- Ervaring met Servertechnologie (G-TI)
- Ervaring met Multimediatechnologie (G-TI)
- Ervaring met Principes, methoden en technieken voor beveiliging (G-A)

- Ervaring met Opstellen van technische documentatie (G-A)
- Ervaring met Testen (E-A)
- Ervaring met Werking van componenten van de ICT (E-A)

P-Competenties:
- Gemiddeld niveau Samenwerken in teamverbanden
- Gemiddeld niveau Oordeelsvorming
- Gemiddeld niveau Abstractievermogen
- Gemiddeld niveau Creativiteit
- Gemiddeld niveau Initiatief
- Gemiddeld niveau Besluitvaardigheid
- Gemiddeld niveau Plannen en organiseren
- Hoog niveau Analytisch vermogen
- Hoog niveau Organisatiebewustzijn
- Hoog niveau Kwaliteitsbewustzijn
- Hoog niveau Accuratesse
- Hoog niveau Methodisch werken

e-CF competentiereferenties:
- B.02 Systeemintegratie (Component Integration)
- B.04 Oplossingen implementeren (Solution Deployment)
- B.06 Systeembouw (System Engineering)
- C.02 Ondersteunen van wijzigingen (Change Support)

I-TI – Installeren (wijziging) programmatuur

Activiteit:
- Installeren van programmatuur op een computersysteem, (database- en applicatie)servers, pc's en andere werkplekken, netwerkcomponenten en dergelijke, inclusief de instellingen daarvan. Installeren en valideren van het bereikte resultaat.

Resultaat:
Operationele applicatieprogrammatuur.

Toelichting:
Het gaat hier om de installatie (soms ook 'implementatie' genoemd) van diverse typen programmatuur op diverse typen hardware die zich in de technische infrastructuur bevinden, al dan niet gekoppeld in een netwerk (LAN en/of WAN). Het betreft onder meer:
- applicatieprogrammatuur;
- programmatuur van netwerkcomponenten;
- serverprogrammatuur;
- 'middle layer'-programmatuur, zoals server- en databasemanagementsystemen.

VT-Competenties:
- Conceptuele kennis van Ontwerpen en bouwen van informatiesystemen (O-IS)
- Conceptuele kennis van Databaseontwerp en -bouw (O-IS)
- Conceptuele kennis van Realiseren van wijzigingen in informatiesystemen (O-IS)

- Conceptuele kennis van Beheer van applicaties (B-IS)
- Toegepaste kennis van Beheer van informatiesystemen (B-IS)
- Toegepaste kennis van Beheer van exploitatie en productie (B-TI)
- Toegepaste kennis van Principes, methoden en technieken voor interne controle (E-A)
- Ervaring met Realiseren van technische wijzigingen (O-TI)
- Ervaring met Beheer van netwerken (B-TI)
- Ervaring met Beheer van servers (B-TI)
- Ervaring met Beheer van multimedia-apparatuur (B-TI)
- Ervaring met Versie- en configuratiebeheer (B-A)
- Ervaring met Netwerktechnologie (G-TI)
- Ervaring met Servertechnologie (G-TI)
- Ervaring met Multimediatechnologie (G-TI)
- Ervaring met Principes, methoden en technieken voor beveiliging (G-A)
- Ervaring met Opstellen van technische documentatie (G-A)
- Ervaring met Testen (E-A)
- Ervaring met Werking van componenten van de ICT (E-A)

P-Competenties:
- Gemiddeld niveau Samenwerken in teamverbanden
- Gemiddeld niveau Oordeelsvorming
- Gemiddeld niveau Abstractievermogen
- Gemiddeld niveau Creativiteit
- Gemiddeld niveau Initiatief
- Gemiddeld niveau Besluitvaardigheid
- Gemiddeld niveau Plannen en organiseren
- Hoog niveau Analytisch vermogen
- Hoog niveau Organisatiebewustzijn
- Hoog niveau Accuratesse
- Hoog niveau Methodisch werken

e-CF competentiereferenties:
- B.02 Systeemintegratie (Component Integration)
- B.06 Systeembouw (System Engineering)
- C.02 Ondersteunen van wijzigingen (Change Support)

I-M – Bepalen en beheren invoeringsstrategie

Activiteit:
- Formuleren van uitgangspunten en criteria voor de invoering van de nieuwe bedrijfsprocessen, systeemcomponenten en werkwijzen.
- Opstellen van een (master)plan om in stappen en met een gekozen strategie en aanpak te migreren van de bestaande naar de gewenste situatie.
- Beheren en onderhouden van de strategie.

Resultaat:
Invoeringsplan, implementatieplan, migratieplan.

Toelichting:
In de regel worden enkele scenario's uitgewerkt. De plannen kunnen betrekking hebben op kleine aanpassingen van een bestaande situatie, maar ook op de overgang naar een totaal nieuwe situatie. Het plan kan daarnaast betrekking hebben op geheel nieuwe bedrijfsprocessen, informatiesystemen, applicaties, componenten van de technische infrastructuur, werkplekken, enzovoort, of op wijzigingen in bestaande componenten. De gewijzigde werkwijzen kunnen van belang zijn voor ontwikkelaars, beheerders en gebruikers.

Al naargelang het object waarop de invoering zich richt, zijn specifieke vaktechnische competenties nodig. Hierna zijn de basiscompetenties benoemd.

VT-Competenties:
- Conceptuele kennis van Organisatieleer (E-BP)
- Toegepaste kennis van Organisatieanalyse (O-BP)
- Toegepaste kennis van Organisatieontwerp (O-BP)
- Toegepaste kennis van Beheer van informatiesystemen (B-IS)
- Toegepaste kennis van Management van (bedrijfs)processen (G-M)
- Toegepaste kennis van Kwaliteitsmanagement (G-M)
- Ervaring met Realiseren van organisatiewijzigingen (O-BP)
- Ervaring met Realiseren van wijzigingen in informatiesystemen (O-IS)
- Ervaring met Realiseren van technische wijzigingen (O-TI)
- Ervaring met Changemanagement (I-M)
- Ervaring met Versie- en configuratiebeheer (B-A)
- Ervaring met Continuïteitmanagement (G-M)
- Ervaring met Opstellen van gebruikersdocumentatie (G-A)
- Ervaring met Opstellen van technische documentatie (G-A)
- Ervaring met Projectmanagement (E-M)
- Ervaring met Principes, methoden en technieken voor interne controle (E-A)
- Ervaring met Principes, methoden en technieken voor kwaliteitsborging (E-A)
- Ervaring met Testen (E-A)

P-Competenties:
- Gemiddeld niveau Analytisch vermogen
- Gemiddeld niveau Oordeelsvorming
- Gemiddeld niveau Abstractievermogen
- Gemiddeld niveau Creativiteit
- Gemiddeld niveau Initiatief
- Gemiddeld niveau Accuratesse
- Gemiddeld niveau Methodisch werken
- Hoog niveau Sensitiviteit, inlevingsvermogen
- Hoog niveau Communicatieve vaardigheden (mondeling en/of schriftelijk)
- Hoog niveau Samenwerken in teamverbanden
- Hoog niveau Klantgerichtheid
- Hoog niveau Organisatiebewustzijn
- Hoog niveau Kwaliteitsbewustzijn
- Hoog niveau Plannen en organiseren

e-CF competentiereferenties:
- A.04 Product- of serviceplanning (Product/Service Planning)
- A.06 Ontwerp van applicaties (Application Design)
- A.08 Duurzame ontwikkeling (Sustainable Development)
- B.02 Systeemintegratie (Component Integration)
- B.04 Oplossingen implementeren (Solution Deployment)
- B.06 Systeembouw (System Engineering)
- C.02 Ondersteunen van wijzigingen (Change Support)
- E.05 Procesverbetering (Process Improvement)
- E.07 Management van veranderingen in bedrijfsprocessen (Business Change Management)

I-M – Samenstellen release

Activiteit:
- Analyseren, beoordelen, plannen en combineren van voorstellen voor het realiseren van wijzigingen in componenten van informatiesystemen.

Resultaat:
Releaseplan.

Toelichting:
Het releaseplan betreft applicaties, netwerk(componenten) en server(s) en hun systeemprogrammatuur. Een release bevat wijzigingsvoorstellen in diverse componenten van een informatiesysteem die in hun onderlinge samenhang moeten worden gerealiseerd en ingevoerd. De wijzigingen hebben het karakter van optimalisatie, en van adaptieve, preventieve en correctieve maatregelen.

Al naargelang het object waarop de migratie zich richt, zijn specifieke vaktechnische competenties nodig. Hierna zijn de basiscompetenties benoemd.

VT-Competenties:
- Toegepaste kennis van Leveringsmanagement (S-M)
- Toegepaste kennis van Planning & control (G-M)
- Toegepaste kennis van Risicoanalyse (E-A)
- Ervaring met Changemanagement (I-M)
- Ervaring met Beheer van informatiesystemen (B-IS)
- Ervaring met Versie- en configuratiebeheer (B-A)
- Ervaring met Portfoliomanagement (E-M)
- Ervaring met Projectmanagement (E-M)

P-Competenties:
- Gemiddeld niveau Communicatieve vaardigheden (mondeling en/of schriftelijk)
- Gemiddeld niveau Samenwerken in teamverbanden
- Gemiddeld niveau Analytisch vermogen
- Gemiddeld niveau Oordeelsvorming
- Gemiddeld niveau Zelfstandigheid

- Gemiddeld niveau Initiatief
- Gemiddeld niveau Besluitvaardigheid
- Gemiddeld niveau Accuratesse
- Gemiddeld niveau Methodisch werken
- Hoog niveau Creativiteit
- Hoog niveau Organisatiebewustzijn
- Hoog niveau Kwaliteitsbewustzijn
- Hoog niveau Plannen en organiseren

e-CF competentiereferenties:
- A.04 Product- of serviceplanning (Product/Service Planning)
- A.06 Ontwerp van applicaties (Application Design)
- B.01 Applicatieontwikkeling en -bouw (Application Development)
- B.02 Systeemintegratie (Component Integration)
- C.02 Ondersteunen van wijzigingen (Change Support)

I-A – Bepalen migratiestap

Activiteit:
- Uitwerken van een enkele migratiestap uit de invoeringsstrategie in een detailplan migratiestap.
- Afstemmen van het plan met betrokkenen.

Resultaat:
Detailplan migratiestap.

Toelichting:
Het detailplan bevat al naargelang het onderwerp van de verandering onder meer het volgende:
- te realiseren organisatiewijzigingen;
- te realiseren wijzigingen in de werkwijzen (procedures en dergelijke);
- wijzigingen in de technische infrastructuur;
- personele capaciteit en kwaliteit;
- materieel en financiën;
- technische inrichting van locaties;
- opleiding en voorlichting;
- de wijze waarop de migratiestap wordt aangestuurd, gecoördineerd, uitgevoerd en afgestemd;
- hulpmiddelenplan.

Al naargelang het object waarop de migratie zich richt, zijn specifieke vaktechnische competenties nodig. Hierna zijn de basiscompetenties benoemd.

VT-Competenties:
- Conceptuele kennis van Management van (bedrijfs)processen (G-M)
- Toegepaste kennis van Beheer van informatiesystemen (B-IS)
- Toegepaste kennis van Continuïteitmanagement (G-M)
- Toegepaste kennis van Kwaliteitsmanagement (G-M)

- Toegepaste kennis van Procesanalyse (G-A)
- Toegepaste kennis van Procesontwerp (G-A)
- Ervaring met Realiseren van organisatiewijzigingen (O-BP)
- Ervaring met Realiseren van wijzigingen in informatiesystemen (O-IS)
- Ervaring met Realiseren van technische wijzigingen (O-TI)
- Ervaring met Changemanagement (I-M)
- Ervaring met Versie- en configuratiebeheer (B-A)
- Ervaring met Risicomanagement (G-M)
- Ervaring met Opstellen van gebruikersdocumentatie (G-A)
- Ervaring met Opstellen van technische documentatie (G-A)
- Ervaring met Projectmanagement (E-M)
- Ervaring met Principes, methoden en technieken voor interne controle (E-A)
- Ervaring met Principes, methoden en technieken voor kwaliteitsborging (E-A)
- Ervaring met Testen (E-A)

P-Competenties:
- Gemiddeld niveau Sensitiviteit, inlevingsvermogen
- Gemiddeld niveau Samenwerken in teamverbanden
- Gemiddeld niveau Abstractievermogen
- Gemiddeld niveau Initiatief
- Gemiddeld niveau Methodisch werken
- Hoog niveau Klantgerichtheid
- Hoog niveau Analytisch vermogen
- Hoog niveau Oordeelsvorming
- Hoog niveau Creativiteit
- Hoog niveau Organisatiebewustzijn
- Hoog niveau Kwaliteitsbewustzijn
- Hoog niveau Accuratesse
- Hoog niveau Plannen en organiseren

e-CF competentiereferenties:
- B.02 Systeemintegratie (Component Integration)
- B.04 Oplossingen implementeren (Solution Deployment)
- B.06 Systeembouw (System Engineering)
- C.02 Ondersteunen van wijzigingen (Change Support)
- E.07 Management van veranderingen in bedrijfsprocessen (Business Change Management)

I-A – Opstellen en beheren (master) testplan

Activiteit:
- Vaststellen van de uitgangspunten voor toetsen en testen en daarvan afleiden van de teststrategie, testprocedures, de testgebieden, de testomgeving en de te gebruiken testmethoden, -technieken en -hulpmiddelen.
- Specificeren van de testgegevens, de benodigde startsituatie en de uitvoerverwachtingen per testgebied, zowel kwantitatief als kwalitatief.

- Toetsen van het plan op volledigheid, duidelijkheid en consistentie.
- Beheren en onderhouden van het testplan.

Resultaat:
Toets- en teststrategie, testplan.

Toelichting:
Testen wordt in een breed spectrum van situaties gebruikt om te verifiëren dat componenten aan de gestelde eisen voldoen. Zo worden traditioneel onder meer component-, programma-, systeem-, apparatuur-, integratie- en regressietesten onderscheiden. Dit soort technische testen heeft een relatie met het beheer van de OTAP-omgeving.Ook specificaties, ontwerpen en dergelijke kunnen worden getest in bijvoorbeeld 'structured walkthroughs'. Het testplan doet onder meer uitspraken over:
- de testdoelen;
- de omvang en diepgang van het testen;
- een taakverdeling;
- het gewenste tijdspad.

Al naargelang het object waarop het testen zich richt, zijn specifieke vaktechnische competenties nodig. Hierna zijn de basiscompetenties benoemd.

VT-Competenties:
- Conceptuele kennis van Beheer van exploitatie en productie (B-TI)
- Conceptuele kennis van Management van (bedrijfs)processen (G-M)
- Conceptuele kennis van Compliancemanagement (G-M)
- Conceptuele kennis van Administratieve organisatie en interne controle (AO & IC) (E-BP)
- Toegepaste kennis van Continuïteitmanagement (G-M)
- Toegepaste kennis van Kwaliteitsmanagement (G-M)
- Toegepaste kennis van Procesanalyse (G-A)
- Toegepaste kennis van Procesontwerp (G-A)
- Ervaring met Realiseren van organisatiewijzigingen (O-BP)
- Ervaring met Realiseren van wijzigingen in informatiesystemen (O-IS)
- Ervaring met Realiseren van technische wijzigingen (O-TI)
- Ervaring met Changemanagement (I-M)
- Ervaring met Beheer van bedrijfsinformatie/gegevens (B-BP)
- Ervaring met Beheer van informatiesystemen (B-IS)
- Ervaring met Versie- en configuratiebeheer (B-A)
- Ervaring met Planning & control (G-M)
- Ervaring met Risicomanagement (G-M)
- Ervaring met Opstellen van gebruikersdocumentatie (G-A)
- Ervaring met Opstellen van technische documentatie (G-A)
- Ervaring met Projectmanagement (E-M)
- Ervaring met Principes, methoden en technieken voor interne controle (E-A)
- Ervaring met Principes, methoden en technieken voor kwaliteitsborging (E-A)
- Ervaring met Testen (E-A)

P-Competenties:
- Gemiddeld niveau Sensitiviteit, inlevingsvermogen
- Gemiddeld niveau Samenwerken in teamverbanden
- Gemiddeld niveau Abstractievermogen
- Gemiddeld niveau Initiatief
- Hoog niveau Klantgerichtheid
- Hoog niveau Oordeelsvorming
- Hoog niveau Creativiteit
- Hoog niveau Organisatiebewustzijn
- Hoog niveau Kwaliteitsbewustzijn
- Hoog niveau Methodisch werken
- Hoog niveau Plannen en organiseren

e-CF competentiereferenties:
- A.04 Product- of serviceplanning (Product/Service Planning)
- A.06 Ontwerp van applicaties (Application Design)
- B.01 Applicatieontwikkeling en -bouw (Application Development)
- B.03 Testen (Testing)
- B.04 Oplossingen implementeren (Solution Deployment)
- C.02 Ondersteunen van wijzigingen (Change Support)

I-A – Opstellen en beheren acceptatietestplan

Activiteit:
- Vaststellen van de uitgangspunten voor acceptatietoetsen en -testen en daarvan afleiden van de teststrategie, testprocedures, de testgebieden, de testomgeving en de te gebruiken testmethoden, -technieken en -hulpmiddelen.
- Specificeren van de testgegevens, de benodigde startsituatie en de uitvoerverwachtingen per testgebied, zowel kwantitatief als kwalitatief.
- Toetsen van het plan op volledigheid, duidelijkheid en consistentie.
- Beheren en onderhouden van het testplan.

Resultaat:
Acceptatietestplan.

Toelichting:
Testen wordt in een breed spectrum van situaties gebruikt om te verifiëren dat componenten aan de gestelde eisen voldoen. Ook specificaties, ontwerpen en dergelijke kunnen worden getest in bijvoorbeeld 'structured walkthroughs'. Het testplan doet onder meer uitspraken over:
- de testdoelen;
- de omvang en diepgang van het testen;
- een taakverdeling;
- het gewenste tijdspad.

Het acceptatietestplan is specifiek gericht op testen door de eindgebruikers en richt zich op onder andere:

- het gebruik: functionaliteit, belasting of capaciteit en praktische bruikbaarheid;
- de exploitatie: verwerkingstijden, apparatuurbelasting en uitvoerbaarheid van voorgeschreven procedures;
- het beheer: overdraagbaarheid, beheersbaarheid en onderhoudbaarheid, ook voor gebruikersdocumentatie.

Een acceptatietest is vaak de laatste stap voordat specificaties, ontwerpen en dergelijke worden geaccepteerd, of een nieuw of gewijzigd systeem in gebruik wordt genomen.

Al naargelang het object dat aan de test wordt onderworpen, zijn specifieke vaktechnische competenties nodig. Hierna zijn de basiscompetenties benoemd.

VT-Competenties:
- Conceptuele kennis van Administratieve organisatie en interne controle (AO & IC) (E-BP)
- Toegepaste kennis van Continuïteitmanagement (G-M)
- Toegepaste kennis van Compliancemanagement (G-M)
- Toegepaste kennis van Kwaliteitsmanagement (G-M)
- Toegepaste kennis van Procesanalyse (G-A)
- Toegepaste kennis van Procesontwerp (G-A)
- Ervaring met Realiseren van organisatiewijzigingen (O-BP)
- Ervaring met Realiseren van wijzigingen in informatiesystemen (O-IS)
- Ervaring met Changemanagement (I-M)
- Ervaring met Beheer van bedrijfsinformatie/gegevens (B-BP)
- Ervaring met Beheer van informatiesystemen (B-IS)
- Ervaring met Versie- en configuratiebeheer (B-A)
- Ervaring met Management van (bedrijfs)processen (G-M)
- Ervaring met Planning & control (G-M)
- Ervaring met Risicomanagement (G-M)
- Ervaring met Opstellen van gebruikersdocumentatie (G-A)
- Ervaring met Gebruik van applicaties (E-IS)
- Ervaring met Projectmanagement (E-M)
- Ervaring met Principes, methoden en technieken voor interne controle (E-A)
- Ervaring met Principes, methoden en technieken voor kwaliteitsborging (E-A)
- Ervaring met Testen (E-A)

P-Competenties:
- Gemiddeld niveau Sensitiviteit, inlevingsvermogen
- Gemiddeld niveau Integriteit
- Gemiddeld niveau Abstractievermogen
- Hoog niveau Klantgerichtheid
- Hoog niveau Oordeelsvorming
- Hoog niveau Creativiteit
- Hoog niveau Organisatiebewustzijn
- Hoog niveau Plannen en organiseren

e-CF competentiereferenties:
- A.04 Product- of serviceplanning (Product/Service Planning)
- A.06 Ontwerp van applicaties (Application Design)
- B.03 Testen (Testing)
- B.04 Oplossingen implementeren (Solution Deployment)
- C.02 Ondersteunen van wijzigingen (Change Support)

I-A – Uitvoeren toets of test

Activiteit:
- Uitvoeren van het opstelde testplan.
- Opstellen van testverslagen en terugkoppelen met belanghebbenden.
- Eventueel opstellen van wijzigingsvoorstellen.
- Indien een acceptatietest volgt, uiteindelijk de definitieve acceptatie van de wijziging.

Resultaat:
Testverslag acceptatietest, eventueel wijzigingsvoorstel en in voorkomend geval de acceptatie.

Toelichting:
Een test houdt onder meer in:
- samenstellen en beheren van de testgevallen, -situaties en -gegevens;
- uitvoeren van de toets of test;
- controleren, analyseren en documenteren van de testresultaten;
- bepalen van de te nemen maatregelen;
- maken van voorstellen voor aanpassing van de functionaliteit en/of technische werking van componenten.

Een acceptatietest is vaak de laatste stap voordat een nieuw of gewijzigd systeem in gebruik wordt genomen.

Al naargelang het object dat aan de test wordt onderworpen, zijn specifieke vaktechnische competenties nodig. Hierna zijn de basiscompetenties benoemd.

VT-Competenties:
- Conceptuele kennis van Beheer van netwerken (B-TI)
- Conceptuele kennis van Beheer van servers (B-TI)
- Conceptuele kennis van Beheer van multimedia-apparatuur (B-TI)
- Conceptuele kennis van Beheer van exploitatie en productie (B-TI)
- Toegepaste kennis van Planning & control (G-M)
- Toegepaste kennis van Kwaliteitsmanagement (G-M)
- Toegepaste kennis van Projectmanagement (E-M)
- Toegepaste kennis van Principes, methoden en technieken voor interne controle (E-A)
- Ervaring met Beheer van bedrijfsinformatie/gegevens (B-BP)
- Ervaring met Beheer van informatiesystemen (B-IS)
- Ervaring met Gebruik van applicaties (E-IS)
- Ervaring met Testen (E-A)

P-Competenties:
- Gemiddeld niveau Samenwerken in teamverbanden
- Gemiddeld niveau Abstractievermogen
- Gemiddeld niveau Initiatief
- Gemiddeld niveau Accuratesse
- Gemiddeld niveau Plannen en organiseren
- Hoog niveau Klantgerichtheid
- Hoog niveau Analytisch vermogen
- Hoog niveau Oordeelsvorming
- Hoog niveau Organisatiebewustzijn
- Hoog niveau Kwaliteitsbewustzijn
- Hoog niveau Zelfstandigheid
- Hoog niveau Methodisch werken

e-CF competentiereferenties:
- A.06 Ontwerp van applicaties (Application Design)
- B.01 Applicatieontwikkeling en -bouw (Application Development)
- B.02 Systeemintegratie (Component Integration)
- B.03 Testen (Testing)
- B.04 Oplossingen implementeren (Solution Deployment)
- B.06 Systeembouw (System Engineering)
- C.02 Ondersteunen van wijzigingen (Change Support)

I-A – Uitvoeren gegevensconversie

Activiteit:
- Plannen, afstemmen en uitvoeren van de conversie van bestaande gegevens en valideren van de bereikte resultaten.

Resultaat:
Geconverteerde gegevens.

Toelichting:
De gegevens zijn meestal opgeslagen in een database. Vaak wordt voor de conversie specifieke conversieprogrammatuur ontwikkeld. Meestal worden conversieplannen, -verslagen en -rapporten opgeleverd. De conversie kan ook betrekking hebben op het (handmatig) converteren en invoeren van gegevens 'op papier' naar gegevens in een database. Deze taak is onderdeel van changemanagement.

VT-Competenties:
- Conceptuele kennis van Beheer van servers (B-TI)
- Conceptuele kennis van Servertechnologie (G-TI)
- Conceptuele kennis van Gebruik van applicaties (E-IS)
- Toegepaste kennis van Gegevensmodellering (A-IS)
- Toegepaste kennis van Ontwerpen en bouwen van informatiesystemen (O-IS)
- Toegepaste kennis van Databaseontwerp en -bouw (O-IS)

- Toegepaste kennis van Realiseren van wijzigingen in informatiesystemen (O-IS)
- Toegepaste kennis van Principes, methoden en technieken voor beveiliging (G-A)
- Toegepaste kennis van Administratieve organisatie en interne controle (AO & IC) (E-BP)
- Ervaring met Programmeertalen (O-IS)
- Ervaring met Technisch ontwerp (O-TI)
- Ervaring met Ontwerp- en programmeertools (O-A)
- Ervaring met Changemanagement (I-M)
- Ervaring met Beheer van bedrijfsinformatie/gegevens (B-BP)
- Ervaring met Beheer van informatiesystemen (B-IS)
- Ervaring met Beheer van applicaties (B-IS)
- Ervaring met Versie- en configuratiebeheer (B-A)
- Ervaring met Opstellen van technische documentatie (G-A)
- Ervaring met Principes, methoden en technieken voor interne controle (E-A)
- Ervaring met Testen (E-A)

P-Competenties:
- Gemiddeld niveau Samenwerken in teamverbanden
- Gemiddeld niveau Stressbestendigheid
- Gemiddeld niveau Abstractievermogen
- Gemiddeld niveau Plannen en organiseren
- Hoog niveau Integriteit
- Hoog niveau Analytisch vermogen
- Hoog niveau Oordeelsvorming
- Hoog niveau Kwaliteitsbewustzijn
- Hoog niveau Besluitvaardigheid
- Hoog niveau Accuratesse
- Hoog niveau Methodisch werken

e-CF competentiereferenties:
- B.02 Systeemintegratie (Component Integration)

I-A – Distributie van softwarecomponent

Activiteit:
- Zorg dragen voor de beschikbaarstelling van softwarecomponenten aan gebruikers op servers en dergelijke.
- Uitvoeren van de softwaredistributie en valideren van het bereikte resultaat.

Resultaat:
Beschikbare softwarecomponenten.

Toelichting:
Deze taak vervalt indien een organisatie gebruikmaakt van virtualisatie van werkplekken, servers en dergelijke. Daar waar dat (nog) niet aan de orde is, betreft deze taak de distributie van applicatie- en systeemsoftware naar pc's, tablets, smartphones, (game)consoles, enzovoort

met behulp van distributiesystemen via het eigen netwerk of via internet. Hiermee wordt onder andere de distributie verzorgd van:
- nieuwe content;
- nieuwe (versies van) applicatiesoftware en apps;
- nieuwe (versies van) netwerkprogrammatuur;
- nieuwe (versies van) serverprogrammatuur;
- installatiescripts van de nieuwe systeemcomponenten.

VT-Competenties:
- Conceptuele kennis van Beheer van informatiesystemen (B-IS)
- Conceptuele kennis van Beheer van applicaties (B-IS)
- Conceptuele kennis van Netwerktechnologie (G-TI)
- Conceptuele kennis van Servertechnologie (G-TI)
- Conceptuele kennis van Multimediatechnologie (G-TI)
- Toegepaste kennis van Realiseren van wijzigingen in informatiesystemen (O-IS)
- Toegepaste kennis van Realiseren van technische wijzigingen (O-TI)
- Toegepaste kennis van Beheer van exploitatie en productie (B-TI)
- Toegepaste kennis van Principes, methoden en technieken voor beveiliging (G-A)
- Toegepaste kennis van Principes, methoden en technieken voor interne controle (E-A)
- Ervaring met Beheer van netwerken (B-TI)
- Ervaring met Beheer van servers (B-TI)
- Ervaring met Beheer van multimedia-apparatuur (B-TI)
- Ervaring met Versie- en configuratiebeheer (B-A)
- Ervaring met Opstellen van technische documentatie (G-A)
- Ervaring met Testen (E-A)

P-Competenties:
- Gemiddeld niveau Samenwerken in teamverbanden
- Gemiddeld niveau Analytisch vermogen
- Gemiddeld niveau Oordeelsvorming
- Gemiddeld niveau Creativiteit
- Gemiddeld niveau Organisatiebewustzijn
- Gemiddeld niveau Besluitvaardigheid
- Hoog niveau Integriteit
- Hoog niveau Kwaliteitsbewustzijn
- Hoog niveau Accuratesse
- Hoog niveau Methodisch werken
- Hoog niveau Plannen en organiseren

e-CF competentiereferenties:
- B.02 Systeemintegratie (Component Integration)

Taken in het I-domein Beheren

B-BP – Beheren en bewaken kwaliteit bedrijfsproces

Activiteit:
- Periodiek toetsen en evalueren van het functioneren van bedrijfsprocessen aan de hand van gestelde eisen, normen en dergelijke, en mede gelet op de beschikbare informatiesystemen.
- Analyseren van door management en eindgebruikers ervaren prestatiekenmerken van een bedrijfsproces.
- Het formuleren van voorstellen voor de bijstelling van de prestatiekenmerken en laten toetsen door het management en/of de toezichthouders.
- Zo nodig benoemen van preventieve en correctieve maatregelen zoals het initiëren van adaptief, preventief en correctief onderhoud aan bedrijfsprocessen en/of de informatievoorziening.
- In deze taak moet ook aandacht worden besteed aan de kwaliteit van de informatievoorziening voor de bedrijfsprocessen.

Resultaat:
Bedrijfsprocessen die conform de gestelde eisen functioneren; wijzigingsvoorstellen voor prestatiekenmerken, de inrichting van de bedrijfsprocessen of informatiesystemen.

Toelichting:
Deze taak betreft het toezicht op het functioneren van bedrijfsprocessen. Preventieve en correctieve maatregelen zijn onder meer:
- het aanscherpen of aanpassen van procedures;
- het (bij)scholen van medewerkers;
- het laten aanpassen van applicaties.

Een bedrijfsproces zal moeten voldoen aan prestatiekenmerken die van de eisen aan de bedrijfsvoering zijn afgeleid. Bovendien zijn deze ook vaak afgeleid van het beleid en de eisen van het management en/of de toezichthouders.
De ervaren en geprognosticeerde prestatiekenmerken worden vastgesteld ten aanzien van:
- de huidige (gewenste) situatie;
- de toekomstige (gewenste) situatie;
- een prognose van de toekomst.

Deze taak is primair onderdeel van het voor het bedrijfsproces verantwoordelijke management. Het betreft een primaire taak en verantwoordelijkheid van een businessmanager.

VT-Competenties:
- Conceptuele kennis van Realiseren van wijzigingen in informatiesystemen (O-IS)
- Conceptuele kennis van Beheer van informatiesystemen (B-IS)
- Conceptuele kennis van Kwaliteitsmanagement (G-M)
- Conceptuele kennis van Organisatieleer (E-BP)
- Conceptuele kennis van Gebruik van applicaties (E-IS)
- Toegepaste kennis van Beleid en strategiebepaling (K-M)
- Toegepaste kennis van Organisatieontwerp (O-BP)

- Toegepaste kennis van Realiseren van organisatiewijzigingen (O-BP)
- Toegepaste kennis van Changemanagement (I-M)
- Toegepaste kennis van Risicomanagement (G-M)
- Toegepaste kennis van Bedrijfskunde (E-BP)
- Ervaring met Organisatieanalyse (O-BP)
- Ervaring met Beheer van bedrijfsinformatie/gegevens (B-BP)
- Ervaring met Klantmanagement (S-M)
- Ervaring met Financieel management (F-M)
- Ervaring met Management van (bedrijfs)processen (G-M)
- Ervaring met Planning & control (G-M)
- Ervaring met Continuïteitmanagement (G-M)
- Ervaring met Compliancemanagement (G-M)
- Ervaring met Procesanalyse (G-A)
- Ervaring met Administratieve organisatie en interne controle (AO & IC) (E-BP)
- Ervaring met Principes, methoden en technieken voor interne controle (E-A)
- Ervaring met Principes, methoden en technieken voor kwaliteitsborging (E-A)

P-Competenties:
- Gemiddeld niveau Communicatieve vaardigheden (mondeling en/of schriftelijk)
- Gemiddeld niveau Samenwerken in teamverbanden
- Gemiddeld niveau Abstractievermogen
- Gemiddeld niveau Kennis van andere disciplines
- Gemiddeld niveau Kwaliteitsbewustzijn
- Gemiddeld niveau Initiatief
- Gemiddeld niveau Plannen en organiseren
- Hoog niveau Sensitiviteit, inlevingsvermogen
- Hoog niveau Klantgerichtheid
- Hoog niveau Analytisch vermogen
- Hoog niveau Oordeelsvorming
- Hoog niveau Organisatiebewustzijn
- Hoog niveau Strategische visie
- Hoog niveau Methodisch werken

e-CF competentiereferenties:
- A.03 Ontwikkelen van bedrijfsplannen (Business Plan Development)
- D.02 Ontwikkeling ICT-kwaliteitsstrategie (ICT Quality Strategy Development)
- D.04 Inkoop (Purchasing)
- D.06 Management van verkoopkanalen (Channel Management)
- D.09 Personeelsontwikkeling (Personnel Development)
- D.10 Informatie- en kennismanagement (Information and Knowledge Management)
- D.12 Digitale marketing (Digital Marketing)
- E.01 Ontwikkelen van prognoses (Forecast Development)
- E.02 Project- en portfoliomanagement (Project and Portfolio Management)
- E.03 Risicomanagement (Risk Management)
- E.05 Procesverbetering (Process Improvement)
- E.06 ICT-kwaliteitsmanagement (ICT Quality Management)

- E.07 Management van veranderingen in bedrijfsprocessen (Business Change Management)
- E.09 IT-governance (IS Governance)

B-BP – Opstellen wijzigingsvoorstel bedrijfsproces

Activiteit:
- Analyse van het functioneren van bedrijfsprocessen aan de hand van de huidige en gewenste situatie, mede op basis van de (gewenste) prestatiekenmerken en de ondersteuning door informatiesystemen.
- Formuleren van een voorstel voor wijziging van een bedrijfsproces en/of componenten van de informatievoorziening.
- Toetsen van de voorstellen op volledigheid, duidelijkheid en consistentie.
- Indienen, toelichten, afstemmen en dergelijke van het wijzigingsvoorstel met betrokkenen, onder wie de lijnmanager die verantwoordelijk is voor het bedrijfsproces.

Resultaat:
Wijzigingsvoorstel voor bedrijfsprocessen en voor informatiesystemen.

Toelichting:
Betreft een algemene taak die vaak deel uitmaakt van andere taken. Een wijzigingsvoorstel kan betrekking hebben op onder meer:
- de inrichting van een bedrijfsproces;
- de functionaliteit van een applicatie;
- procedures.

De wijzigingen kunnen het karakter hebben van optimalisatie, en van adaptieve, preventieve en correctieve maatregelen. Dit alles bezien vanuit de toepassing van het bedrijfsproces, de eindgebruiker, het management en eventuele toezichthouders.

VT-Competenties:
- Conceptuele kennis van Beleid en strategiebepaling (K-M)
- Conceptuele kennis van Beheer van informatiesystemen (B-IS)
- Conceptuele kennis van Management van (bedrijfs)processen (G-M)
- Conceptuele kennis van Bedrijfskunde (E-BP)
- Conceptuele kennis van Organisatieleer (E-BP)
- Toegepaste kennis van Realiseren van wijzigingen in informatiesystemen (O-IS)
- Toegepaste kennis van Financieel management (F-M)
- Toegepaste kennis van Kostencalculaties (F-A)
- Toegepaste kennis van Risicomanagement (G-M)
- Toegepaste kennis van Portfoliomanagement (E-M)
- Ervaring met Organisatieanalyse (O-BP)
- Ervaring met Organisatieontwerp (O-BP)
- Ervaring met Realiseren van organisatiewijzigingen (O-BP)
- Ervaring met Changemanagement (I-M)
- Ervaring met Planning & control (G-M)
- Ervaring met Continuïteitmanagement (G-M)

- Ervaring met Compliancemanagement (G-M)
- Ervaring met Procesanalyse (G-A)
- Ervaring met Procesontwerp (G-A)
- Ervaring met Administratieve organisatie en interne controle (AO & IC) (E-BP)
- Ervaring met Projectmanagement (E-M)
- Ervaring met Risicoanalyse (E-A)
- Ervaring met Werklastbegroting (E-A)
- Ervaring met Principes, methoden en technieken voor interne controle (E-A)

P-Competenties:
- Gemiddeld niveau Integriteit
- Gemiddeld niveau Oordeelsvorming
- Gemiddeld niveau Abstractievermogen
- Gemiddeld niveau Creativiteit
- Hoog niveau Sensitiviteit, inlevingsvermogen
- Hoog niveau Klantgerichtheid
- Hoog niveau Organisatiebewustzijn
- Hoog niveau Plannen en organiseren

e-CF competentiereferenties:
- A.03 Ontwikkelen van bedrijfsplannen (Business Plan Development)
- A.08 Duurzame ontwikkeling (Sustainable Development)
- A.09 Innoveren (Innovating)
- D.01 Strategieontwikkeling informatiebeveiliging (Information Security Strategy Development)
- D.02 Ontwikkeling ICT-kwaliteitsstrategie (ICT Quality Strategy Development)
- D.06 Management van verkoopkanalen (Channel Management)
- D.10 Informatie- en kennismanagement (Information and Knowledge Management)
- D.11 Behoeftemanagement (Needs Identification)
- D.12 Digitale marketing (Digital Marketing)
- E.01 Ontwikkelen van prognoses (Forecast Development)
- E.02 Project- en portfoliomanagement (Project and Portfolio Management)
- E.03 Risicomanagement (Risk Management)
- E.05 Procesverbetering (Process Improvement)
- E.06 ICT-kwaliteitsmanagement (ICT Quality Management)
- E.09 IT-governance (IS Governance)

B-BP – Beheren bedrijfsinformatie

Activiteit:
- Analyseren van brondocumenten en andere informatiebronnen; invoeren, wijzigen of verwijderen van relevante gegevens in en met behulp van applicaties.
- Valideren van de correcte vastlegging en waarde van de gegevens.

Resultaat:
Correcte en actuele gegevens die aan de eisen van gebruikers c.q. het bedrijfsproces voldoen.

Toelichting:
Veelal moeten uit brondocumenten andere informatiebronnen de relevante gegevens worden geselecteerd en afgeleid, alvorens deze geschikt zijn voor vastlegging in een database of in een niet-geautomatiseerde administratie. Naast het selecteren van de relevante gegevens en het invoeren, behoort ook de controle op de correcte invoer en vastlegging (correctheid, volledigheid, consistentie en dergelijke) tot deze taak. Het betreft een primaire taak en verantwoordelijkheid van de eindgebruiker.

VT-Competenties:
- Conceptuele kennis van Compliancemanagement (G-M)
- Toegepaste kennis van Management van (bedrijfs)processen (G-M)
- Toegepaste kennis van Bedrijfskunde (E-BP)
- Ervaring met Beheer van bedrijfsinformatie/gegevens (B-BP)
- Ervaring met Beheer van informatiesystemen (B-IS)
- Ervaring met Behoeftemanagement (S-M)
- Ervaring met Klantmanagement (S-M)
- Ervaring met Planning & control (G-M)
- Ervaring met Administratieve organisatie en interne controle (AO & IC) (E-BP)
- Ervaring met Gebruik van applicaties (E-IS)
- Ervaring met Principes, methoden en technieken voor interne controle (E-A)
- Ervaring met Principes, methoden en technieken voor kwaliteitsborging (E-A)

P-Competenties:
- Gemiddeld niveau Samenwerken in teamverbanden
- Gemiddeld niveau Analytisch vermogen
- Gemiddeld niveau Oordeelsvorming
- Gemiddeld niveau Creativiteit
- Gemiddeld niveau Commercieel inzicht
- Gemiddeld niveau Methodisch werken
- Gemiddeld niveau Plannen en organiseren
- Hoog niveau Klantgerichtheid
- Hoog niveau Organisatiebewustzijn
- Hoog niveau Strategische visie

e-CF competentiereferenties:
- D.06 Management van verkoopkanalen (Channel Management)
- D.10 Informatie- en kennismanagement (Information and Knowledge Management)
- D.12 Digitale marketing (Digital Marketing)
- E.01 Ontwikkelen van prognoses (Forecast Development)

B-BP – Beheren content

Activiteit:
- Zorg dragen voor de actualiteit, integriteit en volledigheid van informatie (content, vaak ongestructureerd en prozaïsch), veelal opgeslagen in contentdatabases en beschikbaar via websites op internet en intranetten.

- Controleren van de naleving van procedures voor het actualiseren, alsmede van de correctheid, beveiliging en toegankelijkheid van gegevens.

Resultaat:
Actuele informatie.

Toelichting:
Bedoelde informatie wordt bij voorkeur aan de bron vastgelegd en daarna voor meervoudig gebruik via bijvoorbeeld websites op internet of een intranet beschikbaar gesteld, of zelfs in print (zoals bij printing on demand). Voorbeelden van content zijn: informatie op websites, gebruikershandleidingen op intranetten, helpfuncties in applicaties, enzovoort. Het beheer van content is vooral ontstaan door de introductie van internet (het beschikbaar stellen van internetsites met interessante en op doelgroepen gerichte informatie), alsmede de introductie van intranetten, 'gesloten' netwerken waarop informatie aan daartoe geautoriseerde personen beschikbaar wordt gesteld.

VT-Competenties:
- Toegepaste kennis van Gebruik van applicaties (E-IS)
- Ervaring met Changemanagement (I-M)
- Ervaring met Beheer van bedrijfsinformatie/gegevens (B-BP)
- Ervaring met Beheer van informatiesystemen (B-IS)
- Ervaring met Planning & control (G-M)
- Ervaring met Compliancemanagement (G-M)
- Ervaring met Administratieve organisatie en interne controle (AO & IC) (E-BP)

P-Competenties:
- Gemiddeld niveau Oordeelsvorming
- Gemiddeld niveau Creativiteit
- Gemiddeld niveau Strategische visie
- Gemiddeld niveau Commercieel inzicht
- Gemiddeld niveau Zelfstandigheid
- Gemiddeld niveau Accuratesse
- Gemiddeld niveau Plannen en organiseren
- Hoog niveau Communicatieve vaardigheden (mondeling en/of schriftelijk)
- Hoog niveau Integriteit
- Hoog niveau Klantgerichtheid
- Hoog niveau Organisatiebewustzijn
- Hoog niveau Kwaliteitsbewustzijn

e-CF competentiereferenties:
- D.06 Management van verkoopkanalen (Channel Management)
- D.10 Informatie- en kennismanagement (Information and Knowledge Management)
- D.12 Digitale marketing (Digital Marketing)

B-IS – Beheren en bewaken kwaliteit informatiesysteem

Activiteit:
- Periodiek uitvoeren van een evaluatie van de kwaliteit van een informatiesysteem, bezien vanuit de normen en eisen van het bedrijfsproces.
- Het formuleren van voorstellen voor de bijstelling van de normen en eisen, in overleg met gebruikers en management.
- Zo nodig benoemen van preventieve en correctieve maatregelen zoals het initiëren van adaptief, preventief en correctief onderhoud op de informatiesystemen en zo nodig ook voor de bedrijfsprocessen.

Resultaat:
Aan de eisen voldoend informatiesysteem; evaluatierapport, verbetervoorstellen.

Toelichting:
Een systeemevaluatie is gericht op het behouden van een in functioneel opzicht optimaal functionerend informatiesysteem, onder andere met betrekking tot:
- de functionaliteit;
- de beschikbaarheid, bedrijfszekerheid, performance en capaciteit;
- functionele normen en eisen, bezien vanuit de bedrijfsvoering;
- (interne) consistentie.

Deze taak maakt deel uit van het proactief beheren van informatiesystemen, applicaties, enzovoort.

VT-Competenties:
- Conceptuele kennis van Beheer van applicaties (B-IS)
- Conceptuele kennis van Beheer van netwerken (B-TI)
- Conceptuele kennis van Beheer van servers (B-TI)
- Conceptuele kennis van Beheer van multimedia-apparatuur (B-TI)
- Toegepaste kennis van Architectuurprincipes voor modelleren van informatievoorziening/systemen (A-IS)
- Toegepaste kennis van Realiseren van organisatiewijzigingen (O-BP)
- Toegepaste kennis van Realiseren van wijzigingen in informatiesystemen (O-IS)
- Toegepaste kennis van Principes, methoden en technieken voor beveiliging (G-A)
- Toegepaste kennis van Portfoliomanagement (E-M)
- Toegepaste kennis van Principes, methoden en technieken voor interne controle (E-A)
- Ervaring met Organisatieanalyse (O-BP)
- Ervaring met Beheer van bedrijfsinformatie/gegevens (B-BP)
- Ervaring met Beheer van informatiesystemen (B-IS)
- Ervaring met Procesanalyse (G-A)
- Ervaring met Gebruik van applicaties (E-IS)
- Ervaring met Principes, methoden en technieken voor kwaliteitsborging (E-A)

P-Competenties:
- Gemiddeld niveau Sensitiviteit, inlevingsvermogen
- Gemiddeld niveau Integriteit

- Gemiddeld niveau Abstractievermogen
- Gemiddeld niveau Methodisch werken
- Hoog niveau Oordeelsvorming
- Hoog niveau Organisatiebewustzijn
- Hoog niveau Strategische visie
- Hoog niveau Kwaliteitsbewustzijn
- Hoog niveau Plannen en organiseren

e-CF competentiereferenties:
- A.05 Ontwerp van architectuur (Architecture Design)
- B.03 Testen (Testing)
- D.10 Informatie- en kennismanagement (Information and Knowledge Management)
- D.12 Digitale marketing (Digital Marketing)
- E.03 Risicomanagement (Risk Management)
- E.05 Procesverbetering (Process Improvement)
- E.06 ICT-kwaliteitsmanagement (ICT Quality Management)

B-IS – Beheren en bewaken functionaliteit applicatie

Activiteit:
- Monitoren, analyseren en bepalen in hoeverre een applicatie (nog) voldoet aan gestelde of gewijzigde functionele eisen, normen, criteria, voorwaarden, enzovoort. Dit vanuit het perspectief van de gebruiker.
- Formuleren en initiëren van adaptieve, preventieve en correctieve wijzigingen.

Resultaat:
Applicatie die functioneel aan gestelde of gewijzigde eisen, normen, enzovoort voldoet; wijzigingsverzoek, onderhoudsaanvraag, request for change.

Toelichting:
Een applicatie is ontworpen en gebouwd om aan gestelde eisen, enzovoort te voldoen. Als gevolg van gewijzigde omstandigheden in de gebruikersorganisatie kan de geleverde functionaliteit moeten worden aangepast. Gewijzigde eisen kunnen voortvloeien uit onder meer:
- organisatorische veranderingen;
- gebruikerswensen;
- gewijzigde eisen vanuit de bedrijfsvoering.

Tijdens onderhoud wordt de functionaliteit van een applicatie als uitgangspunt genomen en is de benadering bottom-up. Tijdens de ontwikkeling van het systeem wordt altijd de topdownbenadering gehanteerd.

VT-Competenties:
- Conceptuele kennis van Informatiemanagement (K-BP)
- Conceptuele kennis van Organisatieontwerp (O-BP)
- Conceptuele kennis van Realiseren van organisatiewijzigingen (O-BP)
- Conceptuele kennis van Bedrijfskunde (E-BP)
- Conceptuele kennis van Organisatieleer (E-BP)

- Toegepaste kennis van Informatieplanning (K-IS)
- Toegepaste kennis van Architectuurprincipes voor modelleren van informatievoorziening/ systemen (A-IS)
- Toegepaste kennis van Ontwerpen en bouwen van informatiesystemen (O-IS)
- Toegepaste kennis van Databaseontwerp en -bouw (O-IS)
- Toegepaste kennis van Procesontwerp (G-A)
- Toegepaste kennis van Administratieve organisatie en interne controle (AO & IC) (E-BP)
- Toegepaste kennis van Gebruik van applicaties (E-IS)
- Toegepaste kennis van Portfoliomanagement (E-M)
- Ervaring met Gegevensanalyse (A-IS)
- Ervaring met Organisatieanalyse (O-BP)
- Ervaring met Functioneel ontwerp (O-IS)
- Ervaring met Realiseren van wijzigingen in informatiesystemen (O-IS)
- Ervaring met Beheer van bedrijfsinformatie/gegevens (B-BP)
- Ervaring met Beheer van informatiesystemen (B-IS)
- Ervaring met Beheer van applicaties (B-IS)
- Ervaring met Beheer van multimedia-apparatuur (B-TI)
- Ervaring met Versie- en configuratiebeheer (B-A)
- Ervaring met Kwaliteitsmanagement (G-M)
- Ervaring met Procesanalyse (G-A)
- Ervaring met Principes, methoden en technieken voor beveiliging (G-A)
- Ervaring met Opstellen van technische documentatie (G-A)
- Ervaring met Principes, methoden en technieken voor interne controle (E-A)
- Ervaring met Principes, methoden en technieken voor kwaliteitsborging (E-A)
- Ervaring met Testen (E-A)

P-Competenties:
- Gemiddeld niveau Samenwerken in teamverbanden
- Gemiddeld niveau Integriteit
- Gemiddeld niveau Abstractievermogen
- Gemiddeld niveau Kennis van andere disciplines
- Gemiddeld niveau Accuratesse
- Gemiddeld niveau Methodisch werken
- Gemiddeld niveau Plannen en organiseren
- Hoog niveau Sensitiviteit, inlevingsvermogen
- Hoog niveau Communicatieve vaardigheden (mondeling en/of schriftelijk)
- Hoog niveau Klantgerichtheid
- Hoog niveau Analytisch vermogen
- Hoog niveau Oordeelsvorming
- Hoog niveau Organisatiebewustzijn
- Hoog niveau Kwaliteitsbewustzijn

e-CF competentiereferenties:
- A.06 Ontwerp van applicaties (Application Design)

B-IS – Beheren en bewaken prestatiekenmerken applicatie

Activiteit:

- Analyseren van door gebruikers ervaren prestatiekenmerken van een applicatie, zoals de performance. Analyseren van de efficiency van de applicatie in de productieomgeving, zoals beslag op computerresources, efficiency van databaseaccess, de technische performance, enzovoort.
- Beheren van de prestatiekenmerken en laten toetsen door gebruikers, management, (technische) beheerders, DBA, enzovoort.
- Monitoren, meten, analyseren en toetsen aan gestelde normen en prestatiekenmerken.
- Doen van voorstellen voor preventieve en correctieve maatregelen, zoals het initiëren van adaptief, preventief en correctief onderhoud, en ook voorstellen voor het bijstellen van de normen en prestatiekenmerken.

Resultaat:
Een applicatie die voldoet aan de gestelde prestatiekenmerken; verbetervoorstellen.

Toelichting:
Een applicatie zal voor gebruik moeten voldoen aan prestatiekenmerken conform – vaak in SLA's – overeengekomen eisen. Deze prestatiekenmerken zijn onder meer:

- de beschikbaarheid: het moment waarop de applicatie voor gebruik beschikbaar is;
- de bedrijfszekerheid ofwel de storingsgevoeligheid;
- de performance: de responsetijd van interactieve of onlinefuncties en de doorlooptijd van batchverwerking.

Een applicatie zal bovendien moeten voldoen aan de vanuit productie en exploitatie gestelde eisen voor performance, belasting op computersystemen, storagesystemen en dergelijke. Samengevat: de kosteneffectiviteit van de applicatie in de productieomgeving en (de ontwikkeling van) servertechnologie.
De ervaren en geprognosticeerde prestatiekenmerken worden vastgesteld ten aanzien van:

- de huidige (gewenste) situatie;
- de toekomstige (gewenste) situatie;
- een prognose voor de toekomst.

VT-Competenties:

- Conceptuele kennis van Gebruik van applicaties (E-IS)
- Toegepaste kennis van Beheer van netwerken (B-TI)
- Toegepaste kennis van Beheer van servers (B-TI)
- Toegepaste kennis van Beheer van multimedia-apparatuur (B-TI)
- Toegepaste kennis van Beheer van exploitatie en productie (B-TI)
- Toegepaste kennis van Netwerktechnologie (G-TI)
- Toegepaste kennis van Servertechnologie (G-TI)
- Toegepaste kennis van Multimediatechnologie (G-TI)
- Toegepaste kennis van Principes, methoden en technieken voor beveiliging (G-A)
- Ervaring met Beheer van informatiesystemen (B-IS)
- Ervaring met Beheer van applicaties (B-IS)

- Ervaring met Opstellen van technische documentatie (G-A)
- Ervaring met Principes, methoden en technieken voor kwaliteitsborging (E-A)

P-Competenties:
- Gemiddeld niveau Samenwerken in teamverbanden
- Gemiddeld niveau Analytisch vermogen
- Gemiddeld niveau Abstractievermogen
- Gemiddeld niveau Organisatiebewustzijn
- Gemiddeld niveau Accuratesse
- Gemiddeld niveau Methodisch werken
- Gemiddeld niveau Plannen en organiseren
- Hoog niveau Communicatieve vaardigheden (mondeling en/of schriftelijk)
- Hoog niveau Oordeelsvorming
- Hoog niveau Kwaliteitsbewustzijn
- Hoog niveau Initiatief

e-CF competentiereferenties:
- A.05 Ontwerp van architectuur (Architecture Design)
- A.06 Ontwerp van applicaties (Application Design)
- B.03 Testen (Testing)
- B.06 Systeembouw (System Engineering)
- C.03 Dienstverlening (Service Delivery)

B-IS – Bepalen onderhoud/wijziging informatiesysteem

Activiteit:
- Analyseren van het functioneren van de componenten van een informatiesysteem ten opzichte van (bij)gestelde eisen.
- Opstellen van voorstellen voor wijzigingen in een informatiesysteem (request for change).
- Toetsen van de voorstellen op volledigheid, duidelijkheid en consistentie.

Resultaat:
Wijzigingsvoorstellen voor componenten van een informatiesysteem.

Toelichting:
Het gaat hier om hier componenten als applicaties, databases, interfaces en dergelijke.
Gewijzigde eisen kunnen voortvloeien uit onder meer:
- organisatorische veranderingen;
- gebruikerswensen en gewijzigde eisen;
- toegenomen gebruik van de capaciteit van betreffende componenten;
- technische ontwikkelingen.

Het onderhoud kan het karakter hebben van optimalisatie, en van adaptieve, preventieve en correctieve maatregelen.

VT-Competenties:
- Conceptuele kennis van Ontwerpen en bouwen van informatiesystemen (O-IS)
- Conceptuele kennis van Beheer van netwerken (B-TI)
- Conceptuele kennis van Beheer van servers (B-TI)
- Conceptuele kennis van Beheer van multimedia-apparatuur (B-TI)
- Conceptuele kennis van Beheer van exploitatie en productie (B-TI)
- Conceptuele kennis van Netwerktechnologie (G-TI)
- Conceptuele kennis van Servertechnologie (G-TI)
- Conceptuele kennis van Multimediatechnologie (G-TI)
- Conceptuele kennis van Werking van componenten van de ICT (E-A)
- Toegepaste kennis van Realiseren van wijzigingen in informatiesystemen (O-IS)
- Ervaring met Realiseren van organisatiewijzigingen (O-BP)
- Ervaring met Realiseren van technische wijzigingen (O-TI)
- Ervaring met Changemanagement (I-M)
- Ervaring met Beheer van informatiesystemen (B-IS)
- Ervaring met Versie- en configuratiebeheer (B-A)
- Ervaring met Opstellen van gebruikersdocumentatie (G-A)
- Ervaring met Opstellen van technische documentatie (G-A)
- Ervaring met Portfoliomanagement (E-M)
- Ervaring met Principes, methoden en technieken voor interne controle (E-A)
- Ervaring met Testen (E-A)

P-Competenties:
- Gemiddeld niveau Integriteit
- Gemiddeld niveau Analytisch vermogen
- Gemiddeld niveau Abstractievermogen
- Gemiddeld niveau Creativiteit
- Gemiddeld niveau Initiatief
- Gemiddeld niveau Besluitvaardigheid
- Gemiddeld niveau Accuratesse
- Gemiddeld niveau Plannen en organiseren
- Hoog niveau Communicatieve vaardigheden (mondeling en/of schriftelijk)
- Hoog niveau Samenwerken in teamverbanden
- Hoog niveau Oordeelsvorming
- Hoog niveau Organisatiebewustzijn
- Hoog niveau Kwaliteitsbewustzijn
- Hoog niveau Methodisch werken

e-CF competentiereferenties:
- A.06 Ontwerp van applicaties (Application Design)
- A.07 Volgen van technologische ontwikkelingen (Technology Trend Monitoring)
- C.03 Dienstverlening (Service Delivery)

B-IS – Opstellen wijzigingsvoorstel informatiesysteem

Activiteit:
- Analyse van de huidige en gewenste situatie, en van de prestatiekenmerken en het functioneren van informatiesystemen.
- Formuleren van een voorstel voor wijziging van een informatiesysteem en eventueel het bedrijfsproces.
- Toetsen van de voorstellen op volledigheid, duidelijkheid en consistentie.
- Indienen, toelichten, afstemmen en dergelijke van het wijzigingsvoorstel met betrokkenen, onder wie de eigenaar en de beheerder van het betreffende informatiesysteem.

Resultaat:
Wijzigingsvoorstel voor informatiesysteem, request for change (RfC).

Toelichting:
Betreft een algemene taak die vaak deel uitmaakt van andere taken. Een wijzigingsvoorstel kan betrekking hebben op onder meer:
- de functionaliteit van een applicatie;
- beheer- en gebruiksprocedures.

De wijzigingen kunnen het karakter hebben van optimalisatie, en van adaptieve, preventieve en correctieve maatregelen.

VT-Competenties:
- Conceptuele kennis van Ontwerpen en bouwen van informatiesystemen (O-IS)
- Conceptuele kennis van Databaseontwerp en -bouw (O-IS)
- Conceptuele kennis van Realiseren van technische wijzigingen (O-TI)
- Conceptuele kennis van Beheer van netwerken (B-TI)
- Conceptuele kennis van Beheer van servers (B-TI)
- Conceptuele kennis van Beheer van exploitatie en productie (B-TI)
- Conceptuele kennis van Netwerktechnologie (G-TI)
- Conceptuele kennis van Servertechnologie (G-TI)
- Conceptuele kennis van Multimediatechnologie (G-TI)
- Conceptuele kennis van Analyse van de werking van componenten van informatiesystemen (G-A)
- Conceptuele kennis van Bedrijfskunde (E-BP)
- Conceptuele kennis van Organisatieleer (E-BP)
- Toegepaste kennis van Organisatieanalyse (O-BP)
- Toegepaste kennis van Realiseren van organisatiewijzigingen (O-BP)
- Toegepaste kennis van Functioneel ontwerp (O-IS)
- Toegepaste kennis van Beheer van applicaties (B-IS)
- Toegepaste kennis van Beheer van multimedia-apparatuur (B-TI)
- Toegepaste kennis van Procesanalyse (G-A)
- Toegepaste kennis van Principes, methoden en technieken voor beveiliging (G-A)
- Toegepaste kennis van Gebruik van applicaties (E-IS)
- Ervaring met Realiseren van wijzigingen in informatiesystemen (O-IS)

- Ervaring met Changemanagement (I-M)
- Ervaring met Beheer van bedrijfsinformatie/gegevens (B-BP)
- Ervaring met Beheer van informatiesystemen (B-IS)
- Ervaring met Opstellen van gebruikersdocumentatie (G-A)
- Ervaring met Opstellen van technische documentatie (G-A)
- Ervaring met Portfoliomanagement (E-M)
- Ervaring met Projectmanagement (E-M)
- Ervaring met Principes, methoden en technieken voor kwaliteitsborging (E-A)

P-Competenties:
- Gemiddeld niveau Communicatieve vaardigheden (mondeling en/of schriftelijk)
- Gemiddeld niveau Samenwerken in teamverbanden
- Gemiddeld niveau Oordeelsvorming
- Gemiddeld niveau Abstractievermogen
- Gemiddeld niveau Creativiteit
- Gemiddeld niveau Initiatief
- Gemiddeld niveau Methodisch werken
- Hoog niveau Sensitiviteit, inlevingsvermogen
- Hoog niveau Klantgerichtheid
- Hoog niveau Analytisch vermogen
- Hoog niveau Organisatiebewustzijn
- Hoog niveau Kwaliteitsbewustzijn
- Hoog niveau Accuratesse
- Hoog niveau Plannen en organiseren

e-CF competentiereferenties:
- A.04 Product- of serviceplanning (Product/Service Planning)
- A.06 Ontwerp van applicaties (Application Design)
- A.07 Volgen van technologische ontwikkelingen (Technology Trend Monitoring)
- A.08 Duurzame ontwikkeling (Sustainable Development)
- A.09 Innoveren (Innovating)
- C.01 Gebruikersondersteuning (User Support)
- C.02 Ondersteunen van wijzigingen (Change Support)
- C.03 Dienstverlening (Service Delivery)
- C.04 Probleemmanagement (Problem Management)
- D.01 Strategieontwikkeling informatiebeveiliging (Information Security Strategy Development)
- D.02 Ontwikkeling ICT-kwaliteitsstrategie (ICT Quality Strategy Development)
- D.11 Behoeftemanagement (Needs Identification)
- D.12 Digitale marketing (Digital Marketing)
- E.02 Project- en portfoliomanagement (Project and Portfolio Management)
- E.03 Risicomanagement (Risk Management)
- E.05 Procesverbetering (Process Improvement)
- E.06 ICT-kwaliteitsmanagement (ICT Quality Management)
- E.08 Informatiebeveiligingsmanagement (Information Security Management)

B-IS – Beheren en bewaken correct gebruik informatiesysteem

Activiteit:
Toetsen van het gebruik van een informatiesysteem aan gestelde eisen, normen en dergelijke. Het nemen van adaptieve, preventieve en correctieve maatregelen.

Resultaat:
Correct gebruik van een informatiesysteem.

Toelichting:
Deze taak betreft het toezicht op het (on)geoorloofd en (on)deskundig gebruik van de componenten van een informatiesysteem, waaronder applicaties. Preventieve en correctieve maatregelen zijn onder meer:

- het aanscherpen van beveiligingsmaatregelen;
- het aanpassen van de helpfunctionaliteit in applicaties;
- het (bij)scholen van gebruikers;
- het weren van gebruikers van het gebruik van applicaties.

Deze taak is onderdeel van wat vaak 'gebruiksbeheer' wordt genoemd.

VT-Competenties:

- Conceptuele kennis van Administratieve organisatie en interne controle (AO & IC) (E-BP)
- Toegepaste kennis van Organisatieontwerp (O-BP)
- Toegepaste kennis van Compliancemanagement (G-M)
- Toegepaste kennis van Kwaliteitsmanagement (G-M)
- Toegepaste kennis van Procesanalyse (G-A)
- Toegepaste kennis van Procesontwerp (G-A)
- Toegepaste kennis van Bedrijfskunde (E-BP)
- Toegepaste kennis van Principes, methoden en technieken voor interne controle (E-A)
- Ervaring met Informatieanalyse (A-IS)
- Ervaring met Beheer van bedrijfsinformatie/gegevens (B-BP)
- Ervaring met Beheer van informatiesystemen (B-IS)
- Ervaring met Beheer van applicaties (B-IS)
- Ervaring met Gebruik van applicaties (E-IS)
- Ervaring met Principes, methoden en technieken voor kwaliteitsborging (E-A)

P-Competenties:

- Gemiddeld niveau Sensitiviteit, inlevingsvermogen
- Gemiddeld niveau Samenwerken in teamverbanden
- Gemiddeld niveau Integriteit
- Gemiddeld niveau Kennis van andere disciplines
- Gemiddeld niveau Initiatief
- Gemiddeld niveau Overtuigingskracht
- Gemiddeld niveau Accuratesse
- Gemiddeld niveau Plannen en organiseren
- Hoog niveau Communicatieve vaardigheden (mondeling en/of schriftelijk)

- Hoog niveau Klantgerichtheid
- Hoog niveau Analytisch vermogen
- Hoog niveau Oordeelsvorming
- Hoog niveau Organisatiebewustzijn
- Hoog niveau Kwaliteitsbewustzijn
- Hoog niveau Methodisch werken

e-CF competentiereferenties:
- C.01 Gebruikersondersteuning (User Support)
- C.03 Dienstverlening (Service Delivery)
- E.06 ICT-kwaliteitsmanagement (ICT Quality Management)
- E.08 Informatiebeveiligingsmanagement (Information Security Management)

B-IS – Beheren componentbibliotheken

Activiteit:
- Vaststellen van benodigde componenten (te ontwikkelen of te kopen). Uitvoeren van het versiebeheer ten aanzien van de opslag en het ter beschikking hebben van de laatste, vorige (correcte) of in ontwikkeling zijnde versies van de betreffende componenten.
- Zorg dragen voor de consistentie van de ten behoeve van het gebruik uitgeleverde componenten (waaronder het als component en dergelijke opnemen in applicaties).
- Zorg dragen voor de beschikbaarheid van systeemcomponenten (programmatuur, programmaroutines, componenten van applicaties, enzovoort).

Resultaat:
De beschikbaarheid van (correcte, actuele en eventueel beta- en 'historische') versies van componenten.

Toelichting:
Componentbibliotheken hebben vele vormen. Zo bestaan er aan databasemanagementsystemen gekoppelde bibliotheken, component libraries (component based omgevingen), repositories, (commercieel verkrijgbare) webservices (onder andere SOA- en workflowarchitectuur), elk vaak onder een specifieke naam bekend en veelal bepaald door een leverancier van dit soort systemen of door leveranciers van min of meer geïntegreerde programmeer- en databaseomgevingen.

VT-Competenties:
- Conceptuele kennis van Beheer van netwerken (B-TI)
- Conceptuele kennis van Beheer van servers (B-TI)
- Conceptuele kennis van Beheer van multimedia-apparatuur (B-TI)
- Conceptuele kennis van Netwerktechnologie (G-TI)
- Conceptuele kennis van Servertechnologie (G-TI)
- Conceptuele kennis van Multimediatechnologie (G-TI)
- Conceptuele kennis van Werking van componenten van de ICT (E-A)
- Toegepaste kennis van Technische continuïteitmaatregelen (O-A)
- Toegepaste kennis van Beheer van applicaties (B-IS)
- Ervaring met Realiseren van wijzigingen in informatiesystemen (O-IS)

- Ervaring met Realiseren van technische wijzigingen (O-TI)
- Ervaring met Changemanagement (I-M)
- Ervaring met Beheer van informatiesystemen (B-IS)
- Ervaring met Versie- en configuratiebeheer (B-A)
- Ervaring met Principes, methoden en technieken voor kwaliteitsborging (E-A)

P-Competenties:
- Gemiddeld niveau Oordeelsvorming
- Gemiddeld niveau Abstractievermogen
- Gemiddeld niveau Creativiteit
- Gemiddeld niveau Plannen en organiseren
- Hoog niveau Kwaliteitsbewustzijn
- Hoog niveau Accuratesse
- Hoog niveau Methodisch werken

e-CF competentiereferenties:
- A.06 Ontwerp van applicaties (Application Design)
- B.01 Applicatieontwikkeling en -bouw (Application Development)
- C.02 Ondersteunen van wijzigingen (Change Support)
- C.03 Dienstverlening (Service Delivery)

B-IS – Technisch beheer gegevens

Activiteit:
- Zorg dragen voor de actualiteit, integriteit, de volledigheid en het geautoriseerd gebruik van gegevens in databases.
- Controleren van de naleving van procedures voor correctheid, beveiliging, autorisatie en gebruik van gegevens.

Resultaat:
Valide en toegankelijke gegevens.

Toelichting:
Gegevens worden bij voorkeur aan de bron vastgelegd en daarna meervoudig gebruikt. Het DBMS en de daarin vastgelegde regels voor beheer en gebruik van de gegevens dienen deze taak te ondersteunen. Dit is typisch een taak van een DBA.

VT-Competenties:
- Conceptuele kennis van Gegevensmodellering (A-IS)
- Conceptuele kennis van Ontwerpen en bouwen van informatiesystemen (O-IS)
- Conceptuele kennis van Gebruik van applicaties (E-IS)
- Toegepaste kennis van Technisch ontwerp (O-TI)
- Toegepaste kennis van Changemanagement (I-M)
- Toegepaste kennis van Beheer van servers (B-TI)
- Toegepaste kennis van Beheer van exploitatie en productie (B-TI)
- Toegepaste kennis van Administratieve organisatie en interne controle (AO & IC) (E-BP)

- Ervaring met Databaseontwerp en -bouw (O-IS)
- Ervaring met Ontwerp- en programmeertools (O-A)
- Ervaring met Technische continuïteitmaatregelen (O-A)
- Ervaring met Beheer van bedrijfsinformatie/gegevens (B-BP)
- Ervaring met Beheer van informatiesystemen (B-IS)
- Ervaring met Beheer van applicaties (B-IS)
- Ervaring met Versie- en configuratiebeheer (B-A)
- Ervaring met Principes, methoden en technieken voor beveiliging (G-A)
- Ervaring met Principes, methoden en technieken voor interne controle (E-A)
- Ervaring met Principes, methoden en technieken voor kwaliteitsborging (E-A)

P-Competenties:
- Gemiddeld niveau Oordeelsvorming
- Gemiddeld niveau Abstractievermogen
- Gemiddeld niveau Besluitvaardigheid
- Hoog niveau Integriteit
- Hoog niveau Organisatiebewustzijn

e-CF competentiereferenties:
- B.04 Oplossingen implementeren (Solution Deployment)
- B.06 Systeembouw (System Engineering)

B-TI – Beheren en monitoren netwerk

Activiteit:
- Monitoren, bewaken en analyseren van de correcte werking van een netwerk, met betrekking tot zowel de functionaliteit als de technische aspecten van de componenten van het netwerk.
- Nemen van adaptieve, preventieve en correctieve maatregelen, en initiëren van onderhoud of zelfs vervanging van componenten.

Resultaat:
Correct en conform eisen en normen functionerend netwerk; verbetervoorstellen.

Toelichting:
Bij deze taak gaat het om diverse typen netwerken, zoals LAN, WAN, wifinetwerken, enzovoort voor data, spraak, beeld, tekst, en om zowel de hardware als de besturingssoftware, protocollen, standaard netwerkapplicaties (zoals EDI en dergelijke) en de procedures die daarop betrekking hebben.Het netwerk en de daarin opgenomen netwerkcomponenten (inclusief de netwerkprogrammatuur) moeten voor gebruik voldoen aan – vaak in SLA's – overeengekomen prestatiekenmerken en technische eisen. Deze prestatiekenmerken zijn onder meer:
- de beschikbaarheid: de tijden dat het netwerk beschikbaar is voor gebruik;
- de bedrijfszekerheid ofwel de storingsgevoeligheid;
- de capaciteit: de bandbreedte die beschikbaar is voor het dataverkeer van of voor applicaties;
- de performance: de snelheid waarmee dataverkeer door het netwerk wordt afgehandeld;
- versies van systeemsoftware.

De gerealiseerde en geprognosticeerde prestatiekenmerken worden vastgesteld ten aanzien van:
- de huidige (gewenste) situatie;
- de toekomstige (gewenste) situatie;
- een prognose van de toekomst.

VT-Competenties:
- Conceptuele kennis van Architectuurprincipes voor modelleren van technische infrastructuur (A-TI)
- Conceptuele kennis van Beheer van informatiesystemen (B-IS)
- Toegepaste kennis van Principes, methoden en technieken voor interne controle (E-A)
- Ervaring met Ontwerp technische infrastructuur (O-TI)
- Ervaring met Realiseren van technische wijzigingen (O-TI)
- Ervaring met Technische continuïteitmaatregelen (O-A)
- Ervaring met Beheer van netwerken (B-TI)
- Ervaring met Beheer van servers (B-TI)
- Ervaring met Beheer van multimedia-apparatuur (B-TI)
- Ervaring met Versie- en configuratiebeheer (B-A)
- Ervaring met Netwerktechnologie (G-TI)
- Ervaring met Servertechnologie (G-TI)
- Ervaring met Multimediatechnologie (G-TI)
- Ervaring met Principes, methoden en technieken voor beveiliging (G-A)
- Ervaring met Analyse van de werking van componenten van informatiesystemen (G-A)
- Ervaring met Opstellen van technische documentatie (G-A)
- Ervaring met Principes, methoden en technieken voor kwaliteitsborging (E-A)
- Ervaring met Testen (E-A)

P-Competenties:
- Gemiddeld niveau Integriteit
- Gemiddeld niveau Analytisch vermogen
- Gemiddeld niveau Abstractievermogen
- Gemiddeld niveau Zelfstandigheid
- Gemiddeld niveau Initiatief
- Gemiddeld niveau Besluitvaardigheid
- Gemiddeld niveau Methodisch werken
- Gemiddeld niveau Plannen en organiseren
- Hoog niveau Oordeelsvorming
- Hoog niveau Kwaliteitsbewustzijn
- Hoog niveau Accuratesse

e-CF competentiereferenties:
- B.04 Oplossingen implementeren (Solution Deployment)
- B.06 Systeembouw (System Engineering)
- C.03 Dienstverlening (Service Delivery)

B-TI – Beheren en monitoren server

Activiteit:
- Monitoren, bewaken en analyseren van de correcte werking van een server, zowel met betrekking tot de functionaliteit als de technische aspecten van de componenten van de server.
- Nemen van adaptieve, preventieve en correctieve maatregelen, en initiëren van onderhoud of zelfs vervanging van componenten.
- Zorg dragen voor de back-up en restore van deze servers.

Resultaat:
Correct en conform eisen en normen functionerende server; verbetervoorstellen.

Toelichting:
De basis van deze taak wordt gevormd door het bewaken en monitoren van de correcte werking van de servers en de toegepaste serverprogrammatuur ('middle layer'-programmatuur). Dit beheer richt zich niet alleen op het oplossen van storingen, maar juist proactief op het voorkomen dat storingen en andersoortige problemen zich voordoen.
Een server, inclusief de systeemprogrammatuur, zal voor gebruik beschikbaar moeten zijn conform – in SLA's – overeengekomen prestatiekenmerken en technische eisen. Dit zijn onder meer:
- de beschikbaarheid: de tijd dat de server beschikbaar is voor gebruik;
- de bedrijfszekerheid ofwel de storingsgevoeligheid;
- de performance: de tijd die de server nodig heeft om een bepaalde transactie uit te voeren of om gegevens in een database te manipuleren;
- de capaciteit: de ruimte op de server voor het opslaan van applicaties en gegevens;
- versies van systeemsoftware.

De gerealiseerde en geprognosticeerde prestatiekenmerken worden vastgesteld ten aanzien van:
- de huidige (gewenste) situatie;
- de toekomstige (gewenste) situatie;
- een prognose van de toekomst.

VT-Competenties:
- Conceptuele kennis van Architectuurprincipes voor modelleren van technische infrastructuur (A-TI)
- Conceptuele kennis van Ontwerpen en bouwen van informatiesystemen (O-IS)
- Conceptuele kennis van Databaseontwerp en -bouw (O-IS)
- Conceptuele kennis van Beheer van informatiesystemen (B-IS)
- Conceptuele kennis van Multimediatechnologie (G-TI)
- Toegepaste kennis van Ontwerp technische infrastructuur (O-TI)
- Toegepaste kennis van Beheer van exploitatie en productie (B-TI)
- Toegepaste kennis van Principes, methoden en technieken voor interne controle (E-A)
- Ervaring met Realiseren van technische wijzigingen (O-TI)
- Ervaring met Technische continuïteitmaatregelen (O-A)
- Ervaring met Beheer van netwerken (B-TI)
- Ervaring met Beheer van servers (B-TI)

- Ervaring met Beheer van multimedia-apparatuur (B-TI)
- Ervaring met Versie- en configuratiebeheer (B-A)
- Ervaring met Netwerktechnologie (G-TI)
- Ervaring met Servertechnologie (G-TI)
- Ervaring met Principes, methoden en technieken voor beveiliging (G-A)
- Ervaring met Analyse van de werking van componenten van informatiesystemen (G-A)
- Ervaring met Opstellen van technische documentatie (G-A)
- Ervaring met Principes, methoden en technieken voor kwaliteitsborging (E-A)
- Ervaring met Testen (E-A)

P-Competenties:
- Gemiddeld niveau Samenwerken in teamverbanden
- Gemiddeld niveau Integriteit
- Gemiddeld niveau Klantgerichtheid
- Gemiddeld niveau Abstractievermogen
- Gemiddeld niveau Creativiteit
- Gemiddeld niveau Zelfstandigheid
- Gemiddeld niveau Initiatief
- Gemiddeld niveau Besluitvaardigheid
- Gemiddeld niveau Methodisch werken
- Gemiddeld niveau Plannen en organiseren
- Hoog niveau Analytisch vermogen
- Hoog niveau Oordeelsvorming
- Hoog niveau Kwaliteitsbewustzijn
- Hoog niveau Accuratesse

e-CF competentiereferenties:
- B.04 Oplossingen implementeren (Solution Deployment)
- B.06 Systeembouw (System Engineering)
- C.03 Dienstverlening (Service Delivery)

B-TI – Beheren en monitoren multimedia-apparatuur

Activiteit:
- Monitoren, bewaken en analyseren van de correcte werking van multimedia-apparatuur, zoals pc's, tablets, smartphones, (game) controllers en dergelijke, zowel met betrekking tot de functionaliteit als de technische aspecten van de devices, op basis van door de gebruikers en technische specialisten gewenste prestatiekenmerken.
- Nemen van preventieve en correctieve maatregelen, en uitvoeren van structureel onderhoud en vervanging.
- Zorg dragen voor de back-up en restore van deze apparatuur.

Resultaat:
Correct werkende multimedia-apparatuur; verbetervoorstellen.

Toelichting:
De basis van deze taak wordt gevormd door het configureren en monitoren van de correcte werking van de multimedia-apparatuur. Bovendien wordt support geboden aan de gebruikers.

VT-Competenties:
- Conceptuele kennis van Architectuurprincipes voor modelleren van technische infrastructuur (A-TI)
- Conceptuele kennis van Ontwerpen en bouwen van informatiesystemen (O-IS)
- Conceptuele kennis van Beheer van informatiesystemen (B-IS)
- Conceptuele kennis van Beheer van applicaties (B-IS)
- Toegepaste kennis van Ontwerp technische infrastructuur (O-TI)
- Toegepaste kennis van Beheer van servers (B-TI)
- Toegepaste kennis van Netwerktechnologie (G-TI)
- Ervaring met Realiseren van technische wijzigingen (O-TI)
- Ervaring met Beheer van netwerken (B-TI)
- Ervaring met Beheer van multimedia-apparatuur (B-TI)
- Ervaring met Versie- en configuratiebeheer (B-A)
- Ervaring met Multimediatechnologie (G-TI)
- Ervaring met Principes, methoden en technieken voor beveiliging (G-A)
- Ervaring met Analyse van de werking van componenten van informatiesystemen (G-A)
- Ervaring met Opstellen van gebruikersdocumentatie (G-A)
- Ervaring met Opstellen van technische documentatie (G-A)
- Ervaring met Principes, methoden en technieken voor kwaliteitsborging (E-A)
- Ervaring met Testen (E-A)

P-Competenties:
- Gemiddeld niveau Communicatieve vaardigheden (mondeling en/of schriftelijk)
- Gemiddeld niveau Samenwerken in teamverbanden
- Gemiddeld niveau Integriteit
- Gemiddeld niveau Abstractievermogen
- Gemiddeld niveau Zelfstandigheid
- Gemiddeld niveau Initiatief
- Gemiddeld niveau Besluitvaardigheid
- Gemiddeld niveau Methodisch werken
- Gemiddeld niveau Plannen en organiseren
- Hoog niveau Klantgerichtheid
- Hoog niveau Analytisch vermogen
- Hoog niveau Oordeelsvorming
- Hoog niveau Kwaliteitsbewustzijn
- Hoog niveau Accuratesse

e-CF competentiereferenties:
- B.04 Oplossingen implementeren (Solution Deployment)
- B.06 Systeembouw (System Engineering)
- C.03 Dienstverlening (Service Delivery)

B-TI – Beheren en monitoren systemen voor gegevensopslag

Activiteit:
- Zorg dragen dat systemen voor gegevensopslag zowel functioneel als technisch correct werken.
- Zorg dragen voor de continue beschikbaarheid van gegevens alsmede het nemen van maatregelen tegen het verlies ervan. Zo nodig zorg dragen voor het wederom beschikbaar krijgen van verloren gegane gegevens (restore).
- Instellen van de bijbehorende systeemprogrammatuur.
- Zo nodig nemen van preventieve en correctieve maatregelen, en uitvoeren van onderhoud.

Resultaat:
Correct werkende systemen voor gegevensopslag; verbetervoorstellen.

Toelichting:
Deze taak betreft het beheer van systemen voor onder andere de opslag van productiedata (databases), van geautomatiseerde back-up- en archivesystemen, (optische) opslagsystemen voor historische gegevens, 'mass storage'-systemen, SAN-oplossingen en dergelijke, naast databasemanagementsystemen. De taak omvat tevens het formuleren van preventieve en correctieve maatregelen met betrekking tot de continue beschikbaarheid van gegevens alsmede maatregelen die het verlies aan gegevens voorkomen.

VT-Competenties:
- Conceptuele kennis van Architectuurprincipes voor modelleren van technische infrastructuur (A-TI)
- Conceptuele kennis van Ontwerpen en bouwen van informatiesystemen (O-IS)
- Conceptuele kennis van Databaseontwerp en -bouw (O-IS)
- Conceptuele kennis van Beheer van informatiesystemen (B-IS)
- Conceptuele kennis van Beheer van applicaties (B-IS)
- Toegepaste kennis van Beheer van netwerken (B-TI)
- Toegepaste kennis van Netwerktechnologie (G-TI)
- Toegepaste kennis van Multimediatechnologie (G-TI)
- Toegepaste kennis van Principes, methoden en technieken voor interne controle (E-A)
- Ervaring met Realiseren van technische wijzigingen (O-TI)
- Ervaring met Technische continuïteitmaatregelen (O-A)
- Ervaring met Beheer van servers (B-TI)
- Ervaring met Beheer van multimedia-apparatuur (B-TI)
- Ervaring met Beheer van exploitatie en productie (B-TI)
- Ervaring met Versie- en configuratiebeheer (B-A)
- Ervaring met Servertechnologie (G-TI)
- Ervaring met Principes, methoden en technieken voor beveiliging (G-A)
- Ervaring met Analyse van de werking van componenten van informatiesystemen (G-A)
- Ervaring met Opstellen van technische documentatie (G-A)
- Ervaring met Principes, methoden en technieken voor kwaliteitsborging (E-A)
- Ervaring met Testen (E-A)

P-Competenties:
- Gemiddeld niveau Samenwerken in teamverbanden
- Gemiddeld niveau Abstractievermogen
- Gemiddeld niveau Creativiteit
- Gemiddeld niveau Initiatief
- Gemiddeld niveau Besluitvaardigheid
- Gemiddeld niveau Methodisch werken
- Gemiddeld niveau Plannen en organiseren
- Hoog niveau Integriteit
- Hoog niveau Analytisch vermogen
- Hoog niveau Oordeelsvorming
- Hoog niveau Organisatiebewustzijn
- Hoog niveau Kwaliteitsbewustzijn
- Hoog niveau Accuratesse

e-CF competentiereferenties:
- B.04 Oplossingen implementeren (Solution Deployment)
- B.06 Systeembouw (System Engineering)
- C.03 Dienstverlening (Service Delivery)

B-TI – Beheren en bewaken OTAP-omgevingen

Activiteit:
- Instellen van alle parameters waarmee een OTAP-omgeving adequaat functioneert en conform vastgestelde procedures kan worden gebruikt (OTAP: ontwikkeling, test-, acceptatie- en productieomgevingen), inclusief het beheer van versiebeheerprocedures en -mechanismen.
- Zorg dragen dat alle hardware en (versies van) software in deze omgevingen zijn geïnstalleerd.
- Bewaken dat de omgevingen aan gestelde prestatiekenmerken voldoen.
- Zo nodig opstellen van wijzigingsvoorstellen voor optimaliserend, correctief, adaptief of preventief onderhoud.

Resultaat:
Actuele en correct functionerende OTAP-omgeving.

Toelichting:
Een OTAP-omgeving heeft betrekking op het beheer van de omgevingen zelf en de mechanismen om softwarecomponenten van de ene naar de andere omgeving te migreren.

VT-Competenties:
- Conceptuele kennis van Ontwerpen en bouwen van informatiesystemen (O-IS)
- Conceptuele kennis van Beheer van informatiesystemen (B-IS)
- Toegepaste kennis van Beheer van netwerken (B-TI)
- Toegepaste kennis van Beheer van multimedia-apparatuur (B-TI)
- Toegepaste kennis van Continuïteitmanagement (G-M)
- Toegepaste kennis van Risicomanagement (G-M)
- Toegepaste kennis van Principes, methoden en technieken voor interne controle (E-A)

- Ervaring met Changemanagement (I-M)
- Ervaring met Beheer van servers (B-TI)
- Ervaring met Beheer van exploitatie en productie (B-TI)
- Ervaring met Versie- en configuratiebeheer (B-A)
- Ervaring met Principes, methoden en technieken voor beveiliging (G-A)
- Ervaring met Analyse van de werking van componenten van informatiesystemen (G-A)
- Ervaring met Opstellen van technische documentatie (G-A)
- Ervaring met Risicoanalyse (E-A)
- Ervaring met Principes, methoden en technieken voor kwaliteitsborging (E-A)
- Ervaring met Testen (E-A)
- Ervaring met Werking van componenten van de ICT (E-A)

P-Competenties:
- Gemiddeld niveau Communicatieve vaardigheden (mondeling en/of schriftelijk)
- Gemiddeld niveau Analytisch vermogen
- Gemiddeld niveau Oordeelsvorming
- Gemiddeld niveau Abstractievermogen
- Gemiddeld niveau Creativiteit
- Gemiddeld niveau Organisatiebewustzijn
- Gemiddeld niveau Zelfstandigheid
- Gemiddeld niveau Initiatief
- Gemiddeld niveau Plannen en organiseren
- Hoog niveau Samenwerken in teamverbanden
- Hoog niveau Kwaliteitsbewustzijn
- Hoog niveau Accuratesse
- Hoog niveau Methodisch werken

e-CF competentiereferenties:
- B.06 Systeembouw (System Engineering)
- C.03 Dienstverlening (Service Delivery)

B-TI – Beheren en monitoren productie(omgeving)

Activiteit:
- Opstellen van een plan voor de (realtime of batch)verwerking in de productieomgeving op basis van overeengekomen eisen, normen, en dergelijke.
- Voorbereiden van de productie conform het productieplan, vaak gebaseerd op parameters.
- Starten en bewaken van het verwerkingsproces.
- Initiëren van correctieve maatregelen, waaronder het herstarten van de verwerking, uitwijken naar andere computerapparatuur, aanpassen van verwerkingsparameters en/of technische infrastructuur.
- Beheren en onderhouden van deze omgeving en parameters.

Resultaat:
Planmatig verlopende productie.

Toelichting:
Realtime verwerking is gemeengoed geworden. Het beheren van verwerkingsprocessen is daarmee verschoven naar het inrichten van productieservers, productiesturende software en het instellen van productieparameters. Er blijven echter – in het bijzonder grote – productiejobs die batchgewijs worden verwerkt. Het aansturen van deze productie wordt meestal ondersteund of zelfs volledig uitgevoerd door een geautomatiseerd productiebesturingssysteem. Het beheer bestaat in deze situatie uit het instellen van de productiebesturingsparameters, het bewaken van meldingen van deze systemen en het zo nodig nemen van correctieve maatregelen in de verwerking.

VT-Competenties:
- Toegepaste kennis van Beheer van multimedia-apparatuur (B-TI)
- Ervaring met Changemanagement (I-M)
- Ervaring met Beheer van netwerken (B-TI)
- Ervaring met Beheer van servers (B-TI)
- Ervaring met Beheer van exploitatie en productie (B-TI)
- Ervaring met Versie- en configuratiebeheer (B-A)
- Ervaring met Principes, methoden en technieken voor beveiliging (G-A)
- Ervaring met Analyse van de werking van componenten van informatiesystemen (G-A)
- Ervaring met Principes, methoden en technieken voor interne controle (E-A)
- Ervaring met Principes, methoden en technieken voor kwaliteitsborging (E-A)
- Ervaring met Werking van componenten van de ICT (E-A)

P-Competenties:
- Gemiddeld niveau Samenwerken in teamverbanden
- Gemiddeld niveau Analytisch vermogen
- Gemiddeld niveau Abstractievermogen
- Gemiddeld niveau Creativiteit
- Gemiddeld niveau Initiatief
- Gemiddeld niveau Doorzettingsvermogen
- Hoog niveau Stressbestendigheid
- Hoog niveau Klantgerichtheid
- Hoog niveau Oordeelsvorming
- Hoog niveau Organisatiebewustzijn
- Hoog niveau Kwaliteitsbewustzijn
- Hoog niveau Besluitvaardigheid
- Hoog niveau Accuratesse
- Hoog niveau Methodisch werken
- Hoog niveau Plannen en organiseren

e-CF competentiereferenties:
- B.06 Systeembouw (System Engineering)
- C.03 Dienstverlening (Service Delivery)

B-TI – Beheren en bewaken prestatiekenmerken technische infrastructuur

Activiteit:
- Analyseren en bepalen van de door gebruikers ervaren prestatiekenmerken van de technische infrastructuur (netwerk, servers, multimedia-apparatuur en randapparatuur).
- Beheren van de prestatiekenmerken en laten toetsen door gebruikers en (technische) beheerders.
- Monitoren, meten, analyseren en toetsen aan de gestelde normen en de prestatiekenmerken.
- Doen van voorstellen voor preventieve en correctieve maatregelen, zoals het initiëren van adaptief, preventief en correctief onderhoud, vervanging, en ook voorstellen voor het bijstellen van de normen en prestatiekenmerken.

Resultaat:
Technische infrastructuur die voldoet aan de gestelde prestatiekenmerken; verbetervoorstellen.

Toelichting:
De technische infrastructuur en de daarin opgenomen componenten moeten voor gebruik voldoen aan – vaak in SLA's – overeengekomen prestatiekenmerken en aan diverse technische eisen. Deze prestatiekenmerken zijn onder meer:
- de beschikbaarheid: de tijden waarop de technische infrastructuur beschikbaar is voor gebruik;
- de bedrijfszekerheid ofwel de storingsgevoeligheid;
- de capaciteit: de bandbreedte die beschikbaar is in het dataverkeer van of voor applicaties, de verwerkingscapaciteit van servers en de opslagcapaciteit van storage;
- de performance: de snelheid waarmee dataverkeer door het netwerk wordt afgehandeld, servers gegevens verwerken en storage data opslaat of ophaalt.

De prestatiekenmerken worden bewaakt en zo nodig worden maatregelen (adaptief, preventief en correctief onderhoud, of vervanging) genomen indien het feitelijke functioneren onder de gestelde normen komt.
De gerealiseerde en geprognosticeerde prestatiekenmerken worden vastgesteld ten aanzien van:
- de huidige (gewenste) situatie;
- de toekomstige (gewenste) situatie;
- een prognose van de toekomst.

VT-Competenties:
- Conceptuele kennis van Architectuurprincipes voor modelleren van technische infrastructuur (A-TI)
- Conceptuele kennis van Beheer van informatiesystemen (B-IS)
- Conceptuele kennis van Beheer van applicaties (B-IS)
- Toegepaste kennis van Beheer van exploitatie en productie (B-TI)
- Toegepaste kennis van Principes, methoden en technieken voor interne controle (E-A)
- Ervaring met Ontwerp technische infrastructuur (O-TI)
- Ervaring met Realiseren van technische wijzigingen (O-TI)
- Ervaring met Beheer van netwerken (B-TI)
- Ervaring met Beheer van servers (B-TI)

- Ervaring met Beheer van multimedia-apparatuur (B-TI)
- Ervaring met Versie- en configuratiebeheer (B-A)
- Ervaring met Netwerktechnologie (G-TI)
- Ervaring met Servertechnologie (G-TI)
- Ervaring met Multimediatechnologie (G-TI)
- Ervaring met Principes, methoden en technieken voor beveiliging (G-A)
- Ervaring met Analyse van de werking van componenten van informatiesystemen (G-A)
- Ervaring met Opstellen van technische documentatie (G-A)
- Ervaring met Principes, methoden en technieken voor kwaliteitsborging (E-A)

P-Competenties:
- Gemiddeld niveau Samenwerken in teamverbanden
- Gemiddeld niveau Flexibiliteit
- Gemiddeld niveau Abstractievermogen
- Gemiddeld niveau Creativiteit
- Gemiddeld niveau Initiatief
- Gemiddeld niveau Besluitvaardigheid
- Gemiddeld niveau Overtuigingskracht
- Gemiddeld niveau Accuratesse
- Gemiddeld niveau Plannen en organiseren
- Hoog niveau Analytisch vermogen
- Hoog niveau Oordeelsvorming
- Hoog niveau Organisatiebewustzijn
- Hoog niveau Kwaliteitsbewustzijn
- Hoog niveau Methodisch werken

e-CF competentiereferenties:
- A.05 Ontwerp van architectuur (Architecture Design)
- B.02 Systeemintegratie (Component Integration)
- B.03 Testen (Testing)
- B.04 Oplossingen implementeren (Solution Deployment)
- B.06 Systeembouw (System Engineering)
- C.03 Dienstverlening (Service Delivery)
- E.08 Informatiebeveiligingsmanagement (Information Security Management)

B-TI – Bepalen onderhoud/wijziging technische infrastructuur

Activiteit:
- Analyseren van het functioneren van de componenten van de technische infrastructuur ten opzichte van (bij)gestelde eisen.
- Opstellen van voorstellen voor wijzigingen in (componenten van) de technische infrastructuur (request for change).
- Toetsen van de voorstellen op volledigheid, duidelijkheid en consistentie.

Resultaat:
Wijzigingsvoorstellen voor componenten van de technische infrastructuur.

Toelichting:
Het gaat hier om netwerkapplicaties, netwerk(componenten) en server(s) en hun systeemprogrammatuur.
Gewijzigde eisen kunnen voortvloeien uit onder meer:
- organisatorische veranderingen;
- gebruikerswensen en gewijzigde eisen;
- toegenomen gebruik van de capaciteit van betreffende componenten;
- technische ontwikkelingen.

Het onderhoud kan het karakter hebben van optimalisatie, en van adaptieve, preventieve en correctieve maatregelen.

VT-Competenties:
- Conceptuele kennis van Realiseren van wijzigingen in informatiesystemen (O-IS)
- Conceptuele kennis van Beheer van informatiesystemen (B-IS)
- Toegepaste kennis van Architectuurprincipes voor modelleren van technische infrastructuur (A-TI)
- Toegepaste kennis van Ontwerp technische infrastructuur (O-TI)
- Toegepaste kennis van Beheer van exploitatie en productie (B-TI)
- Ervaring met Realiseren van technische wijzigingen (O-TI)
- Ervaring met Technische continuïteitmaatregelen (O-A)
- Ervaring met Changemanagement (I-M)
- Ervaring met Beheer van netwerken (B-TI)
- Ervaring met Beheer van servers (B-TI)
- Ervaring met Beheer van multimedia-apparatuur (B-TI)
- Ervaring met Versie- en configuratiebeheer (B-A)
- Ervaring met Netwerktechnologie (G-TI)
- Ervaring met Servertechnologie (G-TI)
- Ervaring met Multimediatechnologie (G-TI)
- Ervaring met Principes, methoden en technieken voor beveiliging (G-A)
- Ervaring met Analyse van de werking van componenten van informatiesystemen (G-A)
- Ervaring met Opstellen van technische documentatie (G-A)
- Ervaring met Principes, methoden en technieken voor interne controle (E-A)
- Ervaring met Testen (E-A)
- Ervaring met Werking van componenten van de ICT (E-A)

P-Competenties:
- Gemiddeld niveau Communicatieve vaardigheden (mondeling en/of schriftelijk)
- Gemiddeld niveau Flexibiliteit
- Gemiddeld niveau Abstractievermogen
- Gemiddeld niveau Creativiteit
- Gemiddeld niveau Besluitvaardigheid
- Gemiddeld niveau Accuratesse
- Gemiddeld niveau Methodisch werken
- Hoog niveau Samenwerken in teamverbanden
- Hoog niveau Analytisch vermogen
- Hoog niveau Oordeelsvorming

- Hoog niveau Kwaliteitsbewustzijn
- Hoog niveau Initiatief
- Hoog niveau Plannen en organiseren

e-CF competentiereferenties:
- A.07 Volgen van technologische ontwikkelingen (Technology Trend Monitoring)
- B.02 Systeemintegratie (Component Integration)
- B.06 Systeembouw (System Engineering)
- C.03 Dienstverlening (Service Delivery)

B-TI – Opstellen wijzigingsvoorstel technische infrastructuur

Activiteit:
- Analyse van de huidige en gewenste situatie, en van de prestatiekenmerken en de performance van de technische infrastructuur.
- Formuleren van een voorstel voor wijziging van componenten van de technische infrastructuur (netwerken, servers, enzovoort).
- Indienen, toelichten, afstemmen en dergelijke van het wijzigingsvoorstel met betrokkenen, onder wie de beheerder van de betreffende systemen.

Resultaat:
Wijzigingsvoorstel.

Toelichting:
Het gaat hier om een algemene taak die vaak deel uitmaakt van andere taken.
Een wijzigingsvoorstel kan betrekking hebben op onder meer:
- de componenten van de technische infrastructuur (netwerk, servers en dergelijke);
- de beschikbaarheid, de performance en andere prestatiekenmerken van de technische infrastructuur;
- beheerprocedures.

VT-Competenties:
- Conceptuele kennis van Beheer van informatiesystemen (B-IS)
- Conceptuele kennis van Beheer van applicaties (B-IS)
- Toegepaste kennis van Architectuurprincipes voor modelleren van technische infrastructuur (A-TI)
- Toegepaste kennis van Beheer van exploitatie en productie (B-TI)
- Toegepaste kennis van Principes, methoden en technieken voor interne controle (E-A)
- Ervaring met Ontwerp technische infrastructuur (O-TI)
- Ervaring met Realiseren van technische wijzigingen (O-TI)
- Ervaring met Beheer van netwerken (B-TI)
- Ervaring met Beheer van servers (B-TI)
- Ervaring met Beheer van multimedia-apparatuur (B-TI)
- Ervaring met Versie- en configuratiebeheer (B-A)
- Ervaring met Netwerktechnologie (G-TI)
- Ervaring met Servertechnologie (G-TI)
- Ervaring met Multimediatechnologie (G-TI)

- Ervaring met Principes, methoden en technieken voor beveiliging (G-A)
- Ervaring met Analyse van de werking van componenten van informatiesystemen (G-A)
- Ervaring met Opstellen van technische documentatie (G-A)
- Ervaring met Principes, methoden en technieken voor kwaliteitsborging (E-A)
- Ervaring met Testen (E-A)

P-Competenties:
- Gemiddeld niveau Analytisch vermogen
- Gemiddeld niveau Abstractievermogen
- Gemiddeld niveau Creativiteit
- Gemiddeld niveau Initiatief
- Gemiddeld niveau Besluitvaardigheid
- Gemiddeld niveau Methodisch werken
- Gemiddeld niveau Plannen en organiseren
- Hoog niveau Communicatieve vaardigheden (mondeling en/of schriftelijk)
- Hoog niveau Samenwerken in teamverbanden
- Hoog niveau Oordeelsvorming
- Hoog niveau Organisatiebewustzijn
- Hoog niveau Kwaliteitsbewustzijn
- Hoog niveau Accuratesse

e-CF competentiereferenties:
- A.04 Product- of serviceplanning (Product/Service Planning)
- A.06 Ontwerp van applicaties (Application Design)
- A.07 Volgen van technologische ontwikkelingen (Technology Trend Monitoring)
- A.08 Duurzame ontwikkeling (Sustainable Development)
- A.09 Innoveren (Innovating)
- B.02 Systeemintegratie (Component Integration)
- B.06 Systeembouw (System Engineering)
- C.01 Gebruikersondersteuning (User Support)
- C.03 Dienstverlening (Service Delivery)
- C.04 Probleemmanagement (Problem Management)
- D.01 Strategieontwikkeling informatiebeveiliging (Information Security Strategy Development)
- D.02 Ontwikkeling ICT-kwaliteitsstrategie (ICT Quality Strategy Development)
- D.11 Behoeftemanagement (Needs Identification)
- E.02 Project- en portfoliomanagement (Project and Portfolio Management)
- E.03 Risicomanagement (Risk Management)
- E.08 Informatiebeveiligingsmanagement (Information Security Management)

B-TI – Beheren en bewaken correct gebruik technische infrastructuur

Activiteit:
- Toetsen van het gebruik van de technische infrastructuur (netwerk- en serverfaciliteiten) aan gestelde eisen, normen en dergelijke.
- Het nemen van adaptieve, preventieve en correctieve maatregelen.

Resultaat:
Correct gebruik van de technische infrastructuur; verbetervoorstellen.

Toelichting:
Deze taak betreft het toezicht op het ongeoorloofd en ondeskundig gebruik van via het netwerk geboden faciliteiten. Preventieve en correctieve maatregelen zijn onder meer:
- het aanscherpen van beveiligingsmaatregelen;
- het (bij)scholen van gebruikers;
- het weren van gebruikers van het netwerk.

VT-Competenties:
- Conceptuele kennis van Beheer van informatiesystemen (B-IS)
- Conceptuele kennis van Principes, methoden en technieken voor interne controle (E-A)
- Toegepaste kennis van Beheer van exploitatie en productie (B-TI)
- Ervaring met Beheer van netwerken (B-TI)
- Ervaring met Beheer van servers (B-TI)
- Ervaring met Beheer van multimedia-apparatuur (B-TI)
- Ervaring met Principes, methoden en technieken voor beveiliging (G-A)
- Ervaring met Analyse van de werking van componenten van informatiesystemen (G-A)
- Ervaring met Opstellen van gebruikersdocumentatie (G-A)
- Ervaring met Opstellen van technische documentatie (G-A)
- Ervaring met Principes, methoden en technieken voor kwaliteitsborging (E-A)

P-Competenties:
- Gemiddeld niveau Communicatieve vaardigheden (mondeling en/of schriftelijk)
- Gemiddeld niveau Samenwerken in teamverbanden
- Gemiddeld niveau Integriteit
- Gemiddeld niveau Abstractievermogen
- Gemiddeld niveau Creativiteit
- Gemiddeld niveau Initiatief
- Gemiddeld niveau Besluitvaardigheid
- Gemiddeld niveau Accuratesse
- Gemiddeld niveau Plannen en organiseren
- Hoog niveau Analytisch vermogen
- Hoog niveau Oordeelsvorming
- Hoog niveau Organisatiebewustzijn
- Hoog niveau Kwaliteitsbewustzijn
- Hoog niveau Methodisch werken

e-CF competentiereferenties:
- C.01 Gebruikersondersteuning (User Support)
- C.03 Dienstverlening (Service Delivery)
- E.08 Informatiebeveiligingsmanagement (Information Security Management)

B-M – Bewaken systeemonderhoud/-wijziging

Activiteit:
- Plannen en bewaken van de realisatie van voorstellen voor wijzigingen in componenten van informatiesystemen en de technische infrastructuur.
- Op elkaar afstemmen van wijzigingen.
- Bewaken van de voortgang van het wijzigingsproces.

Resultaat:
Gecoördineerde realisatie van (voorgenomen) wijzigingen van componenten van informatiesystemen en de technische infrastructuur.

Toelichting:
Het gaat hier om het coördineren en managen van wijzigingen in informatiesystemen en de technische infrastructuur. Bij changemanagement zijn personen met verschillende deskundigheden betrokken. Changemanagement veronderstelt de aanwezigheid van procedures om veranderingen op een verantwoorde wijze te doen plaatsvinden, zonder dat de beschikbaarheid van applicaties, servers en van de technische infrastructuur door de veranderingen zelf onacceptabel stagneert. Deze taak is onderdeel van changemanagement.

Al naargelang het object waarop het onderhoud zich richt, zijn specifieke vaktechnische competenties nodig. Hierna zijn de basiscompetenties benoemd.

VT-Competenties:
- Conceptuele kennis van Realiseren van organisatiewijzigingen (O-BP)
- Conceptuele kennis van Kwaliteitsmanagement (G-M)
- Conceptuele kennis van Gebruik van applicaties (E-IS)
- Conceptuele kennis van Testen (E-A)
- Ervaring met Changemanagement (I-M)
- Ervaring met Beheer van informatiesystemen (B-IS)
- Ervaring met Versie- en configuratiebeheer (B-A)
- Ervaring met Principes, methoden en technieken voor kwaliteitsborging (E-A)

P-Competenties:
- Gemiddeld niveau Leiderschap
- Gemiddeld niveau Samenwerken in teamverbanden
- Gemiddeld niveau Integriteit
- Gemiddeld niveau Stressbestendigheid
- Gemiddeld niveau Analytisch vermogen
- Gemiddeld niveau Abstractievermogen
- Gemiddeld niveau Strategische visie
- Gemiddeld niveau Initiatief
- Gemiddeld niveau Onderhandelingsvaardigheid
- Hoog niveau Sensitiviteit, inlevingsvermogen
- Hoog niveau Communicatieve vaardigheden (mondeling en/of schriftelijk)
- Hoog niveau Klantgerichtheid

- Hoog niveau Oordeelsvorming
- Hoog niveau Organisatiebewustzijn
- Hoog niveau Kennis van andere disciplines
- Hoog niveau Kwaliteitsbewustzijn
- Hoog niveau Besluitvaardigheid
- Hoog niveau Plannen en organiseren

e-CF competentiereferenties:
- C.02 Ondersteunen van wijzigingen (Change Support)
- C.03 Dienstverlening (Service Delivery)

B-A – Beheren functionele parameters

Activiteit:
- Beheren van functionele parameters in programmatuur en instellen hiervan volgens de door de organisatie gewenste situatie.

Resultaat:
Correcte parameterinstellingen, correct werkende programmatuur.

Toelichting:
Door het toenemend aanbod van parametergestuurde pakketten en systeemcomponenten wordt het parameterbeheer steeds belangrijker. Dit kan betrekking hebben zowel op eenmalige instellingen bij de installatie van applicaties en systeemcomponenten, als op het aanbrengen van gewenste wijzigingen in de werking en de functionaliteit.

Al naargelang het object waarop het beheer zich richt, zijn specifieke vaktechnische competenties nodig. Hierna zijn de basiscompetenties benoemd.

VT-Competenties:
- Conceptuele kennis van Architectuurprincipes voor modelleren van bedrijfsprocessen (A-BP)
- Conceptuele kennis van Beheer van exploitatie en productie (B-TI)
- Conceptuele kennis van Procesontwerp (G-A)
- Toegepaste kennis van Architectuurprincipes voor modelleren van informatievoorziening/systemen (A-IS)
- Toegepaste kennis van Beheer van netwerken (B-TI)
- Toegepaste kennis van Beheer van servers (B-TI)
- Toegepaste kennis van Beheer van multimedia-apparatuur (B-TI)
- Toegepaste kennis van Analyse van de werking van componenten van informatiesystemen (G-A)
- Toegepaste kennis van Gebruik van applicaties (E-IS)
- Ervaring met Changemanagement (I-M)
- Ervaring met Beheer van informatiesystemen (B-IS)
- Ervaring met Versie- en configuratiebeheer (B-A)
- Ervaring met Principes, methoden en technieken voor kwaliteitsborging (E-A)
- Ervaring met Werking van componenten van de ICT (E-A)

P-Competenties:
- Gemiddeld niveau Flexibiliteit
- Gemiddeld niveau Analytisch vermogen
- Gemiddeld niveau Oordeelsvorming
- Gemiddeld niveau Abstractievermogen
- Gemiddeld niveau Creativiteit
- Gemiddeld niveau Zelfstandigheid
- Gemiddeld niveau Initiatief
- Gemiddeld niveau Plannen en organiseren
- Hoog niveau Communicatieve vaardigheden (mondeling en/of schriftelijk)
- Hoog niveau Samenwerken in teamverbanden
- Hoog niveau Integriteit
- Hoog niveau Organisatiebewustzijn
- Hoog niveau Kwaliteitsbewustzijn
- Hoog niveau Accuratesse
- Hoog niveau Methodisch werken

e-CF competentiereferenties:
- A.06 Ontwerp van applicaties (Application Design)
- C.02 Ondersteunen van wijzigingen (Change Support)

B-A – Beheren technische parameters

Activiteit:
- Beheren en instellen van technische parameters in systeemprogrammatuur en andere componenten van de technische infrastructuur.

Resultaat:
Correcte parameterinstellingen, correct werkende apparatuur.

Toelichting:
Door het toenemend aanbod van parametergestuurde componenten van de technische infrastructuur (netwerkcomponenten, servers en dergelijke) wordt het parameterbeheer steeds belangrijker. Dit kan betrekking hebben zowel op eenmalige instellingen bij de installatie van deze componenten, als op het aanbrengen van gewenste wijzigingen in de werking daarvan.

Al naargelang het object waarop het beheer zich richt, zijn specifieke vaktechnische competenties nodig. Hierna zijn de basiscompetenties benoemd.

VT-Competenties:
- Toegepaste kennis van Architectuurprincipes voor modelleren van informatievoorziening/systemen (A-IS)
- Toegepaste kennis van Ontwerpen en bouwen van informatiesystemen (O-IS)
- Ervaring met Architectuurprincipes voor modelleren van technische infrastructuur (A-TI)

- Ervaring met Technische continuïteitmaatregelen (O-A)
- Ervaring met Changemanagement (I-M)
- Ervaring met Beheer van informatiesystemen (B-IS)
- Ervaring met Beheer van netwerken (B-TI)
- Ervaring met Beheer van servers (B-TI)
- Ervaring met Beheer van multimedia-apparatuur (B-TI)
- Ervaring met Beheer van exploitatie en productie (B-TI)
- Ervaring met Versie- en configuratiebeheer (B-A)
- Ervaring met Netwerktechnologie (G-TI)
- Ervaring met Servertechnologie (G-TI)
- Ervaring met Multimediatechnologie (G-TI)
- Ervaring met Analyse van de werking van componenten van informatiesystemen (G-A)
- Ervaring met Principes, methoden en technieken voor kwaliteitsborging (E-A)
- Ervaring met Werking van componenten van de ICT (E-A)

P-Competenties:
- Gemiddeld niveau Samenwerken in teamverbanden
- Gemiddeld niveau Integriteit
- Gemiddeld niveau Creativiteit
- Gemiddeld niveau Organisatiebewustzijn
- Gemiddeld niveau Zelfstandigheid
- Gemiddeld niveau Initiatief
- Gemiddeld niveau Methodisch werken
- Hoog niveau Analytisch vermogen
- Hoog niveau Oordeelsvorming
- Hoog niveau Abstractievermogen
- Hoog niveau Kwaliteitsbewustzijn
- Hoog niveau Accuratesse

e-CF competentiereferenties:
- A.06 Ontwerp van applicaties (Application Design)
- B.02 Systeemintegratie (Component Integration)
- C.02 Ondersteunen van wijzigingen (Change Support)

B-A – Beheren en monitoren autorisatie- en beveiligingssysteem

Activiteit:
- Zorg dragen voor de installatie en het optimale functioneren van autorisatie- en beveiligingssystemen.
- Instellen van autorisatie- en beveiligingsparameters.
- Bewaken van het correct functioneren van de autorisatie- en beveiligingssystemen.

Resultaat:
Geautoriseerd gebruik van informatiesystemen.

Toelichting:
Autorisatie- en beveiligingssystemen kunnen op diverse plaatsen worden geïmplementeerd:
- bij de toegang tot het netwerk vanaf een werkplek of via internet;
- bij toegang vanuit het eigen netwerk naar externe netwerken;
- bij toegang tot de functionaliteit van applicaties;
- bij toegang tot databases;
- bij toegang tot apparatuur.

Het is zelfs mogelijk om de fysieke toegang tot gebouwen en (server)ruimten onder deze taak te vatten.
Er bestaan diverse systemen voor autorisatie en beveiliging, die soms zijn geïntegreerd in netwerksystemen en databasemanagementsystemen. Er bestaan ook speciale gespecialiseerde beveiligingssystemen zoals firewalls en dergelijke.

Al naargelang het object waarop de autorisatie zich richt, zijn specifieke vaktechnische competenties nodig. Hierna zijn de basiscompetenties benoemd.

VT-Competenties:
- Toegepaste kennis van Organisatieanalyse (O-BP)
- Toegepaste kennis van Ontwerpen van technische systemen (O-A)
- Toegepaste kennis van Beheer van informatiesystemen (B-IS)
- Toegepaste kennis van Beheer van netwerken (B-TI)
- Toegepaste kennis van Beheer van servers (B-TI)
- Toegepaste kennis van Beheer van multimedia-apparatuur (B-TI)
- Toegepaste kennis van Beheer van exploitatie en productie (B-TI)
- Toegepaste kennis van Gebruik van applicaties (E-IS)
- Toegepaste kennis van Werking van componenten van de ICT (E-A)
- Ervaring met Changemanagement (I-M)
- Ervaring met Versie- en configuratiebeheer (B-A)
- Ervaring met Risicomanagement (G-M)
- Ervaring met Principes, methoden en technieken voor beveiliging (G-A)
- Ervaring met Opstellen van gebruikersdocumentatie (G-A)
- Ervaring met Opstellen van technische documentatie (G-A)
- Ervaring met Risicoanalyse (E-A)
- Ervaring met Principes, methoden en technieken voor interne controle (E-A)
- Ervaring met Principes, methoden en technieken voor kwaliteitsborging (E-A)
- Ervaring met Testen (E-A)

P-Competenties:
- Gemiddeld niveau Communicatieve vaardigheden (mondeling en/of schriftelijk)
- Gemiddeld niveau Samenwerken in teamverbanden
- Gemiddeld niveau Abstractievermogen
- Gemiddeld niveau Kennis van andere disciplines
- Gemiddeld niveau Initiatief
- Gemiddeld niveau Besluitvaardigheid
- Hoog niveau Integriteit

- Hoog niveau Analytisch vermogen
- Hoog niveau Oordeelsvorming
- Hoog niveau Creativiteit
- Hoog niveau Organisatiebewustzijn
- Hoog niveau Kwaliteitsbewustzijn
- Hoog niveau Accuratesse
- Hoog niveau Methodisch werken
- Hoog niveau Plannen en organiseren

e-CF competentiereferenties:
- B.02 Systeemintegratie (Component Integration)
- B.04 Oplossingen implementeren (Solution Deployment)
- B.06 Systeembouw (System Engineering)
- E.08 Informatiebeveiligingsmanagement (Information Security Management)

B-A – Beheren autorisaties

Activiteit:
- Voeren van een autorisatie-administratie en het toetsen van autorisatie-aanvragen aan gestelde eisen.
- Activeren van de autorisatie-aanvraag in de systeemcomponenten (netwerk, servers, applicaties, databases en dergelijke).
- Controleren en evalueren van het gebruik van de toegekende autorisaties.

Resultaat:
Geautoriseerd systeemgebruik.

Toelichting:
Het management in de gebruikersorganisatie is primair verantwoordelijk voor het geven van toestemming voor het werken met of beheren van toepassingen en gegevens. Het betreft autorisaties voor het raadplegen, toevoegen, verwijderen of muteren/wijzigen van gegevens.

Al naargelang het object waarop de autorisaties zich richten, zijn specifieke vaktechnische competenties nodig. Hierna zijn de basiscompetenties benoemd.

VT-Competenties:
- Conceptuele kennis van Administratieve organisatie en interne controle (AO & IC) (E-BP)
- Toegepaste kennis van Changemanagement (I-M)
- Toegepaste kennis van Beheer van informatiesystemen (B-IS)
- Toegepaste kennis van Beheer van applicaties (B-IS)
- Toegepaste kennis van Beheer van netwerken (B-TI)
- Toegepaste kennis van Beheer van servers (B-TI)
- Toegepaste kennis van Beheer van multimedia-apparatuur (B-TI)
- Toegepaste kennis van Beheer van exploitatie en productie (B-TI)
- Toegepaste kennis van Gebruik van applicaties (E-IS)

- Ervaring met Beheer van bedrijfsinformatie/gegevens (B-BP)
- Ervaring met Versie- en configuratiebeheer (B-A)
- Ervaring met Principes, methoden en technieken voor beveiliging (G-A)
- Ervaring met Principes, methoden en technieken voor kwaliteitsborging (E-A)

P-Competenties:
- Gemiddeld niveau Abstractievermogen
- Gemiddeld niveau Kennis van andere disciplines
- Gemiddeld niveau Initiatief
- Gemiddeld niveau Accuratesse
- Hoog niveau Communicatieve vaardigheden (mondeling en/of schriftelijk)
- Hoog niveau Integriteit
- Hoog niveau Analytisch vermogen
- Hoog niveau Oordeelsvorming
- Hoog niveau Organisatiebewustzijn
- Hoog niveau Kwaliteitsbewustzijn
- Hoog niveau Methodisch werken
- Hoog niveau Plannen en organiseren

e-CF competentiereferenties:
- E.08 Informatiebeveiligingsmanagement (Information Security Management)

B-A – Beheren configuratie-items

Activiteit:
- Identificeren, categoriseren, documenteren en administreren van componenten van een informatiesysteem of de technische infrastructuur, vaak 'configuration management' genoemd.
- Beheren van configuratie-items is ook de basis voor versiebeheer van componenten.

Resultaat:
Administratie van configuratie-items.

Toelichting:
Een dergelijke administratie wordt vaak een configuratiedatabase genoemd. In deze database worden van een configuratie-item onder meer vastgelegd:
- omschrijving;
- type;
- identificatie;
- versie;
- status (zoals: 'in test', 'ontwerpstatus', 'operationeel in gebruik');
- samenstelling;
- gebruiker;
- locatie;
- relaties met andere configuratie-items.

Dit beheer maakt deel uit van configuration management.

Al naargelang het object waarop het beheer zich richt, zijn specifieke vaktechnische competenties nodig. Hierna zijn de basiscompetenties benoemd.

VT-Competenties:
- Conceptuele kennis van Beheer van informatiesystemen (B-IS)
- Conceptuele kennis van Beheer van netwerken (B-TI)
- Conceptuele kennis van Beheer van servers (B-TI)
- Conceptuele kennis van Beheer van multimedia-apparatuur (B-TI)
- Conceptuele kennis van Beheer van exploitatie en productie (B-TI)
- Conceptuele kennis van Werking van componenten van de ICT (E-A)
- Ervaring met Technische continuïteitmaatregelen (O-A)
- Ervaring met Changemanagement (I-M)
- Ervaring met Versie- en configuratiebeheer (B-A)
- Ervaring met Principes, methoden en technieken voor kwaliteitsborging (E-A)

P-Competenties:
- Gemiddeld niveau Analytisch vermogen
- Gemiddeld niveau Oordeelsvorming
- Gemiddeld niveau Zelfstandigheid
- Gemiddeld niveau Initiatief
- Gemiddeld niveau Methodisch werken
- Gemiddeld niveau Plannen en organiseren
- Hoog niveau Samenwerken in teamverbanden
- Hoog niveau Kwaliteitsbewustzijn
- Hoog niveau Accuratesse

e-CF competentiereferenties:
- A.06 Ontwerp van applicaties (Application Design)
- B.01 Applicatieontwikkeling en -bouw (Application Development)
- B.02 Systeemintegratie (Component Integration)
- C.02 Ondersteunen van wijzigingen (Change Support)

B-A – Oplossen systeemstoringen, incidenten

Activiteit:
- Analyseren van de oorzaak van een storing in een informatiesysteem of in de technische infrastructuur om een oplossing te realiseren. Vaststellen van de aard van de storing: een incident of voortkomend uit een structureel probleem.
- Oplossen van een storing, zo nodig in overleg en in samenwerking met andere beheerders of een leverancier, eventueel met een tijdelijke of ad-hoc-oplossing (work-around) om de component weer snel werkend te maken voor gebruik.
- Zo nodig melden van de storing voor het structureel oplossen van de oorzaak van de storing (problem management).

Resultaat:
Operationeel weer werkende systeemcomponent.

Toelichting:
De taak heeft betrekking op alle componenten van de informatievoorziening: servers, netwerk(componenten), applicaties, enzovoort. Storingen kunnen 'echt' incidenteel voorkomen, maar ook voortkomen uit structurele fouten, defecten, tekortkomingen in de functionaliteit en technische werking van de betreffende component. Deze taak – veelal belegd bij een helpdesk of servicedesk – is erop gericht dat een gebruiker zo snel mogelijk weer gebruik kan maken van de betreffende componenten. ITIL duidt dit proces aan als 'incidentmanagement'. Indien blijkt dat een structureel defect de oorzaak is van de storing(en), wordt een aanzet gegeven tot het structureel oplossen van de oorzaak van de storing(en). ITIL duidt dit proces aan als 'problem management'.

VT-Competenties:
- Conceptuele kennis van Beheer van informatiesystemen (B-IS)
- Conceptuele kennis van Beheer van netwerken (B-TI)
- Conceptuele kennis van Beheer van servers (B-TI)
- Conceptuele kennis van Beheer van multimedia-apparatuur (B-TI)
- Conceptuele kennis van Beheer van exploitatie en productie (B-TI)
- Conceptuele kennis van Netwerktechnologie (G-TI)
- Conceptuele kennis van Servertechnologie (G-TI)
- Conceptuele kennis van Multimediatechnologie (G-TI)
- Conceptuele kennis van Kwaliteitsmanagement (G-M)
- Conceptuele kennis van Gebruik van applicaties (E-IS)
- Conceptuele kennis van Werking van componenten van de ICT (E-A)
- Ervaring met Organisatorische continuïteitmaatregelen (O-BP)
- Ervaring met Technische continuïteitmaatregelen (O-A)
- Ervaring met Changemanagement (I-M)
- Ervaring met Incidentmanagement (S-M)
- Ervaring met Analyse van de werking van componenten van informatiesystemen (G-A)
- Ervaring met Opstellen van gebruikersdocumentatie (G-A)
- Ervaring met Opstellen van technische documentatie (G-A)
- Ervaring met Principes, methoden en technieken voor kwaliteitsborging (E-A)

P-Competenties:
- Gemiddeld niveau Stressbestendigheid
- Gemiddeld niveau Kennis van andere disciplines
- Gemiddeld niveau Initiatief
- Gemiddeld niveau Besluitvaardigheid
- Gemiddeld niveau Accuratesse
- Gemiddeld niveau Plannen en organiseren
- Hoog niveau Sensitiviteit, inlevingsvermogen
- Hoog niveau Communicatieve vaardigheden (mondeling en/of schriftelijk)
- Hoog niveau Samenwerken in teamverbanden

- Hoog niveau Flexibiliteit
- Hoog niveau Klantgerichtheid
- Hoog niveau Analytisch vermogen
- Hoog niveau Oordeelsvorming
- Hoog niveau Creativiteit
- Hoog niveau Organisatiebewustzijn
- Hoog niveau Kwaliteitsbewustzijn
- Hoog niveau Zelfstandigheid
- Hoog niveau Methodisch werken

e-CF competentiereferenties:
- C.01 Gebruikersondersteuning (User Support)
- C.03 Dienstverlening (Service Delivery)
- C.04 Probleemmanagement (Problem Management)
- E.08 Informatiebeveiligingsmanagement (Information Security Management)

B-A – Structureel oplossen systeemstoringen, problems

Activiteit:
- Uitvoeren van uitgebreide analyses in verband met oorzaken van storingen en andere problemen, zoals lage performance en dergelijke.
- Onderzoeken en realiseren van structurele oplossingen van deze problemen, zo nodig in overleg en in samenwerking met andere beheerders of een leverancier.
- Initiëren van wijzigingen (changemanagement, RfC) en/of direct treffen van maatregelen ter voorkoming van het opnieuw optreden van storingen, problemen, enzovoort.

Resultaat:
Operationeel en adequaat functionerende systeemcomponenten; wijzigingsvoorstel.

Toelichting:
Storingen en andere problemen kunnen voortkomen uit structurele fouten, defecten, tekortkomingen in de functionaliteit en technische werking van servers, componenten van de technische infrastructuur, applicaties, enzovoort. Met behulp van een work-around, tijdelijke maatregelen en dergelijke kan de gebruiker vaak wel gebruikmaken van de betreffende component (incidentmanagement). De feitelijke oorzaak is dan veelal niet opgelost en zal continu tot storingen leiden. Vandaar dat een structurele oplossing moet worden gerealiseerd. ITIL duidt dit proces aan als 'problem management'.

Al naargelang het object waarop het problem management zich richt, zijn specifieke vaktechnische competenties nodig.Onderstaand zijn Hierna zijn de basiscompetenties benoemd.

VT-Competenties:
- Conceptuele kennis van Beheer van informatiesystemen (B-IS)
- Conceptuele kennis van Beheer van netwerken (B-TI)
- Conceptuele kennis van Beheer van servers (B-TI)
- Conceptuele kennis van Beheer van multimedia-apparatuur (B-TI)

- Conceptuele kennis van Beheer van exploitatie en productie (B-TI)
- Conceptuele kennis van Netwerktechnologie (G-TI)
- Conceptuele kennis van Servertechnologie (G-TI)
- Conceptuele kennis van Multimediatechnologie (G-TI)
- Conceptuele kennis van Kwaliteitsmanagement (G-M)
- Toegepaste kennis van Beheer van applicaties (B-IS)
- Toegepaste kennis van Gebruik van applicaties (E-IS)
- Toegepaste kennis van Werking van componenten van de ICT (E-A)
- Ervaring met Technische continuïteitmaatregelen (O-A)
- Ervaring met Changemanagement (I-M)
- Ervaring met Versie- en configuratiebeheer (B-A)
- Ervaring met Incidentmanagement (S-M)
- Ervaring met Analyse van de werking van componenten van informatiesystemen (G-A)
- Ervaring met Opstellen van gebruikersdocumentatie (G-A)
- Ervaring met Opstellen van technische documentatie (G-A)
- Ervaring met Principes, methoden en technieken voor kwaliteitsborging (E-A)

P-Competenties:
- Gemiddeld niveau Sensitiviteit, inlevingsvermogen
- Gemiddeld niveau Communicatieve vaardigheden (mondeling en/of schriftelijk)
- Gemiddeld niveau Samenwerken in teamverbanden
- Gemiddeld niveau Creativiteit
- Gemiddeld niveau Initiatief
- Gemiddeld niveau Accuratesse
- Gemiddeld niveau Methodisch werken
- Gemiddeld niveau Plannen en organiseren
- Hoog niveau Klantgerichtheid
- Hoog niveau Analytisch vermogen
- Hoog niveau Oordeelsvorming
- Hoog niveau Organisatiebewustzijn
- Hoog niveau Kwaliteitsbewustzijn

e-CF competentiereferenties:
- C.01 Gebruikersondersteuning (User Support)
- C.03 Dienstverlening (Service Delivery)
- C.04 Probleemmanagement (Problem Management)
- E.08 Informatiebeveiligingsmanagement (Information Security Management)

B-A – Realiseren onderhoud/wijziging

Activiteit:
- Voorbereiden en uitvoeren van de realisatie van voorstellen voor wijzigingen in componenten van informatiesystemen en/of de technische infrastructuur.
- Op elkaar afstemmen van wijzigingen in applicaties en samenhangende wijzigingen in de diverse componenten van de technische infrastructuur.
- Testen van de wijzigingen aan (bij)gestelde eisen.

Resultaat:
Gerealiseerde wijzigingen.

Toelichting:
Het gaat hier om aanpassingen in applicaties, databases, netwerkapplicaties, netwerk (componenten) en server(s) en hun systeemprogrammatuur, en multimedia-apparatuur. Bij het realiseren van wijzigingen zijn vaak personen met verschillende deskundigheden betrokken. Het veronderstelt de aanwezigheid van procedures om veranderingen op een verantwoorde wijze te doen plaatsvinden, zonder dat de beschikbaarheid van applicaties, servers en de technische infrastructuur door de veranderingen zelf onacceptabel stagneert (changemanagement). Het onderhoud kan het karakter hebben van optimalisatie, en van adaptieve, preventieve en correctieve maatregelen.

Al naargelang het object waarop het changemanagement zich richt, zijn specifieke vaktechnische competenties nodig. Hierna zijn de basiscompetenties benoemd.

VT-Competenties:
- Conceptuele kennis van Realiseren van organisatiewijzigingen (O-BP)
- Conceptuele kennis van Organisatorische continuïteitmaatregelen (O-BP)
- Conceptuele kennis van Realiseren van wijzigingen in informatiesystemen (O-IS)
- Conceptuele kennis van Realiseren van technische wijzigingen (O-TI)
- Conceptuele kennis van Beheer van informatiesystemen (B-IS)
- Conceptuele kennis van Beheer van netwerken (B-TI)
- Conceptuele kennis van Beheer van servers (B-TI)
- Conceptuele kennis van Beheer van multimedia-apparatuur (B-TI)
- Conceptuele kennis van Beheer van exploitatie en productie (B-TI)
- Conceptuele kennis van Netwerktechnologie (G-TI)
- Conceptuele kennis van Servertechnologie (G-TI)
- Conceptuele kennis van Multimediatechnologie (G-TI)
- Toegepaste kennis van Risicomanagement (G-M)
- Toegepaste kennis van Werklastbegroting (E-A)
- Ervaring met Technische continuïteitmaatregelen (O-A)
- Ervaring met Changemanagement (I-M)
- Ervaring met Versie- en configuratiebeheer (B-A)
- Ervaring met Planning & control (G-M)
- Ervaring met Principes, methoden en technieken voor beveiliging (G-A)
- Ervaring met Opstellen van gebruikersdocumentatie (G-A)
- Ervaring met Opstellen van technische documentatie (G-A)
- Ervaring met Projectmanagement (E-M)
- Ervaring met Risicoanalyse (E-A)
- Ervaring met Principes, methoden en technieken voor kwaliteitsborging (E-A)
- Ervaring met Testen (E-A)
- Ervaring met Werking van componenten van de ICT (E-A)

P-Competenties:

- Gemiddeld niveau Integriteit
- Gemiddeld niveau Analytisch vermogen
- Gemiddeld niveau Abstractievermogen
- Gemiddeld niveau Creativiteit
- Gemiddeld niveau Kwaliteitsbewustzijn
- Gemiddeld niveau Initiatief
- Gemiddeld niveau Besluitvaardigheid
- Gemiddeld niveau Accuratesse
- Gemiddeld niveau Methodisch werken
- Gemiddeld niveau Plannen en organiseren
- Hoog niveau Communicatieve vaardigheden (mondeling en/of schriftelijk)
- Hoog niveau Samenwerken in teamverbanden
- Hoog niveau Oordeelsvorming
- Hoog niveau Organisatiebewustzijn

e-CF competentiereferenties:

- B.01 Applicatieontwikkeling en -bouw (Application Development)
- B.02 Systeemintegratie (Component Integration)
- C.02 Ondersteunen van wijzigingen (Change Support)

Taken in het I-domein Service en dienstverlening

S-A – Ondersteunen gebruiker bij gebruik component

Activiteit:
- Ondersteunen van de gebruiker van systemen bij het gebruik en de bediening daarvan. Toezien op het juiste gebruik van de component.
- Eventueel opstellen van gebruikersdocumentatie.
- Opstellen van verbetervoorstellen indien blijkt dat de component niet aan de gebruikseisen voldoet.

Resultaat:
Optimaal gebruik van ICT middelen; verbetervoorstellen.

Toelichting:
Primair ligt deze taak bij een helpdesk of servicedesk, maar kan ook worden belegd bij gebruiksbeheerders, super- of key-users en dergelijke in de gebruikersorganisatie. Hier is de beste kennis en het meeste inzicht voorhanden om optimaal ondersteuning te geven bij het gebruik van systemen. Binnen dit takenpakket valt dan ook het toezien op het juiste gebruik van een informatiesysteem.
Deze taak kan zich richten op het gebruik van alle aan gebruikers ten dienste staande componenten en ICT-middelen zoals:
- een applicatie(pakket);
- computer- en multimedia-apparatuur en de hierop beschikbaar gestelde faciliteiten.

Al naargelang het object waarop de ondersteuning zich richt, zijn specifieke vaktechnische competenties nodig. Hierna zijn de basiscompetenties benoemd.

VT-Competenties:
- Conceptuele kennis van Management van (bedrijfs)processen (G-M)
- Conceptuele kennis van Compliancemanagement (G-M)
- Conceptuele kennis van Administratieve organisatie en interne controle (AO & IC) (E-BP)
- Toegepaste kennis van Beheer van bedrijfsinformatie/gegevens (B-BP)
- Toegepaste kennis van Beheer van informatiesystemen (B-IS)
- Toegepaste kennis van Kwaliteitsmanagement (G-M)
- Toegepaste kennis van Principes, methoden en technieken voor beveiliging (G-A)
- Toegepaste kennis van Gebruik van applicaties (E-IS)
- Toegepaste kennis van Werking van componenten van de ICT (E-A)
- Ervaring met Opstellen van gebruikersdocumentatie (G-A)

P-Competenties:
- Gemiddeld niveau Stressbestendigheid
- Gemiddeld niveau Kennis van andere disciplines
- Hoog niveau Sensitiviteit, inlevingsvermogen
- Hoog niveau Communicatieve vaardigheden (mondeling en/of schriftelijk)
- Hoog niveau Samenwerken in teamverbanden
- Hoog niveau Integriteit

- Hoog niveau Klantgerichtheid
- Hoog niveau Didactische vaardigheden
- Hoog niveau Analytisch vermogen
- Hoog niveau Oordeelsvorming
- Hoog niveau Creativiteit
- Hoog niveau Organisatiebewustzijn
- Hoog niveau Kwaliteitsbewustzijn
- Hoog niveau Zelfstandigheid
- Hoog niveau Initiatief
- Hoog niveau Overtuigingskracht
- Hoog niveau Accuratesse
- Hoog niveau Methodisch werken
- Hoog niveau Plannen en organiseren

e-CF competentiereferenties:
- C.01 Gebruikersondersteuning (User Support)
- C.03 Dienstverlening (Service Delivery)

S-A – Onderhouden klantrelatie (niet commercieel)

Activiteit:
- Vergaren van kennis over gebruikers en contacten met hen onderhouden.
- Op elkaar afstemmen van de verschillende producten en diensten die aan bepaalde gebruikers binnen een organisatie (bijvoorbeeld een concern) worden geleverd of worden gewenst, teneinde de interactie tussen partijen zo efficiënt en effectief mogelijk te laten verlopen.

Resultaat:
Een goed functionerende relatie. Inzicht in de toepasbaarheid van de door een gebruiker of groep van gebruikers gewenste producten en diensten. Nieuwe of gewijzigde afspraken.

Toelichting:
Dit accountmanagement of service level management wordt meestal vanuit een regieorganisatie uitgevoerd. Daarbij wordt ook gerekend:
- onderkennen en analyseren van behoeften;
- adviseren van de relatie;
- bewaking van de uitvoering van afspraken;
- initiëren van de ontwikkeling van nieuwe producten en diensten.

Vanuit de relatie en de daarvoor benodigde samenwerking blijft men op de hoogte van de ontwikkelingen bij de gebruiker.

VT-Competenties:
- Toegepaste kennis van Financieel management (F-M)
- Toegepaste kennis van Continuïteitmanagement (G-M)
- Toegepaste kennis van Risicomanagement (G-M)
- Toegepaste kennis van Portfoliomanagement (E-M)

- Ervaring met Principes van sourcing (K-A)
- Ervaring met Behoeftemanagement (S-M)
- Ervaring met Klantmanagement (S-M)
- Ervaring met Leveringsmanagement (S-M)
- Ervaring met Principes van dienstverlening (S-A)
- Ervaring met Kostencalculaties (F-A)

P-Competenties:
- Hoog niveau Sensitiviteit, inlevingsvermogen
- Hoog niveau Communicatieve vaardigheden (mondeling en/of schriftelijk)
- Hoog niveau Samenwerken in teamverbanden
- Hoog niveau Flexibiliteit
- Hoog niveau Klantgerichtheid
- Hoog niveau Oordeelsvorming
- Hoog niveau Organisatiebewustzijn
- Hoog niveau Strategische visie
- Hoog niveau Kwaliteitsbewustzijn
- Hoog niveau Initiatief
- Hoog niveau Plannen en organiseren

e-CF competentiereferenties:
- A.02 Management dienstverleningsniveau (Service Level Management)
- D.11 Behoeftemanagement (Needs Identification)
- E.02 Project- en portfoliomanagement (Project and Portfolio Management)
- E.04 Relatiemanagement (Relationship Management)

S-A – Formuleren eisen aan ICT-dienstverlening

Activiteit:
- Analyseren van de eisen, randvoorwaarden, condities en dergelijke waaronder een (interne of externe) leverancier zijn diensten moet leveren.

Resultaat:
Pakket van eisen met betrekking tot te leveren producten en diensten.

Toelichting:
Het pakket van eisen legt de grondslag onder een contract met een externe leverancier of een dienstenovereenkomst (SLA) met een interne of externe leverancier. Dit pakket van eisen wordt door of namens opdrachtgever opgesteld. De eisen hebben onder meer betrekking op:
- de beschikbaarheid van applicaties en netwerkcomponenten;
- de bedrijfszekerheid van applicaties en netwerkcomponenten
- continuïteitsregelingen (calamiteitenregelingen en uitwijk, nieuwe versies, updates, patches, enzovoort);
- de performance van applicaties en netwerkcomponenten;
- (maximale) kosten.

VT-Competenties:
- Conceptuele kennis van Organisatorische continuïteitmaatregelen (O-BP)
- Conceptuele kennis van Technische continuïteitmaatregelen (O-A)
- Conceptuele kennis van Changemanagement (I-M)
- Conceptuele kennis van Beheer van informatiesystemen (B-IS)
- Conceptuele kennis van Financieel management (F-M)
- Conceptuele kennis van Continuïteitmanagement (G-M)
- Conceptuele kennis van Portfoliomanagement (E-M)
- Toegepaste kennis van Commercieel management (C-M)
- Toegepaste kennis van Compliancemanagement (G-M)
- Toegepaste kennis van Risicomanagement (G-M)
- Toegepaste kennis van Administratieve organisatie en interne controle (AO & IC) (E-BP)
- Toegepaste kennis van Projectmanagement (E-M)
- Ervaring met Behoeftemanagement (S-M)
- Ervaring met Klantmanagement (S-M)
- Ervaring met Leveringsmanagement (S-M)
- Ervaring met Principes van dienstverlening (S-A)
- Ervaring met Leveranciersmanagement (V-M)
- Ervaring met Planning & control (G-M)
- Ervaring met Principes, methoden en technieken voor kwaliteitsborging (E-A)

P-Competenties:
- Gemiddeld niveau Sensitiviteit, inlevingsvermogen
- Gemiddeld niveau Communicatieve vaardigheden (mondeling en/of schriftelijk)
- Gemiddeld niveau Integriteit
- Gemiddeld niveau Oordeelsvorming
- Gemiddeld niveau Abstractievermogen
- Gemiddeld niveau Besluitvaardigheid
- Hoog niveau Klantgerichtheid
- Hoog niveau Organisatiebewustzijn
- Hoog niveau Strategische visie
- Hoog niveau Commercieel inzicht
- Hoog niveau Onderhandelingsvaardigheid
- Hoog niveau Plannen en organiseren

e-CF competentiereferenties:
- A.02 Management dienstverleningsniveau (Service Level Management)
- B.05 Vervaardigen van documentatie (Documentation Production)
- D.01 Strategieontwikkeling informatiebeveiliging (Information Security Strategy Development)
- D.02 Ontwikkeling ICT-kwaliteitsstrategie (ICT Quality Strategy Development)
- D.04 Inkoop (Purchasing)
- D.05 Maken van offertes (Sales Proposal Development)
- D.08 Contractmanagement (Contract Management)
- D.11 Behoeftemanagement (Needs Identification)
- E.01 Ontwikkelen van prognoses (Forecast Development)

- E.02 Project- en portfoliomanagement (Project and Portfolio Management)
- E.04 Relatiemanagement (Relationship Management)
- E.08 Informatiebeveiligingsmanagement (Information Security Management)

S-A – Opstellen en beheren ICT-dienstencatalogus

Activiteit:
- Onderzoeken van gewenste en te leveren diensten en service levels.
- Opstellen van een overzicht van te leveren diensten.
- Beheren en onderhouden van de dienstencatalogus.

Resultaat:
Overzicht van te leveren diensten en service levels.

Toelichting:
De dienstencatalogus, ook wel 'producten- en dienstencatalogus' (PDC) genoemd, bevat een overzicht van alle aan afnemers, klanten, gebruikers en dergelijke te leveren diensten. In de catalogus worden onder meer opgenomen:
- (standaard)producten en (standaard)diensten;
- de (standaard) service levels;
- de randvoorwaarden, uitgangspunten en condities waaronder de producten en diensten worden geleverd;
- de prijsstelling, kosten en dergelijke.

VT-Competenties:
- Conceptuele kennis van Changemanagement (I-M)
- Conceptuele kennis van Beheer van informatiesystemen (B-IS)
- Toegepaste kennis van Financieel management (F-M)
- Toegepaste kennis van Compliancemanagement (G-M)
- Toegepaste kennis van Risicomanagement (G-M)
- Ervaring met Leveringsmanagement (S-M)
- Ervaring met Principes van dienstverlening (S-A)
- Ervaring met Leveranciersmanagement (V-M)
- Ervaring met Contractmanagement (V-M)
- Ervaring met Kostencalculaties (F-A)
- Ervaring met Commercieel management (C-M)
- Ervaring met Kwaliteitsmanagement (G-M)
- Ervaring met Portfoliomanagement (E-M)
- Ervaring met Werklastbegroting (E-A)

P-Competenties:
- Gemiddeld niveau Samenwerken in teamverbanden
- Gemiddeld niveau Flexibiliteit
- Gemiddeld niveau Accuratesse
- Hoog niveau Sensitiviteit, inlevingsvermogen
- Hoog niveau Communicatieve vaardigheden (mondeling en/of schriftelijk)

- Hoog niveau Integriteit
- Hoog niveau Klantgerichtheid
- Hoog niveau Analytisch vermogen
- Hoog niveau Oordeelsvorming
- Hoog niveau Organisatiebewustzijn
- Hoog niveau Strategische visie
- Hoog niveau Commercieel inzicht
- Hoog niveau Kwaliteitsbewustzijn
- Hoog niveau Initiatief
- Hoog niveau Onderhandelingsvaardigheid
- Hoog niveau Methodisch werken
- Hoog niveau Plannen en organiseren

e-CF competentiereferenties:
- A.02 Management dienstverleningsniveau (Service Level Management)
- D.04 Inkoop (Purchasing)
- D.05 Maken van offertes (Sales Proposal Development)
- D.06 Management van verkoopkanalen (Channel Management)
- E.01 Ontwikkelen van prognoses (Forecast Development)

S-A – Opstellen en beheren ICT-dienstenovereenkomsten (SLA)

Activiteit:
- Formuleren, onderhandelen, vastleggen en bewaken van de overeengekomen dienstverlening tussen klant of eindgebruiker en (interne of externe) leverancier.
- Beheren en zo nodig aanpassen van de SLA.

Resultaat:
Vastgelegde afspraken in een dienstenovereenkomst, service level agreement (SLA).

Toelichting:
De SLA bevat wederzijdse afspraken over onder meer de door de (interne of externe) leverancier te leveren diensten, service levels, levertijden, veiligheidsprocedures, updates, garanties, tarieven, enzovoort, alsmede inspanningen van de afnemer.

Al naargelang het object waarop de dienstenlevering zich richt, zijn specifieke vaktechnische competenties nodig. Naast de benoemde basiscompetenties is kennis nodig van de diensten die in de SLA worden beschreven. Hierna zijn de basiscompetenties benoemd.

VT-Competenties:
- Conceptuele kennis van Changemanagement (I-M)
- Conceptuele kennis van Beheer van informatiesystemen (B-IS)
- Toegepaste kennis van Organisatorische continuïteitmaatregelen (O-BP)
- Toegepaste kennis van Technische continuïteitmaatregelen (O-A)
- Toegepaste kennis van Financieel management (F-M)
- Toegepaste kennis van Compliancemanagement (G-M)

- Toegepaste kennis van Risicomanagement (G-M)
- Ervaring met Behoeftemanagement (S-M)
- Ervaring met Klantmanagement (S-M)
- Ervaring met Leveringsmanagement (S-M)
- Ervaring met Principes van dienstverlening (S-A)
- Ervaring met Leveranciersmanagement (V-M)
- Ervaring met Contractmanagement (V-M)
- Ervaring met Kostencalculaties (F-A)
- Ervaring met Commercieel management (C-M)
- Ervaring met Planning & control (G-M)
- Ervaring met Kwaliteitsmanagement (G-M)
- Ervaring met Portfoliomanagement (E-M)
- Ervaring met Werklastbegroting (E-A)

P-Competenties:
- Gemiddeld niveau Samenwerken in teamverbanden
- Gemiddeld niveau Flexibiliteit
- Gemiddeld niveau Analytisch vermogen
- Gemiddeld niveau Oordeelsvorming
- Gemiddeld niveau Accuratesse
- Hoog niveau Sensitiviteit, inlevingsvermogen
- Hoog niveau Communicatieve vaardigheden (mondeling en/of schriftelijk)
- Hoog niveau Integriteit
- Hoog niveau Klantgerichtheid
- Hoog niveau Organisatiebewustzijn
- Hoog niveau Strategische visie
- Hoog niveau Commercieel inzicht
- Hoog niveau Kwaliteitsbewustzijn
- Hoog niveau Initiatief
- Hoog niveau Onderhandelingsvaardigheid
- Hoog niveau Methodisch werken
- Hoog niveau Plannen en organiseren

e-CF competentiereferenties:
- A.02 Management dienstverleningsniveau (Service Level Management)
- A.08 Duurzame ontwikkeling (Sustainable Development)
- D.04 Inkoop (Purchasing)
- D.05 Maken van offertes (Sales Proposal Development)
- D.08 Contractmanagement (Contract Management)

S-A – Bewaken dienstenlevering

Activiteit:
- Bewaken van de uitvoering van de overeengekomen dienstverlening (vastgelegd in de SLA).
- Initiëren van acties ten behoeve van de instandhouding van het overeengekomen service level, of bijstelling daarvan.

Resultaat:
Producten en diensten conform overeengekomen eisen; voorstellen voor bijstelling.

Toelichting:
De bewaking richt zich zowel op het leveringsproces als op de kwaliteit van de producten en diensten. De hiervoor uit te voeren verificatie wordt uitgevoerd aan de hand van de normen zoals gesteld in de ICT-dienstencatalogus alsmede in de met een afnemer, klant, gebruiker en dergelijke overeengekomen dienstenovereenkomst (SLA).

Al naargelang het object waarop de dienstenlevering zich richt, zijn specifieke vaktechnische competenties nodig. Naast de benoemde basiscompetenties is kennis nodig van de diensten die in de SLA worden beschreven. Hierna zijn de basiscompetenties benoemd.

VT-Competenties:
- Conceptuele kennis van Financieel management (F-M)
- Conceptuele kennis van Compliancemanagement (G-M)
- Toegepaste kennis van Contractmanagement (V-M)
- Toegepaste kennis van Commercieel management (C-M)
- Toegepaste kennis van Kwaliteitsmanagement (G-M)
- Toegepaste kennis van Portfoliomanagement (E-M)
- Ervaring met Klantmanagement (S-M)
- Ervaring met Leveringsmanagement (S-M)
- Ervaring met Principes van dienstverlening (S-A)
- Ervaring met Leveranciersmanagement (V-M)
- Ervaring met Continuïteitmanagement (G-M)
- Ervaring met Risicomanagement (G-M)
- Ervaring met Principes, methoden en technieken voor kwaliteitsborging (E-A)

P-Competenties:
- Gemiddeld niveau Leiderschap
- Gemiddeld niveau Flexibiliteit
- Gemiddeld niveau Strategische visie
- Gemiddeld niveau Plannen en organiseren
- Hoog niveau Sensitiviteit, inlevingsvermogen
- Hoog niveau Communicatieve vaardigheden (mondeling en/of schriftelijk)
- Hoog niveau Samenwerken in teamverbanden
- Hoog niveau Integriteit
- Hoog niveau Conflictpreventie en -beheersing
- Hoog niveau Klantgerichtheid
- Hoog niveau Analytisch vermogen
- Hoog niveau Oordeelsvorming
- Hoog niveau Organisatiebewustzijn
- Hoog niveau Commercieel inzicht
- Hoog niveau Kwaliteitsbewustzijn
- Hoog niveau Initiatief
- Hoog niveau Besluitvaardigheid

- Hoog niveau Overtuigingskracht
- Hoog niveau Onderhandelingsvaardigheid

e-CF competentiereferenties:
- A.02 Management dienstverleningsniveau (Service Level Management)
- C.02 Ondersteunen van wijzigingen (Change Support)
- C.03 Dienstverlening (Service Delivery)
- D.02 Ontwikkeling ICT-kwaliteitsstrategie (ICT Quality Strategy Development)
- D.08 Contractmanagement (Contract Management)
- E.04 Relatiemanagement (Relationship Management)

S-A – Opstellen wijzigingsvoorstel dienstverlening

Activiteit:
- Formuleren van een voorstel voor wijziging van de dienstverlening die gebruikers of een organisatie in brede zin hebben afgesproken met interne of externe leveranciers, op basis van analyse van de huidige en gewenste situatie.
- Indienen, toelichten, afstemmen en dergelijke van het wijzigingsvoorstel met betrokkenen, onder wie de eigenaar van een component, de beheerder van de betreffende systemen of een leverancier.

Resultaat:
Wijzigingsvoorstel, request for change (RfC).

Toelichting:
Het gaat hier om een algemene taak die vaak deel uitmaakt van andere taken. Een wijzigingsvoorstel kan betrekking hebben op onder meer SLA's met interne en externe leveranciers:
- de dienstverlening voor applicatie- en werkplekbeheer;
- de dienstverlening voor het beheer van de technische infrastructuur (netwerk, servers en dergelijke);
- procedures.

Al naargelang het object waarop de wijziging zich richt, zijn specifieke vaktechnische competenties nodig. Hierna zijn de basiscompetenties benoemd.

VT-Competenties:
- Conceptuele kennis van Compliancemanagement (G-M)
- Toegepaste kennis van Contractmanagement (V-M)
- Toegepaste kennis van Financieel management (F-M)
- Toegepaste kennis van Commercieel management (C-M)
- Toegepaste kennis van Risicomanagement (G-M)
- Ervaring met Changemanagement (I-M)
- Ervaring met Versie- en configuratiebeheer (B-A)
- Ervaring met Behoeftemanagement (S-M)
- Ervaring met Klantmanagement (S-M)
- Ervaring met Leveringsmanagement (S-M)

- Ervaring met Principes van dienstverlening (S-A)
- Ervaring met Leveranciersmanagement (V-M)
- Ervaring met Opstellen van technische documentatie (G-A)
- Ervaring met Portfoliomanagement (E-M)
- Ervaring met Projectmanagement (E-M)
- Ervaring met Principes, methoden en technieken voor kwaliteitsborging (E-A)

P-Competenties:
- Gemiddeld niveau Strategische visie
- Gemiddeld niveau Methodisch werken
- Hoog niveau Sensitiviteit, inlevingsvermogen
- Hoog niveau Communicatieve vaardigheden (mondeling en/of schriftelijk)
- Hoog niveau Samenwerken in teamverbanden
- Hoog niveau Integriteit
- Hoog niveau Klantgerichtheid
- Hoog niveau Oordeelsvorming
- Hoog niveau Organisatiebewustzijn
- Hoog niveau Commercieel inzicht
- Hoog niveau Kwaliteitsbewustzijn
- Hoog niveau Initiatief
- Hoog niveau Besluitvaardigheid
- Hoog niveau Onderhandelingsvaardigheid
- Hoog niveau Accuratesse
- Hoog niveau Plannen en organiseren

e-CF competentiereferenties:
- A.02 Management dienstverleningsniveau (Service Level Management)
- A.03 Ontwikkelen van bedrijfsplannen (Business Plan Development)
- C.01 Gebruikersondersteuning (User Support)
- C.02 Ondersteunen van wijzigingen (Change Support)
- C.03 Dienstverlening (Service Delivery)
- D.04 Inkoop (Purchasing)
- D.05 Maken van offertes (Sales Proposal Development)
- D.08 Contractmanagement (Contract Management)
- E.01 Ontwikkelen van prognoses (Forecast Development)
- E.02 Project- en portfoliomanagement (Project and Portfolio Management)
- E.03 Risicomanagement (Risk Management)
- E.04 Relatiemanagement (Relationship Management)
- E.08 Informatiebeveiligingsmanagement (Information Security Management)

S-A – Invoeren (wijziging) dienstverlening

Activiteit:
- Nadat een nieuwe dienst of service is ontwikkeld moet deze worden ingevoerd. Dit betreft veelal een veelheid aan aandachtspunten, wijzigingen en betrokkenen.

Resultaat:
Ingevoerde wijziging in dienstverlening.

Toelichting:
Het gaat hier om een algemene taak die vaak deel uitmaakt van andere taken. Een wijzigingsvoorstel kan betrekking hebben op onder meer SLA's met interne en externe leveranciers:

- de dienstverlening voor applicatie- en werkplekbeheer;
- de dienstverlening voor het beheer van de technische infrastructuur (netwerk, servers en dergelijke);
- procedures.

Al naargelang het object waarop de wijziging zich richt, zijn specifieke vaktechnische competenties nodig.Hierna zijn de basiscompetenties benoemd.

VT-Competenties:

- Toegepaste kennis van Commercieel management (C-M)
- Toegepaste kennis van Kwaliteitsmanagement (G-M)
- Ervaring met Changemanagement (I-M)
- Ervaring met Versie- en configuratiebeheer (B-A)
- Ervaring met Klantmanagement (S-M)
- Ervaring met Leveringsmanagement (S-M)
- Ervaring met Principes van dienstverlening (S-A)
- Ervaring met Projectmanagement (E-M)
- Ervaring met Risicoanalyse (E-A)

P-Competenties:

- Gemiddeld niveau Flexibiliteit
- Gemiddeld niveau Integriteit
- Gemiddeld niveau Stressbestendigheid
- Gemiddeld niveau Analytisch vermogen
- Hoog niveau Leiderschap
- Hoog niveau Communicatieve vaardigheden (mondeling en/of schriftelijk)
- Hoog niveau Samenwerken in teamverbanden
- Hoog niveau Klantgerichtheid
- Hoog niveau Oordeelsvorming
- Hoog niveau Creativiteit
- Hoog niveau Organisatiebewustzijn
- Hoog niveau Kwaliteitsbewustzijn
- Hoog niveau Initiatief
- Hoog niveau Accuratesse
- Hoog niveau Methodisch werken
- Hoog niveau Plannen en organiseren

e-CF competentiereferenties:

- A.02 Management dienstverleningsniveau (Service Level Management)
- E.01 Ontwikkelen van prognoses (Forecast Development)

Taken in het I-domein Verwerven, inkoop en procurement

V-M – Opstellen en beheren strategie voor sourcing

Activiteit:
- Onderzoeken welke ICT-activiteiten kunnen worden uitbesteed of voor welke activiteiten inhuur kan plaatsvinden, alsmede onder welke randvoorwaarden en condities; dan wel of ICT-activiteiten in eigen beheer worden uitgevoerd.
- Formuleren van eisen aan de af te nemen diensten en de leveranciers.

Resultaat:
Strategie met betrekking tot (out)sourcing.

Toelichting:
Het gaat hier in het algemeen om het concreet afbakenen van welke ICT-taken wel of niet mogen worden uitbesteed, en onder welke randvoorwaarden en condities dit wel of niet mag plaatsvinden. Dit wordt ook wel de sourcingstrategie genoemd.

VT-Competenties:
- Toegepaste kennis van Changemanagement (I-M)
- Toegepaste kennis van Management van (bedrijfs)processen (G-M)
- Toegepaste kennis van Continuïteitmanagement (G-M)
- Toegepaste kennis van Compliancemanagement (G-M)
- Toegepaste kennis van Principes, methoden en technieken voor beveiliging (G-A)
- Toegepaste kennis van Bedrijfskunde (E-BP)
- Toegepaste kennis van Organisatieleer (E-BP)
- Toegepaste kennis van Administratieve organisatie en interne controle (AO & IC) (E-BP)
- Toegepaste kennis van Principes, methoden en technieken voor interne controle (E-A)
- Ervaring met Informatiemanagement (K-BP)
- Ervaring met Beleid en strategiebepaling (K-M)
- Ervaring met Principes van sourcing (K-A)
- Ervaring met Behoeftemanagement (S-M)
- Ervaring met Leveringsmanagement (S-M)
- Ervaring met Leveranciersmanagement (V-M)
- Ervaring met Contractmanagement (V-M)
- Ervaring met Financieel management (F-M)
- Ervaring met Kostencalculaties (F-A)
- Ervaring met Planning & control (G-M)
- Ervaring met Kwaliteitsmanagement (G-M)
- Ervaring met Risicomanagement (G-M)
- Ervaring met Portfoliomanagement (E-M)
- Ervaring met Werklastbegroting (E-A)
- Ervaring met Principes, methoden en technieken voor kwaliteitsborging (E-A)

P-Competenties:
- Gemiddeld niveau Integriteit

- Gemiddeld niveau Oordeelsvorming
- Gemiddeld niveau Besluitvaardigheid
- Gemiddeld niveau Methodisch werken
- Hoog niveau Organisatiebewustzijn
- Hoog niveau Strategische visie
- Hoog niveau Commercieel inzicht
- Hoog niveau Plannen en organiseren

e-CF competentiereferenties:
- A.01 Afstemming informatiesysteem en bedrijfsstrategie (IS and Business Strategy Alignment)
- A.03 Ontwikkelen van bedrijfsplannen (Business Plan Development)
- D.04 Inkoop (Purchasing)

V-M – Aanbesteden opdracht, inkoop (RfI of RfP)

Activiteit:
- Afstemmen van de producten en diensten van een leverancier met de eigen behoeften.
- Opstellen van een pakket van eisen, randvoorwaarden, condities en dergelijke waaraan de leverancier, of de producten en diensten moeten voldoen.
- Opstellen en beschikbaar stellen van de RfI en/of RfP.
- Afstemmen van dit pakket van eisen met de mogelijkheden en leveringscondities van leveranciers.

Resultaat:
RfI of RfP.

Toelichting:
De leverancier kan een interne ICT-afdeling zijn, maar ook een extern commercieel bedrijf. Deze taak is primair een managementtaak van een manager, inkoper, financieel deskundige en dergelijke. De aanbesteding vindt plaats op basis van de sourcingstrategie.

Al naargelang het object waarop de aanbesteding en inkoop betrekking hebben, zijn specifieke vaktechnische competenties nodig.Hierna zijn de basiscompetenties benoemd.

VT-Competenties:
- Toegepaste kennis van Changemanagement (I-M)
- Toegepaste kennis van Management van (bedrijfs)processen (G-M)
- Toegepaste kennis van Continuïteitmanagement (G-M)
- Toegepaste kennis van Compliancemanagement (G-M)
- Toegepaste kennis van Administratieve organisatie en interne controle (AO & IC) (E-BP)
- Ervaring met Informatiemanagement (K-BP)
- Ervaring met Beleid en strategiebepaling (K-M)
- Ervaring met Principes van sourcing (K-A)
- Ervaring met Behoeftemanagement (S-M)
- Ervaring met Leveringsmanagement (S-M)

- Ervaring met Leveranciersmanagement (V-M)
- Ervaring met Contractmanagement (V-M)
- Ervaring met Financieel management (F-M)
- Ervaring met Kostencalculaties (F-A)
- Ervaring met Planning & control (G-M)
- Ervaring met Kwaliteitsmanagement (G-M)
- Ervaring met Risicomanagement (G-M)
- Ervaring met Portfoliomanagement (E-M)
- Ervaring met Werklastbegroting (E-A)
- Ervaring met Principes, methoden en technieken voor kwaliteitsborging (E-A)

P-Competenties:
- Gemiddeld niveau Sensitiviteit, inlevingsvermogen
- Gemiddeld niveau Integriteit
- Gemiddeld niveau Klantgerichtheid
- Gemiddeld niveau Oordeelsvorming
- Hoog niveau Organisatiebewustzijn
- Hoog niveau Strategische visie
- Hoog niveau Commercieel inzicht
- Hoog niveau Onderhandelingsvaardigheid
- Hoog niveau Plannen en organiseren

e-CF competentiereferenties:
- D.04 Inkoop (Purchasing)
- D.08 Contractmanagement (Contract Management)

V-M – Opstellen, afsluiten en beheren contract (klant)

Activiteit:
- Identificeren, onderzoeken en afstemmen van de behoeften aan contractuele afspraken.
- Opstellen van een contract met een leverancier gebaseerd op het pakket van eisen, de randvoorwaarden, condities en dergelijke, waaraan de leverancier of de producten en diensten moeten voldoen.
- Analyseren van het aanbod en de leveringscondities van een leverancier.
- Afstemmen van het pakket van eisen met de leveringscondities van de leverancier.
- Beoordelen van offertes en bereiken van consensus met de leverancier.
- Opstellen en afstemmen van het (concept)contract met de leverancier.
- Goedkeuren en accorderen van het contract en de onderliggende stukken (zoals SLA's).
- Afsluiten, beheren en onderhouden van het contract.

Resultaat:
Actueel contract.

Toelichting:
De leverancier kan een interne ICT-afdeling zijn, maar ook een extern commercieel bedrijf. Deze taak is primair een managementtaak van een manager, inkoper of financieel deskundige.

VT-Competenties:

- Conceptuele kennis van Beleid en strategiebepaling (K-M)
- Conceptuele kennis van Commercieel management (C-M)
- Toegepaste kennis van Changemanagement (I-M)
- Toegepaste kennis van Behoeftemanagement (S-M)
- Toegepaste kennis van Klantmanagement (S-M)
- Toegepaste kennis van Kostencalculaties (F-A)
- Toegepaste kennis van Continuïteitmanagement (G-M)
- Toegepaste kennis van Compliancemanagement (G-M)
- Toegepaste kennis van Administratieve organisatie en interne controle (AO & IC) (E-BP)
- Toegepaste kennis van Principes, methoden en technieken voor interne controle (E-A)
- Ervaring met Principes van sourcing (K-A)
- Ervaring met Leveringsmanagement (S-M)
- Ervaring met Leveranciersmanagement (V-M)
- Ervaring met Contractmanagement (V-M)
- Ervaring met Financieel management (F-M)
- Ervaring met Planning & control (G-M)
- Ervaring met Risicomanagement (G-M)
- Ervaring met Portfoliomanagement (E-M)

P-Competenties:

- Gemiddeld niveau Sensitiviteit, inlevingsvermogen
- Gemiddeld niveau Communicatieve vaardigheden (mondeling en/of schriftelijk)
- Gemiddeld niveau Conflictpreventie en -beheersing
- Gemiddeld niveau Klantgerichtheid
- Gemiddeld niveau Creativiteit
- Gemiddeld niveau Kennis van andere disciplines
- Gemiddeld niveau Kwaliteitsbewustzijn
- Hoog niveau Samenwerken in teamverbanden
- Hoog niveau Integriteit
- Hoog niveau Oordeelsvorming
- Hoog niveau Organisatiebewustzijn
- Hoog niveau Strategische visie
- Hoog niveau Commercieel inzicht
- Hoog niveau Besluitvaardigheid
- Hoog niveau Overtuigingskracht
- Hoog niveau Onderhandelingsvaardigheid
- Hoog niveau Plannen en organiseren

e-CF competentiereferenties:

- A.02 Management dienstverleningsniveau (Service Level Management)
- D.04 Inkoop (Purchasing)
- D.08 Contractmanagement (Contract Management)

V-M – Verstrekken opdrachten aan leverancier

Activiteit:

- Formuleren van eisen, randvoorwaarden, condities en dergelijke aan de levering van ICT-diensten en -producten conform een ICT-dienstencatalogus of een dienstenovereenkomst (SLA).
- Verstrekken van de opdracht aan een leverancier voor het leveren van de diensten en producten.
- Vanuit control bewaken dat de overeenkomst wordt opgevolgd.

Resultaat:
Opdracht en geleverde producten en diensten.

Toelichting:
De opdracht vereist een concrete, heldere en volledige beschrijving van de eisen die aan de levering worden gesteld. Bewaking van de levering richt zich op zowel het leveringsproces als de kwaliteit van de producten en diensten. De hiervoor uit te voeren verificatie wordt uitgevoerd aan de hand van de normen zoals gesteld in de opdracht.

Al naargelang het object waarvoor opdracht wordt verstrekt, zijn specifieke vaktechnische competenties nodig.Hierna zijn de basiscompetenties benoemd.

VT-Competenties:

- Conceptuele kennis van Behoeftemanagement (S-M)
- Conceptuele kennis van Commercieel management (C-M)
- Conceptuele kennis van Administratieve organisatie en interne controle (AO & IC) (E-BP)
- Toegepaste kennis van Changemanagement (I-M)
- Toegepaste kennis van Continuïteitmanagement (G-M)
- Toegepaste kennis van Compliancemanagement (G-M)
- Toegepaste kennis van Portfoliomanagement (E-M)
- Toegepaste kennis van Principes, methoden en technieken voor interne controle (E-A)
- Ervaring met Principes van sourcing (K-A)
- Ervaring met Leveringsmanagement (S-M)
- Ervaring met Principes van dienstverlening (S-A)
- Ervaring met Leveranciersmanagement (V-M)
- Ervaring met Contractmanagement (V-M)
- Ervaring met Financieel management (F-M)
- Ervaring met Kostencalculaties (F-A)
- Ervaring met Planning & control (G-M)
- Ervaring met Kwaliteitsmanagement (G-M)
- Ervaring met Principes, methoden en technieken voor kwaliteitsborging (E-A)

P-Competenties:

- Gemiddeld niveau Conflictpreventie en -beheersing
- Gemiddeld niveau Strategische visie
- Gemiddeld niveau Methodisch werken
- Hoog niveau Communicatieve vaardigheden (mondeling en/of schriftelijk)

- Hoog niveau Samenwerken in teamverbanden
- Hoog niveau Integriteit
- Hoog niveau Klantgerichtheid
- Hoog niveau Oordeelsvorming
- Hoog niveau Commercieel inzicht
- Hoog niveau Kwaliteitsbewustzijn
- Hoog niveau Initiatief
- Hoog niveau Besluitvaardigheid
- Hoog niveau Onderhandelingsvaardigheid
- Hoog niveau Accuratesse
- Hoog niveau Plannen en organiseren

e-CF competentiereferenties:
- A.02 Management dienstverleningsniveau (Service Level Management)
- D.04 Inkoop (Purchasing)
- D.08 Contractmanagement (Contract Management)

V-A – Beoordelen offerte

Activiteit:
- Beoordelen van offertes en andere (financiële) voorstellen van leveranciers.
- Selecteren van het beste voorstel op basis van vooraf gedefinieerde criteria.

Resultaat:
Geselecteerde leverancier en/of product, dienst, enzovoort.

Toelichting:
Bij deze taak wordt ervan uitgegaan dat het voorstel c.q. de offerte van de leverancier is opgesteld op basis van eerder verstrekte informatie over de eisen en wensen met betrekking tot leveranciers en/of het product en de dienst, zoals in een RfI, RfP of RfC. Indien deze niet van tevoren zijn vastgesteld, worden de beoordelings- en selectiecriteria opgesteld en bij de beoordeling gehanteerd.

Al naargelang het object waarop de offertes betrekking hebben, zijn specifieke vaktechnische competenties nodig. Hierna zijn de basiscompetenties benoemd.

VT-Competenties:
- Conceptuele kennis van Commercieel management (C-M)
- Toegepaste kennis van Planning & control (G-M)
- Toegepaste kennis van Continuïteitmanagement (G-M)
- Toegepaste kennis van Compliancemanagement (G-M)
- Toegepaste kennis van Risicomanagement (G-M)
- Toegepaste kennis van Portfoliomanagement (E-M)
- Toegepaste kennis van Werklastbegroting (E-A)
- Ervaring met Principes van sourcing (K-A)
- Ervaring met Changemanagement (I-M)
- Ervaring met Leveringsmanagement (S-M)

- Ervaring met Principes van dienstverlening (S-A)
- Ervaring met Leveranciersmanagement (V-M)
- Ervaring met Contractmanagement (V-M)
- Ervaring met Financieel management (F-M)
- Ervaring met Kostencalculaties (F-A)
- Ervaring met Kwaliteitsmanagement (G-M)
- Ervaring met Projectmanagement (E-M)

P-Competenties:
- Gemiddeld niveau Organisatiebewustzijn
- Gemiddeld niveau Kennis van andere disciplines
- Gemiddeld nveau Besluitvaardigheid
- Gemiddeld niveau Onderhandelingsvaardigheid
- Hoog niveau Integriteit
- Hoog niveau Oordeelsvorming
- Hoog niveau Strategische visie
- Hoog niveau Commercieel inzicht

e-CF competentiereferenties:
- A.02 Management dienstverleningsniveau (Service Level Management)
- D.04 Inkoop (Purchasing)

V-A – Leveranciersselectie

Activiteit:
- Onderzoeken en formuleren van de eisen aan leveranciers.
- Verzorgen van de communicatie met (potentiële) leveranciers.
- Selectie van de gewenste leverancier.

Resultaat:
Geselecteerde leverancier.

Toelichting:
Het gaat er in het algemeen om een leverancier te selecteren op basis van de eisen, randvoorwaarden en condities die zijn gesteld in het inkoop- en inhuurbeleid, alsmede de eisen die zijn gesteld aan de door de leverancier uit te voeren dienstverlening of te leveren producten, diensten of andere resultaten.

Al naargelang het object waarvoor leveranciersselectie plaatsvindt, zijn specifieke vaktechnische competenties nodig.Hierna zijn de basiscompetenties benoemd.

VT-Competenties:
- Conceptuele kennis van Commercieel management (C-M)
- Toegepaste kennis van Beleid en strategiebepaling (K-M)
- Toegepaste kennis van Changemanagement (I-M)
- Toegepaste kennis van Behoeftemanagement (S-M)

- Toegepaste kennis van Financieel management (F-M)
- Toegepaste kennis van Continuïteitmanagement (G-M)
- Toegepaste kennis van Risicomanagement (G-M)
- Toegepaste kennis van Administratieve organisatie en interne controle (AO & IC) (E-BP)
- Toegepaste kennis van Portfoliomanagement (E-M)
- Ervaring met Principes van sourcing (K-A)
- Ervaring met Leveringsmanagement (S-M)
- Ervaring met Principes van dienstverlening (S-A)
- Ervaring met Leveranciersmanagement (V-M)
- Ervaring met Contractmanagement (V-M)
- Ervaring met Planning & control (G-M)
- Ervaring met Compliancemanagement (G-M)
- Ervaring met Kwaliteitsmanagement (G-M)

P-Competenties:
- Gemiddeld niveau Integriteit
- Hoog niveau Oordeelsvorming
- Hoog niveau Organisatiebewustzijn
- Hoog niveau Strategische visie
- Hoog niveau Commercieel inzicht
- Hoog niveau Besluitvaardigheid
- Hoog niveau Onderhandelingsvaardigheid
- Hoog niveau Plannen en organiseren

e-CF competentiereferenties:
- D.04 Inkoop (Purchasing)

V-A – Onderhouden leveranciersrelatie

Activiteit:
- Op de hoogte komen c.q. blijven van de door een (interne of externe) leverancier aangeboden of aan te bieden producten en diensten.
- Afstemmen van de eigen behoeften op de door de leverancier geleverde of van de leverancier gewenste producten en diensten.
- Maken of bijstellen van afspraken.

Resultaat:
Een goed functionerende relatie. Inzicht in de toepasbaarheid van de door een leverancier aangeboden of aan te bieden producten en diensten. Nieuwe of gewijzigde afspraken.

Toelichting:
De leverancier kan een interne ICT-afdeling zijn, maar ook een extern commercieel bedrijf. Vanuit de relatie en de daarvoor benodigde samenwerking blijft men op de hoogte van de ontwikkelingen bij de leverancier, maar ook van de continuïteit en de betrouwbaarheid van de leverancier. De leverancier kan omgekeerd vaak veel beter inspelen op de behoeften van de klant.

VT-Competenties:
- Conceptuele kennis van Commercieel management (C-M)
- Toegepaste kennis van Behoeftemanagement (S-M)
- Toegepaste kennis van Financieel management (F-M)
- Toegepaste kennis van Portfoliomanagement (E-M)
- Ervaring met Principes van sourcing (K-A)
- Ervaring met Leveringsmanagement (S-M)
- Ervaring met Leveranciersmanagement (V-M)
- Ervaring met Contractmanagement (V-M)

P-Competenties:
- Gemiddeld niveau Flexibiliteit
- Hoog niveau Leiderschap
- Hoog niveau Sensitiviteit, inlevingsvermogen
- Hoog niveau Communicatieve vaardigheden (mondeling en/of schriftelijk)
- Hoog niveau Samenwerken in teamverbanden
- Hoog niveau Integriteit
- Hoog niveau Conflictpreventie en -beheersing
- Hoog niveau Klantgerichtheid
- Hoog niveau Oordeelsvorming
- Hoog niveau Organisatiebewustzijn
- Hoog niveau Strategische visie
- Hoog niveau Commercieel inzicht
- Hoog niveau Kwaliteitsbewustzijn
- Hoog niveau Initiatief
- Hoog niveau Besluitvaardigheid
- Hoog niveau Onderhandelingsvaardigheid
- Hoog niveau Plannen en organiseren

e-CF competentiereferenties:
- A.02 Management dienstverleningsniveau (Service Level Management)
- D.04 Inkoop (Purchasing)
- E.04 Relatiemanagement (Relationship Management)

Taken in het I-domein Financieel

F-A – Beheren bedrijfswaarde van componenten

Activiteit:
- Berekenen van de kosten van bijvoorbeeld het beheer en het gebruik van informatiesystemen, apparatuur en dergelijke.
- Vaststellen van de baten van de inzet van deze middelen, inclusief de afweging van het belang van deze middelen voor de organisatie.
- Deze kosten afzetten tegen de baten.
- Zo nodig aansturen op het verbeteren van het gebruik en de inzet van betreffende middelen en/of het aansturen op het verlagen van bijvoorbeeld de beheer- en exploitatiekosten.

Resultaat:
Actueel inzicht in de bedrijfswaarde van systemen; voorstellen voor verbetering van gebruik, beheer of reductie van kosten.

Toelichting:
Deze taak is primair een managementtaak van algemene en IT-managers.

Al naargelang het object waarop het beheer zich richt, zijn specifieke vaktechnische competenties nodig.Hierna zijn de basiscompetenties benoemd.

VT-Competenties:
- Conceptuele kennis van Beheer van informatiesystemen (B-IS)
- Conceptuele kennis van Management van (bedrijfs)processen (G-M)
- Toegepaste kennis van Beleid en strategiebepaling (K-M)
- Toegepaste kennis van Leveringsmanagement (S-M)
- Toegepaste kennis van Contractmanagement (V-M)
- Toegepaste kennis van Continuïteitmanagement (G-M)
- Toegepaste kennis van Risicomanagement (G-M)
- Toegepaste kennis van Administratieve organisatie en interne controle (AO & IC) (E-BP)
- Toegepaste kennis van Portfoliomanagement (E-M)
- Toegepaste kennis van Projectmanagement (E-M)
- Ervaring met Principes van sourcing (K-A)
- Ervaring met Financieel management (F-M)
- Ervaring met Kostencalculaties (F-A)
- Ervaring met Planning & control (G-M)
- Ervaring met Compliancemanagement (G-M)
- Ervaring met Bedrijfskunde (E-BP)
- Ervaring met Principes, methoden en technieken voor interne controle (E-A)

P-Competenties:
- Gemiddeld niveau Abstractievermogen
- Gemiddeld niveau Creativiteit
- Gemiddeld niveau Commercieel inzicht

- Gemiddeld niveau Methodisch werken
- Gemiddeld niveau Plannen en organiseren
- Hoog niveau Organisatiebewustzijn
- Hoog niveau Kennis van andere disciplines
- Hoog niveau Strategische visie

e-CF competentiereferenties:
- A.03 Ontwikkelen van bedrijfsplannen (Business Plan Development)
- A.07 Volgen van technologische ontwikkelingen (Technology Trend Monitoring)
- A.08 Duurzame ontwikkeling (Sustainable Development)
- A.09 Innoveren (Innovating)
- D.10 Informatie- en kennismanagement (Information and Knowledge Management)
- D.11 Behoeftemanagement (Needs Identification)
- E.01 Ontwikkelen van prognoses (Forecast Development)
- E.06 ICT-kwaliteitssmanagement (ICT Quality Management)

F-A – Opstellen en beheren begroting, bepalen investeringen en kosten

Activiteit:
- Bepalen van de investeringen en kosten van bijvoorbeeld projecten, de aanschaf en afschrijving van hardware, of het bepalen van de kosten van het beheer van een component.
- Opstellen van het benodigde budget, vaststellen van de financiële doorbelasting in de begroting (activeren op de balans), en het beheren daarvan.

Resultaat:
Budgetten en actueel inzicht in de investeringen en kosten.

Toelichting:
Deze taak is niet primair een informaticataak, maar is vaak wel een taak van managers, projectleiders, teamleiders en dergelijke. Al naargelang het object waarvoor het budget wordt opgesteld, zijn specifieke vaktechnische competenties nodig. Hierna zijn de basiscompetenties benoemd.

VT-Competenties:
- Conceptuele kennis van Informatiemanagement (K-BP)
- Conceptuele kennis van Principes van sourcing (K-A)
- Conceptuele kennis van Projectmanagement (E-M)
- Ervaring met Financieel management (F-M)
- Ervaring met Kostencalculaties (F-A)
- Ervaring met Planning & control (G-M)
- Ervaring met Werklastbegroting (E-A)
- Ervaring met Principes, methoden en technieken voor interne controle (E-A)

P-Competenties:
- Gemiddeld niveau Analytisch vermogen
- Gemiddeld niveau Abstractievermogen
- Gemiddeld niveau Creativiteit

- Hoog niveau Organisatiebewustzijn
- Hoog niveau Kennis van andere disciplines
- Hoog niveau Commercieel inzicht
- Hoog niveau Accuratesse
- Hoog niveau Methodisch werken
- Hoog niveau Plannen en organiseren

e-CF competentiereferenties:
- A.01 Afstemming informatiesysteem en bedrijfsstrategie (IS and Business Strategy Alignment)
- A.02 Management dienstverleningsniveau (Service Level Management)
- A.03 Ontwikkelen van bedrijfsplannen (Business Plan Development)
- A.04 Product- of serviceplanning (Product/Service Planning)
- A.06 Ontwerp van applicaties (Application Design)
- A.07 Volgen van technologische ontwikkelingen (Technology Trend Monitoring)
- A.08 Duurzame ontwikkeling (Sustainable Development)
- A.09 Innoveren (Innovating)
- C.03 Dienstverlening (Service Delivery)
- D.01 Strategieontwikkeling informatiebeveiliging (Information Security Strategy Development)
- D.02 Ontwikkeling ICT-kwaliteitsstrategie (ICT Quality Strategy Development)
- D.04 Inkoop (Purchasing)
- D.05 Maken van offertes (Sales Proposal Development)
- D.08 Contractmanagement (Contract Management)
- D.11 Behoeftemanagement (Needs Identification)
- E.01 Ontwikkelen van prognoses (Forecast Development)
- E.02 Project- en portfoliomanagement (Project and Portfolio Management)
- E.03 Risicomanagement (Risk Management)
- E.05 Procesverbetering (Process Improvement)
- E.06 ICT-kwaliteitsmanagement (ICT Quality Management)
- E.07 Management van veranderingen in bedrijfsprocessen (Business Change Management)
- E.08 Informatiebeveiligingsmanagement (Information Security Management)

F-A – Beheren financiële administratie

Activiteit:
- Beheren van een financiële administratie.
- Bijhouden van budgetten en de besteding van de financiële middelen.
- Rapporteren over de financiële status en budgetten.

Resultaat:
Actueel inzicht in de budgetten en de besteding daarvan.

Toelichting:
Deze taak is niet primair een informaticataak, maar is vaak wel een taak van managers, projectleiders, teamleiders en dergelijke De financiële administratie wordt gevoerd voor de financiële

huishouding van onder meer (ICT-)afdelingen, projecten en werkopdrachten. De financiële administratie is de basis voor onder meer:

- het bewaken van budgetten en de besteding daarvan;
- het doorbelasten van automatiserings-, ontwikkel-, beheer- en exploitatiekosten aan gebruikers en klantorganisaties.

Al naargelang het object waarvoor de administratie wordt bijgehouden, zijn specifieke vaktechnische competenties nodig. Hierna zijn de basiscompetenties benoemd.

VT-Competenties:

- Conceptuele kennis van Kostencalculaties (F-A)
- Toegepaste kennis van Contractmanagement (V-M)
- Toegepaste kennis van Risicomanagement (G-M)
- Toegepaste kennis van Projectmanagement (E-M)
- Ervaring met Financieel management (F-M)
- Ervaring met Planning & control (G-M)
- Ervaring met Opstellen van gebruikersdocumentatie (G-A)
- Ervaring met Administratieve organisatie en interne controle (AO & IC) (E-BP)

P-Competenties:

- Gemiddeld niveau Initiatief
- Hoog niveau Samenwerken in teamverbanden
- Hoog niveau Analytisch vermogen
- Hoog niveau Organisatiebewustzijn
- Hoog niveau Kennis van andere disciplines
- Hoog niveau Kwaliteitsbewustzijn
- Hoog niveau Zelfstandigheid
- Hoog niveau Accuratesse
- Hoog niveau Methodisch werken
- Hoog niveau Plannen en organiseren

e-CF competentiereferenties:

- A.02 Management dienstverleningsniveau (Service Level Management)
- A.04 Product- of serviceplanning (Product/Service Planning)
- D.08 Contractmanagement (Contract Management)
- E.02 Project- en portfoliomanagement (Project and Portfolio Management)

F-A – Bepalen doorbelastingsystematiek

Activiteit:

- Bepalen van tarieven van producten en diensten van een ICT-afdeling en wijze van doorbelasten van de kosten aan de organisatie.

Resultaat:
Model voor kostendoorbelasting en tarifering van producten en diensten.

Toelichting:
Het komt steeds vaker voor dat de kosten van een interne ICT-afdeling en van externe leveranciers worden doorbelast aan de (gebruikers)organisatie. Daarmee wordt onder meer de basis gelegd voor het maken van keuzen uit het aanbod van diensten en service levels van interne en externe leveranciers.

Al naargelang het object waarvoor de doorbelasting wordt vastgesteld, zijn specifieke vaktechnische competenties nodig. Hierna zijn de basiscompetenties benoemd.

VT-Competenties:
- Conceptuele kennis van Behoeftemanagement (S-M)
- Conceptuele kennis van Klantmanagement (S-M)
- Conceptuele kennis van Management van (bedrijfs)processen (G-M)
- Toegepaste kennis van Leveringsmanagement (S-M)
- Toegepaste kennis van Principes van dienstverlening (S-A)
- Toegepaste kennis van Contractmanagement (V-M)
- Toegepaste kennis van Planning & control (G-M)
- Toegepaste kennis van Bedrijfskunde (E-BP)
- Toegepaste kennis van Administratieve organisatie en interne controle (AO & IC) (E-BP)
- Toegepaste kennis van Portfoliomanagement (E-M)
- Toegepaste kennis van Projectmanagement (E-M)
- Ervaring met Principes van sourcing (K-A)
- Ervaring met Financieel management (F-M)
- Ervaring met Kostencalculaties (F-A)
- Ervaring met Werklastbegroting (E-A)
- Ervaring met Principes, methoden en technieken voor interne controle (E-A)

P-Competenties:
- Gemiddeld niveau Sensitiviteit, inlevingsvermogen
- Gemiddeld niveau Communicatieve vaardigheden (mondeling en/of schriftelijk)
- Gemiddeld niveau Abstractievermogen
- Gemiddeld niveau Creativiteit
- Gemiddeld niveau Kennis van andere disciplines
- Gemiddeld niveau Initiatief
- Gemiddeld niveau Overtuigingskracht
- Gemiddeld niveau Onderhandelingsvaardigheid
- Hoog niveau Klantgerichtheid
- Hoog niveau Analytisch vermogen
- Hoog niveau Organisatiebewustzijn
- Hoog niveau Kwaliteitsbewustzijn
- Hoog niveau Besluitvaardigheid
- Hoog niveau Accuratesse
- Hoog niveau Methodisch werken
- Hoog niveau Plannen en organiseren

e-CF competentiereferenties:
- A.02 Management dienstverleningsniveau (Service Level Management)

Taken in het I-domein Personeel

P-M – Toewijzen taken aan medewerkers

Activiteit:
Selecteren van specifieke taken uit een takenpakket, plan en dergelijke, en toewijzen aan deskundige medewerkers.

Resultaat:
Effectieve inzet van specialisten om daarmee de gewenste resultaten te bereiken.

Toelichting:
De inzet van medewerkers, meestal specialisten en deskundigen met relevante kennis en ervaring op een specifiek terrein, is in het algemeen een managementtaak en behoort derhalve thuis bij managers, projectleiders, teamleiders en dergelijke. Inzet dient ook plaats te vinden op basis van de ambitie en competenties van de medewerkers.

VT-Competenties:
- Toegepaste kennis van Principes van dienstverlening (S-A)
- Toegepaste kennis van Management van (bedrijfs)processen (G-M)
- Toegepaste kennis van Planning & control (G-M)
- Toegepaste kennis van Kwaliteitsmanagement (G-M)
- Toegepaste kennis van Organisatieleer (E-BP)
- Ervaring met Competentiemanagement (P-M)
- Ervaring met Projectmanagement (E-M)

P-Competenties:
- Gemiddeld niveau Kennis van andere disciplines
- Gemiddeld niveau Methodisch werken
- Hoog niveau Leiderschap
- Hoog niveau Sensitiviteit, inlevingsvermogen
- Hoog niveau Communicatieve vaardigheden (mondeling en/of schriftelijk)
- Hoog niveau Samenwerken in teamverbanden
- Hoog niveau Integriteit
- Hoog niveau Klantgerichtheid
- Hoog niveau Organisatiebewustzijn
- Hoog niveau Strategische visie
- Hoog niveau Kwaliteitsbewustzijn
- Hoog niveau Initiatief
- Hoog niveau Besluitvaardigheid
- Hoog niveau Plannen en organiseren

e-CF competentiereferenties:
- E.02 Project- en portfoliomanagement (Project and Portfolio Management)
- E.07 Management van veranderingen in bedrijfsprocessen (Business Change Management)
- E.09 IT-governance (IS Governance)

P-A – Begeleiden medewerkers

Activiteit:
- Begeleiden, coachen (vanuit kennis en ervaring) en ondersteunen van medewerkers.

Resultaat:
Kwalitatief goede resultaten van (minder ervaren) medewerkers, ook in het licht van de ontwikkeling van medewerkers.

Toelichting:
Het begeleiden, coachen, enzovoort van – meestal op een bepaald terrein minder ervaren – medewerkers is een reguliere taak van managers, projectleiders, teamleiders en dergelijke. De begeleiding kan eveneens worden overgedragen aan ervaren deskundigen. Deze taak betreft dus niet de opleiding van medewerkers, maar kan worden gezien als 'opleiden tijdens het werk of 'coaching on the job'.

Al naargelang het object waarop de begeleiding zich richt, zijn specifieke vaktechnische competenties nodig. Hierna zijn de basiscompetenties benoemd.

VT-Competenties:
- Toegepaste kennis van Principes van dienstverlening (S-A)
- Toegepaste kennis van Management van (bedrijfs)processen (G-M)
- Toegepaste kennis van Planning & control (G-M)
- Toegepaste kennis van Kwaliteitsmanagement (G-M)
- Ervaring met Competentiemanagement (P-M)

P-Competenties:
- Gemiddeld niveau Analytisch vermogen
- Gemiddeld niveau Overtuigingskracht
- Gemiddeld niveau Accuratesse
- Hoog niveau Leiderschap
- Hoog niveau Sensitiviteit, inlevingsvermogen
- Hoog niveau Communicatieve vaardigheden (mondeling en/of schriftelijk)
- Hoog niveau Samenwerken in teamverbanden
- Hoog niveau Flexibiliteit
- Hoog niveau Integriteit
- Hoog niveau Klantgerichtheid
- Hoog niveau Didactische vaardigheden
- Hoog niveau Creativiteit
- Hoog niveau Organisatiebewustzijn
- Hoog niveau Kwaliteitsbewustzijn
- Hoog niveau Zelfstandigheid
- Hoog niveau Initiatief
- Hoog niveau Methodisch werken
- Hoog niveau Plannen en organiseren

e-CF competentiereferenties:
- D.09 Personeelsontwikkeling (Personnel Development)
- E.06 ICT-kwaliteitsmanagement (ICT Quality Management)
- E.07 Management van veranderingen in bedrijfsprocessen (Business Change Management)
- E.08 Informatiebeveiligingsmanagement (Information Security Management)

P-A – Bepalen benodigde competenties

Activiteit:
- Bepalen welke vaktechnische en persoonlijke competenties nodig zijn voor de uit te voeren taak, rol of functie.

Resultaat:
Kenschets van benodigde competenties.

Toelichting:
In het kader van het uitvoeren van werkzaamheden, projecten, projectfasen, projectactiviteiten en dergelijke, worden steeds minder vaak medewerkers gezocht met een bepaalde functie, maar wordt meer gekeken naar de vaktechnische en persoonlijke vaardigheden die nodig zijn om de uit te voeren activiteiten optimaal en in samenwerking met een team uit te voeren.

Al naargelang het object waarop de competenties zich richten, zijn specifieke vaktechnische competenties nodig. Hierna zijn de basiscompetenties benoemd.

VT-Competenties:
- Toegepaste kennis van Changemanagement (I-M)
- Toegepaste kennis van Behoeftemanagement (S-M)
- Toegepaste kennis van Principes van dienstverlening (S-A)
- Toegepaste kennis van Management van (bedrijfs)processen (G-M)
- Toegepaste kennis van Planning & control (G-M)
- Toegepaste kennis van Kwaliteitsmanagement (G-M)
- Toegepaste kennis van Organisatieleer (E-BP)
- Toegepaste kennis van Projectmanagement (E-M)
- Ervaring met Competentiemanagement (P-M)
- Ervaring met Principes, methoden en technieken voor kwaliteitsborging (E-A)

P-Competenties:
- Gemiddeld niveau Leiderschap
- Gemiddeld niveau Abstractievermogen
- Gemiddeld niveau Methodisch werken
- Hoog niveau Sensitiviteit, inlevingsvermogen
- Hoog niveau Communicatieve vaardigheden (mondeling en/of schriftelijk)
- Hoog niveau Samenwerken in teamverbanden
- Hoog niveau Integriteit
- Hoog niveau Klantgerichtheid
- Hoog niveau Analytisch vermogen

- Hoog niveau Oordeelsvorming
- Hoog niveau Organisatiebewustzijn
- Hoog niveau Kennis van andere disciplines
- Hoog niveau Strategische visie
- Hoog niveau Kwaliteitsbewustzijn
- Hoog niveau Initiatief
- Hoog niveau Besluitvaardigheid
- Hoog niveau Plannen en organiseren

e-CF competentiereferenties:
- D.03 Opleiding en training (Education and Training Provision)
- D.09 Personeelsontwikkeling (Personnel Development)
- E.02 Project- en portfoliomanagement (Project and Portfolio Management)
- E.03 Risicomanagement (Risk Management)
- E.05 Procesverbetering (Process Improvement)
- E.06 ICT-kwaliteitsmanagement (ICT Quality Management)
- E.07 Management van veranderingen in bedrijfsprocessen (Business Change Management)
- E.08 Informatiebeveiligingsmanagement (Information Security Management)

P-A – Vaststellen opleidingsbehoeften

Activiteit:
- Analyseren en bepalen van de opleidingsbehoeften van medewerkers.
- Afstemmen van gewenste opleidingen met de behoeften van een medewerker.
- Opstellen van opleidingsvoorstellen voor medewerkers.

Resultaat:
Opleidings- en (bij)scholingsplannen, persoonlijke ontwikkelplannen.

Toelichting:
Deze taak is primair een managementtaak van alle leidinggevenden en zou zeker ook door de betreffende medewerker moeten worden uitgevoerd. Het betreft onder meer het om- en bijscholen van medewerkers op een specifiek terrein, zowel vakmatig als gericht op persoonlijke vaardigheden in het algemeen.

Al naargelang het object waarop de opleidingsbehoeften zich richten, zijn specifieke vaktechnische competenties nodig. Hierna zijn de basiscompetenties benoemd.

VT-Competenties:
- Toegepaste kennis van Changemanagement (I-M)
- Toegepaste kennis van Behoeftemanagement (S-M)
- Toegepaste kennis van Principes van dienstverlening (S-A)
- Toegepaste kennis van Management van (bedrijfs)processen (G-M)
- Toegepaste kennis van Planning & control (G-M)
- Toegepaste kennis van Organisatieleer (E-BP)
- Toegepaste kennis van Principes, methoden en technieken voor kwaliteitsborging (E-A)
- Ervaring met Competentiemanagement (P-M)

- Ervaring met Kwaliteitsmanagement (G-M)
- Ervaring met Projectmanagement (E-M)

P-Competenties:
- Gemiddeld niveau Abstractievermogen
- Gemiddeld niveau Kennis van andere disciplines
- Gemiddeld niveau Strategische visie
- Gemiddeld niveau Initiatief
- Gemiddeld niveau Methodisch werken
- Hoog niveau Sensitiviteit, inlevingsvermogen
- Hoog niveau Communicatieve vaardigheden (mondeling en/of schriftelijk)
- Hoog niveau Samenwerken in teamverbanden
- Hoog niveau Klantgerichtheid
- Hoog niveau Analytisch vermogen
- Hoog niveau Oordeelsvorming
- Hoog niveau Organisatiebewustzijn
- Hoog niveau Kwaliteitsbewustzijn
- Hoog niveau Besluitvaardigheid
- Hoog niveau Plannen en organiseren

e-CF competentiereferenties:
- C.01 Gebruikersondersteuning (User Support)
- D.01 Strategieontwikkeling informatiebeveiliging (Information Security Strategy Development)
- D.02 Ontwikkeling ICT-kwaliteitsstrategie (ICT Quality Strategy Development)
- D.03 Opleiding en training (Education and Training Provision)
- D.09 Personeelsontwikkeling (Personnel Development)
- E.02 Project- en portfoliomanagement (Project and Portfolio Management)
- E.07 Management van veranderingen in bedrijfsprocessen (Business Change Management)

P-A – Verzorgen opleiding

Activiteit:
- Geven van opleidingen, trainingen, instructies, demonstraties en dergelijke met het doel opgebouwde en beschikbare relevante kennis over te dragen aan anderen, met een vooraf gedefinieerd leerdoel.

Resultaat:
Medewerkers met adequate kennis, vaardigheden en attitude.

Toelichting:
Kennis kan vele aspecten betreffen zoals:
- het gebruik en de bediening van systemen;
- procedures;
- methoden, technieken en hulpmiddelen;
- persoonlijke vaardigheden en inzicht in de cultuur van een organisatie.

De kennis en vaardigheden kunnen worden overgedragen door onder meer:
- klassikale of individuele opleidingen;
- presentaties en workshops.

Al dan niet ondersteund door geautomatiseerde middelen (zoals e-learning en webbinars).

Al naargelang het object waarop de opleiding zich richt, zijn specifieke vaktechnische competenties nodig. Hierna zijn de basiscompetenties benoemd.

VT-Competenties:
- Conceptuele kennis van Organisatieleer (E-BP)
- Toegepaste kennis van Planning & control (G-M)
- Toegepaste kennis van Portfoliomanagement (E-M)
- Toegepaste kennis van Projectmanagement (E-M)
- Ervaring met Behoeftemanagement (S-M)
- Ervaring met Multimediatechnologie (G-TI)
- Ervaring met Kwaliteitsmanagement (G-M)

P-Competenties:
- Gemiddeld niveau Flexibiliteit
- Gemiddeld niveau Analytisch vermogen
- Gemiddeld niveau Abstractievermogen
- Gemiddeld niveau Kennis van andere disciplines
- Gemiddeld niveau Initiatief
- Hoog niveau Leiderschap
- Hoog niveau Sensitiviteit, inlevingsvermogen
- Hoog niveau Communicatieve vaardigheden (mondeling en/of schriftelijk)
- Hoog niveau Samenwerken in teamverbanden
- Hoog niveau Klantgerichtheid
- Hoog niveau Didactische vaardigheden
- Hoog niveau Creativiteit
- Hoog niveau Kwaliteitsbewustzijn
- Hoog niveau Zelfstandigheid
- Hoog niveau Methodisch werken
- Hoog niveau Plannen en organiseren

e-CF competentiereferenties:
- B.04 Oplossingen implementeren (Solution Deployment)
- C.01 Gebruikersondersteuning (user support)
- C.02 Ondersteunen van wijzigingen (Change Support)
- D.03 Opleiding en training (Education and Training Provision)
- D.11 Behoeftemanagement (Needs Identification)

Taken in het I-domein Commercieel

C-A – Onderhouden klantrelatie (commercieel)

Activiteit:

- Vergaren van kennis over en onderhouden van contacten met afnemers of klanten binnen een afgebakend marktsegment.
- Op elkaar afstemmen van de verschillende producten en diensten die aan bepaalde afnemers of klanten worden geleverd of die worden gewenst, teneinde de interactie tussen partijen zo efficiënt en effectief mogelijk te laten verlopen.

Resultaat:
Een goed functionerende relatie. Inzicht in de toepasbaarheid van de door een klant gewenste producten en diensten. Nieuwe of gewijzigde afspraken.

Toelichting:
Tot dit accountmanagement of service level management wordt ook gerekend:

- onderkennen en analyseren van kansen;
- adviseren van de relatie;
- bewaking van de uitvoering van afspraken;
- initiëren van de ontwikkeling van nieuwe producten en diensten.

Vanuit de relatie en de daarvoor benodigde samenwerking blijft men op de hoogte van de ontwikkelingen bij de klant, maar ook van de continuïteit en de betrouwbaarheid van de klant. De klant kan omgekeerd vaak veel beter inspelen op het aanbod van de leverancier.

VT-Competenties:

- Toegepaste kennis van Behoeftemanagement (S-M)
- Toegepaste kennis van Financieel management (F-M)
- Toegepaste kennis van Continuïteitmanagement (G-M)
- Toegepaste kennis van Risicomanagement (G-M)
- Toegepaste kennis van Portfoliomanagement (E-M)
- Ervaring met Principes van sourcing (K-A)
- Ervaring met Klantmanagement (S-M)
- Ervaring met Leveringsmanagement (S-M)
- Ervaring met Principes van dienstverlening (S-A)
- Ervaring met Contractmanagement (V-M)
- Ervaring met Kostencalculaties (F-A)
- Ervaring met Commercieel management (C-M)

P-Competenties:

- Hoog niveau Sensitiviteit, inlevingsvermogen
- Hoog niveau Communicatieve vaardigheden (mondeling en/of schriftelijk)
- Hoog niveau Samenwerken in teamverbanden
- Hoog niveau Flexibiliteit
- Hoog niveau Conflictpreventie en -beheersing

- Hoog niveau Klantgerichtheid
- Hoog niveau Oordeelsvorming
- Hoog niveau Organisatiebewustzijn
- Hoog niveau Strategische visie
- Hoog niveau Commercieel inzicht
- Hoog niveau Kwaliteitsbewustzijn
- Hoog niveau Initiatief
- Hoog niveau Besluitvaardigheid
- Hoog niveau Onderhandelingsvaardigheid
- Hoog niveau Plannen en organiseren

e-CF competentiereferenties:
- C.03 Dienstverlening (Service Delivery)
- D.05 Maken van offertes (Sales Proposal Development)
- D.06 Management van verkoopkanalen (Channel Management)
- D.11 Behoeftemanagement (Needs Identification)
- E.01 Ontwikkelen van prognoses (Forecast Development)
- E.04 Relatiemanagement (Relationship Management)

C-M – Opstellen en beheren offerte

Activiteit:
- Opstellen van een offerte voor een klant.
- Zo gewenst aanpassen van de offerte op aangeven van de klant.

Resultaat:
Offerte voor een klant.

Toelichting:
Deze taak betreft de afstemming met een klant over de gewenste dienstverlening (onder andere op basis van een RfP of RfC) en het op basis daarvan opstellen van een offerte voor de klant. Zo nodig en in overleg met de klant wordt de offerte aangepast.

Al naargelang het object waarvoor de offerte wordt opgesteld, zijn specifieke vaktechnische competenties nodig. Hierna zijn de basiscompetenties benoemd.

VT-Competenties:
- Conceptuele kennis van Beleid en strategiebepaling (K-M)
- Toegepaste kennis van Changemanagement (I-M)
- Toegepaste kennis van Behoeftemanagement (S-M)
- Toegepaste kennis van Continuïteitmanagement (G-M)
- Toegepaste kennis van Compliancemanagement (G-M)
- Toegepaste kennis van Risicomanagement (G-M)
- Toegepaste kennis van Administratieve organisatie en interne controle (AO & IC) (E-BP)
- Toegepaste kennis van Projectmanagement (E-M)
- Toegepaste kennis van Principes, methoden en technieken voor interne controle (E-A)

- Ervaring met Principes van sourcing (K-A)
- Ervaring met Klantmanagement (S-M)
- Ervaring met Leveringsmanagement (S-M)
- Ervaring met Principes van dienstverlening (S-A)
- Ervaring met Contractmanagement (V-M)
- Ervaring met Financieel management (F-M)
- Ervaring met Kostencalculaties (F-A)
- Ervaring met Commercieel management (C-M)
- Ervaring met Planning & control (G-M)
- Ervaring met Kwaliteitsmanagement (G-M)
- Ervaring met Portfoliomanagement (E-M)
- Ervaring met Werklastbegroting (E-A)
- Ervaring met Principes, methoden en technieken voor kwaliteitsborging (E-A)

P-Competenties:
- Gemiddeld niveau Methodisch werken
- Hoog niveau Sensitiviteit, inlevingsvermogen
- Hoog niveau Communicatieve vaardigheden (mondeling en/of schriftelijk)
- Hoog niveau Samenwerken in teamverbanden
- Hoog niveau Integriteit
- Hoog niveau Klantgerichtheid
- Hoog niveau Oordeelsvorming
- Hoog niveau Organisatiebewustzijn
- Hoog niveau Strategische visie
- Hoog niveau Commercieel inzicht
- Hoog niveau Kwaliteitsbewustzijn
- Hoog niveau Initiatief
- Hoog niveau Besluitvaardigheid
- Hoog niveau Onderhandelingsvaardigheid
- Hoog niveau Accuratesse
- Hoog niveau Plannen en organiseren

e-CF competentiereferenties:
- D.05 Maken van offertes (Sales Proposal Development)

C-M – Opstellen, afsluiten en beheren contract (leverancier)

Activiteit:
- Identificeren, onderzoeken en afstemmen van de behoeften aan contractuele afspraken met een klant.
- Opstellen van een contract met een klant gebaseerd op diens pakket van eisen, randvoorwaarden en condities.
- Analyseren van de inkoopvoorwaarden van de klant.
- Afstemmen van het pakket van eisen en dergelijke op de RfP of RfC, of de uitgebrachte offerte, en bereiken van consensus met de klant.
- Opstellen en afstemmen van het (concept)contract met de klant.

- Goedkeuren en accorderen van het contract en de onderliggende stukken (zoals: SLA's).
- Afsluiten, beheren en onderhouden van het contract.

Resultaat:
Contract met de klant.

Toelichting:
Deze taak betreft de afstemming met een klant over de gewenste dienstverlening (onder andere op basis van een RfP of offerte), het op basis daarvan opstellen van een conceptcontract en na akkoord van de klant afsluiten van het contract. Ook het beheren en onderhouden van het contract valt hieronder.

VT-Competenties:
- Conceptuele kennis van Beleid en strategiebepaling (K-M)
- Toegepaste kennis van Changemanagement (I-M)
- Toegepaste kennis van Behoeftemanagement (S-M)
- Toegepaste kennis van Continuïteitmanagement (G-M)
- Toegepaste kennis van Compliancemanagement (G-M)
- Toegepaste kennis van Administratieve organisatie en interne controle (AO & IC) (E-BP)
- Toegepaste kennis van Principes, methoden en technieken voor interne controle (E-A)
- Ervaring met Principes van sourcing (K-A)
- Ervaring met Klantmanagement (S-M)
- Ervaring met Leveringsmanagement (S-M)
- Ervaring met Principes van dienstverlening (S-A)
- Ervaring met Contractmanagement (V-M)
- Ervaring met Financieel management (F-M)
- Ervaring met Kostencalculaties (F-A)
- Ervaring met Commercieel management (C-M)
- Ervaring met Planning & control (G-M)
- Ervaring met Kwaliteitsmanagement (G-M)
- Ervaring met Risicomanagement (G-M)
- Ervaring met Portfoliomanagement (E-M)

P-Competenties:
- Gemiddeld niveau Creativiteit
- Gemiddeld niveau Kennis van andere disciplines
- Gemiddeld niveau Methodisch werken
- Hoog niveau Sensitiviteit, inlevingsvermogen
- Hoog niveau Communicatieve vaardigheden (mondeling en/of schriftelijk)
- Hoog niveau Samenwerken in teamverbanden
- Hoog niveau Flexibiliteit
- Hoog niveau Integriteit
- Hoog niveau Klantgerichtheid
- Hoog niveau Oordeelsvorming
- Hoog niveau Organisatiebewustzijn
- Hoog niveau Commercieel inzicht

- Hoog niveau Initiatief
- Hoog niveau Besluitvaardigheid
- Hoog niveau Overtuigingskracht
- Hoog niveau Onderhandelingsvaardigheid
- Hoog niveau Accuratesse
- Hoog niveau Plannen en organiseren

e-CF competentiereferenties:
- D.08 Contractmanagement (Contract Management)

Taken in het I-domein Generiek

G-M – Organiseren informatievoorzieningsfunctie

Activiteit:
- Definiëren en beheren van de taken, verantwoordelijkheden, bevoegdheden, functies, procedures, processen en de organisatiestructuur, voor het plannen, ontwikkelen, beheren en exploiteren van de informatievoorziening, zowel in de ICT-organisatie, regieorganisatie als in de gebruikersorganisatie.

Resultaat:
Beschrijving en inrichting van de organisatie van de informatievoorziening.

Toelichting:
Deze taak betreft bijvoorbeeld het ontwerpen van de ICT-afdeling en de organisatie voor beheer van informatiesystemen. Hij kan ook betrekking hebben op de organisatie van het beheer (van het gebruik van een applicatie) in de gebruikersorganisatie.

VT-Competenties:
- Conceptuele kennis van Beheer van informatiesystemen (B-IS)
- Toegepaste kennis van Behoeftemanagement (S-M)
- Ervaring met Informatiemanagement (K-BP)
- Ervaring met Beleid en strategiebepaling (K-M)
- Ervaring met Organisatieontwerp (O-BP)
- Ervaring met Leveringsmanagement (S-M)
- Ervaring met Leveranciersmanagement (V-M)
- Ervaring met Contractmanagement (V-M)
- Ervaring met Financieel management (F-M)
- Ervaring met Competentiemanagement (P-M)
- Ervaring met Management van (bedrijfs)processen (G-M)
- Ervaring met Planning & control (G-M)
- Ervaring met Continuïteitmanagement (G-M)
- Ervaring met Compliancemanagement (G-M)
- Ervaring met Kwaliteitsmanagement (G-M)
- Ervaring met Risicomanagement (G-M)
- Ervaring met Bedrijfskunde (E-BP)
- Ervaring met Organisatieleer (E-BP)
- Ervaring met Administratieve organisatie en interne controle (AO & IC) (E-BP)
- Ervaring met Principes, methoden en technieken voor kwaliteitsborging (E-A)

P-Competenties:
- Gemiddeld niveau Sensitiviteit, inlevingsvermogen
- Gemiddeld niveau Klantgerichtheid
- Gemiddeld niveau Oordeelsvorming
- Gemiddeld niveau Abstractievermogen
- Gemiddeld niveau Creativiteit

- Gemiddeld niveau Commercieel inzicht
- Gemiddeld niveau Kwaliteitsbewustzijn
- Hoog niveau Organisatiebewustzijn
- Hoog niveau Strategische visie
- Hoog niveau Plannen en organiseren

e-CF competentiereferenties:
- A.01 Afstemming informatiesysteem en bedrijfsstrategie (IS and Business Strategy Alignment)
- D.09 IT-governance (IS Governance)

G-M – Inrichten informatievoorzieningsfunctie

Activiteit:
- Definiëren en beheren van de taken, verantwoordelijkheden, bevoegdheden, functies, procedures, processen en de organisatiestructuur, voor het plannen, ontwikkelen, beheren en exploiteren van de informatievoorziening, zowel in de ICT-organisatie, regieorganisatie als in de gebruikersorganisatie.

Resultaat:
Beschrijving en inrichting van de organisatie van de informatievoorziening.

Toelichting:
Deze taak betreft bijvoorbeeld het inrichten van de ICT-afdeling en de organisatie voor beheer van informatiesystemen. Hij kan ook betrekking hebben op de organisatie van het beheer (van het gebruik van een applicatie) in de gebruikersorganisatie. Ook het organiseren van de samenwerking met leveranciers (bij outsourcing) valt onder deze taak.

VT-Competenties:
- Conceptuele kennis van Beheer van informatiesystemen (B-IS)
- Toegepaste kennis van Beleid en strategiebepaling (K-M)
- Toegepaste kennis van Behoeftemanagement (S-M)
- Ervaring met Informatiemanagement (K-BP)
- Ervaring met Organisatieontwerp (O-BP)
- Ervaring met Organisatorische continuïteitmaatregelen (O-BP)
- Ervaring met Leveringsmanagement (S-M)
- Ervaring met Leveranciersmanagement (V-M)
- Ervaring met Contractmanagement (V-M)
- Ervaring met Financieel management (F-M)
- Ervaring met Competentiemanagement (P-M)
- Ervaring met Management van (bedrijfs)processen (G-M)
- Ervaring met Planning & control (G-M)
- Ervaring met Continuïteitmanagement (G-M)
- Ervaring met Compliancemanagement (G-M)
- Ervaring met Kwaliteitsmanagement (G-M)
- Ervaring met Risicomanagement (G-M)

- Ervaring met Bedrijfskunde (E-BP)
- Ervaring met Organisatieleer (E-BP)
- Ervaring met Administratieve organisatie en interne controle (AO & IC) (E-BP)

P-Competenties:
- Gemiddeld niveau Communicatieve vaardigheden (mondeling en/of schriftelijk)
- Gemiddeld niveau Flexibiliteit
- Gemiddeld niveau Analytisch vermogen
- Gemiddeld niveau Oordeelsvorming
- Gemiddeld niveau Abstractievermogen
- Gemiddeld niveau Creativiteit
- Gemiddeld niveau Commercieel inzicht
- Hoog niveau Sensitiviteit, inlevingsvermogen
- Hoog niveau Samenwerken in teamverbanden
- Hoog niveau Klantgerichtheid
- Hoog niveau Organisatiebewustzijn
- Hoog niveau Strategische visie
- Hoog niveau Kwaliteitsbewustzijn
- Hoog niveau Initiatief
- Hoog niveau Plannen en organiseren

e-CF competentiereferenties:
- A.01 Afstemming informatiesysteem en bedrijfsstrategie (IS and Business Strategy Alignment)
- D.04 Inkoop (Purchasing)
- E.06 ICT-kwaliteitsmanagement (ICT Quality Management)
- E.09 IT-governance (IS Governance)

G-M – Opstellen en beheren projectplan

Activiteit:
- Op hoofdlijnen beschrijven van een totaal project zodat een kader ontstaat waarbinnen het gewenste resultaat kan worden bereikt.
- Beheren en onderhouden van het plan.

Resultaat:
Projectplan, projectopdracht.

Toelichting:
Een projectplan kan betrekking hebben op onder meer:
- de (verdere) ontwikkeling van nieuwe informatiesystemen;
- de (verdere) ontwikkeling, uitbreiding van de technische infrastructuur;
- wijzigingen in de organisatie(structuur), werkwijze en dergelijke.

Het projectplan doet onder meer uitspraken over:
- doel;

- bemensing;
- financiering;
- planning;
- communicatie en rapportage;
- (project)organisatie;
- de randvoorwaarden voor het project.

VT-Competenties:
- Conceptuele kennis van Informatiemanagement (K-BP)
- Conceptuele kennis van Beleid en strategiebepaling (K-M)
- Conceptuele kennis van Organisatieleer (E-BP)
- Toegepaste kennis van Organisatieanalyse (O-BP)
- Toegepaste kennis van Organisatieontwerp (O-BP)
- Toegepaste kennis van Administratieve organisatie en interne controle (AO & IC) (E-BP)
- Toegepaste kennis van Portfoliomanagement (E-M)
- Ervaring met Changemanagement (I-M)
- Ervaring met Behoeftemanagement (S-M)
- Ervaring met Leveringsmanagement (S-M)
- Ervaring met Leveranciersmanagement (V-M)
- Ervaring met Contractmanagement (V-M)
- Ervaring met Financieel management (F-M)
- Ervaring met Kostencalculaties (F-A)
- Ervaring met Competentiemanagement (P-M)
- Ervaring met Management van (bedrijfs)processen (G-M)
- Ervaring met Planning & control (G-M)
- Ervaring met Compliancemanagement (G-M)
- Ervaring met Risicomanagement (G-M)
- Ervaring met Projectmanagement (E-M)
- Ervaring met Werklastbegroting (E-A)

P-Competenties:
- Gemiddeld niveau Sensitiviteit, inlevingsvermogen
- Gemiddeld niveau Flexibiliteit
- Gemiddeld niveau Creativiteit
- Gemiddeld niveau Kennis van andere disciplines
- Gemiddeld niveau Initiatief
- Gemiddeld niveau Besluitvaardigheid
- Gemiddeld niveau Overtuigingskracht
- Gemiddeld niveau Methodisch werken
- Hoog niveau Leiderschap
- Hoog niveau Communicatieve vaardigheden (mondeling en/of schriftelijk)
- Hoog niveau Samenwerken in teamverbanden
- Hoog niveau Klantgerichtheid
- Hoog niveau Organisatiebewustzijn
- Hoog niveau Strategische visie
- Hoog niveau Commercieel inzicht

- Hoog niveau Kwaliteitsbewustzijn
- Hoog niveau Onderhandelingsvaardigheid
- Hoog niveau Plannen en organiseren

e-CF competentiereferenties:
- A.04 Product- of serviceplanning (Product/Service Planning)
- C.02 Ondersteunen van wijzigingen (Change Support)
- D.06 Management van verkoopkanalen (Channel Management)
- E.01 Ontwikkelen van prognoses (Forecast Development)
- E.02 Project- en portfoliomanagement (Project and Portfolio Management)
- E.03 Risicomanagement (Risk Management)
- E.05 Procesverbetering (Process Improvement)
- E.07 Management van veranderingen in bedrijfsprocessen (Business Change Management)

G-M – Inrichten projectorganisatie

Activiteit:
- Ontwerpen, installeren en activeren van een projectgroep of projectorganisatie.
- Effectueren van de relatie met de opdrachtgever en de projectdeelnemers.

Resultaat:
Projectorganisatie.

Toelichting:
Bij deze taak gaat het om het operationeel inrichten van een projectgroep, stuurgroep en eventuele werkgroepen. Hierbij hoort bijvoorbeeld:
- de beschikking krijgen over projectgroepsleden (uit de ICT-organisatie en de gebruikersorganisatie of van leveranciers);
- het opstellen van de projectorganisatiestructuur en -werkwijze;
- de beschikking krijgen over fysieke werkruimten;
- de beschikking krijgen over project(hulp)middelen (waaronder apparatuur);
- het duidelijk maken van de verantwoordelijkheden, bevoegdheden, rapportagelijnen en het verkrijgen van betrokkenheid en motivatie bij de projectgroepsleden;
- de inrichting van de administratieve organisatie van het project.

VT-Competenties:
- Conceptuele kennis van Financieel management (F-M)
- Conceptuele kennis van Organisatieleer (E-BP)
- Toegepaste kennis van Informatiemanagement (K-BP)
- Toegepaste kennis van Behoeftemanagement (S-M)
- Ervaring met Organisatieontwerp (O-BP)
- Ervaring met Changemanagement (I-M)
- Ervaring met Leveringsmanagement (S-M)
- Ervaring met Leveranciersmanagement (V-M)
- Ervaring met Contractmanagement (V-M)
- Ervaring met Competentiemanagement (P-M)

- Ervaring met Planning & control (G-M)
- Ervaring met Kwaliteitsmanagement (G-M)
- Ervaring met Risicomanagement (G-M)
- Ervaring met Projectmanagement (E-M)

P-Competenties:
- Gemiddeld niveau Sensitiviteit, inlevingsvermogen
- Gemiddeld niveau Flexibiliteit
- Gemiddeld niveau Creativiteit
- Gemiddeld niveau Besluitvaardigheid
- Gemiddeld niveau Methodisch werken
- Hoog niveau Communicatieve vaardigheden (mondeling en/of schriftelijk)
- Hoog niveau Klantgerichtheid
- Hoog niveau Organisatiebewustzijn
- Hoog niveau Strategische visie
- Hoog niveau Commercieel inzicht
- Hoog niveau Kwaliteitsbewustzijn
- Hoog niveau Initiatief
- Hoog niveau Plannen en organiseren

e-CF competentiereferenties:
- E.02 Project- en portfoliomanagement (Project and Portfolio Management)
- E.09 IT-governance (IS Governance)

G-M – Opstellen operationeel werkplan

Activiteit:
- Definiëren van de werkzaamheden binnen een werkopdracht die in een bepaalde tijdsperiode en met een vooraf gedefinieerd resultaat moeten worden uitgevoerd.
- Vaststellen van de relaties tussen de werkzaamheden, taken en dergelijke.
- Begroten van de omvang (werklast) en benodigde financiële middelen van de werkzaamheden.
- Plannen en afstemmen van de inzet van deskundigen.

Resultaat:
Werkplan.

Toelichting:
Het gaat hier om een algemene taak die veelal deel uitmaakt van andere taken.

Al naargelang het object waarop het werkplan zich richt, zijn specifieke vaktechnische competenties nodig. Hierna zijn de basiscompetenties benoemd.

VT-Competenties:
- Conceptuele kennis van Financieel management (F-M)
- Conceptuele kennis van Kostencalculaties (F-A)

- Toegepaste kennis van Changemanagement (I-M)
- Toegepaste kennis van Planning & control (G-M)
- Ervaring met Projectmanagement (E-M)
- Ervaring met Risicoanalyse (E-A)
- Ervaring met Werklastbegroting (E-A)

P-Competenties:
- Gemiddeld niveau Communicatieve vaardigheden (mondeling en/of schriftelijk)
- Gemiddeld niveau Flexibiliteit
- Gemiddeld niveau Klantgerichtheid
- Gemiddeld niveau Analytisch vermogen
- Gemiddeld niveau Oordeelsvorming
- Gemiddeld niveau Abstractievermogen
- Gemiddeld niveau Creativiteit
- Gemiddeld niveau Organisatiebewustzijn
- Gemiddeld niveau Zelfstandigheid
- Gemiddeld niveau Accuratesse
- Gemiddeld niveau Methodisch werken
- Hoog niveau Samenwerken in teamverbanden
- Hoog niveau Kwaliteitsbewustzijn
- Hoog niveau Initiatief
- Hoog niveau Plannen en organiseren

e-CF competentiereferenties:
- A.06 Ontwerp van applicaties (Application Design)

G-M – Vaststellen en toewijzen taken, verantwoordelijkheden, bevoegdheden

Activiteit:
- Vaststellen en toewijzen van taken, verantwoordelijkheden en bevoegdheden.

Resultaat:
Afspraken over taken, verantwoordelijkheden en bevoegdheden.

Toelichting:
Het gaat hier om een algemene taak die veelal deel uitmaakt van andere taken (niet beperkt tot managementfuncties). Het gaat er in het algemeen om dat afspraken over taken, bevoegdheden en verantwoordelijkheden worden gemaakt, voor onder andere (interne) medewerkers, voor rollen in projecten en in het kader van de governance bij outsourcing.

VT-Competenties:
- Conceptuele kennis van Kwaliteitsmanagement (G-M)
- Conceptuele kennis van Organisatieleer (E-BP)
- Toegepaste kennis van Competentiemanagement (P-M)
- Toegepaste kennis van Risicomanagement (G-M)
- Toegepaste kennis van Werklastbegroting (E-A)

- Toegepaste kennis van Principes, methoden en technieken voor interne controle (E-A)
- Ervaring met Management van (bedrijfs)processen (G-M)

P-Competenties:
- Gemiddeld niveau Leiderschap
- Gemiddeld niveau Flexibiliteit
- Gemiddeld niveau Analytisch vermogen
- Gemiddeld niveau Creativiteit
- Gemiddeld niveau Methodisch werken
- Hoog niveau Sensitiviteit, inlevingsvermogen
- Hoog niveau Communicatieve vaardigheden (mondeling en/of schriftelijk)
- Hoog niveau Samenwerken in teamverbanden
- Hoog niveau Klantgerichtheid
- Hoog niveau Organisatiebewustzijn
- Hoog niveau Kwaliteitsbewustzijn
- Hoog niveau Initiatief
- Hoog niveau Plannen en organiseren

e-CF competentiereferenties:
- E.02 Project- en portfoliomanagement (Project and Portfolio Management)
- E.03 Risicomanagement (Risk Management)
- E.05 Procesverbetering (Process Improvement)
- E.09 IT-governance (IS Governance)

G-M – Managen wijziging

Activiteit:
- Voorbereiden, plannen en sturen van het uitvoeren en invoeren van een wijziging.

Resultaat:
Beheerste en correct ingevoerde wijziging.

Toelichting:
Deze taak betreft primair het aansturen van de ontwikkeling en de invoering van een wijziging in bedrijfsprocessen, applicaties en de technische infrastructuur. Het is onderdeel van changemanagement.

Al naargelang het object waarop de wijziging zich richt, zijn specifieke vaktechnische competenties nodig. Hierna zijn de basiscompetenties benoemd.

VT-Competenties:
- Toegepaste kennis van Leveringsmanagement (S-M)
- Toegepaste kennis van Financieel management (F-M)
- Ervaring met Changemanagement (I-M)
- Ervaring met Versie- en configuratiebeheer (B-A)
- Ervaring met Management van (bedrijfs)processen (G-M)
- Ervaring met Planning & control (G-M)

- Ervaring met Continuïteitmanagement (G-M)
- Ervaring met Compliancemanagement (G-M)
- Ervaring met Kwaliteitsmanagement (G-M)
- Ervaring met Risicomanagement (G-M)
- Ervaring met Projectmanagement (E-M)
- Ervaring met Principes, methoden en technieken voor interne controle (E-A)
- Ervaring met Principes, methoden en technieken voor kwaliteitsborging (E-A)

P-Competenties:
- Gemiddeld niveau Flexibiliteit
- Gemiddeld niveau Stressbestendigheid
- Gemiddeld niveau Analytisch vermogen
- Gemiddeld niveau Creativiteit
- Gemiddeld niveau Kennis van andere disciplines
- Gemiddeld niveau Methodisch werken
- Hoog niveau Leiderschap
- Hoog niveau Sensitiviteit, inlevingsvermogen
- Hoog niveau Communicatieve vaardigheden (mondeling en/of schriftelijk)
- Hoog niveau Samenwerken in teamverbanden
- Hoog niveau Klantgerichtheid
- Hoog niveau Oordeelsvorming
- Hoog niveau Organisatiebewustzijn
- Hoog niveau Strategische visie
- Hoog niveau Kwaliteitsbewustzijn
- Hoog niveau Initiatief
- Hoog niveau Besluitvaardigheid
- Hoog niveau Overtuigingskracht
- Hoog niveau Onderhandelingsvaardigheid
- Hoog niveau Plannen en organiseren

e-CF competentiereferenties:
- C.02 Ondersteunen van wijzigingen (Change Support)
- E.01 Ontwikkelen van prognoses (Forecast Development)

G-M – Managen organisatorische knelpunten, problemen

Activiteit:
- Zorg dragen voor en aansturen van het identificeren, analyseren en oplossen van organisatorische knelpunten en problemen.

Resultaat:
Adequaat functionerende organisatieprocessen.

Toelichting:
Knelpunten en problemen kunnen een veelheid aan (structurele) oorzaken hebben, en bovendien in diverse geledingen van de organisatie ontstaan en moeten worden opgelost. Ze zijn niet

beperkt tot: knelpunten in de gebruikersorganisatie, bij beheer, bij ontwikkeling, in projecten en met leveranciers. Het oplossen van dit soort organisatorische knelpunten en problemen vraagt om goed management, mede om maatregelen te nemen om deze knelpunten in de toekomst te voorkomen.

VT-Competenties:
- Conceptuele kennis van Beleid en strategiebepaling (K-M)
- Conceptuele kennis van Organisatieanalyse (O-BP)
- Conceptuele kennis van Organisatieontwerp (O-BP)
- Conceptuele kennis van Beheer van informatiesystemen (B-IS)
- Conceptuele kennis van Continuïteitmanagement (G-M)
- Conceptuele kennis van Compliancemanagement (G-M)
- Conceptuele kennis van Organisatieleer (E-BP)
- Toegepaste kennis van Changemanagement (I-M)
- Toegepaste kennis van Kwaliteitsmanagement (G-M)
- Toegepaste kennis van Risicomanagement (G-M)
- Toegepaste kennis van Bedrijfskunde (E-BP)
- Toegepaste kennis van Administratieve organisatie en interne controle (AO & IC) (E-BP)
- Toegepaste kennis van Projectmanagement (E-M)
- Ervaring met Realiseren van organisatiewijzigingen (O-BP)
- Ervaring met Organisatorische continuïteitmaatregelen (O-BP)
- Ervaring met Management van (bedrijfs)processen (G-M)
- Ervaring met Planning & control (G-M)

P-Competenties:
- Gemiddeld niveau Flexibiliteit
- Gemiddeld niveau Oordeelsvorming
- Gemiddeld niveau Abstractievermogen
- Gemiddeld niveau Creativiteit
- Gemiddeld niveau Kennis van andere disciplines
- Gemiddeld niveau Methodisch werken
- Hoog niveau Leiderschap
- Hoog niveau Communicatieve vaardigheden (mondeling en/of schriftelijk)
- Hoog niveau Samenwerken in teamverbanden
- Hoog niveau Conflictpreventie en -beheersing
- Hoog niveau Analytisch vermogen
- Hoog niveau Organisatiebewustzijn
- Hoog niveau Strategische visie
- Hoog niveau Kwaliteitsbewustzijn
- Hoog niveau Initiatief
- Hoog niveau Besluitvaardigheid
- Hoog niveau Plannen en organiseren

e-CF competentiereferenties:
- C.03 Dienstverlening (Service Delivery)
- C.04 Probleemmanagement (Problem Management)

- E.04 Relatiemanagement (Relationship Management)
- E.05 Procesverbetering (Process Improvement)
- E.07 Management van veranderingen in bedrijfsprocessen (Business Change Management)

G-M – Managen technische knelpunten, problemen

Activiteit:
- Zorg dragen voor het identificeren, analyseren en oplossen van technische knelpunten en problemen.

Resultaat:
Adequaat functionerende systemen.

Toelichting:
Knelpunten en problemen kunnen een veelheid aan (structurele) oorzaken hebben, en bovendien in diverse geledingen van de organisatie ontstaan en moeten worden opgelost. Ze zijn niet beperkt tot knelpunten in het gebruik van systemen door gebruikers, of in het beheer door de interne organisatie of door leveranciers. Het oplossen van dit soort technische knelpunten en problemen vraagt om goed management, mede om maatregelen te nemen om deze knelpunten in de toekomst te voorkomen. ITIL duidt dit proces aan als 'problem management'.

Al naargelang het object van de wijziging, zijn specifieke vaktechnische competenties nodig. Hierna zijn de basiscompetenties benoemd.

VT-Competenties:
- Conceptuele kennis van Beheer van informatiesystemen (B-IS)
- Conceptuele kennis van Beheer van netwerken (B-TI)
- Conceptuele kennis van Beheer van servers (B-TI)
- Conceptuele kennis van Beheer van multimedia-apparatuur (B-TI)
- Conceptuele kennis van Continuïteitmanagement (G-M)
- Conceptuele kennis van Kwaliteitsmanagement (G-M)
- Toegepaste kennis van Changemanagement (I-M)
- Toegepaste kennis van Risicomanagement (G-M)
- Toegepaste kennis van Analyse van de werking van componenten van informatiesystemen (G-A)
- Toegepaste kennis van Projectmanagement (E-M)
- Ervaring met Technische continuïteitmaatregelen (O-A)
- Ervaring met Planning & control (G-M)

P-Competenties:
- Gemiddeld niveau Flexibiliteit
- Gemiddeld niveau Analytisch vermogen
- Gemiddeld niveau Abstractievermogen
- Gemiddeld niveau Creativiteit
- Gemiddeld niveau Organisatiebewustzijn
- Gemiddeld niveau Strategische visie

- Gemiddeld niveau Initiatief
- Gemiddeld niveau Overtuigingskracht
- Gemiddeld niveau Methodisch werken
- Hoog niveau Leiderschap
- Hoog niveau Communicatieve vaardigheden (mondeling en/of schriftelijk)
- Hoog niveau Samenwerken in teamverbanden
- Hoog niveau Oordeelsvorming
- Hoog niveau Kwaliteitsbewustzijn
- Hoog niveau Besluitvaardigheid
- Hoog niveau Plannen en organiseren

e-CF competentiereferenties:
- C.03 Dienstverlening (Service Delivery)
- C.04 Probleemmanagement (Problem Management)
- E.04 Relatiemanagement (Relationship Management)
- E.05 Procesverbetering (Process Improvement)

G-M – Goedkeuren/beoordelen opdracht, verzoek en dergelijke

Activiteit:
- Beoordelen, goedkeuren of zo nodig laten aanpassen van een opdracht, bijvoorbeeld voor een project, onderhoud of een wijziging.
- Eventueel formuleren van condities en (financiële) randvoorwaarden.
- Toewijzen van de opdracht aan een of meerdere medewerkers, deskundigen.

Resultaat:
Goedgekeurde en uitgezette opdracht.

Toelichting:
Deze taak is primair de verantwoordelijkheid van managers, projectleiders, teamleiders en dergelijke.
De goedkeuring vindt plaats op basis van:
- inzicht;
- ervaring;
- achterliggende documenten;
- reeds genomen beslissingen;
- maar ook de in het voorstel voor de opdracht opgenomen:
  - doelen en resultaten,
  - begrote werklast en financiële consequenties,
  - benodigde personele capaciteit;
- alsmede de voor het uitvoeren van de opdracht beschikbare deskundigheid.

Deze taak is ook vaak toegewezen aan een changemanagementboard.

Al naargelang het object waarop de beslissing zich richt, zijn specifieke vaktechnische competenties nodig. Hierna zijn de basiscompetenties benoemd.

VT-Competenties:
- Conceptuele kennis van Informatiemanagement (K-BP)
- Toegepaste kennis van Beleid en strategiebepaling (K-M)
- Toegepaste kennis van Contractmanagement (V-M)
- Toegepaste kennis van Financieel management (F-M)
- Toegepaste kennis van Kostencalculaties (F-A)
- Toegepaste kennis van Management van (bedrijfs)processen (G-M)
- Toegepaste kennis van Planning & control (G-M)
- Toegepaste kennis van Continuïteitmanagement (G-M)
- Toegepaste kennis van Werklastbegroting (E-A)
- Ervaring met Changemanagement (I-M)
- Ervaring met Risicomanagement (G-M)
- Ervaring met Projectmanagement (E-M)

P-Competenties:
- Gemiddeld niveau Sensitiviteit, inlevingsvermogen
- Gemiddeld niveau Samenwerken in teamverbanden
- Gemiddeld niveau Strategische visie
- Gemiddeld niveau Initiatief
- Gemiddeld niveau Overtuigingskracht
- Gemiddeld niveau Methodisch werken
- Gemiddeld niveau Plannen en organiseren
- Hoog niveau Leiderschap
- Hoog niveau Communicatieve vaardigheden (mondeling en/of schriftelijk)
- Hoog niveau Klantgerichtheid
- Hoog niveau Oordeelsvorming
- Hoog niveau Organisatiebewustzijn
- Hoog niveau Commercieel inzicht
- Hoog niveau Kwaliteitsbewustzijn
- Hoog niveau Zelfstandigheid
- Hoog niveau Besluitvaardigheid
- Hoog niveau Onderhandelingsvaardigheid

e-CF competentiereferenties:
- A.01 Afstemming informatiesysteem en bedrijfsstrategie (IS and Business Alignment)
- A.02 Management dienstverleningsniveau (Service Level Management)
- A.04 Product- of serviceplanning (Product/Service Planning)
- C.03 Dienstverlening (Service Delivery)
- E.02 Project- en portfoliomanagement (Project and Portfolio Management)

G-M – Opstellen en beheren overeenkomst, contract

Activiteit:
- Voorbereiden, afstemmen en overeenkomen van (wijzigingen in) een afspraak (al dan niet juridisch).
- Vastleggen en bekrachtigen van de overeenkomst.
- Bewaken van de naleving van de overeenkomst.

Resultaat:
Formele afspraken (in de meest algemene zin) tussen de overlegpartijen en de correcte naleving daarvan, en voorstellen voor aanpassing.

Toelichting:
Deze taak betreft bijvoorbeeld afspraken die voortkomen uit overleg tussen verschillende partijen, zoals met een leverancier, maar ook tussen afdelingen binnen een organisatie in de vorm van een (formele of informele) afspraak, overeenkomst of (juridisch) contract. Tot de taak hoort ook het goedkeuren en accorderen van de overeenkomst en de onderliggende stukken. Deze taak is primair een taak van een manager, inkoper, financieel deskundige en dergelijke, maar ook niet-managers maken afspraken en stellen overeenkomsten op.

Afhankelijk van het object waarover de overeenkomst is opgesteld, zijn specifieke vaktechnische competenties nodig. Hierna zijn de basiscompetenties benoemd.

VT-Competenties:
- Conceptuele kennis van Portfoliomanagement (E-M)
- Toegepaste kennis van Behoeftemanagement (S-M)
- Toegepaste kennis van Compliancemanagement (G-M)
- Ervaring met Leveringsmanagement (S-M)
- Ervaring met Leveranciersmanagement (V-M)
- Ervaring met Contractmanagement (V-M)
- Ervaring met Financieel management (F-M)
- Ervaring met Planning & control (G-M)

P-Competenties:
- Gemiddeld niveau Sensitiviteit, inlevingsvermogen
- Gemiddeld niveau Flexibiliteit
- Gemiddeld niveau Kennis van andere disciplines
- Gemiddeld niveau Methodisch werken
- Hoog niveau Leiderschap
- Hoog niveau Communicatieve vaardigheden (mondeling en/of schriftelijk)
- Hoog niveau Samenwerken in teamverbanden
- Hoog niveau Conflictpreventie en -beheersing
- Hoog niveau Klantgerichtheid
- Hoog niveau Oordeelsvorming
- Hoog niveau Organisatiebewustzijn
- Hoog niveau Strategische visie
- Hoog niveau Commercieel inzicht
- Hoog niveau Kwaliteitsbewustzijn
- Hoog niveau Initiatief
- Hoog niveau Besluitvaardigheid
- Hoog niveau Onderhandelingsvaardigheid
- Hoog niveau Accuratesse
- Hoog niveau Plannen en organiseren

e-CF competentiereferenties:
- A.02 Management dienstverleningsniveau (Service Level Management)
- E.02 Project- en portfoliomanagement (Project and Portfolio Management)

G-A – Onderzoeken en vaststellen behoeften

Activiteit:
- Analyseren, identificeren van behoeften van gebruikers, managers, klanten, enzovoort.

Resultaat:
Behoeften van stakeholders aan informatie, diensten, producten, enzovoort.

Toelichting:
Het gaat hier om een algemene taak die vaak deel uitmaakt van andere taken. Bij het vaststellen van de behoeften wordt aanbevolen om de geformuleerde behoeften gelijk te toetsen aan mogelijkheden, financiële haalbaarheid en dergelijke.

VT-Competenties:
- Conceptuele kennis van Leveringsmanagement (S-M)
- Conceptuele kennis van Management van (bedrijfs)processen (G-M)
- Conceptuele kennis van Kwaliteitsmanagement (G-M)
- Conceptuele kennis van Bedrijfskunde (E-BP)
- Conceptuele kennis van Organisatieleer (E-BP)
- Conceptuele kennis van Administratieve organisatie en interne controle (AO & IC) (E-BP)
- Toegepaste kennis van Compliancemanagement (G-M)
- Ervaring met Informatiemanagement (K-BP)
- Ervaring met Informatieanalyse (A-IS)
- Ervaring met Organisatieanalyse (O-BP)
- Ervaring met Behoeftemanagement (S-M)

P-Competenties:
- Gemiddeld niveau Creativiteit
- Gemiddeld niveau Initiatief
- Gemiddeld niveau Plannen en organiseren
- Hoog niveau Sensitiviteit, inlevingsvermogen
- Hoog niveau Communicatieve vaardigheden (mondeling en/of schriftelijk)
- Hoog niveau Samenwerken in teamverbanden
- Hoog niveau Klantgerichtheid
- Hoog niveau Analytisch vermogen
- Hoog niveau Oordeelsvorming
- Hoog niveau Abstractievermogen
- Hoog niveau Organisatiebewustzijn
- Hoog niveau Kennis van andere disciplines
- Hoog niveau Kwaliteitsbewustzijn
- Hoog niveau Methodisch werken

e-CF competentiereferenties:
- A.02 Management dienstverleningsniveau (Service Level Management)
- A.03 Ontwikkelen van bedrijfsplannen (Business Plan Development)
- C.01 Gebruikersondersteuning (User Support)
- C.03 Dienstverlening (Service Delivery)
- D.05 Maken van offertes (Sales Proposal Development)
- D.10 Informatie- en kennismanagement (Information and Knowledge Management)
- D.11 Behoeftemanagement (Needs Identification)
- D.12 Digitale marketing (Digital Marketing)
- E.01 Ontwikkelen van prognoses (Forecast Development)
- E.02 Project- en portfoliomanagement (Project and Portfolio Management)
- E.04 Relatiemanagement (Relationship Management)
- E.05 Procesverbetering (Process Improvement)
- E.07 Management van veranderingen in bedrijfsprocessen (Business Change Management)

G-A – Uitvoeren risicoanalyse

Activiteit:
- Inventariseren, analyseren en beoordelen van (project)risico's.
- Formuleren van beheersmaatregelen.

Resultaat:
Geïdentificeerde risico's en beheersmaatregelen.

Toelichting:
Het onderkennen en waarderen van risico's is noodzakelijk om een opdracht, project(fase) of de uitvoering van een werkopdracht te sturen en te beheersen, en om besluitvorming te ondersteunen. Het gaat er vooral om dat relevante risico's worden onderkend en dat maatregelen worden getroffen om deze risico's te beheersen, het optreden ervan te voorkomen of (bij optreden) de consequenties daarvan te minimaliseren.
Risicoanalyse is ook een meer structurele en continue taak, en derhalve exclusief onderdeel van projectmanagement. In dit geval kan men denken aan het in het kader van continuïteit en compliancemanagement (continu) voor de bedrijfsvoering evalueren van de risico's die een organisatie, al dan niet met haar informatievoorziening, loopt.

Al naargelang het object waarop de risicomitigerende maatregelen zich richten, zijn specifieke vaktechnische competenties nodig. Hierna zijn de basiscompetenties benoemd.

VT-Competenties:
- Conceptuele kennis van Organisatieanalyse (O-BP)
- Conceptuele kennis van Organisatieleer (E-BP)
- Conceptuele kennis van Administratieve organisatie en interne controle (AO & IC) (E-BP)
- Toegepaste kennis van Changemanagement (I-M)
- Toegepaste kennis van Continuïteitmanagement (G-M)
- Toegepaste kennis van Compliancemanagement (G-M)

- Toegepaste kennis van Kwaliteitsmanagement (G-M)
- Toegepaste kennis van Bedrijfskunde (E-BP)
- Toegepaste kennis van Projectmanagement (E-M)
- Ervaring met Financieel management (F-M)
- Ervaring met Planning & control (G-M)
- Ervaring met Risicomanagement (G-M)
- Ervaring met Procesanalyse (G-A)
- Ervaring met Procesontwerp (G-A)
- Ervaring met Risicoanalyse (E-A)
- Ervaring met Principes, methoden en technieken voor interne controle (E-A)

P-Competenties:
- Hoog niveau Leiderschap
- Hoog niveau Sensitiviteit, inlevingsvermogen
- Hoog niveau Communicatieve vaardigheden (mondeling en/of schriftelijk)
- Hoog niveau Samenwerken in teamverbanden
- Hoog niveau Integriteit
- Hoog niveau Klantgerichtheid
- Hoog niveau Analytisch vermogen
- Hoog niveau Oordeelsvorming
- Hoog niveau Creativiteit
- Hoog niveau Organisatiebewustzijn
- Hoog niveau Strategische visie
- Hoog niveau Kwaliteitsbewustzijn
- Hoog niveau Initiatief
- Hoog niveau Besluitvaardigheid
- Hoog niveau Overtuigingskracht
- Hoog niveau Accuratesse
- Hoog niveau Methodisch werken
- Hoog niveau Plannen en organiseren

e-CF competentiereferenties:
- A.03 Ontwikkelen van bedrijfsplannen (Business Plan Development)
- A.04 Product- of serviceplanning (Product/Service Planning)
- A.09 Innoveren (Innovating)
- C.02 Ondersteunen van wijzigingen (Change Support)
- D.01 Strategieontwikkeling informatiebeveiliging (Information Security Strategy Development)
- D.02 Ontwikkeling ICT-kwaliteitsstrategie (ICT Quality Strategy Development)
- D.11 Behoeftemanagement (Needs Identification)
- E.02 Project- en portfoliomanagement (Project and Portfolio Management)
- E.03 Risicomanagement (Risk Management)
- E.05 Procesverbetering (Process Improvement)
- E.08 Informatiebeveiligingsmanagement (Information Security Management)
- E.09 IT-governance (IS Governance)

G-A – Opstellen oplossingsalternatieven

Activiteit:
- Ontwikkelen van alternatieven om de gewenste situatie te bereiken.
- Opstellen van besluitvorming en selectiecriteria.
- Formuleren van aanbevelingen.

Resultaat:
Oplossingsalternatieven.

Toelichting:
De oplossingsalternatieven kunnen betrekking hebben op de bedrijfsvoering, de informatievoorziening, applicaties, technische infrastructuur, enzovoort. De alternatieven betreffen organisatorische, functionele en technische aspecten van oplossingen op basis waarvan de te maken keuze wordt voorgesteld.

Al naargelang het object waarop het alternatief zich richt, zijn specifieke vaktechnische competenties nodig. Hierna zijn de basiscompetenties benoemd.

VT-Competenties:
- Conceptuele kennis van Organisatieanalyse (O-BP)
- Conceptuele kennis van Financieel management (F-M)
- Conceptuele kennis van Bedrijfskunde (E-BP)
- Toegepaste kennis van Beheer van informatiesystemen (B-IS)
- Toegepaste kennis van Management van (bedrijfs)processen (G-M)
- Toegepaste kennis van Administratieve organisatie en interne controle (AO & IC) (E-BP)
- Ervaring met Changemanagement (I-M)
- Ervaring met Kostencalculaties (F-A)
- Ervaring met Continuïteitmanagement (G-M)
- Ervaring met Compliancemanagement (G-M)
- Ervaring met Kwaliteitsmanagement (G-M)
- Ervaring met Werklastbegroting (E-A)

P-Competenties:
- Gemiddeld niveau Abstractievermogen
- Gemiddeld niveau Besluitvaardigheid
- Gemiddeld niveau Plannen en organiseren
- Hoog niveau Sensitiviteit, inlevingsvermogen
- Hoog niveau Communicatieve vaardigheden (mondeling en/of schriftelijk)
- Hoog niveau Samenwerken in teamverbanden
- Hoog niveau Integriteit
- Hoog niveau Klantgerichtheid
- Hoog niveau Analytisch vermogen
- Hoog niveau Oordeelsvorming
- Hoog niveau Creativiteit
- Hoog niveau Organisatiebewustzijn

- Hoog niveau Kennis van andere disciplines
- Hoog niveau Kwaliteitsbewustzijn
- Hoog niveau Initiatief
- Hoog niveau Methodisch werken

e-CF competentiereferenties:
- A.03 Ontwikkelen van bedrijfsplannen (Business Plan Development)
- A.04 Product- of serviceplanning (Product/Service Planning)
- A.06 Ontwerp van applicaties (Application Design)
- A.07 Volgen van technologische ontwikkelingen (Technology Trend Monitoring)
- A.08 Duurzame ontwikkeling (Sustainable Development)
- A.09 Innoveren (Innovating)
- B.01 Applicatieontwikkeling en -bouw (Application Development)
- B.06 Systeembouw (System Engineering)
- C.01 Gebruikersondersteuning (User Support)
- C.02 Ondersteunen van wijzigingen (Change Support)
- C.03 Dienstverlening (Service Delivery)
- D.11 Behoeftemanagement (Needs Identification)
- E.02 Project- en portfoliomanagement (Project and Portfolio Management)
- E.03 Risicomanagement (Risk Management)
- E.05 Procesverbetering (Process Improvement)
- E.06 ICT-kwaliteitsmanagement (ICT Quality Management)
- E.07 Management van veranderingen in bedrijfsprocessen (Business Change Management)
- E.08 Informatiebeveiligingsmanagement (Information Security Management)
- E.09 IT-governance (IS Governance)

G-A – Opstellen en beheren businesscase

Activiteit:
- Analyseren en zo nodig nader onderzoeken van alle elementen die nodig zijn voor besluitvorming.
- Vastleggen van de analyse in een rapportage, de (financiële) businesscase, en beheren van deze businesscase.

Resultaat:
Actuele businesscase.

Toelichting:
Een businesscase biedt management en andere beslissers inzicht in alle aspecten voor het nemen van een besluit. Dit besluit kan betrekking hebben op bijvoorbeeld reorganisaties of het starten van projecten of andere activiteiten waaraan investeringen zijn verbonden. Ook de motivatie van het belang van de case wordt opgenomen in de businesscase. Een businesscase biedt onder andere inzicht in:
- baten;
- kosten;
- risico's;

- andere financiële aspecten, zoals investeringen, afschrijving, beheer- en andere operationele kosten;
- organisatorische overwegingen;
- technische overwegingen;
- alternatieven;
- criteria om alternatieven te wegen en het besluit te nemen.

VT-Competenties:
- Conceptuele kennis van Organisatieanalyse (O-BP)
- Conceptuele kennis van Bedrijfskunde (E-BP)
- Toegepaste kennis van Beleid en strategiebepaling (K-M)
- Toegepaste kennis van Beheer van informatiesystemen (B-IS)
- Toegepaste kennis van Management van (bedrijfs)processen (G-M)
- Toegepaste kennis van Administratieve organisatie en interne controle (AO & IC) (E-BP)
- Ervaring met Changemanagement (I-M)
- Ervaring met Financieel management (F-M)
- Ervaring met Kostencalculaties (F-A)
- Ervaring met Continuïteitmanagement (G-M)
- Ervaring met Compliancemanagement (G-M)
- Ervaring met Kwaliteitsmanagement (G-M)
- Ervaring met Opstellen van gebruikersdocumentatie (G-A)
- Ervaring met Werklastbegroting (E-A)

P-Competenties:
- Gemiddeld niveau Creativiteit
- Gemiddeld niveau Initiatief
- Hoog niveau Sensitiviteit, inlevingsvermogen
- Hoog niveau Communicatieve vaardigheden (mondeling en/of schriftelijk)
- Hoog niveau Integriteit
- Hoog niveau Klantgerichtheid
- Hoog niveau Analytisch vermogen
- Hoog niveau Oordeelsvorming
- Hoog niveau Organisatiebewustzijn
- Hoog niveau Kennis van andere disciplines
- Hoog niveau Strategische visie
- Hoog niveau Kwaliteitsbewustzijn
- Hoog niveau Accuratesse
- Hoog niveau Methodisch werken
- Hoog niveau Plannen en organiseren

e-CF competentiereferenties:
- A.01 Afstemming informatiesysteem en bedrijfsstrategie (IS and Business Strategy Alignment)
- A.03 Ontwikkelen van bedrijfsplannen (Business Plan Development)
- A.04 Product- of serviceplanning (Product/Service Planning)
- A.07 Volgen van technologische ontwikkelingen (Technology Trend Monitoring)

- A.08 Duurzame ontwikkeling (Sustainable Development)
- A.09 Innoveren (Innovating)
- D.04 Inkoop (Purchasing)
- D.05 Maken van offertes (Sales Proposal Development)
- D.11 Behoeftemanagement (Needs Identification)
- D.12 Digitale marketing (Digital Marketing)
- E.01 Ontwikkelen van prognoses (Forecast Development)
- E.02 Project- en portfoliomanagement (Project and Portfolio Management)
- E.05 Procesverbetering (Process Improvement)
- E.06 ICT-kwaliteitsmanagement (ICT Quality Management)
- E.07 Management van veranderingen in bedrijfsprocessen (Business Change Management)
- E.08 Informatiebeveiligingsmanagement (Information Security Management)

G-A – Verstrekken (ad-hoc-)informatie

Activiteit:
- Verzamelen en analyseren van informatie voor verzoeken om ad-hoc-informatie.
- Ontwerpen en bouwen van ad-hoc-inquiries voor de selectie, bewerking en presentatie van de gevraagde informatie in overzichten.

Resultaat:
Ad hoc samengesteld overzicht van gegevens.

Toelichting:
Het gaat hier om een selectie van gegevens en het beschikbaar stellen van informatie die niet standaard door beschikbare informatiesystemen wordt opgeleverd. Het gaat meestal om eenmalige of incidentele analyses en gegevensoverzichten die met behulp van bijvoorbeeld querytalen uit databases worden vervaardigd.

Al naargelang het object waarop de overzichten zich richten, zijn specifieke vaktechnische competenties nodig. Hierna zijn de basiscompetenties benoemd.

VT-Competenties:
- Conceptuele kennis van Organisatieanalyse (O-BP)
- Conceptuele kennis van Kwaliteitsmanagement (G-M)
- Toegepaste kennis van Planning & control (G-M)
- Ervaring met Beheer van bedrijfsinformatie/gegevens (B-BP)
- Ervaring met Behoeftemanagement (S-M)
- Ervaring met Procesanalyse (G-A)
- Ervaring met Opstellen van gebruikersdocumentatie (G-A)
- Ervaring met Gebruik van applicaties (E-IS)

P-Competenties:
- Gemiddeld niveau Abstractievermogen
- Gemiddeld niveau Creativiteit
- Gemiddeld niveau Initiatief

- Hoog niveau Samenwerken in teamverbanden
- Hoog niveau Integriteit
- Hoog niveau Analytisch vermogen
- Hoog niveau Oordeelsvorming
- Hoog niveau Organisatiebewustzijn
- Hoog niveau Kwaliteitsbewustzijn
- Hoog niveau Accuratesse
- Hoog niveau Methodisch werken
- Hoog niveau Plannen en organiseren

e-CF competentiereferenties:
- C.01 Gebruikersondersteuning (User Support)
- C.03 Dienstverlening (Service Delivery)
- D.05 Maken van offertes (Sales Proposal Development)

G-A – Opstellen en beheren kwaliteitsplan

Activiteit:
- Analyseren van eisen, normen, randvoorwaarden en condities ten behoeve van het formuleren van kwaliteitscriteria en planning van activiteiten om processen en componenten van een informatiesysteem aan gestelde eisen te laten voldoen.
- Beheren en onderhouden van het plan.

Resultaat:
Kwaliteitsplan.

Toelichting:
Het kwaliteitsplan kan betrekking hebben op zowel bedrijfsprocessen als de diverse processen waarmee componenten van een informatiesysteem worden gepland, ontwikkeld, beheerd en gebruikt, en ook op die componenten zelf. Het plan vormt de basis voor het bewaken van de kwaliteit van deze elementen.

Al naargelang het object waarop de kwaliteitsmaatregelen zich richten, zijn specifieke vaktechnische competenties nodig. Hierna zijn de basiscompetenties benoemd.

VT-Competenties:
- Conceptuele kennis van Organisatieontwerp (O-BP)
- Toegepaste kennis van Informatiemanagement (K-BP)
- Toegepaste kennis van Continuïteitmanagement (G-M)
- Toegepaste kennis van Risicomanagement (G-M)
- Toegepaste kennis van Organisatieleer (E-BP)
- Ervaring met Beheer van informatiesystemen (B-IS)
- Ervaring met Planning & control (G-M)
- Ervaring met Kwaliteitsmanagement (G-M)
- Ervaring met Opstellen van gebruikersdocumentatie (G-A)

- Ervaring met Administratieve organisatie en interne controle (AO & IC) (E-BP)
- Ervaring met Risicoanalyse (E-A)
- Ervaring met Principes, methoden en technieken voor interne controle (E-A)

P-Competenties:
- Hoog niveau Sensitiviteit, inlevingsvermogen
- Hoog niveau Communicatieve vaardigheden (mondeling en/of schriftelijk)
- Hoog niveau Samenwerken in teamverbanden
- Hoog niveau Integriteit
- Hoog niveau Klantgerichtheid
- Hoog niveau Analytisch vermogen
- Hoog niveau Oordeelsvorming
- Hoog niveau Abstractievermogen
- Hoog niveau Creativiteit
- Hoog niveau Organisatiebewustzijn
- Hoog niveau Strategische visie
- Hoog niveau Initiatief
- Hoog niveau Accuratesse
- Hoog niveau Methodisch werken
- Hoog niveau Plannen en organiseren

e-CF competentiereferenties:
- A.03 Ontwikkelen van bedrijfsplannen (Business Plan Development)
- A.04 Product- of serviceplanning (Product/Service Planning)
- A.06 Ontwerp van applicaties (Application Design)
- B.05 Vervaardigen van documentatie (Documentation Production)
- D.02 Ontwikkeling ICT-kwaliteitsstrategie (ICT Quality Strategy Development)
- D.03 Opleiding en training (Education and Training Provision)
- D.06 Management van verkoopkanalen (Channel Management)
- D.09 Personeelsontwikkeling (Personnel Development)
- D.10 Informatie- en kennismanagement (Information and Knowledge Management)
- E.01 Ontwikkelen van prognoses (Forecast Development)
- E.03 Risicomanagement (Risk Management)
- E.06 ICT-kwaliteitsmanagement (ICT Quality Management)
- E.07 Management van veranderingen in bedrijfsprocessen (Business Change Management)

G-A – Opstellen, beheren en realiseren preventieve maatregelen

Activiteit:
- Uitvoeren van analyses, ontwerpen, voorbereiden, organiseren en realiseren van maatregelen die voorkomen dat zich in de toekomst (opnieuw) problemen voordoen. Dit kan betrekking hebben op de technische componenten van de informatievoorziening, maar ook op procedures voor het gebruik van informatiesystemen en dergelijke.

Resultaat:
Preventieve maatregelen.

Toelichting:
Deze taak betreft bijvoorbeeld het onderkennen van situaties waarin vaker zaken misgaan en waarin correctieve en/of preventieve maatregelen kunnen leiden tot oplossingen. In die zin is deze taak onderdeel van problem management.

Afhankelijk van het object waarvoor preventieve maatregelen worden getroffen, zijn specifieke vaktechnische competenties nodig. Hierna zijn de basiscompetenties benoemd.

VT-Competenties:
- Conceptuele kennis van Administratieve organisatie en interne controle (AO & IC) (E-BP)
- Toegepaste kennis van Management van (bedrijfs)processen (G-M)
- Toegepaste kennis van Projectmanagement (E-M)
- Ervaring met Changemanagement (I-M)
- Ervaring met Beheer van informatiesystemen (B-IS)
- Ervaring met Planning & control (G-M)
- Ervaring met Continuïteitmanagement (G-M)
- Ervaring met Compliancemanagement (G-M)
- Ervaring met Risicomanagement (G-M)

P-Competenties:
- Hoog niveau Sensitiviteit, inlevingsvermogen
- Hoog niveau Communicatieve vaardigheden (mondeling en/of schriftelijk)
- Hoog niveau Samenwerken in teamverbanden
- Hoog niveau Klantgerichtheid
- Hoog niveau Analytisch vermogen
- Hoog niveau Oordeelsvorming
- Hoog niveau Creativiteit
- Hoog niveau Organisatiebewustzijn
- Hoog niveau Strategische visie
- Hoog niveau Kwaliteitsbewustzijn
- Hoog niveau Initiatief
- Hoog niveau Besluitvaardigheid
- Hoog niveau Overtuigingskracht
- Hoog niveau Accuratesse
- Hoog niveau Methodisch werken
- Hoog niveau Plannen en organiseren

e-CF competentiereferenties:
- B.04 Oplossingen implementeren (Solution Deployment)
- C.03 Dienstverlening (Service Delivery)
- C.04 Probleemmanagement (Problem Management)
- E.03 Risicomanagement (Risk Management)

G-A – Evalueren opdracht

Activiteit:
- Beoordelen of is voldaan aan de gemaakte afspraken of opdrachten.
- Opstellen van een evaluatierapport, ook om daaruit lering te trekken.
- Eventueel formuleren van verbetervoorstellen.

Resultaat:
Evaluatierapport, verbetervoorstellen.

Toelichting:
De evaluatie kan zich onder meer richten op de aspecten:
- de kwaliteit van het bereikte resultaat van een opdracht;
- de financiële en andere condities en randvoorwaarden;
- de gehanteerde aanpak en werkwijze;
- de onderlinge samenwerking.

Al naargelang het object waarop de evaluatie zich richt, zijn specifieke vaktechnische competenties nodig. Hierna zijn de basiscompetenties benoemd.

VT-Competenties:
- Toegepaste kennis van Management van (bedrijfs)processen (G-M)
- Toegepaste kennis van Planning & control (G-M)
- Toegepaste kennis van Risicomanagement (G-M)
- Toegepaste kennis van Projectmanagement (E-M)
- Ervaring met Kwaliteitsmanagement (G-M)
- Ervaring met Procesanalyse (G-A)
- Ervaring met Opstellen van gebruikersdocumentatie (G-A)

P-Competenties:
- Gemiddeld niveau Integriteit
- Gemiddeld niveau Kennis van andere disciplines
- Gemiddeld niveau Strategische visie
- Hoog niveau Klantgerichtheid
- Hoog niveau Analytisch vermogen
- Hoog niveau Oordeelsvorming
- Hoog niveau Organisatiebewustzijn
- Hoog niveau Kwaliteitsbewustzijn
- Hoog niveau Methodisch werken

e-CF competentiereferenties:
- E.02 Project- en portfoliomanagement (Project and Portfolio Management)
- E.06 ICT-kwaliteitsmanagement (ICT Quality Management)

G-A – Opstellen en beheren technische documentatie

Activiteit:

- Opstellen, afstemmen, specificeren en beheren van technische documentatie, zoals beschrijvingen en werkinstructies van systemen.

Resultaat:
Technische documentatie.

Toelichting:
De instructies bevatten onder meer:

- de volgorde en de aard van de handelingen;
- de beslissingsstructuur;
- beschrijvingen van de inrichting en de werking van technische systeemcomponenten;
- documentatie van mens-/machine-interfaces (zoals beeldschermen).

Al naargelang het object waarop de werkinstructies zich richten, zijn specifieke vaktechnische competenties nodig. Hierna zijn de basiscompetenties benoemd.

VT-Competenties:

- Conceptuele kennis van Planning & control (G-M)
- Toegepaste kennis van Principes, methoden en technieken voor interne controle (E-A)
- Ervaring met Versie- en configuratiebeheer (B-A)
- Ervaring met Opstellen van technische documentatie (G-A)

P-Competenties:

- Gemiddeld niveau Oordeelsvorming
- Gemiddeld niveau Abstractievermogen
- Gemiddeld niveau Creativiteit
- Gemiddeld niveau Initiatief
- Hoog niveau Communicatieve vaardigheden (mondeling en/of schriftelijk)
- Hoog niveau Klantgerichtheid
- Hoog niveau Didactische vaardigheden
- Hoog niveau Organisatiebewustzijn
- Hoog niveau Kwaliteitsbewustzijn
- Hoog niveau Accuratesse
- Hoog niveau Methodisch werken
- Hoog niveau Plannen en organiseren

e-CF competentiereferenties:

- A.06 Ontwerp van applicaties (Application Design)
- B.02 Systeemintegratie (Component Integration)
- B.04 Oplossingen implementeren (Solution Deployment)
- B.05 Vervaardigen van documentatie (Documentation Production)
- C.04 Probleemmanagement (Problem Management)
- D.05 Maken van offertes (Sales Proposal Development)

- E.02 Project- en portfoliomanagement (Project and Portfolio Management)
- E.08 Informatiebeveiligingsmanagement (Information Security Management)

G-A – Opstellen en beheren gebruikersdocumentatie

Activiteit:
- Opstellen, afstemmen, specificeren en beheren van de werkinstructies en procedurebeschrijvingen voor zowel het gebruik van het geautomatiseerde als het handmatige deel van informatiesystemen, met als doel een gebruikershandleiding samen te stellen.

Resultaat:
Gebruikersdocumentatie, zoals een handleiding voor het gebruik van een informatiesysteem.

Toelichting:
De gebruikershandleiding bevat onder andere:
- de volgorde en de aard van de handelingen;
- aanwijzingen voor het invoeren van gegevens;
- aanwijzingen voor het gebruik van systeemfuncties en -componenten;
- beslissingsstructuur;
- beschrijvingen van de werking van systeemcomponenten;
- de relatie tussen bedrijfsprocessen en de informatiefuncties;
- documentatie van mens-/machine-interfaces (zoals beeldschermen).

De gebruikersinstructies worden afgeleid van de specificaties en het ontwerp van de geautomatiseerde en handmatige informatiefuncties (zoals die zijn opgenomen in bijvoorbeeld een functioneel ontwerp of in gebruikershandleidingen van apparatuur, zoals multimedia-apparatuur).

Al naargelang het object waarop de gebruikershandleiding zich richt, zijn specifieke vaktechnische competenties nodig. Hierna zijn de basiscompetenties benoemd.

VT-Competenties:
- Conceptuele kennis van Functioneel ontwerp (O-IS)
- Conceptuele kennis van Planning & control (G-M)
- Conceptuele kennis van Procesontwerp (G-A)
- Conceptuele kennis van Administratieve organisatie en interne controle (AO & IC) (E-BP)
- Toegepaste kennis van Ergonomische aspecten van systemen (O-A)
- Toegepaste kennis van Beheer van informatiesystemen (B-IS)
- Toegepaste kennis van Principes, methoden en technieken voor interne controle (E-A)
- Ervaring met Versie- en configuratiebeheer (B-A)
- Ervaring met Opstellen van gebruikersdocumentatie (G-A)

P-Competenties:
- Gemiddeld niveau Abstractievermogen
- Gemiddeld niveau Kennis van andere disciplines
- Gemiddeld niveau Initiatief
- Gemiddeld niveau Plannen en organiseren

- Hoog niveau Sensitiviteit, inlevingsvermogen
- Hoog niveau Communicatieve vaardigheden (mondeling en/of schriftelijk)
- Hoog niveau Samenwerken in teamverbanden
- Hoog niveau Klantgerichtheid
- Hoog niveau Didactische vaardigheden
- Hoog niveau Oordeelsvorming
- Hoog niveau Creativiteit
- Hoog niveau Organisatiebewustzijn
- Hoog niveau Kwaliteitsbewustzijn
- Hoog niveau Accuratesse
- Hoog niveau Methodisch werken

e-CF competentiereferenties:
- A.06 Ontwerp van applicaties (Application Design)
- B.01 Applicatieontwikkeling en -bouw (Application Development)
- B.04 Oplossingen implementeren (Solution Deployment)
- B.05 Vervaardigen van documentatie (Documentation Production)
- C.01 Gebruikersondersteuning (User Support)
- C.04 Probleemmanagement (Problem Management)
- E.02 Project- en portfoliomanagement (Project and Portfolio Management)
- E.07 Management van veranderingen in bedrijfsprocessen (Business Change Management)
- E.08 Informatiebeveiligingsmanagement (Information Security Management)

G-A – Ontwerp en beheren procedure

Activiteit:
- Analyseren, ontwerpen, afstemmen en beheren van de werkwijzen en protocollen voor activiteiten en samenwerking in het kader van de bedrijfsvoering.

Resultaat:
Procedurebeschrijving.

Toelichting:
Dit soort procedures bevat onder andere:
- de volgorde en de aard van de handelingen;
- overleg- en beslissingsstructuur;
- standaard te gebruiken documenten en middelen.

Al naargelang het object waarop de procedures zich richten, zijn specifieke vaktechnische competenties nodig. Hierna zijn de basiscompetenties benoemd.

VT-Competenties:
- Conceptuele kennis van Planning & control (G-M)
- Toegepaste kennis van Administratieve organisatie en interne controle (AO & IC) (E-BP)
- Toegepaste kennis van Principes, methoden en technieken voor interne controle (E-A)
- Ervaring met Organisatieanalyse (O-BP)

- Ervaring met Organisatieontwerp (O-BP)
- Ervaring met Versie- en configuratiebeheer (B-A)
- Ervaring met Procesanalyse (G-A)
- Ervaring met Procesontwerp (G-A)
- Ervaring met Opstellen van gebruikersdocumentatie (G-A)

P-Competenties:
- Gemiddeld niveau Abstractievermogen
- Gemiddeld niveau Kennis van andere disciplines
- Hoog niveau Sensitiviteit, inlevingsvermogen
- Hoog niveau Communicatieve vaardigheden (mondeling en/of schriftelijk)
- Hoog niveau Samenwerken in teamverbanden
- Hoog niveau Klantgerichtheid
- Hoog niveau Analytisch vermogen
- Hoog niveau Oordeelsvorming
- Hoog niveau Creativiteit
- Hoog niveau Organisatiebewustzijn
- Hoog niveau Strategische visie
- Hoog niveau Kwaliteitsbewustzijn
- Hoog niveau Initiatief
- Hoog niveau Accuratesse
- Hoog niveau Methodisch werken
- Hoog niveau Plannen en organiseren

e-CF competentiereferenties:
- A.06 Ontwerp van applicaties (Application Design)
- E.03 Risicomanagement (Risk Management)
- E.06 ICT-kwaliteitsmanagement (ICT Quality Management)
- E.08 Informatiebeveiligingsmanagement (Information Security Management)
- E.09 IT-governance (IS Governance)

G-A – Samenstellen rapport

Activiteit:
- Verzamelen en verwerken van relevante gegevens en resultaten van een project, een onderzoek of een opdracht tot een rapport aan de opdrachtgever en andere betrokkenen.
- Afstemmen en zo nodig bijstellen van het rapport.

Resultaat:
Rapport.

Toelichting:
Een rapport wordt hier bedoeld als formele verslaglegging van en verantwoording over uitgevoerde activiteiten, opgeleverde resultaten, onvoorziene omstandigheden en calamiteiten, en dient vaak ter ondersteuning van het nemen van beslissingen.

Al naargelang het object waarop de rapportage zich richt, zijn specifieke vaktechnische competenties nodig. Hierna zijn de basiscompetenties benoemd.

VT-Competenties:
- Conceptuele kennis van Planning & control (G-M)
- Conceptuele kennis van Administratieve organisatie en interne controle (AO & IC) (E-BP)
- Ervaring met Opstellen van gebruikersdocumentatie (G-A)

P-Competenties:
- Gemiddeld niveau Samenwerken in teamverbanden
- Gemiddeld niveau Abstractievermogen
- Gemiddeld niveau Creativiteit
- Gemiddeld niveau Kennis van andere disciplines
- Gemiddeld niveau Strategische visie
- Gemiddeld niveau Methodisch werken
- Hoog niveau Sensitiviteit, inlevingsvermogen
- Hoog niveau Communicatieve vaardigheden (mondeling en/of schriftelijk)
- Hoog niveau Klantgerichtheid
- Hoog niveau Analytisch vermogen
- Hoog niveau Oordeelsvorming
- Hoog niveau Organisatiebewustzijn
- Hoog niveau Kwaliteitsbewustzijn
- Hoog niveau Initiatief
- Hoog niveau Accuratesse

e-CF competentiereferenties:
- A.04 Product- of serviceplanning (Product/Service Planning)
- A.06 Ontwerp van applicaties (Application Design)
- A.07 Volgen van technologische ontwikkelingen (Technology Trend Monitoring)
- A.08 Duurzame ontwikkeling (Sustainable Development)
- A.09 Innoveren (Innovating)
- B.01 Applicatieontwikkeling en -bouw (Application Development)
- B.03 Testen (Testing)
- B.04 Oplossingen implementeren (Solution Deployment)
- C.03 Dienstverlening (Service Delivery)
- C.04 Probleemmanagement (Problem Management)
- D.01 Strategieontwikkeling informatiebeveiliging (Information Security Strategy Development)
- D.02 Ontwikkeling ICT-kwaliteitsstrategie (ICT Quality Strategy Development)
- D.04 Inkoop (Purchasing)
- D.06 Management van verkoopkanalen (Channel Management)
- D.08 Contractmanagement (Contract Management)
- D.09 Personeelsontwikkeling (Personnel Development)
- D.10 Informatie- en kennismanagement (Information and Knowledge Management)
- D.11 Behoeftemanagement (Needs Identification)
- E.01 Ontwikkelen van prognoses (Forecast Development)

- E.02 Project- en portfoliomanagement (Project and Portfolio Management)
- E.03 Risicomanagement (Risk Management)
- E.04 Relatiemanagement (Relationship Management)
- E.05 Procesverbetering (Process Improvement)
- E.06 ICT-kwaliteitsmanagement (ICT Quality Management)
- E.07 Management van veranderingen in bedrijfsprocessen (Business Change Management)
- E.08 Informatiebeveiligingsmanagement (Information Security Management)

G-A – Verzorgen kennisoverdracht

Activiteit:
- Geven van voorlichting, instructies, demonstraties, opleiding en dergelijke met het doel opgebouwde en beschikbare relevante kennis over te dragen aan anderen, met een vooraf gedefinieerd leerdoel.

Resultaat:
Didactische hulpmiddelen en instructiemateriaal. Stakeholders met adequate kennis en vaardigheden.

Toelichting:
Kennis kan vele aspecten betreffen zoals:
- het gebruik en de bediening van systemen;
- procedures;
- methoden, technieken en hulpmiddelen;
- vaardigheden.

De kennis en vaardigheden kunnen worden overgedragen door onder meer:
- klassikale of individuele opleidingen;
- presentaties en workshops.

Eventueel ondersteund door geautomatiseerde middelen, zoals e-learning.

Al naargelang het object waarop de kennisoverdracht zich richt, zijn specifieke vaktechnische competenties nodig. Hierna zijn de basiscompetenties benoemd.

VT-Competenties:
- Conceptuele kennis van Financieel management (F-M)
- Conceptuele kennis van Continuïteitmanagement (G-M)
- Conceptuele kennis van Compliancemanagement (G-M)
- Toegepaste kennis van Behoeftemanagement (S-M)
- Toegepaste kennis van Planning & control (G-M)
- Toegepaste kennis van Projectmanagement (E-M)
- Ervaring met Multimediatechnologie (G-TI)
- Ervaring met Procesontwerp (G-A)
- Ervaring met Opstellen van gebruikersdocumentatie (G-A)
- Ervaring met Gebruik van applicaties (E-IS)

P-Competenties:
- Gemiddeld niveau Integriteit
- Gemiddeld niveau Stressbestendigheid
- Gemiddeld niveau Analytisch vermogen
- Gemiddeld niveau Kennis van andere disciplines
- Gemiddeld niveau Plannen en organiseren
- Hoog niveau Leiderschap
- Hoog niveau Sensitiviteit, inlevingsvermogen
- Hoog niveau Communicatieve vaardigheden (mondeling en/of schriftelijk)
- Hoog niveau Samenwerken in teamverbanden
- Hoog niveau Flexibiliteit
- Hoog niveau Klantgerichtheid
- Hoog niveau Didactische vaardigheden
- Hoog niveau Creativiteit
- Hoog niveau Kwaliteitsbewustzijn
- Hoog niveau Zelfstandigheid
- Hoog niveau Initiatief
- Hoog niveau Methodisch werken

e-CF competentiereferenties:
- A.04 Product- of serviceplanning (Product/Service Planning)
- A.07 Volgen van technologische ontwikkelingen (Technology Trend Monitoring)
- A.08 Duurzame ontwikkeling (Sustainable Development)
- A.09 Innoveren (Innovating)
- B.05 Vervaardigen van documentatie (Documentation Production)
- C.01 Gebruikersondersteuning (User Support)
- D.01 Strategieontwikkeling informatiebeveiliging (Information Security Strategy Development)
- D.02 Ontwikkeling ICT-kwaliteitsstrategie (ICT Quality Strategy Development)
- D.09 Personeelsontwikkeling (Personnel Development)
- E.02 Project- en portfoliomanagement (Project and Portfolio Management)
- E.03 Risicomanagement (Risk Management)
- E.05 Procesverbetering (Process Improvement)
- E.06 ICT-kwaliteitsmanagement (ICT Quality Management)
- E.07 Management van veranderingen in bedrijfsprocessen (Business Change Management)
- E.08 Informatiebeveiligingsmanagement (Information Security Management)
- E.09 IT-governance (IS Governance)

G-A – Bedienen, gebruiken applicatie

Activiteit:
- Gebruikmaken van een beschikbaar gestelde applicatie.

Resultaat:
Met een applicatie bereikt en gewenst resultaat.

Toelichting:
Een applicatie kan een speciaal ontwikkelde applicatie (of app op een smartphone of tablet) zijn, maar ook een standaardpakket als Word, Lotus of Excel, databaseprogrammatuur en andere pakketten uit een office suite gericht op persoonlijk computergebruik.

VT-Competenties:
- Ervaring met Beheer van bedrijfsinformatie/gegevens (B-BP)
- Ervaring met Gebruik van applicaties (E-IS)

P-Competenties:
- Hoog niveau Integriteit
- Hoog niveau Kennis van andere disciplines
- Hoog niveau Zelfstandigheid

e-CF competentiereferenties:
- Geen toegekend.

G-A – Ondersteunen ontwikkelstandaarden

Activiteit:
- Invoeren van methoden, technieken en hulpmiddelen voor planning, ontwikkeling, onderhoud en beheer van informatiesystemen, en ondersteunen bij de toepassing ervan.
- Geven van voorlichting bij het gebruik van de standaarden.
- Toezien op het correcte gebruik van deze standaarden.

Resultaat:
Optimaal toepassing van standaarden; advies over verbeteringen (het gebruik) van standaarden.

Toelichting:
De ontwikkelstandaarden vormen de basis voor een kwalitatief goed proces van plannen, ontwikkelen en beheren. Adequate ondersteuning bij het gebruik hiervan legt derhalve de basis voor kwalitatief (conform normen) goede systemen.

Afhankelijk van het object waarvoor ondersteuning wordt gegeven, zijn specifieke vaktechnische competenties nodig. Hierna zijn de basiscompetenties benoemd.

VT-Competenties:
- Conceptuele kennis van Planning & control (G-M)
- Conceptuele kennis van Principes, methoden en technieken voor beveiliging (G-A)
- Toegepaste kennis van Changemanagement (I-M)
- Ervaring met Architectuurprincipes voor modelleren van informatievoorziening/systemen (A-IS)
- Ervaring met Ontwerpen en bouwen van informatiesystemen (O-IS)
- Ervaring met Beheer van informatiesystemen (B-IS)
- Ervaring met Projectmanagement (E-M)
- Ervaring met Principes, methoden en technieken voor interne controle (E-A)

P-Competenties:
- Gemiddeld niveau Sensitiviteit, inlevingsvermogen
- Gemiddeld niveau Didactische vaardigheden
- Gemiddeld niveau Zelfstandigheid
- Hoog niveau Leiderschap
- Hoog niveau Klantgerichtheid
- Hoog niveau Overtuigingskracht

e-CF competentiereferenties:
- Geen toegekend.

G-A – Verzorgen interactieve sessie

Activiteit:
- Voorbereiden, organiseren van een interactieve sessie, zoals een workshop.

Resultaat:
Interactieve sessie waarin alle deelnemers hun inbreng hebben gehad; verslag van de resultaten.

Toelichting:
Deze taak betreft bijvoorbeeld het houden van JAD-sessies waarin in interactie met gebruikers de specificaties van een informatiesysteem worden besproken en vastgesteld.

Al naargelang het object waarop de interactieve sessies zich richten, zijn specifieke vaktechnische competenties nodig. Hierna zijn de basiscompetenties benoemd.

VT-Competenties:
- Conceptuele kennis van Organisatieleer (E-BP)
- Toegepaste kennis van Architectuurprincipes voor modelleren van bedrijfsprocessen (A-BP)
- Toegepaste kennis van Architectuurprincipes voor modelleren van informatievoorziening/systemen (A-IS)
- Toegepaste kennis van Changemanagement (I-M)
- Toegepaste kennis van Beheer van informatiesystemen (B-IS)
- Ervaring met Ontwerpen en bouwen van informatiesystemen (O-IS)
- Ervaring met Projectmanagement (E-M)
- Ervaring met Principes, methoden en technieken voor interne controle (E-A)

P-Competenties:
- Gemiddeld niveau Stressbestendigheid
- Gemiddeld niveau Conflictpreventie en -beheersing
- Gemiddeld niveau Kennis van andere disciplines
- Gemiddeld niveau Strategische visie
- Hoog niveau Leiderschap
- Hoog niveau Sensitiviteit, inlevingsvermogen
- Hoog niveau Communicatieve vaardigheden (mondeling en/of schriftelijk)
- Hoog niveau Samenwerken in teamverbanden
- Hoog niveau Flexibiliteit

- Hoog niveau Klantgerichtheid
- Hoog niveau Didactische vaardigheden
- Hoog niveau Analytisch vermogen
- Hoog niveau Creativiteit
- Hoog niveau Organisatiebewustzijn
- Hoog niveau Kwaliteitsbewustzijn
- Hoog niveau Zelfstandigheid
- Hoog niveau Initiatief
- Hoog niveau Methodisch werken
- Hoog niveau Plannen en organiseren

e-CF competentiereferenties:
- A.06 Ontwerp van applicaties (Application Design)

G-A – Voeren administratie, registratie

Activiteit:
- Identificeren, categoriseren en administreren van diverse elementen.

Resultaat:
Actuele administratie, registratie.

Toelichting:
Deze taak betreft het administreren van vele zaken, zoals:
- licenties, gebruikers daarvan en dergelijke;
- assets (object en de financiële waarde daarvan);
- autorisaties en gebruikers;
- enzovoort.

Dit soort administraties en registraties dient diverse toepassingen, zoals: behouden van inzicht en overzicht, financieel beheer, enzovoort.

Afhankelijk van het object waarvoor de administratie wordt gevoerd, zijn specifieke vaktechnische competenties nodig.Hierna zijn de basiscompetenties benoemd.

VT-Competenties:
- Conceptuele kennis van Management van (bedrijfs)processen (G-M)
- Conceptuele kennis van Organisatieleer (E-BP)
- Toegepaste kennis van Planning & control (G-M)
- Toegepaste kennis van Principes, methoden en technieken voor interne controle (E-A)
- Ervaring met Beheer van bedrijfsinformatie/gegevens (B-BP)
- Ervaring met Versie- en configuratiebeheer (B-A)

P-Competenties:
- Gemiddeld niveau Communicatieve vaardigheden (mondeling en/of schriftelijk)
- Gemiddeld niveau Samenwerken in teamverbanden
- Gemiddeld niveau Analytisch vermogen

- Gemiddeld niveau Oordeelsvorming
- Gemiddeld niveau Initiatief
- Gemiddeld niveau Besluitvaardigheid
- Gemiddeld niveau Methodisch werken
- Hoog niveau Integriteit
- Hoog niveau Klantgerichtheid
- Hoog niveau Organisatiebewustzijn
- Hoog niveau Kennis van andere disciplines
- Hoog niveau Kwaliteitsbewustzijn
- Hoog niveau Zelfstandigheid
- Hoog niveau Accuratesse

e-CF competentiereferenties:
- C.01 Gebruikersondersteuning (User Support)
- D.04 Inkoop (Purchasing)
- D.06 Management van verkoopkanalen (Channel Management)
- E.08 Informatiebeveiligingsmanagement (Information Security Management)

G-A – Onderzoeken automatiseringsontwikkelingen

Activiteit:
- Bijhouden van ontwikkelingen op informaticagebied. Analyseren en beoordelen van deze ontwikkelingen in het kader van de ontwikkelingen in de organisatie.
- Voorstellen doen voor het toepassen van nieuwe ontwikkelingen.

Resultaat:
Adviezen voor implementatie van nieuwe ontwikkelingen.

Toelichting:
Het gaat hier om ontwikkelingen op het gebied van onder meer:
- methoden, technieken en hulpmiddelen;
- programmatuur en apparatuur;
- opleidingen;
- nieuwe ICT-technologie;
- (inrichting van) de administratieve organisatie

In vervolg op deze taak kan het opstellen van een (financiële) businesscase gewenst zijn.

Afhankelijk van het object dat wordt onderzocht, zijn specifieke vaktechnische competenties nodig. Hierna zijn de basiscompetenties benoemd.

VT-Competenties:
- Conceptuele kennis van Beleid en strategiebepaling (K-M)
- Conceptuele kennis van Ontwerpen en bouwen van informatiesystemen (O-IS)
- Conceptuele kennis van Beheer van bedrijfsinformatie/gegevens (B-BP)
- Conceptuele kennis van Beheer van informatiesystemen (B-IS)

- Conceptuele kennis van Beheer van netwerken (B-TI)
- Conceptuele kennis van Beheer van servers (B-TI)
- Conceptuele kennis van Beheer van multimedia-apparatuur (B-TI)
- Conceptuele kennis van Beheer van exploitatie en productie (B-TI)
- Conceptuele kennis van Netwerktechnologie (G-TI)
- Conceptuele kennis van Servertechnologie (G-TI)
- Conceptuele kennis van Multimediatechnologie (G-TI)
- Conceptuele kennis van Risicomanagement (G-M)
- Conceptuele kennis van Werking van componenten van de ICT (E-A)
- Toegepaste kennis van Changemanagement (I-M)
- Toegepaste kennis van Principes, methoden en technieken voor beveiliging (G-A)
- Toegepaste kennis van Administratieve organisatie en interne controle (AO & IC) (E-BP)
- Toegepaste kennis van Portfoliomanagement (E-M)
- Toegepaste kennis van Mogelijkheden van de informatietechnologie (E-A)
- Toegepaste kennis van Mogelijkheden van procesautomatisering (E-A)
- Ervaring met Behoeftemanagement (S-M)
- Ervaring met Kwaliteitsmanagement (G-M)
- Ervaring met Opstellen van gebruikersdocumentatie (G-A)
- Ervaring met Opstellen van technische documentatie (G-A)

P-Competenties:
- Gemiddeld niveau Samenwerken in teamverbanden
- Gemiddeld niveau Analytisch vermogen
- Gemiddeld niveau Creativiteit
- Gemiddeld niveau Methodisch werken
- Gemiddeld niveau Plannen en organiseren
- Hoog niveau Sensitiviteit, inlevingsvermogen
- Hoog niveau Communicatieve vaardigheden (mondeling en/of schriftelijk)
- Hoog niveau Oordeelsvorming
- Hoog niveau Organisatiebewustzijn
- Hoog niveau Kennis van andere disciplines
- Hoog niveau Strategische visie
- Hoog niveau Kwaliteitsbewustzijn
- Hoog niveau Initiatief

e-CF competentiereferenties:
- A.01 Afstemming informatiesysteem en bedrijfsstrategie (IS and Business Strategy Alignment)
- A.04 Product- of serviceplanning (Product/Service Planning)
- A.06 Ontwerp van applicaties (Application Design)
- A.07 Volgen van technologische ontwikkelingen (Technology Trend Monitoring)
- A.08 Duurzame ontwikkeling (Sustainable Development)
- A.09 Innoveren (Innovating)
- D.01 Strategieontwikkeling informatiebeveiliging (Information Security Strategy Development)

- D.11 Behoeftemanagement (Needs Identification)
- D.12 Digitale marketing (Digital Marketing)
- E.05 Procesverbetering (Process Improvement)

G-A – Afbakenen onderzoeksgebied

Activiteit:
- Nader verkennen en afbakenen van het onderzoeksgebied dat in een opdracht (globaal) is vastgelegd.
- Beschrijven van de relaties met andere onderzoeksgebieden.

Resultaat:
Concreet afgebakend onderzoeksgebied.

Toelichting:
Deze taak richt zich op het afbakenen van een opdracht. Het onderzoeks- of werkgebied kan worden aangeduid met bijvoorbeeld organisatieonderdelen of systemen.

Al naargelang het object waarop de afbakening zich richt, zijn specifieke vaktechnische competenties nodig. Hierna zijn de basiscompetenties benoemd.

VT-Competenties:
- Conceptuele kennis van Continuïteitmanagement (G-M)
- Conceptuele kennis van Compliancemanagement (G-M)
- Conceptuele kennis van Bedrijfskunde (E-BP)
- Conceptuele kennis van Principes, methoden en technieken voor interne controle (E-A)
- Toegepaste kennis van Informatiemanagement (K-BP)
- Toegepaste kennis van Informatieplanning (K-IS)
- Toegepaste kennis van Financieel management (F-M)
- Toegepaste kennis van Management van (bedrijfs)processen (G-M)
- Toegepaste kennis van Administratieve organisatie en interne controle (AO & IC) (E-BP)
- Toegepaste kennis van Portfoliomanagement (E-M)
- Ervaring met Organisatieanalyse (O-BP)
- Ervaring met Kwaliteitsmanagement (G-M)
- Ervaring met Risicomanagement (G-M)

P-Competenties:
- Gemiddeld niveau Samenwerken in teamverbanden
- Gemiddeld niveau Integriteit
- Gemiddeld niveau Abstractievermogen
- Gemiddeld niveau Creativiteit
- Gemiddeld niveau Strategische visie
- Gemiddeld niveau Accuratesse
- Gemiddeld niveau Methodisch werken
- Hoog niveau Sensitiviteit, inlevingsvermogen
- Hoog niveau Communicatieve vaardigheden (mondeling en/of schriftelijk)

- Hoog niveau Klantgerichtheid
- Hoog niveau Analytisch vermogen
- Hoog niveau Oordeelsvorming
- Hoog niveau Organisatiebewustzijn
- Hoog niveau Kennis van andere disciplines
- Hoog niveau Kwaliteitsbewustzijn
- Hoog niveau Initiatief
- Hoog niveau Plannen en organiseren

e-CF competentiereferenties:
- A.04 Product- of serviceplanning (Product/Service Planning)
- E.02 Project- en portfoliomanagement (Project and Portfolio Management)

Taken in het I-domein Elementair

E-M – Leidinggeven aan, aansturen, coördineren activiteit

Activiteit:
- Leidinggeven, aansturen, coördineren, geven van aanwijzingen, richtlijnen en dergelijke opdat een activiteit, eventueel als onderdeel van een aantal activiteiten, een projectfase of een project, onderling goed afgestemd, optimaal en conform afspraken, eisen en normen wordt uitgevoerd, en de gewenste resultaten oplevert.

Resultaat:
Optimaal uitgevoerde activiteit en gewenst resultaat.

Toelichting:
Het gaat hier om een algemene (management)taak die veelal deel uitmaakt van andere taken.

Al naargelang het object waarop de sturing en dergelijke zich richten, zijn specifieke vaktechnische competenties nodig. Hierna zijn de basiscompetenties benoemd.

VT-Competenties:
- Conceptuele kennis van Organisatieleer (E-BP)
- Toegepaste kennis van Realiseren van organisatiewijzigingen (O-BP)
- Toegepaste kennis van Realiseren van wijzigingen in informatiesystemen (O-IS)
- Toegepaste kennis van Changemanagement (I-M)
- Toegepaste kennis van Behoeftemanagement (S-M)
- Toegepaste kennis van Klantmanagement (S-M)
- Toegepaste kennis van Leveringsmanagement (S-M)
- Toegepaste kennis van Leveranciersmanagement (V-M)
- Toegepaste kennis van Compliancemanagement (G-M)
- Ervaring met Incidentmanagement (S-M)
- Ervaring met Management van (bedrijfs)processen (G-M)
- Ervaring met Planning & control (G-M)
- Ervaring met Continuïteitmanagement (G-M)
- Ervaring met Kwaliteitsmanagement (G-M)
- Ervaring met Risicomanagement (G-M)
- Ervaring met Portfoliomanagement (E-M)
- Ervaring met Projectmanagement (E-M)

P-Competenties:
- Gemiddeld niveau Methodisch werken
- Hoog niveau Leiderschap
- Hoog niveau Sensitiviteit, inlevingsvermogen
- Hoog niveau Communicatieve vaardigheden (mondeling en/of schriftelijk)
- Hoog niveau Samenwerken in teamverbanden
- Hoog niveau Stressbestendigheid
- Hoog niveau Klantgerichtheid

- Hoog niveau Analytisch vermogen
- Hoog niveau Oordeelsvorming
- Hoog niveau Creativiteit
- Hoog niveau Organisatiebewustzijn
- Hoog niveau Kennis van andere disciplines
- Hoog niveau Strategische visie
- Hoog niveau Kwaliteitsbewustzijn
- Hoog niveau Initiatief
- Hoog niveau Besluitvaardigheid
- Hoog niveau Overtuigingskracht
- Hoog niveau Onderhandelingsvaardigheid
- Hoog niveau Plannen en organiseren

e-CF competentiereferenties:
- Geen toegekend.

E-M – Opstellen en beheren planning

Activiteit:
- Beoordelen van de noodzaak, wenselijkheid en dergelijke van het uitvoeren van activiteiten in het licht van vele aspecten.
- Prioriteren van maatregelen en activiteiten op basis van vastgestelde criteria. Zo nodig overleg met stakeholders.
- In de tijd plannen en afstemmen van een of meerdere activiteiten of projecten wat betreft de oplevering van resultaten, de inzet van specialisten en middelen, financiën, enzovoort.
- Beheren en zo nodig bijstellen van de planning.

Resultaat:
Prioriteiten, resources en planning.

Toelichting:
Het gaat hier om een algemene taak die veelal deel uitmaakt van andere taken. Het betreft het zodanig vooraf organiseren en uitzetten in de tijd dat de betreffende werkzaamheden optimaal, zonder vertraging en met optimale kwaliteit (wat betreft proces en resultaat) kunnen worden uitgevoerd.

Al naargelang het object waarop de planning zich richt, zijn specifieke vaktechnische competenties nodig.Hierna zijn de basiscompetenties benoemd.

VT-Competenties:
- Conceptuele kennis van Management van (bedrijfs)processen (G-M)
- Toegepaste kennis van Kostencalculaties (F-A)
- Toegepaste kennis van Kwaliteitsmanagement (G-M)
- Toegepaste kennis van Risicomanagement (G-M)
- Ervaring met Changemanagement (I-M)
- Ervaring met Planning & control (G-M)

- Ervaring met Continuïteitmanagement (G-M)
- Ervaring met Projectmanagement (E-M)
- Ervaring met Werklastbegroting (E-A)

P-Competenties:
- Gemiddeld niveau Sensitiviteit, inlevingsvermogen
- Gemiddeld niveau Abstractievermogen
- Gemiddeld niveau Kennis van andere disciplines
- Hoog niveau Communicatieve vaardigheden (mondeling en/of schriftelijk)
- Hoog niveau Samenwerken in teamverbanden
- Hoog niveau Stressbestendigheid
- Hoog niveau Klantgerichtheid
- Hoog niveau Analytisch vermogen
- Hoog niveau Oordeelsvorming
- Hoog niveau Creativiteit
- Hoog niveau Organisatiebewustzijn
- Hoog niveau Strategische visie
- Hoog niveau Kwaliteitsbewustzijn
- Hoog niveau Initiatief
- Hoog niveau Onderhandelingsvaardigheid
- Hoog niveau Accuratesse
- Hoog niveau Methodisch werken
- Hoog niveau Plannen en organiseren

e-CF competentiereferenties:
- E.02 Project- en portfoliomanagement (Project and Portfolio Management)

E-M – Nemen beslissing

Activiteit:
- Beslissen over een actie of vaststellen (goedkeuren) van een besluit, document en dergelijke.

Resultaat:
Besluit of goedkeuring.

Toelichting:
Het gaat hier om een algemene taak die veelal deel uitmaakt van managementtaken.

Al naargelang het object waarop de beslissing zich richt, zijn specifieke vaktechnische competenties nodig. Hierna zijn de basiscompetenties benoemd.

VT-Competenties:
- Toegepaste kennis van Financieel management (F-M)
- Toegepaste kennis van Planning & control (G-M)
- Ervaring met Changemanagement (I-M)
- Ervaring met Continuïteitmanagement (G-M)
- Ervaring met Compliancemanagement (G-M)

- Ervaring met Kwaliteitsmanagement (G-M)
- Ervaring met Risicomanagement (G-M)
- Ervaring met Administratieve organisatie en interne controle (AO & IC) (E-BP)

P-Competenties:
- Gemiddeld niveau Samenwerken in teamverbanden
- Gemiddeld niveau Stressbestendigheid
- Hoog niveau Leiderschap
- Hoog niveau Sensitiviteit, inlevingsvermogen
- Hoog niveau Communicatieve vaardigheden (mondeling en/of schriftelijk)
- Hoog niveau Klantgerichtheid
- Hoog niveau Analytisch vermogen
- Hoog niveau Oordeelsvorming
- Hoog niveau Organisatiebewustzijn
- Hoog niveau Strategische visie
- Hoog niveau Kwaliteitsbewustzijn
- Hoog niveau Initiatief
- Hoog niveau Besluitvaardigheid
- Hoog niveau Overtuigingskracht
- Hoog niveau Onderhandelingsvaardigheid
- Hoog niveau Accuratesse
- Hoog niveau Methodisch werken
- Hoog niveau Plannen en organiseren

e-CF competentiereferenties:
- Geen toegekend.

E-M – Bepalen prioriteit, scenario

Activiteit:
- Analyseren van situaties en alternatieven, en de consequenties daarvan. Zo nodig overleg met stakeholders.
- Vaststellen van alternatieve aanpakken, deze wegen en dergelijke om de gewenste doelen, al dan niet stapsgewijs, te bereiken.
- Vaststellen van de belangrijkheid en de volgorde waarin zaken worden gerealiseerd.

Resultaat:
Prioriteiten, scenario's.

Toelichting:
Het gaat hier om een algemene taak die veelal deel uitmaakt van andere taken. Ten behoeve van het vaststellen van prioriteiten moeten criteria zijn vastgesteld, waaronder randvoorwaarden en condities waaraan scenario's moeten voldoen.

Al naargelang het object waarvoor scenario's worden opgesteld, zijn specifieke vaktechnische competenties nodig. Hierna zijn de basiscompetenties benoemd.

VT-Competenties:
- Conceptuele kennis van Beheer van informatiesystemen (B-IS)
- Conceptuele kennis van Management van (bedrijfs)processen (G-M)
- Conceptuele kennis van Kwaliteitsmanagement (G-M)
- Conceptuele kennis van Risicomanagement (G-M)
- Toegepaste kennis van Changemanagement (I-M)
- Toegepaste kennis van Leveringsmanagement (S-M)
- Toegepaste kennis van Planning & control (G-M)
- Toegepaste kennis van Portfoliomanagement (E-M)
- Ervaring met Versie- en configuratiebeheer (B-A)
- Ervaring met Continuïteitmanagement (G-M)
- Ervaring met Compliancemanagement (G-M)
- Ervaring met Projectmanagement (E-M)
- Ervaring met Risicoanalyse (E-A)

P-Competenties:
- Gemiddeld niveau Communicatieve vaardigheden (mondeling en/of schriftelijk)
- Gemiddeld niveau Abstractievermogen
- Gemiddeld niveau Accuratesse
- Hoog niveau Sensitiviteit, inlevingsvermogen
- Hoog niveau Samenwerken in teamverbanden
- Hoog niveau Klantgerichtheid
- Hoog niveau Analytisch vermogen
- Hoog niveau Oordeelsvorming
- Hoog niveau Creativiteit
- Hoog niveau Organisatiebewustzijn
- Hoog niveau Kwaliteitsbewustzijn
- Hoog niveau Initiatief
- Hoog niveau Besluitvaardigheid
- Hoog niveau Methodisch werken
- Hoog niveau Plannen en organiseren

e-CF competentiereferenties:
- A.01 Afstemming informatiesysteem en bedrijfsstrategie (IS and Business Strategy Alignment)
- A.03 Ontwikkelen van bedrijfsplannen (Business Plan Development)

E-M – Verstrekken opdracht

Activiteit:
- Analyseren van situaties en alternatieven, en de consequenties daarvan. Zo nodig overleg met stakeholders.
- Vaststellen van alternatieve aanpakken, deze wegen en dergelijke om de gewenste doelen, al dan niet stapsgewijs, te bereiken.
- Verstrekken van een opdracht c.q. maken van afspraken.

Resultaat:
Opdracht, afspraak.

Toelichting:
Het gaat hier om een algemene taak die veelal deel uitmaakt van andere taken. Ten behoeve van het verstrekken van opdrachten moeten criteria zijn vastgesteld, waaronder randvoorwaarden en condities waaraan opdrachten moeten voldoen.

Al naargelang het object waarvoor opdrachten worden verstrekt, zijn specifieke vaktechnische competenties nodig. Hierna zijn de basiscompetenties benoemd.

VT-Competenties:
- Conceptuele kennis van Behoeftemanagement (S-M)
- Conceptuele kennis van Commercieel management (C-M)
- Toegepaste kennis van Changemanagement (I-M)
- Toegepaste kennis van Kostencalculaties (F-A)
- Toegepaste kennis van Continuïteitmanagement (G-M)
- Toegepaste kennis van Compliancemanagement (G-M)
- Toegepaste kennis van Portfoliomanagement (E-M)
- Ervaring met Leveringsmanagement (S-M)
- Ervaring met Leveranciersmanagement (V-M)
- Ervaring met Contractmanagement (V-M)
- Ervaring met Financieel management (F-M)
- Ervaring met Management van (bedrijfs)processen (G-M)
- Ervaring met Planning & control (G-M)
- Ervaring met Risicomanagement (G-M)
- Ervaring met Principes, methoden en technieken voor interne controle (E-A)
- Ervaring met Principes, methoden en technieken voor kwaliteitsborging (E-A)

P-Competenties:
- Gemiddeld niveau Abstractievermogen
- Gemiddeld niveau Methodisch werken
- Hoog niveau Leiderschap
- Hoog niveau Sensitiviteit, inlevingsvermogen
- Hoog niveau Communicatieve vaardigheden (mondeling en/of schriftelijk)
- Hoog niveau Samenwerken in teamverbanden
- Hoog niveau Klantgerichtheid
- Hoog niveau Oordeelsvorming
- Hoog niveau Creativiteit
- Hoog niveau Organisatiebewustzijn
- Hoog niveau Kwaliteitsbewustzijn
- Hoog niveau Initiatief
- Hoog niveau Besluitvaardigheid
- Hoog niveau Accuratesse
- Hoog niveau Plannen en organiseren

e-CF competentiereferenties:
- Geen toegekend.

E-M – Uitvoeren onderhandeling

Activiteit:
- Onderhandelen en afstemmen met stakeholders.

Resultaat:
Afspraken.

Toelichting:
Het gaat hier om een algemene taak die veelal deel uitmaakt van andere taken (niet beperkt tot managementfuncties).

Al naargelang het object waarop de onderhandeling zich richt, zijn specifieke vaktechnische competenties nodig. Hierna zijn de basiscompetenties benoemd.

VT-Competenties:
- Conceptuele kennis van Risicomanagement (G-M)
- Toegepaste kennis van Beleid en strategiebepaling (K-M)
- Toegepaste kennis van Commercieel management (C-M)
- Ervaring met Klantmanagement (S-M)

P-Competenties:
- Gemiddeld niveau Kennis van andere disciplines
- Gemiddeld niveau Methodisch werken
- Gemiddeld niveau Plannen en organiseren
- Hoog niveau Leiderschap
- Hoog niveau Sensitiviteit, inlevingsvermogen
- Hoog niveau Communicatieve vaardigheden (mondeling en/of schriftelijk)
- Hoog niveau Samenwerken in teamverbanden
- Hoog niveau Flexibiliteit
- Hoog niveau Stressbestendigheid
- Hoog niveau Conflictpreventie en -beheersing
- Hoog niveau Klantgerichtheid
- Hoog niveau Analytisch vermogen
- Hoog niveau Oordeelsvorming
- Hoog niveau Creativiteit
- Hoog niveau Organisatiebewustzijn
- Hoog niveau Strategische visie
- Hoog niveau Commercieel inzicht
- Hoog niveau Kwaliteitsbewustzijn
- Hoog niveau Initiatief
- Hoog niveau Besluitvaardigheid
- Hoog niveau Overtuigingskracht
- Hoog niveau Onderhandelingsvaardigheid

e-CF competentiereferenties:
- D.04 Inkoop (Purchasing)

E-A – Uitvoeren analyse

Activiteit:
- Op basis van opdrachten of ter ondersteuning van de eigen werkzaamheden uitvoeren van analyses.
- Onderzoeken en analyseren van een situatie, probleem, knelpunt en dergelijke, en bepalen van de impact daarvan. Bij voorkeur op basis van vooraf geformuleerde criteria, normen, voorwaarden.
- Opstellen van een analyserapport en formuleren van voorstellen om de onderzochte situatie te verbeteren.

Resultaat:
Analysegegevens; analyserapport en bijvoorbeeld voorstellen voor verbetering van de bestaande situatie.

Toelichting:
Het gaat hier om een algemene taak die veelal deel uitmaakt van andere taken. Een analyse wordt vaak uitgevoerd indien een probleem of knelpunt wordt ervaren.
Analyses, zoals het onderzoeken van situaties, het functioneren van organisaties of van ICT-middelen, alsmede statistische analyses en dergelijke, kunnen betrekking hebben op zowel kwantitatieve als kwalitatieve gegevens. Ze leveren informatie ten behoeve van het nemen van beslissingen, het verkrijgen van inzicht zodat gerichte acties genomen of maatregelen getroffen kunnen worden. Analyses kunnen in opdracht worden uitgevoerd, maar kunnen ook informatie opleveren voor het uitvoeren van de eigen werkzaamheden.
Een bijzondere vorm van het uitvoeren van analyses betreft datamining op databases met als doel nieuwe inzichten te verkrijgen over bijvoorbeeld het (koop)gedrag van klanten.

Al naargelang het object waarop de analyse zich richt, zijn specifieke vaktechnische competenties nodig. Hierna zijn de basiscompetenties benoemd.

VT-Competenties:
- Conceptuele kennis van Management van (bedrijfs)processen (G-M)
- Conceptuele kennis van Planning & control (G-M)
- Conceptuele kennis van Kwaliteitsmanagement (G-M)
- Conceptuele kennis van Administratieve organisatie en interne controle (AO & IC) (E-BP)
- Toegepaste kennis van Risicomanagement (G-M)
- Toegepaste kennis van Principes, methoden en technieken voor interne controle (E-A)
- Ervaring met Financieel management (F-M)
- Ervaring met Opstellen van gebruikersdocumentatie (G-A)
- Ervaring met Opstellen van technische documentatie (G-A)
- Ervaring met Risicoanalyse (E-A)

P-Competenties:
- Gemiddeld niveau Samenwerken in teamverbanden

- Gemiddeld niveau Abstractievermogen
- Gemiddeld niveau Zelfstandigheid
- Gemiddeld niveau Plannen en organiseren
- Hoog niveau Communicatieve vaardigheden (mondeling en/of schriftelijk)
- Hoog niveau Integriteit
- Hoog niveau Klantgerichtheid
- Hoog niveau Analytisch vermogen
- Hoog niveau Oordeelsvorming
- Hoog niveau Creativiteit
- Hoog niveau Organisatiebewustzijn
- Hoog niveau Kennis van andere disciplines
- Hoog niveau Kwaliteitsbewustzijn
- Hoog niveau Initiatief
- Hoog niveau Accuratesse
- Hoog niveau Methodisch werken

e-CF competentiereferenties:
- E.05 Procesverbetering (Process Improvement)
- E.06 ICT-kwaliteitsmanagement (ICT Quality Management)
- E.08 Informatiebeveiligingsmanagement (Information Security Management)

E-A – Uitvoeren evaluatie, review

Activiteit:
- Evalueren van een situatie of component op basis van vooraf opgestelde normen, criteria, voorwaarden, enzovoort, met als doel een waardering uit te spreken over een bestaande of gewenste situatie.
- Opstellen van een evaluatierapport en formuleren van voorstellen om de onderzochte situatie te verbeteren.

Resultaat:
Evaluatierapport en verbetervoorstellen.

Toelichting:
Het gaat hier om een algemene taak die veelal deel uitmaakt van andere taken. Ten behoeve van de evaluatie wordt veelal een evaluatieplan opgesteld waarin aandacht voor:
- evaluatiecriteria, normen, enzovoort;
- een (geautomatiseerd) meetplan;
- methoden en technieken voor het verrichten van metingen (waaronder statistische methoden);
- methoden en technieken voor het beoordelen van de meetresultaten.

Een evaluatie wordt uitgevoerd om te beoordelen of een situatie, component en dergelijke aan de gestelde eisen voldoet.

Al naargelang het object waarop de evaluatie zich richt, zijn specifieke vaktechnische competenties nodig. Hierna zijn de basiscompetenties benoemd.

VT-Competenties:
- Conceptuele kennis van Beheer van bedrijfsinformatie/gegevens (B-BP)
- Conceptuele kennis van Beheer van informatiesystemen (B-IS)
- Conceptuele kennis van Risicomanagement (G-M)
- Toegepaste kennis van Planning & control (G-M)
- Toegepaste kennis van Kwaliteitsmanagement (G-M)
- Ervaring met Gegevensanalyse (A-IS)
- Ervaring met Compliancemanagement (G-M)
- Ervaring met Procesanalyse (G-A)
- Ervaring met Opstellen van gebruikersdocumentatie (G-A)
- Ervaring met Risicoanalyse (E-A)

P-Competenties:
- Gemiddeld niveau Abstractievermogen
- Gemiddeld niveau Overtuigingskracht
- Hoog niveau Klantgerichtheid
- Hoog niveau Oordeelsvorming
- Hoog niveau Organisatiebewustzijn
- Hoog niveau Strategische visie

e-CF competentiereferenties:
- E.06 ICT-kwaliteitsmanagement (ICT Quality Management)

E-A – Opstellen specificaties

Activiteit:
- Analyseren van de situatie, vaststellen ontwerpcriteria, eisen en wensen met betrekking tot een component van de informatievoorziening, opstellen specificaties en afstemmen daarvan met de stakeholders.

Resultaat:
Specificaties.

Toelichting:
Het gaat hier om een algemene taak die veelal wordt uitgevoerd in het kader van andere taken.

Al naargelang het object waarop de specificaties zich richten, zijn specifieke vaktechnische competenties nodig. Hierna zijn de basiscompetenties benoemd.

VT-Competenties:
- Conceptuele kennis van Architectuurprincipes voor modelleren van informatievoorziening/systemen (A-IS)
- Conceptuele kennis van Architectuurprincipes voor modelleren van technische infrastructuur (A-TI)
- Conceptuele kennis van Ontwerpen en bouwen van informatiesystemen (O-IS)
- Conceptuele kennis van Realiseren van wijzigingen in informatiesystemen (O-IS)

- Conceptuele kennis van Ontwerp technische infrastructuur (O-TI)
- Conceptuele kennis van Realiseren van technische wijzigingen (O-TI)
- Conceptuele kennis van Beheer van informatiesystemen (B-IS)
- Conceptuele kennis van Beheer van netwerken (B-TI)
- Conceptuele kennis van Beheer van servers (B-TI)
- Conceptuele kennis van Beheer van multimedia-apparatuur (B-TI)
- Conceptuele kennis van Werking van componenten van de ICT (E-A)
- Ervaring met Opstellen van gebruikersdocumentatie (G-A)
- Ervaring met Opstellen van technische documentatie (G-A)

P-Competenties:
- Gemiddeld niveau Abstractievermogen
- Gemiddeld niveau Initiatief
- Gemiddeld niveau Accuratesse
- Hoog niveau Klantgerichtheid
- Hoog niveau Analytisch vermogen
- Hoog niveau Creativiteit
- Hoog niveau Organisatiebewustzijn
- Hoog niveau Kwaliteitsbewustzijn
- Hoog niveau Methodisch werken

e-CF competentiereferenties:
- A.01 Afstemming informatiesysteem en bedrijfsstrategie (IS and Business Strategy Alignment)
- D.11 Behoeftemanagement (Needs Identification)

E-A – Opstellen ontwerp

Activiteit:
- Analyseren van de situatie, vaststellen ontwerpcriteria, eisen en wensen met betrekking tot het ontwerp, opstellen specificaties en maken van het ontwerp.

Resultaat:
Ontwerp.

Toelichting:
Het gaat hier om een algemene taak die veelal wordt ondersteund door andere taken.

Al naargelang het object waarop het ontwerp zich richt, zijn specifieke vaktechnische competenties nodig. Hierna zijn de basiscompetenties benoemd.

VT-Competenties:
- Conceptuele kennis van Architectuurprincipes voor modelleren van bedrijfsprocessen (A-BP)
- Conceptuele kennis van Architectuurprincipes voor modelleren van informatievoorziening/systemen (A-IS)
- Conceptuele kennis van Architectuurprincipes voor modelleren van technische infrastructuur (A-TI)

- Conceptuele kennis van Organisatieanalyse (O-BP)
- Conceptuele kennis van Organisatieontwerp (O-BP)
- Conceptuele kennis van Changemanagement (I-M)
- Conceptuele kennis van Beheer van informatiesystemen (B-IS)
- Conceptuele kennis van Versie- en configuratiebeheer (B-A)
- Conceptuele kennis van Werking van componenten van de ICT (E-A)
- Ervaring met Opstellen van gebruikersdocumentatie (G-A)
- Ervaring met Opstellen van technische documentatie (G-A)

P-Competenties:
- Gemiddeld niveau Abstractievermogen
- Gemiddeld niveau Accuratesse
- Hoog niveau Communicatieve vaardigheden (mondeling en/of schriftelijk)
- Hoog niveau Samenwerken in teamverbanden
- Hoog niveau Klantgerichtheid
- Hoog niveau Analytisch vermogen
- Hoog niveau Oordeelsvorming
- Hoog niveau Creativiteit
- Hoog niveau Organisatiebewustzijn
- Hoog niveau Kwaliteitsbewustzijn
- Hoog niveau Initiatief
- Hoog niveau Methodisch werken

e-CF competentiereferenties:
- A.01 Afstemming informatiesysteem en bedrijfsstrategie (IS and Business Strategy Alignment)
- A.04 Product- of serviceplanning (Product/Service Planning)
- A.06 Ontwerp van applicaties (Application Design)
- D.11 Behoeftemanagement (Needs Identification)

E-A – Uitvoeren selectie

Activiteit:
- Selecteren van een gewenste situatie, oplossing, component en dergelijke, uit alternatieven en op basis van onderzoeksresultaten, normen, criteria, randvoorwaarden, enzovoort.
- Motiveren van het geselecteerde, documenteren van de keuze en zo nodig rapporteren aan de opdrachtgever.

Resultaat:
Geselecteerde situatie, oplossing, component en dergelijke, motivatie daarvan en rapport.

Toelichting:
Het gaat hier om een algemene taak die veelal deel uitmaakt van andere taken.

Al naargelang het object waarop de selectie zich richt, zijn specifieke vaktechnische competenties nodig. Hierna zijn de basiscompetenties benoemd.

VT-Competenties:
- Conceptuele kennis van Architectuurprincipes voor modelleren van informatievoorziening/systemen (A-IS)
- Conceptuele kennis van Architectuurprincipes voor modelleren van technische infrastructuur (A-TI)
- Conceptuele kennis van Organisatieanalyse (O-BP)
- Conceptuele kennis van Beheer van informatiesystemen (B-IS)
- Conceptuele kennis van Werking van componenten van de ICT (E-A)
- Ervaring met Changemanagement (I-M)
- Ervaring met Versie- en configuratiebeheer (B-A)
- Ervaring met Opstellen van gebruikersdocumentatie (G-A)
- Ervaring met Opstellen van technische documentatie (G-A)

P-Competenties:
- Gemiddeld niveau Samenwerken in teamverbanden
- Gemiddeld niveau Plannen en organiseren
- Hoog niveau Communicatieve vaardigheden (mondeling en/of schriftelijk)
- Hoog niveau Analytisch vermogen
- Hoog niveau Oordeelsvorming
- Hoog niveau Creativiteit
- Hoog niveau Kwaliteitsbewustzijn
- Hoog niveau Initiatief
- Hoog niveau Besluitvaardigheid
- Hoog niveau Accuratesse
- Hoog niveau Methodisch werken

e-CF competentiereferenties:
- Geen toegekend.

E-A – Beheren component

Activiteit:
- Zorg dragen voor de goede werking van een component conform opgestelde eisen, normen, criteria, voorwaarden.
- Monitoren van de kwaliteit op basis van vooraf gestelde eisen.

Resultaat:
Component die voldoet aan gestelde eisen, normen, criteria en dergelijke.

Toelichting:
Het gaat hier om een algemene taak die veelal deel uitmaakt van andere taken.

Al naargelang het object waarop het beheer zich richt, zijn specifieke vaktechnische competenties nodig.Hierna zijn de basiscompetenties benoemd.

VT-Competenties:
- Conceptuele kennis van Beheer van informatiesystemen (B-IS)
- Conceptuele kennis van Beheer van applicaties (B-IS)
- Conceptuele kennis van Beheer van netwerken (B-TI)
- Conceptuele kennis van Beheer van servers (B-TI)
- Conceptuele kennis van Beheer van multimedia-apparatuur (B-TI)
- Conceptuele kennis van Beheer van exploitatie en productie (B-TI)
- Conceptuele kennis van Gebruik van applicaties (E-IS)
- Conceptuele kennis van Werking van componenten van de ICT (E-A)
- Toegepaste kennis van Portfoliomanagement (E-M)
- Toegepaste kennis van Principes, methoden en technieken voor interne controle (E-A)
- Ervaring met Changemanagement (I-M)
- Ervaring met Beheer van bedrijfsinformatie/gegevens (B-BP)
- Ervaring met Versie- en configuratiebeheer (B-A)
- Ervaring met Procesanalyse (G-A)
- Ervaring met Principes, methoden en technieken voor beveiliging (G-A)
- Ervaring met Opstellen van gebruikersdocumentatie (G-A)
- Ervaring met Opstellen van technische documentatie (G-A)

P-Competenties:
- Gemiddeld niveau Samenwerken in teamverbanden
- Hoog niveau Flexibiliteit
- Hoog niveau Klantgerichtheid
- Hoog niveau Oordeelsvorming
- Hoog niveau Creativiteit
- Hoog niveau Organisatiebewustzijn
- Hoog niveau Kwaliteitsbewustzijn
- Hoog niveau Initiatief
- Hoog niveau Accuratesse
- Hoog niveau Methodisch werken
- Hoog niveau Plannen en organiseren

e-CF competentiereferenties:
- E.06 ICT-kwaliteitsmanagement (ICT Quality Management)

E-A – Realiseren wijziging, onderhoud

Activiteit:
- Realiseren van veranderingen in een component, situatie en dergelijke, vaak op basis van een wijzigingsvoorstel en een ontwerp.

Resultaat:
Gerealiseerde wijziging.

Toelichting:
Het gaat hier om een algemene taak die veelal deel uitmaakt van andere taken.

Al naargelang het object waarop de wijzigingen zich richten, zijn specifieke vaktechnische competenties nodig. Hierna zijn de basiscompetenties benoemd.

VT-Competenties:
- Conceptuele kennis van Realiseren van organisatiewijzigingen (O-BP)
- Conceptuele kennis van Realiseren van wijzigingen in informatiesystemen (O-IS)
- Conceptuele kennis van Beheer van informatiesystemen (B-IS)
- Conceptuele kennis van Management van (bedrijfs)processen (G-M)
- Toegepaste kennis van Compliancemanagement (G-M)
- Toegepaste kennis van Administratieve organisatie en interne controle (AO & IC) (E-BP)
- Toegepaste kennis van Werklastbegroting (E-A)
- Ervaring met Changemanagement (I-M)
- Ervaring met Versie- en configuratiebeheer (B-A)
- Ervaring met Planning & control (G-M)
- Ervaring met Continuïteitmanagement (G-M)
- Ervaring met Risicomanagement (G-M)
- Ervaring met Procesanalyse (G-A)
- Ervaring met Procesontwerp (G-A)
- Ervaring met Opstellen van gebruikersdocumentatie (G-A)
- Ervaring met Opstellen van technische documentatie (G-A)
- Ervaring met Portfoliomanagement (E-M)
- Ervaring met Projectmanagement (E-M)
- Ervaring met Principes, methoden en technieken voor interne controle (E-A)
- Ervaring met Testen (E-A)

P-Competenties:
- Gemiddeld niveau Plannen en organiseren
- Hoog niveau Samenwerken in teamverbanden
- Hoog niveau Flexibiliteit
- Hoog niveau Analytisch vermogen
- Hoog niveau Oordeelsvorming
- Hoog niveau Creativiteit
- Hoog niveau Kwaliteitsbewustzijn
- Hoog niveau Initiatief
- Hoog niveau Accuratesse
- Hoog niveau Methodisch werken

e-CF competentiereferenties:
- A.06 Ontwerp van applicaties (Application Design)
- B.01 Applicatieontwikkeling en -bouw (Application Development)
- B.02 Systeemintegratie (Component Integration)
- B.04 Oplossingen implementeren (Solution Deployment)
- B.06 Systeembouw (System Engineering)
- C.04 Probleemmanagement (Problem Management)
- E.06 ICT-kwaliteitsmanagement (ICT Quality Management)

E-A – Realiseren herstel

Activiteit:
- Repareren, herstellen van een component, situatie en dergelijke, nadat een defect in het functioneren is onderkend, geanalyseerd en een oplossing is gevonden, ontworpen en gemaakt.

Resultaat:
Herstelde component, situatie, enzovoort.

Toelichting:
Het gaat hier om een algemene taak die veelal deel uitmaakt van andere taken.

Al naargelang het object waarop het herstel zich richt, zijn specifieke vaktechnische competenties nodig.Hierna zijn de basiscompetenties benoemd.

VT-Competenties:
- Conceptuele kennis van Beheer van bedrijfsinformatie/gegevens (B-BP)
- Conceptuele kennis van Beheer van informatiesystemen (B-IS)
- Conceptuele kennis van Beheer van netwerken (B-TI)
- Conceptuele kennis van Beheer van servers (B-TI)
- Conceptuele kennis van Beheer van multimedia-apparatuur (B-TI)
- Conceptuele kennis van Beheer van exploitatie en productie (B-TI)
- Conceptuele kennis van Gebruik van applicaties (E-IS)
- Toegepaste kennis van Portfoliomanagement (E-M)
- Toegepaste kennis van Principes, methoden en technieken voor interne controle (E-A)
- Ervaring met Changemanagement (I-M)
- Ervaring met Versie- en configuratiebeheer (B-A)
- Ervaring met Procesanalyse (G-A)
- Ervaring met Analyse van de werking van componenten van informatiesystemen (G-A)
- Ervaring met Projectmanagement (E-M)
- Ervaring met Werking van componenten van de ICT (E-A)

P-Competenties:
- Gemiddeld niveau Plannen en organiseren
- Hoog niveau Stressbestendigheid
- Hoog niveau Analytisch vermogen
- Hoog niveau Oordeelsvorming
- Hoog niveau Creativiteit
- Hoog niveau Kwaliteitsbewustzijn
- Hoog niveau Initiatief
- Hoog niveau Accuratesse
- Hoog niveau Methodisch werken

e-CF competentiereferenties:
- C.04 Probleemmanagement (Problem Management)
- E.06 ICT-kwaliteitsmanagement (ICT Quality Management)

E-A – Bieden ondersteuning

Activiteit:
- Ondersteunen van het gebruik van een component van de informatievoorziening.

Resultaat:
Optimaal gebruik van een component.

Toelichting:
Het gaat hier om een algemene taak die veelal deel uitmaakt van andere taken.

Al naargelang het object waarop de ondersteuning zich richt, zijn specifieke vaktechnische competenties nodig. Hierna zijn de basiscompetenties benoemd.

VT-Competenties:
- Conceptuele kennis van Beheer van bedrijfsinformatie/gegevens (B-BP)
- Conceptuele kennis van Beheer van informatiesystemen (B-IS)
- Conceptuele kennis van Beheer van netwerken (B-TI)
- Conceptuele kennis van Beheer van servers (B-TI)
- Conceptuele kennis van Beheer van multimedia-apparatuur (B-TI)
- Conceptuele kennis van Beheer van exploitatie en productie (B-TI)
- Toegepaste kennis van Versie- en configuratiebeheer (B-A)
- Toegepaste kennis van Principes, methoden en technieken voor beveiliging (G-A)
- Toegepaste kennis van Principes, methoden en technieken voor interne controle (E-A)
- Ervaring met Changemanagement (I-M)
- Ervaring met Klantmanagement (S-M)
- Ervaring met Procesanalyse (G-A)
- Ervaring met Analyse van de werking van componenten van informatiesystemen (G-A)
- Ervaring met Opstellen van gebruikersdocumentatie (G-A)
- Ervaring met Opstellen van technische documentatie (G-A)
- Ervaring met Gebruik van applicaties (E-IS)
- Ervaring met Werking van componenten van de ICT (E-A)

P-Competenties:
- Gemiddeld niveau Didactische vaardigheden
- Gemiddeld niveau Overtuigingskracht
- Gemiddeld niveau Methodisch werken
- Gemiddeld niveau Plannen en organiseren
- Hoog niveau Sensitiviteit, inlevingsvermogen
- Hoog niveau Communicatieve vaardigheden (mondeling en/of schriftelijk)
- Hoog niveau Samenwerken in teamverbanden
- Hoog niveau Klantgerichtheid
- Hoog niveau Analytisch vermogen
- Hoog niveau Creativiteit
- Hoog niveau Kwaliteitsbewustzijn
- Hoog niveau Zelfstandigheid
- Hoog niveau Initiatief

e-CF competentiereferenties:
- C.01 Gebruikersondersteuning (User Support)

E-A – Voeren van overleg, afstemmen

Activiteit:
- Overleggen of afstemmen met stakeholders.

Resultaat:
Afspraken.

Toelichting:
Het gaat hier om een algemene taak die veelal deel uitmaakt van andere taken (niet beperkt tot managementfuncties).

VT-Competenties:
- Conceptuele kennis van Beleid en strategiebepaling (K-M)
- Toegepaste kennis van Kwaliteitsmanagement (G-M)
- Ervaring met Changemanagement (I-M)
- Ervaring met Klantmanagement (S-M)

P-Competenties:
- Gemiddeld niveau Stressbestendigheid
- Gemiddeld niveau Oordeelsvorming
- Gemiddeld niveau Kennis van andere disciplines
- Hoog niveau Sensitiviteit, inlevingsvermogen
- Hoog niveau Communicatieve vaardigheden (mondeling en/of schriftelijk)
- Hoog niveau Samenwerken in teamverbanden
- Hoog niveau Integriteit
- Hoog niveau Klantgerichtheid
- Hoog niveau Creativiteit
- Hoog niveau Organisatiebewustzijn
- Hoog niveau Kwaliteitsbewustzijn
- Hoog niveau Initiatief
- Hoog niveau Besluitvaardigheid
- Hoog niveau Overtuigingskracht
- Hoog niveau Onderhandelingsvaardigheid
- Hoog niveau Plannen en organiseren

e-CF competentiereferenties:
- A.01 Afstemming informatiesysteem en bedrijfsstrategie (IS and Business Strategy Alignment)
- A.03 Ontwikkelen van bedrijfsplannen (Business Plan Development)
- E.04 Relatiemanagement (Relationship Management)

E-A – Opstellen rapportage

Activiteit:
Rapporteren aan stakeholders.

Resultaat:
Rapportage.

Toelichting:
Het gaat hier om een algemene taak die veelal deel uitmaakt van andere taken (niet beperkt tot managementfuncties). Rapportages komen in vele vormen voor, al dan niet formeel.

VT-Competenties:
- Conceptuele kennis van Beleid en strategiebepaling (K-M)
- Conceptuele kennis van Planning & control (G-M)
- Conceptuele kennis van Opstellen van gebruikersdocumentatie (G-A)
- Conceptuele kennis van Administratieve organisatie en interne controle (AO & IC) (E-BP)

P-Competenties:
- Gemiddeld niveau Creativiteit
- Gemiddeld niveau Methodisch werken
- Hoog niveau Sensitiviteit, inlevingsvermogen
- Hoog niveau Communicatieve vaardigheden (mondeling en/of schriftelijk)
- Hoog niveau Integriteit
- Hoog niveau Klantgerichtheid
- Hoog niveau Analytisch vermogen
- Hoog niveau Oordeelsvorming
- Hoog niveau Organisatiebewustzijn
- Hoog niveau Kwaliteitsbewustzijn
- Hoog niveau Initiatief
- Hoog niveau Accuratesse

e-CF competentiereferenties:
- Geen toegekend.

E-A – Verstrekken advies

Activiteit:
- Analyseren van situaties en alternatieven, en de consequenties daarvan. Zo nodig overleg met stakeholders.
- Vaststellen van alternatieve aanpakken, wegen en dergelijke om de gewenste doelen, al dan niet stapsgewijs, te bereiken.
- Opstellen van een advies.

Resultaat:
Advies.

Toelichting:
Het gaat hier om een algemene taak die veelal deel uitmaakt van andere taken. Ten behoeve van het advies moeten criteria zijn vastgesteld, waaronder randvoorwaarden en condities. Soms wordt een advies gevraagd puur en alleen vanwege de visie en inzichten van de adviseur.

Al naargelang het object waarvoor een advies wordt opgesteld, zijn specifieke vaktechnische competenties nodig. Hierna zijn de basiscompetenties benoemd.

VT-Competenties:
- Conceptuele kennis van Management van (bedrijfs)processen (G-M)
- Toegepaste kennis van Changemanagement (I-M)
- Toegepaste kennis van Planning & control (G-M)
- Toegepaste kennis van Administratieve organisatie en interne controle (AO & IC) (E-BP)
- Ervaring met Continuïteitmanagement (G-M)
- Ervaring met Compliancemanagement (G-M)
- Ervaring met Risicomanagement (G-M)
- Ervaring met Opstellen van gebruikersdocumentatie (G-A)

P-Competenties:
- Gemiddeld niveau Sensitiviteit, inlevingsvermogen
- Gemiddeld niveau Abstractievermogen
- Gemiddeld niveau Besluitvaardigheid
- Gemiddeld niveau Accuratesse
- Gemiddeld niveau Methodisch werken
- Hoog niveau Communicatieve vaardigheden (mondeling en/of schriftelijk)
- Hoog niveau Klantgerichtheid
- Hoog niveau Analytisch vermogen
- Hoog niveau Oordeelsvorming
- Hoog niveau Creativiteit
- Hoog niveau Organisatiebewustzijn
- Hoog niveau Kwaliteitsbewustzijn
- Hoog niveau Initiatief
- Hoog niveau Overtuigingskracht

e-CF competentiereferenties:
- A.01 Afstemming informatiesysteem en bedrijfsstrategie (IS and Business Strategy Alignment)

E-A – Begroten werklast

Activiteit:
- Analyseren van situaties en alternatieven, en de consequenties daarvan. Zo nodig overleg met stakeholders.
- Vaststellen van alternatieve aanpakken, wegen en dergelijke om de gewenste doelen, al dan niet stapsgewijs, te bereiken.
- Vaststellen hoe het gekozen alternatief kan worden gerealiseerd.
- Vaststellen van de daaraan verbonden werklast.

Resultaat:
Werklastbegroting.

Toelichting:
Het gaat hier om een algemene taak die veelal deel uitmaakt van andere taken. Ten behoeve van het vaststellen van de werklast moeten criteria zijn vastgesteld, waaronder randvoorwaarden en condities waaraan mogelijke alternatieven moeten voldoen. Soms zijn normen beschikbaar op basis waarvan de werklast kan worden begroot.

Al naargelang het object waarvoor de werklast wordt begroot, zijn specifieke vaktechnische competenties nodig. Hierna zijn de basiscompetenties benoemd.

VT-Competenties:
- Conceptuele kennis van Management van (bedrijfs)processen (G-M)
- Toegepaste kennis van Portfoliomanagement (E-M)
- Ervaring met Changemanagement (I-M)
- Ervaring met Versie- en configuratiebeheer (B-A)
- Ervaring met Behoeftemanagement (S-M)
- Ervaring met Klantmanagement (S-M)
- Ervaring met Planning & control (G-M)
- Ervaring met Continuïteitmanagement (G-M)
- Ervaring met Risicomanagement (G-M)
- Ervaring met Procesanalyse (G-A)
- Ervaring met Procesontwerp (G-A)
- Ervaring met Opstellen van gebruikersdocumentatie (G-A)
- Ervaring met Projectmanagement (E-M)
- Ervaring met Werklastbegroting (E-A)

P-Competenties:
- Gemiddeld niveau Communicatieve vaardigheden (mondeling en/of schriftelijk)
- Gemiddeld niveau Abstractievermogen
- Gemiddeld niveau Initiatief
- Gemiddeld niveau Accuratesse
- Hoog niveau Sensitiviteit, inlevingsvermogen
- Hoog niveau Klantgerichtheid
- Hoog niveau Analytisch vermogen
- Hoog niveau Oordeelsvorming
- Hoog niveau Creativiteit
- Hoog niveau Organisatiebewustzijn
- Hoog niveau Kwaliteitsbewustzijn
- Hoog niveau Besluitvaardigheid
- Hoog niveau Methodisch werken

e-CF competentiereferenties:
- C.03 Dienstverlening (Service Delivery)
- E.02 Project- en portfoliomanagement (Project and Portfolio Management)

E-A – Opstellen en beheren documentatie

Activiteit:
- Verzamelen en verwerken van relevante gegevens over een proces of object en vastleggen daarvan in een document voor gebruik door anderen.

Resultaat:
Document.

Toelichting:
Documenteren is een algemene taak die door velen gedurende de uitvoering van hun werkzaamheden wordt uitgevoerd. Het algemene kenmerk is dat relevante gegevens en informatie worden vastgelegd en daarmee beschikbaar worden gesteld voor anderen.

Al naargelang het object waarop de documentatie zich richt, zijn specifieke vaktechnische competenties nodig. Hierna zijn de basiscompetenties benoemd.

VT-Competenties:
- Ervaring met Planning & control (G-M)
- Ervaring met Opstellen van gebruikersdocumentatie (G-A)
- Ervaring met Opstellen van technische documentatie (G-A)

P-Competenties:
- Gemiddeld niveau Communicatieve vaardigheden (mondeling en/of schriftelijk)
- Gemiddeld niveau Didactische vaardigheden
- Gemiddeld niveau Oordeelsvorming
- Gemiddeld niveau Abstractievermogen
- Gemiddeld niveau Kennis van andere disciplines
- Gemiddeld niveau Strategische visie
- Gemiddeld niveau Initiatief
- Hoog niveau Sensitiviteit, inlevingsvermogen
- Hoog niveau Samenwerken in teamverbanden
- Hoog niveau Klantgerichtheid
- Hoog niveau Creativiteit
- Hoog niveau Organisatiebewustzijn
- Hoog niveau Kwaliteitsbewustzijn
- Hoog niveau Accuratesse
- Hoog niveau Methodisch werken

e-CF competentiereferenties:
- B.01 Applicatieontwikkeling en -bouw (Application Development)
- B.05 Vervaardigen van documentatie (Documentation Production)
- C.03 Dienstverlening (Service Delivery)
- D.01 Strategieontwikkeling informatiebeveiliging (Information Security Strategy Development)
- D.02 Ontwikkeling ICT-kwaliteitsstrategie (ICT Quality Strategy Development)

- D.05 Maken van offertes (Sales Proposal Development)
- E.02 Project- en portfoliomanagement (Project and Portfolio Management)
- E.03 Risicomanagement (Risk Management)
- E.08 Informatiebeveiligingsmanagement (Information Security Management)
- E.09 IT-governance (IS Governance)

E-A – Opstellen en beheren normen, criteria, randvoorwaarden

Activiteit:
- Analyseren en opstellen van normen, criteria, randvoorwaarden, enzovoort ten behoeve van het nemen van beslissingen en het beoordelen van situaties.

Resultaat:
Normen, criteria, randvoorwaarden.

Toelichting:
Het gaat hier om een algemene taak die vaak deel uitmaakt van andere taken.

Al naargelang het object waarop de normen en dergelijke zich richten, zijn specifieke vaktechnische competenties nodig.Onderstaand Hierna zijn de basiscompetenties benoemd.

VT-Competenties:
- Ervaring met Planning & control (G-M)
- Ervaring met Kwaliteitsmanagement (G-M)
- Ervaring met Procesanalyse (G-A)
- Ervaring met Administratieve organisatie en interne controle (AO & IC) (E-BP)

P-Competenties:
- Gemiddeld niveau Abstractievermogen
- Gemiddeld niveau Creativiteit
- Gemiddeld niveau Kennis van andere disciplines
- Gemiddeld niveau Initiatief
- Gemiddeld niveau Accuratesse
- Gemiddeld niveau Methodisch werken
- Hoog niveau Sensitiviteit, inlevingsvermogen
- Hoog niveau Integriteit
- Hoog niveau Klantgerichtheid
- Hoog niveau Analytisch vermogen
- Hoog niveau Oordeelsvorming
- Hoog niveau Organisatiebewustzijn
- Hoog niveau Strategische visie
- Hoog niveau Kwaliteitsbewustzijn
- Hoog niveau Plannen en organiseren

e-CF competentiereferenties:
- A.04 Product- of serviceplanning (Product/Service Planning)

- B.01 Applicatieontwikkeling en -bouw (Application Development)
- B.05 Vervaardigen van documentatie (Documentation Production)
- B.06 Systeembouw (System Engineering)
- D.01 Strategieontwikkeling informatiebeveiliging (Information Security Strategy Development)
- D.02 Ontwikkeling ICT-kwaliteitsstrategie (ICT Quality Strategy Development)
- D.04 Inkoop (Purchasing)
- E.01 Ontwikkelen van prognoses (Forecast Development)
- E.02 Project- en portfoliomanagement (Project and Portfolio Management)
- E.03 Risicomanagement (Risk Management)
- E.05 Procesverbetering (Process Improvement)
- E.06 ICT-kwaliteitsmanagement (ICT Quality Management)
- E.07 Management van veranderingen in bedrijfsprocessen (Business Change Management)
- E.08 Informatiebeveiligingsmanagement (Information Security Management)
- E.09 IT-governance (IS Governance)

Bijlage 13 Functies

In deze bijlage worden alle functies van het KNVI-competentiemodel gepresenteerd. Deze functies zijn geactualiseerd tot januari 2018; in de samenwerking met de beroepsverenigingen worden de taken continu bijgewerkt c.q. geactualiseerd. Het actuele overzicht van functies is te vinden op de website van de KNVI.
Een overzicht van de in dit boek opgenomen functies is te vinden op pagina 701.

De presentatie van de functies vindt plaats per I-domein; zie daarvoor het model voor ordening van de functies (bijlage 1). Voor elke functie is aangegeven:

- een toelichting op de inhoud van de functie;
- alternatieve functietitels;
- de belangrijkste taken waarmee de functie wordt ingevuld;
- de aan de functie verbonden e-CF e-competentiereferenties;
- de belangrijkste benodigde vaktechnische competenties;
- de belangrijkste benodigde persoonlijke competenties;
- de functieclassificatie (startkwalificatie en professionele kwalificatie).

Op de website zijn alle taken en competenties terug te vinden. In de hierna volgende lijst zijn de meeste generieke en elementaire taken en competenties weggelaten; die zijn vaak inbegrepen in de taken en competenties die hierna wel zijn opgenomen.

Functies in het I-domein Kaderstelling en beleid

K-BP – QA Officer

Toelichting:
De QA-officer is beleidsmatig verantwoordelijk voor de ontwikkeling, de introductie en het beheer (van de toepassing) van een kwaliteitsmanagementsysteem (QMS/KMS). Vanuit bijvoorbeeld compliance-eisen of NEN/ISO-normen zoals de NEN ISO 9000 wordt het betreffende kwaliteitssysteem ontwikkeld en beheerd. Het beheer van specifieke kwaliteitssystemen, zoals de NEN 27000 (norm voor informatiebeveiliging), wordt meestal bij gespecialiseerde functies belegd, zoals bij een manager informatiebeveiliging. Een kwaliteitssysteem kan zich op veel aspecten van de informatievoorziening (en zelfs op die van de bedrijfsprocessen) richten, vaak met de focus op (het beheer van) de kwaliteit van de processen waarmee de informatievoorziening wordt ontwikkeld en beheerd (inclusief de processen bij de gebruikersorganisatie). Deze functie komt in de wat grotere organisaties en bij leveranciers voor. Als rol is deze functie soms belegd bij de ICT-controller.

Alternatieve functietitels:

- Manager Kwaliteitsbeleid
- QA / Qualitity / Kwaliteit Autoriteit

- QA / Quality / Kwaliteit Controller
- QA / Quality / Kwaliteit Manager

Taken:
- K-BP Opstellen en beheren beveiligingsplan
- K-BP Opstellen en beheren complianceplan
- K-BP Opstellen en beheren continuïteitplan
- K-BP Opstellen en beheren informatiebeleid
- K-BP Opstellen en beheren plan voor interne controle
- O-A Ontwikkelen en beheren maatregelen voor interne controle
- B-BP Beheren en bewaken kwaliteit bedrijfsproces
- B-IS Beheren en bewaken kwaliteit informatiesysteem
- S-A Bewaken dienstenlevering
- S-A Formuleren eisen aan ICT-dienstverlening
- F-A Beheren bedrijfswaarde van componenten
- G-A Opstellen en beheren kwaliteitsplan
- G-A Opstellen, beheren en realiseren preventieve maatregelen
- G-A Uitvoeren risicoanalyse
- E-A Verstrekken advies

e-CF competentiereferenties:
- A.01 Afstemming informatiesysteem en bedrijfsstrategie (IS and Business Strategy Alignment)
- D.01 Strategieontwikkeling informatiebeveiliging (Information Security Strategy Development)
- D.02 Ontwikkeling ICT-kwaliteitsstrategie (ICT Quality Strategy Development)
- D.10 Informatie- en kennismanagement (Information and Knowledge Management)
- E.02 Project- en portfoliomanagement (Project and Portfolio Management)
- E.03 Risicomanagement (Risk Management)
- E.09 IT-governance (IS Governance)

VT-Competenties:
- Ervaring met Informatiemanagement (K-BP)
- Ervaring met Organisatorische continuïteitmaatregelen (O-BP)
- Ervaring met Beheer van bedrijfsinformatie/gegevens (B-BP)
- Ervaring met Beheer van informatiesystemen (B-IS)
- Ervaring met Management van (bedrijfs)processen (G-M)
- Ervaring met Planning & control (G-M)
- Ervaring met Continuïteitmanagement (G-M)
- Ervaring met Compliancemanagement (G-M)
- Ervaring met Kwaliteitsmanagement (G-M)
- Ervaring met Risicomanagement (G-M)
- Ervaring met Administratieve organisatie en interne controle (AO & IC) (E-BP)
- Ervaring met Risicoanalyse (E-A)
- Ervaring met Principes, methoden en technieken voor interne controle (E-A)
- Ervaring met Principes, methoden en technieken voor kwaliteitsborging (E-A)

P-Competenties:
- Hoog niveau Leiderschap
- Hoog niveau Integriteit
- Hoog niveau Analytisch vermogen
- Hoog niveau Oordeelsvorming
- Hoog niveau Abstractievermogen
- Hoog niveau Organisatiebewustzijn
- Hoog niveau Kennis van andere disciplines
- Hoog niveau Strategische visie
- Hoog niveau Kwaliteitsbewustzijn
- Hoog niveau Methodisch werken
- Hoog niveau Plannen en organiseren

Functiekwalificatie:
- Startkwalificatie: NLQF-6 NLQF – Niveau 6 – Bachelor
- Professional: NLQF-7 NLQF – Niveau 7 – Master

K-BP – Compliance Officer

Toelichting:
De compliance officer is er zeer breed verantwoordelijk voor dat een organisatie, en daarmee ook de informatievoorziening, voldoet aan wettelijke en andere (eventueel zelfs door een organisatie zelf opgelegde) compliance-eisen. Een belangrijke groep van compliance-eisen is die op het gebied van de bescherming van de privacy en de beveiliging. Specifieke voorbeelden zijn het voldoen aan de Wet op de persoonsbescherming en het voldoen aan de ISO 2700x of de NEN 7510 (voor organisaties werkzaam in de zorg). In algemene zin kan de ISO 900x een rol spelen. De compliance officer komt in grote organisaties als verbijzonderde functie voor; in kleinere organisaties is deze als rol toegewezen aan een informatiemanager of bijvoorbeeld een manager automatisering. In een beperkte context is dit een rol van de security officer.

Alternatieve functietitels:
- Controller Wet- & Regelgeving
- Kwaliteit Manager

Taken:
- K-BP Opstellen en beheren complianceplan
- K-BP Opstellen en beheren informatiebeleid
- K-BP Opstellen en beheren plan voor interne controle
- A-IS Opstellen en beheren normen systeemgebruik en -beheer
- A-TI Opstellen en beheren normen gebruik en beheer technische infrastructuur
- O-A Ontwikkelen en beheren maatregelen voor interne controle
- O-BP Vaststellen en beheren gewenste informatievoorziening
- B-BP Beheren bedrijfsinformatie
- B-BP Beheren en bewaken kwaliteit bedrijfsproces
- B-IS Beheren en bewaken kwaliteit informatiesysteem
- S-A Bewaken dienstenlevering

- S-A Formuleren eisen aan ICT-dienstverlening
- G-A Opstellen en beheren kwaliteitsplan
- G-A Opstellen, beheren en realiseren preventieve maatregelen

e-CF competentiereferenties:
- A.01 Afstemming informatiesysteem en bedrijfsstrategie (IS and Business Strategy Alignment)
- D.02 Ontwikkeling ICT-kwaliteitsstrategie (ICT Quality Strategy Development)
- D.10 Informatie- en kennismanagement (Information and Knowledge Management)
- E.06 ICT-kwaliteitsmanagement (ICT Quality Management)
- E.09 IT-governance (IS Governance)

VT-Competenties:
- Ervaring met Informatiemanagement (K-BP)
- Ervaring met Architectuurprincipes voor modelleren van bedrijfsprocessen (A-BP)
- Ervaring met Architectuurprincipes voor modelleren van informatievoorziening/systemen (A-IS)
- Ervaring met Beheer van bedrijfsinformatie/gegevens (B-BP)
- Ervaring met Beheer van informatiesystemen (B-IS)
- Ervaring met Management van (bedrijfs)processen (G-M)
- Ervaring met Planning & control (G-M)
- Ervaring met Continuïteitmanagement (G-M)
- Ervaring met Compliancemanagement (G-M)
- Ervaring met Kwaliteitsmanagement (G-M)
- Ervaring met Risicomanagement (G-M)
- Ervaring met Administratieve organisatie en interne controle (AO & IC) (E-BP)
- Ervaring met Risicoanalyse (E-A)
- Ervaring met Principes, methoden en technieken voor interne controle (E-A)
- Ervaring met Principes, methoden en technieken voor kwaliteitsborging (E-A)

P-Competenties:
- Hoog niveau Leiderschap
- Hoog niveau Sensitiviteit, inlevingsvermogen
- Hoog niveau Integriteit
- Hoog niveau Analytisch vermogen
- Hoog niveau Oordeelsvorming
- Hoog niveau Abstractievermogen
- Hoog niveau Organisatiebewustzijn
- Hoog niveau Kennis van andere disciplines
- Hoog niveau Strategische visie
- Hoog niveau Kwaliteitsbewustzijn
- Hoog niveau Besluitvaardigheid
- Hoog niveau Overtuigingskracht
- Hoog niveau Methodisch werken
- Hoog niveau Plannen en organiseren

Functiekwalificatie:
- Startkwalificatie: NLQF-5 NLQF – Niveau 5 – Associate Degree
- Professional: NLQF-7 NLQF – Niveau 7 – Master

K-BP – Security Officer

Toelichting:
De security officer, ook wel genoemd 'manager informatiebeveiliging', is verantwoordelijk voor de beveiliging van de informatievoorziening/ICT. De focus ligt op het beveiligen van de informatievoorziening/ICT wat betreft de vertrouwelijkheid, de integriteit en de beschikbaarheid van informatie.
Deze functie komt vooral in de wat grotere organisaties voor.

Alternatieve functietitels:
- Beheerder Informatiebeveiliging
- Chief (Information) Security Officer
- Coördinator Informatiebeveiliging
- Manager Informatiebeveiliging
- Security Manager

Taken:
- K-BP Opstellen en beheren beveiligingsplan
- K-BP Opstellen en beheren continuïteitplan
- K-BP Opstellen en beheren informatiebeleid
- K-BP Opstellen en beheren informatieplan
- K-M Opstellen en beheren projectenportfolio
- A-IS Opstellen en beheren normen systeemgebruik en -beheer
- A-TI Opstellen en beheren normen gebruik en beheer technische infrastructuur
- I-A Opstellen en beheren (master) testplan
- F-A Opstellen en beheren begroting, bepalen investeringen en kosten
- G-A Opstellen oplossingsalternatieven
- G-A Samenstellen rapport
- G-A Uitvoeren risicoanalyse
- G-M Inrichten projectorganisatie
- G-M Opstellen en beheren projectplan
- E-A Voeren van overleg, afstemmen

e-CF competentiereferenties:
- A.07 Volgen van technologische ontwikkelingen (Technology Trend Monitoring)
- E.03 Risicomanagement (Risk Management)
- E.08 Informatiebeveiligingsmanagement (Information Security Management)
- E.09 IT-governance (IS Governance)

VT-Competenties:
- Conceptuele kennis van Architectuurprincipes voor modelleren van technische infrastructuur (A-TI)

- Conceptuele kennis van Beheer van exploitatie en productie (B-TI)
- Toegepaste kennis van Ontwerp technische infrastructuur (O-TI)
- Toegepaste kennis van Administratieve organisatie en interne controle (AO & IC) (E-BP)
- Ervaring met Informatiemanagement (K-BP)
- Ervaring met Organisatorische continuïteitmaatregelen (O-BP)
- Ervaring met Technische continuïteitmaatregelen (O-A)
- Ervaring met Beheer van bedrijfsinformatie/gegevens (B-BP)
- Ervaring met Beheer van informatiesystemen (B-IS)
- Ervaring met Management van (bedrijfs)processen (G-M)
- Ervaring met Planning & control (G-M)
- Ervaring met Continuïteitmanagement (G-M)
- Ervaring met Compliancemanagement (G-M)
- Ervaring met Kwaliteitsmanagement (G-M)
- Ervaring met Risicomanagement (G-M)
- Ervaring met Principes, methoden en technieken voor beveiliging (G-A)
- Ervaring met Risicoanalyse (E-A)
- Ervaring met Principes, methoden en technieken voor interne controle (E-A)
- Ervaring met Principes, methoden en technieken voor kwaliteitsborging (E-A)

P-Competenties:
- Hoog niveau Sensitiviteit, inlevingsvermogen
- Hoog niveau Integriteit
- Hoog niveau Analytisch vermogen
- Hoog niveau Oordeelsvorming
- Hoog niveau Abstractievermogen
- Hoog niveau Organisatiebewustzijn
- Hoog niveau Strategische visie
- Hoog niveau Kwaliteitsbewustzijn
- Hoog niveau Besluitvaardigheid
- Hoog niveau Overtuigingskracht
- Hoog niveau Methodisch werken
- Hoog niveau Plannen en organiseren

Functiekwalificatie:
- Startkwalificatie: NLQF-6 NLQF – Niveau 6 – Bachelor
- Professional: NLQF-7 NLQF – Niveau 7 – Master

K-M – Informatie Manager

Toelichting:
De informatiemanager is eindverantwoordelijk voor de informatievoorziening van een organisatie. In die zin is deze functie vergelijkbaar met de functie van CIO (chief information officer); de CIO wordt meestal meer gepositioneerd als een strategisch/tactisch manager van de informatievoorziening en is meestal lid van het directieteam, en de informatiemanager meestal meer als een tactisch/operationeel manager die als staffunctie aan het directieteam is toegevoegd. In de praktijk worden twee typen informatiemanagers geïdentificeerd:

- de manager die verantwoordelijk is voor de informatievoorziening (functioneel en soms zelfs in de rol van CIO);
- de informatiemanager die de verantwoordelijkheid heeft voor een ICT-afdeling en feitelijk een Hoofd Automatisering (of soortgelijke functietitels) is.

In het KNVI-competentiemodel wordt de informatiemanager gepositioneerd als de tactisch/ operationeel verantwoordelijke voor de informatievoorziening (functioneel).
Deze functie komt voor als alternatief voor de functie van CIO, of als manager van de informatievoorziening bij een werkmaatschappij (waar de CIO dan voorts op concernniveau verantwoordelijk is voor de informatievoorziening).

Alternatieve functietitels:
- CIO
- Manager Informatievoorziening

Taken:
- K-BP Opstellen en beheren beveiligingsplan
- K-BP Opstellen en beheren complianceplan
- K-BP Opstellen en beheren continuïteitplan
- K-BP Opstellen en beheren informatiebeleid
- K-BP Opstellen en beheren informatieplan
- K-BP Opstellen en beheren plan voor interne controle
- K-M Opstellen en beheren beleid voor inkoop, inhuur en dergelijke
- O-A Ontwikkelen en beheren maatregelen voor interne controle
- B-BP Beheren bedrijfsinformatie
- B-IS Beheren en bewaken kwaliteit informatiesysteem
- S-A Bewaken dienstenlevering
- S-A Formuleren eisen aan ICT-dienstverlening
- F-A Opstellen en beheren begroting, bepalen investeringen en kosten
- V-M Aanbesteden opdracht, inkoop (RfI of RfP)
- V-M Opstellen en beheren strategie voor sourcing
- V-M Opstellen, afsluiten en beheren contract (klant)
- G-M Inrichten informatievoorzieningsfunctie

e-CF competentiereferenties:
- A.01 Afstemming informatiesysteem en bedrijfsstrategie (IS and Business Strategy Alignment)
- A.03 Ontwikkelen van bedrijfsplannen (Business Plan Development)
- A.09 Innoveren (Innovating)
- D.01 Strategieontwikkeling informatiebeveiliging (Information Security Strategy Development)
- D.02 Ontwikkeling ICT-kwaliteitsstrategie (ICT Quality Strategy Development)
- D.04 Inkoop (Purchasing)
- D.08 Contractmanagement (Contract Management)
- D.10 Informatie- en kennismanagement (Information and Knowledge Management)
- D.11 Behoeftemanagement (Needs Identification)

- E.01 Ontwikkelen van prognoses (Forecast Development)
- E.02 Project- en portfoliomanagement (Project and Portfolio Management)
- E.09 IT-governance (IS Governance)

VT-Competenties:
- Ervaring met Informatiemanagement (K-BP)
- Ervaring met Informatieplanning (K-IS)
- Ervaring met Beleid en strategiebepaling (K-M)
- Ervaring met Principes van sourcing (K-A)
- Ervaring met Beheer van bedrijfsinformatie/gegevens (B-BP)
- Ervaring met Beheer van informatiesystemen (B-IS)
- Ervaring met Leveranciersmanagement (V-M)
- Ervaring met Contractmanagement (V-M)
- Ervaring met Financieel management (F-M)
- Ervaring met Management van (bedrijfs)processen (G-M)
- Ervaring met Planning & control (G-M)
- Ervaring met Continuïteitmanagement (G-M)
- Ervaring met Compliancemanagement (G-M)
- Ervaring met Kwaliteitsmanagement (G-M)
- Ervaring met Portfoliomanagement (E-M)
- Ervaring met Projectmanagement (E-M)
- Ervaring met Risicoanalyse (E-A)

P-Competenties:
- Hoog niveau Leiderschap
- Hoog niveau Sensitiviteit, inlevingsvermogen
- Hoog niveau Klantgerichtheid
- Hoog niveau Oordeelsvorming
- Hoog niveau Abstractievermogen
- Hoog niveau Organisatiebewustzijn
- Hoog niveau Kennis van andere disciplines
- Hoog niveau Strategische visie
- Hoog niveau Commercieel inzicht
- Hoog niveau Kwaliteitsbewustzijn
- Hoog niveau Besluitvaardigheid
- Hoog niveau Plannen en organiseren

Functiekwalificatie:
- Startkwalificatie: NLQF-5 NLQF – Niveau 5 – Associate Degree
- Professional: NLQF-6 NLQF – Niveau 6 – Bachelor

K-M – CIO

Toelichting:
De CIO (chief information officer) is als hoogste in rang verantwoordelijk voor de informatievoorziening van een bedrijf of organisatie en heeft vaak zitting in een directieteam. De CIO

komt vooral voor in grote tot zeer grote bedrijven of organisaties, en bijvoorbeeld in een holding. Op onderliggend niveau (werkmaatschappij of afdeling) wordt – binnen de gestelde randvoorwaarden – vervolgens de gewenste informatievoorziening in detail vastgesteld. Vanwege de directiepositie van de CIO is een overkoepelende afstemming tussen de behoeften van een bedrijf of organisatie en de informatievoorziening (business/IT alignment) te bereiken. Bij een werkmaatschappij is meestal een divisie-CIO of informatiemanager geplaatst.

Alternatieve functietitels:
- Manager Informatievoorziening

Taken:
- K-BP Opstellen en beheren beveiligingsplan
- K-BP Opstellen en beheren complianceplan
- K-BP Opstellen en beheren continuïteitplan
- K-BP Opstellen en beheren informatiebeleid
- K-BP Opstellen en beheren plan voor interne controle
- K-M Opstellen en beheren beleid voor inkoop, inhuur en dergelijke
- A-IS Ontwerpen en beheren informatievoorziening (overall)
- O-BP Vaststellen en beheren gewenste informatievoorziening
- B-BP Beheren bedrijfsinformatie
- B-IS Beheren en bewaken kwaliteit informatiesysteem
- F-A Beheren bedrijfswaarde van componenten
- S-A Formuleren eisen aan ICT-dienstverlening
- V-A Leveranciersselectie
- V-M Aanbesteden opdracht, inkoop (RfI of RfP)
- V-M Opstellen en beheren strategie voor sourcing
- V-M Opstellen, afsluiten en beheren contract (klant)
- G-M Organiseren informatievoorzieningsfunctie

e-CF competentiereferenties:
- A.01 Afstemming informatiesysteem en bedrijfsstrategie (IS and Business Strategy Alignment)
- A.03 Ontwikkelen van bedrijfsplannen (Business Plan Development)
- A.08 Duurzame ontwikkeling (Sustainable Development)
- A.09 Innoveren (Innovating)
- D.01 Strategieontwikkeling informatiebeveiliging (Information Security Strategy Development)
- D.02 Ontwikkeling ICT-kwaliteitsstrategie (ICT Quality Strategy Development)
- D.04 Inkoop (Purchasing)
- D.08 Contractmanagement (Contract Management)
- D.10 Informatie- en kennismanagement (Information and Knowledge Management)
- D.11 Behoeftemanagement (Needs Identification)
- E.01 Ontwikkelen van prognoses (Forecast Development)
- E.02 Project- en portfoliomanagement (Project and Portfolio Management)
- E.09 IT-governance (IS Governance)

VT-Competenties:
- Ervaring met Informatiemanagement (K-BP)
- Ervaring met Beleid en strategiebepaling (K-M)
- Ervaring met Principes van sourcing (K-A)
- Ervaring met Beheer van bedrijfsinformatie/gegevens (B-BP)
- Ervaring met Beheer van informatiesystemen (B-IS)
- Ervaring met Leveranciersmanagement (V-M)
- Ervaring met Contractmanagement (V-M)
- Ervaring met Financieel management (F-M)
- Ervaring met Management van (bedrijfs)processen (G-M)
- Ervaring met Planning & control (G-M)
- Ervaring met Continuïteitmanagement (G-M)
- Ervaring met Compliancemanagement (G-M)
- Ervaring met Kwaliteitsmanagement (G-M)
- Ervaring met Risicomanagement (G-M)
- Ervaring met Administratieve organisatie en interne controle (AO & IC) (E-BP)
- Ervaring met Portfoliomanagement (E-M)
- Ervaring met Projectmanagement (E-M)
- Ervaring met Principes, methoden en technieken voor interne controle (E-A)
- Ervaring met Principes, methoden en technieken voor kwaliteitsborging (E-A)

P-Competenties:
- Gemiddeld niveau Sensitiviteit, inlevingsvermogen
- Hoog niveau Integriteit
- Hoog niveau Klantgerichtheid
- Hoog niveau Analytisch vermogen
- Hoog niveau Oordeelsvorming
- Hoog niveau Abstractievermogen
- Hoog niveau Organisatiebewustzijn
- Hoog niveau Kennis van andere disciplines
- Hoog niveau Strategische visie
- Hoog niveau Commercieel inzicht
- Hoog niveau Kwaliteitsbewustzijn
- Hoog niveau Besluitvaardigheid
- Hoog niveau Methodisch werken
- Hoog niveau Plannen en organiseren

Functiekwalificatie:
- Startkwalificatie: NLQF-6 NLQF – Niveau 6 – Bachelor
- Professional: NLQF-7 NLQF – Niveau 7 – Master

K-M – QA Manager

Toelichting:
De QA-manager is de – operationele – evenknie van een QA-officer en is verantwoordelijk voor het operationele beheer van de kwaliteit van – meestal – een project; de QA-manager is dan aan

een projectmanager en/of projectleider toegevoegd om de kwaliteit van de projectuitvoering en de projectresultaten te definiëren en te verifiëren.
Als rol kan deze functie aan veel anderen worden toegekend, zoals aan technisch specialisten. Deze functie komt voor in grote organisaties en specifiek bij de uitvoering van een groot en complex project. Deze functie komt ook voor als specialisme van een consultant van een adviesbureau.

Alternatieve functietitels:
- QA / Kwaliteit Controller
- QA / Kwalteit Adviseur

Taken:
- K-BP Opstellen en beheren complianceplan
- K-BP Opstellen en beheren continuïteitplan
- K-BP Opstellen en beheren informatiebeleid
- K-BP Opstellen en beheren informatieplan
- K-M Opstellen en beheren beleid voor inkoop, inhuur en dergelijke
- A-IS Ontwerpen en beheren informatievoorziening (overall)
- O-A Ontwikkelen en beheren maatregelen voor interne controle
- B-BP Beheren bedrijfsinformatie
- B-BP Beheren en bewaken kwaliteit bedrijfsproces
- F-A Beheren bedrijfswaarde van componenten
- S-A Bewaken dienstenlevering
- S-A Formuleren eisen aan ICT-dienstverlening
- G-A Opstellen en beheren kwaliteitsplan
- G-A Uitvoeren risicoanalyse

e-CF competentiereferenties:
- A.01 Afstemming informatiesysteem en bedrijfsstrategie (IS and Business Strategy Alignment)
- D.02 Ontwikkeling ICT-kwaliteitsstrategie (ICT Quality Strategy Development)
- D.10 Informatie- en kennismanagement (Information and Knowledge Management)
- D.11 Behoeftemanagement (Needs Identification)
- E.02 Project- en portfoliomanagement (Project and Portfolio Management)
- E.03 Risicomanagement (Risk Management)
- E.09 IT-governance (IS Governance)

VT-Competenties:
- Toegepaste kennis van Beheer van exploitatie en productie (B-TI)
- Ervaring met Organisatorische continuïteitmaatregelen (O-BP)
- Ervaring met Beheer van bedrijfsinformatie/gegevens (B-BP)
- Ervaring met Beheer van informatiesystemen (B-IS)
- Ervaring met Leveringsmanagement (S-M)
- Ervaring met Planning & control (G-M)
- Ervaring met Continuïteitmanagement (G-M)
- Ervaring met Compliancemanagement (G-M)

- Ervaring met Kwaliteitsmanagement (G-M)
- Ervaring met Risicomanagement (G-M)
- Ervaring met Principes, methoden en technieken voor beveiliging (G-A)
- Ervaring met Administratieve organisatie en interne controle (AO & IC) (E-BP)
- Ervaring met Risicoanalyse (E-A)
- Ervaring met Principes, methoden en technieken voor interne controle (E-A)
- Ervaring met Principes, methoden en technieken voor kwaliteitsborging (E-A)

P-Competenties:
- Hoog niveau Sensitiviteit, inlevingsvermogen
- Hoog niveau Integriteit
- Hoog niveau Klantgerichtheid
- Hoog niveau Analytisch vermogen
- Hoog niveau Oordeelsvorming
- Hoog niveau Abstractievermogen
- Hoog niveau Organisatiebewustzijn
- Hoog niveau Kennis van andere disciplines
- Hoog niveau Strategische visie
- Hoog niveau Kwaliteitsbewustzijn
- Hoog niveau Methodisch werken
- Hoog niveau Plannen en organiseren

Functiekwalificatie:
- Startkwalificatie: NLQF-5 NLQF – Niveau 5 – Associate Degree
- Professional: NLQF-6 NLQF – Niveau 6 – Bachelor

K-M – Directeur

Toelichting:
'Directeur' is een algemene functietitel voor een lijnmanager die verantwoordelijk is voor het (algemene) bedrijfsbeleid, de inrichting van de organisatie, de bedrijfsprocessen, de bedrijfsvoering, en in algemene zin het resultaat van de organisatie-eenheid. In het verlengde daarvan – gelet op de uitgangspunten voor integrale managementverantwoordelijkheid – is een directeur ook verantwoordelijk voor de informatievoorziening. Ten opzichte van de verantwoordelijkheden van een algemene lijnmanager (zoals een afdelingsmanager) is een directeur ook accountable en vaak ook statutair als manager benoemd. Een voorbeeld voor deze functie is een directeur automatisering die verantwoordelijk is voor de automatisering in de organisatie. De functie van directeur komt in alle organisaties voor; die van Directeur Automatisering (of soortgelijke functietitels) komt voor in grote organisaties.

Alternatieve functietitels:
- CEO
- Lijnmanager

Taken:
- K-BP Opstellen en beheren complianceplan

- K-BP Opstellen en beheren continuïteitplan
- K-BP Opstellen en beheren informatiebeleid
- K-BP Opstellen en beheren plan voor interne controle
- B-BP Beheren bedrijfsinformatie
- B-BP Beheren en bewaken kwaliteit bedrijfsproces
- B-IS Beheren en bewaken kwaliteit informatiesysteem
- F-A Beheren bedrijfswaarde van componenten
- F-A Opstellen en beheren begroting, bepalen investeringen en kosten
- G-A Opstellen en beheren businesscase
- G-A Opstellen en beheren kwaliteitsplan
- G-M Managen organisatorische knelpunten, problemen
- G-M Opstellen en beheren overeenkomst, contract
- G-M Vaststellen en toewijzen taken, verantwoordelijkheden, bevoegdheden
- E-M Leidinggeven, aansturen, coördineren activiteit

e-CF competentiereferenties:
- A.01 Afstemming informatiesysteem en bedrijfsstrategie (IS and Business Strategy Alignment)
- A.03 Ontwikkelen van bedrijfsplannen (Business Plan Development)
- A.04 Product- of serviceplanning (Product/Service Planning)
- A.08 Duurzame ontwikkeling (Sustainable Development)
- A.09 Innoveren (Innovating)
- D.02 Ontwikkeling ICT-kwaliteitsstrategie (ICT Quality Strategy Development)
- D.10 Informatie- en kennismanagement (Information and Knowledge Management)
- E.01 Ontwikkelen van prognoses (Forecast Development)
- E.03 Risicomanagement (Risk Management)
- E.05 Procesverbetering (Process Improvement)
- E.09 IT-governance (IS Governance)

VT-Competenties:
- Ervaring met Informatiemanagement (K-BP)
- Ervaring met Beleid en strategiebepaling (K-M)
- Ervaring met Beheer van bedrijfsinformatie/gegevens (B-BP)
- Ervaring met Leveranciersmanagement (V-M)
- Ervaring met Contractmanagement (V-M)
- Ervaring met Financieel management (F-M)
- Ervaring met Management van (bedrijfs)processen (G-M)
- Ervaring met Planning & control (G-M)
- Ervaring met Continuïteitmanagement (G-M)
- Ervaring met Compliancemanagement (G-M)
- Ervaring met Kwaliteitsmanagement (G-M)
- Ervaring met Risicomanagement (G-M)
- Ervaring met Administratieve organisatie en interne controle (AO & IC) (E-BP)
- Ervaring met Principes, methoden en technieken voor interne controle (E-A)
- Ervaring met Principes, methoden en technieken voor kwaliteitsborging (E-A)

P-Competenties:
- Hoog niveau Leiderschap
- Hoog niveau Sensitiviteit, inlevingsvermogen
- Hoog niveau Integriteit
- Hoog niveau Klantgerichtheid
- Hoog niveau Oordeelsvorming
- Hoog niveau Organisatiebewustzijn
- Hoog niveau Kennis van andere disciplines
- Hoog niveau Strategische visie
- Hoog niveau Commercieel inzicht
- Hoog niveau Kwaliteitsbewustzijn
- Hoog niveau Besluitvaardigheid
- Hoog niveau Onderhandelingsvaardigheid
- Hoog niveau Plannen en organiseren

Functiekwalificatie:
- Startkwalificatie: NLQF-5 NLQF – Niveau 5 – Associate Degree
- Professional: NLQF-6 NLQF – Niveau 6 – Bachelor

K-M – Business Manager

Toelichting:
'Business Manager' is een algemene functietitel voor een (lijn)manager in de business of de gebruikersorganisatie die verantwoordelijk is voor het beleid en de uitvoering van de taken van zijn organisatie-eenheid. De businessmanager is – vanuit het principe van integrale managementverantwoordelijkheid – ook verantwoordelijk voor het beheer van de informatievoorziening in zijn organisatie-eenheid (functioneel gericht). De businessmanager is meestal de formele opdrachtgever van de ICT, bijvoorbeeld voor het laten uitvoeren van projecten.

Alternatieve functietitels:
- Manager
- Lijnmanager

Taken:
- K-BP Opstellen en beheren complianceplan
- K-BP Opstellen en beheren continuïteitplan
- K-BP Opstellen en beheren informatiebeleid
- K-BP Opstellen en beheren plan voor interne controle
- K-M Opstellen en beheren projectenportfolio
- O-A Opstellen en beheren organisatorisch calamiteitenplan
- O-BP Vaststellen en beheren gewenste informatievoorziening
- B-BP Beheren en bewaken kwaliteit bedrijfsproces
- V-M Opstellen en beheren strategie voor sourcing
- V-M Opstellen, afsluiten en beheren contract (klant)
- G-A Opstellen en beheren businesscase
- G-A Opstellen en beheren kwaliteitsplan

- G-M Managen organisatorische knelpunten, problemen
- G-M Vaststellen en toewijzen taken, verantwoordelijkheden, bevoegdheden
- E-M Leidinggeven aan, aansturen, coördineren activiteit

e-CF competentiereferenties:
- A.01 Afstemming informatiesysteem en bedrijfsstrategie (IS and Business Strategy Alignment)
- A.03 Ontwikkelen van bedrijfsplannen (Business Plan Development)
- A.08 Duurzame ontwikkeling (Sustainable Development)
- A.09 Innoveren (Innovating)
- D.02 Ontwikkeling ICT-kwaliteitsstrategie (ICT Quality Strategy Development)
- D.10 Informatie- en kennismanagement (Information and Knowledge Management)
- E.01 Ontwikkelen van prognoses (Forecast Development)
- E.02 Project- en portfoliomanagement (Project and Portfolio Management)
- E.03 Risicomanagement (Risk Management)
- E.05 Procesverbetering (Process Improvement)
- E.07 Management van veranderingen in bedrijfsprocessen (Business Change Management)
- E.09 IT-governance (IS Governance)

VT-Competenties:
- Ervaring met Informatiemanagement (K-BP)
- Ervaring met Beleid en strategiebepaling (K-M)
- Ervaring met Beheer van bedrijfsinformatie/gegevens (B-BP)
- Ervaring met Beheer van informatiesystemen (B-IS)
- Ervaring met Klantmanagement (S-M)
- Ervaring met Financieel management (F-M)
- Ervaring met Management van (bedrijfs)processen (G-M)
- Ervaring met Planning & control (G-M)
- Ervaring met Continuïteitmanagement (G-M)
- Ervaring met Compliancemanagement (G-M)
- Ervaring met Kwaliteitsmanagement (G-M)
- Ervaring met Risicomanagement (G-M)
- Ervaring met Administratieve organisatie en interne controle (AO & IC) (E-BP)
- Ervaring met Principes, methoden en technieken voor interne controle (E-A)
- Ervaring met Principes, methoden en technieken voor kwaliteitsborging (E-A)

P-Competenties:
- Hoog niveau Leiderschap
- Hoog niveau Sensitiviteit, inlevingsvermogen
- Hoog niveau Integriteit
- Hoog niveau Klantgerichtheid
- Hoog niveau Oordeelsvorming
- Hoog niveau Abstractievermogen
- Hoog niveau Organisatiebewustzijn
- Hoog niveau Kennis van andere disciplines
- Hoog niveau Strategische visie

- Hoog niveau Kwaliteitsbewustzijn
- Hoog niveau Besluitvaardigheid
- Hoog niveau Plannen en organiseren

Functiekwalificatie:
- Startkwalificatie: NLQF-5 NLQF – Niveau 5 – Associate Degree
- Professional: NLQF-6 NLQF – Niveau 6 – Bachelor

K-A – Adviseur Informatiebeveiliging

Toelichting:
De adviseur informatiebeveiliging is een adviesfunctie gericht op de beveiliging van de informatievoorziening/ICT. De focus ligt op het beveiligen van de informatievoorziening/ICT wat betreft vertrouwelijkheid, integriteit en beschikbaarheid van informatie.
Deze functie komt in veel organisaties voor, of als adviesfunctie bij een adviesbureau.

Alternatieve functietitels:
- Coördinator Informatiebeveiliging
- Security Adviseur
- Security Consultant
- Security Specialist

Taken:
- K-BP Opstellen en beheren beveiligingsplan
- K-BP Opstellen en beheren complianceplan
- K-BP Opstellen en beheren plan voor interne controle
- A-IS Opstellen en beheren normen systeemgebruik en -beheer
- A-TI Opstellen en beheren architectuur technische infrastructuur
- A-TI Opstellen en beheren normen gebruik en beheer technische infrastructuur
- O-A Ontwikkelen en beheren organisatorische maatregelen voor beveiliging
- O-A Ontwikkelen en beheren technische maatregelen voor beveiliging
- O-A Opstellen en beheren organisatorisch calamiteitenplan
- O-A Opstellen en beheren technisch calamiteitenplan

e-CF competentiereferenties:
- A.01 Afstemming informatiesysteem en bedrijfsstrategie (IS and Business Strategy Alignment)
- D.01 Strategieontwikkeling informatiebeveiliging (Information Security Strategy Development)
- D.02 Ontwikkeling ICT-kwaliteitsstrategie (ICT Quality Strategy Development)
- E.02 Project- en portfoliomanagement (Project and Portfolio Management)
- E.03 Risicomanagement (Risk Management)
- E.08 Informatiebeveiligingsmanagement (Information Security Management)

VT-Competenties:
- Ervaring met Organisatorische continuïteitmaatregelen (O-BP)
- Ervaring met Technische continuïteitmaatregelen (O-A)

- Ervaring met Beheer van bedrijfsinformatie/gegevens (B-BP)
- Ervaring met Beheer van informatiesystemen (B-IS)
- Ervaring met Beheer van netwerken (B-TI)
- Ervaring met Beheer van servers (B-TI)
- Ervaring met Beheer van multimedia-apparatuur (B-TI)
- Ervaring met Beheer van exploitatie en productie (B-TI)
- Ervaring met Compliancemanagement (G-M)
- Ervaring met Kwaliteitsmanagement (G-M)
- Ervaring met Risicomanagement (G-M)
- Ervaring met Principes, methoden en technieken voor beveiliging (G-A)
- Ervaring met Risicoanalyse (E-A)

P-Competenties:
- Hoog niveau Integriteit
- Hoog niveau Analytisch vermogen
- Hoog niveau Oordeelsvorming
- Hoog niveau Abstractievermogen
- Hoog niveau Organisatiebewustzijn
- Hoog niveau Strategische visie
- Hoog niveau Kwaliteitsbewustzijn
- Hoog niveau Methodisch werken
- Hoog niveau Plannen en organiseren

Functiekwalificatie:
- Startkwalificatie: NLQF-5 NLQF – Niveau 5 – Associate Degree
- Professional: NLQF-6 NLQF – Niveau 6 – Bachelor

Functies in het I-domein Architectuur

A-BP – Enterprise Architect

Toelichting:
De enterprisearchitect is ontwerper van de totale informatievoorziening (overall). Meestal is hij ook betrokken bij het ontwerp en het beheer van de businessarchitectuur c.q. de architectuur van de bedrijfsprocessen.
Deze functie komt vooral in grote organisaties voor, maar ook bij de dienstverlening door leveranciers van managed services (in het kader van outsourcing).

Alternatieve functietitels:
- Architect Informatievoorziening
- Business IV Architect

Taken:
- K-BP Opstellen en beheren complianceplan
- K-BP Opstellen en beheren continuïteitplan
- K-BP Opstellen en beheren informatieplan
- K-BP Opstellen en beheren plan voor interne controle
- A-BP Opstellen en beheren bedrijfsprocessenmodel
- A-IS Opstellen en beheren informatiearchitectuur
- A-TI Opstellen en beheren architectuur technische infrastructuur
- O-A Ontwikkelen en beheren maatregelen voor interne controle
- O-BP Vaststellen en beheren gewenste informatievoorziening
- I-M Bepalen en beheren invoeringsstrategie
- B-BP Beheren bedrijfsinformatie
- F-A Beheren bedrijfswaarde van componenten
- G-A Opstellen en beheren kwaliteitsplan
- S-A Formuleren eisen aan ICT-dienstverlening

e-CF competentiereferenties:
- A.01 Afstemming informatiesysteem en bedrijfsstrategie (IS and Business Strategy Alignment)
- A.04 Product- of serviceplanning (Product/Service Planning)
- A.05 Ontwerp van architectuur (Architecture Design)
- A.08 Duurzame ontwikkeling (Sustainable Development)
- A.09 Innoveren (Innovating)
- D.10 Informatie- en kennismanagement (Information and Knowledge Management)
- D.11 Behoeftemanagement (Needs Identification)
- E.05 Procesverbetering (Process Improvement)
- E.06 ICT-kwaliteitsmanagement (ICT Quality Management)

VT-Competenties:
- Toegepaste kennis van Informatieplanning (K-IS)
- Ervaring met Informatiemanagement (K-BP)

- Ervaring met Architectuurprincipes voor modelleren van bedrijfsprocessen (A-BP)
- Ervaring met Architectuurprincipes voor modelleren van informatievoorziening/systemen (A-IS)
- Ervaring met Architectuurprincipes voor modelleren van technische infrastructuur (A-TI)
- Ervaring met Beheer van bedrijfsinformatie/gegevens (B-BP)
- Ervaring met Beheer van informatiesystemen (B-IS)
- Ervaring met Management van (bedrijfs)processen (G-M)
- Ervaring met Planning & control (G-M)
- Ervaring met Continuïteitmanagement (G-M)
- Ervaring met Compliancemanagement (G-M)
- Ervaring met Kwaliteitsmanagement (G-M)
- Ervaring met Risicomanagement (G-M)
- Ervaring met Risicoanalyse (E-A)
- Ervaring met Principes, methoden en technieken voor kwaliteitsborging (E-A)

P-Competenties:
- Hoog niveau Sensitiviteit, inlevingsvermogen
- Hoog niveau Integriteit
- Hoog niveau Klantgerichtheid
- Hoog niveau Analytisch vermogen
- Hoog niveau Oordeelsvorming
- Hoog niveau Abstractievermogen
- Hoog niveau Organisatiebewustzijn
- Hoog niveau Kwaliteitsbewustzijn
- Hoog niveau Zelfstandigheid
- Hoog niveau Methodisch werken

Functiekwalificatie:
- Startkwalificatie: NLQF-5 NLQF – Niveau 5 – Associate Degree
- Professional: NLQF-7 NLQF – Niveau 7 – Master

A-BP – Organisatie Adviseur

Toelichting:
'Organisatie Adviseur' is een algemene aanduiding van een specialist op het gebied van het inrichten van organisaties, bedrijfsprocessen en de bedrijfsvoering. In dit kader geeft de organisatieadviseur advies op dit terrein, meestal aan businessmanagers. Ook lost hij organisatorische knelpunten of problemen op of optimaliseert hij bedrijfsprocessen en de bedrijfsvoering. Omdat de inrichting en het functioneren van bedrijfsprocessen onlosmakelijk is verbonden met adequate informatievoorziening, vormt advies over (optimalisatie van) de informatievoorziening ook een belangrijk aandachtsgebied van de organisatieadviseur.
Deze functie komt voor in grote organisaties, of als specialisme van een consultant van een organisatieadviesbureau.

Alternatieve functietitels:
- Adviseur Bedrijfsvoering
- Analist Bedrijfsprocessen

- Analist Bedrijfsvoering
- Business Process Analist
- Specialist Bedrijfsvoering

Taken:

- K-BP Opstellen en beheren complianceplan
- K-BP Opstellen en beheren continuïteitplan
- K-BP Opstellen en beheren informatieplan
- K-BP Opstellen en beheren plan voor interne controle
- A-BP Opstellen en beheren bedrijfsprocessenmodel
- A-IS Opstellen en beheren informatieprocessenmodel
- O-A Ontwikkelen en beheren maatregelen voor interne controle
- O-BP Ontwerpen en beheren bedrijfsprocessen
- O-BP Vaststellen en beheren gewenste informatievoorziening
- O-IS Ontwerpen en beheren handmatige informatiefuncties
- I-BP Invoeren (wijziging) bedrijfsproces
- I-IS Invoeren (wijziging) informatiesysteem
- I-M Bepalen en beheren invoeringsstrategie
- B-BP Beheren bedrijfsinformatie
- B-BP Beheren en bewaken kwaliteit bedrijfsproces
- B-IS Beheren en bewaken kwaliteit informatiesysteem
- F-A Beheren bedrijfswaarde van componenten
- P-A Bepalen benodigde competenties
- G-A Opstellen en beheren businesscase
- G-A Opstellen en beheren kwaliteitsplan
- G-A Uitvoeren risicoanalyse
- S-A Formuleren eisen aan ICT-dienstverlening

e-CF competentiereferenties:

- A.01 Afstemming informatiesysteem en bedrijfsstrategie (IS and Business Strategy Alignment)
- A.09 Innoveren (Innovating)
- D.02 Ontwikkeling ICT-kwaliteitsstrategie (ICT Quality Strategy Development)
- D.10 Informatie- en kennismanagement (Information and Knowledge Management)
- D.11 Behoeftemanagement (Needs Identification)
- E.02 Project- en portfoliomanagement (Project and Portfolio Management)
- E.05 Procesverbetering (Process Improvement)
- E.07 Management van veranderingen in bedrijfsprocessen (Business Change Management)

VT-Competenties:

- Ervaring met Informatiemanagement (K-BP)
- Ervaring met Beleid en strategiebepaling (K-M)
- Ervaring met Architectuurprincipes voor modelleren van bedrijfsprocessen (A-BP)
- Ervaring met Architectuurprincipes voor modelleren van informatievoorziening/systemen (A-IS)
- Ervaring met Beheer van bedrijfsinformatie/gegevens (B-BP)
- Ervaring met Beheer van informatiesystemen (B-IS)

- Ervaring met Financieel management (F-M)
- Ervaring met Competentiemanagement (P-M)
- Ervaring met Management van (bedrijfs)processen (G-M)
- Ervaring met Planning & control (G-M)
- Ervaring met Continuïteitmanagement (G-M)
- Ervaring met Compliancemanagement (G-M)
- Ervaring met Kwaliteitsmanagement (G-M)
- Ervaring met Risicomanagement (G-M)
- Ervaring met Bedrijfskunde (E-BP)
- Ervaring met Administratieve organisatie en interne controle (AO & IC) (E-BP)
- Ervaring met Projectmanagement (E-M)
- Ervaring met Risicoanalyse (E-A)
- Ervaring met Principes, methoden en technieken voor interne controle (E-A)
- Ervaring met Principes, methoden en technieken voor kwaliteitsborging (E-A)

P-Competenties:
- Hoog niveau Sensitiviteit, inlevingsvermogen
- Hoog niveau Communicatieve vaardigheden (mondeling en/of schriftelijk)
- Hoog niveau Samenwerken in teamverbanden
- Hoog niveau Integriteit
- Hoog niveau Klantgerichtheid
- Hoog niveau Analytisch vermogen
- Hoog niveau Oordeelsvorming
- Hoog niveau Abstractievermogen
- Hoog niveau Organisatiebewustzijn
- Hoog niveau Kennis van andere disciplines
- Hoog niveau Strategische visie
- Hoog niveau Kwaliteitsbewustzijn
- Hoog niveau Overtuigingskracht
- Hoog niveau Methodisch werken
- Hoog niveau Plannen en organiseren

Functiekwalificatie:
- Startkwalificatie: NLQF-6 NLQF – Niveau 6 – Bachelor
- Professional: NLQF-7 NLQF – Niveau 7 – Master

A-IS – Informatie Architect

Toelichting:
De informatiearchitect stelt – uitgaande van de principes van architectuur – de informatiearchitectuur op en beheert die architectuur (bijvoorbeeld gelet op gewijzigde informatiebehoeften van gebruikers). De informatiearchitectuur is de structuur van applicaties, databases en andere gegevensverzamelingen (ook die in de niet-geautomatiseerde of in persoonlijke applicaties (zoals spreadsheets) opgenomen zijn). Bovendien worden de beleidsregels met betrekking tot het beheer van de (elementen van de) informatiearchitectuur opgesteld en beheerd. Een belangrijk aspect van deze functie is de integratie van informatiesystemen en (corporate) gegevens in een organisatie.

Hoewel een datamanager meestal verantwoordelijk is voor het beheer van het corporate datamodel, wordt dit voor de invulling van dit model vaak bij de informatiearchitect belegd.
De informatiearchitect komt voor in grote organisaties (zoals concerns met meerdere werkmaatschappijen) of als adviesfunctie bij een adviesbureau.

Alternatieve functietitels:
- Adviseur Informatievoorziening
- Architect Informatievoorziening
- Beheerder Corporate Datamodel
- Beheerder Informatievoorziening
- Informatie Manager
- Manager Informatievoorziening

Taken:
- K-BP Opstellen en beheren complianceplan
- K-BP Opstellen en beheren informatieplan
- A-IS Opstellen en beheren informatiearchitectuur
- A-IS Opstellen en beheren informatieprocessenmodel
- O-BP Onderzoeken organisatieaspecten
- O-BP Ontwerpen en beheren bedrijfsprocessen
- O-BP Vaststellen en beheren gewenste informatievoorziening
- B-BP Beheren bedrijfsinformatie
- B-BP Beheren en bewaken kwaliteit bedrijfsproces
- B-IS Beheren en bewaken kwaliteit informatiesysteem
- B-IS Opstellen wijzigingsvoorstel informatiesysteem
- F-A Beheren bedrijfswaarde van componenten
- G-A Onderzoeken en vaststellen behoeften
- G-A Opstellen en beheren kwaliteitsplan
- E-A Opstellen en beheren normen, criteria, randvoorwaarden
- E-A Opstellen ontwerp

e-CF competentiereferenties:
- A.01 Afstemming informatiesysteem en bedrijfsstrategie (IS and Business Strategy Alignment)
- A.05 Ontwerp van architectuur (Architecture Design)
- D.02 Ontwikkeling ICT-kwaliteitsstrategie (ICT Quality Strategy Development)
- D.10 Informatie- en kennismanagement (Information and Knowledge Management)
- D.11 Behoeftemanagement (Needs Identification)
- E.05 Procesverbetering (Process Improvement)

VT-Competenties:
- Ervaring met Informatiemanagement (K-BP)
- Ervaring met Architectuurprincipes voor modelleren van bedrijfsprocessen (A-BP)
- Ervaring met Architectuurprincipes voor modelleren van informatievoorziening/systemen (A-IS)
- Ervaring met Informatieanalyse (A-IS)

- Ervaring met Gegevensanalyse (A-IS)
- Ervaring met Beheer van bedrijfsinformatie/gegevens (B-BP)
- Ervaring met Beheer van informatiesystemen (B-IS)
- Ervaring met Planning & control (G-M)
- Ervaring met Compliancemanagement (G-M)
- Ervaring met Kwaliteitsmanagement (G-M)
- Ervaring met Bedrijfskunde (E-BP)
- Ervaring met Principes, methoden en technieken voor interne controle (E-A)
- Ervaring met Principes, methoden en technieken voor kwaliteitsborging (E-A)

P-Competenties:
- Hoog niveau Sensitiviteit, inlevingsvermogen
- Hoog niveau Integriteit
- Hoog niveau Klantgerichtheid
- Hoog niveau Analytisch vermogen
- Hoog niveau Oordeelsvorming
- Hoog niveau Abstractievermogen
- Hoog niveau Organisatiebewustzijn
- Hoog niveau Strategische visie
- Hoog niveau Kwaliteitsbewustzijn
- Hoog niveau Methodisch werken

Functiekwalificatie:
- Startkwalificatie: NLQF-5 NLQF – Niveau 5 – Associate Degree
- Professional: NLQF-6 NLQF – Niveau 6 – Bachelor

A-IS – Informatie Analist

Toelichting:
De informatieanalist analyseert op basis van organisatieonderzoek de behoeften aan informatie van een organisatie en/of gebruikers. Hij vertaalt de onderzoeksresultaten in geïdentificeerde objecten (het objectmodel) en het informatie-/gegevens-/datamodel (gegevenselementen, -definities en relaties tussen de gegevenselementen). Vaak ook inventariseert de informatieanalist de behoeften van gebruikers aan functionaliteit die in de informatiesystemen moet worden geboden en stelt daarmee de informatiearchitectuur op.
De informatieanalist is een functie die al lang bestaat, maar die steeds vaker wordt overgenomen door de functie businessanalist, datamanager of gegevensbeheerder. De gedachte hierbij is dat deze functies zijn gespecialiseerd in het analyseren van businessprocessen vanuit specifieke kennis van de business; deze functie is dan ook meestal in de gebruikersorganisatie zelf geplaatst. Deze functie komt nog steeds veel voor als specialist op het gebied van het analyseren van (de behoefte aan) gegevens in een organisatie, en al dan niet als rol van een businessanalist, datamanager of gegevensbeheerder.

Alternatieve functietitels:
- Geen

Taken:
- K-BP Opstellen en beheren informatieplan
- A-BP Opstellen en beheren bedrijfsprocessenmodel
- A-BP Opstellen en beheren objectmodel
- A-IS Opstellen en beheren gegevensmodel
- A-IS Opstellen en beheren informatiearchitectuur
- A-IS Opstellen en beheren informatieprocessenmodel
- O-A Ontwikkelen en beheren maatregelen voor interne controle
- O-BP Onderzoeken organisatieaspecten
- O-BP Vaststellen en beheren gewenste informatievoorziening
- O-IS Ontwerpen en beheren handmatige informatiefuncties
- B-BP Beheren bedrijfsinformatie
- B-BP Beheren en bewaken kwaliteit bedrijfsproces
- B-IS Beheren en bewaken kwaliteit informatiesysteem
- F-A Beheren bedrijfswaarde van componenten
- G-A Onderzoeken en vaststellen behoeften
- G-A Opstellen en beheren kwaliteitsplan
- E-A Opstellen ontwerp
- E-A Opstellen specificaties
- E-A Uitvoeren analyse
- E-A Voeren van overleg, afstemmen

e-CF competentiereferenties:
- A.01 Afstemming informatiesysteem en bedrijfsstrategie (IS and Business Strategy Alignment)
- A.05 Ontwerp van architectuur (Architecture Design)
- A.06 Ontwerp van applicaties (Application Design)
- B.05 Vervaardigen van documentatie (Documentation Production)
- D.10 Informatie- en kennismanagement (Information and Knowledge Management)
- D.11 Behoeftemanagement (Needs Identification)
- E.05 Procesverbetering (Process Improvement)
- E.06 ICT-kwaliteitsmanagement (ICT Quality Management)

VT-Competenties:
- Toegepaste kennis van Ontwerpen en bouwen van informatiesystemen (O-IS)
- Ervaring met Informatiemanagement (K-BP)
- Ervaring met Informatieplanning (K-IS)
- Ervaring met Architectuurprincipes voor modelleren van bedrijfsprocessen (A-BP)
- Ervaring met Architectuurprincipes voor modelleren van informatievoorziening/systemen (A-IS)
- Ervaring met Informatieanalyse (A-IS)
- Ervaring met Gegevensanalyse (A-IS)
- Ervaring met Gegevensmodellering (A-IS)
- Ervaring met Organisatieanalyse (O-BP)
- Ervaring met Functioneel ontwerp (O-IS)
- Ervaring met Beheer van bedrijfsinformatie/gegevens (B-BP)

- Ervaring met Beheer van informatiesystemen (B-IS)
- Ervaring met Compliancemanagement (G-M)
- Ervaring met Kwaliteitsmanagement (G-M)
- Ervaring met Procesanalyse (G-A)
- Ervaring met Procesontwerp (G-A)
- Ervaring met Bedrijfskunde (E-BP)
- Ervaring met Principes, methoden en technieken voor interne controle (E-A)
- Ervaring met Principes, methoden en technieken voor kwaliteitsborging (E-A)

P-Competenties:
- Hoog niveau Sensitiviteit, inlevingsvermogen
- Hoog niveau Samenwerken in teamverbanden
- Hoog niveau Klantgerichtheid
- Hoog niveau Analytisch vermogen
- Hoog niveau Abstractievermogen
- Hoog niveau Organisatiebewustzijn
- Hoog niveau Kennis van andere disciplines
- Hoog niveau Kwaliteitsbewustzijn
- Hoog niveau Methodisch werken
- Hoog niveau Plannen en organiseren

Functiekwalificatie:
- Startkwalificatie: NLQF-5 NLQF – Niveau 5 – Associate Degree
- Professional: NLQF-6 NLQF – Niveau 6 – Bachelor

A-IS – Data Architect

Toelichting:
Een data-architect ontwerpt en beheert als specialist de architectuur van data of gegevens (het (corporate) gegevensmodel) in een organisatie. In kleine organisaties ontwerpt hij vaak ook de architectuur van een database (voor het laatste vaak als adviseur van een DBA). Hierbij wordt niet alleen de gegevensstructuur ontworpen en beheerd, maar worden ook de gegevensdefinities en de 'regels' (policy's) die voor data en het beheer van de gegevens (en de databases) dienen te worden toegepast ontworpen en beheerd. De data-architect werkt nauw samen met de informatiearchitect die de (overall) structuur van de informatievoorziening (het samenstel van informatiesystemen en databases) beheert. Een belangrijk uitgangspunt voor een data-architect is de behoefte aan informatie van de business of gebruikersorganisatie. De data-architect maakt dan ook gebruik van de resultaten van businessanalisten en informatieanalisten.
Deze functie komt voor in de wat grotere organisaties, of als rol van een consultant/adviseur van een adviesbureau.

Alternatieve functietitels:
- Adviseur Informatievoorziening
- Data Beheerder
- DBA/Database Administrator

Taken:
- K-BP Opstellen en beheren informatieplan
- A-IS Opstellen en beheren gegevensmodel
- A-IS Opstellen en beheren implementatiegegevensmodel
- A-IS Opstellen en beheren informatiearchitectuur
- A-IS Opstellen en beheren informatieprocessenmodel
- A-IS Opstellen en beheren normen systeemgebruik en -beheer
- O-BP Vaststellen en beheren gewenste informatievoorziening
- B-BP Beheren bedrijfsinformatie
- B-IS Beheren en bewaken kwaliteit informatiesysteem
- G-A Opstellen en beheren kwaliteitsplan
- E-A Opstellen ontwerp
- E-A Opstellen specificaties

e-CF competentiereferenties:
- A.01 Afstemming informatiesysteem en bedrijfsstrategie (IS and Business Strategy Alignment)
- A.05 Ontwerp van architectuur (Architecture Design)
- B.05 Vervaardigen van documentatie (Documentation Production)
- D.02 Ontwikkeling ICT-kwaliteitsstrategie (ICT Quality Strategy Development)
- D.10 Informatie- en kennismanagement (Information and Knowledge Management)
- D.11 Behoeftemanagement (Needs Identification)

VT-Competenties:
- Conceptuele kennis van Applicatieontwerp en -bouw (O-IS)
- Toegepaste kennis van Functioneel ontwerp (O-IS)
- Ervaring met Architectuurprincipes voor modelleren van informatievoorziening/systemen (A-IS)
- Ervaring met Informatieanalyse (A-IS)
- Ervaring met Gegevensanalyse (A-IS)
- Ervaring met Gegevensmodellering (A-IS)
- Ervaring met Ontwerpen en bouwen van informatiesystemen (O-IS)
- Ervaring met Databaseontwerp en -bouw (O-IS)
- Ervaring met Realiseren van wijzigingen in informatiesystemen (O-IS)
- Ervaring met Beheer van bedrijfsinformatie/gegevens (B-BP)
- Ervaring met Beheer van informatiesystemen (B-IS)
- Ervaring met Kwaliteitsmanagement (G-M)
- Ervaring met Gebruik van applicaties (E-IS)
- Ervaring met Principes, methoden en technieken voor interne controle (E-A)
- Ervaring met Principes, methoden en technieken voor kwaliteitsborging (E-A)

P-Competenties:
- Hoog niveau Sensitiviteit, inlevingsvermogen
- Hoog niveau Analytisch vermogen
- Hoog niveau Abstractievermogen
- Hoog niveau Organisatiebewustzijn

- Hoog niveau Kwaliteitsbewustzijn
- Hoog niveau Accuratesse
- Hoog niveau Methodisch werken
- Hoog niveau Plannen en organiseren

Functiekwalificatie:
- Startkwalificatie: NLQF-5 NLQF – Niveau 5 – Associate Degree
- Professional: NLQF-6 NLQF – Niveau 6 – Bachelor

A-TI – Architect Technische Infrastructuur

Toelichting:
De architect technische infrastructuur ontwerpt – op basis van architectuurprincipes – de (overall) structuur van de technische infrastructuur (netwerk, servers, storage). Deze architectuur van de technische infrastructuur moet worden gebaseerd op de informatiearchitectuur, het automatiseringsbeleid en de automatiseringsplannen. Hierbij wordt niet alleen een structuur ontworpen, maar vaak ook de eisen die aan de componenten van de technische infrastructuur worden gesteld, zoals eisen aan passieve en actieve netwerkcomponenten (ook multimedia), systeemsoftware (operatingsystemen en middleware, de netwerk(beheer)software, servers en server(beheer)software en storage).
Deze functie komt voor in de wat grotere organisaties, bij leveranciers van ICT-diensten (hosting (in datacenters), netwerk- en serverbeheer, en netwerkverbindingen).

Alternatieve functietitels:
- Infrastructuur Architect
- Netwerk Architect
- Netwerk Engineer

Taken:
- K-BP Opstellen en beheren beveiligingsplan
- K-BP Opstellen en beheren continuïteitplan
- A-IS Opstellen en beheren normen systeemgebruik en -beheer
- A-TI Opstellen en beheren architectuur technische infrastructuur
- A-TI Opstellen en beheren normen gebruik en beheer technische infrastructuur
- A-TI Opstellen en beheren standaarden technische infrastructuur
- O-A Ontwikkelen en beheren technische maatregelen voor beveiliging
- O-A Opstellen en beheren technisch calamiteitenplan
- O-TI Ontwerpen en beheren configuratie van computersystemen, servers
- O-TI Ontwerpen en beheren netwerkconfiguratie
- O-TI Selecteren beheersystemen
- O-TI Selecteren hardware
- O-TI Selecteren systeemsoftware
- B-TI Beheren en bewaken prestatiekenmerken technische infrastructuur
- I-M Bepalen en beheren invoeringsstrategie
- G-A Uitvoeren risicoanalyse

e-CF competentiereferenties:
- A.05 Ontwerp van architectuur (Architecture Design)
- A.07 Volgen van technologische ontwikkelingen (Technology Trend Monitoring)
- A.08 Duurzame ontwikkeling (Sustainable Development)
- A.09 Innoveren (Innovating)
- E.03 Risicomanagement (Risk Management)
- E.08 Informatiebeveiligingsmanagement (Information Security Management)

VT-Competenties:
- Conceptuele kennis van Architectuurprincipes voor modelleren van informatievoorziening/systemen (A-IS)
- Toegepaste kennis van Mogelijkheden van de informatietechnologie (E-A)
- Toegepaste kennis van Mogelijkheden van procesautomatisering (E-A)
- Ervaring met Architectuurprincipes voor modelleren van technische infrastructuur (A-TI)
- Ervaring met Ontwerp technische infrastructuur (O-TI)
- Ervaring met Technische continuïteitmaatregelen (O-A)
- Ervaring met Beheer van informatiesystemen (B-IS)
- Ervaring met Beheer van netwerken (B-TI)
- Ervaring met Beheer van servers (B-TI)
- Ervaring met Beheer van multimedia-apparatuur (B-TI)
- Ervaring met Beheer van exploitatie en productie (B-TI)
- Ervaring met Continuïteitmanagement (G-M)
- Ervaring met Compliancemanagement (G-M)
- Ervaring met Kwaliteitsmanagement (G-M)
- Ervaring met Risicomanagement (G-M)
- Ervaring met Principes, methoden en technieken voor beveiliging (G-A)
- Ervaring met Risicoanalyse (E-A)
- Ervaring met Werking van componenten van de ICT (E-A)

P-Competenties:
- Hoog niveau Analytisch vermogen
- Hoog niveau Oordeelsvorming
- Hoog niveau Abstractievermogen
- Hoog niveau Organisatiebewustzijn
- Hoog niveau Strategische visie
- Hoog niveau Kwaliteitsbewustzijn
- Hoog niveau Besluitvaardigheid
- Hoog niveau Accuratesse
- Hoog niveau Methodisch werken
- Hoog niveau Plannen en organiseren

Functiekwalificatie:
- Startkwalificatie: NLQF-6 NLQF – Niveau 6 – Bachelor
- Professional: NLQF-6 NLQF – Niveau 6 – Bachelor

A-TI – Netwerk Engineer

Toelichting:
De netwerkengineer ontwerpt en configureert het netwerk (intern/LAN en de koppelingen met externe WAN-netwerken). De netwerkengineer selecteert de componenten van het netwerk (netwerkapparatuur en besturings-, beheer- en netwerkprogrammatuur) en stuurt de installatie en het beheer van deze componenten aan.

Alternatieve functietitels:
- Architect Technische Infrastructuur
- Netwerk Architect
- Netwerk Beheerder

Taken:
- B-A Beheren en monitoren autorisatie- en beveiligingssysteem
- B-IS Beheren en bewaken prestatiekenmerken applicatie
- B-TI Beheren en bewaken correct gebruik technische infrastructuur
- B-TI Beheren en bewaken prestatiekenmerken technische infrastructuur
- B-TI Beheren en monitoren multimedia-apparatuur
- B-TI Beheren en monitoren netwerk
- B-TI Beheren en monitoren productie(omgeving)
- B-TI Beheren en monitoren server
- B-TI Beheren en monitoren systemen voor gegevensopslag
- O-A Opstellen en beheren technisch calamiteitenplan
- O-TI Ontwerpen en beheren netwerkconfiguratie
- O-TI Selecteren beheersystemen
- O-TI Selecteren hardware
- O-TI Selecteren systeemsoftware

e-CF competentiereferenties:
- B.02 Systeemintegratie (Component Integration)
- E.03 Risicomanagement (Risk Management)
- E.08 Informatiebeveiligingsmanagement (Information Security Management)

VT-Competenties:
- Ervaring met Architectuurprincipes voor modelleren van technische infrastructuur (A-TI)
- Ervaring met Ontwerp technische infrastructuur (O-TI)
- Ervaring met Technische continuïteitmaatregelen (O-A)
- Ervaring met Beheer van informatiesystemen (B-IS)
- Ervaring met Beheer van netwerken (B-TI)
- Ervaring met Beheer van servers (B-TI)
- Ervaring met Beheer van multimedia-apparatuur (B-TI)
- Ervaring met Beheer van exploitatie en productie (B-TI)
- Ervaring met Netwerktechnologie (G-TI)
- Ervaring met Servertechnologie (G-TI)
- Ervaring met Multimediatechnologie (G-TI)

- Ervaring met Continuïteitmanagement (G-M)
- Ervaring met Kwaliteitsmanagement (G-M)
- Ervaring met Risicomanagement (G-M)
- Ervaring met Principes, methoden en technieken voor beveiliging (G-A)
- Ervaring met Analyse van de werking van componenten van informatiesystemen (G-A)
- Ervaring met Risicoanalyse (E-A)
- Ervaring met Mogelijkheden van de informatietechnologie (E-A)
- Ervaring met Mogelijkheden van procesautomatisering (E-A)
- Ervaring met Werking van componenten van de ICT (E-A)

P-Competenties:
- Hoog niveau Integriteit
- Hoog niveau Klantgerichtheid
- Hoog niveau Analytisch vermogen
- Hoog niveau Creativiteit
- Hoog niveau Organisatiebewustzijn
- Hoog niveau Kwaliteitsbewustzijn
- Hoog niveau Initiatief
- Hoog niveau Accuratesse
- Hoog niveau Methodisch werken
- Hoog niveau Plannen en organiseren

Functiekwalificatie:
- Startkwalificatie: NLQF-4+ NLQF – Niveau 4+ – Vwo, vavo-vwo
- Professional: NLQF-6 NLQF – Niveau 6 – Bachelor

Functies in het I-domein Ontwikkelen

O-BP – Business Analist

Toelichting:
De businessanalist is een adviseur voor de inrichting van bedrijfsprocessen, de bedrijfsvoering en de daarvoor benodigde informatie(voorziening). De businessadviseur analyseert (de behoeften aan) informatie en informatiesystemen, uitgaande van de eisen aan de bedrijfsprocessen en de workflow daarbinnen. In het verlengde daarvan wordt meegewerkt aan het vaststellen en verbeteren van de informatievoorziening in het algemeen, en aan specifieke of individuele informatiesystemen om daarmee bedrijfsprocessen optimaal te ondersteunen.
Deze functie komt voor in de wat grotere organisaties of als consultant bij een adviesbureau.

Alternatieve functietitels:
- Adviseur AO
- Adviseur Bedrijfsprocessen
- Adviseur Bedrijfsvoering
- Adviseur Informatievoorziening
- Analist Bedrijfsprocessen
- Business Proces Analist
- Business Systems Analist
- Consultant AO
- Consultant Bedrijfsvoering
- Consultant Informatievoorziening
- Organisatie Adviseur

Taken:
- K-BP Opstellen en beheren complianceplan
- K-BP Opstellen en beheren continuïteitplan
- K-BP Opstellen en beheren informatiebeleid
- K-BP Opstellen en beheren informatieplan
- K-BP Opstellen en beheren plan voor interne controle
- A-BP Opstellen en beheren bedrijfsprocessenmodel
- A-IS Opstellen en beheren informatieprocessenmodel
- O-A Ontwikkelen en beheren maatregelen voor interne controle
- O-A Ontwikkelen en beheren organisatorische maatregelen voor beveiliging
- O-A Opstellen en beheren organisatorisch calamiteitenplan
- O-BP Ontwerpen en beheren bedrijfsprocessen
- O-BP Vaststellen en beheren gewenste informatievoorziening
- I-BP Invoeren (wijziging) bedrijfsproces
- I-IS Invoeren (wijziging) informatiesysteem
- I-M Bepalen en beheren invoeringsstrategie
- B-BP Beheren bedrijfsinformatie
- B-BP Beheren en bewaken kwaliteit bedrijfsproces
- B-BP Opstellen wijzigingsvoorstel bedrijfsproces
- G-A Opstellen en beheren businesscase
- G-A Opstellen en beheren kwaliteitsplan

e-CF competentiereferenties:
- A.01 Afstemming informatiesysteem en bedrijfsstrategie (IS and Business Strategy Alignment)
- A.03 Ontwikkelen van bedrijfsplannen (Business Plan Development)
- A.09 Innoveren (Innovating)
- D.02 Ontwikkeling ICT-kwaliteitsstrategie (ICT Quality Strategy Development)
- D.10 Informatie- en kennismanagement (Information and Knowledge Management)
- D.11 Behoeftemanagement (Needs Identification)
- E.02 Project- en portfoliomanagement (Project and Portfolio Management)
- E.05 Procesverbetering (Process Improvement)
- E.07 Management van veranderingen in bedrijfsprocessen (Business Change Management)

VT-Competenties:
- Ervaring met Informatiemanagement (K-BP)
- Ervaring met Beleid en strategiebepaling (K-M)
- Ervaring met Architectuurprincipes voor modelleren van bedrijfsprocessen (A-BP)
- Ervaring met Architectuurprincipes voor modelleren van informatievoorziening/systemen (A-IS)
- Ervaring met Informatieanalyse (A-IS)
- Ervaring met Organisatieanalyse (O-BP)
- Ervaring met Organisatieontwerp (O-BP)
- Ervaring met Organisatorische continuïteitmaatregelen (O-BP)
- Ervaring met Beheer van bedrijfsinformatie/gegevens (B-BP)
- Ervaring met Beheer van informatiesystemen (B-IS)
- Ervaring met Management van (bedrijfs)processen (G-M)
- Ervaring met Planning & control (G-M)
- Ervaring met Continuïteitmanagement (G-M)
- Ervaring met Compliancemanagement (G-M)
- Ervaring met Kwaliteitsmanagement (G-M)
- Ervaring met Risicomanagement (G-M)
- Ervaring met Bedrijfskunde (E-BP)
- Ervaring met Administratieve organisatie en interne controle (AO & IC) (E-BP)
- Ervaring met Principes, methoden en technieken voor interne controle (E-A)
- Ervaring met Principes, methoden en technieken voor kwaliteitsborging (E-A)

P-Competenties:
- Hoog niveau Sensitiviteit, inlevingsvermogen
- Hoog niveau Integriteit
- Hoog niveau Analytisch vermogen
- Hoog niveau Oordeelsvorming
- Hoog niveau Abstractievermogen
- Hoog niveau Organisatiebewustzijn
- Hoog niveau Kennis van andere disciplines
- Hoog niveau Strategische visie
- Hoog niveau Kwaliteitsbewustzijn
- Hoog niveau Plannen en organiseren

Functiekwalificatie:
- Startkwalificatie: NLQF-5 NLQF – Niveau 5 – Associate Degree
- Professional: NLQF-6 NLQF – Niveau 6 – Bachelor

O-BP – E-Business Adviseur

Toelichting:
De e-businessadviseur is specialist op het gebied van e-commerce, zoals marketing en verkoop via internet. Deze functie kan worden vergeleken met die van informatieanalist, maar dan met specifieke kennis van marketing en verkoop via internet. De e-businessadviseur adviseert over e-commerce op basis van algemene marketing- en verkoopstrategieën en adviseert over de wijze waarop dat via internet gestalte kan krijgen.
De e-businessadviseur kan worden gekarakteriseerd als 'informatiekundige' waarin business-expertise (marketing, verkoop) en het gebruik van ICT-middelen en het internet worden gecombineerd, en is daarom als rol vaak aan een marketing- of verkoopmedewerker toegewezen. Deze functie komt vooral voor bij bedrijven die via internet hun diensten aanbieden of producten in webshops verkopen. Als adviesfunctie komt deze functie ook voor bij adviesbureaus die zijn gespecialiseerd in e-commerce.

Alternatieve functietitels:
- E-Business Consultant
- E-Business Consultant
- E-Business Coördinator
- E-Business Manager
- E-Commerce Adviseur
- E-Marketing Adviseur
- Web Marketeer

Taken:
- K-BP Opstellen en beheren informatieplan
- K-M Opstellen en beheren projectenportfolio
- A-IS Opstellen en beheren informatieprocessenmodel
- O-BP Onderzoeken organisatieaspecten
- O-BP Ontwerpen en beheren bedrijfsprocessen
- O-BP Vaststellen en beheren gewenste informatievoorziening
- I-A Bepalen migratiestap
- I-M Bepalen en beheren invoeringsstrategie
- B-BP Beheren bedrijfsinformatie
- B-BP Beheren content
- B-BP Beheren en bewaken kwaliteit bedrijfsproces
- B-IS Beheren en bewaken kwaliteit informatiesysteem
- F-A Beheren bedrijfswaarde van componenten
- G-A Onderzoeken automatiseringsontwikkelingen
- G-A Onderzoeken en vaststellen behoeften
- G-A Opstellen en beheren businesscase
- G-A Opstellen en beheren kwaliteitsplan
- E-A Verstrekken advies

e-CF competentiereferenties:

- A.04 Product- of serviceplanning (Product/Service Planning)
- A.09 Innoveren (Innovating)
- D.02 Ontwikkeling ICT-kwaliteitsstrategie (ICT Quality Strategy Development)
- D.10 Informatie- en kennismanagement (Information and Knowledge Management)
- D.12 Digitale marketing (Digital Marketing)
- E.01 Ontwikkelen van prognoses (Forecast Development)
- E.06 ICT-kwaliteitsmanagement (ICT Quality Management)

VT-Competenties:

- Toegepaste kennis van Mogelijkheden van de informatietechnologie (E-A)
- Ervaring met Informatiemanagement (K-BP)
- Ervaring met Beleid en strategiebepaling (K-M)
- Ervaring met Architectuurprincipes voor modelleren van bedrijfsprocessen (A-BP)
- Ervaring met Architectuurprincipes voor modelleren van informatievoorziening/systemen (A-IS)
- Ervaring met Informatieanalyse (A-IS)
- Ervaring met Organisatieanalyse (O-BP)
- Ervaring met Organisatieontwerp (O-BP)
- Ervaring met Beheer van bedrijfsinformatie/gegevens (B-BP)
- Ervaring met Beheer van informatiesystemen (B-IS)
- Ervaring met Behoeftemanagement (S-M)
- Ervaring met Klantmanagement (S-M)
- Ervaring met Principes van dienstverlening (S-A)
- Ervaring met Commercieel management (C-M)
- Ervaring met Management van (bedrijfs)processen (G-M)
- Ervaring met Planning & control (G-M)
- Ervaring met Kwaliteitsmanagement (G-M)
- Ervaring met Bedrijfskunde (E-BP)
- Ervaring met Projectmanagement (E-M)
- Ervaring met Risicoanalyse (E-A)

P-Competenties:

- Hoog niveau Sensitiviteit, inlevingsvermogen
- Hoog niveau Communicatieve vaardigheden (mondeling en/of schriftelijk)
- Hoog niveau Samenwerken in teamverbanden
- Hoog niveau Klantgerichtheid
- Hoog niveau Analytisch vermogen
- Hoog niveau Oordeelsvorming
- Hoog niveau Abstractievermogen
- Hoog niveau Creativiteit
- Hoog niveau Organisatiebewustzijn
- Hoog niveau Kennis van andere disciplines
- Hoog niveau Strategische visie
- Hoog niveau Commercieel inzicht
- Hoog niveau Kwaliteitsbewustzijn

- Hoog niveau Methodisch werken
- Hoog niveau Plannen en organiseren

Functiekwalificatie:
- Startkwalificatie: NLQF-5 NLQF – Niveau 5 – Associate Degree
- Professional: NLQF-6 NLQF – Niveau 6 – Bachelor

O-BP – Multimedia Adviseur

Toelichting:
De multimedia-adviseur is specialist op het gebied van multimediatoepassingen, waaronder voor communicatie via sociale media zoals Facebook, Twitter en dergelijke. In deze rol is de multimedia-adviseur meer een communicatieadviseur en behoort niet (direct) tot het informaticadomein. De multimedia-adviseur kan ook worden ingeschakeld voor de opzet en het beheer van websites. Aan het beheer van websites worden (meestal) gespecialiseerde functies toegewezen, zoals de functie webmaster. De multimedia-adviseur kan ook een veel bredere scope hebben, zoals betrokkenheid bij de opzet van presentaties (bijvoorbeeld op beurzen of voor salespresentaties). In het algemeen combineert de multimedia-adviseur competenties van communicatie en presentatie.
Deze functie komt voor in bedrijven die actief zijn op sociale media of als rol als alleen gebruik wordt gemaakt van communicatie met de markt via een website. Ook komt deze functie voor bij communicatieadviesbureaus.

Alternatieve functietitels:
- Adviseur Sociale Media
- Beheerder Sociale Media
- Communicatie Adviseur
- Multimedia Beheerder

Taken:
- K-M Opstellen en beheren projectenportfolio
- A-IS Opstellen en beheren informatiearchitectuur
- A-IS Opstellen en beheren informatieprocessenmodel
- O-BP Onderzoeken organisatieaspecten
- O-BP Vaststellen en beheren gewenste informatievoorziening
- O-BP Verkennen behoeften informatievoorziening
- I-M Bepalen en beheren invoeringsstrategie
- I-M Samenstellen release
- B-BP Beheren bedrijfsinformatie
- B-BP Beheren content
- B-IS Beheren en bewaken kwaliteit informatiesysteem
- B-IS Opstellen wijzigingsvoorstel informatiesysteem
- B-TI Beheren en bewaken prestatiekenmerken technische infrastructuur
- B-TI Beheren en monitoren multimedia-apparatuur
- B-TI Opstellen wijzigingsvoorstel technische infrastructuur
- F-A Beheren bedrijfswaarde van componenten

- G-A Onderzoeken en vaststellen behoeften
- G-A Opstellen en beheren businesscase
- G-A Opstellen en beheren kwaliteitsplan

e-CF competentiereferenties:
- A.01 Afstemming informatiesysteem en bedrijfsstrategie (IS and Business Strategy Alignment)
- A.03 Ontwikkelen van bedrijfsplannen (Business Plan Development)
- A.04 Product- of serviceplanning (Product/Service Planning)
- D.02 Ontwikkeling ICT-kwaliteitsstrategie (ICT Quality Strategy Development)
- D.10 Informatie- en kennismanagement (Information and Knowledge Management)
- D.11 Behoeftemanagement (Needs Identification)
- D.12 Digitale marketing (Digital Marketing)
- E.05 Procesverbetering (Process Improvement)

VT-Competenties:
- Toegepaste kennis van Informatieplanning (K-IS)
- Toegepaste kennis van Beleid en strategiebepaling (K-M)
- Toegepaste kennis van Mogelijkheden van de informatietechnologie (E-A)
- Ervaring met Informatiemanagement (K-BP)
- Ervaring met Architectuurprincipes voor modelleren van bedrijfsprocessen (A-BP)
- Ervaring met Architectuurprincipes voor modelleren van informatievoorziening/systemen (A-IS)
- Ervaring met Organisatieanalyse (O-BP)
- Ervaring met Organisatieontwerp (O-BP)
- Ervaring met Beheer van bedrijfsinformatie/gegevens (B-BP)
- Ervaring met Beheer van informatiesystemen (B-IS)
- Ervaring met Behoeftemanagement (S-M)
- Ervaring met Klantmanagement (S-M)
- Ervaring met Leveringsmanagement (S-M)
- Ervaring met Principes van dienstverlening (S-A)
- Ervaring met Management van (bedrijfs)processen (G-M)
- Ervaring met Kwaliteitsmanagement (G-M)
- Ervaring met Bedrijfskunde (E-BP)

P-Competenties:
- Gemiddeld niveau Flexibiliteit
- Hoog niveau Sensitiviteit, inlevingsvermogen
- Hoog niveau Klantgerichtheid
- Hoog niveau Analytisch vermogen
- Hoog niveau Abstractievermogen
- Hoog niveau Creativiteit
- Hoog niveau Organisatiebewustzijn
- Hoog niveau Kennis van andere disciplines
- Hoog niveau Strategische visie
- Hoog niveau Commercieel inzicht

- Hoog niveau Kwaliteitsbewustzijn
- Hoog niveau Methodisch werken
- Hoog niveau Plannen en organiseren

Functiekwalificatie:
- Startkwalificatie: NLQF-4+ NLQF – Niveau 4+ – Vwo, vavo-vwo
- Professional: NLQF-6 NLQF – Niveau 6 – Bachelor

O-BP – BI Specialist

Toelichting:
De BI-specialist is een functie in een functiegroep die sterk in ontwikkeling is als gevolg van de toegevoegde waarde van datamining ('big data'); er ontstaan ook steeds meer verbijzonderde functies in dit domein, zoals die van BI-scientist die op basis van geavanceerde algoritmen datamining uitvoert. Deze functie is begonnen als specialist in rapportagetools waarmee op management gerichte rapportages werden gegenereerd. De BI-specialist analyseert behoeften aan (strategische of tactische) managementinformatie en stelt query's op waarmee datamining wordt gerealiseerd en waarmee de gevraagde informatie kan worden gepresenteerd.
Deze functie komt in steeds meer organisaties voor, of als adviseur/consultant bij in managementinformatie gespecialiseerde adviesbureaus.

Alternatieve functietitels:
- Adviseur Managementinformatie
- BI Adviseur
- BI Consultant
- BI Scientist

Taken:
- A-BP Opstellen en beheren bedrijfsprocessenmodel
- A-IS Opstellen en beheren gegevensmodel
- A-IS Opstellen en beheren informatieprocessenmodel
- O-BP Vaststellen en beheren gewenste informatievoorziening
- O-BP Verkennen behoeften informatievoorziening
- O-IS Opstellen en beheren functionele specificaties
- I-M Bepalen en beheren invoeringsstrategie
- B-BP Beheren bedrijfsinformatie
- B-BP Beheren en bewaken kwaliteit bedrijfsproces
- B-IS Beheren en bewaken functionaliteit applicatie
- F-A Opstellen en beheren begroting, bepalen investeringen en kosten
- G-A Afbakenen onderzoeksgebied
- G-A Onderzoeken en vaststellen behoeften
- G-A Opstellen en beheren gebruikersdocumentatie

e-CF competentiereferenties:
- A.01 Afstemming informatiesysteem en bedrijfsstrategie (IS and Business Strategy Alignment)

- A.06 Ontwerp van applicaties (Application Design)
- A.09 Innoveren (Innovating)
- D.10 Informatie- en kennismanagement (Information and Knowledge Management)
- D.11 Behoeftemanagement (Needs Identification)
- E.05 Procesverbetering (Process Improvement)

VT-Competenties:
- Toegepaste kennis van Informatieplanning (K-IS)
- Toegepaste kennis van Bedrijfskunde (E-BP)
- Ervaring met Informatiemanagement (K-BP)
- Ervaring met Architectuurprincipes voor modelleren van bedrijfsprocessen (A-BP)
- Ervaring met Architectuurprincipes voor modelleren van informatievoorziening/systemen (A-IS)
- Ervaring met Informatieanalyse (A-IS)
- Ervaring met Gegevensanalyse (A-IS)
- Ervaring met Gegevensmodellering (A-IS)
- Ervaring met Organisatieanalyse (O-BP)
- Ervaring met Organisatieontwerp (O-BP)
- Ervaring met Ontwerpen en bouwen van informatiesystemen (O-IS)
- Ervaring met Functioneel ontwerp (O-IS)
- Ervaring met Beheer van bedrijfsinformatie/gegevens (B-BP)
- Ervaring met Beheer van informatiesystemen (B-IS)
- Ervaring met Behoeftemanagement (S-M)
- Ervaring met Management van (bedrijfs)processen (G-M)
- Ervaring met Kwaliteitsmanagement (G-M)
- Ervaring met Opstellen van gebruikersdocumentatie (G-A)
- Ervaring met Projectmanagement (E-M)
- Ervaring met Principes, methoden en technieken voor kwaliteitsborging (E-A)

P-Competenties:
- Gemiddeld niveau Flexibiliteit
- Hoog niveau Sensitiviteit, inlevingsvermogen
- Hoog niveau Communicatieve vaardigheden (mondeling en/of schriftelijk)
- Hoog niveau Samenwerken in teamverbanden
- Hoog niveau Klantgerichtheid
- Hoog niveau Analytisch vermogen
- Hoog niveau Abstractievermogen
- Hoog niveau Creativiteit
- Hoog niveau Organisatiebewustzijn
- Hoog niveau Kennis van andere disciplines
- Hoog niveau Strategische visie
- Hoog niveau Commercieel inzicht
- Hoog niveau Kwaliteitsbewustzijn
- Hoog niveau Accuratesse
- Hoog niveau Methodisch werken

Functiekwalificatie:
- Startkwalificatie: NLQF-5 NLQF – Niveau 5 – Associate Degree
- Professional: NLQF-7 NLQF – Niveau 7 – Master

O-IS – Functioneel Ontwerper

Toelichting:
De functioneel ontwerper is gespecialiseerd in het opstellen van ontwerpen voor nieuwe informatiesystemen. Hij stelt samen met gebruikers en de opdrachtgever de functionele specificaties op waaraan een informatiesysteem moet voldoen. De functioneel ontwerper stelt het ontwerp op (mede) op basis van de input van een informatieanalist en/of een business(proces)analist die specifiek de eisen aan informatie bij de gebruikers analyseert en vaststelt (en modelleert). Het beheer en onderhoud van een informatiesysteem ligt meestal bij een functioneel beheerder en/of een functioneel applicatiebeheerder. De functioneel ontwerper stelt voorts testplannen op en coördineert de (functionele) testen en de acceptatietest door de gebruikers (of door bijvoorbeeld een functioneel beheerder).
Dee functie komt – als specialisme – in de wat grotere organisaties voor.

Alternatieve functietitels:
- Functioneel Applicatie Ontwerper
- Functioneel Designer
- Lead Designer
- Lead Ontwerper

Taken:
- A-BP Opstellen en beheren bedrijfsprocessenmodel
- A-IS Opstellen en beheren gegevensmodel
- A-IS Opstellen en beheren informatiearchitectuur
- A-IS Opstellen en beheren informatieprocessenmodel
- O-BP Vaststellen en beheren gewenste informatievoorziening
- O-IS Ontwerpen en beheren handmatige informatiefuncties
- O-IS Opstellen en beheren functionele specificaties
- O-IS Selecteren standaard software
- I-A Bepalen migratiestap
- I-A Opstellen en beheren (master) testplan
- I-A Uitvoeren toets of test
- I-IS Invoeren (wijziging) informatiesysteem
- I-M Samenstellen release
- B-BP Beheren bedrijfsinformatie
- B-BP Beheren en bewaken kwaliteit bedrijfsproces
- B-IS Beheren en bewaken functionaliteit applicatie
- F-A Beheren bedrijfswaarde van componenten
- G-A Onderzoeken en vaststellen behoeften
- G-A Opstellen en beheren gebruikersdocumentatie
- G-A Opstellen en beheren kwaliteitsplan
- E-A Opstellen ontwerp

e-CF competentiereferenties:
- A.05 Ontwerp van architectuur (Architecture Design)
- A.06 Ontwerp van applicaties (Application Design)
- B.03 Testen (Testing)
- B.05 Vervaardigen van documentatie (Documentation Production)
- D.10 Informatie- en kennismanagement (Information and Knowledge Management)
- D.11 Behoeftemanagement (Needs Identification)
- E.06 ICT-kwaliteitsmanagement (ICT Quality Management)

VT-Competenties:
- Toegepaste kennis van Databaseontwerp en -bouw (O-IS)
- Ervaring met Architectuurprincipes voor modelleren van informatievoorziening/systemen (A-IS)
- Ervaring met Informatieanalyse (A-IS)
- Ervaring met Gegevensanalyse (A-IS)
- Ervaring met Gegevensmodellering (A-IS)
- Ervaring met Organisatieanalyse (O-BP)
- Ervaring met Organisatieontwerp (O-BP)
- Ervaring met Ontwerpen en bouwen van informatiesystemen (O-IS)
- Ervaring met Functioneel ontwerp (O-IS)
- Ervaring met Technisch ontwerp (O-TI)
- Ervaring met Ergonomische aspecten van systemen (O-A)
- Ervaring met Beheer van bedrijfsinformatie/gegevens (B-BP)
- Ervaring met Beheer van informatiesystemen (B-IS)
- Ervaring met Beheer van applicaties (B-IS)
- Ervaring met Kwaliteitsmanagement (G-M)
- Ervaring met Risicomanagement (G-M)
- Ervaring met Gebruik van applicaties (E-IS)
- Ervaring met Projectmanagement (E-M)
- Ervaring met Risicoanalyse (E-A)
- Ervaring met Principes, methoden en technieken voor interne controle (E-A)
- Ervaring met Principes, methoden en technieken voor kwaliteitsborging (E-A)
- Ervaring met Testen (E-A)
- Ervaring met Mogelijkheden van de informatietechnologie (E-A)
- Ervaring met Werking van componenten van de ICT (E-A)

P-Competenties:
- Hoog niveau Sensitiviteit, inlevingsvermogen
- Hoog niveau Samenwerken in teamverbanden
- Hoog niveau Flexibiliteit
- Hoog niveau Klantgerichtheid
- Hoog niveau Analytisch vermogen
- Hoog niveau Abstractievermogen
- Hoog niveau Creativiteit
- Hoog niveau Organisatiebewustzijn
- Hoog niveau Initiatief

- Hoog niveau Accuratesse
- Hoog niveau Methodisch werken
- Hoog niveau Plannen en organiseren

Functiekwalificatie:
- Startkwalificatie: NLQF-5 NLQF – Niveau 5 – Associate Degree
- Professional: NLQF-6 NLQF – Niveau 6 – Bachelor

O-IS – Knowledge Engineer

Toelichting:
De knowledge-engineer is te vergelijken met een informatieanalist, een specialist in het analyseren en specificeren van 'kennis' en algoritmen om op basis van de opgeslagen kennis bijvoorbeeld beslissingen of advies uit een knowledgebase te verkrijgen. Vaak wordt de knowledge-engineer vanuit zijn specifieke expertise ingezet voor de selectie en de implementatie van de (meestal standaard) software waarmee een knowledge(-based) systeem wordt gerealiseerd. Deze functie is ontstaan uit de ontwikkeling en de toepassing van knowledge(-based) systemen.
De knowledge-engineer krijgt steeds meer een overlap met functies die zich richten op business intelligence (zoals de BI-scientist) en datamining, waarbij geavanceerde algoritmen worden gebruikt om uit soms ongestructureerde informatie relevante informatie te verkrijgen voor een organisatie of manager.
Deze functie komt vooral voor in organisaties die met knowledgebases werken, of als adviseur bij een adviesbureau.

Alternatieve functietitels:
- Kennis Analist
- Knowledgebase Beheerder

Taken:
- A-BP Opstellen en beheren objectmodel
- A-IS Opstellen en beheren gegevensmodel
- A-IS Opstellen en beheren informatieprocessenmodel
- O-BP Onderzoeken organisatieaspecten
- O-BP Ontwerpen en beheren bedrijfsprocessen
- O-BP Vaststellen en beheren gewenste informatievoorziening
- O-BP Verkennen behoeften informatievoorziening
- I-BP Invoeren (wijziging) bedrijfsproces
- I-IS Invoeren (wijziging) informatiesysteem
- B-BP Beheren bedrijfsinformatie
- B-BP Beheren content
- B-BP Beheren en bewaken kwaliteit bedrijfsproces
- B-IS Beheren en bewaken functionaliteit applicatie
- B-IS Beheren en bewaken kwaliteit informatiesysteem
- F-A Beheren bedrijfswaarde van componenten
- G-A Onderzoeken en vaststellen behoeften
- G-A Opstellen en beheren gebruikersdocumentatie

- G-A Opstellen en beheren kwaliteitsplan
- E-A Opstellen ontwerp

e-CF competentiereferenties:
- A.01 Afstemming informatiesysteem en bedrijfsstrategie (IS and Business Strategy Alignment)
- A.07 Volgen van technologische ontwikkelingen (Technology Trend Monitoring)
- A.09 Innoveren (Innovating)
- D.10 Informatie- en kennismanagement (Information and Knowledge Management)
- D.11 Behoeftemanagement (Needs Identification)
- E.02 Project- en portfoliomanagement (Project and Portfolio Management)
- E.05 Procesverbetering (Process Improvement)
- E.06 ICT-kwaliteitsmanagement (ICT Quality Management)

VT-Competenties:
- Toegepaste kennis van Ergonomische aspecten van systemen (O-A)
- Ervaring met Informatiemanagement (K-BP)
- Ervaring met Architectuurprincipes voor modelleren van bedrijfsprocessen (A-BP)
- Ervaring met Architectuurprincipes voor modelleren van informatievoorziening/systemen (A-IS)
- Ervaring met Informatieanalyse (A-IS)
- Ervaring met Gegevensanalyse (A-IS)
- Ervaring met Gegevensmodellering (A-IS)
- Ervaring met Organisatieanalyse (O-BP)
- Ervaring met Organisatieontwerp (O-BP)
- Ervaring met Ontwerpen en bouwen van informatiesystemen (O-IS)
- Ervaring met Functioneel ontwerp (O-IS)
- Ervaring met Beheer van bedrijfsinformatie/gegevens (B-BP)
- Ervaring met Beheer van informatiesystemen (B-IS)
- Ervaring met Behoeftemanagement (S-M)
- Ervaring met Competentiemanagement (P-M)
- Ervaring met Management van (bedrijfs)processen (G-M)
- Ervaring met Kwaliteitsmanagement (G-M)
- Ervaring met Bedrijfskunde (E-BP)
- Ervaring met Projectmanagement (E-M)
- Ervaring met Risicoanalyse (E-A)

P-Competenties:
- Hoog niveau Sensitiviteit, inlevingsvermogen
- Hoog niveau Communicatieve vaardigheden (mondeling en/of schriftelijk)
- Hoog niveau Samenwerken in teamverbanden
- Hoog niveau Analytisch vermogen
- Hoog niveau Oordeelsvorming
- Hoog niveau Abstractievermogen
- Hoog niveau Creativiteit
- Hoog niveau Organisatiebewustzijn

- Hoog niveau Kennis van andere disciplines
- Hoog niveau Strategische visie
- Hoog niveau Kwaliteitsbewustzijn
- Hoog niveau Initiatief
- Hoog niveau Accuratesse
- Hoog niveau Methodisch werken
- Hoog niveau Plannen en organiseren

Functiekwalificatie:
- Startkwalificatie: NLQF-5 NLQF – Niveau 5 – Associate Degree
- Professional: NLQF-6 NLQF – Niveau 6 – Bachelor

O-IS – Web Designer

Toelichting:
'Webdesigner' is een verbijzonderde functie van software-engineer. De webdesigner is specialist op het gebied van het ontwerp en de bouw van websites.
Steeds vaker is webdesign onderdeel van de functie van de multimediabeheerder die specialist is op het gebied van de inzet van multimedia.

Alternatieve functietitels:
- Geen

Taken:
- A-IS Opstellen en beheren gegevensmodel
- A-IS Opstellen en beheren informatieprocessenmodel
- O-BP Vaststellen en beheren gewenste informatievoorziening
- O-BP Verkennen behoeften informatievoorziening
- O-IS Maken en beheren programma, applicatiecomponent
- O-IS Ontwerpen en beheren mens/machine-interface
- O-IS Opstellen en beheren functionele specificaties
- O-IS Selecteren standaard software
- I-A Bepalen migratiestap
- I-A Opstellen en beheren (master) testplan
- I-A Uitvoeren toets of test
- I-M Samenstellen release
- B-BP Beheren content
- B-IS Beheren en bewaken functionaliteit applicatie
- B-IS Beheren en bewaken kwaliteit informatiesysteem
- B-IS Beheren en bewaken prestatiekenmerken applicatie
- B-IS Opstellen wijzigingsvoorstel informatiesysteem
- G-A Onderzoeken en vaststellen behoeften
- E-A Opstellen ontwerp

e-CF competentiereferenties:
- A.06 Ontwerp van applicaties (Application Design)
- A.09 Innoveren (Innovating)
- B.01 Applicatieontwikkeling en -bouw (Application Development)
- B.02 Systeemintegratie (Component Integration)
- B.03 Testen (Testing)
- B.06 Systeembouw (System Engineering)
- D.11 Behoeftemanagement (Needs Identification)
- E.02 Project- en portfoliomanagement (Project and Portfolio Management)
- E.06 ICT-kwaliteitsmanagement (ICT Quality Management)

VT-Competenties:
- Ervaring met Architectuurprincipes voor modelleren van bedrijfsprocessen (A-BP)
- Ervaring met Architectuurprincipes voor modelleren van informatievoorziening/systemen (A-IS)
- Ervaring met Ontwerpen en bouwen van informatiesystemen (O-IS)
- Ervaring met Functioneel ontwerp (O-IS)
- Ervaring met Ontwerp technische infrastructuur (O-TI)
- Ervaring met Ergonomische aspecten van systemen (O-A)
- Ervaring met Beheer van bedrijfsinformatie/gegevens (B-BP)
- Ervaring met Beheer van informatiesystemen (B-IS)
- Ervaring met Beheer van applicaties (B-IS)
- Ervaring met Behoeftemanagement (S-M)
- Ervaring met Netwerktechnologie (G-TI)
- Ervaring met Servertechnologie (G-TI)
- Ervaring met Multimediatechnologie (G-TI)
- Ervaring met Kwaliteitsmanagement (G-M)
- Ervaring met Gebruik van applicaties (E-IS)
- Ervaring met Projectmanagement (E-M)
- Ervaring met Mogelijkheden van de informatietechnologie (E-A)

P-Competenties:
- Hoog niveau Samenwerken in teamverbanden
- Hoog niveau Flexibiliteit
- Hoog niveau Klantgerichtheid
- Hoog niveau Analytisch vermogen
- Hoog niveau Abstractievermogen
- Hoog niveau Creativiteit
- Hoog niveau Organisatiebewustzijn
- Hoog niveau Accuratesse
- Hoog niveau Methodisch werken

Functiekwalificatie:
- Startkwalificatie: NLQF-4 NLQF – Niveau 4 – Vwo, vavo-havo, mbo 4
- Professional: NLQF-5 NLQF – Niveau 5 – Associate Degree

O-IS – Software Architect

Toelichting:
De softwarearchitect draagt zorg voor het ontwerp van de architectuur van een totaal softwaresysteem, en soms ook voor individuele applicaties, en het technisch ontwerp daarvan. Hij werkt daarbij sterk vanuit de principes van architectuur.
Deze functie komt voor in organisaties waar grote en complexe systemen worden ontwikkeld (bijvoorbeeld bij leveranciers van commerciële software zoals een ERP-systeem), bij de ontwikkeling van administratieve systemen en ook bij de ontwikkeling van embedded software.

Alternatieve functietitels:
- Systems Engineer

Taken:
- A-IS Opstellen en beheren gegevensmodel
- A-IS Opstellen en beheren informatiearchitectuur
- A-IS Opstellen en beheren informatieprocessenmodel
- A-IS Opstellen en beheren normen systeemgebruik en -beheer
- O-A Ontwikkelen en beheren technische maatregelen voor beveiliging
- O-A Opstellen en beheren technisch calamiteitenplan
- O-BP Vaststellen en beheren gewenste informatievoorziening
- O-IS Opstellen en beheren programmaspecificaties
- O-IS Selecteren standaard software
- O-TI Selecteren beheersystemen
- I-A Bepalen migratiestap
- I-A Opstellen en beheren (master) testplan
- I-M Bepalen en beheren invoeringsstrategie
- I-M Samenstellen release
- B-IS Beheren en bewaken functionaliteit applicatie
- B-IS Beheren en bewaken kwaliteit informatiesysteem
- B-IS Beheren en bewaken prestatiekenmerken applicatie
- B-TI Beheren en bewaken prestatiekenmerken technische infrastructuur
- G-A Opstellen oplossingsalternatieven
- E-A Opstellen ontwerp

e-CF competentiereferenties:
- A.05 Ontwerp van architectuur (Architecture Design)
- A.06 Ontwerp van applicaties (Application Design)
- B.02 Systeemintegratie (Component Integration)
- E.06 ICT-kwaliteitsmanagement (ICT Quality Management)
- E.08 Informatiebeveiligingsmanagement (Information Security Management)

VT-Competenties:
- Toegepaste kennis van Ontwerpen van technische systemen (O-A)
- Ervaring met Architectuurprincipes voor modelleren van informatievoorziening/systemen (A-IS)

- Ervaring met Ontwerpen en bouwen van informatiesystemen (O-IS)
- Ervaring met Functioneel ontwerp (O-IS)
- Ervaring met Programmeertalen (O-IS)
- Ervaring met Databaseontwerp en -bouw (O-IS)
- Ervaring met Applicatieontwerp en -bouw (O-IS)
- Ervaring met Technisch ontwerp (O-TI)
- Ervaring met Beheer van informatiesystemen (B-IS)
- Ervaring met Beheer van applicaties (B-IS)
- Ervaring met Beheer van exploitatie en productie (B-TI)
- Ervaring met Principes, methoden en technieken voor beveiliging (G-A)
- Ervaring met Gebruik van applicaties (E-IS)
- Ervaring met Projectmanagement (E-M)
- Ervaring met Risicoanalyse (E-A)
- Ervaring met Mogelijkheden van de informatietechnologie (E-A)
- Ervaring met Mogelijkheden van procesautomatisering (E-A)
- Ervaring met Werking van componenten van de ICT (E-A)

P-Competenties:
- Hoog niveau Flexibiliteit
- Hoog niveau Analytisch vermogen
- Hoog niveau Oordeelsvorming
- Hoog niveau Abstractievermogen
- Hoog niveau Creativiteit
- Hoog niveau Kwaliteitsbewustzijn
- Hoog niveau Initiatief
- Hoog niveau Accuratesse
- Hoog niveau Methodisch werken
- Hoog niveau Plannen en organiseren

Functiekwalificatie:
- Startkwalificatie: NLQF-5 NLQF – Niveau 5 – Associate Degree
- Professional: NLQF-6 NLQF – Niveau 6 – Bachelor

O-IS – Applicatie Ontwerper

Toelichting:
De applicatieontwerper draagt zorg voor het ontwerp van een applicatie, apps of een geheel systeem, en het technisch ontwerp daarvan. Meestal is de applicatieontwerper betrokken bij, en ziet hij toe op, de programmering van de applicatie of app. Vaak is de applicatieontwerper betrokken bij het testen van de applicatie, app en het systeem.
Deze functie komt voor in organisaties waar geen verbijzondering is doorgevoerd naar technisch ontwerper en programmeur (zoals vaak voorkomt bij de ontwikkeling van internetapplicaties of bij bedrijven die embedded software ontwikkelen). Dan is de applicatieontwerper ook uitvoerend verantwoordelijk voor de bouw van de software.

Alternatieve functietitels:

- App Developer
- Application Designer
- Application Developer
- Software Designer
- Software Engineer
- Solutions Designer
- Systems Designer

Taken:

- A-IS Opstellen en beheren implementatiegegevensmodel
- O-A Ontwikkelen en beheren technische maatregelen voor beveiliging
- O-IS Maken en beheren eindgebruikerstoepassing
- O-IS Maken en beheren programma, applicatiecomponent
- O-IS Ontwerpen en beheren mens/machine-interface
- O-IS Ontwerpen en beheren systeem/machine-interface
- O-IS Ontwerpen, bouwen en beheren database
- O-IS Opstellen en beheren programmaspecificaties
- I-A Opstellen en beheren (master) testplan
- I-A Uitvoeren gegevensconversie
- I-A Uitvoeren toets of test
- I-IS Invoeren (wijziging) informatiesysteem
- B-A Realiseren onderhoud/wijziging
- B-IS Beheren en bewaken functionaliteit applicatie
- B-IS Beheren en bewaken kwaliteit informatiesysteem
- B-IS Beheren en bewaken prestatiekenmerken applicatie
- B-TI Opstellen wijzigingsvoorstel technische infrastructuur
- G-A Opstellen en beheren gebruikersdocumentatie
- G-A Opstellen en beheren technische documentatie
- G-M Opstellen operationeel werkplan

e-CF competentiereferenties:

- A.06 Ontwerp van applicaties (Application Design)
- B.01 Applicatieontwikkeling en -bouw (Application Development)
- B.03 Testen (Testing)
- B.04 Oplossingen implementeren (Solution Deployment)
- B.05 Vervaardigen van documentatie (Documentation Production)
- B.06 Systeembouw (System Engineering)
- C.04 Probleemmanagement (Problem Management)

VT-Competenties:

- Toegepaste kennis van Ontwerpen van technische systemen (O-A)
- Ervaring met Architectuurprincipes voor modelleren van informatievoorziening/systemen (A-IS)
- Ervaring met Gegevensmodellering (A-IS)
- Ervaring met Ontwerpen en bouwen van informatiesystemen (O-IS)

- Ervaring met Functioneel ontwerp (O-IS)
- Ervaring met Programmeertalen (O-IS)
- Ervaring met Databaseontwerp en -bouw (O-IS)
- Ervaring met Applicatieontwerp en -bouw (O-IS)
- Ervaring met Realiseren van wijzigingen in informatiesystemen (O-IS)
- Ervaring met Technisch ontwerp (O-TI)
- Ervaring met Ontwerp- en programmeertools (O-A)
- Ervaring met Ergonomische aspecten van systemen (O-A)
- Ervaring met Beheer van informatiesystemen (B-IS)
- Ervaring met Beheer van exploitatie en productie (B-TI)
- Ervaring met Incidentmanagement (S-M)
- Ervaring met Principes, methoden en technieken voor beveiliging (G-A)
- Ervaring met Gebruik van applicaties (E-IS)
- Ervaring met Projectmanagement (E-M)
- Ervaring met Testen (E-A)
- Ervaring met Werking van componenten van de ICT (E-A)

P-Competenties:
- Hoog niveau Flexibiliteit
- Hoog niveau Analytisch vermogen
- Hoog niveau Abstractievermogen
- Hoog niveau Creativiteit
- Hoog niveau Kwaliteitsbewustzijn
- Hoog niveau Initiatief
- Hoog niveau Accuratesse
- Hoog niveau Methodisch werken
- Hoog niveau Plannen en organiseren

Functiekwalificatie:
- Startkwalificatie: NLQF-4 NLQF – Niveau 4 – Vwo, vavo-havo, mbo 4
- Professional: NLQF-5 NLQF – Niveau 5 – Associate Degree

O-IS – Programmeur

Toelichting:
De programmeur ontwerpt en bouwt op basis van een (technisch) ontwerp en vereiste prestatiekenmerken een applicatie, in een situatie van nieuwbouw of voor onderhoud. De functie van programmeur komt voor voor administratieve automatisering, maar ook voor technische automatisering (de ontwikkeling van embedded software). Ook appontwikkelaars/-bouwers (voor bijvoorbeeld tablets en smartphones) vervullen deze functie.
In het kader van het ontwerp van de applicatie stelt de programmeur eerst programmaspecificaties op (vaak in overleg met een (technisch) ontwerper en maakt vervolgens het ontwerp van de applicatie. Voor zeer complexe programmatuur wordt soms eerst een applicatieontwerper ingeschakeld die vooral een ontwerp opstelt op basis van architectuurprincipes. De programmeur voert een (technische en/of functionele) applicatietest uit alvorens hij zijn programmatuur oplevert voor een uitgebreide test op systeemniveau.

Door de 'automatisering van de automatisering' komen steeds meer tools beschikbaar (zoals ontwerp- en programmeringsrobots) waarmee op basis van functionele specificaties programmatuur wordt gegenereerd. Daarbij vervalt deze functie.
Deze functie komt voor bij de wat grotere organisaties die nog zelf applicaties ontwikkelen en beheren, en bij leveranciers van software.

Alternatieve functietitels:
- App Bouwer
- App Ontwikkelaar
- Software Engineer

Taken:
- A-IS Opstellen en beheren implementatiegegevensmodel
- O-IS Maken en beheren programma, applicatiecomponent
- O-IS Ontwerpen en beheren handmatige informatiefuncties
- O-IS Ontwerpen en beheren mens/machine-interface
- O-IS Ontwerpen en beheren systeem/machine-interface
- O-IS Ontwerpen, bouwen en beheren database
- O-IS Opstellen en beheren programmaspecificaties
- I-A Opstellen en beheren (master) testplan
- I-A Uitvoeren gegevensconversie
- I-A Uitvoeren toets of test
- B-A Oplossen systeemstoringen, incidenten
- B-A Realiseren onderhoud/wijziging
- B-A Structureel oplossen systeemstoringen, problems
- B-IS Beheren en bewaken functionaliteit applicatie
- B-IS Beheren en bewaken prestatiekenmerken applicatie
- B-TI Beheren en bewaken OTAP-omgevingen
- G-A Opstellen en beheren kwaliteitsplan
- G-A Opstellen en beheren technische documentatie
- G-A Opstellen oplossingsalternatieven
- E-A Opstellen ontwerp

e-CF competentiereferenties:
- A.06 Ontwerp van applicaties (Application Design)
- B.01 Applicatieontwikkeling en -bouw (Application Development)
- B.02 Systeemintegratie (Component Integration)
- B.03 Testen (Testing)
- B.06 Systeembouw (System Engineering)
- C.04 Probleemmanagement (Problem Management)

VT-Competenties:
- Toegepaste kennis van Ontwerpen van technische systemen (O-A)
- Ervaring met Gegevensmodellering (A-IS)
- Ervaring met Ontwerpen en bouwen van informatiesystemen (O-IS)
- Ervaring met Functioneel ontwerp (O-IS)

- Ervaring met Programmeertalen (O-IS)
- Ervaring met Databaseontwerp en -bouw (O-IS)
- Ervaring met Applicatieontwerp en -bouw (O-IS)
- Ervaring met Realiseren van wijzigingen in informatiesystemen (O-IS)
- Ervaring met Technisch ontwerp (O-TI)
- Ervaring met Ontwerp- en programmeertools (O-A)
- Ervaring met Technische continuïteitmaatregelen (O-A)
- Ervaring met Beheer van informatiesystemen (B-IS)
- Ervaring met Servertechnologie (G-TI)
- Ervaring met Multimediatechnologie (G-TI)
- Ervaring met Principes, methoden en technieken voor beveiliging (G-A)
- Ervaring met Gebruik van applicaties (E-IS)
- Ervaring met Testen (E-A)
- Ervaring met Mogelijkheden van de informatietechnologie (E-A)
- Ervaring met Mogelijkheden van procesautomatisering (E-A)
- Ervaring met Werking van componenten van de ICT (E-A)

P-Competenties:
- Hoog niveau Flexibiliteit
- Hoog niveau Integriteit
- Hoog niveau Analytisch vermogen
- Hoog niveau Abstractievermogen
- Hoog niveau Creativiteit
- Hoog niveau Kwaliteitsbewustzijn
- Hoog niveau Zelfstandigheid
- Hoog niveau Initiatief
- Hoog niveau Accuratesse
- Hoog niveau Methodisch werken
- Hoog niveau Plannen en organiseren

Functiekwalificatie:
- Startkwalificatie: NLQF-3 NLQF – Niveau 3 – Mbo 3
- Professional: NLQF-5 NLQF – Niveau 5 – Associate Degree

O-IS – Software Engineer

Toelichting:
'Software Engineer' is meestal bedoeld als functietitel voor een ontwerper en bouwer van technische systemen (embedded software). Het is in die zin een combinatie van de functie van technisch ontwerper en programmeur, met als specialisatie die technische systemen. Software Engineer werd vroeger ook wel als functietitel gehanteerd voor een ontwerper van systemen die specifiek op basis van de principes van software-engineering ontwerpen van programmatuur maakte. Dit is tegenwoordig een algemene competentie die van technisch ontwerpers en programmeurs wordt geëist.
Deze functie komt voor bij bedrijven die technische systemen ontwikkelen en beheren.

Alternatieve functietitels:
- Ontwerper Technische Systemen
- System Engineer

Taken:
- A-IS Opstellen en beheren informatieprocessenmodel
- O-A Opstellen en beheren technisch calamiteitenplan
- O-IS Maken en beheren programma, applicatiecomponent
- O-IS Ontwerpen en beheren handmatige informatiefuncties
- O-IS Ontwerpen en beheren mens/machine-interface
- O-IS Ontwerpen en beheren systeem/machine-interface
- O-IS Opstellen en beheren functionele specificaties
- O-IS Opstellen en beheren programmaspecificaties
- O-TI Selecteren beheersystemen
- I-A Bepalen migratiestap
- I-A Uitvoeren toets of test
- B-A Oplossen systeemstoringen, incidenten
- B-A Structureel oplossen systeemstoringen, problems
- B-IS Beheren en bewaken functionaliteit applicatie
- B-IS Beheren en bewaken prestatiekenmerken applicatie
- B-IS Bepalen onderhoud/wijziging informatiesysteem
- B-TI Beheren en bewaken prestatiekenmerken technische infrastructuur
- G-A Opstellen en beheren gebruikersdocumentatie
- G-A Opstellen en beheren technische documentatie
- G-A Opstellen, beheren en realiseren preventieve maatregelen
- G-A Uitvoeren risicoanalyse
- G-M Opstellen operationeel werkplan
- E-A Opstellen ontwerp

e-CF competentiereferenties:
- A.06 Ontwerp van applicaties (Application Design)
- B.01 Applicatieontwikkeling en -bouw (Application Development)
- B.02 Systeemintegratie (Component Integration)
- B.03 Testen (Testing)
- B.04 Oplossingen implementeren (Solution Deployment)
- B.05 Vervaardigen van documentatie (Documentation Production)
- B.06 Systeembouw (System Engineering)
- C.04 Probleemmanagement (Problem Management)
- E.02 Project- en portfoliomanagement (Project and Portfolio Management)
- E.06 ICT-kwaliteitsmanagement (ICT Quality Management)

VT-Competenties:
- Toegepaste kennis van Ontwerpen van technische systemen (O-A)
- Ervaring met Ontwerpen en bouwen van informatiesystemen (O-IS)
- Ervaring met Functioneel ontwerp (O-IS)

- Ervaring met Programmeertalen (O-IS)
- Ervaring met Databaseontwerp en -bouw (O-IS)
- Ervaring met Applicatieontwerp en -bouw (O-IS)
- Ervaring met Technisch ontwerp (O-TI)
- Ervaring met Ontwerp- en programmeertools (O-A)
- Ervaring met Technische continuïteitmaatregelen (O-A)
- Ervaring met Ergonomische aspecten van systemen (O-A)
- Ervaring met Beheer van applicaties (B-IS)
- Ervaring met Beheer van netwerken (B-TI)
- Ervaring met Beheer van servers (B-TI)
- Ervaring met Beheer van multimedia-apparatuur (B-TI)
- Ervaring met Incidentmanagement (S-M)
- Ervaring met Netwerktechnologie (G-TI)
- Ervaring met Servertechnologie (G-TI)
- Ervaring met Multimediatechnologie (G-TI)
- Ervaring met Analyse van de werking van componenten van informatiesystemen (G-A)
- Ervaring met Opstellen van gebruikersdocumentatie (G-A)
- Ervaring met Opstellen van technische documentatie (G-A)
- Ervaring met Gebruik van applicaties (E-IS)
- Ervaring met Testen (E-A)
- Ervaring met Mogelijkheden van de informatietechnologie (E-A)
- Ervaring met Mogelijkheden van procesautomatisering (E-A)
- Ervaring met Werking van componenten van de ICT (E-A)

P-Competenties:
- Hoog niveau Flexibiliteit
- Hoog niveau Analytisch vermogen
- Hoog niveau Abstractievermogen
- Hoog niveau Creativiteit
- Hoog niveau Organisatiebewustzijn
- Hoog niveau Initiatief
- Hoog niveau Accuratesse
- Hoog niveau Methodisch werken
- Hoog niveau Plannen en organiseren

Functiekwalificatie:
- Startkwalificatie: NLQF-4+ NLQF – Niveau 4+ – Vwo, vavo-vwo
- Professional: NLQF-5 NLQF – Niveau 5 – Associate Degree

O-IS – Scrum Master

Toelichting:
'Scrum-master' is een verbijzonderde functie als rol bij systeemontwikkeling (meestal gericht op applicaties). De Scrum-master stuurt een Scrum-team in Scrum-sessies aan. Hij bereidt een Scrum-sessie voor, stuurt op de effectiviteit van een Scrum-sessie, bewaakt de voortgang en de bereikte resultaten.

Alternatieve functietitels:
- Geen

Taken:
- A-BP Opstellen en beheren bedrijfsprocessenmodel
- A-IS Opstellen en beheren informatieprocessenmodel
- O-BP Vaststellen en beheren gewenste informatievoorziening
- O-IS Opstellen en beheren functionele specificaties
- I-A Bepalen migratiestap
- I-A Opstellen en beheren (master) testplan
- B-BP Beheren bedrijfsinformatie
- F-A Beheren bedrijfswaarde van componenten
- G-A Onderzoeken en vaststellen behoeften
- G-A Opstellen en beheren kwaliteitsplan
- G-A Opstellen oplossingsalternatieven
- G-A Verzorgen interactieve sessie
- G-M Inrichten projectorganisatie
- G-M Opstellen en beheren projectplan
- G-M Opstellen operationeel werkplan
- P-M Toewijzen taken aan medewerkers
- E-A Opstellen ontwerp
- E-A Voeren van overleg, afstemmen
- E-M Bepalen prioriteit, scenario
- E-M Leidinggeven aan, aansturen, coördineren activiteit

e-CF competentiereferenties:
- D.11 Behoeftemanagement (Needs Identification)
- E.02 Project- en portfoliomanagement (Project and Portfolio Management)
- E.06 ICT-kwaliteitsmanagement (ICT Quality Management)

VT-Competenties:
- Conceptuele kennis van Applicatieontwerp en -bouw (O-IS)
- Ervaring met Informatiemanagement (K-BP)
- Ervaring met Architectuurprincipes voor modelleren van bedrijfsprocessen (A-BP)
- Ervaring met Architectuurprincipes voor modelleren van informatievoorziening/systemen (A-IS)
- Ervaring met Informatieanalyse (A-IS)
- Ervaring met Gegevensanalyse (A-IS)
- Ervaring met Organisatieanalyse (O-BP)
- Ervaring met Organisatieontwerp (O-BP)
- Ervaring met Organisatorische continuïteitmaatregelen (O-BP)
- Ervaring met Ontwerpen en bouwen van informatiesystemen (O-IS)
- Ervaring met Functioneel ontwerp (O-IS)
- Ervaring met Beheer van bedrijfsinformatie/gegevens (B-BP)
- Ervaring met Beheer van informatiesystemen (B-IS)
- Ervaring met Kwaliteitsmanagement (G-M)

- Ervaring met Risicomanagement (G-M)
- Ervaring met Projectmanagement (E-M)
- Ervaring met Risicoanalyse (E-A)
- Ervaring met Werklastbegroting (E-A)
- Ervaring met Principes, methoden en technieken voor interne controle (E-A)
- Ervaring met Principes, methoden en technieken voor kwaliteitsborging (E-A)

P-Competenties:
- Hoog niveau Leiderschap
- Hoog niveau Sensitiviteit, inlevingsvermogen
- Hoog niveau Communicatieve vaardigheden (mondeling en/of schriftelijk)
- Hoog niveau Samenwerken in teamverbanden
- Hoog niveau Flexibiliteit
- Hoog niveau Stressbestendigheid
- Hoog niveau Conflictpreventie en -beheersing
- Hoog niveau Klantgerichtheid
- Hoog niveau Analytisch vermogen
- Hoog niveau Oordeelsvorming
- Hoog niveau Abstractievermogen
- Hoog niveau Initiatief
- Hoog niveau Besluitvaardigheid
- Hoog niveau Methodisch werken
- Hoog niveau Plannen en organiseren

Functiekwalificatie:
- Startkwalificatie: NLQF-4 NLQF – Niveau 4 – Vwo, vavo-havo, mbo 4
- Professional: NLQF-5 NLQF – Niveau 5 – Associate Degree

O-TI – Systeem Programmeur

Toelichting:
De Systeem Programmeur is in de basis een serverbeheerder. Deze functietitel wordt nog gebruikt voor de beheerders van mainframes. De systeemprogrammeur heeft de kennis om een mainframe te configureren. Voor de taken van deze functie wordt verwezen naar de serverbeheerder.

Alternatieve functietitels:
- Geen

Taken:
- O-A Ontwikkelen en beheren maatregelen voor interne controle
- O-A Ontwikkelen en beheren technische maatregelen voor beveiliging
- O-A Opstellen en beheren technisch calamiteitenplan
- O-TI Ontwerpen en beheren configuratie van computersystemen, servers
- O-TI Selecteren beheersystemen
- O-TI Selecteren hardware

- O-TI Selecteren systeemsoftware
- I-A Bepalen migratiestap
- I-TI Implementeren (wijziging) server
- I-TI Installeren (wijziging) programmatuur
- B-A Beheren en monitoren autorisatie- en beveiligingssysteem
- B-A Structureel oplossen systeemstoringen, problems
- B-IS Beheren en bewaken prestatiekenmerken applicatie
- B-TI Beheren en bewaken prestatiekenmerken technische infrastructuur
- B-TI Beheren en monitoren productie(omgeving)
- B-TI Beheren en monitoren server
- B-TI Beheren en monitoren systemen voor gegevensopslag
- G-A Opstellen en beheren technische documentatie
- G-M Managen technische knelpunten, problemen

e-CF competentiereferenties:
- B.02 Systeemintegratie (Component Integration)
- C.03 Dienstverlening (Service Delivery)
- E.08 Informatiebeveiligingsmanagement (Information Security Management)

VT-Competenties:
- Toegepaste kennis van Ontwerpen van technische systemen (O-A)
- Ervaring met Ontwerp technische infrastructuur (O-TI)
- Ervaring met Realiseren van technische wijzigingen (O-TI)
- Ervaring met Technische continuïteitmaatregelen (O-A)
- Ervaring met Changemanagement (I-M)
- Ervaring met Beheer van netwerken (B-TI)
- Ervaring met Beheer van servers (B-TI)
- Ervaring met Beheer van multimedia-apparatuur (B-TI)
- Ervaring met Beheer van exploitatie en productie (B-TI)
- Ervaring met Incidentmanagement (S-M)
- Ervaring met Netwerktechnologie (G-TI)
- Ervaring met Servertechnologie (G-TI)
- Ervaring met Multimediatechnologie (G-TI)
- Ervaring met Continuïteitmanagement (G-M)
- Ervaring met Kwaliteitsmanagement (G-M)
- Ervaring met Risicomanagement (G-M)
- Ervaring met Principes, methoden en technieken voor beveiliging (G-A)
- Ervaring met Analyse van de werking van componenten van informatiesystemen (G-A)
- Ervaring met Testen (E-A)
- Ervaring met Werking van componenten van de ICT (E-A)

P-Competenties:
- Gemiddeld niveau Flexibiliteit
- Hoog niveau Integriteit
- Hoog niveau Stressbestendigheid
- Hoog niveau Klantgerichtheid

- Hoog niveau Analytisch vermogen
- Hoog niveau Creativiteit
- Hoog niveau Initiatief
- Hoog niveau Accuratesse
- Hoog niveau Methodisch werken
- Hoog niveau Plannen en organiseren

Functiekwalificatie:
- Startkwalificatie: NLQF-4 NLQF – Niveau 4 – Vwo, vavo-havo, mbo 4
- Professional: NLQF-5 NLQF – Niveau 5 – Associate Degree

O-M – Program Manager

Toelichting:
De programmanager is verantwoordelijk voor het beheer en de coördinatie van de realisatie van een portfolio aan projecten, of soms specifieker een 'programma' van activiteiten of projecten. De programmanager coördineert daarbij het definiëren van projecten, en het prioriteren en opnemen van de projecten in een projectenportfolio (of projectenkalender). Vanuit de verantwoordelijkheid voor de realisatie van het portfolio bewaakt de programmanager de start en voortgang van de gedefinieerde projecten, vaak ook met betrekking tot de financiële aspecten van een project en/of het gehele programma. Vanuit deze rol draagt de programmanager bij aan het opstellen en beheren van budgetten en de aanwending daarvan. In algemene zin kan een programmanager worden benoemd voor een totaalprogramma van activiteiten of projecten. Deze functie komt expliciet voor bij de wat grotere bedrijven of als rol die is toegewezen aan een projectleider.

Alternatieve functietitels:
- Portfolio Manager
- Project Portfolio Manager
- Programma Coördinator
- Programma Manager

Taken:
- K-BP Opstellen en beheren informatieplan
- K-M Opstellen en beheren projectenportfolio
- O-A Ontwikkelen en beheren maatregelen voor interne controle
- I-M Bepalen en beheren invoeringsstrategie
- I-M Samenstellen release
- B-IS Beheren en bewaken kwaliteit informatiesysteem
- S-A Bewaken dienstenlevering
- S-A Formuleren eisen aan ICT-dienstverlening
- F-A Beheren financiële administratie
- F-A Opstellen en beheren begroting, bepalen investeringen en kosten
- G-A Onderzoeken en vaststellen behoeften
- G-A Opstellen en beheren businesscase
- G-A Opstellen en beheren kwaliteitsplan

- G-M Opstellen en beheren projectplan
- E-A Verstrekken advies
- E-A Voeren van overleg, afstemmen
- E-M Bepalen prioriteit, scenario

e-CF competentiereferenties:
- A.01 Afstemming informatiesysteem en bedrijfsstrategie (IS and Business Strategy Alignment)
- D.02 Ontwikkeling ICT-kwaliteitsstrategie (ICT Quality Strategy Development)
- D.11 Behoeftemanagement (Needs Identification)
- E.01 Ontwikkelen van prognoses (Forecast Development)
- E.02 Project- en portfoliomanagement (Project and Portfolio Management)

VT-Competenties:
- Ervaring met Informatiemanagement (K-BP)
- Ervaring met Beleid en strategiebepaling (K-M)
- Ervaring met Principes van sourcing (K-A)
- Ervaring met Realiseren van organisatiewijzigingen (O-BP)
- Ervaring met Realiseren van wijzigingen in informatiesystemen (O-IS)
- Ervaring met Realiseren van technische wijzigingen (O-TI)
- Ervaring met Changemanagement (I-M)
- Ervaring met Beheer van bedrijfsinformatie/gegevens (B-BP)
- Ervaring met Beheer van informatiesystemen (B-IS)
- Ervaring met Financieel management (F-M)
- Ervaring met Planning & control (G-M)
- Ervaring met Continuïteitmanagement (G-M)
- Ervaring met Compliancemanagement (G-M)
- Ervaring met Kwaliteitsmanagement (G-M)
- Ervaring met Risicomanagement (G-M)
- Ervaring met Administratieve organisatie en interne controle (AO & IC) (E-BP)
- Ervaring met Portfoliomanagement (E-M)
- Ervaring met Projectmanagement (E-M)
- Ervaring met Risicoanalyse (E-A)
- Ervaring met Werklastbegroting (E-A)
- Ervaring met Principes, methoden en technieken voor interne controle (E-A)
- Ervaring met Principes, methoden en technieken voor kwaliteitsborging (E-A)

P-Competenties:
- Hoog niveau Sensitiviteit, inlevingsvermogen
- Hoog niveau Communicatieve vaardigheden (mondeling en/of schriftelijk)
- Hoog niveau Conflictpreventie en -beheersing
- Hoog niveau Klantgerichtheid
- Hoog niveau Analytisch vermogen
- Hoog niveau Oordeelsvorming
- Hoog niveau Organisatiebewustzijn

- Hoog niveau Strategische visie
- Hoog niveau Initiatief
- Hoog niveau Besluitvaardigheid
- Hoog niveau Overtuigingskracht
- Hoog niveau Onderhandelingsvaardigheid
- Hoog niveau Methodisch werken
- Hoog niveau Plannen en organiseren

Functiekwalificatie:
- Startkwalificatie: NLQF-5 NLQF – Niveau 5 – Associate Degree
- Professional: NLQF-6 NLQF – Niveau 6 – Bachelor

Functies in het I-domein Invoeren

I-BP – Change Manager (business)

Toelichting:
De changemanager (business) is verantwoordelijk voor het beheerst en gecoördineerd invoeren van wijzigingen in de gebruikersorganisatie; daarmee moet worden geborgd dat wijzigingen in informatiesystemen en bedrijfsprocessen snel en goed worden ingevoerd. Deze functie is afgeleid van het ITIL-proces 'change management'. De changemanager (business) kent een evenknie: de changemanager (ICT) die wijzigingen in informatiesystemen of applicaties en/of de ICT-omgeving beheerst en gecoördineerd laat verlopen.
'Changemanager' wordt soms ingevuld als een 'echte' managementfunctie waarin het managen van een change centraal staat. Soms is een changemanager ook operationeel bezig; hij voert dan operationele werkzaamheden uit waarmee een change wordt gerealiseerd. In dit geval is deze functie meestal als rol aan een lijnmanager of zelfs gebruiker toegewezen.
Deze functie komt als verbijzonderde functie voor in de wat grotere organisaties.

Alternatieve functietitels:
- Business Proces Manager
- Change Coördinator

Taken:
- O-A Ontwikkelen en beheren maatregelen voor interne controle
- O-A Opstellen en beheren organisatorisch calamiteitenplan
- O-BP Analyseren veranderingsvermogen
- O-BP Onderzoeken organisatieaspecten
- I-A Bepalen migratiestap
- I-A Opstellen en beheren acceptatietestplan
- I-BP Invoeren (wijziging) bedrijfsproces
- I-IS Invoeren (wijziging) informatiesysteem
- I-M Bepalen en beheren invoeringsstrategie
- B-BP Beheren en bewaken kwaliteit bedrijfsproces
- F-A Beheren bedrijfswaarde van componenten
- F-A Opstellen en beheren begroting, bepalen investeringen en kosten
- G-A Opstellen en beheren kwaliteitsplan
- G-A Opstellen oplossingsalternatieven
- G-A Opstellen, beheren en realiseren preventieve maatregelen
- G-A Samenstellen rapport
- G-A Uitvoeren risicoanalyse
- G-A Verzorgen kennisoverdracht
- G-M Inrichten projectorganisatie
- G-M Managen organisatorische knelpunten, problemen
- G-M Opstellen en beheren projectplan

e-CF competentiereferenties:
- A.01 Afstemming informatiesysteem en bedrijfsstrategie (IS and Business Strategy Alignment)
- A.03 Ontwikkelen van bedrijfsplannen (Business Plan Development)
- A.09 Innoveren (Innovating)
- C.02 Ondersteunen van wijzigingen (Change Support)
- D.02 Ontwikkeling ICT-kwaliteitsstrategie (ICT Quality Strategy Development)
- D.10 Informatie- en kennismanagement (Information and Knowledge Management)
- D.11 Behoeftemanagement (Needs Identification)
- E.02 Project- en portfoliomanagement (Project and Portfolio Management)
- E.03 Risicomanagement (Risk Management)
- E.05 Procesverbetering (Process Improvement)
- E.07 Management van veranderingen in bedrijfsprocessen (Business Change Management)

VT-Competenties:
- Toegepaste kennis van Organisatieleer (E-BP)
- Ervaring met Informatiemanagement (K-BP)
- Ervaring met Principes van sourcing (K-A)
- Ervaring met Architectuurprincipes voor modelleren van bedrijfsprocessen (A-BP)
- Ervaring met Organisatieanalyse (O-BP)
- Ervaring met Organisatieontwerp (O-BP)
- Ervaring met Realiseren van organisatiewijzigingen (O-BP)
- Ervaring met Organisatorische continuïteitmaatregelen (O-BP)
- Ervaring met Changemanagement (I-M)
- Ervaring met Beheer van bedrijfsinformatie/gegevens (B-BP)
- Ervaring met Beheer van informatiesystemen (B-IS)
- Ervaring met Principes van dienstverlening (S-A)
- Ervaring met Financieel management (F-M)
- Ervaring met Competentiemanagement (P-M)
- Ervaring met Management van (bedrijfs)processen (G-M)
- Ervaring met Planning & control (G-M)
- Ervaring met Continuïteitmanagement (G-M)
- Ervaring met Compliancemanagement (G-M)
- Ervaring met Kwaliteitsmanagement (G-M)
- Ervaring met Risicomanagement (G-M)
- Ervaring met Bedrijfskunde (E-BP)
- Ervaring met Administratieve organisatie en interne controle (AO & IC) (E-BP)
- Ervaring met Projectmanagement (E-M)
- Ervaring met Risicoanalyse (E-A)
- Ervaring met Principes, methoden en technieken voor interne controle (E-A)
- Ervaring met Principes, methoden en technieken voor kwaliteitsborging (E-A)

P-Competenties:
- Hoog niveau Leiderschap
- Hoog niveau Sensitiviteit, inlevingsvermogen
- Hoog niveau Communicatieve vaardigheden (mondeling en/of schriftelijk)

- Hoog niveau Samenwerken in teamverbanden
- Hoog niveau Flexibiliteit
- Hoog niveau Integriteit
- Hoog niveau Conflictpreventie en -beheersing
- Hoog niveau Klantgerichtheid
- Hoog niveau Analytisch vermogen
- Hoog niveau Oordeelsvorming
- Hoog niveau Abstractievermogen
- Hoog niveau Creativiteit
- Hoog niveau Organisatiebewustzijn
- Hoog niveau Kennis van andere disciplines
- Hoog niveau Strategische visie
- Hoog niveau Initiatief
- Hoog niveau Besluitvaardigheid
- Hoog niveau Overtuigingskracht
- Hoog niveau Accuratesse
- Hoog niveau Methodisch werken
- Hoog niveau Plannen en organiseren

Functiekwalificatie:
- Startkwalificatie: NLQF-4+ NLQF – Niveau 4+ – Vwo, vavo-vwo
- Professional: NLQF-5 NLQF – Niveau 5 – Associate Degree

I-BP – Implementatie Manager (business)

Toelichting:
De implementatiemanager (business) is een manager die eindverantwoordelijk is voor het invoeren van veranderingen in de business(processen) c.q. de bedrijfsvoering.
Meestal is deze functie een rol van een businessmanager, maar ze komt ook als verbijzonderde functie voor (meestal in grote organisaties). De rol van implementatiemanager kan ook door een consultant worden ingevuld.

Alternatieve functietitels:
- Geen

Taken:
- A-BP Opstellen en beheren bedrijfsprocessenmodel
- A-IS Opstellen en beheren informatiearchitectuur
- O-A Ontwikkelen en beheren maatregelen voor interne controle
- O-BP Analyseren veranderingsvermogen
- O-BP Onderzoeken organisatieaspecten
- O-BP Ontwerpen en beheren bedrijfsprocessen
- O-BP Vaststellen en beheren gewenste informatievoorziening
- O-IS Ontwerpen en beheren handmatige informatiefuncties
- I-A Bepalen migratiestap
- I-BP Invoeren (wijziging) bedrijfsproces

- I-IS Invoeren (wijziging) informatiesysteem
- I-M Bepalen en beheren invoeringsstrategie
- B-BP Beheren bedrijfsinformatie
- B-BP Beheren en bewaken kwaliteit bedrijfsproces
- B-IS Beheren en bewaken kwaliteit informatiesysteem
- G-A Ontwerpen en beheren procedure
- G-A Opstellen en beheren kwaliteitsplan
- G-A Opstellen, beheren en realiseren preventieve maatregelen
- G-A Uitvoeren risicoanalyse
- G-A Verzorgen kennisoverdracht
- G-M Inrichten projectorganisatie
- G-M Managen organisatorische knelpunten, problemen
- G-M Opstellen en beheren projectplan
- E-A Verstrekken advies
- E-M Leidinggeven aan, aansturen, coördineren activiteit

e-CF competentiereferenties:
- A.01 Afstemming informatiesysteem en bedrijfsstrategie (IS and Business Strategy Alignment)
- A.09 Innoveren (Innovating)
- C.02 Ondersteunen van wijzigingen (Change Support)
- D.02 Ontwikkeling ICT-kwaliteitsstrategie (ICT Quality Strategy Development)
- D.10 Informatie- en kennismanagement (Information and Knowledge Management)
- E.02 Project- en portfoliomanagement (Project and Portfolio Management)
- E.03 Risicomanagement (Risk Management)
- E.05 Procesverbetering (Process Improvement)
- E.07 Management van veranderingen in bedrijfsprocessen (Business Change Management)

VT-Competenties:
- Toegepaste kennis van Organisatieleer (E-BP)
- Ervaring met Informatiemanagement (K-BP)
- Ervaring met Architectuurprincipes voor modelleren van bedrijfsprocessen (A-BP)
- Ervaring met Architectuurprincipes voor modelleren van informatievoorziening/systemen (A-IS)
- Ervaring met Organisatieanalyse (O-BP)
- Ervaring met Organisatieontwerp (O-BP)
- Ervaring met Realiseren van organisatiewijzigingen (O-BP)
- Ervaring met Organisatorische continuïteitmaatregelen (O-BP)
- Ervaring met Changemanagement (I-M)
- Ervaring met Beheer van bedrijfsinformatie/gegevens (B-BP)
- Ervaring met Beheer van informatiesystemen (B-IS)
- Ervaring met Principes van dienstverlening (S-A)
- Ervaring met Competentiemanagement (P-M)
- Ervaring met Management van (bedrijfs)processen (G-M)
- Ervaring met Planning & control (G-M)
- Ervaring met Continuïteitmanagement (G-M)

- Ervaring met Compliancemanagement (G-M)
- Ervaring met Kwaliteitsmanagement (G-M)
- Ervaring met Risicomanagement (G-M)
- Ervaring met Bedrijfskunde (E-BP)
- Ervaring met Administratieve organisatie en interne controle (AO & IC) (E-BP)
- Ervaring met Projectmanagement (E-M)
- Ervaring met Risicoanalyse (E-A)
- Ervaring met Principes, methoden en technieken voor interne controle (E-A)
- Ervaring met Principes, methoden en technieken voor kwaliteitsborging (E-A)

P-Competenties:
- Hoog niveau Leiderschap
- Hoog niveau Sensitiviteit, inlevingsvermogen
- Hoog niveau Communicatieve vaardigheden (mondeling en/of schriftelijk)
- Hoog niveau Samenwerken in teamverbanden
- Hoog niveau Flexibiliteit
- Hoog niveau Integriteit
- Hoog niveau Conflictpreventie en -beheersing
- Hoog niveau Klantgerichtheid
- Hoog niveau Analytisch vermogen
- Hoog niveau Oordeelsvorming
- Hoog niveau Abstractievermogen
- Hoog niveau Creativiteit
- Hoog niveau Organisatiebewustzijn
- Hoog niveau Kennis van andere disciplines
- Hoog niveau Initiatief
- Hoog niveau Overtuigingskracht
- Hoog niveau Accuratesse
- Hoog niveau Methodisch werken
- Hoog niveau Plannen en organiseren

Functiekwalificatie:
- Startkwalificatie: NLQF-5 NLQF – Niveau 5 – Associate Degree
- Professional: NLQF-6 NLQF – Niveau 6 – Bachelor

I-IS – Tester

Toelichting:
De tester is een specialist op het gebied van testen. Meestal is dit gericht op het testen van (nieuwe of gewijzigde) applicaties, maar het kan ook zijn gericht op het testen van de technische infrastructuur.

Alternatieve functietitels:
- Geen

Taken:
- A-IS Opstellen en beheren informatieprocessenmodel
- O-A Ontwikkelen en beheren maatregelen voor interne controle
- I-A Opstellen en beheren (master) testplan
- I-A Opstellen en beheren acceptatietestplan
- I-A Uitvoeren toets of test
- B-IS Beheren en bewaken functionaliteit applicatie
- B-IS Beheren en bewaken prestatiekenmerken applicatie
- B-IS Opstellen wijzigingsvoorstel informatiesysteem
- B-TI Beheren en bewaken prestatiekenmerken technische infrastructuur
- B-TI Opstellen wijzigingsvoorstel technische infrastructuur
- G-A Opstellen en beheren kwaliteitsplan
- G-A Samenstellen rapport
- G-M Opstellen en beheren projectplan
- E-A Opstellen specificaties
- E-A Uitvoeren evaluatie, review

e-CF competentiereferenties:
- B.03 Testen (Testing)
- E.02 Project- en portfoliomanagement (Project and Portfolio Management)
- E.06 ICT-kwaliteitsmanagement (ICT Quality Management)

VT-Competenties:
- Conceptuele kennis van Werking van componenten van de ICT (E-A)
- Toegepaste kennis van Ontwerpen en bouwen van informatiesystemen (O-IS)
- Toegepaste kennis van Databaseontwerp en -bouw (O-IS)
- Toegepaste kennis van Technische continuïteitmaatregelen (O-A)
- Toegepaste kennis van Beheer van exploitatie en productie (B-TI)
- Ervaring met Realiseren van wijzigingen in informatiesystemen (O-IS)
- Ervaring met Beheer van bedrijfsinformatie/gegevens (B-BP)
- Ervaring met Beheer van informatiesystemen (B-IS)
- Ervaring met Beheer van applicaties (B-IS)
- Ervaring met Netwerktechnologie (G-TI)
- Ervaring met Servertechnologie (G-TI)
- Ervaring met Multimediatechnologie (G-TI)
- Ervaring met Kwaliteitsmanagement (G-M)
- Ervaring met Risicomanagement (G-M)
- Ervaring met Principes, methoden en technieken voor beveiliging (G-A)
- Ervaring met Analyse van de werking van componenten van informatiesystemen (G-A)
- Ervaring met Gebruik van applicaties (E-IS)
- Ervaring met Risicoanalyse (E-A)
- Ervaring met Werklastbegroting (E-A)
- Ervaring met Testen (E-A)

P-Competenties:
- Hoog niveau Samenwerken in teamverbanden
- Hoog niveau Integriteit
- Hoog niveau Klantgerichtheid
- Hoog niveau Analytisch vermogen
- Hoog niveau Oordeelsvorming
- Hoog niveau Abstractievermogen
- Hoog niveau Creativiteit
- Hoog niveau Kwaliteitsbewustzijn
- Hoog niveau Initiatief
- Hoog niveau Accuratesse
- Hoog niveau Methodisch werken
- Hoog niveau Plannen en organiseren

Functiekwalificatie:
- Startkwalificatie: NLQF-4 NLQF – Niveau 4 – Vwo, vavo-havo, mbo 4
- Professional: NLQF-5 NLQF – Niveau 5 – Associate Degree

I-TI – Implementatie Specialist

Toelichting:
De implementatiespecialist is (meestal) een technisch specialist op het gebied van het realiseren van (technische) implementaties in de ICT-omgeving (zoals van software als ERP-pakketten) en in de technische infrastructuur (netwerken, servers, storage). De implementatiespecialist is operationeel verantwoordelijk voor het beheerst en gecoördineerd realiseren van de implementatie van de technische componenten van een ICT-omgeving en voert de implementatieactiviteiten zelf uit.
Deze functie komt als verbijzonderde functie voor in de wat grotere organisaties, of als adviesfunctie bij een ICT-adviesbureau of leverancier van pakketten en/of netwerken, servers en storage.

Alternatieve functietitels:
- Implementatieadviseur
- Implementatieconsultant
- Implementatiecoördinator
- Migratieconsultant
- Migratiecoördinator
- Migratiespecialist

Taken:
- O-A Opstellen en beheren technisch calamiteitenplan
- I-A Bepalen migratiestap
- I-A Distributie van softwarecomponent
- I-A Opstellen en beheren (master) testplan
- I-M Bepalen en beheren invoeringsstrategie
- I-M Samenstellen release

- I-TI Implementeren (wijziging) netwerkcomponent
- I-TI Implementeren (wijziging) server
- I-TI Installeren (wijziging) programmatuur
- B-A Realiseren onderhoud/wijziging
- B-IS Beheren en bewaken prestatiekenmerken applicatie
- B-TI Beheren en bewaken prestatiekenmerken technische infrastructuur
- G-A Opstellen en beheren kwaliteitsplan
- G-A Samenstellen rapport
- G-A Uitvoeren risicoanalyse
- G-M Managen technische knelpunten, problemen
- G-M Opstellen en beheren projectplan
- G-M Opstellen operationeel werkplan
- E-A Uitvoeren analyse
- E-A Uitvoeren evaluatie, review

e-CF competentiereferenties:
- B.02 Systeemintegratie (Component Integration)
- B.03 Testen (Testing)
- B.04 Oplossingen implementeren (Solution Deployment)
- C.02 Ondersteunen van wijzigingen (Change Support)
- E.02 Project- en portfoliomanagement (Project and Portfolio Management)

VT-Competenties:
- Ervaring met Ontwerp technische infrastructuur (O-TI)
- Ervaring met Realiseren van technische wijzigingen (O-TI)
- Ervaring met Technische continuïteitmaatregelen (O-A)
- Ervaring met Changemanagement (I-M)
- Ervaring met Beheer van informatiesystemen (B-IS)
- Ervaring met Beheer van applicaties (B-IS)
- Ervaring met Beheer van netwerken (B-TI)
- Ervaring met Beheer van servers (B-TI)
- Ervaring met Beheer van multimedia-apparatuur (B-TI)
- Ervaring met Beheer van exploitatie en productie (B-TI)
- Ervaring met Netwerktechnologie (G-TI)
- Ervaring met Servertechnologie (G-TI)
- Ervaring met Multimediatechnologie (G-TI)
- Ervaring met Management van (bedrijfs)processen (G-M)
- Ervaring met Continuïteitmanagement (G-M)
- Ervaring met Kwaliteitsmanagement (G-M)
- Ervaring met Risicomanagement (G-M)
- Ervaring met Principes, methoden en technieken voor beveiliging (G-A)
- Ervaring met Analyse van de werking van componenten van informatiesystemen (G-A)
- Ervaring met Projectmanagement (E-M)
- Ervaring met Risicoanalyse (E-A)
- Ervaring met Principes, methoden en technieken voor interne controle (E-A)
- Ervaring met Principes, methoden en technieken voor kwaliteitsborging (E-A)
- Ervaring met Testen (E-A)

P-Competenties:
- Hoog niveau Samenwerken in teamverbanden
- Hoog niveau Flexibiliteit
- Hoog niveau Analytisch vermogen
- Hoog niveau Oordeelsvorming
- Hoog niveau Creativiteit
- Hoog niveau Organisatiebewustzijn
- Hoog niveau Kwaliteitsbewustzijn
- Hoog niveau Initiatief
- Hoog niveau Accuratesse
- Hoog niveau Methodisch werken
- Hoog niveau Plannen en organiseren

Functiekwalificatie:
- Startkwalificatie: NLQF-4 NLQF – Niveau 4 – Vwo, vavo-havo, mbo 4
- Professional: NLQF-5 NLQF – Niveau 5 – Associate Degree

I-M – Release Manager

Toelichting:
De releasemanager is verantwoordelijk voor het samenstellen en invoeren van releases (versies) van informatiesystemen. In deze rol vult hij een 'bijzondere' vorm in van een projectleider of portfoliomanager. Niet alleen de afstemming van releases op de businesseisen (zoals invoerings- en beschikbaarheidsdata) is van belang maar ook het bewaken dat releases zonder problemen voor de continuïteit en consistentie van de informatievoorziening en de bedrijfsvoering plaatsvinden.
Deze functie komt in verbijzonderde vorm voor in grote organisaties of is als rol toegewezen aan bijvoorbeeld een projectmanager.

Alternatieve functietitels:
- Implementatie Coördinator
- Implementatie Manager
- Onderhouds Coördinator
- Release Control Manager

Taken:
- O-A Opstellen en beheren technisch calamiteitenplan
- I-A Bepalen migratiestap
- I-A Opstellen en beheren (master) testplan
- I-A Opstellen en beheren acceptatietestplan
- I-IS Invoeren (wijziging) informatiesysteem
- I-M Bepalen en beheren invoeringsstrategie
- I-M Samenstellen release
- B-IS Bepalen onderhoud/wijziging informatiesysteem
- B-TI Opstellen wijzigingsvoorstel technische infrastructuur
- S-A Bewaken dienstenlevering

- S-A Formuleren eisen aan ICT-dienstverlening
- S-A Onderhouden klantrelatie (niet commercieel)
- C-A Onderhouden klantrelatie (commercieel)
- G-A Opstellen en beheren businesscase
- G-A Opstellen en beheren kwaliteitsplan
- G-A Opstellen oplossingsalternatieven
- G-A Opstellen, beheren en realiseren preventieve maatregelen
- G-A Uitvoeren risicoanalyse
- G-M Inrichten projectorganisatie
- G-M Managen organisatorische knelpunten, problemen
- G-M Managen technische knelpunten, problemen
- G-M Opstellen en beheren projectplan
- E-A Voeren van overleg, afstemmen
- E-M Bepalen prioriteit, scenario

e-CF competentiereferenties:
- A.04 Product- of serviceplanning (Product/Service Planning)
- B.04 Oplossingen implementeren (Solution Deployment)
- C.01 Gebruikersondersteuning (User Support)
- C.02 Ondersteunen van wijzigingen (Change Support)
- C.03 Dienstverlening (Service Delivery)
- E.02 Project- en portfoliomanagement (Project and Portfolio Management)
- E.06 ICT-kwaliteitsmanagement (ICT Quality Management)

VT-Competenties:
- Toegepaste kennis van Beheer van exploitatie en productie (B-TI)
- Ervaring met Informatiemanagement (K-BP)
- Ervaring met Realiseren van organisatiewijzigingen (O-BP)
- Ervaring met Organisatorische continuïteitmaatregelen (O-BP)
- Ervaring met Realiseren van wijzigingen in informatiesystemen (O-IS)
- Ervaring met Realiseren van technische wijzigingen (O-TI)
- Ervaring met Technische continuïteitmaatregelen (O-A)
- Ervaring met Changemanagement (I-M)
- Ervaring met Beheer van bedrijfsinformatie/gegevens (B-BP)
- Ervaring met Beheer van informatiesystemen (B-IS)
- Ervaring met Versie- en configuratiebeheer (B-A)
- Ervaring met Planning & control (G-M)
- Ervaring met Continuïteitmanagement (G-M)
- Ervaring met Compliancemanagement (G-M)
- Ervaring met Kwaliteitsmanagement (G-M)
- Ervaring met Risicomanagement (G-M)
- Ervaring met Gebruik van applicaties (E-IS)
- Ervaring met Projectmanagement (E-M)
- Ervaring met Risicoanalyse (E-A)
- Ervaring met Principes, methoden en technieken voor interne controle (E-A)
- Ervaring met Principes, methoden en technieken voor kwaliteitsborging (E-A)

P-Competenties:
- Hoog niveau Sensitiviteit, inlevingsvermogen
- Hoog niveau Samenwerken in teamverbanden
- Hoog niveau Flexibiliteit
- Hoog niveau Klantgerichtheid
- Hoog niveau Analytisch vermogen
- Hoog niveau Oordeelsvorming
- Hoog niveau Abstractievermogen
- Hoog niveau Creativiteit
- Hoog niveau Organisatiebewustzijn
- Hoog niveau Kwaliteitsbewustzijn
- Hoog niveau Initiatief
- Hoog niveau Overtuigingskracht
- Hoog niveau Onderhandelingsvaardigheid
- Hoog niveau Methodisch werken
- Hoog niveau Plannen en organiseren

Functiekwalificatie:
- Startkwalificatie: NLQF-4+ NLQF – Niveau 4+ – Vwo, vavo-vwo
- Professional: NLQF-5 NLQF – Niveau 5 – Associate Degree

I-M – Change Manager (ICT)

Toelichting:
De changemanager (ICT) is verantwoordelijk voor het beheerst en gecoördineerd invoeren van wijzigingen in de ICT-omgeving; daarmee moet worden geborgd dat wijzigingen zonder (merkbare of onacceptabele) gevolgen voor gebruikers worden ingevoerd, en dat de continuïteit van de informatievoorziening (tijdens en na het invoeren van de wijziging) niet in gevaar komt. Deze functie is afgeleid van het ITIL-proces 'change management'. De changemanager (ICT) kent een evenknie: de changemanager (business) die wijzigingen beheerst en gecoördineerd laat verlopen in de gebruikersorganisatie. Changes in de ICT-omgeving kunnen betrekking hebben op informatiesystemen of applicaties en/of de technische infrastructuur (netwerk, servers, storage). 'Changemanager' wordt soms ingevuld als een 'echte' managementfunctie waarin het managen van een change centraal staat. Soms is een changemanager ook operationeel bezig; hij voert dan operationele werkzaamheden uit waarmee een change wordt gerealiseerd. In dit geval is deze functie meestal als rol aan een technisch specialist toegewezen.
Deze functie komt als verbijzonderde functie voor in de wat grotere organisaties.

Alternatieve functietitels:
- Change Coördinator
- Implementatie Coördinator
- Migratie Specialist
- Proces Manager
- Release Control Manager

Taken:
- O-A Ontwikkelen en beheren maatregelen voor interne controle
- O-A Opstellen en beheren technisch calamiteitenplan
- O-BP Vaststellen en beheren gewenste informatievoorziening
- I-A Bepalen migratiestap
- I-A Opstellen en beheren (master) testplan
- I-IS Invoeren (wijziging) informatiesysteem
- I-M Bepalen en beheren invoeringsstrategie
- I-M Samenstellen release
- B-IS Beheren en bewaken kwaliteit informatiesysteem
- S-A Formuleren eisen aan ICT-dienstverlening
- S-A Invoeren (wijziging) dienstverlening
- S-A Opstellen wijzigingsvoorstel dienstverlening
- V-M Verstrekken opdrachten aan leverancier
- G-A Opstellen en beheren kwaliteitsplan
- G-A Opstellen, beheren en realiseren preventieve maatregelen
- G-A Uitvoeren risicoanalyse
- G-M Inrichten projectorganisatie
- G-M Managen organisatorische knelpunten, problemen
- G-M Managen technische knelpunten, problemen
- G-M Opstellen en beheren projectplan

e-CF competentiereferenties:
- A.02 Management dienstverleningsniveau (Service Level Management)
- A.09 Innoveren (Innovating)
- B.02 Systeemintegratie (Component Integration)
- B.04 Oplossingen implementeren (Solution Deployment)
- C.02 Ondersteunen van wijzigingen (Change Support)
- C.03 Dienstverlening (Service Delivery)
- D.11 Behoeftemanagement (Needs Identification)
- E.02 Project- en portfoliomanagement (Project and Portfolio Management)
- E.03 Risicomanagement (Risk Management)

VT-Competenties:
- Ervaring met Realiseren van wijzigingen in informatiesystemen (O-IS)
- Ervaring met Technische continuïteitmaatregelen (O-A)
- Ervaring met Changemanagement (I-M)
- Ervaring met Beheer van informatiesystemen (B-IS)
- Ervaring met Beheer van applicaties (B-IS)
- Ervaring met Beheer van netwerken (B-TI)
- Ervaring met Beheer van servers (B-TI)
- Ervaring met Beheer van multimedia-apparatuur (B-TI)
- Ervaring met Beheer van exploitatie en productie (B-TI)
- Ervaring met Planning & control (G-M)
- Ervaring met Continuïteitmanagement (G-M)
- Ervaring met Kwaliteitsmanagement (G-M)

- Ervaring met Risicomanagement (G-M)
- Ervaring met Principes, methoden en technieken voor beveiliging (G-A)
- Ervaring met Gebruik van applicaties (E-IS)
- Ervaring met Projectmanagement (E-M)
- Ervaring met Risicoanalyse (E-A)
- Ervaring met Principes, methoden en technieken voor interne controle (E-A)
- Ervaring met Principes, methoden en technieken voor kwaliteitsborging (E-A)

P-Competenties:
- Hoog niveau Leiderschap
- Hoog niveau Sensitiviteit, inlevingsvermogen
- Hoog niveau Communicatieve vaardigheden (mondeling en/of schriftelijk)
- Hoog niveau Samenwerken in teamverbanden
- Hoog niveau Klantgerichtheid
- Hoog niveau Analytisch vermogen
- Hoog niveau Oordeelsvorming
- Hoog niveau Abstractievermogen
- Hoog niveau Creativiteit
- Hoog niveau Organisatiebewustzijn
- Hoog niveau Kwaliteitsbewustzijn
- Hoog niveau Initiatief
- Hoog niveau Methodisch werken
- Hoog niveau Plannen en organiseren

Functiekwalificatie:
- Startkwalificatie: NLQF-4+ NLQF – Niveau 4+ – Vwo, vavo-vwo
- Professional: NLQF-5 NLQF – Niveau 5 – Associate Degree

I-M – Implementatie Manager (ICT)

Toelichting:
De implementatiemanager (ICT) is (meestal) een technisch specialist op het gebied van het realiseren van (technische) implementaties (dus ook changes) in de ICT-omgeving (zoals de implementatie van software als ERP-pakketten) en in de technische infrastructuur (netwerken, servers, storage). De implementatiemanager is als manager verantwoordelijk voor het beheerst en gecoördineerd realiseren van de implementatie van de technische componenten van een ICT-omgeving. De implementatiemanager (ICT) heeft een analoge functie aan die van changemanager (ICT), maar werkt vanuit zijn technische expertise.
'Implementatiemanager' wordt soms ingevuld als een 'echte' managementfunctie waarin het managen van een change of implementatie centraal staat. Soms is een implementatiemanager ook operationeel bezig; hij voert dan operationele werkzaamheden uit waarmee een implementatie wordt gerealiseerd. In dit geval is deze functie meestal als rol aan een technisch specialist toegewezen, of is dit eigenlijk de functie van implementatiespecialist.
Deze functie komt als verbijzonderde functie voor in de wat grotere organisaties, of als adviesfunctie bij een ICT-adviesbureau.

Alternatieve functietitels:
- Change Manager
- Implementatie Coördinator
- Migratie Coördinator
- Release Control Manager

Taken:
- O-A Ontwikkelen en beheren maatregelen voor interne controle
- O-A Ontwikkelen en beheren technische maatregelen voor beveiliging
- O-A Opstellen en beheren technisch calamiteitenplan
- I-A Bepalen migratiestap
- I-A Opstellen en beheren (master) testplan
- I-IS Invoeren (wijziging) informatiesysteem
- I-M Bepalen en beheren invoeringsstrategie
- I-M Samenstellen release
- B-IS Beheren en bewaken kwaliteit informatiesysteem
- B-IS Beheren en bewaken prestatiekenmerken applicatie
- B-M Bewaken systeemonderhoud/-wijziging
- B-TI Beheren en bewaken OTAP-omgevingen
- B-TI Beheren en bewaken prestatiekenmerken technische infrastructuur
- S-A Bewaken dienstenlevering
- S-A Formuleren eisen aan ICT-dienstverlening
- V-M Verstrekken opdrachten aan leverancier
- G-A Opstellen en beheren kwaliteitsplan
- G-A Opstellen, beheren en realiseren preventieve maatregelen
- G-A Uitvoeren risicoanalyse
- G-M Managen technische knelpunten, problemen
- G-M Opstellen en beheren projectplan

e-CF competentiereferenties:
- B.04 Oplossingen implementeren (Solution Deployment)
- C.02 Ondersteunen van wijzigingen (Change Support)
- E.02 Project- en portfoliomanagement (Project and Portfolio Management)
- E.03 Risicomanagement (Risk Management)
- E.06 ICT-kwaliteitsmanagement (ICT Quality Management)
- E.08 Informatiebeveiligingsmanagement (Information Security Management)

VT-Competenties:
- Ervaring met Realiseren van wijzigingen in informatiesystemen (O-IS)
- Ervaring met Realiseren van technische wijzigingen (O-TI)
- Ervaring met Technische continuïteitmaatregelen (O-A)
- Ervaring met Changemanagement (I-M)
- Ervaring met Beheer van informatiesystemen (B-IS)
- Ervaring met Beheer van applicaties (B-IS)
- Ervaring met Beheer van netwerken (B-TI)
- Ervaring met Beheer van servers (B-TI)

- Ervaring met Beheer van multimedia-apparatuur (B-TI)
- Ervaring met Beheer van exploitatie en productie (B-TI)
- Ervaring met Principes van dienstverlening (S-A)
- Ervaring met Continuïteitmanagement (G-M)
- Ervaring met Kwaliteitsmanagement (G-M)
- Ervaring met Risicomanagement (G-M)
- Ervaring met Principes, methoden en technieken voor beveiliging (G-A)
- Ervaring met Analyse van de werking van componenten van informatiesystemen (G-A)
- Ervaring met Administratieve organisatie en interne controle (AO & IC) (E-BP)
- Ervaring met Gebruik van applicaties (E-IS)
- Ervaring met Projectmanagement (E-M)
- Ervaring met Risicoanalyse (E-A)
- Ervaring met Principes, methoden en technieken voor interne controle (E-A)
- Ervaring met Principes, methoden en technieken voor kwaliteitsborging (E-A)
- Ervaring met Testen (E-A)
- Ervaring met Werking van componenten van de ICT (E-A)

P-Competenties:
- Hoog niveau Sensitiviteit, inlevingsvermogen
- Hoog niveau Communicatieve vaardigheden (mondeling en/of schriftelijk)
- Hoog niveau Samenwerken in teamverbanden
- Hoog niveau Flexibiliteit
- Hoog niveau Klantgerichtheid
- Hoog niveau Analytisch vermogen
- Hoog niveau Oordeelsvorming
- Hoog niveau Abstractievermogen
- Hoog niveau Creativiteit
- Hoog niveau Organisatiebewustzijn
- Hoog niveau Kwaliteitsbewustzijn
- Hoog niveau Initiatief
- Hoog niveau Besluitvaardigheid
- Hoog niveau Accuratesse
- Hoog niveau Methodisch werken
- Hoog niveau Plannen en organiseren

Functiekwalificatie:
- Startkwalificatie: NLQF-4+ NLQF – Niveau 4+ – Vwo, vavo-vwo
- Professional: NLQF-5 NLQF – Niveau 5 – Associate Degree

Functies in het I-domein Beheren

B-BP – Data Manager

Toelichting:
De datamanager is strategisch/tactisch verantwoordelijk voor de gegevens in een organisatie. In die rol stuurt hij vaak op het opstellen van een corporate datamodel, waarin de voor de organisatie van belang zijnde gegevens (informatie) en de gegevensdefinities worden vastgelegd (overigens vaak ook de meer technische informatie over gegevens, zoals informatie over de (fysieke) vastlegging van gegevens in databases en in welke applicaties of systemen gegevens worden beheerd (gecreëerd, gemuteerd, uitgevoerd, enzovoort)).
Deze functie komt meestal in de wat grotere organisaties voor.

Alternatieve functietitels:
- Beheerder Corporate Datamodel
- Informatie Manager

Taken:
- K-BP Opstellen en beheren complianceplan
- K-BP Opstellen en beheren informatiebeleid
- K-BP Opstellen en beheren informatieplan
- K-BP Opstellen en beheren plan voor interne controle
- A-IS Ontwerpen en beheren informatievoorziening (overall)
- A-IS Opstellen en beheren gegevensmodel
- A-IS Opstellen en beheren informatiearchitectuur
- A-IS Opstellen en beheren informatieprocessenmodel
- A-IS Opstellen en beheren normen systeemgebruik en -beheer
- O-A Ontwikkelen en beheren organisatorische maatregelen voor beveiliging
- O-BP Vaststellen en beheren gewenste informatievoorziening
- B-A Beheren autorisaties
- B-A Beheren en monitoren autorisatie- en beveiligingssysteem
- B-BP Beheren bedrijfsinformatie
- B-BP Beheren en bewaken kwaliteit bedrijfsproces
- B-IS Beheren en bewaken correct gebruik informatiesysteem
- B-IS Beheren en bewaken kwaliteit informatiesysteem
- F-A Beheren bedrijfswaarde van componenten
- G-A Onderzoeken en vaststellen behoeften
- G-A Opstellen en beheren kwaliteitsplan

e-CF competentiereferenties:
- A.01 Afstemming informatiesysteem en bedrijfsstrategie (IS and Business Strategy Alignment)
- A.05 Ontwerp van architectuur (Architecture Design)
- D.01 Strategieontwikkeling informatiebeveiliging (Information Security Strategy Development)

- D.02 Ontwikkeling ICT-kwaliteitsstrategie (ICT Quality Strategy Development)
- D.10 Informatie- en kennismanagement (Information and Knowledge Management)

VT-Competenties:
- Ervaring met Informatiemanagement (K-BP)
- Ervaring met Informatieplanning (K-IS)
- Ervaring met Beleid en strategiebepaling (K-M)
- Ervaring met Architectuurprincipes voor modelleren van bedrijfsprocessen (A-BP)
- Ervaring met Architectuurprincipes voor modelleren van informatievoorziening/systemen (A-IS)
- Ervaring met Informatieanalyse (A-IS)
- Ervaring met Gegevensanalyse (A-IS)
- Ervaring met Gegevensmodellering (A-IS)
- Ervaring met Organisatieanalyse (O-BP)
- Ervaring met Organisatieontwerp (O-BP)
- Ervaring met Organisatorische continuïteitmaatregelen (O-BP)
- Ervaring met Beheer van bedrijfsinformatie/gegevens (B-BP)
- Ervaring met Beheer van informatiesystemen (B-IS)
- Ervaring met Behoeftemanagement (S-M)
- Ervaring met Planning & control (G-M)
- Ervaring met Compliancemanagement (G-M)
- Ervaring met Kwaliteitsmanagement (G-M)
- Ervaring met Bedrijfskunde (E-BP)
- Ervaring met Administratieve organisatie en interne controle (AO & IC) (E-BP)
- Ervaring met Portfoliomanagement (E-M)
- Ervaring met Principes, methoden en technieken voor interne controle (E-A)
- Ervaring met Principes, methoden en technieken voor kwaliteitsborging (E-A)

P-Competenties:
- Hoog niveau Sensitiviteit, inlevingsvermogen
- Hoog niveau Integriteit
- Hoog niveau Klantgerichtheid
- Hoog niveau Analytisch vermogen
- Hoog niveau Oordeelsvorming
- Hoog niveau Creativiteit
- Hoog niveau Organisatiebewustzijn
- Hoog niveau Kennis van andere disciplines
- Hoog niveau Strategische visie
- Hoog niveau Kwaliteitsbewustzijn
- Hoog niveau Accuratesse
- Hoog niveau Methodisch werken
- Hoog niveau Plannen en organiseren

Functiekwalificatie:
- Startkwalificatie: NLQF-5 NLQF – Niveau 5 – Associate Degree
- Professional: NLQF-7 NLQF – Niveau 7 – Master

B-BP – Data Scientist

Toelichting:
De data scientist is een specialist in het definiëren en verkrijgen van relevante informatie voor de bedrijfsvoering c.q. businessmanagers. Vaak zet de data scientist geavanceerde BI-tools in en definieert geavanceerde algoritmen om de gewenste informatie beschikbaar te krijgen. Deze functie is ontstaan door een verdere ontwikkeling van BI-gerichte analyses op databases en datawarehouses (vaak aangeduid als 'big data').
De data scientist komt in grotere organisaties voor en als consultant van op BI gespecialiseerde adviesbureaus.

Alternatieve functietitels:
- BI Specialist

Taken:
- K-BP Opstellen en beheren informatieplan
- A-BP Opstellen en beheren bedrijfsprocessenmodel
- A-IS Opstellen en beheren informatiearchitectuur
- A-IS Opstellen en beheren informatieprocessenmodel
- O-BP Onderzoeken organisatieaspecten
- O-BP Vaststellen en beheren gewenste informatievoorziening
- O-IS Opstellen en beheren functionele specificaties
- B-BP Beheren bedrijfsinformatie
- B-BP Beheren en bewaken kwaliteit bedrijfsproces
- B-IS Beheren en bewaken functionaliteit applicatie
- B-IS Beheren en bewaken kwaliteit informatiesysteem
- G-A Afbakenen onderzoeksgebied
- G-A Onderzoeken en vaststellen behoeften
- G-A Opstellen en beheren businesscase
- G-A Opstellen en beheren kwaliteitsplan
- G-M Inrichten projectorganisatie
- G-M Opstellen en beheren projectplan
- E-A Opstellen ontwerp
- E-A Opstellen specificaties
- E-A Uitvoeren analyse
- E-A Voeren van overleg, afstemmen

e-CF competentiereferenties:
- A.01 Afstemming informatiesysteem en bedrijfsstrategie (IS and Business Strategy Alignment)
- A.04 Product- of serviceplanning (Product/Service Planning)
- A.05 Ontwerp van architectuur (Architecture Design)
- A.09 Innoveren (Innovating)
- D.10 Informatie- en kennismanagement (Information and Knowledge Management)
- D.11 Behoeftemanagement (Needs Identification)
- E.05 Procesverbetering (Process Improvement)
- E.06 ICT-kwaliteitsmanagement (ICT Quality Management)

VT-Competenties:
- Toegepaste kennis van Informatieplanning (K-IS)
- Ervaring met Informatiemanagement (K-BP)
- Ervaring met Beleid en strategiebepaling (K-M)
- Ervaring met Architectuurprincipes voor modelleren van bedrijfsprocessen (A-BP)
- Ervaring met Architectuurprincipes voor modelleren van informatievoorziening/systemen (A-IS)
- Ervaring met Informatieanalyse (A-IS)
- Ervaring met Gegevensanalyse (A-IS)
- Ervaring met Gegevensmodellering (A-IS)
- Ervaring met Organisatieanalyse (O-BP)
- Ervaring met Organisatieontwerp (O-BP)
- Ervaring met Ontwerpen en bouwen van informatiesystemen (O-IS)
- Ervaring met Functioneel ontwerp (O-IS)
- Ervaring met Realiseren van wijzigingen in informatiesystemen (O-IS)
- Ervaring met Beheer van bedrijfsinformatie/gegevens (B-BP)
- Ervaring met Beheer van informatiesystemen (B-IS)
- Ervaring met Behoeftemanagement (S-M)
- Ervaring met Management van (bedrijfs)processen (G-M)
- Ervaring met Kwaliteitsmanagement (G-M)
- Ervaring met Gebruik van applicaties (E-IS)
- Ervaring met Projectmanagement (E-M)
- Ervaring met Mogelijkheden van de informatietechnologie (E-A)

P-Competenties:
- Hoog niveau Sensitiviteit, inlevingsvermogen
- Hoog niveau Communicatieve vaardigheden (mondeling en/of schriftelijk)
- Hoog niveau Samenwerken in teamverbanden
- Hoog niveau Flexibiliteit
- Hoog niveau Integriteit
- Hoog niveau Klantgerichtheid
- Hoog niveau Analytisch vermogen
- Hoog niveau Abstractievermogen
- Hoog niveau Creativiteit
- Hoog niveau Organisatiebewustzijn
- Hoog niveau Kennis van andere disciplines
- Hoog niveau Strategische visie
- Hoog niveau Kwaliteitsbewustzijn
- Hoog niveau Accuratesse
- Hoog niveau Methodisch werken
- Hoog niveau Plannen en organiseren

Functiekwalificatie:
- Startkwalificatie: NLQF-5 NLQF – Niveau 5 – Associate Degree
- Professional: NLQF-6 NLQF – Niveau 6 – Bachelor

B-BP – Content Manager

Toelichting:
De contentmanager is verantwoordelijk voor het beheer van gegevens (content), meestal die welke wordt gepubliceerd op internet of intranet. De contentmanager beheert deze bedrijfsinformatie met het oog op correctheid en actualiteit. De inhoud van de betreffende bedrijfsinformatie wordt verkregen van de verantwoordelijke businessmanagers. De contentmanager draagt er dan zorg voor dat de meest actuele versie van de bedrijfsinformatie wordt gepubliceerd. De contentmanager is meestal ook betrokken bij het beheer van de webapplicaties waarmee de bedrijfsinformatie wordt gepubliceerd, of heeft dit in zijn takenpakket.
Hoewel deze functie meestal in de businessorganisatie voorkomt, bijvoorbeeld bij een marketing-, verkoop- of communicatieafdeling, kan deze functie ook in de ICT- of regieorganisatie zijn geplaatst; meestal echter komt deze functie voor bij een communicatieafdeling of is als rol toegewezen aan een communicatiemedewerker.

Alternatieve functietitels:
- Beheerder Bedrijfsinformatie
- Communicatie Adviseur
- Web Beheerder

Taken:
- O-BP Vaststellen en beheren gewenste informatievoorziening
- O-BP Verkennen behoeften informatievoorziening
- O-IS Opstellen en beheren functionele specificaties
- B-BP Beheren bedrijfsinformatie
- B-BP Beheren content
- B-BP Beheren en bewaken kwaliteit bedrijfsproces
- B-IS Opstellen wijzigingsvoorstel informatiesysteem
- G-A Opstellen en beheren kwaliteitsplan
- G-A Voeren administratie, registratie
- K-BP Opstellen en beheren complianceplan
- E-A Voeren van overleg, afstemmen

e-CF competentiereferenties:
- B.05 Vervaardigen van documentatie (Documentation Production)
- D.10 Informatie- en kennismanagement (Information and Knowledge Management)
- D.11 Behoeftemanagement (Needs Identification)
- D.12 Digitale marketing (Digital Marketing)
- E.04 Relatiemanagement (Relationship Management)

VT-Competenties:
- Conceptuele kennis van Ontwerpen en bouwen van informatiesystemen (O-IS)
- Toegepaste kennis van Gegevensanalyse (A-IS)
- Toegepaste kennis van Bedrijfskunde (E-BP)
- Ervaring met Informatiemanagement (K-BP)
- Ervaring met Architectuurprincipes voor modelleren van bedrijfsprocessen (A-BP)

- Ervaring met Architectuurprincipes voor modelleren van informatievoorziening/systemen (A-IS)
- Ervaring met Informatieanalyse (A-IS)
- Ervaring met Gegevensmodellering (A-IS)
- Ervaring met Organisatieanalyse (O-BP)
- Ervaring met Organisatieontwerp (O-BP)
- Ervaring met Realiseren van wijzigingen in informatiesystemen (O-IS)
- Ervaring met Beheer van bedrijfsinformatie/gegevens (B-BP)
- Ervaring met Beheer van informatiesystemen (B-IS)
- Ervaring met Behoeftemanagement (S-M)
- Ervaring met Multimediatechnologie (G-TI)
- Ervaring met Management van (bedrijfs)processen (G-M)
- Ervaring met Kwaliteitsmanagement (G-M)
- Ervaring met Gebruik van applicaties (E-IS)
- Ervaring met Projectmanagement (E-M)
- Ervaring met Principes, methoden en technieken voor interne controle (E-A)
- Ervaring met Principes, methoden en technieken voor kwaliteitsborging (E-A)

P-Competenties:
- Gemiddeld niveau Commercieel inzicht
- Hoog niveau Sensitiviteit, inlevingsvermogen
- Hoog niveau Communicatieve vaardigheden (mondeling en/of schriftelijk)
- Hoog niveau Integriteit
- Hoog niveau Klantgerichtheid
- Hoog niveau Analytisch vermogen
- Hoog niveau Oordeelsvorming
- Hoog niveau Abstractievermogen
- Hoog niveau Creativiteit
- Hoog niveau Organisatiebewustzijn
- Hoog niveau Kennis van andere disciplines
- Hoog niveau Strategische visie
- Hoog niveau Kwaliteitsbewustzijn
- Hoog niveau Accuratesse
- Hoog niveau Methodisch werken
- Hoog niveau Plannen en organiseren

Functiekwalificatie:
- Startkwalificatie: NLQF-3 NLQF – Niveau 3 – Mbo 3
- Professional: NLQF-5 NLQF – Niveau 5 – Associate Degree

B-IS – Functioneel Beheerder

Toelichting:
De functioneel beheerder is er primair verantwoordelijk voor dat een informatiesysteem voldoet aan de eisen van de gebruikers, daaraan blijft voldoen en bovendien dat de functionaliteit consistent is. De functioneel beheerder is de evenknie van de functioneel applicatiebeheerder; de

functioneel beheerder in de gebruikersorganisatie en de functioneel applicatiebeheerder bij de ICT-organisatie. In sommige organisaties worden deze functies gecombineerd in één functie, soms geplaatst in de gebruikersorganisatie, soms in de ICT-organisatie.
De functioneel beheerder werkt nauw samen met gebruikers en/of een gebruiksbeheerder voor het evalueren van de functionaliteit van een informatiesysteem en het uitwerken van de functionele specificaties bij gewenste wijzigingen in de functionaliteit, en stuurt bijvoorbeeld de functioneel applicatiebeheerder aan voor de realisatie van wijzigingen. Indien er sprake is van outsourcing van het (technische) applicatiebeheer, dan stuurt de functioneel beheerder meestal ook de leverancier aan. Gerealiseerde wijzigingen worden door de functioneel beheerder getest in een acceptatietest. De functioneel beheerder coördineert tevens de invoering van wijzigingen in de gebruikersorganisatie. Meestal is de functioneel beheerder een vraagbaak voor gebruikers (in de tweede lijn) en coördineert het oplossen van problems. (Incidenten worden meestal wel via de service-/helpdesk opgelost.)
Deze functie komt in veel organisaties voor.

Alternatieve functietitels:
- Applicatie Manager
- Beheerder Informatievoorziening
- Coördinator Informatievoorziening

Taken:
- K-BP Opstellen en beheren beveiligingsplan
- K-BP Opstellen en beheren complianceplan
- K-BP Opstellen en beheren continuïteitplan
- K-BP Opstellen en beheren informatieplan
- K-BP Opstellen en beheren plan voor interne controle
- A-BP Opstellen en beheren bedrijfsprocessenmodel
- A-IS Opstellen en beheren informatieprocessenmodel
- O-A Ontwikkelen en beheren maatregelen voor interne controle
- O-A Ontwikkelen en beheren organisatorische maatregelen voor beveiliging
- O-A Ontwikkelen en beheren technische maatregelen voor beveiliging
- O-BP Vaststellen en beheren gewenste informatievoorziening
- O-IS Opstellen en beheren functionele specificaties
- I-A Bepalen migratiestap
- I-A Opstellen en beheren (master) testplan
- I-A Opstellen en beheren acceptatietestplan
- I-BP Invoeren (wijziging) bedrijfsproces
- I-IS Invoeren (wijziging) informatiesysteem
- I-M Bepalen en beheren invoeringsstrategie
- I-M Samenstellen release
- B-BP Beheren bedrijfsinformatie
- B-BP Beheren en bewaken kwaliteit bedrijfsproces
- B-IS Beheren en bewaken correct gebruik informatiesysteem
- B-IS Beheren en bewaken functionaliteit applicatie
- B-IS Beheren en bewaken kwaliteit informatiesysteem
- B-IS Opstellen wijzigingsvoorstel informatiesysteem

- S-A Bewaken dienstenlevering
- S-A Formuleren eisen aan ICT-dienstverlening
- S-A Opstellen en beheren ICT-dienstenovereenkomsten (SLA)
- S-A Opstellen wijzigingsvoorstel dienstverlening
- F-A Beheren bedrijfswaarde van componenten
- V-M Verstrekken opdrachten aan leverancier
- G-A Onderzoeken en vaststellen behoeften
- G-A Opstellen en beheren businesscase
- G-A Opstellen en beheren kwaliteitsplan
- G-A Opstellen, beheren en realiseren preventieve maatregelen
- G-A Uitvoeren risicoanalyse
- G-A Verzorgen kennisoverdracht
- G-M Managen organisatorische knelpunten, problemen
- G-M Managen technische knelpunten, problemen
- G-M Opstellen en beheren projectplan

e-CF competentiereferenties:
- A.01 Afstemming informatiesysteem en bedrijfsstrategie (IS and Business Strategy Alignment)
- B.03 Testen (Testing)
- B.04 Oplossingen implementeren (Solution Deployment)
- C.01 Gebruikersondersteuning (User Support)
- C.02 Ondersteunen van wijzigingen (Change Support)
- D.11 Behoeftemanagement (Needs Identification)
- E.02 Project- en portfoliomanagement (Project and Portfolio Management)
- E.03 Risicomanagement (Risk Management)
- E.05 Procesverbetering (Process Improvement)
- E.06 ICT-kwaliteitsmanagement (ICT Quality Management)
- E.07 Management van veranderingen in bedrijfsprocessen (Business Change Management)

VT-Competenties:
- Toegepaste kennis van Informatieplanning (K-IS)
- Toegepaste kennis van Ontwerpen en bouwen van informatiesystemen (O-IS)
- Ervaring met Informatiemanagement (K-BP)
- Ervaring met Beleid en strategiebepaling (K-M)
- Ervaring met Architectuurprincipes voor modelleren van bedrijfsprocessen (A-BP)
- Ervaring met Architectuurprincipes voor modelleren van informatievoorziening/systemen (A-IS)
- Ervaring met Informatieanalyse (A-IS)
- Ervaring met Organisatieanalyse (O-BP)
- Ervaring met Organisatieontwerp (O-BP)
- Ervaring met Organisatorische continuïteitmaatregelen (O-BP)
- Ervaring met Functioneel ontwerp (O-IS)
- Ervaring met Realiseren van wijzigingen in informatiesystemen (O-IS)
- Ervaring met Changemanagement (I-M)
- Ervaring met Beheer van bedrijfsinformatie/gegevens (B-BP)

- Ervaring met Beheer van informatiesystemen (B-IS)
- Ervaring met Incidentmanagement (S-M)
- Ervaring met Behoeftemanagement (S-M)
- Ervaring met Klantmanagement (S-M)
- Ervaring met Principes van dienstverlening (S-A)
- Ervaring met Planning & control (G-M)
- Ervaring met Continuïteitmanagement (G-M)
- Ervaring met Compliancemanagement (G-M)
- Ervaring met Kwaliteitsmanagement (G-M)
- Ervaring met Risicomanagement (G-M)
- Ervaring met Principes, methoden en technieken voor beveiliging (G-A)
- Ervaring met Analyse van de werking van componenten van informatiesystemen (G-A)
- Ervaring met Administratieve organisatie en interne controle (AO & IC) (E-BP)
- Ervaring met Gebruik van applicaties (E-IS)
- Ervaring met Projectmanagement (E-M)
- Ervaring met Risicoanalyse (E-A)
- Ervaring met Principes, methoden en technieken voor interne controle (E-A)
- Ervaring met Principes, methoden en technieken voor kwaliteitsborging (E-A)

P-Competenties:
- Hoog niveau Sensitiviteit, inlevingsvermogen
- Hoog niveau Communicatieve vaardigheden (mondeling en/of schriftelijk)
- Hoog niveau Samenwerken in teamverbanden
- Hoog niveau Flexibiliteit
- Hoog niveau Integriteit
- Hoog niveau Analytisch vermogen
- Hoog niveau Abstractievermogen
- Hoog niveau Creativiteit
- Hoog niveau Organisatiebewustzijn
- Hoog niveau Kennis van andere disciplines
- Hoog niveau Strategische visie
- Hoog niveau Kwaliteitsbewustzijn
- Hoog niveau Methodisch werken
- Hoog niveau Plannen en organiseren

Functiekwalificatie:
- Startkwalificatie: NLQF-5 NLQF – Niveau 5 – Associate Degree
- Professional: NLQF-6 NLQF – Niveau 6 – Bachelor

B-IS – Gebruiks Beheerder

Toelichting:
De gebruiksbeheerder is ervoor verantwoordelijk dat gebruikers een informatiesysteem optimaal kunnen gebruiken. Dit betekent dat de gebruiksbeheerder gebruikers ondersteunt met advies, opleidingen, trainingen, coaching en dergelijke, maar ook toeziet op het correcte gebruik van het systeem. De gebruiksbeheerder is ook de coördinator van de invoering van wijzigingen in

informatiesystemen (aan de kant van de gebruikersorganisatie). De gebruiksbeheerder is het eerste aanspreekpunt van gebruikers indien de behoefte aan wijzigingen van de functionaliteit aan de orde is. Vanuit zijn toezichthoudende taak kunnen – in de afstemming met de gebruikers – vaak ook optimalisaties worden geïdentificeerd. De gebruiksbeheerder stelt meestal als eerste – en namens de gebruikers – de eisen en de specificaties voor wijzigingen op.
De rol van gebruiksbeheerder wordt vaak bij een super user (een meer dan ervaren gebruiker) belegd, of toegekend aan de functioneel beheerder. Als eerste aanspreekpunt voor gebruikers bij incidenten wordt meestal eerst contact gelegd met de service-/helpdesk.
De gespecialiseerde functie van gebruiksbeheerder komt voor in grote organisaties met veel gebruikers. Anders is deze functie als rol aan andere functies toegewezen.

Alternatieve functietitels:
- Business Support Medwerker
- Gebruikers Ondersteuner
- Super User

Taken:
- A-IS Opstellen en beheren normen systeemgebruik en -beheer
- O-A Ontwikkelen en beheren maatregelen voor interne controle
- O-A Ontwikkelen en beheren organisatorische maatregelen voor beveiliging
- O-A Opstellen en beheren organisatorisch calamiteitenplan
- O-BP Vaststellen en beheren gewenste informatievoorziening
- O-BP Verkennen behoeften informatievoorziening
- O-IS Ontwerpen en beheren handmatige informatiefuncties
- I-A Bepalen migratiestap
- I-A Opstellen en beheren acceptatietestplan
- I-BP Invoeren (wijziging) bedrijfsproces
- I-IS Invoeren (wijziging) informatiesysteem
- I-M Bepalen en beheren invoeringsstrategie
- B-BP Beheren bedrijfsinformatie
- B-BP Beheren en bewaken kwaliteit bedrijfsproces
- B-IS Beheren en bewaken correct gebruik informatiesysteem
- B-IS Beheren en bewaken functionaliteit applicatie
- B-TI Beheren en bewaken correct gebruik technische infrastructuur
- B-TI Opstellen wijzigingsvoorstel technische infrastructuur
- P-A Begeleiden medewerkers
- S-A Bewaken dienstenlevering
- S-A Formuleren eisen aan ICT-dienstverlening
- S-A Onderhouden klantrelatie (niet commercieel)
- S-A Ondersteunen gebruiker bij gebruik component
- S-A Opstellen wijzigingsvoorstel dienstverlening
- V-A Onderhouden leveranciersrelatie
- V-M Verstrekken opdrachten aan leverancier
- G-A Onderzoeken en vaststellen behoeften
- G-A Opstellen en beheren gebruikersdocumentatie
- G-A Verstrekken (ad-hoc-)informatie

- G-A Verzorgen kennisoverdracht
- G-M Managen organisatorische knelpunten, problemen
- E-A Bieden ondersteuning

e-CF competentiereferenties:
- B.05 Vervaardigen van documentatie (Documentation Production)
- C.01 Gebruikersondersteuning (User Support)
- C.02 Ondersteunen van wijzigingen (Change Support)
- D.10 Informatie- en kennismanagement (Information and Knowledge Management)
- D.11 Behoeftemanagement (Needs Identification)
- E.05 Procesverbetering (Process Improvement)
- E.06 ICT-kwaliteitsmanagement (ICT Quality Management)

VT-Competenties:
- Conceptuele kennis van Incidentmanagement (S-M)
- Ervaring met Informatieplanning (K-IS)
- Ervaring met Architectuurprincipes voor modelleren van bedrijfsprocessen (A-BP)
- Ervaring met Architectuurprincipes voor modelleren van informatievoorziening/systemen (A-IS)
- Ervaring met Informatieanalyse (A-IS)
- Ervaring met Organisatieanalyse (O-BP)
- Ervaring met Organisatieontwerp (O-BP)
- Ervaring met Realiseren van organisatiewijzigingen (O-BP)
- Ervaring met Organisatorische continuïteitmaatregelen (O-BP)
- Ervaring met Beheer van bedrijfsinformatie/gegevens (B-BP)
- Ervaring met Beheer van informatiesystemen (B-IS)
- Ervaring met Beheer van multimedia-apparatuur (B-TI)
- Ervaring met Planning & control (G-M)
- Ervaring met Continuïteitmanagement (G-M)
- Ervaring met Compliancemanagement (G-M)
- Ervaring met Kwaliteitsmanagement (G-M)
- Ervaring met Risicomanagement (G-M)
- Ervaring met Analyse van de werking van componenten van informatiesystemen (G-A)
- Ervaring met Opstellen van gebruikersdocumentatie (G-A)
- Ervaring met Administratieve organisatie en interne controle (AO & IC) (E-BP)
- Ervaring met Gebruik van applicaties (E-IS)
- Ervaring met Projectmanagement (E-M)
- Ervaring met Risicoanalyse (E-A)
- Ervaring met Principes, methoden en technieken voor interne controle (E-A)
- Ervaring met Principes, methoden en technieken voor kwaliteitsborging (E-A)

P-Competenties:
- Hoog niveau Sensitiviteit, inlevingsvermogen
- Hoog niveau Communicatieve vaardigheden (mondeling en/of schriftelijk)
- Hoog niveau Samenwerken in teamverbanden
- Hoog niveau Flexibiliteit

- Hoog niveau Integriteit
- Hoog niveau Klantgerichtheid
- Hoog niveau Didactische vaardigheden
- Hoog niveau Analytisch vermogen
- Hoog niveau Creativiteit
- Hoog niveau Organisatiebewustzijn
- Hoog niveau Kwaliteitsbewustzijn
- Hoog niveau Initiatief
- Hoog niveau Methodisch werken
- Hoog niveau Plannen en organiseren

Functiekwalificatie:
- Startkwalificatie: NLQF-4+ NLQF – Niveau 4+ – Vwo, vavo-vwo
- Professional: NLQF-5 NLQF – Niveau 5 – Associate Degree

B-IS – Gegevens Beheerder

Toelichting:
De gegevensbeheerder draagt zorg voor de kwaliteit, actualiteit, volledigheid en consistentie van gegevens (meestal in een database). In vergelijking met de datamanager is de gegevensbeheerder operationeel verantwoordelijk voor gegevens (soms benoemd per database) en de datamanager strategisch/tactisch verantwoordelijk voor de gegevens in een organisatie. De gegevensbeheerder stelt vaak het gegevensmodel voor een applicatie op in samenwerking met een informatieanalist en/of functioneel ontwerper en beheert dat model, inclusief de regels die moeten worden geborgd om gegevens actueel, consistent, enzovoort te houden. Voor het ontwerp van een database werkt de gegevensbeheerder samen met een DBA om het implementatiegegevensmodel op te stellen en te beheren. Soms verifieert de gegevensbeheerder ook de productieresultaten (op het aspect gegevensconsistentie en -correctheid) en voert periodieke analyses uit op de kwaliteit van de gegevens.
Deze functie komt meestal in de wat grotere organisaties voor, of is een rol die is belegd bij een informatieanalist, functioneel beheerder of zelfs bij een DBA.

Alternatieve functietitels:
- Data Achitect
- Data Analist
- Data Manager

Taken:
- A-IS Opstellen en beheren gegevensmodel
- A-IS Opstellen en beheren informatiearchitectuur
- A-IS Opstellen en beheren informatieprocessenmodel
- O-A Ontwikkelen en beheren maatregelen voor interne controle
- O-BP Onderzoeken organisatieaspecten
- O-BP Vaststellen en beheren gewenste informatievoorziening
- O-BP Verkennen behoeften informatievoorziening
- O-IS Opstellen en beheren functionele specificaties

- I-A Bepalen migratiestap
- I-A Uitvoeren gegevensconversie
- B-BP Beheren bedrijfsinformatie
- B-IS Beheren en bewaken kwaliteit informatiesysteem
- B-IS Bepalen onderhoud/wijziging informatiesysteem
- B-IS Opstellen wijzigingsvoorstel informatiesysteem
- G-A Onderzoeken en vaststellen behoeften
- G-A Opstellen en beheren kwaliteitsplan

e-CF competentiereferenties:
- A.05 Ontwerp van architectuur (Architecture Design)
- A.06 Ontwerp van applicaties (Application Design)
- B.05 Vervaardigen van documentatie (Documentation Production)
- D.10 Informatie- en kennismanagement (Information and Knowledge Management)
- E.06 ICT-kwaliteitsmanagement (ICT Quality Management)

VT-Competenties:
- Conceptuele kennis van Applicatieontwerp en -bouw (O-IS)
- Conceptuele kennis van Beheer van exploitatie en productie (B-TI)
- Toegepaste kennis van Ontwerpen en bouwen van informatiesystemen (O-IS)
- Toegepaste kennis van Databaseontwerp en -bouw (O-IS)
- Ervaring met Informatiemanagement (K-BP)
- Ervaring met Architectuurprincipes voor modelleren van informatievoorziening/systemen (A-IS)
- Ervaring met Informatieanalyse (A-IS)
- Ervaring met Gegevensanalyse (A-IS)
- Ervaring met Gegevensmodellering (A-IS)
- Ervaring met Functioneel ontwerp (O-IS)
- Ervaring met Beheer van bedrijfsinformatie/gegevens (B-BP)
- Ervaring met Beheer van informatiesystemen (B-IS)
- Ervaring met Beheer van applicaties (B-IS)
- Ervaring met Behoeftemanagement (S-M)
- Ervaring met Planning & control (G-M)
- Ervaring met Continuïteitmanagement (G-M)
- Ervaring met Compliancemanagement (G-M)
- Ervaring met Kwaliteitsmanagement (G-M)
- Ervaring met Administratieve organisatie en interne controle (AO & IC) (E-BP)
- Ervaring met Gebruik van applicaties (E-IS)
- Ervaring met Projectmanagement (E-M)
- Ervaring met Risicoanalyse (E-A)
- Ervaring met Principes, methoden en technieken voor interne controle (E-A)
- Ervaring met Principes, methoden en technieken voor kwaliteitsborging (E-A)

P-Competenties:
- Hoog niveau Sensitiviteit, inlevingsvermogen
- Hoog niveau Communicatieve vaardigheden (mondeling en/of schriftelijk)

- Hoog niveau Integriteit
- Hoog niveau Klantgerichtheid
- Hoog niveau Analytisch vermogen
- Hoog niveau Abstractievermogen
- Hoog niveau Creativiteit
- Hoog niveau Organisatiebewustzijn
- Hoog niveau Kwaliteitsbewustzijn
- Hoog niveau Initiatief
- Hoog niveau Accuratesse
- Hoog niveau Methodisch werken
- Hoog niveau Plannen en organiseren

Functiekwalificatie:
- Startkwalificatie: NLQF-4+ NLQF – Niveau 4+ – Vwo, vavo-vwo
- Professional: NLQF-6 NLQF – Niveau 6 – Bachelor

B-IS – Functioneel Applicatiebeheerder

Toelichting:
De functioneel applicatiebeheerder is primair ervoor verantwoordelijk dat de functionaliteit van een applicatie aan de eisen van de gebruikers voldoet en blijft voldoen, en dat de functionaliteit consistent is en blijft. De functioneel applicatiebeheerder is specialist wat betreft de betreffende applicatie (zowel functioneel als technisch wat betreft architectuur van de betreffende applicatie); dit in tegenstelling tot een functioneel beheerder die specialist is op het gebied van de functionaliteit en dat beheer vooral vanuit inzicht in de bedrijfsprocessen uitvoert. De functioneel applicatiebeheerder werkt nauw samen met gebruikers en/of een gebruiksbeheerder en/of een functioneel beheerder; deze functionarissen stellen de wijzigingsvoorstellen voor de functionaliteit van een applicatie op. De functioneel applicatiebeheerder stuurt de realisatie aan van de gewenste wijzigingen door een technisch applicatiebeheerder en programmeurs, en coördineert de implementatie van de wijziging in de productieomgeving en in overleg met zijn evenknieën in de gebruikersorganisatie. Soms is de functioneel applicatiebeheerder ook vraagbaak van gebruikers en lost – in de tweede lijn – incidenten en problems op.
Deze functie komt in de meeste organisaties voor.

Alternatieve functietitels:
- Applicatie Beheerder
- Applicatie Manager

Taken:
- A-IS Opstellen en beheren gegevensmodel
- A-IS Opstellen en beheren informatieprocessenmodel
- O-A Ontwikkelen en beheren technische maatregelen voor beveiliging
- O-BP Verkennen behoeften informatievoorziening
- O-IS Ontwerpen en beheren mens/machine-interface
- O-IS Opstellen en beheren functionele specificaties
- I-A Bepalen migratiestap

- I-A Opstellen en beheren (master) testplan
- I-A Uitvoeren toets of test
- I-M Samenstellen release
- B-A Oplossen systeemstoringen, incidenten
- B-A Realiseren onderhoud/wijziging
- B-A Structureel oplossen systeemstoringen, problems
- B-IS Beheren en bewaken correct gebruik informatiesysteem
- B-IS Beheren en bewaken functionaliteit applicatie
- B-IS Beheren en bewaken kwaliteit informatiesysteem
- B-IS Bepalen onderhoud/wijziging informatiesysteem
- B-IS Opstellen wijzigingsvoorstel informatiesysteem
- B-M Bewaken systeemonderhoud/-wijziging
- B-TI Beheren en bewaken OTAP-omgevingen
- G-A Onderzoeken en vaststellen behoeften
- G-A Opstellen en beheren kwaliteitsplan
- G-A Opstellen oplossingsalternatieven
- G-A Opstellen, beheren en realiseren preventieve maatregelen
- G-M Opstellen en beheren projectplan
- G-M Opstellen operationeel werkplan
- E-A Opstellen ontwerp

e-CF competentiereferenties:
- A.05 Ontwerp van architectuur (Architecture Design)
- A.06 Ontwerp van applicaties (Application Design)
- B.03 Testen (Testing)
- B.05 Vervaardigen van documentatie (Documentation Production)
- B.06 Systeembouw (System Engineering)
- C.01 Gebruikersondersteuning (User Support)
- C.04 Probleemmanagement (Problem Management)
- D.11 Behoeftemanagement (Needs Identification)
- E.02 Project- en portfoliomanagement (Project and Portfolio Management)
- E.03 Risicomanagement (Risk Management)
- E.06 ICT-kwaliteitsmanagement (ICT Quality Management)
- E.08 Informatiebeveiligingsmanagement (Information Security Management)

VT-Competenties:
- Toegepaste kennis van Informatieplanning (K-IS)
- Toegepaste kennis van Organisatieontwerp (O-BP)
- Toegepaste kennis van Databaseontwerp en -bouw (O-IS)
- Ervaring met Informatiemanagement (K-BP)
- Ervaring met Architectuurprincipes voor modelleren van bedrijfsprocessen (A-BP)
- Ervaring met Architectuurprincipes voor modelleren van informatievoorziening/systemen (A-IS)
- Ervaring met Informatieanalyse (A-IS)
- Ervaring met Gegevensanalyse (A-IS)
- Ervaring met Organisatieanalyse (O-BP)

- Ervaring met Ontwerpen en bouwen van informatiesystemen (O-IS)
- Ervaring met Functioneel ontwerp (O-IS)
- Ervaring met Applicatieontwerp en -bouw (O-IS)
- Ervaring met Realiseren van wijzigingen in informatiesystemen (O-IS)
- Ervaring met Ergonomische aspecten van systemen (O-A)
- Ervaring met Beheer van bedrijfsinformatie/gegevens (B-BP)
- Ervaring met Beheer van informatiesystemen (B-IS)
- Ervaring met Incidentmanagement (S-M)
- Ervaring met Compliancemanagement (G-M)
- Ervaring met Kwaliteitsmanagement (G-M)
- Ervaring met Risicomanagement (G-M)
- Ervaring met Principes, methoden en technieken voor beveiliging (G-A)
- Ervaring met Administratieve organisatie en interne controle (AO & IC) (E-BP)
- Ervaring met Gebruik van applicaties (E-IS)
- Ervaring met Projectmanagement (E-M)
- Ervaring met Risicoanalyse (E-A)
- Ervaring met Principes, methoden en technieken voor interne controle (E-A)
- Ervaring met Principes, methoden en technieken voor kwaliteitsborging (E-A)

P-Competenties:
- Hoog niveau Sensitiviteit, inlevingsvermogen
- Hoog niveau Communicatieve vaardigheden (mondeling en/of schriftelijk)
- Hoog niveau Samenwerken in teamverbanden
- Hoog niveau Flexibiliteit
- Hoog niveau Integriteit
- Hoog niveau Analytisch vermogen
- Hoog niveau Abstractievermogen
- Hoog niveau Creativiteit
- Hoog niveau Organisatiebewustzijn
- Hoog niveau Kennis van andere disciplines
- Hoog niveau Kwaliteitsbewustzijn
- Hoog niveau Initiatief
- Hoog niveau Accuratesse
- Hoog niveau Methodisch werken
- Hoog niveau Plannen en organiseren

Functiekwalificatie:
- Startkwalificatie: NLQF-4+ NLQF – Niveau 4+ – Vwo, vavo-vwo
- Professional: NLQF-6 NLQF – Niveau 6 – Bachelor

B-IS – Applicatie Consultant

Toelichting:
De applicatieconsultant is een specialist op het gebied van een of meerdere applicaties en ondersteunt de gebruikers bij de selectie en het gebruik daarvan.
De applicatieconsultant komt in de wat grotere organisaties voor als adviseur of ondersteuner van de gebruikers. Deze functie komt ook voor bij leveranciers van standaard of commerciële

software (zoals ERP-systemen). In die rol ondersteunt de applicatieconsultant klanten bij de selectie, de implementatie en inrichting, het gebruik en het beheer van die systemen.

Alternatieve functietitels:
- Applicatie Adviseur
- Applicatie Consultant
- Applicatie Implementatie Adviseur
- Applicatie Implementatie Specialist

Taken:
- A-IS Opstellen en beheren normen systeemgebruik en -beheer
- O-BP Vaststellen en beheren gewenste informatievoorziening
- I-A Opstellen en beheren (master) testplan
- I-A Uitvoeren toets of test
- I-TI Installeren (wijziging) programmatuur
- B-A Oplossen systeemstoringen, incidenten
- B-A Structureel oplossen systeemstoringen, problems
- B-IS Beheren en bewaken correct gebruik informatiesysteem
- P-A Vaststellen opleidingsbehoeften
- S-A Ondersteunen gebruiker bij gebruik component
- G-A Onderzoeken en vaststellen behoeften
- G-A Opstellen en beheren gebruikersdocumentatie
- G-A Verzorgen kennisoverdracht

e-CF competentiereferenties:
- B.03 Testen (Testing)
- B.04 Oplossingen implementeren (Solution Deployment)
- B.05 Vervaardigen van documentatie (Documentation Production)
- C.01 Gebruikersondersteuning (User Support)
- C.02 Ondersteunen van wijzigingen (Change Support)
- C.04 Probleemmanagement (Problem Management)
- D.03 Opleiding en training (Education and Training Provision)
- D.11 Behoeftemanagement (Needs Identification)

VT-Competenties:
- Toegepaste kennis van Ontwerpen en bouwen van informatiesystemen (O-IS)
- Ervaring met Architectuurprincipes voor modelleren van informatievoorziening/systemen (A-IS)
- Ervaring met Realiseren van wijzigingen in informatiesystemen (O-IS)
- Ervaring met Realiseren van technische wijzigingen (O-TI)
- Ervaring met Technische continuïteitmaatregelen (O-A)
- Ervaring met Beheer van bedrijfsinformatie/gegevens (B-BP)
- Ervaring met Beheer van informatiesystemen (B-IS)
- Ervaring met Beheer van applicaties (B-IS)
- Ervaring met Beheer van netwerken (B-TI)
- Ervaring met Beheer van servers (B-TI)
- Ervaring met Beheer van multimedia-apparatuur (B-TI)

- Ervaring met Beheer van exploitatie en productie (B-TI)
- Ervaring met Incidentmanagement (S-M)
- Ervaring met Continuïteitmanagement (G-M)
- Ervaring met Compliancemanagement (G-M)
- Ervaring met Kwaliteitsmanagement (G-M)
- Ervaring met Risicomanagement (G-M)
- Ervaring met Principes, methoden en technieken voor beveiliging (G-A)
- Ervaring met Gebruik van applicaties (E-IS)
- Ervaring met Projectmanagement (E-M)
- Ervaring met Risicoanalyse (E-A)
- Ervaring met Principes, methoden en technieken voor kwaliteitsborging (E-A)

P-Competenties:
- Hoog niveau Sensitiviteit, inlevingsvermogen
- Hoog niveau Communicatieve vaardigheden (mondeling en/of schriftelijk)
- Hoog niveau Samenwerken in teamverbanden
- Hoog niveau Flexibiliteit
- Hoog niveau Klantgerichtheid
- Hoog niveau Analytisch vermogen
- Hoog niveau Creativiteit
- Hoog niveau Organisatiebewustzijn
- Hoog niveau Kwaliteitsbewustzijn
- Hoog niveau Initiatief
- Hoog niveau Accuratesse
- Hoog niveau Methodisch werken
- Hoog niveau Plannen en organiseren

Functiekwalificatie:
- Startkwalificatie: NLQF-4 NLQF – Niveau 4 – Vwo, vavo-havo, mbo 4
- Professional: NLQF-5 NLQF – Niveau 5 – Associate Degree

B-IS – Technisch Applicatiebeheerder

Toelichting:
De technisch applicatiebeheerder is primair ervoor verantwoordelijk dat een applicatie aan de overeengekomen prestatiekenmerken (performance, bedrijfszekerheid, beschikbaarheid) blijft voldoen. Meestal werkt een technisch applicatiebeheerder nauw samen met een DBA (die de database beheert) en een serverbeheerder (die de server waarop de applicatie is geïnstalleerd beheert). In deze samenwerking kan een applicatie in technische zin optimaal door een gebruiker worden gebruikt. De technisch applicatiebeheerder stuurt de realisatie van gewenste wijzigingen door een programmeur of DBA aan, en coördineert de (technische) implementatie van de wijziging in de productieomgeving. Vaak is de technisch applicatiebeheerder – in de tweede lijn – betrokken bij het oplossen van incidenten en problems die ontstaan zijn door een technische reden.
Deze functie komt in de wat grotere organisaties voor of is als rol toegewezen aan een serverbeheerder.

Alternatieve functietitels:
- Applicatie Specialist
- Applicatie-implementatie Specialist
- Technisch Applicatie Manager

Taken:
- A-IS Opstellen en beheren implementatiegegevensmodel
- A-IS Opstellen en beheren normen systeemgebruik en -beheer
- O-A Ontwikkelen en beheren maatregelen voor interne controle
- O-A Ontwikkelen en beheren technische maatregelen voor beveiliging
- O-A Opstellen en beheren technisch calamiteitenplan
- O-IS Ontwerpen en beheren mens/machine-interface
- O-IS Ontwerpen en beheren systeem/machine-interface
- O-IS Ontwerpen, bouwen en beheren database
- O-IS Opstellen en beheren programmaspecificaties
- O-IS Selecteren standaard software
- I-A Bepalen migratiestap
- I-A Distributie van softwarecomponent
- I-A Opstellen en beheren (master) testplan
- I-A Uitvoeren toets of test
- I-IS Invoeren (wijziging) informatiesysteem
- I-M Samenstellen release
- B-A Oplossen systeemstoringen, incidenten
- B-A Realiseren onderhoud/wijziging
- B-A Structureel oplossen systeemstoringen, problems
- B-IS Beheren en bewaken prestatiekenmerken applicatie
- B-IS Technisch beheer gegevens
- B-TI Beheren en bewaken prestatiekenmerken technische infrastructuur
- G-A Opstellen en beheren kwaliteitsplan
- G-A Opstellen en beheren technische documentatie
- G-A Opstellen oplossingsalternatieven
- G-M Managen technische knelpunten, problemen
- G-M Opstellen operationeel werkplan

e-CF competentiereferenties:
- A.06 Ontwerp van applicaties (Application Design)
- B.01 Applicatieontwikkeling en -bouw (Application Development)
- B.02 Systeemintegratie (Component Integration)
- B.03 Testen (Testing)
- C.04 Probleemmanagement (Problem Management)
- E.02 Project- en portfoliomanagement (Project and Portfolio Management)
- E.03 Risicomanagement (Risk Management)
- E.06 ICT-kwaliteitsmanagement (ICT Quality Management)
- E.08 Informatiebeveiligingsmanagement (Information Security Management)

VT-Competenties:
- Toegepaste kennis van Ontwerpen van technische systemen (O-A)
- Ervaring met Ontwerpen en bouwen van informatiesystemen (O-IS)
- Ervaring met Functioneel ontwerp (O-IS)
- Ervaring met Programmeertalen (O-IS)
- Ervaring met Databaseontwerp en -bouw (O-IS)
- Ervaring met Applicatieontwerp en -bouw (O-IS)
- Ervaring met Realiseren van wijzigingen in informatiesystemen (O-IS)
- Ervaring met Technisch ontwerp (O-TI)
- Ervaring met Ontwerp- en programmeertools (O-A)
- Ervaring met Technische continuïteitmaatregelen (O-A)
- Ervaring met Beheer van informatiesystemen (B-IS)
- Ervaring met Beheer van applicaties (B-IS)
- Ervaring met Beheer van netwerken (B-TI)
- Ervaring met Beheer van servers (B-TI)
- Ervaring met Beheer van multimedia-apparatuur (B-TI)
- Ervaring met Beheer van exploitatie en productie (B-TI)
- Ervaring met Incidentmanagement (S-M)
- Ervaring met Continuïteitmanagement (G-M)
- Ervaring met Kwaliteitsmanagement (G-M)
- Ervaring met Risicomanagement (G-M)
- Ervaring met Principes, methoden en technieken voor beveiliging (G-A)
- Ervaring met Gebruik van applicaties (E-IS)
- Ervaring met Projectmanagement (E-M)
- Ervaring met Risicoanalyse (E-A)
- Ervaring met Principes, methoden en technieken voor kwaliteitsborging (E-A)
- Ervaring met Testen (E-A)

P-Competenties:
- Hoog niveau Flexibiliteit
- Hoog niveau Analytisch vermogen
- Hoog niveau Creativiteit
- Hoog niveau Kwaliteitsbewustzijn
- Hoog niveau Initiatief
- Hoog niveau Accuratesse
- Hoog niveau Methodisch werken
- Hoog niveau Plannen en organiseren

Functiekwalificatie:
- Startkwalificatie: NLQF-4 NLQF – Niveau 4 – Vwo, vavo-havo, mbo 4
- Professional: NLQF-5 NLQF – Niveau 5 – Associate Degree

B-IS – Datawarehouse Beheerder

Toelichting:
De datawarehousebeheerder beheert datawarehouses die worden gebruikt voor dataminingactiviteiten.

De datawarehousebeheerder stelt het ontwerp van het datawarehouse (de database) op in overleg met BI-specialisten, en stuurt de selectie en de implementatie van de datawarehouse-database en dataminingapplicaties aan (vaak standaard dataminingtools of BI-tools). Ook geeft hij gebruikers van deze tools ondersteuning of voert zelf dataminingactiviteiten uit.
Deze functie komt steeds vaker in organisaties voor (gelet op de toegevoegde waarde van datamining ('big data') of is als rol belegd bij een BI-specialist.

Alternatieve functietitels:
- BI Specialist
- Datamining Specialist
- Datawarehouse Adviseur
- Datawarehouse Consultant
- Datawarehouse Ontwikkelaar

Taken:
- K-BP Opstellen en beheren informatieplan
- A-IS Opstellen en beheren gegevensmodel
- A-IS Opstellen en beheren implementatiegegevensmodel
- A-IS Opstellen en beheren informatiearchitectuur
- A-IS Opstellen en beheren informatieprocessenmodel
- O-A Ontwikkelen en beheren maatregelen voor interne controle
- O-BP Vaststellen en beheren gewenste informatievoorziening
- O-IS Maken en beheren programma, applicatiecomponent
- O-IS Ontwerpen en beheren mens/machine-interface
- O-IS Ontwerpen, bouwen en beheren database
- O-IS Opstellen en beheren functionele specificaties
- O-IS Opstellen en beheren programmaspecificaties
- I-A Bepalen migratiestap
- I-A Opstellen en beheren (master) testplan
- B-A Oplossen systeemstoringen, incidenten
- B-A Structureel oplossen systeemstoringen, problems
- B-BP Beheren bedrijfsinformatie
- B-BP Beheren content
- B-IS Beheren en bewaken functionaliteit applicatie
- B-IS Beheren en bewaken kwaliteit informatiesysteem
- B-IS Beheren en bewaken prestatiekenmerken applicatie
- B-IS Technisch beheer gegevens
- B-TI Opstellen wijzigingsvoorstel technische infrastructuur
- G-A Onderzoeken en vaststellen behoeften
- G-A Opstellen en beheren kwaliteitsplan
- G-M Managen technische knelpunten, problemen

e-CF competentiereferenties:
- A.06 Ontwerp van applicaties (Application Design)
- B.01 Applicatieontwikkeling en -bouw (Application Development)
- B.02 Systeemintegratie (Component Integration)
- B.06 Systeembouw (System Engineering)

- C.04 Probleemmanagement (Problem Management)
- D.10 Informatie- en kennismanagement (Information and Knowledge Management)
- D.11 Behoeftemanagement (Needs Identification)

VT-Competenties:

- Ervaring met Informatiemanagement (K-BP)
- Ervaring met Architectuurprincipes voor modelleren van bedrijfsprocessen (A-BP)
- Ervaring met Architectuurprincipes voor modelleren van informatievoorziening/systemen (A-IS)
- Ervaring met Informatieanalyse (A-IS)
- Ervaring met Gegevensanalyse (A-IS)
- Ervaring met Gegevensmodellering (A-IS)
- Ervaring met Ontwerpen en bouwen van informatiesystemen (O-IS)
- Ervaring met Functioneel ontwerp (O-IS)
- Ervaring met Programmeertalen (O-IS)
- Ervaring met Databaseontwerp en -bouw (O-IS)
- Ervaring met Applicatieontwerp en -bouw (O-IS)
- Ervaring met Ontwerp- en programmeertools (O-A)
- Ervaring met Beheer van bedrijfsinformatie/gegevens (B-BP)
- Ervaring met Beheer van informatiesystemen (B-IS)
- Ervaring met Beheer van applicaties (B-IS)
- Ervaring met Behoeftemanagement (S-M)
- Ervaring met Kwaliteitsmanagement (G-M)
- Ervaring met Administratieve organisatie en interne controle (AO & IC) (E-BP)
- Ervaring met Gebruik van applicaties (E-IS)
- Ervaring met Projectmanagement (E-M)
- Ervaring met Risicoanalyse (E-A)
- Ervaring met Principes, methoden en technieken voor kwaliteitsborging (E-A)

P-Competenties:

- Hoog niveau Samenwerken in teamverbanden
- Hoog niveau Flexibiliteit
- Hoog niveau Klantgerichtheid
- Hoog niveau Analytisch vermogen
- Hoog niveau Abstractievermogen
- Hoog niveau Creativiteit
- Hoog niveau Organisatiebewustzijn
- Hoog niveau Kennis van andere disciplines
- Hoog niveau Kwaliteitsbewustzijn
- Hoog niveau Initiatief
- Hoog niveau Methodisch werken
- Hoog niveau Plannen en organiseren

Functiekwalificatie:

- Startkwalificatie: NLQF-5 NLQF – Niveau 5 – Associate Degree
- Professional: NLQF-6 NLQF – Niveau 6 – Bachelor

B-IS – Multimedia Beheerder

Toelichting:
De multimediabeheerder is specialist op het gebied van de ontwikkeling en het beheer van multimediatoepassingen. Dit richt zich primair op de inzet van (mobiel) internet en de sociale media, maar kan ook het beheer zijn van bijvoorbeeld marketingacties die via de mail worden uitgevoerd. De multimediabeheerder is vaak ook betrokken bij de ontwikkeling en de distributie van apps voor bijvoorbeeld smartphones en tablets.

Alternatieve functietitels:
- Geen

Taken:
- A-TI Opstellen en beheren normen gebruik en beheer technische infrastructuur
- O-A Ontwikkelen en beheren technische maatregelen voor beveiliging
- O-A Opstellen en beheren technisch calamiteitenplan
- O-BP Vaststellen en beheren gewenste informatievoorziening
- O-IS Selecteren standaard software
- O-TI Selecteren systeemsoftware
- I-A Bepalen migratiestap
- I-A Opstellen en beheren (master) testplan
- I-A Opstellen en beheren acceptatietestplan
- I-A Uitvoeren toets of test
- B-A Oplossen systeemstoringen, incidenten
- B-A Structureel oplossen systeemstoringen, problems
- B-IS Beheren en bewaken correct gebruik informatiesysteem
- B-IS Beheren en bewaken functionaliteit applicatie
- B-IS Beheren en bewaken prestatiekenmerken applicatie
- B-TI Beheren en bewaken correct gebruik technische infrastructuur
- B-TI Beheren en bewaken prestatiekenmerken technische infrastructuur
- B-TI Beheren en monitoren multimedia-apparatuur
- G-A Onderzoeken automatiseringsontwikkelingen
- G-A Onderzoeken en vaststellen behoeften
- G-A Opstellen en beheren kwaliteitsplan
- G-A Opstellen oplossingsalternatieven
- G-M Managen technische knelpunten, problemen
- G-M Opstellen operationeel werkplan
- E-A Opstellen specificaties

e-CF competentiereferenties:
- A.05 Ontwerp van architectuur (Architecture Design)
- A.06 Ontwerp van applicaties (Application Design)
- B.02 Systeemintegratie (Component Integration)
- C.04 Probleemmanagement (Problem Management)
- D.12 Digitale marketing (Digital Marketing)
- E.02 Project- en portfoliomanagement (Project and Portfolio Management)
- E.03 Risicomanagement (Risk Management)

- E.06 ICT-kwaliteitsmanagement (ICT Quality Management)
- E.08 Informatiebeveiligingsmanagement (Information Security Management)

VT-Competenties:
- Toegepaste kennis van Ontwerpen van technische systemen (O-A)
- Ervaring met Architectuurprincipes voor modelleren van bedrijfsprocessen (A-BP)
- Ervaring met Architectuurprincipes voor modelleren van informatievoorziening/systemen (A-IS)
- Ervaring met Organisatieanalyse (O-BP)
- Ervaring met Ergonomische aspecten van systemen (O-A)
- Ervaring met Beheer van informatiesystemen (B-IS)
- Ervaring met Beheer van netwerken (B-TI)
- Ervaring met Beheer van servers (B-TI)
- Ervaring met Beheer van multimedia-apparatuur (B-TI)
- Ervaring met Incidentmanagement (S-M)
- Ervaring met Behoeftemanagement (S-M)
- Ervaring met Netwerktechnologie (G-TI)
- Ervaring met Servertechnologie (G-TI)
- Ervaring met Multimediatechnologie (G-TI)
- Ervaring met Continuïteitmanagement (G-M)
- Ervaring met Kwaliteitsmanagement (G-M)
- Ervaring met Risicomanagement (G-M)
- Ervaring met Principes, methoden en technieken voor beveiliging (G-A)
- Ervaring met Analyse van de werking van componenten van informatiesystemen (G-A)
- Ervaring met Gebruik van applicaties (E-IS)
- Ervaring met Projectmanagement (E-M)
- Ervaring met Risicoanalyse (E-A)
- Ervaring met Werklastbegroting (E-A)
- Ervaring met Principes, methoden en technieken voor kwaliteitsborging (E-A)
- Ervaring met Mogelijkheden van de informatietechnologie (E-A)

P-Competenties:
- Hoog niveau Samenwerken in teamverbanden
- Hoog niveau Flexibiliteit
- Hoog niveau Klantgerichtheid
- Hoog niveau Analytisch vermogen
- Hoog niveau Creativiteit
- Hoog niveau Organisatiebewustzijn
- Hoog niveau Kwaliteitsbewustzijn
- Hoog niveau Zelfstandigheid
- Hoog niveau Initiatief
- Hoog niveau Methodisch werken
- Hoog niveau Plannen en organiseren

Functiekwalificatie:
- Startkwalificatie: NLQF-4 NLQF – Niveau 4 – Vwo, vavo-havo, mbo 4
- Professional: NLQF-5 NLQF – Niveau 5 – Associate Degree

B-IS – Beheerder Documentaire Informatievoorziening

Toelichting:
De beheerder documentaire informatievoorziening beheert documenten die van belang zijn voor een organisatie. Deze functionarissen vormen een specifieke groep van documentalisten die werkzaam zijn in het kader van het beheer van de documentaire informatievoorziening en de documenten daarin. De beheerder documentaire informatievoorziening is een specialist op het gebied van het identificeren, classificeren en beheren (opslag en retrieval) van documenten in (document)databases. Deze functie wordt ook wel 'archivaris' genoemd, maar dan gespecialiseerd in de geautomatiseerde vorm van het beheren van archieven.
Deze functie komt voor in organisaties waar het beheren van documenten (ook vanuit een historisch perspectief) van groot belang en/of complex is, derhalve in de grotere organisaties of organisaties die documentbeheer als primaire business hebben.

Alternatieve functietitels:
- Archivaris
- Documentalist

Taken:
- K-BP Opstellen en beheren complianceplan
- K-BP Opstellen en beheren continuïteitplan
- A-IS Opstellen en beheren normen systeemgebruik en -beheer
- O-BP Verkennen behoeften informatievoorziening
- B-BP Beheren bedrijfsinformatie
- B-BP Beheren content
- B-IS Beheren en bewaken correct gebruik informatiesysteem
- B-IS Beheren en bewaken functionaliteit applicatie
- B-IS Beheren en bewaken kwaliteit informatiesysteem
- B-IS Opstellen wijzigingsvoorstel informatiesysteem
- S-A Ondersteunen gebruiker bij gebruik component
- F-A Beheren bedrijfswaarde van componenten
- G-A Onderzoeken en vaststellen behoeften
- G-A Opstellen en beheren kwaliteitsplan
- E-A Opstellen en beheren documentatie

e-CF competentiereferenties:
- B.05 Vervaardigen van documentatie (Documentation Production)
- C.01 Gebruikersondersteuning (User Support)
- D.10 Informatie- en kennismanagement (Information and Knowledge Management)

VT-Competenties:
- Toegepaste kennis van Informatieplanning (K-IS)
- Toegepaste kennis van Architectuurprincipes voor modelleren van informatievoorziening/systemen (A-IS)
- Toegepaste kennis van Management van (bedrijfs)processen (G-M)
- Toegepaste kennis van Organisatieleer (E-BP)
- Ervaring met Informatiemanagement (K-BP)

- Ervaring met Informatieanalyse (A-IS)
- Ervaring met Organisatieanalyse (O-BP)
- Ervaring met Organisatieontwerp (O-BP)
- Ervaring met Ontwerpen en bouwen van informatiesystemen (O-IS)
- Ervaring met Functioneel ontwerp (O-IS)
- Ervaring met Beheer van bedrijfsinformatie/gegevens (B-BP)
- Ervaring met Beheer van informatiesystemen (B-IS)
- Ervaring met Beheer van multimedia-apparatuur (B-TI)
- Ervaring met Behoeftemanagement (S-M)
- Ervaring met Multimediatechnologie (G-TI)
- Ervaring met Compliancemanagement (G-M)
- Ervaring met Kwaliteitsmanagement (G-M)
- Ervaring met Bedrijfskunde (E-BP)
- Ervaring met Administratieve organisatie en interne controle (AO & IC) (E-BP)
- Ervaring met Projectmanagement (E-M)
- Ervaring met Risicoanalyse (E-A)
- Ervaring met Principes, methoden en technieken voor interne controle (E-A)
- Ervaring met Principes, methoden en technieken voor kwaliteitsborging (E-A)

P-Competenties:
- Hoog niveau Sensitiviteit, inlevingsvermogen
- Hoog niveau Samenwerken in teamverbanden
- Hoog niveau Klantgerichtheid
- Hoog niveau Analytisch vermogen
- Hoog niveau Oordeelsvorming
- Hoog niveau Abstractievermogen
- Hoog niveau Creativiteit
- Hoog niveau Organisatiebewustzijn
- Hoog niveau Kennis van andere disciplines
- Hoog niveau Kwaliteitsbewustzijn
- Hoog niveau Accuratesse
- Hoog niveau Methodisch werken
- Hoog niveau Plannen en organiseren

Functiekwalificatie:
- Startkwalificatie: NLQF-4 NLQF – Niveau 4 – Vwo, vavo-havo, mbo 4
- Professional: NLQF-6 NLQF – Niveau 6 – Bachelor

B-IS – Web Master

Toelichting:
De webmaster is een specialist op het gebied van het beheren van internet- of intranetwebsites, zowel wat betreft de functionaliteit van de website, het actueel houden van de content als de grafische presentatie daarvan. De technische kant van deze websites wordt meestal door een serverbeheerder verzorgd, terwijl de content van deze websites vaak expliciet bij een contentmanager is belegd.

Alternatieve functietitels:
- Internet Beheerder
- Intranet Beheerder

Taken:
- A-IS Opstellen en beheren informatieprocessenmodel
- A-IS Opstellen en beheren normen systeemgebruik en -beheer
- O-A Ontwikkelen en beheren maatregelen voor interne controle
- O-BP Vaststellen en beheren gewenste informatievoorziening
- O-IS Opstellen en beheren functionele specificaties
- I-A Bepalen migratiestap
- I-A Opstellen en beheren acceptatietestplan
- B-A Beheren functionele parameters
- B-A Beheren technische parameters
- B-A Oplossen systeemstoringen, incidenten
- B-A Structureel oplossen systeemstoringen, problems
- B-BP Beheren content
- B-IS Beheren en bewaken correct gebruik informatiesysteem
- B-IS Beheren en bewaken kwaliteit informatiesysteem
- B-IS Beheren en bewaken prestatiekenmerken applicatie
- B-TI Beheren en bewaken prestatiekenmerken technische infrastructuur
- G-A Onderzoeken en vaststellen behoeften
- G-A Opstellen en beheren kwaliteitsplan
- G-A Opstellen oplossingsalternatieven
- G-A Opstellen, beheren en realiseren preventieve maatregelen
- G-M Managen technische knelpunten, problemen

e-CF competentiereferenties:
- A.06 Ontwerp van applicaties (Application Design)
- B.03 Testen (Testing)
- C.04 Probleemmanagement (Problem Management)
- D.10 Informatie- en kennismanagement (Information and Knowledge Management)
- E.06 ICT-kwaliteitsmanagement (ICT Quality Management)
- E.08 Informatiebeveiligingsmanagement (Information Security Management)

VT-Competenties:
- Conceptuele kennis van Applicatieontwerp en -bouw (O-IS)
- Conceptuele kennis van Technisch ontwerp (O-TI)
- Toegepaste kennis van Ontwerpen en bouwen van informatiesystemen (O-IS)
- Toegepaste kennis van Databaseontwerp en -bouw (O-IS)
- Ervaring met Functioneel ontwerp (O-IS)
- Ervaring met Technische continuïteitmaatregelen (O-A)
- Ervaring met Ergonomische aspecten van systemen (O-A)
- Ervaring met Beheer van bedrijfsinformatie/gegevens (B-BP)
- Ervaring met Beheer van informatiesystemen (B-IS)
- Ervaring met Beheer van applicaties (B-IS)

- Ervaring met Beheer van netwerken (B-TI)
- Ervaring met Beheer van servers (B-TI)
- Ervaring met Beheer van multimedia-apparatuur (B-TI)
- Ervaring met Beheer van exploitatie en productie (B-TI)
- Ervaring met Incidentmanagement (S-M)
- Ervaring met Netwerktechnologie (G-TI)
- Ervaring met Servertechnologie (G-TI)
- Ervaring met Multimediatechnologie (G-TI)
- Ervaring met Kwaliteitsmanagement (G-M)
- Ervaring met Risicomanagement (G-M)
- Ervaring met Principes, methoden en technieken voor beveiliging (G-A)
- Ervaring met Gebruik van applicaties (E-IS)
- Ervaring met Projectmanagement (E-M)
- Ervaring met Risicoanalyse (E-A)
- Ervaring met Principes, methoden en technieken voor kwaliteitsborging (E-A)

P-Competenties:
- Hoog niveau Sensitiviteit, inlevingsvermogen
- Hoog niveau Flexibiliteit
- Hoog niveau Analytisch vermogen
- Hoog niveau Creativiteit
- Hoog niveau Organisatiebewustzijn
- Hoog niveau Kwaliteitsbewustzijn
- Hoog niveau Initiatief
- Hoog niveau Methodisch werken
- Hoog niveau Plannen en organiseren

Functiekwalificatie:
- Startkwalificatie: NLQF-4+ NLQF – Niveau 4+ – Vwo, vavo-vwo
- Professional: NLQF-5 NLQF – Niveau 5 – Associate Degree

B-TI – Systeembeheerder

Toelichting:
'Systeembeheerder' is een algemene functietitel voor een beheerder van servers en netwerken. Deze functietitel wordt vaak gehanteerd in kleine organisaties waar geen verbijzondering is doorgevoerd naar server- en netwerkbeheerder. Voor de taken wordt naar deze verbijzonderde functies verwezen.
De functietitel Systeembeheerder wordt in kleine organisaties ook wel toegekend aan een technisch beheerder van een systeem, zijnde een applicatie of de combinatie van een of meerdere applicaties en de servers waarop die draaien.

Alternatieve functietitels:
- Geen

Taken:
- O-A Ontwikkelen en beheren maatregelen voor interne controle

- O-A Ontwikkelen en beheren technische maatregelen voor beveiliging
- O-A Opstellen en beheren technisch calamiteitenplan
- O-IS Selecteren standaard software
- O-TI Ontwerpen en beheren configuratie van computersystemen, servers
- O-TI Selecteren beheersystemen
- O-TI Selecteren hardware
- O-TI Selecteren systeemsoftware
- I-A Bepalen migratiestap
- I-A Opstellen en beheren (master) testplan
- I-A Opstellen en beheren acceptatietestplan
- I-TI Implementeren (wijziging) server
- I-TI Installeren (wijziging) programmatuur
- B-A Beheren autorisaties
- B-A Beheren en monitoren autorisatie- en beveiligingssysteem
- B-A Oplossen systeemstoringen, incidenten
- B-A Structureel oplossen systeemstoringen, problems
- B-IS Beheren en bewaken correct gebruik informatiesysteem
- B-IS Beheren en bewaken prestatiekenmerken applicatie
- B-IS Technisch beheer gegevens
- B-TI Beheren en bewaken prestatiekenmerken technische infrastructuur
- B-TI Beheren en monitoren server
- B-TI Beheren en monitoren systemen voor gegevensopslag
- S-A Opstellen en beheren ICT-dienstenovereenkomsten (SLA)
- G-A Opstellen en beheren kwaliteitsplan
- G-A Opstellen en beheren technische documentatie
- G-A Opstellen, beheren en realiseren preventieve maatregelen
- G-M Managen technische knelpunten, problemen

e-CF competentiereferenties:
- A.02 Management dienstverleningsniveau (Service Level Management)
- B.02 Systeemintegratie (Component Integration)
- B.03 Testen (Testing)
- B.04 Oplossingen implementeren (Solution Deployment)
- C.03 Dienstverlening (Service Delivery)
- C.04 Probleemmanagement (Problem Management)
- E.08 Informatiebeveiligingsmanagement (Information Security Management)

VT-Competenties:
- Toegepaste kennis van Ontwerpen en bouwen van informatiesystemen (O-IS)
- Ervaring met Architectuurprincipes voor modelleren van technische infrastructuur (A-TI)
- Ervaring met Realiseren van wijzigingen in informatiesystemen (O-IS)
- Ervaring met Ontwerp technische infrastructuur (O-TI)
- Ervaring met Realiseren van technische wijzigingen (O-TI)
- Ervaring met Technische continuïteitmaatregelen (O-A)
- Ervaring met Changemanagement (I-M)
- Ervaring met Beheer van informatiesystemen (B-IS)
- Ervaring met Beheer van applicaties (B-IS)

- Ervaring met Beheer van netwerken (B-TI)
- Ervaring met Beheer van servers (B-TI)
- Ervaring met Beheer van multimedia-apparatuur (B-TI)
- Ervaring met Beheer van exploitatie en productie (B-TI)
- Ervaring met Incidentmanagement (S-M)
- Ervaring met Netwerktechnologie (G-TI)
- Ervaring met Servertechnologie (G-TI)
- Ervaring met Multimediatechnologie (G-TI)
- Ervaring met Continuïteitmanagement (G-M)
- Ervaring met Kwaliteitsmanagement (G-M)
- Ervaring met Risicomanagement (G-M)
- Ervaring met Principes, methoden en technieken voor beveiliging (G-A)
- Ervaring met Projectmanagement (E-M)
- Ervaring met Risicoanalyse (E-A)
- Ervaring met Principes, methoden en technieken voor kwaliteitsborging (E-A)
- Ervaring met Testen (E-A)

P-Competenties:
- Hoog niveau Samenwerken in teamverbanden
- Hoog niveau Integriteit
- Hoog niveau Klantgerichtheid
- Hoog niveau Analytisch vermogen
- Hoog niveau Creativiteit
- Hoog niveau Organisatiebewustzijn
- Hoog niveau Kwaliteitsbewustzijn
- Hoog niveau Zelfstandigheid
- Hoog niveau Initiatief
- Hoog niveau Accuratesse
- Hoog niveau Methodisch werken
- Hoog niveau Plannen en organiseren

Functiekwalificatie:
- Startkwalificatie: NLQF-4 NLQF – Niveau 4 – Vwo, vavo-havo, mbo 4
- Professional: NLQF-5 NLQF – Niveau 5 – Associate Degree

B-TI – Server Beheerder

Toelichting:
'Serverbeheerder' is een technische beheerfunctie en heeft primair tot taak om servers aan de gestelde eisen of prestatiekenmerken te laten voldoen. Vaak is de serverbeheerder betrokken bij de configuratie van een server, en installeert en configureert hij (wijzigingen) daarin. De serverbeheerder monitort de werking van servers (vaak met specifieke monitoringtools) en neemt reactief of preventief maatregelen om een server aan de gestelde eisen te laten voldoen. Bij storingen in een server worden deze door de serverbeheerder opgelost.
Deze functie komt – door de structurele outsourcing van hosting van servers naar leveranciers – steeds minder voor in gebruikersorganisaties, anders dan bij de leveranciers van hostingdiensten zelf.

Alternatieve functietitels:
- Systeem Programmeur

Taken:
- A-IS Opstellen en beheren normen systeemgebruik en -beheer
- A-TI Opstellen en beheren normen gebruik en beheer technische infrastructuur
- A-TI Opstellen en beheren standaarden technische infrastructuur
- O-A Ontwikkelen en beheren maatregelen voor interne controle
- O-A Ontwikkelen en beheren technische maatregelen voor beveiliging
- O-A Opstellen en beheren technisch calamiteitenplan
- O-TI Ontwerpen en beheren configuratie van computersystemen, servers
- O-TI Selecteren beheersystemen
- O-TI Selecteren hardware
- O-TI Selecteren systeemsoftware
- I-TI Implementeren (wijziging) server
- I-TI Installeren (wijziging) programmatuur
- B-A Beheren en monitoren autorisatie- en beveiligingssysteem
- B-A Oplossen systeemstoringen, incidenten
- B-A Structureel oplossen systeemstoringen, problems
- B-IS Beheren en bewaken prestatiekenmerken applicatie
- B-TI Beheren en bewaken correct gebruik technische infrastructuur
- B-TI Beheren en bewaken prestatiekenmerken technische infrastructuur
- B-TI Beheren en monitoren server
- B-TI Beheren en monitoren systemen voor gegevensopslag
- G-A Opstellen en beheren technische documentatie
- G-A Opstellen oplossingsalternatieven
- G-A Opstellen, beheren en realiseren preventieve maatregelen
- G-A Uitvoeren risicoanalyse
- G-M Managen technische knelpunten, problemen

e-CF competentiereferenties:
- B.02 Systeemintegratie (Component Integration)
- B.03 Testen (Testing)
- B.04 Oplossingen implementeren (Solution Deployment)
- C.03 Dienstverlening (Service Delivery)
- C.04 Probleemmanagement (Problem Management)
- E.03 Risicomanagement (Risk Management)
- E.06 ICT-kwaliteitsmanagement (ICT Quality Management)
- E.08 Informatiebeveiligingsmanagement (Information Security Management)

VT-Competenties:
- Toegepaste kennis van Ontwerpen van technische systemen (O-A)
- Toegepaste kennis van Mogelijkheden van de informatietechnologie (E-A)
- Toegepaste kennis van Mogelijkheden van procesautomatisering (E-A)
- Ervaring met Architectuurprincipes voor modelleren van technische infrastructuur (A-TI)
- Ervaring met Realiseren van wijzigingen in informatiesystemen (O-IS)
- Ervaring met Ontwerp technische infrastructuur (O-TI)

- Ervaring met Realiseren van technische wijzigingen (O-TI)
- Ervaring met Technische continuïteitmaatregelen (O-A)
- Ervaring met Changemanagement (I-M)
- Ervaring met Beheer van bedrijfsinformatie/gegevens (B-BP)
- Ervaring met Beheer van informatiesystemen (B-IS)
- Ervaring met Beheer van applicaties (B-IS)
- Ervaring met Beheer van netwerken (B-TI)
- Ervaring met Beheer van servers (B-TI)
- Ervaring met Beheer van multimedia-apparatuur (B-TI)
- Ervaring met Beheer van exploitatie en productie (B-TI)
- Ervaring met Incidentmanagement (S-M)
- Ervaring met Servertechnologie (G-TI)
- Ervaring met Multimediatechnologie (G-TI)
- Ervaring met Kwaliteitsmanagement (G-M)
- Ervaring met Risicomanagement (G-M)
- Ervaring met Principes, methoden en technieken voor beveiliging (G-A)
- Ervaring met Analyse van de werking van componenten van informatiesystemen (G-A)
- Ervaring met Projectmanagement (E-M)
- Ervaring met Risicoanalyse (E-A)
- Ervaring met Principes, methoden en technieken voor kwaliteitsborging (E-A)
- Ervaring met Testen (E-A)

P-Competenties:
- Hoog niveau Samenwerken in teamverbanden
- Hoog niveau Flexibiliteit
- Hoog niveau Integriteit
- Hoog niveau Klantgerichtheid
- Hoog niveau Analytisch vermogen
- Hoog niveau Oordeelsvorming
- Hoog niveau Organisatiebewustzijn
- Hoog niveau Kwaliteitsbewustzijn
- Hoog niveau Accuratesse
- Hoog niveau Methodisch werken

Functiekwalificatie:
- Startkwalificatie: NLQF-3 NLQF – Niveau 3 – Mbo 3
- Professional: NLQF-5 NLQF – Niveau 5 – Associate Degree

B-TI – Netwerk Beheerder

Toelichting:
'Netwerkbeheerder' is een technische beheerfunctie en heeft primair tot taak om een netwerk aan de gestelde eisen of prestatiekenmerken te laten voldoen. Vaak is de netwerkbeheerder betrokken bij het ontwerp van een netwerk, en installeert en configureert hij (wijzigingen in) netwerkcomponenten. De netwerkbeheerder monitort de werking van het netwerk (vaak met specifieke monitoringtools) en neemt reactief of preventief maatregelen om het netwerk aan

de gestelde eisen te laten voldoen. Bij storingen in het netwerk worden deze door de netwerkbeheerder opgelost.
Deze functie komt – door de structurele outsourcing van netwerkbeheer naar leveranciers – steeds minder voor in gebruikersorganisaties, anders dan bij de leveranciers van netwerkverbindingen zelf.

Alternatieve functietitels:
- Beheerder Technische Infrastructuur

Taken:
- A-IS Opstellen en beheren normen systeemgebruik en -beheer
- A-TI Opstellen en beheren standaarden technische infrastructuur
- O-A Ontwikkelen en beheren technische maatregelen voor beveiliging
- O-A Opstellen en beheren technisch calamiteitenplan
- O-TI Ontwerpen en beheren configuratie van computersystemen, servers
- O-TI Ontwerpen en beheren netwerkconfiguratie
- O-TI Selecteren beheersystemen
- O-TI Selecteren hardware
- O-TI Selecteren systeemsoftware
- I-A Bepalen migratiestap
- I-A Opstellen en beheren (master) testplan
- I-A Uitvoeren toets of test
- I-TI Implementeren (wijziging) netwerkcomponent
- B-A Beheren en monitoren autorisatie- en beveiligingssysteem
- B-A Oplossen systeemstoringen, incidenten
- B-A Structureel oplossen systeemstoringen, problems
- B-IS Beheren en bewaken prestatiekenmerken applicatie
- B-TI Beheren en bewaken correct gebruik technische infrastructuur
- B-TI Beheren en bewaken prestatiekenmerken technische infrastructuur
- B-TI Beheren en monitoren multimedia-apparatuur
- B-TI Beheren en monitoren netwerk
- B-TI Beheren en monitoren systemen voor gegevensopslag
- G-A Opstellen en beheren kwaliteitsplan
- G-A Uitvoeren risicoanalyse
- G-M Managen technische knelpunten, problemen

e-CF competentiereferenties:
- B.02 Systeemintegratie (Component Integration)
- B.03 Testen (Testing)
- B.04 Oplossingen implementeren (Solution Deployment)
- C.03 Dienstverlening (Service Delivery)
- C.04 Probleemmanagement (Problem Management)
- E.03 Risicomanagement (Risk Management)
- E.06 ICT-kwaliteitsmanagement (ICT Quality Management)
- E.08 Informatiebeveiligingsmanagement (Information Security Management)

VT-Competenties:

- Toegepaste kennis van Ontwerpen van technische systemen (O-A)
- Ervaring met Architectuurprincipes voor modelleren van technische infrastructuur (A-TI)
- Ervaring met Ontwerpen en bouwen van informatiesystemen (O-IS)
- Ervaring met Realiseren van wijzigingen in informatiesystemen (O-IS)
- Ervaring met Ontwerp technische infrastructuur (O-TI)
- Ervaring met Realiseren van technische wijzigingen (O-TI)
- Ervaring met Technische continuïteitmaatregelen (O-A)
- Ervaring met Beheer van informatiesystemen (B-IS)
- Ervaring met Beheer van netwerken (B-TI)
- Ervaring met Beheer van servers (B-TI)
- Ervaring met Beheer van multimedia-apparatuur (B-TI)
- Ervaring met Beheer van exploitatie en productie (B-TI)
- Ervaring met Incidentmanagement (S-M)
- Ervaring met Netwerktechnologie (G-TI)
- Ervaring met Multimediatechnologie (G-TI)
- Ervaring met Continuïteitmanagement (G-M)
- Ervaring met Kwaliteitsmanagement (G-M)
- Ervaring met Risicomanagement (G-M)
- Ervaring met Principes, methoden en technieken voor beveiliging (G-A)
- Ervaring met Analyse van de werking van componenten van informatiesystemen (G-A)
- Ervaring met Gebruik van applicaties (E-IS)
- Ervaring met Projectmanagement (E-M)
- Ervaring met Risicoanalyse (E-A)
- Ervaring met Testen (E-A)
- Ervaring met Werking van componenten van de ICT (E-A)

P-Competenties:

- Hoog niveau Samenwerken in teamverbanden
- Hoog niveau Flexibiliteit
- Hoog niveau Klantgerichtheid
- Hoog niveau Analytisch vermogen
- Hoog niveau Creativiteit
- Hoog niveau Organisatiebewustzijn
- Hoog niveau Kwaliteitsbewustzijn
- Hoog niveau Initiatief
- Hoog niveau Methodisch werken
- Hoog niveau Plannen en organiseren

Functiekwalificatie:

- Startkwalificatie: NLQF-4+ NLQF – Niveau 4+ – Vwo, vavo-vwo
- Professional: NLQF-5 NLQF – Niveau 5 – Associate Degree

B-TI – Storage Beheerder

Toelichting:
'Storagebeheerder' is een technische beheerfunctie en heeft primair tot taak om storage (opslagmedia en opslagsystemen) aan de gestelde eisen of prestatiekenmerken te laten voldoen. Vaak is de storagebeheerder betrokken bij de configuratie van storagesystemen op een server, en installeert en configureert hij (wijzigingen) daarin. De storagebeheerder monitort de werking van de storagesystemen (vaak met specifieke monitoringtools) en neemt reactief of preventief maatregelen om een storagesysteem aan de gestelde eisen te laten voldoen. Bij storingen van een storagesysteem worden deze door de storagebeheerder opgelost.
Deze functie komt – door de structurele outsourcing van hosting van servers naar leveranciers – steeds minder voor in gebruikersorganisaties, anders dan bij de leveranciers van hostingdiensten zelf. Bovendien wordt deze functie vaak ingevuld door een serverbeheerder.

Alternatieve functietitels:
- Storage Architect
- Storage Manager

Taken:
- A-IS Opstellen en beheren standaarden applicatie- en databasebouw
- A-TI Opstellen en beheren normen gebruik en beheer technische infrastructuur
- A-TI Opstellen en beheren standaarden technische infrastructuur
- O-A Ontwikkelen en beheren maatregelen voor interne controle
- O-A Ontwikkelen en beheren technische maatregelen voor beveiliging
- O-A Opstellen en beheren technisch calamiteitenplan
- O-IS Selecteren standaard software
- O-TI Ontwerpen en beheren configuratie van computersystemen, servers
- O-TI Ontwerpen en beheren netwerkconfiguratie
- O-TI Selecteren beheersystemen
- O-TI Selecteren hardware
- O-TI Selecteren systeemsoftware
- I-A Bepalen migratiestap
- I-A Opstellen en beheren (master) testplan
- I-TI Implementeren (wijziging) server
- B-A Beheren en monitoren autorisatie- en beveiligingssysteem
- B-A Oplossen systeemstoringen, incidenten
- B-A Structureel oplossen systeemstoringen, problems
- B-IS Beheren en bewaken prestatiekenmerken applicatie
- B-IS Technisch beheer gegevens
- B-TI Beheren en bewaken correct gebruik technische infrastructuur
- B-TI Beheren en bewaken prestatiekenmerken technische infrastructuur
- B-TI Beheren en monitoren productie(omgeving)
- B-TI Beheren en monitoren systemen voor gegevensopslag
- G-A Onderzoeken en vaststellen behoeften
- G-A Opstellen en beheren kwaliteitsplan
- G-A Opstellen en beheren technische documentatie

- G-A Opstellen, beheren en realiseren preventieve maatregelen
- G-A Uitvoeren risicoanalyse
- G-M Managen technische knelpunten, problemen

e-CF competentiereferenties:

- A.05 Ontwerp van architectuur (Architecture Design)
- B.02 Systeemintegratie (Component Integration)
- B.04 Oplossingen implementeren (Solution Deployment)
- C.03 Dienstverlening (Service Delivery)
- E.03 Risicomanagement (Risk Management)
- E.06 ICT-kwaliteitsmanagement (ICT Quality Management)

VT-Competenties:

- Toegepaste kennis van Ontwerpen van technische systemen (O-A)
- Ervaring met Architectuurprincipes voor modelleren van technische infrastructuur (A-TI)
- Ervaring met Ontwerpen en bouwen van informatiesystemen (O-IS)
- Ervaring met Databaseontwerp en -bouw (O-IS)
- Ervaring met Applicatieontwerp en -bouw (O-IS)
- Ervaring met Ontwerp technische infrastructuur (O-TI)
- Ervaring met Realiseren van technische wijzigingen (O-TI)
- Ervaring met Technisch ontwerp (O-TI)
- Ervaring met Technische continuïteitmaatregelen (O-A)
- Ervaring met Beheer van informatiesystemen (B-IS)
- Ervaring met Beheer van applicaties (B-IS)
- Ervaring met Beheer van netwerken (B-TI)
- Ervaring met Beheer van servers (B-TI)
- Ervaring met Beheer van multimedia-apparatuur (B-TI)
- Ervaring met Beheer van exploitatie en productie (B-TI)
- Ervaring met Incidentmanagement (S-M)
- Ervaring met Netwerktechnologie (G-TI)
- Ervaring met Servertechnologie (G-TI)
- Ervaring met Multimediatechnologie (G-TI)
- Ervaring met Continuïteitmanagement (G-M)
- Ervaring met Kwaliteitsmanagement (G-M)
- Ervaring met Risicomanagement (G-M)
- Ervaring met Principes, methoden en technieken voor beveiliging (G-A)
- Ervaring met Projectmanagement (E-M)
- Ervaring met Risicoanalyse (E-A)
- Ervaring met Werking van componenten van de ICT (E-A)

P-Competenties:

- Hoog niveau Samenwerken in teamverbanden
- Hoog niveau Flexibiliteit
- Hoog niveau Integriteit
- Hoog niveau Analytisch vermogen
- Hoog niveau Creativiteit

- Hoog niveau Kwaliteitsbewustzijn
- Hoog niveau Initiatief
- Hoog niveau Methodisch werken
- Hoog niveau Plannen en organiseren

Functiekwalificatie:
- Startkwalificatie: NLQF-4 NLQF – Niveau 4 – Vwo, vavo-havo, mbo 4
- Professional: NLQF-5 NLQF – Niveau 5 – Associate Degree

B-TI – Beheerder Informatiebeveiliging

Toelichting:
De beheerder informatiebeveiliging is operationeel verantwoordelijk voor de beveiliging van netwerken, servers en applicaties. De focus ligt op het beveiligen van de informatievoorziening/ICT wat betreft de vertrouwelijkheid, de integriteit en de beschikbaarheid van informatie. Deze functie komt steeds meer als verbijzonderde functie in organisaties voor, gelet op de noodzakelijke aandacht voor informatiebeveiliging.

Alternatieve functietitels:
- Coördinator Informatiebeveiliging
- Manager Informatiebeveiliging
- Security Specialist

Taken:
- A-IS Opstellen en beheren normen systeemgebruik en -beheer
- A-TI Opstellen en beheren normen gebruik en beheer technische infrastructuur
- O-A Ontwikkelen en beheren maatregelen voor interne controle
- O-A Ontwikkelen en beheren technische maatregelen voor beveiliging
- O-A Opstellen en beheren technisch calamiteitenplan
- B-A Beheren autorisaties
- B-A Beheren en monitoren autorisatie- en beveiligingssysteem
- B-IS Beheren en bewaken correct gebruik informatiesysteem
- B-TI Beheren en bewaken correct gebruik technische infrastructuur
- B-TI Beheren en monitoren productie(omgeving)
- S-A Bewaken dienstenlevering
- S-A Formuleren eisen aan ICT-dienstverlening
- G-A Ontwerpen en beheren procedure
- G-A Opstellen en beheren gebruikersdocumentatie
- G-A Opstellen en beheren kwaliteitsplan
- G-A Opstellen en beheren technische documentatie
- G-A Opstellen, beheren en realiseren preventieve maatregelen
- G-A Uitvoeren risicoanalyse
- G-M Managen technische knelpunten, problemen

e-CF competentiereferenties:
- A.01 Afstemming informatiesysteem en bedrijfsstrategie (IS and Business Strategy Alignment)

- A.07 Volgen van technologische ontwikkelingen (Technology Trend Monitoring)
- D.10 Informatie- en kennismanagement (Information and Knowledge Management)
- E.08 Informatiebeveiligingsmanagement (Information Security Management)

VT-Competenties:
- Toegepaste kennis van Mogelijkheden van de informatietechnologie (E-A)
- Ervaring met Ontwerp technische infrastructuur (O-TI)
- Ervaring met Realiseren van technische wijzigingen (O-TI)
- Ervaring met Technische continuïteitmaatregelen (O-A)
- Ervaring met Changemanagement (I-M)
- Ervaring met Beheer van applicaties (B-IS)
- Ervaring met Beheer van netwerken (B-TI)
- Ervaring met Beheer van servers (B-TI)
- Ervaring met Beheer van multimedia-apparatuur (B-TI)
- Ervaring met Beheer van exploitatie en productie (B-TI)
- Ervaring met Versie- en configuratiebeheer (B-A)
- Ervaring met Netwerktechnologie (G-TI)
- Ervaring met Servertechnologie (G-TI)
- Ervaring met Multimediatechnologie (G-TI)
- Ervaring met Kwaliteitsmanagement (G-M)
- Ervaring met Risicomanagement (G-M)
- Ervaring met Principes, methoden en technieken voor beveiliging (G-A)
- Ervaring met Analyse van de werking van componenten van informatiesystemen (G-A)
- Ervaring met Gebruik van applicaties (E-IS)
- Ervaring met Risicoanalyse (E-A)
- Ervaring met Principes, methoden en technieken voor interne controle (E-A)
- Ervaring met Werking van componenten van de ICT (E-A)

P-Competenties:
- Hoog niveau Sensitiviteit, inlevingsvermogen
- Hoog niveau Communicatieve vaardigheden (mondeling en/of schriftelijk)
- Hoog niveau Integriteit
- Hoog niveau Analytisch vermogen
- Hoog niveau Oordeelsvorming
- Hoog niveau Creativiteit
- Hoog niveau Organisatiebewustzijn
- Hoog niveau Kwaliteitsbewustzijn
- Hoog niveau Zelfstandigheid
- Hoog niveau Initiatief
- Hoog niveau Accuratesse
- Hoog niveau Methodisch werken
- Hoog niveau Plannen en organiseren

Functiekwalificatie:
- Startkwalificatie: NLQF-3 NLQF – Niveau 3 – Mbo 3
- Professional: NLQF-5 NLQF – Niveau 5 – Associate Degree

B-TI – Telecom Beheerder

Toelichting:
De telecombeheerder is specialist op het gebied van het beheer van telecomvoorzieningen, zoals telefoon en videoconferencing.
Deze functie is niet allereerst een ICT-functie; doordat telecomvoorzieningen steeds meer worden geïntegreerd in de technische infrastructuur (en zelfs worden gevirtualiseerd) wordt deze functie steeds meer overgenomen door een serverbeheerder (vaak in combinatie met een applicatiebeheerder vanwege het beheer van de in de telecomfaciliteiten geïntegreerde applicatieve functionaliteit).

Alternatieve functietitels:
- Beheerder Multimediale Communicatie
- Beheerder Telefonie
- Beheerder Video-conferencing

Taken:
- A-TI Opstellen en beheren architectuur technische infrastructuur
- A-TI Opstellen en beheren normen gebruik en beheer technische infrastructuur
- A-TI Opstellen en beheren standaarden technische infrastructuur
- O-IS Selecteren standaard software
- O-TI Selecteren systeemsoftware
- I-A Bepalen migratiestap
- B-A Beheren functionele parameters
- B-A Beheren technische parameters
- B-A Oplossen systeemstoringen, incidenten
- B-A Structureel oplossen systeemstoringen, problems
- B-TI Beheren en bewaken prestatiekenmerken technische infrastructuur
- B-TI Beheren en monitoren multimedia-apparatuur
- B-TI Beheren en monitoren netwerk
- G-A Onderzoeken automatiseringsontwikkelingen
- G-A Onderzoeken en vaststellen behoeften
- G-A Opstellen en beheren businesscase
- G-A Opstellen en beheren gebruikersdocumentatie
- G-A Opstellen en beheren kwaliteitsplan
- G-A Opstellen en beheren technische documentatie
- G-A Opstellen oplossingsalternatieven
- E-A Bieden ondersteuning

e-CF competentiereferenties:
- A.07 Volgen van technologische ontwikkelingen (Technology Trend Monitoring)
- B.02 Systeemintegratie (Component Integration)
- B.03 Testen (Testing)
- C.04 Probleemmanagement (Problem Management)
- E.08 Informatiebeveiligingsmanagement (Information Security Management)

VT-Competenties:

- Toegepaste kennis van Ergonomische aspecten van systemen (O-A)
- Toegepaste kennis van Mogelijkheden van de informatietechnologie (E-A)
- Ervaring met Ontwerp technische infrastructuur (O-TI)
- Ervaring met Realiseren van technische wijzigingen (O-TI)
- Ervaring met Technische continuïteitmaatregelen (O-A)
- Ervaring met Changemanagement (I-M)
- Ervaring met Beheer van applicaties (B-IS)
- Ervaring met Beheer van netwerken (B-TI)
- Ervaring met Beheer van servers (B-TI)
- Ervaring met Beheer van multimedia-apparatuur (B-TI)
- Ervaring met Incidentmanagement (S-M)
- Ervaring met Behoeftemanagement (S-M)
- Ervaring met Netwerktechnologie (G-TI)
- Ervaring met Multimediatechnologie (G-TI)
- Ervaring met Principes, methoden en technieken voor beveiliging (G-A)
- Ervaring met Opstellen van gebruikersdocumentatie (G-A)
- Ervaring met Opstellen van technische documentatie (G-A)
- Ervaring met Gebruik van applicaties (E-IS)
- Ervaring met Principes, methoden en technieken voor kwaliteitsborging (E-A)
- Ervaring met Werking van componenten van de ICT (E-A)

P-Competenties:

- Hoog niveau Sensitiviteit, inlevingsvermogen
- Hoog niveau Flexibiliteit
- Hoog niveau Klantgerichtheid
- Hoog niveau Analytisch vermogen
- Hoog niveau Abstractievermogen
- Hoog niveau Creativiteit
- Hoog niveau Organisatiebewustzijn
- Hoog niveau Kwaliteitsbewustzijn
- Hoog niveau Initiatief
- Hoog niveau Methodisch werken
- Hoog niveau Plannen en organiseren

Functiekwalificatie:

- Startkwalificatie: NLQF-4 NLQF – Niveau 4 – Vwo, vavo-havo, mbo 4
- Professional: NLQF-5 NLQF – Niveau 5 – Associate Degree

B-TI – Productie Beheerder

Toelichting:
De productiebeheerder (vroeger bekend onder de functietitel 'Operator') bedient, beheert, monitort en bewaakt de correcte en optimale werking van computerapparatuur (meestal een mainframe). Voorts verzorgt, monitort en bewaakt de productiebeheerder de batchproductie (batchmatige verwerking van gegevens). Beide taken verricht hij meestal met behulp van tools

zoals een systemmonitoringtool en/of een productieplannings- of beheersysteem.
Door 'de automatisering van de automatisering' en de toenemende kracht van computerapparatuur wordt de productie steeds meer realtime uitgevoerd en komt deze functie nog maar weinig voor. Vaak ook is deze rol toegewezen aan een serverbeheerder. Deze functie komt nog wel voor bij (meestal grote) bedrijven en bij leveranciers van hostingdiensten die gebruikmaken van mainframes en/of de productie (deels) in batch verwerken.

Alternatieve functietitels:
- Mainframe Beheerder
- Server Beheerder

Taken:
- O-A Ontwikkelen en beheren maatregelen voor interne controle
- O-A Opstellen en beheren technisch calamiteitenplan
- I-A Bepalen migratiestap
- B-A Beheren en monitoren autorisatie- en beveiligingssysteem
- B-A Beheren functionele parameters
- B-A Beheren technische parameters
- B-A Oplossen systeemstoringen, incidenten
- B-A Structureel oplossen systeemstoringen, problems
- B-IS Beheren componentbibliotheken
- B-IS Beheren en bewaken prestatiekenmerken applicatie
- B-IS Technisch beheer gegevens
- B-TI Beheren en bewaken correct gebruik technische infrastructuur
- B-TI Beheren en bewaken prestatiekenmerken technische infrastructuur
- B-TI Beheren en monitoren netwerk
- B-TI Beheren en monitoren productie(omgeving)
- B-TI Beheren en monitoren server
- B-TI Beheren en monitoren systemen voor gegevensopslag
- S-A Bewaken dienstenlevering
- G-A Ontwerpen en beheren procedure
- G-A Opstellen en beheren kwaliteitsplan
- G-A Opstellen, beheren en realiseren preventieve maatregelen
- G-M Managen technische knelpunten, problemen
- G-M Opstellen operationeel werkplan
- E-M Opstellen en beheren planning

e-CF competentiereferenties:
- C.03 Dienstverlening (Service Delivery)
- C.04 Probleemmanagement (Problem Management)
- E.06 ICT-kwaliteitsmanagement (ICT Quality Management)
- E.08 Informatiebeveiligingsmanagement (Information Security Management)

VT-Competenties:
- Ervaring met Realiseren van technische wijzigingen (O-TI)
- Ervaring met Technische continuïteitmaatregelen (O-A)

- Ervaring met Changemanagement (I-M)
- Ervaring met Beheer van bedrijfsinformatie/gegevens (B-BP)
- Ervaring met Beheer van informatiesystemen (B-IS)
- Ervaring met Beheer van netwerken (B-TI)
- Ervaring met Beheer van servers (B-TI)
- Ervaring met Beheer van exploitatie en productie (B-TI)
- Ervaring met Versie- en configuratiebeheer (B-A)
- Ervaring met Incidentmanagement (S-M)
- Ervaring met Netwerktechnologie (G-TI)
- Ervaring met Servertechnologie (G-TI)
- Ervaring met Multimediatechnologie (G-TI)
- Ervaring met Planning & control (G-M)
- Ervaring met Continuïteitmanagement (G-M)
- Ervaring met Kwaliteitsmanagement (G-M)
- Ervaring met Risicomanagement (G-M)
- Ervaring met Principes, methoden en technieken voor beveiliging (G-A)
- Ervaring met Opstellen van technische documentatie (G-A)
- Ervaring met Risicoanalyse (E-A)

P-Competenties:
- Hoog niveau Sensitiviteit, inlevingsvermogen
- Hoog niveau Flexibiliteit
- Hoog niveau Integriteit
- Hoog niveau Stressbestendigheid
- Hoog niveau Klantgerichtheid
- Hoog niveau Analytisch vermogen
- Hoog niveau Creativiteit
- Hoog niveau Kwaliteitsbewustzijn
- Hoog niveau Initiatief
- Hoog niveau Accuratesse
- Hoog niveau Methodisch werken
- Hoog niveau Plannen en organiseren

Functiekwalificatie:
- Startkwalificatie: NLQF-4 NLQF – Niveau 4 – Vwo, vavo-havo, mbo 4
- Professional: NLQF-5 NLQF – Niveau 5 – Associate Degree

B-M – Manager (ICT) Operations

Toelichting:
'Manager (ICT) Operations' is een verbijzonderde functietitel voor manager automatisering of soms meer in het bijzonder voor manager datacentrum (bijvoorbeeld bij een leverancier van datacentrumdiensten (hosting)). Voor de uitwerking van deze functie wordt dan ook naar de functietitel van Manager Automatisering verwezen.

Alternatieve functietitels:
- Hoofd Automatisering

- Manager Automatisering
- Manager Rekencentrum

Taken:
- K-BP Opstellen en beheren beveiligingsplan
- K-BP Opstellen en beheren complianceplan
- K-BP Opstellen en beheren continuïteitplan
- K-BP Opstellen en beheren plan voor interne controle
- O-A Ontwikkelen en beheren maatregelen voor interne controle
- O-A Ontwikkelen en beheren technische maatregelen voor beveiliging
- O-A Opstellen en beheren technisch calamiteitenplan
- B-A Beheren en monitoren autorisatie- en beveiligingssysteem
- B-IS Beheren en bewaken prestatiekenmerken applicatie
- B-TI Beheren en bewaken prestatiekenmerken technische infrastructuur
- B-TI Beheren en monitoren multimedia-apparatuur
- B-TI Beheren en monitoren netwerk
- B-TI Beheren en monitoren productie(omgeving)
- B-TI Beheren en monitoren server
- B-TI Beheren en monitoren systemen voor gegevensopslag
- S-A Bewaken dienstenlevering
- S-A Formuleren eisen aan ICT-dienstverlening
- S-A Opstellen en beheren ICT-dienstencatalogus
- F-A Beheren bedrijfswaarde van componenten
- F-A Opstellen en beheren begroting, bepalen investeringen en kosten
- P-A Bepalen benodigde competenties
- P-A Vaststellen opleidingsbehoeften
- P-M Toewijzen taken aan medewerkers
- G-A Opstellen en beheren kwaliteitsplan
- G-A Opstellen, beheren en realiseren preventieve maatregelen
- G-M Managen organisatorische knelpunten, problemen
- G-M Managen technische knelpunten, problemen
- G-M Organiseren informatievoorzieningsfunctie
- G-M Vaststellen en toewijzen taken, verantwoordelijkheden, bevoegdheden
- E-M Leidinggeven aan, aansturen, coördineren activiteit

e-CF competentiereferenties:
- A.01 Afstemming informatiesysteem en bedrijfsstrategie (IS and Business Strategy Alignment)
- A.02 Management dienstverleningsniveau (Service Level Management)
- A.03 Ontwikkelen van bedrijfsplannen (Business Plan Development)
- A.04 Product- of serviceplanning (Product/Service Planning)
- A.08 Duurzame ontwikkeling (Sustainable Development)
- A.09 Innoveren (Innovating)
- C.03 Dienstverlening (Service Delivery)
- D.01 Strategieontwikkeling informatiebeveiliging (Information Security Strategy Development)
- D.02 Ontwikkeling ICT-kwaliteitsstrategie (ICT Quality Strategy Development)

- D.08 Contractmanagement (Contract Management)
- E.09 IT-governance (IS Governance)

VT-Competenties:

- Conceptuele kennis van Architectuurprincipes voor modelleren van informatievoorziening/systemen (A-IS)
- Toegepaste kennis van Realiseren van wijzigingen in informatiesystemen (O-IS)
- Ervaring met Informatiemanagement (K-BP)
- Ervaring met Beleid en strategiebepaling (K-M)
- Ervaring met Principes van sourcing (K-A)
- Ervaring met Architectuurprincipes voor modelleren van technische infrastructuur (A-TI)
- Ervaring met Ontwerp technische infrastructuur (O-TI)
- Ervaring met Realiseren van technische wijzigingen (O-TI)
- Ervaring met Technische continuïteitmaatregelen (O-A)
- Ervaring met Changemanagement (I-M)
- Ervaring met Beheer van informatiesystemen (B-IS)
- Ervaring met Beheer van applicaties (B-IS)
- Ervaring met Beheer van netwerken (B-TI)
- Ervaring met Beheer van servers (B-TI)
- Ervaring met Beheer van multimedia-apparatuur (B-TI)
- Ervaring met Beheer van exploitatie en productie (B-TI)
- Ervaring met Versie- en configuratiebeheer (B-A)
- Ervaring met Behoeftemanagement (S-M)
- Ervaring met Klantmanagement (S-M)
- Ervaring met Leveringsmanagement (S-M)
- Ervaring met Principes van dienstverlening (S-A)
- Ervaring met Leveranciersmanagement (V-M)
- Ervaring met Contractmanagement (V-M)
- Ervaring met Financieel management (F-M)
- Ervaring met Kostencalculaties (F-A)
- Ervaring met Competentiemanagement (P-M)
- Ervaring met Planning & control (G-M)
- Ervaring met Continuïteitmanagement (G-M)
- Ervaring met Compliancemanagement (G-M)
- Ervaring met Kwaliteitsmanagement (G-M)
- Ervaring met Risicomanagement (G-M)
- Ervaring met Principes, methoden en technieken voor beveiliging (G-A)
- Ervaring met Administratieve organisatie en interne controle (AO & IC) (E-BP)
- Ervaring met Portfoliomanagement (E-M)
- Ervaring met Projectmanagement (E-M)
- Ervaring met Risicoanalyse (E-A)
- Ervaring met Werklastbegroting (E-A)
- Ervaring met Principes, methoden en technieken voor interne controle (E-A)
- Ervaring met Principes, methoden en technieken voor kwaliteitsborging (E-A)

P-Competenties:

- Hoog niveau Leiderschap

- Hoog niveau Sensitiviteit, inlevingsvermogen
- Hoog niveau Communicatieve vaardigheden (mondeling en/of schriftelijk)
- Hoog niveau Samenwerken in teamverbanden
- Hoog niveau Conflictpreventie en -beheersing
- Hoog niveau Klantgerichtheid
- Hoog niveau Analytisch vermogen
- Hoog niveau Oordeelsvorming
- Hoog niveau Organisatiebewustzijn
- Hoog niveau Kennis van andere disciplines
- Hoog niveau Strategische visie
- Hoog niveau Commercieel inzicht
- Hoog niveau Kwaliteitsbewustzijn
- Hoog niveau Besluitvaardigheid
- Hoog niveau Overtuigingskracht
- Hoog niveau Onderhandelingsvaardigheid
- Hoog niveau Plannen en organiseren

Functiekwalificatie:
- Startkwalificatie: NLQF-5 NLQF – Niveau 5 – Associate Degree
- Professional: NLQF-6 NLQF – Niveau 6 – Bachelor

B-M – Manager Infrastructuur

Toelichting:
'Manager infrastructuur' is een verbijzonderde functie van de functie van manager datacenter en manager ICT-operations. De scope van de verantwoordelijkheid is het beheer van de technische infrastructuur, waaronder steeds meer ook telefonie en videoconferencing worden begrepen. Deze functie kan ook worden vergeleken met die van manager rekencentrum die verantwoordelijk is voor het beheer van een rekencentrum, en daarmee meestal (alleen) het beheer van de servers en storage tot zijn verantwoordelijkheden hoeft te rekenen, terwijl de manager infrastructuur primair het beheer van netwerken en connectivity tot zijn verantwoordelijkheid moet rekenen.
De manager infrastructuur komt dan ook veel voor als lager-echelon manager in een ICT-afdeling of in een rekencentrum, en daarmee vooral in organisaties met grote complexe rekencentra of bij een leverancier van hostingdiensten. Door de structurele outsourcing verdwijnt deze functie bij niet-leveranciers van hostingdiensten.

Alternatieve functietitels:
- Hoofd Infrastructuur
- Hoofd Infrastructuurbeheer
- Hoofd Netwerk en Communicatiemiddelen
- Hoofd Systeem en Netwerk Beheer
- Manager Connectiviteit
- Manager Infrastructuurbeheer
- Manager Netwerk
- Manager Systeem en Netwerk Beheer

Taken:
- K-BP Opstellen en beheren beveiligingsplan
- K-BP Opstellen en beheren complianceplan
- K-BP Opstellen en beheren continuïteitplan
- K-BP Opstellen en beheren informatiebeleid
- K-BP Opstellen en beheren plan voor interne controle
- K-M Opstellen en beheren projectenportfolio
- A-IS Opstellen en beheren normen systeemgebruik en -beheer
- A-TI Opstellen en beheren architectuur technische infrastructuur
- A-TI Opstellen en beheren normen gebruik en beheer technische infrastructuur
- O-A Ontwikkelen en beheren maatregelen voor interne controle
- O-A Ontwikkelen en beheren technische maatregelen voor beveiliging
- O-A Opstellen en beheren technisch calamiteitenplan
- O-TI Ontwerpen en beheren configuratie van computersystemen, servers
- O-TI Ontwerpen en beheren netwerkconfiguratie
- O-TI Selecteren beheersystemen
- O-TI Selecteren hardware
- O-TI Selecteren systeemsoftware
- I-M Bepalen en beheren invoeringsstrategie
- B-A Beheren en monitoren autorisatie- en beveiligingssysteem
- B-IS Beheren en bewaken prestatiekenmerken applicatie
- B-TI Beheren en bewaken correct gebruik technische infrastructuur
- B-TI Beheren en bewaken prestatiekenmerken technische infrastructuur
- B-TI Beheren en monitoren multimedia-apparatuur
- B-TI Beheren en monitoren netwerk
- B-TI Beheren en monitoren productie(omgeving)
- B-TI Beheren en monitoren server
- B-TI Beheren en monitoren systemen voor gegevensopslag
- B-TI Bepalen onderhoud/wijziging technische infrastructuur
- S-A Bewaken dienstenlevering
- S-A Formuleren eisen aan ICT-dienstverlening
- S-A Opstellen en beheren ICT-dienstencatalogus
- S-A Opstellen en beheren ICT-dienstenovereenkomsten (SLA)
- F-A Beheren bedrijfswaarde van componenten
- P-A Vaststellen opleidingsbehoeften
- P-M Toewijzen taken aan medewerkers
- G-A Opstellen en beheren kwaliteitsplan
- G-A Opstellen, beheren en realiseren preventieve maatregelen
- G-A Uitvoeren risicoanalyse
- G-M Managen technische knelpunten, problemen
- G-M Vaststellen en toewijzen taken, verantwoordelijkheden, bevoegdheden
- E-M Leidinggeven aan, aansturen, coördineren activiteit

e-CF competentiereferenties:
- A.01 Afstemming informatiesysteem en bedrijfsstrategie (IS and Business Strategy Alignment)

- A.04 Product- of serviceplanning (Product/Service Planning)
- A.05 Ontwerp van architectuur (Architecture Design)
- A.07 Volgen van technologische ontwikkelingen (Technology Trend Monitoring)
- A.08 Duurzame ontwikkeling (Sustainable Development)
- A.09 Innoveren (Innovating)
- C.03 Dienstverlening (Service Delivery)
- D.01 Strategieontwikkeling informatiebeveiliging (Information Security Strategy Development)
- D.02 Ontwikkeling ICT-kwaliteitsstrategie (ICT Quality Strategy Development)
- D.11 Behoeftemanagement (Needs Identification)
- E.02 Project- en portfoliomanagement (Project and Portfolio Management)
- E.06 ICT-kwaliteitsmanagement (ICT Quality Management)
- E.08 Informatiebeveiligingsmanagement (Information Security Management)

VT-Competenties:
- Toegepaste kennis van Mogelijkheden van de informatietechnologie (E-A)
- Toegepaste kennis van Mogelijkheden van procesautomatisering (E-A)
- Ervaring met Beleid en strategiebepaling (K-M)
- Ervaring met Architectuurprincipes voor modelleren van technische infrastructuur (A-TI)
- Ervaring met Realiseren van wijzigingen in informatiesystemen (O-IS)
- Ervaring met Ontwerp technische infrastructuur (O-TI)
- Ervaring met Realiseren van technische wijzigingen (O-TI)
- Ervaring met Technische continuïteitmaatregelen (O-A)
- Ervaring met Changemanagement (I-M)
- Ervaring met Beheer van applicaties (B-IS)
- Ervaring met Beheer van netwerken (B-TI)
- Ervaring met Beheer van servers (B-TI)
- Ervaring met Beheer van multimedia-apparatuur (B-TI)
- Ervaring met Beheer van exploitatie en productie (B-TI)
- Ervaring met Versie- en configuratiebeheer (B-A)
- Ervaring met Leveringsmanagement (S-M)
- Ervaring met Principes van dienstverlening (S-A)
- Ervaring met Netwerktechnologie (G-TI)
- Ervaring met Servertechnologie (G-TI)
- Ervaring met Multimediatechnologie (G-TI)
- Ervaring met Planning & control (G-M)
- Ervaring met Continuïteitmanagement (G-M)
- Ervaring met Compliancemanagement (G-M)
- Ervaring met Kwaliteitsmanagement (G-M)
- Ervaring met Risicomanagement (G-M)
- Ervaring met Principes, methoden en technieken voor beveiliging (G-A)
- Ervaring met Administratieve organisatie en interne controle (AO & IC) (E-BP)
- Ervaring met Portfoliomanagement (E-M)
- Ervaring met Projectmanagement (E-M)
- Ervaring met Risicoanalyse (E-A)
- Ervaring met Werklastbegroting (E-A)

- Ervaring met Principes, methoden en technieken voor interne controle (E-A)
- Ervaring met Principes, methoden en technieken voor kwaliteitsborging (E-A)

P-Competenties:
- Hoog niveau Leiderschap
- Hoog niveau Sensitiviteit, inlevingsvermogen
- Hoog niveau Communicatieve vaardigheden (mondeling en/of schriftelijk)
- Hoog niveau Samenwerken in teamverbanden
- Hoog niveau Klantgerichtheid
- Hoog niveau Oordeelsvorming
- Hoog niveau Abstractievermogen
- Hoog niveau Organisatiebewustzijn
- Hoog niveau Strategische visie
- Hoog niveau Kwaliteitsbewustzijn
- Hoog niveau Plannen en organiseren

Functiekwalificatie:
- Startkwalificatie: NLQF-4+ NLQF – Niveau 4+ – Vwo, vavo-vwo
- Professional: NLQF-6 NLQF – Niveau 6 – Bachelor

B-A – Autorisatie Beheerder

Toelichting:
De autorisatiebeheerder is operationeel verantwoordelijk voor het beheer van de autorisatiemechanismen (systemen voor autorisatiebeheer, beveiliging, en de beveiliging die in netwerken en applicaties en apps zijn geïmplementeerd), en de daarin geadministreerde autorisaties. In deze rol controleert de autorisatiebeheerder het functioneren van die beveiligings- of autorisatiesystemen en kent – op verzoek van de verantwoordelijke managers – de gewenste autorisaties toe of trekt deze in. Vaak heeft de autorisatiebeheerder een toetsende rol, ofwel toetst hij aanvragen voor het toekennen van autorisaties aan de hand van de vigerende richtlijnen, en toetst hij periodiek de toegekende autorisaties.
In de grotere organisaties komt deze functie als specialisme voor, soms bij de gebruikersorganisatie en soms bij de ICT-organisatie; in kleinere organisaties is deze rol vaak toegewezen aan een medewerker van de service-/helpdesk.

Alternatieve functietitels:
- Geen

Taken:
- A-IS Opstellen en beheren normen systeemgebruik en -beheer
- A-TI Opstellen en beheren normen gebruik en beheer technische infrastructuur
- B-A Beheren autorisaties
- B-A Beheren en monitoren autorisatie- en beveiligingssysteem
- B-IS Beheren en bewaken correct gebruik informatiesysteem
- B-TI Beheren en bewaken correct gebruik technische infrastructuur

- G-A Samenstellen rapport
- G-A Voeren administratie, registratie

e-CF competentiereferenties:
- E.08 Informatiebeveiligingsmanagement (Information Security Management)

VT-Competenties:
- Conceptuele kennis van Architectuurprincipes voor modelleren van technische infrastructuur (A-TI)
- Conceptuele kennis van Administratieve organisatie en interne controle (AO & IC) (E-BP)
- Toegepaste kennis van Ontwerp technische infrastructuur (O-TI)
- Toegepaste kennis van Realiseren van technische wijzigingen (O-TI)
- Toegepaste kennis van Beheer van exploitatie en productie (B-TI)
- Toegepaste kennis van Netwerktechnologie (G-TI)
- Toegepaste kennis van Servertechnologie (G-TI)
- Toegepaste kennis van Multimediatechnologie (G-TI)
- Toegepaste kennis van Kwaliteitsmanagement (G-M)
- Toegepaste kennis van Werking van componenten van de ICT (E-A)
- Ervaring met Beheer van bedrijfsinformatie/gegevens (B-BP)
- Ervaring met Beheer van informatiesystemen (B-IS)
- Ervaring met Beheer van netwerken (B-TI)
- Ervaring met Beheer van servers (B-TI)
- Ervaring met Beheer van multimedia-apparatuur (B-TI)
- Ervaring met Risicomanagement (G-M)
- Ervaring met Principes, methoden en technieken voor beveiliging (G-A)
- Ervaring met Gebruik van applicaties (E-IS)
- Ervaring met Risicoanalyse (E-A)
- Ervaring met Principes, methoden en technieken voor interne controle (E-A)
- Ervaring met Principes, methoden en technieken voor kwaliteitsborging (E-A)

P-Competenties:
- Hoog niveau Sensitiviteit, inlevingsvermogen
- Hoog niveau Integriteit
- Hoog niveau Klantgerichtheid
- Hoog niveau Analytisch vermogen
- Hoog niveau Creativiteit
- Hoog niveau Organisatiebewustzijn
- Hoog niveau Kwaliteitsbewustzijn
- Hoog niveau Accuratesse
- Hoog niveau Methodisch werken
- Hoog niveau Plannen en organiseren

Functiekwalificatie:
- Startkwalificatie: NLQF-4 NLQF – Niveau 4 – Vwo, vavo-havo, mbo 4
- Professional: NLQF-5 NLQF – Niveau 5 – Associate Degree

B-A – Configuratie Manager

Toelichting:
De functie van configuratiemanager is afgeleid van het ITIL-proces ‘configuratiemanagement’. De configuratiemanager is meer een operationeel beheerder van de configuratiedatabase. Hij identificeert en classificeert de zogenoemde ‘configuratie-items’ en legt deze – al dan niet zelf – vast in de configuratiedatabase. De configuratiemanager is soms ook verantwoordelijk voor het beheren van systeembibliotheken (repositories) en het (na acceptatie) vrijgeven voor distributie van de versies van de beheerde componenten. Soms wordt ook het licentiebeheer bij deze functie belegd.
Deze functie komt voor in de wat grotere organisaties; in de kleinere organisaties is deze rol vaak toegewezen aan een medewerker van een service-/helpdesk of aan een beheerder van applicaties (applicatiemanager of functioneel beheerder) en een beheerder van de technische infrastructuur (netwerkbeheerder of serverbeheerder).

Alternatieve functietitels:
- Beheerder Configuratiedatabase
- Configuratie Beheerder

Taken:
- A-TI Opstellen en beheren architectuur technische infrastructuur
- O-A Ontwikkelen en beheren maatregelen voor interne controle
- O-BP Vaststellen en beheren gewenste informatievoorziening
- O-TI Ontwerpen en beheren configuratie van computersystemen, servers
- O-TI Ontwerpen en beheren netwerkconfiguratie
- I-A Bepalen migratiestap
- I-IS Invoeren (wijziging) informatiesysteem
- I-M Samenstellen release
- B-A Beheren configuratie-items
- B-IS Beheren componentbibliotheken
- G-A Opstellen en beheren kwaliteitsplan
- G-A Opstellen, beheren en realiseren preventieve maatregelen
- G-A Samenstellen rapport
- G-A Uitvoeren risicoanalyse
- G-A Voeren administratie, registratie
- G-M Managen wijziging
- G-M Opstellen operationeel werkplan
- E-A Opstellen en beheren normen, criteria, randvoorwaarden
- E-A Opstellen specificaties
- E-A Voeren van overleg, afstemmen

e-CF competentiereferenties:
- A.05 Ontwerp van architectuur (Architecture Design)
- B.02 Systeemintegratie (Component Integration)
- B.05 Vervaardigen van documentatie (Documentation Production)
- C.02 Ondersteunen van wijzigingen (Change Support)

- E.02 Project- en portfoliomanagement (Project and Portfolio Management)
- E.03 Risicomanagement (Risk Management)
- E.06 ICT-kwaliteitsmanagement (ICT Quality Management)

VT-Competenties:
- Toegepaste kennis van Beheer van applicaties (B-IS)
- Ervaring met Architectuurprincipes voor modelleren van informatievoorziening/systemen (A-IS)
- Ervaring met Architectuurprincipes voor modelleren van technische infrastructuur (A-TI)
- Ervaring met Realiseren van wijzigingen in informatiesystemen (O-IS)
- Ervaring met Ontwerp technische infrastructuur (O-TI)
- Ervaring met Realiseren van technische wijzigingen (O-TI)
- Ervaring met Changemanagement (I-M)
- Ervaring met Beheer van informatiesystemen (B-IS)
- Ervaring met Beheer van netwerken (B-TI)
- Ervaring met Beheer van servers (B-TI)
- Ervaring met Beheer van multimedia-apparatuur (B-TI)
- Ervaring met Beheer van exploitatie en productie (B-TI)
- Ervaring met Versie- en configuratiebeheer (B-A)
- Ervaring met Planning & control (G-M)
- Ervaring met Kwaliteitsmanagement (G-M)
- Ervaring met Opstellen van gebruikersdocumentatie (G-A)
- Ervaring met Opstellen van technische documentatie (G-A)
- Ervaring met Administratieve organisatie en interne controle (AO & IC) (E-BP)
- Ervaring met Projectmanagement (E-M)
- Ervaring met Risicoanalyse (E-A)
- Ervaring met Principes, methoden en technieken voor interne controle (E-A)
- Ervaring met Principes, methoden en technieken voor kwaliteitsborging (E-A)

P-Competenties:
- Hoog niveau Sensitiviteit, inlevingsvermogen
- Hoog niveau Samenwerken in teamverbanden
- Hoog niveau Integriteit
- Hoog niveau Analytisch vermogen
- Hoog niveau Creativiteit
- Hoog niveau Kwaliteitsbewustzijn
- Hoog niveau Zelfstandigheid
- Hoog niveau Initiatief
- Hoog niveau Accuratesse
- Hoog niveau Methodisch werken
- Hoog niveau Plannen en organiseren

Functiekwalificatie:
- Startkwalificatie: NLQF-3 NLQF – Niveau 3 – Mbo 3
- Professional: NLQF-5 NLQF – Niveau 5 – Associate Degree

B-A – Documentalist

Toelichting:
De documentalist is specialist op het gebied van het opstellen en beheren van documentatie, zowel op gebruikers gericht als voor specialisten. Hij weet vaak vaktechnische documentatie op een gestructureerde en voor de doelgroep leesbare wijze op te stellen en toegankelijk te maken. De documentalist maakt gebruik van informatie en/of conceptdocumenten van – meestal – technische specialisten en maakt hier hoogwaardige documentatie van die is afgestemd op de doelgroep van lezers of gebruikers. Vaak wordt deze functie benoemd naar de aard van de documentatie en de daarvoor benodigde kennis en vaardigheden. Een specifieke groep van documentalisten wordt gevormd door degenen die werkzaam zijn in het kader van het beheer van de documentaire informatievoorziening. Een documentalist is vaak ook beheerder van het documentaire informatiesysteem waarin de betreffende documenten worden opgeslagen.
Deze functie komt voor in de wat grotere organisaties of in organisaties waar documentaire informatievoorziening de core business is. Soms is deze functie als rol toegewezen aan de technisch specialisten, dat wil zeggen dat deze dan verantwoordelijk zijn voor het gestructureerd en voor de doelgroep leesbaar opstellen van documentatie.

Alternatieve functietitels:
- Beheerder Documentaire Informatievoorziening
- Document Schrijver
- Documentatie Beheerder
- Documentatie Specialist

Taken:
- B-A Beheren functionele parameters
- B-BP Beheren content
- B-IS Beheren componentbibliotheken
- B-IS Beheren en bewaken correct gebruik informatiesysteem
- B-IS Beheren en bewaken functionaliteit applicatie
- B-IS Beheren en bewaken kwaliteit informatiesysteem
- B-IS Opstellen wijzigingsvoorstel informatiesysteem

e-CF competentiereferenties:
- B.05 Vervaardigen van documentatie (Documentation Production)
- C.01 Gebruikersondersteuning (User Support)
- D.10 Informatie- en kennismanagement (Information and Knowledge Management)
- D.11 Behoeftemanagement (Needs Identification)

VT-Competenties:
- Conceptuele kennis van Informatiemanagement (K-BP)
- Conceptuele kennis van Architectuurprincipes voor modelleren van bedrijfsprocessen (A-BP)
- Toegepaste kennis van Informatieplanning (K-IS)
- Toegepaste kennis van Architectuurprincipes voor modelleren van informatievoorziening/systemen (A-IS)
- Toegepaste kennis van Ontwerpen en bouwen van informatiesystemen (O-IS)

- Toegepaste kennis van Procesontwerp (G-A)
- Toegepaste kennis van Bedrijfskunde (E-BP)
- Ervaring met Informatieanalyse (A-IS)
- Ervaring met Organisatieanalyse (O-BP)
- Ervaring met Realiseren van wijzigingen in informatiesystemen (O-IS)
- Ervaring met Realiseren van technische wijzigingen (O-TI)
- Ervaring met Changemanagement (I-M)
- Ervaring met Beheer van bedrijfsinformatie/gegevens (B-BP)
- Ervaring met Beheer van informatiesystemen (B-IS)
- Ervaring met Versie- en configuratiebeheer (B-A)
- Ervaring met Kwaliteitsmanagement (G-M)
- Ervaring met Opstellen van gebruikersdocumentatie (G-A)
- Ervaring met Opstellen van technische documentatie (G-A)
- Ervaring met Administratieve organisatie en interne controle (AO & IC) (E-BP)
- Ervaring met Projectmanagement (E-M)
- Ervaring met Principes, methoden en technieken voor kwaliteitsborging (E-A)

P-Competenties:
- Gemiddeld niveau Abstractievermogen
- Gemiddeld niveau Creativiteit
- Gemiddeld niveau Kennis van andere disciplines
- Gemiddeld niveau Initiatief
- Hoog niveau Sensitiviteit, inlevingsvermogen
- Hoog niveau Samenwerken in teamverbanden
- Hoog niveau Integriteit
- Hoog niveau Klantgerichtheid
- Hoog niveau Analytisch vermogen
- Hoog niveau Organisatiebewustzijn
- Hoog niveau Kwaliteitsbewustzijn
- Hoog niveau Accuratesse
- Hoog niveau Methodisch werken
- Hoog niveau Plannen en organiseren

Functiekwalificatie:
- Startkwalificatie: NLQF-3 NLQF – Niveau 3 – Mbo 3
- Professional: NLQF-6 NLQF – Niveau 6 – Bachelor

B-A – Asset Manager

Toelichting:
De assetmanager is verantwoordelijk voor het beheer van de assets van een organisatie. Dit kunnen alle soorten van assets zijn waaraan investeringen en (verwervings- of beheer)kosten zijn verbonden, zoals licenties, software en hardware. De assetmanager richt zich vooral op het financieel beheer van de assets, zoals met betrekking tot de aanschaf of verwerving, het beheer van financiële verplichtingen aan een leverancier, het bewaken van de juridische verplichtingen naar een leverancier en dergelijke, maar bewaakt ook de fiscale en de financiële afschrijving (en

eventuele vervanging) van de betreffende assets. De functie van assetmanager is niet zozeer een ICT-functie, maar wel een noodzakelijke rol voor het beheer van de ICT-middelen.
De functie assetmanager komt in grote tot zeer grote organisaties als specifieke functie voor; in kleinere organisaties is dat veelal een rol van een informatiemanager of manager automatisering. Een verbijzonderde vorm van assetmanager is de licentiemanager.

Alternatieve functietitels:
- Licentie Beheerder

Taken:
- K-BP Opstellen en beheren complianceplan
- K-BP Opstellen en beheren plan voor interne controle
- B-A Beheren configuratie-items
- B-BP Beheren bedrijfsinformatie
- B-BP Beheren en bewaken kwaliteit bedrijfsproces
- F-A Beheren bedrijfswaarde van componenten
- F-A Beheren financiële administratie
- G-A Ontwerpen en beheren procedure
- G-A Opstellen en beheren businesscase
- G-A Opstellen en beheren kwaliteitsplan
- E-A Opstellen en beheren documentatie
- E-A Opstellen en beheren normen, criteria, randvoorwaarden

e-CF competentiereferenties:
- A.01 Afstemming informatiesysteem en bedrijfsstrategie (IS and Business Strategy Alignment)
- D.04 Inkoop (Purchasing)
- E.06 ICT-kwaliteitsmanagement (ICT Quality Management)

VT-Competenties:
- Conceptuele kennis van Commercieel management (C-M)
- Toegepaste kennis van Projectmanagement (E-M)
- Ervaring met Informatiemanagement (K-BP)
- Ervaring met Beleid en strategiebepaling (K-M)
- Ervaring met Principes van sourcing (K-A)
- Ervaring met Changemanagement (I-M)
- Ervaring met Beheer van bedrijfsinformatie/gegevens (B-BP)
- Ervaring met Beheer van informatiesystemen (B-IS)
- Ervaring met Versie- en configuratiebeheer (B-A)
- Ervaring met Behoeftemanagement (S-M)
- Ervaring met Contractmanagement (V-M)
- Ervaring met Financieel management (F-M)
- Ervaring met Kostencalculaties (F-A)
- Ervaring met Planning & control (G-M)
- Ervaring met Compliancemanagement (G-M)
- Ervaring met Kwaliteitsmanagement (G-M)

- Ervaring met Administratieve organisatie en interne controle (AO & IC) (E-BP)
- Ervaring met Gebruik van applicaties (E-IS)
- Ervaring met Portfoliomanagement (E-M)
- Ervaring met Risicoanalyse (E-A)
- Ervaring met Werklastbegroting (E-A)
- Ervaring met Principes, methoden en technieken voor interne controle (E-A)
- Ervaring met Principes, methoden en technieken voor kwaliteitsborging (E-A)

P-Competenties:
- Hoog niveau Integriteit
- Hoog niveau Klantgerichtheid
- Hoog niveau Analytisch vermogen
- Hoog niveau Creativiteit
- Hoog niveau Organisatiebewustzijn
- Hoog niveau Strategische visie
- Hoog niveau Commercieel inzicht
- Hoog niveau Kwaliteitsbewustzijn
- Hoog niveau Initiatief
- Hoog niveau Besluitvaardigheid
- Hoog niveau Onderhandelingsvaardigheid
- Hoog niveau Accuratesse
- Hoog niveau Methodisch werken
- Hoog niveau Plannen en organiseren

Functiekwalificatie:
- Startkwalificatie: NLQF-4 NLQF – Niveau 4 – Vwo, vavo-havo, mbo 4
- Professional: NLQF-5 NLQF – Niveau 5 – Associate Degree

Functies in het I-domein Service en dienstverlening

S-M – Service Level Manager

Toelichting:
Een service level manager is verantwoordelijk voor het beheer van de met gebruikers of klanten overeengekomen dienstverlening (meestal vastgelegd in SLA's). Daarvoor wordt met gebruikers en lijnmanagement afgestemd over de behoeften aan producten en diensten, en de eisen die daaraan worden gesteld; de vastlegging daarvan in SLA's; het toezicht op de levering van de overeengekomen diensten en het beheer van de SLA's. Met de automatiseringsorganisatie (in het algemeen 'de leverende organisatie') wordt afgestemd over de mogelijkheden, de kosten van levering, en eventuele specifieke condities die aan levering worden gesteld. De functie van service level manager is ontstaan vanuit ITIL, waarbij de interne automatiseringsafdeling SLA's ging afsluiten met de gebruikersorganisatie. In het algemeen worden drie 'typen' service level managers geïdentificeerd:

1 In de gebruikersorganisatie. Deze onderzoekt op basis van specifieke businesskennis behoeften aan producten en diensten en levert bijdragen aan het opstellen en het beheer van SLA's.
2 In de (interne) automatiseringsorganisatie of regieorganisatie. Deze stelt al dan niet in overleg met een service level manager in de gebruikersorganisatie SLA's op en beheert deze.
3 Bij een externe leverancier. Deze stelt de SLA's op en beheert ze vanuit het perspectief van de leverancier. (Voor het aansturen en bewaken van de levering van de overeengekomen diensten met een klant, wordt meestal een deliverymanager bij de leverancier benoemd.)

Alternatieve functietitels:
- Service Manager

Taken:
- K-BP Opstellen en beheren complianceplan
- K-BP Opstellen en beheren continuïteitplan
- K-BP Opstellen en beheren plan voor interne controle
- A-IS Opstellen en beheren normen systeemgebruik en -beheer
- A-TI Opstellen en beheren normen gebruik en beheer technische infrastructuur
- O-A Ontwikkelen en beheren maatregelen voor interne controle
- O-A Opstellen en beheren organisatorisch calamiteitenplan
- O-A Opstellen en beheren technisch calamiteitenplan
- O-BP Analyseren veranderingsvermogen
- O-BP Onderzoeken organisatieaspecten
- O-BP Vaststellen en beheren gewenste informatievoorziening
- O-BP Verkennen behoeften informatievoorziening
- B-BP Beheren bedrijfsinformatie
- B-BP Beheren en bewaken kwaliteit bedrijfsproces
- B-IS Beheren en bewaken kwaliteit informatiesysteem
- S-A Bewaken dienstenlevering
- S-A Formuleren eisen aan ICT-dienstverlening
- S-A Invoeren (wijziging) dienstverlening
- S-A Onderhouden klantrelatie (niet commercieel)
- S-A Opstellen en beheren ICT-dienstencatalogus

- S-A Opstellen en beheren ICT-dienstenovereenkomsten (SLA)
- S-A Opstellen wijzigingsvoorstel dienstverlening
- F-A Beheren bedrijfswaarde van componenten
- F-A Opstellen en beheren begroting, bepalen investeringen en kosten
- V-A Onderhouden leveranciersrelatie
- V-M Opstellen, afsluiten en beheren contract (klant)
- V-M Verstrekken opdrachten aan leverancier
- C-A Onderhouden klantrelatie (commercieel)
- G-A Onderzoeken en vaststellen behoeften
- G-A Opstellen en beheren gebruikersdocumentatie
- G-A Opstellen en beheren kwaliteitsplan
- G-A Opstellen oplossingsalternatieven
- G-A Opstellen, beheren en realiseren preventieve maatregelen
- G-A Samenstellen rapport
- G-A Uitvoeren risicoanalyse
- G-M Managen organisatorische knelpunten, problemen
- G-M Managen technische knelpunten, problemen
- G-M Opstellen en beheren overeenkomst, contract
- E-A Verstrekken advies
- E-A Voeren van overleg, afstemmen

e-CF competentiereferenties:
- A.01 Afstemming informatiesysteem en bedrijfsstrategie (IS and Business Strategy Alignment)
- A.02 Management dienstverleningsniveau (Service Level Management)
- A.04 Product- of serviceplanning (Product/Service Planning)
- A.07 Volgen van technologische ontwikkelingen (Technology Trend Monitoring)
- A.09 Innoveren (Innovating)
- C.02 Ondersteunen van wijzigingen (Change Support)
- C.03 Dienstverlening (Service Delivery)
- D.10 Informatie- en kennismanagement (Information and Knowledge Management)
- D.11 Behoeftemanagement (Needs Identification)
- E.03 Risicomanagement (Risk Management)
- E.04 Relatiemanagement (Relationship Management)
- E.06 ICT-kwaliteitsmanagement (ICT Quality Management)

VT-Competenties:
- Conceptuele kennis van Beheer van applicaties (B-IS)
- Toegepaste kennis van Realiseren van wijzigingen in informatiesystemen (O-IS)
- Toegepaste kennis van Mogelijkheden van de informatietechnologie (E-A)
- Toegepaste kennis van Mogelijkheden van procesautomatisering (E-A)
- Ervaring met Informatiemanagement (K-BP)
- Ervaring met Beleid en strategiebepaling (K-M)
- Ervaring met Principes van sourcing (K-A)
- Ervaring met Architectuurprincipes voor modelleren van informatievoorziening/systemen (A-IS)
- Ervaring met Organisatieanalyse (O-BP)

- Ervaring met Organisatieontwerp (O-BP)
- Ervaring met Realiseren van organisatiewijzigingen (O-BP)
- Ervaring met Organisatorische continuïteitmaatregelen (O-BP)
- Ervaring met Technische continuïteitmaatregelen (O-A)
- Ervaring met Changemanagement (I-M)
- Ervaring met Beheer van bedrijfsinformatie/gegevens (B-BP)
- Ervaring met Beheer van informatiesystemen (B-IS)
- Ervaring met Behoeftemanagement (S-M)
- Ervaring met Klantmanagement (S-M)
- Ervaring met Leveringsmanagement (S-M)
- Ervaring met Principes van dienstverlening (S-A)
- Ervaring met Leveranciersmanagement (V-M)
- Ervaring met Contractmanagement (V-M)
- Ervaring met Financieel management (F-M)
- Ervaring met Kostencalculaties (F-A)
- Ervaring met Commercieel management (C-M)
- Ervaring met Planning & control (G-M)
- Ervaring met Continuïteitmanagement (G-M)
- Ervaring met Compliancemanagement (G-M)
- Ervaring met Kwaliteitsmanagement (G-M)
- Ervaring met Risicomanagement (G-M)
- Ervaring met Opstellen van gebruikersdocumentatie (G-A)
- Ervaring met Administratieve organisatie en interne controle (AO & IC) (E-BP)
- Ervaring met Gebruik van applicaties (E-IS)
- Ervaring met Portfoliomanagement (E-M)
- Ervaring met Projectmanagement (E-M)
- Ervaring met Risicoanalyse (E-A)
- Ervaring met Werklastbegroting (E-A)
- Ervaring met Principes, methoden en technieken voor interne controle (E-A)
- Ervaring met Principes, methoden en technieken voor kwaliteitsborging (E-A)

P-Competenties:
- Hoog niveau Sensitiviteit, inlevingsvermogen
- Hoog niveau Communicatieve vaardigheden (mondeling en/of schriftelijk)
- Hoog niveau Samenwerken in teamverbanden
- Hoog niveau Flexibiliteit
- Hoog niveau Integriteit
- Hoog niveau Klantgerichtheid
- Hoog niveau Analytisch vermogen
- Hoog niveau Oordeelsvorming
- Hoog niveau Abstractievermogen
- Hoog niveau Creativiteit
- Hoog niveau Organisatiebewustzijn
- Hoog niveau Kennis van andere disciplines
- Hoog niveau Strategische visie
- Hoog niveau Commercieel inzicht

- Hoog niveau Kwaliteitsbewustzijn
- Hoog niveau Initiatief
- Hoog niveau Onderhandelingsvaardigheid
- Hoog niveau Accuratesse
- Hoog niveau Methodisch werken
- Hoog niveau Plannen en organiseren

Functiekwalificatie:
- Startkwalificatie: NLQF-5 NLQF – Niveau 5 – Associate Degree
- Professional: NLQF-6 NLQF – Niveau 6 – Bachelor

S-M – Proces Manager

Toelichting:
'Proces Manager' is een algemene – en niet verbijzonderde – functietitel voor een manager van – de aan ITIL gerelateerde – beheerprocessen, zoals incidentmanager en changemanager. Meestal wordt een dergelijke aanduiding van het beheerproces ook in de functietitel gebruikt. De procesmanager is verantwoordelijk voor de coördinatie van de uitvoering van het beheerproces (of soms alle beheerprocessen), en heeft in die zin ook een 'echte' managementfunctie.
Deze functie komt als verbijzonderde functie voor in grote organisaties.

Alternatieve functietitels:
- Coördinator Beheer
- Manager ICT Operations

Taken:
- K-BP Opstellen en beheren complianceplan
- K-BP Opstellen en beheren continuïteitplan
- K-BP Opstellen en beheren plan voor interne controle
- K-M Opstellen en beheren projectenportfolio
- A-IS Opstellen en beheren normen systeemgebruik en -beheer
- A-TI Opstellen en beheren normen gebruik en beheer technische infrastructuur
- O-A Ontwikkelen en beheren maatregelen voor interne controle
- O-A Opstellen en beheren organisatorisch calamiteitenplan
- O-A Opstellen en beheren technisch calamiteitenplan
- O-BP Analyseren veranderingsvermogen
- O-BP Vaststellen en beheren gewenste informatievoorziening
- O-BP Verkennen behoeften informatievoorziening
- I-M Bepalen en beheren invoeringsstrategie
- B-A Oplossen systeemstoringen, incidenten
- B-A Structureel oplossen systeemstoringen, problems
- B-BP Beheren bedrijfsinformatie
- B-IS Beheren en bewaken kwaliteit informatiesysteem
- B-TI Opstellen wijzigingsvoorstel technische infrastructuur
- S-A Bewaken dienstenlevering
- S-A Formuleren eisen aan ICT-dienstverlening

- S-A Opstellen wijzigingsvoorstel dienstverlening
- F-A Beheren bedrijfswaarde van componenten
- F-A Opstellen en beheren begroting, bepalen investeringen en kosten
- G-A Onderzoeken en vaststellen behoeften
- G-A Ontwerpen en beheren procedure
- G-A Opstellen oplossingsalternatieven
- G-A Opstellen, beheren en realiseren preventieve maatregelen
- G-A Uitvoeren risicoanalyse
- G-M Inrichten projectorganisatie
- G-M Managen organisatorische knelpunten, problemen
- G-M Managen technische knelpunten, problemen
- G-M Opstellen en beheren projectplan
- G-M Vaststellen en toewijzen taken, verantwoordelijkheden, bevoegdheden
- E-A Opstellen en beheren normen, criteria, randvoorwaarden
- E-A Opstellen specificaties
- E-A Uitvoeren analyse
- E-A Uitvoeren evaluatie, review
- E-A Verstrekken advies
- E-A Voeren van overleg, afstemmen
- E-M Bepalen prioriteit, scenario
- E-M Leidinggeven aan, aansturen, coördineren activiteit
- E-M Nemen beslissing

e-CF competentiereferenties:
- A.01 Afstemming informatiesysteem en bedrijfsstrategie (IS and Business Strategy Alignment)
- A.02 Management dienstverleningsniveau (Service Level Management)
- A.04 Product- of serviceplanning (Product/Service Planning)
- A.09 Innoveren (Innovating)
- C.02 Ondersteunen van wijzigingen (Change Support)
- C.03 Dienstverlening (Service Delivery)
- D.10 Informatie- en kennismanagement (Information and Knowledge Management)
- D.11 Behoeftemanagement (Needs Identification)
- E.01 Ontwikkelen van prognoses (Forecast Development)
- E.02 Project- en portfoliomanagement (Project and Portfolio Management)
- E.03 Risicomanagement (Risk Management)
- E.05 Procesverbetering (Process Improvement)
- E.06 ICT-kwaliteitsmanagement (ICT Quality Management)
- E.07 Management van veranderingen in bedrijfsprocessen (Business Change Management)
- E.09 IT-governance (IS Governance)

VT-Competenties:
- Toegepaste kennis van Beleid en strategiebepaling (K-M)
- Toegepaste kennis van Architectuurprincipes voor modelleren van technische infrastructuur (A-TI)
- Toegepaste kennis van Mogelijkheden van de informatietechnologie (E-A)

- Toegepaste kennis van Mogelijkheden van procesautomatisering (E-A)
- Ervaring met Informatiemanagement (K-BP)
- Ervaring met Principes van sourcing (K-A)
- Ervaring met Architectuurprincipes voor modelleren van informatievoorziening/systemen (A-IS)
- Ervaring met Organisatieanalyse (O-BP)
- Ervaring met Organisatieontwerp (O-BP)
- Ervaring met Realiseren van wijzigingen in informatiesystemen (O-IS)
- Ervaring met Technische continuïteitmaatregelen (O-A)
- Ervaring met Changemanagement (I-M)
- Ervaring met Beheer van bedrijfsinformatie/gegevens (B-BP)
- Ervaring met Beheer van informatiesystemen (B-IS)
- Ervaring met Versie- en configuratiebeheer (B-A)
- Ervaring met Incidentmanagement (S-M)
- Ervaring met Behoeftemanagement (S-M)
- Ervaring met Klantmanagement (S-M)
- Ervaring met Leveringsmanagement (S-M)
- Ervaring met Principes van dienstverlening (S-A)
- Ervaring met Leveranciersmanagement (V-M)
- Ervaring met Financieel management (F-M)
- Ervaring met Kostencalculaties (F-A)
- Ervaring met Planning & control (G-M)
- Ervaring met Continuïteitmanagement (G-M)
- Ervaring met Compliancemanagement (G-M)
- Ervaring met Kwaliteitsmanagement (G-M)
- Ervaring met Risicomanagement (G-M)
- Ervaring met Administratieve organisatie en interne controle (AO & IC) (E-BP)
- Ervaring met Portfoliomanagement (E-M)
- Ervaring met Projectmanagement (E-M)
- Ervaring met Risicoanalyse (E-A)
- Ervaring met Werklastbegroting (E-A)
- Ervaring met Principes, methoden en technieken voor interne controle (E-A)
- Ervaring met Principes, methoden en technieken voor kwaliteitsborging (E-A)

P-Competenties:
- Hoog niveau Leiderschap
- Hoog niveau Sensitiviteit, inlevingsvermogen
- Hoog niveau Communicatieve vaardigheden (mondeling en/of schriftelijk)
- Hoog niveau Samenwerken in teamverbanden
- Hoog niveau Conflictpreventie en -beheersing
- Hoog niveau Klantgerichtheid
- Hoog niveau Analytisch vermogen
- Hoog niveau Oordeelsvorming
- Hoog niveau Abstractievermogen
- Hoog niveau Creativiteit
- Hoog niveau Organisatiebewustzijn

- Hoog niveau Strategische visie
- Hoog niveau Kwaliteitsbewustzijn
- Hoog niveau Initiatief
- Hoog niveau Besluitvaardigheid
- Hoog niveau Methodisch werken
- Hoog niveau Plannen en organiseren

Functiekwalificatie:
- Startkwalificatie: NLQF-5 NLQF – Niveau 5 – Associate Degree
- Professional: NLQF-5 NLQF – Niveau 5 – Associate Degree

S-M – Incident Manager

Toelichting:
De incidentmanager is verantwoordelijk voor het oplossen van verstoringen en problemen met de informatievoorziening, zowel in informatiesystemen of applicaties als in de technische infrastructuur.
Deze functie is afgeleid van het ITIL-proces 'incidentmanagement'. De functie wordt soms ingevuld als een 'echte' managementfunctie, waarin het managen van een incident centraal staat. Soms is een incidentmanager ook operationeel bezig en voert operationele werkzaamheden uit waarmee een incident wordt afgehandeld; in dit geval is deze functie meestal als rol aan een medewerker van een service-/helpdesk of een technisch specialist toegewezen.
Deze functie komt als verbijzonderde functie voor in de wat grotere organisaties.

Alternatieve functietitels:
- Incident Beheerder
- Incident Coördinator
- Proces Manager

Taken:
- B-A Oplossen systeemstoringen, incidenten
- B-A Structureel oplossen systeemstoringen, problems
- B-BP Opstellen wijzigingsvoorstel bedrijfsproces
- B-IS Beheren en bewaken correct gebruik informatiesysteem
- B-IS Opstellen wijzigingsvoorstel informatiesysteem
- B-TI Beheren en bewaken correct gebruik technische infrastructuur
- B-TI Opstellen wijzigingsvoorstel technische infrastructuur
- S-A Bewaken dienstenlevering
- F-A Beheren bedrijfswaarde van componenten
- V-M Verstrekken opdrachten aan leverancier
- G-A Onderzoeken en vaststellen behoeften
- G-A Opstellen en beheren gebruikersdocumentatie
- G-A Verstrekken (ad-hoc-)informatie
- G-A Verzorgen kennisoverdracht
- G-A Voeren administratie, registratie
- G-M Managen organisatorische knelpunten, problemen
- G-M Managen technische knelpunten, problemen

- E-A Bieden ondersteuning
- E-A Uitvoeren analyse
- E-A Verstrekken advies

e-CF competentiereferenties:
- B.05 Vervaardigen van documentatie (Documentation Production)
- C.01 Gebruikersondersteuning (User Support)
- C.02 Ondersteunen van wijzigingen (Change Support)
- C.03 Dienstverlening (Service Delivery)
- E.06 ICT-kwaliteitsmanagement (ICT Quality Management)

VT-Competenties:
- Toegepaste kennis van Ergonomische aspecten van systemen (O-A)
- Ervaring met Informatiemanagement (K-BP)
- Ervaring met Principes van sourcing (K-A)
- Ervaring met Realiseren van organisatiewijzigingen (O-BP)
- Ervaring met Organisatorische continuïteitmaatregelen (O-BP)
- Ervaring met Realiseren van wijzigingen in informatiesystemen (O-IS)
- Ervaring met Realiseren van technische wijzigingen (O-TI)
- Ervaring met Technische continuïteitmaatregelen (O-A)
- Ervaring met Changemanagement (I-M)
- Ervaring met Beheer van bedrijfsinformatie/gegevens (B-BP)
- Ervaring met Beheer van informatiesystemen (B-IS)
- Ervaring met Beheer van applicaties (B-IS)
- Ervaring met Beheer van netwerken (B-TI)
- Ervaring met Beheer van servers (B-TI)
- Ervaring met Beheer van multimedia-apparatuur (B-TI)
- Ervaring met Beheer van exploitatie en productie (B-TI)
- Ervaring met Versie- en configuratiebeheer (B-A)
- Ervaring met Incidentmanagement (S-M)
- Ervaring met Behoeftemanagement (S-M)
- Ervaring met Klantmanagement (S-M)
- Ervaring met Leveringsmanagement (S-M)
- Ervaring met Principes van dienstverlening (S-A)
- Ervaring met Leveranciersmanagement (V-M)
- Ervaring met Continuïteitmanagement (G-M)
- Ervaring met Compliancemanagement (G-M)
- Ervaring met Kwaliteitsmanagement (G-M)
- Ervaring met Risicomanagement (G-M)
- Ervaring met Analyse van de werking van componenten van informatiesystemen (G-A)
- Ervaring met Opstellen van gebruikersdocumentatie (G-A)
- Ervaring met Opstellen van technische documentatie (G-A)
- Ervaring met Gebruik van applicaties (E-IS)
- Ervaring met Risicoanalyse (E-A)
- Ervaring met Principes, methoden en technieken voor interne controle (E-A)
- Ervaring met Principes, methoden en technieken voor kwaliteitsborging (E-A)
- Ervaring met Werking van componenten van de ICT (E-A)

P-Competenties:
- Gemiddeld niveau Stressbestendigheid
- Hoog niveau Sensitiviteit, inlevingsvermogen
- Hoog niveau Communicatieve vaardigheden (mondeling en/of schriftelijk)
- Hoog niveau Samenwerken in teamverbanden
- Hoog niveau Flexibiliteit
- Hoog niveau Integriteit
- Hoog niveau Klantgerichtheid
- Hoog niveau Didactische vaardigheden
- Hoog niveau Analytisch vermogen
- Hoog niveau Creativiteit
- Hoog niveau Organisatiebewustzijn
- Hoog niveau Kennis van andere disciplines
- Hoog niveau Kwaliteitsbewustzijn
- Hoog niveau Zelfstandigheid
- Hoog niveau Initiatief
- Hoog niveau Accuratesse
- Hoog niveau Methodisch werken
- Hoog niveau Plannen en organiseren

Functiekwalificatie:
- Startkwalificatie: NLQF-4 NLQF – Niveau 4 – Vwo, vavo-havo, mbo 4
- Professional: NLQF-5 NLQF – Niveau 5 – Associate Degree

S-M – Problem Manager

Toelichting:
De problemmanager is, in de rol van coördinator, verantwoordelijk voor het oplossen van verstoringen en problemen met de informatievoorziening, zowel in informatiesystemen/applicaties als in de technische infrastructuur. Deze functie is afgeleid van het ITIL-proces 'problem management'. Problemmanagement wordt gestart als incidentmanagement niet tot de (juiste) oplossing heeft geleid of een structurele oplossing moet worden gerealiseerd nadat in het kader van incidentmanagement een work-around is geïmplementeerd of geboden.
Deze functie wordt soms specifiek ingevuld als een 'echte' managementfunctie, waarin het managen van een probleem centraal staat. Soms is de functie van problemmanager als rol toegewezen aan een specialist die de oplossing van het probleem coördineert, zoals een functioneel beheerder of een netwerkbeheerder.
Deze functie komt als verbijzonderde functie voor in de wat grotere organisaties.

Alternatieve functietitels:
- Geen

Taken:
- A-IS Opstellen en beheren normen systeemgebruik en -beheer
- A-TI Opstellen en beheren normen gebruik en beheer technische infrastructuur
- O-A Ontwikkelen en beheren maatregelen voor interne controle

- O-A Opstellen en beheren technisch calamiteitenplan
- I-A Bepalen migratiestap
- I-M Bepalen en beheren invoeringsstrategie
- B-A Oplossen systeemstoringen, incidenten
- B-A Realiseren onderhoud/wijziging
- B-A Structureel oplossen systeemstoringen, problems
- B-IS Beheren en bewaken kwaliteit informatiesysteem
- B-IS Opstellen wijzigingsvoorstel informatiesysteem
- B-TI Beheren en bewaken correct gebruik technische infrastructuur
- B-TI Opstellen wijzigingsvoorstel technische infrastructuur
- G-A Opstellen en beheren gebruikersdocumentatie
- G-A Opstellen en beheren kwaliteitsplan
- G-A Opstellen en beheren technische documentatie
- G-A Opstellen oplossingsalternatieven
- G-A Opstellen, beheren en realiseren preventieve maatregelen
- G-A Uitvoeren risicoanalyse
- G-A Verstrekken (ad-hoc-)informatie
- G-M Managen technische knelpunten, problemen
- E-A Uitvoeren analyse

e-CF competentiereferenties:
- B.04 Oplossingen implementeren (Solution Deployment)
- B.05 Vervaardigen van documentatie (Documentation Production)
- C.01 Gebruikersondersteuning (User Support)
- C.02 Ondersteunen van wijzigingen (Change Support)
- C.03 Dienstverlening (Service Delivery)
- C.04 Probleemmanagement (Problem Management)
- E.02 Project- en portfoliomanagement (Project and Portfolio Management)
- E.03 Risicomanagement (Risk Management)

VT-Competenties:
- Ervaring met Realiseren van organisatiewijzigingen (O-BP)
- Ervaring met Realiseren van wijzigingen in informatiesystemen (O-IS)
- Ervaring met Realiseren van technische wijzigingen (O-TI)
- Ervaring met Technische continuïteitmaatregelen (O-A)
- Ervaring met Changemanagement (I-M)
- Ervaring met Beheer van bedrijfsinformatie/gegevens (B-BP)
- Ervaring met Beheer van informatiesystemen (B-IS)
- Ervaring met Beheer van applicaties (B-IS)
- Ervaring met Beheer van netwerken (B-TI)
- Ervaring met Beheer van servers (B-TI)
- Ervaring met Beheer van multimedia-apparatuur (B-TI)
- Ervaring met Beheer van exploitatie en productie (B-TI)
- Ervaring met Versie- en configuratiebeheer (B-A)
- Ervaring met Incidentmanagement (S-M)
- Ervaring met Behoeftemanagement (S-M)

- Ervaring met Leveringsmanagement (S-M)
- Ervaring met Principes van dienstverlening (S-A)
- Ervaring met Leveranciersmanagement (V-M)
- Ervaring met Netwerktechnologie (G-TI)
- Ervaring met Servertechnologie (G-TI)
- Ervaring met Multimediatechnologie (G-TI)
- Ervaring met Continuïteitmanagement (G-M)
- Ervaring met Compliancemanagement (G-M)
- Ervaring met Kwaliteitsmanagement (G-M)
- Ervaring met Risicomanagement (G-M)
- Ervaring met Principes, methoden en technieken voor beveiliging (G-A)
- Ervaring met Analyse van de werking van componenten van informatiesystemen (G-A)
- Ervaring met Opstellen van gebruikersdocumentatie (G-A)
- Ervaring met Opstellen van technische documentatie (G-A)
- Ervaring met Gebruik van applicaties (E-IS)
- Ervaring met Projectmanagement (E-M)
- Ervaring met Risicoanalyse (E-A)
- Ervaring met Werklastbegroting (E-A)
- Ervaring met Principes, methoden en technieken voor interne controle (E-A)
- Ervaring met Principes, methoden en technieken voor kwaliteitsborging (E-A)

P-Competenties:
- Hoog niveau Sensitiviteit, inlevingsvermogen
- Hoog niveau Samenwerken in teamverbanden
- Hoog niveau Flexibiliteit
- Hoog niveau Integriteit
- Hoog niveau Klantgerichtheid
- Hoog niveau Analytisch vermogen
- Hoog niveau Creativiteit
- Hoog niveau Organisatiebewustzijn
- Hoog niveau Kwaliteitsbewustzijn
- Hoog niveau Zelfstandigheid
- Hoog niveau Initiatief
- Hoog niveau Accuratesse
- Hoog niveau Methodisch werken
- Hoog niveau Plannen en organiseren

Functiekwalificatie:
- Startkwalificatie: NLQF-4+ NLQF – Niveau 4+ – Vwo, vavo-vwo
- Professional: NLQF-5 NLQF – Niveau 5 – Associate Degree

S-A – Medewerker Service-/Helpdesk

Toelichting:
De medewerker service-/helpdesk geeft – meestal telefonisch maar ook via e-mail – ondersteuning aan gebruikers die vragen hebben en bij het oplossen van storingen, problemen, enzo-

voort in de informatievoorziening (gerelateerd aan het ITIL-proces 'incidentmanagement'). De service-/helpdesk is meestal het eerste aanspreekpunt voor vragen en meldingen van incidenten door de gebruikers.
Een medewerker service-/helpdesk registreert de vragen of meldingen van incidenten en biedt vaak ook oplossingen hiervoor. Afhankelijk van of er sprake is van een 'skilled service-/helpdesk' of niet, wordt een oplossing geboden of wordt de vraag doorgegeven aan specialisten die de melding analyseren en de oplossing bieden. In dat laatste geval is de service-/helpdesk uitsluitend een centraal contactpunt. Bij een skilled service-/helpdesk moeten de medewerkers over uitgebreide kennis van de gebruikte ICT-middelen beschikken om de gevraagde support te kunnen bieden. In beide gevallen kan er sprake van zijn dat de medewerker service-/helpdesk het probleem niet kan oplossen (te complex en/of vraagt te veel inhoudelijke of technische kennis) en dan wordt een incident doorgestuurd naar de 'tweede lijn', een pool van specialisten. De medewerker service-/helpdesk houdt dan meestal nog wel de coördinatie over de ingeschakelde specialisten en bewaakt dat een incident conform de SLA wordt afgehandeld.
Bij een service-/helpdesk kunnen veel meer taken zijn belegd, zoals het identificeren van problems, de coördinatie van changes (in het kader van changemanagement), het registreren van gebruikers en instellen van autorisaties, enzovoort.
Deze functie komt in veel organisaties voor die een eigen service-/helpdesk voeren, en bij leveranciers die een service-/helpdesk hebben voor de medewerkers van de klanten.

Alternatieve functietitels:
- Medewerker Helpdesk
- Medewerker Support
- Service Coördinator
- Service Support Medewerker

Taken:
- A-IS Opstellen en beheren normen systeemgebruik en -beheer
- A-TI Opstellen en beheren normen gebruik en beheer technische infrastructuur
- O-BP Vaststellen en beheren gewenste informatievoorziening
- O-BP Verkennen behoeften informatievoorziening
- B-A Beheren en monitoren autorisatie- en beveiligingssysteem
- B-A Oplossen systeemstoringen, incidenten
- B-A Structureel oplossen systeemstoringen, problems
- B-BP Beheren en bewaken kwaliteit bedrijfsproces
- B-IS Beheren en bewaken correct gebruik informatiesysteem
- B-IS Beheren en bewaken kwaliteit informatiesysteem
- B-IS Beheren en bewaken prestatiekenmerken applicatie
- B-IS Opstellen wijzigingsvoorstel informatiesysteem
- B-TI Beheren en bewaken correct gebruik technische infrastructuur
- B-TI Beheren en bewaken prestatiekenmerken technische infrastructuur
- B-TI Opstellen wijzigingsvoorstel technische infrastructuur
- S-A Bewaken dienstenlevering
- S-A Invoeren (wijziging) dienstverlening
- S-A Onderhouden klantrelatie (niet commercieel)
- S-A Ondersteunen gebruiker bij gebruik component

- S-A Opstellen en beheren ICT-dienstencatalogus
- S-A Opstellen en beheren ICT-dienstenovereenkomsten (SLA)
- S-A Opstellen wijzigingsvoorstel dienstverlening
- P-A Begeleiden medewerkers
- V-A Onderhouden leveranciersrelatie
- V-M Verstrekken opdrachten aan leverancier
- G-A Onderzoeken en vaststellen behoeften
- G-A Opstellen en beheren gebruikersdocumentatie
- G-A Opstellen en beheren kwaliteitsplan
- G-A Opstellen oplossingsalternatieven
- G-A Opstellen, beheren en realiseren preventieve maatregelen
- G-A Uitvoeren risicoanalyse
- G-A Verstrekken (ad-hoc-)informatie
- G-A Verzorgen kennisoverdracht
- G-A Voeren administratie, registratie
- G-M Managen organisatorische knelpunten, problemen
- G-M Managen technische knelpunten, problemen
- E-A Bieden ondersteuning
- E-A Uitvoeren analyse
- E-A Verstrekken advies
- E-A Voeren van overleg, afstemmen

e-CF competentiereferenties:
- A.02 Management dienstverleningsniveau (Service Level Management)
- B.05 Vervaardigen van documentatie (Documentation Production)
- C.01 Gebruikersondersteuning (User Support)
- C.02 Ondersteunen van wijzigingen (Change Support)
- C.03 Dienstverlening (Service Delivery)
- C.04 Probleemmanagement (Problem Management)
- D.03 Opleiding en training (Education and Training Provision)
- E.04 Relatiemanagement (Relationship Management)

VT-Competenties:
- Toegepaste kennis van Ergonomische aspecten van systemen (O-A)
- Toegepaste kennis van Beheer van exploitatie en productie (B-TI)
- Ervaring met Architectuurprincipes voor modelleren van informatievoorziening/systemen (A-IS)
- Ervaring met Realiseren van organisatiewijzigingen (O-BP)
- Ervaring met Organisatorische continuïteitmaatregelen (O-BP)
- Ervaring met Realiseren van wijzigingen in informatiesystemen (O-IS)
- Ervaring met Realiseren van technische wijzigingen (O-TI)
- Ervaring met Technische continuïteitmaatregelen (O-A)
- Ervaring met Changemanagement (I-M)
- Ervaring met Beheer van bedrijfsinformatie/gegevens (B-BP)
- Ervaring met Beheer van informatiesystemen (B-IS)
- Ervaring met Beheer van applicaties (B-IS)

- Ervaring met Beheer van netwerken (B-TI)
- Ervaring met Beheer van servers (B-TI)
- Ervaring met Beheer van multimedia-apparatuur (B-TI)
- Ervaring met Versie- en configuratiebeheer (B-A)
- Ervaring met Incidentmanagement (S-M)
- Ervaring met Behoeftemanagement (S-M)
- Ervaring met Klantmanagement (S-M)
- Ervaring met Leveringsmanagement (S-M)
- Ervaring met Principes van dienstverlening (S-A)
- Ervaring met Leveranciersmanagement (V-M)
- Ervaring met Multimediatechnologie (G-TI)
- Ervaring met Continuïteitmanagement (G-M)
- Ervaring met Kwaliteitsmanagement (G-M)
- Ervaring met Risicomanagement (G-M)
- Ervaring met Principes, methoden en technieken voor beveiliging (G-A)
- Ervaring met Analyse van de werking van componenten van informatiesystemen (G-A)
- Ervaring met Opstellen van gebruikersdocumentatie (G-A)
- Ervaring met Opstellen van technische documentatie (G-A)
- Ervaring met Gebruik van applicaties (E-IS)
- Ervaring met Risicoanalyse (E-A)
- Ervaring met Werklastbegroting (E-A)
- Ervaring met Principes, methoden en technieken voor kwaliteitsborging (E-A)
- Ervaring met Werking van componenten van de ICT (E-A)

P-Competenties:
- Gemiddeld niveau Stressbestendigheid
- Hoog niveau Sensitiviteit, inlevingsvermogen
- Hoog niveau Communicatieve vaardigheden (mondeling en/of schriftelijk)
- Hoog niveau Samenwerken in teamverbanden
- Hoog niveau Flexibiliteit
- Hoog niveau Integriteit
- Hoog niveau Klantgerichtheid
- Hoog niveau Didactische vaardigheden
- Hoog niveau Analytisch vermogen
- Hoog niveau Creativiteit
- Hoog niveau Organisatiebewustzijn
- Hoog niveau Kwaliteitsbewustzijn
- Hoog niveau Zelfstandigheid
- Hoog niveau Initiatief
- Hoog niveau Accuratesse
- Hoog niveau Methodisch werken
- Hoog niveau Plannen en organiseren

Functiekwalificatie:
- Startkwalificatie: NLQF-3 NLQF – Niveau 3 – Mbo 3
- Professional: NLQF-4+ NLQF – Niveau 4+ – Vwo, vavo-vwo

S-A – Medewerker Locatiebeheer

Toelichting:
De medewerker locatiebeheer draagt zorg voor het optimaal functioneren van lokaal opgestelde ICT-apparatuur en programmatuur als vooruitgeschoven post van een datacentrum of ICT-afdeling. De medewerker locatiebeheer werkt daarvoor nauw samen met server- en netwerkbeheerders, en applicatiebeheerders.
Door de structurele virtualisatie van applicaties (en de daardoor centraal opgestelde computerapparatuur) verdwijnt deze functie gaandeweg. Deze functie kwam al uitsluitend voor bij organisaties met veel decentrale locaties. Bij dit soort organisaties komt de functie nog wel voor, maar dan gecombineerd met ondersteuning aan de lokale gebruikers voor bijvoorbeeld (het gebruik van) applicaties, soms in de (informele) rol als super user. Dit support wordt in het algemeen vanuit een centrale service-/helpdesk geboden.

Alternatieve functietitels:
- ICT Locatie Coördinator
- Lokale ICT Support Medewerker
- Service Coördinator
- Super User

Taken:
- A-IS Opstellen en beheren normen systeemgebruik en -beheer
- A-TI Opstellen en beheren normen gebruik en beheer technische infrastructuur
- O-A Opstellen en beheren technisch calamiteitenplan
- O-BP Vaststellen en beheren gewenste informatievoorziening
- O-BP Verkennen behoeften informatievoorziening
- O-IS Maken en beheren eindgebruikerstoepassing
- B-A Oplossen systeemstoringen, incidenten
- B-BP Beheren en bewaken kwaliteit bedrijfsproces
- B-IS Beheren en bewaken correct gebruik informatiesysteem
- B-IS Beheren en bewaken functionaliteit applicatie
- B-IS Beheren en bewaken kwaliteit informatiesysteem
- B-IS Beheren en bewaken prestatiekenmerken applicatie
- B-TI Beheren en bewaken correct gebruik technische infrastructuur
- B-TI Beheren en bewaken prestatiekenmerken technische infrastructuur
- S-A Bewaken dienstenlevering
- S-A Formuleren eisen aan ICT-dienstverlening
- S-A Onderhouden klantrelatie (niet commercieel)
- S-A Ondersteunen gebruiker bij gebruik component
- S-A Opstellen wijzigingsvoorstel dienstverlening
- F-A Beheren bedrijfswaarde van componenten
- P-A Begeleiden medewerkers
- P-A Verzorgen opleiding
- G-A Bedienen, gebruiken applicatie
- G-A Onderzoeken en vaststellen behoeften
- G-A Opstellen en beheren gebruikersdocumentatie

- G-A Opstellen en beheren kwaliteitsplan
- G-A Opstellen oplossingsalternatieven
- G-A Opstellen, beheren en realiseren preventieve maatregelen
- G-A Uitvoeren risicoanalyse
- G-A Verstrekken (ad-hoc-)informatie
- G-A Verzorgen kennisoverdracht
- G-M Managen technische knelpunten, problemen
- E-A Bieden ondersteuning
- E-A Uitvoeren analyse
- E-A Uitvoeren evaluatie, review
- E-A Verstrekken advies
- E-A Voeren van overleg, afstemmen

e-CF competentiereferenties:
- A.02 Management dienstverleningsniveau (Service Level Management)
- B.05 Vervaardigen van documentatie (Documentation Production)
- C.01 Gebruikersondersteuning (User Support)
- C.03 Dienstverlening (Service Delivery)

VT-Competenties:
- Toegepaste kennis van Mogelijkheden van de informatietechnologie (E-A)
- Toegepaste kennis van Mogelijkheden van procesautomatisering (E-A)
- Ervaring met Architectuurprincipes voor modelleren van informatievoorziening/systemen (A-IS)
- Ervaring met Architectuurprincipes voor modelleren van technische infrastructuur (A-TI)
- Ervaring met Realiseren van organisatiewijzigingen (O-BP)
- Ervaring met Organisatorische continuïteitmaatregelen (O-BP)
- Ervaring met Realiseren van wijzigingen in informatiesystemen (O-IS)
- Ervaring met Realiseren van technische wijzigingen (O-TI)
- Ervaring met Technische continuïteitmaatregelen (O-A)
- Ervaring met Changemanagement (I-M)
- Ervaring met Beheer van bedrijfsinformatie/gegevens (B-BP)
- Ervaring met Beheer van informatiesystemen (B-IS)
- Ervaring met Beheer van applicaties (B-IS)
- Ervaring met Beheer van netwerken (B-TI)
- Ervaring met Beheer van servers (B-TI)
- Ervaring met Beheer van multimedia-apparatuur (B-TI)
- Ervaring met Beheer van exploitatie en productie (B-TI)
- Ervaring met Versie- en configuratiebeheer (B-A)
- Ervaring met Incidentmanagement (S-M)
- Ervaring met Kostencalculaties (F-A)
- Ervaring met Netwerktechnologie (G-TI)
- Ervaring met Servertechnologie (G-TI)
- Ervaring met Multimediatechnologie (G-TI)
- Ervaring met Continuïteitmanagement (G-M)
- Ervaring met Kwaliteitsmanagement (G-M)

- Ervaring met Risicomanagement (G-M)
- Ervaring met Principes, methoden en technieken voor beveiliging (G-A)
- Ervaring met Analyse van de werking van componenten van informatiesystemen (G-A)
- Ervaring met Opstellen van gebruikersdocumentatie (G-A)
- Ervaring met Opstellen van technische documentatie (G-A)
- Ervaring met Gebruik van applicaties (E-IS)
- Ervaring met Projectmanagement (E-M)
- Ervaring met Risicoanalyse (E-A)
- Ervaring met Werklastbegroting (E-A)
- Ervaring met Principes, methoden en technieken voor kwaliteitsborging (E-A)
- Ervaring met Werking van componenten van de ICT (E-A)

P-Competenties:
- Gemiddeld niveau Stressbestendigheid
- Hoog niveau Sensitiviteit, inlevingsvermogen
- Hoog niveau Communicatieve vaardigheden (mondeling en/of schriftelijk)
- Hoog niveau Samenwerken in teamverbanden
- Hoog niveau Flexibiliteit
- Hoog niveau Integriteit
- Hoog niveau Klantgerichtheid
- Hoog niveau Didactische vaardigheden
- Hoog niveau Analytisch vermogen
- Hoog niveau Creativiteit
- Hoog niveau Organisatiebewustzijn
- Hoog niveau Kwaliteitsbewustzijn
- Hoog niveau Zelfstandigheid
- Hoog niveau Initiatief
- Hoog niveau Accuratesse
- Hoog niveau Methodisch werken
- Hoog niveau Plannen en organiseren

Functiekwalificatie:
- Startkwalificatie: NLQF-3 NLQF – Niveau 3 – Mbo 3
- Professional: NLQF-4+ NLQF – Niveau 4+ – Vwo, vavo-vwo

Functies in het I-domein Verwerven, inkoop en procurement

V-M – Procurement Manager

Toelichting:
De procurementmanager is verantwoordelijk voor het beleid voor en de realisatie van de inkoop van ICT-diensten in het kader van outsourcing van beheer, projecten en/of de inhuur van ICT-deskundigen van leveranciers, en producten. Hoewel er voor deze inkoop vaak specialistische functies zijn, zoals die van inkoopmanager of inkoper, is de procurementmanager verantwoordelijk voor het inkoopproces en het bewaken van de contracten (inclusief de financiële aspecten daarvan). Meestal vindt inkoop plaats in de samenwerking van de procurementmanager en een gespecialiseerde inkoopfunctionaris, en het beheer van een contract in de samenwerking met een contractmanager en/of leveranciersmanager.
Deze functie komt als expliciete functie voor bij de wat grotere organisaties (geplaatst in een afdeling procurement of inkoop) of als rol van bijvoorbeeld een informatiemanager of manager automatisering.

Alternatieve functietitels:
- Contract Manager
- Inkoop Manager
- Purchase Manager

Taken:
- K-BP Opstellen en beheren complianceplan
- K-BP Opstellen en beheren continuïteitplan
- K-BP Opstellen en beheren informatiebeleid
- K-BP Opstellen en beheren plan voor interne controle
- K-M Opstellen en beheren beleid voor inkoop, inhuur en dergelijke
- K-M Opstellen en beheren projectenportfolio
- I-M Bepalen en beheren invoeringsstrategie
- S-A Bewaken dienstenlevering
- S-A Formuleren eisen aan ICT-dienstverlening
- S-A Invoeren (wijziging) dienstverlening
- S-A Onderhouden klantrelatie (niet commercieel)
- S-A Opstellen en beheren ICT-dienstenovereenkomsten (SLA)
- S-A Opstellen wijzigingsvoorstel dienstverlening
- F-A Opstellen en beheren begroting, bepalen investeringen en kosten
- V-A Beoordelen offerte
- V-A Leveranciersselectie
- V-A Onderhouden leveranciersrelatie
- V-M Aanbesteden opdracht, inkoop (RfI of RfP)
- V-M Opstellen en beheren strategie voor sourcing
- V-M Opstellen, afsluiten en beheren contract (klant)
- V-M Verstrekken opdrachten aan leverancier
- G-A Onderzoeken en vaststellen behoeften

- G-A Opstellen en beheren businesscase
- G-A Opstellen en beheren kwaliteitsplan
- G-A Opstellen, beheren en realiseren preventieve maatregelen
- G-A Uitvoeren risicoanalyse
- G-M Inrichten informatievoorzieningsfunctie
- G-M Managen organisatorische knelpunten, problemen
- G-M Opstellen en beheren overeenkomst, contract
- G-M Opstellen en beheren projectplan
- G-M Organiseren informatievoorzieningsfunctie
- O-A Ontwikkelen en beheren maatregelen voor interne controle
- E-A Opstellen en beheren normen, criteria, randvoorwaarden
- E-A Opstellen specificaties
- E-M Bepalen prioriteit, scenario
- E-M Leidinggeven aan, aansturen, coördineren activiteit
- E-M Uitvoeren onderhandeling

e-CF competentiereferenties:
- A.01 Afstemming informatiesysteem en bedrijfsstrategie (IS and Business Strategy Alignment)
- A.02 Management dienstverleningsniveau (Service Level Management)
- A.03 Ontwikkelen van bedrijfsplannen (Business Plan Development)
- A.04 Product- of serviceplanning (Product/Service Planning)
- A.09 Innoveren (Innovating)
- D.02 Ontwikkeling ICT-kwaliteitsstrategie (ICT Quality Strategy Development)
- D.04 Inkoop (Purchasing)
- D.08 Contractmanagement (Contract Management)
- D.11 Behoeftemanagement (Needs Identification)
- E.01 Ontwikkelen van prognoses (Forecast Development)
- E.02 Project- en portfoliomanagement (Project and Portfolio Management)
- E.03 Risicomanagement (Risk Management)
- E.04 Relatiemanagement (Relationship Management)
- E.05 Procesverbetering (Process Improvement)
- E.06 ICT-kwaliteitsmanagement (ICT Quality Management)
- E.09 IT-governance (IS Governance)

VT-Competenties:
- Conceptuele kennis van Beheer van applicaties (B-IS)
- Conceptuele kennis van Mogelijkheden van de informatietechnologie (E-A)
- Toegepaste kennis van Ontwerp technische infrastructuur (O-TI)
- Toegepaste kennis van Beheer van netwerken (B-TI)
- Toegepaste kennis van Beheer van servers (B-TI)
- Toegepaste kennis van Beheer van multimedia-apparatuur (B-TI)
- Toegepaste kennis van Beheer van exploitatie en productie (B-TI)
- Ervaring met Informatiemanagement (K-BP)
- Ervaring met Beleid en strategiebepaling (K-M)
- Ervaring met Principes van sourcing (K-A)

- Ervaring met Organisatorische continuïteitmaatregelen (O-BP)
- Ervaring met Realiseren van wijzigingen in informatiesystemen (O-IS)
- Ervaring met Realiseren van technische wijzigingen (O-TI)
- Ervaring met Technische continuïteitmaatregelen (O-A)
- Ervaring met Changemanagement (I-M)
- Ervaring met Beheer van bedrijfsinformatie/gegevens (B-BP)
- Ervaring met Beheer van informatiesystemen (B-IS)
- Ervaring met Behoeftemanagement (S-M)
- Ervaring met Klantmanagement (S-M)
- Ervaring met Leveringsmanagement (S-M)
- Ervaring met Principes van dienstverlening (S-A)
- Ervaring met Leveranciersmanagement (V-M)
- Ervaring met Contractmanagement (V-M)
- Ervaring met Financieel management (F-M)
- Ervaring met Kostencalculaties (F-A)
- Ervaring met Competentiemanagement (P-M)
- Ervaring met Commercieel management (C-M)
- Ervaring met Management van (bedrijfs)processen (G-M)
- Ervaring met Planning & control (G-M)
- Ervaring met Continuïteitmanagement (G-M)
- Ervaring met Compliancemanagement (G-M)
- Ervaring met Kwaliteitsmanagement (G-M)
- Ervaring met Risicomanagement (G-M)
- Ervaring met Administratieve organisatie en interne controle (AO & IC) (E-BP)
- Ervaring met Portfoliomanagement (E-M)
- Ervaring met Projectmanagement (E-M)
- Ervaring met Risicoanalyse (E-A)
- Ervaring met Werklastbegroting (E-A)
- Ervaring met Principes, methoden en technieken voor interne controle (E-A)
- Ervaring met Principes, methoden en technieken voor kwaliteitsborging (E-A)

P-Competenties:
- Hoog niveau Sensitiviteit, inlevingsvermogen
- Hoog niveau Communicatieve vaardigheden (mondeling en/of schriftelijk)
- Hoog niveau Samenwerken in teamverbanden
- Hoog niveau Flexibiliteit
- Hoog niveau Integriteit
- Hoog niveau Conflictpreventie en -beheersing
- Hoog niveau Klantgerichtheid
- Hoog niveau Analytisch vermogen
- Hoog niveau Oordeelsvorming
- Hoog niveau Abstractievermogen
- Hoog niveau Creativiteit
- Hoog niveau Organisatiebewustzijn
- Hoog niveau Kennis van andere disciplines
- Hoog niveau Strategische visie

- Hoog niveau Commercieel inzicht
- Hoog niveau Kwaliteitsbewustzijn
- Hoog niveau Initiatief
- Hoog niveau Besluitvaardigheid
- Hoog niveau Overtuigingskracht
- Hoog niveau Onderhandelingsvaardigheid
- Hoog niveau Methodisch werken
- Hoog niveau Plannen en organiseren

Functiekwalificatie:
- Startkwalificatie: NLQF-5 NLQF – Niveau 5 – Associate Degree
- Professional: NLQF-6 NLQF – Niveau 6 – Bachelor

V-M – Tender Manager

Toelichting:
De tendermanager is verantwoordelijk voor het managen van een aanbesteding (tender) in het kader van outsourcing van ICT-diensten. Dit kan primair een managementrol zijn als manager van een dergelijk traject, en/of ook een inhoudelijke rol zijn wat betreft de inhoudelijke begeleiding en het advies over het opstellen van bijvoorbeeld een RfP en leveranciersselectie. Een tendermanager is soms ook de rol van een commerciële functionaris bij een leverancier die op basis van een RfP een offerte opstelt.
Deze functie komt voor bij grote organisaties en bij adviesbureaus die tenders begeleiden. Ook wordt deze functie soms als specifieke rol toegewezen aan een projectleider/-manager.

Alternatieve functietitels:
- Adviseur ICT-aanbesteding
- Specialist ICT-aanbesteding
- Tender Adviseur

Taken:
- K-BP Opstellen en beheren complianceplan
- K-BP Opstellen en beheren informatieplan
- K-BP Opstellen en beheren plan voor interne controle
- O-A Ontwikkelen en beheren maatregelen voor interne controle
- S-A Formuleren eisen aan ICT-dienstverlening
- S-A Onderhouden klantrelatie (niet commercieel)
- S-A Opstellen en beheren ICT-dienstencatalogus
- S-A Opstellen en beheren ICT-dienstenovereenkomsten (SLA)
- S-A Opstellen wijzigingsvoorstel dienstverlening
- C-A Onderhouden klantrelatie (commercieel)
- C-M Opstellen en beheren offerte
- F-A Opstellen en beheren begroting, bepalen investeringen en kosten
- V-A Beoordelen offerte
- V-A Leveranciersselectie
- V-A Onderhouden leveranciersrelatie

- V-M Aanbesteden opdracht, inkoop (RfI of RfP)
- V-M Opstellen en beheren strategie voor sourcing
- V-M Opstellen, afsluiten en beheren contract (klant)
- G-A Onderzoeken en vaststellen behoeften
- G-A Opstellen en beheren businesscase
- G-A Opstellen en beheren kwaliteitsplan
- G-A Opstellen oplossingsalternatieven
- G-A Opstellen, beheren en realiseren preventieve maatregelen
- G-A Uitvoeren risicoanalyse
- G-M Inrichten projectorganisatie
- G-M Opstellen en beheren overeenkomst, contract
- E-A Uitvoeren analyse
- E-A Uitvoeren selectie
- E-A Verstrekken advies
- E-A Voeren van overleg, afstemmen
- E-M Leidinggeven aan, aansturen, coördineren activiteit
- E-M Uitvoeren onderhandeling

e-CF competentiereferenties:
A.01 Afstemming informatiesysteem en bedrijfsstrategie (IS and Business Strategy Alignment)
A.02 Management dienstverleningsniveau (Service Level Management)
D.02 Ontwikkeling ICT-kwaliteitsstrategie (ICT Quality Strategy Development)
D.04 Inkoop (Purchasing)
D.05 Maken van offertes (Sales Proposal Development)
D.07 Verkoopmanagement (Sales Management)
D.11 Behoeftemanagement (Needs Identification)
E.02 Project- en portfoliomanagement (Project and Portfolio Management)
E.06 ICT-kwaliteitsmanagement (ICT Quality Management)

VT-Competenties:
- Conceptuele kennis van Beheer van applicaties (B-IS)
- Conceptuele kennis van Beheer van netwerken (B-TI)
- Conceptuele kennis van Beheer van servers (B-TI)
- Conceptuele kennis van Beheer van multimedia-apparatuur (B-TI)
- Conceptuele kennis van Beheer van exploitatie en productie (B-TI)
- Conceptuele kennis van Mogelijkheden van de informatietechnologie (E-A)
- Toegepaste kennis van Realiseren van wijzigingen in informatiesystemen (O-IS)
- Toegepaste kennis van Technische continuïteitmaatregelen (O-A)
- Toegepaste kennis van Principes, methoden en technieken voor beveiliging (G-A)
- Ervaring met Informatiemanagement (K-BP)
- Ervaring met Beleid en strategiebepaling (K-M)
- Ervaring met Principes van sourcing (K-A)
- Ervaring met Organisatorische continuïteitmaatregelen (O-BP)
- Ervaring met Changemanagement (I-M)
- Ervaring met Beheer van bedrijfsinformatie/gegevens (B-BP)
- Ervaring met Beheer van informatiesystemen (B-IS)

- Ervaring met Behoeftemanagement (S-M)
- Ervaring met Klantmanagement (S-M)
- Ervaring met Leveringsmanagement (S-M)
- Ervaring met Principes van dienstverlening (S-A)
- Ervaring met Leveranciersmanagement (V-M)
- Ervaring met Contractmanagement (V-M)
- Ervaring met Financieel management (F-M)
- Ervaring met Kostencalculaties (F-A)
- Ervaring met Competentiemanagement (P-M)
- Ervaring met Commercieel management (C-M)
- Ervaring met Management van (bedrijfs)processen (G-M)
- Ervaring met Planning & control (G-M)
- Ervaring met Continuïteitmanagement (G-M)
- Ervaring met Compliancemanagement (G-M)
- Ervaring met Kwaliteitsmanagement (G-M)
- Ervaring met Risicomanagement (G-M)
- Ervaring met Administratieve organisatie en interne controle (AO & IC) (E-BP)
- Ervaring met Projectmanagement (E-M)
- Ervaring met Risicoanalyse (E-A)
- Ervaring met Werklastbegroting (E-A)
- Ervaring met Principes, methoden en technieken voor interne controle (E-A)
- Ervaring met Principes, methoden en technieken voor kwaliteitsborging (E-A)

P-Competenties:
- Hoog niveau Sensitiviteit, inlevingsvermogen
- Hoog niveau Communicatieve vaardigheden (mondeling en/of schriftelijk)
- Hoog niveau Samenwerken in teamverbanden
- Hoog niveau Flexibiliteit
- Hoog niveau Integriteit
- Hoog niveau Klantgerichtheid
- Hoog niveau Analytisch vermogen
- Hoog niveau Oordeelsvorming
- Hoog niveau Abstractievermogen
- Hoog niveau Creativiteit
- Hoog niveau Organisatiebewustzijn
- Hoog niveau Kennis van andere disciplines
- Hoog niveau Strategische visie
- Hoog niveau Commercieel inzicht
- Hoog niveau Kwaliteitsbewustzijn
- Hoog niveau Besluitvaardigheid
- Hoog niveau Overtuigingskracht
- Hoog niveau Onderhandelingsvaardigheid
- Hoog niveau Methodisch werken
- Hoog niveau Plannen en organiseren

Functiekwalificatie:
- Startkwalificatie: NLQF-5 NLQF – Niveau 5 – Associate Degree
- Professional: NLQF-6 NLQF – Niveau 6 – Bachelor

V-M – Manager Regie

Toelichting:
De manager regie is primair verantwoordelijk voor de aansturing van de regieorganisatie. Deze regieorganisatie en de functie zijn ontstaan in het kader van de structurele outsourcing van de ontwikkeling en het beheer (de operations) van de ICT aan leveranciers. De regieorganisatie is de interface tussen de gebruikersorganisatie (de business) en de leverancier of outsourcing partij. In de regieorganisatie wordt de (functionele) behoefte aan ICT-middelen en ondersteunende diensten door de leverancier (de demand) afgestemd op het aanbod van de leverancier (de supply); dit wordt met de leverancier afgestemd en/of er wordt aangestuurd op de ontwikkeling en/of de levering van de gewenste ICT-middelen en ondersteunende diensten. Dit wordt ook wel het demand/supply-proces genoemd. Steeds meer wordt onderkend dat 'regie' niet alleen moet worden geplaatst in het licht van het demand/supply-proces maar dat regie feitelijk doelt op de brede coördinatie van de ontwikkeling en het beheer van de informatievoorziening. De regie in deze brede context wordt in het algemeen toegewezen aan een informatiemanager (of aan functies met soortgelijke titels). De afstemming met en de aansturing van de leverancier wordt operationeel meestal uitgevoerd door een leveranciersmanager, contractmanager en dergelijke; de manager regie coördineert alle werkzaamheden binnen de regieorganisatie.
Deze functie komt voor in alle bedrijven die structureel hun ICT hebben uitbesteed, en soms als rol van bijvoorbeeld een informatiemanager.

Alternatieve functietitels:
- Contract Manager
- Leverancier Manager
- Outsourcing Manager

Taken:
- K-BP Opstellen en beheren beveiligingsplan
- K-BP Opstellen en beheren complianceplan
- K-BP Opstellen en beheren continuïteitplan
- K-BP Opstellen en beheren informatiebeleid
- K-BP Opstellen en beheren plan voor interne controle
- K-M Opstellen en beheren projectenportfolio
- O-A Ontwikkelen en beheren maatregelen voor interne controle
- O-A Ontwikkelen en beheren technische maatregelen voor beveiliging
- O-A Opstellen en beheren technisch calamiteitenplan
- S-A Bewaken dienstenlevering
- S-A Formuleren eisen aan ICT-dienstverlening
- S-A Invoeren (wijziging) dienstverlening
- S-A Onderhouden klantrelatie (niet commercieel)
- S-A Opstellen en beheren ICT-dienstencatalogus
- S-A Opstellen en beheren ICT-dienstenovereenkomsten (SLA)

- S-A Opstellen wijzigingsvoorstel dienstverlening
- F-A Beheren bedrijfswaarde van componenten
- F-A Beheren financiële administratie
- F-A Opstellen en beheren begroting, bepalen investeringen en kosten
- P-M Toewijzen taken aan medewerkers
- V-A Beoordelen offerte
- V-A Leveranciersselectie
- V-A Onderhouden leveranciersrelatie
- V-M Aanbesteden opdracht, inkoop (RfI of RfP)
- V-M Opstellen en beheren strategie voor sourcing
- V-M Opstellen, afsluiten en beheren contract (klant)
- V-M Verstrekken opdrachten aan leverancier
- G-A Onderzoeken en vaststellen behoeften
- G-A Ontwerpen en beheren procedure
- G-A Opstellen en beheren kwaliteitsplan
- G-A Opstellen oplossingsalternatieven
- G-A Opstellen, beheren en realiseren preventieve maatregelen
- G-A Uitvoeren risicoanalyse
- G-M Goedkeuren/beoordelen opdracht, verzoek en dergelijke
- G-M Managen organisatorische knelpunten, problemen
- G-M Managen technische knelpunten, problemen
- G-M Opstellen en beheren overeenkomst, contract
- G-M Vaststellen en toewijzen taken, verantwoordelijkheden, bevoegdheden
- E-A Uitvoeren evaluatie, review
- E-A Verstrekken advies
- E-A Voeren van overleg, afstemmen
- E-M Leidinggeven aan, aansturen, coördineren activiteit
- E-M Uitvoeren onderhandeling

e-CF competentiereferenties:
- A.01 Afstemming informatiesysteem en bedrijfsstrategie (IS and Business Strategy Alignment)
- A.02 Management dienstverleningsniveau (Service Level Management)
- A.03 Ontwikkelen van bedrijfsplannen (Business Plan Development)
- A.04 Product- of serviceplanning (Product/Service Planning)
- A.07 Volgen van technologische ontwikkelingen (Technology Trend Monitoring)
- A.09 Innoveren (Innovating)
- C.03 Dienstverlening (Service Delivery)
- C.04 Probleemmanagement (Problem Management)
- D.01 Strategieontwikkeling informatiebeveiliging (Information Security Strategy Development)
- D.02 Ontwikkeling ICT-kwaliteitsstrategie (ICT Quality Strategy Development)
- D.04 Inkoop (Purchasing)
- D.08 Contractmanagement (Contract Management)
- D.11 Behoeftemanagement (Needs Identification)
- E.01 Ontwikkelen van prognoses (Forecast Development)

- E.02 Project- en portfoliomanagement (Project and Portfolio Management)
- E.03 Risicomanagement (Risk Management)
- E.04 Relatiemanagement (Relationship Management)
- E.05 Procesverbetering (Process Improvement)
- E.06 ICT-kwaliteitsmanagement (ICT Quality Management)
- E.09 IT-governance (IS Governance)

VT-Competenties:

- Conceptuele kennis van Beheer van applicaties (B-IS)
- Conceptuele kennis van Gebruik van applicaties (E-IS)
- Toegepaste kennis van Realiseren van wijzigingen in informatiesystemen (O-IS)
- Toegepaste kennis van Realiseren van technische wijzigingen (O-TI)
- Ervaring met Beleid en strategiebepaling (K-M)
- Ervaring met Principes van sourcing (K-A)
- Ervaring met Realiseren van organisatiewijzigingen (O-BP)
- Ervaring met Organisatorische continuïteitmaatregelen (O-BP)
- Ervaring met Technische continuïteitmaatregelen (O-A)
- Ervaring met Changemanagement (I-M)
- Ervaring met Beheer van bedrijfsinformatie/gegevens (B-BP)
- Ervaring met Beheer van informatiesystemen (B-IS)
- Ervaring met Beheer van netwerken (B-TI)
- Ervaring met Beheer van servers (B-TI)
- Ervaring met Beheer van multimedia-apparatuur (B-TI)
- Ervaring met Beheer van exploitatie en productie (B-TI)
- Ervaring met Incidentmanagement (S-M)
- Ervaring met Behoeftemanagement (S-M)
- Ervaring met Klantmanagement (S-M)
- Ervaring met Leveringsmanagement (S-M)
- Ervaring met Principes van dienstverlening (S-A)
- Ervaring met Leveranciersmanagement (V-M)
- Ervaring met Contractmanagement (V-M)
- Ervaring met Financieel management (F-M)
- Ervaring met Kostencalculaties (F-A)
- Ervaring met Commercieel management (C-M)
- Ervaring met Management van (bedrijfs)processen (G-M)
- Ervaring met Planning & control (G-M)
- Ervaring met Continuïteitmanagement (G-M)
- Ervaring met Compliancemanagement (G-M)
- Ervaring met Kwaliteitsmanagement (G-M)
- Ervaring met Risicomanagement (G-M)
- Ervaring met Bedrijfskunde (E-BP)
- Ervaring met Administratieve organisatie en interne controle (AO & IC) (E-BP)
- Ervaring met Portfoliomanagement (E-M)
- Ervaring met Projectmanagement (E-M)
- Ervaring met Risicoanalyse (E-A)
- Ervaring met Werklastbegroting (E-A)

- Ervaring met Principes, methoden en technieken voor interne controle (E-A)
- Ervaring met Principes, methoden en technieken voor kwaliteitsborging (E-A)

P-Competenties:
- Hoog niveau Leiderschap
- Hoog niveau Sensitiviteit, inlevingsvermogen
- Hoog niveau Communicatieve vaardigheden (mondeling en/of schriftelijk)
- Hoog niveau Samenwerken in teamverbanden
- Hoog niveau Flexibiliteit
- Hoog niveau Integriteit
- Hoog niveau Stressbestendigheid
- Hoog niveau Conflictpreventie en -beheersing
- Hoog niveau Klantgerichtheid
- Hoog niveau Oordeelsvorming
- Hoog niveau Creativiteit
- Hoog niveau Organisatiebewustzijn
- Hoog niveau Kennis van andere disciplines
- Hoog niveau Strategische visie
- Hoog niveau Commercieel inzicht
- Hoog niveau Kwaliteitsbewustzijn
- Hoog niveau Initiatief
- Hoog niveau Besluitvaardigheid
- Hoog niveau Overtuigingskracht
- Hoog niveau Onderhandelingsvaardigheid
- Hoog niveau Plannen en organiseren

Functiekwalificatie:
- Startkwalificatie: NLQF-5 NLQF – Niveau 5 – Associate Degree
- Professional: NLQF-6 NLQF – Niveau 6 – Bachelor

V-M – Leverancier Manager

Toelichting:
De leveranciersmanager is verantwoordelijk voor het aansturen van een leverancier op de inhoudelijke aspecten van de met een leverancier overeengekomen dienstverlening, waaronder het verstrekken van opdrachten aan de betreffende leverancier. Meestal is de leveranciersmanager actief binnen de context van outsourcing, maar kan in bredere context verantwoordelijk zijn voor het tactische en operationele overleg met de leverancier. De contractmanager en/of de procurementmanager is meestal naast de leveranciersmanager verantwoordelijk voor het beheer van het contract (de juridisch en financiële aspecten van een contract). De leveranciersmanager heeft vaak een service (level) manager als zijn rechterhand voor het inhoudelijk formuleren van de eisen aan de dienstverlening en de controle daarop (kwaliteit van de dienstverlening).
Deze functie komt als verbijzonderde functie voor bij de wat grotere organisaties die structureel gebruikmaken van outsourcingcontracten. Indien deze functie niet expliciet is benoemd, wordt deze als rol vaak gecombineerd met die van contractmanager of service (level) manager.

Alternatieve functietitels:
- Vendor Manager

Taken:
- K-BP Opstellen en beheren complianceplan
- K-BP Opstellen en beheren continuïteitplan
- K-BP Opstellen en beheren plan voor interne controle
- K-M Opstellen en beheren projectenportfolio
- O-A Ontwikkelen en beheren maatregelen voor interne controle
- S-A Bewaken dienstenlevering
- S-A Formuleren eisen aan ICT-dienstverlening
- S-A Invoeren (wijziging) dienstverlening
- S-A Onderhouden klantrelatie (niet commercieel)
- S-A Opstellen en beheren ICT-dienstencatalogus
- S-A Opstellen en beheren ICT-dienstenovereenkomsten (SLA)
- S-A Opstellen wijzigingsvoorstel dienstverlening
- F-A Beheren bedrijfswaarde van componenten
- F-A Opstellen en beheren begroting, bepalen investeringen en kosten
- V-A Beoordelen offerte
- V-A Leveranciersselectie
- V-A Onderhouden leveranciersrelatie
- V-M Aanbesteden opdracht, inkoop (RfI of RfP)
- V-M Opstellen en beheren strategie voor sourcing
- V-M Opstellen, afsluiten en beheren contract (klant)
- V-M Verstrekken opdrachten aan leverancier
- G-A Onderzoeken en vaststellen behoeften
- G-A Opstellen en beheren businesscase
- G-A Opstellen en beheren kwaliteitsplan
- G-A Opstellen, beheren en realiseren preventieve maatregelen
- G-A Uitvoeren risicoanalyse
- G-M Goedkeuren/beoordelen opdracht, verzoek en dergelijke
- G-M Managen organisatorische knelpunten, problemen
- G-M Managen technische knelpunten, problemen
- G-M Managen wijziging
- G-M Opstellen en beheren overeenkomst, contract
- E-A Uitvoeren evaluatie, review
- E-A Voeren van overleg, afstemmen
- E-M Bepalen prioriteit, scenario
- E-M Leidinggeven aan, aansturen, coördineren activiteit
- E-M Uitvoeren onderhandeling

e-CF competentiereferenties:
- A.02 Management dienstverleningsniveau (Service Level Management)
- A.03 Ontwikkelen van bedrijfsplannen (Business Plan Development)
- C.03 Dienstverlening (Service Delivery)
- D.04 Inkoop (Purchasing)

- D.08 Contractmanagement (Contract Management)
- D.11 Behoeftemanagement (Needs Identification)
- E.01 Ontwikkelen van prognoses (Forecast Development)
- E.02 Project- en portfoliomanagement (Project and Portfolio Management)
- E.03 Risicomanagement (Risk Management)
- E.04 Relatiemanagement (Relationship Management)
- E.06 ICT-kwaliteitsmanagement (ICT Quality Management)
- E.09 IT-governance (IS Governance)

VT-Competenties:
- Conceptuele kennis van Beheer van applicaties (B-IS)
- Conceptuele kennis van Beheer van netwerken (B-TI)
- Conceptuele kennis van Beheer van servers (B-TI)
- Conceptuele kennis van Beheer van multimedia-apparatuur (B-TI)
- Conceptuele kennis van Beheer van exploitatie en productie (B-TI)
- Toegepaste kennis van Realiseren van wijzigingen in informatiesystemen (O-IS)
- Ervaring met Beleid en strategiebepaling (K-M)
- Ervaring met Principes van sourcing (K-A)
- Ervaring met Realiseren van organisatiewijzigingen (O-BP)
- Ervaring met Organisatorische continuïteitmaatregelen (O-BP)
- Ervaring met Technische continuïteitmaatregelen (O-A)
- Ervaring met Changemanagement (I-M)
- Ervaring met Beheer van bedrijfsinformatie/gegevens (B-BP)
- Ervaring met Beheer van informatiesystemen (B-IS)
- Ervaring met Behoeftemanagement (S-M)
- Ervaring met Klantmanagement (S-M)
- Ervaring met Leveringsmanagement (S-M)
- Ervaring met Principes van dienstverlening (S-A)
- Ervaring met Leveranciersmanagement (V-M)
- Ervaring met Contractmanagement (V-M)
- Ervaring met Financieel management (F-M)
- Ervaring met Kostencalculaties (F-A)
- Ervaring met Commercieel management (C-M)
- Ervaring met Management van (bedrijfs)processen (G-M)
- Ervaring met Planning & control (G-M)
- Ervaring met Continuïteitmanagement (G-M)
- Ervaring met Compliancemanagement (G-M)
- Ervaring met Kwaliteitsmanagement (G-M)
- Ervaring met Risicomanagement (G-M)
- Ervaring met Administratieve organisatie en interne controle (AO & IC) (E-BP)
- Ervaring met Portfoliomanagement (E-M)
- Ervaring met Projectmanagement (E-M)
- Ervaring met Risicoanalyse (E-A)
- Ervaring met Werklastbegroting (E-A)
- Ervaring met Principes, methoden en technieken voor interne controle (E-A)
- Ervaring met Principes, methoden en technieken voor kwaliteitsborging (E-A)

P-Competenties:
- Hoog niveau Sensitiviteit, inlevingsvermogen
- Hoog niveau Communicatieve vaardigheden (mondeling en/of schriftelijk)
- Hoog niveau Samenwerken in teamverbanden
- Hoog niveau Conflictpreventie en -beheersing
- Hoog niveau Klantgerichtheid
- Hoog niveau Oordeelsvorming
- Hoog niveau Organisatiebewustzijn
- Hoog niveau Kennis van andere disciplines
- Hoog niveau Strategische visie
- Hoog niveau Commercieel inzicht
- Hoog niveau Kwaliteitsbewustzijn
- Hoog niveau Initiatief
- Hoog niveau Besluitvaardigheid
- Hoog niveau Overtuigingskracht
- Hoog niveau Onderhandelingsvaardigheid
- Hoog niveau Plannen en organiseren

Functiekwalificatie:
- Startkwalificatie: NLQF-5 NLQF – Niveau 5 – Associate Degree
- Professional: NLQF-6 NLQF – Niveau 6 – Bachelor

V-M – Contract Manager (klant)

Toelichting:
De contractmanager bij een klantorganisatie is verantwoordelijk voor het – namens een klant – afsluiten en beheren van contracten met leveranciers. In het algemeen wordt deze functie verbonden aan het managen van het contract in het kader van outsourcing, maar ze kan ook betrekking hebben op het beheer van contracten met alle leveranciers. De focus van deze functie ligt bij het beheren van de juridische en de financiële aspecten van een contractuele overeenkomst. Wat betreft de controle op de kwaliteit van de dienstverlening wordt de contractmanager meestal geïnformeerd door een service (level) manager (of dergelijke functionarissen) bij de klant. Meestal is ook het beheer (opstellen, afsluiten en controle op) SLA's bij een service (level) manager in de klantorganisatie belegd.
Deze functie komt als expliciete functie of als rol in de meeste organisaties voor die (delen van) hun ICT hebben uitbesteed. Daarbij kan deze functie als rol worden gecombineerd met de functie van leveranciersmanager (of soms zelf met de functie van service (level) manager).

Alternatieve functietitels:
- Contract Beheerder
- Leverancier Manager
- Procurement Manager
- Service Manager

Taken:
- K-BP Opstellen en beheren complianceplan
- K-BP Opstellen en beheren continuïteitplan

- K-BP Opstellen en beheren plan voor interne controle
- K-M Opstellen en beheren beleid voor inkoop, inhuur en dergelijke
- O-BP Ontwerpen en beheren bedrijfsprocessen
- S-A Bewaken dienstenlevering
- S-A Formuleren eisen aan ICT-dienstverlening
- S-A Onderhouden klantrelatie (niet commercieel)
- S-A Opstellen wijzigingsvoorstel dienstverlening
- V-A Beoordelen offerte
- V-A Leveranciersselectie
- V-A Onderhouden leveranciersrelatie
- V-M Aanbesteden opdracht, inkoop (RfI of RfP)
- V-M Opstellen en beheren strategie voor sourcing
- V-M Opstellen, afsluiten en beheren contract (klant)
- V-M Verstrekken opdrachten aan leverancier
- G-A Opstellen en beheren businesscase
- G-A Opstellen en beheren kwaliteitsplan
- G-M Goedkeuren/beoordelen opdracht, verzoek en dergelijke
- G-M Managen organisatorische knelpunten, problemen
- G-M Opstellen en beheren overeenkomst, contract
- E-A Voeren van overleg, afstemmen
- E-M Uitvoeren onderhandeling

e-CF competentiereferenties:
- A.01 Afstemming informatiesysteem en bedrijfsstrategie (IS and Business Strategy Alignment)
- A.02 Management dienstverleningsniveau (Service Level Management)
- D.04 Inkoop (Purchasing)
- D.08 Contractmanagement (Contract Management)
- E.01 Ontwikkelen van prognoses (Forecast Development)
- E.04 Relatiemanagement (Relationship Management)

VT-Competenties:
- Conceptuele kennis van Beheer van bedrijfsinformatie/gegevens (B-BP)
- Toegepaste kennis van Commercieel management (C-M)
- Toegepaste kennis van Bedrijfskunde (E-BP)
- Ervaring met Informatiemanagement (K-BP)
- Ervaring met Beleid en strategiebepaling (K-M)
- Ervaring met Principes van sourcing (K-A)
- Ervaring met Realiseren van organisatiewijzigingen (O-BP)
- Ervaring met Organisatorische continuïteitmaatregelen (O-BP)
- Ervaring met Technische continuïteitmaatregelen (O-A)
- Ervaring met Changemanagement (I-M)
- Ervaring met Beheer van informatiesystemen (B-IS)
- Ervaring met Behoeftemanagement (S-M)
- Ervaring met Klantmanagement (S-M)
- Ervaring met Leveringsmanagement (S-M)
- Ervaring met Principes van dienstverlening (S-A)

- Ervaring met Leveranciersmanagement (V-M)
- Ervaring met Contractmanagement (V-M)
- Ervaring met Financieel management (F-M)
- Ervaring met Kostencalculaties (F-A)
- Ervaring met Management van (bedrijfs)processen (G-M)
- Ervaring met Planning & control (G-M)
- Ervaring met Continuïteitmanagement (G-M)
- Ervaring met Compliancemanagement (G-M)
- Ervaring met Kwaliteitsmanagement (G-M)
- Ervaring met Risicomanagement (G-M)
- Ervaring met Administratieve organisatie en interne controle (AO & IC) (E-BP)
- Ervaring met Portfoliomanagement (E-M)
- Ervaring met Projectmanagement (E-M)
- Ervaring met Risicoanalyse (E-A)
- Ervaring met Werklastbegroting (E-A)
- Ervaring met Principes, methoden en technieken voor interne controle (E-A)
- Ervaring met Principes, methoden en technieken voor kwaliteitsborging (E-A)

P-Competenties:
- Hoog niveau Sensitiviteit, inlevingsvermogen
- Hoog niveau Communicatieve vaardigheden (mondeling en/of schriftelijk)
- Hoog niveau Samenwerken in teamverbanden
- Hoog niveau Flexibiliteit
- Hoog niveau Integriteit
- Hoog niveau Conflictpreventie en -beheersing
- Hoog niveau Klantgerichtheid
- Hoog niveau Oordeelsvorming
- Hoog niveau Abstractievermogen
- Hoog niveau Creativiteit
- Hoog niveau Organisatiebewustzijn
- Hoog niveau Strategische visie
- Hoog niveau Commercieel inzicht
- Hoog niveau Kwaliteitsbewustzijn
- Hoog niveau Besluitvaardigheid
- Hoog niveau Overtuigingskracht
- Hoog niveau Onderhandelingsvaardigheid
- Hoog niveau Plannen en organiseren

Functiekwalificatie:
- Startkwalificatie: NLQF-5 NLQF – Niveau 5 – Associate Degree
- Professional: NLQF-6 NLQF – Niveau 6 – Bachelor

V-M – Transitie Manager

Toelichting:
Een transitiemanager is verantwoordelijk voor het managen van de overdracht en het inregelen van de diensten van een – in het kader van outsourcing – gecontracteerde leverancier. Indien er

sprake is van een 'latende' en een nieuwe leverancier coördineert de transitiemanager de overdracht van de diensten en eventuele assets tussen beide leveranciers.
Zowel aan de kant van de klant als bij de (nieuwe) leverancier wordt deze functie meestal benoemd. Deze functie is een verbijzonderde vorm van een projectleider en wordt bij een leverancier in het algemeen expliciet benoemd.

Alternatieve functietitels:
- Migratie Manager

Taken:
- K-BP Opstellen en beheren complianceplan
- K-BP Opstellen en beheren continuïteitplan
- K-BP Opstellen en beheren plan voor interne controle
- K-M Opstellen en beheren projectenportfolio
- B-IS Beheren en bewaken kwaliteit informatiesysteem
- I-A Bepalen migratiestap
- I-BP Invoeren (wijziging) bedrijfsproces
- O-A Ontwikkelen en beheren maatregelen voor interne controle
- O-A Opstellen en beheren organisatorisch calamiteitenplan
- O-A Opstellen en beheren technisch calamiteitenplan
- S-A Formuleren eisen aan ICT-dienstverlening
- S-A Invoeren (wijziging) dienstverlening
- S-A Onderhouden klantrelatie (niet commercieel)
- S-A Opstellen en beheren ICT-dienstenovereenkomsten (SLA)
- S-A Opstellen wijzigingsvoorstel dienstverlening
- P-M Toewijzen taken aan medewerkers
- V-A Onderhouden leveranciersrelatie
- V-M Verstrekken opdrachten aan leverancier
- C-A Onderhouden klantrelatie (commercieel)
- G-A Opstellen en beheren kwaliteitsplan
- G-A Uitvoeren risicoanalyse
- G-A Verzorgen kennisoverdracht
- G-M Inrichten projectorganisatie
- G-M Managen organisatorische knelpunten, problemen
- G-M Managen technische knelpunten, problemen
- G-M Opstellen en beheren projectplan
- G-M Opstellen operationeel werkplan
- G-M Vaststellen en toewijzen taken, verantwoordelijkheden, bevoegdheden

e-CF competentiereferenties:
- A.02 Management dienstverleningsniveau (Service Level Management)
- C.02 Ondersteunen van wijzigingen (Change Support)
- C.03 Dienstverlening (Service Delivery)
- E.02 Project- en portfoliomanagement (Project and Portfolio Management)
- E.04 Relatiemanagement (Relationship Management)
- E.06 ICT-kwaliteitsmanagement (ICT Quality Management)

VT-Competenties:

- Conceptuele kennis van Architectuurprincipes voor modelleren van technische infrastructuur (A-TI)
- Conceptuele kennis van Beheer van applicaties (B-IS)
- Conceptuele kennis van Netwerktechnologie (G-TI)
- Conceptuele kennis van Servertechnologie (G-TI)
- Toegepaste kennis van Architectuurprincipes voor modelleren van informatievoorziening/systemen (A-IS)
- Toegepaste kennis van Beheer van netwerken (B-TI)
- Toegepaste kennis van Beheer van servers (B-TI)
- Toegepaste kennis van Beheer van multimedia-apparatuur (B-TI)
- Toegepaste kennis van Beheer van exploitatie en productie (B-TI)
- Ervaring met Principes van sourcing (K-A)
- Ervaring met Organisatieanalyse (O-BP)
- Ervaring met Organisatieontwerp (O-BP)
- Ervaring met Realiseren van organisatiewijzigingen (O-BP)
- Ervaring met Organisatorische continuïteitmaatregelen (O-BP)
- Ervaring met Realiseren van wijzigingen in informatiesystemen (O-IS)
- Ervaring met Realiseren van technische wijzigingen (O-TI)
- Ervaring met Technische continuïteitmaatregelen (O-A)
- Ervaring met Changemanagement (I-M)
- Ervaring met Beheer van bedrijfsinformatie/gegevens (B-BP)
- Ervaring met Beheer van informatiesystemen (B-IS)
- Ervaring met Versie- en configuratiebeheer (B-A)
- Ervaring met Behoeftemanagement (S-M)
- Ervaring met Klantmanagement (S-M)
- Ervaring met Leveringsmanagement (S-M)
- Ervaring met Principes van dienstverlening (S-A)
- Ervaring met Leveranciersmanagement (V-M)
- Ervaring met Contractmanagement (V-M)
- Ervaring met Kostencalculaties (F-A)
- Ervaring met Planning & control (G-M)
- Ervaring met Continuïteitmanagement (G-M)
- Ervaring met Compliancemanagement (G-M)
- Ervaring met Kwaliteitsmanagement (G-M)
- Ervaring met Risicomanagement (G-M)
- Ervaring met Principes, methoden en technieken voor beveiliging (G-A)
- Ervaring met Opstellen van gebruikersdocumentatie (G-A)
- Ervaring met Opstellen van technische documentatie (G-A)
- Ervaring met Administratieve organisatie en interne controle (AO & IC) (E-BP)
- Ervaring met Portfoliomanagement (E-M)
- Ervaring met Projectmanagement (E-M)
- Ervaring met Risicoanalyse (E-A)
- Ervaring met Werklastbegroting (E-A)
- Ervaring met Principes, methoden en technieken voor interne controle (E-A)
- Ervaring met Principes, methoden en technieken voor kwaliteitsborging (E-A)
- Ervaring met Testen (E-A)

P-Competenties:
- Gemiddeld niveau Stressbestendigheid
- Hoog niveau Leiderschap
- Hoog niveau Sensitiviteit, inlevingsvermogen
- Hoog niveau Communicatieve vaardigheden (mondeling en/of schriftelijk)
- Hoog niveau Samenwerken in teamverbanden
- Hoog niveau Flexibiliteit
- Hoog niveau Integriteit
- Hoog niveau Conflictpreventie en -beheersing
- Hoog niveau Klantgerichtheid
- Hoog niveau Oordeelsvorming
- Hoog niveau Creativiteit
- Hoog niveau Organisatiebewustzijn
- Hoog niveau Kwaliteitsbewustzijn
- Hoog niveau Initiatief
- Hoog niveau Besluitvaardigheid
- Hoog niveau Overtuigingskracht
- Hoog niveau Onderhandelingsvaardigheid
- Hoog niveau Accuratesse
- Hoog niveau Methodisch werken
- Hoog niveau Plannen en organiseren

Functiekwalificatie:
- Startkwalificatie: NLQF-5 NLQF – Niveau 5 – Associate Degree
- Professional: NLQF-6 NLQF – Niveau 6 – Bachelor

V-A – Sourcing Adviseur

Toelichting:
De sourcingadviseur is specialist wat betreft het vaststellen van de behoeften aan ICT-diensten en het vertalen daarvan naar advies over eisen die aan leveranciers en hun dienstverlening moeten worden gesteld. Daarbij beoordeelt hij – meestal in het kader van structurele outsourcing – welke ICT-activiteiten door een klantorganisatie (beter) zelf kunnen worden uitgevoerd en welke beter kunnen worden uitbesteed aan een professionele leverancier. Ook de vorm waarin aan een samenwerking tussen klant en leverancier het beste vorm en inhoud kan worden gegeven, behoort tot de scope van de werkzaamheden van de sourcingadviseur. Vaak wordt de beslissing over al dan niet outsourcen en de contractuele vorm van samenwerking vastgelegd in een sourcingbeleid en onderbouwd met een (financiële) businesscase. Na de beslissing op basis van het sourcingbeleid en de (financiële) businesscase begeleidt een sourcingadviseur het aanbestedingstraject (RfI, RfP, tender en leveranciersselectie). De sourcingadviseur is vaak betrokken bij het opstellen van het contract met de geselecteerde leverancier(s) op inhoudelijk vlak (SLA's en dergelijke om de dienstverlening te definiëren), maar voor de juridische en financiële aspecten van het contract is de procurementmanager meer verantwoordelijk. De sourcingadviseur is vaak ook betrokken bij het ontwerp van de governance tussen klant en leverancier. Deze functie komt als verbijzonderde functie voor bij de wat grotere organisaties, of is een rol van een consultant van een op dit vakgebied gespecialiseerd adviesbureau.

Alternatieve functietitels:
- Adviseur ICT-inkoop
- Sourcing Specialist

Taken:
- K-BP Opstellen en beheren complianceplan
- K-BP Opstellen en beheren continuïteitplan
- K-BP Opstellen en beheren informatiebeleid
- K-BP Opstellen en beheren informatieplan
- K-BP Opstellen en beheren plan voor interne controle
- K-M Opstellen en beheren beleid voor inkoop, inhuur en dergelijke
- O-A Ontwikkelen en beheren maatregelen voor interne controle
- O-BP Analyseren veranderingsvermogen
- O-BP Vaststellen en beheren gewenste informatievoorziening
- I-BP Invoeren (wijziging) bedrijfsproces
- I-M Bepalen en beheren invoeringsstrategie
- B-BP Beheren bedrijfsinformatie
- B-BP Beheren en bewaken kwaliteit bedrijfsproces
- B-IS Beheren en bewaken kwaliteit informatiesysteem
- S-A Formuleren eisen aan ICT-dienstverlening
- S-A Invoeren (wijziging) dienstverlening
- S-A Onderhouden klantrelatie (niet commercieel)
- S-A Opstellen en beheren ICT-dienstencatalogus
- S-A Opstellen en beheren ICT-dienstenovereenkomsten (SLA)
- S-A Opstellen wijzigingsvoorstel dienstverlening
- F-A Beheren bedrijfswaarde van componenten
- F-A Opstellen en beheren begroting, bepalen investeringen en kosten
- V-A Beoordelen offerte
- V-A Leveranciersselectie
- V-M Aanbesteden opdracht, inkoop (RfI of RfP)
- V-M Opstellen en beheren strategie voor sourcing
- V-M Opstellen, afsluiten en beheren contract (klant)
- G-A Onderzoeken en vaststellen behoeften
- G-A Opstellen en beheren businesscase
- G-A Opstellen en beheren kwaliteitsplan
- G-A Opstellen oplossingsalternatieven
- G-A Opstellen, beheren en realiseren preventieve maatregelen
- G-A Samenstellen rapport
- G-A Uitvoeren risicoanalyse
- G-M Inrichten projectorganisatie
- G-M Managen organisatorische knelpunten, problemen
- G-M Opstellen en beheren overeenkomst, contract
- G-M Opstellen en beheren projectplan
- G-M Organiseren informatievoorzieningsfunctie
- E-A Verstrekken advies
- E-A Voeren van overleg, afstemmen

e-CF competentiereferenties:
- A.01 Afstemming informatiesysteem en bedrijfsstrategie (IS and Business Strategy Alignment)
- A.03 Ontwikkelen van bedrijfsplannen (Business Plan Development)
- A.04 Product- of serviceplanning (Product/Service Planning)
- A.09 Innoveren (Innovating)
- D.02 Ontwikkeling ICT-kwaliteitsstrategie (ICT Quality Strategy Development)
- D.04 Inkoop (Purchasing)
- D.08 Contractmanagement (Contract Management)
- D.10 Informatie- en kennismanagement (Information and Knowledge Management)
- D.11 Behoeftemanagement (Needs Identification)
- E.01 Ontwikkelen van prognoses (Forecast Development)
- E.02 Project- en portfoliomanagement (Project and Portfolio Management)
- E.03 Risicomanagement (Risk Management)
- E.04 Relatiemanagement (Relationship Management)
- E.05 Procesverbetering (Process Improvement)
- E.06 ICT-kwaliteitsmanagement (ICT Quality Management)
- E.09 IT-governance (IS Governance)

VT-Competenties:
- Conceptuele kennis van Beheer van netwerken (B-TI)
- Conceptuele kennis van Beheer van servers (B-TI)
- Conceptuele kennis van Beheer van multimedia-apparatuur (B-TI)
- Conceptuele kennis van Beheer van exploitatie en productie (B-TI)
- Ervaring met Informatiemanagement (K-BP)
- Ervaring met Informatieplanning (K-IS)
- Ervaring met Beleid en strategiebepaling (K-M)
- Ervaring met Principes van sourcing (K-A)
- Ervaring met Organisatieanalyse (O-BP)
- Ervaring met Organisatieontwerp (O-BP)
- Ervaring met Realiseren van organisatiewijzigingen (O-BP)
- Ervaring met Organisatorische continuïteitmaatregelen (O-BP)
- Ervaring met Realiseren van wijzigingen in informatiesystemen (O-IS)
- Ervaring met Realiseren van technische wijzigingen (O-TI)
- Ervaring met Technische continuïteitmaatregelen (O-A)
- Ervaring met Changemanagement (I-M)
- Ervaring met Beheer van bedrijfsinformatie/gegevens (B-BP)
- Ervaring met Beheer van informatiesystemen (B-IS)
- Ervaring met Behoeftemanagement (S-M)
- Ervaring met Klantmanagement (S-M)
- Ervaring met Leveringsmanagement (S-M)
- Ervaring met Principes van dienstverlening (S-A)
- Ervaring met Leveranciersmanagement (V-M)
- Ervaring met Contractmanagement (V-M)
- Ervaring met Financieel management (F-M)
- Ervaring met Kostencalculaties (F-A)

- Ervaring met Commercieel management (C-M)
- Ervaring met Management van (bedrijfs)processen (G-M)
- Ervaring met Planning & control (G-M)
- Ervaring met Continuïteitmanagement (G-M)
- Ervaring met Compliancemanagement (G-M)
- Ervaring met Kwaliteitsmanagement (G-M)
- Ervaring met Risicomanagement (G-M)
- Ervaring met Administratieve organisatie en interne controle (AO & IC) (E-BP)
- Ervaring met Portfoliomanagement (E-M)
- Ervaring met Projectmanagement (E-M)
- Ervaring met Risicoanalyse (E-A)
- Ervaring met Werklastbegroting (E-A)
- Ervaring met Principes, methoden en technieken voor interne controle (E-A)
- Ervaring met Principes, methoden en technieken voor kwaliteitsborging (E-A)

P-Competenties:
- Hoog niveau Sensitiviteit, inlevingsvermogen
- Hoog niveau Communicatieve vaardigheden (mondeling en/of schriftelijk)
- Hoog niveau Samenwerken in teamverbanden
- Hoog niveau Integriteit
- Hoog niveau Klantgerichtheid
- Hoog niveau Analytisch vermogen
- Hoog niveau Oordeelsvorming
- Hoog niveau Abstractievermogen
- Hoog niveau Creativiteit
- Hoog niveau Organisatiebewustzijn
- Hoog niveau Kennis van andere disciplines
- Hoog niveau Strategische visie
- Hoog niveau Commercieel inzicht
- Hoog niveau Kwaliteitsbewustzijn
- Hoog niveau Initiatief
- Hoog niveau Overtuigingskracht
- Hoog niveau Onderhandelingsvaardigheid
- Hoog niveau Plannen en organiseren

Functiekwalificatie:
- Startkwalificatie: NLQF-5 NLQF – Niveau 5 – Associate Degree
- Professional: NLQF-6 NLQF – Niveau 6 – Bachelor

Functies in het I-domein Financieel

F-A – Budget Beheerder

Toelichting:
De budgetbeheerder is operationeel verantwoordelijk voor het – in samenspraak met en voor advies aan een (project-/lijn-/afdelings)manager – opstellen van benodigde budgetten, bijvoorbeeld voor het beheer van systemen en/of projecten. Meestal ziet de budgetbeheerder ook toe op de aanwending en de uitnutting van het budget.
De budgetbeheerder dient specifieke expertise te hebben voor het opstellen van begrotingen (in het algemeen expertise om kosten, investeringen en uitgaven voor de informatievoorziening/ ICT te begroten en te beheren) en het voeren van een financiële administratie. Dit mede in het licht van outsourcing.
Meestal is deze functie als rol toegewezen aan een medewerker in de gebruikersorganisatie en in de ICT- of regieorganisatie. Soms is deze rol toegewezen aan de IT-controller.

Alternatieve functietitels:
- Beheerder ICT-financiën
- Calculator
- Financieel Beheerder
- Financieel Manager
- Financieel Planner

Taken:
- K-BP Opstellen en beheren complianceplan
- K-BP Opstellen en beheren plan voor interne controle
- B-BP Beheren bedrijfsinformatie
- B-BP Beheren en bewaken kwaliteit bedrijfsproces
- B-BP Opstellen wijzigingsvoorstel bedrijfsproces
- O-A Ontwikkelen en beheren maatregelen voor interne controle
- S-A Bewaken dienstenlevering
- F-A Beheren bedrijfswaarde van componenten
- F-A Beheren financiële administratie
- F-A Opstellen en beheren begroting, bepalen investeringen en kosten
- V-A Beoordelen offerte
- G-A Opstellen en beheren businesscase
- G-A Samenstellen rapport
- G-A Uitvoeren risicoanalyse
- G-A Verstrekken (ad-hoc-)informatie
- G-M Opstellen en beheren projectplan
- E-A Begroten werklast

e-CF competentiereferenties:
- A.01 Afstemming informatiesysteem en bedrijfsstrategie (IS and Business Strategy Alignment)
- A.03 Ontwikkelen van bedrijfsplannen (Business Plan Development)

- E.01 Ontwikkelen van prognoses (Forecast Development)
- E.02 Project- en portfoliomanagement (Project and Portfolio Management)
- E.03 Risicomanagement (Risk Management)
- E.05 Procesverbetering (Process Improvement)

VT-Competenties:
- Conceptuele kennis van Beheer van netwerken (B-TI)
- Conceptuele kennis van Beheer van servers (B-TI)
- Conceptuele kennis van Beheer van multimedia-apparatuur (B-TI)
- Conceptuele kennis van Beheer van exploitatie en productie (B-TI)
- Toegepaste kennis van Beleid en strategiebepaling (K-M)
- Toegepaste kennis van Realiseren van wijzigingen in informatiesystemen (O-IS)
- Toegepaste kennis van Commercieel management (C-M)
- Ervaring met Informatiemanagement (K-BP)
- Ervaring met Principes van sourcing (K-A)
- Ervaring met Changemanagement (I-M)
- Ervaring met Beheer van bedrijfsinformatie/gegevens (B-BP)
- Ervaring met Beheer van informatiesystemen (B-IS)
- Ervaring met Behoeftemanagement (S-M)
- Ervaring met Leveringsmanagement (S-M)
- Ervaring met Principes van dienstverlening (S-A)
- Ervaring met Leveranciersmanagement (V-M)
- Ervaring met Contractmanagement (V-M)
- Ervaring met Financieel management (F-M)
- Ervaring met Kostencalculaties (F-A)
- Ervaring met Management van (bedrijfs)processen (G-M)
- Ervaring met Planning & control (G-M)
- Ervaring met Continuïteitmanagement (G-M)
- Ervaring met Compliancemanagement (G-M)
- Ervaring met Kwaliteitsmanagement (G-M)
- Ervaring met Risicomanagement (G-M)
- Ervaring met Bedrijfskunde (E-BP)
- Ervaring met Administratieve organisatie en interne controle (AO & IC) (E-BP)
- Ervaring met Portfoliomanagement (E-M)
- Ervaring met Projectmanagement (E-M)
- Ervaring met Risicoanalyse (E-A)
- Ervaring met Werklastbegroting (E-A)
- Ervaring met Principes, methoden en technieken voor interne controle (E-A)
- Ervaring met Principes, methoden en technieken voor kwaliteitsborging (E-A)

P-Competenties:
- Gemiddeld niveau Flexibiliteit
- Gemiddeld niveau Abstractievermogen
- Hoog niveau Sensitiviteit, inlevingsvermogen
- Hoog niveau Samenwerken in teamverbanden
- Hoog niveau Integriteit

- Hoog niveau Klantgerichtheid
- Hoog niveau Analytisch vermogen
- Hoog niveau Oordeelsvorming
- Hoog niveau Creativiteit
- Hoog niveau Organisatiebewustzijn
- Hoog niveau Kennis van andere disciplines
- Hoog niveau Strategische visie
- Hoog niveau Commercieel inzicht
- Hoog niveau Kwaliteitsbewustzijn
- Hoog niveau Accuratesse
- Hoog niveau Methodisch werken
- Hoog niveau Plannen en organiseren

Functiekwalificatie:
- Startkwalificatie: NLQF-3 NLQF – Niveau 3 – Mbo 3
- Professional: NLQF-5 NLQF – Niveau 5 – Associate Degree

Functies in het I-domein Personeel

P-M – Resource Manager

Toelichting:
De resourcemanager is verantwoordelijk voor het beschikbaar (kunnen) stellen van voldoende (capaciteit) en adequaat opgeleide (kwaliteit) medewerkers of specialisten, voor de invulling van lijnfuncties of voor projecten. De resourcemanager begeleidt medewerkers in hun taakuitvoering en initieert de (verdere) opleiding van de medewerkers. De werving en de selectie van medewerkers kan ook bij deze functie zijn belegd maar is meestal een verantwoordelijkheid van een HR-afdeling of -medewerker.
Deze functie of rol is geen specifieke functie in het informaticadomein, maar is wel een rol die cruciaal is voor het beheer van de personele capaciteit en kwaliteit. Het is zonder meer een taakveld dat door managers zou moeten worden ingevuld (wellicht beperkt tot het stellen van de behoefte aan personele capaciteit en kwaliteit).
Deze functie komt in grote organisaties voor als verbijzonderde functie en is anders als rol belegd bij een HR-medewerker of een afdelingsmanager. De resourcemanager komt ook voor bij adviesbureaus die consultants aan klanten beschikbaar stellen; dan komt er een commerciële component bij deze functie.

Alternatieve functietitels:
- HRM Manager
- HRM Medewerker
- Personeels Manager

Taken:
- K-BP Opstellen en beheren complianceplan
- K-BP Opstellen en beheren continuïteitplan
- K-BP Opstellen en beheren informatiebeleid
- O-A Ontwikkelen en beheren maatregelen voor interne controle
- B-BP Beheren en bewaken kwaliteit bedrijfsproces
- S-A Bewaken dienstenlevering
- P-A Begeleiden medewerkers
- P-A Bepalen benodigde competenties
- P-A Vaststellen opleidingsbehoeften
- C-A Onderhouden klantrelatie (commercieel)
- C-M Opstellen en beheren offerte
- G-A Opstellen en beheren kwaliteitsplan
- G-M Inrichten informatievoorzieningsfunctie
- G-M Inrichten projectorganisatie
- E-A Verstrekken advies
- E-A Voeren van overleg, afstemmen

e-CF competentiereferenties:
- A.02 Management dienstverleningsniveau (Service Level Management)
- A.03 Ontwikkelen van bedrijfsplannen (Business Plan Development)

- D.07 Verkoopmanagement (Sales Management)
- D.09 Personeelsontwikkeling (Personnel Development)
- D.10 Informatie- en kennismanagement (Information and Knowledge Management)
- D.11 Behoeftemanagement (Needs Identification)
- E.01 Ontwikkelen van prognoses (Forecast Development)
- E.02 Project- en portfoliomanagement (Project and Portfolio Management)

VT-Competenties:
- Toegepaste kennis van Realiseren van organisatiewijzigingen (O-BP)
- Ervaring met Informatiemanagement (K-BP)
- Ervaring met Beleid en strategiebepaling (K-M)
- Ervaring met Principes van sourcing (K-A)
- Ervaring met Organisatieanalyse (O-BP)
- Ervaring met Organisatieontwerp (O-BP)
- Ervaring met Changemanagement (I-M)
- Ervaring met Beheer van bedrijfsinformatie/gegevens (B-BP)
- Ervaring met Beheer van informatiesystemen (B-IS)
- Ervaring met Behoeftemanagement (S-M)
- Ervaring met Klantmanagement (S-M)
- Ervaring met Leveringsmanagement (S-M)
- Ervaring met Principes van dienstverlening (S-A)
- Ervaring met Financieel management (F-M)
- Ervaring met Competentiemanagement (P-M)
- Ervaring met Commercieel management (C-M)
- Ervaring met Management van (bedrijfs)processen (G-M)
- Ervaring met Planning & control (G-M)
- Ervaring met Continuïteitmanagement (G-M)
- Ervaring met Compliancemanagement (G-M)
- Ervaring met Kwaliteitsmanagement (G-M)
- Ervaring met Bedrijfskunde (E-BP)
- Ervaring met Organisatieleer (E-BP)
- Ervaring met Administratieve organisatie en interne controle (AO & IC) (E-BP)
- Ervaring met Portfoliomanagement (E-M)
- Ervaring met Projectmanagement (E-M)
- Ervaring met Risicoanalyse (E-A)
- Ervaring met Principes, methoden en technieken voor kwaliteitsborging (E-A)

P-Competenties:
- Hoog niveau Sensitiviteit, inlevingsvermogen
- Hoog niveau Communicatieve vaardigheden (mondeling en/of schriftelijk)
- Hoog niveau Samenwerken in teamverbanden
- Hoog niveau Integriteit
- Hoog niveau Conflictpreventie en -beheersing
- Hoog niveau Klantgerichtheid
- Hoog niveau Abstractievermogen
- Hoog niveau Creativiteit

- Hoog niveau Organisatiebewustzijn
- Hoog niveau Kennis van andere disciplines
- Hoog niveau Strategische visie
- Hoog niveau Commercieel inzicht
- Hoog niveau Kwaliteitsbewustzijn
- Hoog niveau Besluitvaardigheid
- Hoog niveau Onderhandelingsvaardigheid
- Hoog niveau Methodisch werken
- Hoog niveau Plannen en organiseren

Functiekwalificatie:
- Startkwalificatie: NLQF-5 NLQF – Niveau 5 – Associate Degree
- Professional: NLQF-6 NLQF – Niveau 6 – Bachelor

P-A – Docent

Toelichting:
De docent ontwikkelt en verzorgt opleidingen, trainingen en dergelijke op diverse terreinen. In het algemeen worden twee typen docenten onderscheiden: degene die kennisoverdracht verzorgt en degene die zijn studenten traint en coacht wat betreft de ontwikkeling van vaardigheden. Deze functie is niet direct een informaticafunctie maar ligt dicht tegen dit vakgebied aan indien het kennis en vaardigheden van informatici betreft; in dit geval wordt van de docent expertise verwacht van het betreffende vakgebied waarover wordt gedoceerd of waarvoor wordt getraind. Deze functie komt voor bij opleiders en ook bij adviesbureaus. Soms worden de opleidingsactiviteiten als rol belegd bij een medewerker, zoals bij een super user of een functioneel beheerder die zijn collega's opleidt in bijvoorbeeld het gebruik van een nieuwe applicatie.

Alternatieve functietitels:
- Trainer

Taken:
- P-A Begeleiden medewerkers
- P-A Bepalen benodigde competenties
- P-A Vaststellen opleidingsbehoeften
- P-A Verzorgen opleiding
- G-A Onderzoeken en vaststellen behoeften
- G-A Verzorgen interactieve sessie
- G-A Verzorgen kennisoverdracht
- E-A Opstellen en beheren documentatie
- E-A Opstellen ontwerp

e-CF competentiereferenties:
- A.04 Product- of serviceplanning (Product/Service Planning)
- B.05 Vervaardigen van documentatie (Documentation Production)
- D.09 Personeelsontwikkeling (Personnel Development)
- D.11 Behoeftemanagement (Needs Identification)

VT-Competenties:
- Conceptuele kennis van Leveringsmanagement (S-M)
- Toegepaste kennis van Changemanagement (I-M)
- Toegepaste kennis van Beheer van informatiesystemen (B-IS)
- Toegepaste kennis van Principes van dienstverlening (S-A)
- Toegepaste kennis van Portfoliomanagement (E-M)
- Ervaring met Behoeftemanagement (S-M)
- Ervaring met Competentiemanagement (P-M)
- Ervaring met Multimediatechnologie (G-TI)
- Ervaring met Kwaliteitsmanagement (G-M)
- Ervaring met Procesontwerp (G-A)
- Ervaring met Opstellen van gebruikersdocumentatie (G-A)
- Ervaring met Projectmanagement (E-M)
- Ervaring met Principes, methoden en technieken voor kwaliteitsborging (E-A)

P-Competenties:
- Gemiddeld niveau Stressbestendigheid
- Gemiddeld niveau Overtuigingskracht
- Hoog niveau Leiderschap
- Hoog niveau Sensitiviteit, inlevingsvermogen
- Hoog niveau Communicatieve vaardigheden (mondeling en/of schriftelijk)
- Hoog niveau Samenwerken in teamverbanden
- Hoog niveau Flexibiliteit
- Hoog niveau Klantgerichtheid
- Hoog niveau Didactische vaardigheden
- Hoog niveau Abstractievermogen
- Hoog niveau Creativiteit
- Hoog niveau Organisatiebewustzijn
- Hoog niveau Kennis van andere disciplines
- Hoog niveau Kwaliteitsbewustzijn
- Hoog niveau Zelfstandigheid
- Hoog niveau Initiatief
- Hoog niveau Methodisch werken
- Hoog niveau Plannen en organiseren

Functiekwalificatie:
- Startkwalificatie: NLQF-5 NLQF – Niveau 5 – Associate Degree
- Professional: NLQF-7 NLQF – Niveau 7 – Master

Functies in het I-domein Commercieel

C-M – Account Manager

Toelichting:
De accountmanager is verantwoordelijk voor het relatiebeheer met de klant en het adviseren van de klant bij behoeften of problemen. Hij draagt zorg voor de nakoming van gemaakte (eventueel contractuele) afspraken.
Deze functie komt voor bij adviesbureaus en ICT-leveranciers (commercieel), en komt in grote organisaties ook voor als intermediair tussen de regieorganisatie (of de automatiseringsafdeling) en de gebruikersorganisatie (niet commercieel).

Alternatieve functietitels:
- Contract Manager (Leverancier)
- Delivery Manager (Leverancier)
- Klant Manager
- Service Manager

Taken:
- K-M Opstellen en beheren projectenportfolio
- O-BP Verkennen behoeften informatievoorziening
- S-A Bewaken dienstenlevering
- S-A Formuleren eisen aan ICT-dienstverlening
- S-A Invoeren (wijziging) dienstverlening
- S-A Onderhouden klantrelatie (niet commercieel)
- S-A Opstellen en beheren ICT-dienstencatalogus
- S-A Opstellen en beheren ICT-dienstenovereenkomsten (SLA)
- S-A Opstellen wijzigingsvoorstel dienstverlening
- F-A Opstellen en beheren begroting, bepalen investeringen en kosten
- P-A Bepalen benodigde competenties
- C-A Onderhouden klantrelatie (commercieel)
- C-M Opstellen en beheren offerte
- C-M Opstellen, afsluiten en beheren contract (leverancier)
- G-A Onderzoeken en vaststellen behoeften
- G-M Opstellen en beheren overeenkomst, contract
- G-M Vaststellen en toewijzen taken, verantwoordelijkheden, bevoegdheden

e-CF competentiereferenties:
- A.02 Management dienstverleningsniveau (Service Level Management)
- D.05 Maken van offertes (Sales Proposal Development)
- D.07 Verkoopmanagement (Sales Management)
- D.08 Contractmanagement (Contract Management)
- D.11 Behoeftemanagement (Needs Identification)
- E.01 Ontwikkelen van prognoses (Forecast Development)
- E.02 Project- en portfoliomanagement (Project and Portfolio Management)
- E.04 Relatiemanagement (Relationship Management)

VT-Competenties:
- Conceptuele kennis van Beleid en strategiebepaling (K-M)
- Toegepaste kennis van Organisatorische continuïteitmaatregelen (O-BP)
- Toegepaste kennis van Administratieve organisatie en interne controle (AO & IC) (E-BP)
- Ervaring met Principes van sourcing (K-A)
- Ervaring met Changemanagement (I-M)
- Ervaring met Behoeftemanagement (S-M)
- Ervaring met Klantmanagement (S-M)
- Ervaring met Leveringsmanagement (S-M)
- Ervaring met Principes van dienstverlening (S-A)
- Ervaring met Leveranciersmanagement (V-M)
- Ervaring met Contractmanagement (V-M)
- Ervaring met Financieel management (F-M)
- Ervaring met Kostencalculaties (F-A)
- Ervaring met Competentiemanagement (P-M)
- Ervaring met Commercieel management (C-M)
- Ervaring met Management van (bedrijfs)processen (G-M)
- Ervaring met Planning & control (G-M)
- Ervaring met Continuïteitmanagement (G-M)
- Ervaring met Compliancemanagement (G-M)
- Ervaring met Kwaliteitsmanagement (G-M)
- Ervaring met Risicomanagement (G-M)
- Ervaring met Portfoliomanagement (E-M)
- Ervaring met Projectmanagement (E-M)
- Ervaring met Risicoanalyse (E-A)
- Ervaring met Werklastbegroting (E-A)
- Ervaring met Principes, methoden en technieken voor interne controle (E-A)
- Ervaring met Principes, methoden en technieken voor kwaliteitsborging (E-A)

P-Competenties:
- Hoog niveau Sensitiviteit, inlevingsvermogen
- Hoog niveau Communicatieve vaardigheden (mondeling en/of schriftelijk)
- Hoog niveau Samenwerken in teamverbanden
- Hoog niveau Flexibiliteit
- Hoog niveau Integriteit
- Hoog niveau Conflictpreventie en -beheersing
- Hoog niveau Klantgerichtheid
- Hoog niveau Oordeelsvorming
- Hoog niveau Abstractievermogen
- Hoog niveau Creativiteit
- Hoog niveau Organisatiebewustzijn
- Hoog niveau Kennis van andere disciplines
- Hoog niveau Strategische visie
- Hoog niveau Commercieel inzicht
- Hoog niveau Kwaliteitsbewustzijn
- Hoog niveau Besluitvaardigheid

- Hoog niveau Overtuigingskracht
- Hoog niveau Onderhandelingsvaardigheid
- Hoog niveau Plannen en organiseren

Functiekwalificatie:
- Startkwalificatie: NLQF-5 NLQF – Niveau 5 – Associate Degree
- Professional: NLQF-6 NLQF – Niveau 6 – Bachelor

C-M – Product Manager (commercieel)

Toelichting:
De productmanager (commercieel) beheert bij een leverancier het portfolio aan (standaard)-producten en diensten die klanten kunnen afnemen. De productmanager is ook verantwoordelijk voor de ontwikkeling van nieuwe producten en diensten, zowel vanuit initiatief van de leverancier als op verzoek van de klanten. De productmanager coördineert het aanbod van producten en diensten (meestal vastgelegd in een PDC: producten- en dienstencatalogus). De verantwoordelijk voor het conform afspraken met een klant (contract of SLA's) leveren van producten en diensten aan klanten is meestal bij een andere functie belegd, zoals die van deliverymanager. Vanuit het beheer van het portfolio wordt samengewerkt met een accountmanager die de afstemming met klanten verzorgt, of met een service (level) manager en deliverymanager die inhoudelijk de producten en diensten beschrijven en beheren op het niveau van een contract en een SLA met een specifieke klant. Voor de realisatie of aanpassing van de producten en diensten wordt samengewerkt met de specialisten binnen het bedrijf.
De productmanager (commercieel) is een commerciële functie. Deze functie komt voor bij leveranciers van ICT-producten en -diensten.

Alternatieve functietitels:
- Product Beheerder
- Product Eigenaar

Taken:
- K-BP Opstellen en beheren complianceplan
- K-BP Opstellen en beheren continuïteitplan
- K-BP Opstellen en beheren informatieplan
- K-M Opstellen en beheren projectenportfolio
- A-IS Opstellen en beheren normen systeemgebruik en -beheer
- O-A Ontwikkelen en beheren maatregelen voor interne controle
- O-BP Vaststellen en beheren gewenste informatievoorziening
- I-A Bepalen migratiestap
- I-A Opstellen en beheren acceptatietestplan
- I-M Bepalen en beheren invoeringsstrategie
- I-M Samenstellen release
- B-IS Beheren en bewaken kwaliteit informatiesysteem
- B-IS Bepalen onderhoud/wijziging informatiesysteem
- B-TI Beheren en bewaken prestatiekenmerken technische infrastructuur
- S-A Bewaken dienstenlevering

- S-A Formuleren eisen aan ICT-dienstverlening
- S-A Onderhouden klantrelatie (niet commercieel)
- S-A Opstellen en beheren ICT-dienstencatalogus
- S-A Opstellen wijzigingsvoorstel dienstverlening
- F-A Beheren bedrijfswaarde van componenten
- F-A Bepalen doorbelastingsystematiek
- F-A Opstellen en beheren begroting, bepalen investeringen en kosten
- P-A Bepalen benodigde competenties
- C-A Onderhouden klantrelatie (commercieel)
- G-A Onderzoeken en vaststellen behoeften
- G-A Opstellen en beheren businesscase
- G-A Opstellen en beheren kwaliteitsplan
- G-M Goedkeuren/beoordelen opdracht, verzoek en dergelijke
- G-M Inrichten projectorganisatie
- G-M Managen organisatorische knelpunten, problemen
- G-M Managen technische knelpunten, problemen
- E-A Opstellen specificaties
- E-M Bepalen prioriteit, scenario
- E-M Leidinggeven aan, aansturen, coördineren activiteit

e-CF competentiereferenties:
- A.01 Afstemming informatiesysteem en bedrijfsstrategie (IS and Business Strategy Alignment)
- A.02 Management dienstverleningsniveau (Service Level Management)
- A.03 Ontwikkelen van bedrijfsplannen (Business Plan Development)
- A.04 Product- of serviceplanning (Product/Service Planning)
- A.07 Volgen van technologische ontwikkelingen (Technology Trend Monitoring)
- A.08 Duurzame ontwikkeling (Sustainable Development)
- A.09 Innoveren (Innovating)
- C.03 Dienstverlening (Service Delivery)
- D.02 Ontwikkeling ICT-kwaliteitsstrategie (ICT Quality Strategy Development)
- D.07 Verkoopmanagement (Sales Management)
- D.10 Informatie- en kennismanagement (Information and Knowledge Management)
- D.11 Behoeftemanagement (Needs Identification)
- E.01 Ontwikkelen van prognoses (Forecast Development)
- E.02 Project- en portfoliomanagement (Project and Portfolio Management)
- E.04 Relatiemanagement (Relationship Management)
- E.05 Procesverbetering (Process Improvement)
- E.06 ICT-kwaliteitsmanagement (ICT Quality Management)

VT-Competenties:
- Conceptuele kennis van Ontwerpen en bouwen van informatiesystemen (O-IS)
- Conceptuele kennis van Functioneel ontwerp (O-IS)
- Conceptuele kennis van Beheer van applicaties (B-IS)
- Toegepaste kennis van Ergonomische aspecten van systemen (O-A)
- Toegepaste kennis van Beheer van exploitatie en productie (B-TI)

- Ervaring met Informatiemanagement (K-BP)
- Ervaring met Beleid en strategiebepaling (K-M)
- Ervaring met Principes van sourcing (K-A)
- Ervaring met Architectuurprincipes voor modelleren van bedrijfsprocessen (A-BP)
- Ervaring met Architectuurprincipes voor modelleren van informatievoorziening/systemen (A-IS)
- Ervaring met Realiseren van organisatiewijzigingen (O-BP)
- Ervaring met Organisatorische continuïteitmaatregelen (O-BP)
- Ervaring met Realiseren van wijzigingen in informatiesystemen (O-IS)
- Ervaring met Realiseren van technische wijzigingen (O-TI)
- Ervaring met Technische continuïteitmaatregelen (O-A)
- Ervaring met Changemanagement (I-M)
- Ervaring met Beheer van bedrijfsinformatie/gegevens (B-BP)
- Ervaring met Beheer van informatiesystemen (B-IS)
- Ervaring met Behoeftemanagement (S-M)
- Ervaring met Klantmanagement (S-M)
- Ervaring met Leveringsmanagement (S-M)
- Ervaring met Principes van dienstverlening (S-A)
- Ervaring met Contractmanagement (V-M)
- Ervaring met Financieel management (F-M)
- Ervaring met Kostencalculaties (F-A)
- Ervaring met Competentiemanagement (P-M)
- Ervaring met Commercieel management (C-M)
- Ervaring met Continuïteitmanagement (G-M)
- Ervaring met Compliancemanagement (G-M)
- Ervaring met Kwaliteitsmanagement (G-M)
- Ervaring met Risicomanagement (G-M)
- Ervaring met Principes, methoden en technieken voor beveiliging (G-A)
- Ervaring met Gebruik van applicaties (E-IS)
- Ervaring met Portfoliomanagement (E-M)
- Ervaring met Projectmanagement (E-M)
- Ervaring met Risicoanalyse (E-A)
- Ervaring met Werklastbegroting (E-A)
- Ervaring met Principes, methoden en technieken voor interne controle (E-A)
- Ervaring met Principes, methoden en technieken voor kwaliteitsborging (E-A)

P-Competenties:
- Hoog niveau Sensitiviteit, inlevingsvermogen
- Hoog niveau Communicatieve vaardigheden (mondeling en/of schriftelijk)
- Hoog niveau Klantgerichtheid
- Hoog niveau Didactische vaardigheden
- Hoog niveau Analytisch vermogen
- Hoog niveau Oordeelsvorming
- Hoog niveau Abstractievermogen
- Hoog niveau Organisatiebewustzijn
- Hoog niveau Kennis van andere disciplines

- Hoog niveau Strategische visie
- Hoog niveau Commercieel inzicht
- Hoog niveau Kwaliteitsbewustzijn
- Hoog niveau Initiatief
- Hoog niveau Besluitvaardigheid
- Hoog niveau Plannen en organiseren

Functiekwalificatie:
- Startkwalificatie: NLQF-4+ NLQF – Niveau 4+ – Vwo, vavo-vwo
- Professional: NLQF-6 NLQF – Niveau 6 – Bachelor

C-M – Delivery Manager

Toelichting:
De deliverymanager is – meestal vanuit een leverancier – verantwoordelijk voor het leveren van de met de klant overeengekomen dienstverlening. Deze is vaak ook het eerste aanspreekpunt voor problemen (waar de servicedesk niet uitkomt). Aanpassingen van de (gecontracteerde) dienstverlening aan de klant verlopen meestal via een accountmanager van de leverancier.

Alternatieve functietitels:
- Diensten Manager
- Klant Manager
- Product Manager
- Service Delivery Manager

Taken:
- K-BP Opstellen en beheren plan voor interne controle
- K-M Opstellen en beheren projectenportfolio
- O-A Ontwikkelen en beheren maatregelen voor interne controle
- O-A Ontwikkelen en beheren technische maatregelen voor beveiliging
- O-A Opstellen en beheren technisch calamiteitenplan
- I-A Bepalen migratiestap
- I-M Bepalen en beheren invoeringsstrategie
- S-A Bewaken dienstenlevering
- S-A Formuleren eisen aan ICT-dienstverlening
- S-A Invoeren (wijziging) dienstverlening
- S-A Opstellen en beheren ICT-dienstencatalogus
- S-A Opstellen en beheren ICT-dienstenovereenkomsten (SLA)
- S-A Opstellen wijzigingsvoorstel dienstverlening
- P-A Bepalen benodigde competenties
- P-M Toewijzen taken aan medewerkers
- F-A Opstellen en beheren begroting, bepalen investeringen en kosten
- C-A Onderhouden klantrelatie (commercieel)
- G-A Onderzoeken en vaststellen behoeften
- G-A Ontwerpen en beheren procedure
- G-A Opstellen en beheren gebruikersdocumentatie

- G-A Opstellen en beheren kwaliteitsplan
- G-A Opstellen, beheren en realiseren preventieve maatregelen
- G-A Uitvoeren risicoanalyse
- G-M Managen organisatorische knelpunten, problemen
- G-M Managen technische knelpunten, problemen
- G-M Managen wijziging
- G-M Opstellen en beheren projectplan
- G-M Vaststellen en toewijzen taken, verantwoordelijkheden, bevoegdheden
- E-A Uitvoeren evaluatie, review
- E-M Bepalen prioriteit, scenario
- E-M Leidinggeven aan, aansturen, coördineren activiteit

e-CF competentiereferenties:
- A.02 Management dienstverleningsniveau (Service Level Management)
- A.03 Ontwikkelen van bedrijfsplannen (Business Plan Development)
- A.04 Product- of serviceplanning (Product/Service Planning)
- A.07 Volgen van technologische ontwikkelingen (Technology Trend Monitoring)
- A.08 Duurzame ontwikkeling (Sustainable Development)
- A.09 Innoveren (Innovating)
- C.02 Ondersteunen van wijzigingen (Change Support)
- C.03 Dienstverlening (Service Delivery)
- C.04 Probleemmanagement (Problem Management)
- D.01 Strategieontwikkeling informatiebeveiliging (Information Security Strategy Development)
- D.02 Ontwikkeling ICT-kwaliteitsstrategie (ICT Quality Strategy Development)
- D.11 Behoeftemanagement (Needs Identification)
- E.01 Ontwikkelen van prognoses (Forecast Development)
- E.02 Project- en portfoliomanagement (Project and Portfolio Management)
- E.04 Relatiemanagement (Relationship Management)
- E.05 Procesverbetering (Process Improvement)
- E.06 ICT-kwaliteitsmanagement (ICT Quality Management)
- E.08 Informatiebeveiligingsmanagement (Information Security Management)
- E.09 IT-governance (IS Governance)

VT-Competenties:
- Conceptuele kennis van Architectuurprincipes voor modelleren van informatievoorziening/systemen (A-IS)
- Conceptuele kennis van Beheer van applicaties (B-IS)
- Toegepaste kennis van Analyse van de werking van componenten van informatiesystemen (G-A)
- Toegepaste kennis van Werking van componenten van de ICT (E-A)
- Ervaring met Informatiemanagement (K-BP)
- Ervaring met Beleid en strategiebepaling (K-M)
- Ervaring met Principes van sourcing (K-A)
- Ervaring met Architectuurprincipes voor modelleren van technische infrastructuur (A-TI)
- Ervaring met Realiseren van organisatiewijzigingen (O-BP)

- Ervaring met Organisatorische continuïteitmaatregelen (O-BP)
- Ervaring met Realiseren van wijzigingen in informatiesystemen (O-IS)
- Ervaring met Realiseren van technische wijzigingen (O-TI)
- Ervaring met Technische continuïteitmaatregelen (O-A)
- Ervaring met Changemanagement (I-M)
- Ervaring met Beheer van bedrijfsinformatie/gegevens (B-BP)
- Ervaring met Beheer van informatiesystemen (B-IS)
- Ervaring met Beheer van netwerken (B-TI)
- Ervaring met Beheer van servers (B-TI)
- Ervaring met Beheer van multimedia-apparatuur (B-TI)
- Ervaring met Beheer van exploitatie en productie (B-TI)
- Ervaring met Versie- en configuratiebeheer (B-A)
- Ervaring met Incidentmanagement (S-M)
- Ervaring met Behoeftemanagement (S-M)
- Ervaring met Klantmanagement (S-M)
- Ervaring met Leveringsmanagement (S-M)
- Ervaring met Principes van dienstverlening (S-A)
- Ervaring met Financieel management (F-M)
- Ervaring met Kostencalculaties (F-A)
- Ervaring met Competentiemanagement (P-M)
- Ervaring met Commercieel management (C-M)
- Ervaring met Management van (bedrijfs)processen (G-M)
- Ervaring met Planning & control (G-M)
- Ervaring met Continuïteitmanagement (G-M)
- Ervaring met Compliancemanagement (G-M)
- Ervaring met Kwaliteitsmanagement (G-M)
- Ervaring met Risicomanagement (G-M)
- Ervaring met Principes, methoden en technieken voor beveiliging (G-A)
- Ervaring met Administratieve organisatie en interne controle (AO & IC) (E-BP)
- Ervaring met Gebruik van applicaties (E-IS)
- Ervaring met Portfoliomanagement (E-M)
- Ervaring met Projectmanagement (E-M)
- Ervaring met Risicoanalyse (E-A)
- Ervaring met Werklastbegroting (E-A)
- Ervaring met Principes, methoden en technieken voor interne controle (E-A)
- Ervaring met Principes, methoden en technieken voor kwaliteitsborging (E-A)

P-Competenties:

- Hoog niveau Sensitiviteit, inlevingsvermogen
- Hoog niveau Communicatieve vaardigheden (mondeling en/of schriftelijk)
- Hoog niveau Samenwerken in teamverbanden
- Hoog niveau Stressbestendigheid
- Hoog niveau Klantgerichtheid
- Hoog niveau Oordeelsvorming
- Hoog niveau Abstractievermogen
- Hoog niveau Organisatiebewustzijn

- Hoog niveau Strategische visie
- Hoog niveau Commercieel inzicht
- Hoog niveau Kwaliteitsbewustzijn
- Hoog niveau Besluitvaardigheid
- Hoog niveau Overtuigingskracht
- Hoog niveau Onderhandelingsvaardigheid
- Hoog niveau Plannen en organiseren

Functiekwalificatie:
- Startkwalificatie: NLQF-5 NLQF – Niveau 5 – Associate Degree
- Professional: NLQF-6 NLQF – Niveau 6 – Bachelor

C-M – Contract Manager (leverancier)

Toelichting:
De contractmanager bij een leverancier is verantwoordelijk voor het – namens de leverancier – afsluiten en beheren van contracten met klanten. In het algemeen wordt deze functie verbonden aan het managen van het contract in het kader van outsourcing, maar ze kan ook betrekking hebben op het beheer van contracten voor allerlei producten en diensten die een leverancier biedt. De focus van deze functie ligt op het beheren van de juridische en de financiële aspecten van een contractuele overeenkomst. Wat betreft de controle op de kwaliteit van de dienstverlening wordt de contractmanager meestal geïnformeerd door een service (level) manager (of dergelijke functionarissen) die rechtstreeks verantwoordelijk is voor het leveren van de overeengekomen producten en diensten. Meestal is ook het beheer (opstellen, afsluiten en controle op) SLA's bij een service (level) manager bij de leverancier belegd.
Deze functie komt in het algemeen voor bij leveranciers.

Alternatieve functietitels:
- Account Manager
- Delivery Manager (Leverancier)
- Klant Manager
- Service Manager (Leverancier)

Taken:
- K-BP Opstellen en beheren complianceplan
- K-BP Opstellen en beheren plan voor interne controle
- S-A Bewaken dienstenlevering
- S-A Formuleren eisen aan ICT-dienstverlening
- S-A Invoeren (wijziging) dienstverlening
- S-A Opstellen en beheren ICT-dienstencatalogus
- S-A Opstellen en beheren ICT-dienstenovereenkomsten (SLA)
- S-A Opstellen wijzigingsvoorstel dienstverlening
- F-A Opstellen en beheren begroting, bepalen investeringen en kosten
- C-A Onderhouden klantrelatie (commercieel)
- C-M Opstellen en beheren offerte
- C-M Opstellen, afsluiten en beheren contract (leverancier)

- G-A Onderzoeken en vaststellen behoeften
- G-A Opstellen en beheren kwaliteitsplan
- G-A Uitvoeren risicoanalyse
- G-M Goedkeuren/beoordelen opdracht, verzoek en dergelijke
- G-M Managen wijziging

e-CF competentiereferenties:
- A.02 Management dienstverleningsniveau (Service Level Management)
- A.03 Ontwikkelen van bedrijfsplannen (Business Plan Development)
- A.04 Product- of serviceplanning (Product/Service Planning)
- D.05 Maken van offertes (Sales Proposal Development)
- D.06 Management van verkoopkanalen (Channel Management)
- D.07 Verkoopmanagement (Sales Management)
- D.08 Contractmanagement (Contract Management)
- D.10 Informatie- en kennismanagement (Information and Knowledge Management)
- D.11 Behoeftemanagement (Needs Identification)
- E.03 Risicomanagement (Risk Management)
- E.04 Relatiemanagement (Relationship Management)

VT-Competenties:
- Conceptuele kennis van Beheer van netwerken (B-TI)
- Conceptuele kennis van Beheer van servers (B-TI)
- Conceptuele kennis van Mogelijkheden van de informatietechnologie (E-A)
- Toegepaste kennis van Beleid en strategiebepaling (K-M)
- Toegepaste kennis van Organisatorische continuïteitmaatregelen (O-BP)
- Toegepaste kennis van Technische continuïteitmaatregelen (O-A)
- Ervaring met Informatiemanagement (K-BP)
- Ervaring met Principes van sourcing (K-A)
- Ervaring met Changemanagement (I-M)
- Ervaring met Beheer van informatiesystemen (B-IS)
- Ervaring met Behoeftemanagement (S-M)
- Ervaring met Klantmanagement (S-M)
- Ervaring met Leveringsmanagement (S-M)
- Ervaring met Principes van dienstverlening (S-A)
- Ervaring met Contractmanagement (V-M)
- Ervaring met Financieel management (F-M)
- Ervaring met Kostencalculaties (F-A)
- Ervaring met Commercieel management (C-M)
- Ervaring met Management van (bedrijfs)processen (G-M)
- Ervaring met Planning & control (G-M)
- Ervaring met Continuïteitmanagement (G-M)
- Ervaring met Compliancemanagement (G-M)
- Ervaring met Kwaliteitsmanagement (G-M)
- Ervaring met Risicomanagement (G-M)
- Ervaring met Administratieve organisatie en interne controle (AO & IC) (E-BP)
- Ervaring met Portfoliomanagement (E-M)

- Ervaring met Projectmanagement (E-M)
- Ervaring met Risicoanalyse (E-A)
- Ervaring met Werklastbegroting (E-A)
- Ervaring met Principes, methoden en technieken voor interne controle (E-A)
- Ervaring met Principes, methoden en technieken voor kwaliteitsborging (E-A)

P-Competenties:
- Hoog niveau Sensitiviteit, inlevingsvermogen
- Hoog niveau Communicatieve vaardigheden (mondeling en/of schriftelijk)
- Hoog niveau Samenwerken in teamverbanden
- Hoog niveau Integriteit
- Hoog niveau Conflictpreventie en -beheersing
- Hoog niveau Klantgerichtheid
- Hoog niveau Oordeelsvorming
- Hoog niveau Abstractievermogen
- Hoog niveau Creativiteit
- Hoog niveau Organisatiebewustzijn
- Hoog niveau Kennis van andere disciplines
- Hoog niveau Strategische visie
- Hoog niveau Commercieel inzicht
- Hoog niveau Kwaliteitsbewustzijn
- Hoog niveau Besluitvaardigheid
- Hoog niveau Overtuigingskracht
- Hoog niveau Onderhandelingsvaardigheid
- Hoog niveau Accuratesse
- Hoog niveau Methodisch werken
- Hoog niveau Plannen en organiseren

Functiekwalificatie:
- Startkwalificatie: NLQF-5 NLQF – Niveau 5 – Associate Degree
- Professional: NLQF-6 NLQF – Niveau 6 – Bachelor

Functies in het I-domein Generiek

G-BP – Adviseur Interne Controle

Toelichting:
De adviseur interne controle is specialist op het gebied van de administratieve organisatie en controle.
De functie komt meestal bij grote organisaties voor. Vaak is deze functie als rol gecombineerd met de functie van IT-controller en geplaatst in een afdeling interne controle.
Deze functie komt – als consultant – ook voor bij adviesbureaus.

Alternatieve functietitels:
- IT Controller

Taken:
- K-BP Opstellen en beheren complianceplan
- K-BP Opstellen en beheren plan voor interne controle
- A-BP Opstellen en beheren bedrijfsprocessenmodel
- O-A Ontwikkelen en beheren maatregelen voor interne controle
- O-BP Onderzoeken organisatieaspecten
- O-BP Vaststellen en beheren gewenste informatievoorziening
- B-BP Opstellen wijzigingsvoorstel bedrijfsproces
- B-IS Opstellen wijzigingsvoorstel informatiesysteem
- B-TI Opstellen wijzigingsvoorstel technische infrastructuur
- F-A Beheren bedrijfswaarde van componenten
- G-A Opstellen en beheren kwaliteitsplan
- G-A Uitvoeren risicoanalyse

e-CF competentiereferenties:
- A.01 Afstemming informatiesysteem en bedrijfsstrategie (IS and Business Strategy Alignment)
- D.02 Ontwikkeling ICT-kwaliteitsstrategie (ICT Quality Strategy Development)
- E.03 Risicomanagement (Risk Management)
- E.09 IT-governance (IS Governance)

VT-Competenties:
- Ervaring met Informatiemanagement (K-BP)
- Ervaring met Organisatieanalyse (O-BP)
- Ervaring met Organisatieontwerp (O-BP)
- Ervaring met Organisatorische continuïteitmaatregelen (O-BP)
- Ervaring met Beheer van bedrijfsinformatie/gegevens (B-BP)
- Ervaring met Beheer van informatiesystemen (B-IS)
- Ervaring met Management van (bedrijfs)processen (G-M)
- Ervaring met Planning & control (G-M)
- Ervaring met Compliancemanagement (G-M)
- Ervaring met Kwaliteitsmanagement (G-M)

- Ervaring met Risicomanagement (G-M)
- Ervaring met Administratieve organisatie en interne controle (AO & IC) (E-BP)
- Ervaring met Risicoanalyse (E-A)
- Ervaring met Principes, methoden en technieken voor interne controle (E-A)
- Ervaring met Principes, methoden en technieken voor kwaliteitsborging (E-A)

P-Competenties:
- Hoog niveau Sensitiviteit, inlevingsvermogen
- Hoog niveau Integriteit
- Hoog niveau Analytisch vermogen
- Hoog niveau Oordeelsvorming
- Hoog niveau Abstractievermogen
- Hoog niveau Organisatiebewustzijn
- Hoog niveau Kennis van andere disciplines
- Hoog niveau Strategische visie
- Hoog niveau Kwaliteitsbewustzijn
- Hoog niveau Methodisch werken
- Hoog niveau Plannen en organiseren

Functiekwalificatie:
- Startkwalificatie: NLQF-6 NLQF – Niveau 6 – Bachelor
- Professional: NLQF-7 NLQF – Niveau 7 – Master

G-BP – IT Controller

Toelichting:
De IT-controller is, evenals zijn evenknie de financial controller, toezichthouder en verantwoordelijk voor de controle op het verantwoorde beheer van de informatievoorziening/ICT. De IT-controller voert soms de rol uit van EDP-auditor (die specifiek een controlerende rol heeft), en is voorts verantwoordelijk voor het toetsen van de kwaliteit, de integratie en de kosten van de informatievoorziening/ICT, inclusief projecten.

Alternatieve functietitels:
- Adviseur Interne Controle

Taken:
- K-BP Opstellen en beheren complianceplan
- K-BP Opstellen en beheren plan voor interne controle
- O-A Ontwikkelen en beheren maatregelen voor interne controle
- B-A Beheren en monitoren autorisatie- en beveiligingssysteem
- B-BP Beheren bedrijfsinformatie
- B-IS Beheren en bewaken correct gebruik informatiesysteem
- B-TI Beheren en bewaken correct gebruik technische infrastructuur
- F-A Beheren bedrijfswaarde van componenten
- G-A Opstellen en beheren kwaliteitsplan
- G-A Uitvoeren risicoanalyse

- E-A Opstellen en beheren normen, criteria, randvoorwaarden
- E-A Uitvoeren analyse
- E-A Uitvoeren evaluatie, review

e-CF competentiereferenties:
- A.01 Afstemming informatiesysteem en bedrijfsstrategie (IS and Business Strategy Alignment)
- D.01 Strategieontwikkeling informatiebeveiliging (Information Security Strategy Development)
- D.02 Ontwikkeling ICT-kwaliteitsstrategie (ICT Quality Strategy Development)
- D.10 Informatie- en kennismanagement (Information and Knowledge Management)
- E.09 IT-governance (IS Governance)

VT-Competenties:
- Toegepaste kennis van Beheer van exploitatie en productie (B-TI)
- Ervaring met Beheer van bedrijfsinformatie/gegevens (B-BP)
- Ervaring met Beheer van informatiesystemen (B-IS)
- Ervaring met Planning & control (G-M)
- Ervaring met Continuïteitmanagement (G-M)
- Ervaring met Compliancemanagement (G-M)
- Ervaring met Kwaliteitsmanagement (G-M)
- Ervaring met Risicomanagement (G-M)
- Ervaring met Administratieve organisatie en interne controle (AO & IC) (E-BP)
- Ervaring met Projectmanagement (E-M)
- Ervaring met Risicoanalyse (E-A)
- Ervaring met Principes, methoden en technieken voor interne controle (E-A)
- Ervaring met Principes, methoden en technieken voor kwaliteitsborging (E-A)

P-Competenties:
- Hoog niveau Sensitiviteit, inlevingsvermogen
- Hoog niveau Integriteit
- Hoog niveau Analytisch vermogen
- Hoog niveau Oordeelsvorming
- Hoog niveau Abstractievermogen
- Hoog niveau Strategische visie
- Hoog niveau Kwaliteitsbewustzijn
- Hoog niveau Accuratesse
- Hoog niveau Methodisch werken
- Hoog niveau Plannen en organiseren

Functiekwalificatie:
- Startkwalificatie: NLQF-5 NLQF – Niveau 5 – Associate Degree
- Professional: NLQF-7 NLQF – Niveau 7 – Master

G-BP – Risk Manager

Toelichting:
De riskmanager is primair verantwoordelijk voor het identificeren en mitigeren van risico's die zijn verbonden aan de beschikbaarstelling en het gebruik van componenten van de informatievoorziening, zoals netwerken, servers, informatiesystemen of applicaties, enzovoort. Meestal is de scope van de verantwoordelijkheden beperkt tot de informatievoorziening, maar soms wordt deze functie ook ingezet voor het identificeren en mitigeren van risico's in projecten, of zelfs risico's in de bedrijfsvoering en bedrijfsprocessen. Meestal stelt de riskmanager ook het beleid en de richtlijnen op voor risicomanagement. Daarnaast stelt hij vaak zelf (concrete) risicobeheersmaatregelen op en/of toetst hij de genomen maatregelen.
Deze functie komt als verbijzonderde functie voor bij grote organisaties, en soms als rol van een IT-controller.

Alternatieve functietitels:
- Risico Manager

Taken:
- K-BP Opstellen en beheren beveiligingsplan
- K-BP Opstellen en beheren complianceplan
- K-BP Opstellen en beheren continuïteitplan
- K-BP Opstellen en beheren informatieplan
- K-BP Opstellen en beheren plan voor interne controle
- A-BP Opstellen en beheren bedrijfsprocessenmodel
- A-IS Opstellen en beheren informatieprocessenmodel
- A-IS Opstellen en beheren normen systeemgebruik en -beheer
- A-TI Opstellen en beheren normen gebruik en beheer technische infrastructuur
- O-A Ontwikkelen en beheren maatregelen voor interne controle
- O-BP Vaststellen en beheren gewenste informatievoorziening
- I-M Bepalen en beheren invoeringsstrategie
- B-A Beheren en monitoren autorisatie- en beveiligingssysteem
- B-BP Beheren bedrijfsinformatie
- B-BP Beheren en bewaken kwaliteit bedrijfsproces
- B-IS Beheren en bewaken correct gebruik informatiesysteem
- B-IS Beheren en bewaken kwaliteit informatiesysteem
- B-TI Beheren en bewaken correct gebruik technische infrastructuur
- S-A Bewaken dienstenlevering
- S-A Formuleren eisen aan ICT-dienstverlening
- F-A Beheren bedrijfswaarde van componenten
- P-A Bepalen benodigde competenties
- G-A Onderzoeken en vaststellen behoeften
- G-A Opstellen en beheren kwaliteitsplan
- G-A Opstellen, beheren en realiseren preventieve maatregelen
- G-A Samenstellen rapport
- G-A Uitvoeren risicoanalyse
- G-A Verzorgen kennisoverdracht

- G-M Managen organisatorische knelpunten, problemen
- G-M Managen technische knelpunten, problemen
- E-A Opstellen en beheren normen, criteria, randvoorwaarden
- E-A Opstellen specificaties
- E-A Uitvoeren analyse
- E-A Uitvoeren evaluatie, review
- E-A Verstrekken advies

e-CF competentiereferenties:

- A.01 Afstemming informatiesysteem en bedrijfsstrategie (IS and Business Strategy Alignment)
- C.02 Ondersteunen van wijzigingen (Change Support)
- D.01 Strategieontwikkeling informatiebeveiliging (Information Security Strategy Development)
- D.02 Ontwikkeling ICT-kwaliteitsstrategie (ICT Quality Strategy Development)
- D.10 Informatie- en kennismanagement (Information and Knowledge Management)
- E.02 Project- en portfoliomanagement (Project and Portfolio Management)
- E.03 Risicomanagement (Risk Management)
- E.05 Procesverbetering (Process Improvement)
- E.07 Management van veranderingen in bedrijfsprocessen (Business Change Management)
- E.09 IT-governance (IS Governance)

VT-Competenties:

- Toegepaste kennis van Architectuurprincipes voor modelleren van technische infrastructuur (A-TI)
- Toegepaste kennis van Ontwerpen en bouwen van informatiesystemen (O-IS)
- Toegepaste kennis van Beheer van exploitatie en productie (B-TI)
- Toegepaste kennis van Werking van componenten van de ICT (E-A)
- Ervaring met Informatiemanagement (K-BP)
- Ervaring met Beleid en strategiebepaling (K-M)
- Ervaring met Principes van sourcing (K-A)
- Ervaring met Architectuurprincipes voor modelleren van bedrijfsprocessen (A-BP)
- Ervaring met Architectuurprincipes voor modelleren van informatievoorziening/systemen (A-IS)
- Ervaring met Organisatieanalyse (O-BP)
- Ervaring met Realiseren van organisatiewijzigingen (O-BP)
- Ervaring met Organisatorische continuïteitmaatregelen (O-BP)
- Ervaring met Realiseren van wijzigingen in informatiesystemen (O-IS)
- Ervaring met Realiseren van technische wijzigingen (O-TI)
- Ervaring met Technische continuïteitmaatregelen (O-A)
- Ervaring met Changemanagement (I-M)
- Ervaring met Beheer van bedrijfsinformatie/gegevens (B-BP)
- Ervaring met Beheer van informatiesystemen (B-IS)
- Ervaring met Beheer van netwerken (B-TI)
- Ervaring met Beheer van servers (B-TI)
- Ervaring met Beheer van multimedia-apparatuur (B-TI)
- Ervaring met Versie- en configuratiebeheer (B-A)

- Ervaring met Competentiemanagement (P-M)
- Ervaring met Management van (bedrijfs)processen (G-M)
- Ervaring met Planning & control (G-M)
- Ervaring met Continuïteitmanagement (G-M)
- Ervaring met Compliancemanagement (G-M)
- Ervaring met Kwaliteitsmanagement (G-M)
- Ervaring met Risicomanagement (G-M)
- Ervaring met Principes, methoden en technieken voor beveiliging (G-A)
- Ervaring met Bedrijfskunde (E-BP)
- Ervaring met Administratieve organisatie en interne controle (AO & IC) (E-BP)
- Ervaring met Gebruik van applicaties (E-IS)
- Ervaring met Projectmanagement (E-M)
- Ervaring met Risicoanalyse (E-A)
- Ervaring met Werklastbegroting (E-A)
- Ervaring met Principes, methoden en technieken voor interne controle (E-A)
- Ervaring met Principes, methoden en technieken voor kwaliteitsborging (E-A)

P-Competenties:
- Hoog niveau Sensitiviteit, inlevingsvermogen
- Hoog niveau Integriteit
- Hoog niveau Klantgerichtheid
- Hoog niveau Analytisch vermogen
- Hoog niveau Oordeelsvorming
- Hoog niveau Abstractievermogen
- Hoog niveau Creativiteit
- Hoog niveau Organisatiebewustzijn
- Hoog niveau Kennis van andere disciplines
- Hoog niveau Strategische visie
- Hoog niveau Kwaliteitsbewustzijn
- Hoog niveau Accuratesse
- Hoog niveau Methodisch werken
- Hoog niveau Plannen en organiseren

Functiekwalificatie:
- Startkwalificatie: NLQF-5 NLQF – Niveau 5 – Associate Degree
- Professional: NLQF-7 NLQF – Niveau 7 – Master

G-BP – Adviseur Computer- en Multimediagebruik

Toelichting:
De adviseur computer- en multimediagebruik biedt gebruikers ondersteuning bij het gebruik van voornamelijk pc-pakketten en multimedia-apparatuur (zoals smartphones, tablets, consoles) in het kader van aan eindgebruikers ter beschikking gestelde standaardsoftware en apps. De adviseur computer- en multimediagebruik is vaak ook betrokken bij de selectie van deze pakketten of software, apps en multimedia-apparatuur.
Vaak is deze rol toegewezen aan de medewerkers van een service-/helpdesk.

Alternatieve functietitels:
- Adviseur Multimedia
- Adviseur Persoonlijk Computergebruik
- Medewerker Service/Helpdesk

Taken:
- B-IS Beheren en bewaken correct gebruik informatiesysteem
- B-IS Beheren en bewaken functionaliteit applicatie
- B-IS Beheren en bewaken kwaliteit informatiesysteem
- B-IS Opstellen wijzigingsvoorstel informatiesysteem
- O-BP Onderzoeken organisatieaspecten
- S-A Ondersteunen gebruiker bij gebruik component
- P-A Begeleiden medewerkers
- P-A Bepalen benodigde competenties
- P-A Vaststellen opleidingsbehoeften
- P-A Verzorgen opleiding
- G-A Onderzoeken automatiseringsontwikkelingen
- G-A Onderzoeken en vaststellen behoeften
- G-A Opstellen en beheren gebruikersdocumentatie
- G-A Opstellen oplossingsalternatieven
- G-A Verzorgen kennisoverdracht

e-CF competentiereferenties:
- B.05 Vervaardigen van documentatie (Documentation Production)
- C.01 Gebruikersondersteuning (User Support)
- D.03 Opleiding en training (Education and Training Provision)

VT-Competenties:
- Conceptuele kennis van Realiseren van technische wijzigingen (O-TI)
- Conceptuele kennis van Beheer van netwerken (B-TI)
- Conceptuele kennis van Beheer van servers (B-TI)
- Conceptuele kennis van Beheer van exploitatie en productie (B-TI)
- Conceptuele kennis van Leveringsmanagement (S-M)
- Toegepaste kennis van Informatieplanning (K-IS)
- Toegepaste kennis van Architectuurprincipes voor modelleren van informatievoorziening/systemen (A-IS)
- Toegepaste kennis van Ergonomische aspecten van systemen (O-A)
- Toegepaste kennis van Principes van dienstverlening (S-A)
- Toegepaste kennis van Management van (bedrijfs)processen (G-M)
- Toegepaste kennis van Planning & control (G-M)
- Toegepaste kennis van Bedrijfskunde (E-BP)
- Toegepaste kennis van Werking van componenten van de ICT (E-A)
- Ervaring met Informatiemanagement (K-BP)
- Ervaring met Architectuurprincipes voor modelleren van bedrijfsprocessen (A-BP)
- Ervaring met Realiseren van organisatiewijzigingen (O-BP)
- Ervaring met Functioneel ontwerp (O-IS)

- Ervaring met Realiseren van wijzigingen in informatiesystemen (O-IS)
- Ervaring met Changemanagement (I-M)
- Ervaring met Beheer van bedrijfsinformatie/gegevens (B-BP)
- Ervaring met Beheer van informatiesystemen (B-IS)
- Ervaring met Beheer van applicaties (B-IS)
- Ervaring met Beheer van multimedia-apparatuur (B-TI)
- Ervaring met Behoeftemanagement (S-M)
- Ervaring met Klantmanagement (S-M)
- Ervaring met Kwaliteitsmanagement (G-M)
- Ervaring met Risicomanagement (G-M)
- Ervaring met Opstellen van gebruikersdocumentatie (G-A)
- Ervaring met Opstellen van technische documentatie (G-A)
- Ervaring met Gebruik van applicaties (E-IS)
- Ervaring met Projectmanagement (E-M)
- Ervaring met Werklastbegroting (E-A)
- Ervaring met Principes, methoden en technieken voor interne controle (E-A)
- Ervaring met Principes, methoden en technieken voor kwaliteitsborging (E-A)

P-Competenties:
- Hoog niveau Sensitiviteit, inlevingsvermogen
- Hoog niveau Communicatieve vaardigheden (mondeling en/of schriftelijk)
- Hoog niveau Samenwerken in teamverbanden
- Hoog niveau Flexibiliteit
- Hoog niveau Integriteit
- Hoog niveau Klantgerichtheid
- Hoog niveau Didactische vaardigheden
- Hoog niveau Abstractievermogen
- Hoog niveau Creativiteit
- Hoog niveau Organisatiebewustzijn
- Hoog niveau Kennis van andere disciplines
- Hoog niveau Strategische visie
- Hoog niveau Kwaliteitsbewustzijn
- Hoog niveau Initiatief
- Hoog niveau Methodisch werken
- Hoog niveau Plannen en organiseren

Functiekwalificatie:
- Startkwalificatie: NLQF-4 NLQF – Niveau 4 – Vwo, vavo-havo, mbo 4
- Professional: NLQF-5 NLQF – Niveau 5 – Associate Degree

G-BP – Project Planner

Toelichting:
De projectplanner is specialist op het gebied van het begroten en plannen van projecten (of een activiteit) in termen van werklast, (personele en andere) resources en financiën (investeringen,

kosten). De projectplanner ondersteunt (business- of ICT-)management en een projectleider bij het opstellen van een projectplan.
Deze functie komt als verbijzonderde functie voor in grote organisaties.

Alternatieve functietitels:
- Begrotings Specialist
- Project Voorbereider

Taken:
- O-A Ontwikkelen en beheren maatregelen voor interne controle
- O-A Opstellen en beheren organisatorisch calamiteitenplan
- I-A Bepalen migratiestap
- I-M Bepalen en beheren invoeringsstrategie
- I-M Samenstellen release
- S-A Bewaken dienstenlevering
- F-A Beheren financiële administratie
- F-A Opstellen en beheren begroting, bepalen investeringen en kosten
- G-A Opstellen en beheren businesscase
- G-A Opstellen en beheren kwaliteitsplan
- G-A Opstellen oplossingsalternatieven
- G-A Samenstellen rapport
- G-A Uitvoeren risicoanalyse
- G-A Verstrekken (ad-hoc-)informatie
- G-A Voeren administratie, registratie
- G-M Managen organisatorische knelpunten, problemen
- G-M Opstellen en beheren projectplan
- E-A Opstellen en beheren normen, criteria, randvoorwaarden
- E-A Verstrekken advies

e-CF competentiereferenties:
- A.01 Afstemming informatiesysteem en bedrijfsstrategie (IS and Business Strategy Alignment)
- E.02 Project- en portfoliomanagement (Project and Portfolio Management)
- E.03 Risicomanagement (Risk Management)

VT-Competenties:
- Conceptuele kennis van Principes van sourcing (K-A)
- Toegepaste kennis van Bedrijfskunde (E-BP)
- Ervaring met Realiseren van organisatiewijzigingen (O-BP)
- Ervaring met Organisatorische continuïteitmaatregelen (O-BP)
- Ervaring met Realiseren van wijzigingen in informatiesystemen (O-IS)
- Ervaring met Realiseren van technische wijzigingen (O-TI)
- Ervaring met Changemanagement (I-M)
- Ervaring met Beheer van bedrijfsinformatie/gegevens (B-BP)
- Ervaring met Beheer van informatiesystemen (B-IS)
- Ervaring met Versie- en configuratiebeheer (B-A)

- Ervaring met Behoeftemanagement (S-M)
- Ervaring met Leveringsmanagement (S-M)
- Ervaring met Leveranciersmanagement (V-M)
- Ervaring met Financieel management (F-M)
- Ervaring met Kostencalculaties (F-A)
- Ervaring met Competentiemanagement (P-M)
- Ervaring met Management van (bedrijfs)processen (G-M)
- Ervaring met Planning & control (G-M)
- Ervaring met Continuïteitmanagement (G-M)
- Ervaring met Compliancemanagement (G-M)
- Ervaring met Kwaliteitsmanagement (G-M)
- Ervaring met Risicomanagement (G-M)
- Ervaring met Procesanalyse (G-A)
- Ervaring met Procesontwerp (G-A)
- Ervaring met Administratieve organisatie en interne controle (AO & IC) (E-BP)
- Ervaring met Portfoliomanagement (E-M)
- Ervaring met Projectmanagement (E-M)
- Ervaring met Risicoanalyse (E-A)
- Ervaring met Werklastbegroting (E-A)
- Ervaring met Principes, methoden en technieken voor interne controle (E-A)
- Ervaring met Principes, methoden en technieken voor kwaliteitsborging (E-A)

P-Competenties:
- Hoog niveau Sensitiviteit, inlevingsvermogen
- Hoog niveau Samenwerken in teamverbanden
- Hoog niveau Integriteit
- Hoog niveau Klantgerichtheid
- Hoog niveau Analytisch vermogen
- Hoog niveau Creativiteit
- Hoog niveau Organisatiebewustzijn
- Hoog niveau Kwaliteitsbewustzijn
- Hoog niveau Accuratesse
- Hoog niveau Methodisch werken
- Hoog niveau Plannen en organiseren

Functiekwalificatie:
- Startkwalificatie: NLQF-4+ NLQF – Niveau 4+ – Vwo, vavo-vwo
- Professional: NLQF-5 NLQF – Niveau 5 – Associate Degree

G-IS – Adviseur Informatievoorziening

Toelichting:
De Adviseur Informatievoorziening is – zoals de functietitel ook aangeeft – een echte adviesfunctie. De adviseur informatievoorziening geeft advies aan de business over de relatie van het bedrijfsbeleid en de bedrijfsprocessen met het informatiebeleid, in termen van de gewenste informatievoorziening.

Deze functie komt in alle organisaties voor: in het regiedomein of zelfs bij de business geplaatst, alsmede als een specialisme van een adviseur van een organisatieadviesbureau.

Alternatieve functietitels:
- Consultant Informatievoorziening
- Coördinator Informatievoorziening

Taken:
- K-BP Opstellen en beheren beveiligingsplan
- K-BP Opstellen en beheren complianceplan
- K-BP Opstellen en beheren continuïteitplan
- K-BP Opstellen en beheren informatiebeleid
- K-BP Opstellen en beheren informatieplan
- K-BP Opstellen en beheren plan voor interne controle
- K-M Opstellen en beheren projectenportfolio
- A-IS Opstellen en beheren informatiearchitectuur
- A-IS Opstellen en beheren informatieprocessenmodel
- A-IS Opstellen en beheren normen systeemgebruik en -beheer
- O-BP Vaststellen en beheren gewenste informatievoorziening
- O-BP Verkennen behoeften informatievoorziening
- B-BP Beheren en bewaken kwaliteit bedrijfsproces
- B-BP Opstellen wijzigingsvoorstel bedrijfsproces
- B-IS Beheren en bewaken kwaliteit informatiesysteem
- S-A Formuleren eisen aan ICT-dienstverlening
- F-A Beheren bedrijfswaarde van componenten
- F-A Opstellen en beheren begroting, bepalen investeringen en kosten
- G-A Afbakenen onderzoeksgebied
- G-A Onderzoeken en vaststellen behoeften
- G-A Opstellen en beheren businesscase
- G-A Opstellen en beheren kwaliteitsplan
- G-A Opstellen oplossingsalternatieven
- G-A Samenstellen rapport
- G-M Opstellen en beheren projectplan

e-CF competentiereferenties:
- A.01 Afstemming informatiesysteem en bedrijfsstrategie (IS and Business Strategy Alignment)
- A.09 Innoveren (Innovating)
- D.11 Behoeftemanagement (Needs Identification)
- E.02 Project- en portfoliomanagement (Project and Portfolio Management)
- E.03 Risicomanagement (Risk Management)
- E.05 Procesverbetering (Process Improvement)
- E.09 IT-governance (IS Governance)

VT-Competenties:
- Conceptuele kennis van Beheer van applicaties (B-IS)
- Conceptuele kennis van Beheer van netwerken (B-TI)

- Conceptuele kennis van Beheer van servers (B-TI)
- Conceptuele kennis van Beheer van multimedia-apparatuur (B-TI)
- Conceptuele kennis van Mogelijkheden van de informatietechnologie (E-A)
- Toegepaste kennis van Informatieplanning (K-IS)
- Toegepaste kennis van Ontwerpen en bouwen van informatiesystemen (O-IS)
- Toegepaste kennis van Realiseren van wijzigingen in informatiesystemen (O-IS)
- Toegepaste kennis van Realiseren van technische wijzigingen (O-TI)
- Toegepaste kennis van Organisatieleer (E-BP)
- Ervaring met Informatiemanagement (K-BP)
- Ervaring met Beleid en strategiebepaling (K-M)
- Ervaring met Principes van sourcing (K-A)
- Ervaring met Architectuurprincipes voor modelleren van bedrijfsprocessen (A-BP)
- Ervaring met Architectuurprincipes voor modelleren van informatievoorziening/systemen (A-IS)
- Ervaring met Informatieanalyse (A-IS)
- Ervaring met Organisatieanalyse (O-BP)
- Ervaring met Organisatieontwerp (O-BP)
- Ervaring met Realiseren van organisatiewijzigingen (O-BP)
- Ervaring met Organisatorische continuïteitmaatregelen (O-BP)
- Ervaring met Technische continuïteitmaatregelen (O-A)
- Ervaring met Changemanagement (I-M)
- Ervaring met Beheer van bedrijfsinformatie/gegevens (B-BP)
- Ervaring met Beheer van informatiesystemen (B-IS)
- Ervaring met Versie- en configuratiebeheer (B-A)
- Ervaring met Behoeftemanagement (S-M)
- Ervaring met Principes van dienstverlening (S-A)
- Ervaring met Leveranciersmanagement (V-M)
- Ervaring met Financieel management (F-M)
- Ervaring met Kostencalculaties (F-A)
- Ervaring met Competentiemanagement (P-M)
- Ervaring met Management van (bedrijfs)processen (G-M)
- Ervaring met Planning & control (G-M)
- Ervaring met Continuïteitmanagement (G-M)
- Ervaring met Compliancemanagement (G-M)
- Ervaring met Kwaliteitsmanagement (G-M)
- Ervaring met Risicomanagement (G-M)
- Ervaring met Principes, methoden en technieken voor beveiliging (G-A)
- Ervaring met Bedrijfskunde (E-BP)
- Ervaring met Administratieve organisatie en interne controle (AO & IC) (E-BP)
- Ervaring met Gebruik van applicaties (E-IS)
- Ervaring met Portfoliomanagement (E-M)
- Ervaring met Projectmanagement (E-M)
- Ervaring met Risicoanalyse (E-A)
- Ervaring met Werklastbegroting (E-A)
- Ervaring met Principes, methoden en technieken voor interne controle (E-A)
- Ervaring met Principes, methoden en technieken voor kwaliteitsborging (E-A)

P-Competenties:
- Gemiddeld niveau Overtuigingskracht
- Hoog niveau Sensitiviteit, inlevingsvermogen
- Hoog niveau Communicatieve vaardigheden (mondeling en/of schriftelijk)
- Hoog niveau Samenwerken in teamverbanden
- Hoog niveau Integriteit
- Hoog niveau Klantgerichtheid
- Hoog niveau Analytisch vermogen
- Hoog niveau Oordeelsvorming
- Hoog niveau Abstractievermogen
- Hoog niveau Creativiteit
- Hoog niveau Organisatiebewustzijn
- Hoog niveau Kennis van andere disciplines
- Hoog niveau Strategische visie
- Hoog niveau Kwaliteitsbewustzijn
- Hoog niveau Methodisch werken
- Hoog niveau Plannen en organiseren

Functiekwalificatie:
- Startkwalificatie: NLQF-6 NLQF – Niveau 6 – Bachelor
- Professional: NLQF-7 NLQF – Niveau 7 – Master

G-M – Project Manager

Toelichting:
De projectmanager is verantwoordelijk voor een project (op strategisch/tactisch niveau) en stuurt een project als eindverantwoordelijke aan. Voor de operationele aansturing van een project wordt meestal een projectleider aangesteld.
De rol van projectmanager wordt vaak toegewezen aan een vertegenwoordiger van de opdrachtgever van het project, zoals een directeur of afdelingsmanager uit de business.
Deze functie of rol komt in alle soorten organisaties voor waar projectmanagement op professioneel niveau is ingericht.

Alternatieve functietitels:
- Project Coördinator
- Project Eigenaar

Taken:
- K-BP Opstellen en beheren beveiligingsplan
- K-BP Opstellen en beheren complianceplan
- K-BP Opstellen en beheren continuïteitplan
- K-BP Opstellen en beheren informatiebeleid
- K-BP Opstellen en beheren informatieplan
- K-BP Opstellen en beheren plan voor interne controle
- K-M Opstellen en beheren projectenportfolio
- A-IS Opstellen en beheren informatiearchitectuur

- A-IS Opstellen en beheren informatieprocessenmodel
- O-A Ontwikkelen en beheren maatregelen voor interne controle
- O-A Opstellen en beheren organisatorisch calamiteitenplan
- O-BP Analyseren veranderingsvermogen
- O-BP Onderzoeken organisatieaspecten
- O-BP Ontwerpen en beheren bedrijfsprocessen
- O-BP Vaststellen en beheren gewenste informatievoorziening
- O-BP Verkennen behoeften informatievoorziening
- I-A Bepalen migratiestap
- I-A Opstellen en beheren acceptatietestplan
- I-BP Invoeren (wijziging) bedrijfsproces
- I-IS Invoeren (wijziging) informatiesysteem
- I-M Bepalen en beheren invoeringsstrategie
- I-M Samenstellen release
- B-BP Beheren bedrijfsinformatie
- B-BP Beheren en bewaken kwaliteit bedrijfsproces
- B-IS Beheren en bewaken kwaliteit informatiesysteem
- B-IS Opstellen wijzigingsvoorstel informatiesysteem
- B-TI Opstellen wijzigingsvoorstel technische infrastructuur
- S-A Bewaken dienstenlevering
- S-A Formuleren eisen aan ICT-dienstverlening
- S-A Onderhouden klantrelatie (niet commercieel)
- S-A Opstellen wijzigingsvoorstel dienstverlening
- F-A Beheren bedrijfswaarde van componenten
- P-M Toewijzen taken aan medewerkers
- V-A Beoordelen offerte
- V-A Leveranciersselectie
- V-M Aanbesteden opdracht, inkoop (RfI of RfP)
- V-M Opstellen en beheren strategie voor sourcing
- V-M Opstellen, afsluiten en beheren contract (klant)
- V-M Verstrekken opdrachten aan leverancier
- G-A Afbakenen onderzoeksgebied
- G-A Onderzoeken en vaststellen behoeften
- G-A Opstellen en beheren businesscase
- G-A Opstellen en beheren kwaliteitsplan
- G-A Opstellen oplossingsalternatieven
- G-A Opstellen, beheren en realiseren preventieve maatregelen
- G-A Uitvoeren risicoanalyse
- G-M Goedkeuren/beoordelen opdracht, verzoek en dergelijke
- G-M Inrichten informatievoorzieningsfunctie
- G-M Inrichten projectorganisatie
- G-M Managen organisatorische knelpunten, problemen
- G-M Opstellen en beheren overeenkomst, contract
- G-M Opstellen en beheren projectplan
- G-M Vaststellen en toewijzen taken, verantwoordelijkheden, bevoegdheden
- E-A Voeren van overleg, afstemmen

- E-M Bepalen prioriteit, scenario
- E-M Leidinggeven aan, aansturen, coördineren activiteit

e-CF competentiereferenties:

- A.01 Afstemming informatiesysteem en bedrijfsstrategie (IS and Business Strategy Alignment)
- A.03 Ontwikkelen van bedrijfsplannen (Business Plan Development)
- A.08 Duurzame ontwikkeling (Sustainable Development)
- A.09 Innoveren (Innovating)
- C.02 Ondersteunen van wijzigingen (Change Support)
- D.02 Ontwikkeling ICT-kwaliteitsstrategie (ICT Quality Strategy Development)
- D.04 Inkoop (Purchasing)
- D.08 Contractmanagement (Contract Management)
- D.10 Informatie- en kennismanagement (Information and Knowledge Management)
- E.01 Ontwikkelen van prognoses (Forecast Development)
- E.02 Project- en portfoliomanagement (Project and Portfolio Management)
- E.05 Procesverbetering (Process Improvement)
- E.06 ICT-kwaliteitsmanagement (ICT Quality Management)
- E.07 Management van veranderingen in bedrijfsprocessen (Business Change Management)
- E.09 IT-governance (IS Governance)

VT-Competenties:

- Toegepaste kennis van Informatieplanning (K-IS)
- Toegepaste kennis van Ontwerpen en bouwen van informatiesystemen (O-IS)
- Ervaring met Informatiemanagement (K-BP)
- Ervaring met Beleid en strategiebepaling (K-M)
- Ervaring met Principes van sourcing (K-A)
- Ervaring met Architectuurprincipes voor modelleren van bedrijfsprocessen (A-BP)
- Ervaring met Architectuurprincipes voor modelleren van informatievoorziening/systemen (A-IS)
- Ervaring met Organisatieanalyse (O-BP)
- Ervaring met Organisatieontwerp (O-BP)
- Ervaring met Realiseren van organisatiewijzigingen (O-BP)
- Ervaring met Organisatorische continuïteitmaatregelen (O-BP)
- Ervaring met Realiseren van wijzigingen in informatiesystemen (O-IS)
- Ervaring met Changemanagement (I-M)
- Ervaring met Beheer van bedrijfsinformatie/gegevens (B-BP)
- Ervaring met Beheer van informatiesystemen (B-IS)
- Ervaring met Behoeftemanagement (S-M)
- Ervaring met Leveringsmanagement (S-M)
- Ervaring met Principes van dienstverlening (S-A)
- Ervaring met Leveranciersmanagement (V-M)
- Ervaring met Contractmanagement (V-M)
- Ervaring met Financieel management (F-M)
- Ervaring met Kostencalculaties (F-A)
- Ervaring met Competentiemanagement (P-M)

- Ervaring met Management van (bedrijfs)processen (G-M)
- Ervaring met Planning & control (G-M)
- Ervaring met Continuïteitmanagement (G-M)
- Ervaring met Compliancemanagement (G-M)
- Ervaring met Kwaliteitsmanagement (G-M)
- Ervaring met Risicomanagement (G-M)
- Ervaring met Bedrijfskunde (E-BP)
- Ervaring met Organisatieleer (E-BP)
- Ervaring met Administratieve organisatie en interne controle (AO & IC) (E-BP)
- Ervaring met Portfoliomanagement (E-M)
- Ervaring met Projectmanagement (E-M)
- Ervaring met Risicoanalyse (E-A)
- Ervaring met Werklastbegroting (E-A)
- Ervaring met Principes, methoden en technieken voor interne controle (E-A)
- Ervaring met Principes, methoden en technieken voor kwaliteitsborging (E-A)

P-Competenties:
- Hoog niveau Leiderschap
- Hoog niveau Sensitiviteit, inlevingsvermogen
- Hoog niveau Communicatieve vaardigheden (mondeling en/of schriftelijk)
- Hoog niveau Samenwerken in teamverbanden
- Hoog niveau Conflictpreventie en -beheersing
- Hoog niveau Klantgerichtheid
- Hoog niveau Oordeelsvorming
- Hoog niveau Abstractievermogen
- Hoog niveau Organisatiebewustzijn
- Hoog niveau Kennis van andere disciplines
- Hoog niveau Strategische visie
- Hoog niveau Commercieel inzicht
- Hoog niveau Kwaliteitsbewustzijn
- Hoog niveau Besluitvaardigheid
- Hoog niveau Onderhandelingsvaardigheid
- Hoog niveau Plannen en organiseren

Functiekwalificatie:
- Startkwalificatie: NLQF-5 NLQF – Niveau 5 – Associate Degree
- Professional: NLQF-6 NLQF – Niveau 6 – Bachelor

G-M – Projectleider

Toelichting:
De projectleider is operationeel verantwoordelijk voor een project en specialist op het gebied van projectmanagement. Hij werkt in opdracht van een projectmanager (als die is aangesteld), de eindverantwoordelijke (op strategisch/tactisch niveau). Anders werkt de projectleider in opdracht van een andere opdrachtgever, zoals een businessmanager.

Deze functie of rol komt in alle soorten organisaties voor. In kleine organisaties wordt deze functie meestal als rol toegekend aan één van de (seniore) projectmedewerkers of vervuld door de opdrachtgever zelf.

Alternatieve functietitels:
- Project Coördinator

Taken:
- K-M Opstellen en beheren projectenportfolio
- A-IS Opstellen en beheren informatiearchitectuur
- A-IS Opstellen en beheren informatieprocessenmodel
- A-IS Opstellen en beheren ontwikkelstandaarden
- O-A Ontwikkelen en beheren maatregelen voor interne controle
- O-A Opstellen en beheren organisatorisch calamiteitenplan
- O-BP Analyseren veranderingsvermogen
- O-BP Onderzoeken organisatieaspecten
- O-BP Ontwerpen en beheren bedrijfsprocessen
- O-BP Vaststellen en beheren gewenste informatievoorziening
- I-A Bepalen migratiestap
- I-A Opstellen en beheren (master) testplan
- I-A Opstellen en beheren acceptatietestplan
- I-BP Invoeren (wijziging) bedrijfsproces
- I-IS Invoeren (wijziging) informatiesysteem
- I-M Bepalen en beheren invoeringsstrategie
- I-M Samenstellen release
- B-BP Beheren en bewaken kwaliteit bedrijfsproces
- B-BP Opstellen wijzigingsvoorstel bedrijfsproces
- B-IS Beheren en bewaken functionaliteit applicatie
- B-IS Beheren en bewaken kwaliteit informatiesysteem
- B-IS Beheren en bewaken prestatiekenmerken applicatie
- B-IS Bepalen onderhoud/wijziging informatiesysteem
- B-IS Opstellen wijzigingsvoorstel informatiesysteem
- B-M Bewaken systeemonderhoud/-wijziging
- B-TI Beheren en bewaken OTAP-omgevingen
- B-TI Opstellen wijzigingsvoorstel technische infrastructuur
- S-A Bewaken dienstenlevering
- S-A Formuleren eisen aan ICT-dienstverlening
- S-A Invoeren (wijziging) dienstverlening
- S-A Onderhouden klantrelatie (niet commercieel)
- S-A Opstellen en beheren ICT-dienstenovereenkomsten (SLA)
- S-A Opstellen wijzigingsvoorstel dienstverlening
- F-A Beheren bedrijfswaarde van componenten
- F-A Beheren financiële administratie
- F-A Opstellen en beheren begroting, bepalen investeringen en kosten
- P-A Begeleiden medewerkers
- P-A Bepalen benodigde competenties

- P-A Vaststellen opleidingsbehoeften
- P-M Toewijzen taken aan medewerkers
- V-A Leveranciersselectie
- V-A Onderhouden leveranciersrelatie
- V-M Verstrekken opdrachten aan leverancier
- C-A Onderhouden klantrelatie (commercieel)
- G-A Onderzoeken en vaststellen behoeften
- G-A Opstellen en beheren businesscase
- G-A Opstellen oplossingsalternatieven
- G-A Opstellen, beheren en realiseren preventieve maatregelen
- G-A Uitvoeren risicoanalyse
- G-M Goedkeuren/beoordelen opdracht, verzoek en dergelijke
- G-M Inrichten projectorganisatie
- G-M Managen organisatorische knelpunten, problemen
- G-M Vaststellen en toewijzen taken, verantwoordelijkheden, bevoegdheden
- E-A Voeren van overleg, afstemmen
- E-M Bepalen prioriteit, scenario
- E-M Leidinggeven aan, aansturen, coördineren activiteit

e-CF competentiereferenties:
- A.01 Afstemming informatiesysteem en bedrijfsstrategie (IS and Business Strategy Alignment)
- A.08 Duurzame ontwikkeling (Sustainable Development)
- A.09 Innoveren (Innovating)
- C.02 Ondersteunen van wijzigingen (Change Support)
- D.08 Contractmanagement (Contract Management)
- D.10 Informatie- en kennismanagement (Information and Knowledge Management)
- D.11 Behoeftemanagement (Needs Identification)
- E.02 Project- en portfoliomanagement (Project and Portfolio Management)
- E.03 Risicomanagement (Risk Management)
- E.06 ICT-kwaliteitsmanagement (ICT Quality Management)
- E.07 Management van veranderingen in bedrijfsprocessen (Business Change Management)
- E.09 IT-governance (IS Governance)

VT-Competenties:
- Toegepaste kennis van Informatieplanning (K-IS)
- Toegepaste kennis van Architectuurprincipes voor modelleren van technische infrastructuur (A-TI)
- Toegepaste kennis van Mogelijkheden van de informatietechnologie (E-A)
- Toegepaste kennis van Mogelijkheden van procesautomatisering (E-A)
- Ervaring met Informatiemanagement (K-BP)
- Ervaring met Principes van sourcing (K-A)
- Ervaring met Architectuurprincipes voor modelleren van bedrijfsprocessen (A-BP)
- Ervaring met Architectuurprincipes voor modelleren van informatievoorziening/systemen (A-IS)
- Ervaring met Informatieanalyse (A-IS)

- Ervaring met Organisatieanalyse (O-BP)
- Ervaring met Organisatieontwerp (O-BP)
- Ervaring met Realiseren van organisatiewijzigingen (O-BP)
- Ervaring met Organisatorische continuïteitmaatregelen (O-BP)
- Ervaring met Ontwerpen en bouwen van informatiesystemen (O-IS)
- Ervaring met Realiseren van technische wijzigingen (O-TI)
- Ervaring met Technische continuïteitmaatregelen (O-A)
- Ervaring met Changemanagement (I-M)
- Ervaring met Beheer van bedrijfsinformatie/gegevens (B-BP)
- Ervaring met Beheer van informatiesystemen (B-IS)
- Ervaring met Beheer van applicaties (B-IS)
- Ervaring met Beheer van netwerken (B-TI)
- Ervaring met Beheer van servers (B-TI)
- Ervaring met Beheer van multimedia-apparatuur (B-TI)
- Ervaring met Beheer van exploitatie en productie (B-TI)
- Ervaring met Versie- en configuratiebeheer (B-A)
- Ervaring met Behoeftemanagement (S-M)
- Ervaring met Klantmanagement (S-M)
- Ervaring met Principes van dienstverlening (S-A)
- Ervaring met Leveranciersmanagement (V-M)
- Ervaring met Contractmanagement (V-M)
- Ervaring met Financieel management (F-M)
- Ervaring met Kostencalculaties (F-A)
- Ervaring met Competentiemanagement (P-M)
- Ervaring met Management van (bedrijfs)processen (G-M)
- Ervaring met Planning & control (G-M)
- Ervaring met Continuïteitmanagement (G-M)
- Ervaring met Compliancemanagement (G-M)
- Ervaring met Kwaliteitsmanagement (G-M)
- Ervaring met Risicomanagement (G-M)
- Ervaring met Principes, methoden en technieken voor beveiliging (G-A)
- Ervaring met Bedrijfskunde (E-BP)
- Ervaring met Administratieve organisatie en interne controle (AO & IC) (E-BP)
- Ervaring met Gebruik van applicaties (E-IS)
- Ervaring met Portfoliomanagement (E-M)
- Ervaring met Projectmanagement (E-M)
- Ervaring met Risicoanalyse (E-A)
- Ervaring met Werklastbegroting (E-A)
- Ervaring met Principes, methoden en technieken voor interne controle (E-A)
- Ervaring met Principes, methoden en technieken voor kwaliteitsborging (E-A)

P-Competenties:
- Hoog niveau Leiderschap
- Hoog niveau Sensitiviteit, inlevingsvermogen
- Hoog niveau Communicatieve vaardigheden (mondeling en/of schriftelijk)
- Hoog niveau Samenwerken in teamverbanden

- Hoog niveau Conflictpreventie en -beheersing
- Hoog niveau Klantgerichtheid
- Hoog niveau Oordeelsvorming
- Hoog niveau Abstractievermogen
- Hoog niveau Creativiteit
- Hoog niveau Organisatiebewustzijn
- Hoog niveau Kennis van andere disciplines
- Hoog niveau Strategische visie
- Hoog niveau Kwaliteitsbewustzijn
- Hoog niveau Besluitvaardigheid
- Hoog niveau Overtuigingskracht
- Hoog niveau Onderhandelingsvaardigheid
- Hoog niveau Plannen en organiseren

Functiekwalificatie:
- Startkwalificatie: NLQF-5 NLQF – Niveau 5 – Associate Degree
- Professional: NLQF-6 NLQF – Niveau 6 – Bachelor

G-M – Manager Automatisering

Toelichting:
De manager automatisering is primair verantwoordelijk voor het aansturen van een automatiserings-/ICT-afdeling. Meestal is de manager automatisering verantwoordelijk voor alle diensten die van een ICT-afdeling worden verwacht, zoals ontwikkeling en beheer van de informatiesystemen of applicaties en de technische infrastructuur (netwerken, servers, storage).
De taken van een manager automatisering worden door de structurele wijze van outsourcing steeds beperkter; de outsourcingspartij wordt dan meestal verantwoordelijk voor het operationele beheer. In het verlengde van deze ontwikkeling wordt vaak de functie van manager regie benoemd die de outsourcingspartijen aanstuurt. Dit kan gebeuren als vervanging van de functie van manager automatisering of in een samenwerking, bijvoorbeeld als (functioneel) applicatiemanagement in eigen beheer wordt uitgevoerd en het technisch beheer bij een leverancier is belegd. 'Manager regie' wordt ook wel als rol aan de manager automatisering toegewezen. Deze functie komt in de meeste organisaties voor.

Alternatieve functietitels:
- Hoofd Automatisering
- Hoofd ICT
- Hoofd Rekencentrum
- Manager (ICT) Operations
- Manager ICT
- Manager Informatievoorziening
- Manager Rekencentrum

Taken:
- K-BP Opstellen en beheren beveiligingsplan
- K-BP Opstellen en beheren complianceplan

- K-BP Opstellen en beheren continuïteitplan
- K-BP Opstellen en beheren informatiebeleid
- K-BP Opstellen en beheren informatieplan
- K-BP Opstellen en beheren plan voor interne controle
- K-M Opstellen en beheren beleid voor inkoop, inhuur en dergelijke
- K-M Opstellen en beheren projectenportfolio
- A-IS Ontwerpen en beheren informatievoorziening (overall)
- A-IS Opstellen en beheren informatiearchitectuur
- A-IS Opstellen en beheren normen systeemgebruik en -beheer
- A-TI Opstellen en beheren architectuur technische infrastructuur
- A-TI Opstellen en beheren normen gebruik en beheer technische infrastructuur
- O-A Ontwikkelen en beheren maatregelen voor interne controle
- O-A Ontwikkelen en beheren technische maatregelen voor beveiliging
- O-A Opstellen en beheren technisch calamiteitenplan
- O-BP Vaststellen en beheren gewenste informatievoorziening
- I-M Bepalen en beheren invoeringsstrategie
- B-BP Beheren en bewaken kwaliteit bedrijfsproces
- B-IS Beheren en bewaken correct gebruik informatiesysteem
- B-IS Beheren en bewaken prestatiekenmerken applicatie
- B-TI Beheren en bewaken correct gebruik technische infrastructuur
- B-TI Beheren en bewaken prestatiekenmerken technische infrastructuur
- B-TI Beheren en monitoren productie(omgeving)
- S-A Bewaken dienstenlevering
- S-A Formuleren eisen aan ICT-dienstverlening
- S-A Opstellen en beheren ICT-dienstencatalogus
- F-A Beheren bedrijfswaarde van componenten
- F-A Beheren financiële administratie
- F-A Opstellen en beheren begroting, bepalen investeringen en kosten
- P-M Toewijzen taken aan medewerkers
- V-A Beoordelen offerte
- V-A Leveranciersselectie
- V-A Onderhouden leveranciersrelatie
- V-M Aanbesteden opdracht, inkoop (RfI of RfP)
- V-M Opstellen en beheren strategie voor sourcing
- V-M Opstellen, afsluiten en beheren contract (klant)
- V-M Verstrekken opdrachten aan leverancier
- G-A Onderzoeken automatiseringsontwikkelingen
- G-A Onderzoeken en vaststellen behoeften
- G-A Opstellen en beheren businesscase
- G-A Opstellen en beheren kwaliteitsplan
- G-A Opstellen, beheren en realiseren preventieve maatregelen
- G-A Uitvoeren risicoanalyse
- G-M Goedkeuren/beoordelen opdracht, verzoek en dergelijke
- G-M Inrichten informatievoorzieningsfunctie
- G-M Inrichten projectorganisatie
- G-M Managen organisatorische knelpunten, problemen

- G-M Managen technische knelpunten, problemen
- G-M Opstellen en beheren overeenkomst, contract
- G-M Opstellen en beheren projectplan
- G-M Organiseren informatievoorzieningsfunctie
- G-M Vaststellen en toewijzen taken, verantwoordelijkheden, bevoegdheden
- E-M Leidinggeven aan, aansturen, coördineren activiteit

e-CF competentiereferenties:
- A.01 Afstemming informatiesysteem en bedrijfsstrategie (IS and Business Strategy Alignment)
- A.02 Management dienstverleningsniveau (Service Level Management)
- A.03 Ontwikkelen van bedrijfsplannen (Business Plan Development)
- A.04 Product- of serviceplanning (Product/Service Planning)
- A.07 Volgen van technologische ontwikkelingen (Technology Trend Monitoring)
- A.08 Duurzame ontwikkeling (Sustainable Development)
- A.09 Innoveren (Innovating)
- C.03 Dienstverlening (Service Delivery)
- D.01 Strategieontwikkeling informatiebeveiliging (Information Security Strategy Development)
- D.02 Ontwikkeling ICT-kwaliteitsstrategie (ICT Quality Strategy Development)
- D.08 Contractmanagement (Contract Management)
- D.10 Informatie- en kennismanagement (Information and Knowledge Management)
- D.11 Behoeftemanagement (Needs Identification)
- E.01 Ontwikkelen van prognoses (Forecast Development)
- E.02 Project- en portfoliomanagement (Project and Portfolio Management)
- E.03 Risicomanagement (Risk Management)
- E.05 Procesverbetering (Process Improvement)
- E.09 IT-governance (IS Governance)

VT-Competenties:
- Toegepaste kennis van Ontwerpen en bouwen van informatiesystemen (O-IS)
- Toegepaste kennis van Mogelijkheden van de informatietechnologie (E-A)
- Toegepaste kennis van Mogelijkheden van procesautomatisering (E-A)
- Ervaring met Informatiemanagement (K-BP)
- Ervaring met Informatieplanning (K-IS)
- Ervaring met Beleid en strategiebepaling (K-M)
- Ervaring met Principes van sourcing (K-A)
- Ervaring met Architectuurprincipes voor modelleren van bedrijfsprocessen (A-BP)
- Ervaring met Architectuurprincipes voor modelleren van informatievoorziening/systemen (A-IS)
- Ervaring met Informatieanalyse (A-IS)
- Ervaring met Architectuurprincipes voor modelleren van technische infrastructuur (A-TI)
- Ervaring met Realiseren van organisatiewijzigingen (O-BP)
- Ervaring met Organisatorische continuïteitmaatregelen (O-BP)
- Ervaring met Realiseren van wijzigingen in informatiesystemen (O-IS)
- Ervaring met Realiseren van technische wijzigingen (O-TI)

- Ervaring met Technische continuïteitmaatregelen (O-A)
- Ervaring met Changemanagement (I-M)
- Ervaring met Beheer van bedrijfsinformatie/gegevens (B-BP)
- Ervaring met Beheer van informatiesystemen (B-IS)
- Ervaring met Beheer van applicaties (B-IS)
- Ervaring met Beheer van netwerken (B-TI)
- Ervaring met Beheer van servers (B-TI)
- Ervaring met Beheer van multimedia-apparatuur (B-TI)
- Ervaring met Beheer van exploitatie en productie (B-TI)
- Ervaring met Behoeftemanagement (S-M)
- Ervaring met Klantmanagement (S-M)
- Ervaring met Leveringsmanagement (S-M)
- Ervaring met Principes van dienstverlening (S-A)
- Ervaring met Leveranciersmanagement (V-M)
- Ervaring met Contractmanagement (V-M)
- Ervaring met Financieel management (F-M)
- Ervaring met Kostencalculaties (F-A)
- Ervaring met Competentiemanagement (P-M)
- Ervaring met Commercieel management (C-M)
- Ervaring met Management van (bedrijfs)processen (G-M)
- Ervaring met Planning & control (G-M)
- Ervaring met Continuïteitmanagement (G-M)
- Ervaring met Compliancemanagement (G-M)
- Ervaring met Kwaliteitsmanagement (G-M)
- Ervaring met Risicomanagement (G-M)
- Ervaring met Principes, methoden en technieken voor beveiliging (G-A)
- Ervaring met Administratieve organisatie en interne controle (AO & IC) (E-BP)
- Ervaring met Gebruik van applicaties (E-IS)
- Ervaring met Portfoliomanagement (E-M)
- Ervaring met Projectmanagement (E-M)
- Ervaring met Risicoanalyse (E-A)
- Ervaring met Werklastbegroting (E-A)
- Ervaring met Principes, methoden en technieken voor interne controle (E-A)
- Ervaring met Principes, methoden en technieken voor kwaliteitsborging (E-A)

P-Competenties:
- Hoog niveau Leiderschap
- Hoog niveau Sensitiviteit, inlevingsvermogen
- Hoog niveau Communicatieve vaardigheden (mondeling en/of schriftelijk)
- Hoog niveau Samenwerken in teamverbanden
- Hoog niveau Integriteit
- Hoog niveau Conflictpreventie en -beheersing
- Hoog niveau Klantgerichtheid
- Hoog niveau Oordeelsvorming
- Hoog niveau Abstractievermogen
- Hoog niveau Creativiteit
- Hoog niveau Organisatiebewustzijn

- Hoog niveau Kennis van andere disciplines
- Hoog niveau Strategische visie
- Hoog niveau Commercieel inzicht
- Hoog niveau Kwaliteitsbewustzijn
- Hoog niveau Besluitvaardigheid
- Hoog niveau Overtuigingskracht
- Hoog niveau Onderhandelingsvaardigheid
- Hoog niveau Plannen en organiseren

Functiekwalificatie:
- Startkwalificatie: NLQF-5 NLQF – Niveau 5 – Associate Degree
- Professional: NLQF-6 NLQF – Niveau 6 – Bachelor

G-M – Manager Datacenter

Toelichting:
De manager datacenter is in tegenstelling tot de manager automatisering 'slechts' verantwoordelijk voor het beheer van een datacentrum (ook wel 'rekencenter' genoemd). Deze functie is een verbijzondering van de manager automatisering. Voor de taken van deze functie wordt dan ook verwezen naar de manager automatisering.
Deze functie komt voor bij de grotere organisaties of leveranciers van datacenterdiensten (hosting).

Alternatieve functietitels:
- Hoofd Datacenter
- Hoofd Rekencentrum
- Manager Datacenter
- Manager ICT Operations

Taken:
- K-BP Opstellen en beheren beveiligingsplan
- K-BP Opstellen en beheren complianceplan
- K-BP Opstellen en beheren continuïteitplan
- K-BP Opstellen en beheren informatiebeleid
- K-BP Opstellen en beheren plan voor interne controle
- K-M Opstellen en beheren beleid voor inkoop, inhuur en dergelijke
- K-M Opstellen en beheren projectenportfolio
- A-IS Opstellen en beheren normen systeemgebruik en -beheer
- A-TI Opstellen en beheren architectuur technische infrastructuur
- A-TI Opstellen en beheren normen gebruik en beheer technische infrastructuur
- A-TI Opstellen en beheren standaarden technische infrastructuur
- O-A Ontwikkelen en beheren maatregelen voor interne controle
- O-A Opstellen en beheren technisch calamiteitenplan
- O-BP Ontwerpen en beheren bedrijfsprocessen
- O-TI Ontwerpen en beheren configuratie van computersystemen, servers
- O-TI Ontwerpen en beheren netwerkconfiguratie
- I-A Bepalen migratiestap

- I-M Bepalen en beheren invoeringsstrategie
- B-A Beheren en monitoren autorisatie- en beveiligingssysteem
- B-BP Beheren en bewaken kwaliteit bedrijfsproces
- B-IS Beheren en bewaken prestatiekenmerken applicatie
- B-TI Beheren en bewaken correct gebruik technische infrastructuur
- B-TI Beheren en bewaken prestatiekenmerken technische infrastructuur
- B-TI Beheren en monitoren systemen voor gegevensopslag
- S-A Bewaken dienstenlevering
- S-A Formuleren eisen aan ICT-dienstverlening
- S-A Invoeren (wijziging) dienstverlening
- S-A Onderhouden klantrelatie (niet commercieel)
- S-A Opstellen en beheren ICT-dienstencatalogus
- F-A Beheren bedrijfswaarde van componenten
- F-A Bepalen doorbelastingsystematiek
- F-A Opstellen en beheren begroting, bepalen investeringen en kosten
- P-A Bepalen benodigde competenties
- P-M Toewijzen taken aan medewerkers
- V-A Beoordelen offerte
- V-A Leveranciersselectie
- V-A Onderhouden leveranciersrelatie
- V-M Aanbesteden opdracht, inkoop (RfI of RfP)
- V-M Opstellen en beheren strategie voor sourcing
- V-M Opstellen, afsluiten en beheren contract (klant)
- V-M Verstrekken opdrachten aan leverancier
- C-A Onderhouden klantrelatie (commercieel)
- C-M Opstellen, afsluiten en beheren contract (leverancier)
- G-A Onderzoeken automatiseringsontwikkelingen
- G-A Onderzoeken en vaststellen behoeften
- G-A Opstellen en beheren businesscase
- G-A Opstellen en beheren kwaliteitsplan
- G-A Opstellen oplossingsalternatieven
- G-A Opstellen, beheren en realiseren preventieve maatregelen
- G-A Uitvoeren risicoanalyse
- G-M Goedkeuren/beoordelen opdracht, verzoek en dergelijke
- G-M Inrichten informatievoorzieningsfunctie
- G-M Inrichten projectorganisatie
- G-M Managen organisatorische knelpunten, problemen
- G-M Managen technische knelpunten, problemen
- G-M Opstellen en beheren overeenkomst, contract
- G-M Organiseren informatievoorzieningsfunctie
- G-M Vaststellen en toewijzen taken, verantwoordelijkheden, bevoegdheden
- E-M Leidinggeven aan, aansturen, coördineren activiteit

e-CF competentiereferenties:

- A.01 Afstemming informatiesysteem en bedrijfsstrategie (IS and Business Strategy Alignment)

- A.02 Management dienstverleningsniveau (Service Level Management)
- A.03 Ontwikkelen van bedrijfsplannen (Business Plan Development)
- A.04 Product- of serviceplanning (Product/Service Planning)
- A.07 Volgen van technologische ontwikkelingen (Technology Trend Monitoring)
- A.08 Duurzame ontwikkeling (Sustainable Development)
- A.09 Innoveren (Innovating)
- C.03 Dienstverlening (Service Delivery)
- D.01 Strategieontwikkeling informatiebeveiliging (Information Security Strategy Development)
- D.02 Ontwikkeling ICT-kwaliteitsstrategie (ICT Quality Strategy Development)
- D.04 Inkoop (Purchasing)
- D.08 Contractmanagement (Contract Management)
- D.11 Behoeftemanagement (Needs Identification)
- E.02 Project- en portfoliomanagement (Project and Portfolio Management)
- E.03 Risicomanagement (Risk Management)
- E.04 Relatiemanagement (Relationship Management)
- E.05 Procesverbetering (Process Improvement)
- E.06 ICT-kwaliteitsmanagement (ICT Quality Management)
- E.08 Informatiebeveiligingsmanagement (Information Security Management)
- E.09 IT-governance (IS Governance)

VT-Competenties:
- Conceptuele kennis van Architectuurprincipes voor modelleren van informatievoorziening/systemen (A-IS)
- Toegepaste kennis van Ontwerpen van technische systemen (O-A)
- Toegepaste kennis van Gebruik van applicaties (E-IS)
- Toegepaste kennis van Mogelijkheden van de informatietechnologie (E-A)
- Toegepaste kennis van Mogelijkheden van procesautomatisering (E-A)
- Ervaring met Informatiemanagement (K-BP)
- Ervaring met Beleid en strategiebepaling (K-M)
- Ervaring met Principes van sourcing (K-A)
- Ervaring met Architectuurprincipes voor modelleren van technische infrastructuur (A-TI)
- Ervaring met Realiseren van wijzigingen in informatiesystemen (O-IS)
- Ervaring met Ontwerp technische infrastructuur (O-TI)
- Ervaring met Realiseren van technische wijzigingen (O-TI)
- Ervaring met Technische continuïteitmaatregelen (O-A)
- Ervaring met Changemanagement (I-M)
- Ervaring met Beheer van bedrijfsinformatie/gegevens (B-BP)
- Ervaring met Beheer van informatiesystemen (B-IS)
- Ervaring met Beheer van applicaties (B-IS)
- Ervaring met Beheer van netwerken (B-TI)
- Ervaring met Beheer van servers (B-TI)
- Ervaring met Beheer van multimedia-apparatuur (B-TI)
- Ervaring met Beheer van exploitatie en productie (B-TI)
- Ervaring met Versie- en configuratiebeheer (B-A)
- Ervaring met Behoeftemanagement (S-M)

- Ervaring met Klantmanagement (S-M)
- Ervaring met Leveringsmanagement (S-M)
- Ervaring met Principes van dienstverlening (S-A)
- Ervaring met Leveranciersmanagement (V-M)
- Ervaring met Contractmanagement (V-M)
- Ervaring met Financieel management (F-M)
- Ervaring met Kostencalculaties (F-A)
- Ervaring met Competentiemanagement (P-M)
- Ervaring met Commercieel management (C-M)
- Ervaring met Planning & control (G-M)
- Ervaring met Continuïteitmanagement (G-M)
- Ervaring met Compliancemanagement (G-M)
- Ervaring met Kwaliteitsmanagement (G-M)
- Ervaring met Risicomanagement (G-M)
- Ervaring met Principes, methoden en technieken voor beveiliging (G-A)
- Ervaring met Administratieve organisatie en interne controle (AO & IC) (E-BP)
- Ervaring met Portfoliomanagement (E-M)
- Ervaring met Projectmanagement (E-M)
- Ervaring met Risicoanalyse (E-A)
- Ervaring met Werklastbegroting (E-A)
- Ervaring met Principes, methoden en technieken voor interne controle (E-A)
- Ervaring met Principes, methoden en technieken voor kwaliteitsborging (E-A)
- Ervaring met Werking van componenten van de ICT (E-A)

P-Competenties:
- Hoog niveau Leiderschap
- Hoog niveau Sensitiviteit, inlevingsvermogen
- Hoog niveau Communicatieve vaardigheden (mondeling en/of schriftelijk)
- Hoog niveau Samenwerken in teamverbanden
- Hoog niveau Integriteit
- Hoog niveau Klantgerichtheid
- Hoog niveau Oordeelsvorming
- Hoog niveau Abstractievermogen
- Hoog niveau Organisatiebewustzijn
- Hoog niveau Strategische visie
- Hoog niveau Commercieel inzicht
- Hoog niveau Kwaliteitsbewustzijn
- Hoog niveau Besluitvaardigheid
- Hoog niveau Overtuigingskracht
- Hoog niveau Onderhandelingsvaardigheid
- Hoog niveau Plannen en organiseren

Functiekwalificatie:
- Startkwalificatie: NLQF-5 NLQF – Niveau 5 – Associate Degree
- Professional: NLQF-6 NLQF – Niveau 6 – Bachelor

G-M – Manager Systeemontwikkeling en -Beheer

Toelichting:
De manager systeemontwikkeling en -beheer is verantwoordelijk voor het managen van systeemontwikkeling van informatiesystemen of applicaties, en het beheer (onderhoud) daarvan. Deze functie komt steeds minder voor als gevolg van de structurele outsourcing van systeem-ontwikkeling en -beheer (vaak ook 'functioneel en technisch applicatiemanagement' genoemd) aan leveranciers. Als het functioneel beheer (of: functioneel applicatiemanagement) nog wel in eigen beheer wordt uitgevoerd en het technisch beheer (of: technisch applicatiemanagement) is uitbesteed, wordt voor deze functie vaak de functietitel Manager Applicatie Management gebruikt.
Deze functie komt voor in veel organisaties, in het bijzonder de wat grotere.

Alternatieve functietitels:
- Hoofd Systeembeheer
- Hoofd Systeemontwikkeling
- Manager Applicatie Management
- Manager Systeembeheer
- Manager Systeemontwikkeling

Taken:
- K-BP Opstellen en beheren complianceplan
- K-BP Opstellen en beheren informatiebeleid
- K-BP Opstellen en beheren informatieplan
- K-BP Opstellen en beheren plan voor interne controle
- K-M Opstellen en beheren projectenportfolio
- A-IS Opstellen en beheren normen systeemgebruik en -beheer
- A-IS Opstellen en beheren ontwikkelstandaarden
- A-IS Opstellen en beheren standaarden applicatie- en databasebouw
- O-A Ontwikkelen en beheren maatregelen voor interne controle
- O-BP Vaststellen en beheren gewenste informatievoorziening
- O-IS Selecteren standaard software
- B-IS Beheren en bewaken kwaliteit informatiesysteem
- B-IS Beheren en bewaken prestatiekenmerken applicatie
- B-M Bewaken systeemonderhoud/-wijziging
- B-TI Beheren en bewaken OTAP-omgevingen
- B-TI Opstellen wijzigingsvoorstel technische infrastructuur
- S-A Bewaken dienstenlevering
- S-A Formuleren eisen aan ICT-dienstverlening
- S-A Onderhouden klantrelatie (niet commercieel)
- S-A Opstellen en beheren ICT-dienstencatalogus
- F-A Opstellen en beheren begroting, bepalen investeringen en kosten
- P-A Begeleiden medewerkers
- P-A Bepalen benodigde competenties
- P-A Vaststellen opleidingsbehoeften
- G-A Onderzoeken automatiseringsontwikkelingen

- G-A Onderzoeken en vaststellen behoeften
- G-A Ontwerpen en beheren procedure
- G-A Opstellen en beheren businesscase
- G-A Opstellen en beheren kwaliteitsplan
- G-A Opstellen, beheren en realiseren preventieve maatregelen
- G-M Goedkeuren/beoordelen opdracht, verzoek en dergelijke
- G-M Inrichten projectorganisatie
- G-M Managen organisatorische knelpunten, problemen
- G-M Opstellen en beheren projectplan
- G-M Vaststellen en toewijzen taken, verantwoordelijkheden, bevoegdheden
- E-M Leidinggeven aan, aansturen, coördineren activiteit

e-CF competentiereferenties:
- A.01 Afstemming informatiesysteem en bedrijfsstrategie (IS and Business Strategy Alignment)
- A.02 Management dienstverleningsniveau (Service Level Management)
- A.04 Product- of serviceplanning (Product/Service Planning)
- A.07 Volgen van technologische ontwikkelingen (Technology Trend Monitoring)
- A.08 Duurzame ontwikkeling (Sustainable Development)
- A.09 Innoveren (Innovating)
- C.03 Dienstverlening (Service Delivery)
- D.01 Strategieontwikkeling informatiebeveiliging (Information Security Strategy Development)
- D.02 Ontwikkeling ICT-kwaliteitsstrategie (ICT Quality Strategy Development)
- D.11 Behoeftemanagement (Needs Identification)
- E.02 Project- en portfoliomanagement (Project and Portfolio Management)
- E.05 Procesverbetering (Process Improvement)
- E.06 ICT-kwaliteitsmanagement (ICT Quality Management)
- E.09 IT-governance (IS Governance)

VT-Competenties:
- Conceptuele kennis van Gegevensmodellering (A-IS)
- Conceptuele kennis van Functioneel ontwerp (O-IS)
- Toegepaste kennis van Realiseren van wijzigingen in informatiesystemen (O-IS)
- Toegepaste kennis van Mogelijkheden van de informatietechnologie (E-A)
- Toegepaste kennis van Mogelijkheden van procesautomatisering (E-A)
- Ervaring met Informatiemanagement (K-BP)
- Ervaring met Architectuurprincipes voor modelleren van bedrijfsprocessen (A-BP)
- Ervaring met Architectuurprincipes voor modelleren van informatievoorziening/systemen (A-IS)
- Ervaring met Informatieanalyse (A-IS)
- Ervaring met Organisatieanalyse (O-BP)
- Ervaring met Organisatieontwerp (O-BP)
- Ervaring met Realiseren van organisatiewijzigingen (O-BP)
- Ervaring met Organisatorische continuïteitmaatregelen (O-BP)
- Ervaring met Ontwerpen en bouwen van informatiesystemen (O-IS)

- Ervaring met Programmeertalen (O-IS)
- Ervaring met Databaseontwerp en -bouw (O-IS)
- Ervaring met Applicatieontwerp en -bouw (O-IS)
- Ervaring met Realiseren van technische wijzigingen (O-TI)
- Ervaring met Technisch ontwerp (O-TI)
- Ervaring met Ontwerp- en programmeertools (O-A)
- Ervaring met Technische continuïteitmaatregelen (O-A)
- Ervaring met Ergonomische aspecten van systemen (O-A)
- Ervaring met Changemanagement (I-M)
- Ervaring met Beheer van bedrijfsinformatie/gegevens (B-BP)
- Ervaring met Beheer van informatiesystemen (B-IS)
- Ervaring met Beheer van applicaties (B-IS)
- Ervaring met Beheer van exploitatie en productie (B-TI)
- Ervaring met Versie- en configuratiebeheer (B-A)
- Ervaring met Behoeftemanagement (S-M)
- Ervaring met Principes van dienstverlening (S-A)
- Ervaring met Kostencalculaties (F-A)
- Ervaring met Competentiemanagement (P-M)
- Ervaring met Planning & control (G-M)
- Ervaring met Continuïteitmanagement (G-M)
- Ervaring met Compliancemanagement (G-M)
- Ervaring met Kwaliteitsmanagement (G-M)
- Ervaring met Risicomanagement (G-M)
- Ervaring met Principes, methoden en technieken voor beveiliging (G-A)
- Ervaring met Analyse van de werking van componenten van informatiesystemen (G-A)
- Ervaring met Opstellen van gebruikersdocumentatie (G-A)
- Ervaring met Opstellen van technische documentatie (G-A)
- Ervaring met Administratieve organisatie en interne controle (AO & IC) (E-BP)
- Ervaring met Gebruik van applicaties (E-IS)
- Ervaring met Portfoliomanagement (E-M)
- Ervaring met Projectmanagement (E-M)
- Ervaring met Risicoanalyse (E-A)
- Ervaring met Werklastbegroting (E-A)
- Ervaring met Principes, methoden en technieken voor interne controle (E-A)
- Ervaring met Principes, methoden en technieken voor kwaliteitsborging (E-A)

P-Competenties:
- Hoog niveau Leiderschap
- Hoog niveau Sensitiviteit, inlevingsvermogen
- Hoog niveau Communicatieve vaardigheden (mondeling en/of schriftelijk)
- Hoog niveau Samenwerken in teamverbanden
- Hoog niveau Klantgerichtheid
- Hoog niveau Oordeelsvorming
- Hoog niveau Abstractievermogen
- Hoog niveau Organisatiebewustzijn
- Hoog niveau Kennis van andere disciplines

- Hoog niveau Strategische visie
- Hoog niveau Commercieel inzicht
- Hoog niveau Kwaliteitsbewustzijn
- Hoog niveau Besluitvaardigheid
- Hoog niveau Overtuigingskracht
- Hoog niveau Plannen en organiseren

Functiekwalificatie:
- Startkwalificatie: NLQF-5 NLQF – Niveau 5 – Associate Degree
- Professional: NLQF-6 NLQF – Niveau 6 – Bachelor

G-M – Manager Programmering

Toelichting:
De manager programmering is verantwoordelijk voor het managen van de programmering van informatiesystemen of applicaties, en het beheer (onderhoud) daarvan.
Deze functie komt nauwelijks meer voor als gevolg van de structurele outsourcing van systeemontwikkeling en -beheer (vaak ook technisch applicatiemanagement genoemd) aan leveranciers. Als deze functie nog voorkomt is dat over het algemeen bij bedrijven die (commerciële) software ontwikkelen.

Alternatieve functietitels:
- Hoofd Programmering
- Teamleider Programmering

Taken:
- K-M Opstellen en beheren projectenportfolio
- A-IS Opstellen en beheren normen systeemgebruik en -beheer
- A-IS Opstellen en beheren ontwikkelstandaarden
- A-IS Opstellen en beheren standaarden applicatie- en databasebouw
- B-A Realiseren onderhoud/wijziging
- B-IS Beheren en bewaken kwaliteit informatiesysteem
- B-IS Beheren en bewaken prestatiekenmerken applicatie
- B-IS Bepalen onderhoud/wijziging informatiesysteem
- B-M Bewaken systeemonderhoud/-wijziging
- B-TI Beheren en bewaken OTAP-omgevingen
- B-TI Beheren en bewaken prestatiekenmerken technische infrastructuur
- S-A Bewaken dienstenlevering
- S-A Formuleren eisen aan ICT-dienstverlening
- P-A Begeleiden medewerkers
- P-A Vaststellen opleidingsbehoeften
- P-M Toewijzen taken aan medewerkers
- G-A Ondersteunen ontwikkelstandaarden
- G-A Onderzoeken automatiseringsontwikkelingen
- G-A Opstellen en beheren kwaliteitsplan
- G-M Managen technische knelpunten, problemen

- G-M Vaststellen en toewijzen taken, verantwoordelijkheden, bevoegdheden
- E-M Leidinggeven aan, aansturen, coördineren activiteit

e-CF competentiereferenties:
- A.02 Management dienstverleningsniveau (Service Level Management)
- A.09 Innoveren (Innovating)
- C.03 Dienstverlening (Service Delivery)
- E.02 Project- en portfoliomanagement (Project and Portfolio Management)
- E.06 ICT-kwaliteitsmanagement (ICT Quality Management)

VT-Competenties:
- Conceptuele kennis van Architectuurprincipes voor modelleren van technische infrastructuur (A-TI)
- Conceptuele kennis van Functioneel ontwerp (O-IS)
- Toegepaste kennis van Realiseren van wijzigingen in informatiesystemen (O-IS)
- Toegepaste kennis van Mogelijkheden van de informatietechnologie (E-A)
- Toegepaste kennis van Mogelijkheden van procesautomatisering (E-A)
- Ervaring met Informatiemanagement (K-BP)
- Ervaring met Architectuurprincipes voor modelleren van informatievoorziening/systemen (A-IS)
- Ervaring met Ontwerpen en bouwen van informatiesystemen (O-IS)
- Ervaring met Programmeertalen (O-IS)
- Ervaring met Databaseontwerp en -bouw (O-IS)
- Ervaring met Applicatieontwerp en -bouw (O-IS)
- Ervaring met Ontwerp technische infrastructuur (O-TI)
- Ervaring met Realiseren van technische wijzigingen (O-TI)
- Ervaring met Technisch ontwerp (O-TI)
- Ervaring met Ontwerp- en programmeertools (O-A)
- Ervaring met Technische continuïteitmaatregelen (O-A)
- Ervaring met Ergonomische aspecten van systemen (O-A)
- Ervaring met Changemanagement (I-M)
- Ervaring met Beheer van bedrijfsinformatie/gegevens (B-BP)
- Ervaring met Beheer van informatiesystemen (B-IS)
- Ervaring met Beheer van applicaties (B-IS)
- Ervaring met Beheer van netwerken (B-TI)
- Ervaring met Beheer van servers (B-TI)
- Ervaring met Beheer van multimedia-apparatuur (B-TI)
- Ervaring met Beheer van exploitatie en productie (B-TI)
- Ervaring met Versie- en configuratiebeheer (B-A)
- Ervaring met Competentiemanagement (P-M)
- Ervaring met Kwaliteitsmanagement (G-M)
- Ervaring met Risicomanagement (G-M)
- Ervaring met Principes, methoden en technieken voor beveiliging (G-A)
- Ervaring met Analyse van de werking van componenten van informatiesystemen (G-A)
- Ervaring met Gebruik van applicaties (E-IS)
- Ervaring met Portfoliomanagement (E-M)

- Ervaring met Projectmanagement (E-M)
- Ervaring met Risicoanalyse (E-A)
- Ervaring met Werklastbegroting (E-A)
- Ervaring met Principes, methoden en technieken voor interne controle (E-A)
- Ervaring met Principes, methoden en technieken voor kwaliteitsborging (E-A)
- Ervaring met Testen (E-A)
- Ervaring met Werking van componenten van de ICT (E-A)

P-Competenties:
- Hoog niveau Leiderschap
- Hoog niveau Sensitiviteit, inlevingsvermogen
- Hoog niveau Communicatieve vaardigheden (mondeling en/of schriftelijk)
- Hoog niveau Samenwerken in teamverbanden
- Hoog niveau Klantgerichtheid
- Hoog niveau Creativiteit
- Hoog niveau Organisatiebewustzijn
- Hoog niveau Kwaliteitsbewustzijn
- Hoog niveau Besluitvaardigheid
- Hoog niveau Accuratesse
- Hoog niveau Plannen en organiseren

Functiekwalificatie:
- Startkwalificatie: NLQF-4+ NLQF – Niveau 4+ – Vwo, vavo-vwo
- Professional: NLQF-5 NLQF – Niveau 5 – Associate Degree

G-M – Applicatie Manager/Eigenaar

Toelichting:
De applicatiemanager/eigenaar is verantwoordelijk voor een applicatie, dat wil zeggen dat deze aan de functionele en de niet-functionele eisen (en eventueel wensen) van gebruikers voldoet. Vaak is een applicatiemanager ook de eigenaar van de betreffende applicatie.
Deze functie komt als verbijzonderde functie in grote organisaties voor; in kleinere organisaties is deze functie meestal als rol aan een businessmanager toegewezen.

Alternatieve functietitels:
- Applicatie Eigenaar

Taken:
- K-BP Opstellen en beheren beveiligingsplan
- K-BP Opstellen en beheren complianceplan
- K-BP Opstellen en beheren continuïteitplan
- K-BP Opstellen en beheren informatieplan
- K-BP Opstellen en beheren plan voor interne controle
- K-M Opstellen en beheren projectenportfolio
- A-IS Opstellen en beheren informatieprocessenmodel
- A-IS Opstellen en beheren normen systeemgebruik en -beheer

- O-BP Analyseren veranderingsvermogen
- O-BP Onderzoeken organisatieaspecten
- O-BP Vaststellen en beheren gewenste informatievoorziening
- O-BP Verkennen behoeften informatievoorziening
- O-IS Ontwerpen en beheren handmatige informatiefuncties
- O-IS Opstellen en beheren functionele specificaties
- I-IS Invoeren (wijziging) informatiesysteem
- I-M Bepalen en beheren invoeringsstrategie
- I-M Samenstellen release
- B-A Beheren en monitoren autorisatie- en beveiligingssysteem
- B-BP Beheren bedrijfsinformatie
- B-BP Beheren content
- B-BP Beheren en bewaken kwaliteit bedrijfsproces
- B-BP Opstellen wijzigingsvoorstel bedrijfsproces
- B-IS Beheren en bewaken correct gebruik informatiesysteem
- B-IS Beheren en bewaken functionaliteit applicatie
- B-IS Beheren en bewaken kwaliteit informatiesysteem
- B-IS Beheren en bewaken prestatiekenmerken applicatie
- B-IS Opstellen wijzigingsvoorstel informatiesysteem
- B-M Bewaken systeemonderhoud/-wijziging
- S-A Bewaken dienstenlevering
- S-A Formuleren eisen aan ICT-dienstverlening
- S-A Onderhouden klantrelatie (niet commercieel)
- F-A Beheren bedrijfswaarde van componenten
- G-A Onderzoeken en vaststellen behoeften
- G-A Opstellen en beheren businesscase
- G-A Opstellen en beheren kwaliteitsplan
- G-A Opstellen, beheren en realiseren preventieve maatregelen
- G-M Goedkeuren/beoordelen opdracht, verzoek en dergelijke
- G-M Inrichten projectorganisatie
- G-M Managen organisatorische knelpunten, problemen
- G-M Managen technische knelpunten, problemen
- G-M Opstellen en beheren projectplan
- G-M Vaststellen en toewijzen taken, verantwoordelijkheden, bevoegdheden
- E-M Leidinggeven aan, aansturen, coördineren activiteit

e-CF competentiereferenties:

- A.01 Afstemming informatiesysteem en bedrijfsstrategie (IS and Business Strategy Alignment)
- A.02 Management dienstverleningsniveau (Service Level Management)
- A.03 Ontwikkelen van bedrijfsplannen (Business Plan Development)
- A.04 Product- of serviceplanning (Product/Service Planning)
- A.09 Innoveren (Innovating)
- D.02 Ontwikkeling ICT-kwaliteitsstrategie (ICT Quality Strategy Development)
- D.10 Informatie- en kennismanagement (Information and Knowledge Management)
- D.11 Behoeftemanagement (Needs Identification)

- E.02 Project- en portfoliomanagement (Project and Portfolio Management)
- E.03 Risicomanagement (Risk Management)
- E.04 Relatiemanagement (Relationship Management)
- E.05 Procesverbetering (Process Improvement)
- E.06 ICT-kwaliteitsmanagement (ICT Quality Management)
- E.09 IT-governance (IS Governance)

VT-Competenties:
- Conceptuele kennis van Mogelijkheden van de informatietechnologie (E-A)
- Toegepaste kennis van Informatieplanning (K-IS)
- Toegepaste kennis van Ontwerpen en bouwen van informatiesystemen (O-IS)
- Toegepaste kennis van Beheer van exploitatie en productie (B-TI)
- Toegepaste kennis van Commercieel management (C-M)
- Ervaring met Informatiemanagement (K-BP)
- Ervaring met Beleid en strategiebepaling (K-M)
- Ervaring met Principes van sourcing (K-A)
- Ervaring met Architectuurprincipes voor modelleren van bedrijfsprocessen (A-BP)
- Ervaring met Architectuurprincipes voor modelleren van informatievoorziening/systemen (A-IS)
- Ervaring met Organisatieanalyse (O-BP)
- Ervaring met Organisatieontwerp (O-BP)
- Ervaring met Realiseren van organisatiewijzigingen (O-BP)
- Ervaring met Organisatorische continuïteitmaatregelen (O-BP)
- Ervaring met Functioneel ontwerp (O-IS)
- Ervaring met Realiseren van wijzigingen in informatiesystemen (O-IS)
- Ervaring met Technische continuïteitmaatregelen (O-A)
- Ervaring met Ergonomische aspecten van systemen (O-A)
- Ervaring met Changemanagement (I-M)
- Ervaring met Beheer van bedrijfsinformatie/gegevens (B-BP)
- Ervaring met Beheer van informatiesystemen (B-IS)
- Ervaring met Behoeftemanagement (S-M)
- Ervaring met Klantmanagement (S-M)
- Ervaring met Leveringsmanagement (S-M)
- Ervaring met Principes van dienstverlening (S-A)
- Ervaring met Leveranciersmanagement (V-M)
- Ervaring met Financieel management (F-M)
- Ervaring met Kostencalculaties (F-A)
- Ervaring met Management van (bedrijfs)processen (G-M)
- Ervaring met Planning & control (G-M)
- Ervaring met Continuïteitmanagement (G-M)
- Ervaring met Compliancemanagement (G-M)
- Ervaring met Kwaliteitsmanagement (G-M)
- Ervaring met Risicomanagement (G-M)
- Ervaring met Bedrijfskunde (E-BP)
- Ervaring met Administratieve organisatie en interne controle (AO & IC) (E-BP)
- Ervaring met Gebruik van applicaties (E-IS)

- Ervaring met Portfoliomanagement (E-M)
- Ervaring met Projectmanagement (E-M)
- Ervaring met Risicoanalyse (E-A)
- Ervaring met Werklastbegroting (E-A)
- Ervaring met Principes, methoden en technieken voor interne controle (E-A)
- Ervaring met Principes, methoden en technieken voor kwaliteitsborging (E-A)

P-Competenties:
- Hoog niveau Sensitiviteit, inlevingsvermogen
- Hoog niveau Communicatieve vaardigheden (mondeling en/of schriftelijk)
- Hoog niveau Samenwerken in teamverbanden
- Hoog niveau Klantgerichtheid
- Hoog niveau Oordeelsvorming
- Hoog niveau Abstractievermogen
- Hoog niveau Creativiteit
- Hoog niveau Organisatiebewustzijn
- Hoog niveau Kennis van andere disciplines
- Hoog niveau Strategische visie
- Hoog niveau Kwaliteitsbewustzijn
- Hoog niveau Besluitvaardigheid
- Hoog niveau Plannen en organiseren

Functiekwalificatie:
- Startkwalificatie: NLQF-5 NLQF – Niveau 5 – Associate Degree
- Professional: NLQF-6 NLQF – Niveau 6 – Bachelor

G-M – Afdelings Manager

Toelichting:
'Afdelings Manager' is een algemene functietitel voor een (lijn)manager die verantwoordelijk is voor het beleid en de uitvoering van de taken van zijn organisatie-eenheid.

Alternatieve functietitels:
- Afdelingshoofd
- Coördinator
- Manager

Taken:
- K-BP Opstellen en beheren complianceplan
- K-BP Opstellen en beheren continuïteitplan
- K-BP Opstellen en beheren informatiebeleid
- K-BP Opstellen en beheren informatieplan
- K-BP Opstellen en beheren plan voor interne controle
- K-M Opstellen en beheren beleid voor inkoop, inhuur en dergelijke
- K-M Opstellen en beheren projectenportfolio
- O-A Ontwikkelen en beheren maatregelen voor interne controle

- O-BP Analyseren veranderingsvermogen
- O-BP Ontwerpen en beheren bedrijfsprocessen
- O-BP Vaststellen en beheren gewenste informatievoorziening
- I-BP Invoeren (wijziging) bedrijfsproces
- B-BP Beheren bedrijfsinformatie
- B-BP Beheren en bewaken kwaliteit bedrijfsproces
- B-IS Opstellen wijzigingsvoorstel informatiesysteem
- S-A Formuleren eisen aan ICT-dienstverlening
- F-A Beheren bedrijfswaarde van componenten
- F-A Beheren financiële administratie
- F-A Opstellen en beheren begroting, bepalen investeringen en kosten
- P-A Begeleiden medewerkers
- P-A Bepalen benodigde competenties
- P-M Toewijzen taken aan medewerkers
- V-M Opstellen, afsluiten en beheren contract (klant)
- V-M Verstrekken opdrachten aan leverancier
- G-A Opstellen en beheren businesscase
- G-M Goedkeuren/beoordelen opdracht, verzoek en dergelijke
- G-M Managen organisatorische knelpunten, problemen
- G-M Organiseren informatievoorzieningsfunctie
- G-M Vaststellen en toewijzen taken, verantwoordelijkheden, bevoegdheden
- E-M Leidinggeven aan, aansturen, coördineren activiteit

e-CF competentiereferenties:
- A.01 Afstemming informatiesysteem en bedrijfsstrategie (IS and Business Strategy Alignment)
- A.02 Management dienstverleningsniveau (Service Level Management)
- A.03 Ontwikkelen van bedrijfsplannen (Business Plan Development)
- A.04 Product- of serviceplanning (Product/Service Planning)
- A.08 Duurzame ontwikkeling (Sustainable Development)
- A.09 Innoveren (Innovating)
- D.09 Personeelsontwikkeling (Personnel Development)
- D.11 Behoeftemanagement (Needs Identification)
- E.01 Ontwikkelen van prognoses (Forecast Development)
- E.02 Project- en portfoliomanagement (Project and Portfolio Management)
- E.07 Management van veranderingen in bedrijfsprocessen (Business Change management)
- E.09 IT-governance (IS Governance)

VT-Competenties:
- Toegepaste kennis van Commercieel management (C-M)
- Ervaring met Informatiemanagement (K-BP)
- Ervaring met Beleid en strategiebepaling (K-M)
- Ervaring met Principes van sourcing (K-A)
- Ervaring met Architectuurprincipes voor modelleren van bedrijfsprocessen (A-BP)
- Ervaring met Architectuurprincipes voor modelleren van informatievoorziening/systemen (A-IS)

- Ervaring met Organisatieanalyse (O-BP)
- Ervaring met Organisatieontwerp (O-BP)
- Ervaring met Realiseren van organisatiewijzigingen (O-BP)
- Ervaring met Organisatorische continuïteitmaatregelen (O-BP)
- Ervaring met Realiseren van wijzigingen in informatiesystemen (O-IS)
- Ervaring met Beheer van bedrijfsinformatie/gegevens (B-BP)
- Ervaring met Beheer van informatiesystemen (B-IS)
- Ervaring met Behoeftemanagement (S-M)
- Ervaring met Klantmanagement (S-M)
- Ervaring met Leveringsmanagement (S-M)
- Ervaring met Principes van dienstverlening (S-A)
- Ervaring met Leveranciersmanagement (V-M)
- Ervaring met Contractmanagement (V-M)
- Ervaring met Financieel management (F-M)
- Ervaring met Kostencalculaties (F-A)
- Ervaring met Competentiemanagement (P-M)
- Ervaring met Management van (bedrijfs)processen (G-M)
- Ervaring met Planning & control (G-M)
- Ervaring met Continuïteitmanagement (G-M)
- Ervaring met Compliancemanagement (G-M)
- Ervaring met Kwaliteitsmanagement (G-M)
- Ervaring met Risicomanagement (G-M)
- Ervaring met Bedrijfskunde (E-BP)
- Ervaring met Administratieve organisatie en interne controle (AO & IC) (E-BP)
- Ervaring met Portfoliomanagement (E-M)
- Ervaring met Projectmanagement (E-M)
- Ervaring met Risicoanalyse (E-A)
- Ervaring met Werklastbegroting (E-A)
- Ervaring met Principes, methoden en technieken voor interne controle (E-A)
- Ervaring met Principes, methoden en technieken voor kwaliteitsborging (E-A)

P-Competenties:

- Hoog niveau Leiderschap
- Hoog niveau Sensitiviteit, inlevingsvermogen
- Hoog niveau Communicatieve vaardigheden (mondeling en/of schriftelijk)
- Hoog niveau Samenwerken in teamverbanden
- Hoog niveau Integriteit
- Hoog niveau Stressbestendigheid
- Hoog niveau Conflictpreventie en -beheersing
- Hoog niveau Klantgerichtheid
- Hoog niveau Oordeelsvorming
- Hoog niveau Abstractievermogen
- Hoog niveau Organisatiebewustzijn
- Hoog niveau Kennis van andere disciplines
- Hoog niveau Strategische visie
- Hoog niveau Commercieel inzicht

- Hoog niveau Kwaliteitsbewustzijn
- Hoog niveau Besluitvaardigheid
- Hoog niveau Overtuigingskracht
- Hoog niveau Onderhandelingsvaardigheid
- Hoog niveau Plannen en organiseren

Functiekwalificatie:
- Startkwalificatie: NLQF-5 NLQF – Niveau 5 – Associate Degree
- Professional: NLQF-6 NLQF – Niveau 6 – Bachelor

G-M – Product Manager (klant)

Toelichting:
De productmanager (klant) beheert het portfolio aan (standaard)producten en diensten waarvan de gebruikers gebruik kunnen maken, en is verantwoordelijk voor het conform afspraken (SLA's) leveren van producten en diensten aan gebruikers. De productmanager is ook verantwoordelijk voor de ontwikkeling van nieuwe producten en diensten op verzoek van de gebruikers en stuurt aan op de verbetering van de bestaande producten en diensten. De productmanager coördineert het aanbod van producten en diensten (meestal vastgelegd in een PDC: producten- en dienstencatalogus). Vanuit het beheer van het portfolio wordt samengewerkt met een service (level) manager die inhoudelijk de producten en diensten beschrijft en beheert op het niveau van een SLA.
De productmanager (klant) is een niet-commerciële functie. Deze functie komt in verbijzonderde vorm voor bij grote bedrijven die aansturen op een standaardportfolio aan producten en diensten, of als rol van een service (level) manager.

Alternatieve functietitels:
- PDC Beheerder
- Product Owner
- Service (Level) Manager

Taken:
- K-BP Opstellen en beheren complianceplan
- K-BP Opstellen en beheren continuïteitplan
- K-BP Opstellen en beheren informatieplan
- K-BP Opstellen en beheren plan voor interne controle
- K-M Opstellen en beheren projectenportfolio
- A-BP Opstellen en beheren bedrijfsprocessenmodel
- A-IS Opstellen en beheren informatieprocessenmodel
- A-IS Opstellen en beheren normen systeemgebruik en -beheer
- O-A Ontwikkelen en beheren maatregelen voor interne controle
- O-BP Vaststellen en beheren gewenste informatievoorziening
- O-BP Verkennen behoeften informatievoorziening
- I-A Bepalen migratiestap
- I-A Opstellen en beheren acceptatietestplan
- I-M Bepalen en beheren invoeringsstrategie

- I-M Samenstellen release
- B-BP Beheren bedrijfsinformatie
- B-BP Beheren en bewaken kwaliteit bedrijfsproces
- B-IS Beheren en bewaken correct gebruik informatiesysteem
- B-IS Beheren en bewaken prestatiekenmerken applicatie
- B-IS Opstellen wijzigingsvoorstel informatiesysteem
- B-M Bewaken systeemonderhoud/-wijziging
- B-TI Beheren en bewaken prestatiekenmerken technische infrastructuur
- B-TI Opstellen wijzigingsvoorstel technische infrastructuur
- S-A Bewaken dienstenlevering
- S-A Formuleren eisen aan ICT-dienstverlening
- S-A Onderhouden klantrelatie (niet commercieel)
- S-A Opstellen en beheren ICT-dienstenovereenkomsten (SLA)
- F-A Beheren bedrijfswaarde van componenten
- G-A Onderzoeken automatiseringsontwikkelingen
- G-A Onderzoeken en vaststellen behoeften
- G-A Opstellen en beheren businesscase
- G-A Opstellen en beheren gebruikersdocumentatie
- G-A Opstellen en beheren kwaliteitsplan
- G-A Opstellen oplossingsalternatieven
- G-A Opstellen, beheren en realiseren preventieve maatregelen
- G-A Uitvoeren risicoanalyse
- G-M Goedkeuren/beoordelen opdracht, verzoek en dergelijke
- G-M Inrichten projectorganisatie
- G-M Managen organisatorische knelpunten, problemen
- G-M Managen technische knelpunten, problemen
- G-M Opstellen en beheren projectplan
- E-A Opstellen en beheren normen, criteria, randvoorwaarden
- E-A Opstellen specificaties
- E-A Voeren van overleg, afstemmen
- E-M Bepalen prioriteit, scenario
- E-M Verstrekken opdracht

e-CF competentiereferenties:
- A.01 Afstemming informatiesysteem en bedrijfsstrategie (IS and Business Strategy Alignment)
- A.02 Management dienstverleningsniveau (Service Level Management)
- A.03 Ontwikkelen van bedrijfsplannen (Business Plan Development)
- A.04 Product- of serviceplanning (Product/Service Planning)
- A.07 Volgen van technologische ontwikkelingen (Technology Trend Monitoring)
- A.08 Duurzame ontwikkeling (Sustainable Development)
- A.09 Innoveren (Innovating)
- C.03 Dienstverlening (Service Delivery)
- D.02 Ontwikkeling ICT-kwaliteitsstrategie (ICT Quality Strategy Development)
- D.10 Informatie- en kennismanagement (Information and Knowledge Management)
- D.11 Behoeftemanagement (Needs Identification)

- E.01 Ontwikkelen van prognoses (Forecast Development)
- E.02 Project- en portfoliomanagement (Project and Portfolio Management)
- E.03 Risicomanagement (Risk Management)
- E.05 Procesverbetering (Process Improvement)
- E.06 ICT-kwaliteitsmanagement (ICT Quality Management)

VT-Competenties:
- Toegepaste kennis van Functioneel ontwerp (O-IS)
- Toegepaste kennis van Ergonomische aspecten van systemen (O-A)
- Toegepaste kennis van Mogelijkheden van de informatietechnologie (E-A)
- Toegepaste kennis van Mogelijkheden van procesautomatisering (E-A)
- Ervaring met Informatiemanagement (K-BP)
- Ervaring met Beleid en strategiebepaling (K-M)
- Ervaring met Architectuurprincipes voor modelleren van bedrijfsprocessen (A-BP)
- Ervaring met Architectuurprincipes voor modelleren van informatievoorziening/systemen (A-IS)
- Ervaring met Informatieanalyse (A-IS)
- Ervaring met Organisatieanalyse (O-BP)
- Ervaring met Organisatieontwerp (O-BP)
- Ervaring met Organisatorische continuïteitmaatregelen (O-BP)
- Ervaring met Realiseren van wijzigingen in informatiesystemen (O-IS)
- Ervaring met Technische continuïteitmaatregelen (O-A)
- Ervaring met Changemanagement (I-M)
- Ervaring met Beheer van bedrijfsinformatie/gegevens (B-BP)
- Ervaring met Beheer van informatiesystemen (B-IS)
- Ervaring met Beheer van exploitatie en productie (B-TI)
- Ervaring met Versie- en configuratiebeheer (B-A)
- Ervaring met Behoeftemanagement (S-M)
- Ervaring met Financieel management (F-M)
- Ervaring met Kostencalculaties (F-A)
- Ervaring met Management van (bedrijfs)processen (G-M)
- Ervaring met Planning & control (G-M)
- Ervaring met Continuïteitmanagement (G-M)
- Ervaring met Compliancemanagement (G-M)
- Ervaring met Kwaliteitsmanagement (G-M)
- Ervaring met Risicomanagement (G-M)
- Ervaring met Principes, methoden en technieken voor beveiliging (G-A)
- Ervaring met Bedrijfskunde (E-BP)
- Ervaring met Administratieve organisatie en interne controle (AO & IC) (E-BP)
- Ervaring met Gebruik van applicaties (E-IS)
- Ervaring met Portfoliomanagement (E-M)
- Ervaring met Projectmanagement (E-M)
- Ervaring met Risicoanalyse (E-A)
- Ervaring met Werklastbegroting (E-A)
- Ervaring met Principes, methoden en technieken voor interne controle (E-A)
- Ervaring met Principes, methoden en technieken voor kwaliteitsborging (E-A)

P-Competenties:
- Hoog niveau Sensitiviteit, inlevingsvermogen
- Hoog niveau Communicatieve vaardigheden (mondeling en/of schriftelijk)
- Hoog niveau Samenwerken in teamverbanden
- Hoog niveau Klantgerichtheid
- Hoog niveau Oordeelsvorming
- Hoog niveau Abstractievermogen
- Hoog niveau Organisatiebewustzijn
- Hoog niveau Kennis van andere disciplines
- Hoog niveau Strategische visie
- Hoog niveau Commercieel inzicht
- Hoog niveau Kwaliteitsbewustzijn
- Hoog niveau Besluitvaardigheid
- Hoog niveau Plannen en organiseren

Functiekwalificatie:
- Startkwalificatie: NLQF-5 NLQF – Niveau 5 – Associate Degree
- Professional: NLQF-6 NLQF – Niveau 6 – Bachelor

G-A – EDP Auditor

Toelichting:
De EDP-auditor is primair belast met het toetsen van de kwaliteit van de informatievoorziening vanuit het perspectief van de interne controle. Vaak ligt daarbij ook de focus op de wijze waarop de informatievoorziening/ICT wordt ontwikkeld en beheerd. Nadrukkelijk wordt gelet op onder andere de beveiliging van informatie (integriteit, betrouwbaarheid en beschikbaarheid), de kosten en in het algemeen de kwaliteit (betrouwbaarheid en de compliance) van de informatievoorziening. In dit kader worden de werkzaamheden van een EDP-auditor steeds vaker geplaatst in de audit door de externe accountant in het kader van de 'verklaring externe accountant op de jaarrekening'.
Deze functie komt voor in grote organisaties of als functie bij een (extern) accountantsbureau.

Alternatieve functietitels:
- IT Accountant
- IT Controller

Taken:
- K-BP Opstellen en beheren beveiligingsplan
- K-BP Opstellen en beheren complianceplan
- K-BP Opstellen en beheren continuïteitplan
- K-BP Opstellen en beheren informatiebeleid
- K-BP Opstellen en beheren plan voor interne controle
- A-IS Ontwerpen en beheren informatievoorziening (overall)
- O-A Ontwikkelen en beheren maatregelen voor interne controle
- O-A Ontwikkelen en beheren organisatorische maatregelen voor beveiliging
- O-A Ontwikkelen en beheren technische maatregelen voor beveiliging

- O-A Opstellen en beheren organisatorisch calamiteitenplan
- O-A Opstellen en beheren technisch calamiteitenplan
- B-A Beheren en monitoren autorisatie- en beveiligingssysteem
- B-BP Beheren en bewaken kwaliteit bedrijfsproces
- B-IS Beheren en bewaken correct gebruik informatiesysteem
- B-IS Beheren en bewaken kwaliteit informatiesysteem
- B-TI Beheren en bewaken correct gebruik technische infrastructuur
- B-TI Beheren en monitoren productie(omgeving)
- S-A Bewaken dienstenlevering
- F-A Beheren bedrijfswaarde van componenten
- G-A Opstellen en beheren kwaliteitsplan
- G-A Samenstellen rapport
- G-A Uitvoeren risicoanalyse
- E-A Uitvoeren evaluatie, review

e-CF competentiereferenties:
- A.01 Afstemming informatiesysteem en bedrijfsstrategie (IS and Business Strategy Alignment)
- D.01 Strategieontwikkeling informatiebeveiliging (Information Security Strategy Development)
- D.02 Ontwikkeling ICT-kwaliteitsstrategie (ICT Quality Strategy Development)
- D.10 Informatie- en kennismanagement (Information and Knowledge Management)
- E.03 Risicomanagement (Risk Management)
- E.05 Procesverbetering (Process Improvement)
- E.06 ICT-kwaliteitsmanagement (ICT Quality Management)
- E.08 Informatiebeveiligingsmanagement (Information Security Management)
- E.09 IT-governance (IS Governance)

VT-Competenties:
- Toegepaste kennis van Contractmanagement (V-M)
- Toegepaste kennis van Mogelijkheden van de informatietechnologie (E-A)
- Toegepaste kennis van Mogelijkheden van procesautomatisering (E-A)
- Ervaring met Informatiemanagement (K-BP)
- Ervaring met Informatieplanning (K-IS)
- Ervaring met Beleid en strategiebepaling (K-M)
- Ervaring met Principes van sourcing (K-A)
- Ervaring met Architectuurprincipes voor modelleren van bedrijfsprocessen (A-BP)
- Ervaring met Architectuurprincipes voor modelleren van informatievoorziening/systemen (A-IS)
- Ervaring met Informatieanalyse (A-IS)
- Ervaring met Organisatieanalyse (O-BP)
- Ervaring met Realiseren van organisatiewijzigingen (O-BP)
- Ervaring met Organisatorische continuïteitmaatregelen (O-BP)
- Ervaring met Realiseren van wijzigingen in informatiesystemen (O-IS)
- Ervaring met Realiseren van technische wijzigingen (O-TI)
- Ervaring met Technische continuïteitmaatregelen (O-A)
- Ervaring met Beheer van bedrijfsinformatie/gegevens (B-BP)

- Ervaring met Beheer van informatiesystemen (B-IS)
- Ervaring met Beheer van applicaties (B-IS)
- Ervaring met Beheer van netwerken (B-TI)
- Ervaring met Beheer van servers (B-TI)
- Ervaring met Beheer van multimedia-apparatuur (B-TI)
- Ervaring met Beheer van exploitatie en productie (B-TI)
- Ervaring met Versie- en configuratiebeheer (B-A)
- Ervaring met Behoeftemanagement (S-M)
- Ervaring met Leveringsmanagement (S-M)
- Ervaring met Principes van dienstverlening (S-A)
- Ervaring met Leveranciersmanagement (V-M)
- Ervaring met Financieel management (F-M)
- Ervaring met Kostencalculaties (F-A)
- Ervaring met Management van (bedrijfs)processen (G-M)
- Ervaring met Planning & control (G-M)
- Ervaring met Continuïteitmanagement (G-M)
- Ervaring met Compliancemanagement (G-M)
- Ervaring met Kwaliteitsmanagement (G-M)
- Ervaring met Risicomanagement (G-M)
- Ervaring met Procesanalyse (G-A)
- Ervaring met Principes, methoden en technieken voor beveiliging (G-A)
- Ervaring met Analyse van de werking van componenten van informatiesystemen (G-A)
- Ervaring met Administratieve organisatie en interne controle (AO & IC) (E-BP)
- Ervaring met Gebruik van applicaties (E-IS)
- Ervaring met Portfoliomanagement (E-M)
- Ervaring met Projectmanagement (E-M)
- Ervaring met Risicoanalyse (E-A)
- Ervaring met Werklastbegroting (E-A)
- Ervaring met Principes, methoden en technieken voor interne controle (E-A)
- Ervaring met Principes, methoden en technieken voor kwaliteitsborging (E-A)

P-Competenties:
- Hoog niveau Sensitiviteit, inlevingsvermogen
- Hoog niveau Integriteit
- Hoog niveau Klantgerichtheid
- Hoog niveau Analytisch vermogen
- Hoog niveau Oordeelsvorming
- Hoog niveau Abstractievermogen
- Hoog niveau Organisatiebewustzijn
- Hoog niveau Kennis van andere disciplines
- Hoog niveau Strategische visie
- Hoog niveau Commercieel inzicht
- Hoog niveau Kwaliteitsbewustzijn
- Hoog niveau Accuratesse
- Hoog niveau Methodisch werken
- Hoog niveau Plannen en organiseren

Functiekwalificatie:
- Startkwalificatie: NLQF-6 NLQF – Niveau 6 – Bachelor
- Professional: NLQF-7 NLQF – Niveau 7 – Master

G-A – Consultant

Toelichting:
'Consultant' is een algemene functietitel van een adviseur, vaak werkzaam voor een adviesbureau of softwareleverancier. Als medewerker van een adviesbureau of softwareleverancier worden de consultants in diverse rollen ingezet bij klanten, bijvoorbeeld als organisatieadviseur, informatieanalist of programmeur. Binnen klantorganisaties komt deze functietitel ook wel voor als algemene aanduiding dat het om een adviseur gaat. Meestal wordt achter de titel 'consultant' een nadere aanduiding in de functietitel gegeven die betrekking heeft op de expertise waarvoor de betreffende medewerker kan worden ingezet.

Alternatieve functietitels:
- Adviseur

Taken:
- K-BP Opstellen en beheren complianceplan
- K-BP Opstellen en beheren plan voor interne controle
- O-BP Analyseren veranderingsvermogen
- O-BP Onderzoeken organisatieaspecten
- G-A Afbakenen onderzoeksgebied
- G-A Onderzoeken en vaststellen behoeften
- G-A Opstellen en beheren businesscase
- G-A Opstellen oplossingsalternatieven
- G-A Samenstellen rapport
- G-A Verzorgen kennisoverdracht
- G-M Opstellen en beheren projectplan
- E-A Opstellen ontwerp
- E-A Opstellen specificaties
- E-A Uitvoeren analyse
- E-A Uitvoeren evaluatie, review
- E-A Verstrekken advies
- E-A Voeren van overleg, afstemmen

e-CF competentiereferenties:
- A.01 Afstemming informatiesysteem en bedrijfsstrategie (IS and Business Strategy Alignment)
- A.09 Innoveren (Innovating)
- D.10 Informatie- en kennismanagement (Information and Knowledge Management)
- D.11 Behoeftemanagement (Needs Identification)
- E.05 Procesverbetering (Process Improvement)

VT-Competenties:
- Conceptuele kennis van Principes van sourcing (K-A)
- Conceptuele kennis van Architectuurprincipes voor modelleren van technische infrastructuur (A-TI)
- Conceptuele kennis van Realiseren van wijzigingen in informatiesystemen (O-IS)
- Conceptuele kennis van Realiseren van technische wijzigingen (O-TI)
- Conceptuele kennis van Beheer van bedrijfsinformatie/gegevens (B-BP)
- Conceptuele kennis van Versie- en configuratiebeheer (B-A)
- Conceptuele kennis van Bedrijfskunde (E-BP)
- Conceptuele kennis van Organisatieleer (E-BP)
- Conceptuele kennis van Mogelijkheden van de informatietechnologie (E-A)
- Toegepaste kennis van Informatieplanning (K-IS)
- Toegepaste kennis van Beleid en strategiebepaling (K-M)
- Toegepaste kennis van Architectuurprincipes voor modelleren van informatievoorziening/systemen (A-IS)
- Ervaring met Informatiemanagement (K-BP)
- Ervaring met Architectuurprincipes voor modelleren van bedrijfsprocessen (A-BP)
- Ervaring met Organisatieanalyse (O-BP)
- Ervaring met Organisatieontwerp (O-BP)
- Ervaring met Realiseren van organisatiewijzigingen (O-BP)
- Ervaring met Changemanagement (I-M)
- Ervaring met Beheer van informatiesystemen (B-IS)
- Ervaring met Behoeftemanagement (S-M)
- Ervaring met Financieel management (F-M)
- Ervaring met Competentiemanagement (P-M)
- Ervaring met Management van (bedrijfs)processen (G-M)
- Ervaring met Planning & control (G-M)
- Ervaring met Continuïteitmanagement (G-M)
- Ervaring met Compliancemanagement (G-M)
- Ervaring met Kwaliteitsmanagement (G-M)
- Ervaring met Risicomanagement (G-M)
- Ervaring met Opstellen van gebruikersdocumentatie (G-A)
- Ervaring met Administratieve organisatie en interne controle (AO & IC) (E-BP)
- Ervaring met Portfoliomanagement (E-M)
- Ervaring met Projectmanagement (E-M)
- Ervaring met Risicoanalyse (E-A)
- Ervaring met Werklastbegroting (E-A)
- Ervaring met Principes, methoden en technieken voor interne controle (E-A)
- Ervaring met Principes, methoden en technieken voor kwaliteitsborging (E-A)

P-Competenties:
- Hoog niveau Sensitiviteit, inlevingsvermogen
- Hoog niveau Communicatieve vaardigheden (mondeling en/of schriftelijk)
- Hoog niveau Samenwerken in teamverbanden
- Hoog niveau Flexibiliteit
- Hoog niveau Integriteit

- Hoog niveau Klantgerichtheid
- Hoog niveau Analytisch vermogen
- Hoog niveau Oordeelsvorming
- Hoog niveau Abstractievermogen
- Hoog niveau Creativiteit
- Hoog niveau Organisatiebewustzijn
- Hoog niveau Kennis van andere disciplines
- Hoog niveau Strategische visie
- Hoog niveau Kwaliteitsbewustzijn
- Hoog niveau Zelfstandigheid
- Hoog niveau Initiatief
- Hoog niveau Overtuigingskracht
- Hoog niveau Accuratesse
- Hoog niveau Methodisch werken
- Hoog niveau Plannen en organiseren

Functiekwalificatie:
- Startkwalificatie: NLQF-4 NLQF – Niveau 4 – Vwo, vavo-havo, mbo 4
- Professional: NLQF-6 NLQF – Niveau 6 – Bachelor

G-A – Adviseur Methoden en Technieken

Toelichting:
De adviseur methoden en technieken selecteert methoden, technieken en tools voor (bedrijfs)-proces- en systeemontwikkeling, en systeembeheer. Vaak ook stelt deze standaarden, normen en richtlijnen op voor de (bedrijfs)processen en de inhoud van de informatievoorziening. De adviseur methoden en technieken ondersteunt medewerkers (niet beperkt tot de ICT-afdeling) die de (bedrijfs)processen en de informatievoorziening (architectuur, applicaties, databases en de technische infrastructuur) ontwikkelen en beheren. Vaak toetst deze adviseur ook de naleving en het correcte gebruik van de standaarden en normen.
Deze functie komt in vooral grote organisaties voor.

Alternatieve functietitels:
- Adviseur Ontwikkeling en Beheer
- ICT Methodoloog

Taken:
- A-IS Opstellen en beheren normen systeemgebruik en -beheer
- A-IS Opstellen en beheren ontwikkelstandaarden
- A-IS Opstellen en beheren standaarden applicatie- en databasebouw
- A-TI Opstellen en beheren normen gebruik en beheer technische infrastructuur
- A-TI Opstellen en beheren standaarden technische infrastructuur
- O-A Ontwikkelen en beheren maatregelen voor interne controle
- O-IS Selecteren standaard software
- B-BP Beheren en bewaken kwaliteit bedrijfsproces
- I-BP Invoeren (wijziging) bedrijfsproces
- P-A Begeleiden medewerkers

- P-A Bepalen benodigde competenties
- P-A Vaststellen opleidingsbehoeften
- G-A Ondersteunen ontwikkelstandaarden
- G-A Onderzoeken automatiseringsontwikkelingen
- G-A Opstellen en beheren gebruikersdocumentatie
- G-A Opstellen en beheren kwaliteitsplan
- G-A Opstellen en beheren technische documentatie
- G-A Samenstellen rapport
- G-A Verzorgen kennisoverdracht
- E-A Opstellen en beheren normen, criteria, randvoorwaarden

e-CF competentiereferenties:
- A.07 Volgen van technologische ontwikkelingen (Technology Trend Monitoring)
- A.09 Innoveren (Innovating)
- C.01 Gebruikersondersteuning (User Support)
- D.09 Personeelsontwikkeling (Personnel Development)
- E.02 Project- en portfoliomanagement (Project and Portfolio Management)
- E.05 Procesverbetering (Process Improvement)
- E.06 ICT-kwaliteitsmanagement (ICT Quality Management)

VT-Competenties:
- Conceptuele kennis van Gegevensmodellering (A-IS)
- Conceptuele kennis van Functioneel ontwerp (O-IS)
- Conceptuele kennis van Beheer van applicaties (B-IS)
- Toegepaste kennis van Informatiemanagement (K-BP)
- Toegepaste kennis van Architectuurprincipes voor modelleren van bedrijfsprocessen (A-BP)
- Toegepaste kennis van Realiseren van wijzigingen in informatiesystemen (O-IS)
- Toegepaste kennis van Realiseren van technische wijzigingen (O-TI)
- Toegepaste kennis van Principes van dienstverlening (S-A)
- Toegepaste kennis van Portfoliomanagement (E-M)
- Toegepaste kennis van Mogelijkheden van de informatietechnologie (E-A)
- Toegepaste kennis van Mogelijkheden van procesautomatisering (E-A)
- Ervaring met Architectuurprincipes voor modelleren van informatievoorziening/systemen (A-IS)
- Ervaring met Architectuurprincipes voor modelleren van technische infrastructuur (A-TI)
- Ervaring met Organisatieanalyse (O-BP)
- Ervaring met Organisatieontwerp (O-BP)
- Ervaring met Realiseren van organisatiewijzigingen (O-BP)
- Ervaring met Ontwerpen en bouwen van informatiesystemen (O-IS)
- Ervaring met Programmeertalen (O-IS)
- Ervaring met Databaseontwerp en -bouw (O-IS)
- Ervaring met Applicatieontwerp en -bouw (O-IS)
- Ervaring met Ontwerp technische infrastructuur (O-TI)
- Ervaring met Technisch ontwerp (O-TI)
- Ervaring met Ontwerp- en programmeertools (O-A)
- Ervaring met Technische continuïteitmaatregelen (O-A)
- Ervaring met Ergonomische aspecten van systemen (O-A)

- Ervaring met Changemanagement (I-M)
- Ervaring met Beheer van bedrijfsinformatie/gegevens (B-BP)
- Ervaring met Beheer van informatiesystemen (B-IS)
- Ervaring met Beheer van exploitatie en productie (B-TI)
- Ervaring met Versie- en configuratiebeheer (B-A)
- Ervaring met Behoeftemanagement (S-M)
- Ervaring met Competentiemanagement (P-M)
- Ervaring met Continuïteitmanagement (G-M)
- Ervaring met Compliancemanagement (G-M)
- Ervaring met Kwaliteitsmanagement (G-M)
- Ervaring met Risicomanagement (G-M)
- Ervaring met Principes, methoden en technieken voor beveiliging (G-A)
- Ervaring met Opstellen van gebruikersdocumentatie (G-A)
- Ervaring met Opstellen van technische documentatie (G-A)
- Ervaring met Gebruik van applicaties (E-IS)
- Ervaring met Projectmanagement (E-M)
- Ervaring met Risicoanalyse (E-A)
- Ervaring met Werklastbegroting (E-A)
- Ervaring met Principes, methoden en technieken voor interne controle (E-A)
- Ervaring met Principes, methoden en technieken voor kwaliteitsborging (E-A)
- Ervaring met Testen (E-A)

P-Competenties:
- Hoog niveau Sensitiviteit, inlevingsvermogen
- Hoog niveau Communicatieve vaardigheden (mondeling en/of schriftelijk)
- Hoog niveau Samenwerken in teamverbanden
- Hoog niveau Flexibiliteit
- Hoog niveau Klantgerichtheid
- Hoog niveau Didactische vaardigheden
- Hoog niveau Analytisch vermogen
- Hoog niveau Oordeelsvorming
- Hoog niveau Abstractievermogen
- Hoog niveau Creativiteit
- Hoog niveau Organisatiebewustzijn
- Hoog niveau Kennis van andere disciplines
- Hoog niveau Strategische visie
- Hoog niveau Kwaliteitsbewustzijn
- Hoog niveau Initiatief
- Hoog niveau Besluitvaardigheid
- Hoog niveau Overtuigingskracht
- Hoog niveau Accuratesse
- Hoog niveau Methodisch werken
- Hoog niveau Plannen en organiseren

Functiekwalificatie:
- Startkwalificatie: NLQF-5 NLQF – Niveau 5 – Associate Degree
- Professional: NLQF-7 NLQF – Niveau 7 – Master

Overzicht taken

Taken	Pagina
Taken in het I-domein Invoeren	**302**
I-BP Invoeren (wijziging) bedrijfsproces	302
I-IS Invoeren (wijziging) informatiesysteem	303
I-TI Implementeren (wijziging) netwerkcomponent	305
I-TI Implementeren (wijziging) server	306
I-TI Installeren (wijziging) programmatuur	307
I-M Bepalen en beheren invoeringsstrategie	308
I-M Samenstellen release	310
I-A Bepalen migratiestap	311
I-A Opstellen en beheren (master) testplan	312
I-A Opstellen en beheren acceptatietestplan	314
I-A Uitvoeren toets of test	316
I-A Uitvoeren gegevensconversie	317
I-A Distributie van softwarecomponent	318
Taken in het I-domein Beheren	**320**
B-BP Beheren en bewaken kwaliteit bedrijfsproces	320
B-BP Opstellen wijzigingsvoorstel bedrijfsproces	322
B-BP Beheren bedrijfsinformatie	323
B-BP Beheren content	324
B-IS Beheren en bewaken kwaliteit informatiesysteem	326
B-IS Beheren en bewaken functionaliteit applicatie	327
B-IS Beheren en bewaken prestatiekenmerken applicatie	329
B-IS Bepalen onderhoud/wijziging informatiesysteem	330
B-IS Opstellen wijzigingsvoorstel informatiesysteem	332
B-IS Beheren en bewaken correct gebruik informatiesysteem	334
B-IS Beheren componentbibliotheken	335
B-IS Technisch beheer gegevens	336
B-TI Beheren en monitoren netwerk	337
B-TI Beheren en monitoren server	339
B-TI Beheren en monitoren multimedia-apparatuur	340
B-TI Beheren en monitoren systemen voor gegevensopslag	342
B-TI Beheren en bewaken OTAP-omgevingen	343
B-TI Beheren en monitoren productie(omgeving)	344
B-TI Beheren en bewaken prestatiekenmerken technische infrastructuur	346
B-TI Bepalen onderhoud/wijziging technische infrastructuur	347
B-TI Opstellen wijzigingsvoorstel technische infrastructuur	349
B-TI Beheren en bewaken correct gebruik technische infrastructuur	350
B-M Bewaken systeemonderhoud/-wijziging	352
B-A Beheren functionele parameters	353
B-A Beheren technische parameters	354
B-A Beheren en monitoren autorisatie- en beveiligingssysteem	355
B-A Beheren autorisaties	357
B-A Beheren configuratie-items	358
B-A Oplossen systeemstoringen, incidenten	359
B-A Structureel oplossen systeemstoringen, problems	361
B-A Realiseren onderhoud/wijziging	362

Taken	Pagina
Taken in het I-domein Service en dienstverlening	**365**
S-A Ondersteunen gebruiker bij gebruik component S-A Onderhouden klantrelatie (niet commercieel) S-A Formuleren eisen aan ICT-dienstverlening S-A Opstellen en beheren ICT-dienstencatalogus S-A Opstellen en beheren ICT-dienstenovereenkomsten (SLA) S-A Bewaken dienstenlevering S-A Opstellen wijzigingsvoorstel dienstverlening S-A Invoeren (wijziging) dienstverlening	365 366 367 369 370 371 373 374
Taken in het I-domein Verwerven, inkoop en procurement	**376**
V-M Opstellen en beheren strategie voor sourcing V-M Aanbesteden opdracht, inkoop (RfI of RfP) V-M Opstellen, afsluiten en beheren contract (klant) V-M Verstrekken opdrachten aan leverancier V-A Beoordelen offerte V-A Leveranciersselectie V-A Onderhouden leveranciersrelatie	376 377 378 380 381 382 383
Taken in het I-domein Financieel	**385**
F-A Beheren bedrijfswaarde van componenten F-A Opstellen en beheren begroting, bepalen investeringen en kosten F-A Beheren financiële administratie F-A Bepalen doorbelastingsystematiek	385 386 387 388
Taken in het I-domein Personeel	**390**
P-M Toewijzen taken aan medewerkers P-A Begeleiden medewerkers P-A Bepalen benodigde competenties P-A Vaststellen opleidingsbehoeften P-A Verzorgen opleiding	390 391 392 393 394
Taken in het I-domein Commercieel	**396**
C-A Onderhouden klantrelatie (commercieel) C-M Opstellen en beheren offerte C-M Opstellen, afsluiten en beheren contract (leverancier)	396 397 398
Taken in het I-domein Generiek	**401**
G-M Organiseren informatievoorzieningsfunctie G-M Inrichten informatievoorzieningsfunctie G-M Opstellen en beheren projectplan G-M Inrichten projectorganisatie G-M Opstellen operationeel werkplan G-M Vaststellen en toewijzen taken, verantwoordelijkheden, bevoegdheden G-M Managen wijziging G-M Managen organisatorische knelpunten, problemen G-M Managen technische knelpunten, problemen G-M Goedkeuren/beoordelen opdracht, verzoek en dergelijke G-M Opstellen en beheren overeenkomst, contract G-A Onderzoeken en vaststellen behoeften G-A Uitvoeren risicoanalyse G-A Opstellen oplossingsalternatieven G-A Opstellen en beheren businesscase G-A Verstrekken (ad-hoc-)informatie G-A Opstellen en beheren kwaliteitsplan G-A Opstellen, beheren en realiseren preventieve maatregelen	401 402 403 405 406 407 408 409 411 412 413 415 416 418 419 421 422 423

Overzicht functies

Index

K

L

M

P

Q

R

S

T

U

V